高等学校教材

高等有机化学
Advanced Organic Chemistry
——结构、反应与机理

杨定乔　汪朝阳　龙玉华　编

化学工业出版社
·北京·

本书是高等学校化学化工类专业高等有机化学课程教材，经过多年研究生教学与本科生教学实践，结合有机化学学科发展的新方法、新技术，系统地论述了有机化学的基本理论、基本知识，以及如何运用新理论、新方法来解释有机化学反应中的新现象。此外还介绍了近几年来著名的人名反应。全书共分为15章，每章后均附有习题和习题参考答案。

本书可供高等院校化学、化工、材料化学、医药化学、环境化学等类专业研究生和高年级本科生专业课使用，也可以作为基础有机化学课程的教师用书以及相关科研人员用书。

图书在版编目（CIP）数据

高等有机化学——结构、反应与机理/杨定乔，汪朝阳，龙玉华编．—北京：化学工业出版社，2012.8（2025.2重印）
高等学校教材
ISBN 978-7-122-14696-0

Ⅰ.①高… Ⅱ.①杨…②汪…③龙… Ⅲ.①有机化学-高等学校-教材　Ⅳ.①O62

中国版本图书馆CIP数据核字（2012）第142812号

责任编辑：成荣霞　　　　　　　　　　文字编辑：丁建华
责任校对：蒋　宇　　　　　　　　　　装帧设计：王晓宇

出版发行：化学工业出版社（北京市东城区青年湖南街13号　邮政编码100011）
印　　装：北京建宏印刷有限公司
787mm×1092mm　1/16　印张 23½　字数 599 千字　2025 年 2 月北京第 1 版第 9 次印刷

购书咨询：010-64518888　　　　　　　　售后服务：010-64518899
网　　址：http://www.cip.com.cn
凡购买本书，如有缺损质量问题，本社销售中心负责调换。

定　　价：69.00元　　　　　　　　　　　　　　　　　版权所有　违者必究

前　言

"高等有机化学"是本科化学教育专业和应用化学专业的高层次主要选修课程，以及有机化学专业研究生的一门重要专业必修课程。"高等有机化学"课程作为对当代有机化学发展前沿动态进一步的综述和扩展，其教材重点围绕结构、反应机理与性能的关系来进行讨论和论述，同时也对新的反应机理及研究方法、新化合物的结构、新反应和合成方法、新的分析方法和技术进行论述。基于此思路，我们编写了《高等有机化学》教材。

全书共分15章，分别是：电子效应和空间效应、立体化学、手性与不对称合成、有机反应活泼中间体、有机反应机理与测定方法、脂肪族亲核取代反应、芳香性和芳香化合物的取代反应、消除反应、碳-碳重键的加成反应、亲核加成反应、氧化还原反应、分子重排反应、周环反应、有机合成路线设计技巧、过渡金属催化交叉偶联反应。为了便于教学和自学，每章还附有习题和习题参考答案。

"高等有机化学"课程是基础有机化学的延伸、深化和提高，因此编者在多年为华南师范大学化学与环境学院硕士研究生开设的学位基础课"高等有机化学"讲稿的基础上，通过查阅近几年国内外科技文献资料和参考国内外《高等有机化学》教材撰写了本书。在各章中尽量列出了较多、较新、能反映有机化学最新进展的新方法、新理论、新知识。同时，选择能反映各二级学科相互渗透、关系密切的新知识点。

在文字上，尽量通俗易懂，使其既适合于有机化学专业教学和自学，也适合于非有机化学专业的读者自学和参考。因此，本书可供高等院校相关专业研究生和高年级本科生作为教材或教学参考书，也可供参加研究生考试的学生作为复习用书，还可供从事科技开发的化学工作者参考。

在本书编写过程中得到了华南师范大学研究生院"高等有机化学"精品课程建设经费的支持和化学工业出版社的支持和帮助，在此表示衷心的感谢！

全书由杨定乔、汪朝阳、龙玉华编写。硕士研究生陈汉超、霍景沛、方晒、傅建花、李晓璐、李建晓、梁秀丽、梁妮、罗时荷、毛超旭、谭越河、王文伶、王林、夏九云、熊金锋、薛福玲、张寒梅、邹致富、周亭等做了大量辅助性工作，如搜集资料、录入、校对等。由于编者学识水平有限，本书难免有内容上的缺憾、不妥及疏漏之处，恳请读者批评指正！

编　者
于广州大学城华南师范大学
2012年5月30日

目　录

第 1 章　电子效应和空间效应　1

1.1　诱导效应　1
　1.1.1　静态诱导效应（I_s）　1
　1.1.2　动态诱导效应（I_d）　2
1.2　诱导效应的强度及其比较次序　2
　1.2.1　静态诱导效应强度的比较　2
　1.2.2　动态诱导效应强度的比较　3
　1.2.3　烷基的诱导效应　4
1.3　场效应　5
1.4　共轭效应　5
　1.4.1　共轭体系的分类　5
　1.4.2　静态共轭效应　6
　1.4.3　动态共轭效应　8
　1.4.4　超共轭效应　9
1.5　共轭效应对化合物化学性质的影响　10
　1.5.1　对化合物酸碱性的影响　10
　1.5.2　对反应方向及反应产物的影响　11
　1.5.3　对反应机理的影响　11
1.6　空间效应对反应活性的影响　11
　1.6.1　消除反应　11
　1.6.2　亲核取代反应　12
　1.6.3　酯化反应　12
　1.6.4　选择性反应　12
习题　13
习题参考答案　13
参考文献　14

第 2 章　立体化学　15

2.1　对称性与分子结构　15
　2.1.1　对称面（σ）　16
　2.1.2　对称中心（i）　16
　2.1.3　对称轴（C_n）　16
　2.1.4　更迭对称轴（S_n）　17
2.2　手性化合物的分类　18
　2.2.1　含一个手性碳原子的化合物　18
　2.2.2　含有两个及两个以上手性碳原子的化合物　18
　2.2.3　含有手性碳的环状化合物　18
　2.2.4　不含有手性碳原子的化合物　19
　2.2.5　含手性轴的化合物　20
　2.2.6　单键自由旋转受阻的化合物　20
　2.2.7　含手性面的化合物　21
2.3　构象与构象分析　22
2.4　链状化合物的构象　22
2.5　环己烷及其衍生物的构象　23
　2.5.1　环己烷的构象　23
　2.5.2　环己烷衍生物的构象　24
习题　25
习题参考答案　27
参考文献　27

第 3 章　手性与不对称合成　28

3.1　手性的意义　28
3.2　基本概念　29
　3.2.1　外消旋化　29
　3.2.2　非手性分子与不对称分子　31
　3.2.3　ee 值和 de 值　31
　3.2.4　比旋光度　31
　3.2.5　潜手性分子　31
　3.2.6　立体专一性和立体选择性　32
3.3　手性化合物构型标记　33
　3.3.1　构型标记的特殊规定　33
　3.3.2　含有手性原子的化合物　37
　3.3.3　含有手性轴的化合物　37
3.4　构象异构体　40
3.5　特殊类型的化合物　41

3.6 关于旋光方向与构型的关系 …… 42
3.7 手性化合物的制备 …… 43
 3.7.1 天然产物中提取手性化合物 …… 43
 3.7.2 外消旋体的拆分 …… 43
 3.7.3 化学合成 …… 45

3.7.4 催化不对称合成 …… 45
3.8 手性化合物与生理活性 …… 51
习题 …… 53
习题参考答案 …… 54
参考文献 …… 55

第4章 有机反应活泼中间体 …… 56

4.1 碳正离子 …… 56
 4.1.1 碳正离子的结构及其稳定性 …… 56
 4.1.2 碳正离子的形成 …… 58
 4.1.3 碳正离子的反应 …… 59
 4.1.4 非经典碳正离子 …… 60
4.2 碳负离子 …… 61
 4.2.1 碳负离子的结构及其稳定性 …… 61
 4.2.2 碳负离子的形成 …… 64
4.3 自由基 …… 66
 4.3.1 自由基的形成 …… 66
 4.3.2 自由基的结构及其稳定性 …… 68
 4.3.3 自由基的反应 …… 69
 4.3.4 自由基取代反应 …… 70

 4.3.5 芳香自由基代反应 …… 71
 4.3.6 自动氧化反应 …… 72
 4.3.7 自由基加成反应 …… 74
 4.3.8 Birch 还原 …… 75
4.4 卡宾和乃春 …… 75
 4.4.1 卡宾 …… 75
 4.4.2 乃春 …… 81
4.5 苯炔 …… 82
 4.5.1 苯炔的生成 …… 83
 4.5.2 苯炔的反应 …… 85
习题 …… 86
习题参考答案 …… 88
参考文献 …… 90

第5章 有机反应机理、测定方法 …… 91

5.1 有机反应的分类 …… 91
 5.1.1 自由基反应 …… 91
 5.1.2 离子反应 …… 92
 5.1.3 分子反应 …… 92
5.2 有机反应中试剂的分类 …… 92
5.3 反应方向与速率理论 …… 93
 5.3.1 反应的能学原理 …… 93
 5.3.2 化学反应动力学 …… 94
 5.3.3 过渡状态理论 …… 97
 5.3.4 Hammond 假设 …… 97
 5.3.5 动力学同位素效应 …… 98

5.4 研究有机反应机理的一般方法 …… 99
 5.4.1 产物的鉴定 …… 100
 5.4.2 中间体存在的确定 …… 100
 5.4.3 同位素标记 …… 101
 5.4.4 催化剂的研究 …… 101
 5.4.5 立体化学的研究 …… 102
 5.4.6 动力学的研究 …… 102
习题 …… 102
习题参考答案 …… 103
参考文献 …… 103

第6章 脂肪族亲核取代反应 …… 105

6.1 亲核取代反应历程 …… 105
 6.1.1 S_N2 历程 …… 106
 6.1.2 S_N1 历程 …… 107
 6.1.3 邻基参与历程 …… 108
 6.1.4 离子对历程 …… 110
6.2 影响亲核取代反应速率的因素 …… 111
 6.2.1 底物结构（烃基结构）的影响 …… 111
 6.2.2 离去基团（L） …… 112
 6.2.3 亲核试剂（:Nu⁻） …… 114

 6.2.4 溶剂的影响 …… 116
6.3 亲核取代反应在有机合成中的应用 …… 117
 6.3.1 形成 C—C 键 …… 117
 6.3.2 形成 C—H 键 …… 118
 6.3.3 形成 C—O 键 …… 118
 6.3.4 形成 C—S 键 …… 118
 6.3.5 形成 C—N 键 …… 119
 6.3.6 形成 C—X 键 …… 119
习题 …… 120

习题参考答案 ……………………… 122	参考文献 ……………………………… 124

第7章 芳香性与芳香族化合物的取代反应 …………………………… 125

7.1 芳香性的一般讨论 …………… 125
7.1.1 芳香性（轮烯，共平面，π电子数为4n+2，共平面的原子均为sp^2或sp杂化）…… 125
7.1.2 反芳香性（轮烯，共平面，π电子数为4n，共平面的原子均为sp^2或sp杂化）…… 126
7.1.3 非芳香性 …………………… 127
7.1.4 同芳香性 …………………… 127
7.1.5 反同芳香性 ………………… 127
7.2 芳香族化合物的亲电取代反应 … 127
7.3 结构与反应活性 ……………… 129
7.4 同位素效应 …………………… 130
7.5 芳香环的亲核取代反应机理 … 130
7.5.1 S_NAr机理 ………………… 130
7.5.2 S_N1机理 ………………… 132
7.5.3 苯炔机理 …………………… 132
7.6 反应活性 ……………………… 133
7.6.1 底物的影响 ………………… 133
7.6.2 离去基团的影响 …………… 135
7.6.3 亲核试剂的影响 …………… 135
习题 ………………………………… 135
习题参考答案 ……………………… 136
参考文献 …………………………… 137

第8章 消除反应 ………………………………………………………… 138

8.1 消除反应历程 ………………… 139
8.1.1 E1历程 …………………… 139
8.1.2 E2历程 …………………… 140
8.1.3 E1CB历程 ………………… 140
8.1.4 影响消除反应历程的因素 … 141
8.2 消除反应的定向规律 ………… 141
8.2.1 两种择向规律 ……………… 141
8.2.2 消除反应择向规律的解释 … 142
8.3 消除反应的立体化学 ………… 144
8.4 消除反应与取代反应的竞争 … 146
8.4.1 作用物的结构 ……………… 146
8.4.2 进攻试剂的影响 …………… 146
8.4.3 溶剂极性的影响 …………… 147
8.4.4 温度的影响 ………………… 147
8.5 热消除反应 …………………… 147
8.5.1 羧酸酯的热消除 …………… 148
8.5.2 黄原酸酯的热消除 ………… 149
8.5.3 叔胺氧化物的热消除 ……… 149
习题 ………………………………… 150
习题参考答案 ……………………… 151
参考文献 …………………………… 152

第9章 碳碳重键的加成反应 …………………………………………… 153

9.1 亲电加成反应 ………………… 153
9.1.1 反应历程 …………………… 153
9.1.2 烯烃与卤化氢的加成反应 … 155
9.1.3 烯烃与卤素的加成反应 …… 157
9.1.4 丙二烯类的亲电加成反应 … 159
9.1.5 共轭二烯类的亲电加成反应 … 160
9.1.6 烯烃与硼烷的加成反应 …… 161
9.1.7 烯烃的羟汞化-去汞化反应 … 163
9.1.8 烯烃与其他亲电试剂的加成反应 …………………………… 164
9.2 亲电加成反应在有机合成中的应用 …………………………… 164
9.2.1 C—X键的形成 …………… 164
9.2.2 C—O键的形成 …………… 164
9.2.3 C—C键的形成 …………… 165
9.2.4 C—N键的形成 …………… 165
9.3 碳碳重键的亲核加成反应 …… 166
9.3.1 炔烃的亲核加成 …………… 166
9.3.2 烯烃的亲核加成 …………… 167
习题 ………………………………… 167
习题参考答案 ……………………… 168
参考文献 …………………………… 169

第10章 亲核加成反应 ………………………………………………… 170

10.1 醛酮的亲核加成反应 ………… 170
10.1.1 羰基的结构与活性的关系 … 170

    10.1.2 亲核加成反应的立体化学 …… 172
    10.1.3 简单亲核加成反应 …………… 173
    10.1.4 碳负离子亲核试剂的加成
           反应 …………………………… 176
  10.2 酯缩合反应 ……………………………… 185
    10.2.1 克莱森（Claisen）缩合 ………… 185
    10.2.2 狄克曼（Dieckmann）缩合 …… 186
    10.2.3 混合酯缩合 …………………… 186
    10.2.4 酮的 α-碳进攻酯羰基的缩合 … 186
    10.2.5 羧酸衍生物的反应 …………… 187
  10.3 麦克尔加成反应 ………………………… 187
    10.3.1 反应的类型 …………………… 187
    10.3.2 加成反应的机理 ……………… 188
    10.3.3 在合成上的应用 ……………… 189
  习题 ……………………………………………… 189
  习题参考答案 …………………………………… 191
  参考文献 ………………………………………… 193

第 11 章　氧化还原反应 ……………………………………………………………… 194

  11.1 氧化反应 ………………………………… 194
    11.1.1 氧化反应定义 …………………… 194
    11.1.2 无机含氧氧化剂 ………………… 194
    11.1.3 其他无机非金属氧化剂 ………… 197
    11.1.4 无机金属氧化物氧化剂 ………… 199
    11.1.5 无机金属盐类氧化剂 …………… 200
    11.1.6 纯有机物类氧化剂 ……………… 201
    11.1.7 其他有机物氧化剂 ……………… 203
    11.1.8 脱氢反应与芳香化 ……………… 204
  11.2 还原反应 ………………………………… 205
    11.2.1 还原反应基本定义 ……………… 205
    11.2.2 催化氢化 ………………………… 207
    11.2.3 催化氢解 ………………………… 208
    11.2.4 活泼金属试剂还原 ……………… 211
    11.2.5 负氢转移试剂还原 ……………… 216
    11.2.6 其他试剂还原 …………………… 220
  习题 ……………………………………………… 223
  习题参考答案 …………………………………… 226
  参考文献 ………………………………………… 229

第 12 章　分子重排反应 ……………………………………………………………… 230

  12.1 分子重排反应的分类与研究方法 … 230
    12.1.1 常见的分子重排反应分类 …… 230
    12.1.2 分子重排反应历程的研究
           方法 …………………………… 231
  12.2 亲核重排 ………………………………… 232
    12.2.1 缺电子碳的重排 ……………… 232
    12.2.2 缺电子氮的重排 ……………… 235
    12.2.3 缺电子氧的重排 ……………… 237
  12.3 亲电重排 ………………………………… 238
    12.3.1 Favorskii 重排 ………………… 238
    12.3.2 Stevens 重排 …………………… 239
    12.3.3 Wittig 重排 ……………………… 239
  12.4 芳环上的重排反应 ……………………… 240
    12.4.1 联苯胺重排 …………………… 240
    12.4.2 Fries 重排 ……………………… 240
  12.5 自由基重排 ……………………………… 241
  习题 ……………………………………………… 242
  习题参考答案 …………………………………… 243
  参考文献 ………………………………………… 245

第 13 章　周环反应 …………………………………………………………………… 246

  13.1 基本概念与原理 ………………………… 246
    13.1.1 基元反应、协同反应和分步
           反应 …………………………… 246
    13.1.2 周环反应的定义与特点 ……… 246
    13.1.3 前线轨道理论 ………………… 247
  13.2 电环化反应 ……………………………… 247
    13.2.1 含 4n 个 π 电子的体系 ………… 247
    13.2.2 含 4n+2 个 π 电子的体系 …… 248
  13.3 Diels-Alder 反应 ………………………… 249
    13.3.1 环加成反应分类 ……………… 249
    13.3.2 Diels-Alder 反应定义与机理 … 249
    13.3.3 Diels-Alder 反应亲双烯体 …… 249
    13.3.4 Diels-Alder 反应双烯体 ……… 251
    13.3.5 Diels-Alder 反应的立体化学 … 255
    13.3.6 逆向 Diels-Alder 反应 ………… 257
  13.4 其他 [4+2] 环加成反应 ………………… 259
    13.4.1 烯丙基负离子的环加成反应 … 259
    13.4.2 烯丙基正离子的环加成反应 … 259

13.5 [3+2]偶极环加成反应 ⋯⋯⋯⋯ 260
    13.5.1 [3+2]偶极环加成反应定义与机理 ⋯⋯ 260
    13.5.2 [3+2]偶极环加成反应的合成应用 ⋯⋯ 261
13.6 [2+2]环加成反应 ⋯⋯⋯⋯ 262
    13.6.1 [2+2]环加成反应定义与机理 ⋯⋯ 262
    13.6.2 [2+2]环加成反应的合成应用 ⋯⋯ 263
13.7 σ迁移反应 ⋯⋯⋯⋯ 264
    13.7.1 σ迁移反应定义与机理 ⋯⋯ 264
    13.7.2 氢的 [1, j] σ迁移 ⋯⋯ 265
    13.7.3 碳的 [1, j] σ迁移 ⋯⋯ 266
    13.7.4 碳的 [3,3'] σ迁移 ⋯⋯ 267
习题 ⋯⋯⋯⋯ 269
习题参考答案 ⋯⋯⋯⋯ 272
参考文献 ⋯⋯⋯⋯ 274

第 14 章 有机合成路线设计技巧 ⋯⋯⋯⋯ 276

14.1 有机合成基础知识 ⋯⋯⋯⋯ 276
    14.1.1 碳链的增长 ⋯⋯ 276
    14.1.2 碳链的缩短 ⋯⋯ 277
    14.1.3 碳环的形成 ⋯⋯ 278
14.2 有机合成中的选择性控制 ⋯⋯ 280
    14.2.1 导向基团 ⋯⋯ 280
    14.2.2 保护基团 ⋯⋯ 283
    14.2.3 潜官能团 ⋯⋯ 285
14.3 逆合成分析法基本概念 ⋯⋯ 289
    14.3.1 合成子等基本定义 ⋯⋯ 289
    14.3.2 分割的三条原则 ⋯⋯ 290
    14.3.3 合成树及其选择 ⋯⋯ 290
14.4 典型化合物逆合成分析举例 ⋯⋯ 291
    14.4.1 芳香族化合物 ⋯⋯ 291
    14.4.2 不含羰基的杂原子脂肪族化合物 ⋯⋯ 293
    14.4.3 含羰基的脂肪族化合物 ⋯⋯ 295
    14.4.4 烷烃与脂环化合物 ⋯⋯ 302
14.5 有机合成中逆合成分析技巧 ⋯⋯ 303
    14.5.1 从官能团处切割 ⋯⋯ 303
    14.5.2 从支链处切割 ⋯⋯ 304
    14.5.3 对称性的运用 ⋯⋯ 305
    14.5.4 综合应用举例 ⋯⋯ 309
14.6 天然产物仿生合成与逆质谱合成 ⋯⋯ 310
    14.6.1 仿生合成 ⋯⋯ 310
    14.6.2 逆质谱合成 ⋯⋯ 312
14.7 药物合成设计与计算机辅助有机合成 ⋯⋯ 314
    14.7.1 药物合成设计 ⋯⋯ 314
    14.7.2 计算机辅助有机合成 ⋯⋯ 317
习题 ⋯⋯⋯⋯ 319
习题参考答案 ⋯⋯⋯⋯ 320
参考文献 ⋯⋯⋯⋯ 324

第 15 章 过渡金属催化偶联反应 ⋯⋯⋯⋯ 326

15.1 Heck 反应 ⋯⋯⋯⋯ 326
    15.1.1 得名与研究历史 ⋯⋯ 326
    15.1.2 定义及反应机理 ⋯⋯ 327
    15.1.3 Heck 反应的催化条件 ⋯⋯ 327
    15.1.4 Heck 反应的底物 ⋯⋯ 329
    15.1.5 Heck 反应绿色化进展 ⋯⋯ 330
15.2 Suzuki 偶联反应 ⋯⋯⋯⋯ 331
    15.2.1 得名与研究历史 ⋯⋯ 331
    15.2.2 定义及反应机理 ⋯⋯ 332
    15.2.3 Suzuki 反应的催化条件 ⋯⋯ 332
    15.2.4 Suzuki 反应中的亲电试剂 ⋯⋯ 334
    15.2.5 Suzuki 反应中的亲核试剂 ⋯⋯ 335
    15.2.6 Suzuki 反应绿色化进展 ⋯⋯ 336
15.3 Sonogashira 反应 ⋯⋯⋯⋯ 337
    15.3.1 得名与研究历史 ⋯⋯ 337
    15.3.2 定义及反应机理 ⋯⋯ 338
    15.3.3 Sonogashira 反应的底物 ⋯⋯ 339
    15.3.4 Sonogashira 反应条件 ⋯⋯ 340
    15.3.5 Sonogashira 反应绿色化进展 ⋯⋯ 342
15.4 Stille 反应 ⋯⋯⋯⋯ 343
    15.4.1 得名与研究历史 ⋯⋯ 343
    15.4.2 定义及反应机理 ⋯⋯ 344
    15.4.3 Stille 反应的亲电试剂 ⋯⋯ 345
    15.4.4 Stille 反应的有机锡试剂 ⋯⋯ 347
    15.4.5 Stille 反应的催化条件 ⋯⋯ 348
15.5 Glaser 偶联反应 ⋯⋯⋯⋯ 349
    15.5.1 得名与研究历史 ⋯⋯ 349
    15.5.2 定义及反应机理 ⋯⋯ 350
    15.5.3 Glaser 偶联反应的底物 ⋯⋯ 350
    15.5.4 Glaser 偶联反应的催化剂与

　　　　氧化剂 …………………… 352
　15.5.5 Glaser 偶联反应绿色化进展 …… 354
15.6 Negishi 反应 …………………… 355
　15.6.1 得名与研究历史 …………… 355
　15.6.2 定义及机理 ………………… 356
　15.6.3 Negishi 反应的有机锌试剂 …… 356
　15.6.4 Negishi 反应实例与应用 …… 357
15.7 Hiyama 反应 …………………… 357
　15.7.1 得名与研究历史 …………… 357

15.7.2 定义及机理 ………………… 358
15.7.3 Hiyama 反应实例与应用 …… 358
15.8 Kumada 反应 …………………… 358
　15.8.1 得名与研究历史 …………… 358
　15.8.2 定义及机理 ………………… 359
　15.8.3 Kumada 反应实例与应用 …… 359
习题 …………………………………… 360
习题参考答案 ………………………… 362
参考文献 ……………………………… 364

第 1 章 电子效应和空间效应

在有机化学中，取代基是取代有机化合物中氢原子的基团，取代基往往是影响有机化合物性质的官能团，不同的取代基会导致不同的效应，如诱导效应、共轭效应、场效应及空间效应等，从而使不同的化合物产生不同的性质。归纳起来，可以分为两大类。①电子效应，包括诱导效应、共轭效应和场效应。电子效应是通过影响分子中电子云的分布而起作用的。②空间效应，也称为位阻效应，是由于取代基的大小或形状引起分子中特殊的张力或阻力的一种效应，空间效应也直接影响到化合物分子的反应性能。本章重点讨论诱导效应（inductive effect）和共轭效应（conjugative effect）。

1.1 诱导效应

诱导效应（inductive effect）包括静态诱导效应与动态诱导效应，从广义的诱导效应讲还包括场效应。

1.1.1 静态诱导效应（I_s）

由不同原子所组成的共价键中，构成 σ 键的电子不是均匀地分布在两个原子之间，而是倾向于电负性较高的原子一边，这样形成的键是极性共价键。像碳卤键这样极性键存在于分子中，会明显地影响分子的性质。例如电负性较高的原子或原子团 X 能使 C—X 键中电子云比较多地集中在它的附近，使 X—C 键带有极性。

$$X^{\delta-}—C^{\delta+}$$

在多原子分子中，这种极性，可以沿着分子链进行传递。如 1-氯丙烷，氯原子通过诱导使相邻碳原子带有部分正电荷。

$$X^{\delta-} \leftarrow C^{\delta+} \leftarrow C^{\delta\delta+} \leftarrow C^{\delta\delta\delta+} \cdots\cdots$$

例如： $\quad Cl—CH_2—CH_2—CH_3$

假定换一电负性小于碳原子或原子团 Y 与碳相连，则会使碳原子呈现较多的负电荷。

$$Y^{\delta+} \rightarrow C^{\delta-} \rightarrow C^{\delta\delta-} \rightarrow C^{\delta\delta\delta-} \cdots\cdots$$

例如：

这种由于原子、原子团或取代基电负性的影响沿着分子中的 σ 键传导，引起分子中电子云依取代基对氢的比较电负性所决定的方向而"转移"的效应称为诱导效应（inductive effect）。这种效应如果存在于未发生反应的分子中就称为静态诱导效应（state inductive effect），用 I_s 表示。

诱导效应的传导是以静电诱导的方式沿着单键或重键而传导，沿分子链迅速减弱，经过三个原子之后，诱导效应已很微弱，超过五个原子就会消失。

诱导效应的方向，以氢原子作为比较标准。当原子或原子团的排斥电子能力大于氢原子（或吸电子能力小于氢原子），则其本身往往带有微量正电荷（δ^+），该原子或原子团就具有正诱导效应，用+I表示。当原子或原子团吸引电子的能力大于氢原子，则其本身往往带有微量负电荷（δ^-），该原子或原子团就具有负的诱导效应，用-I表示。

$$\overset{\delta^+\,\delta^-}{Y\rightarrow CR_3} \qquad H—CR_3 \qquad \overset{\delta^-\,\delta^+}{X\leftarrow CR_3}$$

$$+I\text{效应} \qquad \text{比较标准} \qquad -I\text{效应}$$

1.1.2 动态诱导效应（I_d）

当某个外来的极性核接近分子时，能够改变分子中共价键的电子云分布。由于外在因素的影响引起分子中电子云分布状态的暂时改变，称为动态诱导效应，用 I_d 表示。

动态诱导效应是一种暂时的极化现象，故又称为可极化性。它依赖于外来因素的影响，外来因素的影响一旦消失，这种动态诱导效应也不复存在，分子的电子云分布又恢复到基态，所以动态诱导效应是一种随时间变化的效应。

$$A\mathrel{\text{┅┅}}B \underset{\text{去}[X]^+\text{作用}}{\overset{[X]^+\text{作用}}{\rightleftharpoons}} A\mathrel{\text{┅┅}}B[X]^+$$

正常状态下静态　　　　在外加试剂作用下的动态

一个分子对于外界极化电场的反映，即诱导极化度，以 ρ 表示，ρ 的强度决定于分子中化学键的极化度（α）和外界极化电场的强度（F），即：

$$\rho=\alpha F$$

动态诱导效应在比较标准、传导方式等方面与静态诱导效应一致，但在起源、传导方向、极化效果等方面，二者有明显不同。

首先，静态诱导效应是由于键的永久极性引起的，是一种永久的不随时间变化的效应。而动态诱导效应是由于键的可极化性而引起的，是一种暂时的随时间变化的效应。

其次，当发生动态诱导效应时，电子向利于反应进行的方向转移，结果使动态诱导效应的效果总具有致活作用，能引起或促进化学反应。而静态诱导效应并不一定向有利于反应的方向转移，其结果对化学反应也不一定是促进作用。

例如 C—X 键按静态诱导效应，其大小顺序是：C→F＞C→Cl＞C→Br＞C→I，而动态诱导效应的顺序刚好相反：C→I＞C→Br＞C→Cl＞C→F，表现在化学反应中的活性顺序与动态诱导效应的顺序相同。如亲核取代反应的活性顺序为：

$$R—I＞R—Br＞R—Cl＞R—F$$

1.2 诱导效应的强度及其比较次序

1.2.1 静态诱导效应强度的比较

关于静态诱导效应，其强度取决于原子或原子团的电负性，其电负性与氢原子相差愈大者其诱导效应愈强。通常通过测定取代酸碱的离解常数、偶极矩及反应速率等来比较诱导效应的强度。

（1）根据偶极矩确定诱导效应的次序　根据在同一个烃分子中用不同的原子或原子团取代所得不同化合物的偶极矩，可计算出该原子或原子团在分子中的诱导效应，从而排出各种原子或原子团诱导效应的顺序。如果改变烷基，对比具有不同分支程度的烷基的卤代烷的偶极矩，则可以初步得出不同烷基的诱导效应的顺序。

表1-1列出了甲烷中氢被不同原子或原子团取代后的偶极矩。表1-2则列出了不同烷基的氯代烷与溴代烷的偶极矩变化情况。

第1章 电子效应和空间效应

表1-1 甲烷的一取代衍生物的偶极矩

化合物	μ/D(气态)	化合物	μ/D(气态)
$CH_3—CN$	3.94	$CH_3—Cl$	1.86
$CH_3—NO_2$	3.54	$CH_3—Br$	1.78
$CH_3—F$	1.81	$CH_3—I$	1.64

表1-2 氯代烷与溴代烷的偶极矩

化合物	μ/D(气态)	化合物	μ/D(气态)
$CH_3—Cl$	1.83	$CH_3CH_2CH_2CH_2—Br$	1.97
$CH_3CH_2—Cl$	2.00	$(CH_3)_2CHCH_2—Br$	1.97
$(CH_3)_2CH—Cl$	2.15	$CH_3CH_2CH(CH_3)—Br$	2.12
$(CH_3)_3C—Cl$	2.15	$(CH_3)_3C—Br$	2.21

根据表1-1的偶极矩数值可以得出这些基团的负诱导效应（$-I$）的顺序为：

$$CN>NO_2>Cl>F>Br>I>H$$

根据表1-2则可以得出不同烷基的正诱导效应（$+I$）的顺序为：

$$(CH_3)_3C—>CH_3CH_2CH(CH_3)—>$$
$$(CH_3)_2CHCH_2—\sim CH_3CH_2CH_2CH_2—>CH_3CH_2—>CH_3—>H$$
$$(CH_3)_3C—\sim (CH_3)_2CH—>CH_3CH_2—>CH_3—>H$$

(2) **根据酸碱的离解常数来比较诱导效应** 通过测定取代酸碱的离解常数，就可以得出这些原子或原子团的诱导效应次序。

如由各种取代乙酸的离解常数，可以得出下列基团诱导效应的强度次序。

$$-I: CN>F>Cl>Br>I>CH_3O>C_6H_5>CH_2=CH>H$$
$$+I: (CH_3)_3C—>CH_3CH_2—>CH_3—>H$$

(3) **通过周期表来比较诱导效应** 元素周期表的顺序严格地体现了元素的电负性变化次序，所以根据原子或原子团所对应的元素在周期表中的位置来比较诱导效应的强度次序则较为可靠。

在同一周期中，愈是位于周期表中右边的元素的原子，其电负性愈大，它的$-I$效应也愈大。如：

$$-I: F>RO>R_2N$$
$$F>OH>NH_2$$

在同一族中愈是位于周期表中上面的元素的原子其电负性愈大，故其$-I$效应愈大。如：

$$-I: F>Cl>Br>I$$
$$OR>SR>SeR>TeR$$

另外一般带有正电荷的原子或原子团比同类型不带电荷的原子或原子团吸引电子能力强得多，带有负电荷的原子或原子团排斥电子的能力又比同类原子或原子团强得多。如：

$$-I: \ ^+NR_3>NR_2 \quad ^+NH_3>NH_2 \quad ^+OR>OR$$
$$+I: \ O^->HO \quad O^->RO$$

1.2.2 动态诱导效应强度的比较

由于动态诱导效应是一种暂时的效应，根据元素在周期表中所在的位置来进行比较。

(1) **同族元素的原子及其形成的原子团** 在同一族中，由上到下原子序数增加，电负性减小，电子受到核的约束愈来愈小，电子的活动性、极化性增加，所以其动态诱导效应必然增加。如：

$$I_d: -I > -Br > -Cl > -F$$
$$-TeR > -SeR > -SR > -OR$$

如果原子或原子团带有电荷，就同一元素而言，带正电荷的原子或原子团比相应的中性原子或原子团对电子的约束性较大，而带负电荷的原子或原子团则相反，所以 I_d 效应随着负电荷的增加而递增。如：

$$I_d: -O^- > -OR > -\overset{+}{O}R_2$$
$$-NR_2 > -\overset{+}{N}R_3 \quad -NH_2 > -\overset{+}{N}H_3$$

（2）同周期元素的原子及其所形成的原子团　在同一周期中，随着原子序数的增加，元素的电负性增加，对电子的约束性增大，因此极化性变小，故动态诱导效应随原子序数的增加而降低。

$$I_d: -CR_3 > -NR_2 > -OR > -F$$

1.2.3　烷基的诱导效应

在目前的教科书中一般认为烷基具有排斥电子作用的正诱导效应（$+I$），自 20 世纪 60 年代开始的一些研究工作表明：烷基亦能显示出吸引电子的负诱导效应（$-I$）。由此引起了不少学者的关注。

1960 年 D. R. Lide 等人用微波法测定了某些烷烃的偶极矩，如测定叔丁烷的偶极矩 $\mu = 0.132D$，但不能确定方向。用 D 取代 $(CH_3)_3CH$ 中之 H 后测得氘代叔丁烷 $(CH_3)_3CD$，偶极矩 $\mu = 0.141D$，这种偶极矩的增加显然是由于引入了 D 的结果。再根据氘取代氢得到的氘代羧酸离解常数降低的事实，证明氘排斥电子能力略大于氢。由此可推知甲基在这里具有吸电子作用。因若甲基在这里起排斥电子作用则偶极矩应变小。

$$\begin{array}{cc}
CH_3 & CH_3 \\
CH_3\text{—}C\text{—}H & CH_3\text{—}C\text{—}D \\
CH_3 & CH_3 \\
\mu = 0.132D & \mu = 0.141D
\end{array}$$

1968 年 J. I. Brauman 等人研究了简单脂肪醇类在气相中的相对酸性顺序，发现与在溶液中测得的结果相反。

$$(CH_3)_3COH > (CH_3)_2CHOH > CH_3CH_2OH > CH_3OH > H_2O$$

这里排除了溶剂等外界因素的影响，醇的酸性只与烷基有关。烷基吸引电子的能力愈强，才会使 O—H 键的极性增大，使 H 更易以质子脱出，且使生成的 RO^- 更加稳定，故使酸性增强。

在气相离子回旋共振谱测定胺的酸性顺序时也发现有与醇的酸性类似的情况，如有下列酸性顺序：

$$(CH_3)_3CNH_2 > (CH_3)_2CHNH_2 > CH_3CH_2NH_2 > CH_3NH_2 > NH_3$$

另一个更有力的证据是 ^{13}C NMR 的核磁共振数据。表 1-3 列出了几种羧酸的 pK_a 及羰基碳 ^{13}C NMR 的 δ 值。羧酸酸性大小按常规法测定，从酸性大小顺序中认为烷基是供电子基。但从 ^{13}C NMR 谱中羰基碳的化学位移的 δ 值可以看出,当 R 取代 H 后,δ 值增大,说明吸收移向低场,从而证明烷基是吸电子基,只有吸电子基才会使 δ 移向低场。

表 1-3 羧酸 pK_a 的值及羰基碳 ^{13}C NMR 的 δ 值

化合物	HCOOH	CH_3COOH	C_2H_5COOH	$CH_3CH_2CH_2COOH$	$CH_3(CH_2)_3COOH$
pK_a	3.74	4.76	4.88	4.82	4.81
$\delta_{C=O}$	166.0	176.9	180.1	179.3	179.4
$\Delta\delta=\delta_R-\delta_H$	0	10.9	14.1	13.3	13.4

实际上从电负性来看,烷基的电负性就比氢的大,说明烷基的静电效应应该是吸电子的(见表 1-4)。

表 1-4 烷基的电负性

烷基	H	—CH_3	—CH_2CH_3	—$CH(CH_3)_2$	—$C(CH_3)_3$
基团电负性	2.10	2.20	2.21	2.24	2.26

烷基到底是吸电子还是供电子?则取决于它和什么样的原子或基团相连。如果烷基与电负性比烷基大的原子或基团相连,则烷基表现出通常所认为的供电子的 +I 效应;如果烷基和电负性比烷基小的原子或原子团相连,则烷基表现出的是吸电子的 −I 效应。

1.3 场效应

场效应是分子中相互作用的两个部分通过空间传递的一种电子效应。如邻卤代苯丙炔酸的场效应就与诱导效应的方向相反。从诱导效应来讲,邻卤代苯丙炔酸的酸性应大于对卤代苯丙炔酸的酸性,但由于邻位的 $C^{\delta+}$—$X^{\delta-}$ 键其负性一端 X 靠近—COOH 中正性质子,使 H^+ 不易离解出来。因此这种场效应趋向于减小该化合物的酸性。如邻氯代苯丙炔酸酸性反而小于对氯代苯丙炔酸。

场效应(使酸性减弱)　　　无场效应

1.4 共轭效应

双键、单键相间的共轭体系称为 π-π 共轭体系。共轭效应是存在于共轭体系中原子间的一种相互影响,是轨道离域或电子离域所产生的一种效应。共轭效应是区别于诱导效应的另一种电子效应,共轭效应往往对有机化合物化学性质的影响作用更大。

1.4.1 共轭体系的分类

共轭效应必定存在于一定的共轭体系中,可将共轭体系(或共轭效应)分类如下:

1.4.1.1 按参加共轭的化学键或电子类型分类

(1) π-π 共轭体系　如:

$CH_2=CHCH=CH_2$; $CH_2=CHCH=O$; $CH_2=CHCOR$; $CH_2=CHCN$;

(2) p-π 共轭体系 如：

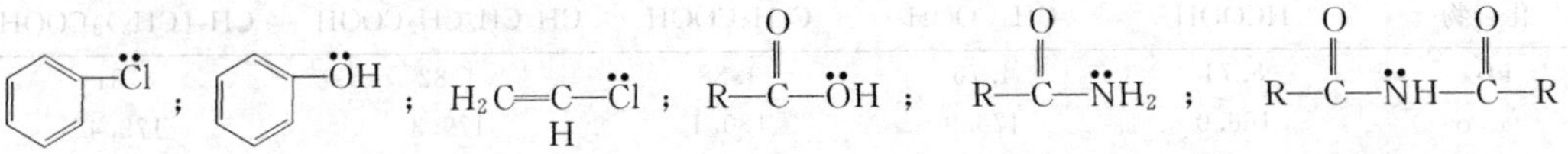

[Ph-Cl structure]; [Ph-OH structure]; $H_2C=\overset{..}{\underset{H}{C}}-\overset{..}{Cl}$; $R-\overset{O}{\overset{\|}{C}}-\overset{..}{O}H$; $R-\overset{O}{\overset{\|}{C}}-\overset{..}{N}H_2$; $R-\overset{O}{\overset{\|}{C}}-\overset{..}{N}H-\overset{O}{\overset{\|}{C}}-R$

$CH_2=CH\overset{+}{C}H_2$; $^-CH_2CH=CH_2$; $\cdot CH_2CH=CH_2$

(3) σ-π 共轭体系 如：

$CH_3CH=CH_2$; $(CH_3)_2C=CHCH_2CH_3$; [toluene structure with CH₃]

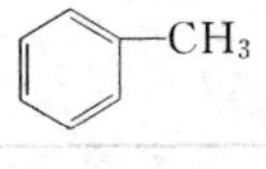

(4) σ-p 共轭体系 如：

$(CH_3)_3C^+$; $(CH_3)_2CH^+$; $(CH_3)_3C\cdot$

1.4.1.2 按参加共轭的原子数与电子数分类

按离域 π 键，并将由 n 个原子提供 n 个相互平行的 p 轨道和 m 个电子形成的离域 π 键记为 π_n^m，根据参加共轭的电子数目 m 等于、大于或小于原子数目 n，可将离域 π 键分为三类。

(1) 正常离域 π 键（$m=n$） 如：

$CH_2=CHCH=CH_2$ 为 π_4^4；$CH_2=CHCH=O$ 为 π_4^4；[benzene] 为 π_6^6

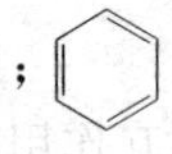

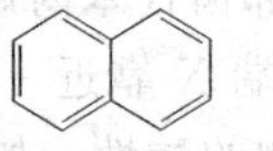

[naphthalene] 为 π_{10}^{10}；[triphenylmethyl radical] 为 π_{19}^{19}

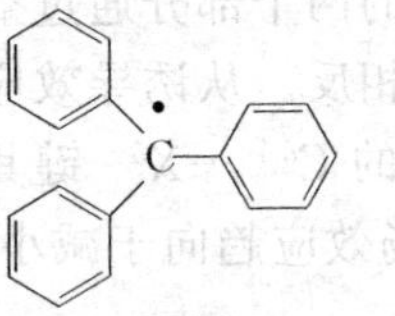

(2) 多电子离域 π 键，$m>n$ 如：

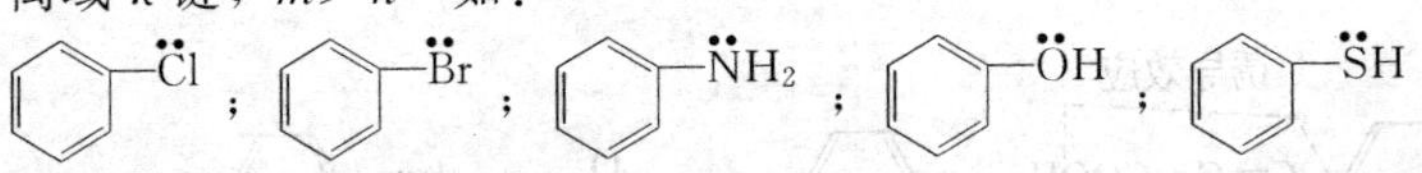

[Ph-Cl]; [Ph-Br]; [Ph-NH₂]; [Ph-OH]; [Ph-SH]

等为 π_7^8

(3) 缺电子离域 π 键，$m<n$ 如：

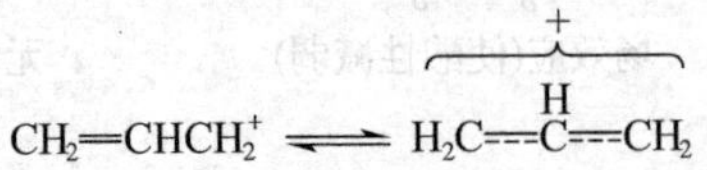

$CH_2=CHCH_2^+ \rightleftharpoons H_2\overset{+}{C}-\overset{H}{C}=CH_2$ 为 π_3^2

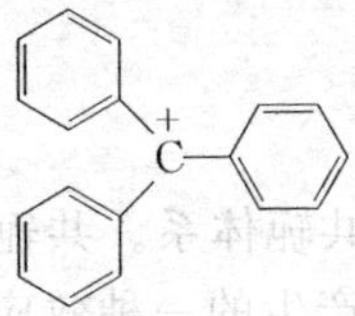

[triphenylmethyl cation] 为 π_{19}^{18}

1.4.2 静态共轭效应

静态共轭效应是分子所固有的一种永久的效应，下面从几个方面来讨论。

1.4.2.1 共轭效应的存在

共轭效应只存在于共轭体系中，不像诱导效应那样存在于一切键中。

1.4.2.2 共轭效应的表现

共轭效应的主要表现有：共轭体系中各键上的电子密度发生了平均化，引起了键长的平均化，单键与重键（如双键）的差别减小。与非共轭体系相比，共轭体系的能量降低，各能级之间能量差减小，也即是能量最低空轨道与能量最高占据轨道之间的能量差变小，分子中电子激发能低，以致使共轭体系分子的吸收光谱向长波方向移动。随着共轭链增长，吸收光谱的波长移向波长更长的区域，进入可见光区，这就是有颜色的有机化合物分子绝大多数具有复杂的共轭体系之缘故。见表1-5。

表1-5 某些化合物吸收峰波长与颜色

化合物	共轭双键数	最大吸收峰波长/nm	颜色
$CH_2=CH_2$	1	171	无
$CH_2=CHCH=CH_2$	2	217	无
$CH_2=C(CH_3)CH=CH_2$	2	223	无
$CH_2=CHCH=CHCH=CH_2$	3	268	无
二甲辛四烯	4	298	淡黄
番茄红素	11	470	红色

此外共轭体系中电子云更易流动，即电子活动性增强，使得分子的折光率增大。如1,5-己二烯，2,4-己二烯与1,3,5-己三烯分子折光率的试验值分别为：

$$\begin{array}{ll} & 分子折光率(MD) \\ CH_2=CHCH_2CH_2CH=CH_2 & 28.85 \\ CH_3CH=CHCH=CHCH_3 & 30.73 \\ CH_2=CHCH=CHCH=CH_2 & 30.99 \end{array}$$

1.4.2.3 共轭效应传导的方式

诱导效应是由于键的极性或极化性沿σ键而传递，而共轭效应则是通过π电子的转移沿共轭链而传递。而且共轭效应的传递不像诱导效应削弱得那么快，只要共轭体系不中断，共轭效应可以一直沿着共轭链传递而没有明显削弱情况。如：

$H_3C—CH=CH—CH=CH—CH=CH—CH=CH—CH=O$ 共轭效应可传递

$CH_2=CH—CH=CH—\underset{H_2}{C}—CH=CH—CH=CH—CH=O$ 在C-6处不能传递而中断

1.4.2.4 共轭效应的比较次序

通常将共轭体系中给出π电子的原子或原子团显示的共轭效应称为+C效应，吸引π电子的原子或原子团的共轭效应称为-C效应。

静态共轭效应也影响分子的偶极矩，一般地讲，饱和化合物的偶极矩是由诱导效应所引起，而不饱和化合物、芳香化合物的偶极矩，可以由诱导效应与共轭效应二者引起。表1-6列出了某些饱和的醛、腈和相应的不饱和化合物的偶极矩，可以发现不饱和醛、腈的偶极矩比相应饱和的化合物偶极矩要高。表1-7则列出了某些饱和卤素衍生物和相同碳原子数共轭的不饱和卤素衍生物的偶极矩，可以看出饱和卤素衍生物的偶极矩高得多。

表1-6 某些饱和醛、腈和相应的不饱和化合物的偶极矩

化合物	偶极矩/D	化合物	偶极矩/D
CH_3CH_2CHO	2.49	CH_3CH_2CN	3.57(溶液)
$CH_2=CHCHO$	2.88	$CH_2=CH—CN$	3.88
$CH_3CH_2CH_2CHO$	2.57	$CH_3CH_2CH_2CN$	4.05
$CH_3CH=CHCHO$	3.67	$CH_3CH=CHCN$	4.45

表 1-7 某些饱和卤素衍生物和相应的不饱和化合物的偶极矩

R \ 偶极矩/D \ 卤素	Cl	Br	I
CH_3CH_2-	2.05	2.09	1.70
$CH_2=CH-$	1.66	1.48	1.26
$C_4H_9CH_2CH_2-$	2.12	2.16	2.09
$C_4H_9CH=CH-$	1.23	1.06	0.75
$C_5H_{11}CH_2CH_2-$	2.12	2.16	2.09
$C_5H_{11}CH_2CH_2-$	1.27	1.05	0.80

醛基、氰基与卤素原子都是电负性大的基团，为什么它们与不饱和碳原子相连，对分子偶极矩的影响却不一致呢？连有醛基、氰基的共轭不饱和化合物的偶极矩比相应的饱和化合物有所增加，而连有卤素的共轭的不饱和化合物的偶极矩反比相应的饱和化合物的偶极矩低。这些都不能由诱导效应解释，因为根据诱导效应，醛基、氰基和卤素对偶极矩的影响基本一致，而且卤素连于不饱和碳原子的化合物后，由于 π 电子高度的可极化性，其偶极矩似乎应该比相应的饱和卤素衍生物高。

这里显然是共轭效应起了主导作用。因在不饱和醛、腈中存在 π-π 共轭体系（$-C$ 效应），而上面所列不饱和卤素衍生物中存在着 p-π 共轭体系（$+C$ 效应）。如：

$$CH_2=CH-CH=O \quad CH_2=CH-C\equiv N \quad CH_2=CH-\ddot{B}r \quad CH_2=CH-\ddot{I}$$
丙烯醛($-C$)　　丙烯腈($-C$)　　溴乙烯($+C$)　　碘乙烯($+C$)

（1）$+C$ 效应　在同一周期中随着原子序数的增加而减小。

$$-\ddot{N}R_2>-\ddot{O}R>-\ddot{F}$$

在同一族中随着原子序数的增加而减小。

$$-\ddot{F}>-\ddot{C}l>-\ddot{B}r>-\ddot{I}$$
$$-\ddot{O}R>-\ddot{S}R>-\ddot{S}eR>-\ddot{T}eR$$
$$-OH>-SH>-SeH>-TeH$$

从上面可以看出：p-π 共轭总是给电子的 $+C$ 效应，且随着原子序数增加；原子半径增大，能级差别加大，使得 p 电子与碳原子的 π 轨道重叠变得困难，故形成 p-π 共轭的能力削弱。

（2）$-C$ 效应　$-C$ 效应一般表现在 π-π 共轭体系中，对于同周期的元素来说，原子序数愈大，电负性愈大，$-C$ 效应愈强。

$$C=O>C=NH>C=CH_2$$

对于同族元素，随着原子序数增加，半径变大，能级升高，即与碳原子差别变大，使 π 键与 π 键的重叠程度变小，故 $-C$ 效应变弱。如：

$$C=O>C=S$$

1.4.3 动态共轭效应

动态共轭效应是共轭体系在发生化学反应时，由于进攻试剂或气态外界条件的影响使电子云重新分布，实际上往往是静态共轭效应的扩大，并使原来参加静态共轭的 p 电子云向有利于发生反应的方向流动。所以虽然动态共轭效应是一种暂时的效应，但一般都对化学反应起促进作用。也就是说，动态共轭效应是在帮助一个化学反应进行时才会产生，这一点与静态共轭效应是完全不同的。例如 1,3-丁二烯与氢溴酸加成，当亲电试剂 H^+ 进攻时，在丁二烯原来静态共轭效应的基础上产生了动态共轭效应，并引起了 p 电子云向 H^+ 进攻的方向转移,使丁二烯分子形成有利于加成反应的极化状态,进而生成极性离子,最后与 Br^- 作用完成反应。这整个过程动态共轭效应起了促进作用。

$$H^+ + \overset{\delta^-}{H_2C}\!\!=\!\!\underset{1\quad 2}{CH}\!\!-\!\!\overset{\delta^+}{\underset{3\quad 4}{CH}}\!\!=\!\!CH_2 \longrightarrow H\!-\!\underset{1}{CH_2}\!-\!\underset{2}{CH}\!\!=\!\!\!\underset{3}{\overset{\oplus}{\overbrace{=\!=\!=\!CH}}}\!\!\!\underset{4}{=\!=\!CH_2}$$

$$H\!-\!CH_2\!-\!\overset{\oplus}{\overbrace{CH\!\!=\!\!=\!\!=\!CH\!\!=\!\!=\!\!=\!CH_2}} + Br^- \longrightarrow \begin{array}{l} CH_3\!-\!CH\!=\!CH\!-\!CH_2Br \\ H_3C\!-\!CHBr\!-\!CH\!=\!CH_2 \end{array}$$

又如氯苯的定位效应,动态 p-π 共轭效应也起了重要作用。

在氯苯分子中,既有静态的 $-I$ 效应,又有静态的 $+C$ 效应,而且在无外界试剂进攻时,$-I$ 效应明显大于 $+C$ 效应。在亲电取代反应中,当亲电试剂进攻时,产生了动态共轭效应,加强了 p-π 共轭效应。这里 $-I$ 效应不利于苯环上的亲电取代反应,而 $+C$ 效应促进这种取代,并使取代的位置进入邻对位,由于氯原子的 $-I$ 效应太强,虽然动态共轭效应促进了邻对位取代,但氯的作用还是使苯环在亲电取代反应中变得比苯难。

1.4.4 超共轭效应

超共轭所讨论的离域现象是关于 σ 电子的,在取代苯的硝化反应和卤代反应中,苯核上电子云密度愈大反应速率愈快。如烷基苯(C_6H_5R)的硝化反应:

R=	CH_3	CH_3CH_2	$(CH_3)_2CH$	$(CH_3)_3C$	H
反应速率常数 $k/\times 10^4 s^{-1}$	7.80	7.56	6.78	5.68	0.527
相对反应速率	100	97	87	73	6.8

实验结果表明:甲苯的硝化和卤代反应速率最快,叔丁基苯的硝化和卤代反应而最慢,这与诱导效应大小的顺序刚好矛盾。显然,用诱导效应无法解释这个问题。

根据诱导效应排斥电子能力大小顺序应是:

$$(CH_3)_3C\!-\!>(CH_3)_2CH\!-\!>CH_3CH_2\!-\!>CH_3\!-$$

R 为叔丁基,水解反应速率应该最大。事实刚好相反,如:R—C$_6$H$_4$—CHPhCl 在 80% 丙酮水溶液中于 0℃ 时的水解速率的情况为:

R=	Me	Et	i-Pr	t-Bu	H
$k_1/\times 10^4 s^{-1}$	83.5	62.6	46.95	35.9	2.82

这一实验事实也无法用诱导效应及一般的共轭效应解释,一些化学家认为这是超共轭效应的结果。到底什么是超共轭效应呢?根据很多实验事实发现,σ-π 共轭、σ-p 共轭都能发生这一类超共轭效应,它们都有 σ 电子的离域现象发生。因此超共轭效应是 C—H 键的 σ 电子离域所引起的一种效应。

超共轭效应类似于一般的共轭效应。键长也发生平均化,在共轭体系中单键比孤立单键短,双键则比孤立的双键要长。超共轭效应也有这种表现。见表 1-8。

表 1-8　超共轭效应对 C—C、C═C 及 C≡C 键长的影响

化学键	孤立的			CH_3—CH═CH_2 中		CH_3—C≡C—CH_3 中	
	C—C	C═C	C≡C	C—C	C═C	C—C	C≡C
键长/nm	0.154	0.134	0.120	0.1488	0.1353	0.1457	0.1211

从氢化热（表 1-9）、光谱性质及偶极矩等方面也都进一步证实了超共轭效应存在的事实。

表 1-9　乙烯及其同系物氢化热（ΔH）（18℃时）

烯烃	$-\Delta H/(kJ/mol)$	烯烃	$-\Delta H/(kJ/mol)$
CH_2═CH_2	137.1	$(CH_3)_2C$═$CHCH_3$	112.4
CH_3—CH═CH_2	125.8	$(CH_3)_2C$═$C(CH_3)_2$	111.2
$(CH_3)_2C$═CH_2	118.5		

烷基碳正离子的稳定性及烷基自由基稳定性都与超共轭效应有关。烷基碳正离子与烷基自由基的稳定性顺序：

烷基碳正离子稳定性顺序：$3°C^+>2°C^+>1°C^+>CH_3^+$

烷基自由基稳定性顺序：$3°C·>2°C·>1°C·>CH_3·$

在这样的体系中，C—H 键的强度是有所降低的，叔丁基正离子中的 C—H 键确实比异丁烷中的 C—H 键弱。

烷基苯的硝化与卤化反应以及烷基取代的二苯基卤化物的水解反应，都是由于 σ 电子离域引起的超共轭效应的结果。

实验表明，随着 $\sigma_{C—H}$ 键数目的增多，超共轭效应增强，但与 π-π 共轭效应和 p-π 共轭效应比较起来弱得多。

1.5　共轭效应对化合物化学性质的影响

1.5.1　对化合物酸碱性的影响

共轭效应对化学平衡、反应方向、反应机理、反应产物、反应速率及酸碱性有直接的影响，它的影响往往超过诱导效应。

羧酸分子中具有 p-π 共轭，增大了 O—H 键的极性，促使氢容易以质子形式离解，形成羧基负离子，共轭效应越强，则羧基负离子越稳定，羧酸的酸性则越强。如：α-氯代乙酸的酸性要强于乙酸。

$$ClCH_2COOH > CH_3COOH$$

醇羟基一般为中性，而羟基（—OH）连于苯环后，由于 p-π 共轭使—OH 的氢容易发生离解，使苯酚具有一定的酸性。

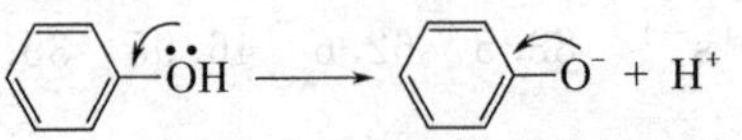

在三硝基苯酚中，由于三个硝基存在，产生强烈地吸电子的共轭作用（-C）与诱导作用（-I），故使其显强酸性，酸度几乎接近于无机的强酸。故把 2,4,6-三硝基苯酚俗称为苦味酸。

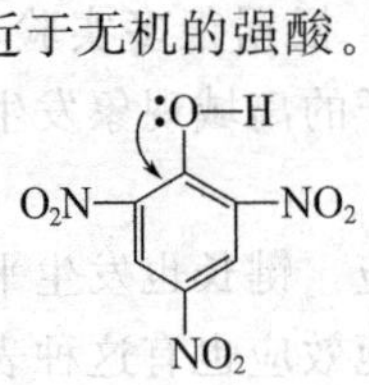

烯醇式的 1,3-二酮也具有微弱的酸性，也是由于 p-π 共轭之故。

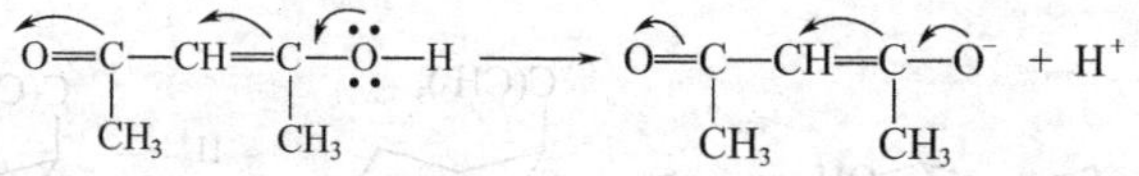

$$\text{烯醇式} \longrightarrow \text{烯醇负离子} + H^+$$

由于 p-π 共轭效应，使氨基氮原子上电子云密度降低，因此芳香胺（如苯胺）的碱性比脂肪胺弱，而酰胺则几乎呈中性。而邻苯二甲酰亚胺则显弱酸性。如：

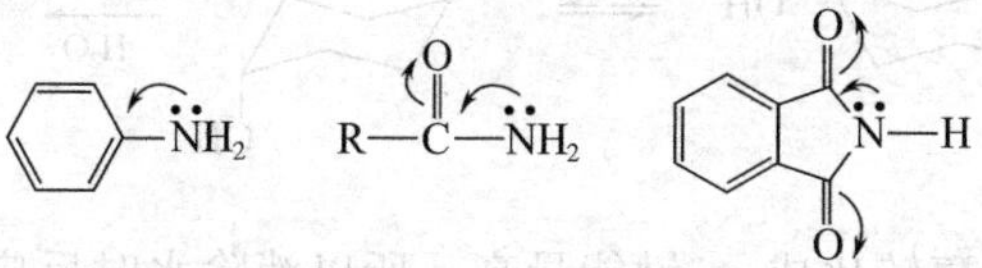

1.5.2 对反应方向及反应产物的影响

在 α,β-不饱和羰基化合物的分子中，由于羰基与碳碳双键形成了共轭体系，对反应方向与反应产物带来很大影响，使这些共轭醛、酮具有一些特殊的化学性质。

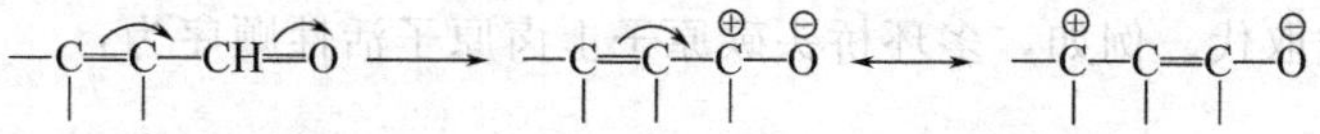

如丙烯醛与 HCN 主要发生 1,4-加成。1,2-加成产物为副产物。

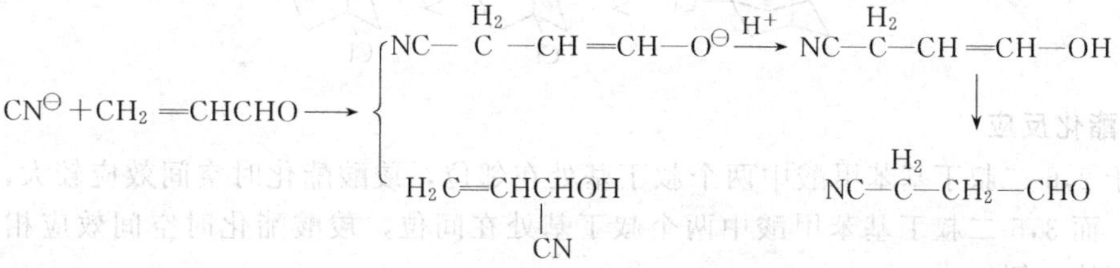

$$CN^{\ominus} + CH_2=CHCHO \longrightarrow$$

1,2-加成产物（次）　　　　1,4-加成产物（主）

从加成产物形式上看，似乎是碳碳双键与 HCN 加成，但实质上是由于共轭作用引起的 1,4-加成，然后发生互变异构的结果。这种加成也称为共轭加成。类似于麦克尔（Michael）加成。

另外插烯作用是共轭醛、酮中一种特殊作用，也是由于共轭效应使 α-甲基上的氢显酸性的缘故。如：

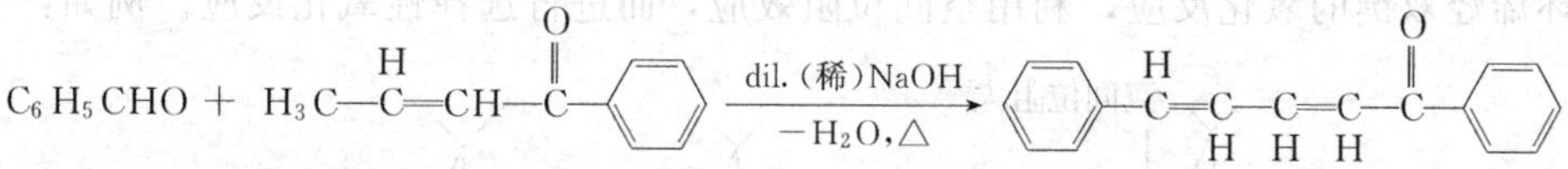

$$C_6H_5CHO + H_3C-CH=CH-\overset{O}{C}-C_6H_5 \xrightarrow[-H_2O,\triangle]{\text{dil.(稀)NaOH}}$$

1.5.3 对反应机理的影响

CH_3Br 的水解主要按 S_N2 历程，而 $(CH_3)_3CBr$ 水解则遵从 S_N1 历程，这里除了有诱导效应的作用外，还有超共轭效应的作用。因为超共轭效应直接影响到生成的碳正离子的稳定性。一般来说，伯卤代烃发生水解主要按 S_N2 历程进行，而叔卤代烃发生水解则按 S_N1 历程进行。

1.6 空间效应对反应活性的影响

1.6.1 消除反应

环己醇衍生物的消除反应发生在 a 键上，当被消除的小分子处于 e 键时，要通过构型翻转，由于形成的新构型空间位阻不同，导致消除反应速率不同。例如：

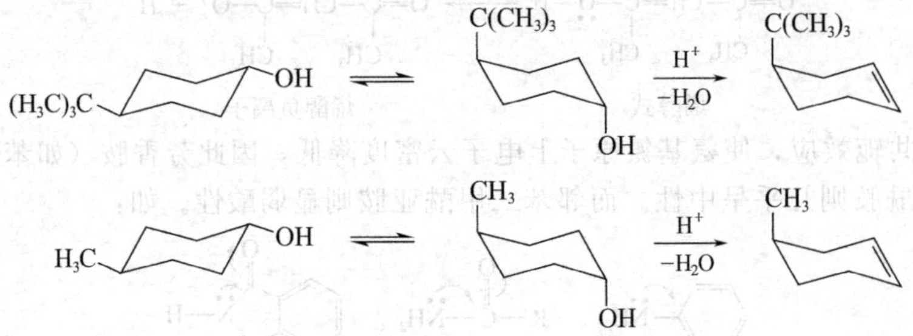

由于带叔丁基的环己醇转化成 aa 键能量高，所以消除水时反应速率较慢。

1.6.2 亲核取代反应

一般认为桥头碳原子的卤原子，由于空间位阻效应，难发生亲核取代反应。但是随着桥上碳原子或桥两侧碳原子的增多，桥环的张力会减小，空间位阻效应也会减小，桥头碳原子的卤原子会容易被取代。例如，多环桥头碳原子上卤原子活性顺序为：

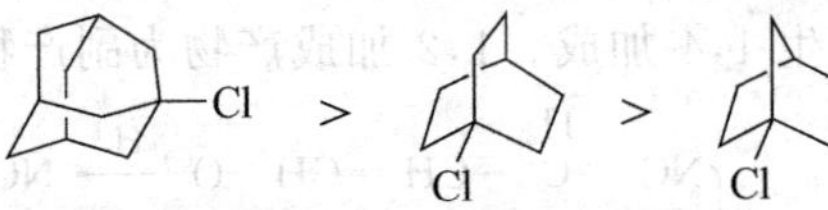

1.6.3 酯化反应

由于 2,6-二叔丁基苯甲酸中两个叔丁基处在邻位，羧酸酯化时空间效应较大，反应速率较慢。而 3,5-二叔丁基苯甲酸中两个叔丁基处在间位，羧酸酯化时空间效应相对较小，反应速率快。例如：

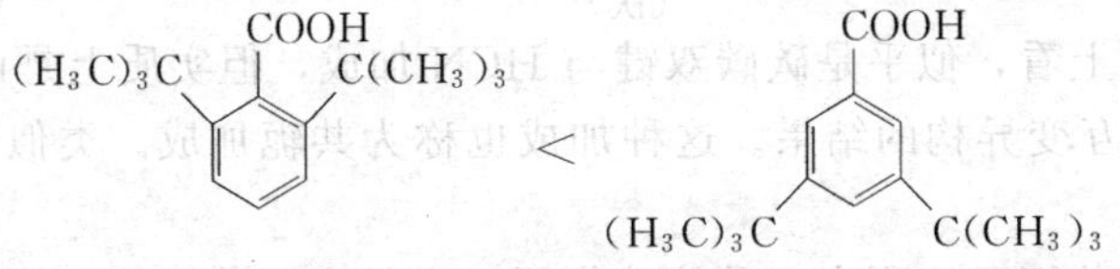

1.6.4 选择性反应

桥环烯烃双键的氧化反应，利用空间位阻效应，而进行选择性氧化反应。例如：

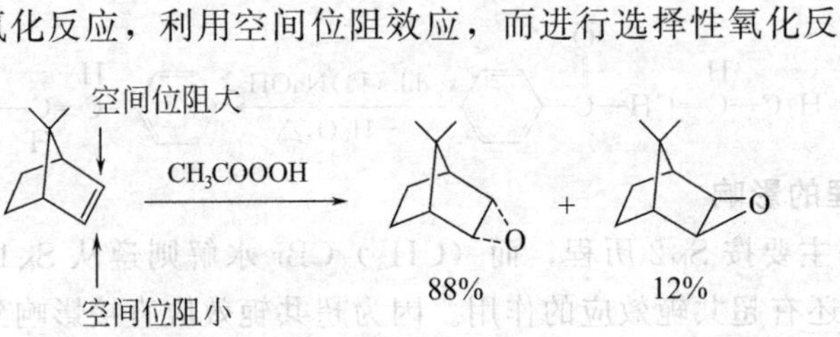

桥环上羰基的还原反应也会受到空间位阻效应的影响，反应的产物产率不同，[H^-] 从空间位阻小的一边进攻羰基是主要产物。例如：

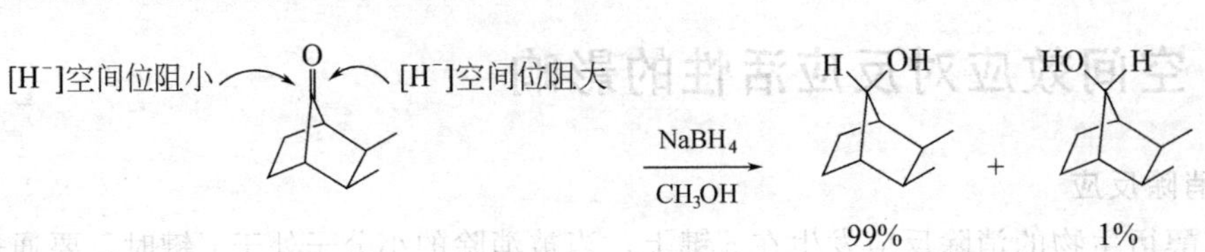

习　题

1.1 比较下列各组化合物的酸性强弱。

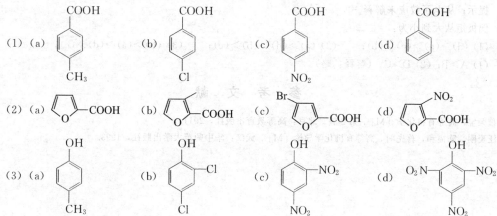

1.2 比较下列各组化合物的碱性强弱。

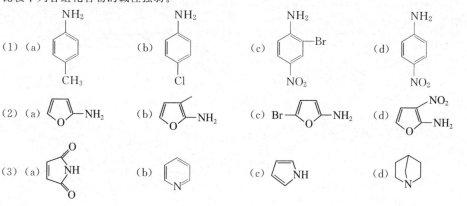

1.3 请解释为什么 2,4,6-三硝基-N,N-二甲基苯胺的碱性比 2,4,6-三硝基苯胺强得多？

1.4 比较下列各组化合物的偶极矩的大小。
(1) (a) CH_3CH_2CN　(b) CH_3CH_2CHO　(c) $CH_2=CHCHO$　(d) $CH_2=CHCN$
(2) (a) CH_3CH_2Cl　(b) $CH_2=CHCl$　(c) $CH_2=CHI$　(d) CH_3CH_2I
(3) (a) CH_3Cl　(b) CH_3NO_2　(c) CH_3I　(d) CH_3F

1.5 预计下列各对反应中哪个更有利？并解释。
(1) 在乙酸中哪个异构体溶剂解快？

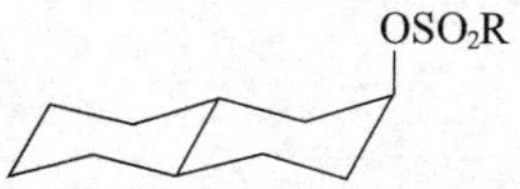

（A 和 B 结构图）

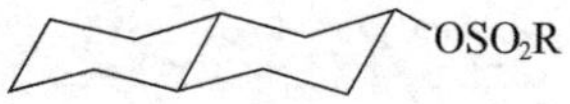

(2) 哪个异构体更快地变为季铵盐？

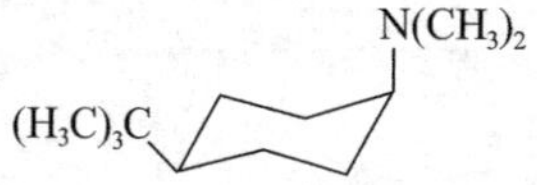

（C 和 D 结构图）

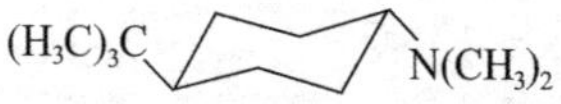

习题参考答案

1.1 酸性由强到弱为：

(1) (c)>(b)>(d)>(a); (2) (d)>(c)>(a)>(b); (3) (d)>(c)>(b)>(a)。

1.2 碱性由强到弱为：
(1) (a)>(b)>(d)>(c); (2) (b)>(a)>(c)>(d); (3) (d)>(b)>(c)>(a)。

1.3 提示；从电子效应来解释。

1.4 偶极矩从大到小为：
(1) (d)>(a)>(c)>(b); (2) (a)>(d)>(b)>(c); (3) (b)>(a)>(d)>(c)。

1.5 (1) A>B；(2) D>C。（解释：略）

参 考 文 献

[1] 魏荣宝．高等有机化学 [M]．第 2 版．北京：高等教育出版社，2011．
[2] 汪炎刚，陈福和，蒋先明．高等有机化学导论 [M]．武汉：华中师范大学出版社，1993．

第 2 章 立体化学

立体化学研究的内容主要包括两个方面：①分子中原子在空间的排列，即原子所处的空间位置的情况，这就是分子的立体形象或者称为立体结构；有机化合物分子中，由于原子或原子团在空间排列不同而出现的顺反异构、旋光异构，称为立体异构；②研究分子的立体结构对化学反应如反应的方向、历程、产物及难易程度等的影响。

本章除了对立体化学的基础知识进行总结性的回顾外，对动态立体化学、构象分析将进行讨论。

异构现象分为两类：①构造异构，分子式相同，由分子中原子或原子团相互联结的方式和次序不同而引起的异构；②立体异构，分子中原子或原子团相互联结的方式和次序相同，但在空间的排列方式不同而引起的异构。分子中原子互相联结的方式和次序只能叫构造 (constitution)。而分子中原子或原子团在空间的排列方式称为构型 (configuration)，其中由于单键的旋转而产生的分子在空间的不同排列方式称为构象 (conformation)。

有机化学中的异构现象分类如下：

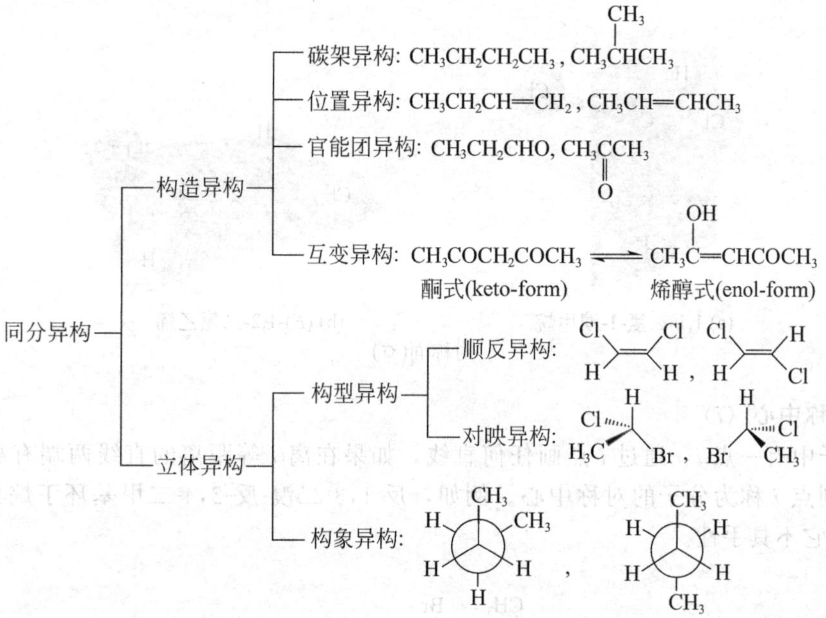

$$
\text{同分异构} \begin{cases} \text{构造异构} \begin{cases} \text{碳架异构}: CH_3CH_2CH_2CH_3 , CH_3CHCH_3 \text{ 上}CH_3 \\ \text{位置异构}: CH_3CH_2CH=CH_2 , CH_3CH=CHCH_3 \\ \text{官能团异构}: CH_3CH_2CHO , CH_3CCH_3 \text{ 下}O \\ \text{互变异构}: CH_3COCH_2COCH_3 \rightleftharpoons CH_3C(OH)=CHCOCH_3 \\ \qquad\qquad\quad \text{酮式(keto-form)} \qquad\quad \text{烯醇式(enol-form)} \end{cases} \\ \text{立体异构} \begin{cases} \text{构型异构} \begin{cases} \text{顺反异构} \\ \text{对映异构} \end{cases} \\ \text{构象异构} \end{cases} \end{cases}
$$

2.1 对称性与分子结构

早在 19 世纪中期，科学家就发现了对映异构现象，进一步研究发现了对映异构与手性之间的依赖关系。物体与其镜像不能叠合的现象叫做手性，与其镜像不能叠合的分子则叫做手性分子。手性是判断化合物分子是否具有对映异构的必要条件，又是充分条件。也就是说，如果一个化合物分子具有手性，就必然有对映异构。如果化合物分子不具有手性，则就不具有对映异构。例如丙酸分子与其镜像能够叠合，不具有手性，故不具有对映异构。而乳酸（$CH_3^*CHOHCOOH$）是一个手性分子，因而有对映异构，它具有两个对映异构体。

$$\begin{array}{cc} \text{COOH} & \text{COOH} \\ HO-\!\!\!-\!\!\!-H & H-\!\!\!-\!\!\!-OH \\ CH_3 & CH_3 \end{array}$$

进一步考察发现分子是否具有手性，与分子的对称性紧密相关。对称因素包括对称面（σ）、对称中心（i）、对称轴（C_n）与更替对称轴（S_n）等。凡是具有对称面的分子或具有对称中心的分子都不具有手性。把不含有任何对称因素的手性分子叫做不对称（asymmetric）分子，而把具有对称轴，但不具有对称面和对称中心的手性分子叫做非对称（dissymmetric）分子。严格地讲，凡是具有更替对称轴的分子，就不具有手性。

2.1.1 对称面（σ）

假如有一个平面可以把分子分割成两部分，而一部分正好是另一部分的镜像，这个平面就是分子的对称面（σ）。例如，在 1,1-二氯-1-溴甲烷分子中，一个碳原子上连接着两个相同的基团（氯原子），其分子中有一个对称面。(E)-1,2-二氯乙烯也有一个对称面。因此它和它的镜像能够重叠，是非手性分子（achiral molecule），没有对映异构体和旋光性。

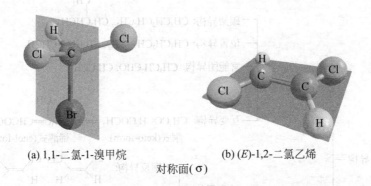

(a) 1,1-二氯-1-溴甲烷　　　　(b) (E)-1,2-二氯乙烯

对称面（σ）

2.1.2 对称中心（i）

若分子中有一点 i，通过 i 点画任何直线，如果在离 i 等距离的直线两端有相同的原子或基团，则点 i 称为分子的对称中心。例如，反 1,3-二溴-反-2,4-二甲基环丁烷具有对称中心 i。因此它不具手性。

2.1.3 对称轴（C_n）

如果穿过分子画一直线，分子以它为轴旋转一定角度后，可以获得与原来分子相同的形象，这一直线即为该分子的对称轴。当分子沿轴旋转 $360°/n$（$n=2, 3, 4\cdots$），得到的构型

与原来的分子相重合,这个轴即为该分子的 n 重对称轴,用 C_n 表示。如:

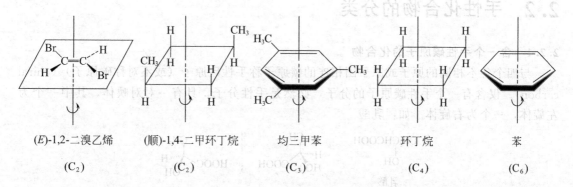

(E)-1,2-二溴乙烯　　(顺)-1,4-二甲基环丁烷　　均三甲苯　　环丁烷　　苯
　　(C_2)　　　　　　　　(C_2)　　　　　　　(C_3)　　　(C_4)　　(C_6)

像上述这些含对称轴的化合物都是非手性化合物,这是由于它们分子中同时含有对称面和对称中心的缘故。但有些含对称轴的化合物,却不含对称面和对称中心,也具有手性。例如,反-1,2-二甲基环丙烷分子中有二重对称轴,但没有对称面和对称中心,具有旋光性,是手性分子。它和镜像不能重叠,互为对映异构体,因此,有无对称轴不能作为判断分子有无手性的标准。

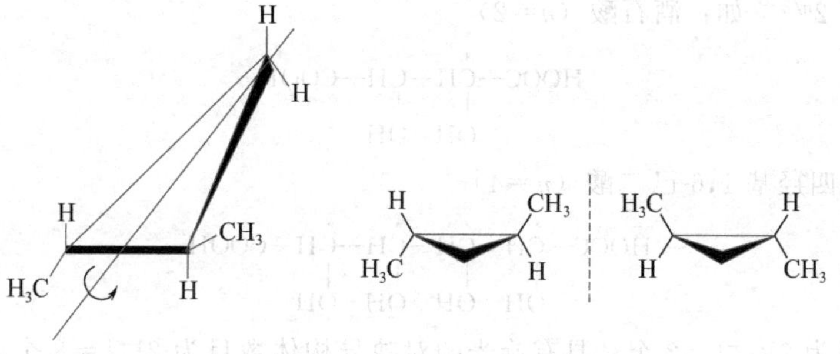

　　　　　　　　　　　　　(C_2)　　　　　　　　对映异构体

2.1.4 更迭对称轴（S_n）

当分子沿轴旋转 $360°/n$（$n=2,3,4\cdots$）,然后对垂直于该轴的平面作反射,若与原化合物相同,相应称为 n 重得到的构型与原来的分子相重合,这个轴即为该分子的 n 重对称轴更迭对称轴。如:

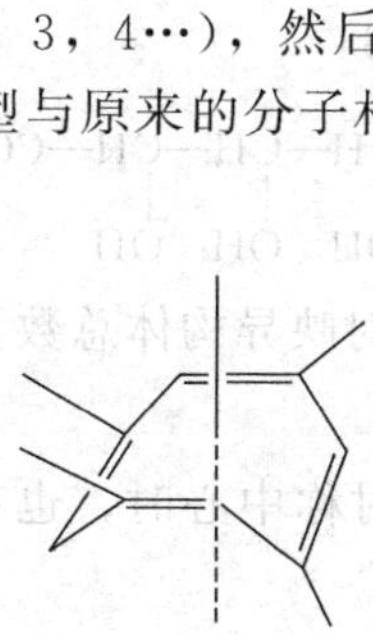

(S_4)

1,3,5,7-tetramethyl-cyclooctatetraene

综上所述,物质分子凡在结构上具有对称面或对称中心的,就不具有手性,就没有旋光性。反之,在结构上既不具有对称面,又不具有对称中心的,这种分子就具有手性,它和镜像互为对映异构体,不能重叠,故具有旋光性。因此,判断分子是否具有手性,起决定性作用的对称因素是对称面和对称中心。对称轴的存在与否不能作为判断的依据。

2.2 手性化合物的分类

2.2.1 含一个手性碳原子的化合物

与四个各不相同的原子或原子团相连的碳原子称手性碳原子（或不对称碳原子）（chiral carbon）。仅含有一个手性碳原子的分子，必然是手性分子，具有一对对映体，其中一个为左旋体，一个为右旋体。如：乳酸

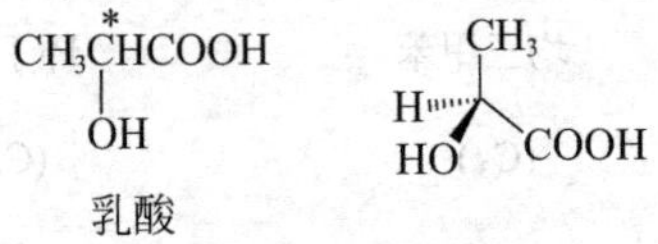

乳酸

2.2.2 含有两个及两个以上手性碳原子的化合物

分子中含有两个不相同的手性碳原子的化合物则有 $2 \times 2 = 4$ 个对映异构体，含有三个不相同的手性碳原子的化合物则有 $2^3 = 8$ 个对映异构体。依次类推，含有 n 个互不相同的手性碳原子的化合物在理论上可能有 2^n 个对映异构体。

如果 n 为偶数，其旋光性的对映异构体数目为 2^{n-1}，内消旋体数目为 $2^{n/2-1}$。对映异构体总数为 $2^{n-1} + 2^{n/2-1}$ 如：酒石酸（$n=2$）

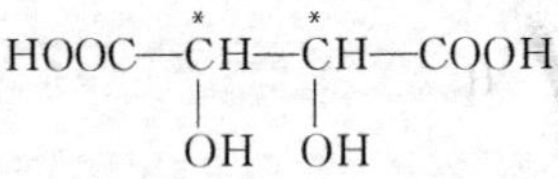

又如：2,3,4,5-四羟基 1,6-己二酸（$n=4$）

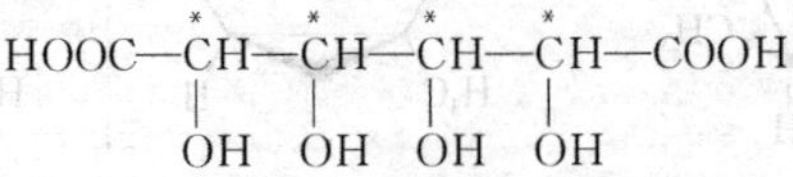

其内消旋体数目为 $2^{4/2-1} = 2$ 个，具有旋光的对映异构体数目为 $2^{4-1} = 8$ 个，对映异构体总数等于 10。

若 n 为奇数，则内消旋体数目为 $2^{(n-1)/2}$，对映异构体总数为 2^{n-1}。

如：2,3,4-三羟基 1,5-戊二酸（$n=3$）

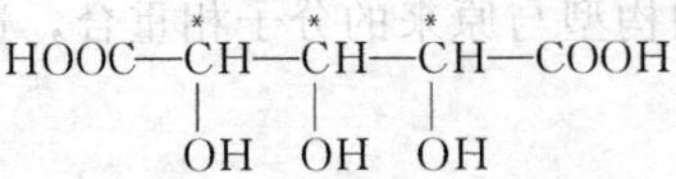

其内消旋体个数为 $2^{(3-1)/2} = 2$ 个，对映异构体总数为 $2^{3-1} = 4$ 个。

2.2.3 含有手性碳的环状化合物

当环状化合物分子不具有对称面和对称中心时，也有对映异构。如：1,2-二溴环丙烷，有一对对映异构体和一个内消旋体。

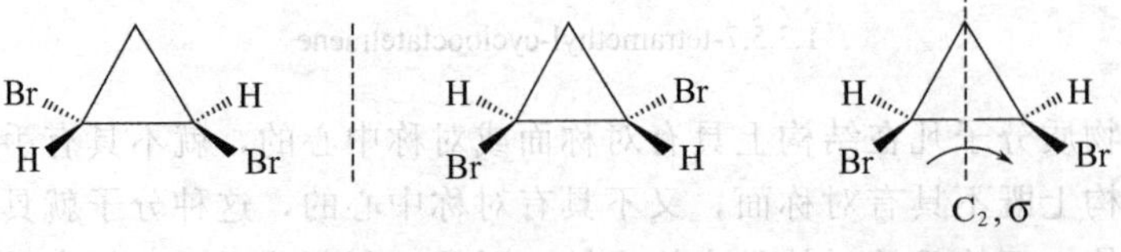

对映异构体　　　　　　　　　　内消旋体

如：1,2-二甲环丁烷，有三个立体异构体。其中有一对对映异构体和一个内消旋体。

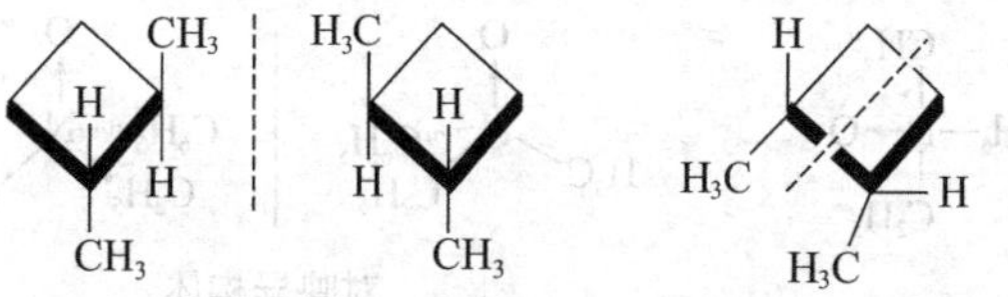

对映异构体(C_2)　　　　内消旋体(C_2, σ)

环己烷的衍生物的情况则稍为复杂些,如反式 1,2-环己二甲酸具有手性（无对称面和对称中心）,可以拆开成一对对映体。

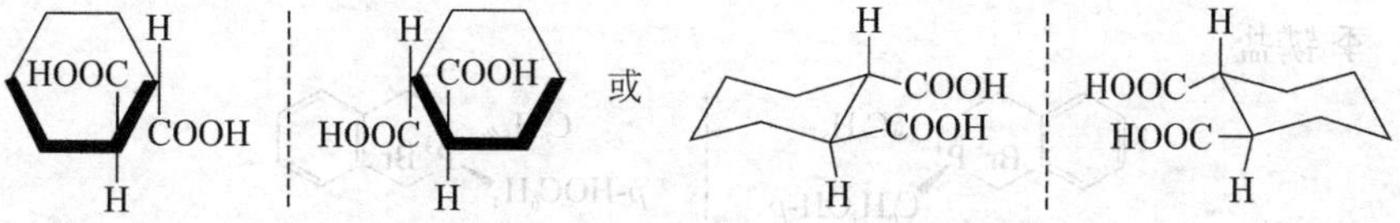

顺式 1,2-环己二酸从平面构型看有对称面,但从构象讲,则没有对称因素,因此在理论上存在构象对映体。但由于构象间能迅速转变,Ⅰ 很容易变成 Ⅱ。而 Ⅱ 与 Ⅰ 的镜像 Ⅲ 相同。

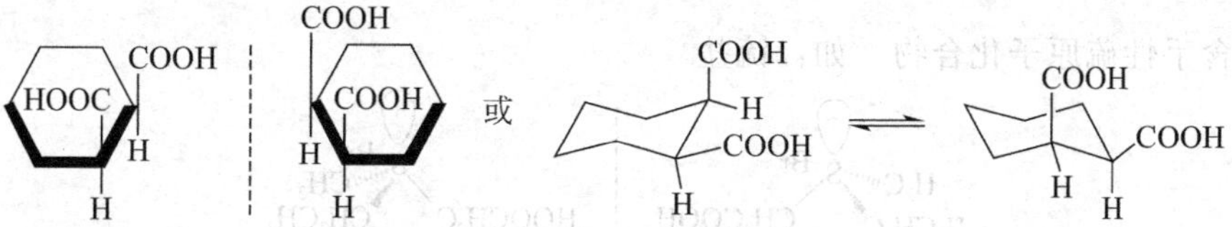

Ⅰ　　　　Ⅲ　　　　Ⅰ　　　　Ⅱ

因此无法将这种构象对映体拆开。也即是说,由于两种构象的互变如此迅速,并不影响分子的构型,所以在研究环己烷衍生物的立体异构时,构象引起的手性可以不予考虑,可直接用平面六角形来讨论顺、反异构与对映异构。

2.2.4 不含有手性碳原子的化合物

除碳原子外,其他具有四面体结构的元素的原子,当连有四个不相同的基团时也有一种手性中心。如氮、磷、砷、硫等原子都可能成为手性中心,有对映异构体。如季铵盐、叔胺氧化物、季鏻盐、膦酸衍生物、季䂯盐及某些不对称的含硫化合物等都可能具有对映异构。

（1）含手性氮原子化合物　下面所列举的一些化合物都可以拆开成旋光性的对映体。
如：碘化甲基烯丙基苄基苯基铵

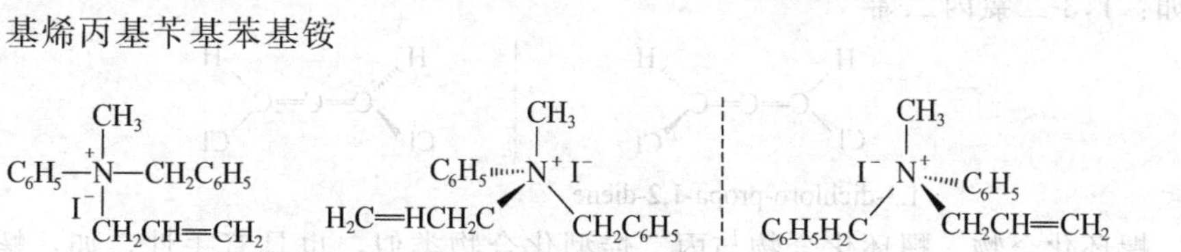

对映异构体

又如：8-苯基-11-氮杂-螺-[5,5]十一烷-3-甲酸乙酯溴化铵

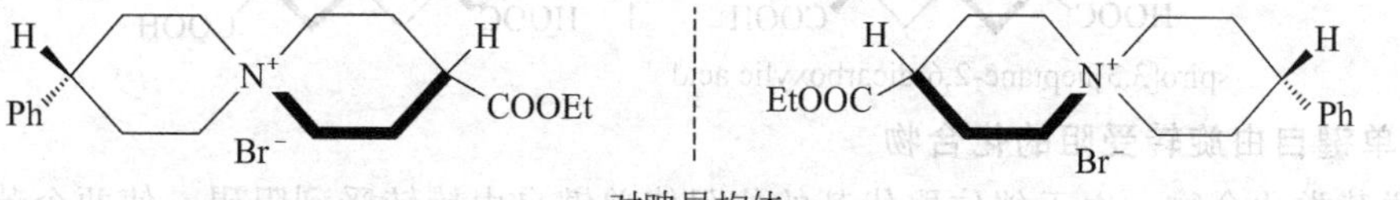

对映异构体

再如：甲基乙基苯基胺氧化物

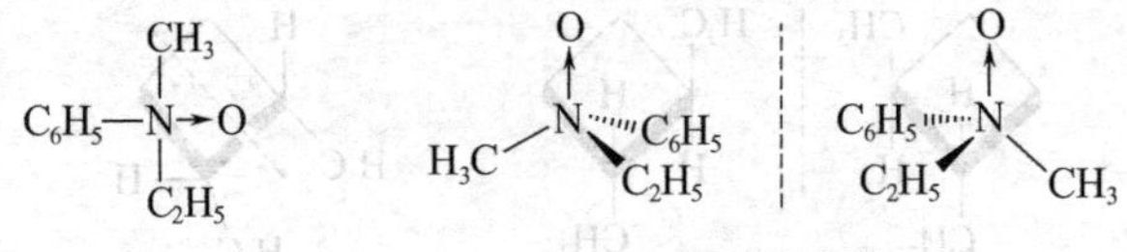

对映异构体

(2) 含手性磷原子化合物　如：三烷基膦化合物

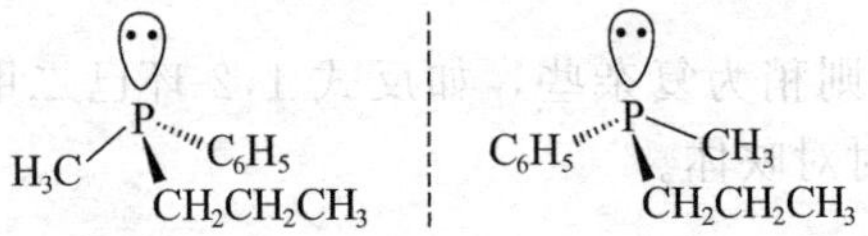

又如：季膦盐

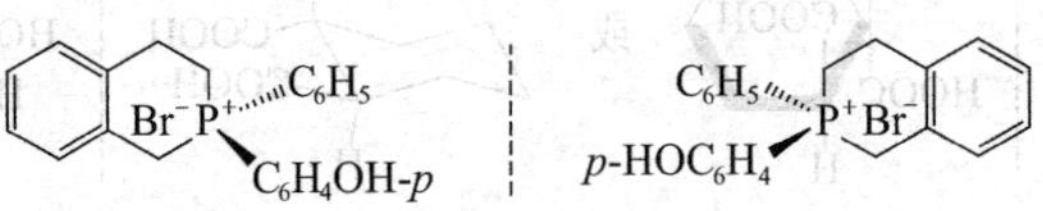

(3) 含手性砷原子化合物　如：季钾盐

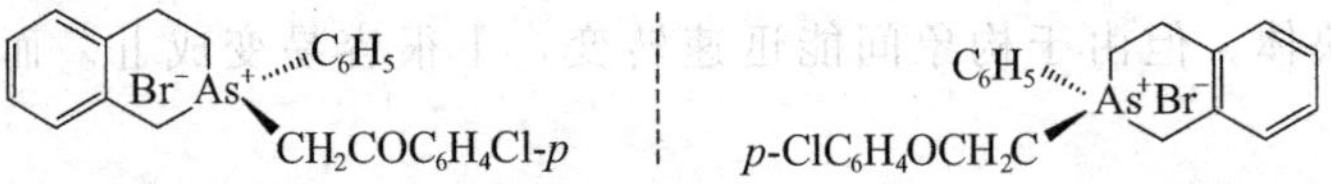

(4) 含手性硫原子化合物　如：锍盐

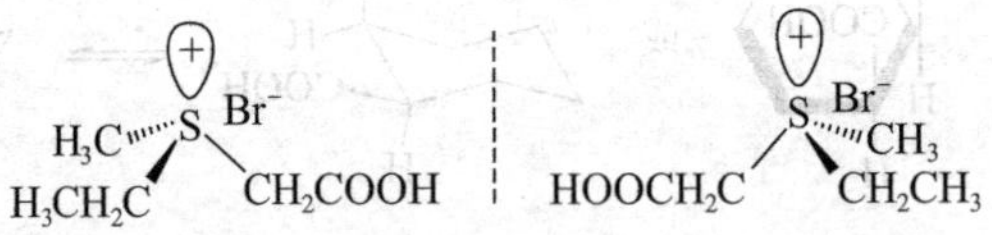

2.2.5　含手性轴的化合物

含手性轴的化合物也具有手性。含手性轴的化合物有：丙二烯型化合物、螺环化合物、联苯衍生物中单键旋转受阻的化合物等。

(1) 丙二烯型化合物　在丙二烯型化合物>C=C=C<中，只要两端的碳原子上各连有不同基团时，就具有手性（无对称面和无对称中心）。如：2,3-戊二烯

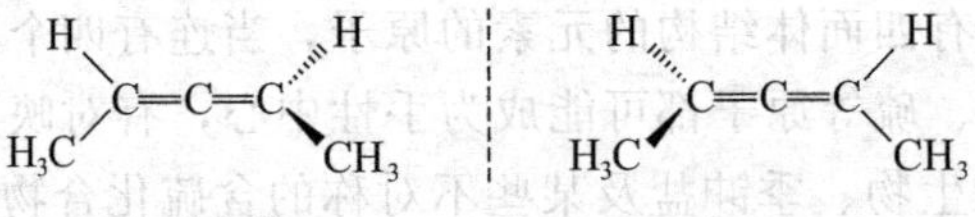

penta-2,3-diene

又如：1,3-二氯丙二烯

1,3-dichloro-propa-1,2-diene

(2) 螺环化合物　螺环化合物与丙二烯型化合物类似，也具有手性，如：螺[3,3]庚烷-2,6-二甲酸

spiro[3,3]heptane-2,6-dicarboxylic acid

2.2.6　单键自由旋转受阻的化合物

如联苯类化合物，由于邻位取代基的位阻使单键自由旋转受到阻碍，使两个苯环所在的平面有一定的角度，因此缺乏对称性，结果使分子具有手性，如下列类型的分子都具有手

性。如：6,6′-二硝基联苯-2,2′-二甲酸，由于两个苯环都分别被不对称取代，邻位取代基的位阻使两个苯环不可能围绕其环间的单键自由旋转，而有可能被析解成旋光性的对映体。

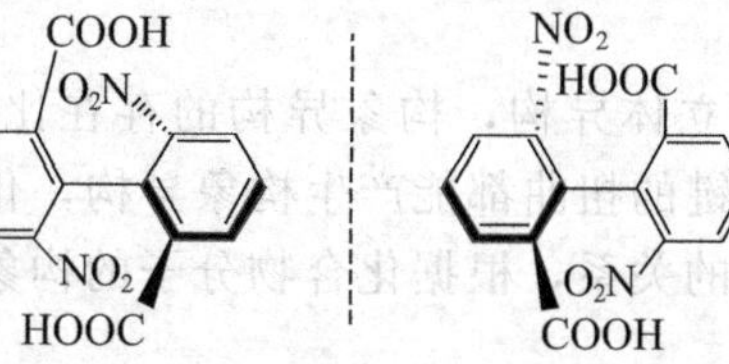

对映异构体

又如 1,1′-联萘-2,2′-二酚：

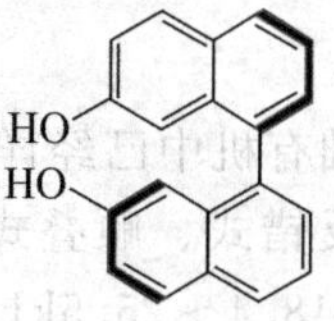

(R)-1,1′-binaphthalenyl-2,2′-diol 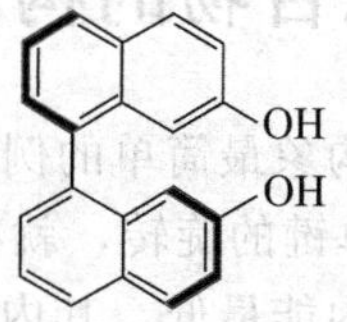   (S)-1,1′-binaphthalenyl-2,2′-diol

再如 1,1′-联萘-2,2′-二苯基膦（简称为 BINAP）：

(R)-BINAP   (S)-BINAP

另还有如下一些手性双膦配体，在不对称氢化中得到广泛的应用。如：

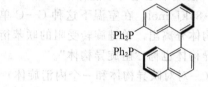 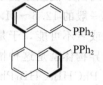

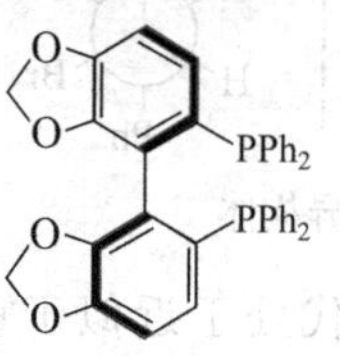

(R)-segphos 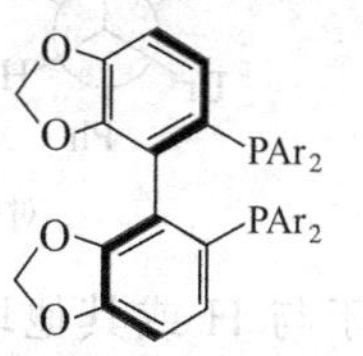   (R)-DRBM-segphos

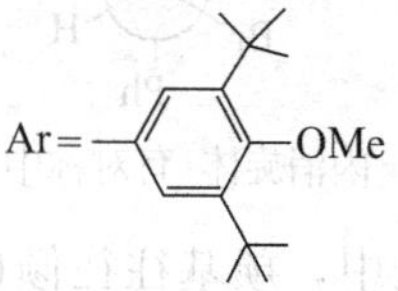

2.2.7 含手性面的化合物

如果分子中存在手性面也可以使分子具有手性。

（1）联三苯型化合物   顺式联三苯型化合物中，没有对称面和对称中心，故有手性。

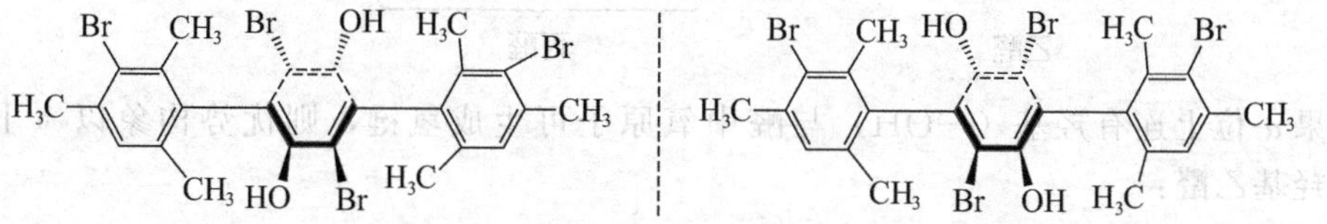

（2）柄型化合物（把手化合物）   当下面化合物醚环较小，而取代基体积较大，限制了苯环的旋转，因而使之具有手性，可以拆开成对映体。

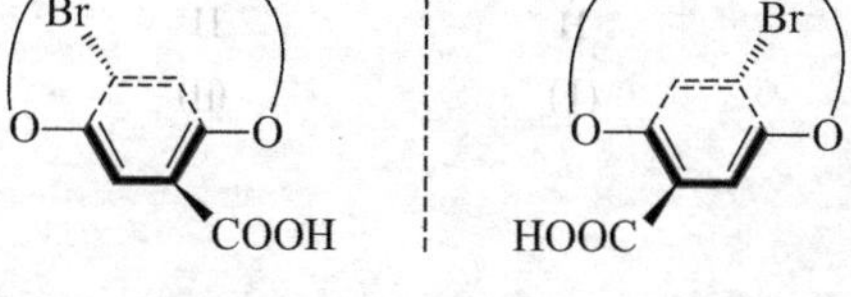

2.3 构象与构象分析

构象异构也是一种类型的立体异构,构象异构的存在比构型异构(顺反异构与对映异构)更为广泛,单键的旋转与键的扭曲都能产生构象异构,化合物分子的不同构象与化合物的反应性能、反应产物有密切的关系,根据化合物分子的构象来分析化合物的物理化学性质称为构象分析。

2.4 链状化合物的构象

链状化合物的构象最简单的例子是乙烷与丁烷,基础有机中已经详细地讨论过,如丁烷考虑 C2—C3 之间单键的旋转,就有反叠式、顺错式、反错式、顺叠式等几种典型的构象,其中以反叠式构象内能最低,其内能比顺叠式构象约低 18.4~25.5kJ/mol。所以反叠式最稳定,是丁烷的优势构象。

构象异构体之间由于能量差值小,故一般不能分离,但并不是绝对不能分离。当 C—C 单键旋转的能垒由一般的 12.6~41.9kJ/mol 提高到 67~84kJ/mol,在室温下这种 C—C 单键的旋转将很困难或者不可能,于是可将不同的构象异构体分离出。单键旋转受阻的联苯衍生物能分离出对映异构体就是这种情况,因而这种对映异构体也称"阻旋异构体"。

例如:二溴芪 PhCHBrCHBrPh 有三个立体异构体(一对对映异构体和一个内消旋体)。

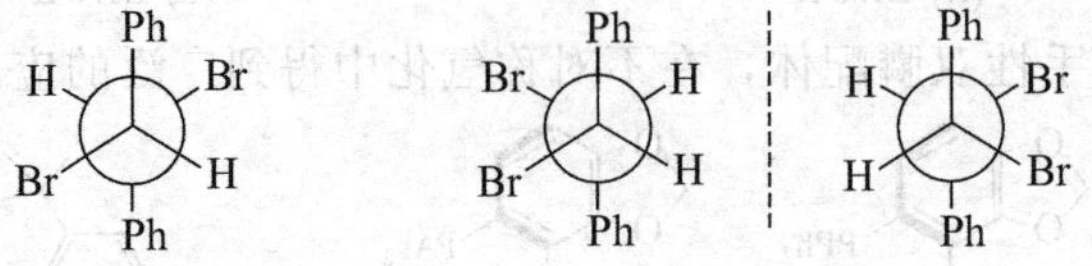

内消旋体(有对称中心)　　　对映异构体

在醛、酮的构象中,羰基往往倾向于与 H 或其他取代处于近似于重叠式的位置。如乙醛、丙醛的构象。

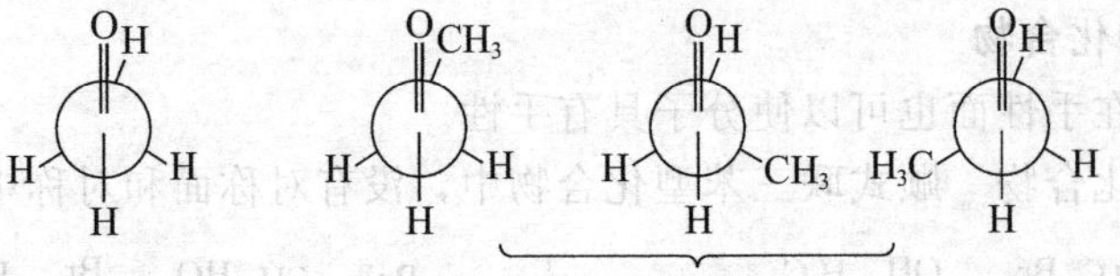

乙醛　　　　　　　丙醛

如果 α-位上连有羟基(—OH)与醛中氧原子可生成氢键,则优势构象以(I)式为主。如羟基乙醛:

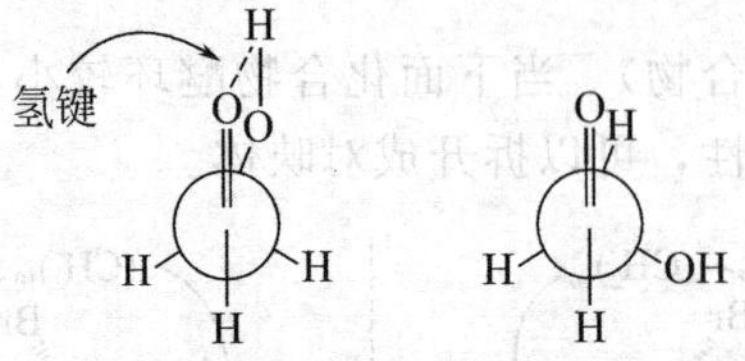

(I)　　　(II)

酮的构象与醛相类似。

2.5 环己烷及其衍生物的构象

2.5.1 环己烷的构象

环己烷的 C—C 单键虽不能像烷烃的 C—C 单键那样可以在 360°范围内自由旋转，但可在环不受破裂的范围内旋转。在旋转中，船式、椅式可以互相转变。物理方法测出船式环己烷比椅式能量高 29.7kJ·mol^{-1}，故在常温下环己烷几乎完全以较稳定的椅型构象存在（在常温下，每千个分子中大概船型只占 1 个，其余以椅型存在）。Sachse 首先提出了环己烷可以存在两种没有角张力的构象，即椅式和船式。Hassel 用电子衍射对环己烷的研究表明，环己烷主要以椅式构象存在。在椅式中，C—H 键可分为两组，一组平行于环己烷的三重对称轴，称为直立键（a 键），另一种与这个三重对称轴接近于 109.5°，称为平伏键（e 键）。

环己烷分子可以由一种椅式构象转变成另一种椅式构象，中间经过半椅式、扭船式、船式等构象。椅式环己烷及其衍生物的构象翻转后，原来的 a 键转变成 e 键，原来的 e 键转变为 a 键。

例如：环己烷的椅式和船式构象

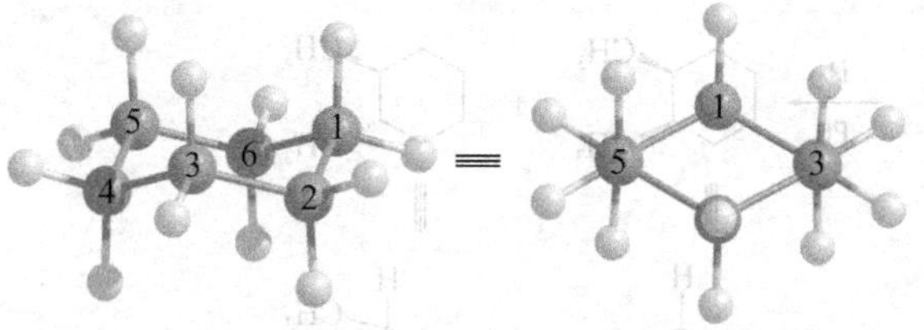

椅式 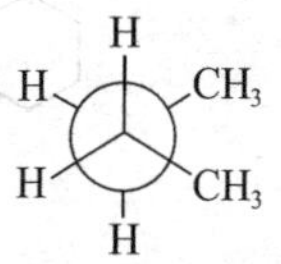 　　　　　类似丁烷的邻位交叉式构象

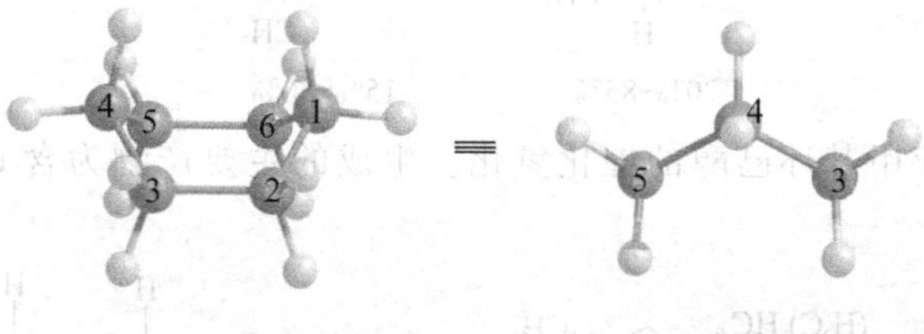

船式 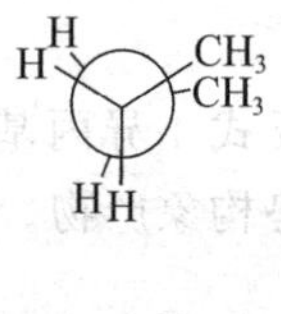 　　　　　类似丁烷的全重叠式构象

对于环己烷一取代衍生物，以取代基处在平伏键上的环己烷椅式的构象占优势。例如，利用降温方法可使氯代环己烷在 -150℃ 氘代氯乙烯溶液中结晶出纯的 e-氯代环己烷，并可在此温度保持数小时。

一个取代基在 a 键上和在 e 键上的两种环己烷衍生物具有不同的能量，两者的能差称为该取代基在环己烷中的构象能。构象能越大，a 取代基越容易通过环的翻转转变成 e 取代基。换句话说，通过构象能可以估计取代基椅式环己烷的优势构象。构象能的大小主要依据取代基的有效体积，即起主要作用的是与环己烷直接相连的那个原子。例如，羟基与其衍生物的整个体积虽然不同，但是由于它们的关键原子是氧，致使它们的构象能差别不大。另外，三氯甲基构象能大于甲基，说明电荷也起着一定的作用。

对于环己烷的二元取代与多元取代产物，最安定的构象也是 e 取代基最多的构象，而且构象能大的取代基如叔丁基、苯基等，一般倾向于处于 e 键上。如：（顺式）-1-叔丁基-4-甲基环己烷，它的优势构象为（Ⅱ）式。

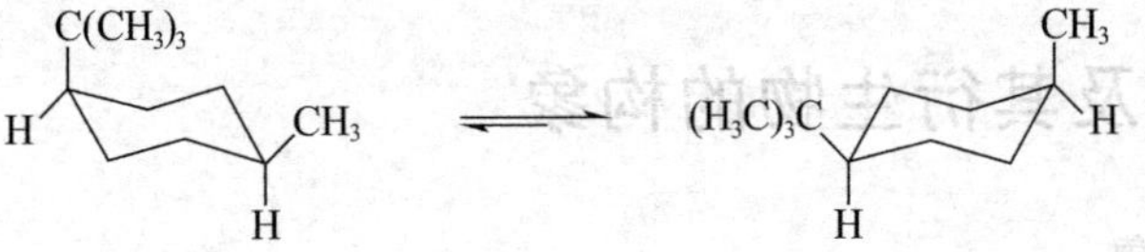

如果是（反式）-1-叔丁基-4-甲基环己烷，它的优势构象则为（Ⅱ）式。

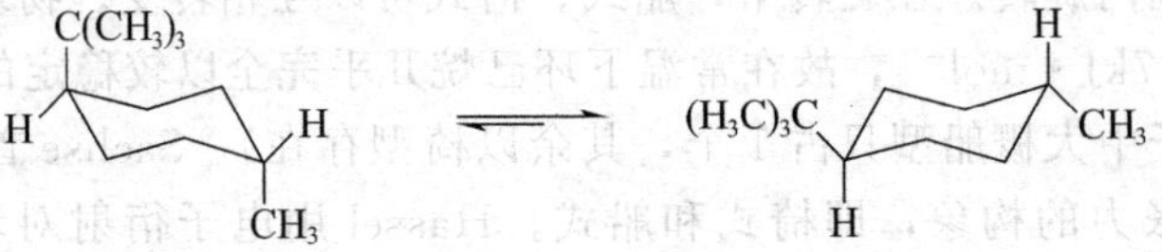

2.5.2 环己烷衍生物的构象

环己烷衍生物中处于 e 键和处于 a 键的取代基化学反应性具有差别。如在催化氢化、还原、氧化、取代、消去、酯化及水解等反应中表现出构象效应不一样。

（1）催化氢化　1,2-二甲基环己烯在 Pt 催化加氢，得到还原产物 1,2-二甲基环己烷。其中顺式 1,2-二甲基环己烷的产率为 70%～85%，反式 1,2-二甲基环己烷的产率为 15%～30%。因为顺式加成占主要产物。

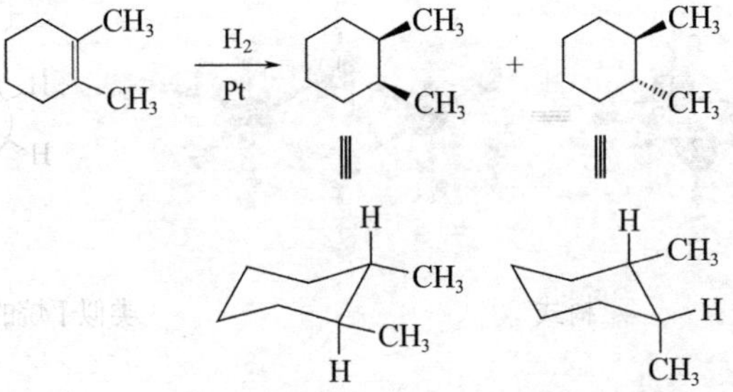

又如：反式 4-异丙基-2-亚甲基环己醇的催化氢化。生成的主要产物为含 e 取代基较多的环己烷优势构象产物。

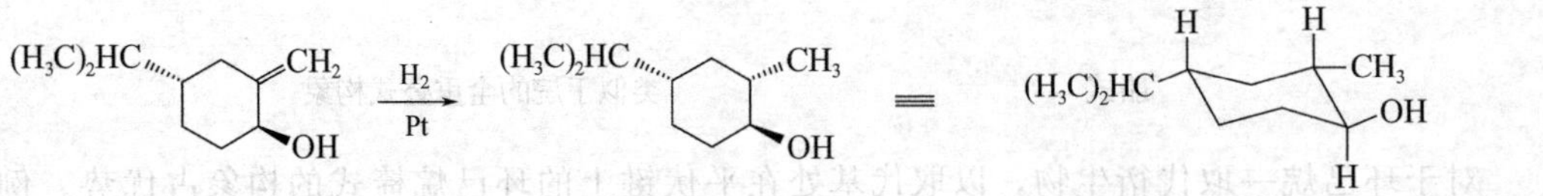

trans-4-isopropyl-2-methylene-cyclohexanol　　90%　　trans-4-isopropyl-2-methyl-cyclohexanol

（2）环己酮的还原　取代的环己酮衍生物在 $LiAlH_4$ 和 $NaBH_4$ 的还原下，生成的主要产物也是含 e 取代基较多的环己醇的优势构象产物。如：4-叔丁基环己酮的还原，主要产物为环己醇的优势构象（Ⅰ）。

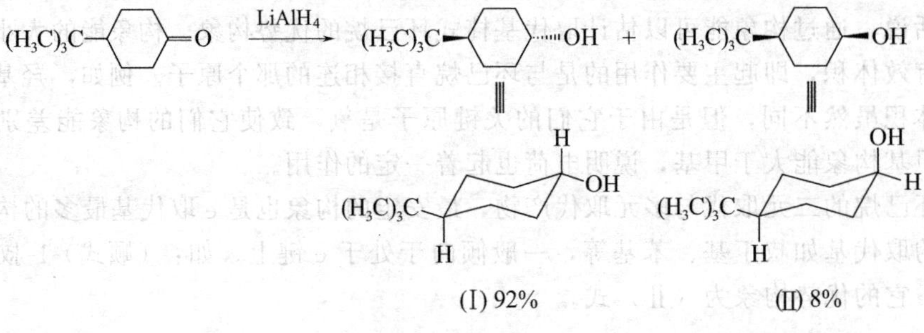

（Ⅰ）92%　　　　　（Ⅱ）8%

(3) 环己醇的氧化　环己醇的氧化，反应基团以 a 键相连比以 e 键相连更容易发生反应。其原因：①处于 a 键的基团容易满足许多化学反应在机理上立体化学的要求，如一些 S_N2 与 E2 反应；②处于 a 键的基团发生反应，可能有利于解除该基团与 C_3，C_5 上 a 键所连的原子或基团之间的相互排斥作用。如用铬酸氧化取代的环己醇，其反应速率数据如下：

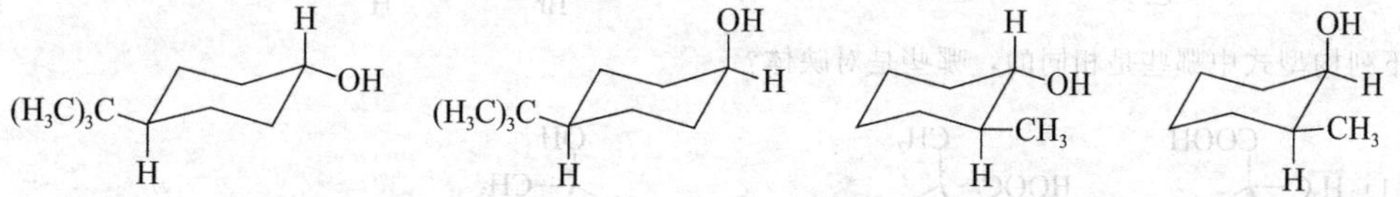

铬酸氧化相对速率　1　　　　　3.23　　　　　1.44　　　　　5.78

从氧化的中间体结构（Ⅰ）和（Ⅱ）来看，先是铬酸与取代的环己醇形成酯的 C—H 键断裂的同时消除一分子四价铬化合物，由于直立键的相互排斥，氧化后非键力解除，所以顺式酯（Ⅰ）的分解速率较反式酯（Ⅱ）的分解速率要快。显然分解一步是决定反应速率步骤。

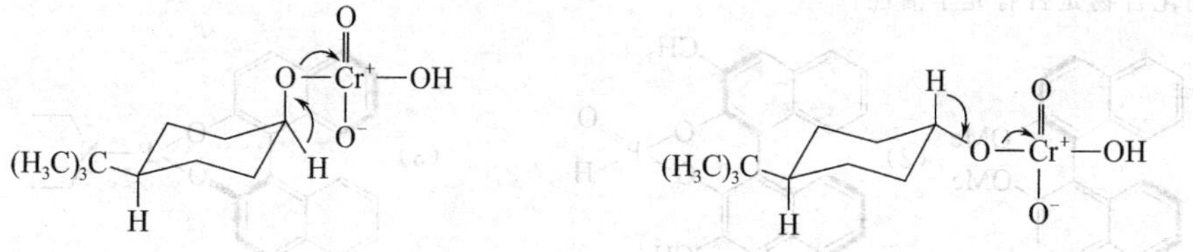

　　　　　　　（Ⅰ）　　　　　　　　　　　　（Ⅱ）

(4) 环上的亲核取代反应　在环己烷环系上的酰氧基被水解成为羟基的反应中，一般也是 a-酰氧基比 e-酰氧基的反应速率慢。如：顺和反-4-叔丁基环己醇乙酸酯的水解反应。

　　　　　　　顺式　　　　　　　　　　　　反式
水解相对速率　　1　　　　　　　　　　　　6.7

关于对映异构体的拆分和不对称合成将在第 3 章讨论。

习　题

2.1　下列分子的构型中各有哪些对称面（σ）?

(1) $CHBr_3$　　(2) 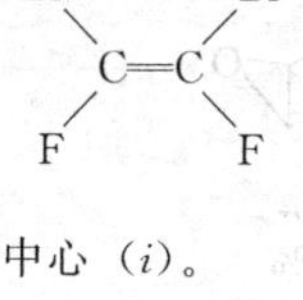 　　(3) 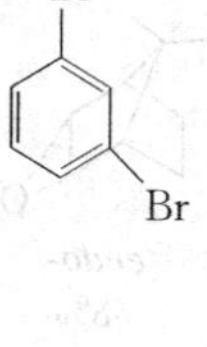 　　(4)

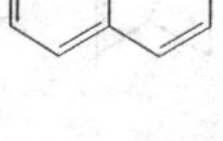

2.2　请标出下列各个化合物对称中心（i）。

(1) 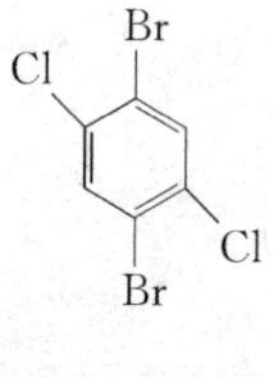　　(2) 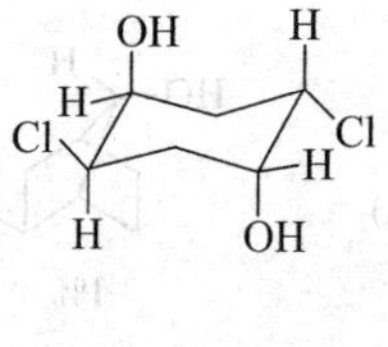　　(3)

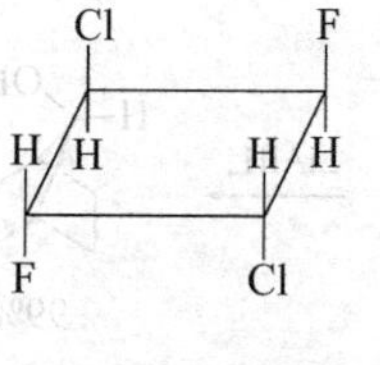

2.3 找出下列化合物的对称面(σ)和对称轴(C_n)，是几重对称轴？

(1) 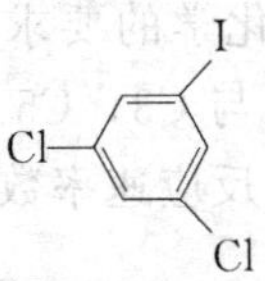 1,3-二氯-5-碘苯 (2) BBr_3 (3) 环己烷（Cl, Br, H取代）

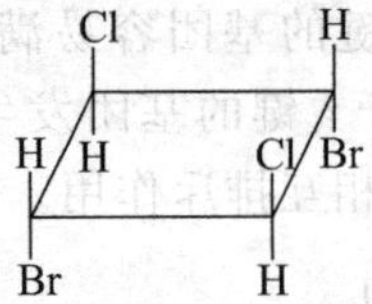

2.4 下列构型式中哪些是相同的，哪些是对映体？

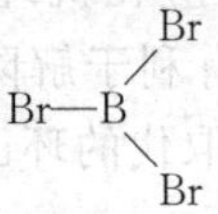

(1) 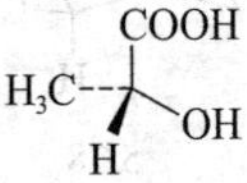 (a) 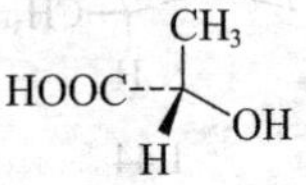 H_3C—C(COOH)(OH)(H)   (b) HOOC—C(CH_3)(OH)(H)   (c) H—C(OH)(CH_3)(COOH)

(2) 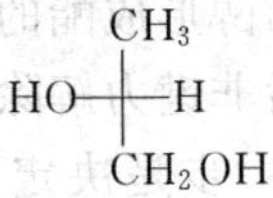 (a) 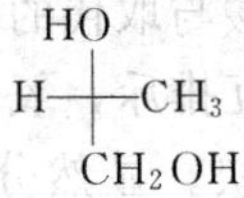 HO—C(H)(CH_3)(CH_2OH)   (b) H—C(CH_3)(OH)(CH_2OH)   (c) HO—C(CH_3)(H)(CH_2OH)   (d) HOH_2C—C(CH_3)(H)(OH)

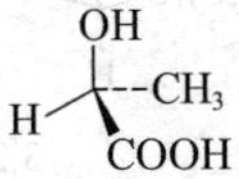

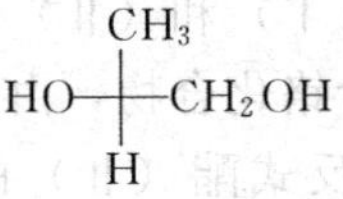

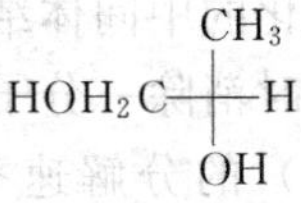

2.5 下列化合物是否有光学活性？

(1) 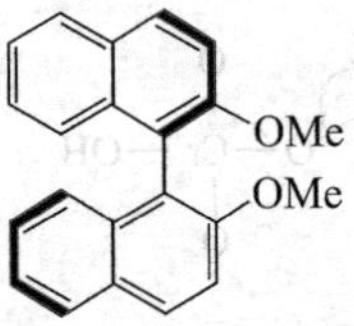 1,1'-联萘-2,2'-二甲氧基

(2) BINOL膦酸酯

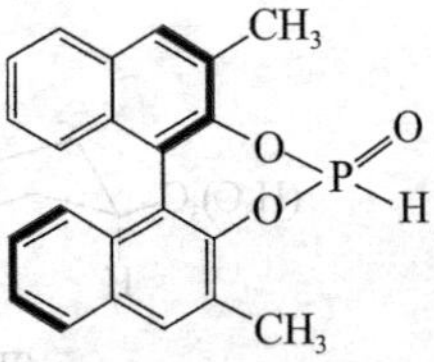

(3) 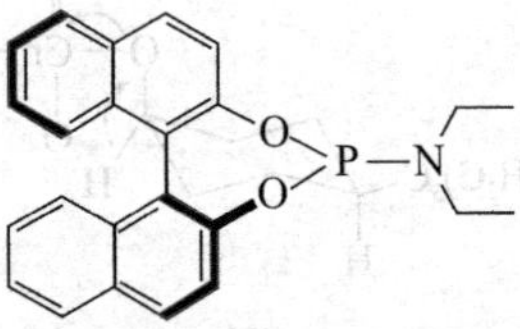 BINOL氨基膦酸酯

(4) 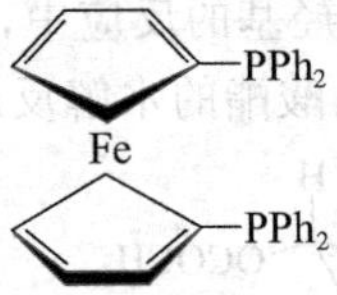 DPPF

(5) 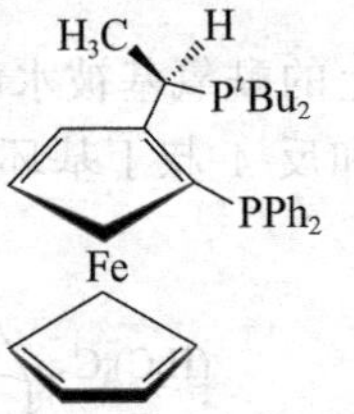 (R)-(S)-PPF-P^{t}Bu$_2$

(6) 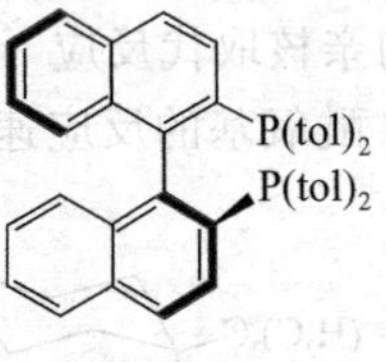 (S)-p-Tol-BINAP

2.6 写出下列化合物最稳定的构象式。

(1) PhCHClCHClPh   (2) 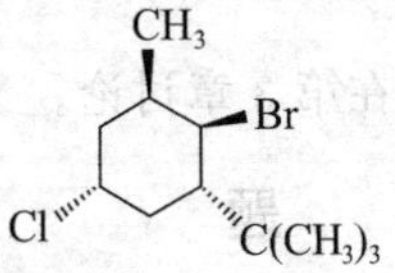 1-Cl-2-Br-4-CH_3-5-$C(CH_3)_3$-环己烷   (3) 4-羟基-4-异丙基环己酮   (4) 十氢萘二溴二甲基衍生物

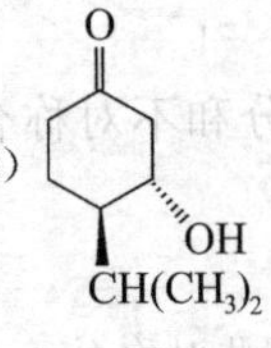

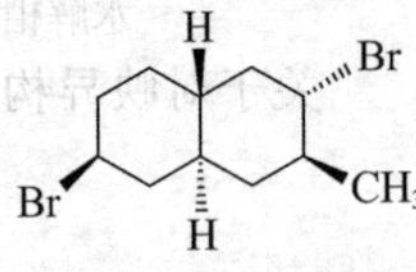

2.7 请解释下列反应主要产物生成的原因？

(1) 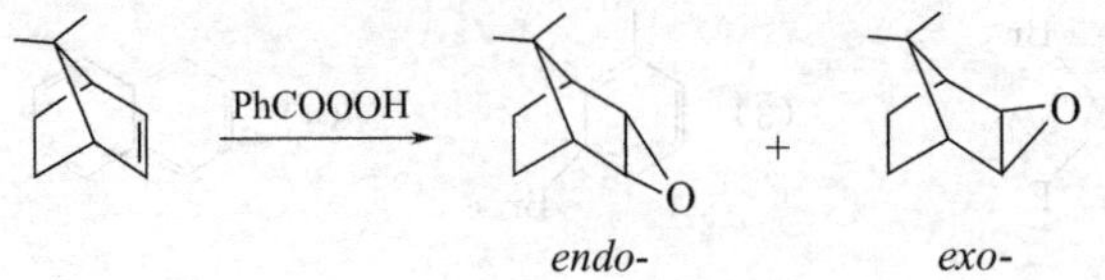 降冰片烯 + PhCOOOH → endo-环氧化物 88% + exo-环氧化物 12%

(2) 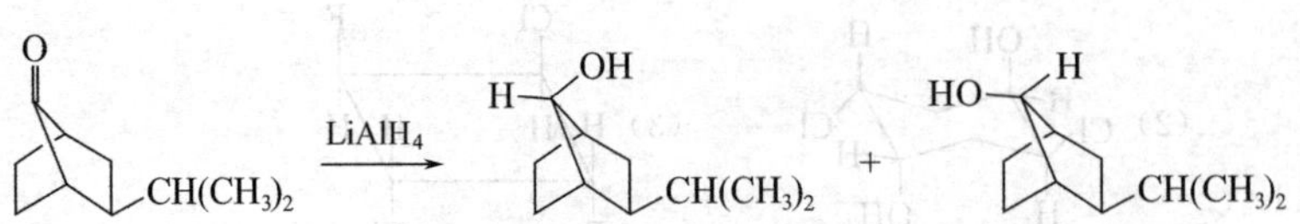 樟脑类酮 + LiAlH$_4$ → 99% + 1%

(3) 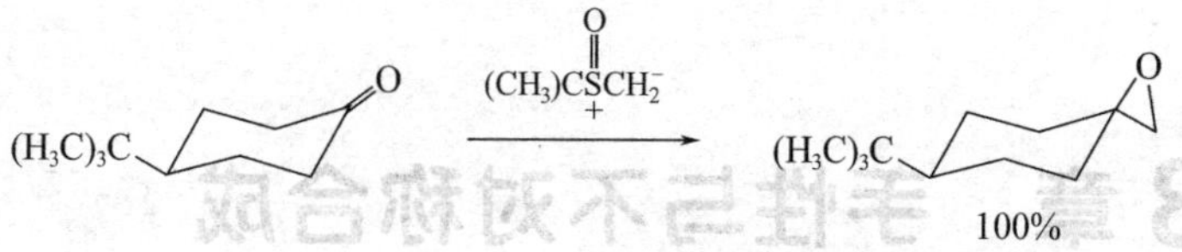 反应式: (H₃C)₃C—环己酮 + (CH₃)₂S⁺CH₂⁻ → (H₃C)₃C—环己烷环氧化物 (100%)

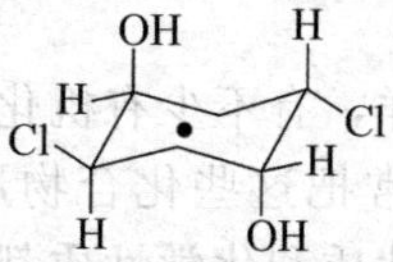

习题参考答案

2.1 (1) 3σ　　(2) 2σ　　(3) 2σ　　(4) 3σ

2.2 (1) 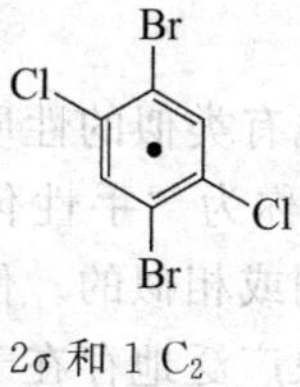 1,4-二溴-2,5-二氯苯结构图　　(2) 环己烷椅式Cl/OH取代　　(3) 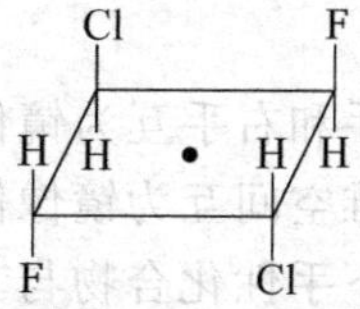 Cl/F/H取代结构图

2.3 (1) 2σ 和 1 C_2　　(2) 4σ, 3 C_2 和 1 C_3　　(3) 1 C_2

2.4 (1) (a) 与 (b) 对映异构体，(b) 与 (c) 是相同的。
(2) (a) 与 (b) 和 (c) 与 (d) 是相同的。(a) 与 (c) 对映异构体。

2.5 (1)(2)(3)(5)(6)具有光学活性，(4)无光学活性。

2.6 (1) 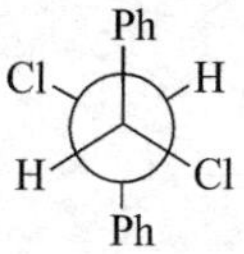 Newman投影式 Cl/Ph/H　　(2) 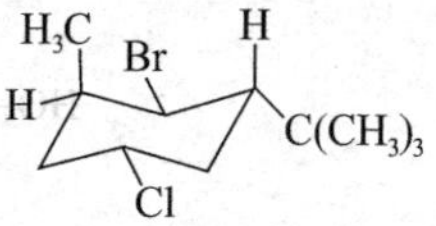 环己烷 Br/C(CH₃)₃/Cl 取代

(3) 环己酮-OH-CH(CH₃)₂　　(4) 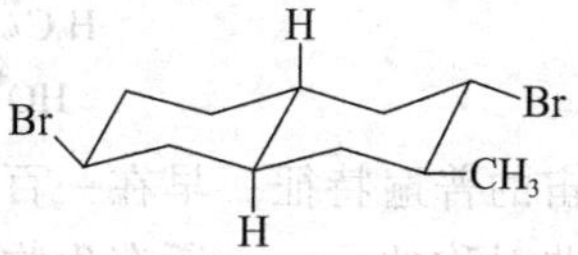 十氢萘-Br/CH₃ 取代

2.7 提示：从空间位阻效应解释。

参 考 文 献

[1] 李景宁, 杨定乔, 张前. 有机化学：上、下册 [M]. 第5版. 北京：高等教育出版社, 2011.
[2] 荣国斌. 高等有机化学基础 [M]. 第3版. 上海：华东理工大学出版社, 2009.
[3] 汪秋安. 高等有机化学 [M]. 第2版. 北京：化学工业出版社, 2010.
[4] 王积涛. 高等有机化学 [M]. 北京：人民教育出版社, 1980.

第 3 章 手性与不对称合成

3.1 手性的意义

如人的左手和右手互为镜像但不能重叠一样,有不少有机化合物也有类似的性质。即一对化合物在三维空间互为镜像但不能重叠。通常把这些化合物形象地称为"手性化合物"。在大多数情况下手性化合物与其对映体的物理性质和化学性质都是相同或相似的。但在手性环境下却表现出不同的物理性质和化学性质。手性化合物及其手性现象广泛地存在于自然界和生命之中。

手性是三维物体的基本属性,如果一个物体不能与其镜像重合,该物体就称为手性物体。例如:乳酸(α-羟基丙酸)。

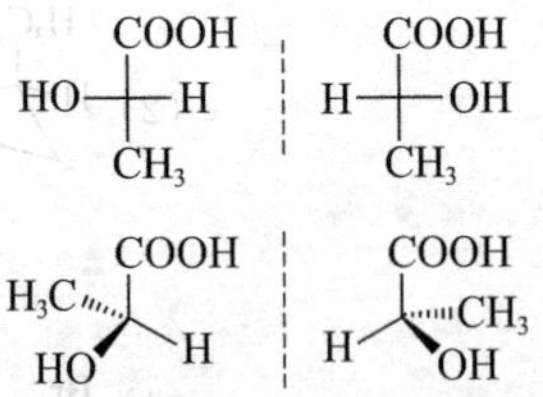

手性是宇宙的普遍特征。早在一百多年前,著名的微生物学家和化学家巴斯德就英明地预见"宇宙是非对称的……,所有生物体在其结构和外部形态上,究其本源都是宇宙非对称性的产物"。在漫长的化学演化过程中,地球上出现了无数的手性化合物。构成生命的有机分子,无论是在种类上还是在数量上,绝大多数是手性的分子。生命体系有极强的手性识别能力,不同构型的立体异构体往往表现出极不相同的生理性能。正如巴斯德(Pasteur)在一百多年前所讲:"生命由不对称作用所主宰"。

手性的概念与不对称密切相关。从原子到人类都是不对称的,如人的左手和右手不能重叠,而是互为镜像。有趣的是:天然的糖大都是 D 构型的,而氨基酸大都是 L 构型的,蛋白质和 DNA 是右旋的。因此可以说,生命就是一个手性的不对称世界。这些给生命的起源添加了神秘的色彩。因此,我们的世界是不对称的,即手性是宇宙间的普遍特征,是自然界的本质属性之一。因此,科学家推断,由于长期宇宙作用力的不对称性,使生物体中蕴藏着大量手性分子,如氨基酸、糖、DNA 和蛋白质等。绝大多数的昆虫信息素都是手性分子,人们利用它来诱杀害虫。很多农药也是手性分子,比如除草剂 Metolachlor,其左旋体具有非常高的除草性能,而右旋体不仅没有除草作用,而且具有致突变作用,每年有 2000 多万吨投放市场,其中 1000 多万吨是环境污染物。Metolachlor 自 1997 年起以单旋体上市,10 年间少向环境投放约 1 亿吨化学废物。研究还发现,单旋体手性材料可以作为隐形材料用于军事领域。因此,在手性环境中,在手性化合物相互作用时,不同的对映体往往表现出不同的性质,甚至有截然不同的作用。

例如:R-天冬酰胺有甜味,而天然的 S-天冬酰胺则是苦的;S-(+)-香芹酮有茴香的香味,而其 R-体则有留兰香的香味;R-苧烯有橘子的香味,而其 S 体则具有柠檬的香味。1953 年,联邦德国 Chemie 制药公司研究了一种名为"反应停"("沙利度胺"Thalidomide)

的新药，该药对孕妇的妊娠呕吐疗效极佳，Chemie 公司在 1957 年将该药以商品名"反应停"正式推向市场。两年以后，欧洲的医生开始发现，本地区畸形婴儿的出生率明显上升，此后又陆续发现 12000 多名因母亲服用反应停而导致的海豹婴儿。这一事件成为医学史上的一大悲剧。据统计，有"反应停"致畸的案例，全世界达 17000 例以上，是 20 世纪最大的药害事件。1979 年，德国波恩大学研究人员对该药物进行了拆分，研究发现，反应停是一种手性药物，是由分子组成完全相同仅立体结构不同的左旋体和右旋体混合组成的，其中右旋体（R 型）是很好的镇静剂，而左旋体（S 型）则有强烈的致畸作用。

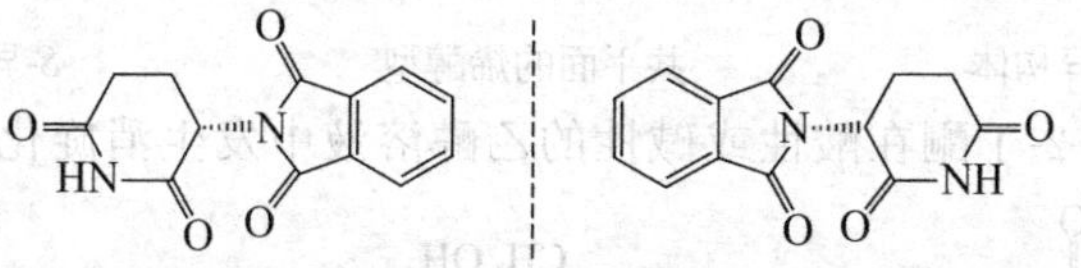

(*S*)-Thalidomider(反应停)　　(*R*)-Thalidomider(反应停)
致畸剂　　　　　　　　　　　　镇静剂

惨痛的教训使人们认识到，药物必须注意它们不同的构型。从此，手性药物的开发引起了人们的注意。

除"反应停"外，其他一些药物也有类似的情况。例如：治疗帕金森的药物多巴，只有 S 型（左旋）对映体有效，而 R 型有严重的副作用；治疗结核病的药物 Ethambutol，只有 SS 型有效，而 RR 型对映体会致盲。另外，有些药物不同对映体的药理作用大相径庭，如 Propranolol 的 S 型对映体是一类重要的 β 受体阻断剂，而 R 型对映体有避孕作用。因此，美国的食品与医药管理局 1992 年提出的法规强调，申报手性药物时，必须对不同对映体的作用叙述清楚。

同样，在农药方面，有些化合物一种对映体是高效的杀虫剂、杀螨剂、杀菌剂和除草剂，而另一种却是低效的，甚至无效或相反。例如：芳氧基丙酸类除草剂，只有 R 型是有效的；杀虫剂 Asana 的四个对映体中，只有一个是强力杀虫剂，另外三个对植物有毒；杀菌剂 Propranolol，RR 型有高效杀菌作用、低植物生长控制作用，而 SS 型有低效杀菌作用、高植物生长控制作用。

3.2 基本概念

3.2.1 外消旋化

旋光物质转化成外消旋体的过程。

有些旋光性化合物在适当条件下，可发生 50% 的构型转化，即转变成外消旋体。在此过程中，有一部分右旋分子转变成左旋分子，或部分左旋分子变成右旋分子。这种转变是同时相互进行的，直到原旋光性化合物的半数分子变成其对映体，并建立平衡而成为外消旋体，其变化式表示如下：　　(+) A ⟶ 1/2 (+) A + 1/2 (−) A
　　　　　　　　　　　　　　　　(−) A ⟶ 1/2 (−) A + 1/2 (+) A
这种形成外消旋体的过程叫做"外消旋化"（racemization）。

旋光性化合物外消旋化的难易差别很大，有些必须在高温下处理几十小时才能发生外消旋化；有些在室温不用加热或催化剂，就能自行外消旋化。例如，手性碳原子上连有一个 H 和 C=O 的化合物很容易外消旋化，是因为酮型可能变成烯醇型。当酮型变成烯醇型时，分子就失去了手性，变成非手性分子，并且同在一个平面上。这个烯醇型（不稳定）再变成酮型，就有两种可能性：可以变成原来的构型，也可以变成另外一种构型。这两种变化的机会是相等的。因此，这种变化经过一定时间后，混合物就变成外消旋体。例如，α-甲基丁酸加热时，它的旋光性逐渐消失，最后变成外消旋体：

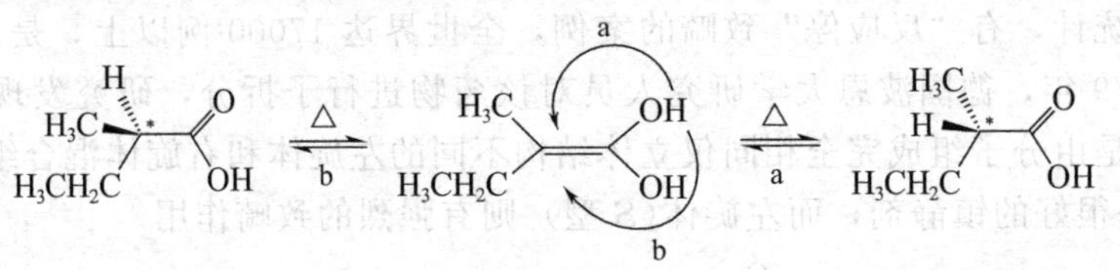

$$R\text{-异构体} \xrightleftharpoons[b]{\Delta} \text{共平面的烯醇型} \xrightleftharpoons[b]{\Delta} S\text{-异构体}$$

又如：(R)-3-苯基-2-丁酮在酸性或碱性的乙醇溶液中发生消旋化就是烯醇化引起的。

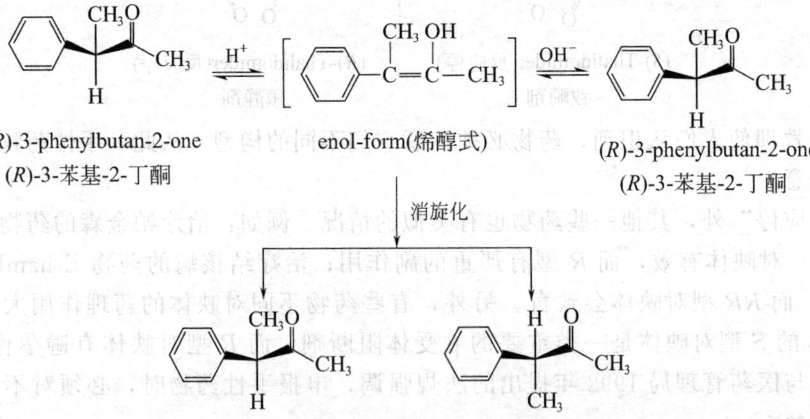

(R)-3-phenylbutan-2-one　　　enol-form(烯醇式)　　　(R)-3-phenylbutan-2-one
(R)-3-苯基-2-丁酮　　　　　　　　　　　　　　　　　　(R)-3-苯基-2-丁酮

↓ 消旋化

(R)-3-phenylbutan-2-one　　　(S)-3-phenylbutan-2-one
(R)-3-苯基-2-丁酮　　　　　　(S)-3-苯基-2-丁酮

以上是反应中经过烯醇式重排过程发生消旋化。因此，凡具有能发生烯醇化的结构物质经过烯醇式重排均能发生消旋化。常见的途径如下。

① 长期放置：如（+）-α-溴代苯乙酸室温放置三年后，其旋光性完全消失。
② 光、热、磁、放射性作用会使旋光性物质转成外消旋体。
③ 反应过程中有碳正离子生成。旋光性完全消失转化成外消旋体。

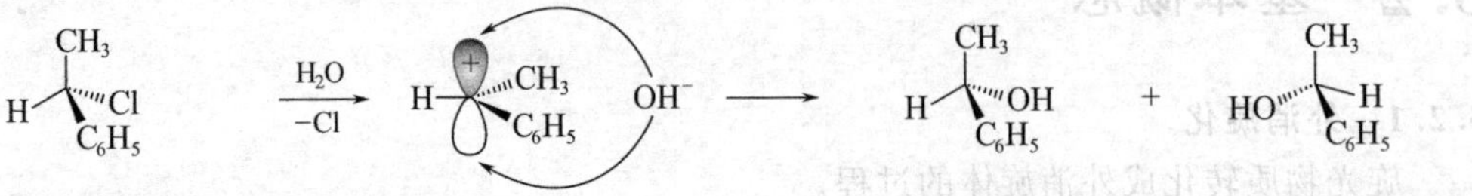

1-((R)-1-chloroethyl)benzene　　　　　　　　　　　　(R)-1-phenylethanol　　(S)-1-phenylethanol
1-(R)-1-氯乙基苯　　　　　　　　　　　　　　　　　　(R)-1-苯基乙醇　　　(S)-1-苯基乙醇

④ 反应过程中有碳自由基生成。旋光性完全消失转化成外消旋体。

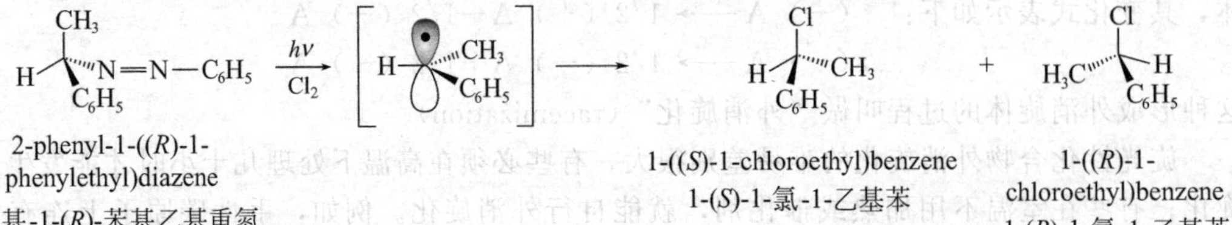

2-phenyl-1-((R)-1-　　　　　　　　　　　　　1-((S)-1-chloroethyl)benzene　　1-((R)-1-chloroethyl)benzene
phenylethyl)diazene　　　　　　　　　　　　　1-(S)-1-氯-1-乙基苯　　　　　1-(R)-1-氯-1-乙基苯
2-苯基-1-(R)-苯基乙基重氮

消旋化产物

3.2.2 非手性分子与不对称分子

不具有任何一种对称元素的分子（对称轴、对称面、对称中心及交替对称轴）称为不对称分子（asymmetry molecules）。下面的分子均是不对称分子。

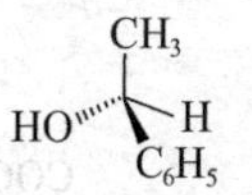

(S)-1-phenylethanol
(S)-1-苯基乙醇

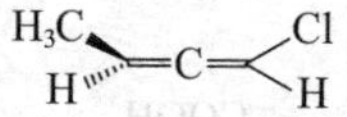

(S)-1-chlorobuta-1,2-diene
(S)-1-氯-1,2-丁二烯

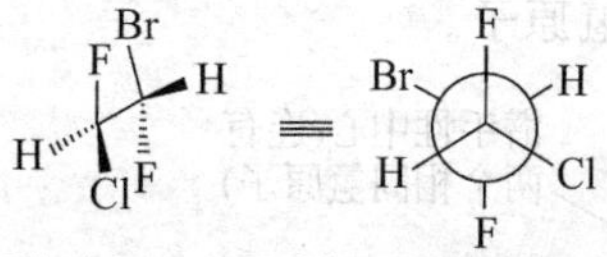

(1S,2R)-1-bromo-2-chloro-1,2-difluoroethane
(1S,2R)-1-溴-2-氯-1,2-二氟乙烷

不对称分子一定具有手性。仅有对称面的分子一定是非手性分子。例如：下面分子具有对称面，同时具有 C_2 对称轴。

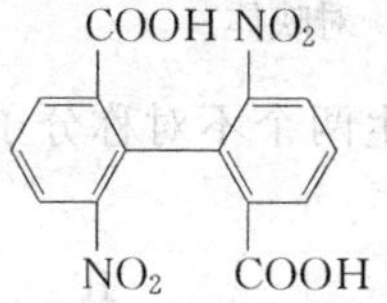

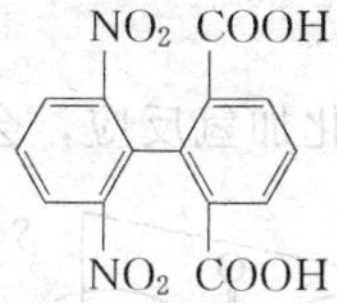

3.2.3 ee 值与 de 值

对映体过量（ee）最初定义为描述对映体组成的一个术语，等于光学纯度。旋光物质的纯度用对映体过量值表示：

$$R \text{ 的 } ee \text{ 值} = \frac{c_R - c_S}{c_R + c_S}$$

计算旋光物质的 R 体的收率时，应用 R,S 旋光物质的收率乘以 R 的 ee 值。若 R,S 旋光物质的收率为 90%，R 的 ee 值为 20%，则 R 体的收率是 18%。若 R,S 旋光物质的收率为 50%，R 的 ee 值为 80%，则 R 体的收率为 40%。所以制备旋光物质的收率主要看 ee 值。最新文献已改用非对映体过量值（de 值）表示。

3.2.4 比旋光度

旋光性物质的旋光度和旋光方向可用旋光仪进行测定。采用旋光仪测定，其计算公式如下：

$$[\alpha]_\lambda^t = \frac{\alpha}{Lc}$$

式中 α——测定的旋光度数值；

λ——测定的单色光的波长；

L——样品管的长度，dm；

c——测定时样品浓度（g/mL）。

用 d 或（+）表示是平面偏振光向右旋，l 或（-）表示是平面偏振光向左旋。λ 对旋光度有较大影响，改变偏光的 λ，有时甚至会改变旋光度的方向。

3.2.5 潜手性分子

一个连有四个完全不同原子或原子团的碳原子叫做手性碳原子（chiral carbon）。当一个碳原子连有两个相同和两个不相同的原子或原子团如 Caabe 时，这个碳原子就叫做潜手性碳原子（prochiral carbon）或潜手性中心。假如其中两个相同的原子或原子团之一（a，多为氢原子）被一个不同于 a、b、e 的原子或原子团 d 所取代，就得到一个新的手性碳原子 Cabed。例如乙醇和丙酸分子中亚甲基的碳原子即为潜手性碳原子。具有潜手性碳原子的分子叫做"潜手性分子"。

对于潜手性化合物，同样可以用顺序规则来确定构型。一个对称分子经过某种反应变成不对称分子，该对称分子称为潜手性分子。例如，丙酸亚甲基上的一个氢原子被氯（Cl）取代后，若转变成 R 构型时，这个氢原子就称潜-R（pro-R）氢原子；若转变成 S 构型时就称潜-S（pro-S）氢原子。

$$\underset{\substack{\text{propionic acid} \\ \text{丙酸}}}{\overset{\text{潜}-S\ \ \text{CH}_3\ \ \text{潜}-R}{\text{H}\!\!-\!\!\overset{\text{COOH}}{\underset{\ }{\text{C}}}\!\!-\!\!\text{H}}} \xrightarrow{\text{Cl}_2} \underbrace{\underset{\substack{(R)\text{-2-chloropropanoic acid}\\(R)\text{-2-氯丙酸}}}{\text{H}\!\!-\!\!\overset{\text{COOH}}{\underset{\text{CH}_3}{\text{C}}}\!\!-\!\!\text{Cl}} + \underset{\substack{(S)\text{-2-chloropropanoic acid}\\(S)\text{-2-氯丙酸}}}{\text{Cl}\!\!-\!\!\overset{\text{COOH}}{\underset{\text{CH}_3}{\text{C}}}\!\!-\!\!\text{H}}}_{\text{对映体}}$$

潜手性中心（连有两个相同氢原子）

例如：苯乙酮（acetophenone）经催化加氢反应，会产生两个不对称分子。

$$\underset{\substack{(R)\text{-1-phenylethanol}\\(R)\text{-1-苯基乙醇}}}{\text{HO}\overset{\text{C}_6\text{H}_5}{\underset{\text{H}}{\text{C}}}\text{CH}_3} \xleftarrow{\text{H}^-}\ \underset{\substack{\text{acetophenone}\\\text{苯乙酮}}}{\boxed{\overset{R\ \text{面}}{\underset{S\ \text{面}}{\overset{\text{O}}{\underset{\text{C}_6\text{H}_5\ \ \text{CH}_3}{\text{C}}}}}}\ \xrightarrow{\text{H}^-}\ \underset{\substack{(S)\text{-1-phenylethanol}\\(S)\text{-1-苯基乙醇}}}{\text{HO}\overset{\text{H}}{\underset{\text{C}_6\text{H}_5}{\text{C}}}\text{CH}_3}$$

如果分子中已经有一个或多个手性中心，则分子的潜手性中心将导致非对映异构体，例如：

$$\underset{\substack{(R)\text{-2-hydroxybutanoic acid}\\(R)\text{-2-羟基丁酸}}}{\text{H}\!\!-\!\!\overset{\text{COOH}}{\underset{\substack{\text{H}\!\!-\!\!\text{C}\!\!-\!\!\text{H}\\\text{CH}_3}}{\underset{\ }{\text{C}}\!\!-\!\!\text{OH}}}} \longrightarrow \underbrace{\underset{\substack{(2R,3R)\text{-2,3-}\\\text{dihydroxybutanoic acid}}}{\text{H}\!\!-\!\!\overset{\text{COOH}}{\underset{\substack{\text{H}\!\!-\!\!\text{C}\!\!-\!\!\text{OH}\\\text{CH}_3}}{\text{C}\!\!-\!\!\text{OH}}}} + \underset{\substack{(2R,3S)\text{-2,3-}\\\text{dihydroxybutanoic acid}}}{\text{H}\!\!-\!\!\overset{\text{COOH}}{\underset{\substack{\text{HO}\!\!-\!\!\text{C}\!\!-\!\!\text{H}\\\text{CH}_3}}{\text{C}\!\!-\!\!\text{OH}}}}}_{\text{非对映体}}$$

手性中心、潜手性中心

2-羟基丁酸中的 C2 是手性的，是一个手性分子。C3 上连有两个相同的氢原子和两个不相同的基团，它是个潜手性碳原子。当 C3 上的一氢原子被一个不同于其他三个原子或基团（如—OH）取代，就生成一个新的手性碳原子。这种新生的手性碳原子有两种相反的构型，而原来的手性碳原子的构型是相同的，因此取代后的生成物是非对映体，它们的产量不相等，往往相差甚远。

这种不经过拆分直接将手性分子中潜手性碳原子转变成手性碳原子，并生成不等量的立体异构体的过程称为"手性合成"（chiral synthesis），也称"不对称合成"（asymmetric synthesis）。

3.2.6 立体专一性和立体选择性

（1）**立体专一性** 不同立体异构体的底物，在相同条件下与同一种试剂反应，分别得到不同立体异构体的产物，即每一种立体异构体只给出相应的立体产物，该反应称为立体专一性（sterospecificity）反应。例如：富马酸在富马酸酶的作用下加水形成苹果酸是立体专一的反应。但富马酸的顺式异构体马来酸却不能与富马酸酶反应。

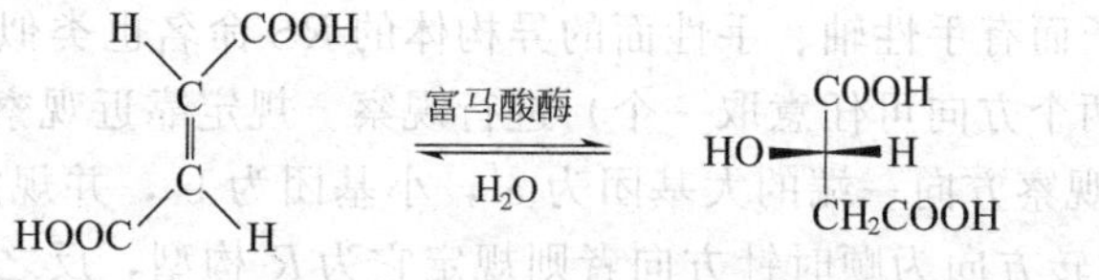

第 3 章 手性与不对称合成

$$\text{fumaric acid (富马酸)} \xrightarrow[H_2O]{\text{富马酸酶}} (S)\text{-2-hydroxysuccinic acid (苹果酸)}$$

富马酸在过氧乙酸的氧化下被氧化，下列反应属于立体专一性反应：

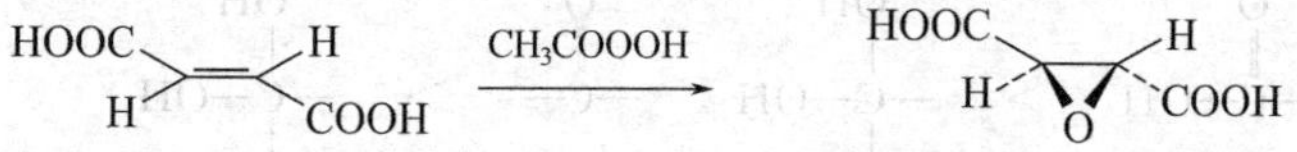

$$\text{fumaric acid (富马酸)} \xrightarrow{CH_3COOOH} (2R,3R)\text{-oxirane-2,3-dicarboxylic acid} \ (2R,3R)\text{-2,3-环丁氧二羧酸}$$

（2）立体选择性　当一个反应生成 A，B 两个立体异构体，而 A 产量比 B 多的时候称相应的反应具有立体选择性（steroselectivity），该反应称为立体选择性反应。所有立体专一性反应都是立体选择性反应，但立体选择性反应不一定是立体专一性反应。下列反应属于立体选择性反应：

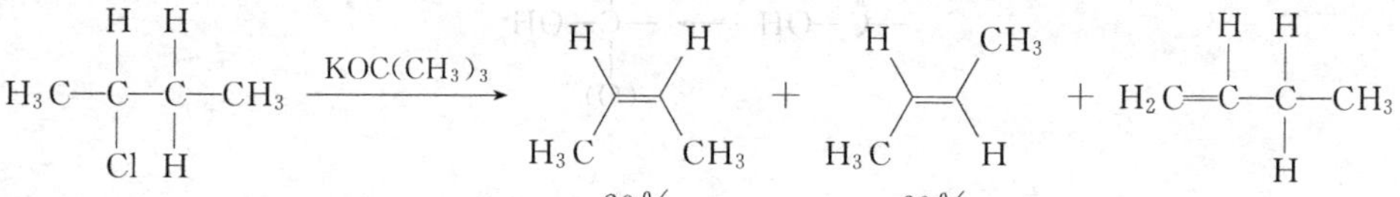

2-chlorobutane (2-氯丁烷) $\xrightarrow{KOC(CH_3)_3}$ 20% + 60% + 20%

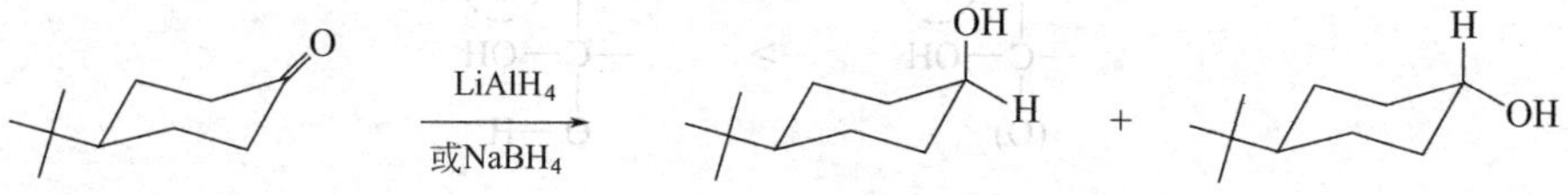

4-*tert*-butylcyclohexanone (4-叔丁基环己酮) $\xrightarrow[\text{或}NaBH_4]{LiAlH_4}$ 4-*tert*-butylcyclohexanol (4-叔丁基环己醇) 10% + 90%

3.3　手性化合物构型标记

3.3.1　构型标记的特殊规定

R、S 构型表示法是 Cahu 和 Iugold 等在 1956 年提出的，后被 IUPAC 采用。该方法的要点是：① 首先需要将不对称原子上连接的 4 个不同原子或基团 a、b、c、d 按大小（IUPAC 规则）进行排序，且 a＞b＞c＞d。IUPAC 规则规定：按直接连接在不对称原子上的 4 个不同原子的原子序数大小来排序，序数大者排前；若有相同的原子序数的原子存在，则进一步比较这些原子上的取代基，直至排出次序为止；同等情况下，不饱和基团次序优先；取代基互为异构体时，顺式或 R-型基团次序优先于反式或 S-型基团。② 将最小的基团 d 放置于观察者的最远处进行观察。若 a→b→c 的旋转方向为顺时针方向者则规定它为 R-构型、反之则为 S-构型。③ 若有多个手性原子，可以依此类推，并写上该原子的编号；如（1R，2S）等。

R-　　　S-

对于无手性碳原子而有手性轴、手性面的异构体的 RS 命名也类似。首先沿着手性轴或手性面的一个方向（两个方向可任意取一个）进行观察。规定靠近观察方向一端的大基团为 a，小基团为 b，远离观察方向一端的大基团为 a′，小基团为 b′，并规定大小次序为 a＞b＞a′＞b′。若 a→b→a′ 旋转方向为顺时针方向者则规定它为 R-构型，反之则为 S-构型。基本规则如下：

① 原子序数大的基团大于原子序数小的基团，例如：

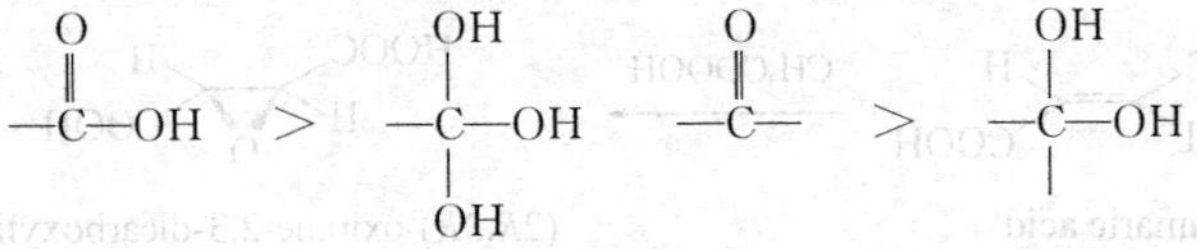

$$\underset{(a)}{-\overset{O}{\underset{|}{C}}-OH} \quad > \quad \underset{(b)}{-\overset{OH}{\underset{|}{C}}-OH} \quad \underset{(c)}{-\overset{O}{\underset{|}{C}}-OH} \quad > \quad \underset{(d)}{-\overset{OH}{\underset{|}{C}}-OH}$$

将（a）按 Prelog 规则展开，对于多重键可连接一个与多重键另一端相同的假想原子，用（ ）括上，表示没有连接取代基，或用下标"0"补足剩余价，如 C_{000} 等。

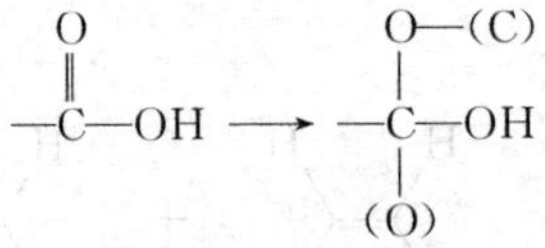

$$-\overset{O}{\underset{|}{C}}-OH \quad \longrightarrow \quad -\overset{O-(C)}{\underset{(O)}{C}}-OH$$

所以

$$-\overset{O-(C)}{\underset{(O)}{C}}-OH \quad > \quad -\overset{O-(H)}{\underset{O-H}{C}}-OH$$

同理，将（c）按 Prelog 规则展开如下：

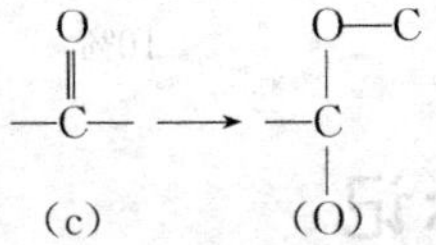

$$\underset{(c)}{-\overset{O}{\underset{|}{C}}-} \quad \longrightarrow \quad \underset{(O)}{-\overset{O-C}{\underset{|}{C}}-}$$

所以

$$-\overset{O-(C)}{\underset{(O)}{C}}- \quad > \quad -\overset{O-(H)}{\underset{O-H}{C}}-$$

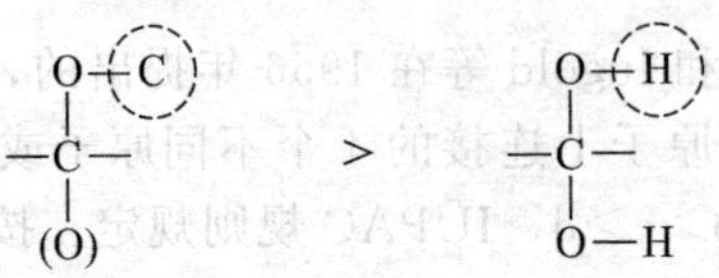

对于含有孤对电子的三价原子，其由孤对电子占据的第四个基团原子序数被认为是 0。例如：

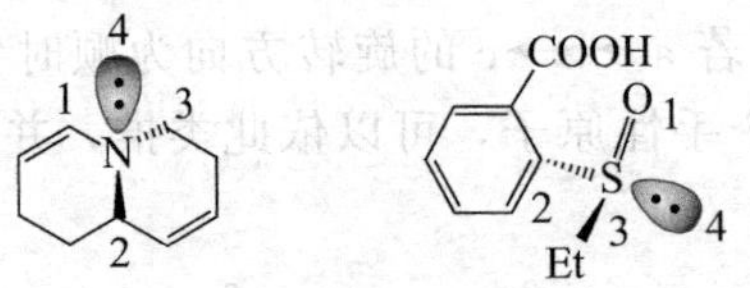

② 原子序数相同时，相对原子质量大的大于相对原子质量小的。例如：

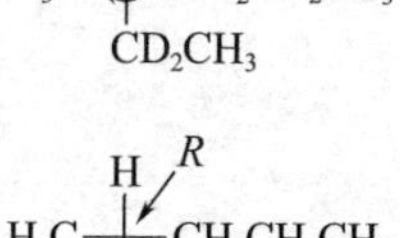

第 3 章　手性与不对称合成　　35

$$H_3C-\overset{H\ R}{\underset{CD_2CH_3}{C}}-CH_2CH_2CH_3 \qquad -CH_2CH_2CH_3 > -CD_2CH_3$$

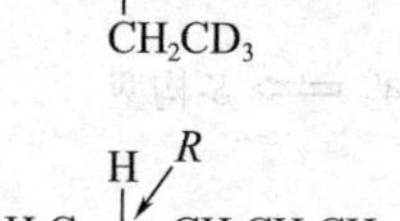

$$H_3C-\overset{H\ R}{\underset{CH_2CD_3}{C}}-CH_2CH_2CH_3 \qquad -CH_2CH_2CH_3 > -CH_2CD_3$$

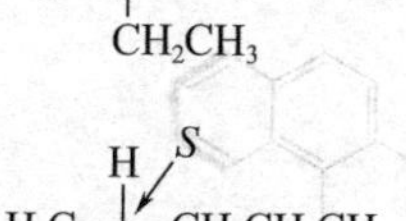

$$H_3C-\overset{H\ R}{\underset{CH_2CH_3}{C}}-CH_2CH_2CH_3 \qquad -CH_2CH_2CH_3 > -CH_2CH_3$$

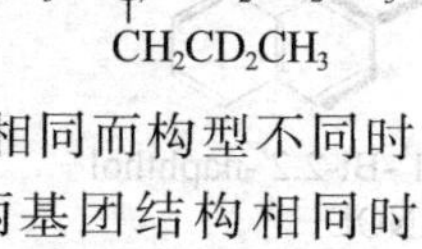

$$H_3C-\overset{H\ S}{\underset{CH_2CD_2CH_3}{C}}-CH_2CH_2CH_3 \qquad -CH_2CD_2CH_3 > -CH_2CH_2CH_3$$

③ 当两基团结构相同而构型不同时，在普通有机化学中介绍过：$R>S$，$M>P$，$r>s$。但值得注意的是，当两基团结构相同时，基团的构型是：R，R 或 S，S 大于 R，S 或 S，R；M，M 或 P，P 大于 M，P 或 P，M。例如：

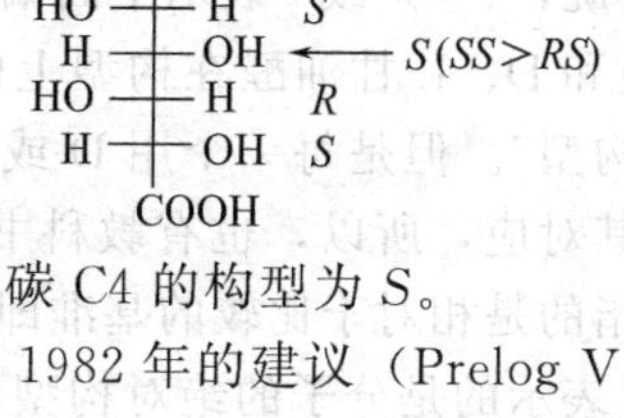

$$\begin{array}{c}COOH\\ HO\text{—}H\quad S\\ HO\text{—}H\quad S\\ H\text{—}OH\quad \leftarrow S(SS>RS)\\ HO\text{—}H\quad R\\ H\text{—}OH\quad S\\ COOH\end{array}$$

因为 SS 大于 RS，所以中间碳 C4 的构型为 S。

④ 根据 Prelog 和 Helmchen 1982 年的建议 (Prelog V, Helmchen G Angew. Chem Int Ed Engl，1982（21）：567），将 $Z>E$；$cis>trans$ 修改成：具有较优次序的取代基与手性中心在双键同侧的基团大于较优次序的取代基与手性中心在双键反侧的基团，这样可能会出现 $Z<E$ 或 $cis<trans$ 的情况。例如：

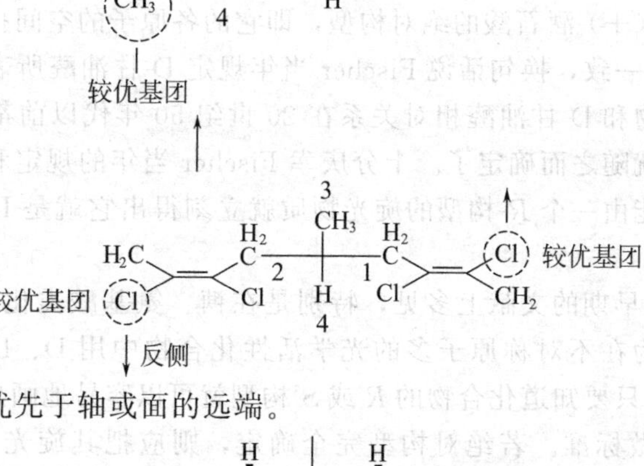

⑤ 轴或面的近端优先于轴或面的远端。

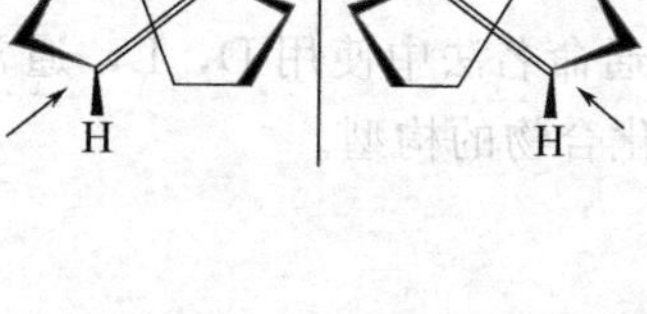

如 (S)-1,1'-联萘-2,2'-二酚的构型确定方法如下所示。(S)-1,1'-联苯-2,2'-二羧酸、(S)-2,6-二甲基螺[3,4]庚烷的构型确定方法也类似。

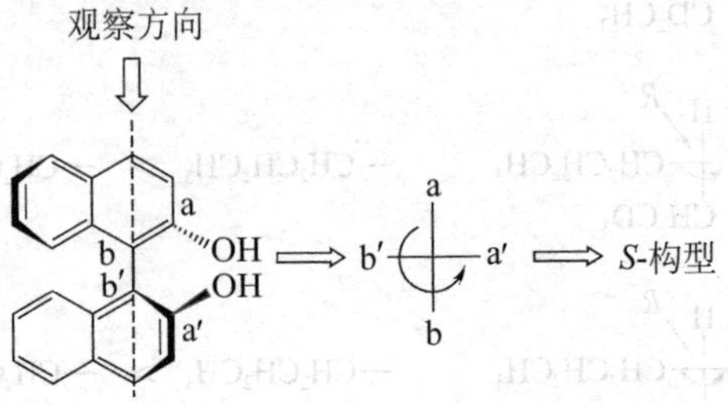

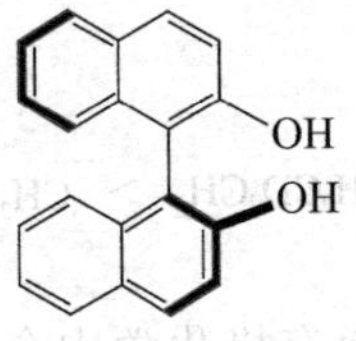

(S)-1,1'-Bi-2,2'-naphthol   (R)-1,1'-Bi-2,2'-naphthol
(S)-BINOL   (R)-BINOL

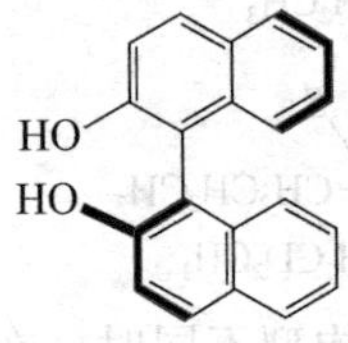

（+）、（-）-表示法　通常是表示旋光仪测出的试验结果，有时也用小写的 d、l 来表示。

（+）或 d 表示平面偏振光右旋，（-）或 l 表示平面偏振光左旋。

D、L 表示的是光学活性物质和 D、L 甘油醛在构型上的相对关系。所以，有的文献和教科书称其表示的构型是"相对构型"。但是每一个用 D-或 L-表示的 Fischer 投影式有一个而且只有一个确定的绝对构型与其对应，所以，也有教科书和文献称其为"绝对构型"。其实二者并不矛盾，只是"相对"指的是相对于比较的基准即甘油醛、而"绝对"指的是与其相对应的确定的构型而已。R、S 表示的是分子的绝对构型，即光学活性分子内各原子或官能团之间的排列方式。每一个用 R 或 S 表示的化合物有一个也只有一个确定的构型与其相对应。而（+）、（-）或 d、l 表示的是一种实验结果，化合物的光学特征。但三套表示方法之间并不存在必然的逻辑关系。例如若知道某光学活性物质的构型为 D-构型，但不能由此而推断它的绝对构型就是 R-构型，它的旋光性就一定是右旋（+）或 d。实际上 Fischer 当初对 D-与 L-构型规定是人为的，只是为了方便而已。直到 20 世纪 50 年代 Bijvoet 用 X-单晶衍射的方法确定了（+）-酒石酸的绝对构型，即它的各原子的空间排列方式，其结果恰好和当年 Fischer 的规定一致，换句话说 Fischer 当年规定 D-甘油醛所表示的构型相一致。而其他众多的旋光化合物和 D-甘油醛相对关系在 20 世纪 50 年代以前都已弄清楚，因此这些化合物的绝对构型也就随之而确定了。十分庆幸 Fischer 当年的规定和事实相符，避免造成混乱。还是要强调不能由一个 R-构型的旋光物质就立刻得出它就是 D-构型，旋光性为右旋的结论。

D、L 表示方法在早期的文献上多见，特别是在糖、氨基酸类化合物的表示中常见到。但现在趋于少用。因为在不对称原子多的光学活性化合物中用 D、L 表示十分不方便，而 R、S 表示比较方便，只要知道化合物的 R 或 S 构型就可以容易地画出它的结构，反之也一样，不需要甘油醛来做标准。若绝对构型完全确定，则应把其旋光性也表示，如：（R）-（+）-甘油醛，（S）-（-）-酒石酸等。

旋光化合物的构型标记，普通命名法中使用 D，L，通常在糖类和氨基酸中使用；系统命名法中使用 R，S 来命名旋光化合物的构型。

3.3.2 含有手性原子的化合物

连接四个不同原子或基团的碳原子，称为手性碳原子或不对称碳原子（asymmetric carbon atom），常用 C* 表示。只有一个手性碳的分子一定具有旋光性，具有手性。例如：

C₆H₅CHBrCH₃
1-(1-bromoethyl)benzene
1-(1-溴乙基)苯

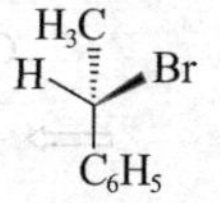

1-[(S)-1-bromoethyl]benzene
1-[(S)-(1-溴乙基)]苯

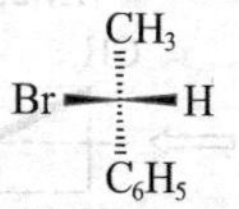

1-[(R)-1-bromoethyl]benzene
1-[(R)-(1-溴乙基)]苯

分子的手性中心除了碳原子外，还可以是其他的原子。

N 原子为手性原子：

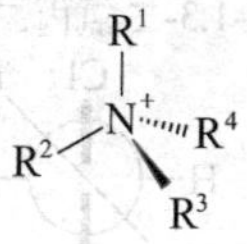

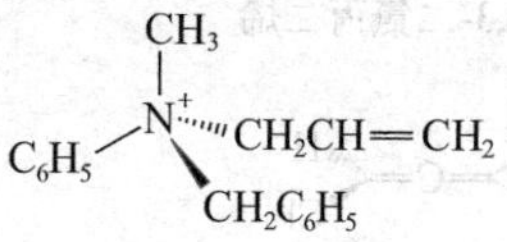

P 原子为手性原子：

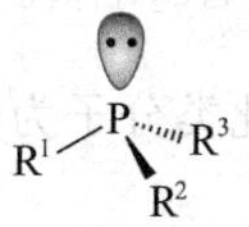

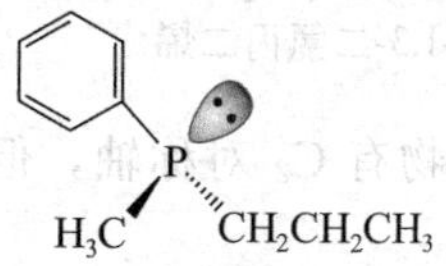

S 原子为手性原子：

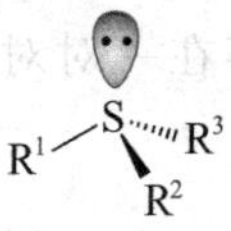

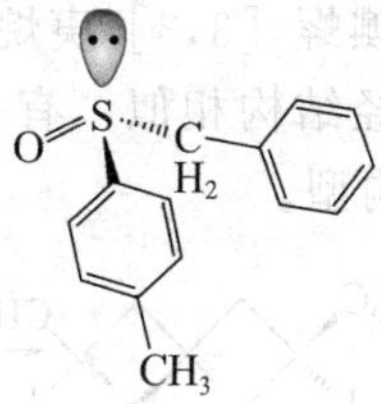

Si 原子为手性原子：

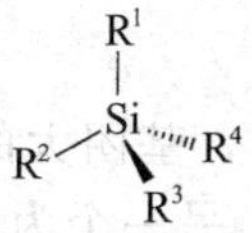

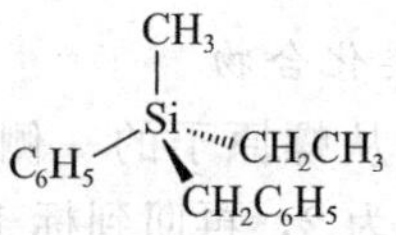

Ge 原子为手性原子：

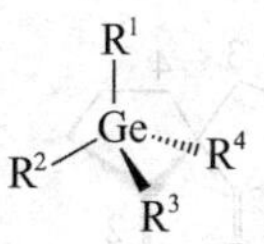

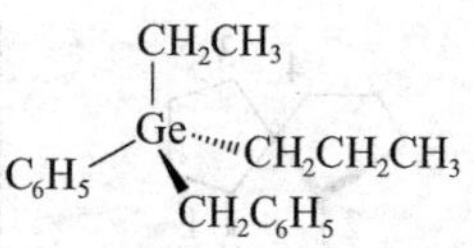

3.3.3 含有手性轴的化合物

3.3.3.1 丙二烯型化合物

丙二烯（allene compounds）abC=C=Cab 型化合物累积双键两端碳上连的原子或基团是处于互相垂直的两个平面内，如果两端碳原子都是连接两个不同的原子或基团，例如：1,3-二氯-丙二烯，可以有一对对映体。该类化合物的构型可将之看成变了形的四面体，沿手性轴观察四面体，指定两个离观察者最近的基团优先于远端的基团。从在纸面上的一边看，可清楚地看出另一侧基团的前后。

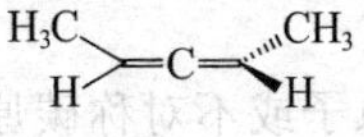

(R)-penta-2,3-diene
(R)-2,3-戊二烯

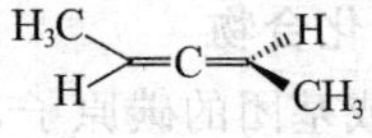

(S)-penta-2,3-diene
(S)-2,3-戊二烯

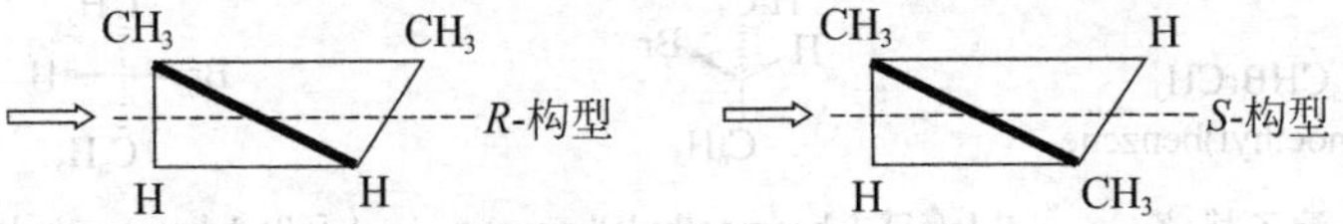

⟹ R-构型

⟹ S-构型

(R)-1,3-dichloropropa-1,2-diene
(R)-1,3-二氯丙二烯

(S)-1,3-dichloropropa-1,2-diene
(S)-1,3-二氯丙二烯

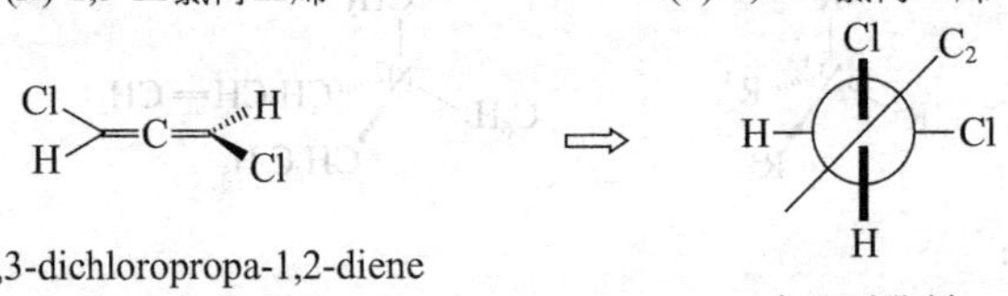

(S)-1,3-dichloropropa-1,2-diene
(S)-1,3-二氯丙二烯

含 C_2 对称轴

aba′b′ 类丙二烯化合物有 C_2 对称轴，但仍有手性，此类分子为非对称分子（dissymmetry molecules）。

3.3.3.2 螺环类化合物

在 2,6-二甲基-2,6-二碘螺 [3,3] 庚烷分子中，两个四元环是刚性的，所在平面是互相垂直的，与 1,2-累积二烯烃结构相似，有一手性轴，存在一对对映体，从箭头所指方向去看可方便地标出对映体的构型。

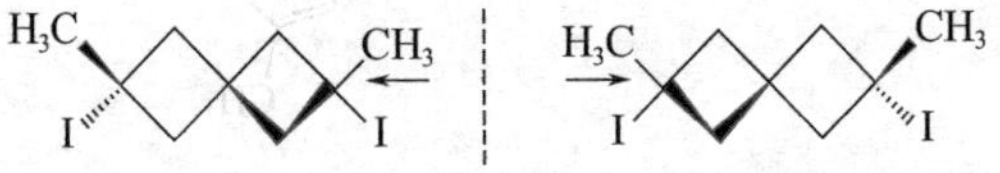

R

S

3.3.3.3 螺杂环合螺环酮类化合物

这类分子的构型标定是从螺原子的一侧开始标号，基团大的为 1，但标 2 的不是在同侧，而要在另一侧基团大的为 2，再回到标 1 的一侧，另一个为 3，标 2 的一侧，剩下的基团为 4，例如：

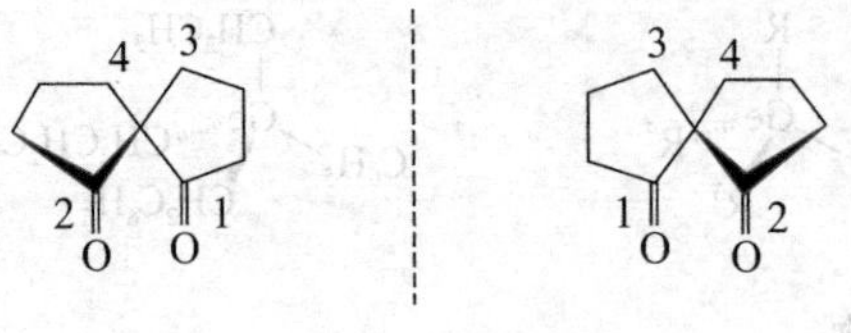

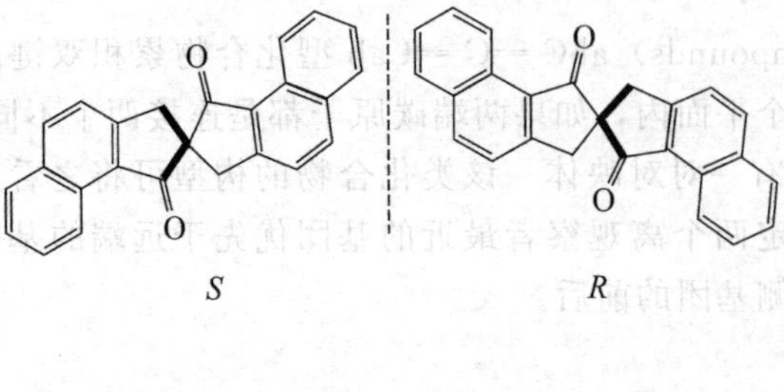

R

S

S

R

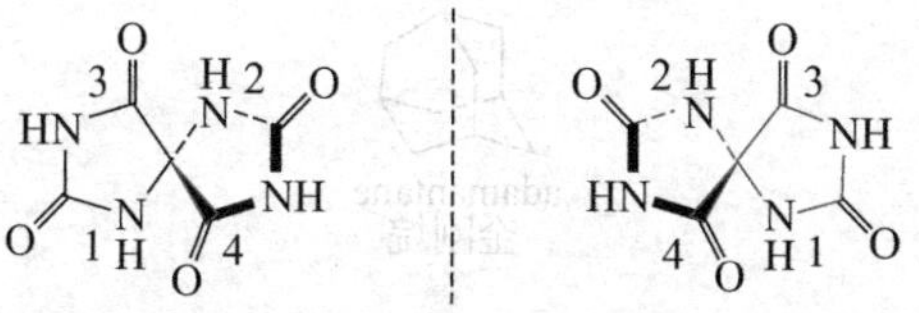

3.3.3.4 联芳烃类化合物

联苯化合物的邻位上如有两个大的取代基，限制两苯环绕两苯环间 σ 键的自由旋转，当每个苯环的邻位取代基不同时，则出现对映体。其构型标注与丙二烯类相似。

如果两个基团是 abab 型的，分子内带有一个 C_2 对称轴。例如：

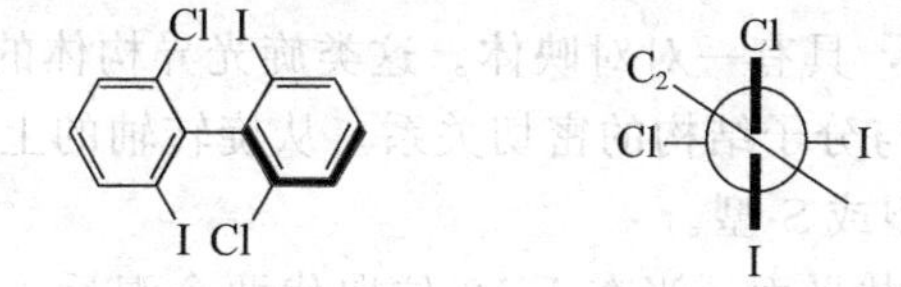

联苯类衍生物的例子：

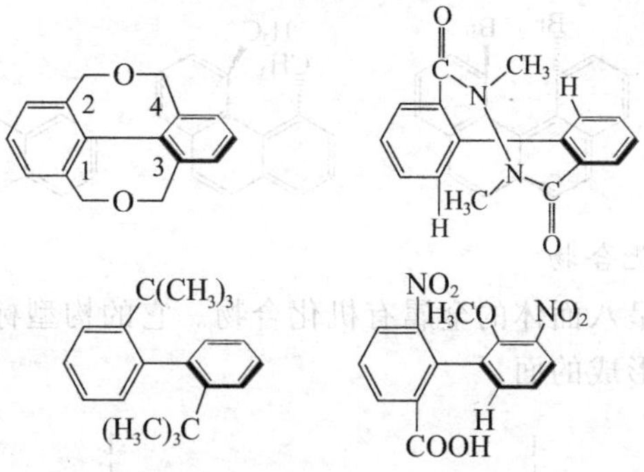

联萘类衍生物的例子：

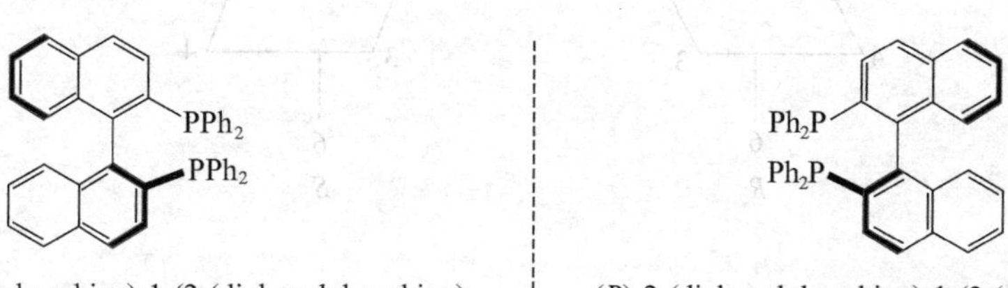

(S)-2-(diphenylphosphino)-1-(2-(diphenylphosphino)
naphthalen-1-yl)naphthalene
(S)-BINAP

(R)-2-(diphenylphosphino)-1-(2-(diphenylphosphino)
naphthalen-1-yl)naphthalene
(R)-BINAP

3.3.3.5 金刚烷类型化合物

1932 年捷克人 Landa 等人从南摩拉维亚油田的石油分馏物中发现了金刚烷。次年利用 X 射线技术证实了其结构。

金刚烷的命名同丙二烯类化合物，金刚烷四羧酸类型已被拆分。

3.3.3.6 螺旋化合物

含有手性面的化合物分子中既无手性中心，也无手性轴，但有手性。例如：六螺并苯是苯用两相邻碳原子互相稠合，六个苯环构成一个环状烃，两端的两个苯环的四个氢拥挤，使两个苯环不能在同一个平面内，一端在平面之上，另一端在平面之下，整个分子形成一个螺状物，构成含手性面的分子，具有一对对映体。这类旋光异构体的旋光能力惊人，六螺并苯的 $[\alpha]=3700°$，说明旋光与分子结构的密切关系。从旋转轴的上面观察，螺旋是顺时针为 M 型或 R 型，反时针为 P 型或 S 型。

苯并菲有芳香性，分子共平面，当在 1,12-位取代两个溴后，由于空间位阻，共平面性被破坏，分子是一个螺旋化合物。同理，1,8-二甲基菲也是一个螺旋化合物。

3.3.3.7 d^2sp^3 杂化类型化合物

这类化合物大部分是呈八面体的金属有机化合物。它的构型标记是由头三个优先原子形成的面看向 4，5，6 原子形成的面。

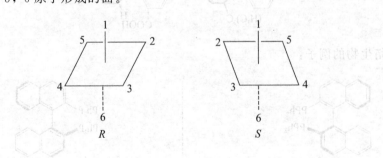

3.4 构象异构体

一般情况下构象异构体由于互相转换能垒较小，无法分离。例如：cis-1,2-二氯环已烷互相转换能垒约为 45kJ/mol，室温下即消旋化。所以在室温下，一般将环按平面处理，认为存在一个对称面。

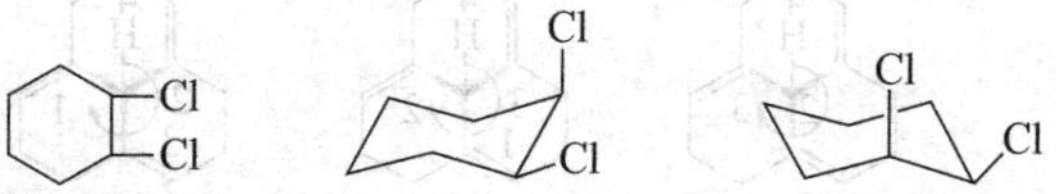

1,2-dichlorocyclohexane
1,2-二氯环己烷

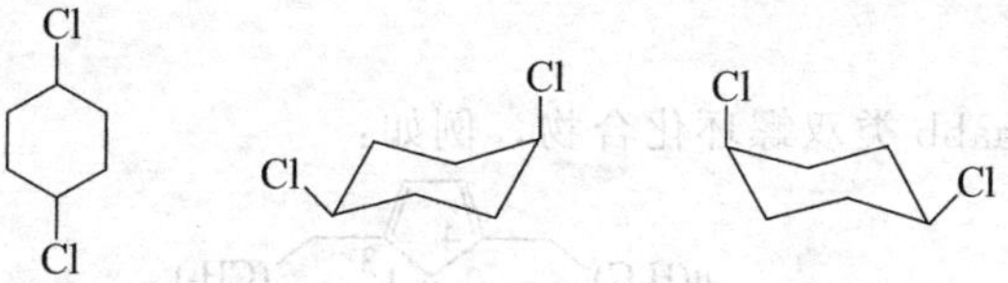

1,4-dichlorocyclohexane
1,4-二氯环己烷

但反式环辛烯由于转换能垒约为 90kJ/mol，已将其对映体分离出来。

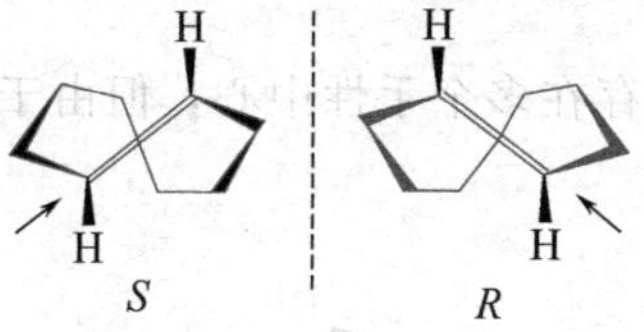

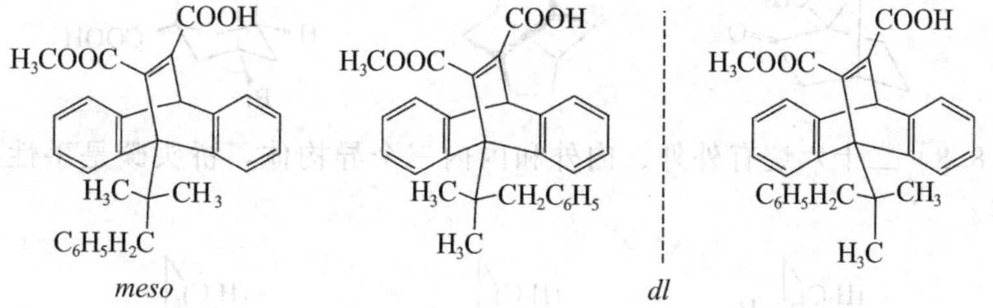

上面的化合物由于 σ 旋转受阻而被分离。

一个具有 C_3 轴对称的化合物已被合成，它具有手性的原因是苯环不在一个平面上。

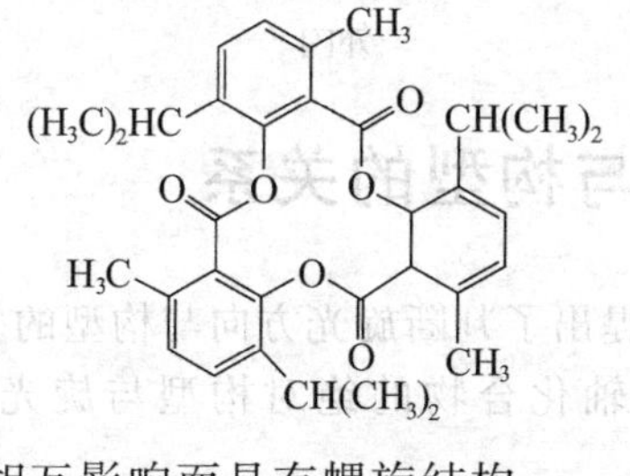

[14]-轮烯由于环内 H 的相互影响而具有螺旋结构。

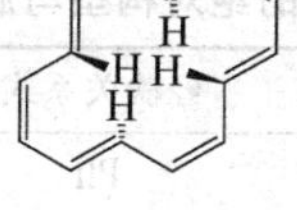

3.5 特殊类型的化合物

一个 Caaab 类型物质是没有手性的，但经过桥连之后，分子不能自由旋转，故其具有手性。例如：

在这里，1 位是可以随意在三个基团中任选一个，2 是距双键最近的一个，3 是另一个，4 是 H。

另一个分子是 Caabb 类双螺环化合物，例如：

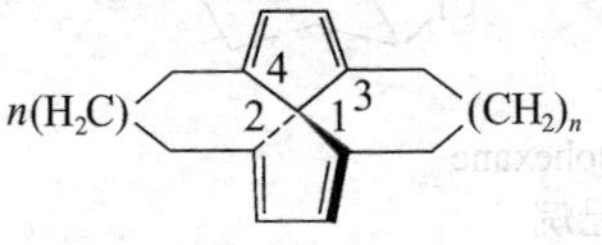

该分子的 1 是处于前面的双键所连的键，2 是该环的另一个双键所连的键，3，4 是另一个环上的双键所连的键。

在一些桥环化合物中，可能存在多个手性中心，但由于空间的关系，只有一对对映异构体存在。例如：

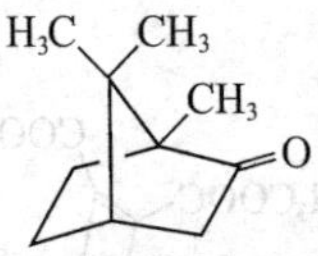

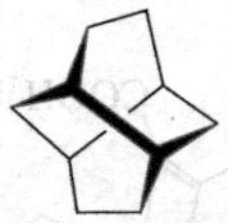

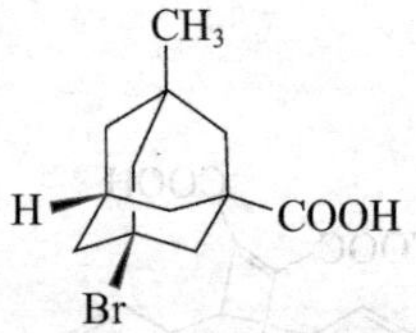

双环 [8.8.8] 二十六烷有外外、内外和内内三个异构体，桥头碳是手性中心，可能存在对映异构体。

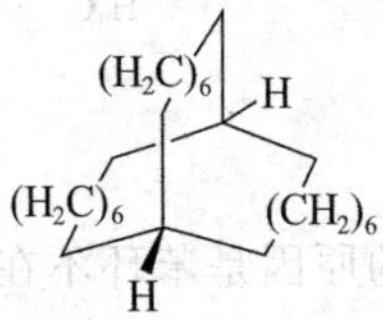

外外 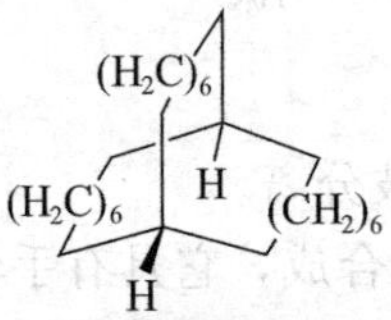　　　　　　外内 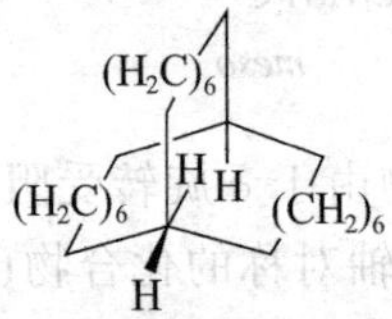　　　　　　内内

3.6 关于旋光方向与构型的关系

早在 1954 年，Wilds 等就提出了判断旋光方向与构型的关系的经验方法，Lowe 进一步完善了该经验方法，提出手性轴化合物的绝对构型与旋光方向的经验关系式，如表 3-1 所列。

表 3-1　手性轴化合物的绝对构型与旋光方向的经验关系式

化合物构型	经验关系式	极化度	旋光方向	构型标记
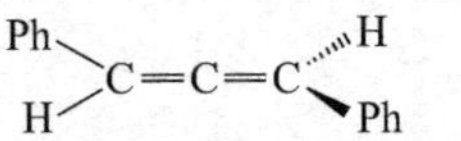	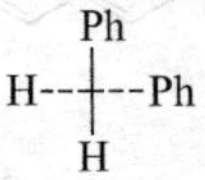	顺时针	+	S
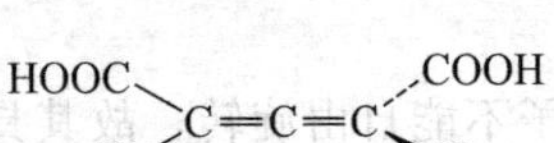	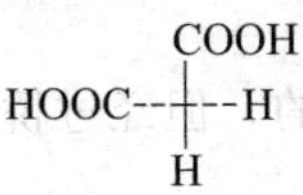	逆时针	−	R

续表

化合物构型	经验关系式	极化度	旋光方向	构型标记
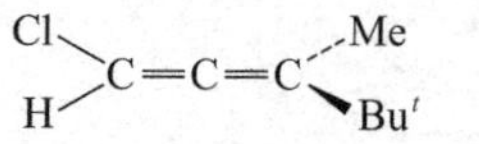 Cl–C(H)=C=C(Me)(Bu^t)	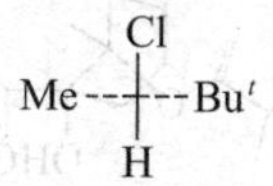 Me–C(Cl)(H)–Bu^t	逆时针	—	S
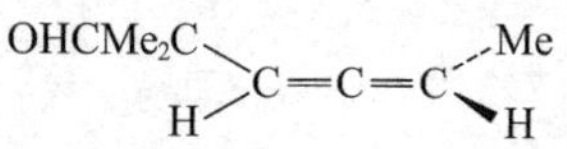 OHCMe₂C(H)=C=C(Me)(H)	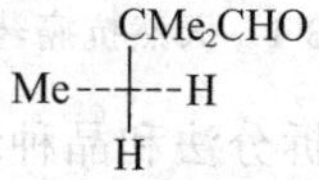 Me–C(CMe₂CHO)(H)–H	逆时针	—	R
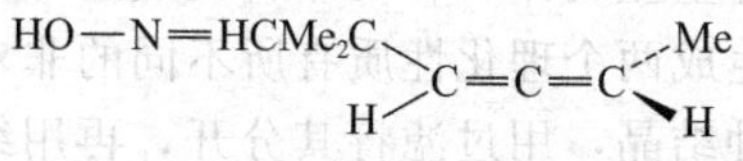 HO–N=HCMe₂C(H)=C=C(Me)(H)	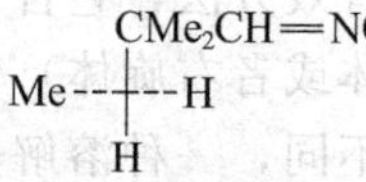 Me–C(CMe₂CH=NOH)(H)–H	逆时针	—	R

构型转化成投影式后，沿基团的可极化度画箭头，逆时针为左旋光，顺时针为右旋光，其结果与化合物的绝对构型相对应。常见基团的可极化度为

$$Br>S>Cl>—C\equiv C—>CN>—C=C—>C_6H_5>CHO>CO_2H>CH_2C_6H_5>CH_3>CH_2OH$$
$$=CHNH_2>C_2H_5>CH_2CH_3>CH_2COOH>NH_2>OH>H>D>CF_3>F>NH_3^+$$

2007 年高占先教授根据尹玉英等的螺旋理论，介绍了化合物绝对构型与旋光方向的经验关系式。首先将化合物按顺序规则确定构型，再按可极化度大小确定旋光方向。其操作与 Lowe 的经验规则相近。例如：(S)-2-丙酸实测为左旋光（—），(S)-2-溴苯乙酸实测为右旋光（+），预测结构与经验结构相符合。

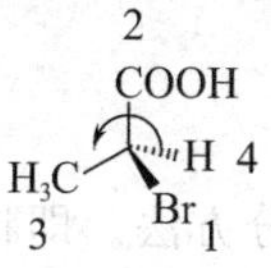

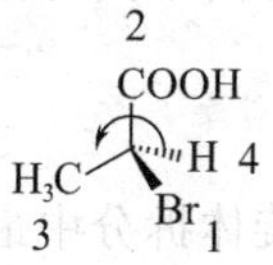

按顺序规则，构型为 S　　按可极化度排列，旋光方向为（—）

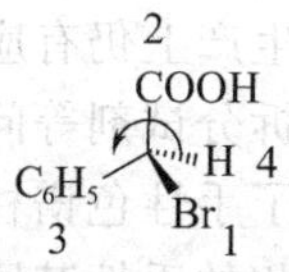

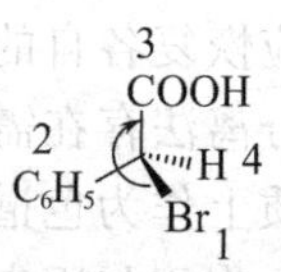

按顺序规则，构型为 S　　按可极化度排列，旋光方向为（+）

尽管是经验规则，会有许多例外，且上述经验规则只适合含有一个手性因素的情况，但这一经验规则给合成工作者设计手性分子、预测其构型或旋光方向提供了重要的基础数据。

3.7　手性化合物的制备

3.7.1　天然产物中提取手性化合物

在某些生物体中含有具备生理活性的天然产物，可用适当的方法提取而得到手性化合物，某些手性药物是从动植物中提取的氨基酸、萜类化合物和生物碱。如：具有极强抗癌活性的紫杉醇（Taxol）最初是从紫杉树树皮中发现和提取的。后来在紫杉树树叶中获得了紫杉醇的母核部分，再通过不对称合成将侧链接到母核上，丰富了紫杉醇的提取途径。如图 3-1 所示。

3.7.2　外消旋体的拆分

通过拆分外消旋体在手性药物的获取方法中是最常用的方法。目前为止报道的拆分方法

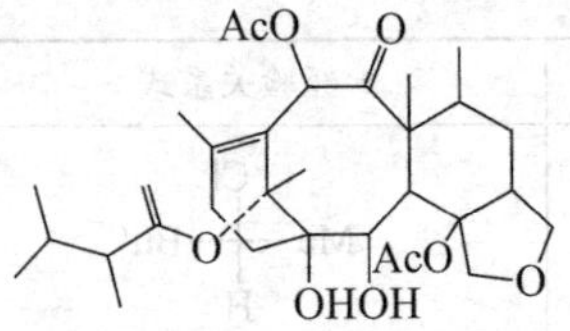

图 3-1 天然抗癌药紫杉醇

有机械拆分法、化学拆分法、微生物拆分法和晶种结晶法等。

化学拆分法是最常用和最基本的有效方法，它首先将等量左旋体和右旋体所组成的外消旋体与另一种纯的光学异构体（左旋体或者右旋体）作用生成两个理化性质有所不同的非对映体，然后利用其物理性质的溶解性不同，一种溶解另一种结晶，用过滤将其分开，再用结晶-重结晶方法将其提纯，然后去掉这种纯的光学异构体，就能得到纯的左旋体或右旋体。主要拆分方法有以下几种。

3.7.2.1 物理拆分

物理手段的拆分包括晶体机械分离、播种结晶和圆偏振光照射等方法。其中，机械分离和圆偏振光拆分法适用范围很小，应用价值不大。但是在历史上巴斯德能借助放大镜将外消旋酒石酸钠铵的晶体按其晶体的不同形状成功地一一分开，对后来研究手性化合物的拆分奠定了很好的基础。

晶种播种结晶法就是在外消旋体溶液中，加入其中一种晶体旋光体，让其诱导溶液中的该组分结晶，从而达到分离不同对映体的目的。该方法简单易行，因此在工业上有着广泛的应用。

3.7.2.2 化学拆分法

化学拆分法是外消旋体拆分中最常用和最重要的拆分方法。即将对映体与一些手性试剂反应，生成非对映体，利用非对映体物理性质（如溶解度、熔点等）的不同，将非对映体分离后，再通过适当的反应恢复各自的状态。目前在工业生产上仍有应用。

由于形成非对映体分离法存在需要消耗较多的手性拆分试剂等问题，因此人们把手性拆分试剂固定在不溶性物质上作为色谱柱的固定相，开发了手性色谱柱分离法。该方法中，被拆分物质以不稳定的键合作用与固定相结合，通过固定相的手性基团与被拆分外消旋体中两个对映体亲和力的不同而分离，因此可以免去形成非对映体分离法连接和去除手性试剂的两步反应。同时，由于色谱柱种类繁多，色谱方法操作简单，因此手性色谱柱分离法成为外消旋体拆分中的研究热点，其关键是选择适宜的手性试剂作为固定相。

近来，化学拆分法中的动力学拆分特别引人注目。由于手性化合物之间的反应速率不同，因此可以利用外消旋体中一个反应快、一个反应慢的特点，当外消旋体反应到一定程度，即其中快的接近反应完成时，停止反应进行分离，可以得到高光学纯度的未反应的对映体，而已经反应的对映体往往也可以得到高纯度的产物。

3.7.2.3 生物拆分法

生物拆分法是用酶、微生物、细菌等生物手性物质与外消旋体作用而进行的，它具有专一性强、拆分效率高、生产条件温和等优点。另外生物催化的不对称合成是以微生物和酶作为催化剂、立体选择性控制合成手性化合物的方法。用酶作为催化剂是人们所熟悉的，它的高反应活性和高度的立体选择性一直是人们梦寐以求的目标。有机合成和精细化工行业越来越多地利用生物催化转化天然或非天然的底物，获得有用的中间体或产物。目前常用生物催化的有机合成反应主要有水解反应、酯化反应、还原反应和氧化反应等。自20世纪90年代以来已成功地用于合成 β-内酰胺类抗生素母核、维生素 C、L-肉毒碱、D-泛酸手性前体药物、左旋氨基酸、前列腺素等。目前，生物拆分法，尤其是酶催化的动力学拆分，是手性分离技术的研究热点之一，是化学与生物研究的结合点之一。

3.7.3 化学合成

通过不对称反应立体定向地合成单一对映体是获得手性药物最直接的方法。主要有手性源法、手性助剂法、手性试剂法和不对称催化合成方法。

(1) 手性源合成 手性源合成是以天然手性物质为原料，经构型保持或构型转化等化学反应合成新的手性物质。在手性源合成中，所有的合成转变都必须是高度选择性的，通过这些反应最终将手性源分子转变成目标手性分子。碳水化合物、有机酸、氨基酸、萜类化合物及生物碱是非常有用的手性合成起始原料，并可用于复杂分子的全合成中。

(2) 手性试剂法 手性试剂和前手性底物作用生成光学活性产物。目前，手性试剂诱导已经成为化学方法诱导中最常用的方法之一。如：β-蒎烯获得的手性硼烷基化试剂已用于前列腺素中间体的制备。

3.7.4 催化不对称合成

在不对称合成的诸多方法中，最理想的是催化不对称合成，它具有手性增殖、高对映选择性、经济、易于实现工业化的优点，其中的手性实体仅为催化量。手性实体可以是简单的化学催化剂或生物催化剂，选择一种好的手性催化剂可使手性增值10万倍。1990年诺贝尔化学奖获得者哈佛大学 Corey 教授称不对称催化中的手性催化剂为"化学酶"。这是化学家从合成的角度将生物酶法化学化，即化学型的手性催化剂代替了生物酶的功能。1966年日本科学家 Nazoki 和 Noyori 首次报道了手性金属配合物催化的不对称合成，1968年 Knowles 和 Homer 分别报道了手性铑膦配合物的不对称氢化。由于这种催化是一个手性增值的过程，即用少量催化剂可产生大量的手性化合物，不对称催化受到了学术界和工业界的广泛关注。1974年美国孟山都（MONSANTO）公司将不对称氢化技术应用于 L-多巴（Dopa）的工业化生产。2001年，诺贝尔化学奖授予在不对称催化技术领域作出杰出贡献的 Noyori 等两位化学家。

简单地说，不对称催化合成就是采取一种方法，使用很少量的手性催化剂，通过手性诱导控制，使反应生成的两个对映体中一个过量，如果手性催化剂手性诱导控制很好，则可以得到全部为单一的对映体，从而避免或减少拆分过程。某单一对映体的过量情况，可通过高效液相色谱测定，用 ee 值来衡量，ee 值越高，则不对称合成的效率越高。从绿色化学的角度出发，高效的不对称合成有利于节约资源，提高原子利用率。因此，不对称催化有机合成是手性技术发展的主流方向。

不对称催化关键技术是手性催化剂：手性催化剂的组成主要有过渡金属（如：Rh，Ir，Ni，Cu，Fe，Pd，Co，Ru 等）和手性配体。这些过渡金属与手性配体形成配合物成为手性催化剂。目前使用的手性配体主要有：以 1,1′-联-2-萘酚为代表的双羟基手性配体；手性双膦二茂铁，手性双膦芳烃和单膦配体；以双噁唑啉为代表的含氮手性配体；以 1,1′-联-2-萘酚配位的含膦氮手性配体和小分子手性催化剂等。

3.7.4.1 不对称催化氢化反应

不对称催化氢化反应是工业上第一个使用不对称合成的反应。Knowles 等人以铑的 DI-PAMP 配合物作为催化剂，通过催化氢化反应制备左旋多巴（L-DOPA，L-多巴），左旋多巴是治疗帕金森病的有效药物。能增加脑内多巴胺及去甲肾上腺素等神经递质，还可以提高大脑对氨的耐受,而用于治疗肝昏迷,改善中枢功能,使病人清醒,症状改善。因此在世界上创造了巨大的经济效益,2001年获得了诺贝尔化学奖。

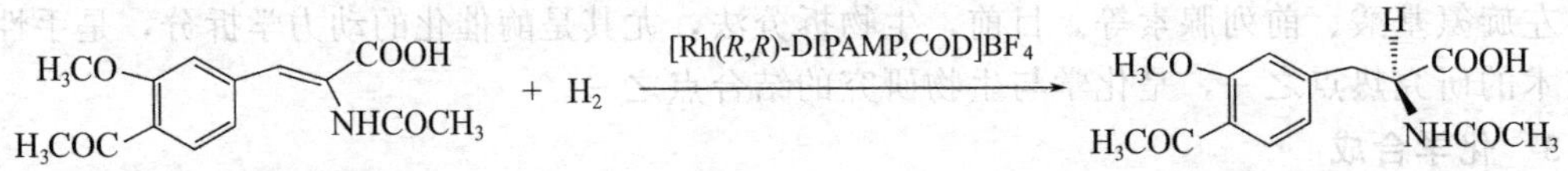

$$\text{(Z)-2-acetamido-3-(4-acetyl-3-methoxyphenyl)acrylic acid} + H_2 \xrightarrow{[Rh(R,R)\text{-DIPAMP,COD}]BF_4} \text{(S)-2-acetamido-3-(4-acetyl-3-methoxyphenyl)propanoic acid}$$

(Z)-2-acetamido-3-(4-acetyl-3-methoxyphenyl)acrylic acid
(Z)-2-乙酰胺基-3-(4-乙酰基-3-甲氧基苯基)丙烯酸

(S)-2-acetamido-3-(4-acetyl-3-methoxyphenyl)propanoic acid
(S)-2-乙酰胺基-3-(4-乙酰基-3-甲氧基苯基)丙酸

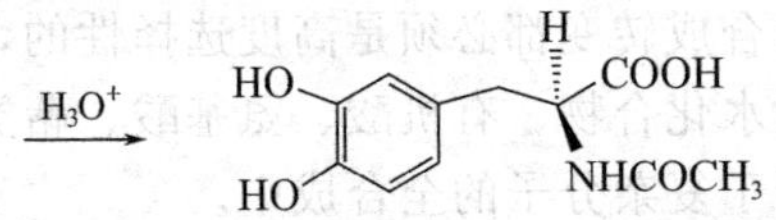

$$\xrightarrow{H_3O^+}$$

(S)-2-acetamido-3-(3,4-dihydroxyphenyl)propanoic acid
L-DOPA

(R,R)-DIPAMP =（结构图：含两个PPh基团和两个邻甲氧基苯基的乙二膦配体）

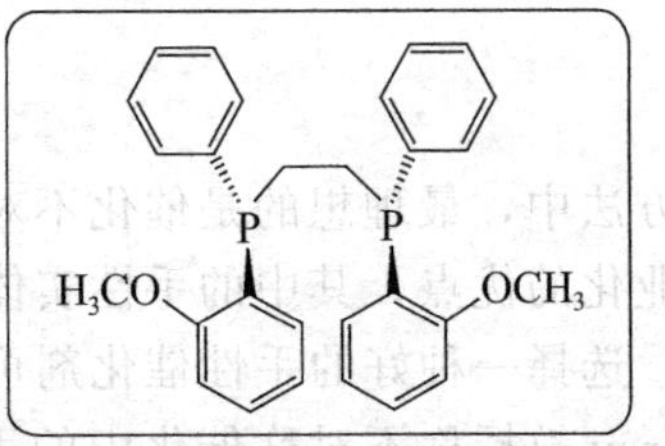

Kagan 等人使用 DIOP-Rh（配合物）应用于 α-（酰胺基）丙烯酸酯的不对称催化氢化反应，ee 值可达 80%，其配体的结构为：

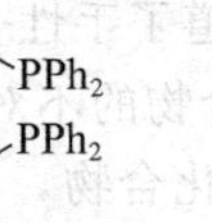

DIOP

随后又出现了许多 C_2 对称轴的双膦配体，例如：

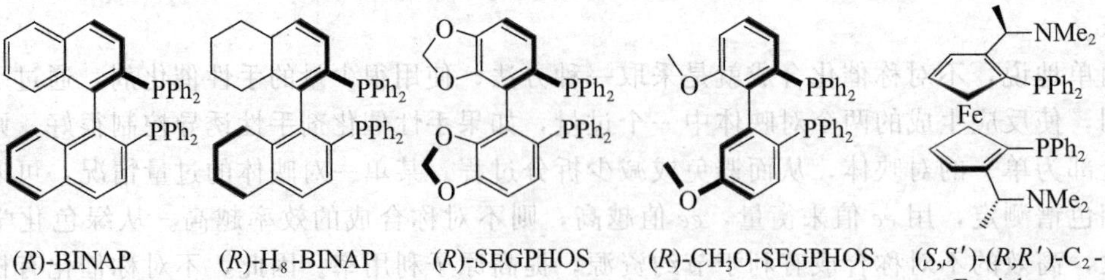

(R)-BINAP   (R)-H_8-BINAP   (R)-SEGPHOS   (R)-CH$_3$O-SEGPHOS   (S,S')-(R,R')-C_2-Ferriphos

这些配体也可以通过化学键键合到高分子载体上，使催化剂可回收，循环再利用，从而降低了成本。在工业上得到广泛的应用。如下所示：

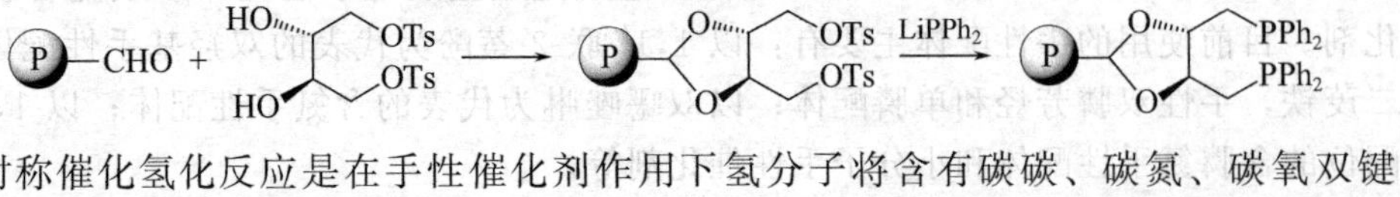

（P）—CHO + HO—（CH）—OTs / HO—（CH）—OTs → （P）—O—CH—OTs / O—CH—OTs $\xrightarrow{LiPPh_2}$ （P）—O—CH—PPh$_2$ / O—CH—PPh$_2$

不对称催化氢化反应是在手性催化剂作用下氢分子将含有碳碳、碳氮、碳氧双键的烯烃、亚胺和酮类等前手性底物加成转化为手性中心含氢的产物。如：治疗神经系统帕金森病的药物左旋多巴，以及孟山都公司年销售额达 10 亿美元的高效消炎解热镇痛药（S)-萘普生。

1997 年 Monteiro 等将 2-(6-甲氧基-2-萘基)丙烯酸在 BMIBF$_4$ 及 Ru-(S)-BINAP 催化

作用下发生氢化反应（7.6MPa，20h），得到（S）-萘普生，ee 值为 86%。该反应条件温和，反应结束后，产物与催化剂分处两相，易于分离。

$$\underset{\substack{\text{2-(2'methoxynaphthalen-6-yl)acrylic acid}\\ \text{2-(2-甲氧基-6-萘基)-丙烯酸}}}{\text{H}_3\text{CO}-\text{Naph}-\text{C(=CH}_2\text{)COOH}} + \text{H}_2 \xrightarrow[\text{BMIBF}_4,(\text{CH}_3)_2\text{CHOH}]{[\text{Ru-(S)-BINAP}]}$$

$$\underset{\substack{(S)\text{-2-(2-methoxynaphthalen-6-yl)propanoic acid}\\ (S)\text{-萘普生}}}{\text{H}_3\text{CO}-\text{Naph}-\text{CH(CH}_3\text{)COOH}}$$

3.7.4.2 烯烃的氢甲基化反应

烯烃的氢甲基化反应是指烯烃在催化剂的作用下与合成气（一氧化碳和氢气）作用生成醛的反应。一般使用 Pt（Ⅱ）或 Rh（Ⅰ）作为金属和不同结构的手性配体结合，从而得到相应的可应用于不对称氢甲酰化反应的催化剂。

$$\text{phthalimide-N-CH=CH}_2 \xrightarrow{\text{H}_2/\text{CO}} \text{phthalimide-N-CH*(CH}_3\text{)CHO}$$

Toth 等人报道了含有亲水基团的季铵盐的手性配体用于铂催化氢甲酰化反应，该类催化剂既可以直接用来进行不对称氢甲酰化反应，也可以固载到特定的载体上进行在水相中催化的氢甲酰化反应。

$$(\text{F}_4\overline{\text{B}}\text{Me}_3\overset{+}{\text{N}})_2\text{-C}_6\text{H}_4\text{-P(H)-CH(CH}_3\text{)-CH(CH}_3\text{)-P(H)-C}_6\text{H}_4\text{-}(\overset{+}{\text{N}}\text{Me}_3\overline{\text{B}}\text{F}_4)_2$$

3.7.4.3 不对称催化氧化反应

Sharpless 不对称环氧化反应（Katsuki-Sharpless 不对称环氧化反应、夏普莱斯不对称氧化反应）是以主要发明人 K. Barry Sharpless 和 Katsuki（日名：香月勗）名字命名的不对称环氧化反应。反应适用范围是具有烯丙醇结构的底物，以四价钛酸酯路易斯酸介导，以过氧化氢衍生物为氧化剂（常为叔丁基过氧化氢 t-BuOOH），以（+）-酒石酸乙酯为立体诱导配体而进行的烯烃环氧化反应。

$$\underset{\text{R}^1}{\overset{\text{R}^3}{\text{R}^2-\text{C=C-CH}_2\text{OH}}} \xrightarrow[\substack{t\text{BuOOH, 3A MS}\\ \text{CH}_2\text{Cl}_2, -20\text{°C}}]{\text{Ti(O}^i\text{Pr)}_4\text{-(+)-DET}} \underset{\text{R}^1}{\overset{\text{R}^3}{\text{R}^2-\overset{\text{O}}{\overline{\text{C-C}}}-\text{CH}_2\text{OH}}}$$

通过该反应可以高立体选择性地获得含两个手性中心的环氧化物。环氧化物很活泼，与亲核试剂反应开环后可以衍生出一系列含手性官能团的化合物。成为合成不对称有机分子的重要手段之一。该反应大约在 1970 年开始得到系统的研究，20 世纪 80 年代后日臻成熟。发明人 Barry Sharpless 于 2001 年因此反应荣获当年的诺贝尔化学奖。

双键不对称催化氧化在手性药物生产中具有重要地位，它包括不对称环氧化和不对称双羟基化。1988 年，Sharpless 用手性配体金鸡纳碱与四氧化锇进行烯烃的不对称催化羟基化反应，现已成功用于抗癌药物紫杉醇边链的不对称合成。

3.7.4.4 不对称催化环丙烷化反应

烯烃在过渡金属催化剂的催化下，与重氮乙酸酯作用，形成具有立体选择性反应，得到环丙烷产物。

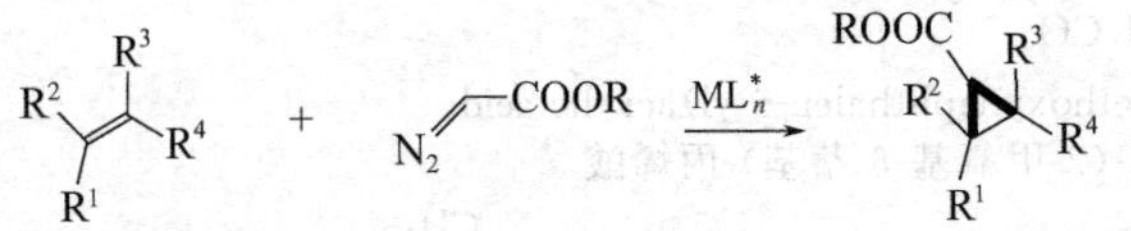

$$\begin{matrix} R^2 \\ R^1 \end{matrix} \!\!=\!\! \begin{matrix} R^3 \\ R^4 \end{matrix} + N_2\!\!=\!\!CHCOOR \xrightarrow{ML_n^*} \begin{matrix} ROOC \\ R^1 \end{matrix} \triangle \begin{matrix} R^3 \\ R^4 \end{matrix}$$

有些光学活性的环丙烷类化合物具有重要的生物活性。工业上主要利用不对称环丙烷化反应合成除虫菊酯或生产拟除虫菊酯类农药。

3.7.4.5 不对称催化羰基合成反应

羰基合成可用来合成手性药物，如消炎镇痛解热新药布洛芬（Ibuprofen）。

目前有两种通用方法合成布洛芬。布洛芬合成使用两个最常见的合成工艺。一种是赫希斯特（HOECHST）药物公司的工艺。是一个较新的工艺，这些工艺路线合成布洛芬以异丁基苯（isobutylbenzene）为起始原料，使用傅克酰基化反应，只有三个步骤就可以合成布洛芬。而布特（BOOT）工艺需要六个步骤才能合成布洛芬。

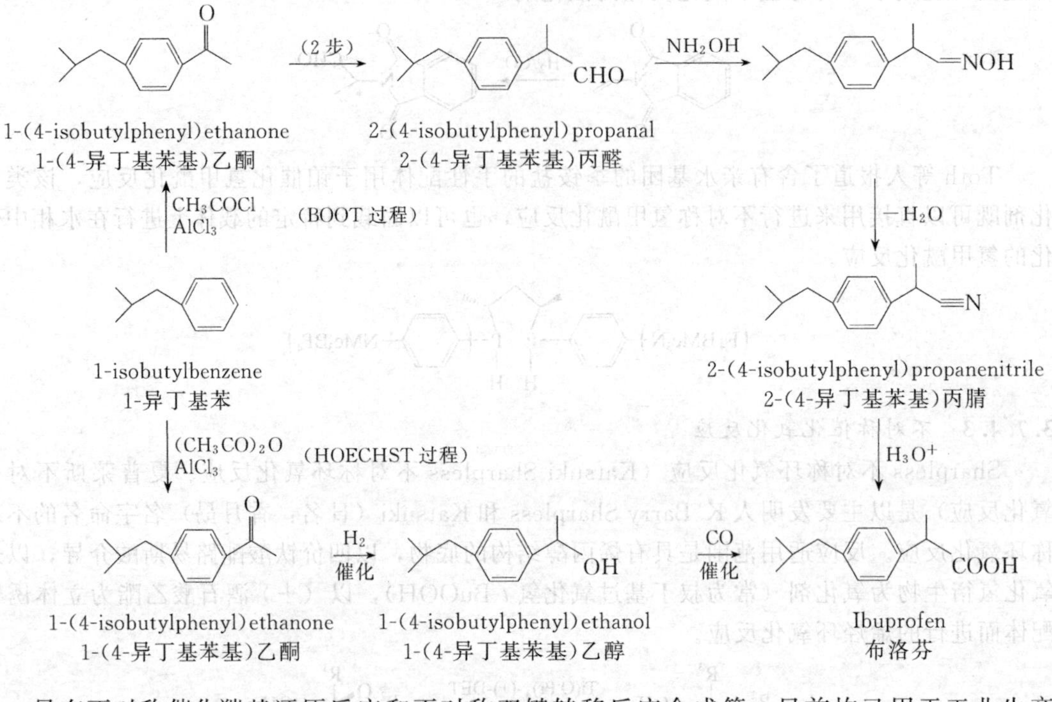

另有不对称催化羰基还原反应和不对称双键转移反应合成等，目前均已用于工业生产之中。

3.7.4.6 过渡金属催化不对称开环反应

过渡金属催化剂在开环反应中具有非常重要的作用，在很大程度上影响着开环反应的产率及产物的立体选择性。人们将过渡金属催化剂应用于催化氮杂二环烯烃的开环反应，取得了很好的效果。因此，过渡金属催化剂在现代有机合成上得到了广泛的应用，近年来 Ni、Cu、Ru、Rh、Ir 和 Pd 等过渡金属被用于催化氮杂二环烯烃开环反应。

(1) 镍（Ni）催化氮杂二环烯烃的开环反应 1999 年 Cheng 等以有机碘试剂作为亲核

试剂，以 NiCl$_2$(PPh$_3$)$_2$ 作催化剂，在锌粉存在下和 CH$_3$CN 溶剂中，实现了氮杂二环烯烃的开环反应。他们研究发现，过量的配体 PPh$_3$ 会抑制催化剂的活性，阻碍反应的进行。他们还尝试了不同的有机碘作亲核试剂，得到了令人满意的结果，产物具有较好的立体选择性，为 syn 构型，产率高达 97%。

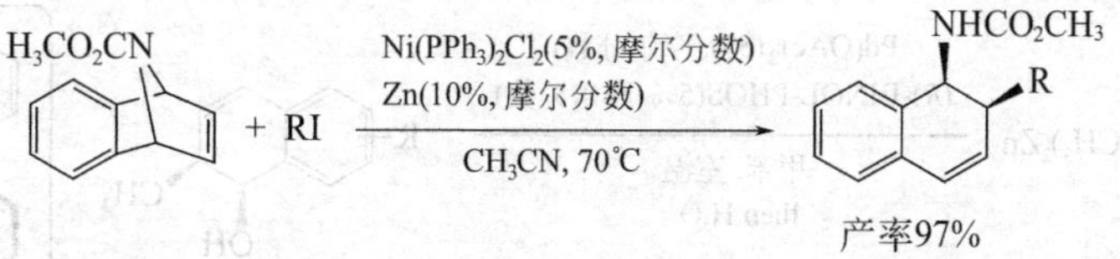

2003 年 Cheng 等还以炔烃酸酯类化合物作亲核试剂，与二环烯烃发生还原偶联反应，实现了二环烯烃的开环反应。他们尝试了多种 Ni 的配合物作催化剂，发现 NiBr$_2$（dppe）对开环反应最有利，溶剂的选择对开环反应极为关键，开环反应以 CH$_3$CN 作为溶剂，反应能较好地进行，开环反应立体选择性很好，得到 syn 构型为主的产物，产率可达 78%。

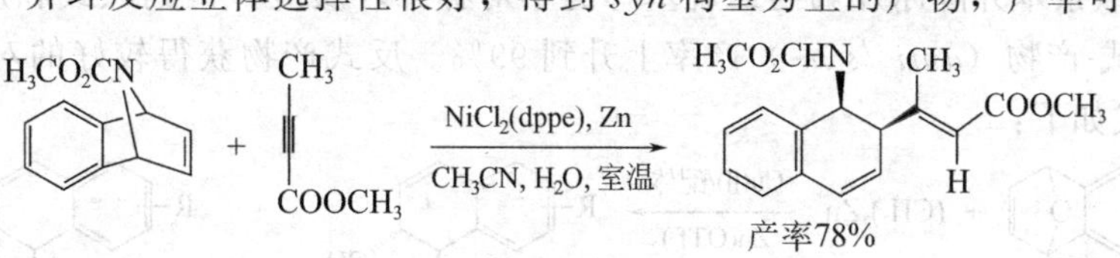

（2）铑（Rh）催化氮杂二环烯烃的开环反应　关于铑催化氮杂二环烯烃的开环反应，Mark Lautens 教授研究小组在 2002 年开始研究。他们首次报道了铑催化的仲胺类亲核试剂与氮杂二环烯烃的开环反应。主要致力于研究底物结构、配体、亲核试剂、添加剂、溶剂及温度对开环产物的产率、对映选择性和立体选择性的影响。

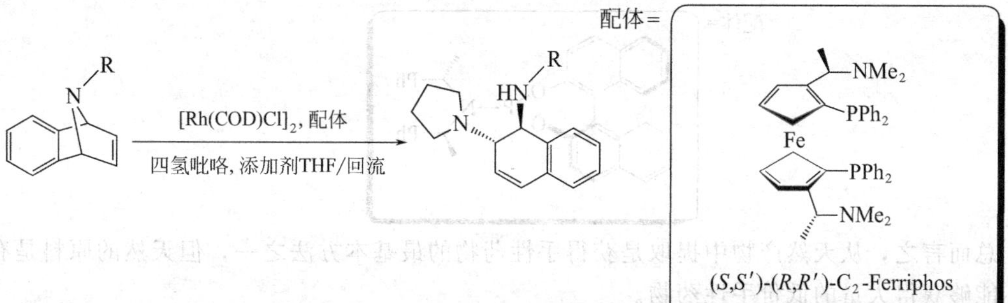

（3）Ir 催化氮杂二环烯烃的开环反应　2008 年，杨定乔教授等首次以 [Ir(COD)Cl]$_2$ 与 (S)-BINAP 双膦配体形成的配合物作催化剂，以仲胺作亲核试剂，成功实现了 N-Boc-氮杂二环烯烃的开环反应。主要研究了配体、亲核试剂及溶剂对开环反应的影响。首先尝试了不同配体 dppf，(R, S)-PPF-P^{t}Bu$_2$，(S)-BINAP 和 (S)-p-Tol-BINAP，发现配体为 (S)-BINAP 对反应最有利。选择不同的亲核试剂进行开环反应的研究，发现 N-取代哌嗪类亲核试剂能得到令人满意的结果，开环反应的 ee 值上升至 97%，产率高达 98%。

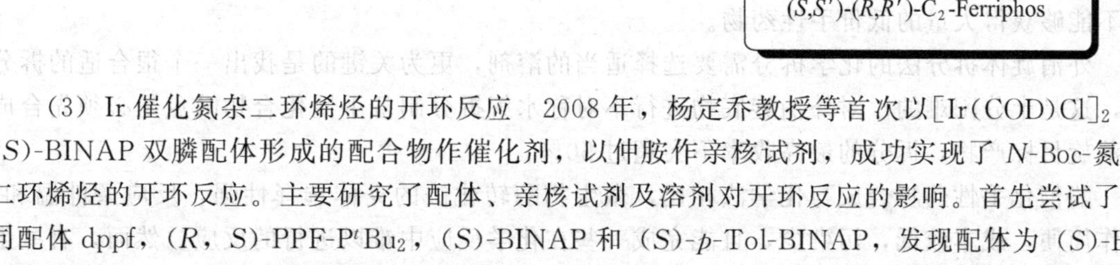

(4) Pd/Zn 催化氧杂二环烯烃的开环反应　2011 年，日本化学家 Shibata 等报道利用 Pd/Zn 与双膦配体 (R)-BINOL-PHOS 形成的双核配合物作为手性催化剂，应用于氧杂苯并降冰片烯与二甲基锌的不对称开环反应，得到顺式开环产物。同时获得较好的产率（上升至 98%）和对映选择性（对映体过量百分数 ee 上升至 99%）。反应式如下：

$$\text{R}\!-\!\!\!\underset{}{\bigcirc}\!\!\!\bigcirc\text{-O} + (\text{CH}_3)_2\text{Zn} \xrightarrow[\text{甲苯, 室温}]{\substack{\text{Pd(OAc)}_2(5\%,\text{摩尔分数}) \\ (R)\text{-BINOL-PHOS}(5\%,\text{摩尔分数}) \\ \text{then } \text{H}_3\text{O}^+}} \text{R}\!-\!\!\!\underset{\text{OH}}{\bigcirc}\!\!\!\bigcirc\text{-CH}_3$$

产率上升至 98%
ee 上升至 99%

(R)-BINOL-PHOS

而意大利化学家 Feringa 等报道利用 Cu（Ⅱ）与氮膦配体形成的配合物作为手性铜催化剂，应用于氧杂苯并降冰片烯与二烷基锌的不对称开环反应，得到顺式和反式开环产物。顺式-产物/反式-产物（anti-/syn-）产率上升到 99%。反式产物获得较好的对映选择性（ee 99%）。反应式如下：

$$\text{R}\!-\!\!\!\bigcirc\!\!\!\bigcirc\text{-O} + (\text{CH}_3)_2\text{Zn} \xrightarrow[\text{甲苯}]{\substack{\text{Cu(Ⅱ)/配体}^* \\ \text{Zn(OTf)}_2}} \text{R}\!-\!\!\!\bigcirc\!\!\!\bigcirc\!\!\text{-CH}_3 \text{（anti-）} + \text{R}\!-\!\!\!\bigcirc\!\!\!\bigcirc\!\!\text{-CH}_3 \text{（syn-）}$$

anti/syn 产率 99%
anti ee 上升至 99%

配体 =

总而言之，从天然产物中提取是获得手性药物的最基本方法之一，但天然的原料是有限的不能够获得大量的低价手性药物。

外消旋体拆分法的化学拆分需要选择适当的溶剂，更为关键的是找出一个很合适的拆分剂，这是十分困难的。对外消旋底物进行不对称水解拆分制备手性化合物缺点是必须先合成外消旋目标产物，拆分的最高收率不会超过 50%。

酶催化手性药物合成与化学法相比，微生物酶转化法的立体选择性强，反应条件温和，操作简便，成本较低，污染少，且能完成一些在化学反应中难以进行的反应。然而，有些生物催化剂价格较高，对底物的适用有一定的局限性。具有高区域和立体选择性、反应条件温和、环境友好的特点。

化学合成都要使用化学计量的手性物质。虽然在某些情况它们可以回收重新使用，但试剂价格昂贵不宜使用于生产中等价格的大众化手性药物。不对称催化合成法，具有手性增殖、高对映选择性、经济，易于实现工业化的优点，是最有希望、最有前途的合成手性药物的方法。不对称催化最强有力而独特的优势是手性增殖，通过催化反应量级的手性原始物质来立体选择性地生产大量目标手性产物，不需要像化学计量不对称合成那样消耗大量的手性试剂。但昂贵的过渡金属以及有时比过渡金属还贵的手性配体却限制了这一方法的应用。所以需要探索出简单易行的合成手性配体的新方法筛选出高活性、高立体性的催化剂以拓展其应用范围。

目前，工业上一般采用化学-酶合成法，在某些合成的关键性步骤，采用纯酶或微生物催化合成反应，一般的合成步骤则采用化学合成法，以实现优势互补。而随着化学生物等多学科的交叉融合，化学-生物合成法的运用以及质优价廉的手性催化剂将是以后制备手性药物的研究方向。

目前，国际上手性和手性药物的研究正处于方兴未艾的阶段，过去30年中手性科学取得的巨大进展更将推动这一研究领域的蓬勃发展，也为我国将在手性科学的发展、实现手性药物的工业化等手性技术的突破方面提供了难得的机遇。相信我国科学工作者在其不懈努力下也将在手性制药方面取得巨大成就。

3.8 手性化合物与生理活性

手性化合物在手性条件下化学性质不同，而构成生物的基本单元的氨基酸、糖等都是单一的光学异构体。所以在大多数情况下，生物体是一种手性环境。因此一对光学异构体往往有不同的生理作用，这也是自然界的奥妙之一。

例如，味精（谷氨酸），只有L-构型的谷氨酸才有鲜味，而D-构型的谷氨酸无鲜味。(S,S)-构型的天冬氨酸可以作为一种甜味剂，其甜味是砂糖的200倍，但(R,R)-构型的天冬氨酸却是苦的。又如薄荷醇是天然香料中存在的有效成分，既有香味，又有清凉感，因此被广泛地用于香料和食品工业等。实验表明，左旋体（−）的薄荷醇香味是右旋体（+）的3.5倍，左旋体（−）的清凉味为右旋体（+）的10倍多。

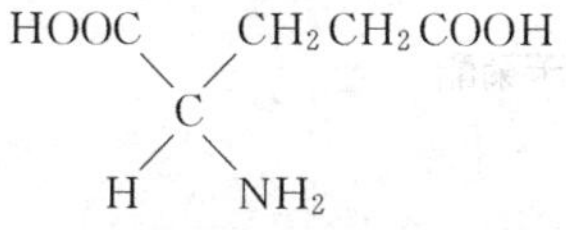

谷氨酸
L-有鲜味，D-无鲜味

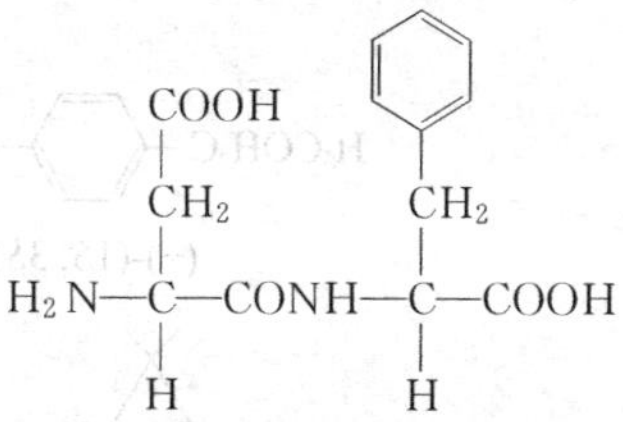

天冬氨酸
(S,S)-甜味（砂糖200倍）
(R,R)-苦味

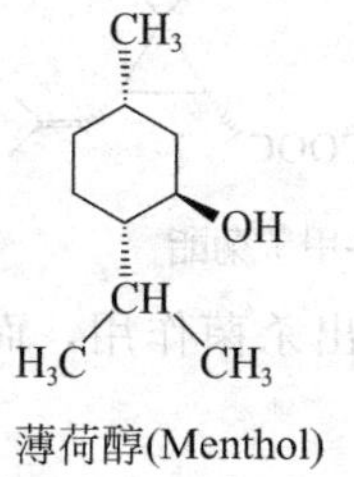

薄荷醇(Menthol)
香味：（−）-体为(+)-体的3.5倍
清凉感：（−）-体为(+)-体的10倍多

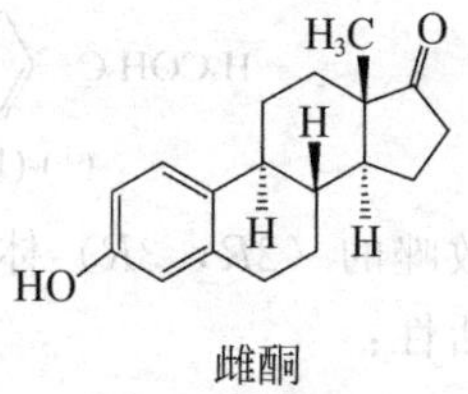

雌酮
(+)-女性激素
(−)-无活性

在医药品中，所涉及的手性药物极多，各对映体表现出的生理活性往往大不相同。如女性激素的雌酮、消炎药的青霉素、抗帕金森病的多巴胺等都只有一个对映体具有相应的生理活性，而另一个无效。丙酰芬的（+）-体表现出镇痛的作用，而（−）-体具有止咳的作用。但有时一对对映体中其中一个具有生理活性，而另一个却有副作用。如镇痛消炎药萘普生

(Naproxen)，(S)-体具有镇痛消炎作用，而（R)-体却有明显的副作用。

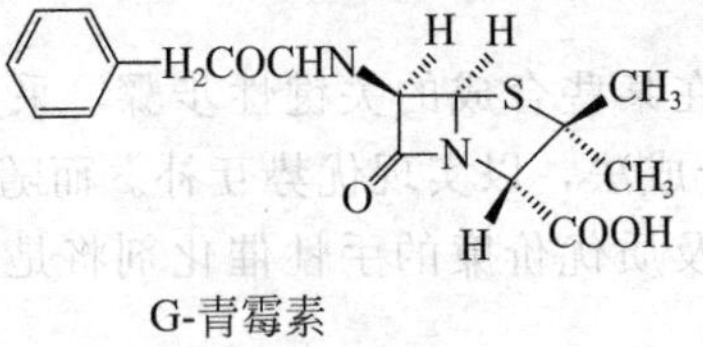

G-青霉素
(+)-消炎活性
(−)-无消炎活性

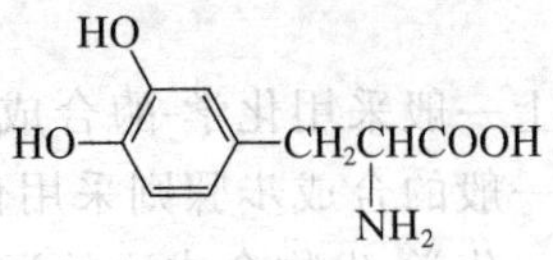

多巴胺(Dopa)
L-抗帕金森病
D-无活性

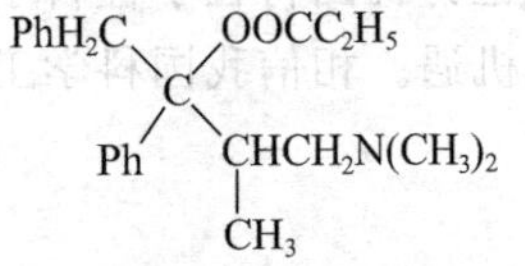

丙酰芬(Propoxyphene)
(+)-镇痛
(−)-止咳

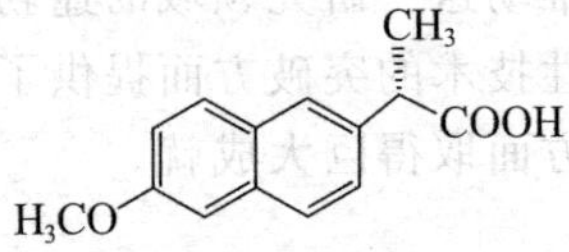

萘普生(Naproxen)
(S)-镇痛消炎
(R)-副作用

农药也有类似的情况。如拟除虫菊酯的甲苄菊酯中有 2 个手性碳原子，四个光学异构体：(+)-(1S, 3S)-trans-甲苄菊酯、(+)-(1S, 3R)-cis-甲苄菊酯、(−)-(1R, 3R)-trans-甲苄菊酯、(−)-(1R, 3S)-cis-甲苄菊酯对蚊虫幼虫的杀死活性分别为 101：44：2：1。

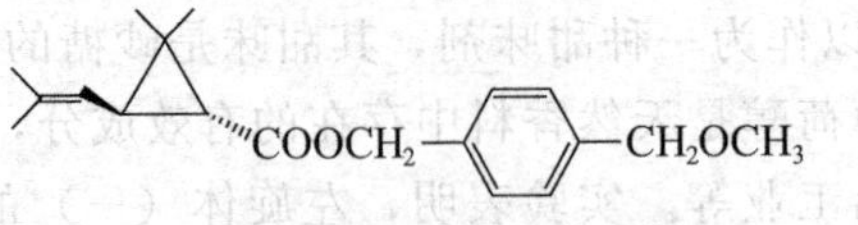

(−)-(1R, 3R)-trans-甲苄菊酯

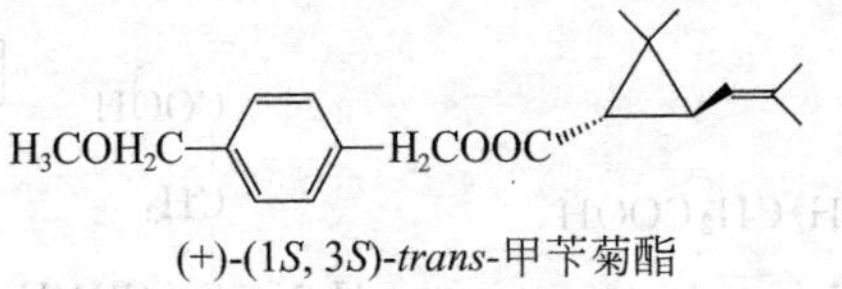

(+)-(1S, 3S)-trans-甲苄菊酯

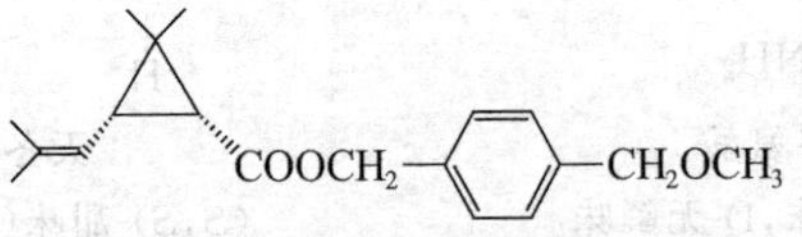

(−)-(1R, 3S)-cis-甲苄菊酯

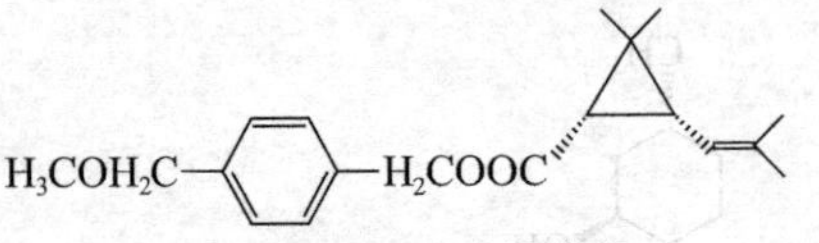

(+)-(1S, 3R)-cis-甲苄菊酯

又如杀菌剂多效唑的 (2R, 3R) 体只表现出杀菌作用，而 (2S, 3S) 体只有植物生长调节作用，无杀菌活性：

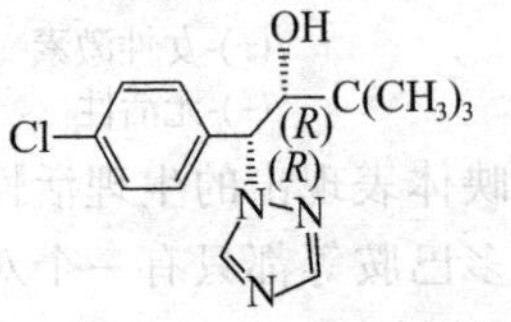

(2R, 3R)-多效唑
只有杀菌作用

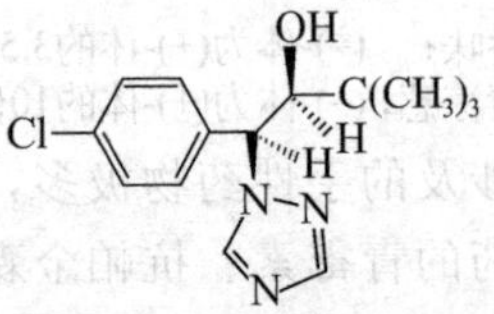

(2S, 3S)-多效唑
只有植物生长调节作用

习 题

3.1 下列分子哪些是手性分子？哪些是非手性分子？

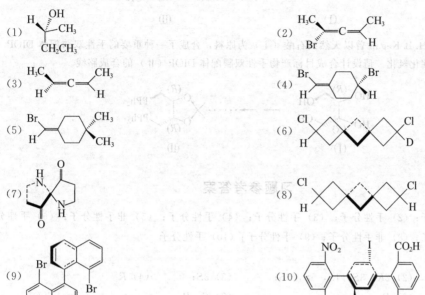

3.2 用 R/S 标出下列分子的构型。

3.3 完成下列反应。

3.4 请采用 Sharpless 环氧化反应方法，以 3-苯基-2-丙烯醇（Ⅰ）为原料，设计合成目标产物（Ⅱ）。

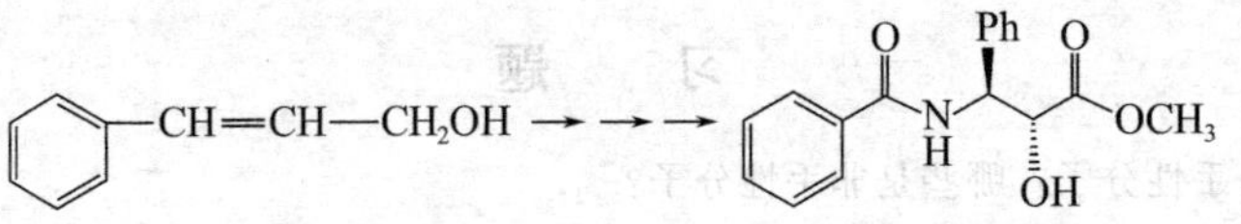

3.5 法国化学家 H. B. Kagan 曾以天然酒石酸（Ⅰ）为原料，合成了一种重要的手性双膦配体 DIOP（Ⅱ）用于不对称催化氢化。请设计合成目标产物手性双膦配体 DIOP（Ⅱ）的合成路线。

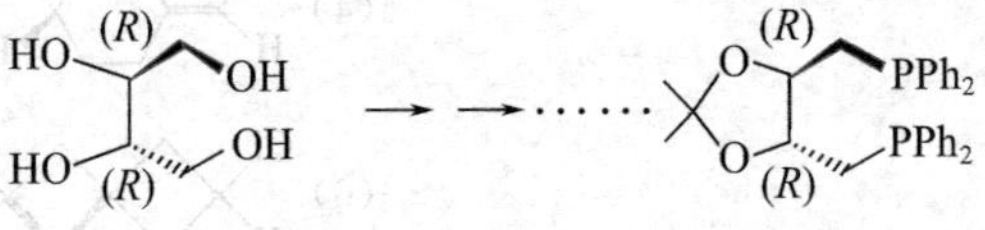

习题参考答案

3.1 (1) 手性分子；(2) 手性分子；(3) 手性分子；(4) 手性分子；(5) 非手性分子；(6) 手性分子；(7) 手性分子；(8) 非手性分子；(9) 手性分子；(10) 手性分子

3.2
(1) S；　　(2) $2R$，$3S$，$4S$，$5S$，$6S$；　　(3) $3S$；　　(4) R
(5) R；　　(6) R；　　　　　　　　　　　　　(7) S，R

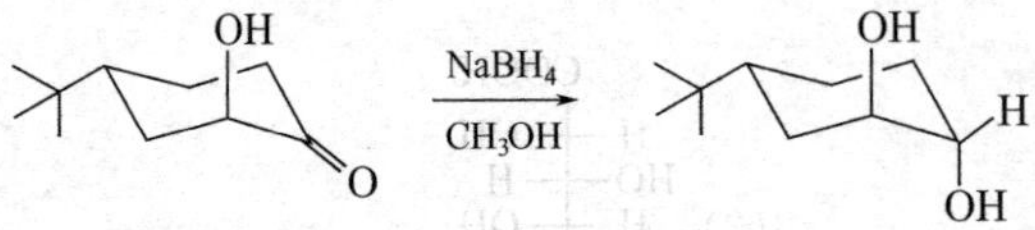

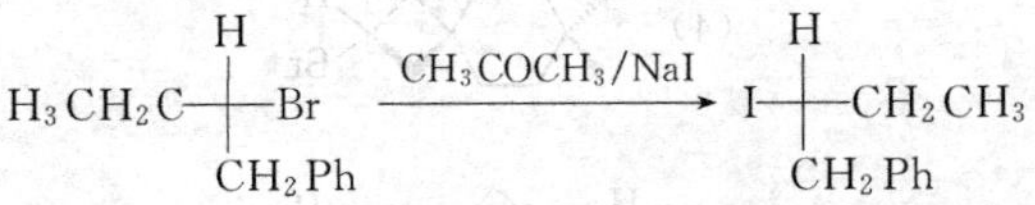

3.3

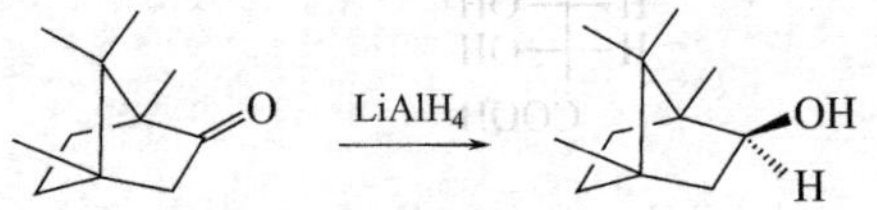

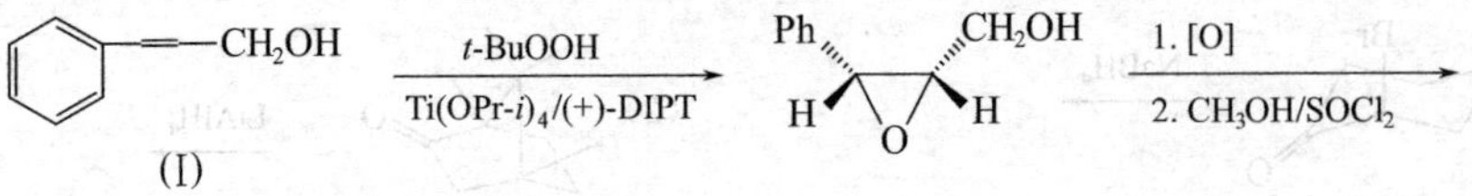

3.4

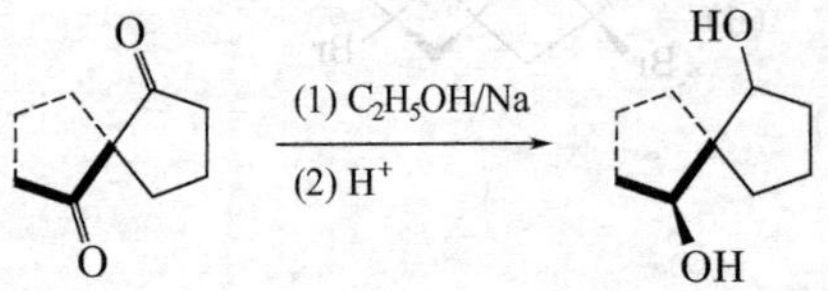

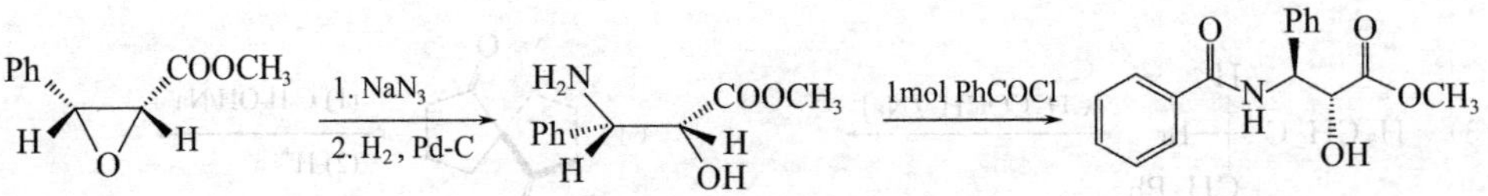

3.5

参 考 文 献

[1] 汪秋安. 高等有机化学 [M]. 第2版. 北京: 化学工业出版社, 2010.
[2] 魏荣宝, 阮伟祥. 高等有机化学 [M]. 第2版. 北京: 国防工业出版社, 2009.
[3] Francis A Carry, Richard J Sundberg. Advanced Organic Chemistry [M]. New York: Springer Science + Business Media. LLC, 2007.
[4] Dingqiao Yang, Yuhua Long, Huan Wang, Zhenming Zhang. Iridium-Catalyzed Asymmetric Ring-Opening Reactions of N-Boc-azabenzonorbornadiene with Secondary Amine Nucleophiles [J]. Organic Letters, 2008, 10 (21): 4723-4726.
[5] Dingqiao Yang, Yuhua Long, Junfang Zhang, Heping Zeng, Sanyong Wang, Chunrong Li. Iridium-Catalyzed Asymmetric Ring-Opening Reactions of Oxabenzonorbornadienes with Amine Nucleophiles [J]. Organometallics, 2010, 29: 3477-3480.
[6] Dingqiao Yang, Yuhua Long, Yujuan Wu, Xiongjun Zuo, Qingqiang Tu, Shai Fang, Lasheng Jiang, Sanyong Wang, Chunrong Li. Iridium-Catalyzed Anti-Stereocontrolled Asymmetric Ring Opening of Azabicyclic Alkenes with Primary Aromatic Amines [J]. Organometallics, 2010, 29: 5936-5940.
[7] Yuhua Long, Dingqiao Yang, Zhenming Zhang, Yujuan Wu, Heping Zeng, Yu Chen. Iridium-Catalyzed Asymmetric Ring Opening of Azabicyclic Alkenes by Amines [J]. J Org Chem, 2010, 75: 7291-7299.
[8] Yuhua Long, Shuangqi Zhao, Heping Zeng, Dingqiao Yang. Highly Efficient Rhodium-Catalyzed Asymmetric Ring-Opening Reactions of Oxabenzonorbornadiene with Amine Nucleophiles [J], Catal Lett, 2010, 138: 124-133.
[9] Mark Lautens F K, Dingqiao Yang. Rhodium-Catalyzed Asymmetric Ring-Opening Reactions of Oxabicyclic Alkenes: The Application of Halide Effects in the Development of a General Process [J]. J Am Chem Soc, 2003, 125 (48): 14884-14892.
[10] 杨定乔, 韩英锋. 过渡金属不对称催化氧杂苯并降冰片烯开环反应的研究 [J]. 有机化学, 2006, 26 (12): 1613-1622.
[11] 边红旭, 杨定乔. 铱催化环加成反应的研究进展 [J]. 有机化学, 2010, 30 (4): 506-514.
[12] 涂清强, 杨定乔. 铱催化氧化反应的研究进展 [J]. 有机化学, 2010, 30 (8): 1164-1174.
[13] 段泽斌, 龙玉华, 杨定乔. 钯催化 [4+2] 环加成反应的研究进展 [J]. 有机化学, 2010, 30 (3): 168-180.
[14] 张俊芳, 杨定乔, 龙玉华. 铱催化不对称氢化反应的研究进展 [J], 有机化学, 2009, 29 (6): 835-847.
[15] 吴钰娟, 杨定乔, 龙玉华. 铱催化不对称烯丙基取代反应的研究进展 [J]. 有机化学, 2009, 29 (10): 1522-1532.

第 4 章 有机反应活泼中间体

有机反应活泼中间体是有机化学非常重要的组成部分。这些中间体通常是高度活泼的，短时存在，寿命较短，形成后立即参与反应而迅速转变为更稳定的分子，所以常称为有机反应活泼中间体。很多有机化学反应的进行是通过生成某些中间体完成的，是理解有机反应的关键，大部分有机反应都是经由活泼中间体完成的。有机反应活泼中间体主要有：碳正离子（carbocations 或 carbenium ions）、碳负离子（carbenions）、游离基（或称自由基 free radical）、卡宾（carbene）、乃春（nitrene）、苯炔（benzyne）等。下面将分别论述。

4.1 碳正离子

碳正离子（carbocations）是一个重要的有机活泼中间体，通常是指带有正电荷的含有六个价电子的缺电子碳原子化合物，它是最常见的有机反应活性中间体之一。1994 年 10 月 12 日，瑞典皇家科学院宣布授予美国南加利福尼亚大学乔治·安德鲁·欧拉（George Andrew Olah）教授 1994 年度诺贝尔（Noble）化学奖，表彰他在碳正离子化学研究方面所做出的杰出贡献。

碳正离子（carbocations）可分为两大类，一类为经典碳正离子（carbenium ions）碳鎓阳离子，其中带正电荷的碳价电子层有六个电子，形成三个共价键，这就是通常所指的碳正离子。如 CH_3^+、$C_2H_5^+$、Me_3C^+ 等。另一类为非经典碳正离子，为了与经典碳正离子区别，英文称为 carbonium ions，有人把它称为碳鎓阳离子。在非经典碳正离子中带正荷的碳原子外面有八个电子，但其中一对电子为三中心键，如甲鎓离子：

$$CH_3^+ \equiv \left[H \begin{smallmatrix} H \\ \cdots \\ H \end{smallmatrix} \right]^+$$

注意虚线交叉点上并无碳原子存在，只代表一对电子的离域情况。

非经典碳正离子由于其高度活性，能迅速生成经典碳正离子和分子量小的产物。如：

$$CH_3CH_2^+ + CH_4 \longleftarrow \left[H_3CH_2C \begin{smallmatrix} H \\ \cdots \\ CH_3 \end{smallmatrix} \right]^+ \longrightarrow H^+ + CH_3CH_2CH_3$$

$$\downarrow$$

$$CH_3^+ + CH_3CH_3$$

下面所讨论的一般都是指的经典碳正离子。碳正离子在溶液中可以游离形式存在，也可以离子对形式存在。在亲核取代、亲电取代、亲电加成、消除反应以及分子重排等反应中都涉及活泼中间体碳正离子。

4.1.1 碳正离子的结构及其稳定性

碳正离子的形状具有平面构型和角锥构型两种情况，因碳正离子仅有六个价电子，因此无论是 sp^2 杂化的平面构型，还是 sp^3 杂化的角锥构型都有一个低能级的空轨道（图 4-1）。其中平面构型在能量上比较有利，因而比较稳定。这一方面是由于平面构型中与中心碳原子相连的三个基团相距最远，空间位阻最小；另一方面是 sp^2 杂化的 s 成分较多，电子更靠近原子核，故更稳定。特别是在溶液中，平面构型的碳正离子空 p 轨道两瓣都能发生溶剂化效应使之更加稳定。

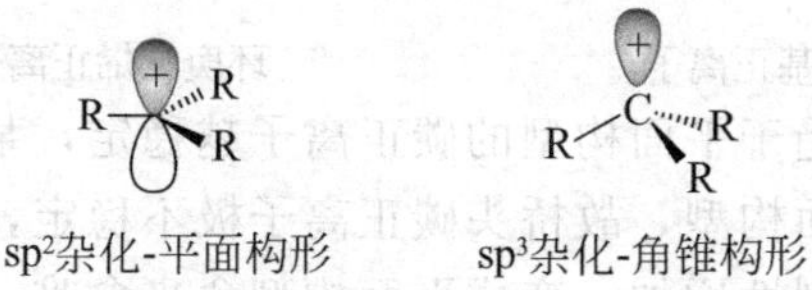

sp² 杂化-平面构形　　　　sp³ 杂化-角锥构形

图 4-1　碳正离子的构型

影响碳正离子稳定性的因素主要有以下几点。

(1) 诱导效应　任何给电子的原子或原子团（具有 $+I$ 效应，如甲基、乙基等）相连于碳正离子，能使碳正离子电荷得以分散而稳定性提高，相反具有 $-I$ 效应的原子或原子团（—CF_3、—CCl_3）与碳正离子相连时，则使碳正离子的电荷集中，而稳定性减小。例如：

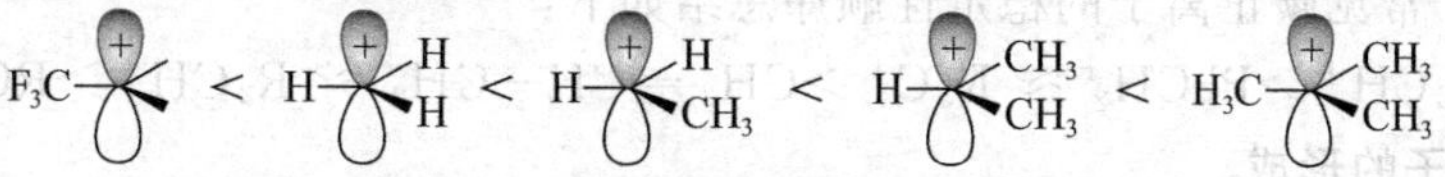

F_3C^+ < H_3C^+(H,H) < H_3C^+(H,CH_3) < H_3C^+(CH_3,CH_3) < H_3C^+(CH_3,CH_3,CH_3)

(2) 共轭效应　当具有 $+C$ 效应的原子或原子团与碳正离子相连，更能起到稳定碳正离子的作用。共轭效应可使碳正离子的正电荷得到分散，从而使之稳定。随着共轭体系的增长，正电荷沿着共轭体系得以分散，碳正离子稳定性增加。

如三乙烯基甲基正离子稳定性要高于二乙烯基甲基正离子，其顺序为：

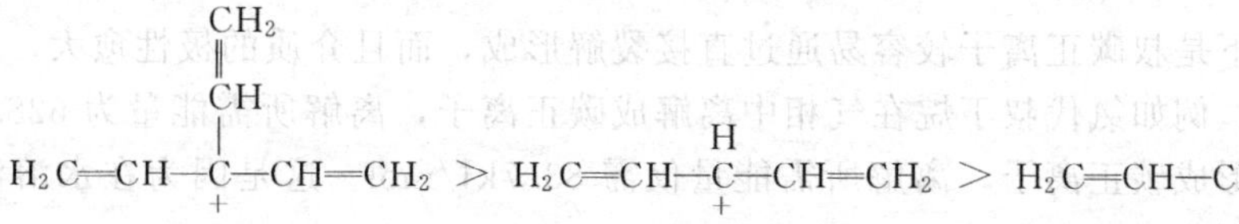

$H_2C=CH-\overset{CH=CH_2}{\underset{+}{C}}-CH=CH_2$ > $H_2C=CH-\overset{H}{\underset{+}{C}}-CH=CH_2$ > $H_2C=CH-CH_2^+$

苄基正离子与烯丙基相似，正电荷通过 p-π 共轭效应得到分散而稳定，其顺序为：

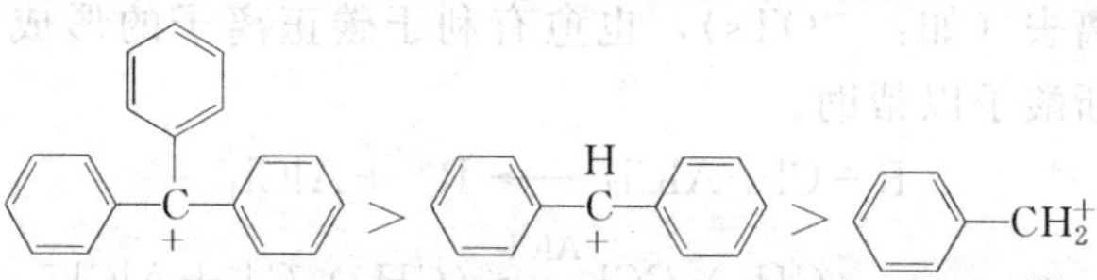

$(C_6H_5)_3C^+$ > $(C_6H_5)_2CH^+$ > $C_6H_5CH_2^+$

(3) 空间效应——B 张力　除了电子效应外，碳正离子的稳定性还受到空间效应的影响。当反应物分子由 sp³ 杂化的四面体变成 sp² 杂化的碳正离子时，空间拥挤程度减小，即 B 张力减小。B 张力减小得愈多的碳正离子愈易生成，愈稳定。如 $(CH_3)_3C^+$ 比 $(CH_3)_2CH^+$ 稳定，B 张力的减小是其原因之一。三异丙基碳正离子 $(Me_2CH)_3C^+$ 由于 B 张力减小更多，因而稳定。

下列碳正离子的生成，由于几何形状的限制，空间效应的影响，张力较大，稳定性差，所以刚性环的桥头碳则很难形成碳正离子。

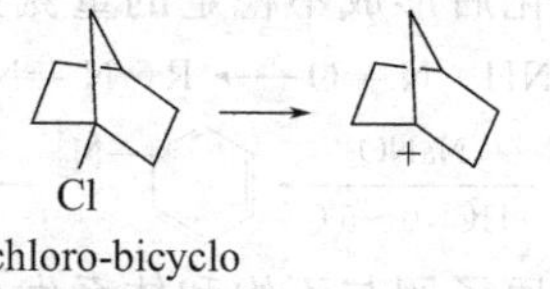

1-chloro-bicyclo[2.2.1]heptane

(4) 芳香性　环状正离子的稳定性取决于是否具有芳香性，具有芳香性的碳正离子都比较稳定。如环丙基正离子、环庚三烯正离子，其 π 电子数符合 Hückel [$4n+2$] 规则，正电荷沿着共轭体系得以分散，所以都比较稳定。

环丙基正离子　　　　　　　环庚三烯正离子

（5）结构上的影响　越趋于平面构型的碳正离子越稳定，某些桥环化合物的桥头碳上由于结构上的刚性难以形成平面构型，故桥头碳正离子极不稳定，难以生成。下面桥环化合物从左到右，随着环的变小，刚性增加，变成平面构型愈来愈难，桥头碳正离子更难生成。几种桥环溴代叔丁烷的溶剂解相对反应速率（80％水-20％乙醇）如下：

$(CH_3)_3C-Br$

相对速率　　　1　　　　　10^{-2}　　　　10^{-6}　　　　10^{-13}

总而言之，常见碳正离子的稳定性顺序总结如下：

$Ph_3C^+ > Ph_2CH^+ > PhCH_2^+ \approx R_3C^+ > CH_2=CH-CH_2^+ \approx R_2CH^+ > RCH_2^+ > CH_3^+$

4.1.2　碳正离子的形成

碳正离子可以通过下面三条途径生成。

（1）直接裂解　与碳原子直接相连的原子或原子团带着一对成键电子裂解，形成碳正离子。

$$R-X \longrightarrow R^+ + X^-$$

一般情况下是叔碳正离子较容易通过直接裂解形成，而且介质的极性愈大，离解时所需要的能量愈小。例如氯代叔丁烷在气相中离解成碳正离子，离解所需能量为 628.05kJ/mol，而在水溶液中形成碳正离子，离解所需能量仅需 83.7kJ/mol。这是因为在水溶液中碳正离子容易发生溶剂化。

离去基团愈容易离去（如：^-OTs），也愈有利于碳正离子的形成。有时当离去基团较难离去则可以加路易斯酸予以帮助。

$$R-Cl + AlCl_3 \longrightarrow R^+ + AlCl_4^-$$
$$(CH_3)_3CCl \xrightarrow{AlCl_3} (CH_3)_3C^+ + AlCl_4^-$$
$$R-Cl + Ag^+ \longrightarrow R^+ + AgCl\downarrow$$
$$(CH_3)_3COTs \longrightarrow (CH_3)_3C^+ + {}^-OTs$$

借助超酸的帮助也可以形成碳正离子，在超酸中形成的碳正离子比较稳定，较少发生消除、重排、聚合等反应。如：

$$(C_6H_5)_3C-OH + 2H_2SO_4(100\%) \longrightarrow (C_6H_5)_3C^+ + H_3O^+ + 2HSO_4^-$$
$$(CH_3)_3C-H + FSO_3H-SbF_5 \longrightarrow (CH_3)_3C^+ SbF_5 \cdot FSO_3^- + H_2$$

（2）重氮盐分解　伯胺重氮化后形成不稳定的重氮正离子容易脱 N_2，形成碳正离子。

$$R-NH_2 + HO-N=O \longrightarrow R-NH-N=O \longrightarrow R-N=N-OH \longrightarrow R-N^+\equiv N \longrightarrow R^+ + N_2$$

$$\text{PhNH}_2 \xrightarrow[\text{HCl}, 0\sim 5℃]{\text{NaNO}_2} \text{PhN}_2^+ \longrightarrow \text{Ph}^+ + N_2$$

（3）质子或其他带正电荷的原子团与不饱和体系发生加成反应　如：

$$\underset{R}{\overset{R}{>}}C=C\underset{R}{\overset{R}{<}} + X^+ \longrightarrow R-\underset{X}{\overset{R}{\underset{|}{C}}}-\overset{+}{\underset{R}{\overset{R}{C}}}$$

$$(CH_3)_2C=CH_2 + H^+ \longrightarrow (CH_3)_3C^+$$

$$\triangle\!\!-\!CH_3 + H^+ \longrightarrow CH_3CH_2\overset{+}{C}HCH_3$$

$$\bigcirc\!\!=\! + H^+ \longrightarrow \bigcirc^+$$

4.1.3 碳正离子的反应

碳正离子的反应归纳起来主要有以下几个方面。

（1）与带有电子对的亲核试剂结合　如：

$$R^+ + Nu^- \longrightarrow R\!-\!Nu$$

$$Ph\!-\!\overset{+}{C}H + OH^- \longrightarrow Ph\!-\!\overset{H}{\underset{CH_3}{C}}\!-\!OH$$
$$\phantom{Ph\!-\!\overset{+}{C}H}\underset{CH_3}{|}$$

碳正离子也可从烷烃中夺取负氢。

$$H_3C\!-\!\underset{CH_3}{\overset{CH_3}{C}}\!-\!\overset{H_2}{C}\!-\!\overset{CH_3}{\underset{+}{C}}\!-\!CH_3 + H\!-\!\underset{CH_3}{\overset{CH_3}{C}}\!-\!CH_3 \longrightarrow H_3C\!-\!\underset{CH_3}{\overset{CH_3}{C}}\!-\!\overset{H_2}{C}\!-\!\overset{CH_3}{\underset{H}{C}}\!-\!CH_3 + (CH_3)_3C^+$$

（2）碳正离子由相邻的原子失去一个氢质子生成含不饱和键化合物　这是烯烃质子化的逆过程。

$$R\!-\!\overset{+}{\underset{R}{C}}\!-\!\overset{H}{\underset{R}{C}}\!-\!R \longrightarrow R\!-\!\underset{R}{C}\!=\!\underset{R}{C}\!-\!R + H^+$$

（3）与双键加成形成新的碳正离子　如：

$$R'^+ + \underset{R}{\overset{R}{C}}\!=\!\underset{R}{\overset{R}{C}} \longrightarrow R'\!-\!\underset{R}{\overset{R}{C}}\!-\!\overset{R}{\underset{R}{\overset{+}{C}}}\!-\!R$$

形成新的碳正离子还可以进一步与双键加成，如此反复加成下去，实际就是正离子型聚合反应。如：

$$H_3C\!-\!\underset{CH_3}{\overset{CH_3}{C}}\!=\!CH_2 + H^+ \longrightarrow CH_3\!-\!\overset{CH_3}{\underset{CH_3}{\overset{+}{C}}} \xrightarrow{H_2C=C(CH_3)_2} H_3C\!-\!\underset{CH_3}{\overset{CH_3}{C}}\!-\!CH_2\!-\!\overset{CH_3}{\underset{CH_3}{\overset{+}{C}}}\!-\!CH_3$$

$$\xrightarrow{H_2C=C(CH_3)_2} H_3C\!-\!\underset{CH_3}{\overset{CH_3}{C}}\!-\!CH_2\!-\!\underset{CH_3}{\overset{CH_3}{C}}\!-\!CH_2\!-\!\overset{CH_3}{\underset{CH_3}{\overset{+}{C}}} + \cdots \longrightarrow \left[\!-\!\underset{CH_3}{\overset{CH_3}{C}}\!-\!\overset{H_2}{C}\!-\!\right]_n$$

聚异丁烯

（4）通过重排形成更加稳定的碳正离子　如：

$$R\!-\!\underset{R}{\overset{R}{C}}\!-\!\overset{+}{C}H_2 \longrightarrow R\!-\!\underset{R}{\overset{+}{C}}\!-\!CH_2R$$
$$1^\circ C^+ 3^\circ C^+$$

迁移的基团可以是烷基、芳基、氢或其他原子团，迁移时带着一对成键电子至带正电荷的碳原子上，形成新的正电荷中心。

4.1.4 非经典碳正离子

1949 年，Winstein 在对 2-降冰片衍生物在乙酸中的溶剂解反应研究时，发现其反应速率取决于离去基团的 *exo* 或 *endo* 位置，前者是后者的 350 倍。

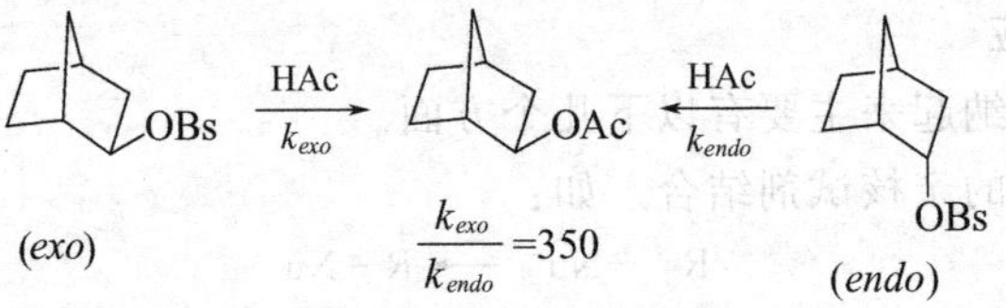

$$\frac{k_{exo}}{k_{endo}} = 350$$

在 20 世纪 60 年代，由 Roberts、Winstein 等人首先提出了非经典碳正离子的概念，尽管对此有所争议，但 Olah 等用 ^{13}C NMR 谱等现代物理方法证明了非经典碳正离子的存在。

一些桥键化合物通过 σ 键离域形成三中心两电子的体系，称为非经典碳正离子。它可以由 C=C π 键，C—C 及 C—H σ 键参与形成。一般形成非经典碳正离子的方法主要有两种。

① 在形成非经典碳正离子的同时涉及邻位基团的作用。在邻位基团的帮助下形成，如：

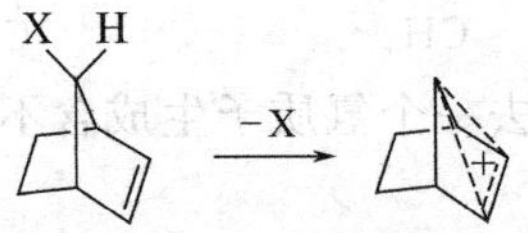

② 没有邻位基团的帮助形成非经典碳正离子。

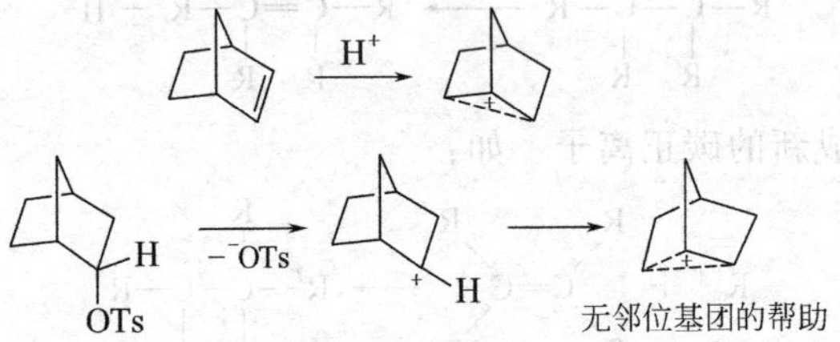

下面为几种常见的邻位基团参与形成非经典碳正离子的情况。

（1）碳碳双键作为邻位基团参与形成非经典碳正离子　反-7-原冰片烯基对甲苯磺酸酯的乙酸解比顺-7-原冰片烯基对甲苯磺酸酯的乙酸解快 10^7 倍，比对甲苯磺酸-7-原冰片酯则快 10^{11} 倍。而且反式乙酸解后构型保持，顺式则发生构型翻转。这是由于顺-7-原冰片烯基对甲苯磺酸酯与相应的饱和酯无邻基参与作用，不发生非经典碳正离子，反-7-原冰片烯基对甲苯磺酸酯乙酸解时，有碳碳双键的邻基参与作用，中间生成了非经典碳正离子，所以大大提高了反应速率。

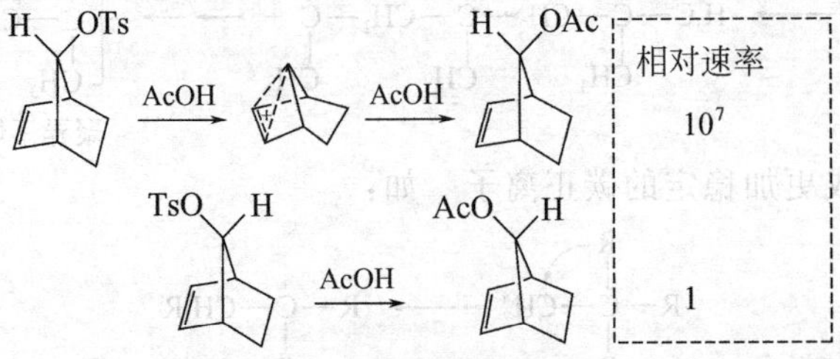

相对速率
10^7
1

（2）碳碳单键作为邻位基团参与形成非经典碳正离子　对溴苯磺酸-2-原冰片酯，其外异构体比内异构体的乙酸解快 350 倍，而且得到两个外消旋乙酸酯的混合物。

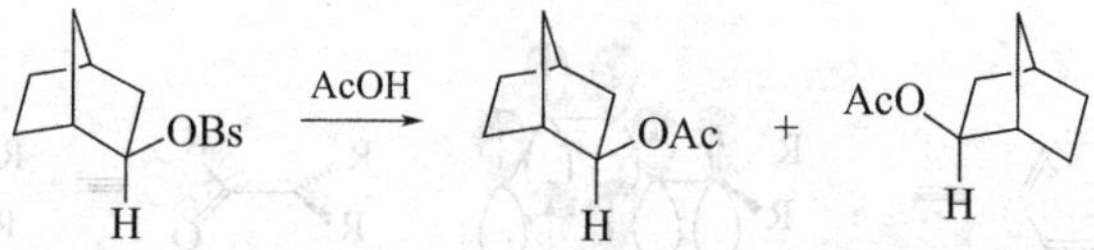

外型异构体　　外消旋体 racemic compounds

为什么得到外消旋体呢？反应过程可能为：

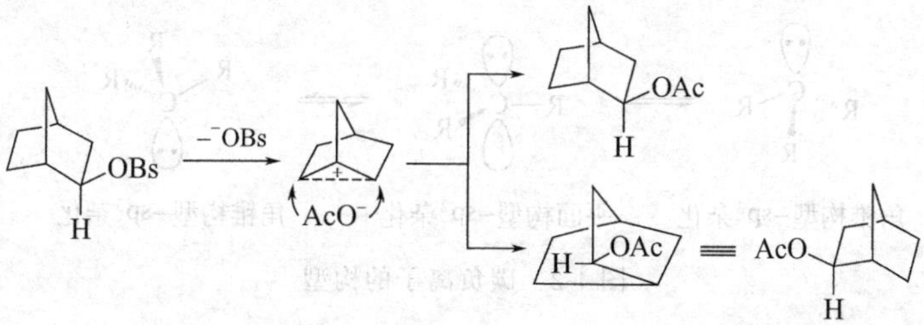

这因为外异构体（*exo*）有 σ 单键参与形成了稳定的非经典碳正离子，而内异构体（*endo*）不能直接形成非经典碳正离子，而只能先生成经典碳正离子，再转变成为非经典碳正离子。

（3）环丙基作为邻位基团参与形成非经典碳正离子　由于环丙烷环的性质和双键相似，所以当环丙基所处的位置适当，也能起邻位基团的作用。如对溴苯甲酸酯（A）的溶剂解速度比无环丙基的对溴苯甲酸-7 原冰片酯（B）的约快五倍，而 B 的溶剂解速度反比 C 约快三倍。

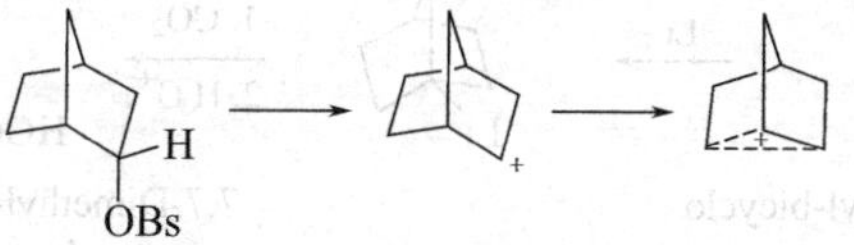

内型异构体

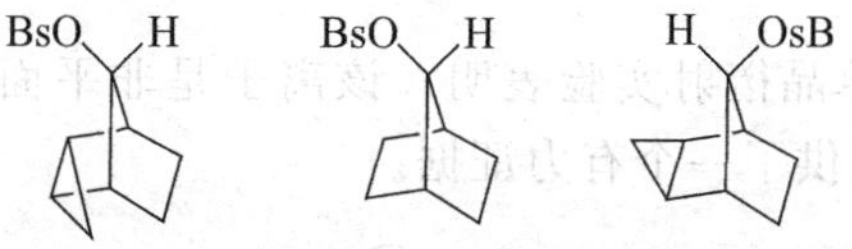

(A)　(B)　(C)

4.2　碳负离子

碳负离子（carbanion）是有机化学中另一个重要的活泼中间体，碳负离子是指有机物分子中的 C—H 键发生异裂将质子转移给碱后形成的具有负电荷的三价碳原子的体系。碳负离子含有一对未成键电子，带负电荷的活泼中间体，因此是一个碱。在亲核加成、亲核的芳香取代反应，E1CB 消去反应、互变异构及分子重排等反应中都涉及碳负离子中间体。与饱和碳原子相连时，碳负离子的构形为 sp^3 杂化，与不饱和碳原子相连时，碳负离子的构形为 sp^2 杂化。

4.2.1　碳负离子的结构及其稳定性

碳负离子带有负电荷，价电子层充满 8 个电子，具有一对共用电子对，许多实验支持碳负离子具有两种构型：与饱和碳原子相连时，碳负离子的构型为 sp^3 杂化的角锥构型，与不饱和碳原子相连时，碳负离子的构型为 sp^2 杂化的平面构型（见图 4-2）。

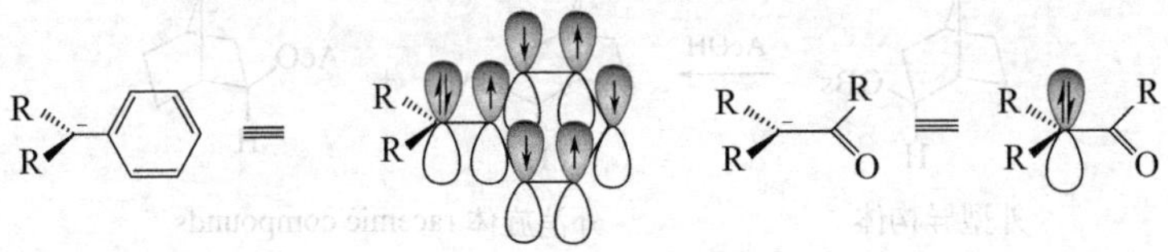

平面构型-sp² 杂化

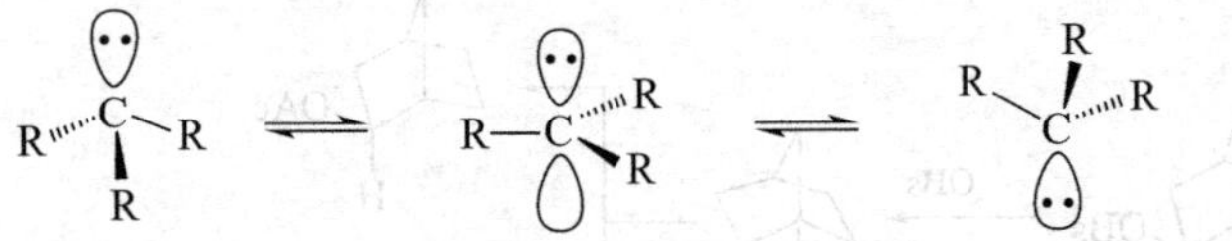

角锥构型-sp³ 杂化   平面构型-sp² 杂化   角锥构型-sp³ 杂化

图 4-2 碳负离子的构型

一般认为碳负离子多以角锥构型存在，因角锥构型比平面构型稳定。这是因为在角锥构型中，孤对电子与三对成键电子之间的排斥作用最小。

碳负离子的角锥构型可以用下列反应证明。连有卤素的桥头碳原子容易与锂反应生成碳负离子有机锂化合物，在这种结构中，由于双环的张力，该桥头碳不太可能采用平面结构的 sp² 杂化，只能采用角锥构形的 sp³ 杂化。碳负离子有机锂化合物并能进一步与亲电试剂发生反应，如与二氧化碳加成，水解成羧酸。

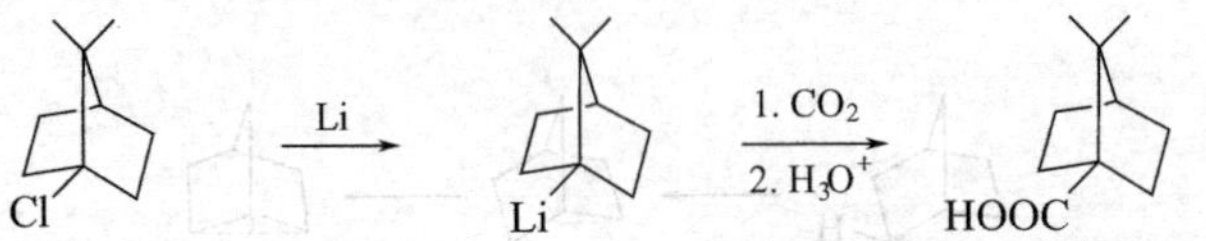

1-Chloro-7,7-dimethyl-bicyclo
[2.2.1]heptane
1-氯-7,7-二甲基双环[2.2.1]庚烷

7,7-Dimethyl-bicyclo[2.2.1]heptane
-1-carboxylic acid
7,7-二甲基双环[2.2.1]庚基-1-甲酸

N-二氰基甲基吡啶的单晶衍射实验表明，该离子是非平面的。这为碳负离子的存在及采用角锥形 sp³ 杂化构形提供了一个有力证据。

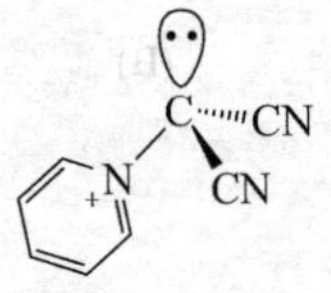

下述实验可以进一步证明碳负离子的角锥构型。用光学活性的 2-碘代辛烷和丁基锂作用生成 2-辛基锂，2-辛基锂和 CO_2 在 -70℃ 时作用，给出 20% 光学活性产物（即 60% 保持构型不变，40% 发生构型转化）；但在 0℃ 给出外消旋混合物。

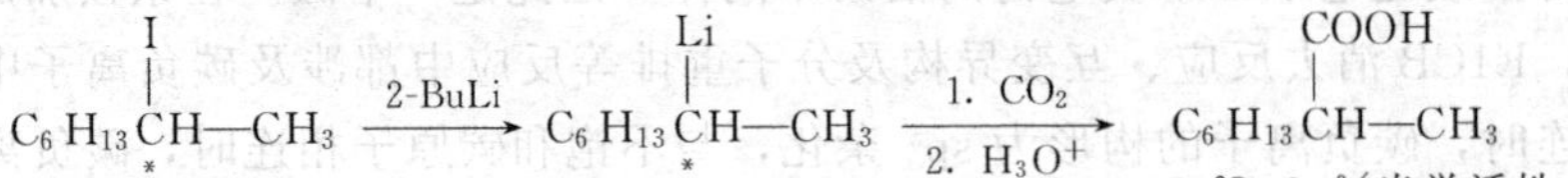

光学活性 -70℃：20% 光学活性
            0℃：外消旋化

此实验结果说明 2-辛基锂离解出了一对迅速达到平衡的角锥构型的碳负离子（角锥体可以相互翻转）。在 -70℃ 未达平衡，与 CO_2 发生亲核加成反应，有 20% 的构型保持。在 0℃ 时，一对角锥体碳负离子已达平衡，再与 CO_2 发生亲核加成反应，故生成的是外消旋体。如：

第 4 章 有机反应活泼中间体

[反应示意图：正丁基锂（H, C₆H₁₃, CH₃, Li）→ -Li⁺ → 碳负离子（sp³ 锥形，C₆H₁₃, CH₃, H）⇌ 翻转构型（H, CH₃, C₆H₁₃），两侧均经 1) CO₂ 2) H₃O⁺ 得到对映异构体 H-C(C₆H₁₃)(CH₃)-COOH 与 C₆H₁₃-C(H)(CH₃)-COOH]

对映异构体

碳负离子中的孤对电子如与邻近不饱和基团（如 C=C 或苯环）发生共轭，则呈平面构型，如三苯甲基负离子即呈平面构型。

[三苯甲基负离子结构图]

碳负离子在溶液中极不稳定，为了研究碳负离子的稳定性。Applaguist 和 O'Brien 根据有机金属化合物的碳金属键中，稳定性大的碳负离子总是与活泼金属结合更容易这一规律，对下列平衡进行了研究：

$$R\text{—}Li + R'\text{—}I \rightleftharpoons R\text{—}I + R'\text{—}Li$$

确定了一些碳负离子的相对稳定顺序为：

$$\text{CH}_2=\text{CH}^\ominus > \text{C}_6\text{H}_5^\ominus > \triangle^\ominus > \text{CH}_3\text{CH}_2^\ominus > \text{CH}_3\text{CH}_2\text{CH}_2^\ominus > (\text{CH}_3)_2\text{CHCH}_2^\ominus$$

$$(\text{CH}_3)_3\text{C}\text{—}\text{CH}_2^\ominus > \square^\ominus > \pentagon^\ominus$$

为什么有以上稳定次序呢？影响碳负离子稳定性的主要因素有以下几种。

(1) **杂化效应** 随着碳氢键中的碳原子 s 成分愈多，成键电子愈靠近原子核，受核的约束力愈大，使 C—H 键的极性增大，所以氢原子更容易以质子离去，酸性愈强，其相应的碳负离子的稳定性就愈大。如下列化合物的 s 成分与酸性情况（pK_a）有：

化合物	HC≡CH	△—H	CH₂=CH₂	C₆H₆	△	CH₃CH₃
s 成分/%	50	44	33	33	30	25
pK_a	25	29	36.5	37	39	42

所以碳负离子的稳定性顺序有：

$$\text{HC}\equiv\text{C}^\ominus > \triangle^\ominus > \text{CH}_2=\text{CH}^\ominus \approx \text{C}_6\text{H}_5^\ominus > \triangle^\ominus > \text{CH}_3\text{CH}_2^\ominus$$

(2) **共轭效应** 碳碳双键或三键与带负电荷的碳原子相连，能起到分散负电荷而稳定碳负离子的作用，因此具有吸引电子的共轭效应的基团与带有负电荷的碳原子相连，有利于未共享电子对的离域，使负电荷得到分散，故能使碳负离子稳定。如连有-C 共轭效应很强的含碳氧双键等基团，则更使负电荷分散程度加大，使碳负离子更加稳定。如脂肪酮类、含有亚甲基二酮类、硝基烷类表现出一定的酸性就是由于形成稳定的碳负离子的缘故。

[共振结构示意：H-C⁻(H)-C(=O)-CH₃ ⇌ H-C(H)=C(-O⁻)-CH₃]

下列碳负离子的稳定顺序有：

$$(C_6H_5)_3C^- > (C_6H_5)_2CH^- > C_6H_5CH_2^- > RCH=CHCH_2^- > RCH_2^-$$

（3）诱导效应　与带负电荷的碳原子相连的基团具有$-I$效应，能分散负电荷，使碳负离子稳定；而具有$+I$效应的推电子基团则降低碳负离子的稳定性。故烷基碳负离子稳定顺序有：

$$CH_3^\ominus > RCH_2^\ominus > R_2CH^\ominus > R_3C^\ominus$$

（4）芳香性　对于环状的碳负离子，如果为共平面的共轭体系，π电子数符合$[4n+2]$规律，则具有芳香性，碳负离子很稳定。如环戊二烯负离子、环辛四烯双负离子。

4.2.2 碳负离子的形成

碳负离子可以通过C—H键离解、亲核加成反应、生成金属炔化物或带负电荷的芳香化合物和格氏试剂反应等方法生成。形成碳负离子的方法主要有下面两种。

4.2.2.1 直接裂解

在碱性条件下，可以从碳原子上离去一个质子或其他带正电荷的原子或原子团，形成碳负离子。如：

$$R-C\equiv CH + NaNH_2 \xrightarrow{NH_3(l)} R-C\equiv CNa + NH_3$$

$$(C_6H_5)_3CH + KNH_2 \xrightarrow{NH_3(l)} (C_6H_5)_3CK + NH_3$$

$$(C_6H_5)_3C-Cl + 2Na \longrightarrow (C_6H_5)_3CNa + NaCl$$

$$C_6H_5CH_2Cl \xrightarrow{Mg, THF} C_6H_5CH_2MgCl$$

$$\text{环戊二烯} \xrightarrow{Na, THF} \text{环戊二烯负离子}$$

4.2.2.2 与碳碳重键加成

反应物的重键碳原子上连有吸电子基（如—CHO、—COR、—COOR、—CN、—C_6H_5等），才容易发生这一类反应。负离子与碳碳重键发生亲核加成即生成碳负离子，碳负离子接受质子成烃。如：

$$R-C=C-R + Y^\ominus \longrightarrow R-\overset{R}{\underset{R}{C}}-\overset{R}{\underset{R}{C}}-Y$$

$$CH_2=CHCN + C_6H_5O^- \xrightarrow{OH^-} C_6H_5OCH_2\overset{\ominus}{C}HCN \xrightarrow{H^+} C_6H_5OCH_2CH_2CN$$

$$CF_3C\equiv CCF_3 + CH_3O^- \longrightarrow \underset{H_3CO}{\overset{F_3C}{>}}C=C\underset{CF_3}{\overset{\ominus}{<}} \xrightarrow{H^+} \underset{H_3CO}{\overset{F_3C}{>}}C=C\underset{CF_3}{\overset{H}{<}}$$

第4章 有机反应活泼中间体

$$^{\ominus}NH_2 + CH_2=CHC_6H_5 \longrightarrow H_2NCH_2\overset{\ominus}{\underset{C_6H_5}{C}H} \xrightarrow{H^+} H_2NCH_2CH_2C_6H_5$$

4.2.2.3 碳负离子的反应

碳负离子也是有机反应活性中间体,其主要反应如下。

(1) 对羰基化合物的亲核加成反应

$$\underset{R}{\overset{R}{C}}=O + \overset{\ominus}{\underset{R}{\overset{R}{C}}}-R \longrightarrow R-\underset{R}{\overset{O^{\ominus}}{\underset{|}{C}}}-\underset{R}{\overset{R}{\underset{|}{C}}}-R$$

碳负离子的这一类反应包括很多重要反应,如:①羟醛缩合等多种缩合反应;②有机金属化合物与羰基化合物加成;③维蒂希(Witting)反应;④麦克(Michael)加成反应等。

(2) 与碳碳重键的加成 如:

$$Bu-Li^+ + HC=CH_2 \longrightarrow BuCH_2\underset{Ph}{\overset{\ominus}{C}H}Li^{\oplus}$$

(此处 Ph 位置)

(3) 脂肪族亲核取代

$$R^{\ominus} + -\overset{|}{C}-X \xrightarrow{S_N2} R-\overset{|}{C}- + X^{\ominus}$$

这类反应包括乙酰乙酸乙酯与丙二酸酯的亚甲基上的烷基化反应,炔化物及卤代烷与有机金属化合物发生偶联反应等。如:

$$EtO^{\ominus} + CH_2(COOEt)_2 \longrightarrow {}^{\ominus}CH(COOEt)_2 + EtOH$$

$$Cl-\underset{Ph}{\overset{|}{C}H_2} + {}^{\ominus}CH(COOEt)_2 \xrightarrow{S_N2} \underset{Ph}{\overset{|}{C}H_2}-CH(COOEt)_2 + Cl^{\ominus}$$

$$X-R + Na^+ {}^{\ominus}C\equiv C-R' \xrightarrow{S_N2} R-\!\!\!=\!\!\!=\!\!\!-R' + NaCl$$

$$R'-X + R_2CuLi \xrightarrow{S_N2} R-R' + RCu + LiX$$

(4) 碳负离子与 CO_2 加成 亲核性强的碳负离子(通常为烷基金属形式)和 CO_2 加成形成羧酸盐,酸性条件下水解生成多一个碳原子的羧酸。

$$RMgI + O=C=O \longrightarrow R-\overset{O}{\underset{\|}{C}}-OMgI \xrightarrow{H^+} RCOOH$$

$$C_6H_5Li + O=C=O \longrightarrow C_6H_5\overset{O}{\underset{O}{C}}Li^{\oplus} \xrightarrow{H^+} C_6H_5COOH$$

(5) 重排作用 共轭的碳负离子再质子化,双键迁移,这一过程称为质子移变。如果产物比原来的物质稳定,此过程易于进行。

如 β,γ-不饱和腈在碱的作用下重排生成更加稳定的化合物。

$$\underset{}{\overset{}{\bigcirc}}\!\!-CH_2-C\equiv N \underset{}{\overset{EtO^-}{\rightleftharpoons}} \underset{}{\overset{}{\bigcirc}}\!\!-CH-C\equiv N \underset{}{\overset{H^+}{\rightleftharpoons}} \underset{}{\overset{H}{\bigcirc}}\!\!-CH-C\equiv N$$

还有一些重排反应通过碳负离子,如 Stevens 重排(见第12章分子重排反应章节)。

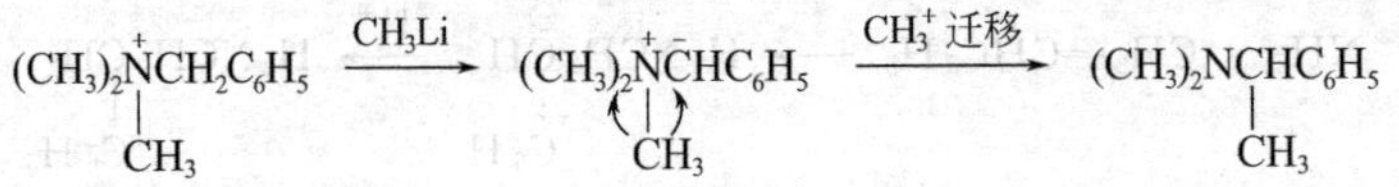

$$(CH_3)_2\overset{+}{N}CH_2C_6H_5 \xrightarrow{CH_3Li} (CH_3)_2\overset{+}{N}CHC_6H_5 \xrightarrow{CH_3^+ \text{迁移}} (CH_3)_2NCHC_6H_5$$
$$\underset{\text{季铵盐}}{\underset{|}{CH_3}} \qquad \underset{(\ |\ )}{\underset{|}{CH_3}} \qquad \underset{|}{CH_3}$$

4.3 自由基

自由基也叫游离基（free radical），一般指不带电荷、中性单电子的原子、原子团或分子。"自由基"的术语 1789 年被 Lavoisier 首先提出，1900 年 Gomberg 首次发现了三苯甲基自由基，平衡反应如下：

$$(C_6H_5)_3C\text{—}C(C_6H_5)_3 \rightleftharpoons 2(C_6H_5)_3C\cdot$$
$$(\text{I}) \qquad\qquad (\text{II})$$

1968 年 H. Laukamp 和 H. Nauta 用紫外线光谱和核磁共振对上述平衡反应进行了研究，确定（I）并非为六苯乙烷，而是具有醌式结构的环己二烯衍生物，是由一个三苯甲基加在另一个醌式自由基的苯基对位上的产物，在室温下有下列平衡：

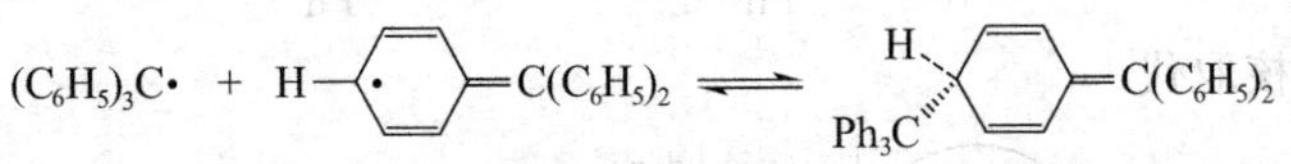

常见的自由基类型有：

原子自由基，如 $Cl\cdot$；$Br\cdot$；$H\cdot$

分子自由基，如 $CH_3\cdot$；$C_2H_5\cdot$；$(C_6H_5)_3C\cdot$；$C_6H_5COO\cdot$；$CH_3O\cdot$；$Ar_2N\cdot$

离子自由基，如

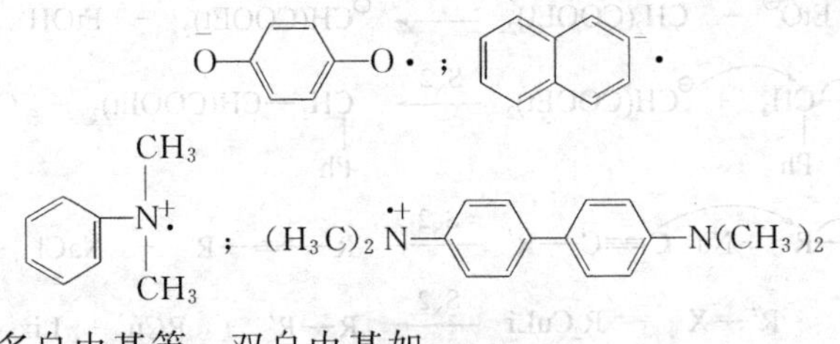

还有双自由基、多自由基等。双自由基如：

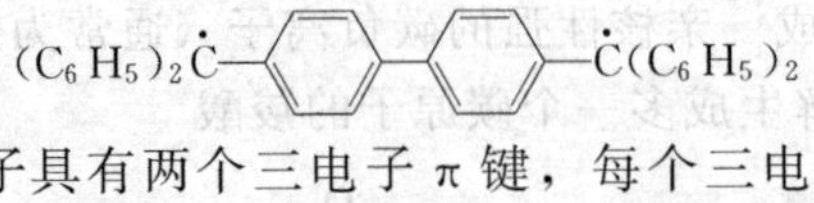

$$(C_6H_5)_2\dot{C}\text{—}\!\!\!\text{—}\!\!\!\text{—}\dot{C}(C_6H_5)_2$$

分子轨道理论认为氧分子具有两个三电子 π 键，每个三电子 π 键有两个电子在成键轨道，一个电子在反键轨道，即存在两个未配对电子，故可以看做是双自由基。

$$:\overset{\cdots}{\underset{\cdots}{O\text{——}O}}: \quad \text{可简写为} \quad \cdot O\text{—}O\cdot$$

20 世纪 70 年代，科学家发现自由基与人类生命的衰老及疾病有很大的关系。这引起了有机化学家、生物学家、医学家及营养学家研究自由基的热潮。

4.3.1 自由基的形成

通过热解、光解和氧化还原反应等方法产生自由基。

4.3.1.1 热解

利用热解产生自由基是指加热那些键的分解能小的化合物（含弱键的化合物），如过氧化物、偶氮化合物、卤素、硝酸酯中所含的 O—O、—N=N—、X—X、O—N 等键，其键的均裂能多为 120~210kJ/mol，稍一加热就容易发生键的均裂产生自由基。如：

第 4 章 有机反应活泼中间体

$$C_6H_5\overset{O}{\overset{\|}{C}}-O\!\!+\!\!O-\overset{O}{\overset{\|}{C}}C_6H_5 \xrightarrow{60\sim100℃} 2C_6H_5\overset{O}{\overset{\|}{C}}-O\cdot$$

过氧化二苯甲酰

$$(CH_3)_3C-O\!\!+\!\!O-C(CH_3)_3 \xrightarrow{100\sim130℃} 2(CH_2)_3CO\cdot$$

过氧化二叔丁基

$$\text{Ph}-N\!\!=\!\!N\!\!-\!\!\text{Ph} \xrightarrow{100\sim130℃} 2\,\text{Ph}\cdot + N_2$$

$$(CH_3)_2\overset{}{\underset{CN}{C}}\!\!-\!\!N\!\!=\!\!N\!\!-\!\!\overset{}{\underset{CN}{C}}(CH_3)_2 \xrightarrow{600\sim100℃} 2(CH_3)_2\overset{}{\underset{CN}{C}}\cdot + N_2$$

偶氮二异丁腈

4.3.1.2 光解

如果分子能吸收紫外线与可见光，则可使分解能为 $167.5\sim293kJ/mol$ 较弱的键发生均裂，产生自由基，这是分子中的电子吸收光能后，激发到反键轨道的结果。如：

$$Cl-Cl \xrightarrow{h\nu} 2Cl\cdot$$

$$H_3C\overset{O}{\overset{\|}{C}}CH_3 \xrightarrow{h\nu} H_3C\overset{O}{\overset{\|}{C}}\cdot + \cdot CH_3$$

$$C_6H_5\overset{O}{\overset{\|}{C}}-O-O-\overset{O}{\overset{\|}{C}}C_6H_5 \xrightarrow{h\nu} 2\,C_6H_5\overset{O}{\overset{\|}{C}}-O\cdot$$

一些键的均裂能见表 4-1。

表 4-1　一些键的均裂能/(kJ/mol)

键　型	能量	键　型	能量
H—H	586.18	C—N	
H—C		$CH_3-N\!\!=\!\!N\!\!-\!\!CH_3$	192.60
H—C_6H_5	427.00	$(H_3C)_2C-N\!\!=\!\!N-C(CH_3)_2$	
H—CHO	318.21	CN　　　　　CN	129.80
H—N		C—O	
H—NH_2	427.07	CH_3—OH	376.83
H—O		HCO—OH	376.83
H—OH	489.88	C—S	
H—OOH	376.83	CH_3—SH	293.09
H—S		$(CH_3)_3C$—SH	272.16
H—SH	376.83	C—X	
H—X		CH_3—Cl	334.96
H—F	565.25	$CH_2\!=\!CH-CH_2$—Cl	251.22
H—Cl	431.26	CH_3—Br	280.53
H—Br	364.27	C_6H_5—Br	297.28
H—I	297.28	$C_6H_5-CH_2$—Br	213.54
C—C		$CH_2\!=\!CH-CH_2$—Br	192.60
H_3C-CH_3	347.52	CH_3—I	226.10
$H_3C-C_6H_5$	364.27	N—O	
$H_3C-CH_2C_6H_5$	263.78	CH_3O-NO_2	159.11
$H_3C-CH_2CH\!=\!CH_2$	255.41	S—S	
$H_2C\!=\!CH_2$	636.42	CH_3S-SCH_3	228.90
O—O		X—X	
HO—OH	200.98	Cl—Cl	242.85
HO—O—$C(CH_3)_3$	175.85	Br—Br	192.60
$(CH_3)_3C-O-O-C(CH_3)_3$	155.00		
$C_6H_5CO-O-O-COC_6H_5$	125.60	I—I	150.73

4.3.1.3 氧化还原反应

通过电子的转移发生氧化还原反应产生自由基。如：

$$H_2O_2 + Fe^{2+} \longrightarrow HO \cdot + OH^- + Fe^{3+}$$

$$R-\underset{\underset{O}{\|}}{C}-OH + Fe^{2+} \longrightarrow R-\underset{\underset{O}{\|}}{C} \cdot + OH^- + Fe^{3+}$$

$$PhCHO + Fe^{3+} \longrightarrow Ph-\underset{\underset{O}{\|}}{C} \cdot + H^+ + Fe^{2+}$$

$$(CH_3)_3COOH + Co^{3+} \longrightarrow (CH_3)_3COO \cdot + Co^{2+} + H^+$$

采用电解法进行氧化还原反应也可产生自由基，如羧酸盐电解、丙酮类电解等。

阳极：
$$R-\underset{\underset{O}{\|}}{C}-O^- \xrightarrow{-e} R-\underset{\underset{O}{\|}}{C}-OH \longrightarrow R \cdot + CO_2$$

阴极：
$$2R-\underset{\underset{O}{\|}}{C}-R \xrightarrow{+e} 2R-\underset{\underset{O^-}{\|}}{C} \cdot \xrightarrow{\text{自由基偶联}} R-\underset{\underset{O^-}{\overset{R}{|}}}{\underset{|}{C}}-\underset{\underset{O^-}{\overset{R}{|}}}{\underset{|}{C}}-R$$

自由基可以采用电子自旋共振（简称 ESR）和电子顺磁共振（简称为 EPR）来进行检测，原理与核磁共振相似，ESR 谱是由电子自旋运动所引起，只有未配对电子，有净电子自旋和相应的磁矩，才能给出 ESR 信号。

4.3.2 自由基的结构及其稳定性

与碳正离子和碳负离子相似，自由基也有两种可能结构。即平面构型和三角锥构型，对于简单的碳自由基是平面构型，还是三角锥构型，或者是介乎这两种构型之间呢？可以通过 ERS 的测定。例如甲基 $CH_3 \cdot$，其未配对电子所处轨道 s 成分为零或者极少，即未配对电子基本上处于 p 轨道上，因而甲基自由基 $CH_3 \cdot$ 实际呈平面构型，紫外光谱与红外光谱的测定也支持了上述论断。ERS 还证明了其他烷基自由基也是平面构型。有些自由基如 $CF_3 \cdot$、$(CH_3)_3C \cdot$ 实际上呈三角锥形，其未配对电子处在 sp^3 轨道上，如下所示。

sp² 杂化-平面形　　sp³ 杂化-角锥形　　sp³ 杂化-角锥形

在下列自由基中，未配对电子所处轨道的 s 成分依下列顺序增加。

$$CH_3 \cdot < CH_2F \cdot < CHF_2 \cdot < CF_3 \cdot$$

桥头自由基由于环的刚性，很难呈平面构型，顺磁共振谱也证明了桥头的自由基是角锥形的。如：1-金刚基，1-双环[2.2.2]辛基及脱甲樟脑基。

1-金刚基　　1-双环[2.2.2]辛基　　脱甲樟脑基

实验证明，这类桥头自由基比碳正离子易于生成，所需能量没有碳正离子作为中间体那样高。

影响自由基稳定性的主要因素有：单电子的离域、空间效应、键的离解能与螯合作用等。

(1) 单电子的离域 单电子通过共轭效应离域而稳定，这种离域程度越大的自由基越稳定。如苄基自由基、烯丙基自由基、二苯甲基自由基、三苯甲基自由基等由于 p-π 共轭造成电子离域而稳定，三烷基自由基则由于 σ-p 共轭而稳定。

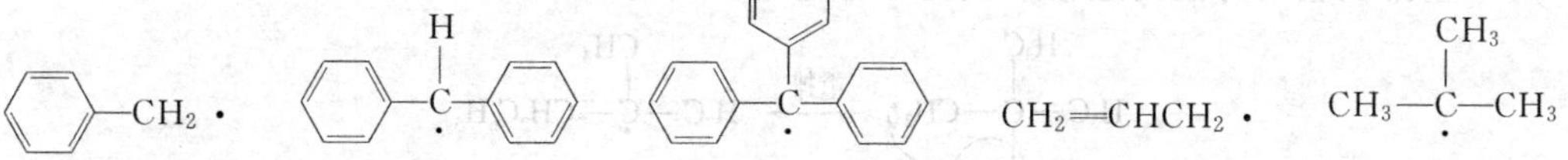

常见的自由基稳定性如下：

$(C_6H_5)_3C\cdot > (C_6H_5)_2CH\cdot > C_6H_5CH_2\cdot \geqslant CH_2=CH-CH_2\cdot > (CH_3)_3C\cdot >$
$(CH_3)_2CH\cdot > CH_3CH_2\cdot > CH_3\cdot > CH_2=CH\cdot$

(2) 空间效应 由于芳香环（简称芳环）上连有大的叔丁基产生的空间效应，可以阻止自由基发生二聚作用，从而使自由基稳定。如 2,4,6-三叔丁基苯氧自由基比较稳定，空间效应起了很大作用。

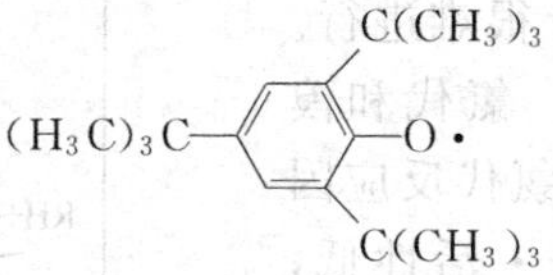

(3) 键的离解能 自由基是由共价键均裂产生的，键的离解能越大，产生的自由基越不稳定，容易二聚生成原来化合物。键的分解能小，如含有—O—O—、C—N=N—C 等弱键的化合物，所产生的自由基比较稳定。

(4) 螯合作用 某些自由基可以通过螯合作用能稳定自由基，如锂和 2,2-联吡啶作用形成深色固体 A 和 B。

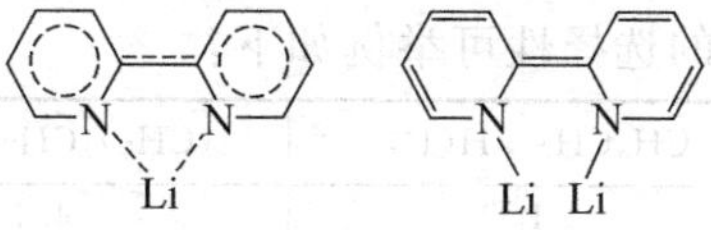

实际上还存在一些比三苯甲基稳定得多的自由基，如多个芳核的自由基和氮的氧化物自由基。如：

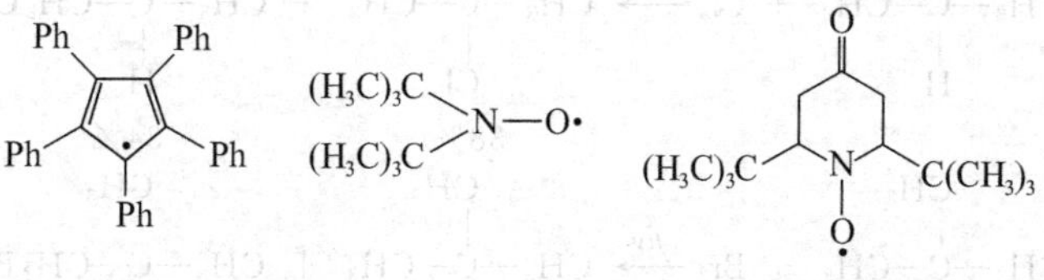

4.3.3 自由基的反应

自由基的反应主要分为以下三类。

(1) 偶联与歧化反应 偶联反应即自由基的二聚反应，自由基消失。歧化反应是指一个自由基夺取另一个自由基中某个原子（如 H）分别生成饱和化合物和不饱和化合物的过程。

偶联反应：R· + ·R ⟶ R—R

歧化反应：

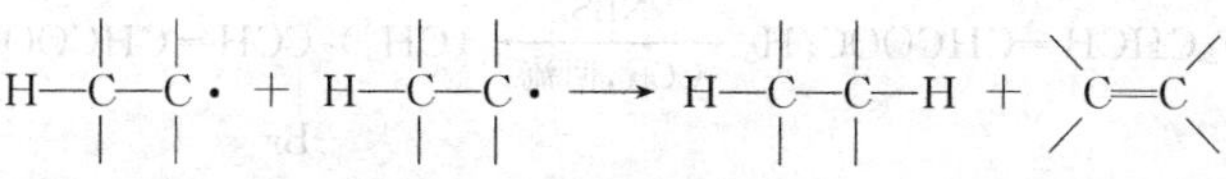

(2) 碎裂反应 某些自由基生成后可能碎裂生成一个安定的分子与一个更小的自由

基。如：

$$C_6H_5\overset{O}{\overset{\|}{C}}-O-O-\overset{O}{\overset{\|}{C}}-C_6H_5 \xrightarrow{\triangle} 2C_6H_5\overset{O}{\overset{\|}{C}}-O\cdot \longrightarrow 2C_6H_5\cdot + 2CO_2$$

(3) 重排反应 芳基的迁移形成更加稳定的自由基。如：

$$\underset{H_3C}{\overset{H_3C}{\diagdown}}\underset{\underset{(C_6H_5)}{|}}{\overset{|}{C}}-CH_2\cdot \xrightarrow{重排} H_2C-\overset{CH_3}{\underset{|}{\overset{|}{C}}}-CH_2C_6H_5$$

4.3.4 自由基取代反应

(1) 卤代反应 烃的卤代反应活性与烃类 C—H 键类型及卤素种类有关。不同氢被卤素取代的反应活性顺序一般为：$3°H > 2°H > 1°H$，卤素的反应活性为：$F > Cl > Br > I$。氟代反应强烈放热，往往以爆炸方式进行，反应难以控制。碘代反应则强烈吸热，很难进行。所以只有溴代、氯代常用于合成。氯代和溴代的反应能量曲线如图 4-3 所示。氯代反应因 $Cl\cdot$ 活性高过渡态到达早，而 $Br\cdot$ 活性低，溴化时，过渡态到达迟。

试剂的活性高，选择性低，试剂不活泼，则选择性高，这是反应中的一个普遍规律。卤素对不同类的氢选择性顺序为：$I > Br > Cl > F$。

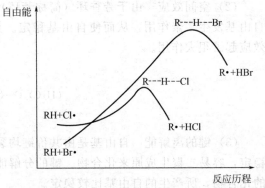

图 4-3 氯代、溴代过渡态与能量的关系

氯代、溴代对不同类型 H 的选择性可举例如下：

化合物		CH_3CH_2—H(1°)	$(CH_3)_2CH$—H(2°)	$(CH_3)_3C$—H(3°)
相对选择性	Cl_2	1	4.4	6.7
	Br_2	1	80	1600

$$\underset{H}{\overset{CH_3}{\underset{|}{\overset{|}{C}}}}\text{—}CH_3\text{—}\overset{|}{\underset{|}{C}}\text{—}CH_3 + Cl_2 \xrightarrow{h\nu} CH_3\overset{CH_3}{\underset{Cl}{\overset{|}{\underset{|}{C}}}}CH_3 + CH_3\overset{CH_3}{\underset{H}{\overset{|}{\underset{|}{C}}}}CH_2Cl$$
$$\qquad\qquad\qquad\qquad\qquad 38\% \qquad\qquad 34\%$$

$$\underset{H}{\overset{CH_3}{\underset{|}{\overset{|}{C}}}}CH_3\text{—}\overset{|}{\underset{|}{C}}\text{—}CH_3 + Br_2 \xrightarrow{h\nu} CH_3\overset{CH_3}{\underset{Br}{\overset{|}{\underset{|}{C}}}}CH_3 + CH_3\overset{CH_3}{\underset{H}{\overset{|}{\underset{|}{C}}}}CH_2Br$$
$$\qquad\qquad\qquad\qquad\qquad 99\% \qquad\qquad 0.55\%$$

卤代试剂可采用 N-溴代丁二酰亚胺 (NBS)、次氯酸叔丁酯、氯化亚砜等。NBS 是一种很常用的溴化试剂，它具有高度的选择性，总是在 α-H 位发生取代。例如：

$$(CH_3)_2CHCH\!=\!CHCOOC_2H_5 \xrightarrow[\text{CCl}_4,回流]{\text{NBS}} (CH_3)_2\underset{\underset{Br}{|}}{C}CH\!=\!CHCOOC_2H_5$$
$$\qquad\qquad\qquad\qquad\qquad\qquad\qquad 81\%$$

$$C_6H_5CH_2CH_2CH_2CH_2COC_6H_5 \xrightarrow[h\nu, CCl_4, 回流]{NBS} \underset{85\%}{C_6H_5\underset{Br}{CH}CH_2CH_2CH_2COC_6H_5}$$

利用 NBS 进行溴化，需要加入引发剂。引发剂一般是过氧化物。在 NBS 中一般都含有痕量的 Br_2 或 HBr，与引发剂反应产生 Br· 来引发下一步反应，但反应的正常进行是通过恒定的浓度很低的 Br_2 来完成的，而 Br_2 的产生又是通过 NBS 与 HBr 反应来维持的，其反应历程为：

$$Br_2(或 HBr) + 引发剂 \longrightarrow 2Br· \tag{1}$$

$$\text{环己烯} + Br· \longrightarrow \text{环己烯自由基} + HBr \tag{2}$$

$$\text{N—Br（琥珀酰亚胺）} + HBr \longrightarrow \text{N—H（琥珀酰亚胺）} + Br_2 \tag{3}$$

$$\text{环己烯自由基} + Br_2 \longrightarrow \text{3-溴环己烯} + Br· \tag{4}$$

由于反应（3）Br_2 的浓度很低，所以反应过程中产生的 Br· 浓度也很低，有利于取代反应，而不利于加成反应。

(2) 氯化试剂　次氯酸叔丁酯也是一个有用的氯化试剂，与 NBS 相似，可有选择性地在烯丙基位进行氯化作用，一般不与双键加成。例如：

$$\underset{H}{\overset{(CH_3)_3C}{>}}C=C\underset{CH_3}{\overset{H}{<}} \xrightarrow[h\nu, -78℃]{(CH_3)_3COCl} \underset{98\%}{\underset{H}{\overset{(CH_3)_3C}{>}}C=C\underset{CH_2Cl}{\overset{H}{<}}} + \underset{7\%}{\overset{(CH_3)_3C}{\underset{Cl}{CH}}-C\overset{H}{\underset{CH_2}{=}}}$$

$$C_6H_5CH_2C\equiv CH \xrightarrow[h\nu, 0℃]{(CH_3)_3COCl} C_6H_5\underset{Cl}{CH}C\equiv CH$$

$$C_6H_5-CH_3 \xrightarrow[h\nu]{(CH_3)_3COCl} C_6H_5-CH_2Cl$$

次氯酸叔丁酯可由叔丁醇在碱性溶液中与氯作用而制得：

$$t\text{-}C_4H_9OH + NaOH + Cl_2 \xrightarrow{50℃} t\text{-}C_4H_9OCl + NaCl + H_2O$$

对于烷烃的氯代反应，次氯酸叔丁酯可以被过氧化物或光所引发，其反应历程可能为：

引发：　　$(CH_3)_3C-O-Cl \xrightarrow{h\nu} (CH_3)_3C-O· + Cl·$

增长：　　$RH + (CH_3)_3C-O· \longrightarrow (CH_3)_3COH + R·$

　　　　　$R· + (CH_3)_3C-O-Cl \longrightarrow RCl + (CH_3)_3C-O·$

终止：　　$R· + R· \longrightarrow R-R$

4.3.5　芳香自由基取代反应

芳香自由基取代反应主要讨论连接在芳核上的氢原子，被芳基、烷基或酰基自由基的取代反应。如：

$$Ar· + Ar-H \xrightarrow{-H} Ar-Ar$$

这种自由基取代的芳基化学反应可以发生在分子间，也可以发生在分子内。分子间的芳基化反应最典型的例子是刚伯尔-巴赫曼（Gomberg-Bachmann）反应，即芳香重氮盐在碱性溶液中与芳烃作用，生成联苯衍生物。

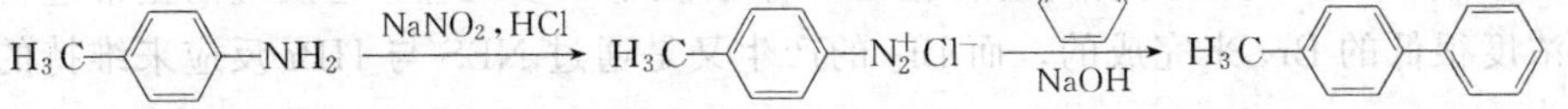

$$R \cdot + Ar-H \xrightarrow{-H \cdot} Ar-R$$

$$H_3C-C_6H_4-NH_2 \xrightarrow{NaNO_2, HCl} H_3C-C_6H_4-N_2^+Cl^- \xrightarrow{\text{苯}}_{NaOH} H_3C-C_6H_4-C_6H_5$$

此反应的历程是：首先生成一个芳基自由基，芳基再与另一苯环偶联，形成芳基环己二烯中间体，后者再和一分子芳基重氮正离子作用，从而释放出另一芳基，得到联苯衍生物，或与·OH 作用生成联苯衍生物和水。

$$ArN_2^+ + OH^- \longrightarrow ArN=N-OH$$

$$ArN=NOH \longrightarrow Ar \cdot + N_2 + \cdot OH$$

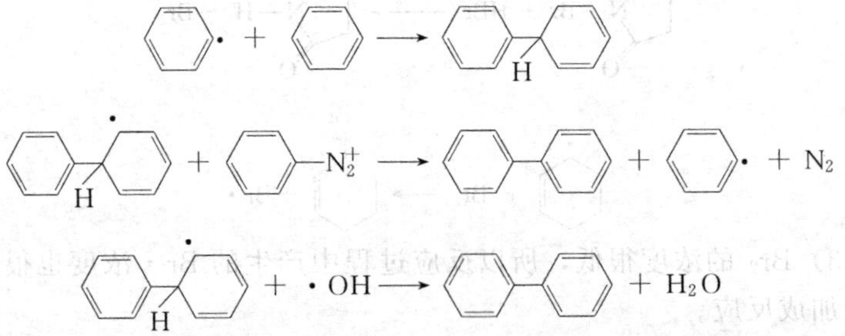

分子内的芳基化反应如 Pschorr 反应，从 (E)-α-邻氨基苯肉桂酸所生成的重氮盐在铜粉或亚铜盐存在下生成 9-羧基菲。

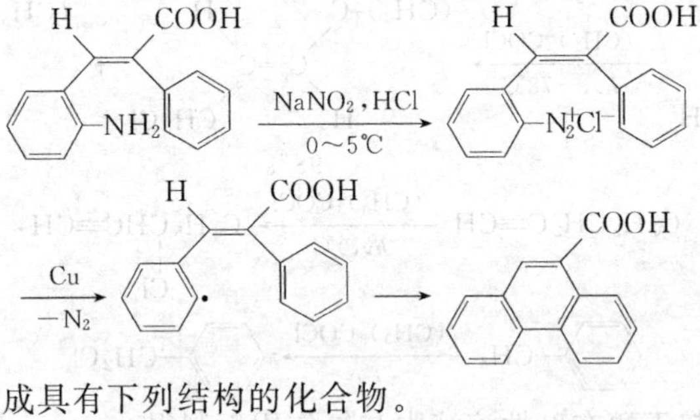

用这种方法可以合成具有下列结构的化合物。

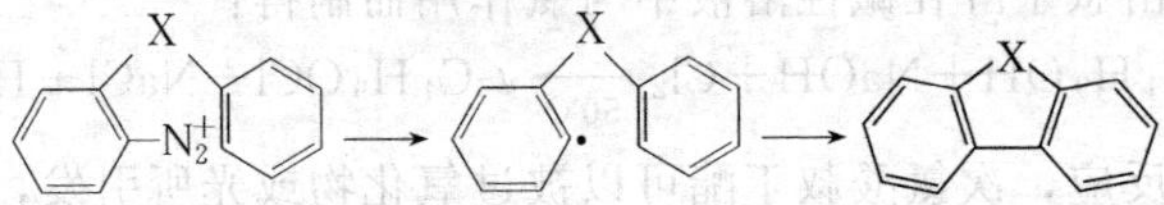

4.3.6 自动氧化反应

由分子氧参与的自由基氧化反应常称为自动氧化反应或自氧化反应。如异丙苯被 O_2 氧化成过氧化氢异丙苯，后者在酸性条件下重排分解生成苯酚和丙酮。这是工业上制备苯酚和丙酮的一种方法。

自动氧化反应在日常生活中可见，如食用油中的酸败，润滑油变质，塑料、橡胶等变质都是自动氧化的结果。油漆中油的干燥也是一种自动氧化反应。如何减少或消除自氧化过程不利的因素？将具有较好的发展前景。

(1) 烃类自动氧化 早在 20 世纪 50 年代中期 Farmer 与 Bateman 等人揭示了合成烯丙基氢的化合物（如烷基苯）自氧化历程，即链引发：
$$\text{引发剂} \longrightarrow X\cdot$$
$$X\cdot + RH \longrightarrow R\cdot + HX$$

链增长：
$$R\cdot + O{-}O \longrightarrow ROO\cdot$$
$$ROO\cdot + RH \longrightarrow RCOOH + R\cdot$$

链终止：
$$ROO\cdot + R\cdot \longrightarrow ROOR$$
$$R\cdot + R\cdot \longrightarrow R{-}R$$
$$ROO\cdot + ROO\cdot \longrightarrow ROOR + O_2$$

异丙苯的氧化历程如下：

$$H_2O_2 \xrightarrow{\Delta} 2HO\cdot$$

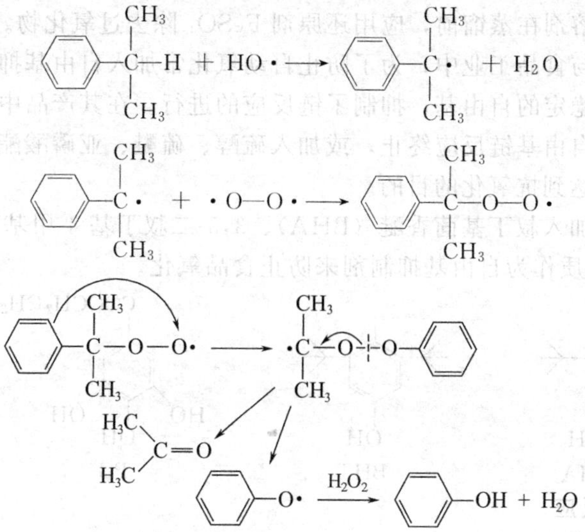

$$\text{PhC(CH}_3)_2\text{H} + HO\cdot \longrightarrow \text{PhC(CH}_3)_2\cdot + H_2O$$

$$\text{PhC(CH}_3)_2\cdot + \cdot O{-}O\cdot \longrightarrow \text{PhC(CH}_3)_2\text{-O-O}\cdot$$

$$\text{PhC(CH}_3)_2\text{-O-O}\cdot \longrightarrow (CH_3)_2C{=}O + \text{PhO}\cdot$$

$$\text{PhO}\cdot \xrightarrow{H_2O_2} \text{PhOH} + H_2O$$

生成的过氧化氢异丙苯被酸分解得到丙酮和苯酚。

苄基、烯丙基的 α-位、烷烃叔碳易发生自动氧化，因这样生成的自由基稳定些。

四氢化萘的空气氧化也具有制备价值。

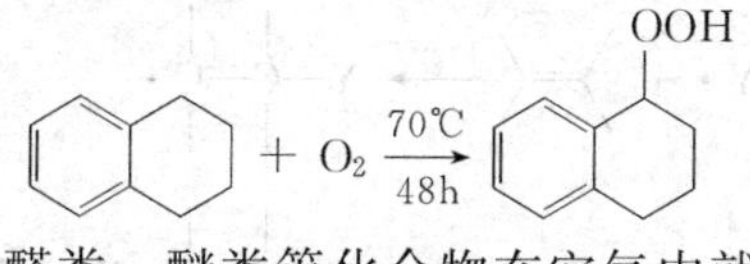

$$\text{四氢萘} + O_2 \xrightarrow[48h]{70℃} \text{1-过氧化氢四氢萘}$$

（2）醛、醚的自动氧化 醛类、醚类等化合物在空气中就容易发生自氧化作用，如苯甲醛在空气中被慢慢氧化成苯甲酸，醚自氧化则生成爆炸性的过氧化物。醛被 O_2 氧化成羧酸的历程为：

$$R{-}\overset{O}{C}{-}H + \cdot O{-}O\cdot \longrightarrow R{-}\overset{O}{C}\cdot + HOO\cdot$$

$$R{-}\overset{O}{C}\cdot + \cdot O{-}O\cdot \longrightarrow R{-}\overset{O}{C}{-}OO\cdot$$

$$R{-}\overset{O}{C}{-}OO\cdot + R{-}\overset{O}{C}{-}H \longrightarrow R{-}\overset{O}{C}{-}OOH + R{-}\overset{O}{C}\cdot$$

过氧酸

生成的过氧酸可以把另一分子醛氧化成两分子酸。

$$R-\overset{O}{\underset{\|}{C}}-COOH + R-\overset{O}{\underset{\|}{C}}-H \longrightarrow 2R-\overset{O}{\underset{\|}{C}}-OH$$

这一步反应并不是自由基反应，实际上是一种伯耶尔-维利格（Baeyer-Villiger）重排。醚类发生自氧化一般在 α-位，生成过氧化氢衍生物。如：

$$H_3CH_2C-O-CH_2CH_3 + O_2 \longrightarrow CH_3CH_2OCHCH_3$$
$$\underset{OOH}{|}$$

$$(CH_3)_2CH-O-CH(CH_3)_2 + O_2 \longrightarrow (CH_3)_2CHOC(CH_3)_2$$
$$\underset{OOH}{|}$$

$$\text{(四氢呋喃)} + O_2 \longrightarrow \text{(四氢呋喃)-OOH}$$

因此乙醚和四氢呋喃溶剂在蒸馏前，应用还原剂 $FeSO_4$ 除去过氧化物。

在高分子化合物与食品工业中，为了防止自动氧化常加入自由基抑制剂（或抗氧化剂），其作用主要是生成了稳定的自由基，抑制了链反应的进行。在其产品中常加入酚类、胺类捕捉或抑制自由基，使自由基链反应终止，或加入硫醇、硫醚、亚磷酸酯等能与高分子过氧化物作用的物质，从而达到抗氧化的目的。

在食品工业中常加入叔丁基茴香醚（BHA）、3,5-二叔丁基-4-甲基苯酚（BHT）和没食子酸丙酯（PG）等物质作为自由基抑制剂来防止食品氧化。

BHA　　BHT　　PG

4.3.7 自由基加成反应

自由基加成反应是自由基反应中研究得最多最清楚的一类反应，自由基易与双键化合物发生加成作用，其通式可表示为：

$$X-Y \longrightarrow X\cdot + Y\cdot$$

$$Y\cdot + \overset{|}{\underset{|}{C}}=\overset{|}{\underset{|}{C}} \longrightarrow Y-\overset{|}{\underset{|}{C}}-\overset{|}{\underset{|}{C}}\cdot$$

$$Y-\overset{|}{\underset{|}{C}}-\overset{|}{\underset{|}{C}}\cdot + X-Y \longrightarrow Y-\overset{|}{\underset{|}{C}}-\overset{|}{\underset{|}{C}}-X + Y\cdot$$

或

$$Y-\overset{|}{\underset{|}{C}}-\overset{|}{\underset{|}{C}}\cdot + \overset{|}{\underset{|}{C}}=\overset{|}{\underset{|}{C}} \longrightarrow Y-\overset{|}{\underset{|}{C}}-\overset{|}{\underset{|}{C}}-\overset{|}{\underset{|}{C}}-\overset{|}{\underset{|}{C}}\cdot$$

自由基聚合反应一般也分为链引发、链增长和链终止三个阶段，中间还往往有链转移发生。自由基聚合反应实质上是自由基与多个不饱和化合物多次重复加成的链式反应过程。

（1）链的引发　链的引发方法有：光引发、热引发、辐射引发和引发剂引发，其中以引发剂引发用得最多。

通常的引发剂是含有弱键（如 —O—O—，—N=N— 等）易分解生成自由基的化合物，用引发剂引发时，首先是引发剂分解成自由基，引发剂自由基与烯键化合物加成生成单体自由基。

第 4 章　有机反应活泼中间体

$$In \longrightarrow R\cdot$$
$$\text{引发剂} \quad \text{引发剂自由基}$$

$$R\cdot + CH_2{=}CH{-}X \longrightarrow R{-}CH_2CH(X)\cdot$$

(2) 链的增长　单体自由基一旦生成，立即又与第二分子单体加成，接着加成第三个、第四个……单体分子，这就是链增长过程。链增长过程仅需活化能 20.9～29.3kJ/mol。

$$R{-}CH_2CH(X)\cdot + CH_2{=}CH(X) \longrightarrow RCH_2CH(X)CH_2CH(X)\cdot \longrightarrow \cdots \longrightarrow R(CH_2CH(X))_{n-1}CH_2CH(X)\cdot$$

在链增长过程中，单烯烃的聚合都是头-尾加成，因而得到头-尾相接的聚合产物。

(3) 链的终止　大分子自由基不可能无限地增长下去，到一定时候会通过偶联反应或歧化反应失去活性，从而终止反应。

偶联终止：
$$R(CH_2CH(X))_n\cdot + \cdot(CH_2CH(X))_mR \longrightarrow R(CH_2CH(X))_n(CH_2CH(X))_mR$$

或写成：
$$\sim\sim CH_2{-}CH(X)\cdot + \cdot CH(X){-}CH_2\sim\sim \longrightarrow \sim\sim CH_2{-}CH(X){-}CH(X){-}CH_2\sim\sim$$

歧化终止：
$$\sim\sim CH_2{-}CH(X)\cdot + \cdot CH(X){-}CH_2\sim\sim \longrightarrow \sim\sim CH_2CH_2(X) + CH_2{=}CH(X)\sim\sim$$

在歧化终止中，两个大分子自由基之间发生了氢原子的转移。

自由基聚合反应是高分子合成的重要反应，在高分子合成工业中得到了很广泛的应用。

4.3.8　Birch 还原

Birch 还原是芳香化合物在液氨介质中用碱土金属经由溶剂化完成芳环部分还原的一个反应。例如：

$$\text{苯} \xrightarrow{Na/NH_3(l)} \text{1,4-环己二烯}$$

其反应历程为：

$$\text{苯} \xrightarrow{Na/NH_3(l)} [\text{苯}\cdot]^{-} \xrightarrow{NH_3} [\text{环己二烯基}]\cdot \xrightarrow{Na} [\text{环己二烯基}]^{-} \xrightarrow{NH_3} \text{1,4-环己二烯}$$

4.4　卡宾和乃春

20 世纪 50 年代，人们发现了电中性的二价碳化合物，即卡宾（Carbene）这一活性中间体物种，它比一般的离子或自由基更不稳定。

4.4.1　卡宾

卡宾（carbene）又名碳烯，是一类包含只有六个价电子的两价碳原子化合物的总称。其中四个价电子在二个共价键上，另外两个电子未成键。卡宾中最简单的是亚甲基($:CH_2$)，其他都可以看做是亚甲基的衍生物。

卡宾的命名通常采用两种方法，即卡宾命名系统与碳烯命名系统。如：

	卡宾命名系统	碳烯命名系统
:CH₂	卡宾	碳烯
:CHCH₃	甲基卡宾	甲基碳烯
:CCl₂	二氯卡宾	二氯碳烯
:CH—CN	氰基卡宾	氰基碳烯
:CHCH=CH₂	乙烯基卡宾	乙烯基碳烯

4.4.1.1 卡宾的结构 (the structure of carbene)

卡宾用了两个成键分子轨道，形成两个化学键。剩下的两个非键轨道容纳有两个未成键电子。这两个未成键电子有两种填充方式：①两个电子占据同一轨道，自旋方向相反；②两个电子各占据一个轨道，自旋可以相同或相反。两个电子占据同一个轨道的为单线态卡宾。如两个电子分别占据两个轨道，其自旋可以相同或相反，则为三线态卡宾（见图4-4）。

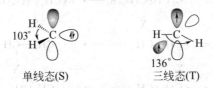

单线态(S)   三线态(T)

图 4-4 单线态与三线态卡宾结构

π电子离域的卡宾是稳定的，如环丙烯卡宾、环庚三烯卡宾等。例如：

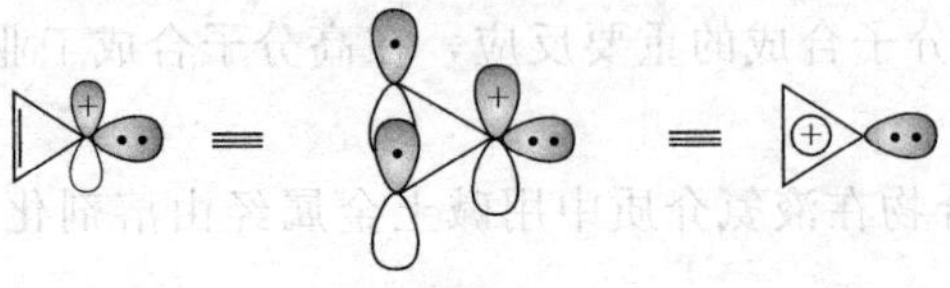

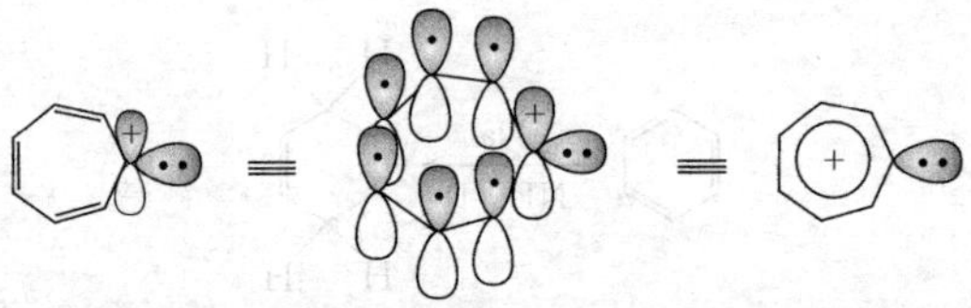

单线态与三线态是光谱学上的术语，光谱学中 $2S+1$ 作为多重态表达式，S 为轨道自旋量子数的代数和。这里有两种情况：

① 两个电子自旋相反，分别占据两个轨道

$$m_s: +1/2, -1/2 \quad S=0 \quad 2S+1=1 \quad \text{称为单线态(S)}$$

② 两个电子平行占据两个轨道

$$m_s: +1/2 \quad +1/2 \quad S=1, \quad 2S+1=3 \quad \text{称为三线态(T)}$$

一般认为单线态卡宾中心碳原子采用 sp^2 杂化，其中用去 2 个 sp^2 杂化轨道与氢原子等成键，第三个杂化轨道容孤电子对，未杂化的 p 轨道是空的，这样尽可能减少电子对间的斥力。而三线态卡宾中心碳原子为 sp 杂化，是线型构型，为杂化的两个 p 轨道各容纳一个电子，因此也可以把三线态卡宾看作是一个自由基，在许多方面的表现确实如此，在电子自旋共振谱（ESR）中单线态磁矩为零，三线态不为零故有明显的信号产生，所以三线态卡宾可以用电子自旋共振谱进行研究。最近的计算和测定结果表明，单线态卡宾的键角为 103°，三线态卡宾键角为 136°。三线态中，未成键电子排斥作用小，故三线态能量比单线态低 33.5～41.87kJ/mol，说明三线态卡宾比单线态卡宾稳定，三线态被称为基态。在惰性气体中，单线态碰撞可转变成三线态。

$$^1CH_2(\uparrow\downarrow) \xrightarrow{惰性气体} {}^3CH_2(\uparrow\uparrow)$$

如果是在惰性气体（如 N_2）中进行，生成的单线态卡宾和惰性气体分子相互碰撞变为三线态，如有光敏剂存在，单线态卡宾也容易变为三线态，三线态卡宾寿命较长，所以以上条件下主要以三线态进行反应。在液相中，初生成的单线态卡宾在它失去能量之前就发生了反应，因此主要是以单线态进行反应。

4.4.1.2 卡宾的形成（the formation of carbene）

卡宾的形成方法主要有以下几种。

(1) α-消除反应 在同一碳原子上进行α-消去，脱去一个简单分子来制备卡宾。

$$HCCl_3 + OH^- \longrightarrow :CCl_3 \longrightarrow :CCl_2 + Cl^-$$

$$HCCl_3 + (CH_3)_3COK \longrightarrow :CCl_2 + (CH_3)_3COH + KCl$$

(2) 光解或热解 烯酮和重氮甲烷通过光解或热解即可生成卡宾。

$$CH_2=C=O \xrightarrow[或170℃]{h\nu} :CH_2 + CO$$

$$ArC=C=O \xrightarrow[或\triangle]{h\nu} :CAr_2 + CO$$

$$CH_2N_2 \xrightarrow[或\triangle]{h\nu} :CH_2 + N_2$$

三卤代乙酸的盐也可以加热制得卤代卡宾。

$$CCl_3COONa \xrightarrow{乙二醇二甲醚} :CCl_2 + CO_2 + NaCl$$

$$CCl_3COOAg \xrightarrow{\triangle} :CCl_2 + CO_2 + AgCl$$

$$CF_3COONa \xrightarrow{\triangle} :CF_2 + CO_2 + NaF$$

(3) 三元环化合物的消除反应

$$C_6H_5\text{-环丙烷} \xrightarrow{h\nu} C_6H_5CH=CH_2 + :CH_2$$

$$\text{(二氰基降蒈烷)} \xrightarrow{h\nu} \text{苯} + :C(CN)_2$$

$$C_6H_5\text{-环氧-}C_6H_5 \xrightarrow{h\nu} C_6H_5CHO + :CHC_6H_5$$

(4) 西蒙司-史密斯（Simmons-Smith）反应 利用有机锌化合物将亚甲基在碳碳双键上进行加成是形成环丙烷衍生物的好方法，此反应称为 Simmons-Smith 反应，在铜催化下，用二碘甲烷与锌反应得到 ZnI_2 和 CH_2 的配合物，再与烯反应，实际上反应中不是游离的卡宾，而是具有卡宾特性的类似物，故称为类卡宾（cardenoids）。

$$CH_2I_2 + Zn \xrightarrow{Cu/乙醚} ICH_2ZnI$$

$$\text{烯} + CH_2\text{(ZnI)(I)} \longrightarrow \text{环加成中间体} \longrightarrow \text{环丙烷} + ZnI_2$$

类卡宾比卡宾活性低，反应温和，副反应少，产率高，而且立体选择性较好。如：

$$\underset{H_3C}{\overset{H}{>}}C=C\underset{CH_3}{\overset{H}{<}} \xrightarrow{CH_2I_2, Zn(Cu)} \text{(cis-1,2-dimethylcyclopropane)}$$

$$\underset{H}{\overset{C_6H_5}{>}}C=C\underset{C_6H_5}{\overset{H}{<}} \xrightarrow{CH_2I_2, Zn(Cu)} \text{(cis-1,2-diphenylcyclopropane)}$$

$$\text{cyclohexene} \xrightarrow{CH_2I_2, Zn(Cu)} \text{bicyclo[4.1.0]heptane}$$

$$CH_2=CHOCOCH_3 + CH_2I_2(Zn/Cu) \longrightarrow \text{cyclopropyl-OCOCH}_3$$

$$\text{p-methoxystyrene} \xrightarrow{CH_2I_2, Zn(Cu)} \text{p-methoxyphenylcyclopropane}$$

4.4.1.3 卡宾的反应

卡宾为活性高的亲电试剂，是典型的缺电子化合物，但是如果电子离域到卡宾的空 p 轨道，则其亲电性降低，孤电子对的亲核性提高，它的主要反应有插入反应、加成反应、重排反应等。

（1）插入反应　卡宾可以插入单键 C—H 之间，另外也可以插入 C—O，C—X，Si—H，Ge—H 之间，但研究最多的是插入 C—H 键之间，但不插入 C—F 键和 C—C 键间。

插入 C—H 间活性是 $3°H>2°H>1°H$。分子间插入反应往往得一混合物。因此在有机合成上没有意义。例如：

$$CH_3CH_2CH_3 + CH_2N_2 \xrightarrow{h\nu} CH_3CH_2CH_2CH_3 + CH_3\underset{CH_3}{\overset{|}{C}}HCH_3$$

卡宾也可以发生分子内插入，特别是烷基卡宾优先发生分子内插入。

$$CH_3CH_2\ddot{C}H \longrightarrow CH_3CH=CH_2 + \triangle$$
$$\qquad\qquad\qquad\qquad 90\% \qquad 10\%$$

$$(CH_3)_3C-\ddot{C}H \longrightarrow \text{1,1-dimethylcyclopropane} \ 95\%$$

$$\triangle-\ddot{C}H \longrightarrow \square$$

分子内插入反应，对制取有较大张力的环状化合物具有一定意义。如：

$$\text{camphor-like ketone} \xrightarrow[\text{HOCH}_2\text{OCH}_2\text{CH}_2\text{OH}]{1.\ H_2N-NHTs \ \ 2.\ CH_3ONa} \text{carbene intermediate} \longrightarrow \text{cage compound}$$

（2）加成反应（addition reactions）　卡宾与不饱和键如 C=C，C=N，C=P，N=N，C≡C 等进行加成反应，在与不饱和键加成反应中表现出亲电性，烯烃双键电子密度越高，反应活性越大。如：CCl_2 与下列烯烃加成相对反应活性：

$$Me_2C=CMe_2 > Me_2C=CHMe > Me_2C=CH_2 > ClCH=CH_2$$

卡宾与双键加成可发生在分子间，也可发生在分子内。

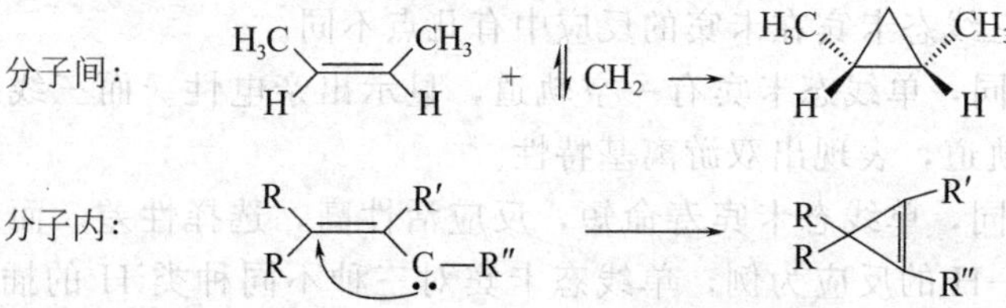

分子间：$CH_3CH=CHCH_3 + CH_2 \longrightarrow$ 环丙烷衍生物（顺式）

分子内：

单线态卡宾由于比较活泼，除加成反应外，往往发生许多副反应如插入反应等，为了制备目的得到高产率立体专属产品，常采用 Simmons-Smith 方法。

乙烯酮的 C═C 也能与卡宾加成生成环丙酮的衍生物。

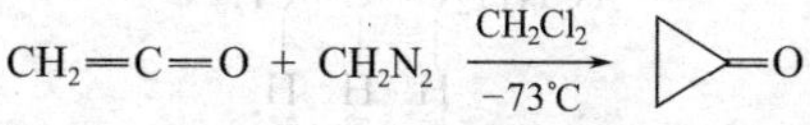

$$CH_2=C=O + CH_2N_2 \xrightarrow[-73℃]{CH_2Cl_2} \text{环丙酮}$$

活泼性较强的卡宾如：$:CH_2$、$:C(CN)_2$、$:C(COOEt)_2$ 等，能与芳烃进行加成得到环扩大的产品。

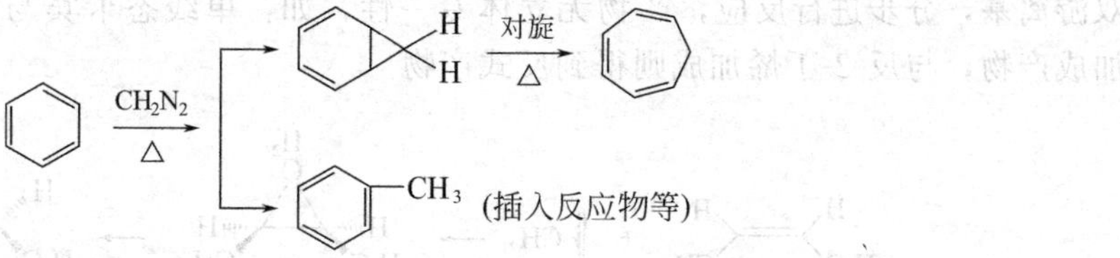

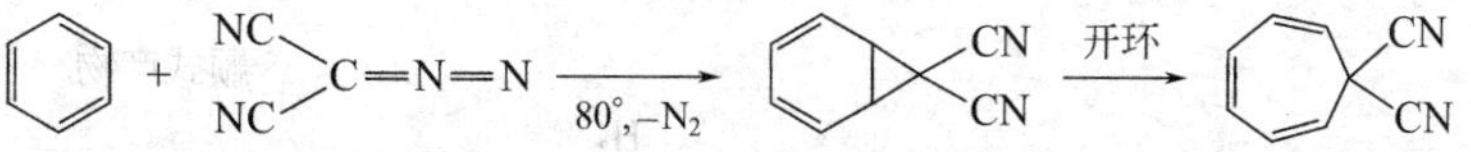

$$\text{苯} \xrightarrow{CH_2N_2,\Delta} \text{双环加成物} \xrightarrow[\Delta]{\text{对旋}} \text{环庚三烯}$$

$$+ \text{甲苯 (插入反应物等)}$$

$$\text{苯} + \begin{array}{c}NC\\NC\end{array}C=N=N \xrightarrow[-N_2]{80°} \text{双环二氰} \xrightarrow{\text{开环}} \text{环庚三烯二氰}$$

此外 1968 年发现卡宾也可与三键（C≡C）发生加成反应，形成双环化合物。

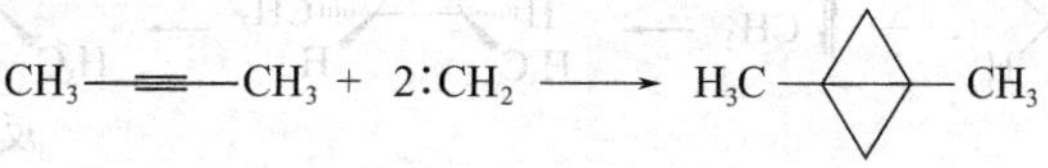

$$CH_3-\equiv-CH_3 + 2:CH_2 \longrightarrow H_3C-\square-CH_3$$

(3) 重排反应　卡宾发生重排，伴随着 α-氢、烷基或芳基的迁移。其迁移难易顺序是 H＞芳基＞烷基。这与在碳正离子中的重排活性顺序（芳基＞烷基＞H）不同。

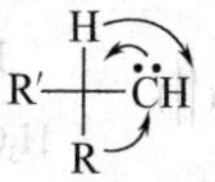

通过芳基，烷基迁移的重排：

$$\text{2-甲基环己酮腙} \xrightarrow[180℃]{-OCH_3} [\text{卡宾}] \longrightarrow \text{1-甲基环己烯} + \text{3-甲基环己烯} + \text{双环}$$

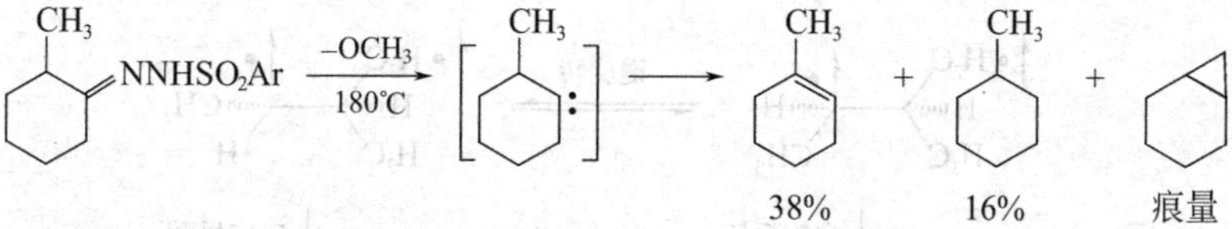

$$38\% \quad 16\% \quad \text{痕量}$$

通过芳基，烷基迁移的重排：

$$PhC(CH_3)_2CHN_2 \xrightarrow{60℃} [PhC(CH_3)_2CH:] \longrightarrow$$

$$(H_3C)_2C=CH-Ph \quad + \quad Ph-C(CH_3)=CH-CH_3 \quad + \quad \text{1-苯基-1-甲基环丙烷}$$
$$50\% \qquad\qquad 9\%$$
（芳基重排产物）　　（甲基重排产物）　　（插入产物）

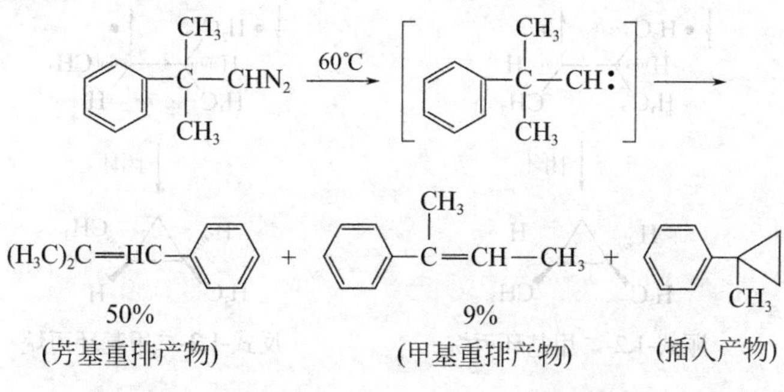

武尔夫（Wolff）就是一种很重要的卡宾重排反应（见第 12 章分子重排）。

单线态卡宾与三线态卡宾在卡宾的反应中有几点不同。

① 反应性能不同，单线态卡宾有一空轨道，显示出亲电性。而三线态卡宾两个未成键电子分别占据两个轨道，表现出双游离基特性。

② 反应活性不同，单线态卡宾寿命短，反应活性高，选择性差。而三线态卡宾选择性则较高。以插入 C—H 的反应为例，单线态卡宾对三种不同种类 H 的插入比例为 3°H：2°H：1°H＝1.5：1.2：1.0；三线态卡宾的插入比例则为 3°H：2°H：1°H＝7：2：1。

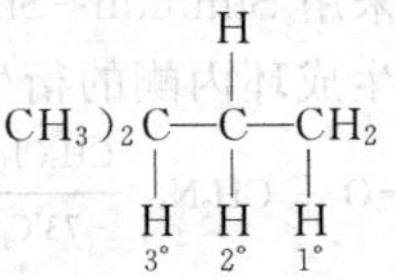

$$(CH_3)_2\underset{\underset{3°}{H}}{C}-\underset{\underset{2°}{H}}{C}-\underset{\underset{1°}{H}}{CH_2}$$

③ 反应历程不同，单线态卡宾为一步协同反应，产品具有立体专一性。三线态卡宾为双游离基，分步进行反应，产物无立体专一性，如：单线态卡宾与顺-2-丁烯加成得到顺式加成产物，与反-2-丁烯加成则得到反式产物。

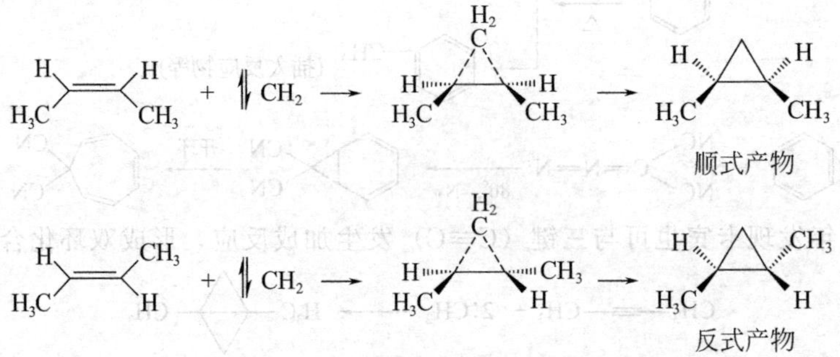

三线态卡宾与顺或反-2-丁烯加成，得到顺式和反式产物的混合物。这是由于在加成过程中生成了双自由基，由于单键旋转使立体专一性消失，故可得到两种加成产物。

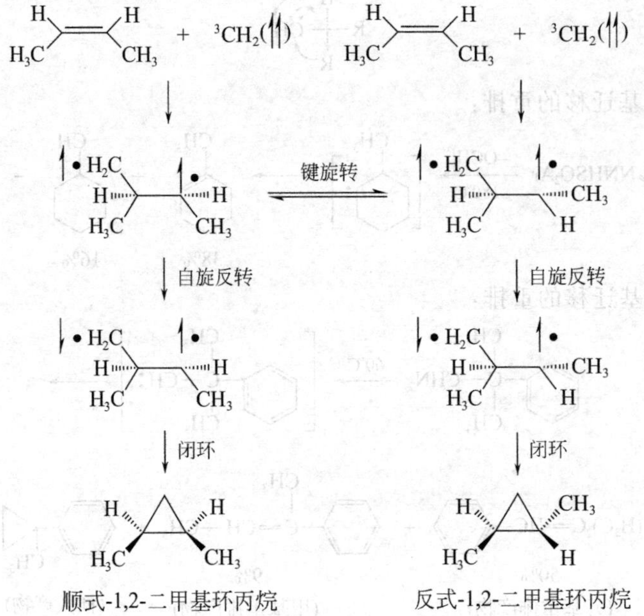

顺式-1,2-二甲基环丙烷　　反式-1,2-二甲基环丙烷

4.4.2 乃春

乃春（nitrene）R—N：也称为亚氮或氮烯，可以看做是卡宾的氮类衍生物。乃春非常活泼，与卡宾类似，乃春的电子结构也有单线态与三线态两种。最简单的乃春 H—N：只呈三线态，而一般乃春可以以三线态与单线态两种结构的形式存在。

$$R-\ddot{N}\,\updownarrow \qquad R-\ddot{N}\cdot\uparrow$$
单线态乃春　　　三线态乃春

或用图 4-5 表示这两种结构：

单线态　　　　　三线态

图 4-5　单线态与三线态乃春结构

4.4.2.1 乃春的生成（the formation of nitrene）

生成乃春的主要方法有 α-消除、热解或光解等反应。

（1）α-消除反应（α-Elimilation reactions）　用碱处理苯磺酰羟胺类，发生 α-消除反应，生成乃春（nitrene）。

$$\begin{array}{c}R-N-OSO_2Ar + B^{\ominus} \longrightarrow R-N: + BH + ArSO_2O^{\ominus} \\ | \\ H\end{array}$$

如：EtOOC—N(H)—OSO$_2$—C$_6$H$_4$—NO$_2$ $\xrightarrow{EtO^-}$ EtOOCN： + EtOH + 4-NO$_2$-C$_6$H$_4$-SO$_3^\ominus$

（2）热解或光解　叠氮化合物、异氰酸酯等进行热解或光解即可得到乃春。

$$R-\ddot{N}=\overset{+}{N}=\ddot{N}^- \xrightarrow[\text{或}\Delta]{h\nu} R-N: + N_2 \quad \text{烷基乃春}$$

$$Ar-\ddot{N}=\overset{+}{N}=\ddot{N}^- \xrightarrow[\text{或}\Delta]{h\nu} Ar-N: + N_2 \quad \text{芳基乃春}$$

$$EtOOC-\ddot{N}=\overset{+}{N}=\ddot{N}^- \xrightarrow{h\nu} EtOOC-N: + N_2$$

$$PhN=C=O \xrightarrow[\text{或}\Delta]{h\nu} Ph-N: + C=O$$
异氰酸苯酯

采用亚磺酰基苯胺，也可以得到苯基乃春。

$$C_6H_5N=S=O \longrightarrow C_6H_5N: + SO$$

4.4.2.2 乃春的反应

乃春的典型反应有重键的加成反应及与单键的插入反应，有少量的重排、二聚等反应。

（1）加成反应　烷基乃春对双键的环加成形成氮杂环丙烷衍生物。

$$R-N: + R_2C=CR_2 \longrightarrow \underset{R}{\overset{R}{\underset{|}{N}}}\underset{R}{\overset{R}{C-C}}$$

$$EtOOCN=\overset{+}{N}=\overset{-}{N} \xrightarrow{h\nu} EtOOCN: \xrightarrow{\bigcirc} EtOOC-N\overset{\bigcirc}{\diagup}$$

乃春与芳香烃加成得到氮杂䓬。

$$EtOOC-N: + \bigcirc\!\!-\!\!X \longrightarrow EtOOC-N\overset{\bigcirc}{\diagup}\!\!-\!\!X \longrightarrow EtOOC-N\overset{\bigcirc}{\diagup}\!\!-\!\!X$$
氮杂䓬

(2) **插入反应** 乃春容易发生插入反应，特别是羰酰基乃春和磺酰基乃春可以插入 C—H 和其他的键。如：

$$R'-\underset{O}{\overset{}{C}}-N: + H-CR_3 \longrightarrow R'-\underset{O}{\overset{}{C}}-\overset{H}{\underset{}{N}}-CR_3$$

分子内的 C—H 键插入反应，有 α-插入、δ-插入等不同情况，α-插入得到亚胺，δ-插入发生环化。

$$H_3C\underset{H^\delta}{\overset{}{\diagdown}}\underset{H^\alpha}{\overset{}{\diagup}}N: \underset{\delta\text{-插入}}{\overset{\alpha\text{-插入}}{\rightrightarrows}} \begin{array}{c} H_3C\diagdown\!\!\diagup\!\!\diagdown\!\!NH \quad 50\% \\ H_3C\diagdown\!\!\underset{H}{\overset{}{N}}\quad 20\% \end{array}$$

(3) **重排反应** 烷基乃春很容易发生重排，在其形成同时即发生迁移，故一般难以发生加成反应与插入反应。

$$R-\underset{H}{\overset{H}{\underset{|}{C}}}-N: \longrightarrow RCH=NH$$
亚胺

酰基乃春重排得到异氰酸酯

$$R-\underset{O}{\overset{}{C}}-N: \longrightarrow R-N=C=O$$

(4) **二聚反应** 乃春可以发生二聚作用生成偶氮化合物。

$$2Ar-N: \longrightarrow Ar-N=N-Ar$$

4.5 苯炔

苯炔（benzyne）称去氢苯（dehydrobenzene），去氢苯的衍生物，称为芳炔，实际上通常称为苯炔。苯炔是一个十分不稳定的中间体，寿命很短，无法被分离，现代仪器也无法观察到。如在反应体系中加入呋喃可以得到与苯炔发生 Diels-Alder [4+2] 环加成反应产物，间接地证明了苯炔的存在。如 2-氟苯基锂发生 α,β-消除反应而生成苯炔。

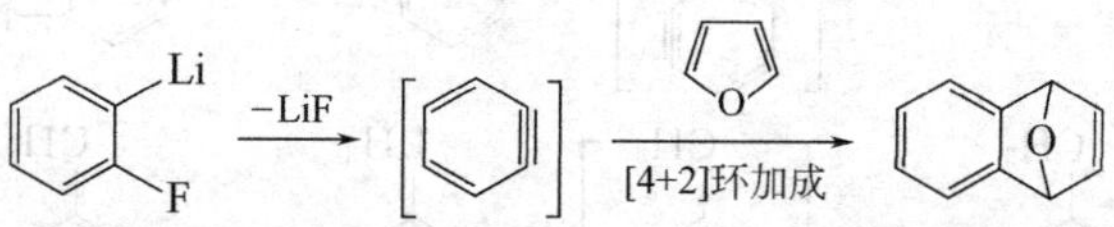

当用氨基钠或氨基钾等强碱处理芳香卤化物时，不仅生成正常的亲核取代产物，而且得到异构体。如邻氯甲苯与 KNH_2 在液氨下反应，得到邻甲苯胺与间甲苯胺，也间接地证明了苯炔的存在。

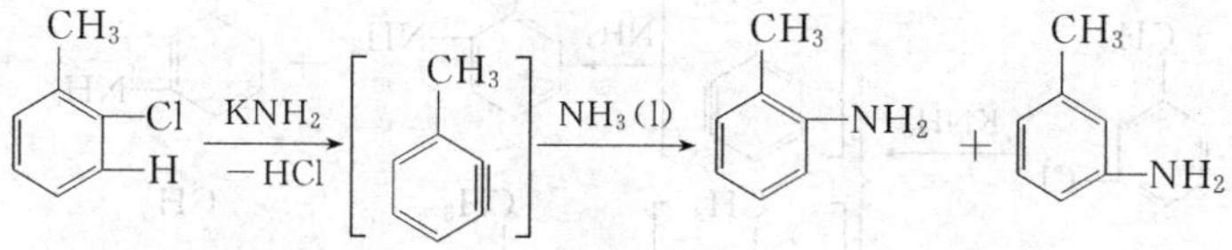

该反应不是简单的亲核取代反应，而是苯炔中间体的一种加成-消去反应。

用同位素 ^{14}C 标记的氯苯和 KNH_2 在液氨下反应得两种苯胺。

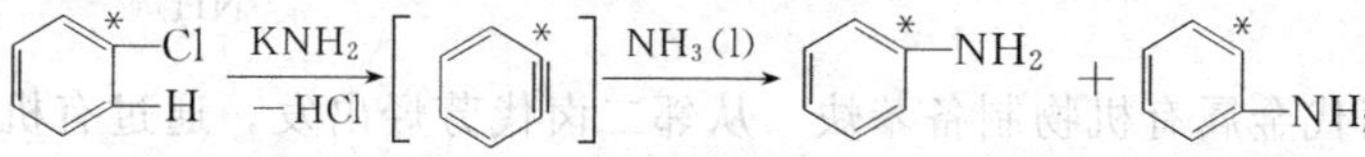

说明该反应可能的机理是通过苯炔中间体与氨发生加成反应得到的两种带有同位素标记的苯胺。

苯炔的高度活泼性是由其特殊的结构决定的。苯炔的分子中位于相邻两个碳原子上的两个 sp^2 杂化轨道，借侧面重叠形成 π 分子轨道，此 π 轨道垂直于苯环上原有的 π 轨道。这种由相邻 sp^2 轨道形成的 π 轨道，重叠很少，所以形成的 π 键很弱，很容易破裂，故使中间体苯炔很活泼。苯炔结构如图 4-6 所示。

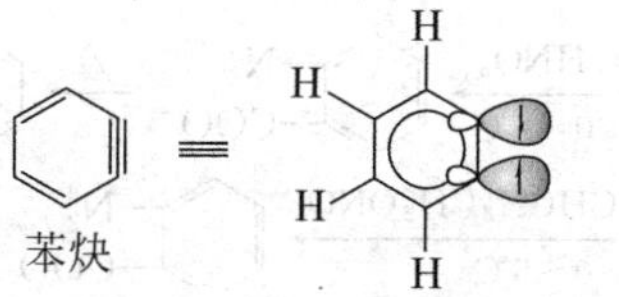

图 4-6 苯炔的结构

4.5.1 苯炔的生成

苯炔的通式反应可以概括为从邻位脱掉一个电正性原子团和一个电负性原子团而形成的。

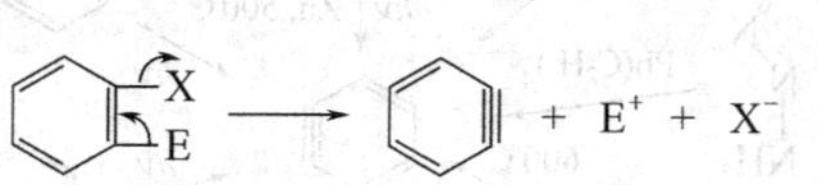

（1）脱卤化氢形成苯炔

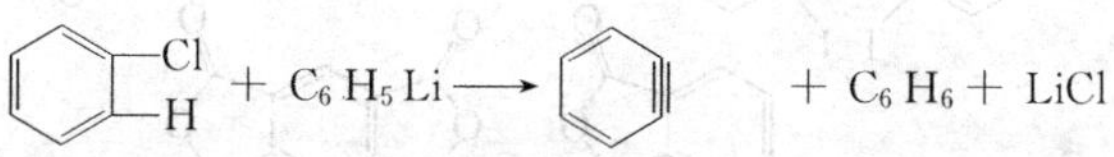

当卤素与苯环上其他取代基互相处于邻位或对位时，仅生成一种苯炔，互为间位时则得到两种苯炔，与氨发生加成时得到相应的加成产物。

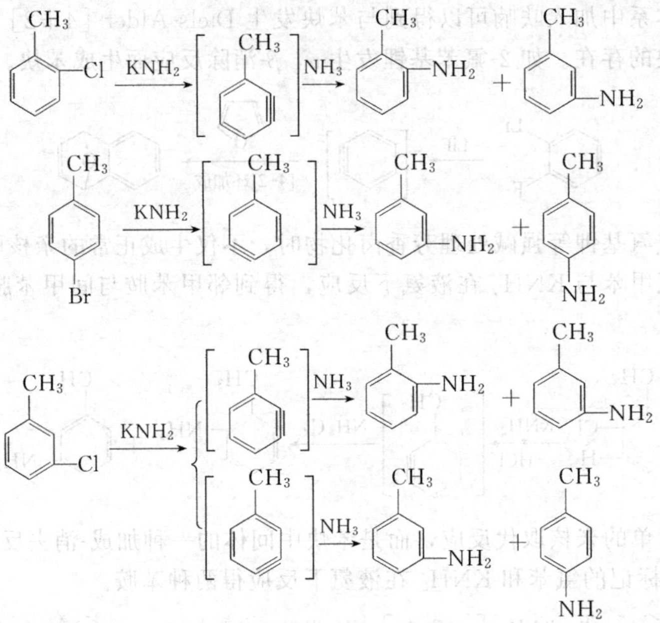

(2) 由邻二卤代金属有机物制备苯炔 从邻二卤代芳烃出发,通过有机锂或有机镁化合物,可制备苯炔。

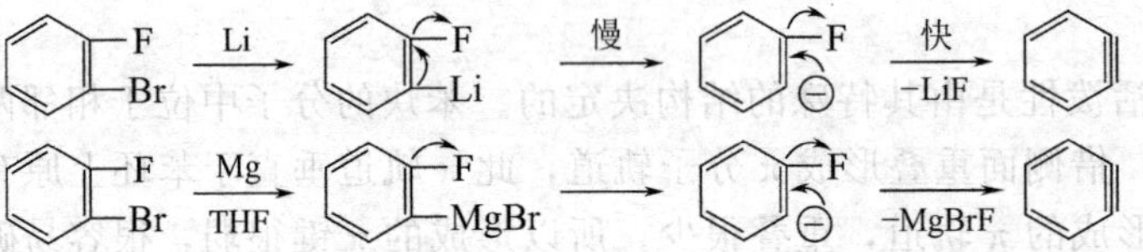

(3) 消除反应产生苯炔 重氮羧酸盐或重氮羧酸,能在极温和的条件下借热分解放出 CO_2、N_2 形成苯炔。

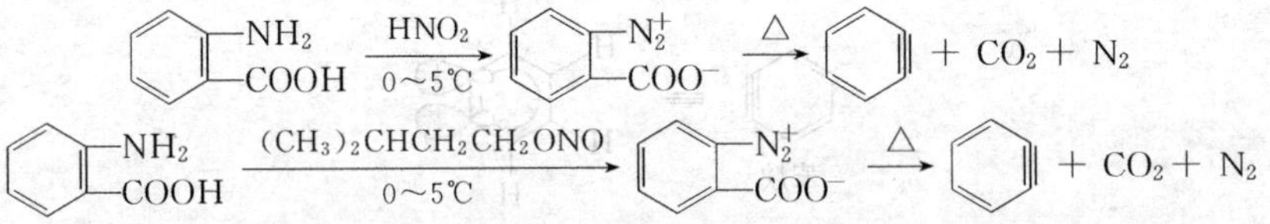

(4) 光解或热解反应产生苯炔 很多化合物可以在紫外光激发下或加热生成苯炔。例如:

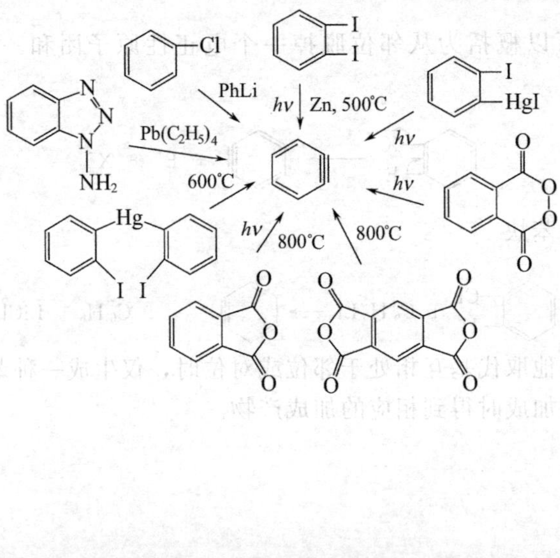

4.5.2 苯炔的反应

由于苯炔形成比较弱的"三键",导致其苯炔结构的不稳定,容易发生"三键"的破裂,恢复其芳香性。苯炔常作为一亲电试剂,发生亲核加成,但也可以发生亲电加成,此外,苯炔常常作为亲双烯体,参加 Diels-Alder [4+2] 环加成反应。

(1) 亲核加成反应 醇类、烷氧基、芳基、氨、胺、氰化物、卤素离子等易与苯炔发生亲核加成反应。对于未取代的苯炔,亲核试剂无论从三键哪一端进行加成均得到同一产物。

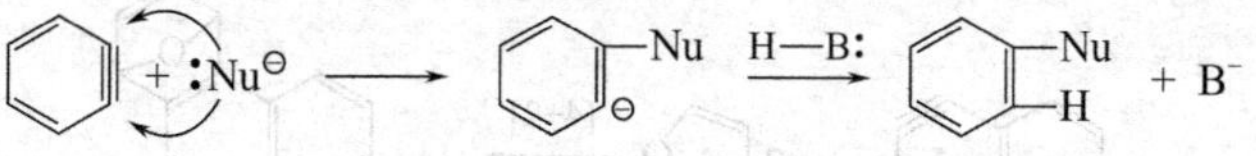

对氯甲苯在 KNH_2 作用下,发生消除反应形成苯炔,再与液氨发生加成反应形成两种加成产物。例如:

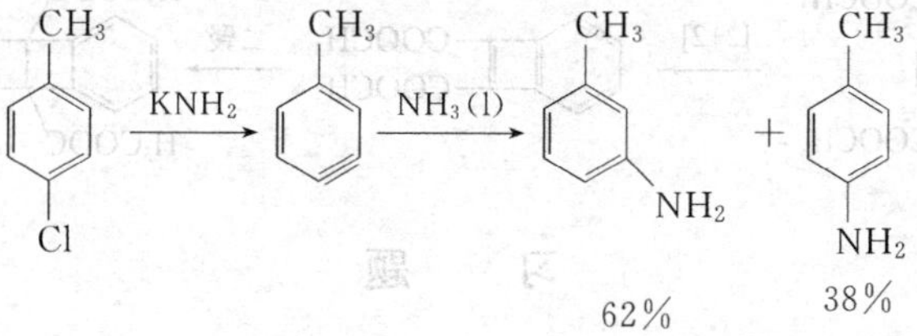

苯炔也能发生分子内的亲核加成反应,可以用来合成某些环状化合物。如:

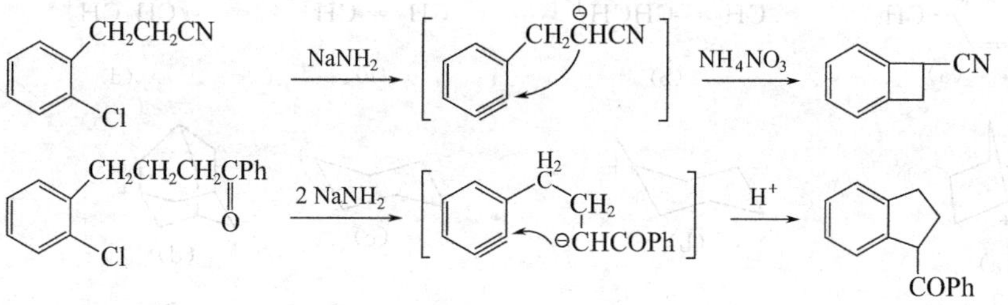

(2) 亲电加成反应 苯炔与卤素,卤化汞、三烷基硼等可以发生亲电加成反应。

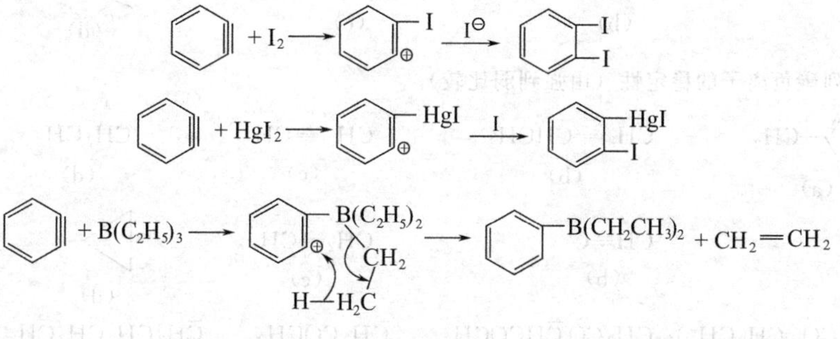

(3) 环加成反应 苯炔可以和环戊二烯、呋喃、吡咯、炔类等发生 [4+2] 环加成及 [2+2] 环加成。

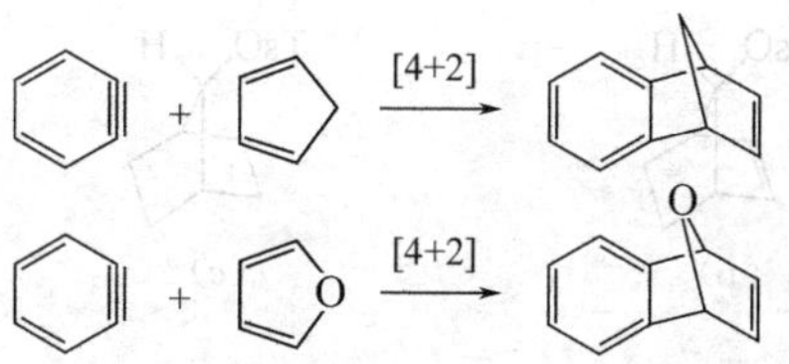

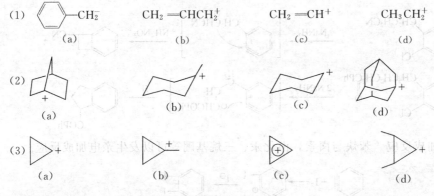

习　　题

4.1 试比较下列碳正离子的稳定性（由强到弱比较）。

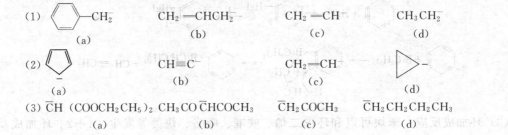

4.2 试比较下列碳负离子的稳定性（由强到弱比较）。

(1)　　PhCH$_2^-$　　　　CH$_2$=CHCH$_2^-$　　　　CH$_2$=CH$^-$　　　　CH$_3$CH$_2^-$
　　　　(a)　　　　　　　　(b)　　　　　　　　　　(c)　　　　　　　　(d)

(2) 环戊二烯负离子(a)　　CH≡C$^-$ (b)　　CH$_2$=CH$^-$ (c)　　环丙基负离子(d)

(3) $\overline{\text{CH}}$(COOCH$_2$CH$_3$)$_2$　　CH$_3$CO$\overline{\text{CH}}$COCH$_3$　　$\overline{\text{CH}}_2$COCH$_3$　　$\overline{\text{CH}}_2$CH$_2$CH$_3$
　　　　(a)　　　　　　　　　　(b)　　　　　　　　　(c)　　　　　　　(d)

4.3 试比较下列化合物在乙酸溶剂中分解速率的大小，并说明理由。

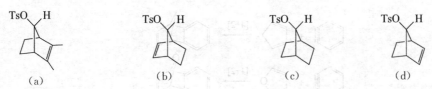

4.4 写出下列反应的主要产物。

(1) $CH_3CH=C(CH_3)_2 + HBr \longrightarrow$

(2) $C_6H_5CH=C(CH_3)_2 + DBr \xrightarrow{(PhCOO)_2}$

(3) [cyclopentene] $+ HCl \longrightarrow$

(4) [o-methyl benzoate: C₆H₄(CH₃)(COOC₂H₅)] $+ NBS \xrightarrow[CCl_4, 回流]{(PhCOO)_2}$

(5) cis-stilbene (H, C₆H₅)(C₆H₅, H) $+ CHCl_3 \xrightarrow{(CH_3)_3COK}{(CH_3)_3COH}$

(6) (H₃C, H)(H, CH₃)alkene $+ CH_2I_2 \xrightarrow{Cu(Zn)}$

(7) [benzene] $+ (CH_3)_3CCl \xrightarrow{H_2SO_4}$

(8) $(CH_3)_3CCH_2OH \xrightarrow{dil.\ H_2SO_4}$

4.5 写出下列反应机理。

(1) [1,1'-bi(cyclopentyl)-1,1'-diol] $\xrightarrow{H^+}$ [spiro ketone]

(2) [1-cyclobutyl-1-methylethylene type] $\xrightarrow{H^+}$ [1,1-dimethylcyclopentene] + [1,2-dimethylcyclopentene]

(3) [cyclohexanone] + $\begin{array}{c} CH_2COOC_2H_5 \\ | \\ CH_2COOC_2H_5 \end{array}$ $\xrightarrow[2.\ H_2O^+]{1.\ t\text{-}BuOK}$ [cyclohexylidene COOC₂H₅ / CH₂COOH]

(4) [cyclohexene*] $\xrightarrow[CCl_4]{NBS,\ h\nu}$ [3-Br-cyclohexene*] + [3-Br-cyclohexene*] + [3-Br-cyclohexene*]
  25%　　25%　　50%

(*指同位素标记的碳)

4.6 完成下列反应。

(1) [o-aminobenzoic acid: COOH, NH₂] $\xrightarrow{(?)}$ [benzyne] + [furan] $\longrightarrow ?$

(2) [o-bromobenzene: Br, H] $\xrightarrow{(?)}$ [benzyne] + [N-Boc pyrrole: N-COOC(CH₃)₃] $\longrightarrow ?$

(3) [cyclopentene] $\xrightarrow{(?)}$ [C₂H₅OOCN-bicyclic aziridine]

(4) [PhCH₂CH₂OH] $\xrightarrow{(?)} ?$ $\longrightarrow$ [phenylcyclopropane]

4.7 RO·作为引发的自由基和 HBr 反应形成 ROH 和 Br·，而不生成 ROBr 和 H·，为什么？

4.8 请解释下列现象？

(1) 环丁烯与溴在低温黑暗条件下发生反应生成一种外消旋产物，而在铂催化下与"重氢 D_2"反应却生成一种内消旋产物，请解释？

（2）为什么化合物 A 比 B 的乙酸溶剂解速率快 10^{11} 倍？请解释？

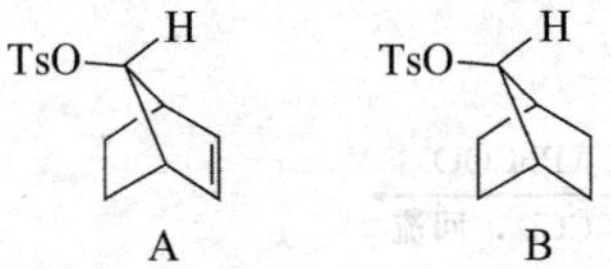

      A   B

习题参考答案

4.1 碳正离子稳定性由强到弱：
（1）(a)＞(b)＞(d)＞(c)；（2）(b)＞(c)＞(d)＞(a)；（3）(c)＞(b)＞(d)＞(a)。

4.2 碳负离子稳定性由强到弱：
（1）(a)＞(b)＞(c)＞(d)；（2）(a)＞(b)＞(c)＞(d)；（3）(b)＞(a)＞(c)＞(d)。

4.3 乙酸解速率由大到小为：(a)＞(d)＞(b)＞(c)。
原因：(a) 中烯键与离去基团（—OTs）处于反位，对—OTs 的离去形成非经典碳正离子有帮助。另外烯键有两个甲基推电子有利于稳定非经典碳正离子。(d) 中烯键与离去基团（—OTs）处于反位，对—OTs 的离去形成非经典碳正离子有帮助。(b) 中双键虽不能帮助—OTs 的离去，但仍可以生成稳定的碳正离子。(c) 中离去基团（—OTs）的离去，生成仲碳正离子。

4.4
（1）$CH_3CH_2BrC(CH_3)_2$ （2）$C_6H_5CHBrDC(CH_3)_2$

（3）环戊基-Cl   （4）邻-($COOC_2H_5$)(CH_2Br)苯

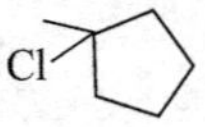

（5）顺-1,1-二氯-2,3-二苯基环丙烷   （6）顺-1,2-二甲基环丙烷

（7）$C(CH_3)_3$-苯基   （8）$(CH_3)_2C=CHCH_3$

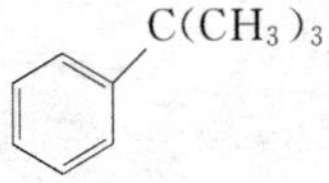

4.5
（1）环戊基二醇 $\xrightarrow{H^+}$ → $\xrightarrow{-H_2O}$ → → $\xrightarrow{-H^+}$ 螺环酮

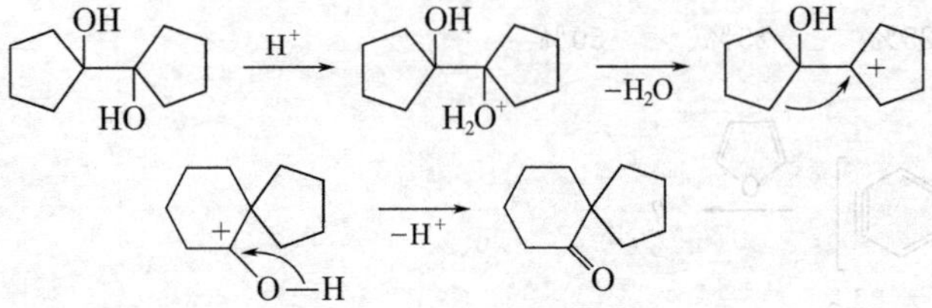

（2）亚甲基环丁烷 $\xrightarrow{H^+}$ → → $\xrightarrow{甲基迁移}$ → $\downarrow -H^+$ / $\downarrow -H^+$ → 甲基环戊烯

（3）$\underset{CH_2COOC_2H_5}{CH_2COOC_2H_5}$ $\xrightarrow{1.\ t\text{-BuOK}}$ $\underset{CH_2COOC_2H_5}{CHCOOC_2H_5}$ $\rightleftharpoons$ $\underset{CH_2COOC_2H_5}{CH=C(O^-)OC_2H_5}$

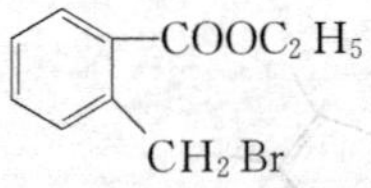

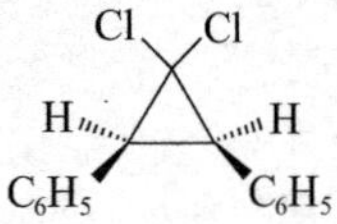

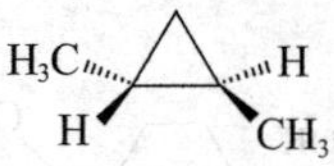

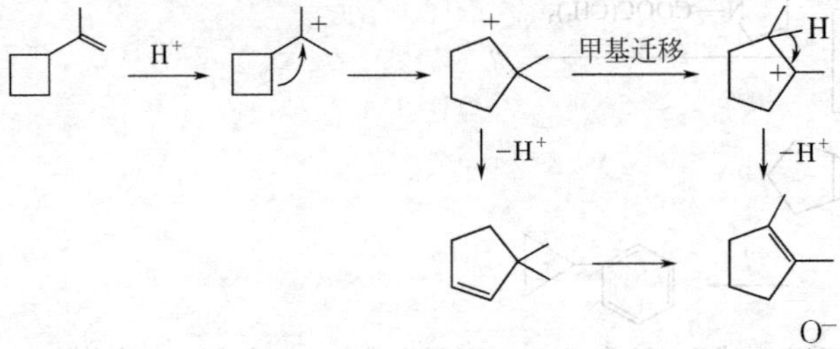

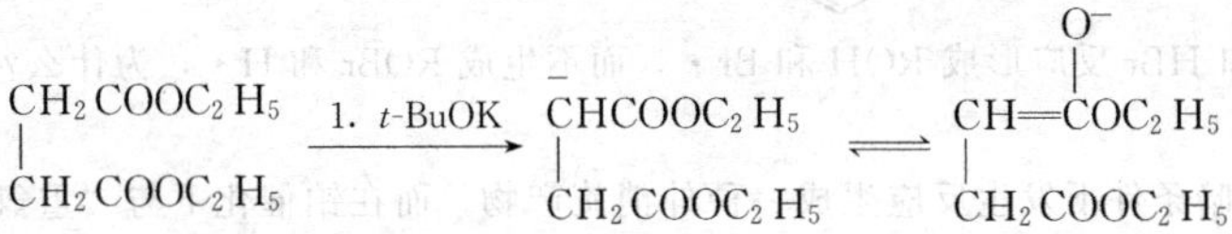

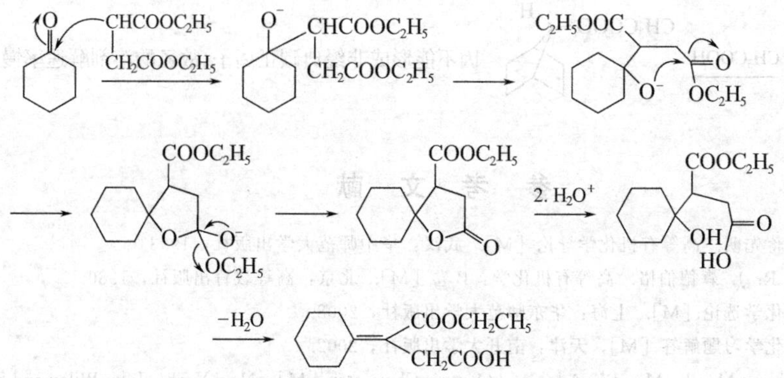

(4)

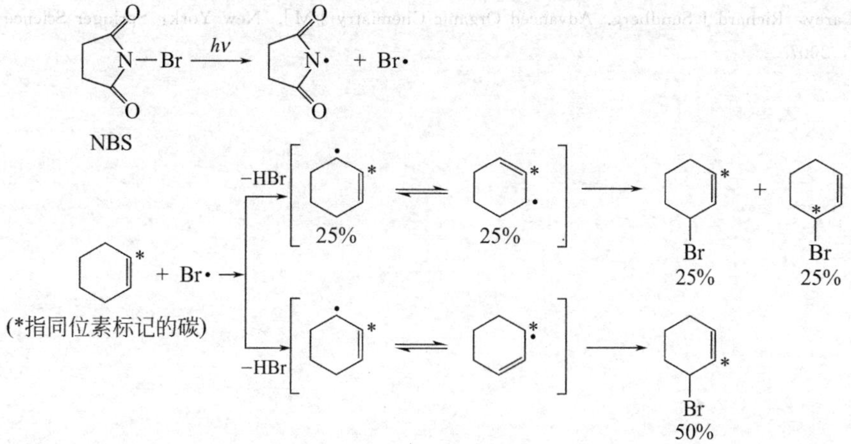

4.6

(1) $NaNO_2$, HCl; [环氧萘结构]

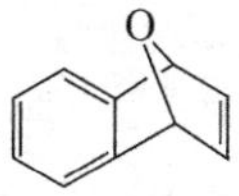

(2) $LiCH_2CH_2CH_2CH_3$; [N-COOC(CH_3)_3 取代双环结构]

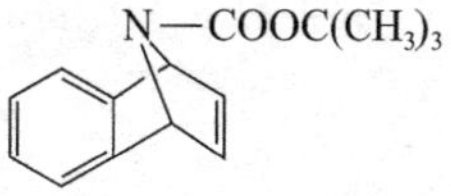

(3) $C_2H_5OOCN=\overset{+}{N}=\overset{-}{N}$

(4) H_2SO_4; [苯乙烯]; CH_2N_2, $h\nu$

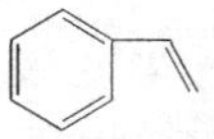

4.7 因 $Br\cdot$ 比 $H\cdot$ 稳定，故 $Br\cdot$ 较易生成。

4.8
(1) [反应机理图，生成外消旋体和内消旋体]

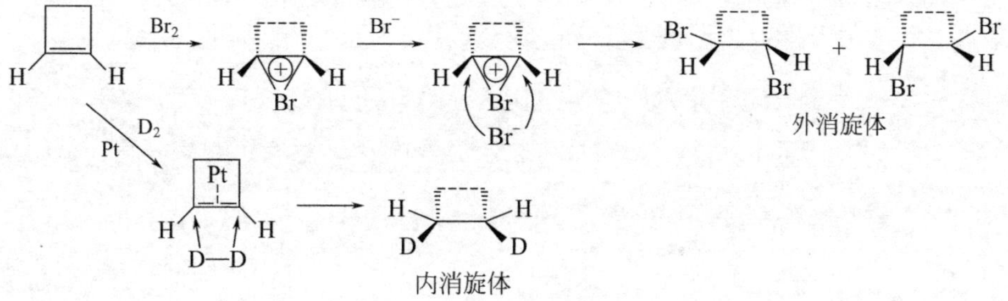

(2) [反应机理图，A 经 CH_3COOH 反应]

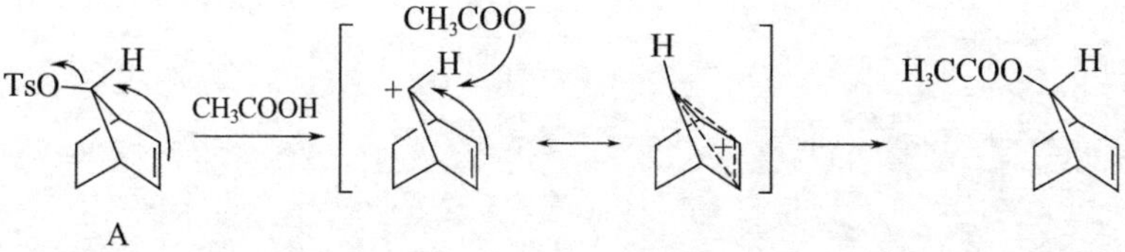

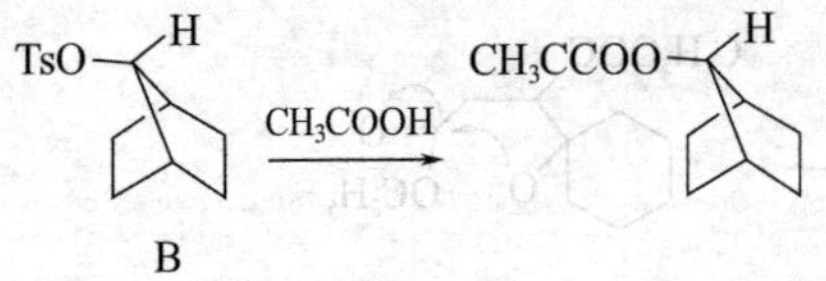

因不能形成非经典碳正离子，故乙酸溶剂解速率慢。

参考文献

[1] 汪炎刚，陈福和，蒋先明. 高等有机化学导论 [M]. 武汉：华中师范大学出版社，1993.
[2] [美] F. A. 凯里，R. J. 森德伯格. 高等有机化学：B卷 [M]. 北京：高等教育出版社，1986.
[3] 邹新琢. 高等有机化学选论 [M]. 上海：华东师范大学出版社，2008.
[4] 王永梅. 高等有机化学习题解答 [M]，天津：南开大学出版社，2002.
[5] Michael B Smith，Jerry March. March's Advanced Organic Chemistry [M]. New York：John Wiley and Sons，2001.
[6] Francis A Carey，Richard J Sundberg. Advanced Organic Chemistry [M]. New York：Springer Science+Business Media LLC，2007.

第 5 章 有机反应机理、测定方法

通常一个化学反应方程式只能表示起始和最终的状态,并不能表示这个化学反应具体所经历的过程;而反应机理(reaction mechanism,亦称反应历程)则是原料通过化学反应变成产物所经历的全过程。由于分子的振动和碰撞是在 $10^{-12} \sim 10^{-15}$ s 内完成的,目前还没有能够观察在这样短时间内分子和原子运动的手段,故只能根据反应中可观察的现象推测反应可能经历的过程。

反应机理的研究对有机化学的发展有着极其重要的意义。成功的反应机理能说明现有的实验事实,能指导科学研究与工业生产,并且具有一定的预见性。如果出现新的实验事实与反应机理不符合的情况,就需要对原有的历程进行修改、补充或用新的历程代替。

目前,反应机理都是根据实验事实间接证明推理而来的。由于反应进行的途径首先取决于分子本身的反应性能(即分子的结构),此外还取决于进攻试剂的性质及反应条件等。具体地说,是根据对产物结构、中间体、立体化学、动力学证据、同位素标记等的研究推测,而可能得到的反应机理。

5.1 有机反应的分类

有机反应数量十分庞大,可采用两种分类方法将其进行分类,如按原料与产物分类有取代反应、消去反应、加成反应、分子重排反应、氧化还原反应等反应类型。但从机理的角度划分,根据反应中化学键的破裂及形成的方式可将有机反应分为自由基反应、离子反应及分子反应三类。

5.1.1 自由基反应

通过共价键的均裂产生自由基而进行的反应。例如,丙烯在过氧化物存在下与 HBr 的加成反应:

$$RO—OR \longrightarrow 2RO \cdot$$
$$RO \cdot + H—Br \longrightarrow ROH + Br \cdot$$
$$Br \cdot + H_2C=CH—CH_3 \longrightarrow BrCH_2\dot{C}HCH_3$$
$$BrCH_2\dot{C}HCH_3 + HBr \longrightarrow BrCH_2CH_2CH_3 + Br \cdot$$
$$\vdots$$

甲烷在日光或紫外光照射下发生的取代反应,实质也是自由基反应。

$$Cl—Cl \xrightarrow{h\nu} 2Cl \cdot$$
$$Cl \cdot + H—CH_3 \longrightarrow CH_3 \cdot + HCl$$
$$CH_3 \cdot + Cl—Cl \longrightarrow CH_3Cl + Cl \cdot$$
$$H—CH_2Cl + Cl \cdot \longrightarrow \cdot CH_2Cl + HCl$$
$$\vdots$$

其实,自由基反应在光化学反应中更为普遍,如 2(5H)-呋喃酮类化合物通过单电子转移发生的 1,4-加成反应与一步多环化反应。

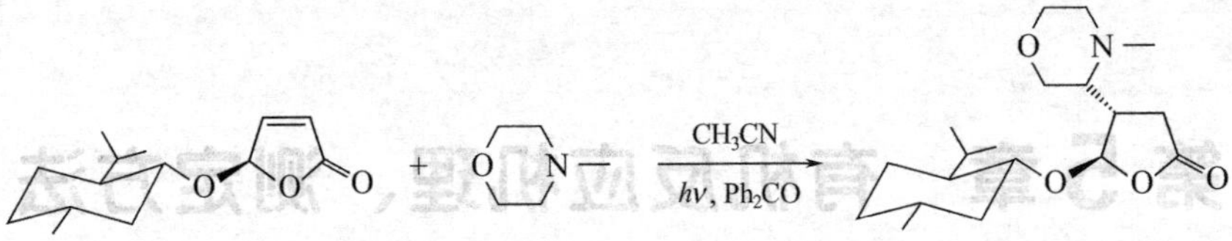

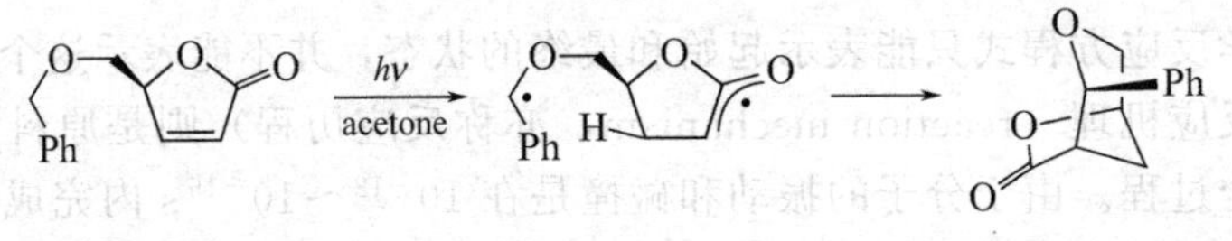

5.1.2 离子反应

通过共价键的异裂产生离子而进行的反应。例如,卤代烃的水解(属于 S_N1 反应):

$$(CH_3)_3C-Br \longrightarrow (CH_3)_3C^+ + Br^-$$
$$(CH_3)_3C^+ + H_2O \longrightarrow (CH_3)_3C-OH + H^+$$

烯烃与溴、氯的加成反应,其反应机理被证实该反应是通过溴正离子与双键的两个碳原子结合形成溴鎓离子中间体而实现的。

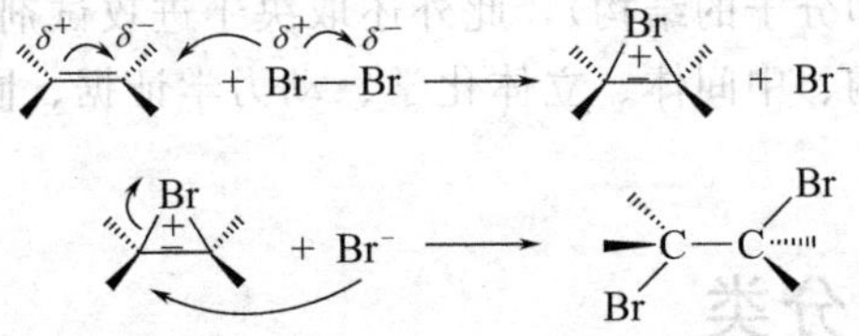

5.1.3 分子反应

按照分子历程进行的反应,即协同反应。协同反应是指反应过程中旧键的断裂与新键的生成同时进行一步完成的多中心反应。通过环状过渡态进行的协同反应称为周环反应,如 Diels-Alder 反应。

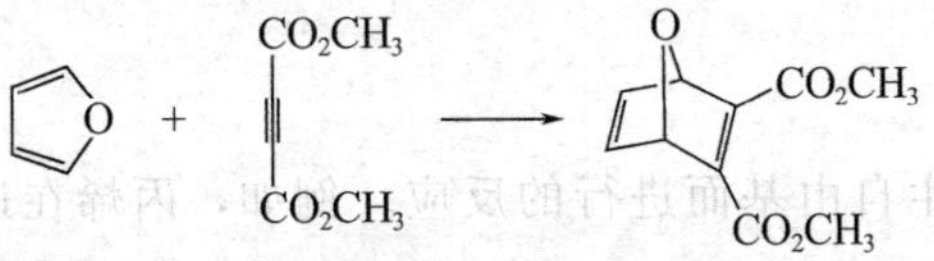

氮酸硅烷酯作为 1,3-偶极体系,可以和 5-甲氧基-2(5H)-呋喃酮进行 [3+2] 环加成反应,生成含有多种官能团的稠杂环化合物,这也是一种协同反应。

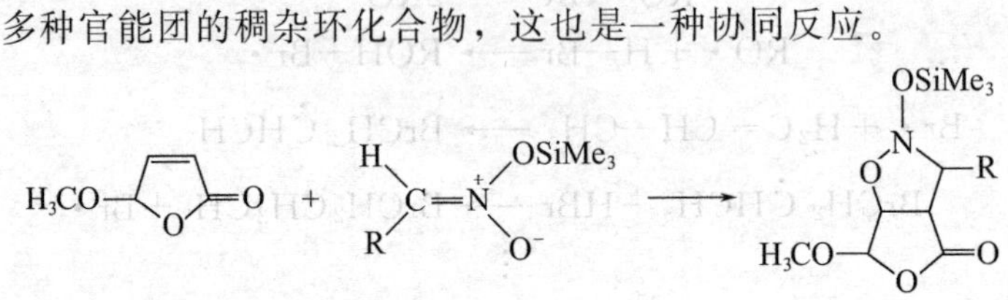

5.2 有机反应中试剂的分类

在有机反应试剂中,绝大部分是具有偶数电子的试剂(双自由基除外),这都属于离子试剂;另一部分具有奇数电子的试剂则称为自由基试剂。离子试剂又可进一步分为亲电试剂与亲核试剂。

在反应过程中接受电子或共享电子(这些电子原属于另一反应物分子)的试剂,称为亲电试剂;在反应过程中供给电子进攻反应物中带部分正电荷的原子的试剂,称为亲核试剂。

对于一个分子来讲，通常既有亲电反应中心又具有亲核反应中心，如何判断某一试剂属亲电试剂还是亲核试剂呢？

在大多数反应试剂中，其中一个反应中心的反应性能往往较大，这种较强的反应中心就决定了该分子属于亲电试剂或亲核试剂的标准。例如：Br_2、HCl 是典型的亲电试剂，HCN 与 NR_3 属典型的亲核试剂，而 H_2O 的亲电反应性能与亲核反应性能都不强。这些可进一步讨论如下：

溴分子在离子反应中可异裂为正离子和负离子：$Br:Br \longrightarrow Br^+ + Br^-$。其中，正溴离子 Br^+ 外层仅六个电子，具有较高的能量，因而具有较大的反应性能，由于溴分子中亲电中心活性较大，所以是亲电试剂。溴化氢在离子反应中异裂成 H^+ 与 Br^-，亲电中心 H^+ 比亲核中心 Br^- 活泼得多，所以 HBr 是亲电试剂。

然而，在 H—CN 分子中，异裂出的亲核中心 CN^- 具有未共享电子对，决定了 CN^- 的能量和反应性能都比亲电中心 H^+ 大，所以 HCN 属于亲核试剂。在 R_3N 的分子中，由于 N 具有一对自由电子，使之具有进攻反应物中正性原子的强烈倾向，故也属于亲核试剂。

有些试剂随着反应条件和与之相互作用的物质的性质不同，既可以作为亲电试剂也可以作为亲核试剂，例如水、氨就是这样一类试剂。水分子（H^+OH^-）中，其亲电中心与亲核中心的反应性能都不强，所以水参加亲电反应（如亲电加成）需要催化剂；参加亲核反应（如亲核加成）的活性也很差。常见的亲电试剂与亲核试剂如表 5-1 所示。

表 5-1 常见的亲电试剂与亲核试剂

亲电试剂	正离子	H^+ H_3O^+ $^+NO_2$ ^+NO ArN_2^+ R_3C^+ R_4N^+
	正离子型物质	CH_3X $(CH_3)_2SO_4$ RCHO R_2CO RCOOR RCN
	酸类	HCl HBr H_2SO_4 HSO_4^- $AlCl_3$ BF_3
	氧化剂	O_2 Cl_2 Br_2 HOCl HNO_3 O_3 SO_3 H_2O_2
亲核试剂	负离子	H^- HO^- RO^- RS^- CN^- $RCOO^-$ S^{2-} NH_2^-
	负离子型物质	$RC\equiv CH$ RMgX RLi $MCH(COOEt)_2$
	碱类	NH_3 RNH_2 R_2NH R_3N
	还原剂	Na Fe^{2+} $Fe(CN)_6^{4-}$ SO_2 S

5.3 反应方向与速率理论

5.3.1 反应的能学原理

讨论一个化学反应，首要的问题是要弄清这一反应将向产物方面进行到怎样的程度，即反应的可能性情况如何？由于一般反应体系都有一种转移到最稳定状态的趋势，因此产物比起始物愈稳定，则平衡愈偏向于产物一边，该反应进行的程度就愈高。

从热力学第二定律知道，世界上的物质都有一种由有序系统变成无序系统的倾向。一个系统无序程度的量度由熵（S）来表示，熵值愈高表示无序程度愈高。一个系统为了寻求最稳定的状态，总是趋向于处于最低的能量，而能量实际用焓值表示。所以一个系统总是趋向于最低的焓值和最高的熵。

化学热力学告诉我们，可以通过焓变、熵变和自由能的变化来计算和预测该反应到达平衡时的方向和深度。

反应的自由能变化的关系式为：

$$\Delta G = \Delta H - T\Delta S$$

通过反应自由能值的变化，可以计算反应的平衡常数：

$$\Delta G = -RT\ln K \text{（或 } \Delta G = -2.303RT\lg K\text{）}$$

从 ΔG 可以大致知道平衡常数 K 值的大小，一个正的 ΔG，其 K 值很小，说明反应不利于生成物的方向；一个负的 ΔG 可以得出一个大的 K 值，说明反应有利于向生成物转变。例如，在标准状况下 $\Delta G=0$，则 $K=1$，这相当于 50% 的起始物转变为产物。

当 ΔG 为 $-42\text{kJ} \cdot \text{mol}^{-1}$ 时，$K \approx 10^7$，说明反应物基本上都转化成了产物。很显然，ΔG 愈负，平衡常数愈大，反应愈有利于向生成物转变。为了使平衡偏向有利于产物的一边，必须使 ΔG 为负值。下面分两种情况来讨论。

① 如果反应从起始物转变成产物增加了分子数目，如 $A \rightleftharpoons B+C$ 此时体系的熵值增加（$-T\Delta S$ 为负值）。假若反应是放热反应（ΔH 为负值），则 ΔG 一定为负值；若反应是吸热反应（ΔH 为正值），则 $T\Delta S$ 一项的绝对值必须大到超过 ΔH 时，才能使 ΔG 为负值。

② 当起始物转变成产物分子数目减少或排列变得有序，则体系熵值减少（ΔS 为负，$T\Delta S$ 必为正值），如通常的聚合反应与环化反应就是如此。此时除非反应放热很大（ΔH 为负值，而且绝对值应大于 $-T\Delta S$），才足以抵消熵值减少的影响。若 ΔG 为正值，平衡会显著地偏向反应物一边，反应难以进行。

例如，乙烯类单体的聚合反应，双键打开变成单键，是放热反应，$\Delta H = -95.83\text{kJ} \cdot \text{mol}^{-1}$，而其熵值变化为 $104.37 \sim 125\text{kJ} \cdot \text{mol}^{-1}$，若温度为 340K，$T\Delta S$ 则为 $35.5 \sim 42.5 \text{kJ} \cdot \text{mol}^{-1}$，这就是说，理论上，烯类单体的聚合 ΔH 的绝对值必须大于 $35.5 \sim 42.5\text{kJ} \cdot \text{mol}^{-1}$（$\Delta H$ 比 $-35.5\text{kJ} \cdot \text{mol}^{-1}$ 还要负），否则反应就不能发生。

5.3.2　化学反应动力学

化学反应动力学的基本任务是，研究化学反应速率及各种反应条件（温度、压力、浓度、介质、催化剂等）对反应速率的影响。动力学的研究可以帮助人们揭示化学反应的历程，从而能够选择最适宜的反应条件，控制反应向所需要的方向进行。

5.3.2.1　反应速率

反应速率是指单位时间内反应物浓度或生成物浓度的变化。表示反应速率和浓度等参数之间关系的方程式，称为化学反应的速率方程式或动力学方程式。

一般的化学反应是由一系列简单的反应步骤，按特定的顺序组成，每个简单步骤即为基元反应。也可以说，在基元反应中，反应物分子在碰撞中一步直接转化为生成物分子。对于基元反应，可以直接用质量作用定律写出化学反应速率方程式。

例如，对反应 $a\text{A} + b\text{B} \longrightarrow c\text{C} + d\text{D}$，假定此反应为基元反应，则其化学反应速率方程式为：$v = kc_A^a c_B^b$（其中，k 为反应速率常数；c_A、c_B 分别为 A 和 B 的浓度）。

但实际上，大多数有机反应是多步骤的，为非基元反应（或称复杂反应），即是由若干个基元反应组成，这些基元反应就代表了该复杂反应所经过的途径，也就是反应机理。对非基元反应，不能用质量作用定律写出动力学方程式。

5.3.2.2　反应级数

在一定的温度下，反应速率与反应物的浓度有关，反应级数则表示反应速率与反应物浓度之间的方次。对于绝大部分反应适合下列速率方程式：

$$v = -\frac{dc_A}{dt} = kc_A^m c_B^n c_C^p \cdots$$

式中，k 为反应速率常数；c_A、c_B、c_C 为浓度；指数由实验测得，表明每一个反应物的反应级数，指数的总和则代表全部反应的级数。反应级数有一级、二级、三级、分数级和零级数等。例如，对下面的 $S_N 2$ 反应：

$$CH_3Br + OH^- \longrightarrow CH_3OH + Br^-$$

$$v = \frac{-dc_{CH_3Br}}{dt} = kc_{CH_3OH}c_{OH^-}$$

故此反应为二级反应，对 CH_3Br 与 OH^- 各为一级反应。

又如，在 2-甲基-1-丁烯与氯化氢的加成反应中，$v = kc_{烯烃}c_{HCl}^2$。这表明，反应速率对烯烃为一级，对氯化氢为二级，整个反应表现为三级反应。

对于分为两步或更多步的复杂反应，可以将其分为两大类，分别讨论其反应速率。例如，对反应：

$$A + 2B \longrightarrow C$$

假定其分为两步：

① $A + B \longrightarrow I(中间体)$

② $I + B \longrightarrow C$

这里分两种情况：

第一种情况，设第一步比第二步的反应速率慢得多，即第一步为反应速率决定步骤，此时该反应表现为二级反应。

$$v = \frac{-dc_A}{dt} = kc_A c_B \tag{5-1}$$

第二种情况，当第一步不是反应速率决定步骤，则反应速率的确定比较复杂，此时反应机理可写成：

$$A + B \xrightarrow{k_1} I$$

$$I + B \xrightarrow{k_2} C$$

假定第一步反应速率比第二步快，达平衡后，然后慢反应得到 C，则 A 的消失速率为：

$$\frac{-dc_A}{dt} = k_1 c_A c_B - k_{-1} c_I \tag{5-2}$$

中间体 I 的浓度不好测定，但中间体的形成和消失的联合反应速率为：

$$\frac{dc_I}{dt} = k_1 c_A c_B - k_{-1} c_I - k_2 c_I c_B \tag{5-3}$$

假定中间体 I 的浓度不随时间改变，即中间体转变为 C 或者逆反应又形成 A+B 的速率和中间体 I 生成的速率一样。令

$$\frac{dc_I}{dt} = 0$$

由式（5-3）则

$$c_I = \frac{k_1 c_A c_B}{k_2 c_B + k_{-1}} \tag{5-4}$$

将 I 之值代入式（5-2）中得

$$\frac{-dc_A}{dt} = \frac{k_1 k_2 c_A c_B^2}{k_2 c_B + k_{-1}}$$

根据假定，$k_1 c_A c_B \gg k_2 c_I c_B$。而第一步为平衡反应，$k_1 c_A c_B = k_{-1} c_I$。所以，$k_{-1}[I] \gg k_2 c_I c_B$。消去 c_I，则 $k_{-1} \gg k_2 c_B$。于是，可忽略 $k_2 c_B$，则得：

$$\frac{-dc_A}{dt} = \frac{k_1 k_2}{k_{-1}} c_A c_B^2$$

这样证明了整个反应为三级反应。

如果第一步反应为反应速率决定步骤，则有 $k_2c_1c_B \gg k_{-1}c_I$，即 $k_2c_B \gg k_{-1}$，故反应速率如第一种情况所述：

$$\frac{-dc_A}{dt} = k_1 c_A c_B$$

5.3.2.3 反应的分子数

反应的分子数是指引起反应所需要的最少分子数目。根据反应的分子数可将化学反应分成单分子反应、双分子反应及三分子反应。常见的仅只是单分子反应与双分子反应。反应的分子数与反应级数有时一致，但很多情况下并不一致。

反应分子数只能用于一个基元反应，反应级数既适用于基元反应，也适用于多步反应。反应分子数实际上揭示了各种反应（包括一步和多步反应）的反应机理，而反应级数仅仅只决定于反应机理中速率最慢的一步反应的浓度关系。

在一步反应中，反应级数与反应分子数一致。在多步反应中，每一步的反应级数与反应分子数也一致。但对整个反应而言，不能用反应分子数概念，反应级数与反应分子数不一定一致。因为化学反应常常具有复杂的反应机理，一个总反应可能包含若干个基元反应，即分成若干步进行。而通常的反应方程式并不反映真实机理，只能表示反应起始及最终状态的总结果，所以反应级数与反应分子数不一定一致，与反应方程式中反应物的系数也不一定一致。

例如，蔗糖的水解反应：

$$C_{12}H_{22}O_{11} + H_2O \longrightarrow \underset{\text{葡萄糖}}{C_6H_{12}O_6} + \underset{\text{果糖}}{C_6H_{12}O_6}$$

由于水大量，其浓度可视作不变，使这一双分子反应表现为一级反应。

三级卤代烷的溶剂解（如水解），也是由于溶剂的浓度几乎不变而呈现一级反应。一级卤代烷的碱解，则是双分子反应（S_N2），也是二级反应，如：

$$CH_3Br + OH^- \longrightarrow CH_3OH + Br^-$$

下面再专门讨论在 S_N1 反应中，反应级数与反应分子数的情况。例如：

$$RL + Nu^- \longrightarrow RNu + L^-$$

$$RL \underset{k_{-1}}{\overset{k_1}{\rightleftharpoons}} R^+ + L^-$$

$$R^+ + Nu^- \xrightarrow{k_2} RNu$$

这里，Nu^- = 亲核试剂，L = 离去基

其中，第一步为单分子反应，生成碳正离子的速率为 $k_1 c_{RL}$，通过逆反应使一部分碳正离子转变成原料的速率为 $k_{-1} c_{R^+} c_{L^-}$；碳正离子与亲核试剂作用生成产物的速率为 $k_2 c_{R^+} c_{Nu^-}$。于是可知，变成产物的碳正离子在生成的碳正离子中所占的比例为：

$$\frac{k_2 c_{R^+} c_{Nu^-}}{k_{-1} c_{R^+} c_{L^-} + k_2 c_{R^+} c_{Nu^-}}$$

因此，最后产物生成的速率等于碳正离子生成的速率乘以上述比值，即：

$$\text{反应速率} = k_1 c_{RL} \times \frac{k_2 c_{R^+} c_{Nu^-}}{k_{-1} c_{R^+} c_{L^-} + k_2 c_{R^+} c_{Nu^-}}$$

如果碳正离子变成最后产物的速率，比它通过逆反应变成原料的速率大得多，即有：

$$k_2 c_{R^+} c_{Nu^-} \gg k_{-1} c_{R^+} c_{L^-}$$

则比值分母中第一项可忽略不计，此时必然有：
$$反应速率 = k_1 c_{RL}$$

即反应级数仅仅与决定反应速率的步骤的分子数一致，与总方程式中表示的系数关系不一定一致。

5.3.3 过渡状态理论

5.3.3.1 反应速率理论的分类

关于反应速率理论目前主要有两种：即碰撞理论和过渡状态理论。

碰撞理论反应速率的表示式为 $v = PZe^{-\frac{E}{RT}}$，即反应速率等于概率因子与碰撞频率和能量因子的连乘积。将此反应速率公式与 Arrhenius 提出的速率方程式 $K = Ae^{-\frac{E}{RT}}$ 相比，可以看出频率因数 A 相当于 PZ。

由于碰撞理论把反应看做是分子的简单碰撞，与实际情况有较大出入，并且概率因子 P 很难计算，给讨论反应速率带来不便，再碰撞理论多用于气相反应，而有机反应一般较复杂，且多为液相反应，所以在研究有机反应中，碰撞理论现在被应用得很少，而过渡状态理论目前应用较为普通。

5.3.3.2 过渡状态理论

过渡状态理论弥补了碰撞理论的某些不足，它认为化学反应不只是通过分子间简单碰撞就能完成，而是反应物分子在相互接近的过程中，先变成活化配合物，或者说反应物到产物之间要经过一个中间过渡状态。因此，过渡状态理论也称为活化配合物理论。其可用示意式表示为：

$$X-Y+Z \rightarrow [X \cdots Y \cdots Z] \rightarrow X+Y-Z$$
$$\text{反应物} \qquad \text{过渡状态} \qquad \text{产物}$$

过渡状态理论有两个基本假定：①反应物相互结合时需要通过比起始和终了状态较高的位能，具有较高位能的状态，称为过渡态，这里意味着反应物原子结合成一种活化配合物。②当反应导致几种产物时，每一产物是从不同过渡态过来的，主要产物则对应着位能最低的过渡态。

在能量曲线图上的最高点即为过渡态。对于一步反应，只有一个过渡态。对于二步反应，则有两个过渡态。如果过渡态 T_1 的位能比过渡态 T_2 的位能高，就意味着第一步反应所需要活化能大，所以第一步反应是速度控制步骤。二步反应中两个过渡态之间的能量最低点状态的物质，就是反应的中间体。

根据过渡态理论，自然就引出了微观可逆性原理，即在相同条件下正反应和逆反应所经过的途径相同。根据正反应研究推出的过渡态与中间体的情况，可以用于讨论在同样条件下的逆反应。

5.3.4 Hammond 假设

由于过渡态的能量对于决定反应速率起着关键性的作用，所以有关过渡态的信息对了解反应机理具有十分重要的意义。但过渡态不同于中间体，中间体（包括活性中间体）是真实存在的，可以被测定；而过渡态目前还只是一种假设，不能直接测定。

汉蒙特（Hammond）曾经把过渡态结构、中间体、反应物以及产物关联起来讨论，提出了汉蒙特假设。汉蒙特认为：分子的能量改变小，它在结构上的改变也小，因此，过渡态的结构应当同能量相近的分子（反应物或产物）近似。

在放热反应中，过渡态的能量与反应物接近，其结构应该与反应物近似；而在吸热反应中，过渡态的能量及结构则与产物近似。或者可以说，放热反应有一个类似于反应物的早期到达的过渡态，而吸热反应有一个类似于产物的晚期到达的过渡态。

5.3.5 动力学同位素效应

5.3.5.1 同位素效应的含义

在探讨反应机理中最有效的研究手段之一是动力学同位素效应，或简称同位素效应，其实质是一个原子被它的同位素原子取代后引起的动力学反应速率差异的一种效应。在理论上，很多元素的同位素都可以用于动力学同位素效应，但实际上采用的是氢的同位素氘（D）和氚（T）（氚极少采用）。因氢和氘在质量上的差别是同位素中（T除外）最大的一个，所以它的同位素效应是除 H—T 以外所有的同位素效应中最大的一个，而且最容易测量，故在研究反应机理中常采用的是重氢同位素效应。

同位素效应是由于键的零点振动能不同而引起的，零点振动能又称为基态振动能，与所含原子的质量有关。由于 H 与 D 质量上的差别，C—H 键的零点振动能约为 $17.4 kJ \cdot mol^{-1}$，C—D 键的为 $12.5 kJ \cdot mol^{-1}$，因此 C—H 键断裂所需要的活化能要低，故 C—H 键的反应速率比 C—D 键的反应速率大，于是在反应中就可能出现动力学同位素效应。

动力学同位素效应的表示式为：

$$动力学同位素效应 = K_H/K_D$$

只有在决定反应速率的步骤中或对反应速率有较大影响的步骤中，才能观察到显著的同位素效应。反过来，同位素效应的大小，反映了决定反应速率步骤中是否有 C—H 键的断裂及 C—H 键断裂的程度。

动力学同位素效应通常分为两种：①一级同位素效应（primary isotope effect）；②二级同位素效应（secondary isotope effect）。

5.3.5.2 一级同位素效应

在决定速率步骤中，与同位素直接相连的键发生了断裂的反应中所观察到的同位素效应，其 K_H/K_D 通常在 2 或更高。

在绝大多数的芳香亲电取代反应中，其 $K_H/K_D \approx 1$，几乎观测不出动力学同位素效应，说明在这类反应中，其速度决定步骤中没有 C—H 键的断裂。例如，苯环的硝化反应就是如此，其观测到的 $K_H/K_D \approx 1$，这说明在芳环上的亲电取代反应中，决定速度的步骤中没有 C—H 键的断裂，而且 C—H 键的断裂不会发生在亲电试剂进攻之前。

在下面的芳溴分子间的 C—H 活化反应中，能观测到很强的同位素效应（$K_H/K_D = 4.25$）。这说明，该反应在决定反应速率的步骤中，不仅涉及 C—H 键的断裂，而且在过渡态中 C—H 键的断裂比较彻底。

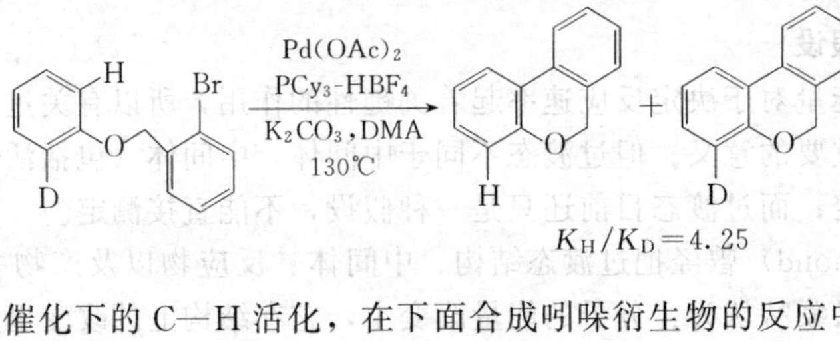

$$\text{芳溴} \xrightarrow[\substack{PCy_3-HBF_4 \\ K_2CO_3, DMA \\ 130℃}]{Pd(OAc)_2} \text{产物}$$

$$K_H/K_D = 4.25$$

但是，同样钯催化下的 C—H 活化，在下面合成吲哚衍生物的反应中，却没有明显的同位素效应，则说明在这类反应中，其速度决定步骤也没有涉及 C—H 键的断裂。

值得注意的是，在有些芳环的亲电取代反应中，可观察到较小的同位素效应，其 $K_H/K_D=1\sim3$。研究发现，这种同位素效应是由于芳烃正离子历程中第一步的可逆性以及由此引起的分配效应所产生的。因为该芳烃正离子的历程可简写成：

$$Ar\text{-}H + Y^+ \underset{k_{-1}}{\overset{k_1}{\rightleftharpoons}} Ar\overset{H}{\underset{Y}{\overset{+}{\diagup}}}$$

$$Ar\overset{H}{\underset{Y}{\overset{+}{\diagup}}} \xrightarrow{k_2} Ar\text{-}Y + H^+$$

如果 $k_2 \approx k_{-1}$ 或者 $k_2 < k_{-1}$，此时 C—H 键的断裂对反应有较大的影响。若用 D 换 H，如果 $ArDY^+$ 的 k_2 比 $ArHY^+$ 的 k_2 小，但 k_{-1} 相同，则较大部分的 $ArDY^+$ 会返回到原来的作用物，即 $ArDY^+$ 的 k_2/k_{-1}（分配因素）比 $ArHY^+$ 的分配因素小，因而 ArD 的反应比 ArH 的慢，于是就观测到一定的同位素效应。

另外，要注意 H—D 同位素效应是温度的函数，在不同的温度下，其 K_H/K_D 值是不同的。

5.3.5.3 二级同位素效应

在反应中不直接参与反应，由于所连接的碳原子上杂化状态的改变或键的减弱，可以观测到二级同位素效应。二级同位素效应数值较小，而且一般仅仅只有氢的二级同位素效应可以测定。二级同位素效应可以大于 1，也可以小于 1，K_H/K_D 通常为 $0.7\sim1.5$ 左右。

随着氢原子的位置不同，二级同位素效应又分为 α 二级同位素效应与 β 二级同位素效应。α 二级同位素效应指的是氢原子与发生键断裂的原子连接在同一碳原子上的二级同位素效应；再隔一个碳原子上的 β-氢，则可以产生 β 二级同位素效应。

氢的 α 二级同位素效应是由于基态转变为过渡态时碳原子杂化状态发生变化而产生的。由于 C—H 键的振幅比 C—D 键大，如果基态的 sp^3 杂化碳原子在过渡态中转变为 sp^2 杂化碳原子，则与该碳原子相连的氢在 C—H 键弯曲时，受到的阻力将会减小，结果产生正的 α 二级同位素效应（$K_H/K_D>1$）。例如，对甲基氯化苄，按 S_N1 历程进行水解，其 $K_H/K_D=1.30$。

实际上，按 S_N1 历程进行的亲核取代反应中，由于有 sp^2 杂化的碳正离子生成，故 α 二级同位素效应大于 1，一般为 $1.08\sim1.30$；而 S_N2 反应中，α 二级同位素效应为 $0.95\sim1.06$。因此，可以利用 α 二级同位素效应区别 S_N1 与 S_N2 反应。

当碳原子由基态的 sp^2 杂化转变至过渡态的 sp^3 杂化时，则发生相反的情况，C—H 键弯曲受到的阻力将会增加，观测到的 α 二级同位素效应则小于 1。例如，对甲氧基苯甲醛与 HCN 加成生成腈醇，其 α 二级同位素效应为 0.73。

5.4 研究有机反应机理的一般方法

研究有机反应机理的方法很多，一般用一种方法往往是不够的，而需要几种方法从不同的方面来证明。

5.4.1 产物的鉴定

一个正确的反应机理，必须说明所得到的生成物（包括产物与副产物）及它们的相对比例。如果某一个反应机理没有这种预见性，则该历程就是一个不正确的反应机理。

例如，下列反应中，前一反应产物为醇，为亲核取代反应历程；后一反应产物得到烯，为消除反应历程。

$$(CH_3)_3C-Br + H_2O \longrightarrow (CH_3)_3C-OH + HBr$$

$$(CH_3)_3C-Br + NaOH \xrightarrow{EtOH} H_3C-\underset{CH_3}{\underset{|}{C}}=CH_2 + NaBr + H_2O$$

又如，在光照下的甲苯氯化反应是自由基取代反应历程，而甲苯在 $AlCl_3$ 作用的取代反应为亲电取代反应历程。

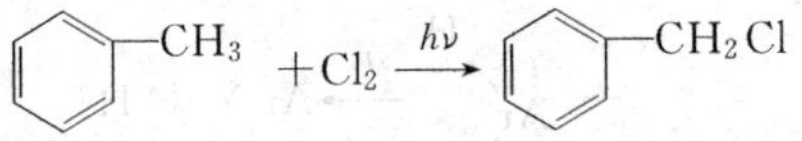

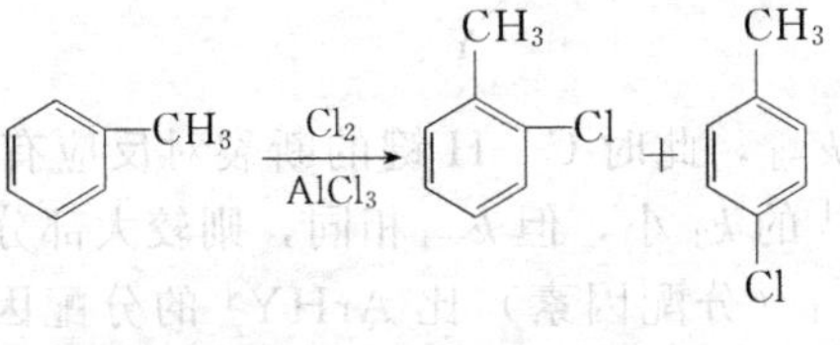

$$C_6H_5CH_3 + Cl_2 \xrightarrow{h\nu} C_6H_5CH_2Cl$$

$$C_6H_5CH_3 + Cl_2 \xrightarrow{AlCl_3} \text{邻-氯甲苯} + \text{对-氯甲苯}$$

5.4.2 中间体存在的确定

中间体存在的确定，对于深入研究有机反应机理也至关重要。一般而言，可通过对中间体的离析、中间体的检测和中间体的捕集等方法确定中间体的存在。

5.4.2.1 中间体的离析

在某些情况下，如在相当低的温度下，或用其他的方法控制反应条件，使反应不能按正常情况下进行到形成产物的阶段，从而离析出中间体。

例如，在下面的霍夫曼重排反应中离析出了中间体 RCONHBr，说明这一重排反应过程中经过这一中间体。但由于重排最后产物也可以由其他途径生成，故光凭离析出的中间体还不能下最后结论，必须用其他方法作进一步证明。

$$R-\underset{\underset{O}{\|}}{C}-NH_2 + NaOBr \longrightarrow R-NH_2$$

通常一些活性中间体由于太活泼，存在时间极短，很难分离。但是，某些活性中间体可以在特殊实验条件下分离出。例如，下面反应中的碳正离子中间体（σ配合物），在 $-80℃$ 可分离出。

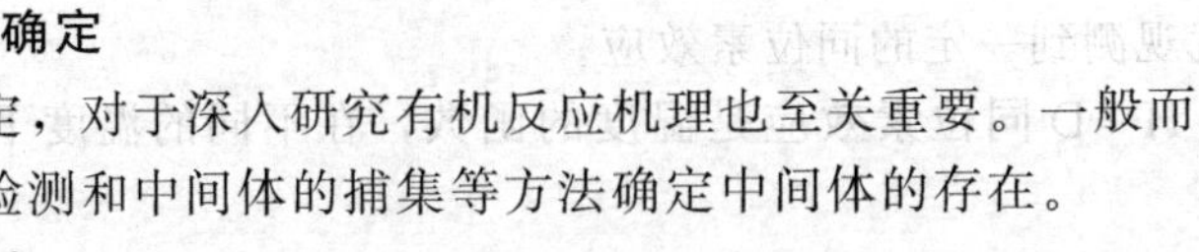

$$1,3,5\text{-三甲苯} + C_2H_5F \xrightarrow[-80℃]{BF_3} \text{σ配合物} \quad BF_4^-$$

5.4.2.2 中间体的检出

在多数情况下活性中间体不能离析出，但可以利用红外光谱、核磁共振谱、质谱、拉曼光谱、气相色谱、顺磁共振谱等现代物理测试方法检出中间体的存在。

例如，芳烃硝化反应中进攻试剂硝酰正离子 NO_2^+ 可由拉曼（Raman）光谱检出，而下面的 σ 配合物可以用核磁共振谱检出。

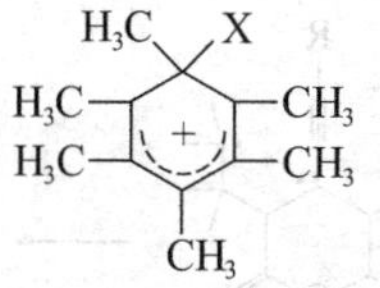

又如，在过渡金属钯催化下苯胺和炔酸酯进行C—H活化反应，下面的中间体就是利用气相色谱进行检测的。

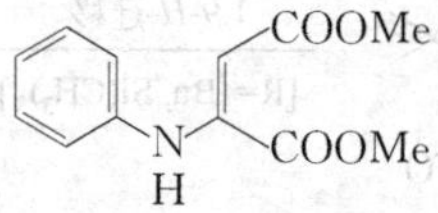

如果在反应中产生自由基中间体，可利用顺磁共振谱来检出。

5.4.2.3 中间体的捕获

可用某化学方法捕获反应中生成的中间体，如加入某一物质与中间体结合生成一个新的化合物，通过鉴定这一新化合物即可确定中间体的存在。例如，碘苯与氨基钠作用生成的中间体苯炔，可用二烯类化合物进行捕捉，使之得到 Diels-Alder 反应加成产物。如：

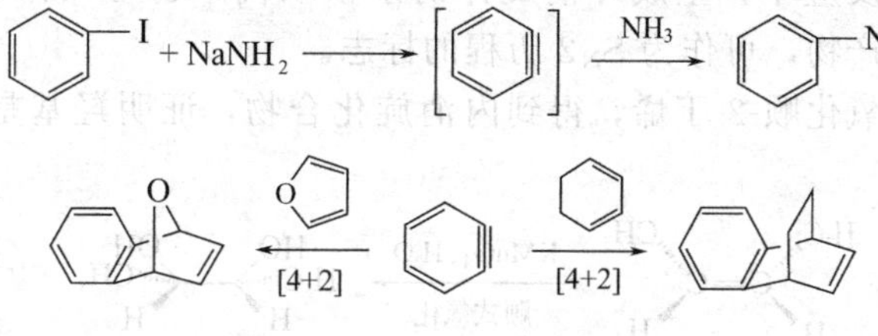

5.4.3 同位素标记

同位素标记法在研究反应机理中能提供非常重要的信息，用同位素标记的化合物做原料，反应后测定产物中同位素的分布，往往可得出比较明确的结论。

例如，将酯在含有重氧水（$H_2^{18}O$）中进行水解，发现生成的羧酸含有^{18}O；而将用同位素标记的酯水解，得到的产物醇中含有^{18}O，这都证明了酯的水解是酰氧键断裂机理。

$$R-\overset{O}{\underset{\|}{C}}-OR' + H_2^{18}O \xrightarrow{OH^-} R-\overset{O}{\underset{\|}{C}}-^{18}OH + R'OH$$

$$R-\overset{O}{\underset{\|}{C}}-^{18}OR' + H_2O \xrightarrow{OH^-} R-\overset{O}{\underset{\|}{C}}-OH + R'^{18}OH$$

同样，利用同位素标记的$^{11}CH_3I$与苯乙炔、叠氮化钠的"一锅法"反应合成三唑化合物的反应研究表明，反应实质是首先原位形成$^{11}CH_3N_3$再在亚铜的催化下发生 Click 反应。

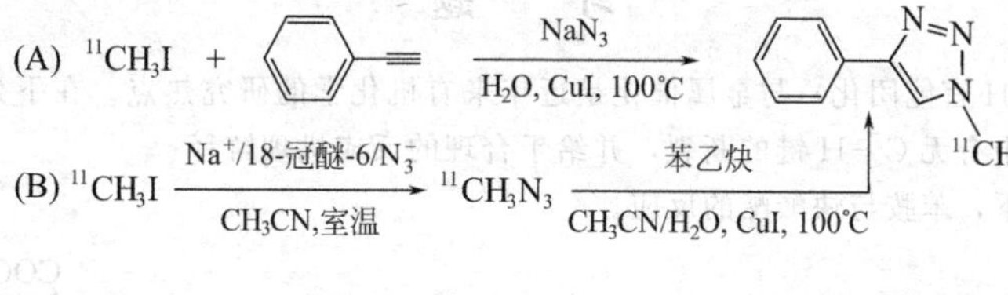

(A) $^{11}CH_3I$ + 苯乙炔 $\xrightarrow[H_2O, CuI, 100℃]{NaN_3}$ 三唑产物

(B) $^{11}CH_3I \xrightarrow[CH_3CN,室温]{Na^+/18-冠醚-6/N_3^-} {}^{11}CH_3N_3 \xrightarrow[CH_3CN/H_2O, CuI, 100℃]{苯乙炔}$

5.4.4 催化剂的研究

通过催化剂的研究也可以预示反应机理。例如，反应能被光或过氧化物催化，则为自由基反应机理。香豆素类化合物与烯烃在光照的条件下形成双自由基，经过1,5-环化作用形成中间体卡宾后，再与苯环发生分子内插入反应，最后经过 H 迁移而形成了四环化合物。

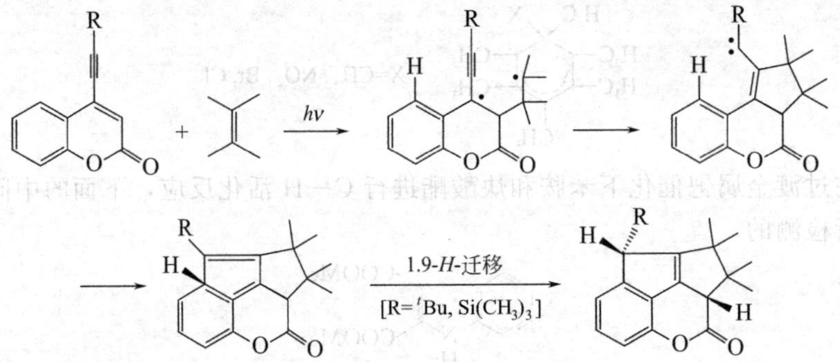

[反应式图示]

反应若能被碱催化,则可能是通过生成负离子中间体的历程。类似地,某一反应能被酸催化,可能是通过形成正离子中间体的历程。

5.4.5 立体化学的研究

立体化学的证据也是判断反应机理的一个重要方法,通过产物中的不同立体异构体的存在,提供了反应机理的有关线索。

例如,在亲核取代反应中,生成外消旋体的亲核取代产物可以作为 S_N1 历程的证明;而得到构型完全转化的产物,可作为 S_N2 历程的标志。

又如,用高锰酸钾氧化顺-2-丁烯,得到内消旋化合物,证明羟基是从同一边加到烯烃双键上。

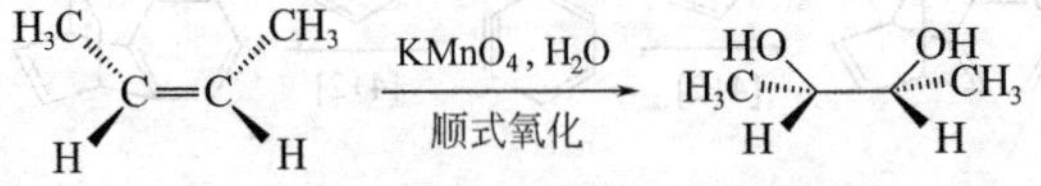

[反应式：顺-2-丁烯 + KMnO₄, H₂O → 内消旋二醇，顺式氧化]

5.4.6 动力学的研究

在本章5.3节已讨论了有关反应动力学的问题,通过动力学的研究,也可以对反应机理提供许多重要证据。

例如,三级卤代烷的水解反应为一级反应,一级卤代烷的碱解则为二级反应,前者为 S_N1 历程,后者为 S_N2 历程。但值得注意的是,光凭反应级数还不能作为判定反应机理的唯一根据。因为对于后者为 S_N2 反应中的溶剂解(如水解),由于水大量过量,使之在动力学上表现为一级,而不是二级反应。

$$R-Br + H_2O(大量) \longrightarrow R-OH + HBr$$
$$反应速率 = kc_{RBr}$$

该反应加入少量亲核性比水强的亲核试剂(如 NaOH),如能加速反应,则可判定该反应遵守 S_N2 反应历程;如不能加速反应,则为 S_N1 反应。

习 题

5.1 C—H 活化(C—H 官能团化)与金属催化是近年来有机化学的研究热点。在下列的反应中,试说明决定速度的步骤中有无 C—H 键的断裂,并给予合理的反应机理解释。

(1) 乙酸钯催化下,苯胺与炔酸酯的反应。

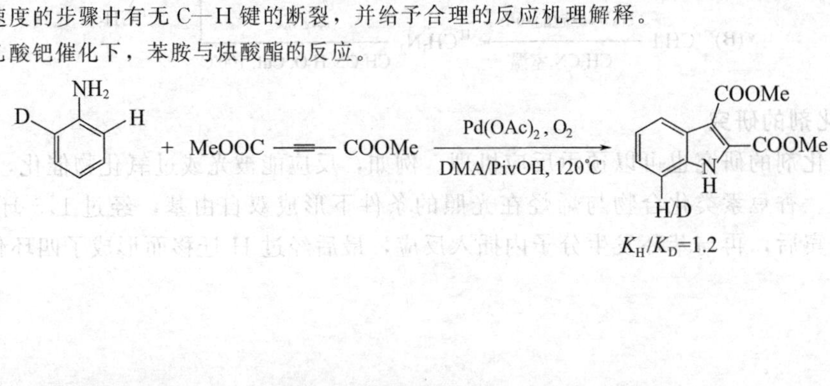

[反应式：邻位D标记苯胺 + MeOOC—≡—COOMe $\xrightarrow{Pd(OAc)_2, O_2}_{DMA/PivOH, 120℃}$ 吲哚产物]

$K_H/K_D = 1.2$

(2) 乙酸钯催化下的分子内 C—H 活化反应。

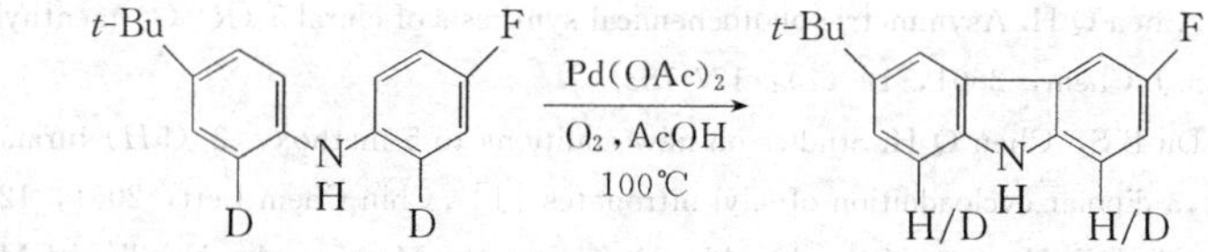

$K_H/K_D = 0.16$

(3) 乙酸钯催化下的分子内环化反应。

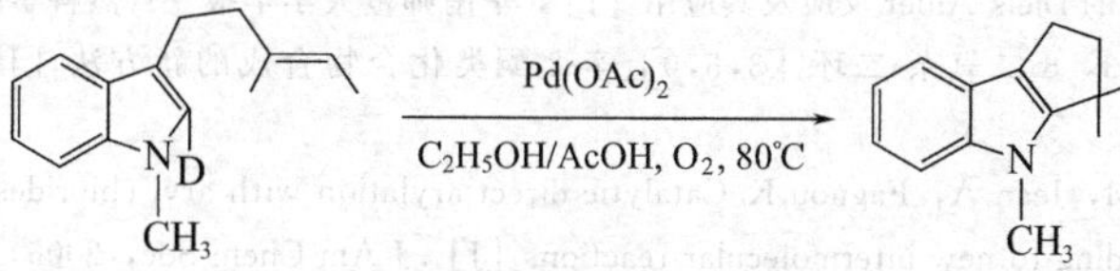

$K_H/K_D = 3.2$

5.2 中间体的检出和产物结构的鉴定可以有助于对反应机理的研究。在 DMF 溶剂中，以强碱为催化剂，研究 2（5H）-呋喃酮与苯并咪唑的串联 Michael 加成-消除反应，分离物的单晶等结构测试表明，实际结果为下面所示的溶剂 DMF 参与的串联反应。

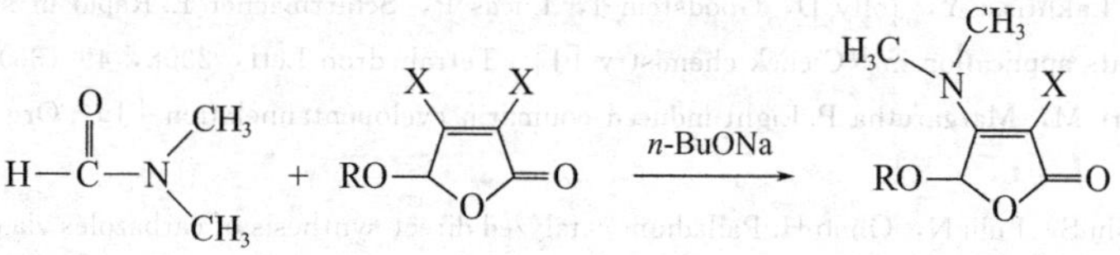

已知在反应体系中通过 GC-MS 检测到了甲酸正丁酯，试根据反应条件，对非预期产物的形成给出合理的反应机理解释。

习题参考答案

5.1 （具体文字略，参见本章参考文献 [11，14，15]）

提示：反应（1）、（2）中同位素效应 K_H/K_D 均较小没有明显的同位素效应，说明在决定速率步骤中，与同位素直接相连的键没有发生断裂。反应（3）中能观测到较强的同位素效应（$K_H/K_D=3.2$），这说明，在决定反应速率的步骤中，不仅涉及 C—H 键的断裂，而且在过渡态中 C—H 键的断裂比较彻底。

5.2 （具体文字略，参见本章参考文献 [16，17]）

提示：正丁氧基负离子作为亲核试剂与 DMF 发生取代反应，得到二甲胺基负离子中间体和甲酸正丁酯，二甲胺基负离子再与 3，4-二卤-2（5H）-呋喃酮发生串联的 Michael 加成-消除反应得到目标产物。

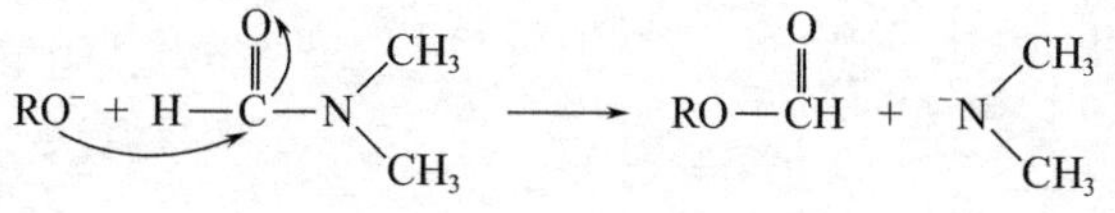

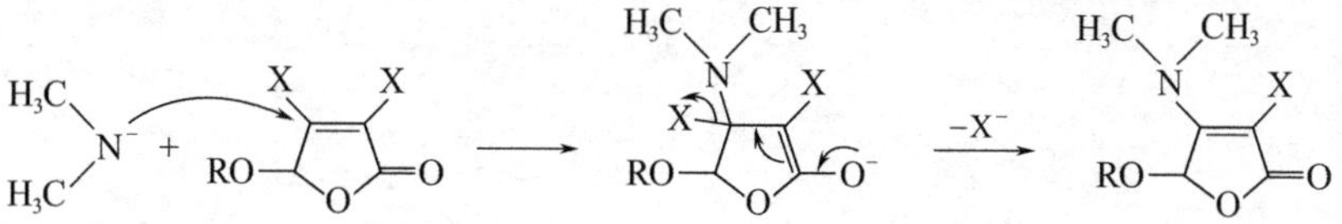

参 考 文 献

[1] 王积涛．高等有机化学 [M]．北京：人民教育出版社，1980．
[2] 俞凌翀．基础理论有机化学 [M]．北京：人民教育出版社，1981．

[3] J. 马奇. 高等有机化学 [M]. 北京：人民教育出版社, 1981.
[4] Wang Z Y, Jian T Y, Chen Q H. Asymmetric photochemical synthesis of chiral 5-(R)-(l)-menthyloxy-4-cycloaminobutyrolactones [J]. Chin. J. Chem, 2001, 19 (2): 177-183.
[5] Wang Z Y, Cui J L, Du B S, Chen Q H. Studies on new additions to 5-methoxy- 2 ($5H$)-furanone: addition of Grignard reagents, and 1,3-dipolar cycloaddition of silyl nitronates [J]. Chin Chem Lett, 2001, 12 (4): 293-296.
[6] Jahjah R, Gassama A, Bulach V, Suzuki C, Abe M, Hoffmann N, Martinez A, Nuzillard J M. Stereoselective triplet-sensitised radical reactions of furanone derivatives [J]. Chem Eur J, 2010, 16 (11): 3341-3354.
[7] 汪朝阳, 杨世柱. 芳香环的 Diels-Alder 反应及其应用 [J]. 华南师范大学学报（自然科学版）, 1997, (1): 88-100.
[8] 汪朝阳, 陈庆华. 7-氮杂-3, 6-二氧杂-二环 [3,3,0] 辛-2-酮类化合物合成的新方法 [J]. 化学通报, 2002, 65 (1): 41-43.
[9] Campeau L C, Parisien M, Jean A, Fagnou K. Catalytic direct arylation with aryl chlorides, bromides, and iodides: intramolecular studies leading to new intermolecular reactions [J]. J Am Chem Soc, 2006, 128 (2): 581-590.
[10] Hwang S J, Cho S H, Chang S. Synthesis of condensed pyrroloindoles via Pd-catalyzed intramolecular C-H bond functionalization of pyrroles [J]. J Am Chem Soc. 2008, 130 (48): 16158-16159.
[11] Shi Z, Zhang C, Li S, Pan D, Ding S, Cui Y, Jiao N. Indoles from simple anilines and alkynes: Palladium-catalyzed C-H activation using dioxygen as the oxidant [J]. Angew Chem Int Ed, 2009, 48 (25): 4572-4576.
[12] Schirrmacher R, Lakhrissi Y, Jolly D, Goodstein J, Lucas P, Schirrmacher E. Rapid in situ synthesis of [^{11}C] methyl azide and its application in ^{11}C click-chemistry [J]. Tetrahedron Lett, 2008, 49 (33): 4824-4827.
[13] Soltau M, Göwert M, Margaretha P. Light-induced coumarin cyclopentannelation [J]. Org Lett, 2005, 7 (23): 5159-5161.
[14] Watanabe T, Oishi S, Fujii N, Ohno H. Palladium-catalyzed direct synthesis of carbazoles via one-pot N-arylation and oxidative Biaryl coupling: synthesis and mechanistic study [J]. J Org Chem, 2009, 74 (13): 4720-4726.
[15] Ferreira E M, Zhang H, Stoltz B M. C-H bond functionalizations with palladium (II): intramolecular oxidative annulations of arenes [J]. Tetrahedron, 2008, 64 (28): 5987-6001.
[16] 宋秀美, 汪朝阳, 傅建花, 李建晓. 溶剂 N,N-二甲基甲酰胺参与的 Michael 加成-消除反应及其反应机理 [J]. 华南师范大学学报（自然科学版）, 2009 (4): 75-80.
[17] 宋秀美. 2 ($5H$)-呋喃酮与含氮亲核试剂反应的研究 [D]. 华南师范大学, 2009.
[18] Li J X, Liang H R, Wang Z Y, Fu J H. 3, 4-Dihalo-2 ($5H$)-furanones: a novel oxidant for the Glaser coupling reaction [J]. Monatsh Chem, 2011, 142 (5): 507-513.

第 6 章 脂肪族亲核取代反应

在亲核取代反应中，进攻试剂（亲核试剂：Nu^-）带着一对电子进攻底物，形成新的化学键，离去基团（:L^-）则带着一对电子离去：

$$:Nu^- + R-L \longrightarrow R-Nu + :L^-$$

式中：Nu^- 为亲核试剂，$R-L$ 键断裂时，离去基团（:L^-）则带着一对成键电子而离去。根据亲核试剂（:Nu^-）的性质、作用物中离去基团（:L^-）的性质，可分为四种类型。

(1) 底物为中性分子，亲核试剂为负离子

$$R-I + OH^- \longrightarrow ROH + I^-$$

$$C_6H_5-CH_2I + NaOH \xrightarrow{H_2O} C_6H_5-CH_2OH + NaI$$

(2) 底物与亲核试剂都是中性分子

$$R-I + N(CH_3)_3 \longrightarrow RN^+(CH_3)_3 + I^-$$

$$C_6H_5-CH_2I + N(CH_3)_3 \longrightarrow C_6H_5-CH_2\overset{+}{N}(CH_3)_3 I^-$$

$$H_2NCH_2CH_2CH_2CH_2C-Cl \xrightarrow{碱} \text{(pyrrolidine)}$$

(3) 底物为正离子，亲核试剂为负离子

$$R\overset{+}{N}(CH_3)_3 + OH^- \longrightarrow ROH + N(CH_3)_3$$

$$C_6H_5-CH_2\overset{+}{N}(CH_3)_3 + OH^- \longrightarrow C_6H_5-CH_2OH + N(CH_3)_3$$

(4) 底物为正离子，亲核试剂为中性分子

$$R\overset{+}{N}(CH_3)_3 + H_2S \longrightarrow R\overset{+}{S}H_2 + N(CH_3)_3$$

$$\text{Py}-CH_3 + Ph_3P \longrightarrow \text{Py} + Ph_3\overset{+}{P}CH_3$$

如果：Nu^- 为溶剂，所发生的亲核取代反应称为溶剂分解（solvolysis）。

$$R-L + Sol-OH \longrightarrow RO-Sol + H^+ + L^-$$

Sol—OH 代表质子溶剂。

芳香碳的亲核取代反应将在芳香族亲核取代反应中讨论。发生在烷基碳上的亲核取代反应称为亲核试剂的烷基化反应（alkylation）。例如，上面（2）的反应就是三甲胺的烷基化的反应。类似地，发生在酰基碳上的亲核取代反应称为亲核试剂的酰基化反应（acylation）。例如：

$$C_6H_{11}-\overset{O}{\underset{\|}{C}}-Cl + HN\text{(piperidine)} \xrightarrow{\text{Py}} C_6H_{11}-\overset{O}{\underset{\|}{C}}-N\text{(piperidine)} + \text{Py}\cdot HCl$$

6.1 亲核取代反应历程

亲核取代反应有多种可能的历程，根据作用物，亲核试剂（:Nu^-），离去基团（:L^-）

和反应条件，可按几种不同的历程进行，目前最常见的两种典型历程为：S_N1 与 S_N2 历程。另外还有邻基参与历程与离子对历程。

6.1.1 S_N2 历程

S_N2 表示双分子亲核取代。

$$Nu:^- + R-L \longrightarrow [Nu\overset{\delta-}{\cdots}R\cdots\overset{\delta-}{L}] \longrightarrow Nu-R + L:^-$$
过渡态

反应中 Nu^- 从离去基 L 的背面进攻作用物，形成过渡态，反应是一步完成，没有中间体生成。另外 R—L 键的断裂和 Nu—R 键的生成几乎同时进行。S_N2 的反应进程的位能曲线如图 6-1 所示。

从动力学与立体化学等方面的研究结果来证明 S_N2 历程。

首先从动力学研究的结果来看，S_N2 历程的反应速率取决于作用物与亲核试剂二者的浓度，在动力学研究中，反应速率式子里各浓度项的指数叫做级数，所有浓度项指数的总和称为该反应的反应级数。对上述反应来讲，反应速率相对于 [R—L] 和 [:Nu^-] 分别是一级，而整个反应则是二级反应。

$$反应速率 = k c_{R-L} c_{:Nu^-}$$

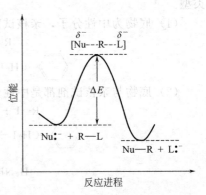

图 6-1 S_N2 历程位能曲线

从立体化学研究的结果来看，典型的 S_N2 反应，由于 Nu 是从离去基的背面进攻，:Nu^- 与 L 基本上处于一条直线上，在反应过渡态中，被 :Nu^- 进攻的中心碳原子上的另外三个基团处于同一平面，如果中心碳原子是手性碳，则反应后必然引起构型的转化。通式是：

$$Nu:^{\ominus} + d\overset{a}{\underset{b}{-}}C-L \longrightarrow [Nu\overset{\delta-}{\cdots}\overset{a}{\underset{b}{C}}\cdots L^{\delta-}] \longrightarrow Nu-\overset{a}{\underset{b}{C}}-d + L:^{\ominus}$$
过渡态

构型完全翻转是 S_N2 历程的重要标志。

构型的翻转还可以用化学方法证明。

例如，1-苯基-2-丙醇下面的一系列反应：

$$\underset{\underset{\alpha=+33.02°}{OH}}{C_6H_5CH_2CHCH_3} \xrightarrow[①]{TsCl} \underset{\underset{\alpha=+31.11°}{OTs}}{C_6H_5CH_2CHCH_3} \xrightarrow[②]{KOAc} \underset{\underset{\alpha=-7.06°}{OAc}}{C_6H_5CH_2CHCH_3} \xrightarrow[③]{OH^-} \underset{\underset{\alpha=-32.18°}{OH}}{C_6H_5CH_2CHCH_3}$$

式中，TsCl 代表 $H_3C-\!\!\!\!\bigcirc\!\!\!\!-SO_2Cl$; OTs 代表 $H_3C-\!\!\!\!\bigcirc\!\!\!\!-SO_2O-$

在这几步反应中，第一步是对甲苯磺酰基取代了醇羟基中的 H，不涉及手性碳原子上的四个键的变化，故构型不会改变。第二步反应发生了手性碳原子上键的断裂。由—OAc 基取代了—OTs 基，因此构型的转化发生在第二步，从这步反应前后旋光方向的变化也能得到证明。第三步为酯类的碱性水解，此种结构的反应物碱性水解为酰氧断裂历程，不涉及手性碳原子上的键断裂，所以也不会发生构型转化，旋光方向无改变。

值得注意的是，旋光符号与构型之间并没有确定的关系，因为具有相同构型的化合物不一定具有同样的旋光符号，所以不能简单地用旋光符号是否改变来确定构型是否变化。

一般来说 S_N2 历程总是伴随着构型翻转，用下列实验事实同样可以说明 S_N2 反应是伴随构型翻转的。用 (S)-2-碘辛烷与放射性 NaI* ($^{128}I^-$) 作用，则转变为 (R)-2-碘(^{128}I)辛烷。

$$*I^- + \underset{\underset{(S)\text{-2-碘辛烷}}{}}{\overset{C_6H_{13}}{\underset{H_3C}{H-C-I}}} \longrightarrow \left[\overset{C_6H_{13}}{\underset{H \ \ CH_3}{*I^{\delta-}\cdots \overset{\delta+}{C}\cdots I^{\delta-}}} \right] \longrightarrow \underset{(R)\text{-2-碘}(I^*)\text{辛烷}}{\overset{C_6H_{13}}{\underset{CH_3}{*I-C-H}}}$$

6.1.2 S_N1 历程

S_N1 历程代表单分子亲核取代，由两步组成，首先反应中离去基团的离去形成碳正离子，然后亲核试剂（Nu^-）进攻碳正离子，形成取代产物。决定反应速率的步骤是作用物的离解。

$$R—L \xrightarrow{\text{慢}} R^+ + L^-$$
$$R^+ + Nu^- \xrightarrow{\text{快}} R—Nu$$

生成的中间碳正离子 R^+ 稳定性愈大，则作用物 R—L 按 S_N1 历程反应的倾向愈大。一般叔卤代烃按 S_N1 历程进行。如 $Me_3C—Cl$ 离解 Me_3C^+ 与 Cl^- 需要 628kJ/mol，而在水中仅需要 83.7kJ/mol，这两者能量之差即为溶剂化能量。S_N1 历程的位能曲线如图 6-2 所示。

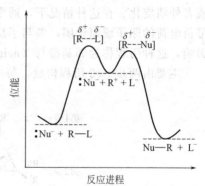

图 6-2 S_N1 历程位能曲线

同样，通过研究动力学与立体化学可以证明 S_N1 历程。

在 S_N1 反应中，决定反应速率的一步仅取决于作用物的浓度。反应速率只取决于作用物的离解，故 S_N1 反应表现出一级反应动力学特征。

$$\text{反应速率} = kc_{R—L}$$

S_N1 反应的立体化学与 S_N2 反应相比要复杂得多。由于反应经过平面构型的碳正离子中间体阶段，亲核试剂可以从平面构型的碳正离子两边进攻，理论上应得到外消旋化的产物，但实际上并非如此，有时得到构型转化产物和外消旋化产物的混合物。如：

$$H_3CO-\underset{\underset{\text{旋光}}{}}{\overset{*}{\underset{Ph}{C}}}HOCOCH_3 \xrightarrow[S_N1]{H_2O, \text{ } O} H_3CO-\underset{\underset{\text{外消旋体}}{}}{\overset{*}{\underset{Ph}{C}}}HOH + CH_3COOH$$

$$\underset{\underset{Br}{}}{CH_3(CH_2)_5-CHCH_3} + CH_3CH_2OH \xrightarrow[S_N1]{Ag_2O} \underset{\underset{OCH_2CH_3}{}}{CH_3(CH_2)_5CHCH_3}$$

94%的构型转化
6%的外消旋化

以上几种情况都是按照 S_N1 历程进行，与作用物结构、试剂的种类与浓度、反应环境等有关。如果生成的中间体碳正离子稳定，试剂从平面两边进攻的概率均等，则生成外消旋化产物。如果形成的碳正离子不稳定，则不易生成，此时离去基 L 还来不及离去，在一定程度上显示了"屏蔽效应"，妨碍了 :Nu⁻ 从 L 方向进攻作用物，:Nu⁻ 只能从 L 的背面进攻，得到相当数量的构型转化产物。外消旋化产物与构型转化产物二者的比例取决于碳正离子的稳定性和试剂的浓度。如果进攻试剂浓度低，则主要得到外消旋化产物；如果进攻试剂浓度高，增加了对碳正离子进攻的机会，构型转化的产物比例有所增加。如 α-氯代苯乙烷（PhCHClCH₃）在丙酮水溶液中的水解反应：

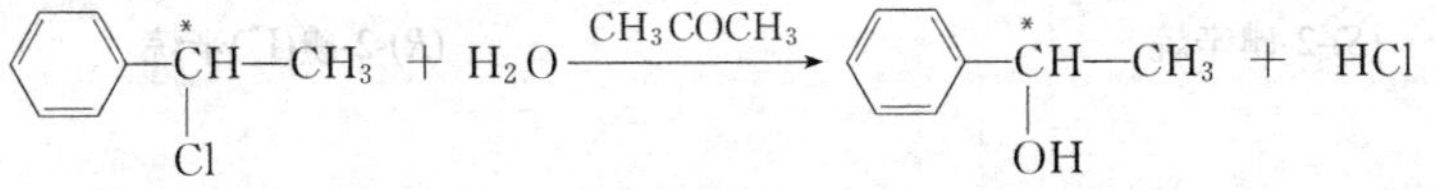

$$PhCHClCH_3 + H_2O \xrightarrow{CH_3COCH_3} PhCHOHCH_3 + HCl$$

	外消旋化产物/%	构型转化产物/%
80%丙酮水溶液	98	2
60%丙酮水溶液	95	5
纯水	83	17

6.1.3 邻基参与历程

在亲核取代反应中，有时反应速率大于预计值，手性碳的构形保持，没有发生构形翻转或者外消旋化。在这种情况下，通常离去基团的 β-位（或更远）上有一带有未共用电子对或带负电荷的原子或原子团，参与了反应，对亲核取代的反应速率、立体化学等产生了很大的影响，这种历程称为邻基参与（neighboring group participation）历程。

主要由两步 S_N2 历程构成，每一步都导致构形翻转，其净结果是构形保持。

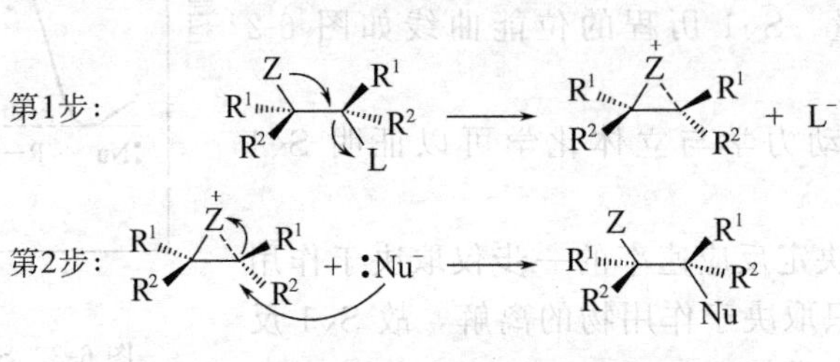

第1步：[结构式]

第2步：[结构式]

在该历程的第一步，邻位基团（Z）类似于亲核试剂，从背面进攻离去基团（L）连接的碳原子，形成类似于鎓离子中间体。第二步为外部的亲核试剂 Nu⁻ 进攻鎓离子中间体再发生一次 S_N2 反应，将 Z 推回，这两步每步都发生构型转化，所以总的结果是构型保持不变。

如：(S)-2-溴丙酸负离子按 S_N1 机理进行水解、醇解反应时，其构型 100% 保持不变。这种异常现象可用邻基参与来解释。

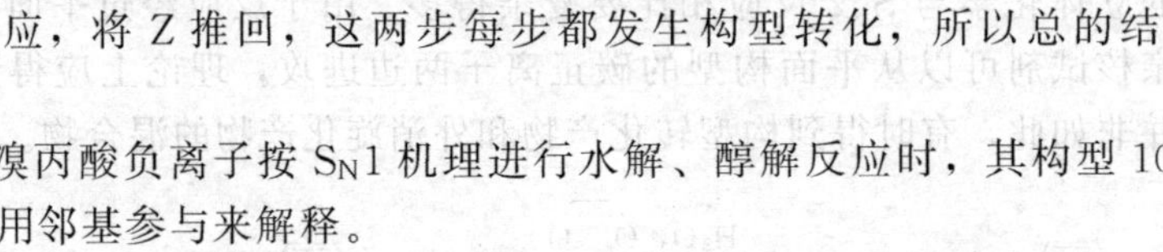

[结构式] (S)-2-溴丙酸负离子 → [结构式] → [结构式] (S)-2-羟基丙酸负离子

常见的邻位参与基团有：COO⁻，O⁻，S⁻，OCOR，COOR，COAr，OH，OR，SH，SR，NH₂，NHR，NR₂，NHCOR，Cl⁻，Br⁻，I⁻ 等。

邻基参与作用往往能显著增加反应速率，因此，这种现象也称为邻位促进或邻位协助。

邻基参与的基本类型有 n-参与、π-参与和 σ-参与。下面仅介绍 n-参与和 π-参与。

6.1.3.1 *n*-参与

n-参与是指邻基以未共用电子对（如 O、S、N、Br、I 上的未共用电子对）参与亲核取代反应，例如 HBr 与苏式 DL-3-溴-2-丁醇反应形成 DL-2,3-二溴丁烷（外消旋体），而 HBr 处理赤式 DL-3-溴-2-丁醇，则生成内消旋体。

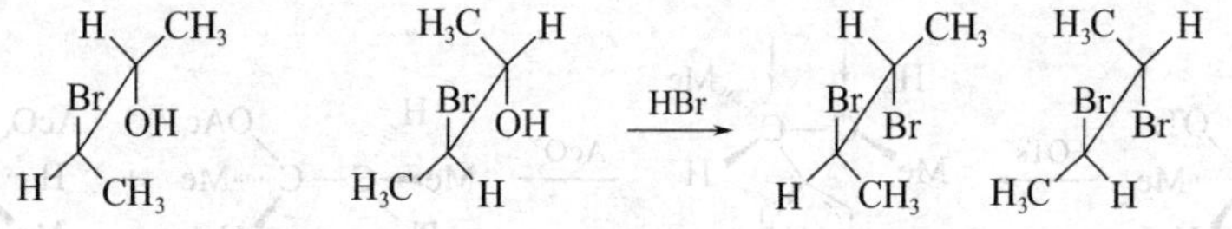

苏式DL对　　苏式2,3-二溴丁烷(DL)

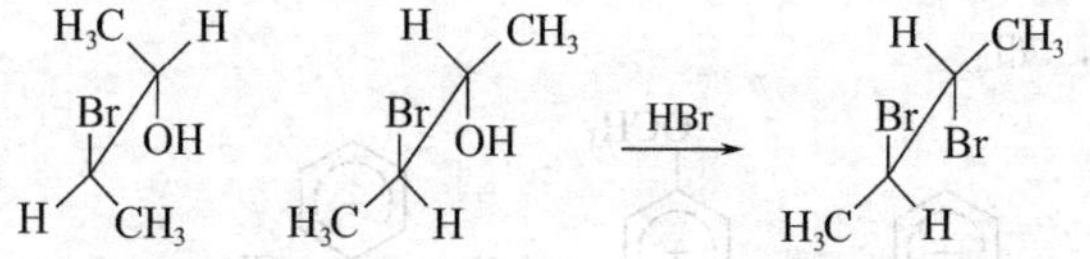

赤式DL对　　内消旋体(赤式)

这说明反应的结果构型保持不变。这是由于邻位基团 Br 的参与，形成的中间体是一个对称的溴鎓离子，Br^- 对三元环中两个碳原子进攻机会相同，得到外消旋体。如 *n*-参与的历程可以解释为：

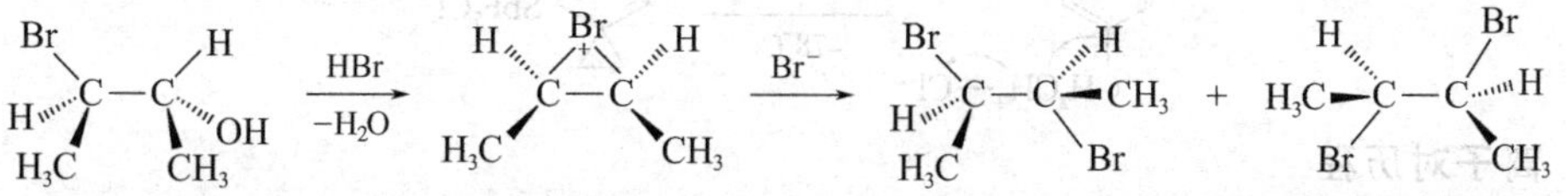

溴鎓离子　　苏式1,2-二溴丁烷(外消旋体)

不同的卤素作为邻基参与的能力不同，其参与的能力大小次序为 I＞Br＞Cl，这与原子可极化性大小的次序是一致的。氟由于电负性太强，可极化性太小，不易给出电子，一般不能发生 *n*-参与。

6.1.3.2 *π*-参与

C═C π 键，C═O π 键也可以作为邻基参与反应，如反式原冰片烯-7-对甲苯磺酸酯的乙酸解由于 *π*-参与，反应速率比相应的饱和酯快 10^{11} 倍，且得到的产品保持构型不变。

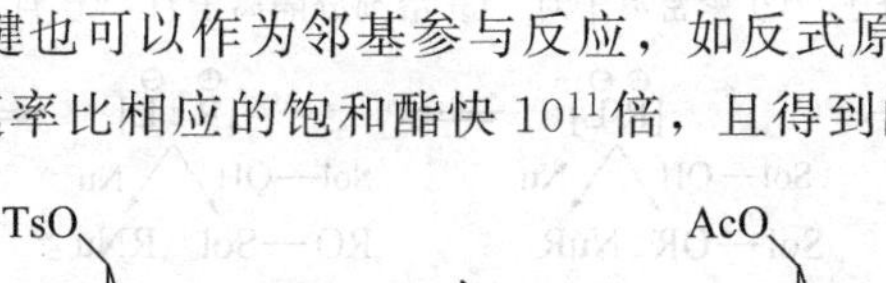

位于反应中心较远位置的双键，如果位置恰当，也存在着邻基参与作用。如对甲苯磺酸酯的醋酸解，在反应中由于双键的参与形成了非经典碳正离子，产物仅为外型醋酸降冰片酯。

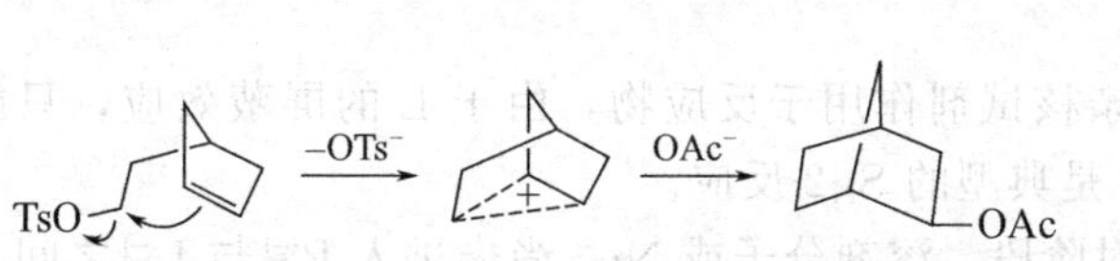

苯环也能作为邻位基团参与反应，中间生成苯桥正离子。如在 3-苯-2-丁醇的对甲苯磺酸酯的乙酸解反应中，苏式化合物形成外消旋苏式乙酸酯，而从赤式出发得到构型不变的赤式乙酸酯。

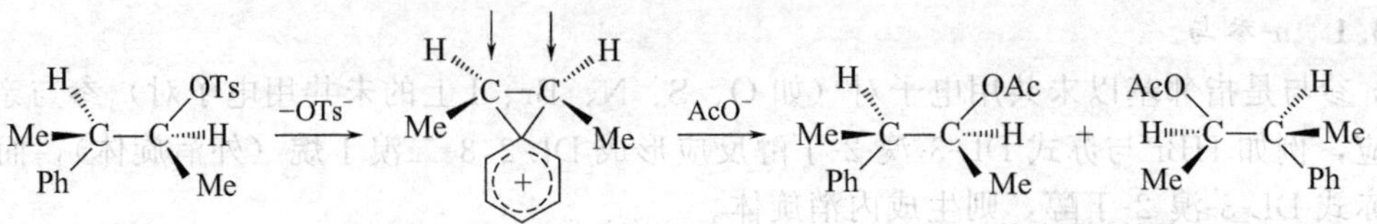

[反应式: 苏式底物 经 −OTs⁻ 生成苯鎓离子中间体, 然后 AcO⁻ 进攻, 得到苏式外消旋体]

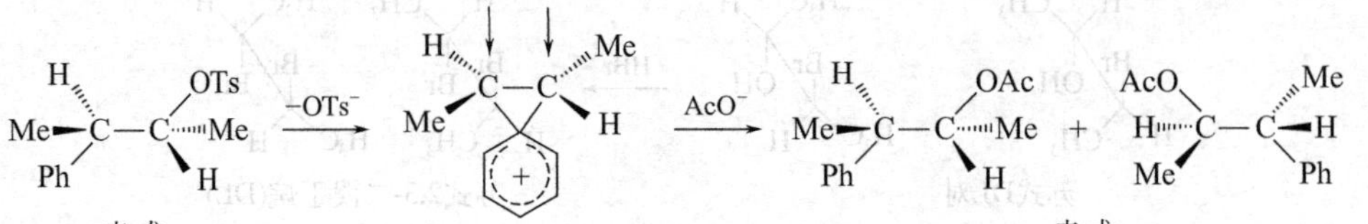

[反应式: 赤式底物 经 −OTs⁻ 生成苯鎓离子中间体, 然后 AcO⁻ 进攻, 得到赤式产物]

关于苯鎓离子的结构, 如：

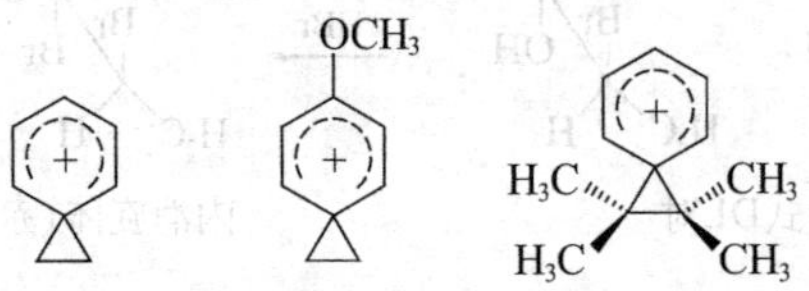

[三个苯鎓离子结构示意图]

它们都已被核磁共振所证明, 某些苯鎓离子可以用 β-苯基氯乙烷在 Lewis 催化下制备, 如：

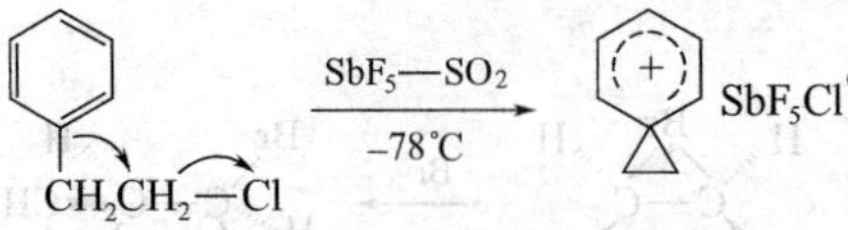

$$\text{PhCH}_2\text{CH}_2\text{—Cl} \xrightarrow[-78℃]{\text{SbF}_5\text{—SO}_2} \text{[苯鎓离子]}^+ \text{SbF}_5\text{Cl}^⊖$$

6.1.4 离子对历程

离子对历程认为, 反应物可以在溶液中进行分步离解。第一步共价键破裂生成碳正离子和负离子是紧紧靠在一起, 即为紧密离子对。第二步少数溶剂分子进入两个离子之间, 形成了溶剂分隔离子对, 最后一步, 正负离子完全被溶剂分子包围, 生成溶剂化的碳正离子和负离子。

$$R\text{—}L \rightleftharpoons [R^+L^-] \rightleftharpoons [R^+ \| L^-] \rightleftharpoons R^+ + L^-$$

① 作用物分子　② 紧密离子对　③ 溶剂分隔离子对　④ 自由正负离子

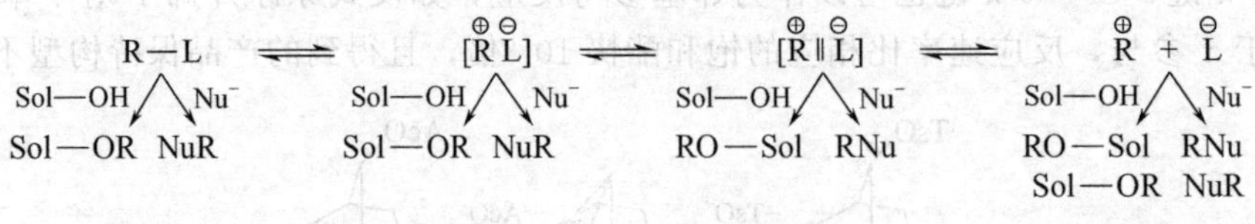

R—L	[R⁺L⁻]	[R⁺‖L⁻]	R⁺ + L⁻
Sol—OH ↘ Nu⁻ ↙	Sol—OH ↘ Nu⁻ ↙	Sol—OH ↘ Nu⁻ ↙	Sol—OH ↘ Nu⁻ ↙
Sol—OR NuR	Sol—OR NuR	RO—Sol RNu	RO—Sol RNu
			Sol—OR NuR
构型转化 (S_N2)	构型转化 (S_N2)	构型保持或转化 (S_N1和S_N2)	外消旋化 (S_N1)

上述图示的每一阶段都可以返回到前一阶段, 也可以离解到下一阶段, 或者与溶剂作用或者与其他亲核试剂作用生成产物。这样溶剂解或其他亲核取代反应可以发生在几个不同阶段。

① 开始溶剂或亲核试剂作用于反应物, 由于 L 的屏蔽效应, 只能从 L 的背面进攻 R, 产物构型发生转化, 是典型的 S_N2 反应。

② 在紧密离子对阶段, 溶剂分子或 Nu⁻ 尚未进入 R⊕ 与 L⊖ 之间, 且由于 L⊖ 的屏蔽作用, 溶剂分子或 Nu⁻ 也只能从 L⊖ 的背面进攻 R⊕, 导致构型转化, 相当于 S_N2 历程。

③ 在溶剂分隔离子对阶段, 溶剂分子或 Nu⁻ 可能从 R⊕ 的两面进攻, 导致产物外消旋化, 但从正面进攻 R⊕ 或多或少地受到 L⊖ 的阻碍, 故仍以背面进攻为主, 产物除主要得到

外消旋产物外尚有部分构型转化产物。相当于混合的 S_N1 和 S_N2 历程。

④ 在自由正负离子阶段，由于完全离解的 $R^\oplus$ 具有平面构型，溶剂分子或 Nu^- 可以机会均等地从正面和背面进攻，导致产物外消旋化，相当于典型的 S_N1 历程。

一般来说，碳正离子的稳定性愈大，离解程度愈大，溶剂化作用愈大，也有利于自由离子的生成，这是有利于后面阶段的反应。如果碳正离子不太稳定，溶剂化作用又不强，Nu 的亲核性却较强，则主要在前面阶段反应。

离子对历程包含了一种连续统一的概念，反映了亲核取代反应的历程复杂性，而 S_N1 历程与 S_N2 历程实际上是亲核取代反应中的两种极限情况。

6.2 影响亲核取代反应速率的因素

关于亲核取代的反应活性问题，其影响因素是多方面的，其主要影响包括：底物的结构（烃基结构）、离去基团、亲核试剂和溶剂等因素影响亲核取代的反应活性。下面分别讨论。

6.2.1 底物结构（烃基结构）的影响

一般说来，烃基的烃基结构和电子效应对 S_N1 反应影响很大，烃基的空间位阻效应对 S_N2 反应影响更显著。因为在 S_N1 反应中，决定反应速率的步骤是碳正离子的形成，凡是有利于碳正离子的生成，并且稳定的，都可以加速 S_N1 反应。推电子的 $+I$ 效应与 $+C$ 效应能分散其碳正离子正电荷而稳定。实际上卤代烃 RX 按 S_N1 的反应活性与其生成的碳正离子的稳定性顺序相似。有：

$$ArCH_2X, -\overset{|}{C}=\overset{|}{C}-CH_2X > 3°RX > 2°RX > 1°RX > CH_3X > -\overset{|}{C}=\overset{|}{C}-X, ArX$$

同时在 S_N1 反应中，四面体结构的作用物变成平面结构的碳正离子，空间拥挤程度减小，即 B-张力（back strain，后张力）会降低，尤其是叔烃基化合物生成碳正离子后，B-张力减少更多。即从空间效应上讲，对 S_N1 反应是有利的。表 6-1 列出了反应物对甲苯磺酸酯和乙醇发生 S_N1 反应的相对速率。

表 6-1 ROTs 与乙醇发生 S_N1 反应相对速率

$$R-O-\underset{\underset{O}{\|}}{\overset{\overset{O}{\|}}{S}}-\!\!\left\langle\;\right\rangle\!\!-CH_3 + HOCH_2CH_3 \longrightarrow ROH + CH_3CH_2OTs$$

基团（R）	相对速率	基团（R）	相对速率
CH_3CH_2	0.26	$PhCH_2$	100.00
$(CH_3)_2CH$	0.69	Ph_2CH	约 10^5
$CH_2=CH-CH_2$	8.60	Ph_3C	约 10^{10}

在 S_N2 反应中，在 α 碳或 β 碳上支链增加，烃基空间效应的影响占主导地位，阻碍了 Nu 从 L 的背面进攻，造成过渡状态拥挤程度增加，降低了过渡态的稳定性，所以使反应速率明显下降。例如 R—Br 中 Br^- 被 Cl^- 取代的反应速率有下列数据：

$$R-Br + Cl^- \xrightarrow{S_N2} R-Cl + Br^-$$

R	CH_3-	CH_3CH_2-	$CH_3-\overset{\overset{CH_3}{\|}}{C}H-$	$CH_3-\overset{\overset{CH_3}{\|}}{\underset{\underset{CH_3}{\|}}{C}}-CH_3$
反应速率：	100	1.65	0.022	0.0048

某些化合物在起 S_N2 反应时,如烯丙基及苄基中轨道的离域作用就能使亲核取代反应大大加速。这是由于烯丙基与苄基的卤代烃在形成过渡态时中心碳原子上的 p 轨道与双键或苯环上的 p 轨道发生重叠,如图 6-3 所示,降低了过渡态的位能,使过渡态更加稳定,因而更容易生成,故可加速 S_N2 反应的速率。

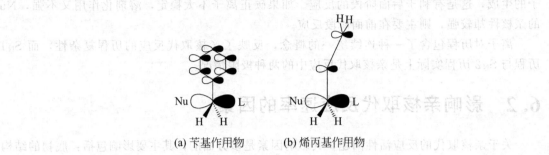

(a) 苄基作用物　　(b) 烯丙基作用物

图 6-3　苄基与烯丙基作用物形成的过渡态轨道重叠情况

桥环烃的桥头位置,发生 S_N1 反应与 S_N2 反应都很困难,因烷基正离子具有平面型或接近平面型的构型,而桥头碳原子不能提供平面构型,因而难生成烷基正离子,很难按 S_N1 历程进行反应。在 S_N2 条件下,由于底物刚性环位阻太大,亲核试剂不大可能从背后进攻。如双环 [2,2,1] 辛烷(Ⅰ)很难形成碳正离子(Ⅱ),而更大的桥环,有可能生成较稳定的碳正离子,如双环 [3,2,2] 壬烷形成的正离子(Ⅲ),在 SbF_5—SO_2ClF 溶液中 $-50℃$ 下相当稳定,有可能发生 S_N1 反应。

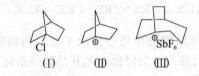

桥头连有溴原子的溴代桥环烃,在 80%~20% 乙醇体系中发生溶剂解,反应速率随着环的刚性增强(桥原子数减少)而迅速减小。表 6-2 表示某些取代基的平均相对的 S_N2 速率。

表 6-2　某些取代基的平均相对的 S_N2 速率

烃　基	相对速率	烃　基	相对速率
苄基	120	丁基	0.4
烯丙基	40	异丁基	0.03
甲基	30	异丙基	0.025
乙基	1	新戊基	10^{-5}
丙基	0.4		

表 6-3 则是按照 S_N1、S_N2 反应活性由大到小的顺序对各类作用物(烃基及烃以外的基团)近似排列的一览表。

6.2.2　离去基团(L)

对于离去基团(L)对亲核取代反应的影响,无论是 S_N1,还是 S_N2,决定反应速率的一步都涉及 C—L 键的断裂,因此离去基团的离去倾向愈大,对 S_N1 和 S_N2 反应都应该有利。

表 6-3 某些底物的 S_N1 与 S_N2 反应活性近似顺序表

S_N1 反应活性	S_N2 反应活性
Ar_3CX	Ar_3CX
Ar_2CHX	Ar_2CHX
$ROCH_2X, RSCH_2X, R_2NCH_2X$	$ArCH_2X$
R_3CX	$Z-CH_2X$
$ArCH_2X$	$-\overset{\mid}{C}=\overset{\mid}{C}-CH_2X$
$-\overset{\mid}{C}=\overset{\mid}{C}-CH_2X$	$RCH_2X, RCHDX$
R_2CHX	R_2CHX
RCH_2X, R_3CCH_2X	R_3CX
$RCHDX$	$Z-CH_2CH_2X$
ZCH_2X	R_3CCH_2X
$-\overset{\mid}{C}=\overset{\mid}{C}-X$	$-\overset{\mid}{C}=\overset{\mid}{C}-X$
$Ar-X$	ArX
(降冰片基)X	(降冰片基)X

注: Z 代表 RCO, HCO, ROCO, H_2NCO, CN 或其他类似基。

一般说来, 离去基团越容易接受一对电子, 碱性越弱, 则越容易离去, 这从 S_N1 反应就能证明, 因 S_N1 反应第一步是作用物的电离, 负电荷倾向于集中在离去基团上

$$\overset{\delta^+}{R}-\overset{\delta^-}{L}$$

这样, 离去基接受负电荷的能力越大, 越有利于 S_N1 反应。如卤离子离去倾向大小次序为:

$$I^- > Br^- > Cl^- \gg F^-$$

这是由于 C—X 键的键能与极化性决定的, 上面的顺序正好与碱性强弱顺序相反, 因 I^- 的碱性最弱。

如 $(CH_3)_3C-X$ 在 80% 乙醇中起溶剂分解反应的相对速率为:

$$(CH_3)_3C-X + H_2O \xrightarrow{80\% C_2H_5OH} (CH_3)_3C-OH + HX$$

X:	F	Cl	Br	I	OTs
相对速度:	10^{-5}	1.0	39	99	$>10^7$

下面从 1-羟基金刚烷的取代苯磺酸酯在乙醇中起溶剂分解反应的相对速率可以看出, 随着苯环上的取代基 (X) 吸引电子能力的增加, S_N1 反应速率增加。见表 6-4。

表 6-4 1-羟基金刚烷的取代苯磺酸酯在乙醇中反应, 离去基的相对离去能力

1-金刚 $OSO_2C_6H_4X$ X=	$k_{相对}$	1-金刚 $OSO_2C_6H_4X$ X=	$k_{相对}$
p-OCH_3	1.0	p-Cl	8.4
p-CH_3	1.6	p-Br	9.0
p-H	3.1	p-NO_2	55.0
p-F	5.2	m-NO_2	78.0

下列取代磺酸酯中的酸根都是很好的离去基。

$ROSO_2\text{—}C_6H_4\text{—}CH_3$ $ROSO_2\text{—}C_6H_4\text{—}Br$ $ROSO_2\text{—}C_6H_4\text{—}NO_2$ $ROSO_2CH_3$

离去基： $^-OSO_2\text{—}C_6H_4\text{—}CH_3$ $^-OSO_2\text{—}C_6H_4\text{—}Br$ $^-OSO_2\text{—}C_6H_4\text{—}NO_2$ $^-OSO_2CH_3$

简称： ^-OTs ^-OBs ^-ONs ^-OMs

一些碱性强的基团如 HO^-、^-OR、$^-NH_2$、^-NHR、$^-NR_2$ 则是很差的离去基团，故不能作为离去基而离去。

6.2.3 亲核试剂（:Nu^-）

亲核试剂都具有未共用电子对，它们都显碱性，但碱性与亲核性并不是完全等同的概念。第一，碱性代表试剂结合质子的能力，而亲核性则代表试剂与碳原子的结合能力；第二，碱性意味着热力学平衡情况，因为与平衡常数有关，而亲核性意味着动力学过渡态情况；第三，碱性很少受到空间因素影响，而亲核性对空间效应的影响很敏感。因此亲核试剂对 S_N1 反应的反应速率影响不明显，主要是对 S_N2 的反应速率有极大影响。

试剂的亲核性与碱性大小一致的有以下情况。

① 亲核性与碱性顺序一致的有：

$$RO^\ominus > HO^\ominus > ArO^\ominus > RCOO^\ominus > ROH > H_2O$$

而且带负电荷的试剂的亲核性比其共轭酸大。

$$HO^\ominus > H_2O \quad\quad RO^\ominus > ROH \quad\quad RS^\ominus > RSH$$

② 周期表中同一周期的元素所示亲核试剂其亲核性大小与碱性强弱一致的有：

$$NH_2^\ominus > HO^\ominus > F^\ominus \quad\quad R_3C^\ominus > R_2N^\ominus > RO^\ominus > F^\ominus$$

另外还有试剂的亲核性与碱性大小不一致，有以下三种情况。

① 周期表中同族元素所产生的负离子或分子，中心原子极化度大的，亲核性较强。

$$RS^\ominus > RO^\ominus \quad\quad RSH > ROH$$

这是由于极化度大的原子外层电子易于变形，更容易进攻碳核，即使试剂与作用物相距还较远，成键过程即已开始，使生成的过渡态更加稳定，故使 S_N2 反应更易进行。

② 溶剂对亲核性产生影响，使亲核性与碱性不一致。溶剂化作用强的其亲核性减小。如卤离子在水、醇等质子溶剂中亲核性大小顺序为：

$$I^\ominus > Br^\ominus > Cl^\ominus > F^\ominus$$

这与其碱性顺序刚好相反。若在 N,N-二甲基甲酰胺、二甲亚砜等非质子溶剂中，卤离子的亲核性大小次序为：

$$F^\ominus > Cl^\ominus > Br^\ominus > I^\ominus$$

这与碱性的大小次序一致。

这是因为在水、醇等质子溶剂中，负离子与溶剂分子生成氢键而缔合，体积小、电荷集中的 F^-、Cl^- 生成的氢键牢固，与溶剂缔合的程度大；而 I^- 体积大，电荷分散，与溶剂缔合的程度小。Nu 在进攻碳原子前，必须摆脱外面围绕的"溶剂壳"，因此，缔合程度越小，Nu 脱掉外层溶剂更容易，亲核性就强。

而非质子溶剂如：N,N-二甲基甲酰胺（DMF），二甲亚砜（DMSO），六甲基磷酰胺（HMPA）等结构为：

$$\overset{\delta^-}{O}=CH\text{—}\overset{\delta^+}{N}(CH_3)_2 \quad\quad \overset{\delta^-}{O}\text{—}\overset{\delta^+}{S}(CH_3)_2 \quad\quad \overset{\delta^-}{O}\text{—}\overset{\delta^+}{P}(NMe_2)_3$$

             DMF   DMSO   HMPA

这种分子正电荷一端被烷基等包围，空间阻碍大，而负电荷一端露在外，因此只缔合正离子，而使负离子裸露在外，负离子作为：Nu^- 则不受溶剂约束，所以在非质子极性溶剂中，卤离子亲核性次序与碱性一致。

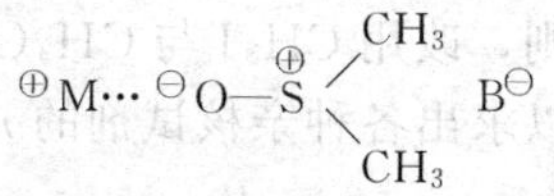

$$\overset{\oplus}{M}\cdots O-\overset{CH_3}{\underset{CH_3}{S}}\quad B^{\ominus}$$

在非质子极性溶剂中裸露的负离子的亲核性比溶剂化的负离子大得多。如在 DMF 中，$Cl^{\ominus}$ 取代 $I^{\ominus}$ 的速度比甲醇中快 1.2×10^6 倍。

	相对速率
$CH_3I+Cl^{\ominus} \xrightarrow{MeOH} CH_3Cl+I^{\ominus}$	1
$CH_3I+Cl^{\ominus} \xrightarrow[25℃]{DMF} CH_3Cl+I^{\ominus}$	1.2×10^6

近年来为了加速亲核取代反应，常常使用非质子性溶剂作为反应介质。加入冠醚则能提高负离子亲核取代反应的活性，大大促进 S_N2 反应，因冠醚的空穴只选择性配合正离子，使负离子裸露在外。如：

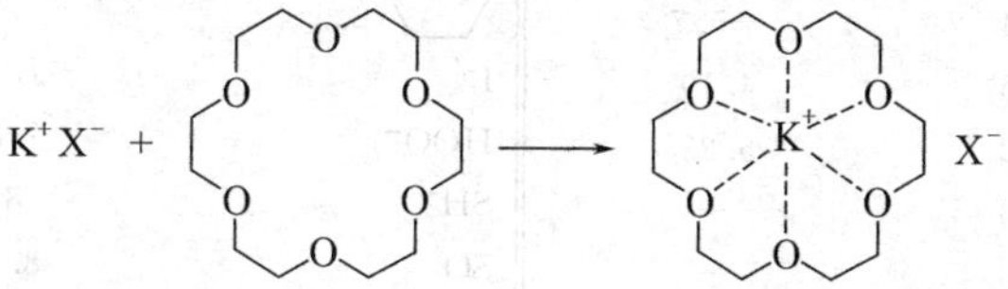

③ 试剂的亲核性受空间因素的影响，空间位阻大的亲核性则减小。如烷氧负离子亲核性大小次序为：

$$MeO^{\ominus}>EtO^{\ominus}>Me_2CHO^{\ominus}>Me_3CO^{\ominus}$$

这刚好与碱性的强弱顺序相反。

又如 α-烷基吡啶的衍生物与碘甲烷反应，当 α-位空间位阻增大时，亲核性则减弱。

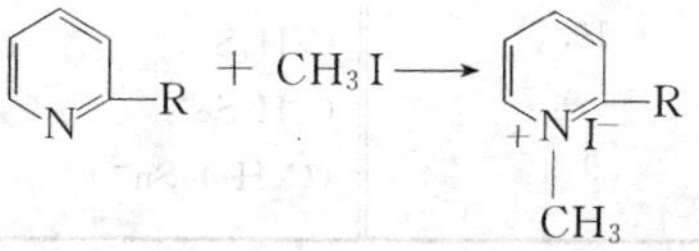

反应物：

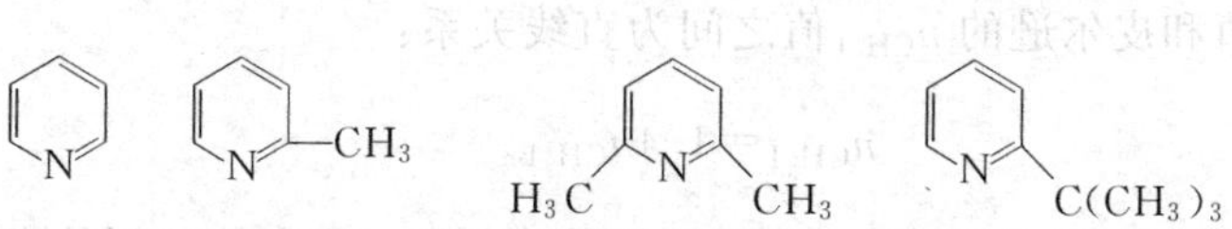

吡啶	2-甲基吡啶	2,6-二甲基吡啶	2-叔丁基吡啶
相对速率: 1.0	0.5	0.04	0.0002

在 S_N2 反应中，为了定量地衡量亲核试剂的亲核能力，斯维恩（Swain）与斯科特（Scott）提出了下面的方程式：

$$\lg\frac{k}{k_0}=ns$$

式中 k_0——标准反应的反应速率；

k——具有亲核性 n 的 Nu 和具有敏感 s 的作用物间的反应速率；

n——试剂的亲核常数，作为衡量 Nu 亲核性的尺度；

s——衡量作用物对亲核试剂的敏感度。

以 CH_3Br 为底物，水为亲核试剂，二者在 25℃时的反应为标准反应，CH_3Br 的 s 值定为 1，于是可按下式求出多种亲核试剂的 n 值。

$$n = \lg \frac{k_{CH_3Br+Nu}}{k_{CH_3Br+H_2O}}$$

由于用 CH_3Br 做底物求得的 n 值较少,故使其应用受到一定限制。1968 年皮尔逊 (Pearon) 根据斯维恩等提出的原则,改用 CH_3I 与 CH_3OH 在 25℃下的反应作为标准反应,同时也定 CH_3I 的 s 为 1,于是可以求出各种亲核试剂的 n 值。

$$n_{CH_3I} = \lg \frac{k_{CH_3I+Nu}}{k_{CH_3I+H_2O}}$$

表 6-5 列出了按皮尔逊的方法求出的亲核试剂的亲核常数。

表 6-5 亲核常数 (n_{CH_3I} 值)

亲核试剂	n_{CH_3I}	共轭酸 pK_a (在 CH_3OH 中)	亲核试剂	n_{CH_3I}	共轭酸 pK_a (在 CH_3OH 中)
CH_3OH	0.0	−1.7	$(C_2H_5)_2NH$	~7.0	—
NO_3^-	1.5	−1.3	$(C_2H_5)_3As$	7.1	—
F^-	~2.7	3.45	$S=C(NH_2)_2$	7.3	−0.96
CH_3COO^-	4.3	4.75	⬡NH	7.3	11.2
Cl^-	4.4	−5.7			
$PhCOO^-$	4.5	4.19	I^-	7.4	−10.7
C_5H_5N	5.2	5.23	HOO^-	7.8	—
$(CH_3)_2S$	5.3	—	SH^-	8	7.8
$(CH_3CH_2)_2S$	5.3	—	SO_3^{2-}	8.5	7.26
NO_2^-	5.4	3.37	N_3^-	5.8	4.74
NH_3	5.5	9.25	Br^-	5.8	−7.77
$C_6H_5NH_2$	5.7	4.58	CH_3O^-	6.3	15.7
$C_6H_5O^-$	5.8	9.89	OH^-	6.5	15.7
NH_2OH	6.6	5.8	$(C_2H_5)_3P$	8.7	8.69
NH_2NH_2	6.6	7.9	$S_2O_3^{2-}$	9.0	1.9
$(CH_3CH_2)_3N$	6.7	10.7	$C_6H_5S^-$	9.9	6.5
SCN^-	6.7	−0.7	$C_6H_5Se^-$	10.7	—
CN^-	6.7	9.3	$(C_6H_5)_2Sn^-$	11.5	—

斯维恩的 n_{CH_3Br} 值和皮尔逊的 n_{CH_3I} 值之间为直线关系:

$$n_{CH_3I} = 1.4 n_{CH_3Br}$$

表 6-6 列出了以 CH_3Br 为底物与:Nu^- 反应所得出的一些亲核试剂的亲核性。

6.2.4 溶剂的影响

溶剂的性质对亲核取代反应也有一定的影响,溶剂主要是通过影响过渡态的稳定性,从而影响反应活化能而影响反应速率。

S_N1 反应的速率决定步骤是卤代烷的解离,过渡态是高度极化的,碳原子上带部分正电荷,卤素原子上带部分负电荷;溶剂极性的增加能够稳定过渡态,使过渡态的能量降低,因而降低了反应活化能,使反应加速。例如,三级溴代烷的溶剂解随溶剂极性增加而加速。

$$(CH_3)_3CBr + Sol-OH \xrightarrow{S_N1} (CH_3)_3COSol + HBr$$

Sol-OH:	乙醇	80%乙醇	50%乙醇	水
相对速率:	1	10	20	1450

表 6-6 一些亲核试剂的亲核性

:Nu⁻ + CH₃Br ⟶ Nu—CH₃ + Br⁻

亲核试剂	相对反应性	亲核试剂	相对反应性
H_2O	1.00	N_3^-	1.000
NO_3^-	1.02	$(NH_2)C=S$	1.250
ROH	*	HO^-	1.600
F^-	10	RO^-	*
CH_3COO^-	52.5	$C_6H_5NH_2$	3.100
$HCOO^-$	56.5	SCN^-	5.900
Cl^-	102	I^-	10.200
$C_6H_5O^-$	316	$SH^-(RS^-)$	12.600
C_6H_5N	400	CN^-	12.600
R_3N	*	SO_3^{2-}	12.600
Br^-	775	$S_2O_3^{2-}$	220.00

注：* 表示无确切数据。

溶剂的极性对 S_N2 反应的影响不大。因为在 S_N2 反应中，反应物（RX+ :Nu⁻）和过渡态（$\overset{\delta-}{Nu}$--R--$\overset{\delta-}{X}$）都带负电荷，体系的极性通常没有变化，只是电荷的分散程度不同。反应物中电荷集中，过渡态电荷分散，溶剂对反应物的作用略大于过渡态，对活化能的影响较小。但是，增加溶剂的极性会使极性大的亲核试剂发生溶剂化作用。因此，在极性小的非质子溶剂（如无水丙酮）中，有利于反应按 S_N2 机理进行。

在非质子性溶剂中，如二甲亚砜（$CH_3)_2SO$（DMSO），N,N-二甲基甲酰胺 $HCON(CH_3)_2$（DMF），周期表中同族元素所产生的负离子的碱性和亲核性的强弱顺序一致，即：随着原子序数增大，碱性减弱，亲核性减弱。例如，卤素负离子的碱性和亲核性的强弱顺序均为：$F^- > Cl^- > Br^- > I^-$。这主要是在非质子溶剂中，卤素负离子没有溶剂化作用的缘故。

试剂的亲核性还受空间因素的影响，空间位阻大的亲核性小。例如，烷氧负离子的亲核性大小次序为：

$$CH_3O^- > CH_3CH_2O^- > (CH_3)_2CHO^- > (CH_3)_3CO^-$$

与碱性强弱的顺序相反。

6.3 亲核取代反应在有机合成中的应用

亲核取代反应在有机合成中的应用非常广泛，通过亲核取代反应，能形成 C—C、C—H、C—O、C—S、C—N、C—X 等键，从而可以合成烃类、醇、醚、酮、酯、胺、腈、卤代烃等。

6.3.1 形成 C—C 键

当试剂中亲核原子为碳，如 CN^-、碳负离子（炔化钠、烯醇盐、丙二酸酯类等），进行亲核取代反应可以合成 C—C 键，因此可以合成烃、腈、酮、酮酸、羧酸、酯等。如：

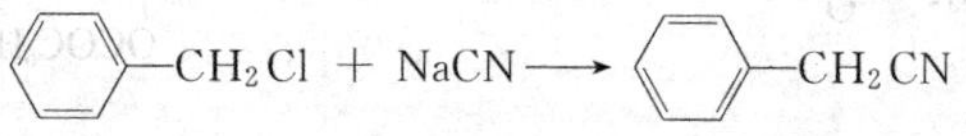

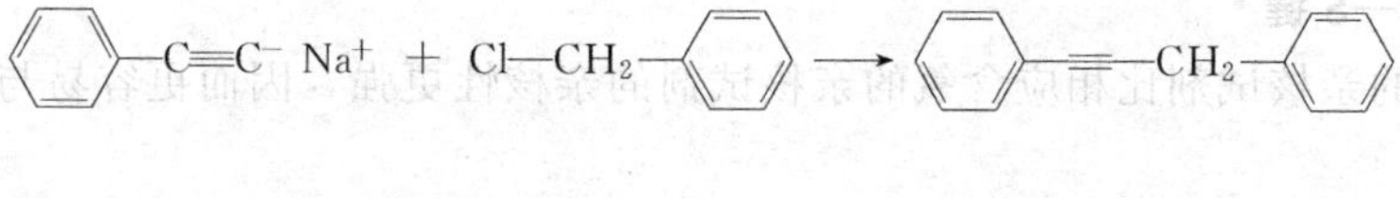

$$C_6H_5CH_2COOCH_2CH_3 + C_6H_5CH_2Br \xrightarrow{NaNH_2/NH_3(l)} C_6H_5\underset{\underset{CH_2C_6H_5}{|}}{CH}COOCH_2CH_3$$

$$CH_2(COOEt)_2 + C_6H_5CH_2Br \xrightarrow[C_2H_5OH]{EtONa} C_6H_5CH_2CH(COOEt)_2$$

$$\underset{O}{\overset{\|}{CH_3C}}CH_2COOCH_2CH_3 + CH_3CH_2Br \xrightarrow[C_2H_5OH]{EtONa} \underset{O}{\overset{\|}{CH_3C}}-\underset{\underset{CH_2CH_3}{|}}{CH}-COOC_2H_5$$

$$\underset{O}{\overset{\|}{CH_3C}}CH_2COOCH_2CH_3 + ClCH_2COOEt \xrightarrow[C_2H_5OH]{EtONa} \underset{O}{\overset{\|}{CH_3C}}-\underset{\underset{CH_2-COOEt}{|}}{CH}-COOEt$$

通过乙酰乙酸乙酯的烯醇盐发生亲核取代，再经酮式分解即可合成甲基酮，β-与γ-二酮，γ-酮酸等。

6.3.2 形成 C—H 键

如氢化锂铝（$LiAlH_4$）或硼氢化钠（$NaBH_4$）可使卤代烃还原为烃。它们都可以提供 $[H^-]$ 作为亲核试剂进攻卤代烃，按 S_N2 历程进行取代反应。如：

$$4CH_3CH_2CH_2Br + LiAlH_4 \xrightarrow{无水乙醚} 4CH_3CH_2CH_3 + LiAlBr_4$$

$$4\,C_6H_5-CH_2Br + LiAlH_4 \xrightarrow{无水乙醚} 4\,C_6H_5-CH_3 + LiAlBr_4$$

6.3.3 形成 C—O 键

一般通过含氧的亲核试剂与卤代烃作用，发生取代反应可相应制得醇、醚、酯等。如：

3-吡啶基-CH_2Cl + NaOH（水溶液）⟶ 3-吡啶基-CH_2OH + NaCl

$$C_6H_5CH_2Cl + NaOC(CH_3)_3 \longrightarrow C_6H_5CH_2OC(CH_3)_3 + NaCl$$

呋喃基-CH_2Br + $KOC(CH_3)_3$ $\xrightarrow{18\text{-}冠\text{-}6醚}$ 呋喃基-$CH_2OC(CH_3)_3$ + KBr

$$C_6H_5CH_2Cl + C_6H_5OH \xrightarrow[150\sim190℃]{(CH_3CH_2)_3N} C_6H_5CH_2OC_6H_5 + HCl$$

$$C_6H_5CH_2Br + CH_3COOK \xrightarrow[90\sim100℃]{DMF} CH_3COOCH_2C_6H_5 + KBr$$

环氧化合物在亲核试剂的进攻下更容易发生开环反应生成醇、醚和酯。

$$\text{PhCH-CH}_2(环氧) + H_2O \xrightarrow{酸和碱} \underset{\underset{OH\;OH}{|\;\;\;|}}{PhCH-CH_2}$$

$$CH_3CH\text{-}CH_2(环氧) + C_2H_5OH \begin{cases} \xrightarrow{H^+} CH_3CHCH_2OH \\ \qquad\quad | \\ \qquad\quad OC_2H_5 \\ \xrightarrow{C_2H_5ONa} CH_3CHCH_2OC_2H_5 \\ \qquad\qquad\qquad | \\ \qquad\qquad\qquad OH \end{cases}$$

$$(CH_3)_2C\text{-}CH_2(环氧) + C_6H_5COOH \xrightarrow{H^+} \underset{\underset{OCOC_6H_5}{|}}{(CH_3)_2CCH_2OH}$$

6.3.4 形成 C—S 键

由于含硫的亲核试剂比相应含氧的亲核试剂的亲核性更强，因而更容易与卤代烃等发生亲核取代反应。如：

$$(CH_3)_2CH-I + NaSH \longrightarrow (CH_3)_2CH-SH + NaI$$

$$C_6H_5-CH_2Br + NaSH \longrightarrow C_6H_5-CH_2SH + NaBr$$

$$2CH_2=CHCH_2Br + Na_2S \longrightarrow CH_2=CHCH_2SCH_2CH=CH_2 + 2NaBr$$

$$(CH_3)_2CHBr + NaSC_6H_5 \longrightarrow (CH_3)_2CH-S-C_6H_5 + NaBr$$

用硫氢化钠与卤代烃作用制硫醇时，可以发生多取代反应，因而有较多的硫醚生成，如采用硫脲代替硫氢化钠可避免发生多取代反应。

$$(C_6H_5)_2CHCl + S=C(NH_2)_2 \xrightarrow[\triangle]{乙醇} (C_6H_5)_2CHSC(NH \cdot HCl)(NH_2) \xrightarrow{NaHCO_3(水)}$$

$$(C_6H_5)_2CHSH + NH_2CN + NaCl$$

用硫化氢或硫醚还可以与酰氯发生作用，形成硫羟酸和硫羟酸酯。如：

$$C_6H_5COCl + H_2S \longrightarrow C_6H_5COSH + HCl$$

$$C_6H_5COCl + RSR' \longrightarrow C_6H_5COSR' + RCl$$

6.3.5 形成 C—N 键

胺类与卤代烃作用，在氮上发生烃基化反应。一般来说，卤代烃与胺或伯胺的反应通常不能用来制备伯胺或仲胺，因为生成的胺的碱性比胺强，会更容易进攻底物。然而，这个反应是制备叔胺和季铵盐的好方法。如：

$$3CH_3CH_2Cl + NH_3 \longrightarrow (CH_3CH_2)_3N \xrightarrow{CH_3CH_2Cl} (CH_3CH_2)_4N^+Cl^-$$

胺和伯胺也能生成酰亚胺。另外氨还可以与环氧丙烷发生开环反应，形成 C—N 键。如：

邻苯二甲酸酐 + NH_3 ⟶ 邻苯二甲酰胺醇中间体 ⟶ 邻苯二甲酰亚胺

$$\text{环氧乙烷} + NH_3 \longrightarrow H_2NCH_2CH_2OH \xrightarrow{\text{环氧乙烷}} HN(CH_2CH_2OH)_2 \xrightarrow{\text{环氧乙烷}} N(CH_2CH_2OH)_3$$

$$ClCH_2CH_2OH + (C_2H_5)_2NH \xrightarrow{NaOH} (C_2H_5)_2NCH_2CH_2OH + NaCl$$

6.3.6 形成 C—X 键

$$(C_6H_5)_2CH-OH + HBr \longrightarrow (C_6H_5)_2CH-Br + H_2O$$

$$(CH_3CH_2)_2CH-OH + SOCl_2 \longrightarrow (CH_3CH_2)_2CH-Cl + SO_2\uparrow + HCl\uparrow$$

$$C_6H_5-CH_2OH + SOCl_2 \longrightarrow C_6H_5-CH_2Cl + SO_2\uparrow + HCl\uparrow$$

$$C_6H_5CH_2Br + NaI \xrightarrow{\text{丙酮}} C_6H_5CH_2I + NaBr$$

$$CH_3(CH_2)_3Br + KF \xrightarrow{\text{乙二醇}} CH_3(CH_2)_3F + KBr$$

习 题

6.1 预计下列各对反应中哪一个发生溶剂解（乙酸）比较快？试解释之。

(1) F$_3$C—C$_6$H$_4$—CH$_2$OSOC$_6$H$_5$, H$_3$C—C$_6$H$_4$—CH$_2$OSOC$_6$H$_5$
      a   b

(2) CH$_3$CH=CH—CH$_2$OTs , CH$_2$=CHCH$_2$CH$_2$OTs
                 a   b

(3)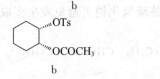
     a   b

6.2 对下列的亲核试剂，确定每两个中哪一个亲核能力更强。

(1) Cl$_3$C—C$_6$H$_4$—O$^-$, H$_3$C—C$_6$H$_4$—O$^-$ (2) NH$_2$CH$_3$, (CH$_3$)$_2$NH

(3) C$_6$H$_4$—SH , C$_6$H$_4$—OH   (4) —CH(COOEt)$_2$, —CH$_2$COOEt

(5) CH$_3$CH$_2$CH$_2$CH$_2$OH , CH$_3$CH$_2$CH$_2$SH   (6) H$_2$O , CH$_3$OH

(7) CH$_3$O$^-$, C$_6$H$_5$O$^-$ (8) 吡啶 , 2-甲基吡啶

6.3 判断下列各对反应物，哪一个在 EtONa/EtOH 中反应较快？

(1) PhCH$_2$Cl , PhCH$_2$CH$_2$Cl   (2) (CH$_3$)$_2$S$^+$I$^-$, (CH$_3$)$_2$S

(3) 环氧乙烷 , 2,5-二氢呋喃   (4) 2-降冰片基溴 , 1-降冰片基溴

(5) H$_3$COSO$_2$—(4-甲基苯基) , H$_3$COSO$_2$—(3,4-二氯苯基)   (6) PhCH$_2$Br , 3,4-亚甲二氧基苄溴

6.4 下列各组化合物分别在 CH$_3$COOAg/CH$_3$COOH 溶液中发生反应，按反应速率递减的顺序排列各组中的化合物。

(1) n-PrBr , i-PrBr , BrCH=CH$_2$, CH$_2$=CHCH$_2$Br
      a   b   c   d

(2) t-BuBr , t-BuCH$_2$Br , n-BuBr , i-BuBr
      a   b   c   d

(3) CH$_3$OCH$_2$Cl , CH$_3$OCH$_2$CH$_2$Cl , CH$_3$OCHCH$_3$, CH$_3$OCH$_2$CHCl
                                                                                                                             Cl   C$_6$H$_5$
            a   b   c   d

(4) 环己二烯基-CH$_2$Cl , 环己基-CH$_2$Cl , 1-甲基-1-氯环己烷 , 1-氯-2-OTs-环己烷
            a   b   c   d

(5) 环丁基-Br , 环丙基-CH$_2$Br , 环丁烯基-Br , 环丁基-Br
      a   b   c   d

(6) $CH_2=C(CH_3)CH_2Cl$, $CH_3CH=CHCH_2Cl$, $C_6H_5CH_2Cl$, $C_6H_5CHClCH_3$
        a   b   c   d

6.5 下列各组化合物在 KI/丙酮溶液中反应，按反应速率递减的顺序排列各组中的化合物。

(1) Ph—Br, Ph—CH₂CH₂Br, Ph—CHBrCH₃, Ph—CH₂Br
    a   b   c   d

(2) $C_6H_5COCH_2Br$, $C_6H_5COCHBrCH_3$, $C_6H_5COCH_2CH_2Br$, $C_6H_5COCH(CH_3)CH_2Br$
           a   b   c   d

(3) $CH_3CH_2CH_2CH(Cl)CH_3$, $CH_3CH(CH_3)CH_2CH_2Cl$, $CH_3CH_2CH(CH_3)CH_2Cl$, $CH_3CH_2C(CH_3)_2Cl$
              a   b   c   d

(4) EtBr, EtCl, EtOTs, CH_3F
    a   b   c   d

6.6 若 R—X 为亲核取代的反应物，试比较 X 为下列基团时其离去能力的大小。

(1) $H_3CO-C_6H_4-OSO_2^-$, $H_3C-C_6H_4-OSO_2^-$, $C_6H_5-OSO_2^-$, $O_2N-C_6H_4-OSO_2^-$
              a   b   c   d

(2) —NH_2, —OH, —Cl, —Br   (3) —Br, —I, —Cl, —F
     a   b   c   d   a   b   c   d

6.7 试提出下列反应可能的机理。

(1) Cl—CH_2—CH(H)—CH_2(O epoxide) $\xrightarrow{CH_3ONa, CH_3OH}$ H_2C—CH*—CH_2OCH_3 (epoxide)

(2) cyclopropyl-CH_2OTs $\xrightarrow{AcOH}$ cyclopropyl-CH_2OAc + cyclobutyl-OAc + $CH_2=CHCH_2CH_2OAc$

(3) H_3C-epoxide-CH_2CH_3 (cis) $\xrightarrow{NCS^-}$ H_3C-thiirane-CH_2CH_3 (cis)

(4) $(CH_3)_2C(OCH_3)CH_2OSO_2C_6H_5$ $\xrightarrow{H_3O^+}$ $(CH_3)_2CHCHO$

(5) (H₂N, Br substituted thiolane with COOCH₃) $\xrightarrow{CH_3COOH}$ (bicyclic Br-thiolane-lactam)

(6) (cyclohexyl-OCOCH₃/OSO₂C₆H₄NO₂-p) $\xrightarrow[CH_3CH_2OH]{CH_3CH_2ONa}$ (cyclohexyl fused 1,3-dioxolane with CH₃, OCH₂CH₃)

6.8 试写出 1-溴丙烷与下列试剂反应的主要产物。

(1) $NaCN/CH_3COCH_3$;   (2) $NaOCH_3/CH_3OH$;
(3) NaI/CH_3COCH_3;   (4) $NaSCH_3/CH_3CH_2OH$

6.9 完成下列反应。

(1) $(CH_3)_3C-Cl$ $\xrightarrow[DMSO]{CH_3COONa}$

(2) BrCH₂CH₂OCH₂CH₂Cl $\xrightarrow{\text{1mol CH}_3\text{ONa}}_{\text{CH}_3\text{OH}}$

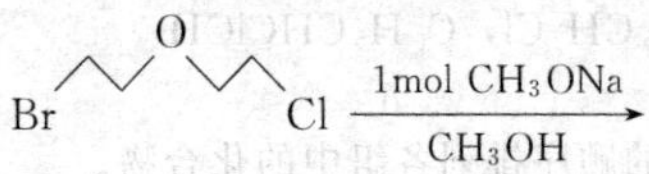

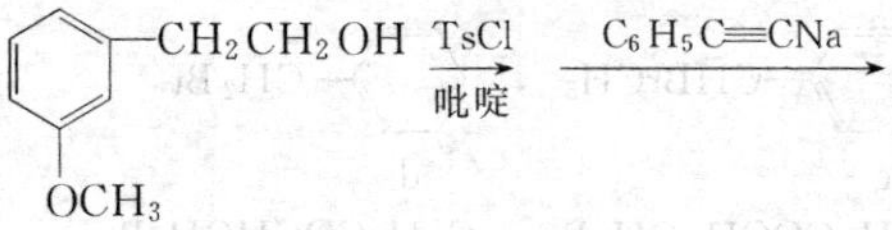

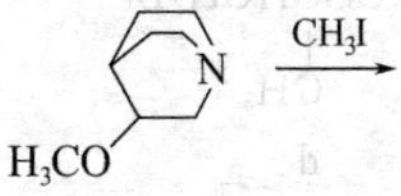

(3) 3-methoxybenzyl-CH₂CH₂OH $\xrightarrow[\text{吡啶}]{\text{TsCl}}$ $\xrightarrow{\text{C}_6\text{H}_5\text{C}\equiv\text{CNa}}$

(4) 3-methoxyquinuclidine $\xrightarrow{\text{CH}_3\text{I}}$

(5) (stereochemistry structure with Ph, CH₃CH₂, H, CH₃, OTs) $\xrightarrow{\text{AcOH}}$

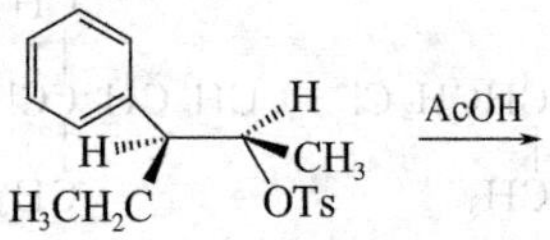

习题参考答案

6.1
(1) b>a; (2) a>b; (3) a>b。解释:"略"

6.2
(1) 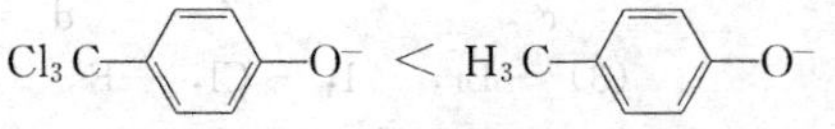 Cl₃C-C₆H₄-O⁻ < H₃C-C₆H₄-O⁻   (2) NH₂CH₃ < (CH₃)₂NH

(3) p-MeC₆H₄-SH > p-MeC₆H₄-OH   (4) -CH(COOEt)₂ < -CH₂COOEt

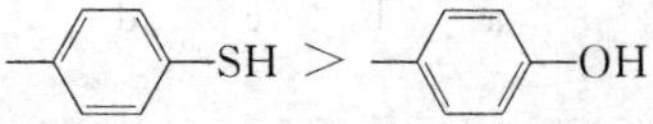

(5) CH₃CH₂CH₂CH₂OH < CH₃CH₂CH₂CH₂SH   (6) H₂O > CH₃OH

(7) CH₃O⁻ > C₆H₅O⁻   (8) pyridine > 2-methylpyridine

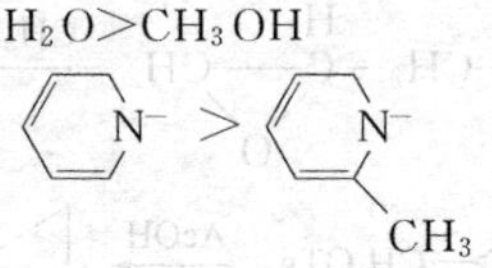

6.3
(1) 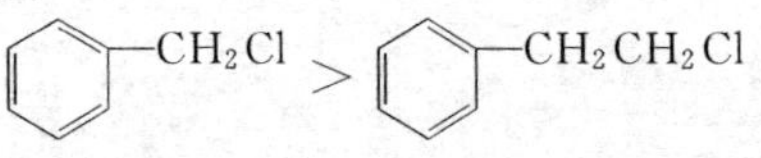 C₆H₅CH₂Cl > C₆H₅CH₂CH₂Cl   (2) (CH₃)₂S⁺I > (CH₃)₂S

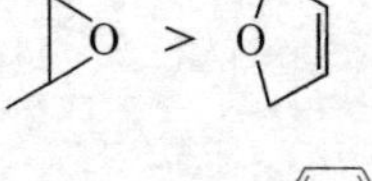

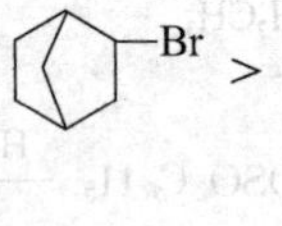

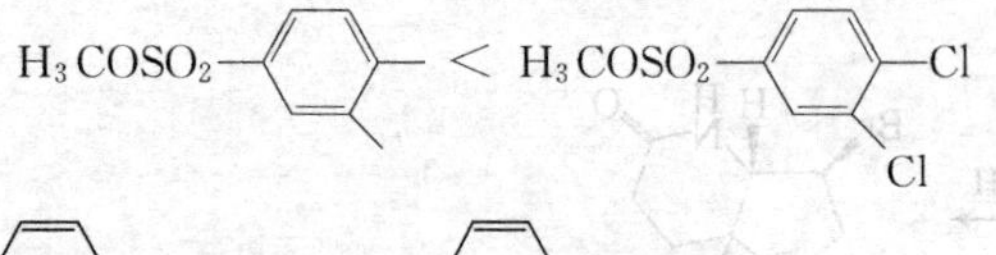

(3) epoxide > 2,5-dihydrofuran   (4) 2-bromonorbornane (exo) > (endo)

(5) H₃COSO₂-(3-methylphenyl) < H₃COSO₂-(3,4-dichlorophenyl)

(6) C₆H₅CH₂Br < (3,4-methylenedioxyphenyl)CH₂Br

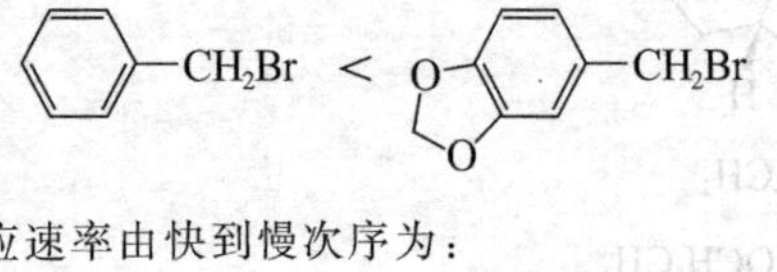

6.4 反应速率由快到慢次序为:
(1) d>b>a>c;   (2) a>d>c>b;   (3) d>c>a>b;
(4) a>c>d>b;   (5) d>a>b>c;   (6) d>c>b>a

6.5 反应速率由快到慢次序为:
(1) c>d>b>a;   (2) b>a>c>d;   (3) d>a>b>c;   (4) c>a>b>d

6.6
(1) d>c>b>a;   (2) d>c>b>a;   (3) b>a>c>d

6.7

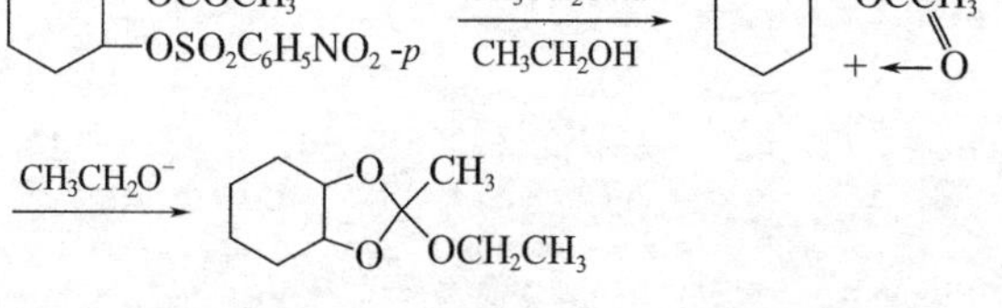

6.8
(1) $CH_3CH_2CH_2CN$; (2) $CH_3CH_2CH_2OCH_3$; (3) $CH_3CH_2CH_2I$; (4) $CH_3CH_2CH_2SCH_3$

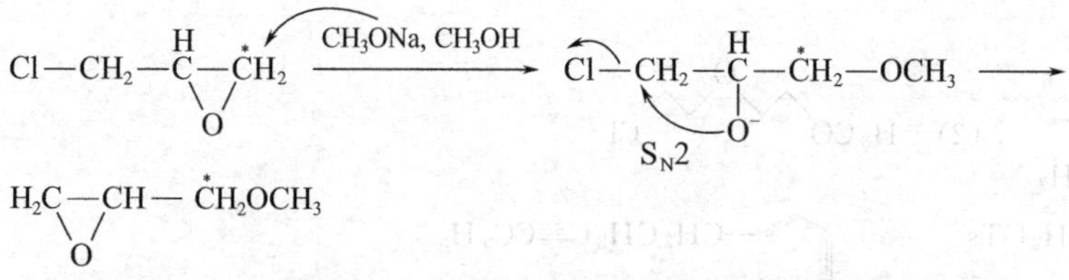

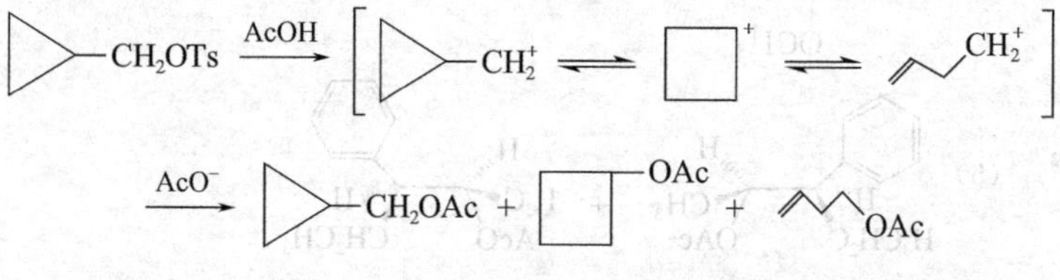

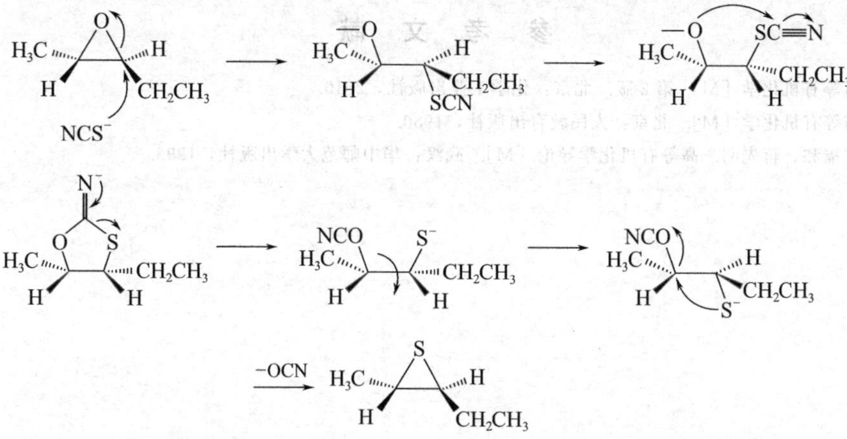

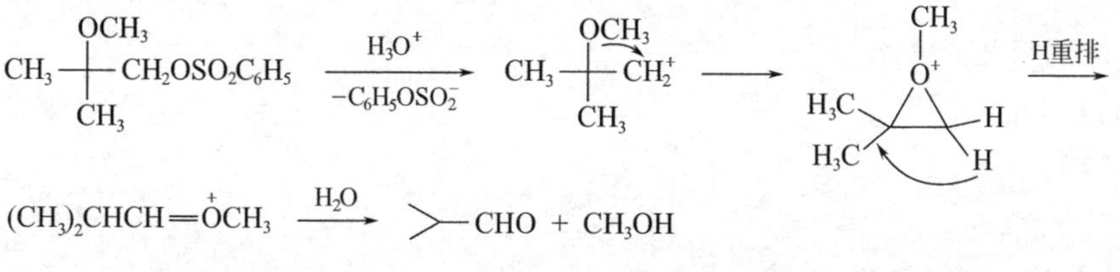

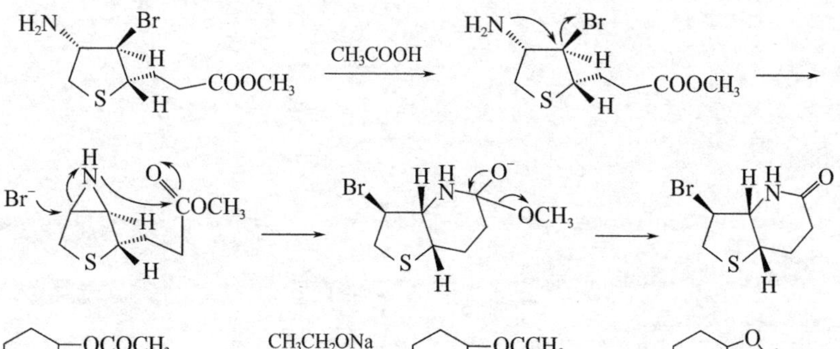

6.9

(1) 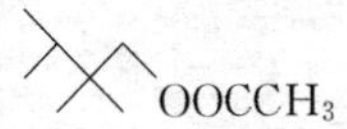 (CH₃)₃CCH₂OOCCH₃

(2) 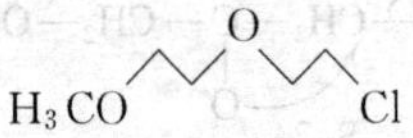 H₃CO-CH₂CH₂-O-CH₂CH₂-Cl

(3) 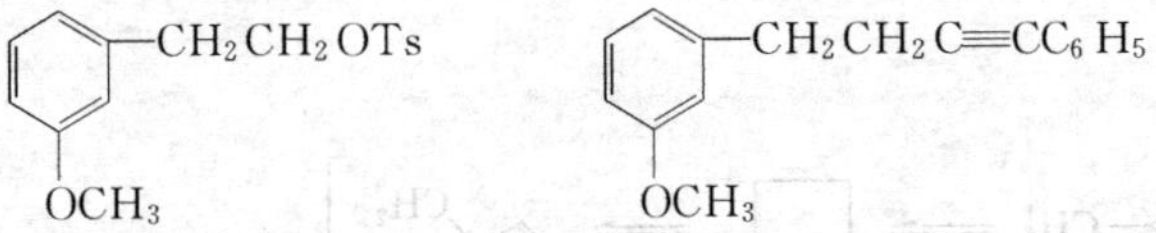 3-CH₃O-C₆H₄-CH₂CH₂OTs

(4) 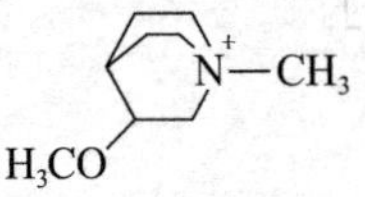 1-methyl-3-methoxy quinuclidinium (N⁺-CH₃, with OCH₃ substituent)

3-CH₃O-C₆H₄-CH₂CH₂-C≡C-C₆H₅

(5) 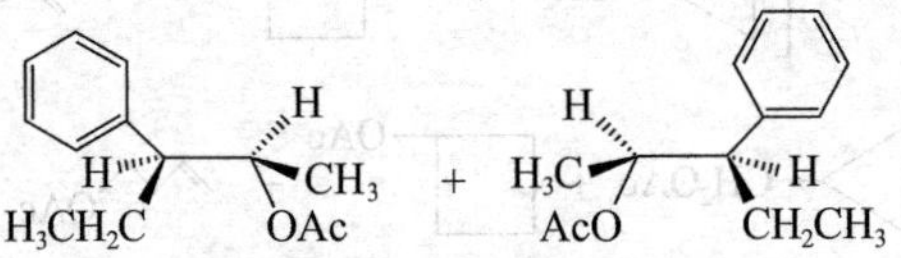 (以Ph, CH₃CH₂, H, OAc 和 CH₃ 取代的碳) + 对映体

参 考 文 献

[1] 汪秋安. 高等有机化学 [M]. 第2版. 北京：化学工业出版社，2010.
[2] 王积涛. 高等有机化学 [M]. 北京：人民教育出版社，1980.
[3] 汪炎刚，陈福和，蒋先明. 高等有机化学导论 [M]. 武汉：华中师范大学出版社，1993.

第7章 芳香性与芳香族化合物的取代反应

7.1 芳香性的一般讨论

化合物芳香性的现代理论的提出是在 1931 年由德国化学家休克尔提出的休克尔 (Hückel) 规则开始的。该规则从分子轨道理论的角度论述了环状多烯（即轮烯）的芳香性，其要点是：化合物是轮烯，共平面，共平面的原子均为 sp^2 或 sp 杂化，平面体系 π 电子数为 $4n+2$ ($n=0, 1, 2, \cdots$)。1954 年伯朗特 (Platt) 提出了周边修正法对休克尔规则进行了完善和补充，认为可以忽略中间的桥键而直接计算外围的电子数。

基于以上理论，可知苯是 6-轮烯，是典型的芳香性化合物；同时，有了以上理论同样可以回答一个这样的问题：是否芳香性化合物都该含有苯环，答案是否定的。

7.1.1 芳香性（轮烯，共平面，π 电子数为 $4n+2$，共平面的原子均为 sp^2 或 sp 杂化）

轮烯，如 18-轮烯，苯可看成是 6-轮烯，一些稠环烃也可看成轮烯。画经典结构式时，应使尽量多的双键处在轮烯上，处在轮烯内外的双键写成其共振的正负电荷形式，将出现在轮烯内外的单键忽略后，再用 Hückel-Platt 规则判断。

下面的化合物 A 和 D 周边分别有双键 6 个和 5 个，此时直接判断它们的芳香性就会造成错误，所以首先应将它们改写成尽量多的双键处在轮烯上的 B 和 E，B 和 E 周边分别有双键 7 个和 6 个，将内部的双键写成其共振的正负电荷形式 C 和 F 后，将出现在轮烯内外的单键忽略后，用 Hückel-Platt 规则判断得 A、G 为芳香性 (aromaticity) 物质，D 不是芳香性物质。

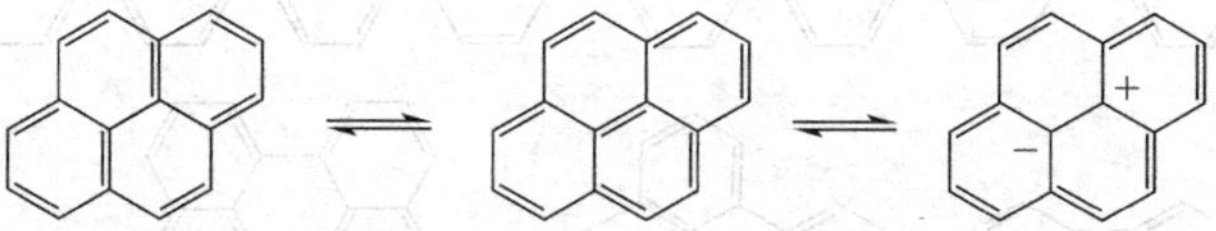

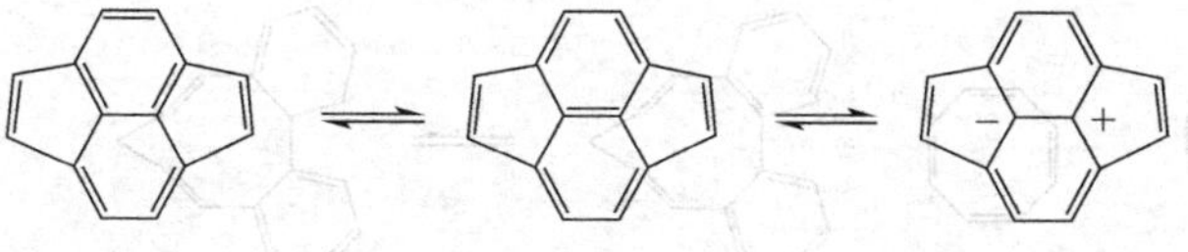

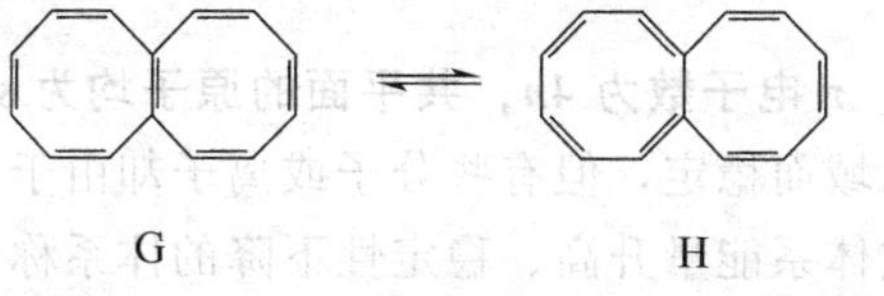

双键与轮烯直接相连，计算电子数时，将双键写成其共振的电荷结构，负电荷按 2 个电子计，正电荷按 0 计，内部不计。下面物质均有芳香性。

6e

6e

6e 6e

2e

10e

6e 2e

10e

14e

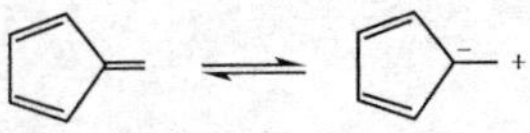

轮烯内部通过单键相连，且单键碳与轮烯共用，单键忽略后，下列物质萘、蒽、菲均有芳香性。

10e 12e 14e

12e 14e

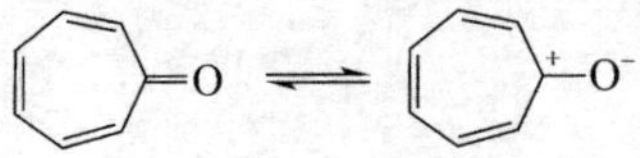

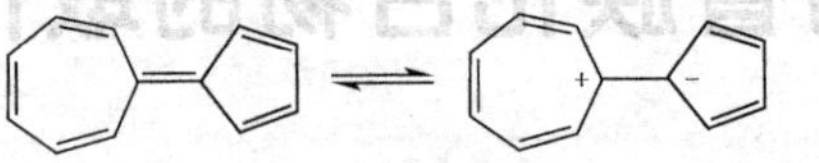

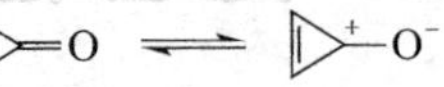

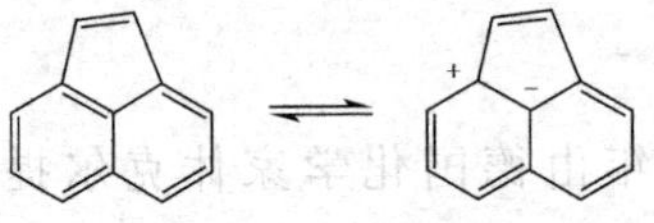

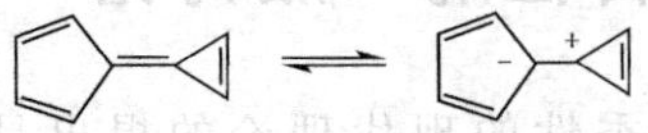

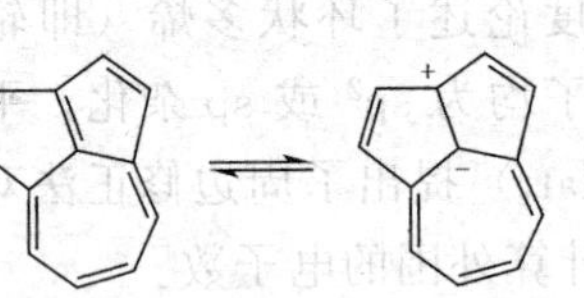

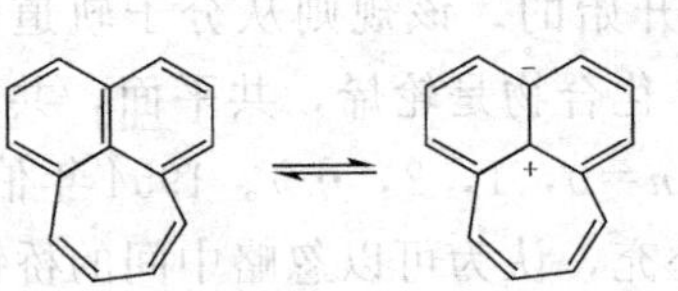

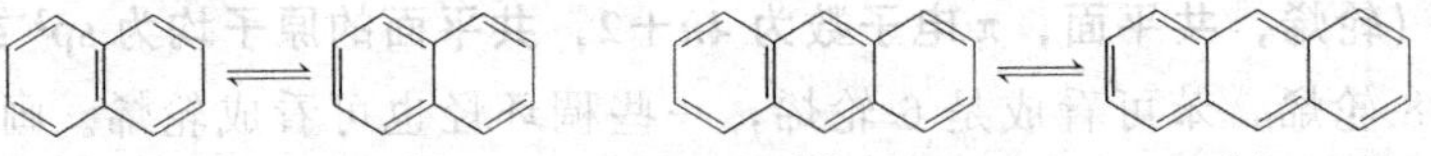

轮烯外部通过单键相连，且单键碳与轮烯共用，单键忽略后，分别计算单键所连的轮烯的芳香性，下列物质均具有芳香性。

2e 10e 18e

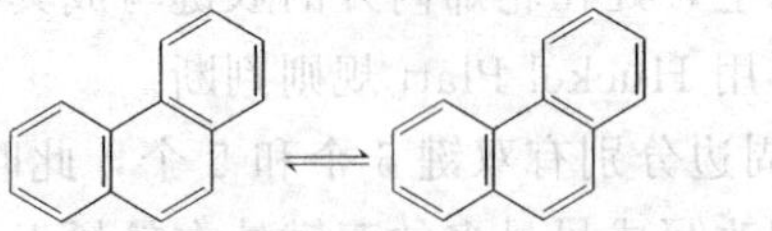

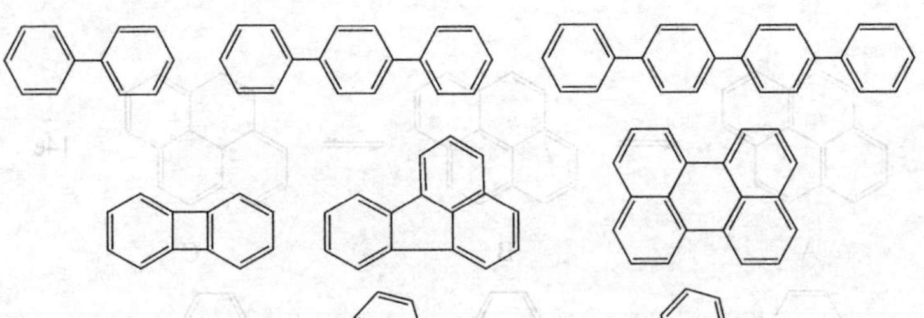

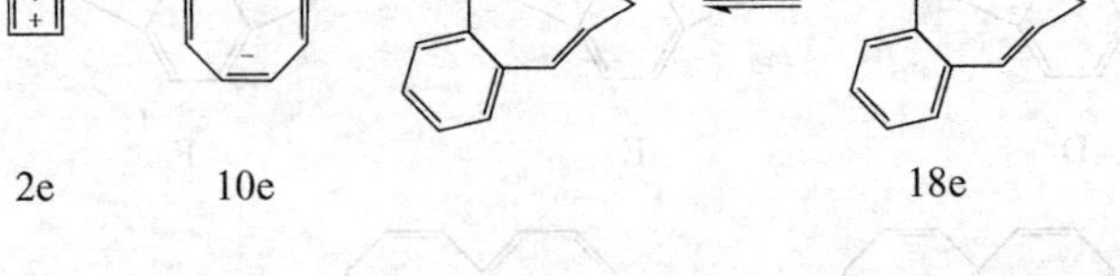

7.1.2 反芳香性（轮烯，共平面，π 电子数为 4n，共平面的原子均为 sp^2 或 sp 杂化）

芳香性化合物由于 π 电子的离域而稳定，但有些分子或离子却由于 π 电子的离域变得更不稳定。这种因 π 电子的离域导致体系能量升高、稳定性下降的体系称为反芳香性体系。具有 $4n$ 个 π 电子的平面环状共轭多烯，它的稳定性小于相应的同碳开链共轭烯烃，如 1,3-环丁二烯等。因此环丙烯负离子、1,3-环丁二烯、环戊二烯正离子是反芳香性（antiaromaticity）的物质。

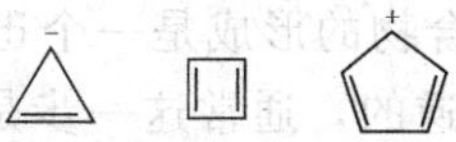

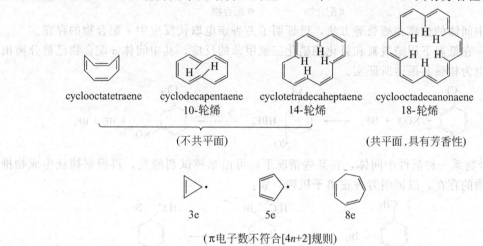

7.1.3 非芳香性

非芳香性（nonaromaticity）是分子不共平面的多环烯烃或电子数是奇数的中间体，如环辛四烯、10-轮烯、14-轮烯等。10-轮烯、14-轮烯均是由于内 H 的位阻及相互排斥使其不能共平面而具有非芳香性。另外环丙烯自由基，环戊二烯自由基等也具有非芳香性，其稳定性与开链烃相近。而 18-轮烯是平面结构，而且 $n=4$ 时，$4n+2=18$，具有芳香性。

7.1.4 同芳香性

同芳香性（homoaromaticity）是指共平面，它的 π 电子数为 $[4n+2]$，共平面的原子均为 sp^2 或 sp 杂化的轮烯上带有不与轮烯共平面的取代基或桥。例如：

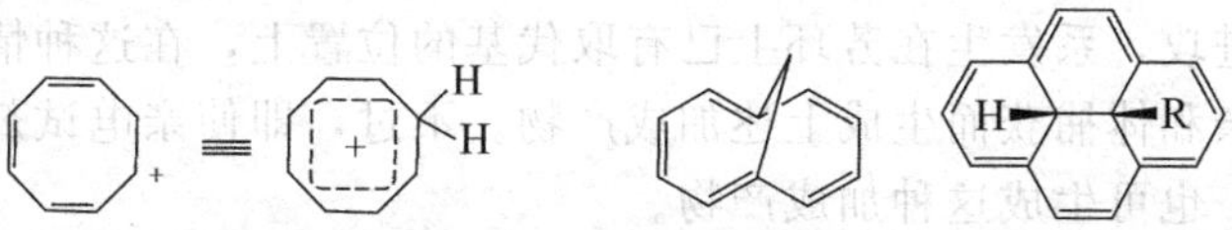

7.1.5 反同芳香性

反同芳香性（antihomoaromaticity）是指共平面，它的 π 电子数为 $4n$，共平面的原子均为 sp^2 或 sp 杂化的轮烯上带有不与轮烯共平面的取代基或桥。例如：

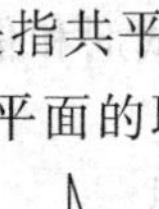

应该指出的是：一些芳香性的大环化合物并不十分稳定，但从物理角度看这类物质有反磁环流的现象，目前将具有反磁环流的物质称为芳香物质，而反芳香物质是顺磁环流的物质。

7.2 芳香族化合物的亲电取代反应

在芳烃的亲电取代反应中，反应是以芳烃阳离子机理进行的。首先亲电体和芳香环的 π 电子体系发生非专一的配合作用生成 π 配合物。π 配合物的形成是一个迅速可逆反应。然后

π配合物很快转变为σ配合物。σ配合物的形成是一个迅速可逆反应。然后π配合物很快变为σ配合物。σ配合物的形成也是可逆的，通常这一步是减速步骤。最后是亲电体离去生成产物。

亲电芳香取代反应机理的通式为：

$$\text{Ar-X} + E^+ \rightleftharpoons [\pi\text{配合物}] \xrightarrow{\text{慢}} [\sigma\text{配合物}] \rightleftharpoons \text{Ar(X)E} + H^+$$

通过中间体的分离和捕获等方法，已证明了芳香亲电取代反应中σ配合物的存在。

例如，在低温下用硝酰氟和氟化硼硝化三氟甲苯的反应，其中间体σ配合物已被分离出来，结构也为核磁共振谱所证实。

$$\text{PhCF}_3 + NO_2F + BF_3 \longrightarrow [\sigma\text{配合物}]HBF_4 \xrightarrow{>-50℃} m\text{-}CF_3C_6H_4NO_2 + HF + BF_3$$

σ配合物系一种活性中间体，在某些情况下，可由亲核试剂捕获，再根据捕获生成物推论σ配合物的存在，以证明芳香正离子机理。如：

[反应式：对甲基苯氧基乙酸酯 + Br_2 → σ配合物 → 加成产物]

上述亲电试剂进攻，系发生在芳环上已有取代基的位置上，在这种情况下生成的σ配合物，特别有可能被亲和体捕获而生成上述加成产物。不过，即使亲电试剂进攻发生在芳香环无取代基的位置上，也可生成这种加成产物。

亲电体 E^+ 在不同的反应中可以进攻 X 的邻位、对位、间位和 X 所在之位。反应既可在分子间发生也可在分子内发生。不同的芳香亲电取代反应其区别在于亲电体的不同及进攻芳环位置的不同，不同的亲电体是由不同的试剂和催化剂产生的。进攻芳环的位置不同是由芳环上已有取代基团的定位效应所确定的。

下面为常见的亲电试剂及其生成的形式。

亲电试剂	形成方式
NO_2^+	$2H_2SO_4 + HNO_3 \rightleftharpoons NO_2^+ + H_3O^+ + 2HSO_4^-$
Br_2 或 $Br_2\text{-}MX_n$	$Br_2 + MX_n \rightleftharpoons Br_2\text{-}MX_n$
$\overset{+}{Br}\text{-}OH_2$	$BrOH + H_3O^+ \rightleftharpoons \overset{+}{Br}\text{-}OH_2 + H_2O$
Cl_2 或 $Cl_2^-MX_n$	$Cl_2 + MX_n \rightleftharpoons Cl_2\text{-}MX_n$
$\overset{+}{Cl}\text{-}OH_2$	$Cl\text{-}OH + H_3O^+ \rightleftharpoons \overset{+}{Cl}\text{-}OH_2 + H_2O$
SO_3 或 SO_2O^+H	$H_2S_2O_7 \rightleftharpoons H_2SO_4 + SO_3$
RSO_2^+	$RSO_2Cl + AlCl_3 \rightleftharpoons RSO_2^+ + AlCl_4^-$

(MX$_n$ 为 Lewis 酸型卤化物，如 AlCl$_3$，BF$_3$ 等)
(以上亲电试剂是强亲电体，既可取代含致活定位基的芳环也可取代含致钝基团的芳环)

$$R_3C^+ \quad R_3CX + AlCl_3 \rightleftharpoons R_3C^+ + AlCl_4^-$$

$$R_3COH + H^+ \rightleftharpoons R_3C^+ + H_2O$$

$$R_2C=CR_2 + H^+ \rightleftharpoons R_2\overset{+}{C}CHR_2$$

$$R\overset{O}{\overset{\|}{C}}{}^+ \quad RCOX + AlCl_3 \rightleftharpoons R\overset{O}{\overset{\|}{C}}{}^+ + AlCl_3X^-$$

$$H^+ \quad HX \rightleftharpoons H^+ + X^-$$

$$R_2\overset{+}{C}OH \quad R_2CO + H^+ \rightleftharpoons R_2C\overset{+}{=}OH \rightleftharpoons R_2\overset{+}{C}OH$$

$$R_2\overset{+}{C}-O-MX_n \quad R_2CO + MX_n \rightleftharpoons R_2\overset{+}{C}OMX_n^-$$

(以上亲电试剂只能取代含致活取代基团的芳环)

$$HC\overset{+}{=}NH \quad HCN + HX \rightleftharpoons HC\overset{+}{=}NHX^-$$

$$NO^+ \quad HNO_2 + H^+ \rightleftharpoons NO^+ + H_2O$$

$$Ar\overset{+}{N}\!\!=\!\!N \quad ArNH_2 + HNO_2 + H^+ \rightleftharpoons Ar\overset{+}{N}\!\!=\!\!N + 2H_2O$$

(以上亲电试剂只能取代含有高致活取代基团的芳环)

7.3 结构与反应活性

芳环上的取代基对芳烃的亲电取代反应有重要影响。使 σ 配合物变得稳定的给电子取代基使亲电取代反应主要在邻、对位发生，这类取代基称为致活基团。使 σ 配合物稳定性降低的吸电子基团使亲电取代反应在间位发生，这类取代基称为致钝基团。常见的致活基团有 O$^-$，—NR$_2$，—NHR，—NH$_2$，—OH，—OR，—NHCOR，—OCOR，—SR，—R，—Ar 和 —COO$^-$。致钝基团有：—N$^+$R$_3$，—NO$_2$，—CN，—SO$_3$H，—CHO，—COR，—COOH，—COOR，—CONH$_2$，—CCl$_3$，—N$^+$H$_3$ 等。卤素是一类特殊的取代基，它们是致钝的，但却是邻、对位定位基。

为了定量表示基团的定位效应，引入分速度因子（或因数）的概念，它以苯的六个位置之一为比较标准（规定其值为 1），衡量取代苯中某个取代位置的反应活性的数值。其值大于 1 的，说明该位置的反应活性大于苯，小于 1 者则反应活性小于苯。其计算式为：

$$f = \frac{6 \times k_{\text{底物}} \times z}{y \times k_{\text{苯}}}$$

式中，f 为分速度因数；$k_{\text{底物}}$ 为取代苯的反应总速率；z 为所在取代位置的产物百分数；y 为 z 位的数目；$k_{\text{苯}}$ 为苯的反应速率。

例如，甲苯和苯在乙酸中 45℃ 时用硝酸硝化，甲苯比苯快 24.5 倍。而得到的异构体比例：o 为 57%，m 为 3.2%，p 为 40%。据此可计算出：

$$f_o^{CH_3} = 24.5 \times 6 \times \frac{0.57}{2} = 42$$

$$f_m^{CH_3} = 24.5 \times 6 \times \frac{0.032}{2} = 2.4$$

$$f_p^{CH_3} = 24.5 \times 6 \times 0.4 = 59$$

分速度因子取决于取代基和进攻基团的性质以及所用的反应条件（如温度、溶剂）。

7.4 同位素效应

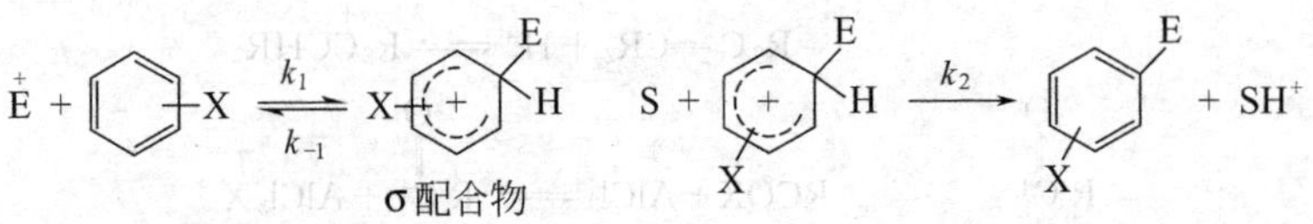

$$E^+ + \underset{X}{\bigcirc} \xrightleftharpoons[k_{-1}]{k_1} \underset{X}{\bigcirc}\overset{E}{\underset{H}{}} \quad (\sigma\text{配合物}) \quad S + \underset{X}{\bigcirc}\overset{E}{\underset{H}{}} \xrightarrow{k_2} \underset{X}{\bigcirc}E + SH^+$$

如果决定取代反应速率的步骤为 C—H 键的断裂，则取代芳环上的氢将比取代芳环上的氘或氚更容易。但实验证明 $C_6H_3D_3$ 或 $C_6H_3T_3$ 发生硝化反应的速率与 C_6H_6 是相同的，而 $C_6H_5NO_2$ 与 $C_6D_5NO_2$ 发生硝化反应的速率也是一样的，这就说明硝基取代 H、D 或 T 并非关键步骤，与硝化相同，在多数亲电取代反应中观察不到同位素效应。因此，在这些反应中 C—H 键的断裂不是决定反应速率的步骤，即 $k_2 \gg k_1, k_{-1}$，从而证明 σ 配合物的存在。然而当 $k_2 > k_1, k_{-1}$ 时，则 C—H 键的断裂就成了决速步骤，因而也能观察到同位素效应。事实上在一些亲电取代反应的例子中，已经观察到同位素效应的存在。例如，下列化合物 I 的重氮偶联有明显的同位素效应（$k_H/k_D \approx 6.5$）。

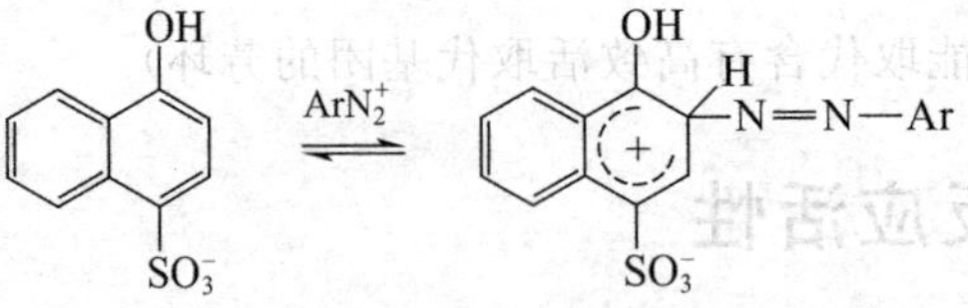

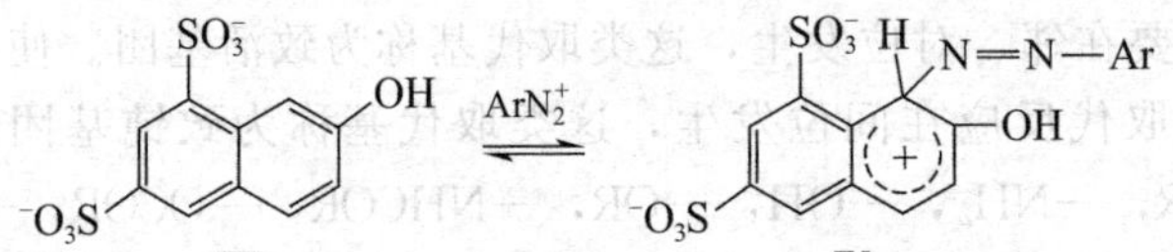

σ 配合物 IV 和 II 相比，由于强的给电子基团使中间体稳定化，另一方面由于空间位阻的原因，妨碍了碱（包括 Lewis 碱）对它的接近，使较难于失去质子，而易向逆反应方向进行回到原反应物，由于 k_2 增加会使同位素效应减弱或消除，如当吡啶浓度为 $0.0232 \text{mol} \cdot L^{-1}$ 和 $0.905 \text{mol} \cdot L^{-1}$ 时，k_H/k_D 分别降低至 6.01 和 3.62。

7.5 芳香环的亲核取代反应机理

芳香环的亲核取代反应主要有三种机理。

7.5.1 S_NAr 机理

到目前为止，芳香环亲核取代反应的重要机理包括以下两步。

第 1 步：

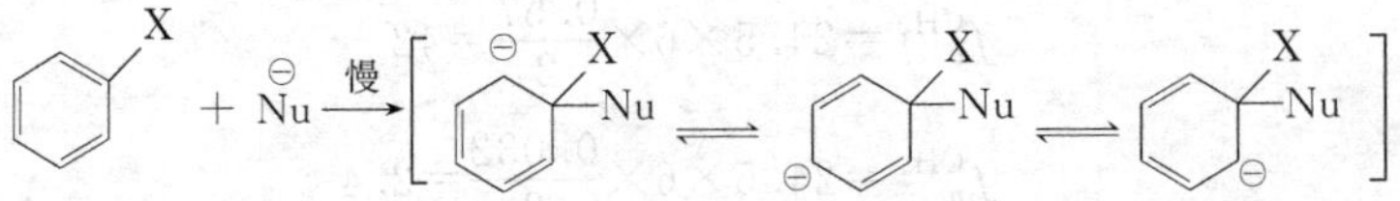

共振结构式

第 2 步：

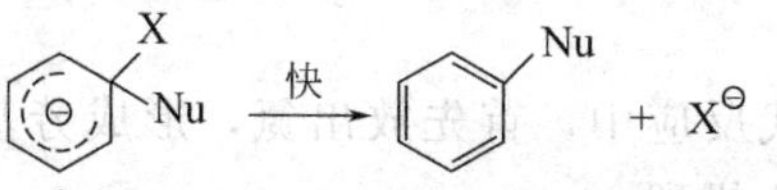

第1步，通常是决定速率步骤，早在1902年，2,4,6-三硝基苯乙醚与甲氧基负离子反应的中间体 2 就被分离出这类中间体是稳定的盐类，被称为 Meisenheimer 盐或者 Meisenheimer-Jackson 盐。从1902年至今，已经有很多这类中间体被分离出其中一些中间体的结构已经被 NMR 和 X 射线晶体衍射所证实。

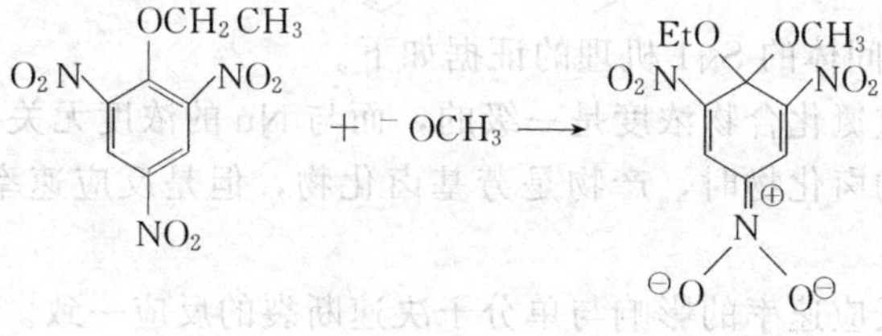

当 X=F 时，相对反应速率为3300（与 I=1 比较）。与其他的卤原子相比较，氟在大部分芳香亲核取代中是最好的离去基团，这一事实有力地证明了该机理区别于 S_N1 和 S_N2 机理。因为在 S_N1 和 S_N2 中，氟是卤原子中最差的离去基团。这也是元素效应的一个例子。

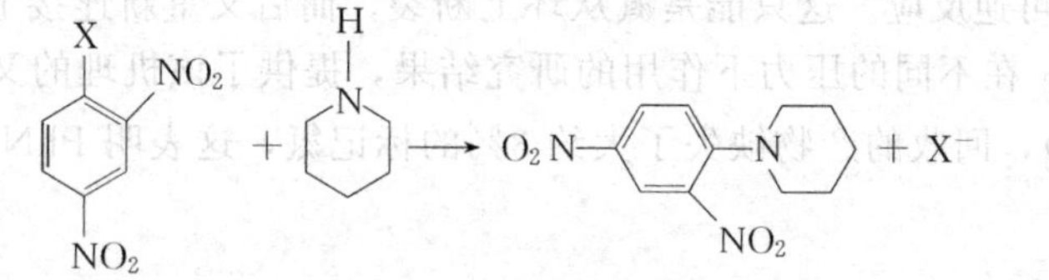

而另一种假设中，BH^+ 协助 X 的离去是决速步骤。两种机理都是基于动力学证据提出来的，它们也被推广到非质子溶剂，如：苯。两种假设中，反应都是按照一般的 S_NAr 机理进行。但是，一种假说中，需要两分子的胺作为进攻试剂（二聚体机理），而另一种假说中存在一个环状的过渡态。S_NAr 机理的进一步证据来自于 $^{18}O/^{16}O$ 和 $^{15}N/^{14}N$ 的同位素效应。

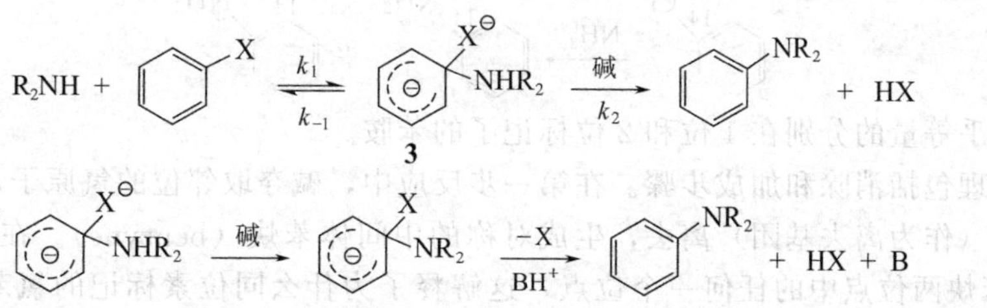

2,4,6-三硝基氯苯（以及其他的底物）与 OH^- 反应的 S_NAr 机理的第1步已被研究过了，两种中间体的光谱证据已有报道，一种是 π 配合物，另一种是自由基离子-自由基对：

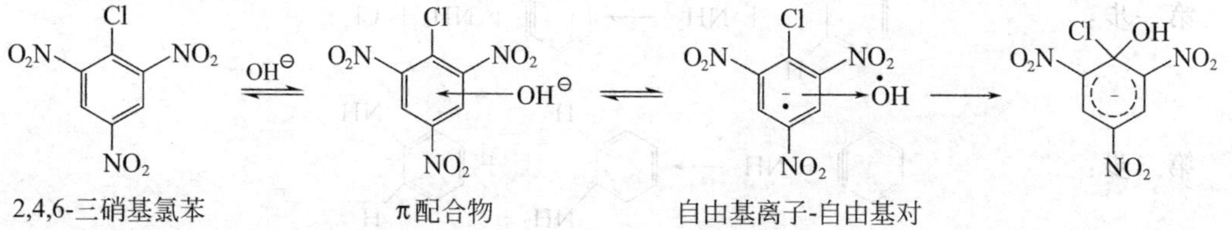

2,4,6-三硝基氯苯　　　　π 配合物　　　　自由基离子-自由基对

7.5.2 S_N1 机理

对于重氮化合物的亲核取代反应中,首先放出氮,形成芳基正离子,再与亲和核试剂结合,形成取代产物,类似 S_N1 机理。

第一步: PhN₂⁺ ⇌(慢) Ph⁺ + N₂

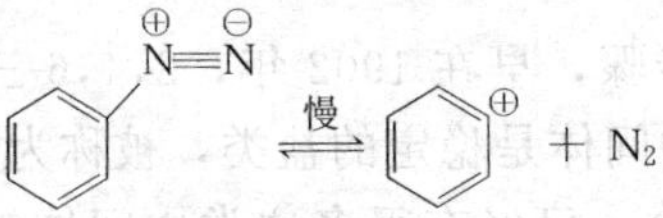

第二步: Ph⁺ + Nu⁻ → PhNu

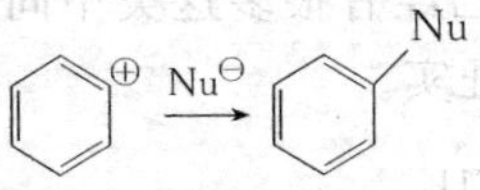

芳基正离子作为中间体的 S_N1 机理的证据如下。
① 反应速率对于重氮化合物浓度是一级的,而与 Nu 的浓度无关。
② 当加入高浓度的卤化物时,产物是芳基卤化物,但是反应速率与所加卤化物的浓度无关。
③ 环上取代物对反应速率的影响与单分子决速断裂的反应一致。
④ 当邻位被氘代的底物进行反应时,同位素效应大约是 1.22。如果采取的是其他的机理,则很难解释如此高的二级同位素效应。
⑤ 当 $Ar^{15}N \equiv N$ 作为反应物时,回收的起始物不仅包含 $Ar^{15}N \equiv N$ 还有 $Ar N \equiv {}^{15}N$,这证明了第一步是可逆反应。这只能是氮从环上断裂,而后又重新连接上所致的。将 $PhN \equiv {}^{15}N$ 与未标记的 N_2 在不同的压力下作用的研究结果,提供了该机理的又一证据。在 300atm (1atm=101325Pa),回收的产物缺失了大约 3% 的标记氮,这表明 PhN_2^+ 与大气中的 N_2 发生交换了。

7.5.3 苯炔机理

一些芳香族化合物亲核取代反应的性质与 S_NAr 机理(或者 S_N1 机理)完全不同,它们具有以下的特征:主要出现在没有活化基团的芳基卤化物上;所需要的碱比一般的芳香化合物的亲核取代反应中所用的碱强;最有意思的是,进入基团并不总是占据离去基团空出的位置。最后一特征可以从 $1\text{-}^{14}C$-氯苯与氨基钾的反应中得到证明:

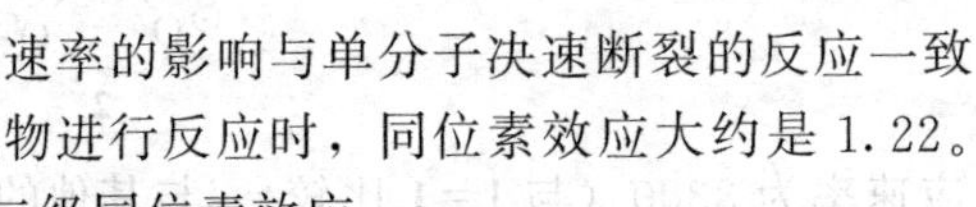

Ph(¹⁴C)-Cl + NH₂⁻ → Ph(¹⁴C)-NH₂ + Ph-¹⁴C-NH₂(邻位)

产物包含几乎等量的分别在 1 位和 2 位标记了的苯胺。

反应机理包括消除和加成步骤。在第一步反应中,碱夺取邻位的氢原子,随后(或者同时)氯原子(作为离去基团)离去,生成对称的中间体苯炔(benzyne)。在第二步反应中,NH_3 进攻苯炔两位点中的任何一个位点,这解释了为什么同位素标记的氯苯有一半转化为 2 位标记了的苯胺。1 位和 2 位产物并不完全等量标记是由于微小的同位素效应导致的。该机理描述如下:

第一步: Ph(Cl)(H) + NH₂⁻ → 苯炔 + NH₃ + Cl⁻

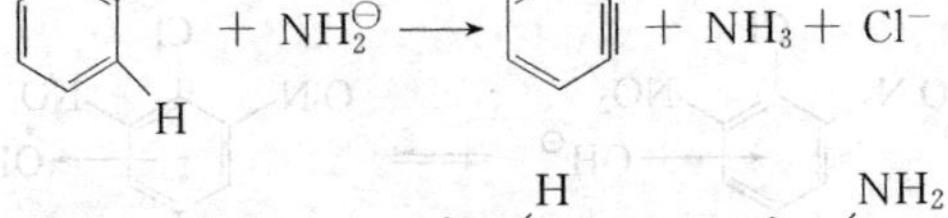

第二步: 苯炔 + NH₃ → Ph-NH₂ (1位) + Ph-NH₂ (2位)

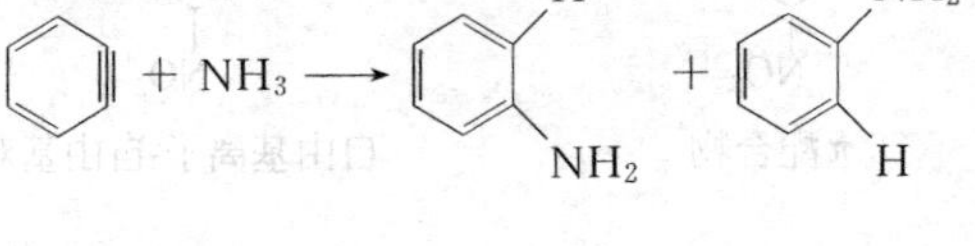

7.6　反应活性

7.6.1　底物的影响

在芳香亲电取代反应的讨论中，底物对反应活性（活化或者钝化）的影响以及取代位置的选择引起了大家同等的关注。

（1）S_NAr 机理　吸电子基团能加速这些取代反应，尤其是离去基团邻位和对位的吸电子基团；而给电子基团却阻碍这些反应。显然，这与亲电取代中这些基团的影响是相反的，因此，2-和 4-氯吡啶经常作为反应底物。杂环 *N*-氧化物的 2 位和 4 位很容易被亲核试剂进攻，但是在反应中经常失去氧。活化能力最强的基团，N_2^+，很少被用于活化反应，但是有时也有例外：在一些化合物，如对硝基苯胺或者对氯苯胺的重氮化反应中，重氮基团的对位可被溶剂中^-OH 或者 $ArN_2{}^+X^-$ 中大的 X 取代。目前，最常用的活化基团是硝基，最常用的底物是 2,4-二硝基卤苯以及 2,4,6-三硝基卤苯。多氟苯如 C_6F_6，也很容易发生芳环的亲核取代反应。对于 S_NAr 机理来说，缺少活化基团的苯环是无用的底物。活化基团能通过吸电子效应稳定中间体以及产生中间体过渡态。当芳香环与过渡金属配位后，能加速 S_NAr 机理的反应。S_NAr 机理中取代基团活化能力顺序见表 7-1。

（2）苯炔机理　两个因素影响引入基团的位置，第一是芳炔形成的方向。当离去基团的邻位或者对位被占据时，则没有选择：

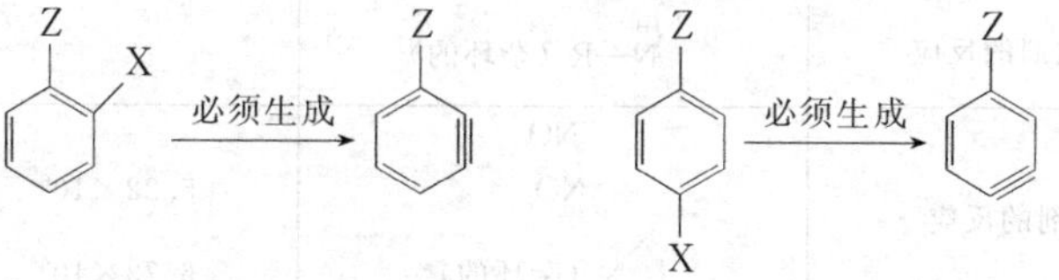

但是当存在间位取代基团时，能形成两种不同的芳炔：

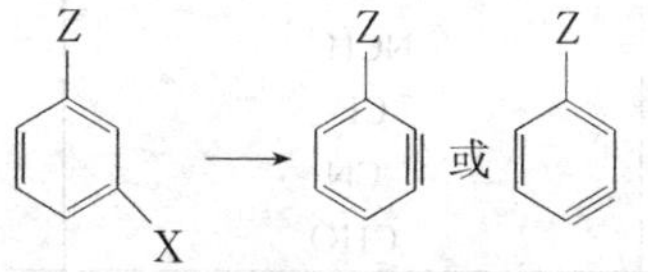

在这些例子中，酸性最强的酸脱去。因为酸性与 Z 的场效应相关，所以预计当吸电子基团 Z 有利于邻位氢的离去，而给电子基团 Z 有利于对位氢的离去。第二个因素是芳炔一旦形成，则有两个可被进攻的位点，能导致形成最稳定碳负离子中间体的位点是亲核进攻的最佳位点。反过来，这也依赖 Z 的场效应。对于—I 基团，负电荷最接近取代基团的那一个碳负离子最稳定。这些原理可以通过下面三个二氯苯与碱金属胺化物的反应得到很好的阐明。预测的产物如下：

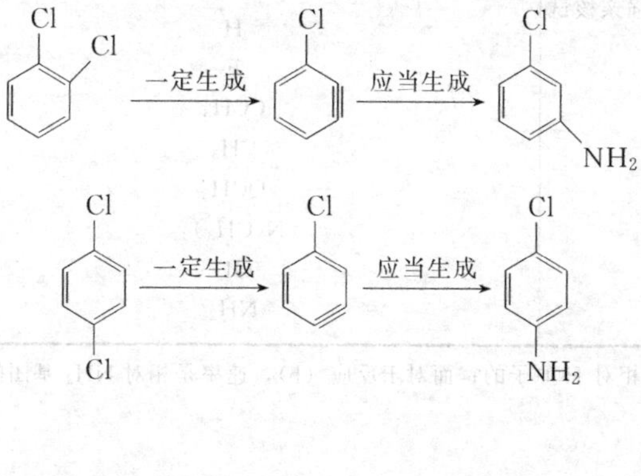

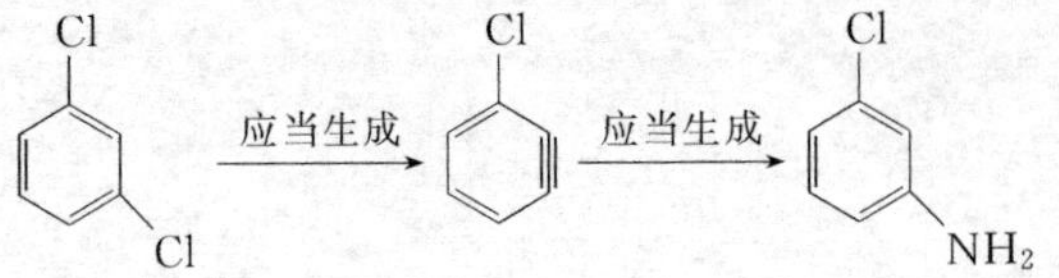

每个例子中的预测产物都是唯一的主要产物。

表 7-1　$S_N Ar$ 机理中取代基团活化能力顺序

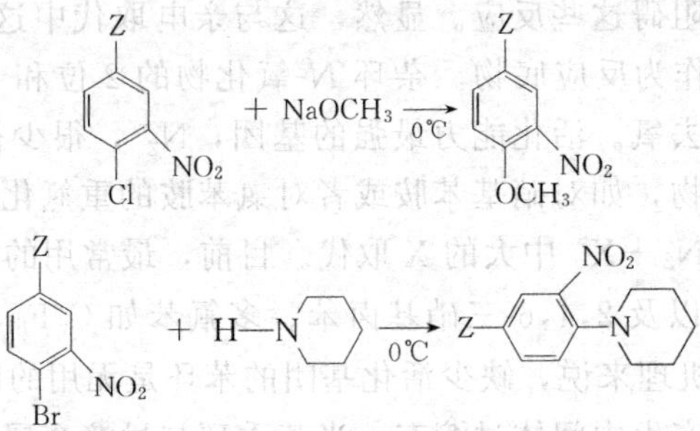

说明	基因 Z	相对反应速率 (a) H=1	相对反应速率 (b) NH_2=1
室温下活化卤素交换反应	N_2^+		
室温下活化与强亲核试剂的反应	N—R（杂环的）		
80～100℃下强亲核试剂的反应	NO NO_2 N（杂环的）	 $5.22×10^6$ $6.73×10^5$	 非常快
存在硝基,室温下活化与强亲核试剂的反应	SO_2CH_3 NCH_3^+ CF_3 CN CHO	 $3.18×10^4$ $2.02×10^4$	
存在硝基,40～60℃下催化与强亲核试剂的反应	COR COOH SO_3^- Br Cl I COO^- H F CCH_3 CH_3 OCH_3 $N(CH_3)_2$ OH NH_2		

注：对于反应（a），速率是相对 H 原子的；而对于反应（b），速率是相对 NH_2 基团的。

7.6.2 离去基团的影响

在脂肪族亲核取代反应（卤化物、硫酸化物、磺化物、NR_3^+ 等）中常见的离去基团也是芳香亲核取代反应中常见的离去基团。但是，一些在脂肪烃中一般不易离去的基团，如：NO_2、OR、OAr、SO_2R 和 SR，一旦连接到芳香环上则成为可离去基团。令人吃惊的是，NO_2 是一个很好的离去基团：$F > NO_2 > OTs > SOPh > Cl，Br，I > N_3 > NR_3^+ > OAr > OR > SR > NH_2$。然而，离去基团的离去能力很大程度上依赖于亲核试剂的特性，$C_6Cl_5OCH_3$ 与 NH_2^- 反应的大部分产物是 $C_6Cl_5NH_2$：因为甲氧基比其他五个原子更容易被取代。一般来说，OH 如果被转换为无机酯则能作为离去基团。氟原子和硝基都是很好的离去基团。如果 S_NAr 机理中的第二步是决速步骤或者采用苯炔机理时，氟原子则成为卤素中最弱的离去基团。S_N1 机理中唯一重要的离去基团是 N_2^+。

7.6.3 亲核试剂的影响

由于不同底物和不同反应条件能导致不同的亲核性，亲核性顺序就是：$NH_2^- > Ph_3C^- > PhNH^-$（芳炔机理）$> ArS^- > RO^- > R_2NH > ArO^- > OH^- > ArNH_2 > NH_3 > I^- > Br^- > Cl^- > H_2O > ROH$。正如脂肪族的亲核取代反应，亲核性一般依赖于碱性的强度，当进攻原子处于周期表下方位置时，亲核性增强。但是也有一些令人吃惊的例外（如 OH^- 的碱性强于 ArO^-，但亲核性却比 ArO^- 弱）。在一系列的相似的亲核试剂中，如取代苯胺，其亲核性和碱性强度一致。奇怪的是，氰基离子对芳香族化合物体系竟然不是亲核试剂。

习　题

7.1 下列物质哪些具有芳香性？

(1) 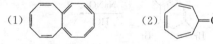　(2) 　(3) 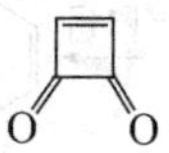 　(4)

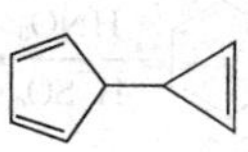

7.2 下列物质哪些具有反芳香性？

(1) 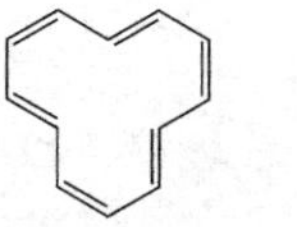 　(2) 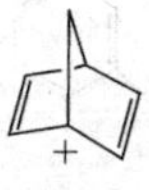 　(3) 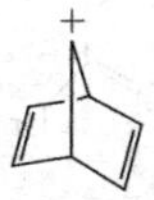 　(4)

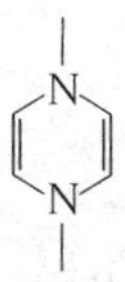

7.3 试列出用以下原料合成下列芳香化合物所需的各步反应。

(1)

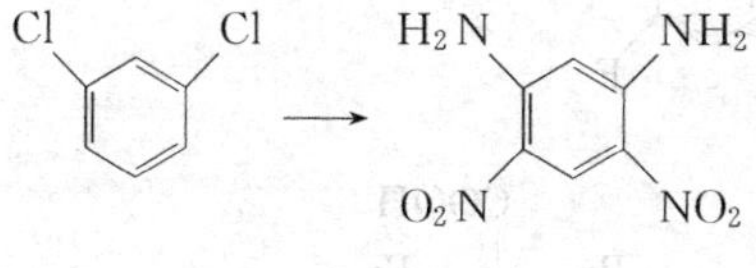

(2)

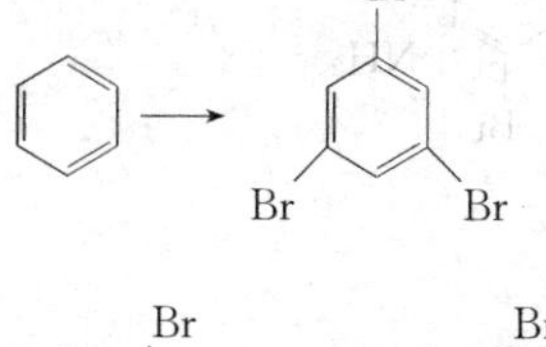

(3)

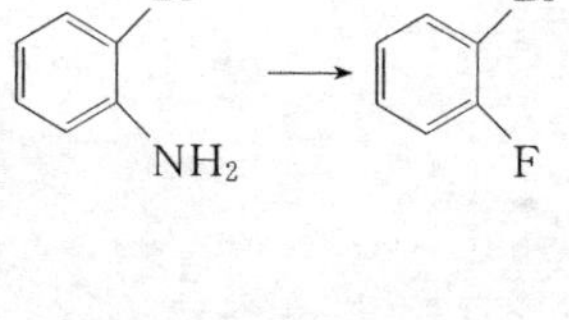

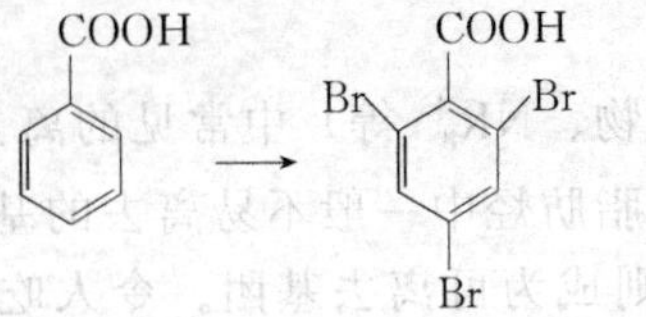

习题参考答案

7.1 答：
(1)(2)(3)(4) 都具有芳香性，因为都符合 Hückel-Platt $[4n+2]$ 规则。

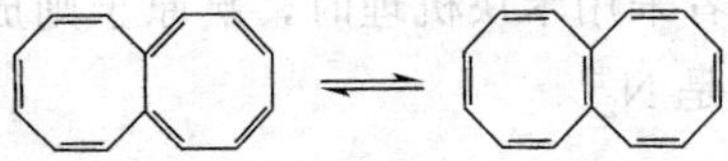

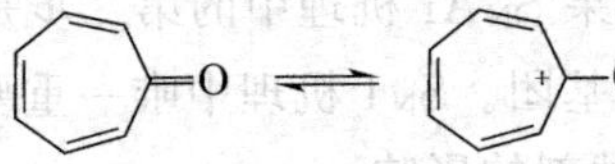

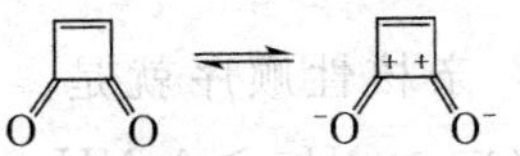

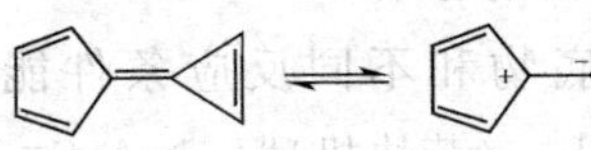

7.2 答：
(1) 反芳香性　　(2) 反同芳香性　　(3) 同芳香性　　(4) 非芳香性

7.3 答：

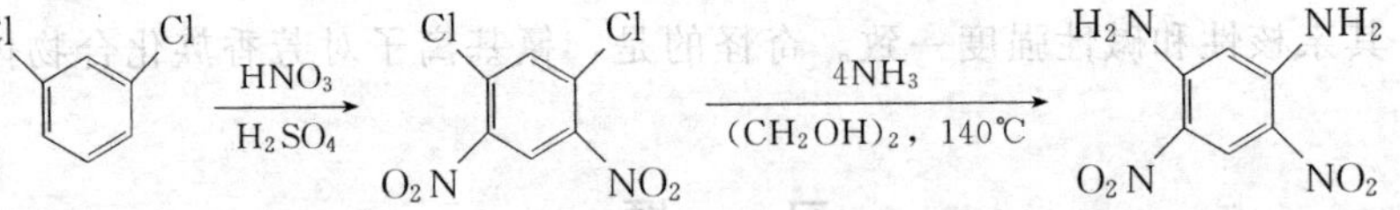

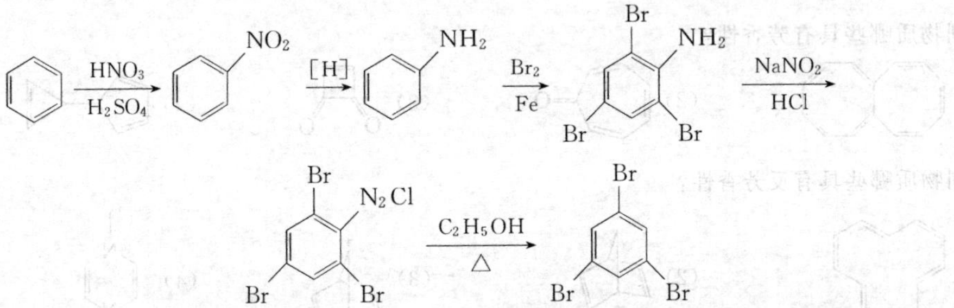

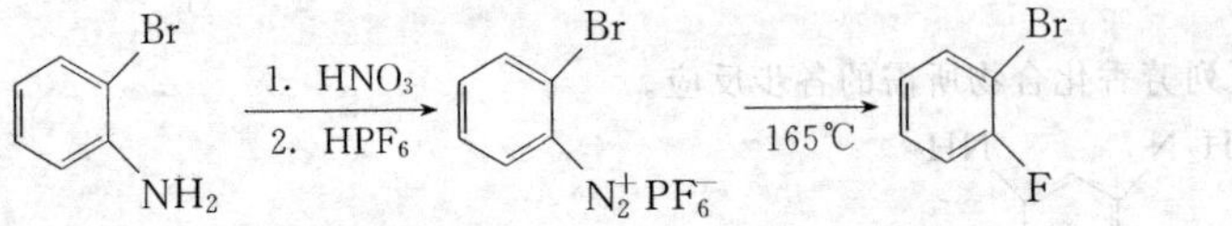

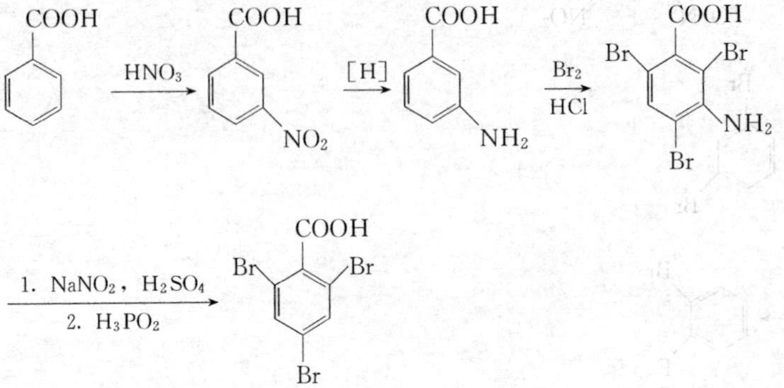

第 7 章　芳香性与芳香族化合物的取代反应

参　考　文　献

[1] 魏荣宝. 高等有机化学 [M]. 第 2 版. 北京：高等教育出版社，2011.
[2] 汪炎刚，陈福和，蒋先明. 高等有机化学导论 [M]. 武汉：华中师范大学出版社，1993.
[3] 李景宁，杨定乔，张前. 有机化学：上、下册 [M]. 第 5 版. 北京：高等教育出版社，2011.
[4] 荣国斌. 高等有机化学基础 [M]. 第 3 版. 上海：华东理工大学出版社，2009.
[5] 汪秋安. 高等有机化学 [M]. 第 2 版. 北京：化学工业出版社，2010.

第 8 章 消除反应

卤代烃的脱卤化氢反应和醇的分子内脱水反应都是消除反应（Elimination reaction）。消除反应是指从一个有机化合物分子中消除一个小分子的反应。根据被消除的两个原子或基团的相对位置，可以将消除反应分为三种类型：

(1) α-消除反应（1,1-消除反应） 从反应物中同一个碳原子上消去两个原子或基团，形成一个只有 6 个电子的活泼的中间体碳烯-卡宾（carbene）（见第 4 章），称为 α-消除反应。

$$\begin{matrix} & Y & \\ R-&C-&X \\ & R & \end{matrix} \longrightarrow \begin{matrix} R \\ C: \\ R \end{matrix} + YX$$

例如：$CHCl_3 + (CH_3)_3COK \longrightarrow :CCl_2 + (CH_3)_3COH + KCl$

(2) β-消除反应（1,2-消除反应） β-消除反应是从反应物的相邻碳原子上消除两个原子或基团，形成一个 π 键的过程。消除的产物生成不饱和键的化合物。

$$\begin{matrix} & Y & X & \\ -&C-&C-& \\ \end{matrix} \longrightarrow C=C + YX$$
$$\beta 位\alpha 位$$

例如：$CH_3CH_2Cl \xrightarrow[C_2H_5OH]{KOH} CH_2=CH_2 + HCl$

(3) γ-消除反应（1,3-消除反应） 被消除的两个原子或基团处在 1,3 碳原子上，消除产物生成三元环化合物。γ-消除反应也可以看做是分子内的取代反应。

$$\begin{matrix} & C & & C & \\ C & & C & \longrightarrow & C-C + YX \\ | & & | & & \\ Y & & X & & \end{matrix}$$

例如：

$$BrCH_2CH_2CH(COOEt)_2 \xrightarrow{OH^-} Br-CH_2CH_2C(COOEt)_2 \xrightarrow{-Br^-} H_2C-C(COOEt)_2$$
$$\gamma\beta\alpha$$

以上三种消除反应以 β-消除反应最为普遍，本章主要讨论 β-消除反应，且大多为离子型消除反应，β-消除反应往往消除一个小分子后形成双键。常见的离子型 β-消除反应见表 8-1。

表 8-1 常见的离子型消除反应

反应式	反应类型
$\begin{matrix}-C-C-\\ \|\|\\ HOH\end{matrix} \xrightarrow{H^+} C=C + H_2O$	醇的脱水
$\begin{matrix}-C-C-\\ \|\|\\ HOR\end{matrix} \xrightarrow{H^+} C=C + ROH$	从醚形成烯烃 从缩醛形成烯醇醚

续表

反 应 式	反 应 类 型
![结构式] $\overset{\mid}{\underset{H}{C}}-\overset{\mid}{\underset{X}{C}}- \longrightarrow \overset{\mid}{C}=\overset{\mid}{C} + HX$ X:卤素、硫酸根、对甲苯磺酸根	卤代烷去卤化氢形成烯烃、炔烃等
$\overset{\mid}{\underset{H}{C}}-\overset{\mid}{\underset{\overset{+}{N}R_3}{C}}- \xrightarrow[-H_2O]{OH^-} \overset{\mid}{C}=\overset{\mid}{C} + NR_3$	季铵碱消除反应
$\overset{\mid}{\underset{H}{C}}-\overset{\mid}{\underset{\overset{+}{S}R_2}{C}}- \xrightarrow[-H_2O]{OH^-} \overset{\mid}{C}=\overset{\mid}{C} + SR_2$	锍碱消除反应

8.1 消除反应历程

β-消除反应可以分为两类：一类反应主要在溶液中进行，而另一类反应（热解消除）主要在气相中进行。溶液中的反应中，一个基团带着其电子对离去，此基团称作离去基团或者离核体，而另一基团离去时则不带电子对，此基团最常见的是氢。根据共价键的破裂和生成的次序，可把消除反应分为三类，即 E1、E2 和 E1CB 三种离子型消除反应历程。

8.1.1 E1 历程

E1 历程分为两步：首先反应物在溶剂等作用下，碳原子和离去基团之间的共价键异裂生成碳正离子；第二步是生成的碳正离子从相邻的 β-碳上失去一个质子而生成烯烃。例如：

$$(CH_3)_3C-Br \xrightarrow{慢} (CH_3)_3C^+ + Br^-$$
$$(CH_3)_3C^+ \xrightarrow{快} (CH_3)_2C=CH_2 + H^+$$

在这个反应中，离去基团（—Br）的离去是反应速率决定步骤。因此，反应速率不依赖于碱等试剂的浓度，仅与反应物本身浓度有关，动力学上表现为一级反应：

$$v = kc_{(CH_3)_3CBr}$$

称为单分子消除反应，用 E1 表示。

从上面历程可以看到，第一步是与 S_N1 历程相同的碳正离子历程，第二步历程不同，因此 S_N1 与 E1 反应是相互竞争反应。例如叔丁基氯在 25℃ 时溶于 80% 的含水乙醇中，E1 和 S_N1 相互竞争的产物如下：

$$H_3C-\underset{\underset{CH_3}{|}}{\overset{\overset{CH_3}{|}}{C}}-Cl \xrightarrow{慢} H_3C-\underset{\underset{CH_3}{|}}{\overset{\overset{CH_3}{|}}{C}}{}^+ \xrightarrow[快]{H_2O} \begin{matrix} \xrightarrow{E1} (CH_3)_2C=CH_2 + H_3O^+ \\ \qquad\qquad 17\% \\ \xrightarrow{S_N1} (CH_3)_3C-OH + H^+ \\ \qquad\qquad 83\% \end{matrix}$$

此外，由于 E1 消除反应中间体有碳正离子生成，相互竞争的还有重排反应。

常见的 E1 历程反应如下：

醇的酸性脱水

$$(CH_3)_3COH \xrightarrow{H^+} (CH_3)_2C=CH_2 + H_3O^+$$

仲、叔卤代烷溶剂解脱卤化氢

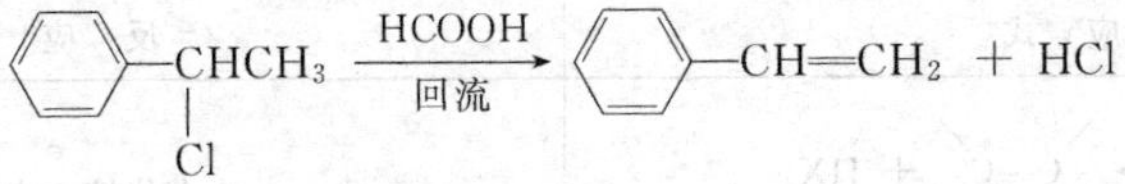

$$\text{PhCHCH}_3\text{Cl} \xrightarrow[\text{回流}]{\text{HCOOH}} \text{PhCH}=\text{CH}_2 + \text{HCl}$$

硫酸酯或磺酸酯的溶剂解脱苯磺酸：

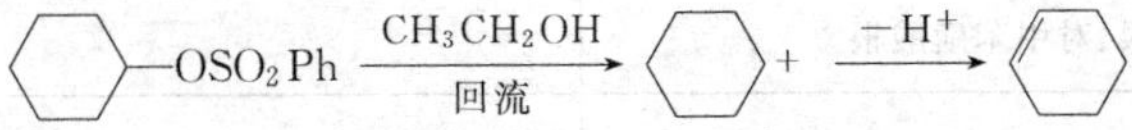

$$\text{C}_6\text{H}_{11}\text{OSO}_2\text{Ph} \xrightarrow[\text{回流}]{\text{CH}_3\text{CH}_2\text{OH}} \text{C}_6\text{H}_{11} + \xrightarrow{-\text{H}^+}$$

8.1.2 E2 历程

由碱性亲核试剂进攻 β-氢原子，使这个氢原子变成质子，离去基团的离去而发生消除反应，同时在相邻两个碳原子之间形成 π 键，反应中间经过一个过渡态。

例如：

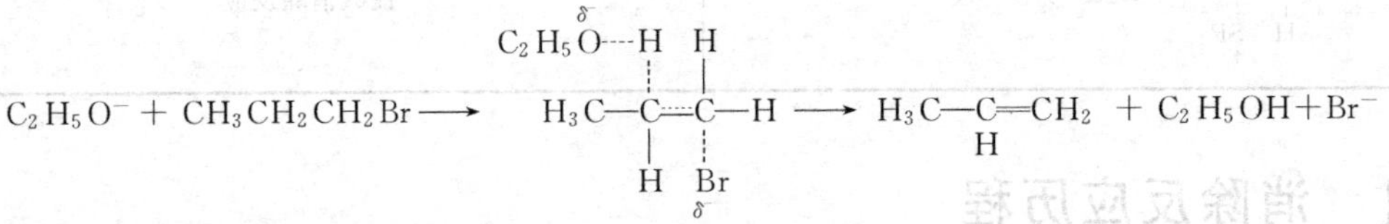

$$\text{C}_2\text{H}_5\text{O}^- + \text{CH}_3\text{CH}_2\text{CH}_2\text{Br} \longrightarrow [\text{过渡态}] \longrightarrow \text{H}_3\text{C}-\text{CH}=\text{CH}_2 + \text{C}_2\text{H}_5\text{OH} + \text{Br}^-$$

在过渡态反应里，C—H 键断裂、C—Br 键的断裂与 π 键的生成几乎是协同进行的。在决定反应速率的步骤中，由反应物分子和试剂分子同时参加反应，因此称为双分子消除反应，由于消除的是 β 氢原子，也称为 β-消除，用 E2 表示。

在 E2 反应中，反应速率与反应物的浓度及进攻试剂的浓度成正比，动力学上表现为二级反应。

$$v = kc_{\text{R-X}}c_{\text{碱}}$$

因此在发生 E2 反应的同时，往往有 S_N2 反应相互竞争发生。例如：

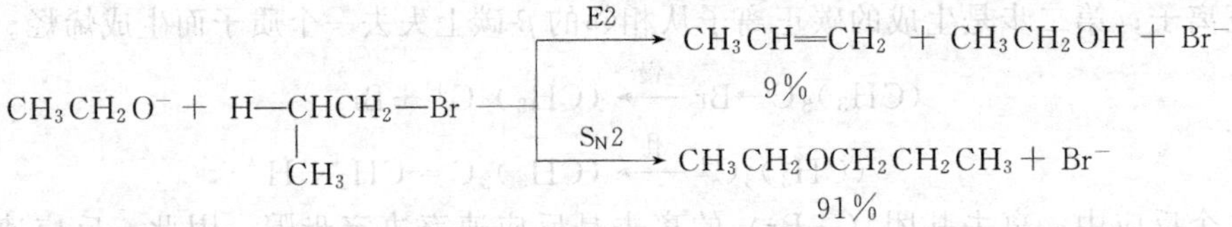

$$\text{CH}_3\text{CH}_2\text{O}^- + \text{H}-\text{CHCH}_2-\text{Br} \begin{cases} \xrightarrow{\text{E2}} \text{CH}_3\text{CH}=\text{CH}_2 + \text{CH}_3\text{CH}_2\text{OH} + \text{Br}^- \quad 9\% \\ \xrightarrow{S_N2} \text{CH}_3\text{CH}_2\text{OCH}_2\text{CH}_2\text{CH}_3 + \text{Br}^- \quad 91\% \end{cases}$$

8.1.3 E1CB 历程

E1CB 历程是共轭碱的消除反应，包括两步反应，首先是 C—H 键断裂形成碳负离子中间体，然后离去基团离去形成 π 键形成烯烃，第二步是决定反应速率的步骤。

例如：

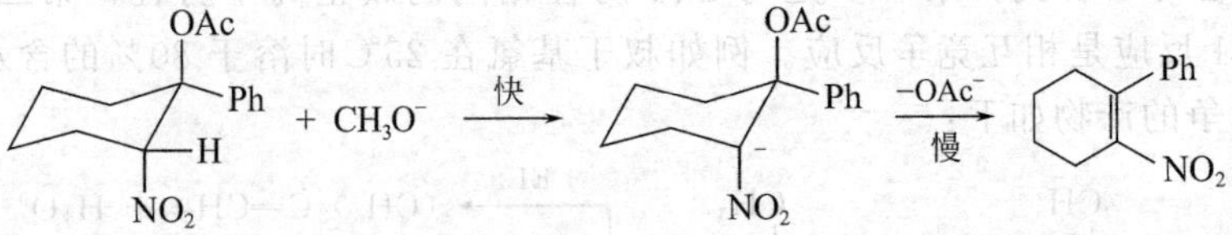

[环己烷结构：OAc, Ph, H, NO$_2$] + CH$_3\text{O}^-$ $\xrightarrow{\text{快}}$ [环己烷碳负离子：OAc, Ph, NO$_2$] $\xrightarrow[\text{慢}]{-\text{OAc}^-}$ [环己烯：Ph, NO$_2$]

E1CB 历程反应的第一步是碱进攻有酸性的 β-氢原子形成它的共轭碱（conjugate base），然后离子基团的离去生成 π 键，这一步是决定反应速率的步骤为单分子反应，因此称为共轭碱单分子消除历程，简称为 E1CB 历程。在 E1CB 应中，反应速率与作用物的浓度和碱的浓度成正比，也是二级反应。

对于 E1CB 历程反应，只有当作用物的 α-碳原子上连有强烈的吸收电子基（如硝基、羰基、氰基等）则能生成稳定的碳负离子中间体，然后离去基团的离去发生 E1CB 历程消除反应。简单的卤代烷、磺酸烷基酯、烷基醇等则不发生 E1CB 消除反应。

Skell 和 Hauser 用乙醇钠在重氢化的乙醇（EtOD）中处理 β-苯基溴乙烷，来观察反应中是否有重氢交换。反应进行一半时分析，结果发现，剩下的 β-苯基乙醇和生成的苯乙烯中都没有重氢，说明反应过程中没有发生氢氘交换，即反应中没有碳负离子生成，因为如果有碳负离子形成，必然会结合 D 而发生氢氘交换。

$$PhCH_2CH_2Br \xrightleftharpoons{EtONa} Ph\bar{C}HCH_2Br \xrightleftharpoons{EtOD} PhCHCH_2Br \xrightleftharpoons{} Ph\bar{C}DCH_2Br \xrightarrow{-Br^-} PhDC=CH_2$$
$$\phantom{PhCH_2CH_2Br \xrightleftharpoons{EtONa} Ph\bar{C}HCH_2Br \xrightleftharpoons{EtOD} Ph}|$$
$$\phantom{PhCH_2CH_2Br \xrightleftharpoons{EtONa} Ph\bar{C}HCH_2Br \xrightleftharpoons{EtOD} Ph}D$$

这就说明该反应不是按照 E1CB 反应历程进行的。实际上 E1、协同进行的 E2 和 E1CB 是三种极限历程。

8.1.4 影响消除反应历程的因素

影响消除反应历程的因素可以从作用物本身的结构、试剂的碱性、溶剂的极性和离去基团的性质四个方面进行讨论。

（1）作用物结构　α-碳原子上连有+C 与+I 效应的取代基，有利于分散中间体的正电荷，可以稳定碳正离子，这种结构的作用物易发生 E1 反应。如果 β-C 原子上连有强吸电子基，增加了 β-H 的酸性，有利于碳负离子的生成，且能稳定碳负离子，则有利于 E1CB 历程。

（2）试剂的碱性　试剂的碱性只对 E2 与 E1CB 历程影响较大，试剂的碱性愈强，更容易进攻并夺取 β-H，因此对 E2 与 E1CB 反应有利。

（3）溶剂的极性　溶剂的极性愈大，离子化能力愈大，能促使离去基团的迅速离去，有利于碳正离子的生成，对 E1 反应有利。

（4）离去基团的性质　离去基团的离去倾向愈大，对 E1 反应愈有利，对 E1CB 则不利。

综上所述，含有叔烃基或 α-C 上连有芳基的仲烃基，且 β-C 上没有吸电子基的作用物，离去基团的离去倾向大，试剂的碱性不很强，溶剂的极性大，则消除反应按 E1 历程进行。

当作用物 β-C 上有强吸电子的取代基，β-C 碳上氢显酸性，离去基离去倾向较小，试剂的碱性强，此时消除反应按 E1CB 历程进行。

按 E2 历程进行的消除反应一般为含伯烃基的作用物及含仲烃基的作用物，离去基离去倾向不是很大，试剂的碱性比较强，溶剂的极性小。

8.2 消除反应的定向规律

当消除反应中可能生成两种烯烃异构体时，究竟哪一个异构体占优势呢？这就涉及消除反应的取向问题，消除反应的取向与反应的机理有关。消除反应往往可以向不同的方向进行，生成两种或几种可能的产物。如果某反应只生成一种产物，这个反应就叫做定向反应。如果生成几种可能的产物，但其中一种产物占显著优势，这个反应叫择向反应。如果反应产物近于平均分布，这个反应叫非定向反应。下面讨论消除反应的定向效应。

8.2.1 两种择向规律

具有结构对称的化合物的 β-消除反应形成一种烯烃。但结构不对称的化合物发生消除反应时，由于具有一个或几个 β-氢原子的竞争，就可能形成多种烯烃。例如：

$$H_3CHC-CH(CH_3)_2 \xrightarrow{碱} \begin{array}{l} CH_3CH=C(CH_3)_2 \\ H_2C=CHCH(CH_3)_2 \end{array}$$
$$|$$
$$X$$

消除反应的择向有两种规律：查依采夫（Saytzeff）规律和霍夫曼（Hofmann）规律。

(1) 查依采夫（Saytzeff）规律 仲卤代烷和叔卤代烷在发生消除反应时，主要产物为双键碳原子上连有烷基最多的烯烃或氢原子最少的烯烃，这个规律是 Saytzeff 于 1875 年提出的，称为 Saytzeff 规律。双键上连有烷基最多的烯烃称为 Saytzeff 烯。

例如：

$$CH_3CH_2CHBrCH_3 \xrightarrow[C_2H_5OH]{C_2H_5ONa} \underset{81\%}{H_3CHC=CHCH_3} + \underset{19\%}{C_2H_5HC=CH_2}$$

进一步研究发现，相应的醇与硫酸反应，磺酸烷基酯的消除反应在一般情况下也是符合 Saytzeff 规律，主要产物为 Saytzeff 烯。例如：

$$H_3CH_2C-CHCH_3 \xrightarrow[-H_2O]{H_2SO_4} \underset{80\%\sim95\%}{H_3C-C=C-CH_3} + \underset{5\%\sim20\%}{H_2C=CHCH_2CH_3}$$
$$OH$$

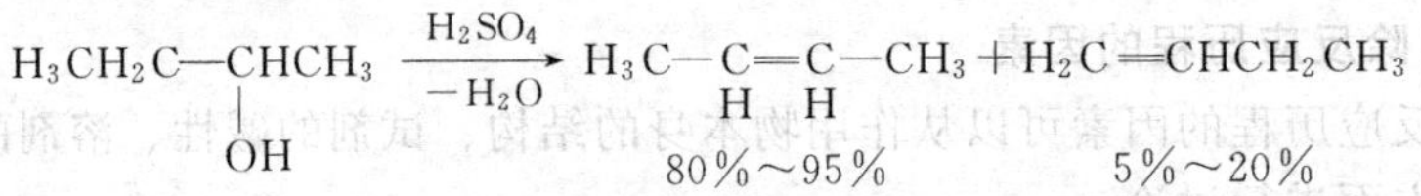

(2) 霍夫曼（Hofmann）规律 季铵碱或锍碱加热时发生消除反应，主要产物为双键上连有烷基最少的烯烃。这一规律是 Hofmann 在 19 世纪后期发现的，故称为 Hofmann 规律，双键上含烷基最少的烯烃，称为 Hofmann 烯。

例如：

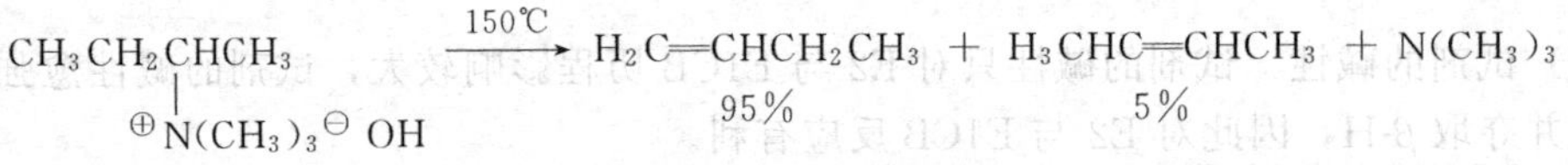

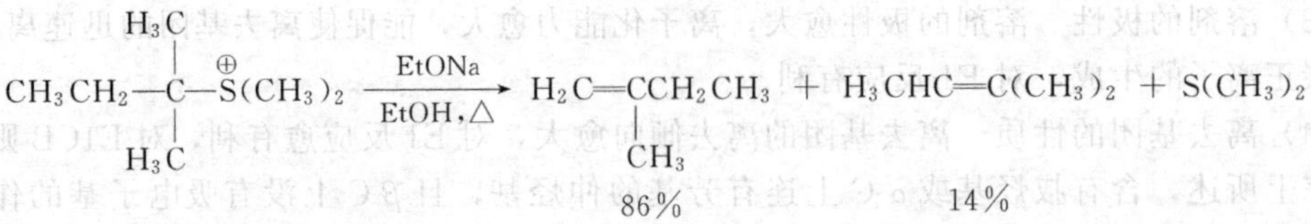

$$CH_3CH_2CHCH_3 \xrightarrow{150℃} \underset{95\%}{H_2C=CHCH_2CH_3} + \underset{5\%}{H_3CHC=CHCH_3} + N(CH_3)_3$$
$$\overset{\oplus}{N}(CH_3)_3 \overset{\ominus}{O}H$$

$$CH_3CH_2-\underset{CH_3}{\overset{CH_3}{\underset{|}{\overset{|}{C}}}}-\overset{\oplus}{S}(CH_3)_2 \xrightarrow[EtOH,\Delta]{EtONa} \underset{86\%}{H_2C=CCH_2CH_3} + \underset{14\%}{H_3CHC=C(CH_3)_2} + S(CH_3)_2$$

8.2.2 消除反应择向规律的解释

消除反应的择向规律与消除反应历程有关，下面分别从三种不同的历程来讨论。

(1) E1 历程 在 E1 历程中首先离去基团的离去是决定反应速率的步骤，第二步 C—H 键的断裂是决定产物组成的步骤，第二步所需要的活化能比第一步小，因此第二步反应的过渡态的结构接近烯烃产物，而第二步反应中生成消除产物的过渡态的位能与产物烯的相对稳定性有关，产物的组成粗略地反映了烯的相对热力学稳定性，见图 8-1。双键上含烷基最多的烯烃，即超共轭效应最强，稳定性大，产物位能低，其对应的第二步反应的过渡态的位能也较低，反应的活化能较小（如图 8-1 所示）反应速率较快，因而在产物中所占的比例也较大，于是在产物中以 Saytzeff 烯为主，所以 E1 反应的择向遵守 Saytzeff 规律。图 8-1 是 2-甲基-2-溴丁烷 E1 反应的能量曲线。由图可见，由碳正离子中间体 [$CH_3CH_2C^+(CH_3)_2$] 生成产物 2-甲基-2-丁烯所需的反应活化能较小，其过渡态的能量相对较低，反应速率较快，故产物所占的比例较大。从电子效应考虑，2-甲基-2-丁烯分子中有 9 个 C—H σ 键与碳碳双键发生超共轭效应，而 2-甲基-1-丁烯分子中只有 5 个 C—H σ 键与双键发生超共轭效应，所以前者比后者稳定，产物以前者为主。

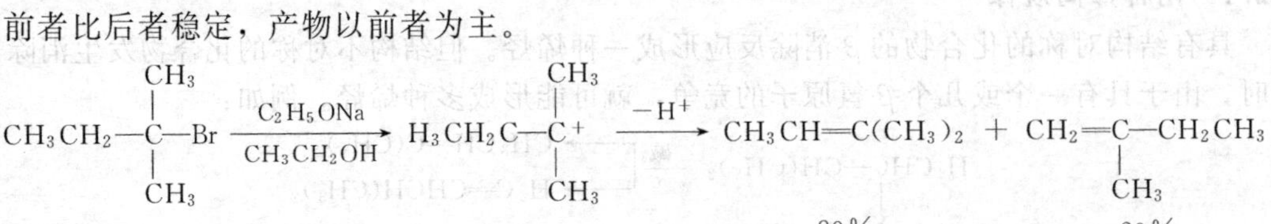

$$CH_3CH_2-\underset{CH_3}{\overset{CH_3}{\underset{|}{\overset{|}{C}}}}-Br \xrightarrow[CH_3CH_2OH]{C_2H_5ONa} H_3CH_2C-\underset{CH_3}{\overset{CH_3}{\underset{|}{\overset{|}{C^+}}}} \xrightarrow{-H^+} \underset{80\%}{CH_3CH=C(CH_3)_2} + \underset{20\%}{CH_2=\underset{CH_3}{\overset{|}{C}}-CH_2CH_3}$$

(2) E1CB 历程 在 E1CB 反应中，反应的第一步是碱夺取 β-H 质子，生成碳负离子，

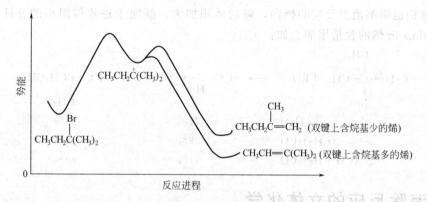

图 8-1 2-甲基-2-溴丁烷 E1 反应的能量曲线

β-H 是否容易脱去与其酸性有关，而 β-H 的酸性大小与碳负离子的稳定性有关，烷基的 +I 效应愈大，会使碳负离子的负电荷更加集中，愈不利于碳负离子的稳定，因此碳负离子的安定性顺序有：

$$^{\ominus}CH_3 > RCH_2^{\ominus} > R_2CH^{\ominus} > R_3C^{\ominus}$$

其相应的氢原子的酸性次序为：

$$H-CH_3 > H-CH_2R > H-CHR_2 > H-CR_3$$

在 E1CB 反应中，碱性试剂更容易与酸性大的 β-H 结合，即更容易结合烷基少的 β-碳原子上的氢。另外，烷基的空间位阻也有一定的作用，烷基少的碳原子上位阻小，反应较多地受制于动力学因素，所以 E1CB 反应遵从 Hofmann 规律。

（3）E2 历程　E2 反应的择向则与其过渡态紧密相关。在完全协同的 E2 反应中，过渡态已具有双键的性质。烯烃的稳定性反映在过渡态的位能上，烯烃的安定性大，过渡态的位能低，反应所需活化能小，反应速率快，在产物中所占比例也大。因此，典型 E2 反应主要生成碳碳双键上烷基取代较多的 Saytzeff 烯。

表 8-2　某些 E2 反应产物比例

作用物 CH$_3$CH$_2$CH$_2$CH$_2$CHCH$_3$ 　　　　　　　　$\mid$ 　　　　　　　　X	碱	溶剂	烯的百分组成/%		
			1-己烯(H-烯)	2-己烯(S-烯)	
				反式	顺式
X=I	CH$_3$O$^{\ominus}$	CH$_3$OH	19	63	18
X=Cl	CH$_3$O$^{\ominus}$	CH$_3$OH	33	50	17
X=F	CH$_3$O$^{\ominus}$	CH$_3$OH	69	22	9

进一步研究发现，择向规律与离去基团的性质有一定的关系，一般来说，离去基团离去倾向大，有利于 Saytzeff 取向；不易于离去的基团，生成 Hofmann 烯烃比例增大（见表 8-2）。

巴特施（Bartsch）等用一系列含氧负离子的碱（ArCOO$^-$，RO$^-$ 等）研究 2-碘丁烷消除 HI 的反应，结果证明，双键位置取向完全由碱的强度所控制，同时进一步研究还发现，试剂的碱性增强，有利于 Hofmann 烯的生成。因为试剂碱性增强，会使过渡态中碳负离子特征增加，更加相似于 E1CB 历程。例如：

$$CH_3CH_2\underset{\underset{I}{\mid}}{C}HCH_3 \xrightarrow[DMSO]{碱} H_2C=CHCH_2CH_3 + H_3C-\underset{H}{C}=\underset{H}{C}-CH_3$$

　　　　　　　　　　PhCOO$^-$　　　　　7%　　　　　　　　93%
　　　　　　　　　　EtO$^-$　　　　　　17%　　　　　　　　83%

碱的体积也影响消去反应的择向，碱的体积加大，倾向于进攻位阻小的 β-H 原子，产物中的 Hofmann 烯的含量增加。如：

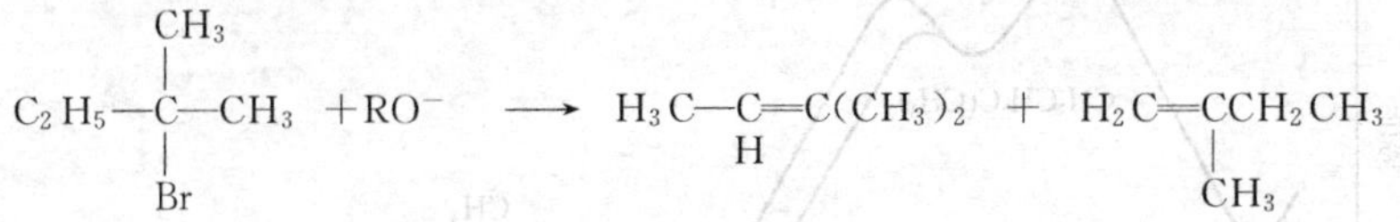

$$C_2H_5-\underset{\underset{Br}{|}}{\overset{\overset{CH_3}{|}}{C}}-CH_3 + RO^- \longrightarrow H_3C-\underset{\underset{H}{|}}{C}=C(CH_3)_2 + H_2C=CCH_2CH_3$$
$$\phantom{C_2H_5-\underset{\underset{Br}{|}}{\overset{\overset{CH_3}{|}}{C}}-CH_3 + RO^- \longrightarrow H_3C-\underset{\underset{H}{|}}{C}=C(CH_3)_2 + H_2C=CCH_2CH_3\quad\quad\quad\quad\quad} CH_3$$

$C_2H_5O^-$	71%	29%
$(CH_3)_3CO^-$	28%	72%
$(CH_3CH_2)_3CO^-$	11%	89%

8.3 消除反应的立体化学

消去反应的立体化学一般只讨论双分子消去反应的立体化学，在 E2 历程的消除反应中，假定 X 为离去基团基，由于 C—X 键和 C—H 键逐渐变弱，两个碳原子的成键轨道由 sp^3 杂化逐渐变到 sp^2 杂化，最后 C—X 和 C—H 键完全断裂，两个 p 轨道完全平行重叠生成 π 键，整个过程几乎是协同进行的。根据成键原则，两个碳原子上的 p 轨道的对称轴必须平行才能有最大程度的重叠，因此在发生消除反应时，H、C、C 和 X 应在同一平面上。如果 H 和 X 在同一边发生消除反应，则这种消除反应为顺式消除反应（简称 *syn*-eliminlation）；如果 H 和 X 在对边发生消除，则这种消除反应为反式消除反应（简称 *anti*-eliminlation）。上述两种消除方式可分别用 Newman 投影式表示如下：

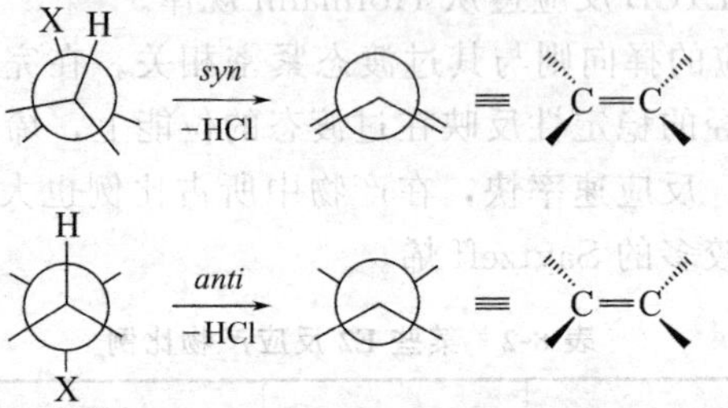

但一般情况下，按 Ingold 规律：被消除的取代基彼此处于对位交叉式的构象时，双分子消除反应能顺利发生。因此，反式消除比顺式消除更为常见。这可能由于反式消除反应的构象式为对位交叉时，分子达到这种构象过渡态所需能量比顺式消除小，因而对反应有利，表现为立体专一性。

例如：内消旋 1,2-二溴二苯基乙烷消除 HBr 得到顺式 *syn*-2-溴二苯基乙烯，外消旋体消除得到反式 *anti*-2-溴二苯基乙烯：

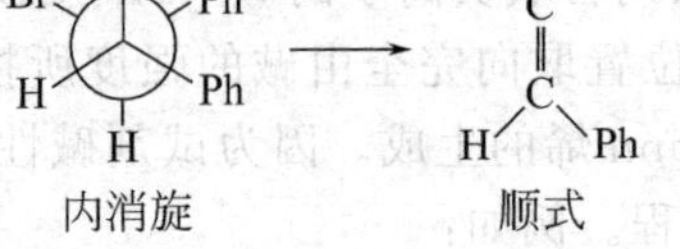

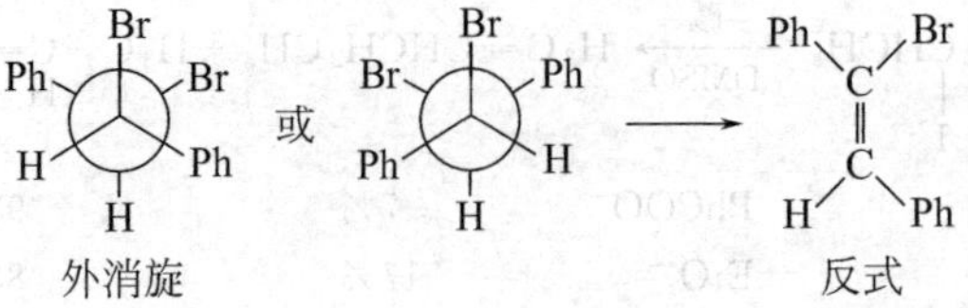

从上可以见到，卤素与处于反位的氢原子发生消除反应。氯代反丁烯二酸脱氯化氢的反应速率比氯代顺丁烯二酸快 48 倍，更有力说明了反式消除比顺式消除作用占优势。

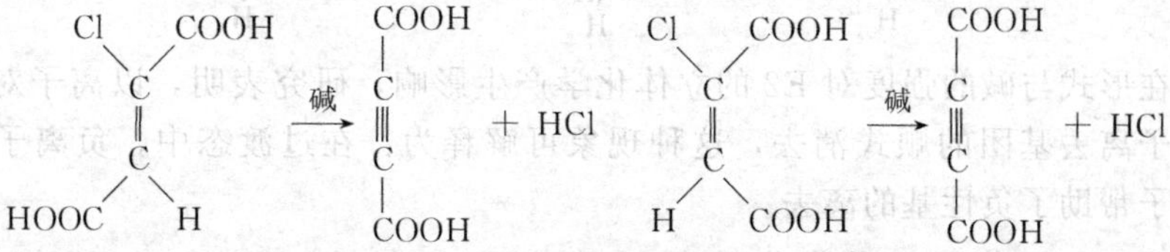

将上述 Ingold 规律用于脂环系统，Barton 推导出如下结论，脂环化合物的双分子消除反应，只有当两个被消除的取代基都处于直立键位置（反式，对位交叉构象）时，才能顺利发生。两个处于双平伏键（反式）位置的取代基一般不能引起双分子消除；顺式化合物（其中一个为直立 a 键，一个为平伏 e 键）反应很难发生，或者完全不可能。

环已基体系非常倾向于反式消去，这时它所经过的构象中，质子和离去基团都处于直立键的位置，虽然这种构象具有较高能量，但这种定向结构使有关轨道的排列方式能允许顺利地转变正在形成的双键 π 体系：

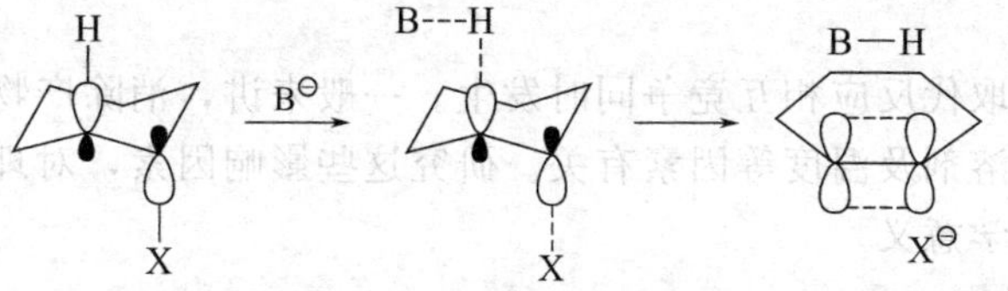

例如：化合物（Ⅰ）发生消除反应，得到 100%化合物（Ⅱ）。即由于被消去的 H 原子所处位置原因，只能得到 Hofmann 烯。但反应速率却很慢。

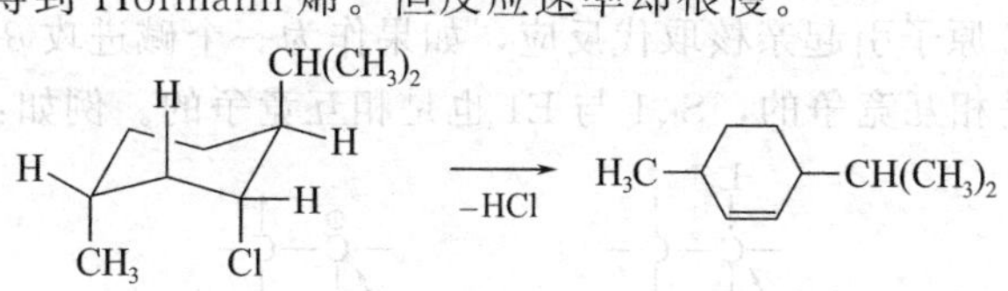

(Ⅰ)　　　　(Ⅱ) 100%

而（Ⅰ）的构象异构体（Ⅲ）其消除反应得到 75%的（Ⅳ）和 25%的（Ⅱ），主要产物为 Saytzeff 烯，且反应速率比上述反应快。

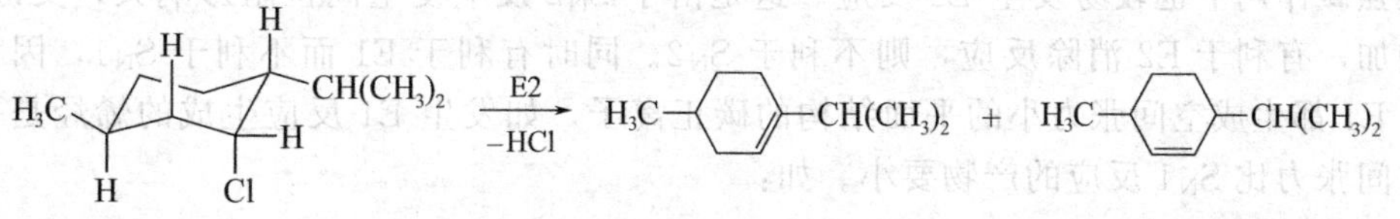

(Ⅰ)　　　　(Ⅳ) 75%　　　　(Ⅱ) 25%

这是因为化合物（Ⅰ）的最安定的构象是（Ⅴ），（Ⅴ）中 Cl 处于 e 键，要按反式消去，必须转变成不安定的构象（Ⅰ），这需要能量，因此反应速率慢。

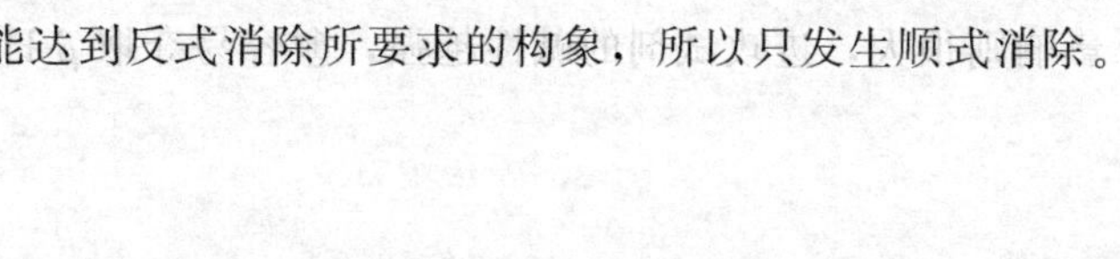

(Ⅴ)　　　　(Ⅰ)

进一步的研究发现，某些环状化合物，如 N,N,N-三甲基原菠基离子消去 N$(CH_3)_3$，由于环的刚性，不能达到反式消除所要求的构象，所以只发生顺式消除。

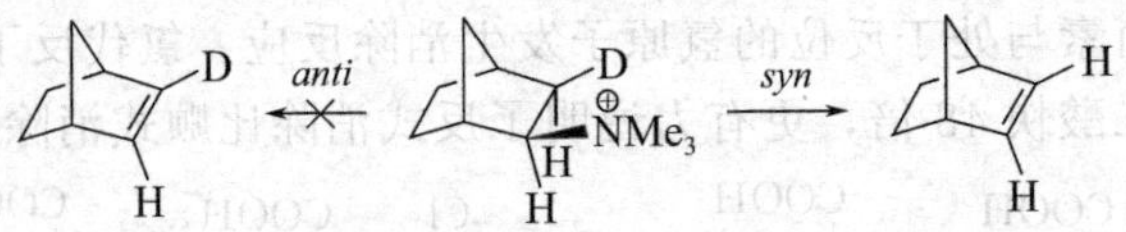

碱的存在形式与碱的强度对 E2 的立体化学产生影响，研究表明，以离子对形式存在的碱促使负离子离去基团的顺式消去，这种现象可解释为：在过渡态中，负离子起着碱的作用。而正离子帮助了负性基的离去。

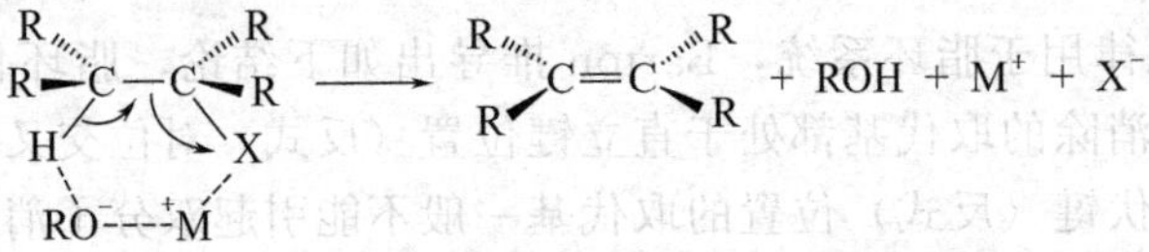

当 E2 反应被 PhS^-、X^- 等碱性弱的负离子催化，反式消除占优势，因在过渡态中碱同时与 β-H 及 α-C 缔合，结果造成反式消除。强碱则使顺式消除增加。

8.4 消除反应与取代反应的竞争

消除反应往往与取代反应相互竞争同时发生。一般来讲，消除产物和取代产物的比例与作用物结构、试剂、溶剂及温度等因素有关。研究这些影响因素，对理解消除反应历程，有机合成具有一定的科学意义。

8.4.1 作用物的结构

消除反应与亲核取代反应共同点都是由同一试剂的进攻引起的，这些试剂如果作为亲核试剂进攻作用物的 α-C 原子引起亲核取代反应，如果作为一个碱进攻 β-H 原子则引起消除反应。因此 S_N2 与 E2 是相互竞争的，S_N1 与 E1 也是相互竞争的。例如：

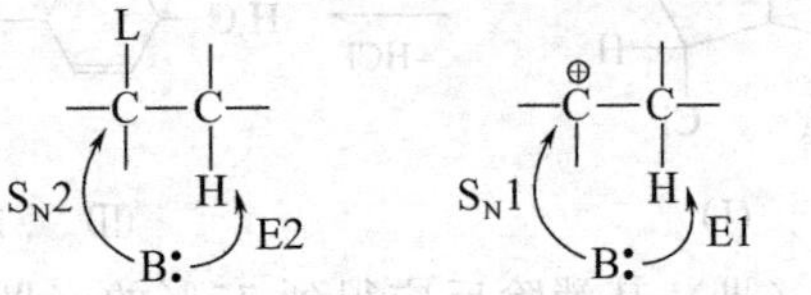

一般地讲，作用物的 α-C 和 β-H 上支链增加，有利于消除反应，β-C 上连的支链的伯卤代烷在强碱作用下也较易发生 E2 反应。这是由于 S_N2 反应受空间位阻影响大，支链增加，位阻增加，有利于 E2 消除反应，则不利于 S_N2。同时有利于 E1 而不利于 S_N1，因为尽管 S_N1 与 E1 都生成空间张力小的平面结构的碳正离子，如发生 E1 反应生成的烯烃是平面结构，空间张力比 S_N1 反应的产物要小。如：

$CH_3CH_2CH_2CH_2Br + C_2H_5ONa \xrightarrow{EtOH}$
- $\xrightarrow{S_N2} CH_3CH_2CH_2CH_2OC_2H_5$ 90%
- $\xrightarrow{E2} CH_3CH_2CH=CH_2$ 10%

$(CH_3)_2CHCH_2Br + C_2H_5ONa \xrightarrow{EtOH}$
- $\xrightarrow{S_N1} (CH_3)_2CHCH_2OC_2H_5$ 40%
- $\xrightarrow{E1} (CH_3)_2C=CH_2$ 60%

卤代烷对 E1 与 E2 消除反应的活性顺序都是：
$$3°>2°>1°$$

8.4.2 进攻试剂的影响

在 E1 与 S_N1 反应中，决定反应速率的步骤是碳正离子的生成，进攻试剂的影响不大。试剂碱性强弱对 E2 影响则很大，进攻试剂的碱性越强，愈容易夺取 β-H 原子，故愈有利于

E2 反应。如下面的反应中，试剂的碱性增强，浓度增大，消除产物比例增大。

$$(CH_3)_3CBr + C_2H_5OH \xrightarrow{25℃} (CH_3)_3COC_2H_5 + (CH_3)_2C=CH_2$$
$$81\% \qquad\qquad 19\%$$

$$(CH_3)_3CBr + C_2H_5ONa \xrightarrow[25℃]{EtOH} (CH_3)_3COC_2H_5 + (CH_3)_2C=CH_2$$
$$7\% \qquad\qquad 93\%$$

又如下面的反应，随着碱的浓度变化，取代与消除产物的比例如下：

$$C_2H_5\underset{CH_3}{\overset{CH_3}{\underset{|}{\overset{|}{C}}}}Br + C_2H_5ONa \xrightarrow[25℃]{EtOH} C_2H_5\underset{CH_3}{\overset{CH_3}{\underset{|}{\overset{|}{C}}}}OC_2H_5 + (CH_3)_2C=CHCH_3 + C_2H_5\underset{CH_3}{\overset{CH_3}{\underset{|}{\overset{|}{C}}}}=CH_2$$

碱 C_2H_5ONa/mol	取代产物/%	消除产物/%
0	64	36
0.02	54	46
0.08	44	56
1.00	2	98

8.4.3 溶剂极性的影响

一般来说，溶剂的极性增加，有利于亲核取代而不利于消除反应，可以从比较 S_N2 与 E2 的过渡态看出，前者电荷分散在三个原子上，后者电荷分散在五个原子上。因此溶剂的极性增加有利于亲核取代反应。

$$\overset{\delta^-}{HO}\text{---}C\text{---}\overset{\delta^-}{X} \qquad\qquad \overset{\delta^-}{HO}\text{---}H\text{---}C=C\text{---}\overset{\delta^-}{X}$$
$$S_N2\text{过渡态} \qquad\qquad E2\text{过渡态}$$

E2 的过渡态电荷分散程度大，因此溶剂的极性增大时，不利于 E2 过渡态电荷的分散，降低了其稳定性，使 E2 反应所需活化能较大，不利于 E2 反应的进行。一般情况下，碱的水溶液有利于亲核取代，碱的醇溶液有利于消除反应。

8.4.4 温度的影响

由于在消除反应中，需要断裂 C—H 键，故需要供给更多的能量。消除反应过渡态的形成其活化能比取代反应要高约 8.4~18.8kJ/mol，活化能愈高温度系数愈大，所以消除反应一般不如取代反应速率快，升高温度则有利于消去产物比例的增加。

综上所述，用消除反应制备烯烃的有利条件是：采用支链多的反应物，强碱性试剂，极性小的溶剂和较高的反应温度。

8.5 热消除反应

许多类型的化合物在没有其他试剂存在下经加热发生消除反应。这类反应常在气相中进行。该反应机理显然与前面所讨论的不同，因为那些反应在反应步骤中都有一步需要碱（溶剂可以充当碱），而在热消除（pyrolytic elimination）中不需要碱或溶剂。许多饱和有机化合物如羧酸酯、黄原酸酯和叔胺氧化物都能在高温下经消除反应得到不饱和化合物，这种热消除反应为单分子反应，不需要其他试剂的作用，且往往在气相中进行。反应中只涉及一个底物分子，在动力学上为一级反应。

热消除反应是制备烯烃的重要方法之一，它在有机合成中有着重要用途。

8.5.1 羧酸酯的热消除

羧酸酯的热消除反应在较高温度下进行。常用的羧酸酯为醋酸酯，它是一个气相反应，不用溶剂，不需要酸碱催化，产物比较容易纯化，产率较高，另外不发生双键移位和碳胳重排等优点，因此，在有机合成上具有一定的应用价值。

羧酸酯的热消除反应为单分子顺式消除反应。它是经过一个环状过渡态，将 β-H 原子转移给离去基团，同时生成 π 键。环状过渡态一般由 6 个原子组成，只有当被离去的基团处于顺位时，才能形成碳碳双键。这就决定了它必定取顺式消除方式来生成烯烃。以醋酸丁酯为例，它的消除历程为：

$$\underset{\substack{H_2C \\ | \\ C_2H_5CH \\ | \\ H}}{\overset{O \diagdown C-CH_3}{\diagup O}} \xrightarrow{400\sim600℃} C_2H_5CH=CH_2 + CH_3COOH$$

它能形成六个原子环状过渡态，然后发生顺式消除；

$$\underset{C_2H_5}{\overset{O\diagup CH_3}{\diagdown}} \overset{}{\underset{H\diagdown O}{}}$$

例如：

$$\underset{\substack{Ph \\ D \; Ph}}{\overset{H \quad OCOCH_3}{C-C}} \xrightarrow{\Delta} \underset{D}{\overset{Ph}{C}}=\underset{Ph}{\overset{H}{C}} + CH_3COOH$$

(*E*)-1,2-二苯基乙烯(含氘)

$$\underset{\substack{Ph \\ H \; Ph}}{\overset{D \quad OCOCH_3}{C-C}} \xrightarrow{\Delta} \underset{H}{\overset{Ph}{C}}=\underset{Ph}{\overset{H}{C}} + CH_3COOD$$

(*E*)-1,2-二苯基乙烯(不含氘)

环状化合物的热消除也是顺式消除，如环己烷衍生物（Ⅰ）热消除只得到化合物（Ⅱ）。此时因—OCOCH₃ 处于直立键，只能和另一位于同一边的 β-H 原子消除形成双键。

$$\text{(I)} \xrightarrow{\Delta} \text{(II)}\text{—COOEt} + CH_3COOH$$

羧酸酯热消除主要是遵守 Hofmann 规律。如：

$$\underset{\substack{| \\ OCOCH_3}}{CH_3CH_2CHCH_3} \xrightarrow{\Delta} \underset{57\%}{CH_3CH_2CH=CH_2} + \underset{43\%}{CH_3CH=CHCH_3} + CH_3COOH$$

(其中顺式 15%，反式 28%)

但环状化合物的乙酸酯的热消除反应却遵从 Saytzeff 规律，得到更稳定的 Saytzeff 烯。

$$\text{(I)} \xrightarrow{\Delta} H_3C\text{—}\bigcirc\text{—}CH(CH_3)_2 + H_3C\text{—}\bigcirc\text{—}CH(CH_3)_2 + CH_3COOH$$

35%　　　　　65%

8.5.2 黄原酸酯的热消除

黄原酸酯的热消除反应也叫楚加耶夫（Chugaev）反应。

$$\underset{\underset{S}{\|}}{RCH_2CH_2S}{-}C{-}S{-}R' \xrightarrow{\Delta} RCH{=}CH_2 + R'SH + S{=}C{=}O$$

黄原酸酯热消除可以在较低的温度下进行（100～250℃），双键移位和碳胳重排的机会更小，同时不产生酸性大的物质，从而可避免醇在酸性溶液中起消除反应时发生碳胳重排。例如下面醇通过黄原酸酯进行消除，不发生重排。

$$\underset{\underset{CH_3}{|}}{\underset{|}{H_3C{-}C{-}CH{-}CH_3}}\underset{\underset{OH}{}}{} \xrightarrow[-HCl]{Cl-C-SCH_3 \atop \|\ S} \underset{\underset{CH_3}{|}}{\underset{|}{H_3C{-}C{-}CH{-}CH_3}}\underset{O{-}C{-}SCH_3 \atop \|\ S}{} \longrightarrow \underset{\underset{CH_3}{|}}{\underset{|}{H_3C{-}C{-}CH{=}CH_2}}$$

因此它也是从醇（或卤代烃）制备烯烃的重要方法之一。

黄原酸酯可通过用氢氧化钠和二硫化碳处理醇（伯、仲、叔醇）进行制备。

$$ROH + NaOH \xrightarrow{CS_2} RO{-}\underset{\underset{S}{\|}}{C}{-}SNa \xrightarrow{CH_3I} RO{-}\underset{\underset{S}{\|}}{C}{-}SCH_3$$

黄原酸酯的热消除也是单分子协同反应，而且主要为顺式消除反应。

顺式消除可通过下面反应证明，3-苯-2-丁醇的赤式、苏式黄原酸酯的热消除反应的产物分别为：

赤式 $\xrightarrow{\Delta}$ (Z)

苏式 $\xrightarrow{\Delta}$ (E)

8.5.3 叔胺氧化物的热消除

叔胺经过氧化氢作用，得到叔胺氧化物。

$$RCH_2CH_2{-}NR'_2 + H_2O_2 \longrightarrow RCH_2CH_2{-}\overset{+}{N}R'_2\underset{\underset{O^-}{|}}{}$$

叔胺氧化物的热消除制备烯比黄原酸酯的热消除的温度更低（一般在85～150℃），且不发生异构化，因此它也是制备烯的重要方法之一。例如

$$Ph{-}CH_2CH_2{-}\overset{+}{\underset{\underset{O^-}{|}}{N}}\underset{C_2H_5}{\overset{C_2H_5}{\diagdown\diagup}} \xrightarrow{\Delta} Ph{-}CH{=}CH_2 + (C_2H_5)_2N{-}OH$$
$$85\%$$

叔胺氧化物的热消除主要是通过顺式消除进行的。反应的过渡态为五个原子组成的环。例如苏式和赤式2-(N,N-二甲基氨基)-3-苯基丁烷的氧化物热消除反应，分别得到顺式和反式的2-苯基-2-丁烯：

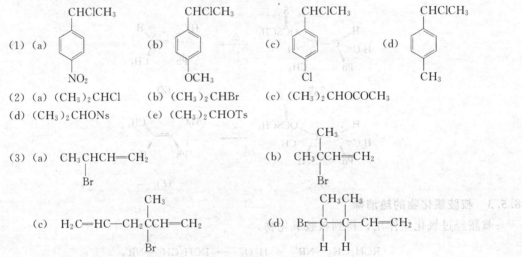

叔胺氧化物热消除反应主要生成 Hofmann 烯烃。在生成的 Saytzeff 烯中，反式比顺式比例大。

$$CH_3CH_2\underset{\underset{O^-}{\overset{|}{N^+(CH_3)_2}}}{\overset{|}{CH}}CH_3 \xrightarrow{\Delta} CH_3CH_2CH=CH_2 + CH_3CH=CHCH_3$$

67%　　　反式 21%
　　　　顺式 12%

习　题

8.1 下列化合物发生消除反应，按 E1 反应的速率大小次序进行排列。

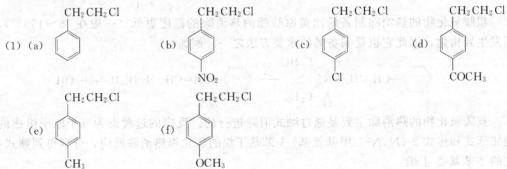

(2) (a) $(CH_3)_2CHCl$　(b) $(CH_3)_2CHBr$　(c) $(CH_3)_2CHOCOCH_3$

(d) $(CH_3)_2CHONs$　(e) $(CH_3)_2CHOTs$

(3) (a) $CH_3\underset{\underset{Br}{|}}{CH}CH=CH_2$　(b) $(CH_3)_3\underset{\underset{Br}{|}}{C}CH=CH_2$

(c) $H_2C=HC-CH_2\underset{\underset{Br}{|}}{\overset{\overset{CH_3}{|}}{C}}CH=CH_2$　(d) $\underset{\underset{Br}{|}}{\overset{\overset{CH_3}{|}}{C}}-\underset{\underset{H}{|}}{\overset{\overset{CH_3}{|}}{C}}-CH=CH_2$

8.2 下列化合物发生消除反应，按 E2 反应速率大小次序进行排列。

(2) (a) $CH_3CH_2CH_2Br$ (b) $\underset{Br}{\underset{|}{CH_3CCH=CH_2}}\underset{}{\overset{CH_3}{|}}$

(c) $CH_3CHBrCH_3$ (d) $\underset{H}{\underset{|}{Br-C}}\underset{H}{\overset{CH_3}{\underset{|}{-C}}}-CH_3$

8.3 下列反应主要按哪一种消除反应历程进行？

(1) $HOCH_2CH(COOCH_3)_2 \xrightarrow{\text{piperidine}} H_2C=C(COOCH_3)_2 + H_2O$

(2) $Ph-CH_2CH_2Br \xrightarrow[EtOH]{KOH} Ph-CH=CH_2 + H_2O$

(3) $CH_3\underset{OH}{\underset{|}{CH}}CH_2CHO \xrightarrow{OH^-} CH_3CH=CHCHO + H_2O$

(4) $(CH_3)_3COH \xrightarrow[\triangle]{C_2H_5OH} (CH_3)_2C=CH_2$

8.4 完成下列反应。

(1) [trans-decalin with Me, CHMe₂, H, H, Cl substituents] $\xrightarrow[C_2H_5OH]{C_2H_5ONa}$

(2) $(H_3C)_3C\underset{H}{\overset{Cl}{\underset{|}{-C}}}\overset{CH_3}{\underset{|}{-C}}-C_2H_5 \xrightarrow[C_2H_5OH]{C_2H_5ONa}$
     H   H

(3) [piperidinium]-$\overset{+}{N}(CH_3)_2\,OH^-$ with $CH_2CH_2CH_2Ph$ $\xrightarrow{\triangle}$

(4) $(CH_3)_2CHCH_2\underset{CH_3}{\underset{|}{\overset{+}{N}}}\overset{CH_3}{\overset{|}{C_2H_5}}\,OH^- \xrightarrow{\triangle}$

(5) $CH_3CH_2\underset{+S(CH_3)_2}{\underset{|}{C(CH_3)_2}} \xrightarrow{OH^-}$

(6) $PhCH_2\underset{CH_3}{\underset{|}{CH}}OSO_2Ph \xrightarrow{\triangle}$

8.5 下列两组反应中生成 Hofmann 烯和 Saytzeff 烯比例不同，试解释原因。

(1) $\begin{cases} (CH_3)_3CCH_2\underset{Br}{\underset{|}{C(CH_3)_2}} + C_2H_5O^- \longrightarrow (CH_3)_3CCH_2\underset{CH_3}{\underset{|}{C}}=CH_2 + (CH_3)_3CCH=C(CH_3)_2 \\ \qquad\qquad\qquad\qquad\qquad\qquad\qquad\qquad\quad 86\% \qquad\qquad\qquad 14\% \\ (CH_3)_3CCH_2\underset{Br}{\underset{|}{C(CH_3)_2}} + (CH_3)_3CO^- \longrightarrow (CH_3)_3CCH_2\underset{CH_3}{\underset{|}{C}}=CH_2 + (CH_3)_3CCH=C(CH_3)_2 \\ \qquad\qquad\qquad\qquad\qquad\qquad\qquad\qquad\qquad 98\% \qquad\qquad\qquad 2\% \end{cases}$

(2) $\begin{cases} CH_3CH_2\underset{OTs}{\underset{|}{CH}}CH_3 + C_2H_5ONa \xrightarrow{C_2H_5OH} CH_3CH_2CH=CH_2 + CH_3CH=CHCH_3 \\ \qquad\qquad\qquad\qquad\qquad\qquad\qquad\qquad 35\% \qquad\qquad\qquad 65\% \\ CH_3CH_2\underset{OTs}{\underset{|}{CH}}CH_3 + C_2H_5ONa \xrightarrow{DMSO} CH_3CH_2CH=CH_2 + CH_3CH=CHCH_3 \\ \qquad\qquad\qquad\qquad\qquad\qquad\qquad\qquad 61\% \qquad\qquad\qquad 39\% \end{cases}$

习题参考答案

8.1 (1) (b)＞(d)＞(c)＞(a)； (2) (d)＞(e)＞(b)＞(a)＞(c)； (3) (c)＞(b)＞(d)＞(a)

8.2　(1) (b)＞(d)＞(c)＞(a)＞(e)＞(f)；(2) (a)＞(c)＞(d)＞(b)

8.3　(1) E1CB；(2) E2；(3) E1CB；(4) E1

8.4

(1) 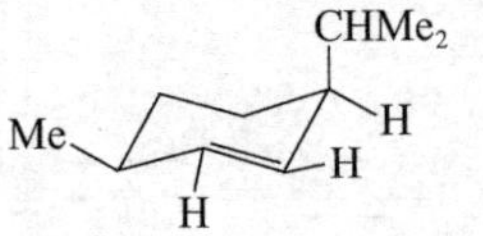 1-甲基-4-异丙基环己-2-烯（Me在C4, CHMe₂在C1, 双键在C2-C3）

(2) (H₃C)₃C−C(CH₃)=CH(C₂H₅)/H （三取代烯烃，H和C₂H₅在双键碳上）

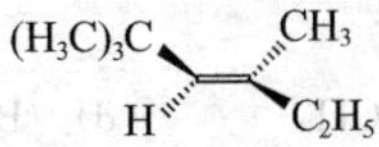

(3) 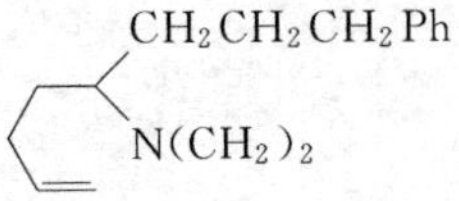 CH₂=CH−CH(N(CH₃)₂)−CH₂CH₂CH₂Ph 结构

(4) $CH_2=CH_2 + (CH_3)_2C=CH_2$
　　（主）　　　　（次）

(5) $CH_3CH_2CH=CH_2 + S(CH_3)_2 + H_2O$
　　　　　　　　$\overset{|}{CH_3}$

(6) $PhCH_2CH=CH_2 + HOSO_2Ph$

8.5　(1) 都是强碱，主要产物为 Hofmann 烯。又因 Me_3CO^- 碱性更强，体积又比 EtO^- 大，所以第二个反应的 Hofmann 烯比例增加。

(2) C_2H_5OH 是质子性溶剂，而 DMSO 是非质子极性溶剂，DMSO 只结合正离子，使负离子 EtO^- 更加裸露，使其碱性增强，故第二个反应的 Hofmann 烯增加。

参 考 文 献

[1] 汪炎刚, 陈福和, 蒋先明. 高等有机化学导论 [M]. 武汉：华中师范大学出版社, 1993.

[2] 李景宁, 杨定乔, 张前. 有机化学：上、下册 [M]. 第5版. 北京：高等教育出版社, 2011.

[3] 王积涛. 高等有机化学 [M]. 北京：人民教育出版社, 1980.

第 9 章 碳碳重键的加成反应

加成反应是含有碳碳重键（双键和三键）化合物的基本反应，根据反应历程，可将碳碳重键的加成反应主要分为两种。

(1) 亲电加成　碳碳双键包含 σ 键和 π 键。π 键电子受到原子核的束缚力较小，比 σ 电子容易极化。由于 π 电子屏蔽着碳原子，不利于亲核试剂的进攻，相反，却有利于亲电试剂的进攻。由亲电试剂进攻碳碳双键而引起的加成反应，称为亲电加成。

$$CH_2=CH_2 + E^+ \xrightarrow{慢} CH_2CH_2^+ \xrightarrow{Nu^-}_{快} CH_2CH_2-Nu$$
$$\phantom{CH_2=CH_2 + E^+ \xrightarrow{慢} CH_2CH_2^+}||$$
$$\phantom{CH_2=CH_2 + E^+ \xrightarrow{慢} \,\,\,\,}EE$$

例如：$CH_3CH=CH_2 + HBr \longrightarrow CH_3CHBrCH_3$

(2) 亲核加成　由亲核试剂进攻碳碳双键而引起的加成反应，称为亲核加成。

$$RCH=CHCOR + Nu^- \xrightarrow{慢} RCH\bar{C}HCOR \xrightarrow{E^+}_{快} RCHCHCOR$$
$$\phantom{RCH=CHCOR + Nu^- \xrightarrow{慢} \,\,\,\,}|||$$
$$\phantom{RCH=CHCOR + Nu^- \xrightarrow{慢} \,\,\,\,}NuNuE$$

如：$(CH_3)_2C=CHCOCH_3 + HCN \longrightarrow (CH_3)_2C-CH_2COCH_3$
$$|$$
$$CN$$

亲电加成、亲核加成都是分步进行的，并分别生成正离子、负离子中间体，本章只讨论碳碳重键的亲电加成与亲核加成，其中以亲电加成更为重要。

9.1 亲电加成反应

9.1.1 反应历程

亲电加成所使用的亲电试剂可分为两类：① 对称的亲电试剂（如卤素）；② 不对称的亲电试剂（如 HX、H_2SO_4、CH_3COOH、HOH 等）。在亲电加成反应中，总是先由一个带正电荷的或者带部分正电荷的偶极或诱导偶极的试剂，进攻双键或三键，生成正离子中间体，这是反应速率决定步骤。反应第二步一般和负离子结合生成加成产物。亲电加成一般认为有下列三种历程：

$$E-Y \longrightarrow E^\oplus + Y^\ominus$$

(1) 离子对和碳正离子历程

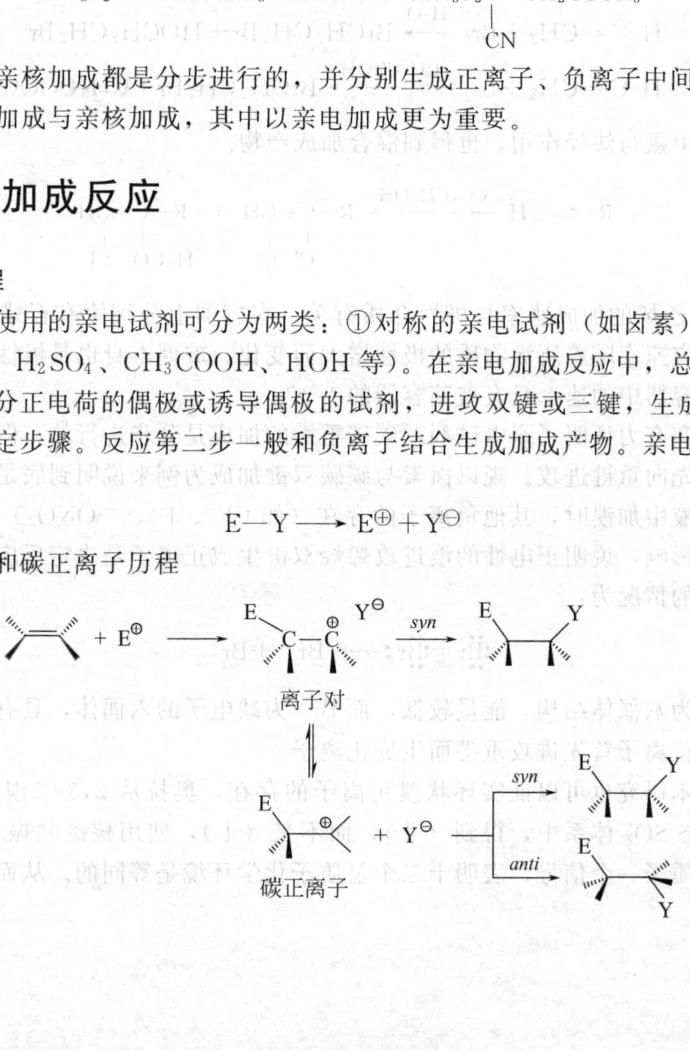

(2) 环状正离子历程

$$\text{C=C} + E^{\oplus} \longrightarrow \underset{Y^{\ominus}}{\overset{E}{\underset{C-C}{\triangle}}} \xrightarrow{anti} \underset{Y}{\overset{E}{\underset{C-C}{|}}}$$

(3) 三分子加成历程

$$2E-Y + \text{C=C} \longrightarrow \underset{E-Y}{\overset{E-Y}{\underset{C=C}{|}}} \xrightarrow{anti} \underset{Y}{\overset{E}{\underset{C-C}{|}}} + E^{\oplus} + Y^{\ominus}$$

由于三分子同时碰撞在一起的概率很小，对过渡态的形成不利，因此，这种情况是少见的。

从历程（1）和（2）可以看到，第一步都有形成碳正离子（或离子对）的过程，第二步是 Y^- 和碳正离子结合得到的产物。下列实验事实证明它是分步进行的。

① 当卤素加成反应在有其他负离子存在的情况下进行时，该负离子常被引入产物中。例如当乙烯与溴在浓的硝酸钠水溶液中作用时，生成 1,2-二溴乙烷和溴代硝酸乙酯。

$$H_2C=CH_2 + Br_2 \xrightarrow{NaNO_3/H_2O} CH_2BrCH_2Br + CH_2BrCH_2ONO_2$$

② 实验中还发现，有时溶剂中的负离子也常常参与反应，例如溴与乙烯分别在 0~5℃水中或乙酸中作用，除了得到主产物 1,2-二溴乙烷外，还能分别得到不同的副产物：

$$H_2C=CH_2 + Br_2 \xrightarrow{H_2O} BrCH_2CH_2Br + HOCH_2CH_2Br$$

$$H_2C=CH_2 + Br_2 \xrightarrow{CH_3COOH} BrCH_2CH_2Br + CH_3COOCH_2CH_2Br$$

在甲醇溶液中氯与炔烃作用，也得到混合加成产物。

$$R-\!\!\!\equiv\!\!\!-H \xrightarrow{Cl_2, CH_3OH} R-\underset{Cl}{\overset{Cl}{\underset{|}{C}}}-CH + R-\underset{H_3CO}{\overset{Cl}{\underset{|}{C}}}-CH$$

③ 溴蒸气对乙烯的加成速率与极性介质有关。在容器上分别涂有石蜡、十六碳醇、硬脂酸钠，发现反应速率随着所涂物质的极性增大而变化。玻璃本身也是极性物质，溴对乙烯的加成在涂石蜡容器中的速率只有玻璃容器的 1/17。

以上实验事实有力证明了亲电试剂对碳碳重键的加成是分步进行的，但还未说明是正离子还是负离子首先向重键进攻。现以卤素与碳碳双键加成为例来说明到底是哪种离子首先进攻。烯烃在水溶液中加溴时，其他负离子的存在（如 Cl^-、I^-、$^-ONO_2$）只影响产物，对反应速率却没有影响，说明正电性的溴进攻烯烃双键生成正离子是决定反应速率的步骤。而溴分子发生异裂的情况为：

$$:\!\ddot{Br}\!:\!\ddot{Br}\!: \longrightarrow Br^+ + Br^-$$

生成的 Br^- 为八偶体结构，能量较低，而 Br^+ 为缺电子的六偶体，具有较高的能量，因此可以推测是溴正离子首先进攻重键而生成正离子。

现代波谱技术研究也可以证实环状溴正离子的存在，奥拉从 2,3-二溴-2,3-二甲基丁烷出发在 SbF_5-液态 SO_2 体系中，得到（Ⅱ），而不是（Ⅰ），使用核磁共振氢谱 ^1H NMR 测定，只观测到氢质子一个信号，表明十二个氢质子化学环境是等同的。从而说明环状正溴离子（Ⅱ）的存在。

$$(H_3C)_2C=C(CH_3)_2 + Br-C≡\overset{+}{N}-SbF_5 \longrightarrow (H_3C)_2\overset{Br}{\overset{|}{C}\underset{+}{---}C}(CH_3)_2 CNSbF_5$$

烯烃与 Br^+ 亲电试剂的亲电加成中，也发现了环状溴正离子的存在。

9.1.2 烯烃与卤化氢的加成反应

烯烃与卤化氢的亲电加成反应，其加成活性顺序有：

$$HI > HBr > HCl$$

反应也是分步进行的。第一步是 H^+ 首先向 C=C 进攻，这一步是慢反应，它是决定反应速率步骤。这从 HCl 和 HBr 与环己烯及 3-己烯加成的动力学研究得到证实。例如：在能形成𬭩盐的溶剂（如乙醚等）中进行加成反应的速率小于在不能与质子结合的溶剂（如庚烷等）中进行加成反应的速率。

对称的烯烃（例如乙烯）与卤化氢加成，不论 H^+ 先向 C=C 中哪个碳进攻，都得到同一产物。但是不对称烯烃和卤化氢加成，就会出现择向性问题。1870 年 Markovnikov 提出了烯烃与卤化氢加成的择向规律：不对称烯烃与卤化氢加成，氢原子加到含氢最多的碳碳双键的碳原子上，卤素加到含氢较少的双键碳原子上。

$$R-HC=CH_2 + HX \longrightarrow R-\overset{H}{\underset{X}{\overset{|}{C}}}-CH_3 + R-CH_2-CH_2X$$
主要产物　　　　次要产物

后来发现，类似 HX 的不对称试剂的亲电加成也具有相似的择向规律：即亲电试剂中的负离子加到含氢较少的双键碳上所得产物是主要产物，这便是 Markovnikov 规律的推广。

$$H_3C-HC=CH_2 + H_2SO_4 \longrightarrow H_3C-\overset{H}{\underset{OSO_2OH}{\overset{|}{C}}}-CH_3$$

$$H_3C-HC=CH_2 + H_2O + Cl_2 \longrightarrow H_3C-\overset{H}{\underset{OH}{\overset{|}{C}}}-CH_2Cl$$

下列反应似乎不符合 Markovnikov 择向规律：

$$H_2C=\underset{H}{\overset{|}{C}}-COOH + HX \longrightarrow XCH_2CH_2COOH$$
(X=Cl, Br, I)

$$H_2C=\underset{H}{\overset{|}{C}}-\overset{+}{N}(CH_3)_3 + HI \longrightarrow ICH_2CH_2\overset{+}{N}(CH_3)_3$$

而电子理论认为：取代基的电子效应决定了相邻双键上 π 电子的极化方向。如：

$$R \rightarrow HC=CH_2 \quad HOOC \leftarrow HC=CH_2 \quad (CH_3)_3\overset{+}{N} \leftarrow HC=CH_2$$

结果是 π 电子云密度大的烯键碳原子中 HX 中正电性的氢原子结合，实质上也是符合 Markovnikov 不对称加成规律。

卤化氢与一卤代乙烯的加成同样遵守马氏规则，如：

$$\ddot{Cl}-HC=CH_2 + HX \longrightarrow ClCHXCH_3$$

马氏规则不适用于烯烃的亲核加成与自由基加成。

实验证明：一些烯烃与卤化氢的加成反应在动力学上表现为三级反应。

$$\text{反应速率} = kc_{\text{烯烃}} c_{HX}^2$$

例如 HCl 和 2-甲基-1-丁烯、2-甲基-2-丁烯及环己烯等的加成，HBr 和环戊烯的加成，在动力学上都表现为三级反应。根据这些，提出了下列加成的过渡状态。

在这一过程中形成烯烃配合物的速率是很快的，然后一个 HX 分子提供 H^+ 加到烯烃上，接着第二分子的 HX 提供 X^- 而完成反应。

实验证明烯烃加成 HX 被一般酸所催化，乙醚、四氢呋喃等溶剂能消耗反应中 H^+ 的浓度并形成鎓盐，由于减少了 H^+ 的浓度，使亲电加成速率减慢，这实际证明了质子（H^+）和烯烃加成的一步是决定反应速率的步骤。其历程可表示如下：

下列反应说明了碳正离子中间体的存在。

$$(CH_3)_2CHCH=CH_2 \xrightarrow[CH_3NO_2]{HCl} (CH_3)_2CHCHCH_3 + (CH_3)_2CCH_2CH_3$$
$$\qquad\qquad\qquad\qquad\qquad\qquad\qquad |\qquad\qquad\quad |$$
$$\qquad\qquad\qquad\qquad\qquad\qquad\qquad Cl\qquad\qquad\quad Cl$$
$$\qquad\qquad\qquad\qquad\qquad\qquad\quad 40\%\qquad\qquad 60\%$$

$$(CH_3)_2CCH=CH_2 \xrightarrow[CH_3NO_2]{HCl} (CH_3)_3CCHCH_3 + (CH_3)_2CCH(CH_3)_2$$
$$\qquad\qquad\qquad\qquad\qquad\qquad\qquad |\qquad\qquad\quad |$$
$$\qquad\qquad\qquad\qquad\qquad\qquad\qquad Cl\qquad\qquad\quad Cl$$
$$\qquad\qquad\qquad\qquad\qquad\qquad\quad 17\%\qquad\qquad 83\%$$

$(CH_3)_2CCH_2CH_3$ 和 $(CH_3)_2CCH(CH_3)_2$ 的产生是由于碳正离子中间体发生重排的结果：
$\quad\; |\qquad\qquad\qquad\qquad\; |$
$\quad Cl\qquad\qquad\qquad\qquad Cl$

$$(CH_3)_2\overset{+}{C}-CHCH_3 \xrightarrow{H迁移} (CH_3)_2\overset{+}{C}CH_2CH_3 \xrightarrow{Cl^-} (CH_3)_2CCH_2CH_3$$
$$\qquad\qquad\qquad\qquad\qquad\qquad\qquad\qquad\qquad\qquad\qquad\qquad\qquad\quad |$$
$$\qquad\qquad\qquad\qquad\qquad\qquad\qquad\qquad\qquad\qquad\qquad\qquad\qquad\quad Cl$$

$$(CH_3)_2\overset{+}{C}-CHCH_3 \xrightarrow{CH_3迁移} (CH_3)_2\overset{+}{C}CH(CH_3)_2 \xrightarrow{Cl^-} (CH_3)_2CCH(CH_3)_2$$
$$\qquad\qquad\qquad\qquad\qquad\qquad\qquad\qquad\qquad\qquad\qquad\qquad\qquad\qquad\qquad |$$
$$\qquad\qquad\qquad\qquad\qquad\qquad\qquad\qquad\qquad\qquad\qquad\qquad\qquad\qquad\quad Cl$$

很多情况下，烯烃与 HX 加成主要得到反式加成产物。

anti 100%

但随着作用物、温度与溶剂等不同，也有顺式加成产物。如 1,2-二甲基环己烯与 HCl 作用，室温时生成反式加成产物，在 $-78℃$ 主要生成顺式加成产物。

当碳碳双键上连有能稳定碳正离子的基团（如芳基），则顺式加成产物的比例增加。例如：顺式或反式 1-苯基丙烯同 DCl 的加成，顺式加成产物为主要产物。

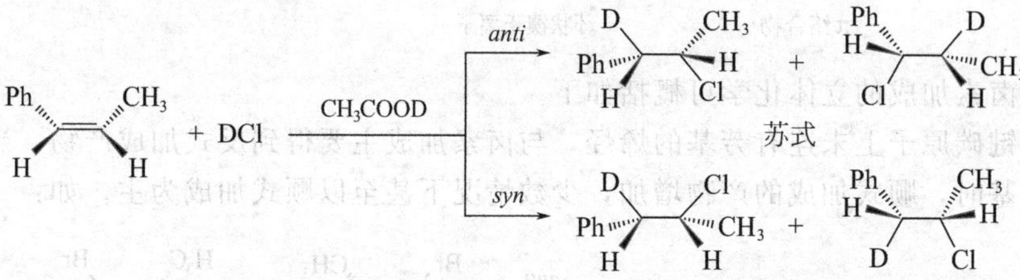

顺式或反式 1-苯基-4-叔丁基环己烯同 HX 的加成主要为顺式加成产物，这可能是该烯烃与 HX 加成时在离子阶段即发生加成。随着碳正离子稳定性增加，离子对变成自由的碳正离子概率增加，此时顺式、反式加成都可能生成，二者的比例则取决于两种产物的相对稳定性。

9.1.3 烯烃与卤素的加成反应

在没有光照和自由基引发的情况下，烯烃与卤素的加成为离子反应，与烯烃和 HX 加成一样，反应也是分步进行的，中间产物为正离子。与烯烃加成时，卤素的活性顺序为：

$$氟>氯>溴>碘$$

由于碘的活泼性差，加成速率太慢；氟太活泼，不仅与烯键加成，而且进攻其他键，易得到混合物；溴化和氯化则比较容易进行。

烯烃双键上连有推电子的取代基，使反应速率加快；连有吸电子的取代基则使反应速率减慢。例如：溴和各种烯烃加成的相对速率见表 9-1。

表 9-1 溴对不同烯烃加成的相对速率

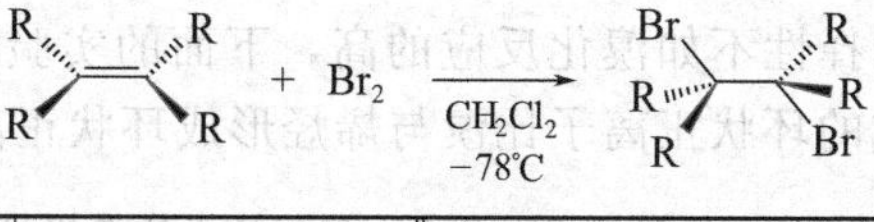

烯 烃	相对速率	烯 烃	相对速率
$(CH_3)_2C=C(CH_3)_2$	14	$H_2C=CH_2$	1
$(CH_3)_2C=CHCH_3$	10.4	$CH_3CH=CHCOOH$	0.26
$(CH_3)_2C=CH_2$	5.33	$H_2C=CHBr$	0.04
$CH_3CH=CH_2$	2.03	$H_2C=CHCOOH$	0.03

一般来说，在极性强的溶剂中，卤素与烯烃的加成，在动力学上表现为二级反应。

$$反应速率 = kc_{烯烃}c_{X_2}$$

氯对烯烃的加成在比乙酸极性更强的溶剂中进行就是二级反应。溴对烯烃的加成，当溴的浓度在一定的范围内（约 $M/40$）时，在乙酸或极性比较弱的溶剂中反应，则遵守三级动力学规律。

$$反应速率 = kc_{烯烃}c_{X_2}^2$$

这可以用 π 配合物与生成的环状溴正离子处于平衡来解释，反应的结果得到反式加成产物。

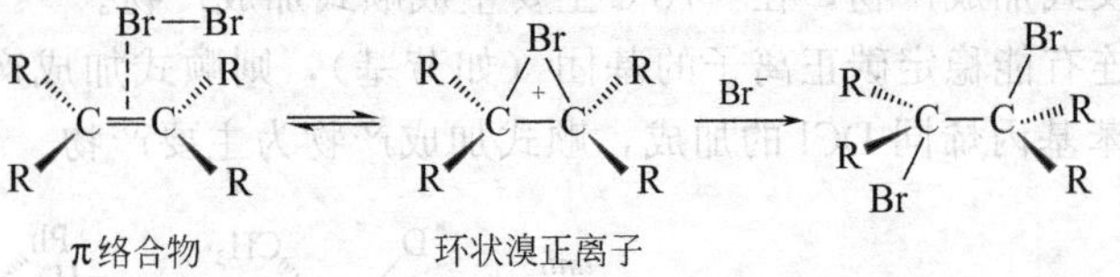

烯烃与卤素加成的立体化学可概括如下。

对于双键碳原子上未连有芳基的烯烃，与卤素加成主要得到反式加成产物，当双键碳原子上连有芳基时，顺式加成的产物增加，少数情况下甚至以顺式加成为主。如：

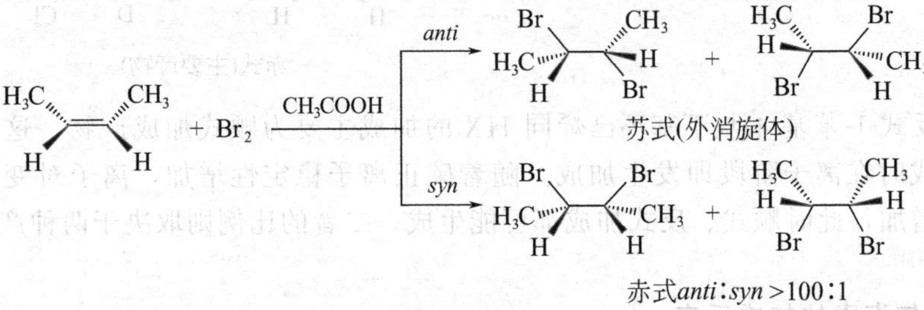

顺-2-丁烯 + Br_2 → 苏式(外消旋体) （anti）
顺-2-丁烯 + Br_2 → 赤式 （syn） anti:syn > 100:1

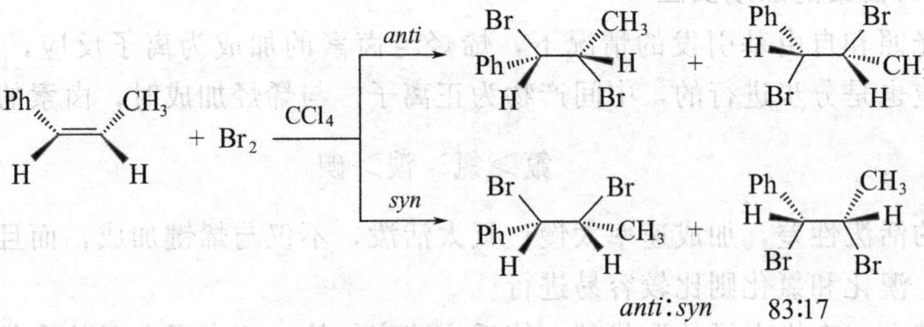

(Z)-1-苯基丙烯 + Br_2 （CCl_4）→ anti 产物 + syn 产物   anti:syn 83:17

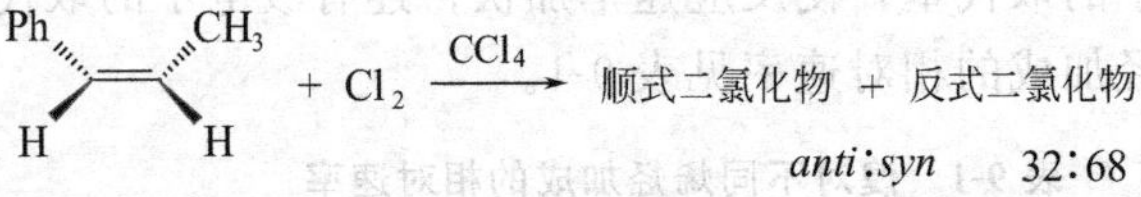

(E)-1-苯基丙烯 + Cl_2 （CCl_4）→ 顺式二氯化物 + 反式二氯化物   anti:syn 32:68

烯烃氯化反应的立体选择性不如溴化反应的高，下面的实验数据可以说明（见表9-2）。这可能是因为氯与烯烃形成的环状正离子比溴与烯烃形成环状正离子安定性差的缘故。

表 9-2 烯烃与 Cl_2 及 Br_2 加成的立体选择性

烯烃	溴化反应		氯化反应	
	溶剂	anti : syn	溶剂	anti : syn
顺-2-丁烯	CH_3COOH	>100:1	CH_3COOH	>100:1
			无	>100:1
反-2-丁烯	CH_3COOH	>100:1	CH_3COOH	>100:1
			无	>100:1
(Z)-1-苯基丙烯	CCl_4	87:17	CCl_4	32:68
			CH_3COOH	22:78
(E)-1-苯基丙烯	CCl_4	88:12	CCl_4	45:55
			CH_3COOH	41:59

卤素与烯烃形成的环状正离子，可以在非亲核性溶剂中利用 NMR（核磁共振）测量法来观测到。例如：1-溴-2-氟丙烷在液体二氧化硫中与五氟化锑作用生成含溴的环状正离子，其结构已由 PMR（质子核磁共振）谱证实。

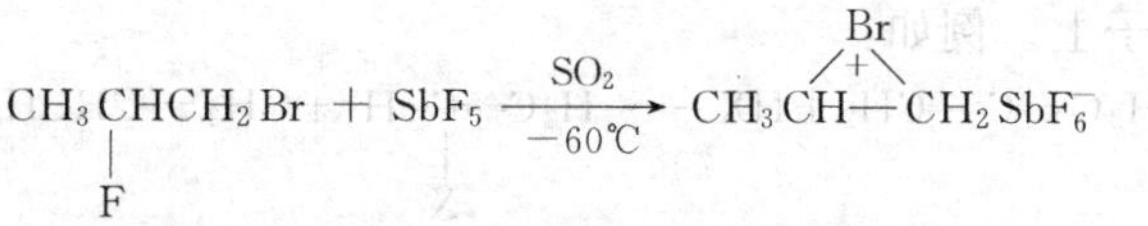

$$\text{CH}_3\text{CHCH}_2\text{Br} + \text{SbF}_5 \xrightarrow[-60\text{℃}]{\text{SO}_2} \text{CH}_3\overset{Br}{\overset{+}{\text{CH}}}\text{---}\text{CH}_2\text{SbF}_6^-$$
$$\underset{F}{|}$$

根据以上的实验事实，提出了烯烃与卤素的加成历程如下：

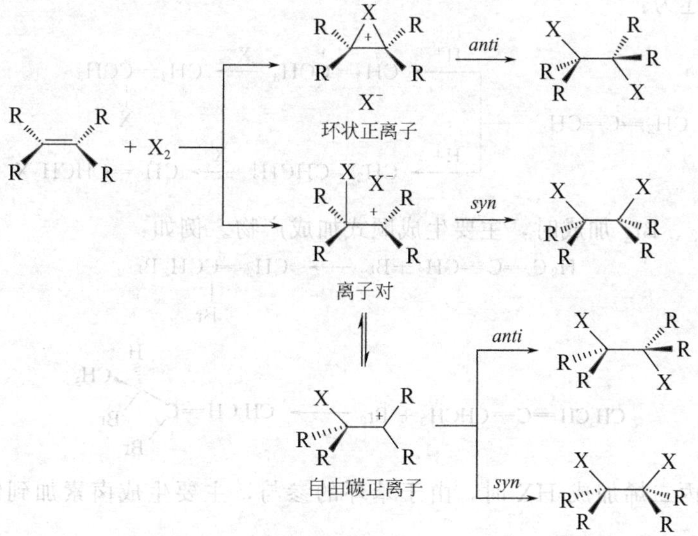

[反应机理图：烯烃与 X_2 经环状正离子、离子对、自由碳正离子三条途径生成 anti 和 syn 加成产物]

反应过程中可能分三个阶段：①环状正离子阶段；②碳正离子与 X^- 组成的离子对阶段；③自由碳正离子阶段。卤离子从反面进攻环状正离子，生成反式加成产物。如果离子对中的碳正离子立即与附近的 X^- 结合，即生成顺式加成产物。如果卤素负离子进攻自由的碳正离子，则生成顺式加成和反式加成产物的混合物。烯烃到底在哪一阶段完成加成，决定于烯烃的结构和溶剂等实验条件。

根据这一历程，能较好地解释烯烃加卤素的立体化学。当简单烯烃与卤素加成时，容易停留在环状正离子阶段，所以主要得到反式加成产物。当双键碳原子上连有芳基时，此时由于环状正离子稳定性不如连有芳基的碳正离子，生成自由的（较稳定）碳正离子的倾向增加。因而顺式产物的比例增加。

少数情况下，烯烃与卤素加成主要发生在离子对阶段，则主要得到顺式加成产物。如苊烯在苯溶液中与氯加成主要得到顺式加成产物。

[反应式：苊烯 + Cl_2 → 离子对 →(syn) 顺式二氯加成产物]

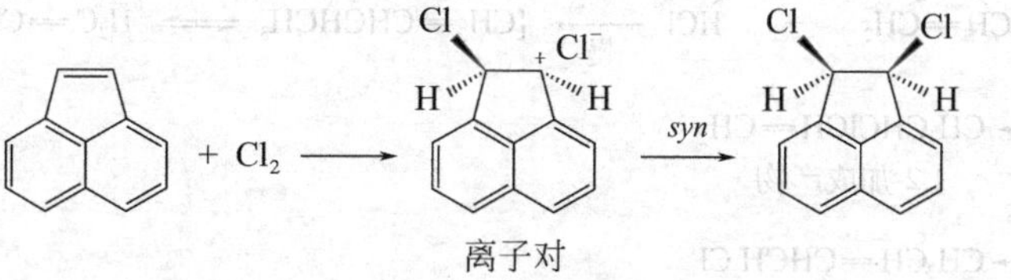

又如某些芳烃与卤素的加成反应，主要以顺式加成为主。例如：

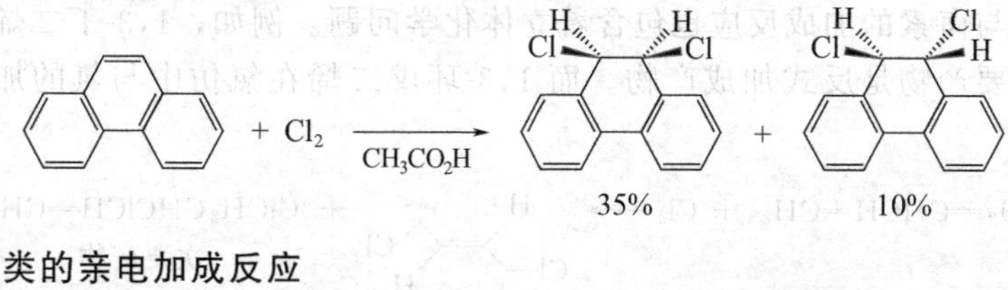

[反应式：菲 + Cl_2 $\xrightarrow{\text{CH}_3\text{CO}_2\text{H}}$ 顺式产物 35% + 反式产物 10%]

9.1.4 丙二烯类的亲电加成反应

丙二烯类化合物也可以发生亲电加成反应。当丙二烯与 HX、X_2 发生加成时，主要生成卤素加到中间碳原子上。例如：

$$H_2C=C=CH_2 + HX \longrightarrow H_2C=CCH_3 + CH_2=CHCH_2X$$
$$\qquad\qquad\qquad\qquad\quad |$$
$$\qquad\qquad\qquad\qquad\quad X$$
$$\qquad\qquad\qquad\quad\text{主要产物}\qquad\text{次要产物}$$

反应历程可以描述为：

$$CH_2=C=CH_2 \xrightarrow{H^+} \begin{matrix} CH_2=\overset{+}{C}CH_3 \xrightarrow{X^-} CH_2=CCH_3 \\ \qquad\qquad\qquad\qquad\qquad\qquad | \\ \qquad\qquad\qquad\qquad\qquad\qquad X \\ CH_2=CH\overset{+}{C}H_2 \xrightarrow{X^-} CH_2=CHCH_2X \end{matrix}$$

丙二烯与 Cl_2、Br_2 加成时，主要生成顺式加成产物。例如：

$$H_2C=C=CH_2 + Br_2 \longrightarrow CH_2=CCH_2Br$$
$$\qquad\qquad\qquad\qquad\qquad |$$
$$\qquad\qquad\qquad\qquad\qquad Br$$

$$CH_3CH=C=CHCH_3 + Br_2 \longrightarrow CH_3CH=C\overset{\overset{H}{|}}{\underset{\underset{Br}{|}}{\overset{|}{C}}}\overset{CH_3}{\underset{Br}{}}$$

苯基取代的丙二烯加成 HX 时，由于苯环的参与，主要生成卤素加到链端碳原子的产物。例如：

$$Ph-CH=C=CH_2 + HBr \longrightarrow Ph-CH=CHCH_2Br + Ph-CH=CBrCH_3$$
$$\qquad\qquad\qquad\qquad\qquad\qquad\qquad\text{主要产物}\qquad\qquad\qquad\text{次要产物}$$

9.1.5 共轭二烯类的亲电加成反应

共轭二烯烃的亲电加成反应，除得到 1,2-加成外，还得到 1,4-加成产物。例如：

$$CH_2=CHCH=CH_2 + HCl \longrightarrow CH_3CHClCH=CH_2 + CH_3CH=CHCH_2Cl$$
$$\qquad\qquad\qquad\qquad\qquad\qquad\quad\text{1,2-加成产物}\qquad\qquad\text{1,4-加成产物}$$

$$CH_2=CHCH=CH_2 + Cl_2 \longrightarrow ClCH_2CHClCH=CH_2 + ClCH_2CH=CHCH_2Cl$$
$$\qquad\qquad\qquad\qquad\qquad\qquad\quad\text{1,2-加成产物}\qquad\qquad\text{1,4-加成产物}$$

其反应历程如下（以 1,3-丁二烯与 HCl 加成为例）：

$$CH_2=CHCH=CH_2 + HCl \xrightarrow{\text{慢}} [CH_2=CH\overset{+}{C}HCH_3 \rightleftharpoons H_2C\overset{\oplus}{=\!=\!=}CH\overset{}{=\!=\!=}CHCH_3]$$

$$\xrightarrow[\text{快}]{Cl^-} \begin{matrix} CH_3CHClCH=CH_2 \\ \text{1,2-加成产物} \\ CH_3CH=CHCH_2Cl \\ \text{1,4-加成产物} \end{matrix}$$

共轭二烯烃与卤素的加成反应也包含着立体化学问题。例如，1,3-丁二烯在四氯化碳中与氯的加成，主要产物是反式加成产物。而 1,3-环戊二烯在氯仿中与氯的加成，则主要是顺式加成产物：

$$CH_2=CHCH=CH_2 + Cl_2 \longrightarrow \underset{\text{主要产物}}{\underset{Cl}{\overset{H}{\underset{|}{\overset{|}{C}}}}=\underset{H}{\overset{Cl}{\underset{|}{\overset{|}{C}}}}} + \underset{\text{次要产物}}{ClCH_2CHClCH=CH_2}$$

9.1.6 烯烃与硼烷的加成反应

烯烃与甲硼烷（BH_3）及烷基甲硼烷（RBH_2，R_2BH）也能发生亲电加成反应。甲硼烷实际上生成以后立即变成了它的二聚体乙硼烷 [B_2H_6 或 (BH_3)$_2$]。乙硼烷及取代的硼烷与碳碳双键的加成反应称为硼氢化反应。如：

$$6RHC\!=\!CH_2 + B_2H_6 \longrightarrow 2(RCH_2CH_2)_3B$$

反应是分步进行的，如乙烯和乙硼烷的反应为三步反应。

$$H_2C\!=\!CH_2 + \frac{1}{2}(H\!-\!BH_2)_2 \longrightarrow CH_3CH_2BH_2$$

$$H_2C\!=\!CH_2 + CH_3CH_2BH_2 \longrightarrow (CH_3CH_2)_2BH$$

$$H_2C\!=\!CH_2 + (CH_3CH_2)_2BH \longrightarrow (CH_3CH_2)_3B$$

因反应进行很快，一般只能分离出最终产物三烷基硼烷，当烯烃的空间位阻很大时，也可以分离得到一烷基或二烷基硼烷。

硼烷与不对称烯烃的加成，从表面上看，似乎也是违反 Markovnikov 规则的，氢原子加到了含氢较少的双键碳原子上。

$$R \longrightarrow \overset{\delta+}{H}C\!=\!\overset{\delta-}{C}H_2 + \frac{1}{2}(H\!-\!BH_2)_2 \longrightarrow RHC\!-\!CH_2 \atop |\quad\;\;| \atop H\;\;BH_2$$

这是因为硼烷也是亲电试剂，但与 HX 等不同，氢的电负性（2.1）比硼的电负性（2.0）大，在乙硼烷中，B 原子是带正电荷的活性中心 $\overset{\delta-}{H}\!-\!\overset{\delta+}{B}\!-$，同时由于硼原子有空的外层轨道，所以加到带有部分负电荷的含氢较多的双键碳原子上，氢原子则加到含氢较少的双键碳原子上，因此，硼烷与不对称烯烃加成是反马氏规则的，但从本质上考虑，根据其电子效应，也是遵守不对称加成的规律。

电子效应与空间效应使硼氢化反应有很强的择向性。如：

$$H_3CH_2CHC\!=\!CH_2 + (BH_3)_2 \longrightarrow (CH_3CH_2CH_2CH_2)_3B + (H_3CH_2CHC\!-\!)_3B\atop\qquad\qquad\qquad\qquad\qquad\qquad\qquad\qquad\qquad\qquad\qquad|\atop\qquad\qquad\qquad\qquad\qquad\qquad\qquad\qquad\qquad\qquad\quad CH_3$$
$$\qquad\qquad\qquad\qquad\qquad\qquad\qquad\qquad 93\% \qquad\qquad\qquad 7\%$$

$$CH_3CH_2C\!=\!CH_2 \atop |\atop CH_3 \;\;+ (BH_3)_2 \longrightarrow (CH_3CH_2CHCH_2)_3B \atop\qquad\qquad\qquad\qquad\qquad\quad |\atop\qquad\qquad\qquad\qquad\qquad CH_3 \;\;+ (CH_3CH_2C\!-\!)_3B\atop\qquad\qquad\qquad\qquad\qquad\qquad\qquad\qquad\qquad\qquad |\atop\qquad\qquad\qquad\qquad\qquad\qquad\qquad\qquad\qquad CH_3$$
$$\qquad\qquad\qquad\qquad\qquad\qquad\qquad\qquad 99\% \qquad\qquad\qquad\quad 1\%$$

硼氢化反应还有很强的立体专一性，其过渡态为四个原子组成的环，决定了它的产物是顺式加成产物。

$$\overset{|}{-}\text{C}=\overset{|}{\text{C}}- \xrightarrow{(BH_3)_2} \left[\begin{matrix} -\overset{|}{\text{C}}-\overset{|}{\text{C}}- \\ \text{H} \cdots \text{B} \end{matrix} \right] \longrightarrow -\overset{|}{\underset{\text{H}}{\text{C}}}-\overset{|}{\underset{\text{B}}{\text{C}}}-$$

三烷基硼是一个很有用的化合物,在有机合成中,通过它可以得到醇、胺、烷烃、卤烷、醛、酮等许多重要化合物。例如:三烷基硼用过氧化氢的氢氧化钠溶液处理,则被氧化,同时水解成醇。

$$(CH_3CH_2CH_2)_3B \xrightarrow[NaOH/H_2O]{H_2O_2} 3CH_3CH_2CH_2OH + 3H_3BO_3$$

反应可能经过以下历程:

$$HO-OH + OH^- \rightleftharpoons {}^-OOH + H_2O$$

$$R_2B-R + HOO^- \longrightarrow R-\underset{R}{\overset{R}{B}}-O-OH \longrightarrow R_2B-OR + OH^-$$

$$R_2B-OR + HOO^- \longrightarrow R-\underset{OR}{\overset{R}{B}}-O-OH \longrightarrow RB(OR)_2 + OH^-$$

$$(RO)_2BR + HOO^- \longrightarrow RO-\underset{OR}{\overset{R}{B}}-O-OH \longrightarrow B(OR)_3 + OH^-$$

硼酸酯的水解即得到醇和硼酸。

$$B(OR)_3 + 3H_2O \longrightarrow 3R-OH + B(OH)_3$$

这是用烯烃间接制备伯醇的方法之一,产物为反马氏规则的醇,正好与烯的酸性水合法所得的醇相反。如:

[环己烯-CH₃ 经 1. B₂H₆; 2. H₂O₂, OH⁻ 得到反式-2-甲基环己醇 96%]

三烷基硼的硼原子可以被 NH_2 基取代。完成这一反应的常用试剂为氯胺或羟胺—O—磺酸。其反应历程和用过氧化氢氧化有机硼相似。含氮试剂像亲核试剂一样加在硼上,重排时除去氯负离子或硼酸根。水解 B—N 键得到胺。

$$R_3B + NH_2X \longrightarrow R_3B-\underset{H}{\overset{H}{N}}-X \longrightarrow R_3B-\overset{R}{\underset{}{N}}-H \xrightarrow{H_2O} R-NH_2$$

X=Cl⁻ 或 OSO₃⁻

三烷基硼和叠氮化合物反应生成第二胺。常用的硼烷是单烷基二氯化硼,它是 $BHCl_2 \cdot Et_2O$ 与烯烃反应的产物,全部反应步骤和最后一步机理如下:

$$LiBH_4 + BCl_3 \xrightarrow{Et_2O} BHCl_2 \cdot Et_2O + LiCl$$

$$BHCl_2 \cdot Et_2O + RHC=CH_2 \longrightarrow RCH_2CH_2BCl_2$$

$$RCH_2CH_2BCl_2 + R'-N_3 \longrightarrow Cl_2B-\overset{R'}{\underset{CH_2CH_2R}{N^+}}-N\equiv N \xrightarrow{-N_2} Cl_2B-\overset{R'}{N}-CH_2CH_2R \xrightarrow{H_2O} R'NHCH_2CH_2R$$

三烷基硼与卤素和氢氧化钠反应，可合成卤代烷。

$$R_3B + 2I_2 + 2NaOH \longrightarrow 2RI + RB(OH)_2 + 2NaI$$

$$(RCH_2CH_2)_3B \xrightarrow{Br_2, NaOH} RCH_2CH_2Br$$

烷基硼通过烷基化或与 α，β-不饱和醛，酮加成还能制得有关的醛，酮。如：

$$(CH_3CH_2CH_2)_3B + BrCH_2\overset{O}{\overset{\|}{C}}-R \xrightarrow[t\text{-BuOH}]{t\text{-BuOK}} CH_3CH_2CH_2CH_2\overset{O}{\overset{\|}{C}}-R$$

$$(CH_3\overset{CH_3}{\underset{|}{C}H})_3B + H_2C=CH-CHO \longrightarrow CH_3\overset{CH_3}{\underset{|}{C}H}-CH_2CH_2CHO$$

$$(\text{环戊基})_3B + H_2C=CH-COCH_3 \longrightarrow \text{环戊基}-CH_2CH_2COCH_3$$

9.1.7 烯烃的羟汞化-去汞化反应

烯烃与汞盐能起加成反应，生成有机汞化物

$$H_2C=C(CH_3)_2 + Hg(OCOCH_3)_2 \xrightarrow[-AcOH]{H_2O} (CH_3)_2\overset{}{\underset{OH}{C}}-CH_2HgOCOCH_3$$

$$H_2C=C(CH_3)_2 + Hg(OCOCH_3)_2 \xrightarrow[-AcOH]{CH_3OH} (CH_3)_2\overset{}{\underset{OCH_3}{C}}-CH_2HgOCOCH_3$$

从上面可看到，加到烯烃双键上的基团，除汞以外，还有溶剂分子也参与了这种反应又称溶剂汞化反应。

用硼氢化钠还原汞化反应产物，可将产物中的汞原子用氢取代，此过程称为去汞，这样就可以从烯烃制备醇、醚、酯等化合物。

$$(CH_3)_2\overset{}{\underset{OH}{C}}-CH_2HgOCOCH_3 \xrightarrow{NaBH_4} (CH_3)_2\overset{}{\underset{OH}{C}}-CH_3 + Hg$$

$$(CH_3)_2\overset{}{\underset{OCH_3}{C}}-CH_2HgOCOCH_3 \xrightarrow{NaBH_4} (CH_3)_2\overset{}{\underset{OCH_3}{C}}-CH_3 + Hg$$

又如：

$$CH_3(CH_2)_3CH=CH_2 \xrightarrow[2.\ NaBH_4]{1.\ Hg(OCOCH_3)_2/H_2O} CH_3(CH_2)_3\overset{}{\underset{OH}{C}H}-CH_3$$

此制醇的反应相当于烯烃和水反应，但条件更温和，过程不发生重排，产率高，并且都得到遵守马氏规则的产物。此为反式加成，过程可能如下：

$$\overset{}{\underset{}{\text{（烯烃）}}} + Hg(OCOCH_3)_2 \longrightarrow [\text{环状Hg-OCOCH_3}] + H_3C-\overset{O}{\overset{\|}{C}}-O^- \xrightarrow{H_2O} \overset{HO-C}{\underset{-C-HgOCOCH_3}{|}} + CH_3COOH$$

汞化反应在动力学上表现为二级反应。绝大部分脂肪链烃和单环烯烃（环丁烯，环戊烯，环己烯，环庚烯）的汞化反应都以反式加成的方式进行。如：

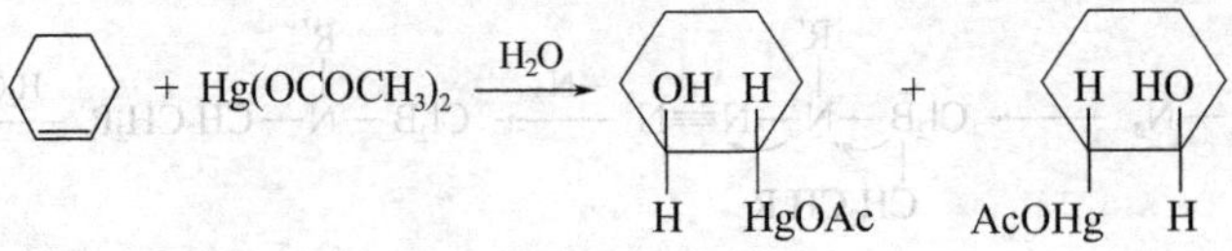

$$\text{cyclohexene} + Hg(OCOCH_3)_2 \xrightarrow{H_2O} \text{(OH, H, HgOAc)} + \text{(H, HO, AcOHg, H)}$$

9.1.8 烯烃与其他亲电试剂的加成反应

选择特殊的亲电试剂与烯烃反应，可以制备特殊的有机物。如用 Cl—NO 与环己烯的加成，再水解可以制备 α-氯代环己酮。而 PhSeOAc 与烯烃的加成，再用 H_2O_2 氧化很易得醋酸-3-环己烯酯。

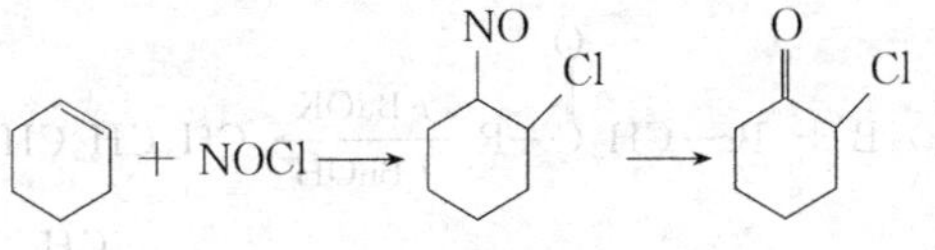

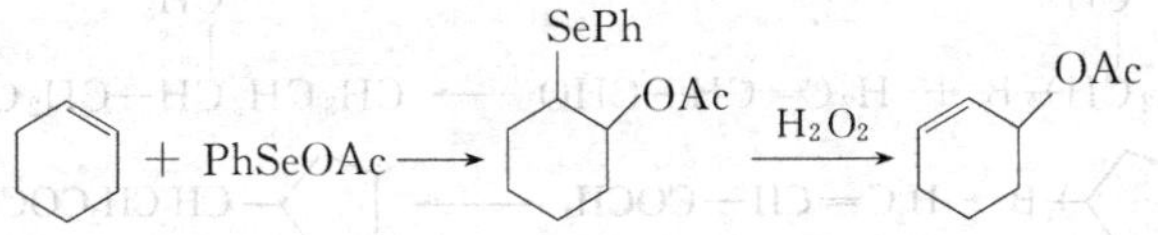

$$\text{cyclohexene} + NOCl \longrightarrow \text{(NO, Cl)} \longrightarrow \text{(=O, Cl)}$$

$$\text{cyclohexene} + PhSeOAc \longrightarrow \text{(SePh, OAc)} \xrightarrow{H_2O_2} \text{(OAc)}$$

9.2 亲电加成反应在有机合成中的应用

碳碳重键的亲电加成反应在有机合成中有很多重要的运用，可以用来形成 C—X 键、C—O 键、C—C 键和 C—N 键等。

9.2.1 C—X 键的形成

卤素，卤化氢，次卤酸等对碳碳重键的加成都是形成 C—X 键的重要方法，生成的卤代烃多为有机合成的重要中间体，通过卤代烃的反应增碳是增长碳链的方法之一，具体的反应实例见本章。

9.2.2 C—O 键的形成

水对烯烃、炔烃的加成，醇及羧酸对烯烃的加成以及烯烃的汞化-去汞化反应都可以形成 C—O 键，可以用来合成醇、醚、醛、酮、酯等。例如：

$$R-HC=CH_2 + H_2O \xrightarrow{H_2SO_4 \text{ 或 } H_3PO_4} R-\underset{OH}{\underset{|}{C}}H-CH_3$$

$$R-HC=CH_2 \xrightarrow[2.\ H_2O_2/OH^-]{1.\ (BH_3)_2} R-H_2C-CH_2OH$$

$$R-HC=CH_2 \xrightarrow[2.\ NaBH_4]{1.\ Hg(OCOCH_3)_2/H_2O} R-\underset{OH}{\underset{|}{C}}H-CH_3$$

$$R-HC=CH_2 + C_2H_5OH \xrightarrow{H_2SO_4} R-\underset{OC_2H_5}{\underset{|}{C}}H-CH_3$$

$$R-HC=CH_2 + Cl_3CCOOH \xrightarrow{BF_3} R-\underset{OCOCCl_3}{\underset{|}{C}}H-CH_3$$

$$HC\equiv CH + H_2O \xrightarrow{HgSO_4/H_2SO_4} \left[\underset{OH}{\underset{|}{H_2C=CH}} \right] \longrightarrow CH_3CHO$$

$$CH_3(CH_2)_3CH=CH_2 \xrightarrow[2.\ NaBH_4]{1.\ Hg(OAc)_2,\ CH_3OH} CH_3(CH_2)_3CH-CH_3$$
$$\phantom{CH_3(CH_2)_3CH=CH_2 \xrightarrow[2.\ NaBH_4]{1.\ Hg(OAc)_2,\ CH_3OH} CH_3(CH_2)_3CH}|$$
$$\phantom{CH_3(CH_2)_3CH=CH_2 \xrightarrow[2.\ NaBH_4]{1.\ Hg(OAc)_2,\ CH_3OH} CH_3(CH_2)_3CH}OCH_3$$

$$R-C\equiv CH + H_2O \xrightarrow[H_2SO_4]{HgSO_4} \left[\begin{array}{c} H_2C=CR \\ | \\ OH \end{array}\right] \longrightarrow CH_3-\underset{\underset{O}{\|}}{C}-R$$

9.2.3 C—C 键的形成

在 $ZnCl_2$、$SnCl_4$、$AlCl_3$ 等 Lewis 酸催化下，烯烃可以发生烃基化及酰基化反应形成 C—C 键，由于在此反应条件下烯烃容易发生异构化反应，所以一般只适用于简单的烯烃。

$$(CH_3)_3CCl + H_2C=CH_2 \xrightarrow{SnCl_4} (CH_3)_3CCH_2CH_2Cl$$

$$C_2H_5COCl + H_2C=CH_2 \xrightarrow{AlCl_3} C_2H_5COCH_2CH_2Cl$$

$$PhCOCl + Ph-\underset{\underset{H}{|}}{C}=CH_2 \xrightarrow{SnCl_4} Ph-\underset{\underset{Cl}{|}}{CH}-CH_2COPh$$

最后一个反应生成的 β-卤代酮在碱性条件下可发生消除 HCl，得到 α,β-不饱和酮。

$$Ph-\underset{\underset{Cl}{|}}{CH}CH_2COPh \xrightarrow{Na_2CO_3,\ H_2O} Ph-HC=CH-COPh + HCl$$

在羰基金属化合物存在条件下，烯烃可以发生多种羰基化反应，得到醇、醛、酸等。这些羰基化反应的第一步都是金属羰基化合物对烯键的亲电加成。

$$R-HC=CH_2 + CO + 2H_2 \xrightarrow{Fe(CO)_5} RCH_2CH_2CH_2OH + R-\underset{\underset{H}{|}}{\overset{\overset{CH_3}{|}}{C}}-CH_2OH$$

$$R-HC=CH_2 + CO + H_2 \xrightarrow{[Co(CO)_4]_2} RCH_2CH_2CHO + R-\underset{\underset{H}{|}}{\overset{\overset{CH_3}{|}}{C}}-CHO$$

$$R-HC=CH_2 + CO + H_2O \xrightarrow{Ni(CO)_4} RCH_2CH_2COOH + R-\underset{\underset{H}{|}}{\overset{\overset{CH_3}{|}}{C}}-COOH$$

烯烃在质子酸（HX、H_2SO_4 等）及 Lewis 酸（BF_3、$AlCl_3$ 等）催化下通过形成正离子进行的加成聚合反应，也是形成 C—C 键的重要方法。如：

$$nPh-CH=CH_2 \xrightarrow{BF_3,\ H_2O} \left[\begin{array}{c} H \\ | \\ C-CH_2 \\ | \\ Ph \end{array}\right]_n$$

9.2.4 C—N 键的形成

亚硝酰氯与硝酰氯对烯烃的亲电加成反应，可以合成亚硝基化合物和硝基化合物。例如：

$$H_3C-HC=CH_2 + NOCl \longrightarrow H_3C-CHClCH_2NO$$

$$H_3C-HC=CH_2 + NO_2Cl \longrightarrow H_3C-CHClCH_2NO_2$$

另外，通过烯烃的汞化-去汞反应，可以得到酰胺，这也是形成 C—N 键的方法之一。

$$(H_3C)_3C-HC=CH_2 \xrightarrow[2.\ NaBH_4,\ H_2O]{1.\ Hg(NO_3)_2,\ CH_3CN} (CH_3)_3CCHCH_3$$
$$\phantom{(H_3C)_3C-HC=CH_2 \xrightarrow[2.\ NaBH_4,\ H_2O]{1.\ Hg(NO_3)_2,\ CH_3CN} (CH_3)_3CCH}|$$
$$\phantom{(H_3C)_3C-HC=CH_2 \xrightarrow[2.\ NaBH_4,\ H_2O]{1.\ Hg(NO_3)_2,\ CH_3CN} (CH_3)_3CCH}NHCOCH_3$$

9.3 碳碳重键的亲核加成反应

一般来说，炔烃比烯烃容易发生亲核加成反应，而烯烃一般情况下只发生亲电加成反应，难发生亲核加成。但是当烯烃双键上连有强的吸电子基团时，大大降低了碳碳双键上 π 电子云密度，有利于亲核试剂的进攻，发生亲核加成。例如当强吸电子基（—CN 或—CF_3、—CCl_3）等连在双键碳原子上，降低了烯键上 π 电子云密度，有利于亲核试剂（:Nu^-）的进攻。

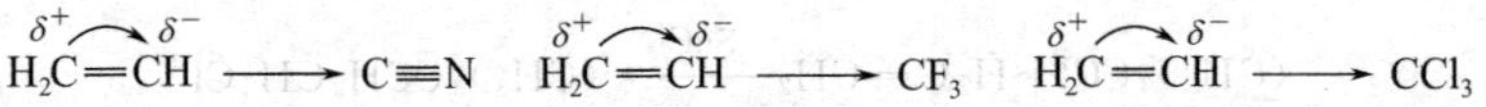

$$H_2\overset{\delta+}{C}=\overset{\delta-}{C}H \longrightarrow C\equiv N \qquad H_2\overset{\delta+}{C}=\overset{\delta-}{C}H \longrightarrow CF_3 \qquad H_2\overset{\delta+}{C}=\overset{\delta-}{C}H \longrightarrow CCl_3$$

亲核试剂（:Nu^-）进攻碳碳双键后形成碳负离子可被这些吸电子基稳定，故有利于这种碳负离子的生成。

烯烃的亲核加成反应历程描述如下：

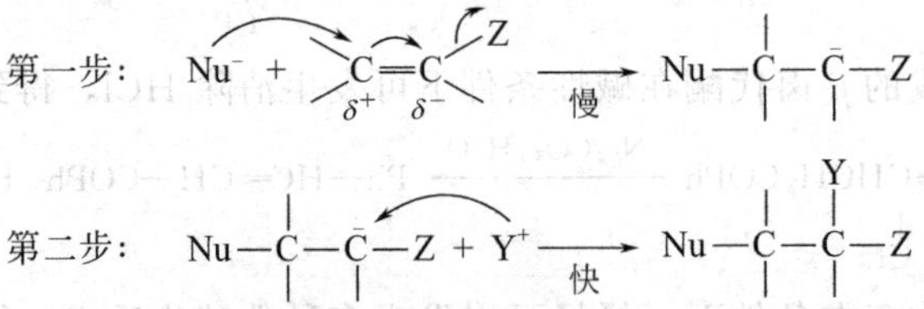

第一步： $Nu^- + \underset{\delta+}{C}=\underset{\delta-}{C}-Z \xrightarrow{慢} Nu-\overset{|}{\underset{|}{C}}-\overset{|}{\underset{|}{C}}-Z$

第二步： $Nu-\overset{|}{\underset{|}{C}}-\overset{|}{\underset{|}{C}}-Z + Y^+ \xrightarrow{快} Nu-\overset{|}{\underset{|}{C}}-\overset{\overset{Y}{|}}{\underset{|}{C}}-Z$

式中 Z 代表强吸电子基团（如：—CHO、—COR、—CN、—NO_2、—CF_3、—SO_2R 等）。关于中间体碳负离子的形成可以从下列实验事实得到证实。用三苯基磷处理全氟代环丁烯，可离析出白色固体的内鎓盐，包含有碳负离子。

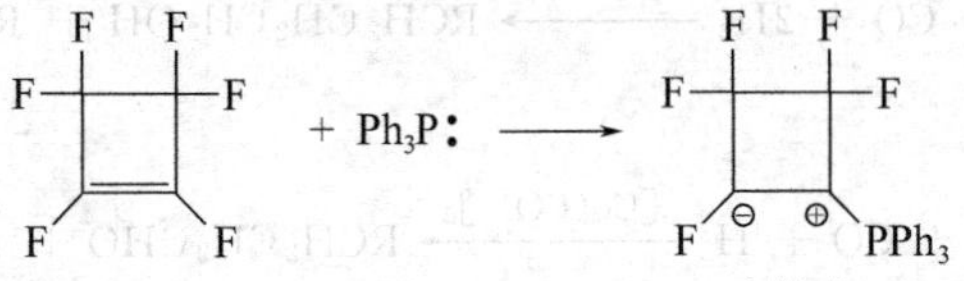

（全氟代环丁烯 + Ph_3P: ⟶ 内鎓盐）

9.3.1 炔烃的亲核加成

炔烃的亲电加成要比烯烃的亲电加成难，乙炔的氯化需要在光照或 $FeCl_3$ 催化下才能进行。当有机物分子中含有双键和三键时，其溴化反应发生在烯键上。

$$H_2C=CH-CH_2-C\equiv CH + Br_2 \longrightarrow \underset{HC\equiv C-CH_2}{CH_2BrCHBr}$$

炔烃的亲电加成比烯烃的困难，主要是与键的极化度有关。炔烃分子中的三键 C 原子为 sp 杂化，s 成分大，三键两碳原子之间的距离比双键的小，故炔烃中外层电子与原子核结合较紧。另外 σ-电子对 π-电子有一定的排斥和屏蔽作用，这种屏蔽作用可以减弱 π-电子所受核的束缚力。烯烃中 σ-电子多于炔烃，屏蔽作用大，使烯烃中 π-电子受核的束缚力小。这两个因素都使炔烃中的 π-电子受核的束缚力比烯烃的大，电离能的数据大小证明了这一点。以乙烯与乙炔为例：

电离能
$$H_2C=CH_2 \longrightarrow C_2H_4^+ + e^- \qquad 10.5 eV$$
$$HC\equiv CH \longrightarrow C_2H_2^+ + e^- \qquad 11.4 eV$$

因此在亲电加成中，炔烃比烯烃要难，但炔烃较易发生亲核加成。如炔烃与 HCN、ROH、RCOOH 等亲核试剂能发生亲核加成反应。

第 9 章 碳碳重键的加成反应

$$HC \equiv CH + HCN \xrightarrow{CuCl\text{-}NH_4Cl} H_2C = CH - CN$$

$$HC \equiv CH + HOC_2H_5 \xrightarrow[150 \sim 180℃]{KOH/H_2O} H_2C = CH - OC_2H_5$$

$$HC \equiv CH + HOC_6H_5 \xrightarrow[150 \sim 180℃]{OH^-/H_2O} H_2C = CH - OC_6H_5$$

$$HC \equiv CH + C_6H_5CH_2OH \xrightarrow[140℃]{OH^-} H_2C = CH - OCH_2C_6H_5$$

$$HC \equiv CH + HOCH_2CH_2OH \xrightarrow[140℃]{OH^-} H_2C = CH - OCH_2CH_2OH$$

$$2HC \equiv CH + HOCH_2CH_2OH \xrightarrow[140℃]{OH^-} H_2C = CH - OCH_2CH_2O - C = CH_2 \atop H$$

$$HC \equiv CH + CH_3COOH \xrightarrow[150 \sim 180℃]{OH^-} H_2C = CH - OCOCH_3$$

上述的加成反应产物都含有乙烯基，因此常称为乙烯基化反应。乙炔是最常用的乙烯基化试剂。乙烯基化合物有很重要的工业价值。如丙烯腈、醋酸乙烯酯是合成纤维的重要工业原料，由醋酸乙烯酯合成的聚乙烯醇是黏合剂、涂料等的重要原料。各种乙烯基醚也是重要的有机溶剂，是制备涂料、黏合剂及增塑剂的原料。

9.3.2 烯烃的亲核加成

烯烃双键碳原子上连有强吸电子基团时可以发生亲核加成。例如：

（1）与醇（ROH）加成

$$H_2C = \underset{H}{\overset{}{C}} - CHO + C_2H_5OH \xrightarrow{NH_4Cl} CH_3CH_2OCH_2CH_2CHO$$

$$F_2C = CF_2 + C_2H_5OH \xrightarrow{KOH} CH_3CH_2OCF_2CHF_2$$

$$CF_3 \leftarrow HC = CH_2 + CH_3CH_2OH \xrightarrow{CH_3CH_2ONa} CF_3CH_2CH_2OCH_2CH_3$$

$$CF_3 \leftarrow FC = CF_2 + CH_3OH \xrightarrow{CH_3ONa} CF_3CHFCF_2 - OCH_3$$

（2）与硫醇（RSH）或硫化氢（H_2S）加成

$$F_2C = CF_2 + C_2H_5SH \xrightarrow{KOH} CHF_2CF_2 - SCH_2CH_3$$

$$H_2C = CH - CN + HSCH_2CH_2OH \longrightarrow HOCH_2CH_2S - CH_2CH_2CN$$

$$2H_2C = CH - COOC_2H_5 + H_2S \longrightarrow S(CH_2CH_2COOC_2H_5)_2$$

（3）加氨（NH_3）或胺（RNH_2，R_2NH）

$$H_2C = CH - CN + NH_3 \longrightarrow H_2NCH_2CH_2CN \xrightarrow{H_2C=CH-CN} HN(CH_2CH_2CN)_2$$

$$F_2C = CF_2 + HNR_2 \longrightarrow \left[\underset{F_2HC - \overset{F_2}{C} - NR_2}{} \right] \xrightarrow{H_2O} CHF_2\underset{\underset{O}{\|}}{C} - NR_2$$

不能离析出

习　题

9.1 写出下列反应的主要产物。

（1）$HO_2C-\underset{}{\bigcirc}-CH=CH-CH_3 + HBr \longrightarrow$

（2）$\underset{}{\bigcirc}\!\!=\!\!\diagup + HCl\ (1mol) \longrightarrow$

(3) 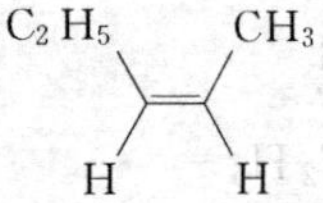 C_2H_5, CH_3, H, H (cis-alkene) + Br_2 →

(4) 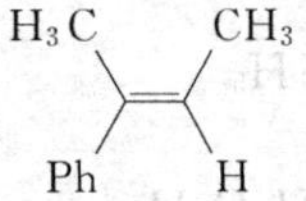 H_3C, CH_3, Ph, H (alkene) $\xrightarrow{\text{1. }B_2H_6}{\text{2. }H_2O_2, OH^-}$

(5) $H_2C=CHCOOCH_3 + CH_3NO_2 \xrightarrow{Et_3N}$

(6) 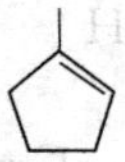 cyclopentene $\xrightarrow{\text{1. }B_2H_6}{\text{2. }H_2O_2, OH^-}$

(7)  cyclohexene $\xrightarrow{\text{1. Hg}(O_2CCF_3)_2, (CH_3)_2CHOH}{\text{2. }NaBH_4}$

(8) $HC\equiv COCH_3 + HBr \longrightarrow$

(9) $C_6H_5CH(CN)COOC_2H_5 + H_2C=CH-CN \xrightarrow{KOH, (CH_3)_3COH}{45℃}$

(10) $C_6H_5CHO + H_2C=\underset{CH_3}{\overset{}{C}}-COOC(CH_3)_3 \xrightarrow{CN^-}$

9.2 试写出下列反应的反应机理。

(1) $H_2C=CHCN + ICl \longrightarrow CH_2ClCHICN$

(2) $(H_3C)_2C=CH_2 + CH_3CH_2OH \xrightarrow{HBF_4} (CH_3)_3C-O-CH_2CH_3$

9.3 怎样实现下列转化？

(1) 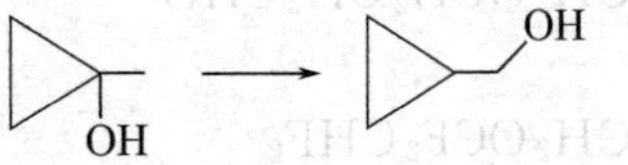 cyclopropane-OH → cyclopropyl-CH$_2$OH   (2) cyclopentyl-Br → cyclopentane-1,2-diol

(3) norbornyl-CH$_2$OH → norbornyl-CH$_2$OCOCH$_3$

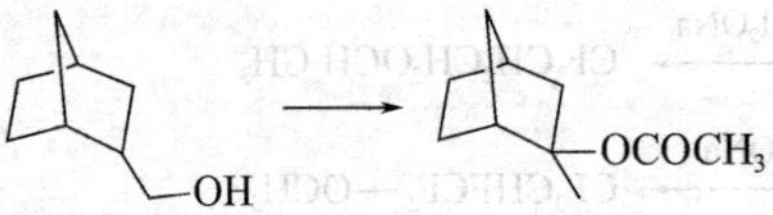

(4) 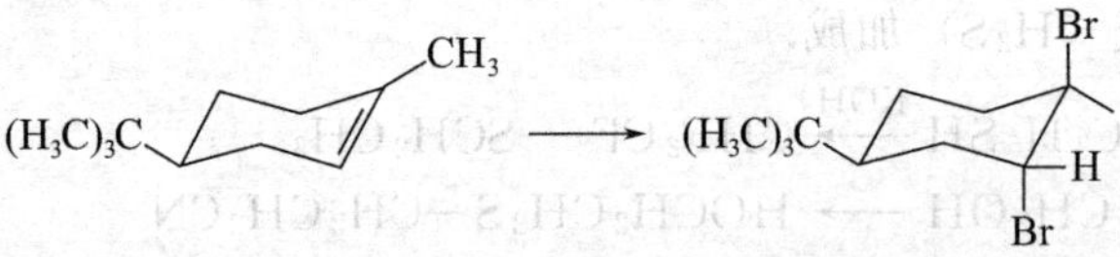 $(H_3C)_3C$-substituted methylcyclohexene → $(H_3C)_3C$-substituted dibromocyclohexane

(5) 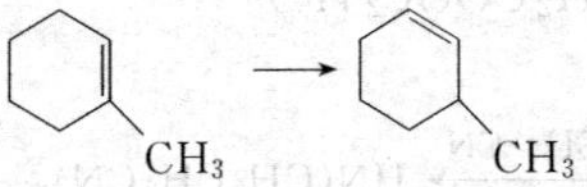 1-methylcyclohexene → 3-methylcyclohexene

(6) 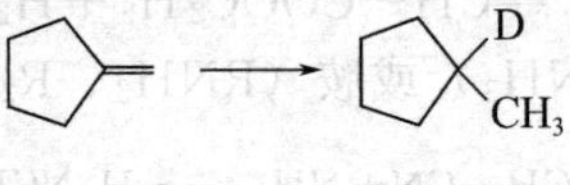 methylenecyclopentane → 1-D-1-methylcyclopentane

习题参考答案

9.1

(1) 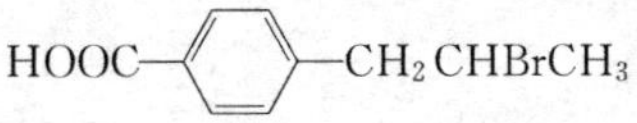 $HOOC-C_6H_4-CH_2CHBrCH_3$ (2) cyclohexene with $C(CH_3)_2Cl$

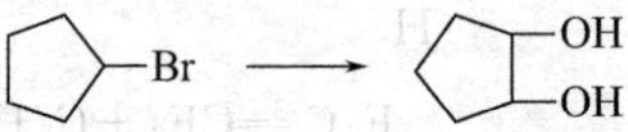

(3) $\underset{H}{\overset{Br}{C_2H_5-C}}-\underset{Br}{\overset{CH_3}{C-H}}$ (4) $Ph-CH(OH)-CH(CH_3)$ ... iPr-CH(Ph)OH

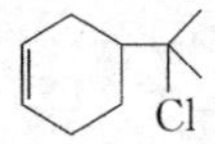

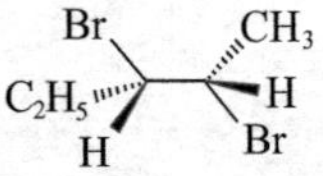

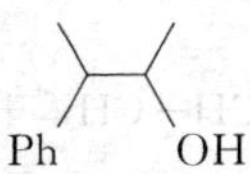

(5) $O_2NCH_2CH_2CH_2COOCH_3$ (6) 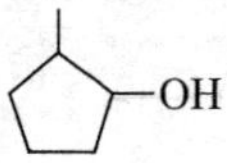 cyclopentane with two OH groups

(7) 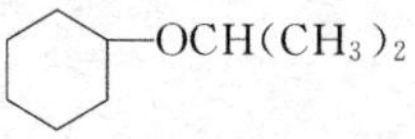 C₆H₁₁—OCH(CH₃)₂ 　　　　(8) CH₃CBr₂OCH₃

(9) C₆H₅C(CN)(CH₂CH₂CN)COOC₂H₅　　(10) 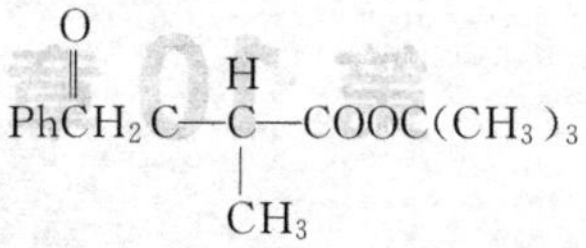 PhCH₂C(CH₃)H—COOC(CH₃)₃

9.2

(1) 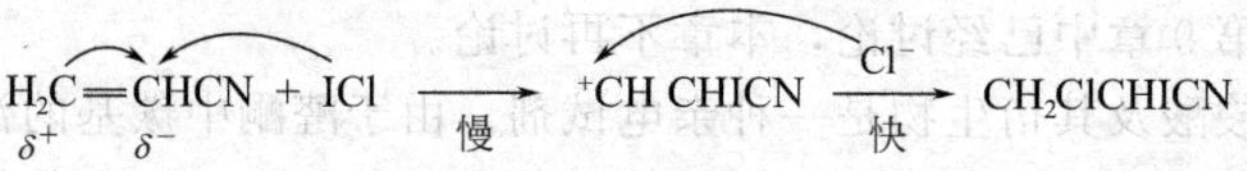 H₂C=CHCN (δ⁺, δ⁻) + ICl ⟶(慢) ⁺CH·CHICN ⟶(Cl⁻, 快) CH₂ClCHICN

(2) 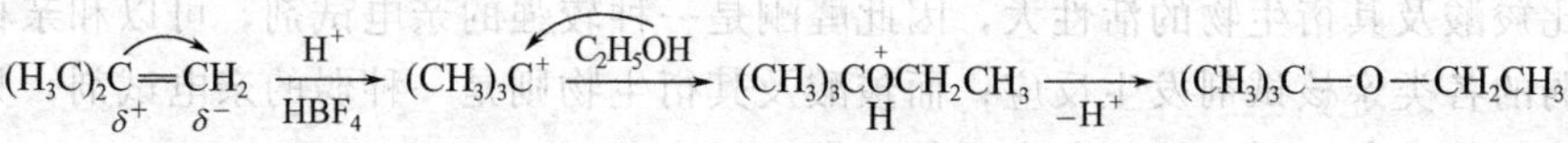 (H₃C)₂C=CH₂ (δ⁺, δ⁻) ⟶(H⁺/HBF₄) (CH₃)₃C⁺ ⟶(C₂H₅OH) (CH₃)₃COCH₂CH₃ (H⁺) ⟶(−H⁺) (CH₃)₃C—O—CH₂CH₃

9.3

(1) 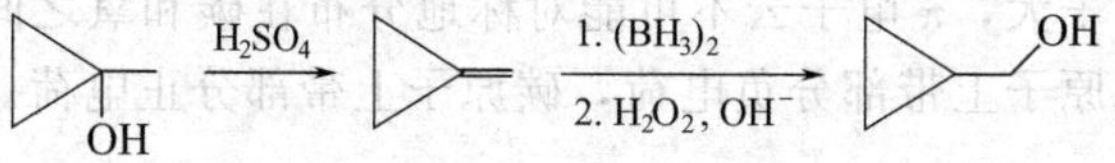 cyclopropyl-OH ⟶(H₂SO₄) methylenecyclopropane ⟶(1. (BH₃)₂; 2. H₂O₂, OH⁻) cyclopropyl-CH₂OH

(2) cyclopentyl-Br ⟶(KOH, C₂H₅OH) cyclopentene ⟶(5% KMnO₄) cyclopentane-1,2-diol

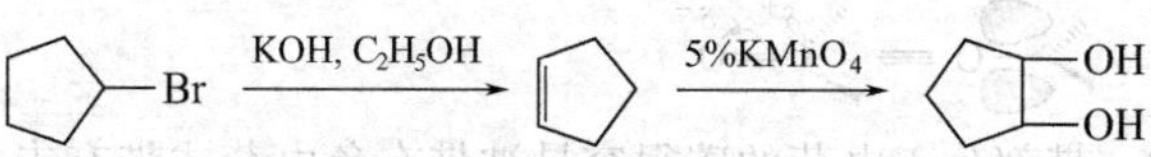

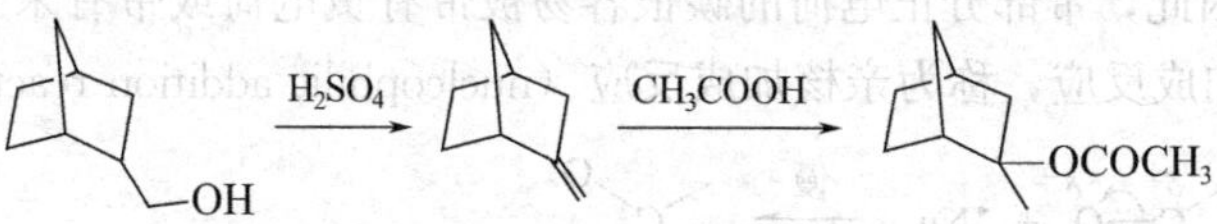

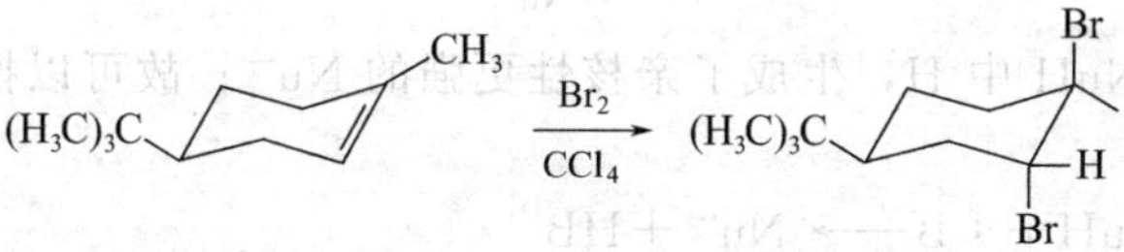

(3) norbornyl-CH₂OH ⟶(H₂SO₄) methylenenorbornane ⟶(CH₃COOH) norbornyl-C(CH₃)—OCOCH₃

(4) (H₃C)₃C—(4-methylcyclohexene) ⟶(Br₂/CCl₄) (H₃C)₃C—(trans-1,2-dibromo-1-methylcyclohexane)

(5) 1-methylcyclohexene ⟶(1. (BH₃)₂; 2. H₂O₂, OH⁻) 2-methylcyclohexanol ⟶(TsCl) 2-methylcyclohexyl OTs ⟶(Δ) 3-methylcyclohexene

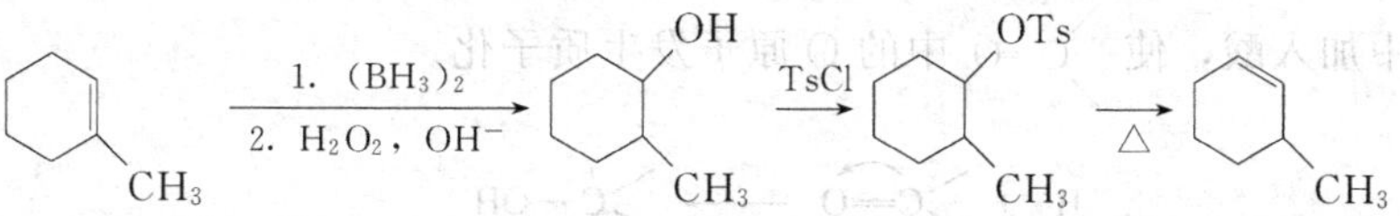

(6) 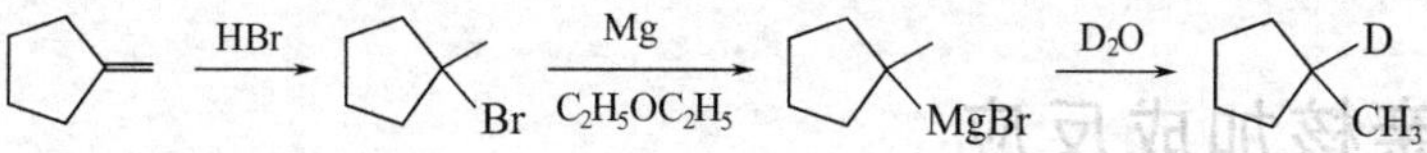 methylenecyclopentane ⟶(HBr) 1-bromo-1-methylcyclopentane ⟶(Mg/C₂H₅OC₂H₅) 1-methylcyclopentyl-MgBr ⟶(D₂O) 1-deuterio-1-methylcyclopentane

参 考 文 献

[1] 魏荣宝. 高等有机化学 [M]. 第2版. 北京：高等教育出版社, 2011.
[2] 汪炎刚, 陈福和, 蒋先明. 高等有机化学导论 [M]. 武汉：华中师范大学出版社, 1993.
[3] 荣国斌. 高等有机化学基础 [M]. 第3版. 上海：华东理工大学出版社, 2009.

第 10 章 亲核加成反应

亲核加成反应主要包括羰基的亲核加成反应和羧酸及其衍生物的亲核加成反应。碳碳重键也能发生亲核加成反应，在第 9 章中已经讨论，本章不再讨论。

在亲核加成反应中醛酮、羧酸及其衍生物是一种亲电试剂。由于醛酮中羰基的活性（尤其是醛）比羧酸及其衍生物的活性大，因此醛酮是一种较强的亲电试剂，可以和亲核性强的及亲核性弱的各类亲核试剂发生反应；而羧酸及其衍生物则是一种弱的亲电试剂，只能和强的亲核试剂（如碳负离子、烷氧负离子等）发生反应。

因为羰基氧原子的电负性比碳原子大，π电子云不可能对称地分布在碳和氧之间，而是靠近氧的一端，故羰基是极化的，氧原子上带部分负电荷，碳原子上带部分正电荷。

由于羰基是一个极性基团，因此，带部分正电荷的碳很容易被带有负电荷或带有未共用电子对的试剂即亲核试剂进攻而发生加成反应，称为亲核加成反应（nucleophilic addition reaction）。

如果加入碱 B:夺取亲核试剂 NuH 中 H，生成了亲核性更强的 Nu^-；故可以推测羰基加成可以被碱所催化。

$$NuH + :B \longrightarrow Nu^- + HB$$

如果向体系中加入酸，使 C=O 中的 O 原子发生质子化。

质子化的氧原子可以明显提高羰基中 C 原子的亲电性（因提高了 C 上的电正性），大大增加了羰基的极化，增强了羰基活性，所以羰基亲核加成反应也可以被酸所催化。

10.1 醛酮的亲核加成反应

亲核加成反应是醛酮中的主要反应，这里介绍羰基与含氮亲核试剂的反应及羰基与亲核性碳的反应，另还介绍羰基的烯醇化及烷基化。

10.1.1 羰基的结构与活性的关系

羰基的结构首先表现出它呈现高度的极化，使羰基碳带正电性，氧原子带负电性，而一般地带负电荷的氧比带正电荷的碳要稳定，因此亲核试剂容易加成到羰基的碳上，引起亲核加成反应，这类反应可表示为：

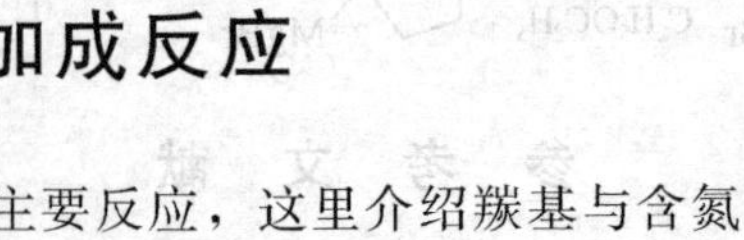

另一方面，由于羰基的致活作用，使α-碳上的氢（α-活泼氢）易在碱的作用下失去，形

成一个碳负离子，这种碳负离子容易互变成为烯醇负离子。

$$-\overset{H}{\underset{|}{C}}-\overset{|}{\underset{|}{C}}=O + :B^{\ominus} \xrightarrow{-HB} -\overset{\ominus}{\underset{|}{C}}-\overset{|}{\underset{|}{C}}=O$$

按照共振论观点，碳负离子与烯醇负离子是两个共振杂化体。

$$\overset{\ominus}{\underset{|}{C}}-\overset{|}{\underset{|}{C}}=O \longleftrightarrow \overset{|}{\underset{|}{C}}=\overset{|}{\underset{|}{C}}-O^{\ominus}$$

尽管醛酮大多都容易发生亲核加成，但用同一亲核试剂对不同的羰基化合物发生亲核加成反应时，其条件和反应深度有很大的差异，说明不同的羰基化合物对于亲核试剂而言具有不同的活性。

例如在相同条件下不同的羰基化合物对 KHSO$_3$ 的亲核加成反应情况如表 10-1 所示。

表 10-1　羰基化合物与 KHSO$_3$ 发生亲核加成反应情况

$$\underset{(H)R'}{\overset{(H)R}{>}}C=O + KHSO_3 \xrightarrow{1h} \underset{(H)R'}{\overset{(H)R}{>}}\underset{SO_3K}{\overset{OH}{C}}$$

羰基化合物	产率/%	羰基化合物	产率/%
HCHO	70～90	CH$_3$COCH(CH$_3$)$_2$	3
R—CHO	70～90	CH$_3$CH$_2$COCH$_2$CH$_3$	2
CH$_3$COCH$_3$	22	环己酮	35
CH$_3$COCH$_2$CH$_2$CH$_3$	12	苯乙酮	1

根据反应产率的高低可以看出，不同醛酮的羰基反应活性顺序为：

$$\underset{H}{\overset{O}{\underset{|}{C}}}-H, \underset{H}{\overset{O}{\underset{|}{C}}}-R > \text{环己酮} > R-\overset{O}{\underset{|}{C}}-CH_3 > R-\overset{O}{\underset{|}{C}}-R > Ph-\overset{O}{\underset{|}{C}}-R$$

醛酮的结构影响羰基的活性，取决于羰基所连的取代基的电子效应与空间效应。因为羰基的亲核加成反应活性取决于羰基上碳原子上的正电荷量，其正电荷量愈大，则与亲核试剂的加成愈易进行。与羰基相连的取代基$-C$ 及$-I$效应愈大，必然增加羰基碳原子上的正电荷，增加羰基化合物的活性。而取代基的$+C$ 与$+I$ 效应愈大，使羰基上碳原子上正电荷量愈小，则其活性也愈小。再因为芳基能与 $\underset{}{>}C=O$ 产生 π-π 共轭，使作用物稳定，若发生加成反应会使共轭体系遭到破坏或减弱，使产物的稳定性比原来的醛酮低，从而使醛酮不易与亲核试剂加成，所以芳基能明显降低羰基的活性。实验结果表明，羰基碳原子上直接或间接连有吸电子基，使亲核加成容易进行。反之，连有给电子基时，不利于亲核加成。

此外空间效应对羰基的反应活性也有重要的影响，空间位阻大，不利于亲核试剂的进攻。例如：六甲基丙酮很难与亲核试剂 KHSO$_3$ 发生亲核加成。

$$(CH_3)_3C\underset{\underset{O}{\|}}{C}C(CH_3)_3 + KHSO_3 \longrightarrow\!\!\!\!\!\!\!\!\!\!/$$

10.1.2 亲核加成反应的立体化学

如果羰基平面两边基团的空间条件相同，亲核试剂 Nu^- 可以从平面上下进攻，从统计学上讲，其进攻的概率相等，如亲核加成产物有一个手性中心，其产物必为外消旋。

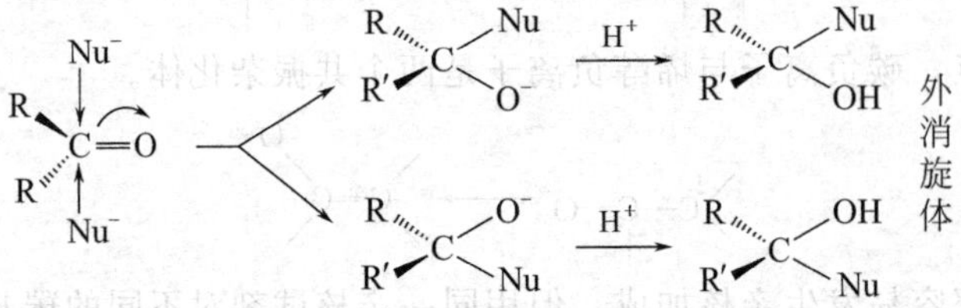

外消旋体

如果羰基平面两边的空间条件不同，则亲核试剂主要进攻羰基的空间位阻小的一边。如在樟脑分子中，由于桥环不能翻转，有碳桥的一边空间位阻很大，试剂主要是从位阻小的桥对面的一边进攻。例如：樟脑与 $NaBH_4$ 在乙醇中的还原反应。

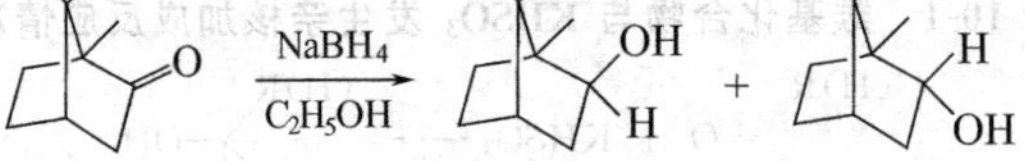

樟脑 → 异冰片 86% + 冰片 14%

又如在 4-叔丁基环己酮分子中，体积大的叔丁基只能以 e 键与环相连，环也不能翻转。3,5 位上的 a 键上的 H 对亲核试剂体积小的接近羰基有一定阻碍作用，但此位阻作用不大，当进攻亲核试剂体积很大时，则从位阻小的 e 键方向进攻，主要产物为顺式异构体。如果用 $NaBH_4$ 这种体积小的试剂位阻不起主要作用，主要产物得到的是较稳定的平伏键的醇。

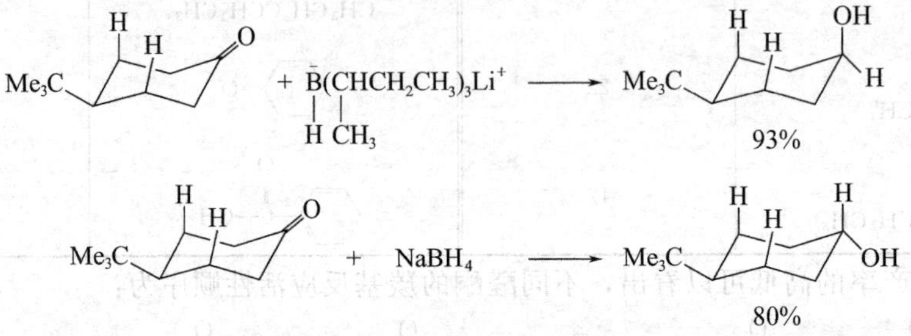

Me_3C-环己酮 + $\bar{B}(CHCH_2CH_3)_3Li^+$ → Me_3C-环己醇 93%

Me_3C-环己酮 + $NaBH_4$ → Me_3C-环己醇 80%

如果羰基与一手性碳原子相连，这一手性碳原子分别连有大（L）、中（M）、小（S）三个基团，而 $\diagup C=O$ 中的 O 一般处于最大取代基的反位，这样的构象较为稳定，这种羰基化合物在加成反应中遵从克拉姆（Cram）规则，即：亲核试剂更优先从位阻小的 S 基团一边进攻羰基，这样的加成产物为主要产物。

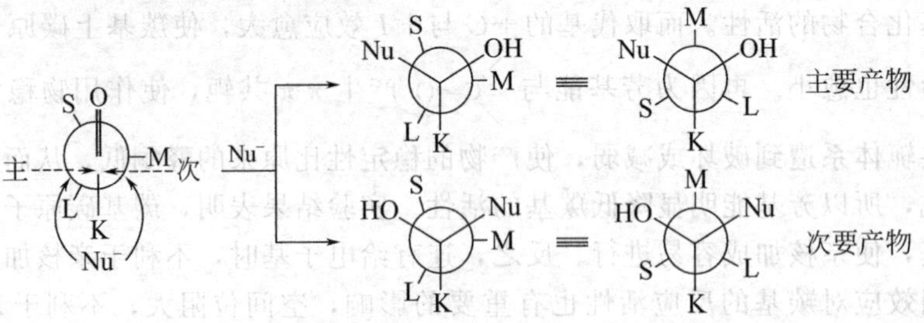

主要产物

次要产物

例如：用 $NaBH_4$ 与 $Et-\overset{*}{C}-\overset{O}{C}-Me$（Ph）作用，取其中一个构型反应，其产物情况为：

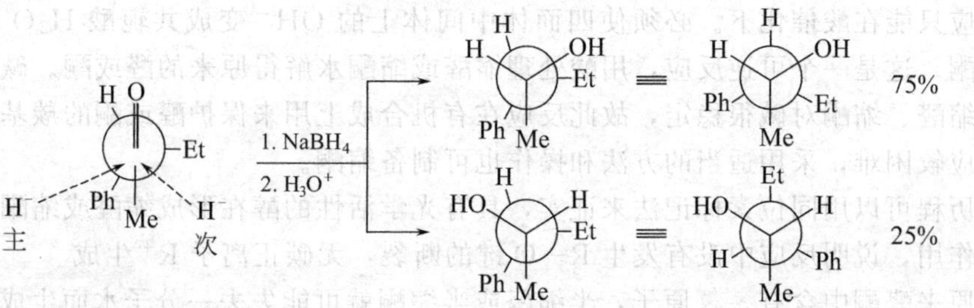

10.1.3 简单亲核加成反应

醛酮的简单亲核加成反应包括加水、加醇、加氢氰酸、加亚硫酸氢钠等。

10.1.3.1 与水的亲核加成

对于简单的羰基化合物来说,加水反应是可逆的,而且平衡常数大都很小,不利于水化反应的进行。

$$R-\underset{O}{\overset{\|}{C}}-R' + H_2O \rightleftharpoons R-\underset{OH}{\overset{OH}{\underset{|}{C}}}-R'$$

甲醛在20℃水溶液中约有99.99%为水合分子,而乙醛却只有约58%的水合分子,丙酮则几乎没有水合分子。三氯乙醛、三氟乙醛、六氯丙酮、茚三酮等能生成稳定的水合物。醛酮水合作用的平衡常数见表10-2。

表 10-2 醛酮水合作用的平衡常数

$$\underset{(H)R}{\overset{(H)R}{>}}C=O + H_2O \underset{25℃}{\overset{k}{\rightleftharpoons}} \underset{(H)R}{\overset{(H)R}{>}}C\underset{OH}{\overset{OH}{<}}$$

羰基化合物	k(水溶液中)	羰基化合物	k(水溶液中)
HCHO	2280	CH_3COCH_3	1.4×10^{-3}
CH_3CHO	1.06	$ClCH_2COCH_3$	0.11
CH_3CH_2CHO	0.85	CF_3COCH_3	35
$(CH_3)_3CCHO$	0.23	$C_6H_5COCF_3$	78
CF_3CHO	2.9×10^4	CF_3COCF_3	1.2×10^6

10.1.3.2 与醇的加成

醛、酮在酸催化下,很容易和两分子醇发生加成反应,得到缩醛或缩酮。其历程为:

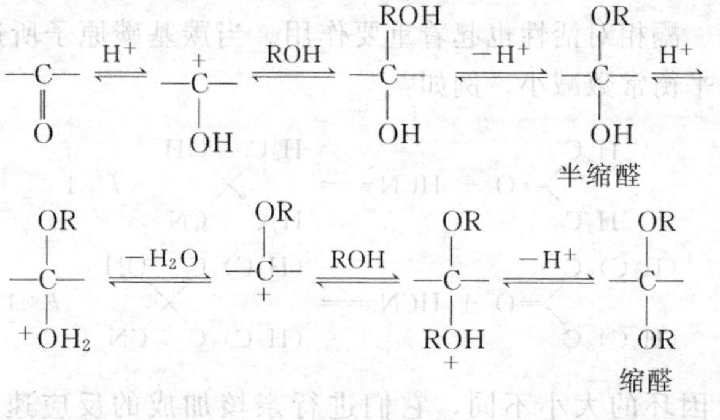

首先醛、酮与一分子醇加成失水得半缩醛或半缩酮,后者再与第二个分子醇加成失水,

这一步反应只能在酸催化下。必须使四面体中间体上的 OH^- 变成共轭酸 H_2O 而脱去得到缩醛或缩酮。这是一个可逆反应，用酸处理缩醛或缩酮水解得原来的醛或酮。碱对此反应无影响，而缩醛、缩酮对碱很稳定，故此反应在有机合成上用来保护醛或酮的羰基。空间效应使酮的反应较困难，采用适当的方法和操作也可制备缩酮。

上述历程可以用同位素标记法来证实，具有光学活性的醇在形成缩醛或缩酮过程中不发生消旋化作用，说明反应中没有发生 R—O 键的断裂，无碳正离子 R^+ 生成。

如果原来醛酮中含有 α-氢原子，半缩醛或半缩酮就可能失去一分子水而生成烯醇醚。

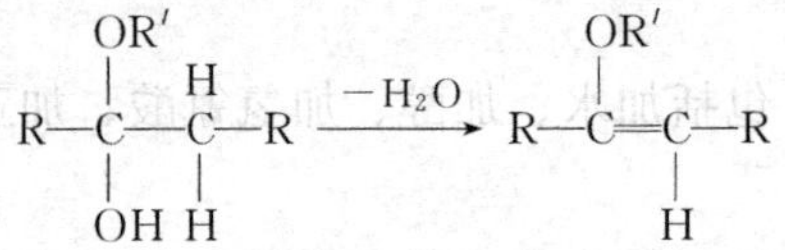

$$\begin{array}{c} OR' \\ | \\ R-C-C-R \\ | \quad | \\ OH \quad H \end{array} \xrightarrow{-H_2O} \begin{array}{c} OR' \\ | \\ R-C=C-R \\ \quad | \\ \quad H \end{array}$$

用酸处理 1,4-二酮通过形成分子内烯醇式对酮发生亲核加成形成呋喃环，同理用酸处理 1,5-二酮形成吡喃环。例如：

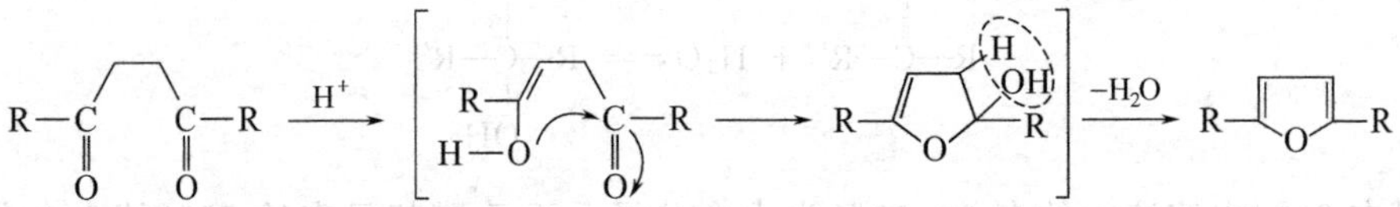

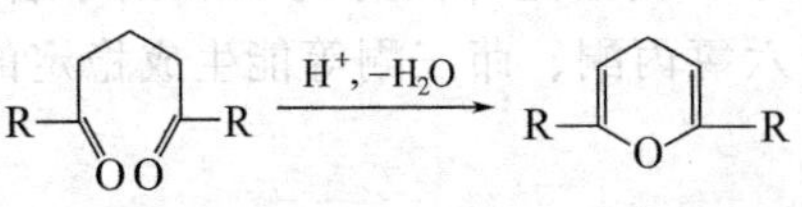

10.1.3.3 与 HCN 的加成

醛、酮与 HCN 的亲核加成生成氰醇，反应是可逆的。如醛、酮中羰基连有吸电子基，平衡有利于向产物方向移动。例如电子效应对氰醇生成的影响见表 10-3。

表 10-3　电子效应对氰醇生成的影响

$$R\text{—}C_6H_4\text{—}CHO + HCN \underset{20℃, EtOH}{\overset{K}{\rightleftharpoons}} R\text{—}C_6H_4\text{—}CH(OH)CN$$

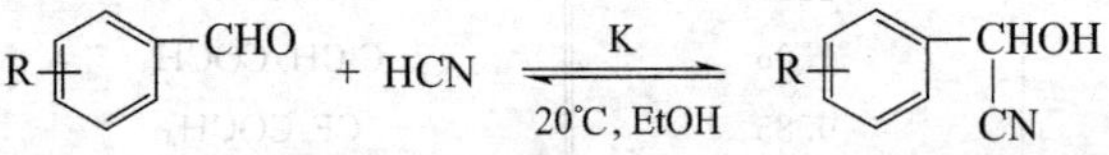

R	平衡常数(k)	R	平衡常数(k)
$p\text{-}NO_2$	1820	$p\text{-}CH_3$	110
$m\text{-}Br$	530	$p\text{-}OCH_3$	32
H	211	$p\text{-}(CH_3)_2N$	2.6

立体效应对于醛、酮相对活性也起着重要作用。当羰基碳原子所连基团的体积增大时，不利于反应的进行，平衡常数减小。例如：

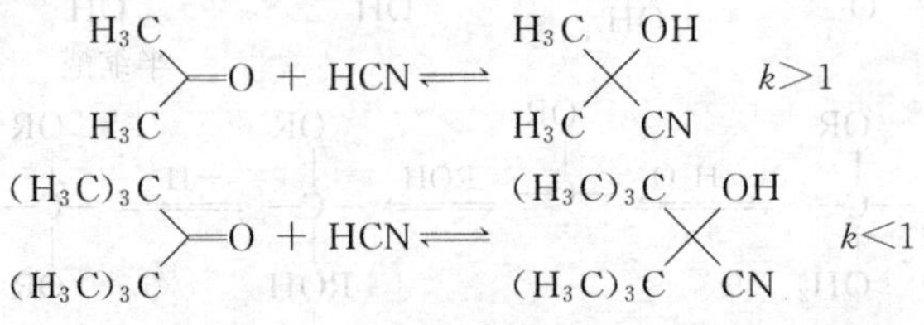

$$(H_3C)_2C=O + HCN \rightleftharpoons (H_3C)_2C(OH)CN \quad k>1$$

$$((CH_3)_3C)_2C=O + HCN \rightleftharpoons ((CH_3)_3C)_2C(OH)CN \quad k<1$$

对于环酮来说，因环的大小不同，它们进行亲核加成的反应速率也不同，如表 10-4 所示。

表 10-4 环酮与 HCN 加成的平衡常数

$$\underset{R}{\overset{R}{>}}C=O + HCN \underset{20℃, 95\% \ C_2H_5OH}{\overset{k}{\rightleftharpoons}} \underset{R}{\overset{R}{>}}C\underset{CN}{\overset{OH}{<}}$$

环酮	平衡常数(k)	环酮	平衡常数(k)
环丙酮	10000	环己酮	1000
环丁酮	100	环庚酮	7.8
环戊酮	48	环辛酮	1.17

环丙酮容易与 HCN 进行加成的原因,可以从两方面来思考:①环丙酮转变氰醇后,羰基碳原子由 sp² 杂化转变成 sp³ 杂化,中心碳原子的角张力减小,分子的内能降低,故反应容易进行;②从产物氰醇的官能团之间的非键张力来看,非键张力并不明显,因此,总的结果是角张力因素起着重要的作用。

10.1.3.4 含氮亲核试剂的反应

亲核试剂与羰基发生加成后,再发生 β-消除作用,形成一个新的 C═N 双键,此过程称为加成-消除反应。其中主要是伯胺、羟胺、苯肼、2,4-二硝基苯肼、氨基脲等与醛、酮的亲核加成-消除作用,这些反应都是可逆的。

$$R-\overset{O}{\overset{\|}{C}}-R' + H_2N-R'' \rightleftharpoons R-\overset{R'}{\overset{|}{C}}=N-R'' + H_2O$$
亚胺

$$R-\overset{R'}{\overset{|}{C}}=O + H_2N-OH \rightleftharpoons R-\overset{R'}{\overset{|}{C}}=N-OH + H_2O$$
肟

$$R-\overset{R'}{\overset{|}{C}}=O + H_2N-\overset{H}{N}-C_6H_5 \rightleftharpoons R-\overset{R'}{\overset{|}{C}}=N-\overset{H}{N}-C_6H_5 + H_2O$$
苯腙

$$R-\overset{R'}{\overset{|}{C}}=O + H_2N-\overset{H}{N}-\overset{O}{\overset{\|}{C}}-NH_2 \rightleftharpoons R-\overset{R'}{\overset{|}{C}}=N-\overset{H}{N}-\overset{O}{\overset{\|}{C}}-NH_2 + H_2O$$
缩氨脲

上述反应的过程可以用下面通式来表示:

$$\underset{}{>}C=O + H^+ \overset{快}{\rightleftharpoons} \underset{}{>}\overset{+}{C}-OH \overset{H_2NB, 慢}{\rightleftharpoons} \underset{\overset{+}{NH_2B}}{\overset{OH}{>}}C$$

$$\overset{快}{\rightleftharpoons} \underset{NHB}{\overset{OH_2}{>}}C \overset{-H_2O, 快}{\rightleftharpoons} \underset{B}{\overset{+}{>}}C=N-H \overset{-H^+, 快}{\rightleftharpoons} \underset{}{>}C=N-B$$

式中 B 代表:R, Ar, OH, NH₂, NHR', NHAr, NHCONH₂。

这些反应被 H⁺ 所催化,H⁺ 加到羰基氧原子上,增加羰基上碳原子的正电性,从而有利于亲核试剂的进攻，但酸性强了，H^+ 又会结合 H_2N-B 使其失去亲核活性。

$$H^+ + H_2\ddot{N}B \Longrightarrow H_3\overset{+}{N}B$$

因此反应有一最合适的 pH 值，此时，既能使相当一部分羰基质子化，又使游离的含氮化合物保持一定的浓度。

肟、腙和有关的亚胺衍生物的形成反应，酸或碱都能起催化作用，碱催化可以促使加成物去水。

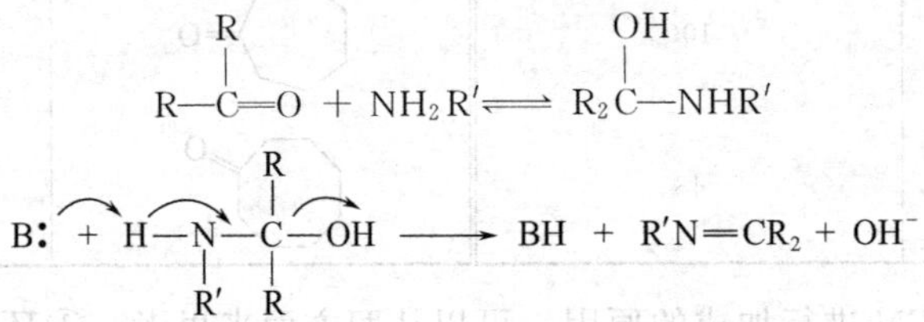

$$R-C-O + NH_2R' \Longrightarrow R_2\overset{OH}{C}-NHR'$$

$$B: + H-\overset{R}{\underset{R'}{N}}-\overset{R}{\underset{R}{C}}-OH \longrightarrow BH + R'N=CR_2 + OH^-$$

仲胺与伯胺不同，与醛、酮反应不能生成亚胺，如有 α-氢原子，则失水可以产生另一种产物烯胺（enamine）。例如：

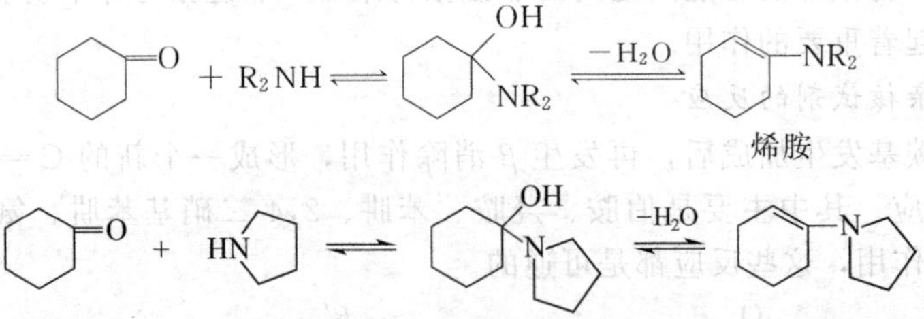

烯胺作为有机合成中间体，在合成上有一定的价值。如醛、酮 α-位上的烃基化可以通过烯胺来进行。

10.1.4 碳负离子亲核试剂的加成反应

由碳亲核试剂进攻羰基中正电性的碳而引起的亲核加成反应。在有机合成上是形成碳碳键很有用的一种方法。

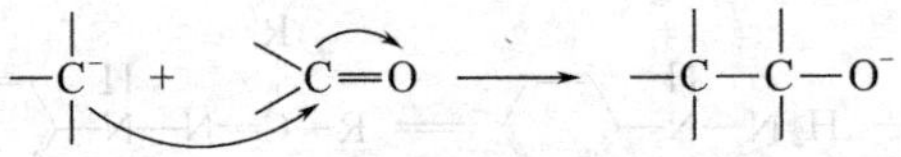

10.1.4.1 醇醛缩合反应

在酸或碱催化下，含有 α-氢原子的醛、酮的自身缩合或相互作用称为醇醛缩合或羟醛缩合反应，反应过程是先发生亲核加成，然后去水。酸或碱催化的醇醛缩合加成阶段是可逆的，脱水阶段的平衡有利于醇醛缩合，因得到 α,β-不饱和羰基化合物是比较稳定的，反应可以进行到底。醛之间的缩合一般产率较高。酮之间的缩合，尤其是脂肪酮，则产率相当低。故酮的缩合必须有合适的脱水条件才行。

两个都含有 α-H 的不同醛、酮分子发生交叉的醇醛缩合到四种不同的产物混合物，在合成中毫无价值。必须选择一个反应物更容易充当亲核试剂，而另一个反应物则提供羰基，使反应方向专一。无 α-H 芳醛与另一个分子有 α-H 的醛或酮发生的交叉羟醛缩合就属这种情况。此反应也常称为 Claisen-Schmidt 缩合。如：

$$C_6H_5CHO + CH_3COCH_3 \xrightarrow{NaOH} C_6H_5CH=CHCOCH_3 + H_2O$$
$$77\%$$

$$C_6H_5CHO + C_6H_5CH_2CHO \xrightarrow{KOH} C_6H_5CH=\underset{C_6H_5}{C}CHO + H_2O$$
$$69\%$$

$$C_6H_5CHO + CH_3COC(CH_3)_3 \xrightarrow{NaOH} C_6H_5CH=CHCOC(CH_3)_3 + H_2O$$
$$90\%$$

α-苯基丙酮中的 α-亚甲基上氢原子由于受到羰基与苯基双重活化作用，特别活泼，特别容易发生缩合反应。

$$\text{PhCHO} + \text{PhCH}_2\text{COCH}_3 \xrightarrow{\text{六氢吡啶}} \text{Ph-CH=C(C}_6\text{H}_5\text{)-COCH}_3$$

除 Claisen-Schmidt 缩合以外，对一般的交叉缩合反应，还有以下几种方法，能得到比较单一的缩合产物。

① 伯胺与醛作用生成亚胺。由于亚胺易被质子化，而且质子化后更容易与醛、酮加成，故使缩合反应更易朝一个方向进行，所以醛亚胺是醇醛缩合的有效催化剂。

$$RCHO + H_2NR' \longrightarrow RCH=N-R' \xrightarrow{H^+} RCH=\overset{+}{N}H-R'$$

$$RCH=\overset{+}{N}HR' + RCH_2CR \longrightarrow RCH-CH-\underset{\underset{O}{\|}}{C}-R \longrightarrow RCH=C-\underset{\underset{O}{\|}}{C}-R + R'\overset{+}{N}H_3$$

② 酮的羰基与醛的 α-H 缩合，可以将醛先变成亚胺（Schiff 碱），然后在二异丙氨基锂（2-Pr$_2$NLi 简称为 LDA）的催化下与酮作用。其反应过程为：

$$CH_3CHO + H_2NR' \longrightarrow CH_3CH=NR' \xrightarrow{i\text{-}Pr_2NLi}$$

$$LiCH_2-CH=NR' \xrightarrow{RCOR} \begin{array}{c} H_2C=NR' \\ | \\ R_2C-O-Li \end{array} \xrightarrow{水解} R-\underset{OH}{\overset{R}{\underset{|}{C}}}-\overset{|}{C}-CHO$$

例如：

$$CH_3CHO + H_2N-C_6H_{11} \longrightarrow CH_3CH=N-C_6H_{11} + H_2O$$

$$CH_3CH=N-C_6H_{11} + C_6H_5COC_6H_5 \xrightarrow[\text{草酸}\triangle]{LDA} (C_6H_5)_2C=CH-CHO$$
$$85\%$$

③ 将醛、酮先与 LiH 或 NaH 作用成烯醇盐，然后在 ZnCl$_2$ 或 MgCl$_2$ 等存在下加到另一种醛中，由于 ZnCl$_2$ 与烯醇盐及另一分子醛能生成稳定的螯合物，可以阻止缩合反应的逆转，故可使这种反应得到较好的产率。

$$C_6H_5CH_2\overset{O}{\overset{\|}{C}}CH_3 \xrightarrow[\text{乙二醇二甲醚}]{NaH} C_6H_5CH=\overset{O^-}{\overset{|}{C}}CH_3$$

$$C_6H_5CH=\overset{O^-}{\overset{|}{C}}CH_3 \xrightarrow[\text{丁醛}]{ZnCl_2} \begin{array}{c} CH_3 \\ | \\ C_6H_5HC-C=O \\ | \\ C_3H_7HC-O-Zn \end{array} \longrightarrow \begin{array}{c} O \\ \| \\ C_6H_5HC-C-CH_3 \\ | \\ C_3H_7HC-OH \end{array}$$

$$C_6H_5\overset{O}{\overset{\|}{C}}CH_3 \xrightarrow{LiH} C_6H_5\overset{O-Li}{\overset{|}{C}}=CH_2 \xrightarrow[PhCHO]{MgBr_2} C_6H_5\overset{O}{\overset{\|}{C}}CH_2\overset{OH}{\overset{|}{C}}HC_6H_5$$
$$81\%$$

④ 先将酮生成烯醇硅醚，再在 TiCl$_4$ 催化下，与醛、酮作用，其缩合反应产率相当高。

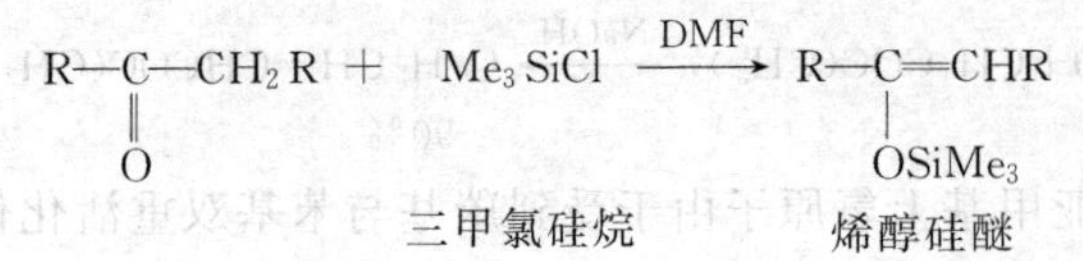

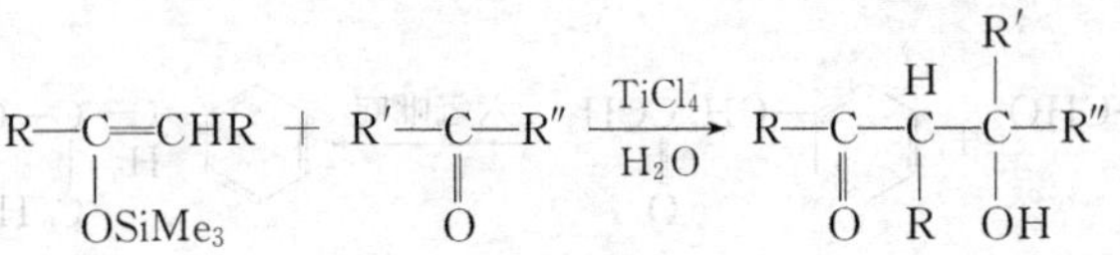

$$R-\underset{\underset{O}{\|}}{C}-CH_2R + Me_3SiCl \xrightarrow{DMF} R-\underset{\underset{OSiMe_3}{|}}{C}=CHR$$

　　　　　　　　　　　　三甲氯硅烷　　　　　烯醇硅醚

$$R-\underset{\underset{OSiMe_3}{|}}{C}=CHR + R'-\underset{\underset{O}{\|}}{C}-R'' \xrightarrow[H_2O]{TiCl_4} R-\underset{\underset{O}{\|}}{C}-\underset{\underset{R}{|}}{\overset{H}{C}}-\underset{\underset{OH}{|}}{\overset{R'}{C}}-R''$$

例如：

环己酮 $\xrightarrow{Me_3SiCl}$ 1-三甲硅氧基环己烯 $\xrightarrow[TiCl_4]{PhCHO}$ $\xrightarrow{H_2O}$ 2-(羟基苄基)环己酮 92%

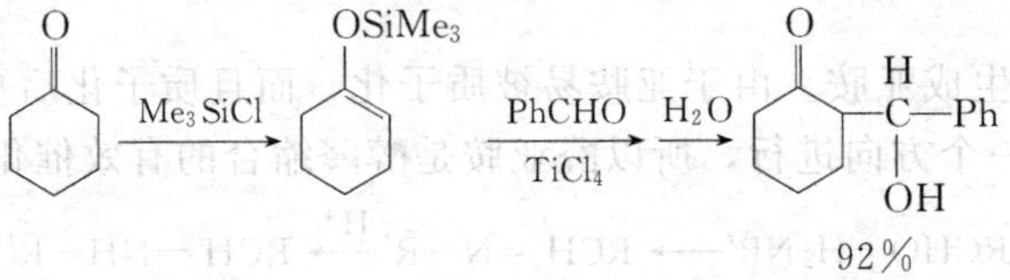

10.1.4.2 克诺文诺盖尔（Knoevenagel）反应

醛、酮分别与活泼亚甲基上氢的反应，称为 Knoevenagel 反应。例如：

$$CH_3CHO + CH_2(COOH)_2 \xrightarrow{H^+} CH_3CH=C(COOH)_2$$

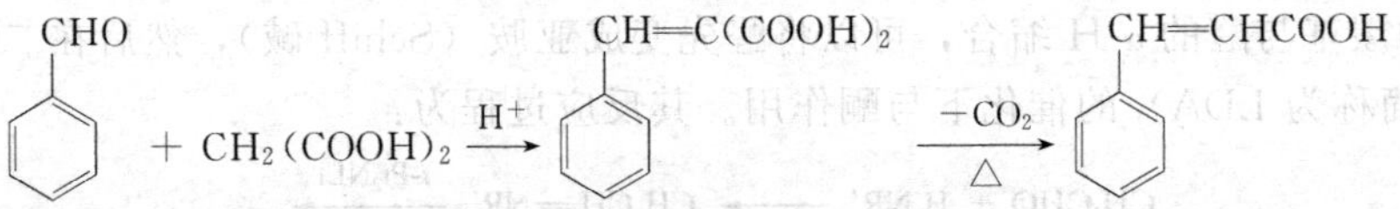

$$PhCHO + CH_2(COOH)_2 \xrightarrow{H^+} PhCH=C(COOH)_2 \xrightarrow[\Delta]{-CO_2} PhCH=CHCOOH$$

醛或酮和具有通式为 Z-CH$_2$-Z' 或 Z-CHR-Z' 的活泼氢化合物的缩合反应，此反应中醛酮一般不含 α-H，Z 和 Z' 为吸电子基团，如 —CN、—NO$_2$、—CHO、—COR、—COOR、—SO$_2$R 等。其通式表示如下：

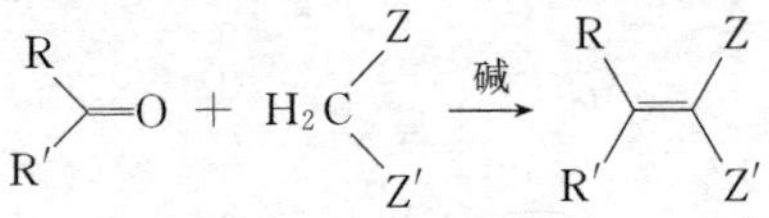

$$\underset{R'}{\overset{R}{>}}C=O + H_2C\underset{Z'}{\overset{Z}{<}} \xrightarrow{碱} \underset{R'}{\overset{R}{>}}C=C\underset{Z'}{\overset{Z}{<}}$$

　　a：Z=Z'=COOR
　　b：Z=H，Z'=NO$_2$
　　c：Z=COOH，Z'=COOH
　　d：Z=CN，Z'=COOH

克诺文诺盖尔缩合反应的历程与羟醛缩合反应类似，也是先由碱夺取活泼亚（次）甲基化合物中的一个 H 原子，生成碳负离子，然后进攻醛、酮的羰基，亲核加成后再失水，生成缩合产物。例如：

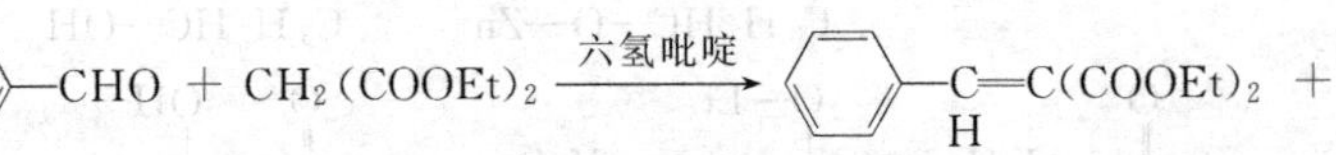

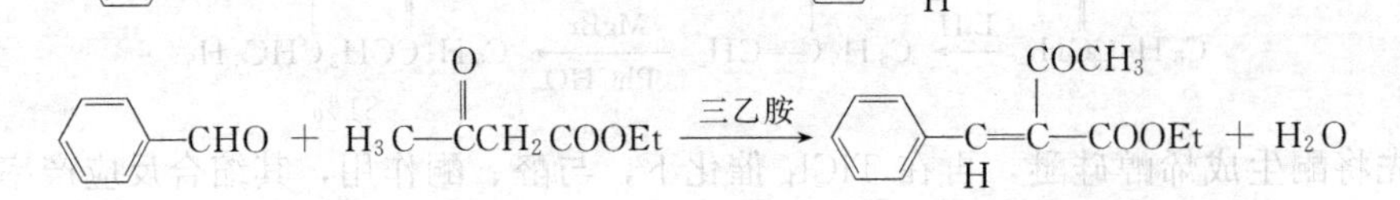

$$PhCHO + CH_3NO_2 \xrightarrow{NaOH} Ph\underset{H}{\overset{}{C}}=\underset{H}{\overset{}{C}}-NO_2 + H_2O$$

$$3\text{-}O_2N\text{-}C_6H_4\text{-}CHO + CH_2(COOH)_2 \xrightarrow{吡啶} 3\text{-}O_2N\text{-}C_6H_4\text{-}\underset{H}{\overset{}{C}}=\underset{H}{\overset{}{C}}-COOH + H_2O + CO_2$$

$$PhCHO + CH_2(COOEt)_2 \xrightarrow{六氢吡啶} Ph\underset{H}{\overset{}{C}}=C(COOEt)_2 + H_2O$$

$$PhCHO + H_3C-\underset{\underset{O}{\|}}{C}-CH_2COOEt \xrightarrow{三乙胺} Ph\underset{H}{\overset{}{C}}=\underset{}{\overset{COCH_3}{C}}-COOEt + H_2O$$

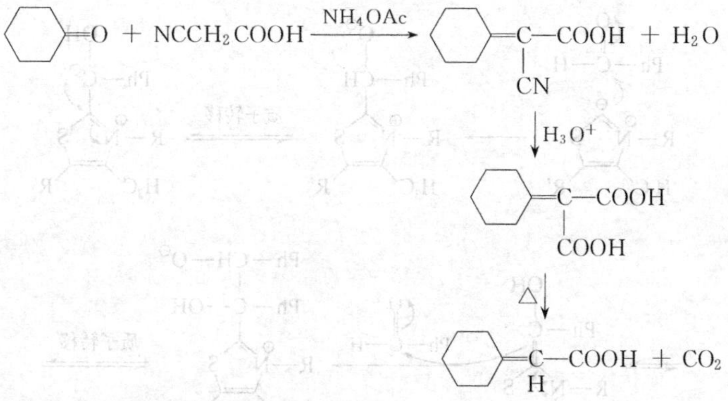

用丙二酸代替丙二酸酯则在缩合反应的同时发生失去 CO_2 脱羧作用。

水杨醛与乙酰乙酸乙酯发生 Knoevenagel 缩合再关环可得到香豆素衍生物。

10.1.4.3 安息香（Benzoin）缩合

在氰化钠或氰化钾催化下，两分子无 α-H 芳醛间发生缩合生成 α-羟基酮的反应称为安息香缩合。安息香缩合的历程是：氰负离子（CN^-）首先进攻一个芳醛分子，使之由原来的亲电性（醛基中 C 呈正电性）变成亲核性（碳负离子），生成的碳负离子与另一个分子芳醛发生亲核加成，然后氰负离子离去，恢复羰基。得到 α-羟基芳酮，其反应历程为：

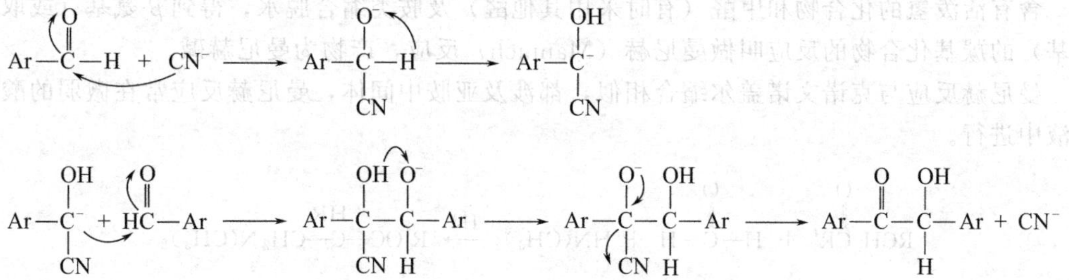

由于 KCN 和 NaCN 是剧毒化学品，采用噻唑的季铵盐，维生素 B_1（Thiamine）作为安息香缩合的替代催化剂，其催化作用原理类似于氰负离子。

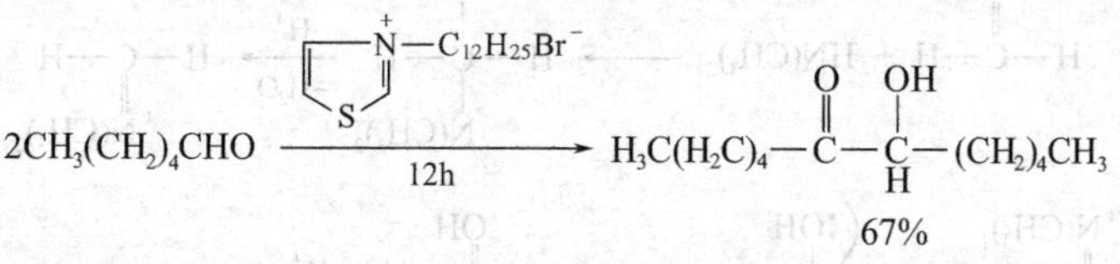

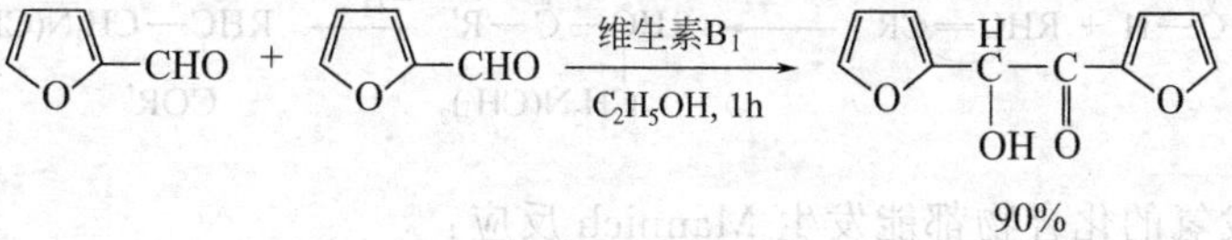

维生素 B_1（Thiamine）作为替代催化剂，催化苯甲醛发生安息香缩合的反应。

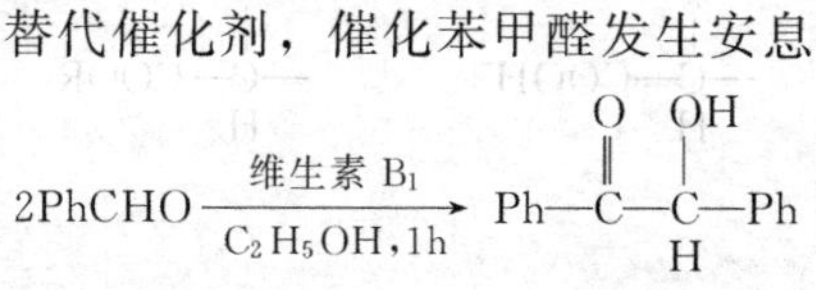

该反应历程为：

[反应机理图：苯甲醛与噻唑鎓盐的加成，质子转移，形成烯醇式中间体]

$$\text{Ph-CH=} \underset{\underset{H_3C}{\overset{R-N}{|}}}{\overset{\text{OH}}{C}}\underset{R'}{\overset{S}{||}} \xrightarrow{\text{Ph-CHO}} \underset{\underset{H_3C}{\overset{R-N^+}{|}}}{\overset{\text{Ph-CH-O}^\ominus}{\underset{\text{Ph-C-OH}}{|}}}\underset{R'}{\overset{S}{||}} \xrightleftharpoons{\text{质子转移}}$$

$$\underset{\underset{H_3C}{\overset{R-N^+}{|}}}{\overset{\text{Ph-CH-OH}}{\underset{\text{Ph-C-O}^\ominus}{|}}}\underset{R'}{\overset{S}{||}} \longrightarrow \text{Ph-CH-C-Ph} + \underset{\underset{H_3C}{\overset{R-N}{|}}}{\overset{}{\ominus}}\underset{R'}{\overset{S}{||}}$$
$$\qquad\qquad\qquad\qquad\qquad\qquad\quad\ \ \overset{|}{\text{OH}}\ \ \overset{||}{\text{O}}$$

10.1.4.4 曼尼赫（Mannich）反应

含有活泼氢的化合物和甲醛（有时采用其他醛）及胺类缩合脱水，得到 β-氨基（或取代氨基）的羰基化合物的反应叫做曼尼赫（Mannich）反应，产物为曼尼赫碱。

曼尼赫反应与克诺文诺盖尔缩合相似，都涉及亚胺中间体，曼尼赫反应常在微弱的酸性溶液中进行。

$$RCH_2COR' + H-CHO + HN(CH_3)_2 \xrightarrow{H^+} R'OC-\underset{\underset{H}{|}}{\overset{HR}{\underset{|}{C}}}-CH_2N(CH_3)_2$$

在酸性溶液中进行的历程可能是：胺和醛加成失去一分子水后生成亚胺正离子，再和含有活泼氢化合物的烯醇式作用，最后失去 H^+ 生成产物。

$$H-CHO + HN(CH_3)_2 \longrightarrow H-\underset{N(CH_3)_2}{\overset{OH}{\underset{|}{C}}}-H \xrightarrow[-H_2O]{H^+} H-\overset{+}{C}H=\overset{+}{N}(CH_3)_2$$

$$H-\overset{+}{C}H=N(CH_3)_2 + RHC=CR' \xrightarrow{:OH} RHC-\underset{CH_2N(CH_3)_2}{\overset{+OH}{\underset{|}{C}}}-R' \xrightarrow{-H^+} RHC-CH_2N(CH_3)_2$$
$$\qquad\qquad\qquad\qquad\qquad\qquad\qquad\qquad\qquad\qquad\qquad\quad\ \ \overset{|}{COR'}$$

下列含有活泼氢的化合物都能发生 Mannich 反应：

$$\underset{H}{\overset{|}{-C-}}COR \qquad \underset{H}{\overset{|}{-C-}}COOH \qquad \underset{H}{\overset{|}{-C-}}COOR \qquad \underset{H}{\overset{|}{-C-}}CN$$

$$\underset{H}{\overset{|}{-C-}}NO_2 \qquad HC\equiv CH \qquad R-OH \qquad R-SH \qquad HO-\underset{}{\text{C}_6H_4}-H$$

例如：

$$\underset{O}{C_6H_5-C-CH_3} + H-\underset{O}{C}-H + (CH_3)_2\overset{+}{N}H_2Cl^- \longrightarrow \underset{O}{C_6H_5-C-CH_2CH_2\overset{+}{N}H(CH_3)_2Cl^-}$$

长期以来的文献报道认为芳胺不能发生 Mannich 反应,我国著名有机化学家陈光旭等人经过多年的研究,证明芳胺与脂肪胺一样,也能顺利地发生 Mannich 反应,如未取代的芳胺与对位、间位被取代了的芳胺都可以参加的 Mannich 反应。该反应在有机合成上可以合成氨基酮等。

$$\underset{O}{C_6H_5-C-CH_3} + H-\underset{O}{C}-H + \underset{}{\text{ArNH}_2(R)} \xrightarrow[\text{2. OH}^-,\text{室温}]{\text{1. HCl,EtOH}} \underset{O}{C_6H_5-C-CH_2CH_2NHC_6H_4R}$$

式中:R=H, p-CH₃, p-OCH₃, p-Cl, p-NO₂, m-NO₂······

另外通过 β-氨基或其衍生物季铵盐的消除反应,可以生成 α-亚甲基醛、酮,由于季铵盐分解特别容易,在制备时可以不分离氨基酮就可制备 α,β-不饱和醛、酮。这就为麦克尔反应与硼氢化反应提供了必要的中间体。例如:

$$H_2NH_2CH_2C-\underset{O}{C}-CH(CH_3)_2 \xrightarrow{\Delta} H_2C=\underset{O}{C}-CH(CH_3)_2 + NH_3$$

$$(H_3C)_2NH_2C-\underset{\underset{H}{|}}{\overset{CH(CH_3)_2}{C}}-CHO \xrightarrow{\Delta} H_2C=\overset{CH(CH_3)_2}{C}-CHO + HN(CH_3)_2$$

Mannich 反应在合成生物碱方面也有重要应用,如草绿碱的合成。草绿碱还可以用来合成色氨酸。

$$\text{吲哚} + H-\underset{O}{C}-H + HN(CH_3)_2 \xrightarrow[\text{乙酸}]{H_2O} \text{吲哚}-\underset{H_2}{C}-N(CH_3)_2$$

草绿碱

如用丁二醛、甲胺与戊酮二酸为原料进行 Mannich 反应,只用两步反应就得到托品酮。

$$\underset{\text{CHO}}{\text{CHO}} + CH_3NH_2 + \underset{\text{COOH}}{\underset{O}{\text{COOH}}} \longrightarrow \text{(中间体)} \xrightarrow{-2CO_2} \text{托品酮}$$

10.1.4.5 醛、酮与叶立德反应

(1) 维蒂希(Wittig)反应 醛、酮与磷叶立德作用生成烯(C=C)的反应称为维蒂希反应。叶立德(Ylide)是一种鎓内盐,正负电荷在邻近的两个原子上,一般讨论叶立德的负电荷在碳原子上,正电荷在磷、硫原子上的最为重要,这两种叶立德分别称为磷叶立德和硫叶立德,磷叶立德也叫 Wittig 试剂。

$$R_3\overset{+}{P}-\overset{-}{C}HR' \qquad R_2\overset{+}{S}-\overset{-}{C}HR'$$
磷叶立德 　　　硫叶立德

磷叶立德可以用两种共振杂化体结构表示,故有时分别称它们为叶立德(Ylide)与叶丽因(Ylene),例如三甲基亚甲基膦:

$$(H_3C)_3 \overset{+}{P} - \overset{-}{C}H_2 \longleftrightarrow (H_3C)_3 P = CH_2$$
叶立德　　　　　　　叶立因

磷叶立德是通过强碱夺取内盐中质子而制得。一般季鏻盐的酸性很弱，需要很强的碱，如：C_4H_9Li、C_6H_5Li 等，α-位上亚甲基连有吸电子的基团（如—COR、—COOR、—CHO、—CN 等）的鏻盐具有较强的酸性，用较弱的碱（如 NaOH 等）就可以夺取质子而生成叶立德。例如：

$$R_3P + BrCH_2R' \longrightarrow R_3\overset{+}{P} - CH_2R' Br^-$$
季鏻盐

$$Ph_3P + BrCH_2R' \longrightarrow Ph_3\overset{+}{P} - CH_2R' Br^-$$
季鏻盐

$$RCH_2\overset{+}{P}Ph_3 Br^- + C_4H_9Li \longrightarrow Ph_3\overset{+}{P} - \overset{-}{C}HR + C_4H_{10} + LiBr$$

$$NCCH_2\overset{+}{P}Ph_3 Cl^- + NaOH \longrightarrow NC\overset{-}{C}H\overset{+}{P}Ph_3 + NaCl + H_2O$$

磷叶立德和醛、酮反应提供了引入碳碳双键的重要方法。例如：

$$Ph_3\overset{+}{P} - \overset{-}{C}HR' + R_2C = O \longrightarrow R_2C = CH_2 + Ph_3P = O$$

$$(C_6H_5)_3\overset{+}{P} - \overset{-}{C}H_2 + O= \bigcirc \longrightarrow H_2C= \bigcirc + (C_6H_5)_3P=O$$

$$2(C_6H_5)_3\overset{+}{P} - \overset{-}{C}H_2 + \underset{CHO}{\overset{CHO}{C_6H_4}} \longrightarrow \underset{CH=CH_2}{\overset{CH=CH_2}{C_6H_4}}$$

关于 Wittig 反应的机理目前还有些争议，较常见的一种看法认为是：磷叶立德的碳负离子与醛、酮发生亲核加成，得到偶极中间体（即一种内鎓盐），然后通过四元环的过渡态，最后分解得到烯烃产物。

$$\underset{R'CH-PPh_3}{\overset{R_2C=O}{\uparrow}} \longrightarrow \underset{R'CH-\overset{+}{P}Ph_3}{\overset{R_2HC-\overset{-}{O}}{}} \longrightarrow \left[\underset{R'HC---PPh_3}{\overset{R_2C---O}{}}\right] \longrightarrow R_2C=CHR' + Ph_3P=O$$

近年来的研究工作认为，Wittig 反应的机理与反应物结构及反应条件有关，低温下，在无盐体系中，活泼的叶立德通过膦杂四元环机理进行反应，在有盐体系中（如锂盐）、叶立德与醛、酮作用的机理则可能通过内鎓盐进行。

磷叶立德可以用通式 $(C_6H_5)_3\overset{+}{P} - \overset{-}{C}HR$ 表示，根据 R 的不同可将磷叶立德进行分类。

R＝烷基、环烷基，为活泼的叶立德；

R＝芳基、烯基，为中等活泼的叶立德；

R＝羧基、酯基、氰基等吸电子基，为稳定的叶立德。

Wittig 反应的立体化学，通常生成产物的烯烃是顺式和反式异构体混合物。如果使用活泼 Wittig 的试剂，则混合物中顺式烯烃为主要产物。例如：

$$Ph_3\overset{+}{P} - \overset{-}{C}HCH_3 + OHC-C_6H_5 \longrightarrow \underset{H\quad H}{\overset{H_3C\quad C_6H_5}{C=C}} + \underset{H_3C\quad H}{\overset{H\quad C_6H_5}{C=C}}$$

cis-　　　　　trans-
87%　　　　　13%

(2) 硫叶立德与醛、酮的反应 硫叶立德与醛、酮的反应可以得到环氧化合物。

$$CH_3SCH_3 + CH_3I \longrightarrow \underset{\underset{CH_3}{|}}{CH_3\overset{O}{\overset{\|}{S^+}}CH_3} \xrightarrow[(CH_3)_2SO]{NaH} \underset{\underset{CH_3}{|}}{CH_3\overset{O}{\overset{\|}{S^+}}CH_2^-}$$
硫叶立德

$$CH_3SCH_3 + CH_3I \longrightarrow \underset{\underset{CH_3}{|}}{CH_3S^+CH_3} \xrightarrow[(CH_3)_2SO]{NaH} \underset{\underset{CH_3}{|}}{CH_3S^+CH_2^-}$$
硫叶立德

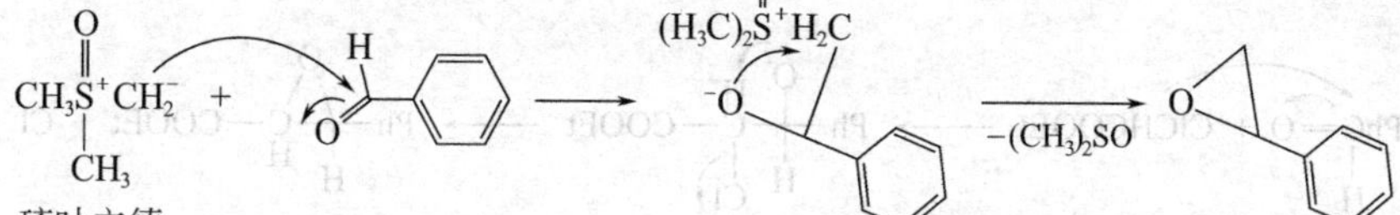

反应机理示意（苯甲醛与二甲基亚砜硫叶立德反应生成环氧化合物；环己酮与硫叶立德反应生成螺环氧化合物）

(3) 硅叶立德与醛、酮的反应 Peterson 成烯反应是由 α-硅基碳负离子（又称硅叶立德）与醛、酮的反应生成烯烃的反应，此反应可以称为含硅的 Wittig 反应。例如：

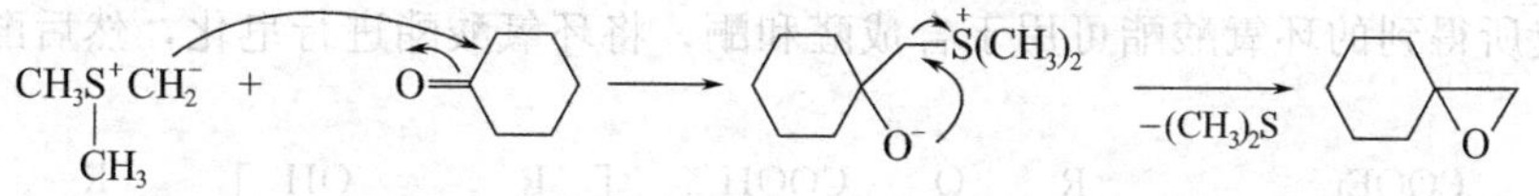

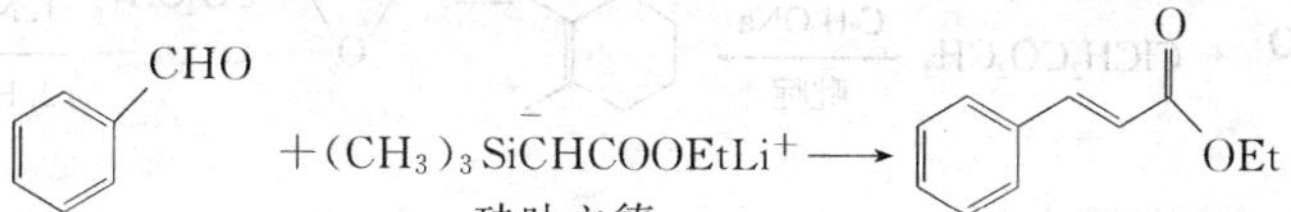

PhCHO + (CH₃)₃SiCHCOOEtLi⁺ ⟶ PhCH=CHCOOEt   98% 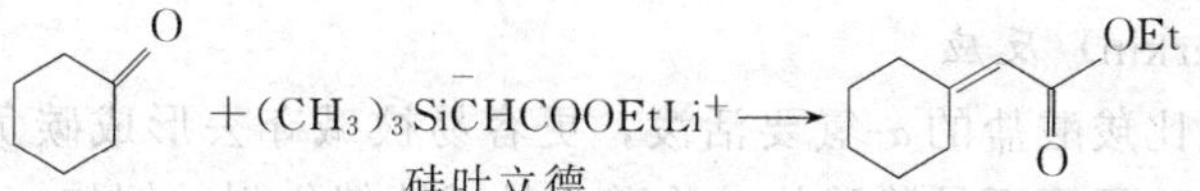
硅叶立德

环己酮 + (CH₃)₃SiCHCOOEtLi⁺ ⟶ 环己基亚甲基乙酸乙酯   95%
硅叶立德

硅叶立德是用四烃基硅烷在强碱（n-BuLi）的作用下制得的。

$$(CH_3)_3SiCH_2COOEt + n\text{-}BuLi \longrightarrow (CH_3)_3Si\overset{-}{C}HCOOEtLi^+$$
硅叶立德

10.1.4.6 达森（Darzen）反应

醛或酮在碱的作用下，与含有 α-卤代亚甲基酸酯的化合物作用形成环氧桥的酯叫做达森（Darzen）反应。在此反应中，醛比酮活泼，但脂肪醛由于易发生羟醛缩合，发生达森反应产率很低，故一般常采用芳香醛。

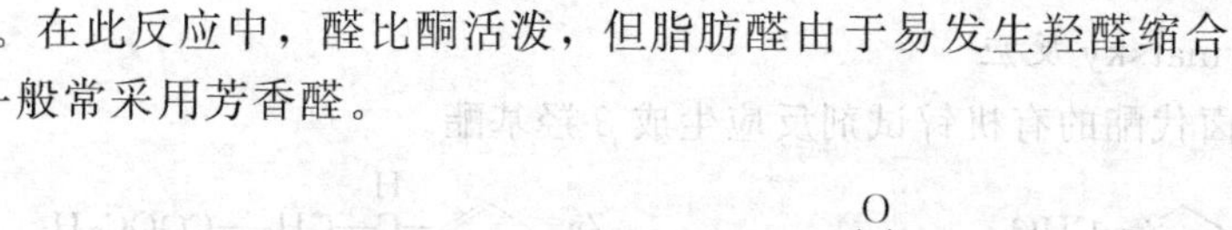

$$C_6H_5CHO + ClCH_2COOEt \xrightarrow[-H^+]{碱} C_6H_5-\overset{O}{\overset{\diagup \diagdown}{CH-CH}}COOEt + Cl^-$$

$$\text{PhCHO} + \text{PhCHCOOEt} \xrightarrow{\text{KOC(CH}_3)_3} \underset{\text{Ph}}{\overset{\text{H}}{\text{C}}}\overset{\text{O}}{\underset{}{}}\underset{\text{Ph}}{\overset{\text{COOEt}}{\text{C}}} \quad 75\%$$
(氯基位于 Cl 下方)

$$\text{环己酮} + \text{ClCH}_2\text{COOEt} \xrightarrow{\text{KOC(CH}_3)_3} \text{环氧酯} \quad 83\%\sim 95\%$$

此反应的第一步是 α-卤代酸酯的烯醇负离子（碳负离子）对羰基的亲核加成，生成氧负离子，然后发生分子内亲核取代脱去卤素离子形成环氧化物。其反应历程可表示为：

$$\text{ClCH}_2\text{COOEt} + \text{B}^- \longrightarrow \text{Cl}\overset{-}{\text{C}}\text{HCOOEt} + \text{HB}$$

$$\text{PhC=O} + \text{ClCHCOOEt} \longrightarrow \text{Ph}\underset{\text{H}}{\overset{\text{O}^-}{\text{C}}}\text{—C(Cl)COOEt} \longrightarrow \text{Ph}\overset{\text{O}}{\underset{\text{H}}{\text{C—C}}}\text{—COOEt} + \text{Cl}^-$$

达森反应所得到的环氧酸酯可用于合成醛和酮，将环氧酸酯进行皂化，然后酸化脱羧即得到醛或酮。

$$\underset{R'}{\overset{R}{\text{C}}}\overset{\text{O}}{\underset{}{}}\underset{H}{\overset{\text{COOEt}}{\text{C}}} \xrightarrow[2. \text{H}^+]{1. \text{KOH}} \underset{R'}{\overset{R}{\text{C}}}\overset{\text{O}}{\underset{}{}}\underset{H}{\overset{\text{COOH}}{\text{C}}} \xrightarrow{\Delta} \left[\underset{R'}{\overset{R}{\text{C}}}=\underset{H}{\overset{\text{OH}}{\text{C}}}\right] \longrightarrow \underset{R'}{\overset{R}{\text{CHCHO}}}$$

又如维生素 A 合成中间体的制备，就用到了 Darzen 反应和酸作用的失羧开环过程。

$$\text{(烯酮)} + \text{ClCH}_2\text{CO}_2\text{CH}_3 \xrightarrow[\text{吡啶}]{\text{C}_2\text{H}_4\text{ONa}} \text{(环氧酯)} \xrightarrow[2. \text{H}_3\text{O}^+]{1. \text{NaOH, H}_2\text{O, 0}\sim 5\text{℃}}$$

$$\longrightarrow \text{(CHO 产物)}$$

10.1.4.7 珀金（Perkin）反应

由于酸酐的 α-氢比羧酸盐的 α-氢要活泼，更容易被碱夺去形成碳负离子。在 Perkin 反应中与芳醛作用的是酸酐而不是羧酸盐。羧酸盐是碱性催化剂。例如：

$$\text{PhCHO} + (\text{CH}_3\text{CO})_2\text{O} \xrightarrow{\text{CH}_3\text{COOK}} \text{PhCH=CHCOOH} + \text{CH}_3\text{COOH}$$

如使用丙酸酐，则生成带支链的不饱和芳香酸。

$$\text{PhCHO} + (\text{CH}_3\text{CH}_2\text{CO})_2\text{O} \xrightarrow{\text{CH}_3\text{COOK}} \text{PhCH=C(CH}_3\text{)COOH} + \text{CH}_3\text{CH}_2\text{COOH}$$

10.1.4.8 Reformatsky 反应

醛、酮与 α-卤代酯的有机锌试剂反应生成 β-羟基酯。

$$\text{PhCHO} + \text{BrCH}_2\text{COOC}_2\text{H}_5 \xrightarrow{\text{Zn}} \text{Ph}\underset{\text{OH}}{\overset{\text{H}}{\text{C}}}\text{—CH}_2\text{—COOC}_2\text{H}_5$$

该类型反应历程为：

$$XCH_2COOEt \xrightarrow{Zn} XZnCH_2COOEt$$

$$\overset{R}{\underset{R'}{>}}\overset{\delta^+}{C}=\overset{\delta^-}{O} + XZnCH_2COOEt \longrightarrow R'-\underset{\underset{OZnX}{|}}{\overset{\overset{R}{|}}{C}}-CH_2COOEt \xrightarrow{H_3O^+} R'-\underset{\underset{OH}{|}}{\overset{\overset{R}{|}}{C}}-CH_2COOEt$$

10.2 酯缩合反应

酯参与的缩合作用主要有：醛、酮分别与酯的缩合和酯与酯之间的缩合等。

① 酯的 α-碳进攻醛、酮羰基生成 β-羟基酸酯，此反应类似于醇醛缩合类型的反应，但所用的碱比一般醇醛缩合要强，而且要求醛、酮尽可能不含 α-H（醛、酮的 α-H 比酯中 α-H 的活性大）例如：

$$C_6H_5CHO + CH_3CH_2COOEt \xrightarrow[C_2H_5OH]{EtONa} C_6H_5\underset{\underset{}{|}}{\overset{\overset{OH}{|}}{CH}}-\underset{\underset{}{|}}{\overset{\overset{CH_3}{|}}{CH}}COOEt \xrightarrow[-H_2O]{\triangle} C_6H_5\overset{}{HC}=\underset{\underset{}{|}}{\overset{\overset{CH_3}{|}}{C}}COOEt$$

② 酯与酯之间的缩合，产物为 β-酮酸酯，如下面讨论的克莱森（Claisen）酯缩合与狄克曼（Dieckmann）缩合。

③ 酮的 α-碳进攻酯的羰基，生成 β-二酮类化合物。

以上三种反应也都可称为 Claisen 缩合。下面重点讨论酯与酯的缩合。

10.2.1 克莱森（Claisen）缩合

克莱森（Claisen）缩合就是在碱催化下酯的一种自身缩合，也可认为是酯的酰基化。乙酸乙酯在醇钠作用下发生缩合生成乙酰乙酸乙酯。其反应历程为：

$$CH_3COOC_2H_5 + CH_3CH_2O^- \rightleftharpoons \bar{C}H_2COOC_2H_5 + C_2H_5OH$$

$$H_3C-\underset{\underset{C_2H_5O}{|}}{C}=O + \bar{C}H_2COOC_2H_5 \rightleftharpoons CH_3-\underset{\underset{OC_2H_5}{|}}{\overset{\overset{O^-}{|}}{C}}-CH_2COOC_2H_5$$

$$CH_3-\underset{\underset{OC_2H_5}{|}}{\overset{\overset{O^-}{|}}{C}}-CH_2COOC_2H_5 \rightleftharpoons CH_3\overset{\overset{O}{\|}}{C}CH_2COOC_2H_5 + C_2H_5O^-$$

当酯的 α-C 上有两个 H 原子时，用碱性稍弱的醇钠就可以，而 α-C 上只有一个 H 原子，这种酯用醇钠催化不能缩合，只有采用更强的碱（如三苯基甲基钠、氢化钠）才使反应向最终产物方向移动。如：

$$CH_3CH_2\underset{\underset{CH_3}{|}}{CH}COOC_2H_5 \xrightarrow{Ph_3CNa} CH_3CH_2\underset{\underset{CH_3}{|}}{CH}-\overset{\overset{O}{\|}}{C}-\underset{\underset{CH_3}{|}}{\overset{\overset{C_2H_5}{|}}{C}}-COOC_2H_5$$

63%

$$C_2H_5OOCCH_2CH_2-\underset{\underset{COOEt}{|}}{\overset{\overset{}{|}}{CH}}-CH_3 \xrightarrow{NaH} \text{环戊酮衍生物}$$

92%

10.2.2 狄克曼（Dieckmann）缩合

酯的分子内关环缩合反应称为狄克曼（Dieckmann）缩合。这一反应主要用于合成五元与六元环状化合物，如二元酸酯的分子内关环缩合得到环状 β-酮酸酯化合物：

$$C_2H_5OOC(CH_2)_4COOC_2H_5 \xrightarrow{Na, 苯} \text{环戊酮-2-甲酸乙酯} \quad 81\%$$

$$C_2H_5OOC(CH_2)_5COOC_2H_5 \xrightarrow{Na, 苯} \text{环己酮-2-甲酸乙酯} \quad 76\%$$

$$\text{邻苯二乙酸乙酯} \xrightarrow{Na, 苯} \text{2-茚酮-1-甲酸乙酯} \quad 90\%$$

10.2.3 混合酯缩合

对于甲酸酯、草酸酯等没有 α-H 的酯，自身不能发生克莱森缩合，但可以与含有 α-H 的酯缩合，此反应叫做混合酯缩合。

$$C_6H_5COOC_2H_5 + CH_3CH_2COOEt \xrightarrow{(MeCH_2)_2NMgBr} C_6H_5\overset{O}{C}\underset{CH_3}{CH}COOEt + EtOH$$

$$HCOOC_2H_5 + PhCH_2COOC_2H_5 \xrightarrow[C_2H_5OH]{EtONa} H-\underset{O}{\overset{|}{C}}-\underset{Ph}{\overset{|}{CH}}COOC_2H_5 + EtOH$$

$$\begin{array}{c}COOC_2H_5\\|\\COOC_2H_5\end{array} + 2CH_3COOC_2H_5 \xrightarrow[C_2H_5OH]{EtONa} \begin{array}{c}COCH_2COOC_2H_5\\|\\COCH_2COOC_2H_5\end{array} + 2EtOH$$

10.2.4 酮的 α-碳进攻酯羰基的缩合

酮在碱的作用下生成烯醇负离子，进攻酯的羰基发生缩合反应，产物为 β-二酮。烷基的给电子效应与空间位阻都会使酮和酯的活性减小。酮组分中以甲基酮，环己酮的活性大。酯的活性顺序则一般为：

$$HCOOR > CH_3COOR > CH_3CH_2COOR > (CH_3)_2CHCOOR > (CH_3)_3CCOOR$$

酮与酯缩合反应如：

$$HCOOC_2H_5 + CH_3\overset{O}{C}CH_2CH(CH_3)_2 \xrightarrow[苯]{Na} HC\text{-}CH_2\overset{O}{C}CH_2CH(CH_3)_2 \quad 80\%$$

$$HCOOC_2H_5 + \text{环己酮} \xrightarrow[C_2H_5OH]{EtONa} \text{2-甲酰基环己酮} \quad 74\%$$

$$CH_3COOEt + C_6H_5COCH_3 \xrightarrow{NaNH_2} CH_3\overset{O}{C}CH_2\overset{O}{C}\text{-}C_6H_5 + C_2H_5OH \quad 77\%$$

$$2\begin{array}{c}\text{COOEt}\\|\\\text{COOEt}\end{array} + \text{CH}_3\text{CCH}_3 \xrightarrow[\text{C}_2\text{H}_5\text{OH}]{\text{EtONa}} \text{EtOOCCOCH}_2\text{COCH}_2\text{COCOOEt} + 2\text{C}_2\text{H}_5\text{OH}$$
$$80\%$$

10.2.5 羧酸衍生物的反应

绝大多数羧酸衍生物与胺、醇、羧酸是通过亲核加成-消除历程进行的，进攻试剂可以是负离子或中性分子，其通式可归纳为：

$$R-\underset{L}{\overset{O}{\underset{\|}{C}}}-+:Nu^{\ominus} \rightleftharpoons R-\underset{L}{\overset{O^-}{\underset{|}{C}}}-Nu \rightleftharpoons R-\overset{O}{\underset{\|}{C}}-Nu + :L^{\ominus}$$

$$L=X, NH_2, NHR, OR, OOCR$$

一般是通过酰氯的胺解、酸酐的醇解：

$$R-\overset{O}{\underset{\|}{C}}-Cl + H_2NR' \rightleftharpoons R-\underset{\overset{|}{+}NH_2R'}{\overset{O^-}{\underset{|}{C}}}-Cl \rightleftharpoons R-\overset{O}{\underset{\|}{C}}-NHR' + HCl$$

$$R-\overset{O}{\underset{\|}{C}}-O-\overset{O}{\underset{\|}{C}}-R + R'OH \rightleftharpoons R-\underset{\overset{|}{+}HOR'}{\overset{O^-}{\underset{|}{C}}}-O-\overset{O}{\underset{\|}{C}}-R \longrightarrow$$

$$R-\underset{\overset{|}{+}H}{\overset{O}{\underset{\|}{C}}}-OR' + RCOO^- \longrightarrow RCOOR' + RCOOH$$

10.3 麦克尔加成反应

碳负离子（或烯醇负离子）与 α,β-不饱和羰基化合物或 α,β-不饱和腈等共轭体系进行的共轭加成称为麦克尔（Michael）反应或麦克尔加成，此反应对于形成碳碳键，在有机合成中有重要的应用。

10.3.1 反应的类型

麦克尔反应可用下面通式表示：

$$\underset{Z}{\overset{Z'}{|}}CH_2 + \underset{}{\overset{}{>}}C=C\underset{}{\overset{}{<}}Y \xrightarrow{\text{碱}} Z-\underset{Z'}{\overset{|}{C}}H-\underset{}{\overset{|}{C}}-\underset{H}{\overset{|}{C}}-Y$$

这里 Y 代表—CHO，—COR，—COOH，—COOR，—CN，—NO$_2$，—CONH$_2$，—SO$_2$R等吸电子基团，ZCH$_2$Z'则代表含有活泼氢的化合物，如 α,β-不饱和醛、酮，α,β-不饱和腈、丙二酸、丙二酸酯、β-酮酸酯、氰基乙酸酯、醛、酮、腈以及硝基化合物等。

在麦克尔反应中，如果把亲核的含有活泼氢的化合物称为给予体，而把亲电的共轭体系称为接受体，则可以把常见的麦克尔反应分为下面三类。

(1) 接受体为 α,β-不饱和酯

$$CH_3CH=CHCOOEt + CH_3CH(COOEt)_2 \xrightarrow{\text{EtONa}} \underset{H_3C-C(COOEt)_2}{\overset{CH_3CHCH_2COOEt}{|}}$$

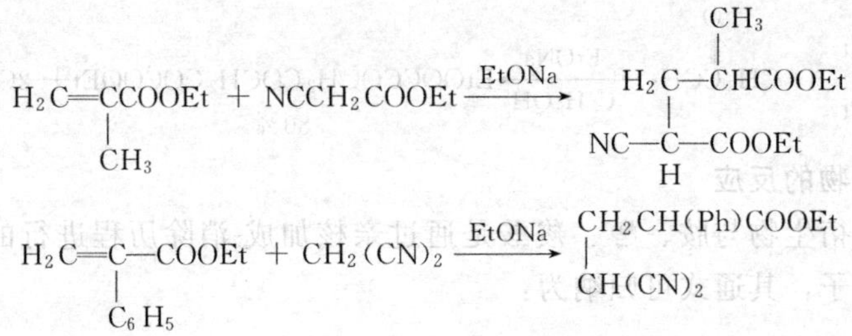

$$H_2C=CCOOEt + NCCH_2COOEt \xrightarrow{EtONa} \underset{\underset{H}{|}}{\overset{\overset{CH_3}{|}}{H_2C-CHCOOEt}}$$
$$\underset{CH_3}{|} \qquad \qquad NC-C-COOEt$$

$$H_2C=C-COOEt + CH_2(CN)_2 \xrightarrow{EtONa} \underset{CH(CN)_2}{\overset{CH_2CH(Ph)COOEt}{|}}$$
$$\underset{C_6H_5}{|}$$

(2) 接受体为 α,β-不饱和醛、酮

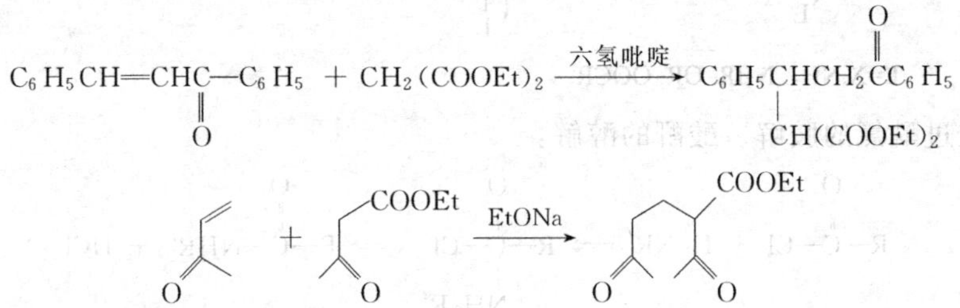

$$C_6H_5CH=CHC-C_6H_5 + CH_2(COOEt)_2 \xrightarrow{六氢吡啶} \underset{CH(COOEt)_2}{\overset{C_6H_5CHCH_2CC_6H_5}{|}}$$
$$\underset{O}{\parallel}$$

(图) + (图) $\xrightarrow{EtONa}$ (图)

(3) 接受体为 α,β-不饱和腈

$$H_2C=CH-CN + C_6H_5CHCOOEt \xrightarrow{Me_3COK} \underset{EtOOC}{\overset{PhC(CN)CH_2CH_2CN}{|}}$$
$$\underset{CN}{|}$$

$$CH_2=CH-CN + CH_2(COOEt)_2 \xrightarrow{EtONa} \underset{CH(COOEt)_2}{\overset{CH_2CH_2CN}{|}}$$

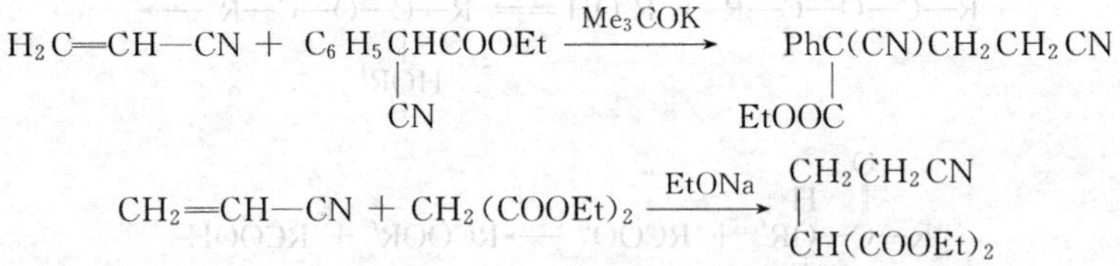

10.3.2 加成反应的机理

一般认为麦克尔加成的反应机理为：首先是碱夺取给予体中的一个活泼氢，生成碳负离子，此碳负离子容易转变成烯醇负离子，故也常称为烯醇负离子。

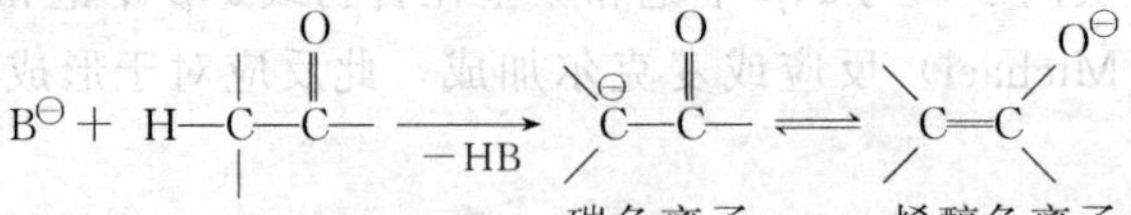

$$B^{\ominus} + H-\underset{|}{\overset{|}{C}}-\underset{|}{\overset{O}{\underset{\parallel}{C}}}- \xrightarrow{-HB} \underset{\text{碳负离子}}{\overset{\ominus}{\underset{|}{\overset{|}{C}}}-\underset{\parallel}{\overset{O}{C}}-} \rightleftharpoons \underset{\text{烯醇负离子}}{\overset{O^{\ominus}}{\underset{|}{\overset{|}{C}}=\underset{|}{\overset{|}{C}}-}}$$

生成的碳负离子进攻共轭体系有两种途径：① 进攻羰基碳生成较不稳定的氢负离子；② 进攻 β-C 得到稳定的离域的负离子。

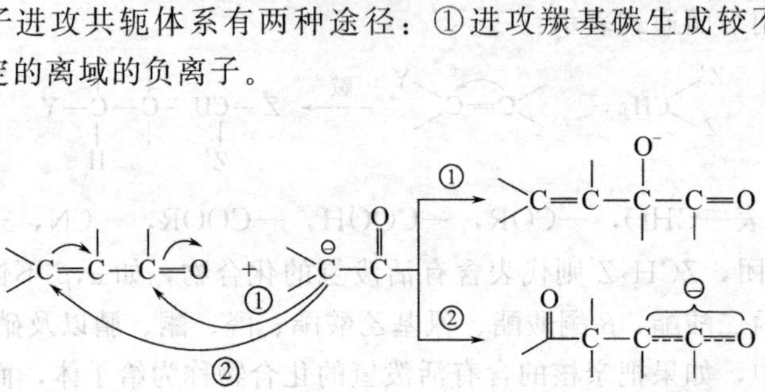

（图：反应机理示意）（稳定）

一般都倾向于第②种途径，生成的离域碳负离子，负电荷分散在三个原子上，因而稳定了负电荷，质子化即得到最后加成产物。

下面以 2-丁烯酸乙酯与丙二酸酯的 Michael 加成为例讨论其机理。

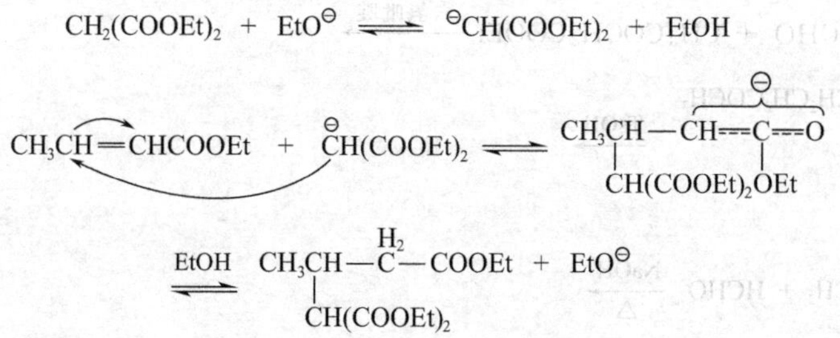

$$CH_2(COOEt)_2 + EtO^{\ominus} \rightleftharpoons {}^{\ominus}CH(COOEt)_2 + EtOH$$

$$CH_3CH=CHCOOEt + {}^{\ominus}CH(COOEt)_2 \rightleftharpoons CH_3CH-\underset{CH(COOEt)_2}{CH}=C\underset{OEt}{\overset{O^{\ominus}}{=}}$$

$$\overset{EtOH}{\rightleftharpoons} CH_3CH-\underset{CH(COOEt)_2}{\overset{H_2}{C}}-COOEt + EtO^{\ominus}$$

10.3.3 在合成上的应用

麦克尔反应在有机合成中有很多重要应用，可以用来合成多种链状化合物与环状化合物。尤其是常用于合成 1,5-二羰基化合物。

如：合成 $NC-\underset{COOEt}{CH}-CH(Ph)CH_2\overset{O}{C}CH_3$ 采用麦克尔加成可一步完成。如：

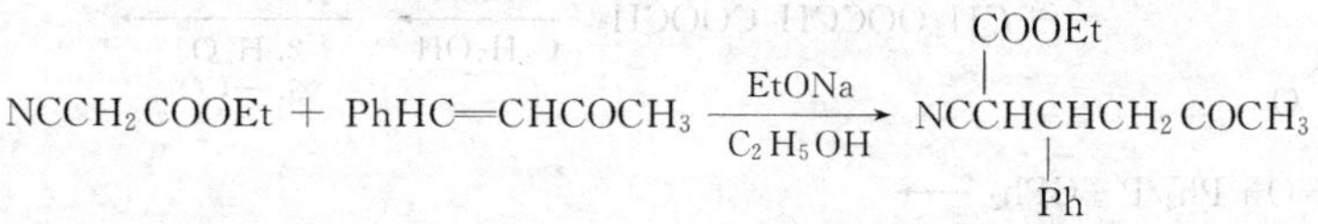

$$NCCH_2COOEt + PhHC=CHCOCH_3 \xrightarrow[C_2H_5OH]{EtONa} NCCHCHCH_2COCH_3$$
（产物带 COOEt 和 Ph 取代基）

麦克尔加成产物通过分子内的羟醛缩合关环即鲁宾逊（Robinson）成环反应。这是合成六元环化合物很好的方法。如：

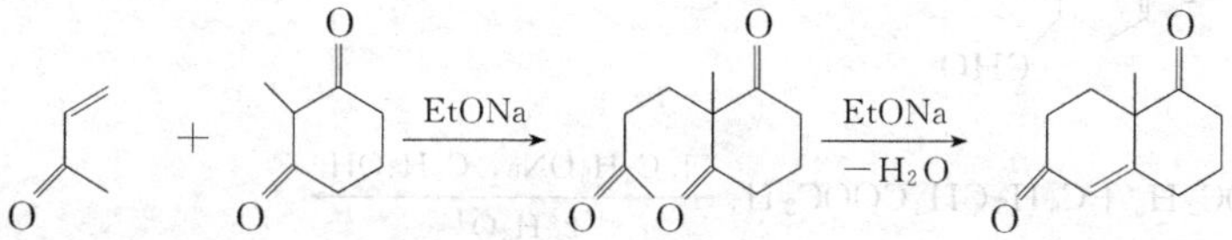

（甲基乙烯基酮 + 2-甲基-1,3-环己二酮 $\xrightarrow{EtONa}$ 双环中间体 $\xrightarrow[-H_2O]{EtONa}$ 八氢萘二酮）

由于 α,β-不饱和羰基化合物可以由 Mannich 碱消去得到，故可以直接采用 Mannich 碱与含活泼氢的化合物作用，得到 Michael-Robinson 关环产物。如：

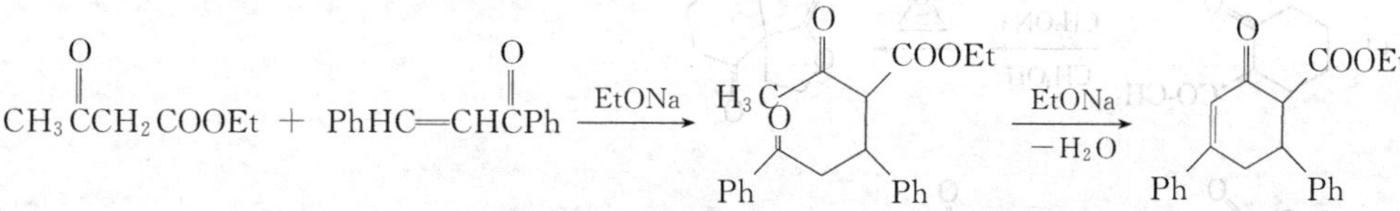

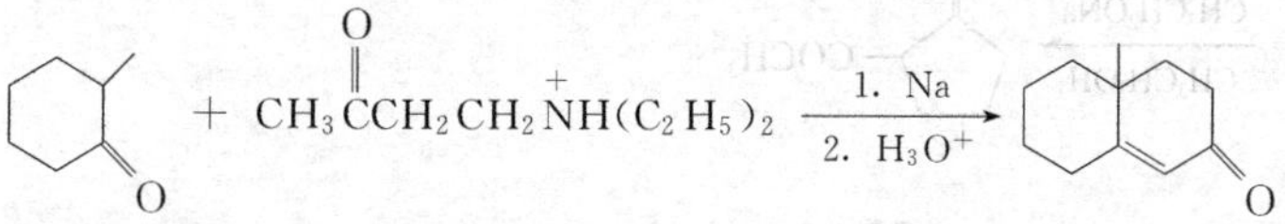

$$CH_3\overset{O}{C}CH_2COOEt + PhHC=CHCPh \xrightarrow{EtONa} \text{中间体} \xrightarrow[-H_2O]{EtONa} \text{环状产物}$$

（2-甲基环己酮 + $CH_3\overset{O}{C}CH_2CH_2\overset{+}{N}H(C_2H_5)_2$ $\xrightarrow[2. H_3O^+]{1. Na}$ 八氢萘酮）

如利用 Mannich 反应还可以合成颠茄酮。

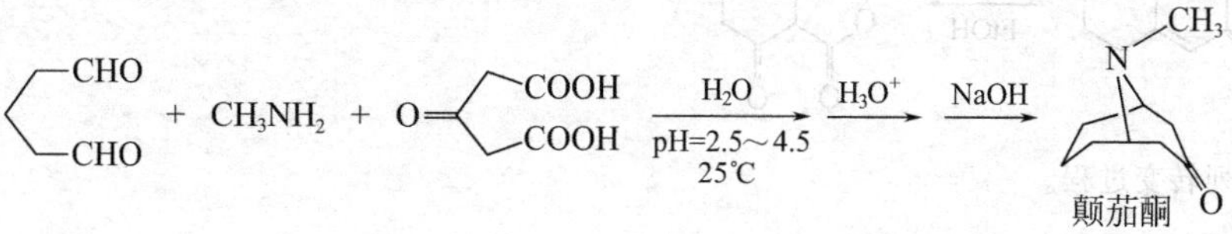

$$\underset{CHO}{\overset{CHO}{\diagdown}} + CH_3NH_2 + O=\underset{COOH}{\overset{COOH}{\diagdown}} \xrightarrow[25°C]{H_2O \atop pH=2.5\sim4.5} \xrightarrow{H_3O^+} \xrightarrow{NaOH} \text{颠茄酮}$$

习 题

10.1 完成下列反应。

(1) 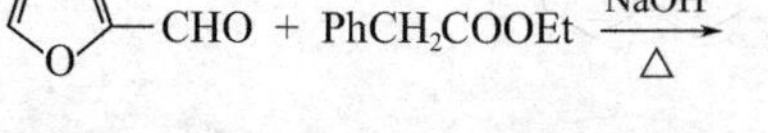 $\underset{O}{\text{furyl}}-CHO + PhCH_2COOEt \xrightarrow[\Delta]{NaOH}$

(2) C₆H₅—CHO + CH₃COCH₂COOEt —六氢吡啶→

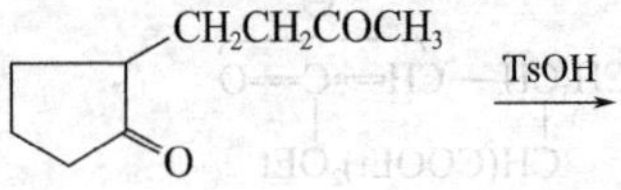

(3) [cyclopentanone with CH₂CH₂COCH₃ substituent] —TsOH→

(4) [2-methylcyclopentanone] + HCHO —NaOH, Δ→

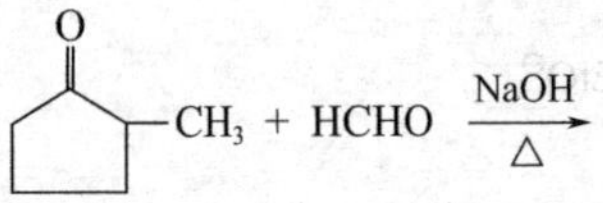

(5) PhCOCH₂CH₃ + HCHO + (CH₃)₂NH —H⁺→

(6) [2-methyl-α-tetralone] + HCOOCH₃ —1. EtONa; 2. H⁺→

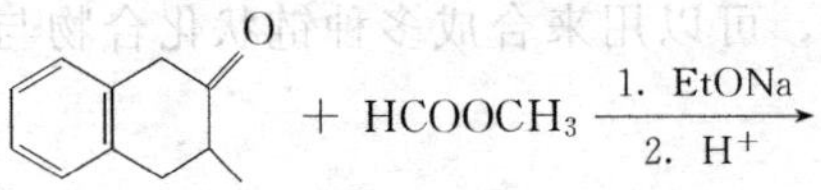

(7) [2-(trimethylammoniomethyl)cyclohexanone I⁻] + CH₃OOCCH₂COOCH₃ —EtONa, C₂H₅OH→ —1. dil. NaOH; 2. H₃O⁺; 3. −CO₂→

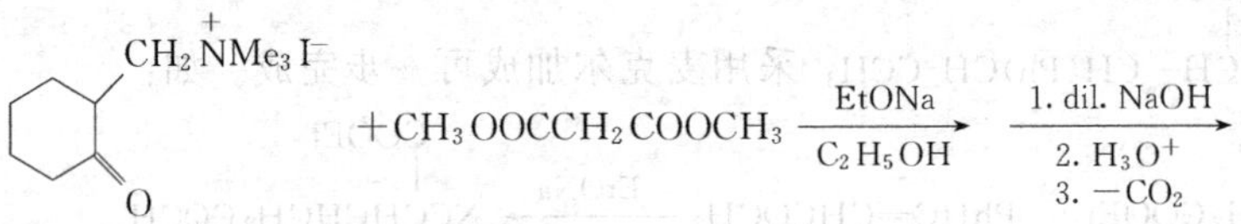

(8) Ph₂C=O + Ph₃P⁺—C⁻Ph₂ ⟶

(9) [1,4-cyclohexanedione] + 2 [phthalaldehyde / o-benzenedicarbaldehyde] —NaOH→

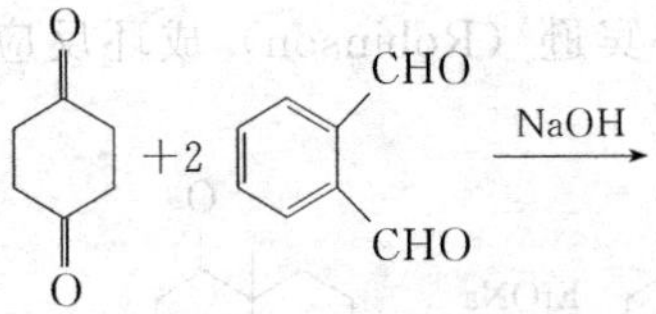

(10) HCOOC₂H₅ + C₆H₅CH₂COOC₂H₅ —1. C₂H₅ONa, C₂H₅OH; 2. H₃O⁺→

10.2 写出下列反应的机理。

(1) [2-carbomethoxycyclohexanone] —CH₃ONa / CH₃OH→ + [epoxide] ⟶ [spiro lactone ketone]

(2) [1,3-cycloheptanedione] —CH₃CH₂ONa / CH₃CH₂OH→ [2-acetylcyclopentanone]

(3) [bicyclic lactone ketone with C₆H₅] —EtONa / EtOH→ [isomeric bicyclic lactone ketone]

10.3 完成下列转变过程。

(1) [bicyclic α,β-unsaturated lactone] —MeMgBr→ —H₃O⁺→ —OH⁻→ [octahydronaphthalenone]

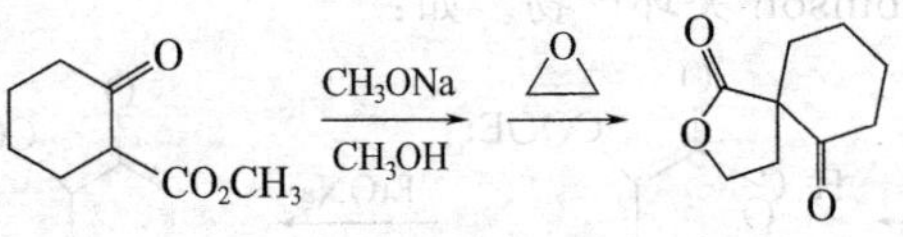

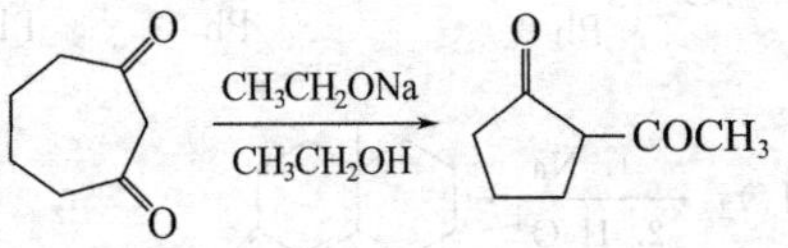

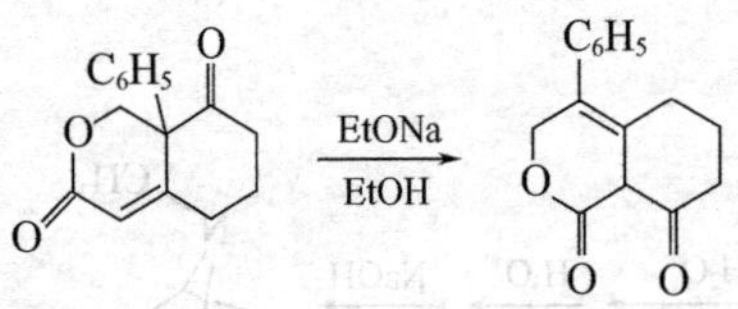

(2) [2-methylcyclohexanone] + CH₃CH=CHCOCH₃ —EtO⁻→ [methyl-octahydronaphthalenone]

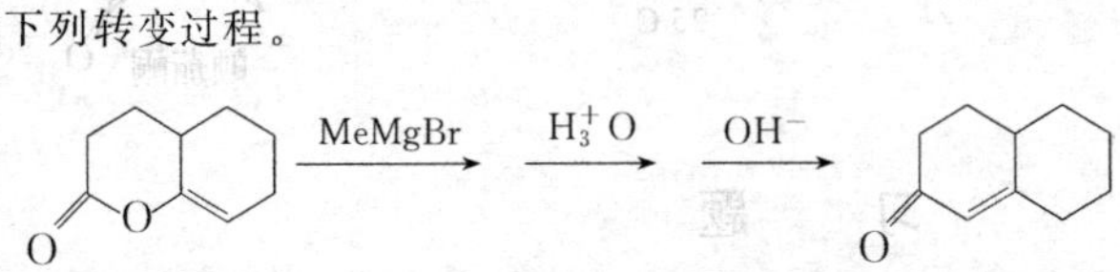

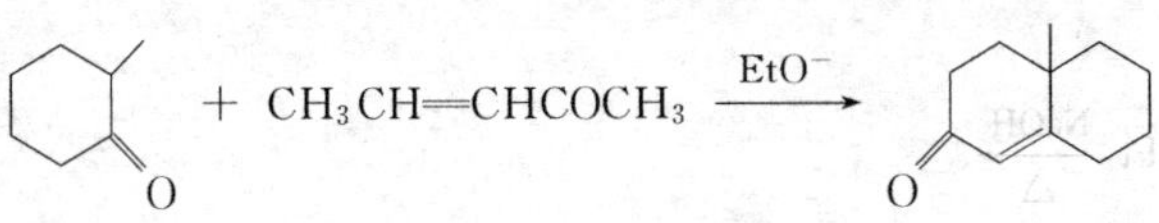

10.4 用指定的主要原料合成下列化合物。

(1) 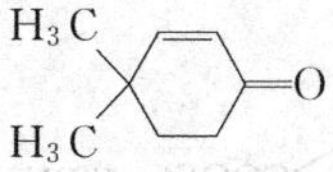 产物：4,4-二甲基-2-环己烯酮（H₃C, H₃C 取代的环己烯酮） 原料：$H_2C=CHCOCH_3$（甲基乙烯基酮），$(CH_3)_2CHCHO$

(2) 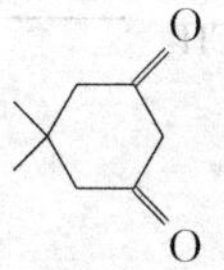 产物：5,5-二甲基-1,3-环己二酮 原料：CH_3COCH_3，$CH_2(COOEt)_2$

(3) 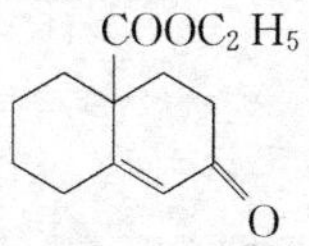 产物：十氢萘衍生物（4a-COOC₂H₅，含烯酮结构） 原料：$HCHO$，CH_3COCH_3，2-氧代环己基甲酸乙酯

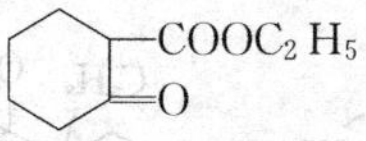

(4) 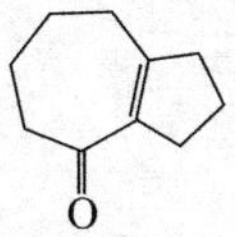 产物：双环酮 原料：十氢萘

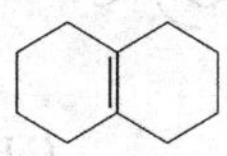

(5) 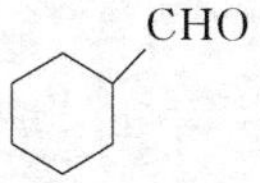 产物：环己基甲醛（CHO） 原料：环己酮，$CH_3OCH=PPh_2$

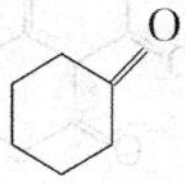

习题参考答案

10.1 完成下列反应。

(1) 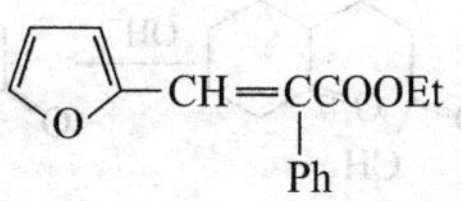 呋喃基–CH=C(Ph)COOEt

(2) 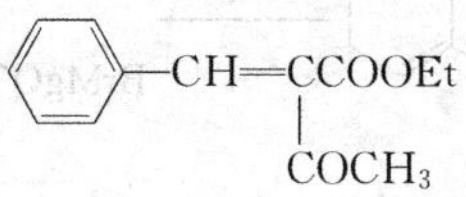 Ph–CH=C(COCH₃)COOEt

(3) 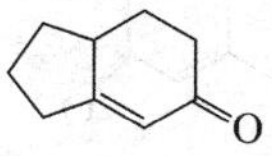 双环烯酮（氢化茚酮）

(4) 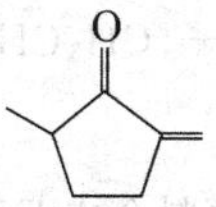 2-甲基-5-亚甲基环戊酮

(5) $PhCOCH(CH_3)CH_2N(CH_3)_2$

(6) 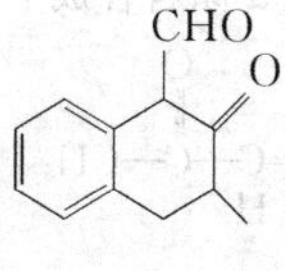 四氢萘酮衍生物（含CHO、甲基）

(7) 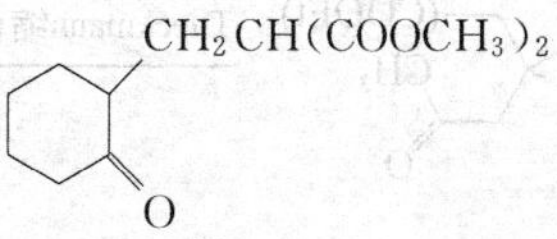 2-[CH₂CH(COOCH₃)₂]环己酮，及 2-(CH₂CH₂COOH)环己酮

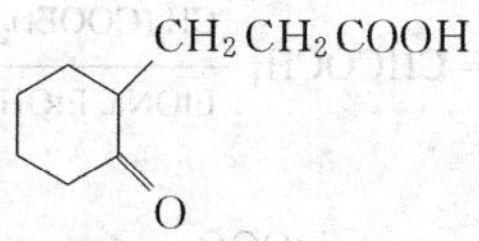

(8) $Ph_2C=CPh_2$

(9) 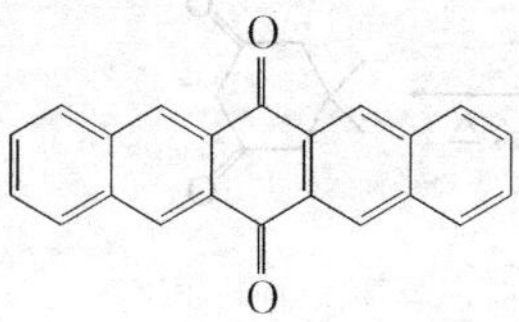 并四苯醌

(10) $OHCCH(Ph)CO_2C_2H_5$

10.2 写出下列反应的机理。

(1) 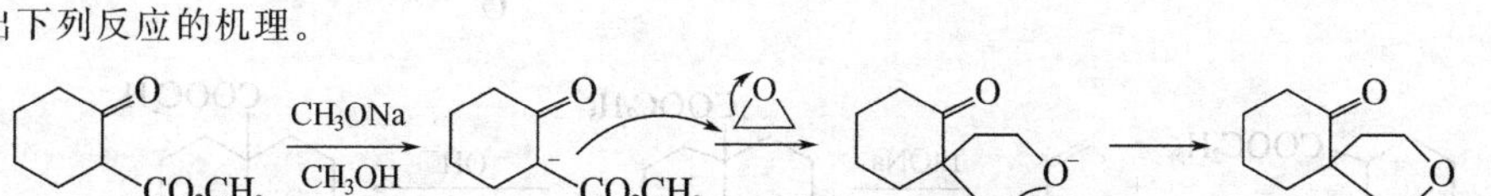 2-甲氧羰基环己酮 $\xrightarrow{CH_3ONa/CH_3OH}$ 烯醇负离子 $\xrightarrow{环氧乙烷}$ 加成中间体 → 内酯产物

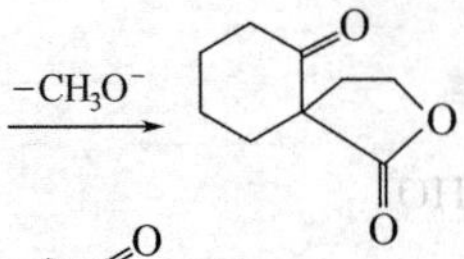

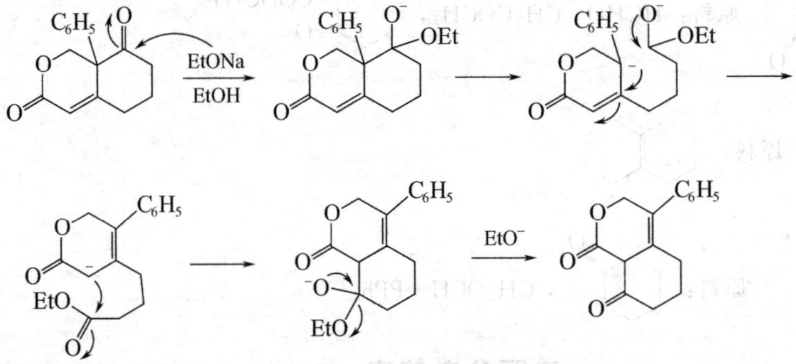

10.3 完成下列转变过程。

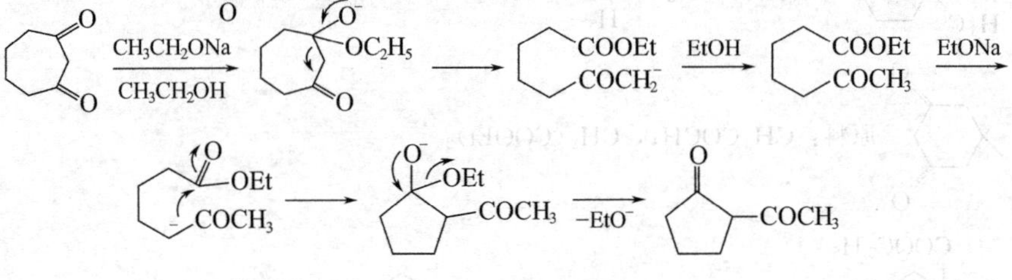

(1)

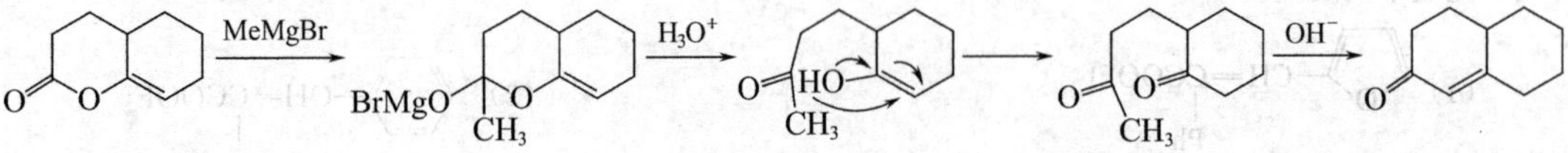

(2)

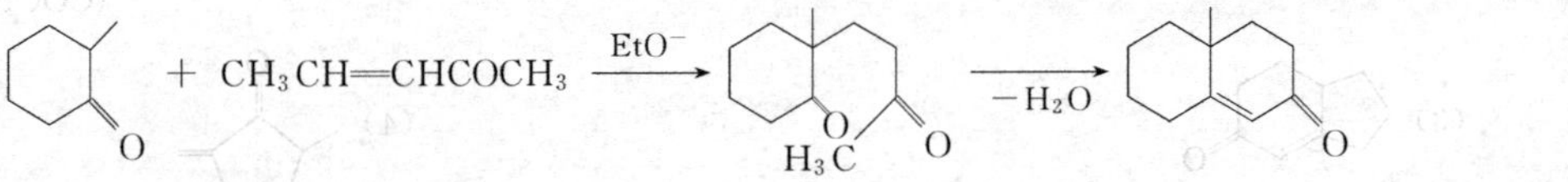

10.4 用指定的主要原料合成下列化合物。

(1)

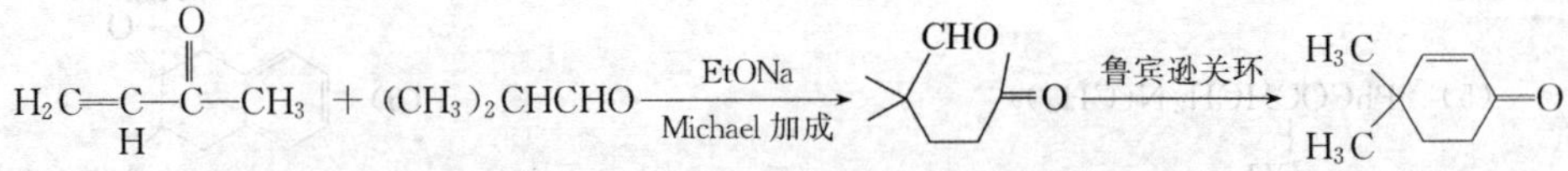

(2)

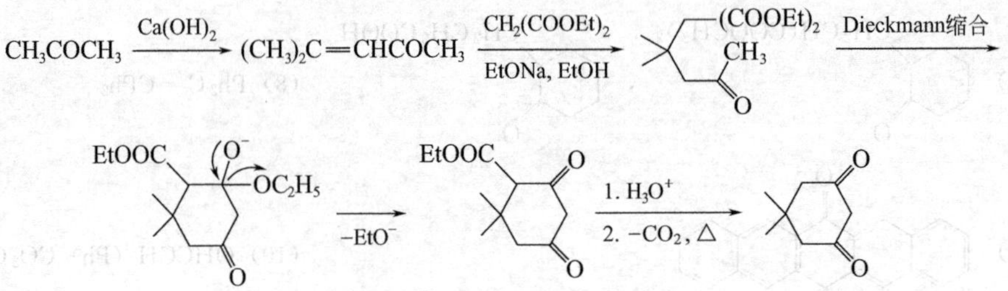

(3)

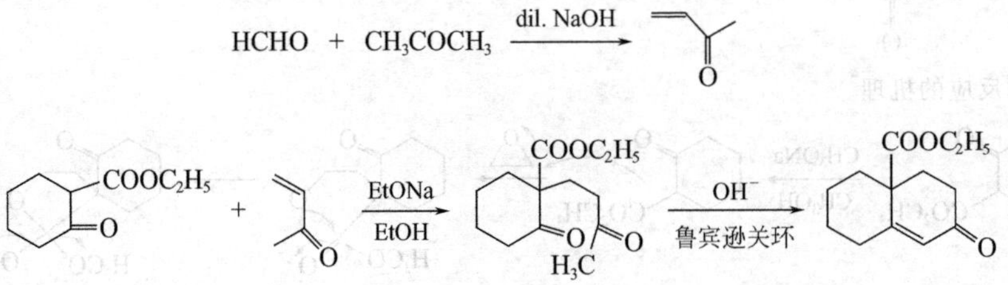

(4) 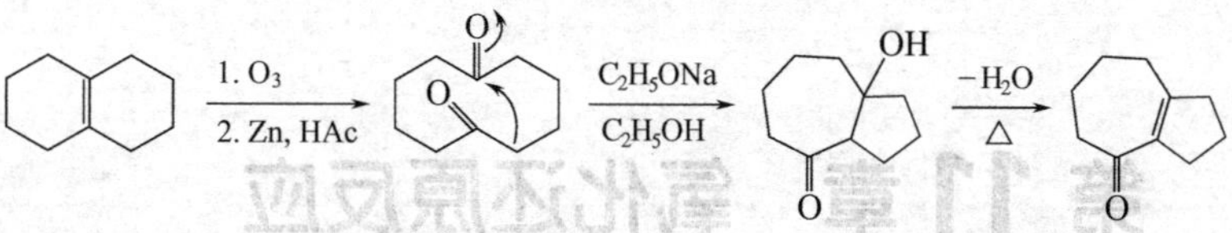 [reaction scheme: decalin → 1. O₃ 2. Zn, HAc → diketone → C₂H₅ONa/C₂H₅OH → bicyclic hydroxyl ketone → −H₂O, Δ → bicyclic enone]

(5) 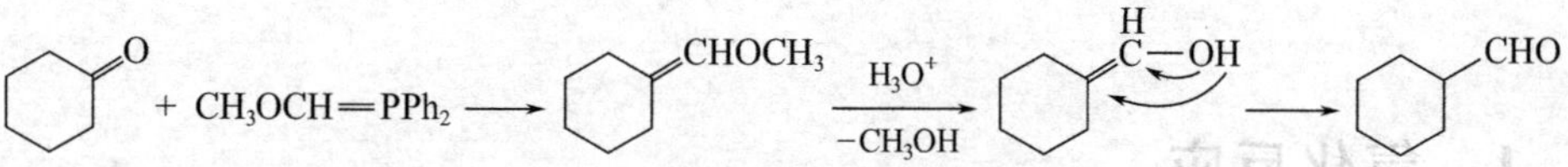 [reaction scheme: cyclohexanone + CH₃OCH=PPh₂ → cyclohexylidene-CHOCH₃ → H₃O⁺, −CH₃OH → cyclohexyl-C(H)=OH (enol) → cyclohexyl-CHO]

参 考 文 献

[1] 汪炎刚，陈福和，蒋先明. 高等有机化学导论 [M]. 武汉：华中师范大学出版社，1993.
[2] 李景宁，杨定乔，张前. 有机化学：上、下册 [M]. 第5版. 北京：高等教育出版社，2011.
[3] Michael B Smith, Jerry March. March's Advanced Organic Chemistry [M]. New York: John Wiley and Sons, 2010.
[4] Francis A Carey, Richard J Sundberg. Advanced Organic Chemistry [M]. New York: Springer Science + Business Media LLC, 2007.

第 11 章 氧化还原反应

11.1 氧化反应

11.1.1 氧化反应定义

氧化（oxidation）反应是一类最普遍、最常用的有机化学反应。氧化的定义有广义与狭义之分。广义的氧化可视为被氧化的物质失去电子或仅发生部分电子转移的过程，即碳等原子周围的电子云密度降低。若如此定义，则卤化、硝化、磺化等典型的取代反应亦可列入，故一般指的氧化，即有机物分子中氧原子增加和氢原子减少。一般二者兼而有之，或至少有氧原子的增加。但可以把仅有氢原子减少的反应即脱氢反应视为氧化的一种特殊形式。

氧化作用是通过氧化剂来实现的。氧化剂种类繁多，可分无机与有机两大类。本节即按此分类进行阐述，分别介绍常见的、重要的无机氧化剂、有机氧化剂，同时简要介绍脱氢反应（特别是脱氢剂）。氧化反应可追溯到久远的年代，近来的发展也很快，2001年诺贝尔化学奖授予美国科学家巴里·夏普雷斯（K. Barry Sharpless），就是因为其关于烯烃不对称环氧化反应（即 Sharpless 反应）的研究。

11.1.2 无机含氧氧化剂

11.1.2.1 氧气（空气）

有机物通常在不同条件下可被空气中的氧气（O_2）所氧化生成复杂的化合物，但在有机合成上有价值的是氧或空气在高温及催化剂作用下的催化氧化。由于其独有的廉价性和绿色性，被广泛地应用于石油化工中，如顺酐、苯酐的工业制法。

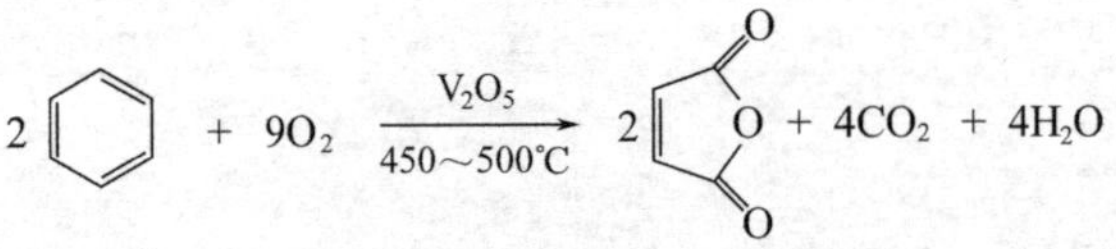

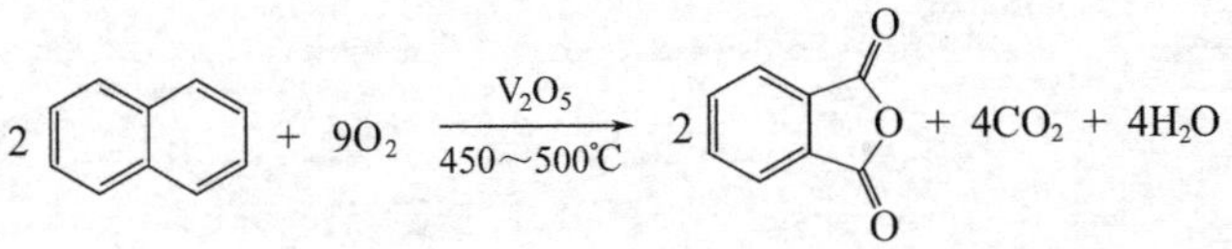

$$2\,\text{C}_6\text{H}_6 + 9O_2 \xrightarrow[450\sim500℃]{V_2O_5} 2\,\text{(马来酸酐)} + 4CO_2 + 4H_2O$$

$$2\,\text{(萘)} + 9O_2 \xrightarrow[450\sim500℃]{V_2O_5} 2\,\text{(邻苯二甲酸酐)} + 4CO_2 + 4H_2O$$

乙烯、丙烯使用不同的催化剂，可得到不同的产物。其中，涉及氯化钯-氯化铜催化的烯烃氧化反应，就是常说的 Wacker 反应。它是以 Wacker 化学品公司命名的氧化反应，是将烯烃转化为醛、酮的一个方法，也是实现工业化的过渡金属催化反应中最重要的一个。

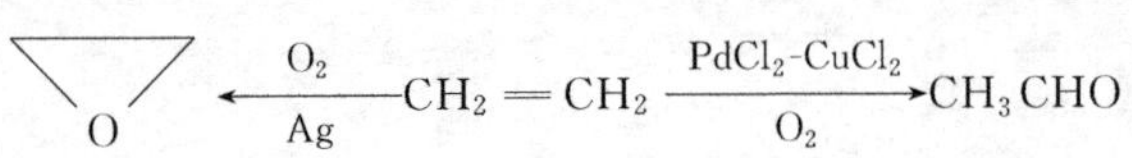

$$\text{环氧乙烷} \xleftarrow[\text{Ag}]{O_2} CH_2=CH_2 \xrightarrow[O_2]{PdCl_2\text{-}CuCl_2} CH_3CHO$$

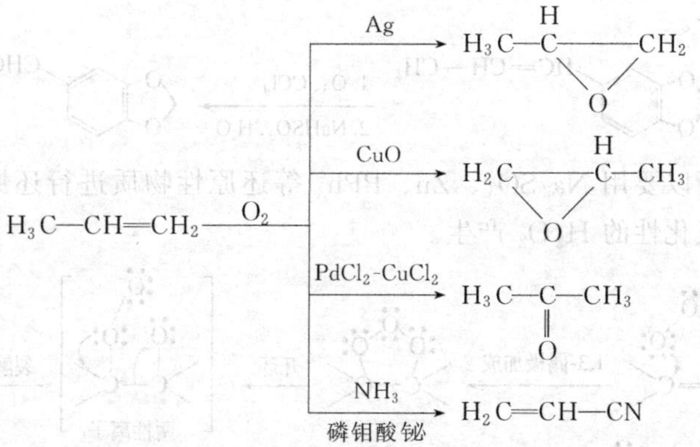

$$H_3C-CH=CH_2 \xrightarrow{O_2} \begin{cases} \xrightarrow{Ag} H_3C-\overset{H}{\underset{O}{C}}-CH_2 \text{ (环氧丙烷)} \\ \xrightarrow{CuO} H_2C-\overset{H}{\underset{O}{C}}-CH_3 \\ \xrightarrow{PdCl_2-CuCl_2} H_3C-\underset{O}{C}-CH_3 \\ \xrightarrow[\text{磷钼酸铋}]{NH_3} H_2C=CH-CN \end{cases}$$

Wacker 反应的钯催化剂容易聚集并形成钯黑而失活，这一问题曾长期困扰人们。近来，有人应用超临界二氧化碳（supercritical carbon dioxide，简称为 $scCO_2$）/聚乙二醇-300 (PEG-300) 两相体系实现了 $PdCl_2$ 催化苯乙烯的氧化反应。该两相催化系统的优点是：① 提高了反应的选择性；② PEG-300 能避免催化剂聚集而失活；③ 由于产物溶于 $scCO_2$，而催化剂被固定在 PEG 相，产物与催化剂分离容易，催化剂可以方便回收、循环使用。有趣的是，若反应不添加 CuCl，苯乙烯主要被氧化为苯甲醛，而添加 CuCl 作为助催化剂时主要得到 Wacker 反应产物苯乙酮。

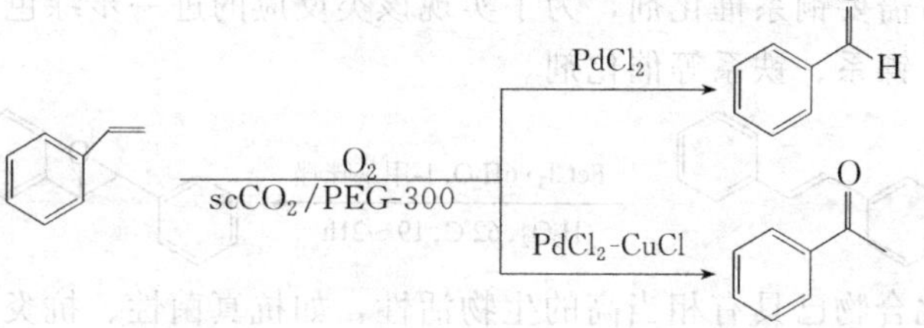

$$PhCH=CH_2 \xrightarrow[scCO_2/PEG-300]{O_2} \begin{cases} \xrightarrow{PdCl_2} PhCHO \\ \xrightarrow{PdCl_2-CuCl} PhCOCH_3 \end{cases}$$

钯催化贫电子烯烃（如丙烯酸酯、丙烯腈等）与醇在氧气存在下的缩醛化反应，也可视为一类 Wacker 反应，其产物 3,3-二烷氧基丙酸酯、β-羰基缩醛和 β-氰基缩醛等常被用来合成香豆素、卟啉、精胺代谢物、马钱子苷，以及具有生物活性的环状烯胺酮类等多种化合物，因此对其进行研究有重要意义。

在早期的 3,3-二烷氧基丙酸酯类化合物的 Wacker 反应合成方法中，通常使用有机溶剂，而且需要加入昂贵而有毒的六甲基磷酰胺（HMPA），同时助催化剂氯化铜也会带来含氯副产物的生成并对不锈钢反应釜造成腐蚀。但是，如果使用 $scCO_2$ 作溶剂、且高分子支载苯醌（PS-BQ）替代氯化铜，上述问题都可避免。

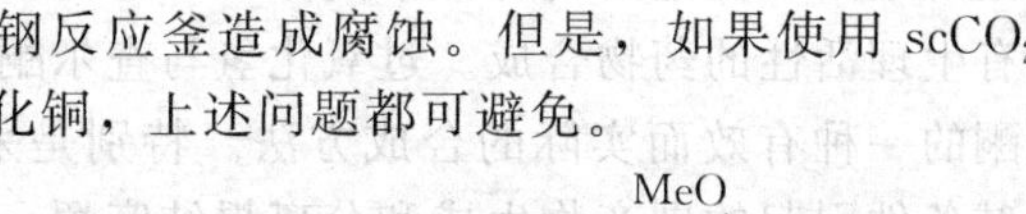

$$CH_2=CHCOOMe \xrightarrow[CH_3OH/O_2/scCO_2]{PdCl_2/PS-BQ} MeO-CH(OMe)-CH_2-COOMe$$

羟甲基也可被氧气催化氧化成醛，如维生素 A 在 PtO_2 催化下氧化，五个双键可不受影响。

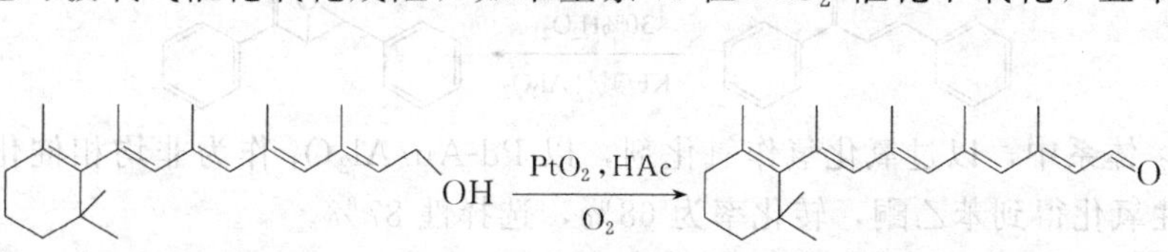

维生素 A $\xrightarrow[O_2]{PtO_2, HAc}$ (相应醛)

11.1.2.2 臭氧

臭氧的氧化能力略强于氧，其在有机合成上的应用是烯烃氧化后还原水解生成醛、酮，如香料胡椒醛的制备。

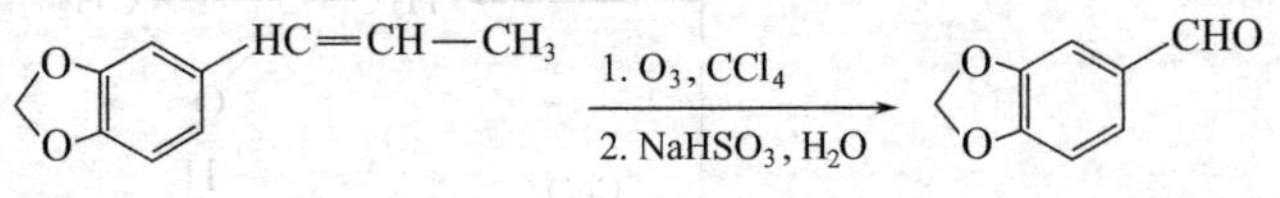

$$\text{(亚甲二氧基苯)}-HC=CH-CH_3 \xrightarrow[2. NaHSO_3, H_2O]{1. O_3, CCl_4} \text{(亚甲二氧基苯)}-CHO$$

反应过程中之所以要用 Na_2SO_3、Zn、PPh_3 等还原性物质进行还原水解，是因为臭氧化物的水解中会有氧化性的 H_2O_2 产生。

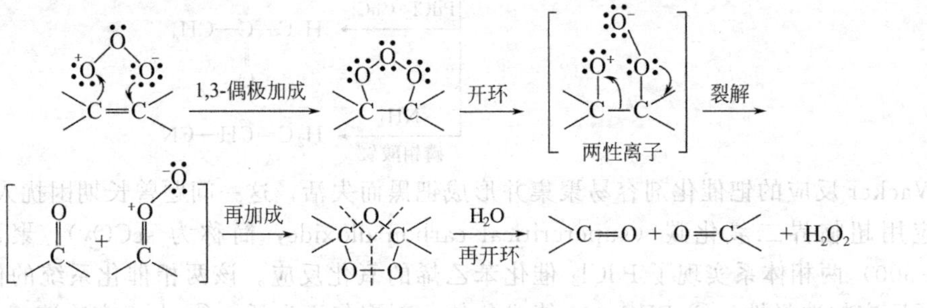

（臭氧化反应机理示意图：1,3-偶极加成 → 开环 → 两性离子 → 裂解 → 再加成 → H_2O/再开环 → $>C=O + O=C< + H_2O_2$）

11.1.2.3 过氧化氢

过氧化氢作为一种经济、易得、安全的氧化剂，其在氧化反应中只产生一种副产物——水，不污染环境，故一直吸引着众多科学家的兴趣，特别是应用于合成各种环氧化合物（它们是常用于高分子材料合成中的改性剂、稳定剂和稀释剂）。在早期利用过氧化氢生成环氧化物的研究中，通常需要铜系催化剂，为了实现该类反应的进一步绿色化，人们开发了相对安全、低毒的钨系、镍系、铁系等催化剂。

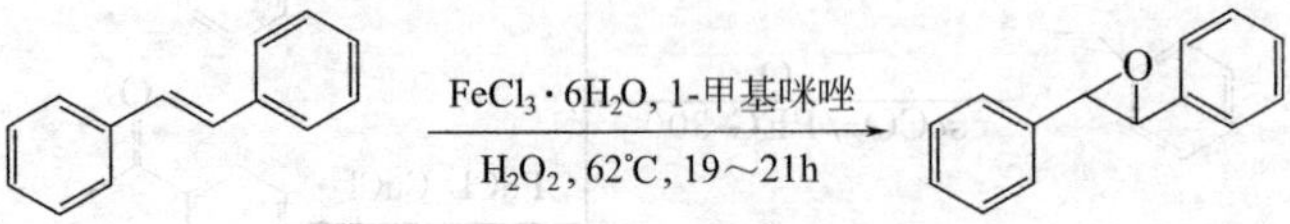

$$\text{PhCH=CHPh} \xrightarrow[H_2O_2, 62℃, 19\sim 21h]{FeCl_3 \cdot 6H_2O, 1\text{-甲基咪唑}} \text{(二苯基环氧乙烷)}$$

醌类及其环氧化合物已具有相当高的生物活性，如抗真菌性、抗炎性及抗癌性等，可用于合成抗肠癌药物。利用过氧化氢的氧化，也能制备醌类的环氧化合物。

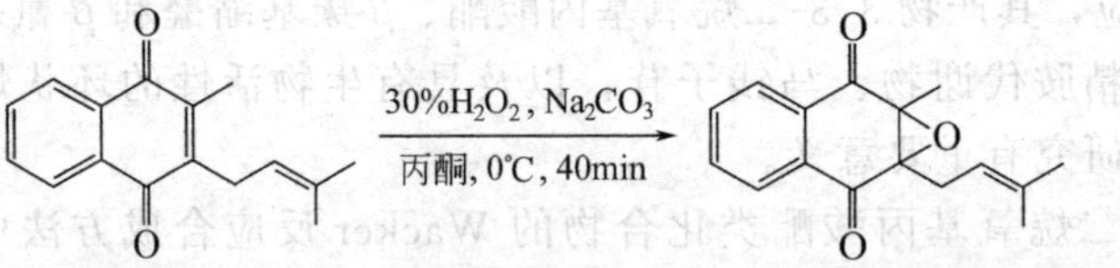

$$\text{(2-甲基-3-异戊烯基-1,4-萘醌)} \xrightarrow[\text{丙酮}, 0℃, 40min]{30\%H_2O_2, Na_2CO_3} \text{(对应环氧化合物)}$$

2,3-环氧-1,3-二芳基丙酮是一类重要的有机中间体，可选择性地转化为手性化合物，能广泛用于有机合成和具有生理活性的药物合成。过氧化氢与查尔酮的环氧化反应，就是制备2,3-环氧-1,3-二芳基丙酮的一种有效而实际的合成方法。特别是采用 KF/碱性 Al_2O_3 催化剂体系，能避免传统强碱条件引起的副产物生成和分离提纯麻烦，而且反应条件温和、收率高（79%～99%）、对环境友好。

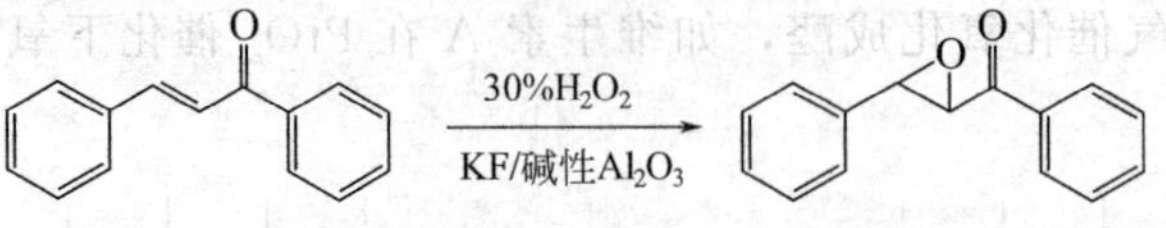

$$\text{PhCH=CHC(O)Ph} \xrightarrow[KF/\text{碱性}Al_2O_3]{30\%H_2O_2} \text{(2,3-环氧-1,3-二苯基丙酮)}$$

在 $scCO_2$ 体系中，以过氧化氢作氧化剂，以 Pd-Au/Al_2O_3 作为非均相催化剂，也能将苯乙烯选择性氧化得到苯乙酮，转化率为 68%，选择性 87%。

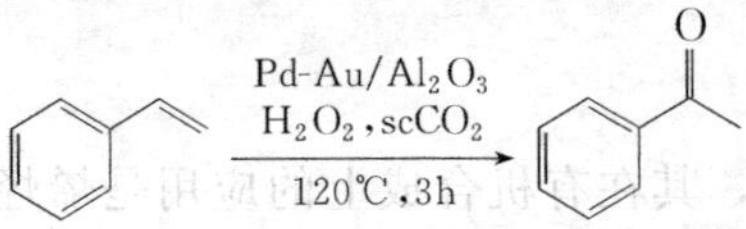

$$\text{PhCH=CH}_2 \xrightarrow[H_2O_2, scCO_2, 120℃, 3h]{Pd\text{-}Au/Al_2O_3} \text{PhC(O)CH}_3$$

11.1.3 其他无机非金属氧化剂

11.1.3.1 硝酸

硝酸（HNO_3）为强氧化剂，其氧化能力表现为稀 HNO_3 较浓 HNO_3 强。该氧化剂的优点是氧化过程中 $NO(NO_2)$ 逸出，反应液无残渣，但有硝化、酯化等副反应的缺点。

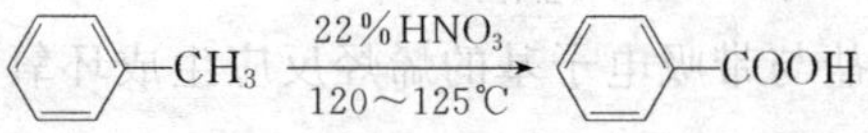

硝酸对环酮或环醇发生破环反应，由于产物的唯一性，也具有一定的应用价值。

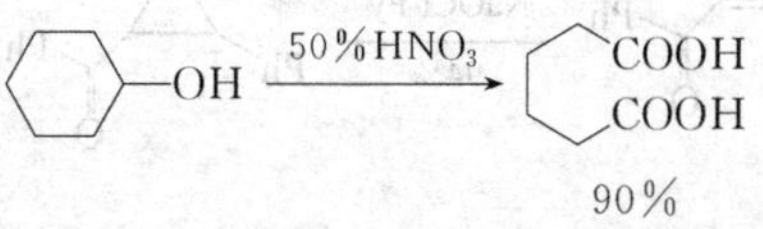

当有碱敏感基团（如卤素）时，氧化成酸宜用 HNO_3。

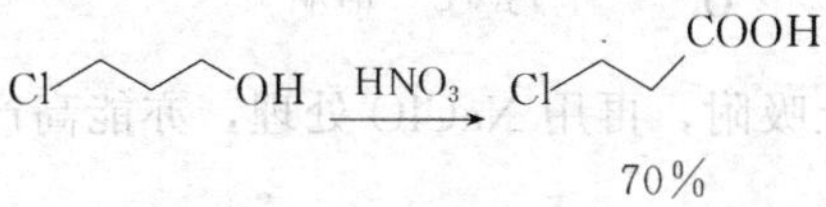

11.1.3.2 二氧化硒

二氧化硒（SeO_2）是一种选择性氧化剂，其特点如下。

① 将羰基化合物的 α-位氧化为羰基，这是合成邻二酮的重要方法；并且不同的原料可以得到相同的产物。

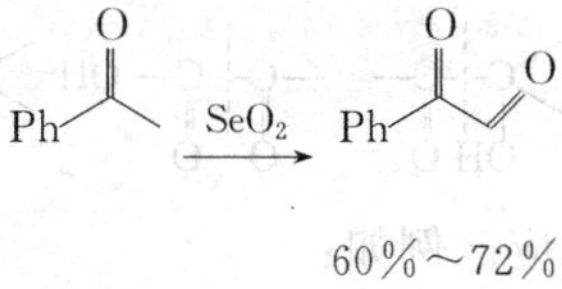

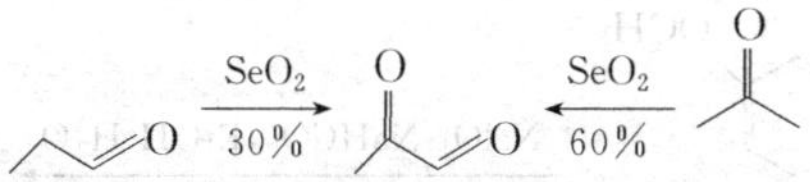

② 将两个芳环中间的亚甲基氧化为酮基。

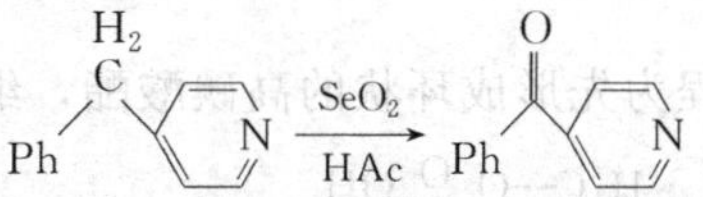

③ 将烯丙位的 α-H 氧化为羟基，并且一般含较多的 α-氢易被进攻。

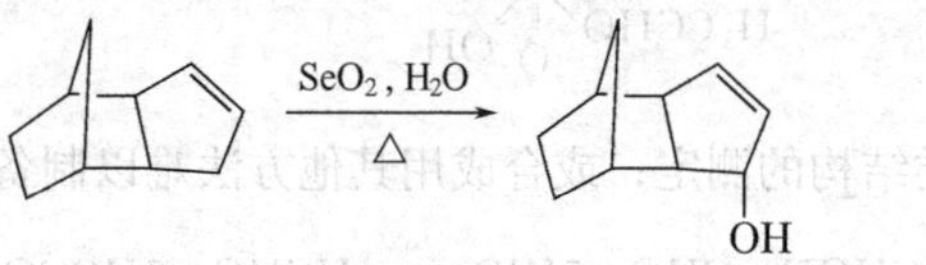

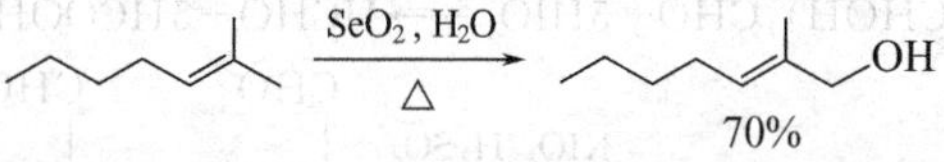

11.1.3.3 次氯酸盐

次氯酸盐（如次氯酸钠）价廉，是一种很强的碱性氧化剂，主要用于氧化甲基酮（如卤仿反应）来制备某些特殊结构的羧酸。

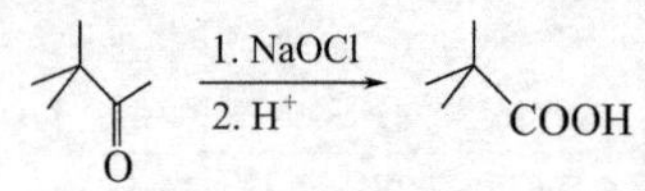

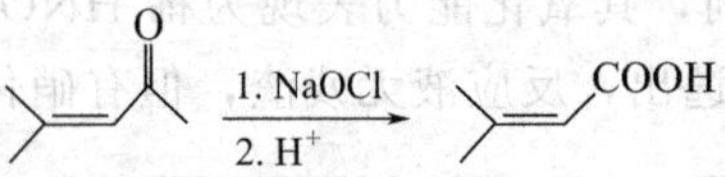

在一定条件下，次氯酸盐与带吸电子基的烯烃反应生成环氧化物，并且不影响不与吸电子基相连的双键。

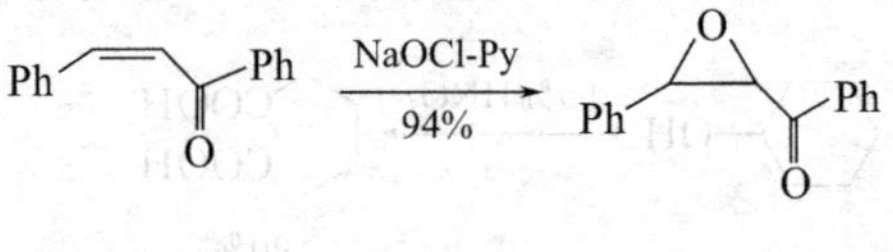

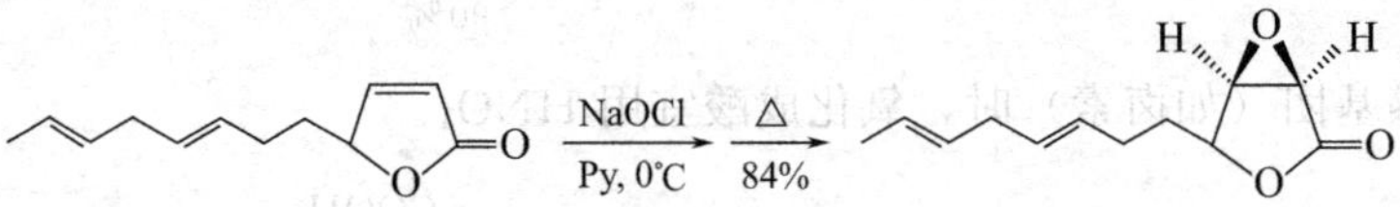

α-烯腈用氧化铝或高岭土吸附，再用 NaClO 处理，亦能高产率地得到环氧化物。

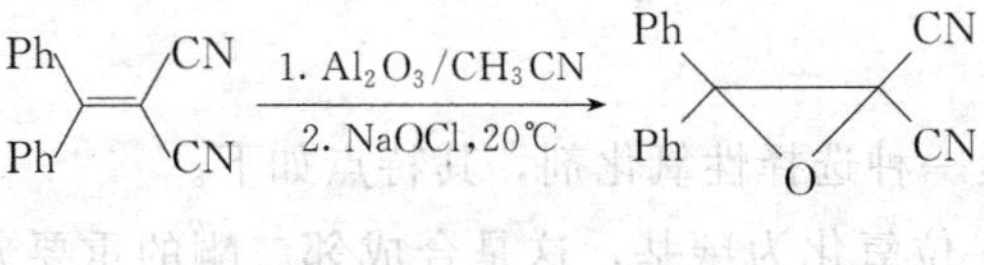

11.1.3.4 高碘酸

高碘酸（HIO_4 或 H_5IO_6）它可使含下列结构单元的化合物发生碳碳键断裂氧化：

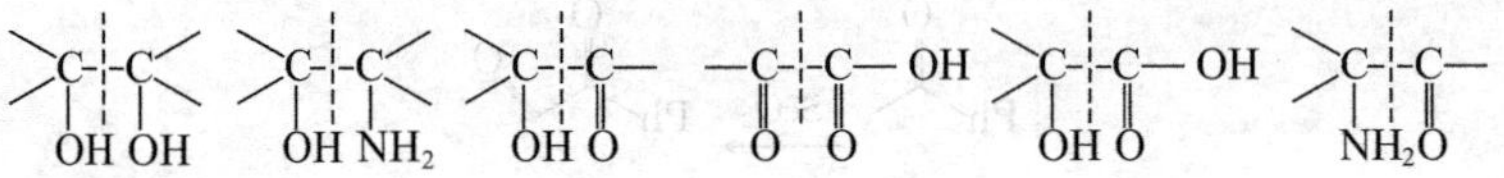

这些氧化统称为 Malaprade 反应。例如：

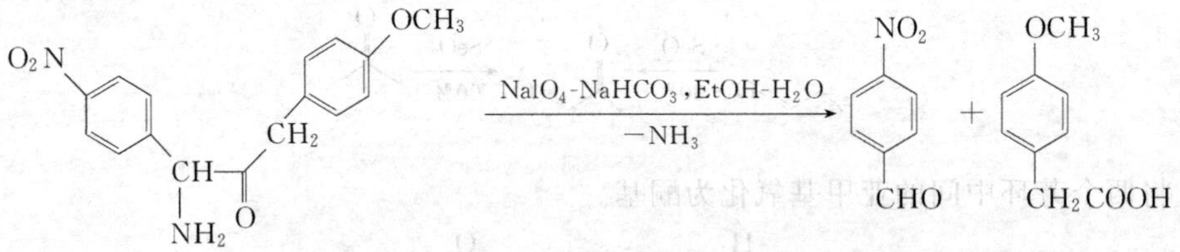

以邻二醇为例，其氧化过程为先形成环状的高碘酸酯，继而氧化分解。

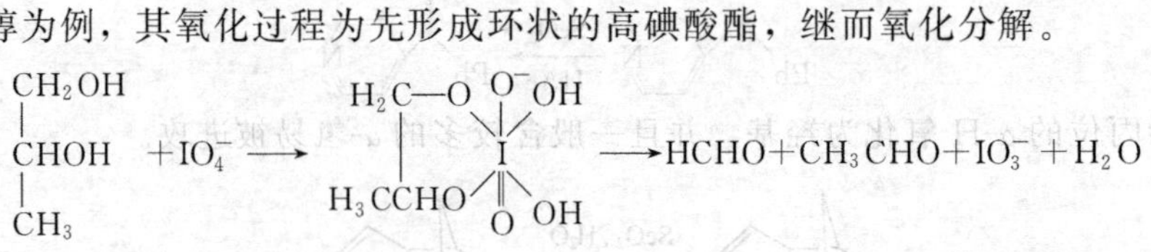

该氧化法广泛用于糖类结构的测定；或合成用其他方法难以制备的羰基化合物，如壬醛酸。

$$HOCH_2(CHOH)_4CHO + 5HIO_4 \longrightarrow HCHO + 5HCOOH + 5HIO_3$$

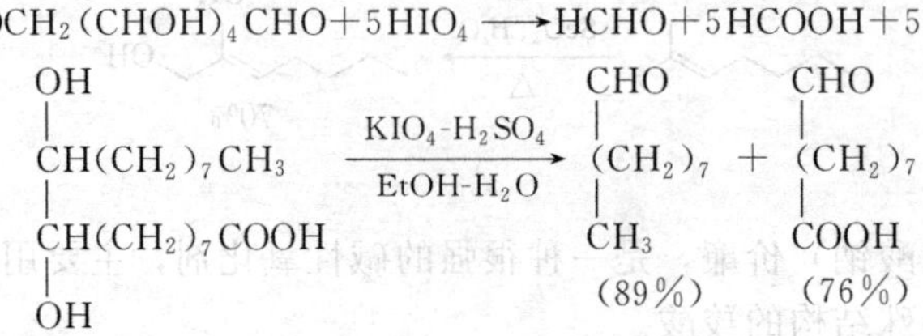

11.1.4 无机金属氧化物氧化剂
11.1.4.1 二氧化锰

MnO_2 是一种较为温和的氧化剂，如甲苯氧化可得苯甲醛，但该反应若无 Ac_2O 保护则继续被氧化成羧酸。

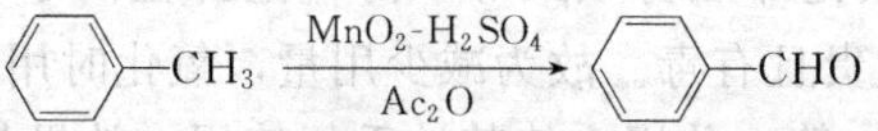

$$\text{PhCH}_3 \xrightarrow[Ac_2O]{MnO_2-H_2SO_4} \text{PhCHO}$$

新鲜制备的所谓"活性" MnO_2 对烯丙醇类可选择性地氧化，而 C═C 双键不被氧化。因此，该方法被广泛应用于甾类中 α,β-不饱和酮的合成。

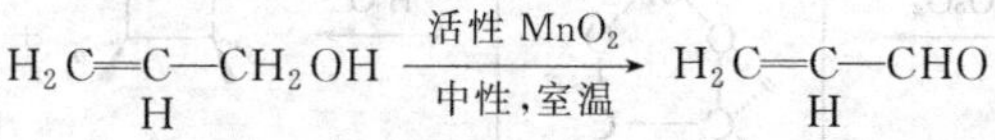

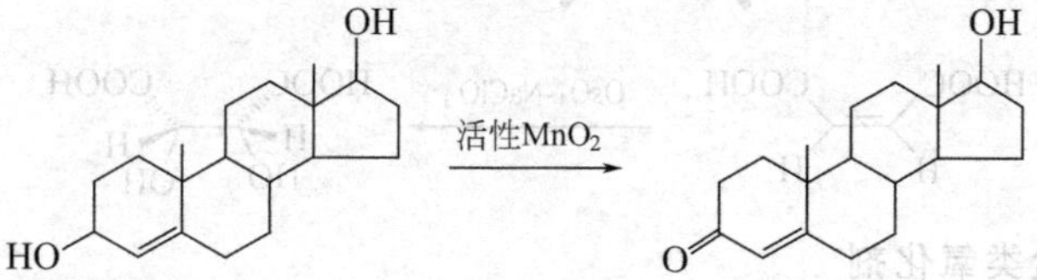

$$H_2C\!=\!CH\text{—}CH_2OH \xrightarrow[\text{中性，室温}]{\text{活性 } MnO_2} H_2C\!=\!CH\text{—}CHO$$

11.1.4.2 铬酐

三氧化铬（CrO_3）俗称铬酐，对苯环侧链的甲基可氧化成羧酸。但若选择 Ac_2O 为溶剂，可得到芳醛。

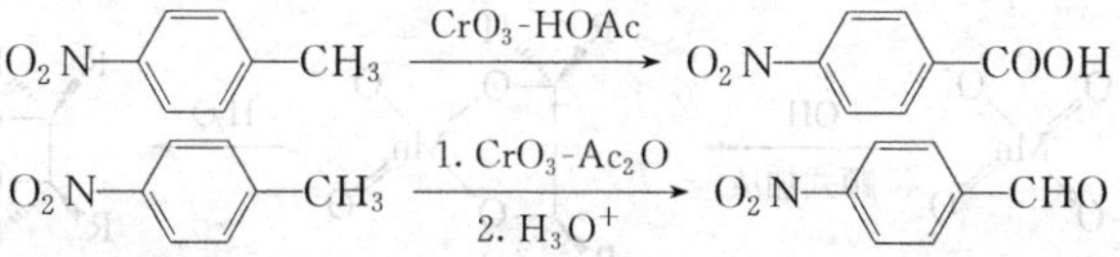

$$O_2N\text{—}C_6H_4\text{—}CH_3 \xrightarrow{CrO_3-HOAc} O_2N\text{—}C_6H_4\text{—}COOH$$

$$O_2N\text{—}C_6H_4\text{—}CH_3 \xrightarrow[2. H_3O^+]{1. CrO_3-Ac_2O} O_2N\text{—}C_6H_4\text{—}CHO$$

同样，对烯烃的 α-位氧化可得羰基，但这种氧化剂进行烯丙位氧化时容易导致双键移位。

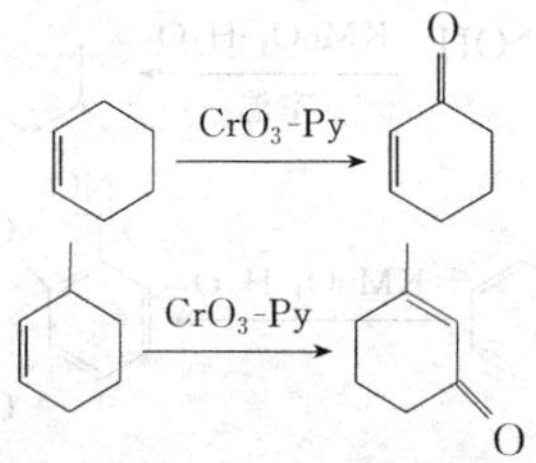

CrO_3 可氧化稠环成为萘醌，其可避免用氧化剂 $KMnO_4$ 导致的破环。

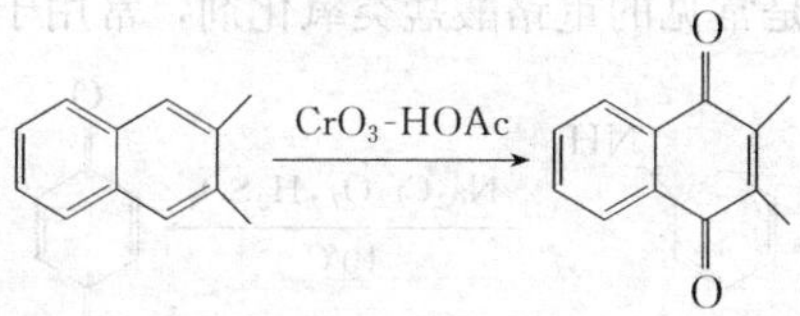

CrO_3 也可氧化醇，仲醇生成酮，伯醇生成酸。如果将 CrO_3 溶于盐酸中，再加入吡啶，制得的氯铬酸吡啶盐 PCC（pyridinium chlorochromate，即 Sarett 试剂），可使伯醇停留在醛阶段，并且不影响分子中的双键。

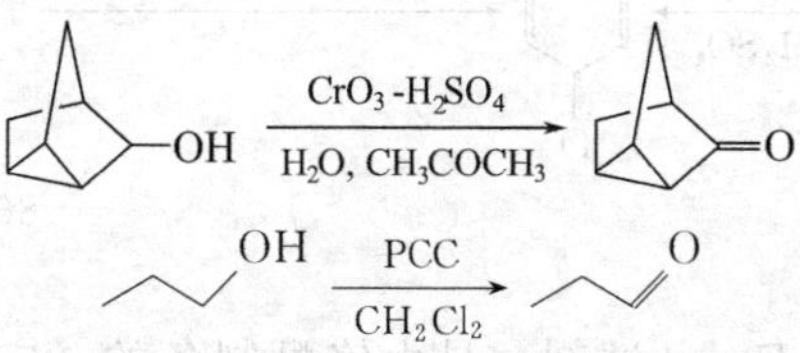

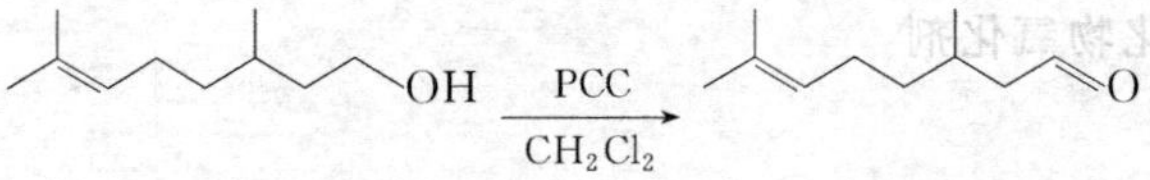

$$\text{(3,7-dimethyl-6-octenol)} \xrightarrow[\text{CH}_2\text{Cl}_2]{\text{PCC}} \text{(3,7-dimethyl-6-octenal)}$$

11.1.4.3 四氧化锇

用四氧化锇（OsO_4）氧化烯烃得顺式邻二醇，选择性高于 $KMnO_4$ 法，且反应定量发生，产率很高，但其价格昂贵且有毒。故为减少用量，氧化时用催化量 OsO_4 与其他氧化剂（如 H_2O_2、$NaIO_4$、$NaClO_3$ 等）共用，使其被重复使用，效果与单独使用时相仿。

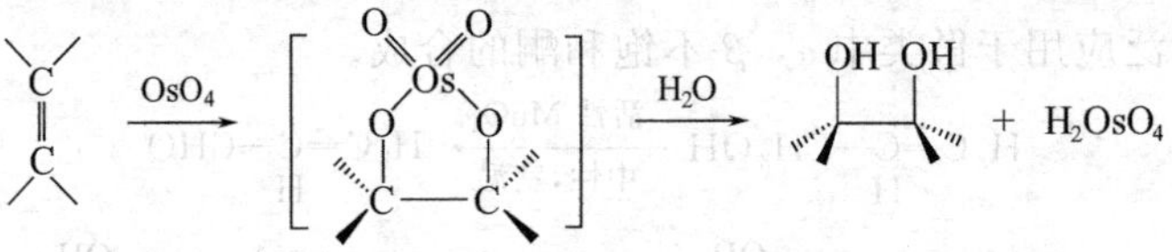

$$\text{alkene} \xrightarrow{OsO_4} [\text{osmate ester}] \xrightarrow{H_2O} \text{diol} + H_2OsO_4$$

$$\text{HOOC-CH=CH-COOH} \xrightarrow{OsO_4\text{-}NaClO_3} \text{HOOC-CH(OH)-CH(OH)-COOH}$$

11.1.5 无机金属盐类氧化剂

11.1.5.1 高锰酸钾

$KMnO_4$ 是应用最广泛的氧化剂，在酸、碱、中性介质中均可使用。当芳环上连有卤素、硝基时，芳环是稳定的，而另一个环在 $KMnO_4$ 作用下破裂。

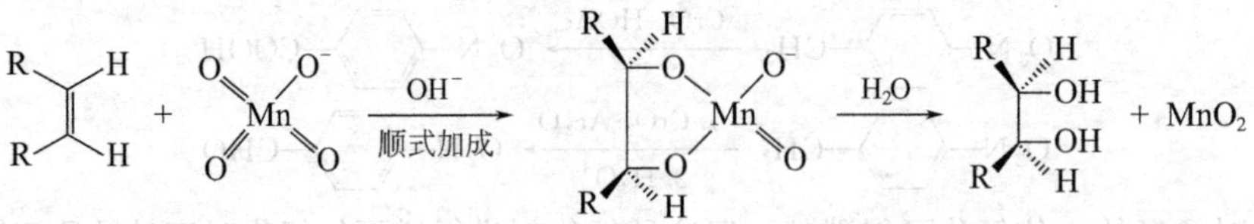

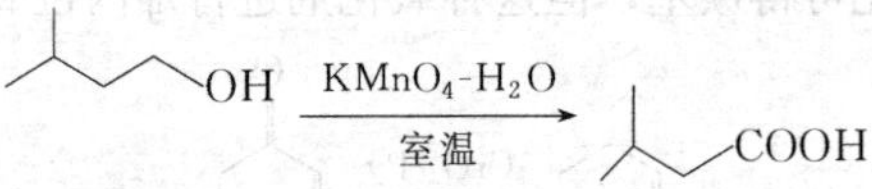

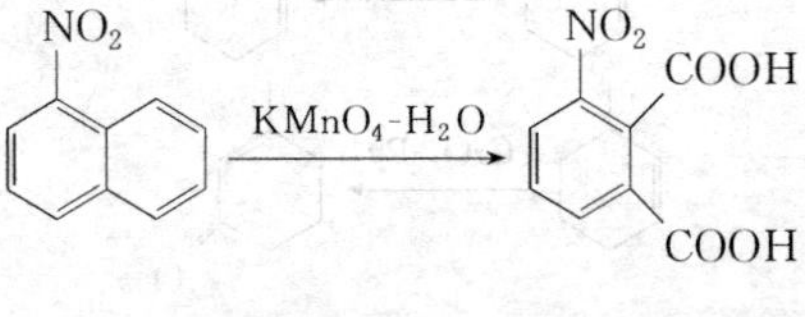

$$\text{alkene} + MnO_4^- \xrightarrow[\text{顺式加成}]{OH^-} \text{cyclic manganate} \xrightarrow{H_2O} \text{cis-diol} + MnO_2$$

$$\text{(3-methylbutanol)} \xrightarrow[\text{室温}]{KMnO_4\text{-}H_2O} \text{(3-methylbutanoic acid)}$$

$$\text{(1-nitronaphthalene)} \xrightarrow{KMnO_4\text{-}H_2O} \text{(3-nitrophthalic acid)}$$

11.1.5.2 重铬酸盐

$Na_2Cr_2O_7$（或 $K_2Cr_2O_7$）是常见的重铬酸盐类氧化剂，常用于将芳胺或酚类氧化成醌类。

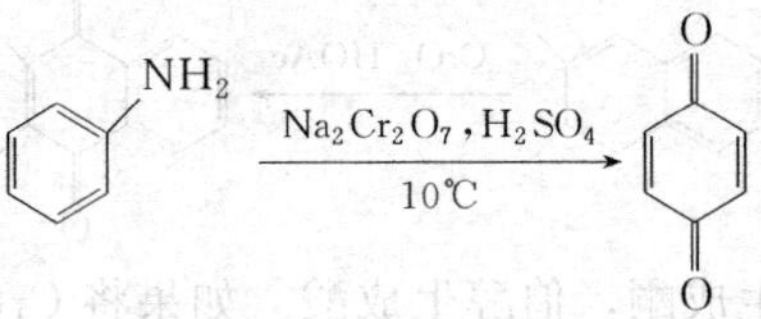

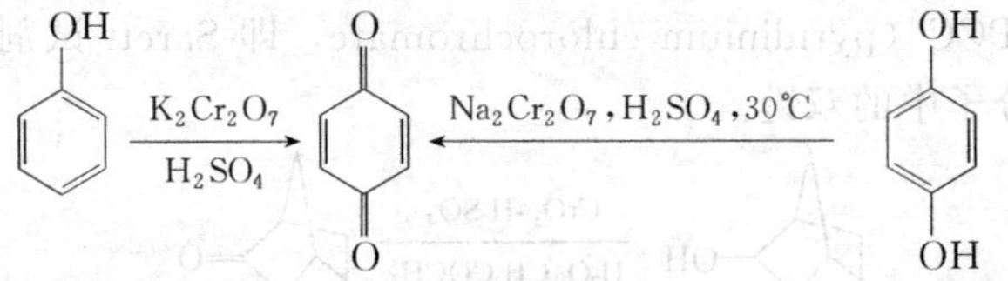

$$\text{aniline} \xrightarrow[10℃]{Na_2Cr_2O_7, H_2SO_4} \text{benzoquinone}$$

$$\text{phenol} \xrightarrow{K_2Cr_2O_7 / H_2SO_4} \text{benzoquinone} \xleftarrow{Na_2Cr_2O_7, H_2SO_4, 30℃} \text{hydroquinone}$$

86%～92%

11.1.5.3 铬酰氯

铬酰氯（CrO_2Cl_2）亦称 Etard 试剂，是由铬酐制备的。它对苯环上甲基的氧化可停在醛阶段,且当有多个甲基时仅氧化一个。

$$CrO_3 + 2HCl \xrightarrow{H_2SO_4} CrO_2Cl_2$$

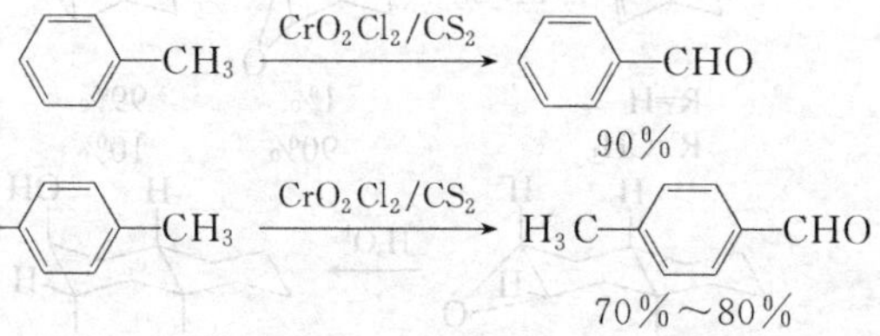

PhCH$_3$ $\xrightarrow{CrO_2Cl_2/CS_2}$ PhCHO (90%)

4-H$_3$C-C$_6$H$_4$-CH$_3$ $\xrightarrow{CrO_2Cl_2/CS_2}$ 4-H$_3$C-C$_6$H$_4$-CHO (70%~80%)

11.1.5.4 其他无机氧化剂

其他的无机氧化剂有 Cu^{II}、Ag^{I}、Pb^{IV}、Fe^{III} 的化合物,其中用得较多的是 Cu^{II} 的化合物和 Ag^{I} 的化合物。Cu^{II} 的化合物包括 CuO 和 Fehling 试剂、Benedict 试剂,后二者在鉴定反应中应用很多。

Ag^{I} 的化合物包括 Ag_2O 和 Tollens 试剂,均为弱氧化剂,通常用于醛基和酚羟基的氧化,并且不影响分子中的双键及其他对强氧化剂敏感的基团。由于价格昂贵,为减少其用量,通常采用加入 CuO 组成混合催化剂且通入空气进行氧化。

$$H_3C-CH=CH-CHO \xrightarrow{Ag_2O} H_3C-CH=CH-COOH$$

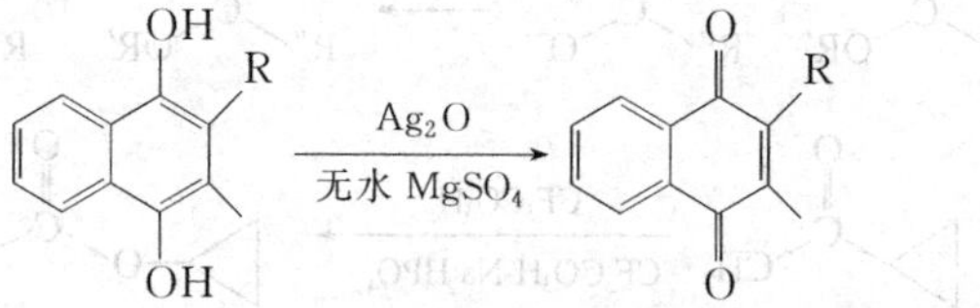

(2-甲基-3-R-1,4-萘二酚) $\xrightarrow[\text{无水 MgSO}_4]{Ag_2O}$ (维生素 K_1)

糠醛 $\xrightarrow[O_2]{CuO-Ag_2O-NaOH}$ 糠酸

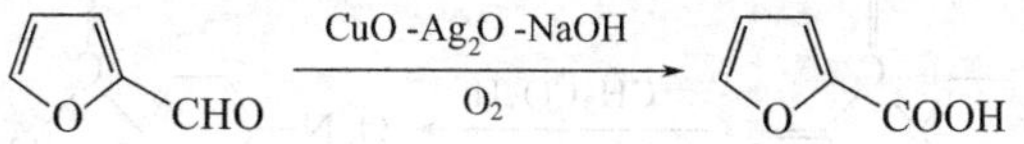

11.1.6 纯有机物类氧化剂

11.1.6.1 有机过氧酸

羧酸中加入 H_2O_2,即氧化为有机过氧酸(RCO_3H),其无需分离即可直接使用。常用的有过氧醋酸、过氧苯甲酸和过氧三氟甲酸。过氧酸一般不稳定,使用前需新配制。但间氯过氧苯甲酸例外,它是稳定的晶体,易于贮存,因而应用较广。过氧酸主要用于以下两个方面。

(1) 氧化双键形成环氧化物　其反应机理是过氧酸对碳碳双键的亲电进攻。因而当过氧酸带有吸电子基团时或碳碳双键连有供电子基团时,均可使氧化速率增加。故过氧酸的活性顺序为:$CF_3CO_3H > m\text{-}ClC_6H_4CO_3H > HCO_3H > PhCO_3H > CH_3CO_3H$;而且可因烷基取代数的不同,对同一分子内的不同双键进行选择性环氧化。

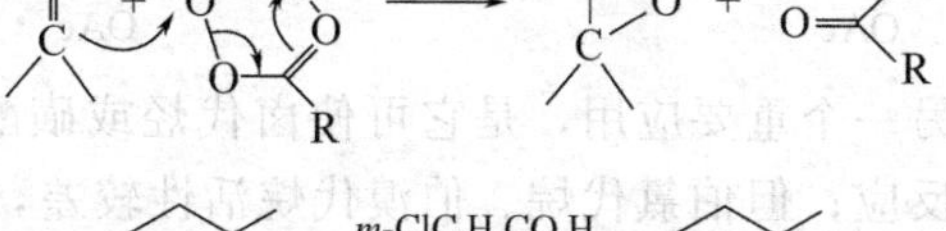

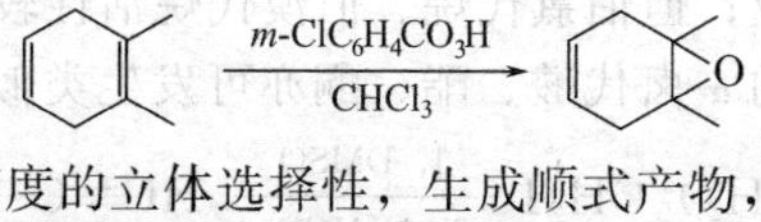

[反应机理图]

[1,2-二甲基环己烯] $\xrightarrow[CHCl_3]{m\text{-}ClC_6H_4CO_3H}$ [环氧化产物]

过氧酸对烯烃的环氧化有高度的立体选择性,生成顺式产物,且易于从位阻小的一侧进攻。环氧化物可被多种试剂开环,如用稀酸水解可得反式-1,2-二醇,故其是重要的有机合成中间体。

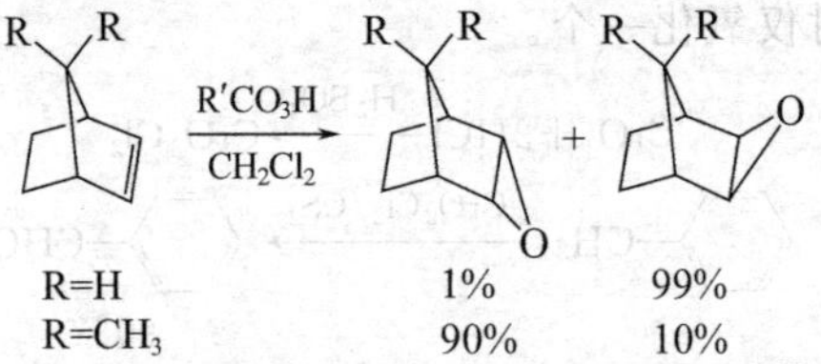

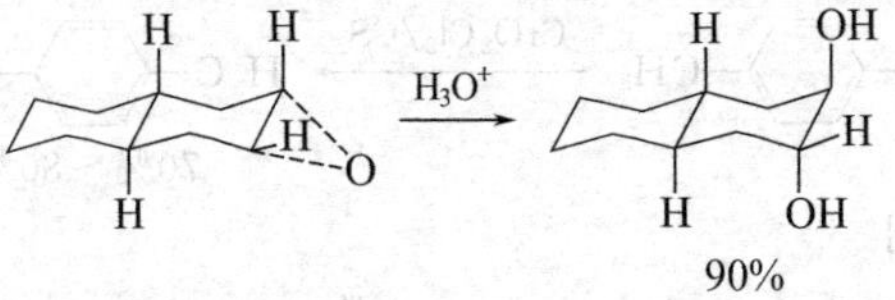

(2) 氧化羰基化合物成酯或酸　即 Baeyer-Villiger 重排，其为分子内的亲核重排反应。迁移基团的一般顺序为：H＞Ph＞3°＞2°＞1°＞CH_3。故一般醛类得酸，甲基酮类得乙酸酯。在苯系中，对位有给电子取代基者有利于迁移，反之不利。

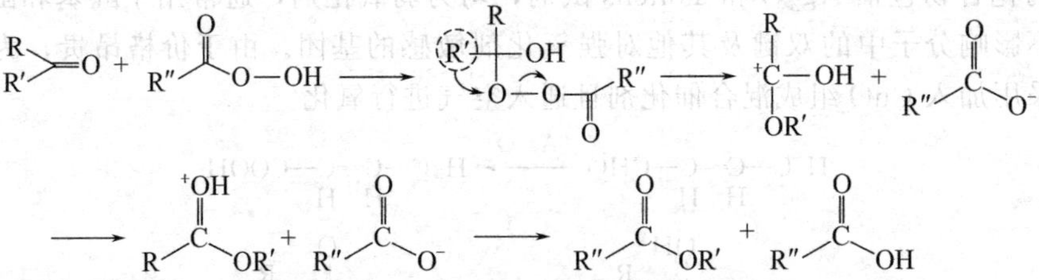

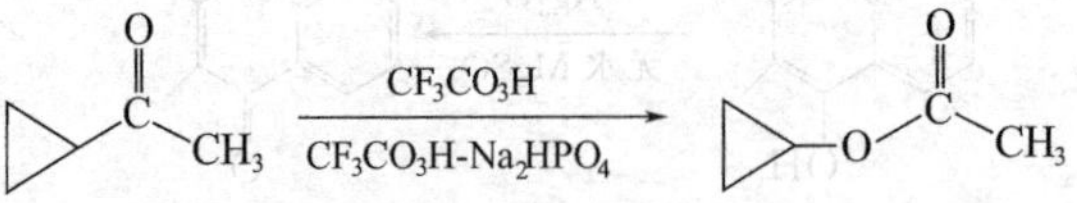

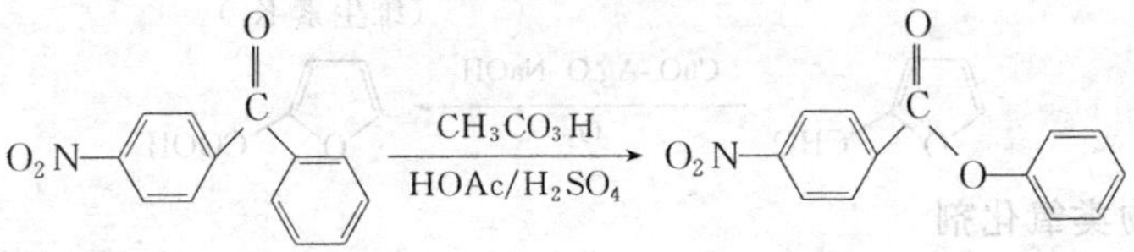

11.1.6.2　二甲亚砜

二甲亚砜［$(CH_3)_2SO$，即 DMSO］既是一种非质子化的极性溶剂，又是一种很有价值的缓和型选择性氧化剂。它在多种活化剂存在下可使醇顺利地氧化成羰基化合物，如DMSO与 DCC（二环己基碳二亚胺）的合并使用。此法除对生物碱以外，亦被用于萜类、糖类等许多含羟基的敏感化合物的氧化。

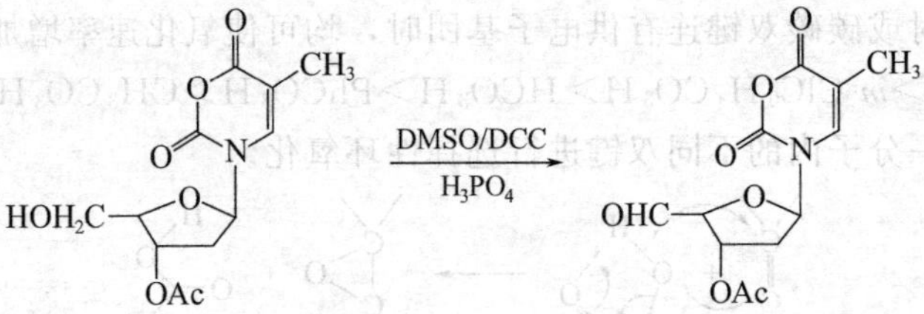

二甲亚砜作氧化剂的另一个重要应用，是它可使卤代烃或磺酸酯氧化成为羰基化合物。伯碘化烷、苄碘均可顺利反应；但伯氯代烷、伯溴代烷活性较差，氧化产率很低，需先转变为相应的磺酸酯。比较活泼的 α-卤代酸、酯、酮亦可发生类似的反应。

$$HC\equiv C—(CH_2)_5CH_2I \xrightarrow[\text{2. NaHCO}_3]{\text{1. DMSO}} HC\equiv C—(CH_2)_5CHO$$

70%

$$CH_3(CH_2)_5CH_2Br \xrightarrow[CH_3CN]{AgOTs} CH_3(CH_2)_5CH_2OTs \xrightarrow[2.\ NaHCO_3]{1.\ DMSO} CH_3(CH_2)_5CHO$$

$$BrCH_2COOEt \xrightarrow{DMSO} OHC-COOEt \quad 70\%$$

11.1.7 其他有机物氧化剂

11.1.7.1 四醋酸铅

四醋酸铅[$Pb(OAc)_4$]是一种选择性很强的氧化剂，可由 Pb_3O_4 制备。

$$Pb_3O_4 + 8HOAc \longrightarrow Pb(OAc)_4 + 2Pb(OAc)_2 + 4H_2O$$

$Pb(OAc)_4$ 遇水即发生复分解反应，因而它的氧化多以非水溶剂如冰醋酸、氯仿、苯、二氯甲烷、乙醇等为介质。它可用于四个方面。

(1) 邻二醇类氧化裂解　$Pb(OAc)_4$ 可发生与 HIO_4 类似的各种裂解反应，且反应亦是经过环状中间体进行的。因此，在环状体系中，顺式 1,2-二醇氧化速度大于反式异构体。但在吡啶为介质的反应中，反式 1,2-二醇却可迅速反应，此时可能不是通过环状中间体进行的。

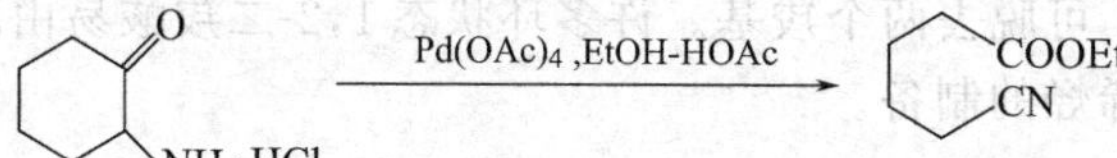

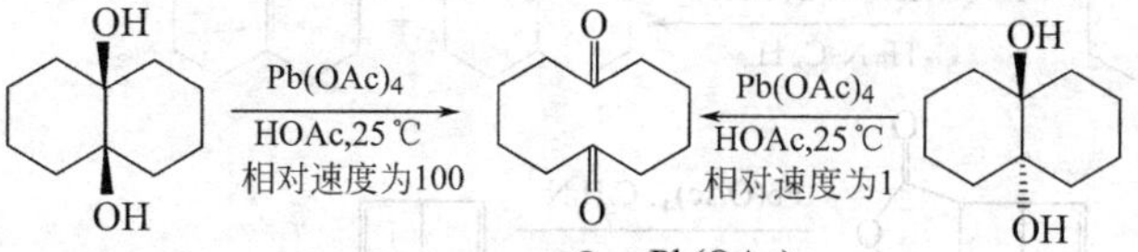

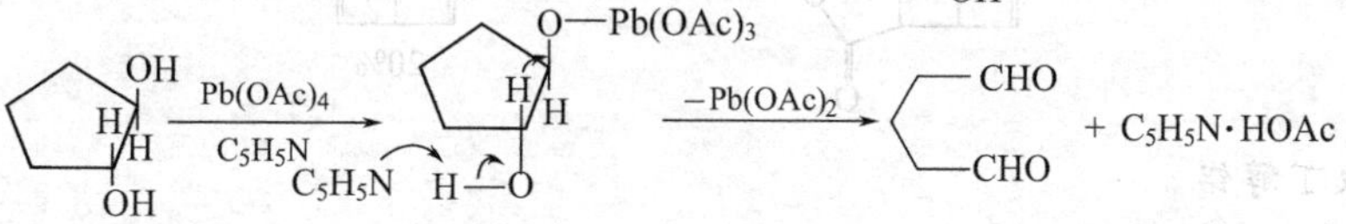

(2) 醇类的氧化　醇与 $Pb(OAc)_4$ 的反应在吡啶中进行，醇可氧化成醛、酮，且不影响双键，产率均较高。

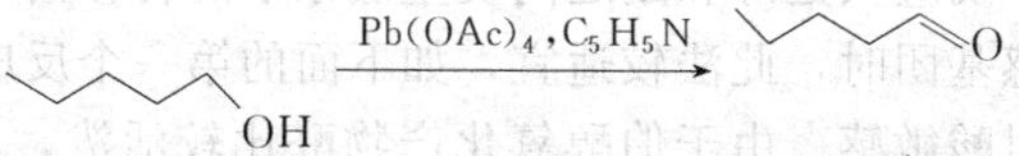

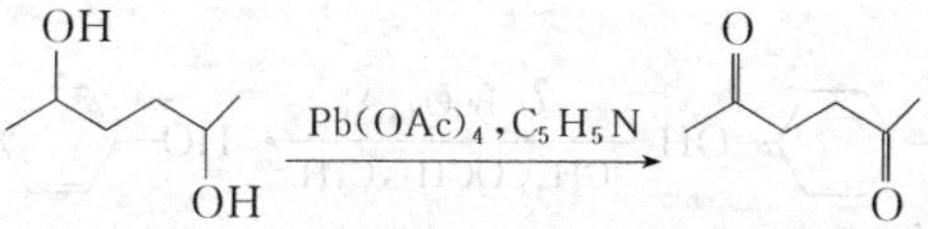

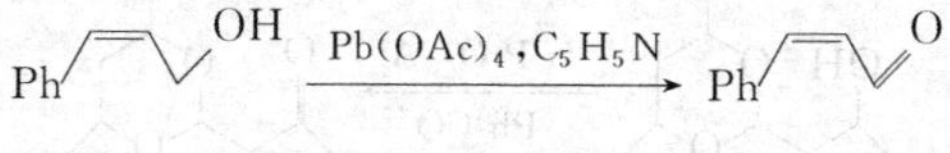

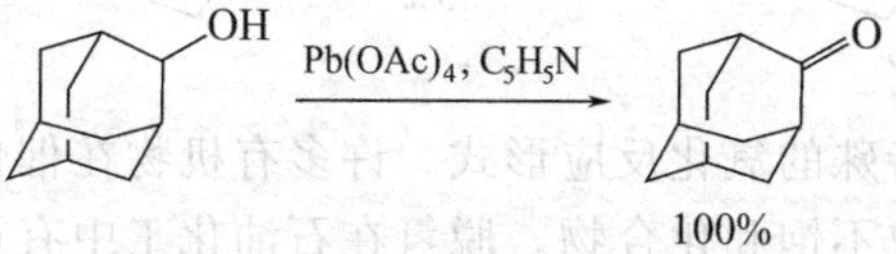

(3) 活泼氢的取代　对 β-二酮、β-酮酯、丙二酸酯、芳环侧链的 α-位等，用 $Pb(OAc)_4$ 作用，其活泼氢均发生氧化反应而被乙酰基取代。

$$CH_2(COOEt)_2 \xrightarrow{Pb(OAc)_4} AcO—CH(COOEt)_2$$

80%

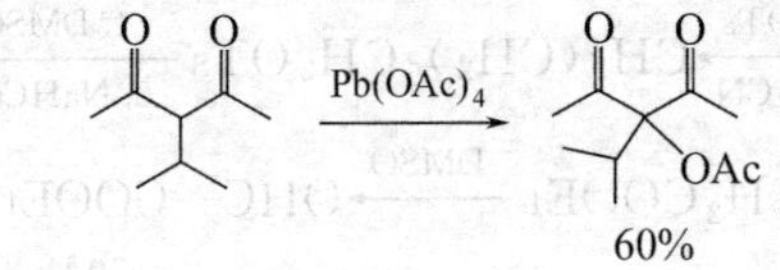

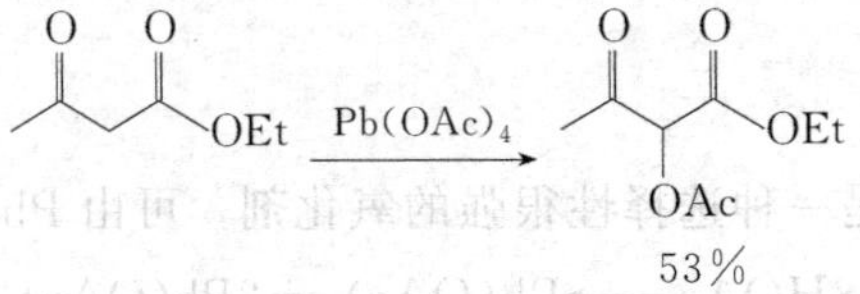

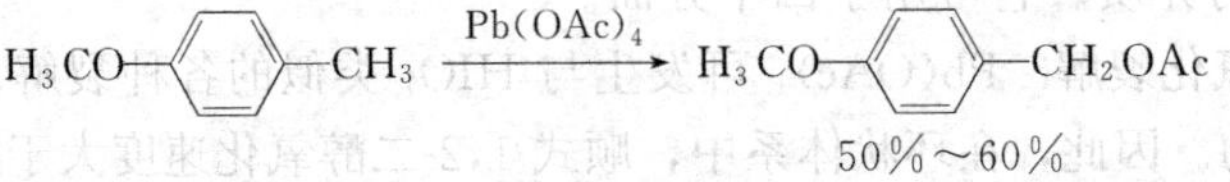

(4) 羧酸的氧化脱羧　在吡啶存在下，羧酸可被四醋酸铅氧化裂解形成烯烃。1,2-二羧酸与 $Pb(OAc)_4$ 在吡啶中共热，可脱去两个羧基。许多环状态 1,2-二羧酸易由环加成反应制得，因此此法特别适用于环状烯烃的制备。

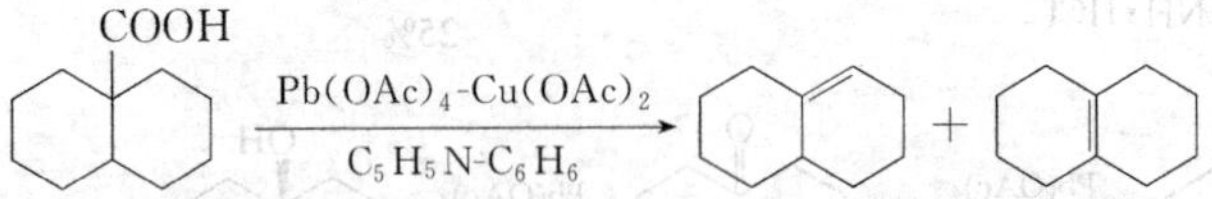

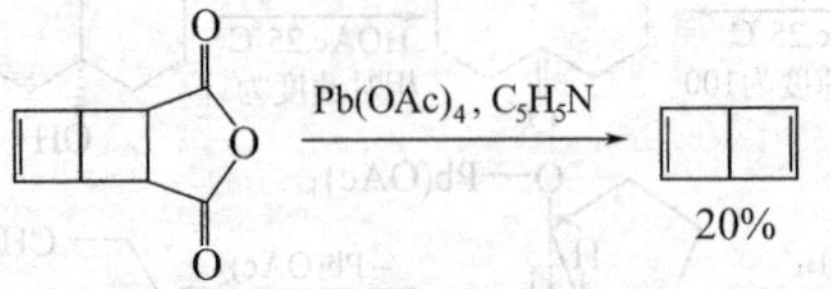

11.1.7.2　叔丁醇铝

伯、仲醇在叔丁醇铝［$(t\text{-BuO})_3Al$］（或异丙醇铝）存在下，用过量丙酮（或环己酮、二苯甲酮等）氧化为羰基化合物的反应即 Oppenauer 氧化，它是 Meerwein-Pondorff-Verley 还原的逆反应，由于这一反应只是醇和酮之间发生氢原子的转移而不涉及其他部分，故分子中有双键或其他对酸敏感基团时，此法较适宜，如下面的第一个反应用重铬酸盐氧化时要保护酚羟基，第二个反应对酸敏感。由于伯醇氧化产物醛比较活泼，易有羟醛缩合的副反应，故使用时应全面考虑。

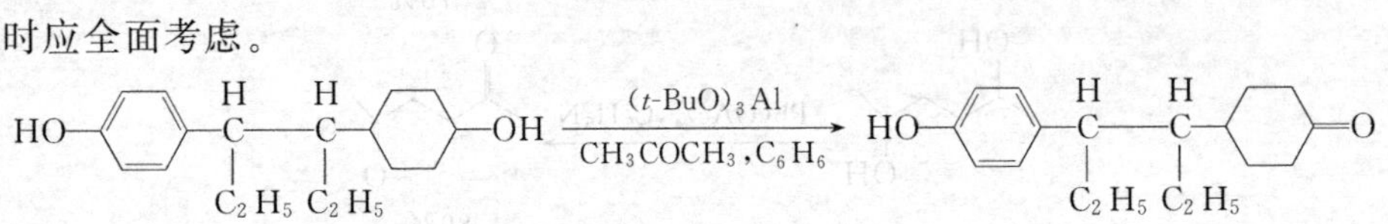

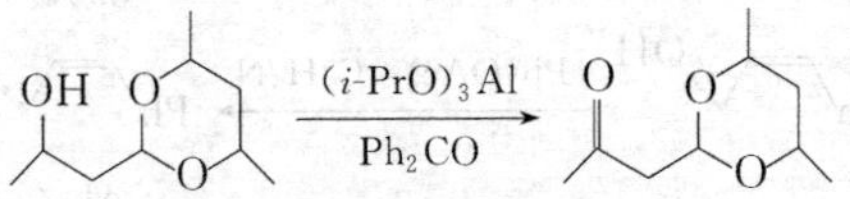

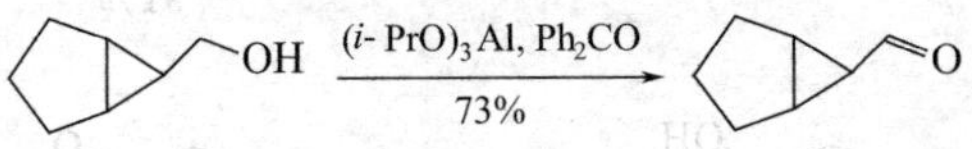

11.1.8　脱氢反应与芳香化

脱氢反应可视为一种特殊的氧化反应形式。许多有机物在催化剂或脱氢剂存在下高温加热分裂出氢分子，同时生成不饱和化合物。脱氢在石油化工中有重要的应用，许多化工产品就是通过脱氢获得的。

脱氢反应为可逆反应，脱氢与氢化之间存在着动态平衡，温度和压力会影响平衡的移动。以乙醇脱氢生成乙醛（Cu 催化下，275～300℃）为例，脱氢为吸热反应，升高温度和降低压力对脱氢有利；反之，氢化为放热反应，降低温度和加压对氢化有利。正因为如此，许多脱氢的催化剂亦是氢化的催化剂，但反应的条件控制不同。

$$CH_3CH_2OH \underset{\text{氢化(放热)}}{\overset{\text{脱氢(吸热)}}{\rightleftharpoons}} CH_3CHO + H_2 - 68.91 kJ/mol$$

脱氢过程用的催化剂很多，有 Pd、Pt(Pd/C、Pt/C)、Al_2O_3、Cr_2O_3、Cu、Ni 等。Pd/C、Pt/C 具有脱氢温度低，副反应少等优点；Cr_2O_3-Al_2O_3 催化剂脱氢时温度较高，一般在 400～500℃时才能进行，可制备共轭烯或重排后获得芳烃。Cu 多用于制醛、酮；Ni 及 Pd/C、Pt/C 用于由不饱和环烃制芳烃。用于芳香烃的脱氢反应，亦称芳香化反应。

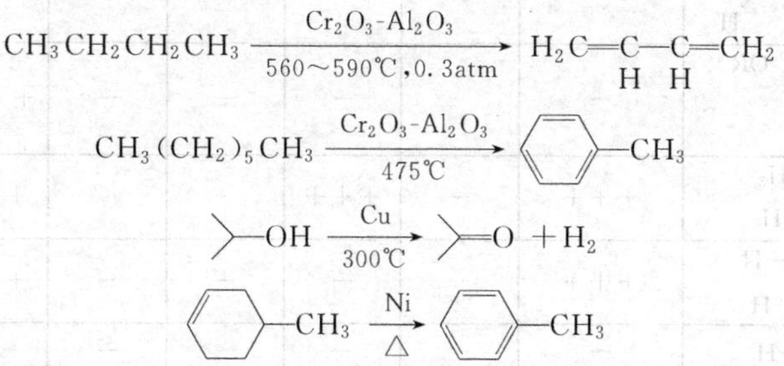

$$CH_3CH_2CH_2CH_3 \xrightarrow[560 \sim 590℃, 0.3 atm]{Cr_2O_3\text{-}Al_2O_3} H_2C=CH-CH=CH_2$$

$$CH_3(CH_2)_5CH_3 \xrightarrow[475℃]{Cr_2O_3\text{-}Al_2O_3} C_6H_5\text{-}CH_3$$

脱氢时亦可用脱氢剂，它们往往与脱下的氢相结合而在反应中被不断地损耗。常用的脱氢剂有 S、Se 等。S 的脱氢能力高于 Se，反应温度亦较低，但副反应较多。Se 的脱氢温度较高（300～330℃），反应时间亦较长，且副产物 H_2Se 有剧毒，但副反应较少。

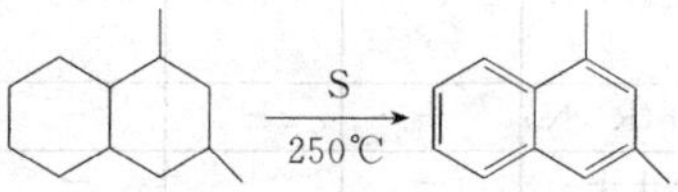

除可用 S、Se 等无机脱氢剂外，芳香化反应中亦可用有机脱氢剂。有机脱氢剂一般为醌类，如四氯苯醌和 2,3-二氯-5,6-二氰醌（DDQ），常用的是 DDQ。对于非芳环双键，若脱氢过程中可形成稳定的烯丙式（或苄基式）碳正离子，用 DDQ 脱氢亦易于形成。

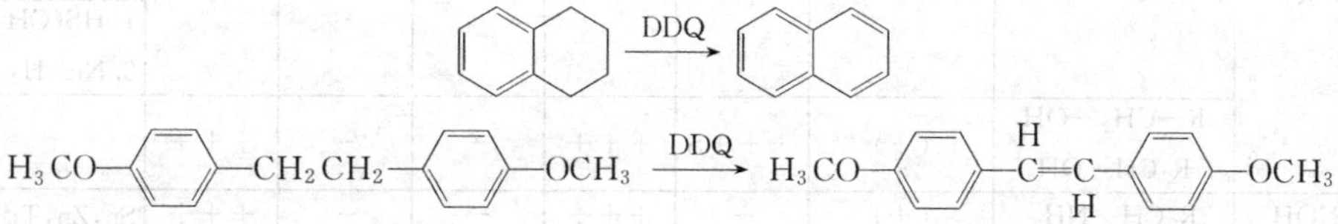

11.2 还原反应

11.2.1 还原反应基本定义

有机分子的脱氢、加氢或获得电子的过程称为还原反应。根据还原剂种类和还原过程的不同，还原反应可分为催化氢化法和化学还原剂法两类。化学还原剂又可分为金属氢化物还原剂、溶解金属还原剂、醇铝还原剂以及其他类型还原剂。不同的还原剂具有不同的还原活性和选择性。表 11-1 列出了一些常用还原剂对不同基团的还原活性。

氢化反应是还原反应的一种重要形式，还原与氢化的关系犹如氧化和脱氢的关系。氢化是借助分子氢进行的还原反应，由于分子氢在常温常压下还原能力很弱，因而氢化通常在加热、加压和催化剂存在下进行，此即所谓的催化氢化。2001 年诺贝尔化学奖得主——美国科学家威廉·诺尔斯（S. William Knowles）和日本科学家野依良治（Ryoji Noyori）的重要

表 11-1 不同还原剂的还原活性

作用物	还原产物	H_2/催化剂	$NaBH_4$	$LiAlH_4$	$Al(OR)_3$	B_2H_6	Li, Na	其他还原剂
C=C	H-C-C-H	+++S	—	—	+++S	+++S	+	N_2H_4
—C≡C—	H,H C=C (cis)	++−S	—	—	+++S	+++S	—	N_2H_4
	H C=C H (trans)	—	—	—	—	—	+++S	
苯-OR	环己二烯-OR	—	—	—	—	—	+++S	
RCH_2—X, R_2CH—X	RCH_3, R_2CH_2	+++	—	+++	—	—	+++	Bu_3SnH
R_3C—X, Ar—X	R_3C—H, Ar—H	+++	—	—	—	—	+++	Bu_3SnH
ROH, ROR	R—H	—	—	—	—	—	—	
Ar—C—Y	Ar—C—H	+++	—	—	—	—	+++	
环氧C-C	C-C-OH	+++	+++	+++	(+)	+++	+++	
RSH, RSR	R—H	+++(R-Ni)	—	—	—	—	+++	
RNO_2	$R-NH_2$	+++	—	+	—	—	+++	$Sn^{2+}, Ti^{2+}, \cdots$
R—CHO, R-C(=O)-R	$R-CH_3$, R_2CH_2	(+−)	(+−)	(+−)	(+−)	(+−)	(+−)	1. N_2H_4 2. $KOBu^t$, DMSO; 1. $TosNHNH_2$ 2. $NaBH_4$; 1. $HS(CH_2)_2SH$ 2. $Ni-H_2$
	$R-CH_2-OH$, R_2CH-OH	(+)	+++S	+++	—	—	+++	
$R_2C=NOH$	R_2CH-NH_2	(+)	—	+++	—	—	+++	Sn, Zn, Ti^{2+}
R—COOH	RCH_2OH	—	—	+++	—	+++	—	
$RCOOR^1$	RCH_2OH	(+)	—	+++	—	(+)	(+)	
RCOCl	RCHO	(+−)	(+−)	(+−)	+++	—	—	Bu_3SnH, $Na_2Fe(CO)_4$
$RCONR_2^1$	RCHO	—	+++	(+−)	+++	—	—	$HAl(OBu^t)_2$
$RCONR_2^1$	$RCH_2NR_2^1$	—	—	+++	—	+++	—	$NaBH_4$, $CoCl_2$; 1. $Et_3O^+BF_4^-$ 2. $NaBH_4$
RC≡N	RCH_2NH_2	+++	—	+++	+++	+++	+++	$AlH(OBu^t)_2$

注：符号说明：+++ 具有合成价值　　　S 具有高的位阻或立体选择性
　　　　　　　++− 第二步反应速率较小　　X=Cl, Br, I, OMes, OTos
　　　　　　　(+) 慢反应　　　　　　　　Y=OH, OR, NR_2
　　　　　　　(+−) 反应达不到所需的氧化态
　　　　　　　— 无反应

成就，就是关于烯烃不对称氢化的研究。

一些有机物在催化氢化过程中，有时会发生伴随"裂解"的特殊氢化，常被称为"氢解"（hydrogenolysis）。但氢解反应用某些化学还原剂亦可进行。鉴于其与一般的所谓还原反应有所不同，本章中将其专列为一节进行论述。

11.2.2 催化氢化

11.2.2.1 概述

催化氢化包括催化加氢和催化氢解。催化加氢通常指在过渡金属（如 Pt、Pd、Rh、Ru、Ni 等）或其他化合物催化下，不饱和化合物加氢的反应。氢解反应是指有机物分子中碳-杂原子键破裂，生成新的碳-氢键。在本节中主要讨论前者，氢解反应在下节中讨论。

催化氢化的应用范围很广。它具有操作简便、反应快速、产物纯、产率高的特点；而且在一定的条件下，可以优先选择对催化氢化活性高的基团。不同基团被催化氢化的活性次序如表 11-2 所示（愈往下活性愈低）。

表 11-2 官能团催化氢化大致活性次序

官能团	还原产物	官能团	还原产物
RCOCl	RCHO, RCH$_2$OH	RCN	RCH$_2$NH$_2$
RNO$_2$	RNH$_2$	萘	四氢萘
RC≡CR	RCH=CHR(顺式), RCH$_2$CH$_2$R	RCOOR^1	RCH$_2$OH, R^{1}OH
RCHO	RCH$_2$OH	RCONHR^1	RCH$_2$NHR^1
RCH=CHR	RCH$_2$CH$_2$R	苯	环己烷
RCOR	RCHOHR, RCH$_2$R		
ROCH$_2$Ph	PhCH$_3$, ROH	RCOO$^-$Na$^+$	无反应

随着对催化氢化研究的深入，催化氢化已从初期的非均相催化氢化发展到均相催化氢化。前面是本节讨论的内容，后者可以参考有关《过渡金属有机化学》的内容。

11.2.2.2 催化剂

催化氢化所用的催化剂是具有高度催化活性的金属、金属氧化物、金属硫化物。其中以 Raney-Ni[即 Ni(R)]、Pt 或 PtO$_2$、Pd、Rh 及 CuCr$_2$O$_4$（亚铬酸铜）应用最为广泛。

在催化剂中加入少量或微量某化合物，能使催化剂活性和选择性大大提高，该化合物即一般所说的助剂。例如，Raney-Ni 加入少量 H$_2$PtCl$_2$ 能使苯甲醇的加氢活性提高十倍；有的助催化剂还能提高催化剂的寿命与稳定性，它实际上是催化剂的助剂。

相反，能使催化剂失去或降低活性和选择性的物质称为毒物或抑制剂。实际上抑制剂也是毒物，只是对催化剂的这种相反作用的程度较低而已。一般活性越高的催化剂（Pt、Raney-Ni）越易中毒，同一催化剂比表面小时亦易中毒。

催化剂使用时，既可是高度分散的金属粉，亦可将它们载于活性炭、硅藻土、氧化铝、硫酸钡或碳酸钙上，即载体上。载体能增加催化剂的比表面（催化剂活性的重要标志），又能提高其机械强度，保持其具有一定的形状。

另外，催化剂的用量与使用时的温度、压力和溶剂也对催化剂的作用有重大的影响。

11.2.2.3 一些重要的催化氢化反应

（1）炔烃的顺式催化氢化反应 把细粉状的 Pd 附在碳酸钙上，并用醋酸铅与喹啉处理，即得著名的 Lindlar 催化剂，它可使炔烃高产率地顺式加氢。因此，该法被广泛地应用于含有顺式烯烃的天然产物合成。用喹啉或吡啶处理过的 Pd、BaSO$_4$ 催化剂，也可使炔烃得到顺式烯烃。

$$\text{烯炔酯} \xrightarrow{\text{H}_2, \text{Lindlar 催化剂}} \text{顺式二烯酯} \quad 88\%$$

$$\text{MeOOC-CH}_2\text{CH}_2\text{-C}\equiv\text{C-CH}_2\text{CH}_2\text{-COOMe} \xrightarrow[\text{H}_2\text{喹啉}]{5\% \text{ Pd-BaSO}_4} \text{顺式烯二酯}$$

（2）醛、酮的还原氨化反应　在 Pt 或 Ni 催化下，醛、酮在氨、伯胺或仲胺中还原，可使醛、酮转变为胺类。

$$\text{PhCHO} \xrightarrow{\text{Ni}, \text{NH}_3, \text{H}_2} \text{PhCH}_2\text{NH}_2$$

$$\text{HOCH}_2\text{CH}_2\text{NH}_2 + \text{CH}_3\text{COCH}_3 \xrightarrow{\text{H}_2, \text{Pt}, \text{EtOH}} \text{HOCH}_2\text{CH}_2\text{NHCH(CH}_3)_2 \quad 95\%$$

（3）罗森门德（Rosenmund）还原法　酰氯可以用 Rosenmund 还原法得到醛，喹啉-硫（即喹啉-S）是使之不继续还原为醇的抑制剂。

$$\text{2-萘甲酰氯} \xrightarrow[\text{喹啉-S}]{\text{H}_2/\text{Pd-BaSO}_4} \text{2-萘甲醛}$$

（4）莫津戈（Mozingo）反应

醛、酮转变为 1,3-二噻烷后使用 Raney-Ni 进行氢解还原，可使羰基转变为亚甲基。该法亦称硫缩酮还原法，反应在中性条件下进行，适用于分子中存在对酸和碱都敏感的醛、酮的还原。

$$\text{环己酮} \xrightarrow[\text{BF}_3]{\text{HSCH}_2\text{CH}_2\text{SH}} \text{环己硫缩酮} \xrightarrow[\text{H}_2]{\text{Ni(R)}} \text{环己烷} + \text{CH}_3\text{CH}_3 + \text{NiS}$$

11.2.3　催化氢解

在某些化合物的还原过程中，有些原子或基团脱落被氢原子代替，此时便发生了氢解反应。氢解反应在合成上虽有不利，但大多数情形下人们变之为有利。例如，利用这种氢解的特点，进行活化基团的保护，或是引入一种用其他方法不易得到的基团。这是有机合成设计的技巧之一。

氢解反应可以通过催化氢化完成，亦可用化学还原剂达到目的。根据脱去基团（原子）的不同，一般可分为以下几种类型（但它们之间并无绝对的界限）。

11.2.3.1　脱苄氢解

当苄基（PhCH$_2$—）上连有—OH、—OR、—OCOR、—NR$_2$、—SR、—X 时，苄基易于脱去，用得较为普遍的是催化氢解。

$$\text{PhCH}_2\text{OH} + \text{H}_2 \xrightarrow[25℃, 3\text{atm}]{\text{Pd}} \text{PhCH}_3$$

下面的反应中，亦同时进行了脱硫氢解。

$$\text{(decalin with SCH}_2\text{Ph and OCH}_2\text{Ph)} \xrightarrow{\text{Ni(R),H}_2} \text{(decalin with OH)} + 2\text{PhCH}_3 + \text{H}_2\text{S}$$

对苯酚类化合物的 Mannich 反应产物进行脱苄氢解反应，可以是芳环引进甲基的一个好方法。

$$\text{对苯二酚} \xrightarrow[2(\text{CH}_3)_2\text{NH·HCl}]{2\text{HCHO}} \text{(双 Mannich 产物)} \xrightarrow{\text{Pd}/\text{H}_2} \text{(2,5-二甲基对苯二酚)}$$

从另一个侧面看，苄基可作为醇（酚）羟基、胺（氨）基的保护基团。同样，苄基可作为羧基的保护基团。

$$\text{PhCH}_2\text{OCOPh} + \text{H}_2 \xrightarrow[140\text{℃},1\text{atm}]{\text{Pd}} \text{PhCH}_3 + \text{PhCOOH}$$

羰基易还原为醇，故可由芳酮直接进行氢解反应。

$$\text{(邻羟基苯乙酮)} \xrightarrow{\text{H}_2/\text{Pd-C}} \text{(邻乙基苯酚)}$$

使用电子转移试剂，如 Na/NH$_3$ (l) 等，亦可进行脱苄氢解。但对苄胺，由于氮的电负性比氧小，须转变为易于氢解的季铵盐，此反应亦称 Emde 反应，电子转移试剂 Na/NH$_3$ (l) 能使不能用 Hofmann 彻底甲基化方法降解的某些含氮杂环用此法降解。

$$\text{(季铵盐)} \xrightarrow{\text{Na-NH}_3(l)} \text{(开环产物)}$$
$$\xrightarrow{\text{Hofmann 降解}} \text{(产物)} + \text{CH}_3\text{OH}$$

电子转移试剂的氢解反应也是氨基酸（肽）合成中保护氨基的常用方法。

$$\text{PhCH}_2\text{OCONHCH}_2\text{COOH} \xrightarrow{\text{Na-NH}_3(l)} \text{PhCH}_3 + \text{CO}_2 + \text{H}_2\text{N-CH}_2\text{COOH}$$

利用负氢转移试剂 NaBH$_4$ 亦可进行苄基的氢解，如下所列（该反应也是脱卤氢解的实例）。

$$\text{O}_2\text{N-C}_6\text{H}_4\text{-CH}_2\text{Br} \xrightarrow{\text{NaBH}_4,\text{DMSO}} \text{O}_2\text{N-C}_6\text{H}_4\text{-CH}_3 \quad 98\%$$

11.2.3.2 脱烯丙基氢解

苄基可视为一种特殊的烯丙基，因此烯丙基衍生物的氢解与苄基的氢解有相似之处。但由于二者的结构差异，催化氢解不适宜于烯丙基，故多用 LiAlH$_4$、Na/NH$_3$ (l) 等化学试剂进行氢解。

$$(\text{CH}_3)_2\text{C=C(CH}_3)\text{CH}_2\text{OR} \xrightarrow{\text{LiAlH}_4} (\text{CH}_3)_2\text{C=C(CH}_3)_2 + \text{ROH}$$

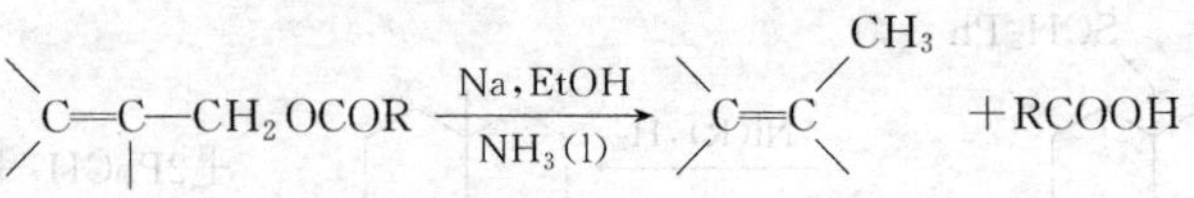

$$\text{(CH}_3\text{)}_2\text{C=C-CH}_2\text{OCOR} \xrightarrow[\text{NH}_3(l)]{\text{Na, EtOH}} \text{(CH}_3\text{)}_2\text{C=C(CH}_3\text{)}_2 + \text{RCOOH}$$

11.2.3.3 脱卤氢解

脱卤氢解可通过催化氢化与化学还原剂法完成。例如，Zn/HOAc 是常用的一种化学还原剂。

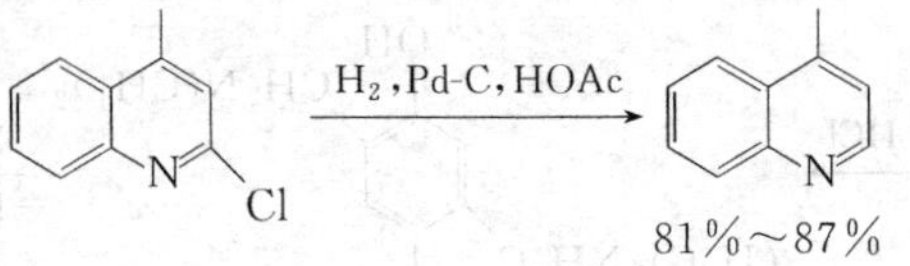

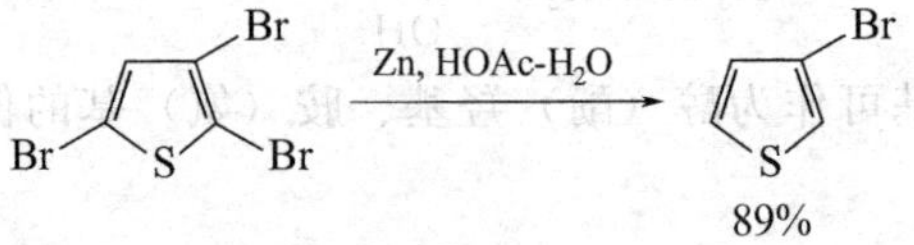

4-甲基-2-氯喹啉 $\xrightarrow{\text{H}_2, \text{Pd-C, HOAc}}$ 4-甲基喹啉 81%~87%

2,3,5-三溴噻吩 $\xrightarrow{\text{Zn, HOAc-H}_2\text{O}}$ 3-溴噻吩 89%

LiAlH_4 在 THF 中可使 ArI、ArBr 还原成烃。

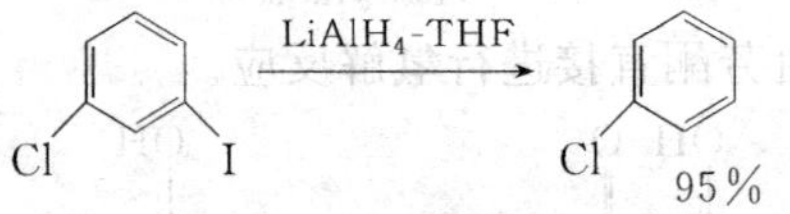

3-氯碘苯 $\xrightarrow{\text{LiAlH}_4\text{-THF}}$ 氯苯 95%

在 CeCl_3 催化下，脂肪族和芳香族的卤化物均可被 LiAlH_4 顺利还原。

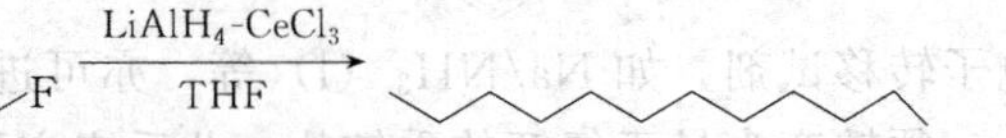

R-F $\xrightarrow[\text{THF}]{\text{LiAlH}_4\text{-CeCl}_3}$ R-H

桥头多卤化物在适当条件下亦可被 LiAlH_4 部分还原。

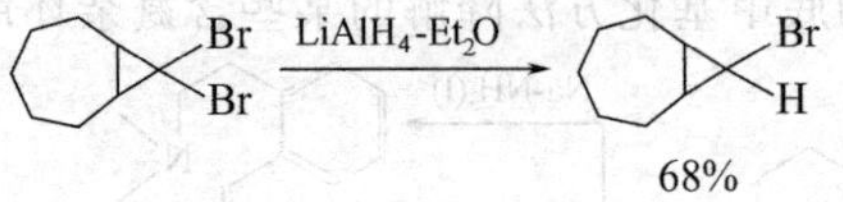

二溴双环 $\xrightarrow{\text{LiAlH}_4\text{-Et}_2\text{O}}$ 单溴 68%

NaBH_4 亦是卤代烃还原的良好试剂。

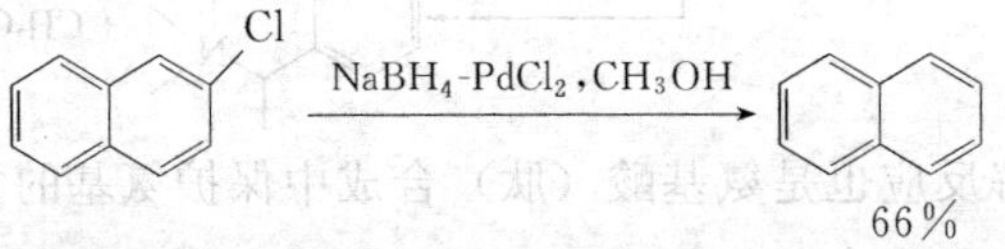

2-氯萘 $\xrightarrow{\text{NaBH}_4\text{-PdCl}_2, \text{CH}_3\text{OH}}$ 萘 66%

近年来发现三烷基氢化锡是一种较好的脱卤氢解试剂。当分子中同时存在氯和溴时，该试剂可选择性地还原溴而保留氯。

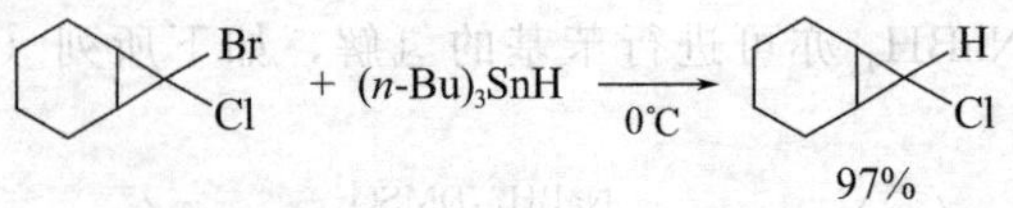

$$\text{Br, Cl-环} + (n\text{-Bu})_3\text{SnH} \xrightarrow{0\ ^\circ\text{C}} \text{H, Cl-环} \quad 97\%$$

11.2.3.4 脱硫氢解

在催化氢化下，硫醇、硫酚、硫醚、二硫化物、亚砜、砜、磺酸等含硫化合物均可脱去硫原子。反应中也时常伴随着硝基的还原。

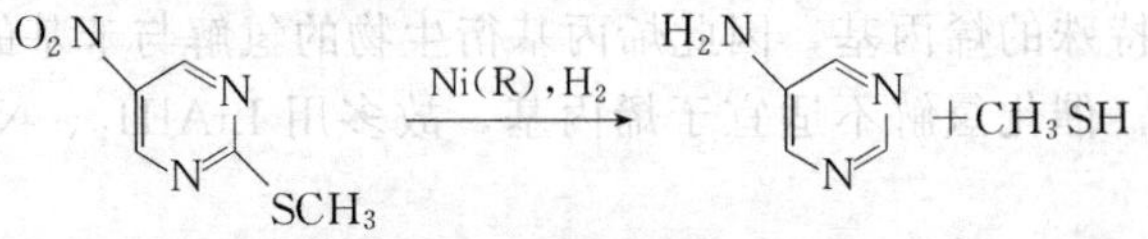

5-硝基-2-甲硫基嘧啶 $\xrightarrow{\text{Ni(R), H}_2}$ 5-氨基嘧啶 + CH_3SH

同样，催化氢解中会还原双键和开环。

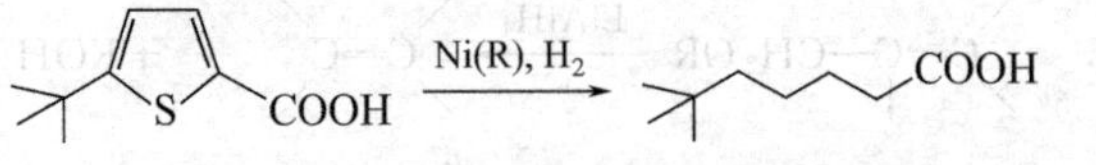

5-叔丁基噻吩-2-甲酸 $\xrightarrow{\text{Ni(R), H}_2}$ 烷基 COOH

使用化学还原剂，如 Na/NH$_3$ (l)，可进行脱硫又脱苄氢解。

$$Ph{\sim}S{\sim}\xrightarrow[\text{2. NH}_4\text{Cl}]{\text{1. Na-NH}_3(l)} PhCH_3 + \sim\sim SH$$

11.2.3.5 开环氢解

开环氢解是指三、四、五元环系（尤指杂环）开环加氢的还原反应。三元环较易开环，有时催化氢化下五元环亦可开环。

$$\text{三元氮杂环} \xrightarrow[\text{二氧六环}]{\text{Ni(R), H}_2} \text{异丙胺}$$

$$\text{四氢糠醇} \xrightarrow[\text{2.2~4.0MPa}]{\text{CuCr}_2\text{O}_4, \text{H}_2, 300^\circ\text{C}} \text{HO-(CH}_2)_5\text{-OH}$$

化学还原剂法亦可进行开环氢解。

$$\text{三苯基环氧乙烷} \xrightarrow{\text{LiAlH}_4, \text{Et}_2\text{O}} \text{三苯基乙醇} \quad 62\%$$

下列的硫杂环开环氢解反应，既是催化氢解，亦是脱硫氢解，同时也是烯丙基式的氢解反应。

$$\xrightarrow[\Delta]{\text{Ni(R), EtOH}}$$

11.2.4 活泼金属试剂还原

11.2.4.1 基本概念

常用的活泼金属还原剂有 K、Ca、Na、Mg、Zn、Sn、Fe 等，有时亦有它们的合金或低价盐类作还原剂。由于使用时许多场合是溶于供质子体中进行，故此类还原剂有时亦称为溶解金属试剂。活泼金属还原法可被看成是"内部"的电化学还原，即通过由金属（或低价金属离子）到有机物的电子转移完成的，故亦称活泼金属试剂为电子转移还原剂。

以二苯甲酮的还原为例，在有机物得到电子形成负离子自由基后，下一步有两种转化的可能：① 如有供质子存在（供质子体通常为水、醇、酸等），则得质子后再得电子，最后形成单分子还原产物；② 如无供质子体存在，则先发生负离子自由基二聚，最后形成双分子还原产物。

$$PhCPh \xrightarrow{\text{Na}}_{\text{NH}_3(l)} \left[Ph\overset{O\cdot}{\underset{}{C}}-Ph\right] \xrightarrow{\text{①}}_{\text{EtOH}} Ph\overset{O\cdot}{C}HPh \xrightarrow{\text{Na}} Ph\overset{O^-}{C}HPh \xrightarrow{\text{H}^+} Ph\overset{OH}{C}HPh$$

$$\left[Ph\overset{O^-}{\underset{}{C}}-Ph\right] \xrightarrow{\text{②}}_{\text{二聚}} Ph-\overset{O^-}{\underset{Ph}{C}}-\overset{O^-}{\underset{Ph}{C}}-Ph \xrightarrow{2H^+} Ph-\overset{OH}{\underset{Ph}{C}}-\overset{OH}{\underset{Ph}{C}}-Ph$$

因此，反应产物的形成与介质有密切关系：介质中质子浓度低时，一般主要得双分子还原产物；相反，介质中质子浓度高有利于得单分子还原产物。最典型实例是硝基苯的还原，其在碱性介质中易得氢化偶氮苯，而酸性介质生成苯胺。

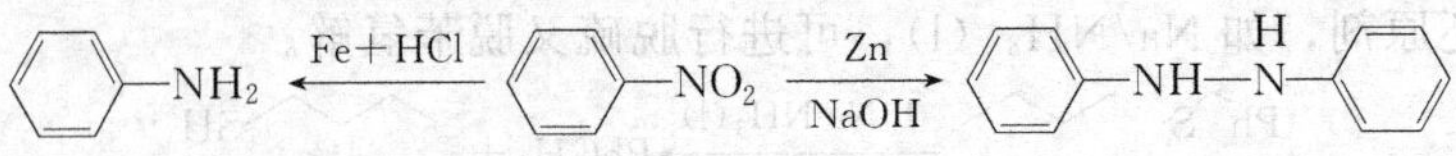

$$\underset{}{\text{Ph-NH}_2} \xleftarrow{\text{Fe+HCl}} \underset{}{\text{Ph-NO}_2} \xrightarrow[\text{NaOH}]{\text{Zn}} \text{Ph-NH-NH-Ph}$$

11.2.4.2 伯奇（Birch）还原

碱金属（K、Li、Na）可溶于液氨，其与醇组成的混合物进行的还原，即所谓的 Birch 还原。通常孤立双键不易被碱金属还原，但共轭双键易进行 Birch 还原而生成 1,4-加成产物，包括与羰基共轭的双键。与苯环共轭的双键亦可被还原。

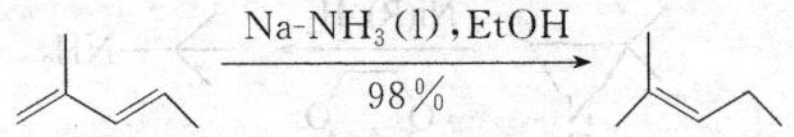

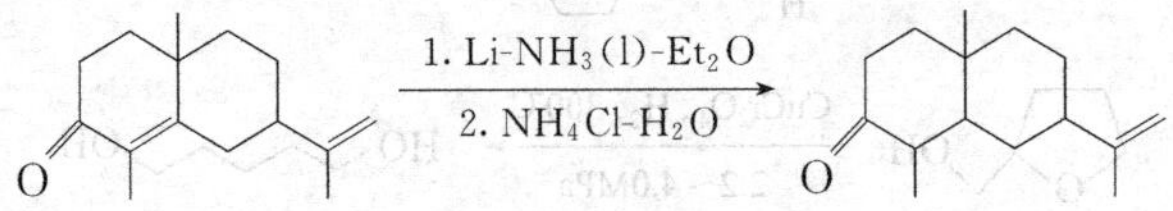

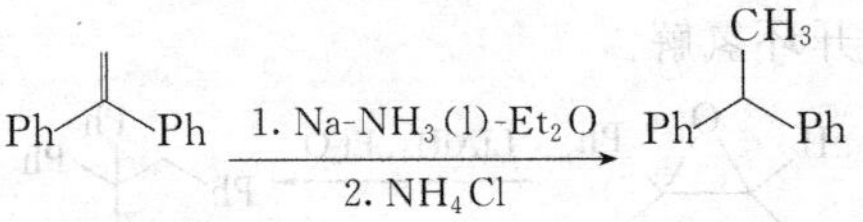

由于金属-液氨还原 α,β-不饱和酮是经过烯醇负离子中间体进行的，因此若有烃化试剂存在，则可进一步发生烃化反应，从而提供了 α,β-不饱和酮还原烃化的一种有效方法。对下面区域专一地生成 2-烃基取代产物的反应，若是用 3-甲基环己酮碱催化直接烃化，则生成 2-位及 5-位烃化产物的混合物。同时，在有机合成实验操作上，这种连续反应的方法即为引人注目的一锅合成法。

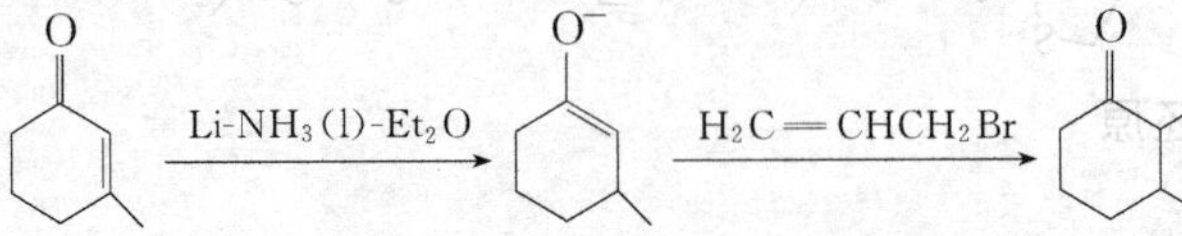

Birch 还原的另一个重要用途是芳环的部分氢化。由于定位基在反应机理中形成的负离子自由基的稳定性影响不同，故对一元取代苯的还原会有不同的定位效应：若是给电子取代基（如甲基），优先生成 1-取代-1,4-环己二烯；若是吸电子取代基（如羧基），则优先生成 1-取代-2,5-环己二烯。

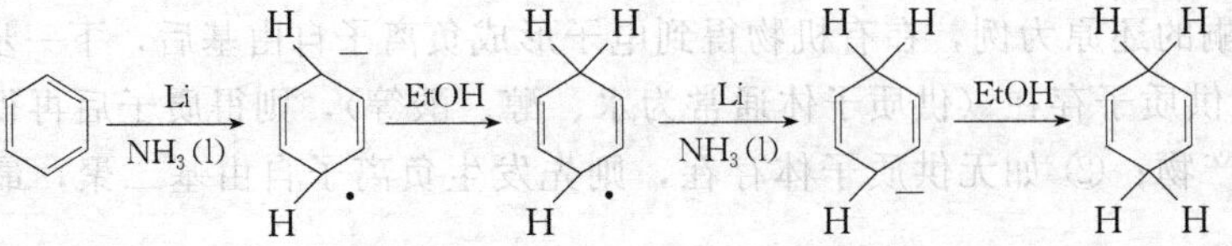

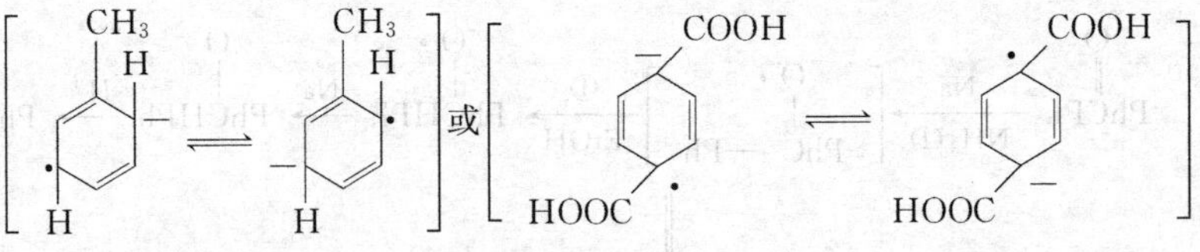

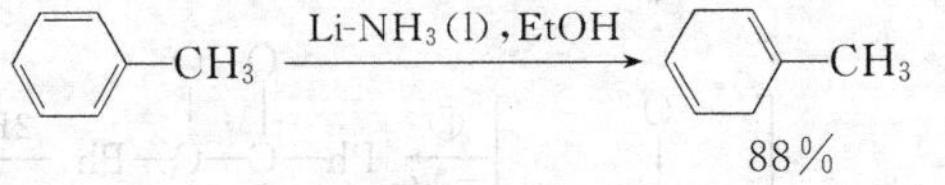

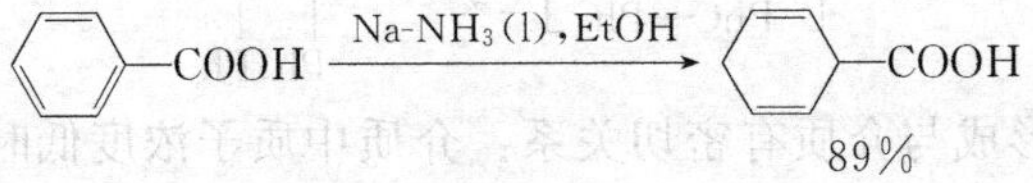

苯甲醚及苯胺的还原具有特别重要的合成价值，因为它们的二氢化合物能迅速水解成环己烯酮衍生物。因此，在有机合成策略上，可把苯甲醚和苯胺视为环己烯酮的潜官能团。

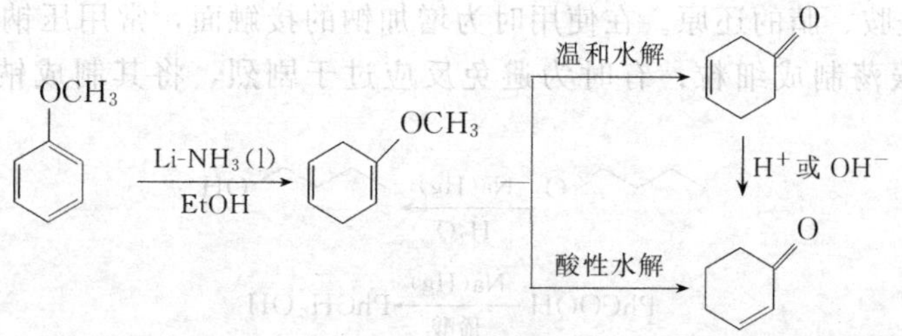

[反应式: 苯甲醚 经 Li-NH₃(l)/EtOH 还原,温和水解得到 3-环己烯酮类产物,H⁺或 OH⁻下,酸性水解得到 2-环己烯酮]

由于芳烃的 Birch 还原过程经碳负离子中间体完成,故有烃化试剂存在时亦可发生还原烃化反应。同样,形成的碳负离子亦可进行 Michael 加成反应。

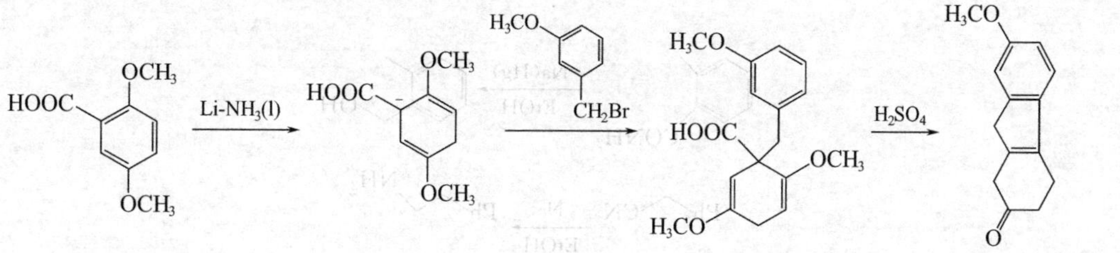

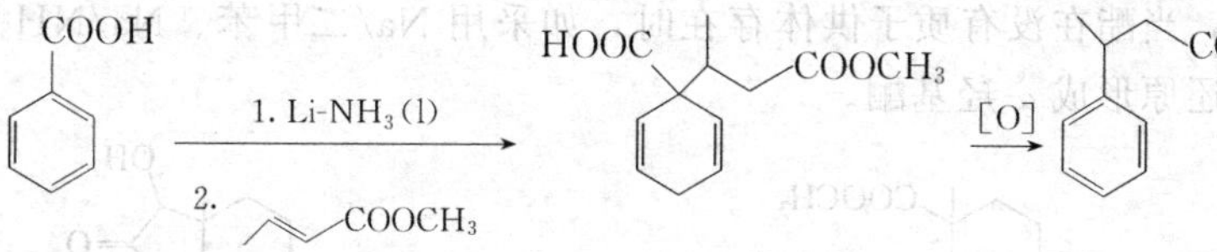

[反应式: 2,5-二甲氧基苯甲酸 经 Li-NH₃(l)、然后与间甲氧基苄溴反应,再经 H₂SO₄ 环化得到三环酮]

[反应式: 苯甲酸 经 1. Li-NH₃(l) 2. 丁烯酸甲酯(Michael加成),然后 [O] 氧化]

11.2.4.3 Na 对不饱和烃还原

除 Birch 反应以外,Na 与供质子体可还原多核芳烃、芳杂环,有时甚至能还原苯环。

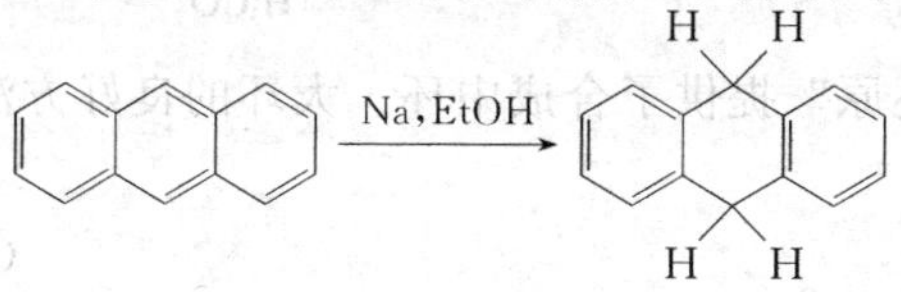

[反应式: 蒽 + Na, EtOH → 9,10-二氢蒽 75%~79%]

[反应式: 吡啶 + Na, EtOH → 哌啶]

[反应式: 间苯三酚 + Na(Hg)/稀硫酸 → 环己三醇]

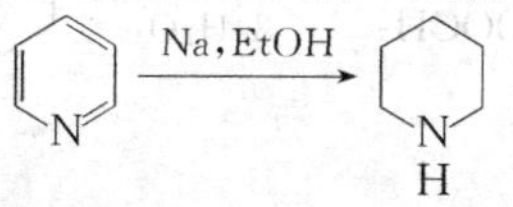

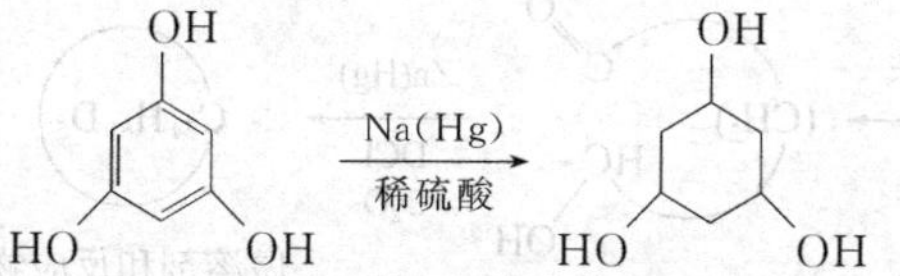

有机合成中很有价值的是对炔烃的还原,在反应中优先生成反式烯烃。值得注意的是,由于末端炔烃易于形成金属炔化物,使炔碳上带有负电荷,故炔键不能进一步还原。

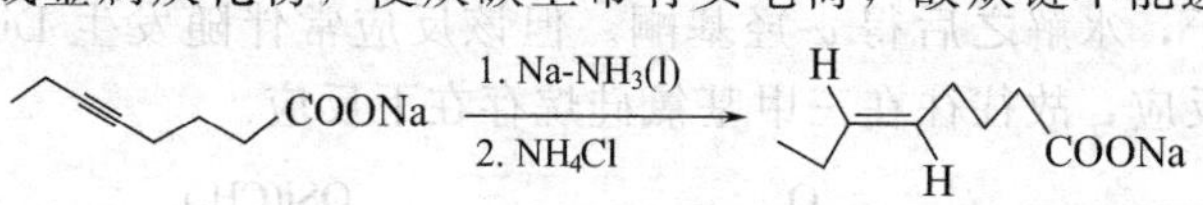

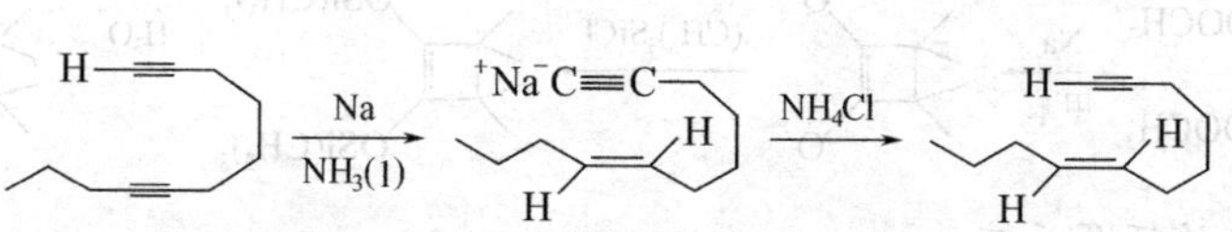

[反应式: 炔酸钠 1. Na-NH₃(l) 2. NH₄Cl → 反式烯烃羧酸钠]

[反应式: 二炔 + Na/NH₃(l) → Na⁺ C≡C⁻ 中间体 + NH₄Cl → 反式烯炔]

11.2.4.4 Na 对其他化合物还原

金属钠在醇、液氨及惰性有机溶剂(如苯、甲苯等)中均为强还原剂,可应用于醛、酮、羧酸、酯、酰胺、腈的还原。在使用时为增加钠的接触面，常用压钠机将其压成钠丝，或在甲苯中加热振荡制成细粒；有时为避免反应过于剧烈，将其制成钠汞齐或醇钠再行使用。

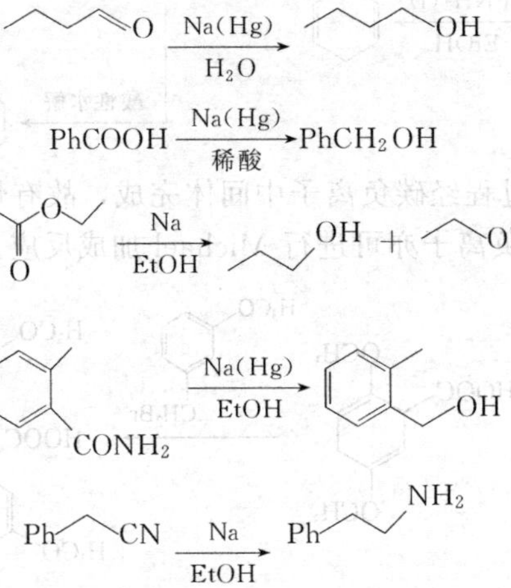

$$\text{CH}_3\text{CH}_2\text{CH}_2\text{CHO} \xrightarrow[\text{H}_2\text{O}]{\text{Na(Hg)}} \text{CH}_3\text{CH}_2\text{CH}_2\text{CH}_2\text{OH}$$

$$\text{PhCOOH} \xrightarrow[\text{稀酸}]{\text{Na(Hg)}} \text{PhCH}_2\text{OH}$$

$$\text{CH}_3\text{CH}_2\text{COOEt} \xrightarrow[\text{EtOH}]{\text{Na}} \text{CH}_3\text{CH}_2\text{CH}_2\text{OH} + \text{EtOH}$$

$$o\text{-CH}_3\text{C}_6\text{H}_4\text{CONH}_2 \xrightarrow[\text{EtOH}]{\text{Na(Hg)}} o\text{-CH}_3\text{C}_6\text{H}_4\text{CH}_2\text{OH}$$

$$\text{PhCH}_2\text{CN} \xrightarrow[\text{EtOH}]{\text{Na}} \text{PhCH}_2\text{CH}_2\text{NH}_2$$

值得注意的是，当酯在没有质子供体存在时，如采用 Na/二甲苯、Na/NH$_3$(l) 作还原剂，则发生双分子还原形成 α-羟基酮。

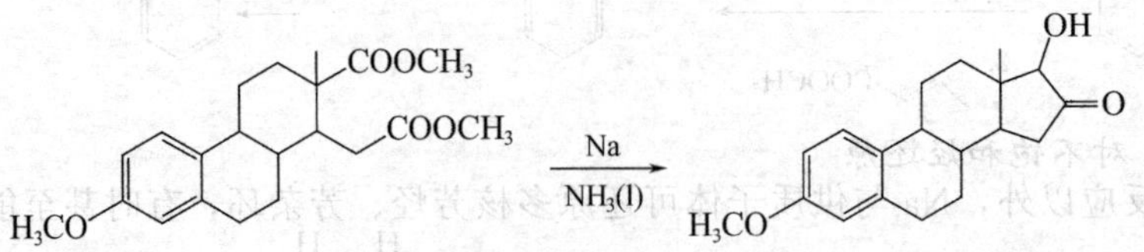

酯分子内的"双分子还原"提供了合成中环、大环的良好方法，而且可进一步合成理论上预言存在的链环烷。

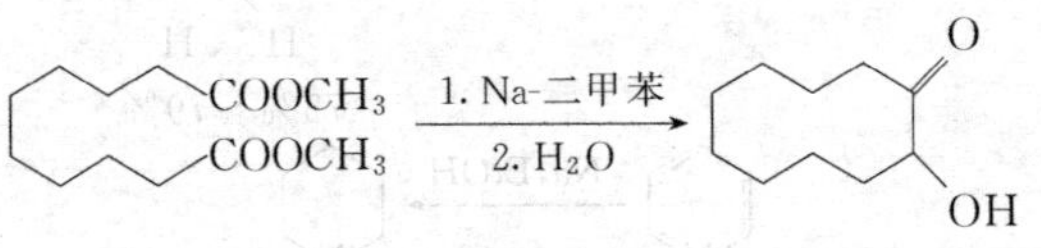

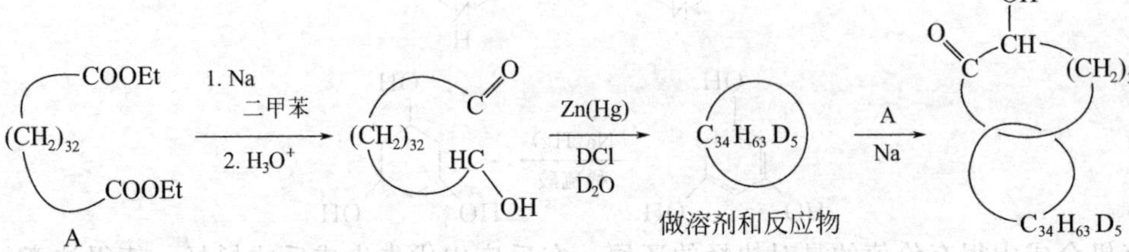

酯双分子还原的机理是二聚后的双负离子脱去两分子烷氧基负离子形成二酮，得到电子后形成烯醇双负离子，水解之后得 α-羟基酮。但该反应常伴随发生 Dieckmann 缩合及烯醇双负离子引起的副反应，故往往在三甲基氯硅烷存在下反应。

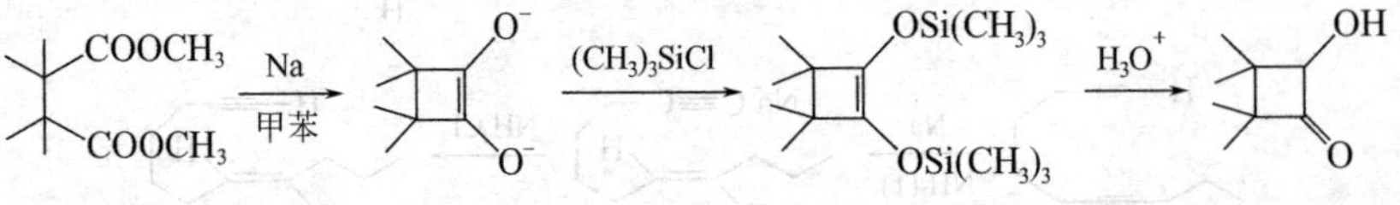

11.2.4.5 镁参与的还原反应

镁（Mg）也是一种重要的还原剂，能参与许多还原反应，最重要的是镁汞齐还原酮（或醛）生成片呐醇（Pinacol），如丙酮在镁汞齐还原时生成片呐醇，产率为 43%～50%。

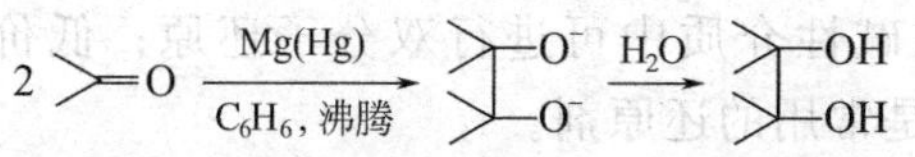

$$2 \underset{}{\searrow}=O \xrightarrow[C_6H_6, 沸腾]{Mg(Hg)} \underset{}{\searrow}\underset{O^-}{\overset{O^-}{\diagdown}}\underset{}{\swarrow} \xrightarrow{H_2O} \underset{}{\searrow}\underset{OH}{\overset{OH}{\diagdown}}\underset{}{\swarrow}$$

和酯的双分子还原类似，由于片呐醇金属化合物的碱性易使羰基化合物发生多种碱催化的副反应，故若将羰基化合物、镁及三甲基氯硅烷一起反应，则首先形成片呐醇的三甲基硅醚，从而水解得到高产率的片呐醇，如下列反应中产率可达 90%。

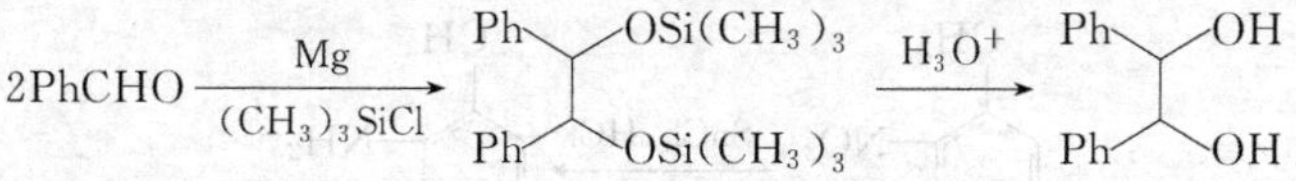

$$2PhCHO \xrightarrow[(CH_3)_3SiCl]{Mg} \underset{Ph}{\overset{Ph}{\diagdown}}\underset{OSi(CH_3)_3}{\overset{OSi(CH_3)_3}{\diagdown}} \xrightarrow{H_3O^+} \underset{Ph}{\overset{Ph}{\diagdown}}\underset{OH}{\overset{OH}{\diagdown}}$$

低价过渡金属钛亦是羰基化合物还原偶联的有效试剂，它们可由 $TiCl_4$ 与 $Mg(Hg)$（或 Zn）反应制得，利用二氯二茂钛与 $LiAlH_4$ 反应亦可制得。

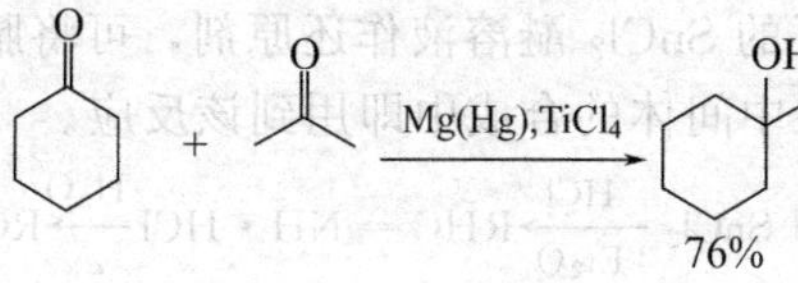

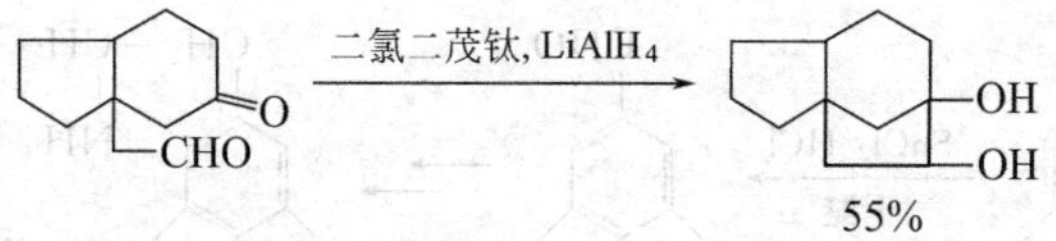

环己酮 + 丙酮 $\xrightarrow{Mg(Hg), TiCl_4}$ 产物 (76%)

醛 $\xrightarrow{二氯二茂钛, LiAlH_4}$ 产物 (55%)

11.2.4.6 其他金属参与的还原反应

其他活泼金属试剂中最常见的是锌。其中，Zn 对羰基化合物的还原，特别是羰基化合物与锌汞齐在浓 HCl 中共热，可使羰基还原成亚甲基，称为 Clemmensen 反应。一般情况下，碳碳双键不被还原，但共轭双键能被还原。故选择羰基还原成亚甲基的方法时，仅考虑反应条件的酸碱性是不够的。

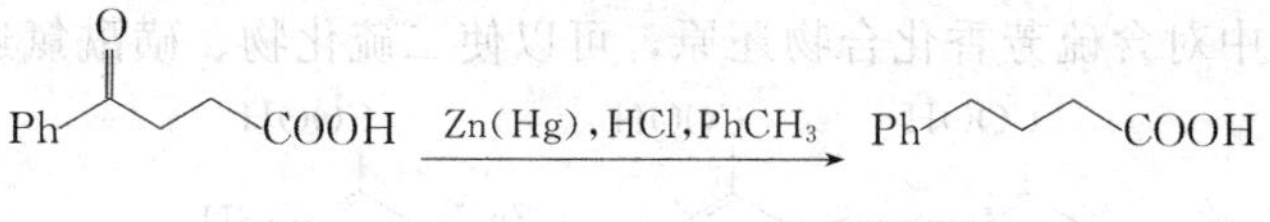

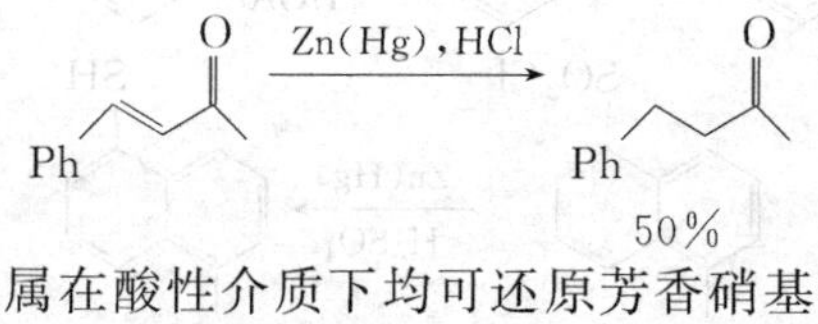

$$Ph-CO-CH_2CH_2-COOH \xrightarrow{Zn(Hg), HCl, PhCH_3} Ph-CH_2CH_2CH_2-COOH \quad 82\%\sim89\%$$

$$Ph-CH=CH-CO-CH_3 \xrightarrow{Zn(Hg), HCl} Ph-CH_2CH_2-CO-CH_3 \quad 50\%$$

另外，Zn、Fe、Sn 等金属在酸性介质下均可还原芳香硝基化合物为芳胺。

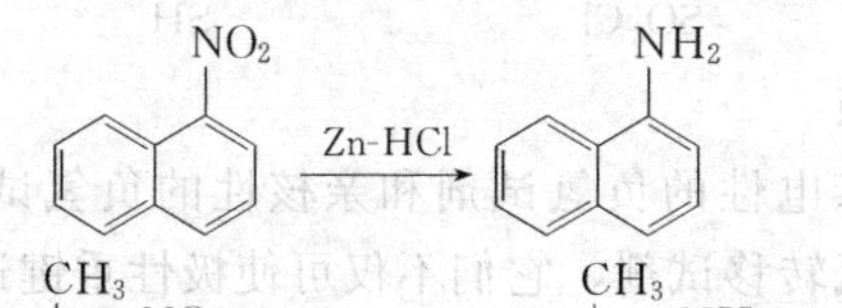

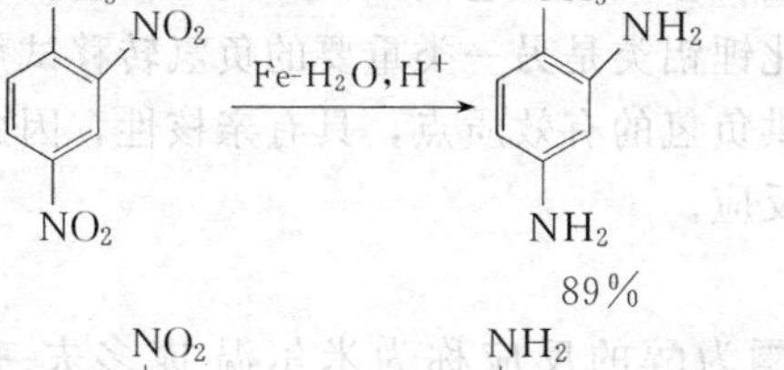

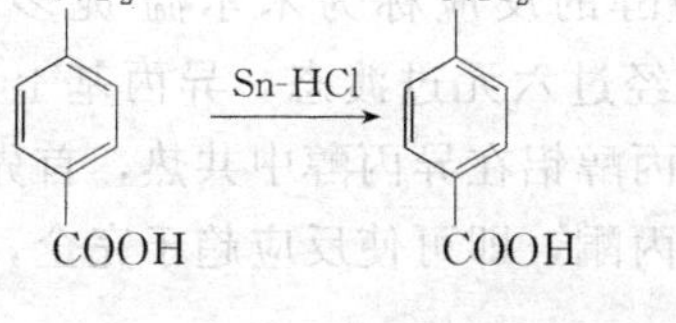

1-硝基萘 $\xrightarrow{Zn-HCl}$ 1-氨基萘

2,4-二硝基甲苯 $\xrightarrow{Fe-H_2O, H^+}$ 2,4-二氨基甲苯 (89%)

对硝基苯甲酸 $\xrightarrow{Sn-HCl}$ 对氨基苯甲酸

值得注意的是，Zn 在碱性介质中可进行双分子还原；低价铁盐［如 $FeSO_4$、$FeCl_2$、$Fe(Ac)_2$ 等］和 $SnCl_2$ 亦是常用的还原剂。

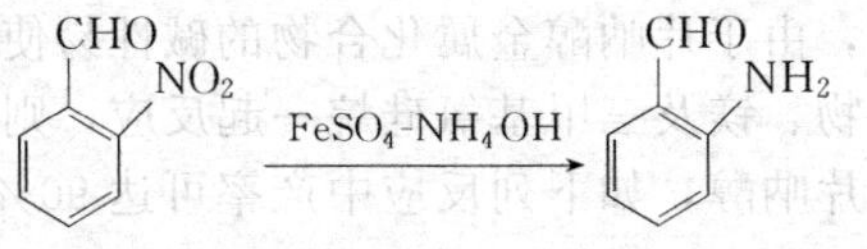

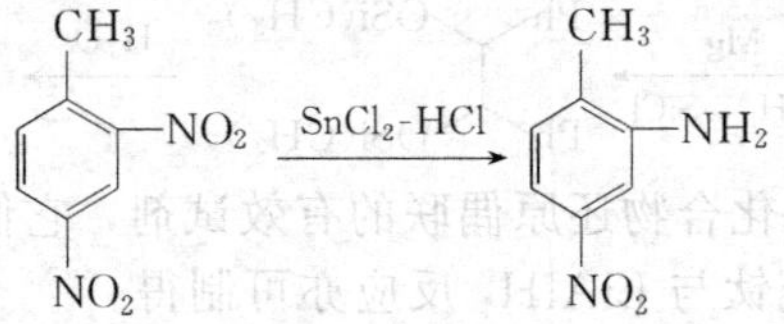

另外，用氯化氢气体饱和了的 $SnCl_2$ 醚溶液作还原剂，可将腈还原成醛，此法即斯蒂芬（Stephen）还原。例如，甲状腺中间体的合成中即用到该反应。

$$RC\equiv N + SnCl_2 \xrightarrow[Et_2O]{HCl} RHC=NH \cdot HCl \xrightarrow[\triangle]{H_2O} RCHO$$

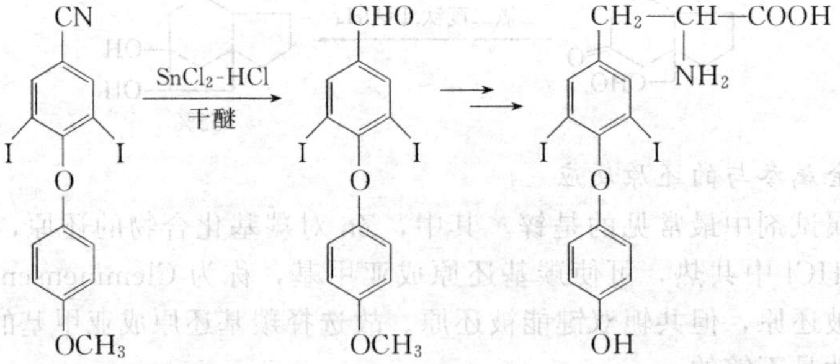

（甲状腺素）

Zn 在酸性介质中对含硫芳香化合物还原，可以使二硫化物、磺酰氯还原成为硫酚。

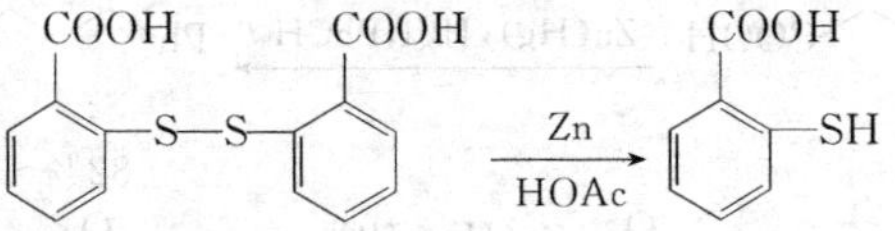

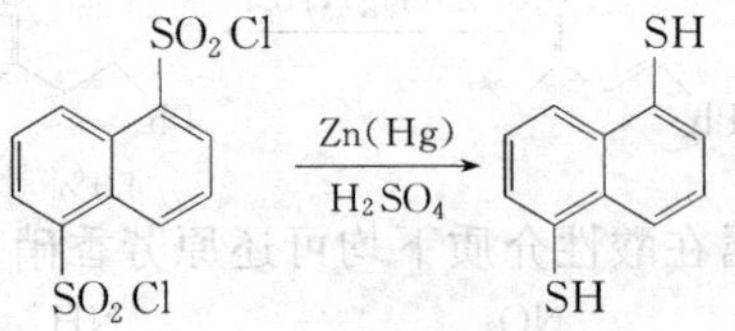

11.2.5 负氢转移试剂还原

负氢转移试剂可分为亲电性的负氢试剂和亲核性的负氢试剂。硼烷和醇铝具有缺电子性，均是重要的亲电性负氢转移试剂，它们不仅可使极性重键还原，亦可与碳碳重键发生亲电加成。硼氢化钠类、氢化锂铝类是另一类重要的负氢转移试剂，可被看成是金属氢化物的配合物，配合负离子是提供负氢的有效质点，具有亲核性，因此它们可使极性重键还原，但一般不与孤立的碳碳双键反应。

11.2.5.1 醇铝类还原剂

利用异丙醇还原醛、酮为醇的反应称为米尔温-庞多夫-韦尔莱还原反应（Meerwein-Ponndorf-Verley）还原。反应经过六元过渡态，异丙基上的氢以氢离子形式转移到羰基碳上。此反应将羰基化合物与异丙醇铝在异丙醇中共热，首先建立一平衡，若使用过量的溶剂从反应体系中不断蒸出生成的丙酮，即可使反应趋于完全，从而提高产率。

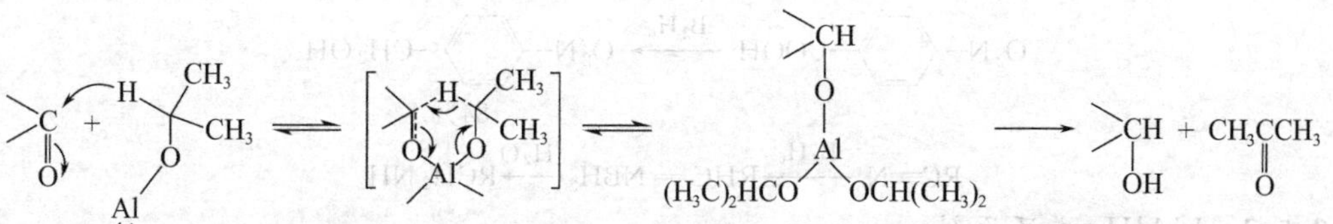

在还原过程中，由于试剂对碳碳重键（双键、三键）、硝基、酯基、卤素等均无还原作用，因此上述多官能团存在时对醛、酮的选择性还原等特别有实用价值。

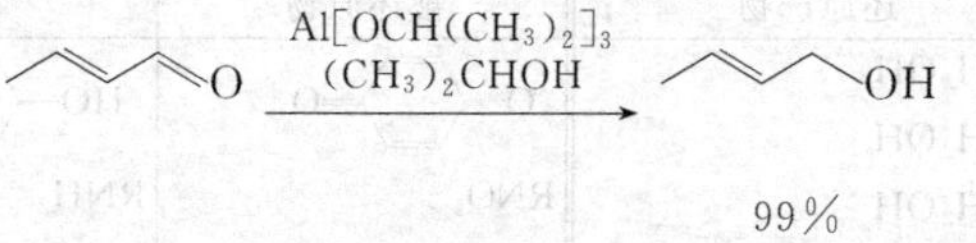

$$\text{CH}_3\text{CH=CHCHO} \xrightarrow[(CH_3)_2CHOH]{Al[OCH(CH_3)_2]_3} \text{CH}_3\text{CH=CHCH}_2\text{OH}$$
99%

$$CBr_3CHO \xrightarrow[(CH_3)_2CHOH]{Al[OCH(CH_3)_2]_3} CBr_3CH_2OH$$

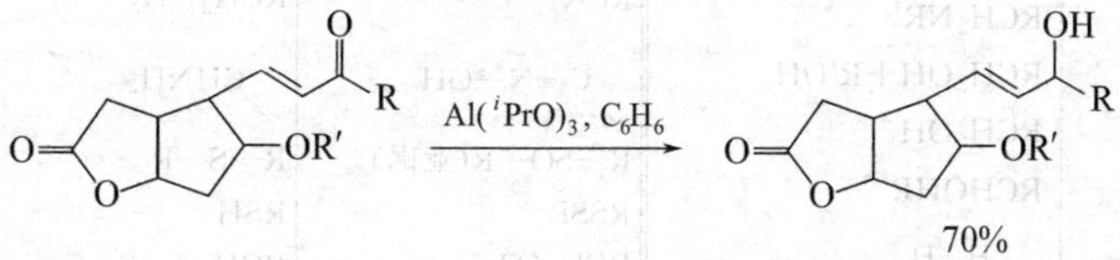

（环状底物结构式） $\xrightarrow{Al(^iPrO)_3, C_6H_6}$ （还原产物）
70%

除了异丙醇外，乙醇铝用得也较多，且具有类似的效果。这两种试剂都可通过金属铝与相应的醇类在 $HgCl_2$ 存在下制得，均在无水条件下使用（醇铝易水解）。

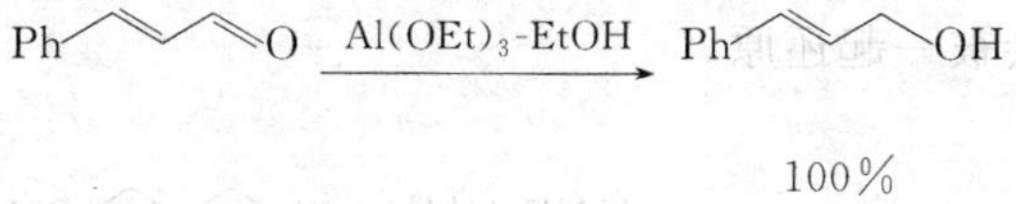

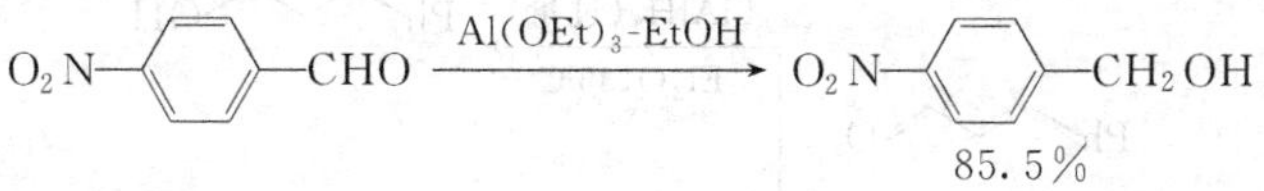

$$Ph\text{CH=CHCHO} \xrightarrow{Al(OEt)_3\text{-EtOH}} Ph\text{CH=CHCH}_2\text{OH}$$
100%

$$O_2N\text{-}C_6H_4\text{-CHO} \xrightarrow{Al(OEt)_3\text{-EtOH}} O_2N\text{-}C_6H_4\text{-CH}_2OH$$
85.5%

11.2.5.2 硼烷类还原剂

乙硼烷及其类似物与碳碳重键加成得到有机硼化物，再同有机酸发生溶剂解反应生成烷烃（对双键加成时）或烯烃（对三键加成时），该反应称为硼氢化-酸解反应。

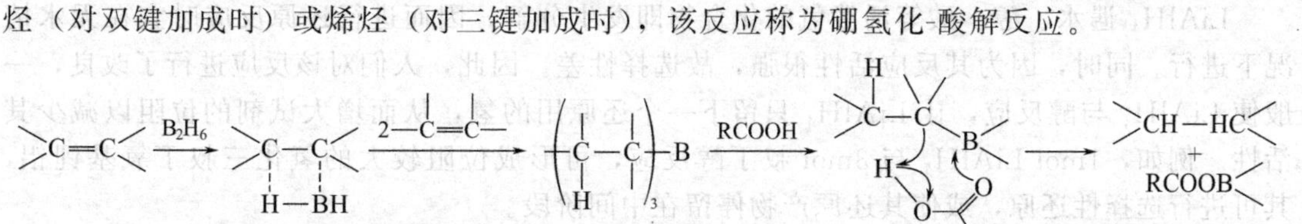

（反应机理示意图）

由于加成是通过四元环过渡态进行的，因此对三键加成时的产物是顺式的。

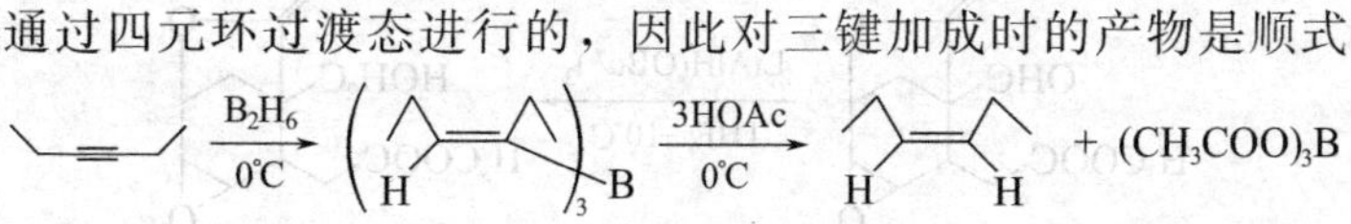

$$\text{CH}_3\text{CH}_2\text{C≡CH} \xrightarrow[0℃]{B_2H_6} (\text{顺式烯基硼})_3B \xrightarrow[0℃]{3HOAc} \text{顺式烯烃} + (CH_3COO)_3B$$

当分子中同时存在三键和双键时，双键优先反应。若同时存在多个双键时，位阻小的双键使用位阻大的硼烷如 $[(CH_3)_2CHC(CH_3)_2]_2BH$ 等可选择性地被还原。

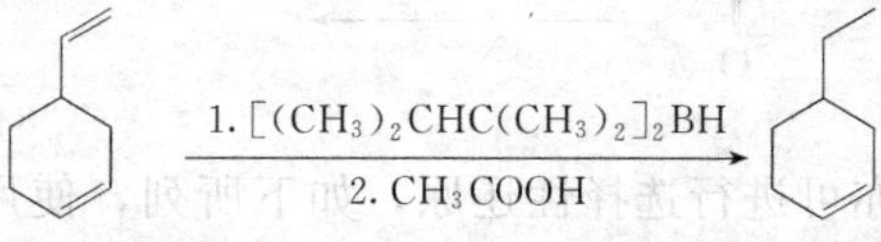

（乙烯基环己烯） $\xrightarrow[2. CH_3COOH]{1. [(CH_3)_2CHC(CH_3)_2]_2BH}$ （乙基环己烯）

另外，乙硼烷在室温下可使羰基、羧基、腈基、酰胺等多种不饱和基团能顺利还原。

$$O_2N-\text{C}_6\text{H}_4-COOH \xrightarrow{B_2H_6} O_2N-\text{C}_6\text{H}_4-CH_2OH \quad 84\%$$

$$RC\equiv N \xrightarrow{B_2H_6} RHC=NBH_2 \xrightarrow{H_2O} RCH_2NH_2$$

11.2.5.3 LiAlH$_4$ 类还原剂

LiAlH$_4$ 是应用十分广泛的"广谱"还原剂,其还原范围见表 11-3。

表 11-3 可被 LiAlH$_4$ 还原的化合物及其产物

被还原物	还原产物	被还原物	还原产物
RCOOH	RCH$_2$OH	O=C$_6$H$_4$=O	HO-C$_6$H$_4$-OH
(RCO)$_2$O	RCH$_2$OH	RNO$_2$	RNH$_2$
RCOCl	RCH$_2$OH	ArNO$_2$	Ar—N=N—Ar 或 Ar—NH—NH—Ar
RCONH$_2$	RCH$_2$NH$_2$	RNO(亚硝基化合物)	R—N=N—R
RCONHR'	RCH$_2$NHR'	RCN	RCH$_2$NH$_2$
RCONR'$_2$	RCH$_2$NR'$_2$	C=N-OH	CHNH$_2$
RCOOR'	RCH$_2$OH+R'OH	R—SO—R(亚砜)	R—S—R
RCHO	RCH$_2$OH	RSSR	RSH
RCOR'	RCHOHR'	RCH$_2$OTs	RCH$_3$
环氧化物 (H-C-C-H/O)	H-C-C-H (H₂/OH)	RSO$_2$X	RSH
		RCH$_2$X	RCH$_3$

LiAlH$_4$ 一般不还原碳碳双键,但其与羰基等极性基团共轭时,若使用过量的 LiAlH$_4$ 或反应温度较高时,亦会被一起还原。

$$Ph-CH=CH-CHO \xrightarrow[Et_2O, 35℃]{LiAlH_4(过量)} Ph(CH_2)_3OH$$

$$Ph-CH=CH-CHO \xrightarrow[Et_2O, -10℃]{LiAlH_4} Ph-CH=CH-CH_2OH$$

LiAlH$_4$ 遇水、醇、酸等活泼氢的化合物即发生分解,因而进行还原反应时宜在无水情况下进行。同时,因为其反应活性很强,故选择性差。因此,人们对该反应进行了改良,一般使 LiAlH$_4$ 与醇反应,让 LiAlH$_4$ 只留下一个还原用的氢,从而增大试剂的位阻以减少其活性。例如,1mol LiAlH$_4$ 与 3mol 叔丁醇反应,可形成位阻较大的氢化三叔丁氧基锂铝,其可进行选择性还原,或使其还原产物停留在中间阶段。

$$\xrightarrow{LiAlH(OBu^t)_3}_{THF, -10℃}$$
(OHC→HOH$_2$C, H$_3$COOC 保留)

$$\text{CH}_2=CH(CH_2)_8CONR_2 \xrightarrow{LiAlH(OBu^t)_3} \text{CH}_2=CH(CH_2)_8CHO \quad 84\%$$

类似地,其他改良试剂亦可进行选择性还原,如下所列,使用 3mol 改良试剂的目的是 1mol 试剂用于中和羧基,2mol 试剂用于还原酯基。

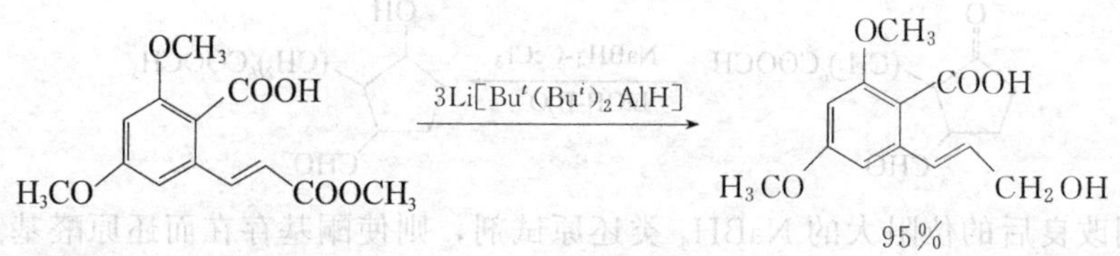

[反应式: 2,4-二甲氧基-6-(2-甲氧基羰基乙烯基)苯甲酸 经 $3Li[Bu^t(Bu^i)_2AlH]$ 还原为 2,4-二甲氧基-6-(2-羟乙基乙烯基)苯甲酸, 95%]

使用改良后的试剂, 可使腈的还原停留在亚胺阶段而得到醛.

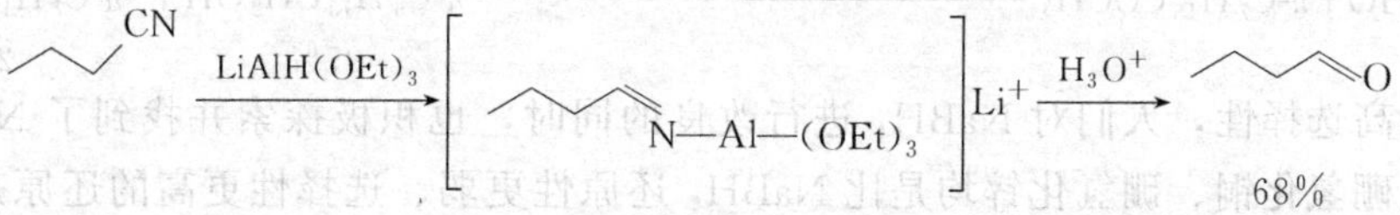

[反应式: $CH_3CH_2CH_2CH_2CN$ 经 $LiAlH(OEt)_3$ 生成亚胺铝中间体, 经 H_3O^+ 水解得丁醛, 68%]

下列的反应中, 既体现了改良 $LiAlH_4$ 试剂的选择性还原, 又体现了其对还原产物的控制性.

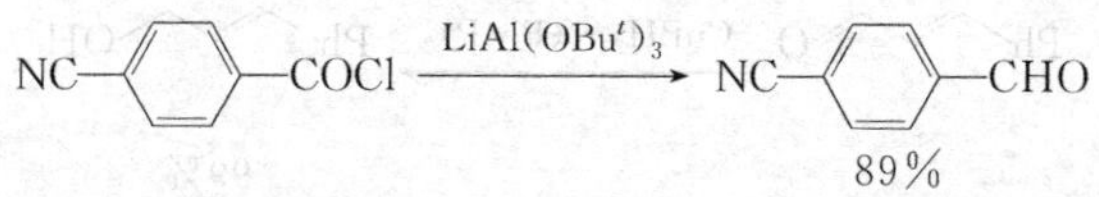

[反应式: $NC-C_6H_4-COCl$ 经 $LiAl(OBu^t)_3$ 还原为 $NC-C_6H_4-CHO$, 89%]

与此同时, 人们也在积极寻找合适的 $LiAlH_4$ 类似物. 例如, 氢化二 (β-甲氧基乙氧基) 钠铝可为酯还原的控制性试剂, 不会影响共轭的双键, 且对内酯可还原成环状半缩醛.

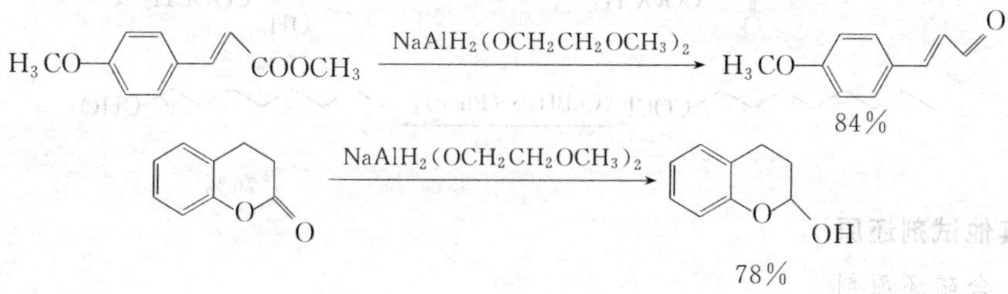

[反应式: $H_3CO-C_6H_4-CH=CH-COOCH_3$ 经 $NaAlH_2(OCH_2CH_2OCH_3)_2$ 还原为 $H_3CO-C_6H_4-CH=CH-CHO$, 84%]

[反应式: 香豆素(2H-色烯-2-酮) 经 $NaAlH_2(OCH_2CH_2OCH_3)_2$ 还原为2-羟基色满, 78%]

11.2.5.4 $NaBH_4$ 类还原剂

$NaBH_4$ 作用比 $LiAlH_4$ 缓和, 它只能还原羰基化合物或酰氯为醇, 且不影响碳碳双键与硝基. 与 $LiAlH_4$ 一样, $NaBH_4$ 与醛、酮反应时, 负氢从金属原子转移给羰基, $NaBH_4$ 试剂中四个氢原子均可被利用, 但转移速度逐渐减慢.

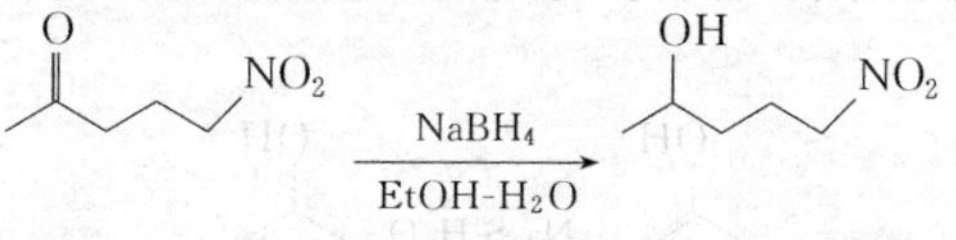

[反应式: $CH_3COCH_2CH_2CH_2NO_2$ 经 $NaBH_4$/EtOH-H_2O 还原为 $CH_3CH(OH)CH_2CH_2CH_2NO_2$]

$NaBH_4$ 在常温下与水反应较慢, 与醇反应更慢. 因此, 采用 $NaBH_4$ 作还原剂时, 可使反应在乙醇中进行. 另外, 在活性上比 $LiAlH_4$ 低, 而选择性比 $LiAlH_4$ 高的 $NaBH_4$ 已因价廉而见诸工业生产, $LiAlH_4$ 则因价格较贵而仅限于实验室中应用.

在不同条件下, 醛与酮之间优先反应的次序不同. 例如, 硫醇存在时, 醛基优先还原; 三氯化铈存在时, 醛基却可保留. 后者之所以如此, 可能是因为醛基先与醇形成缩醛, 继而酮被还原, 最后缩醛在反应条件下自行水解释放出醛基之故.

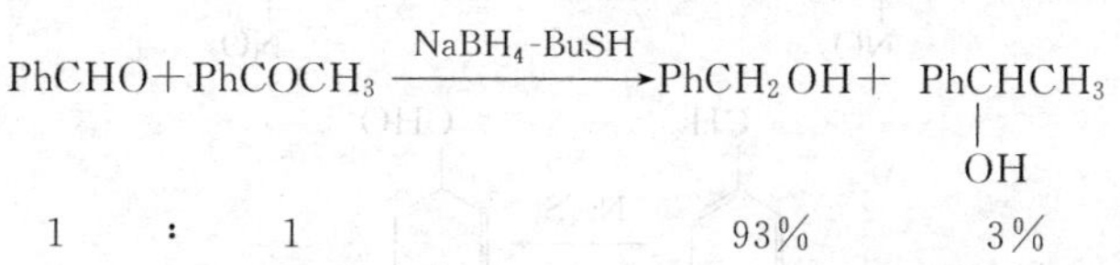

$$PhCHO + PhCOCH_3 \xrightarrow{NaBH_4\text{-}BuSH} PhCH_2OH + PhCH(OH)CH_3$$

$$1 \quad : \quad 1 \qquad\qquad 93\% \qquad 3\%$$

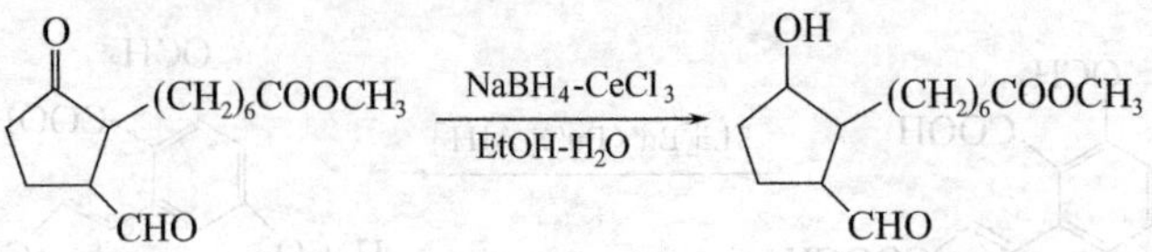

如果使用改良后的位阻大的 $NaBH_4$ 类还原试剂，则使酮基存在而还原醛基。

$$n\text{-}C_6H_{13}CHO + n\text{-}C_7H_{15}COCH_3 \xrightarrow{\text{氢化三(3,5-二叔丁基苯氧基)硼钠}} n\text{-}C_6H_{13}CH_2OH + n\text{-}C_7H_{15}\underset{OH}{CHCH_3}$$
$$97\% \qquad 2\%$$

为了提高选择性，人们对 $NaBH_4$ 进行改良的同时，也积极探索并找到了 $NaBH_4$ 类似物。例如，硼氢化铜、硼氢化锌均是比 $NaBH_4$ 还原性更弱、选择性更高的还原剂，它们可使 α,β-不饱和醛、酮高产率地生成烯丙醇类，酰氯只成为醛而不会被还原到醇。

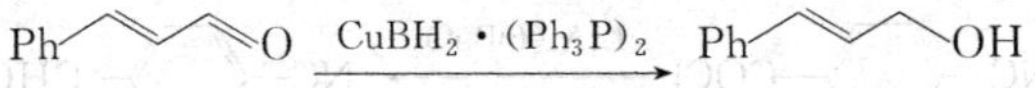

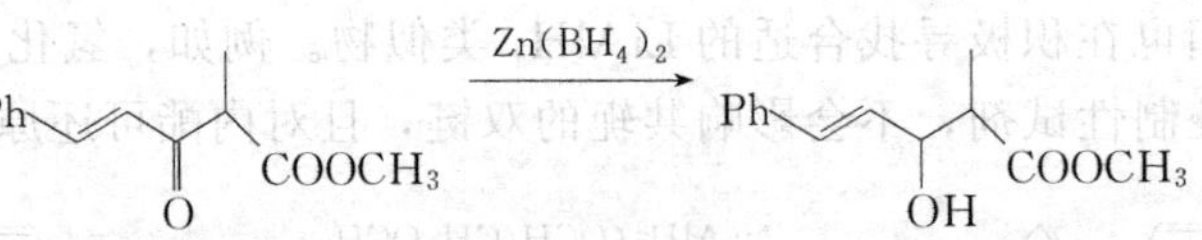

11.2.6 其他试剂还原

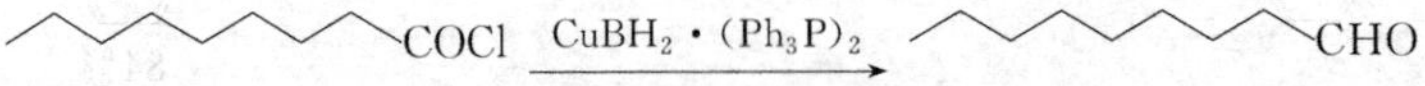

11.2.6.1 含硫还原剂

含硫无机化合物多为相当缓和的还原剂，此中包括硫化物（含硫氢化物、多硫化物）和含氮硫化物。前者常用的有 Na_2S、Na_2S_2、Na_2S_x 和 $NaHS$，多用于芳香硝基化合物的还原。当反应中存在多个硝基时，可选择性地进行部分还原。应用这类还原剂时，硫化物提供电子，水（或醇）为质子供给剂。值得注意的是，使用多硫化物还原对硝基甲苯时，甲基同时被氧化为醛基。

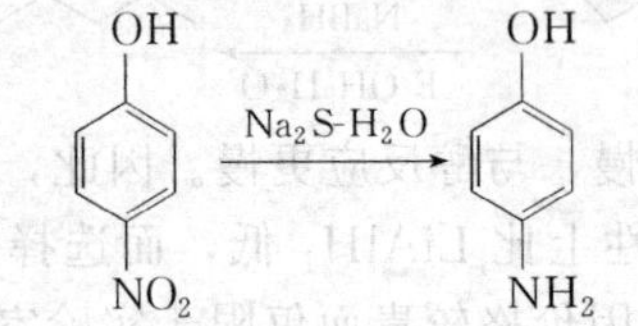

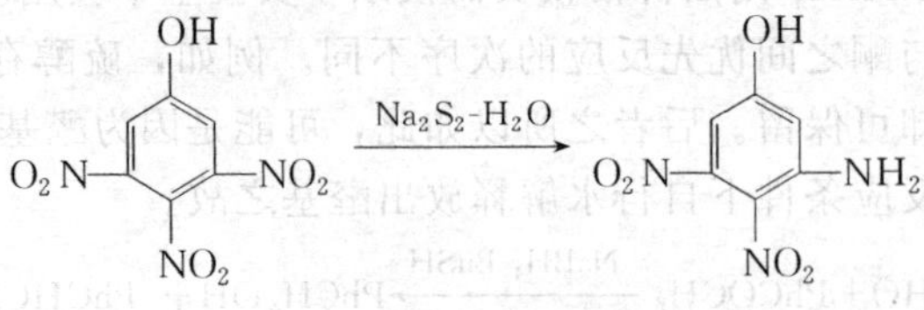

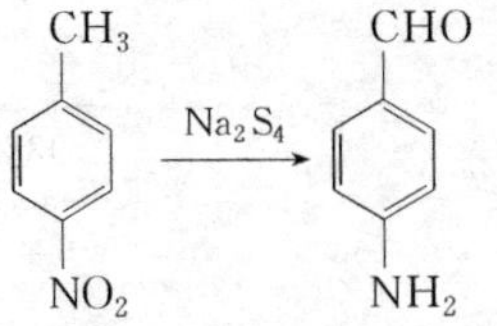

含氧硫化物应用较多的有亚硫酸盐、亚硫酸氢盐与连二亚硫酸盐。使用 NaHSO₃ 时，还发生磺化作用。Na₂S₂O₄（连二亚硫酸钠）在工业上俗称保险粉，常用于还原硝基酚为氨基酚。

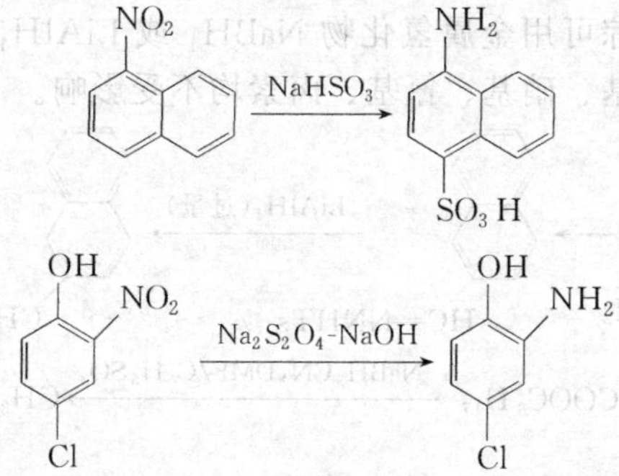

11.2.6.2 肼（NH₂NH₂）

肼能在碱性下将羰基还原成亚甲基，此即著名的沃尔夫-凯希涅尔-黄鸣龙还原反应。该法最初由 Wolf-Kishner 提出：将羰基化合物、无水肼及乙醇钠的乙醇溶液于封闭管或高压釜中于 160～200℃加热。

1946 年，我国化学家黄鸣龙对此反应进行了改进：将醛或酮和 85% 的水合肼及 KOH（或 NaOH）在高沸点溶剂如乙二醇、一缩二乙二醇、二缩三乙二醇中 170～200℃回流，常压下把羰基还原成亚甲基。相比之下，此法较前者简便、经济、安全，成为有工业价值的还原方法，故在教科书上亦称为黄鸣龙改良法。

肼还原法弥补了 Clemmensen 还原法的不足，它能适用于对酸敏感的吡咯、呋喃衍生物的还原。对甾酮及大分子量的羰基化合物还原，特别有效。

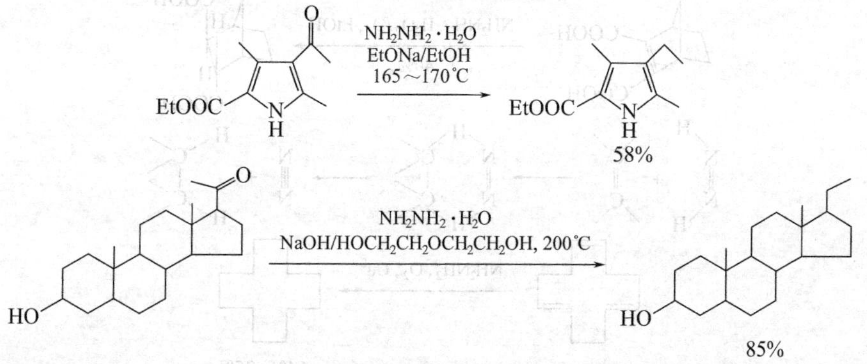

有时腙的分解可在较低温度下进行。例如，用叔丁醇钾作碱，腙在沸甲苯中即可分解；若用非质子极性溶剂 DMSO，腙的分解可室温下进行。

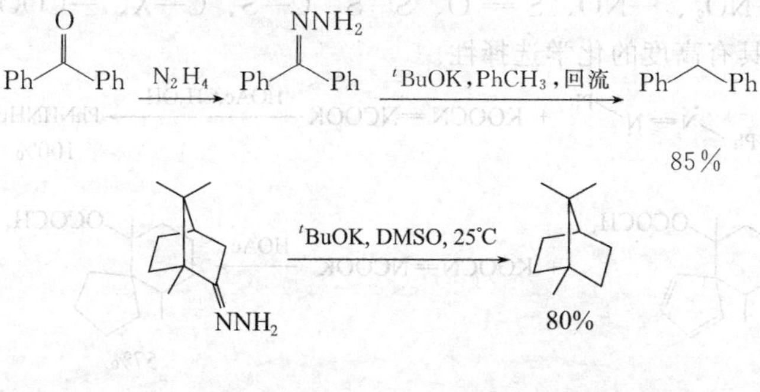

11.2.6.3 芳基磺酰肼 (ArSO$_2$NHNH$_2$)

黄鸣龙改良法不适用于碱敏感化合物的还原，但改用对甲苯磺酰肼则可适用，因为此法不需要用强碱。对甲苯磺酰腙可用金属氢化物 NaBH$_4$ 或 LiAlH$_4$ 还原；但氰基硼氢化钠选择性更佳，分子中存在的酯基、硝基、氰基、卤素均不受影响。

$$\text{ArCHO} + \text{TsSO}_2\text{NHNH}_2 \longrightarrow \text{ArHC=NNHTs} \xrightarrow{\text{LiAlH}_4(\text{过量})} \text{ArCH}_2\text{N}_2^- \xrightarrow[\text{2. H}_3\text{O}^+]{\text{1. }-\text{N}_2} \text{ArCH}_3$$

$$\text{TsHHN=C(CH}_2\text{)}_3\text{COOC}_8\text{H}_{17} \text{ (CH}_3\text{)} \xrightarrow{\text{NaBH}_3\text{CN, DMF/C}_4\text{H}_5\text{SO}_2} \text{CH}_3(\text{CH}_2)_4\text{COOC}_8\text{H}_{17} \quad 87\%$$

11.2.6.4 联亚胺 (NH=NH)

在氧或氧化剂存在下，肼可使孤立双键还原，但此反应真正的还原剂是联亚胺，它是在反应内部由肼氧化产生的。联亚胺的产生除肼氧化法外，常用的还有酰肼或磺酰肼的热分解、偶氮二羧酸盐的分解等多种方法。

$$\text{NH}_2\text{NH}_2 \xrightarrow{\text{Cu}^{2+}, \text{O}_2} \quad \text{NH}_2\text{NH}_2 \xrightarrow{\text{H}_2\text{O}_2}$$
$$\text{KOOCN=NCOOK} \xrightarrow[-2\text{CO}_2]{\text{H}^+} \text{NH=NH} \xleftarrow{\text{OH}^-} \text{ArSO}_2\text{NHNH}_2$$

联亚胺与碳碳双键的加成，具有顺式加成的立体化学特征，这是因为该反应可能是通过六元环过渡态完成的；而且，反式烯烃比顺式烯烃容易还原，位阻小的烯烃比位阻大的容易还原。

[降冰片烯二羧酸 + NH$_2$NH$_2$, H$_2$O$_2$/O$_2$, EtOH, 40% → 顺式二羧酸产物]

[联亚胺 + 烯烃 → 六元环过渡态 → 产物 + 烯烃]

[螺环二烯 + NH$_2$NH$_2$, O$_2$, Cu^{2+} → 螺环烷 64%~85%]

除烯烃外，联亚胺亦能还原其他对称的重键如 C≡C、N=N，而不对称的极性键如 C=O、C=N、—NO$_2$、—NO、S=O、S—S、C—S、C—X、—COOR 等则不被还原。因此，联亚胺还原具有高度的化学选择性。

$$\text{Ph}\ddot{\text{N}}=\text{N}\text{Ph} + \text{KOOCN=NCOOK} \xrightarrow{\text{HOAc, CH}_3\text{OH}} \text{PhNHNHPh} \quad 100\%$$

[螺[4.5]癸烯-OCOCH$_3$ + KOOCN=NCOOK $\xrightarrow{\text{HOAc}}$ 饱和产物 57%]

习 题

11.1 完成下列无机氧化剂进行的反应。

(1) 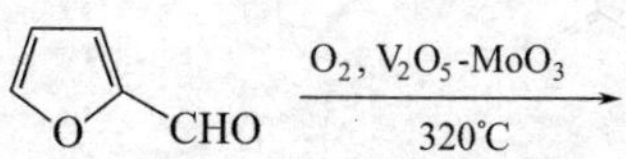 呋喃-2-CHO $\xrightarrow{O_2, V_2O_5\text{-}MoO_3}{320℃}$

(2) 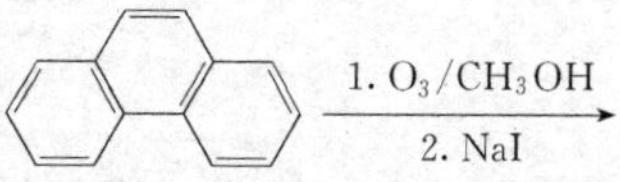 菲 $\xrightarrow{1. O_3/CH_3OH}{2. NaI}$

(3) 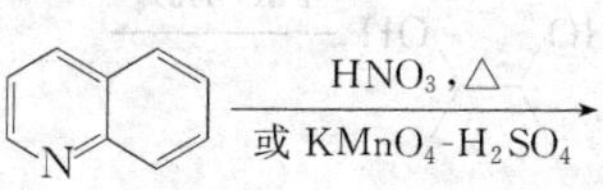 喹啉 $\xrightarrow{HNO_3, \triangle}{\text{或} KMnO_4\text{-}H_2SO_4}$

(4) 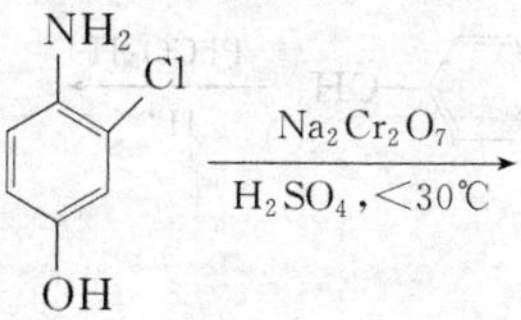 2-氯-4-羟基苯胺 $\xrightarrow{Na_2Cr_2O_7}{H_2SO_4, <30℃}$

(5) 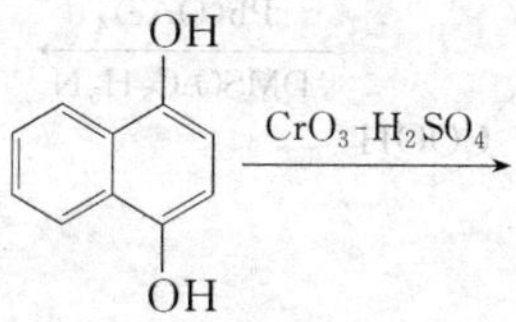 1,4-萘二酚 $\xrightarrow{CrO_3\text{-}H_2SO_4}$

(6) 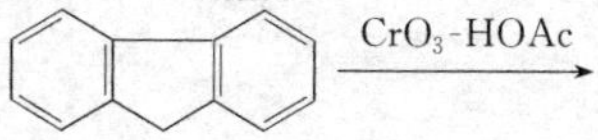 芴 $\xrightarrow{CrO_3\text{-}HOAc}$

(7) 4-碘甲苯 $\xrightarrow{1. CrO_3\text{-}CS_2}{2. H_2O}$

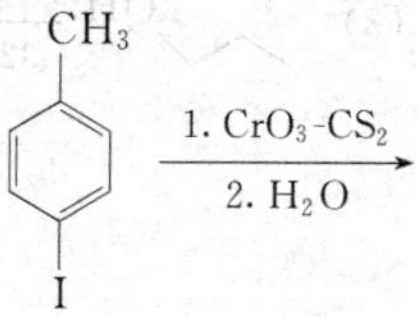

(8) 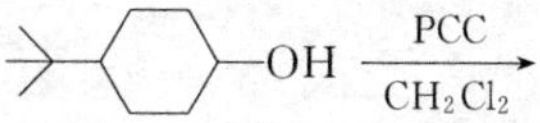 4-异丙基环己醇 $\xrightarrow{PCC}{CH_2Cl_2}$

(9) 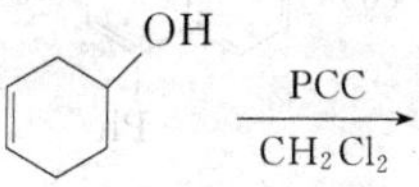 环己-2-烯-1-醇 $\xrightarrow{PCC}{CH_2Cl_2}$

(10) 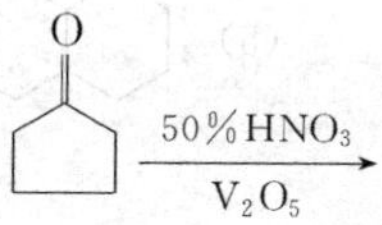 环戊酮 $\xrightarrow{50\% HNO_3}{V_2O_5}$

(11) 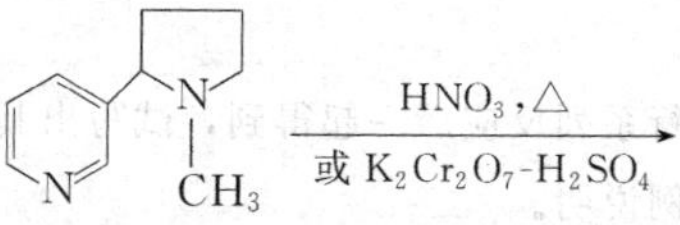 烟碱 $\xrightarrow{HNO_3, \triangle}{\text{或} K_2Cr_2O_7\text{-}H_2SO_4}$

(12) 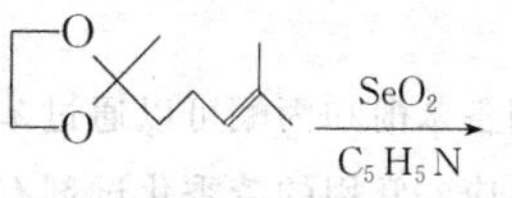 缩酮烯 $\xrightarrow{SeO_2}{C_5H_5N}$

(13) 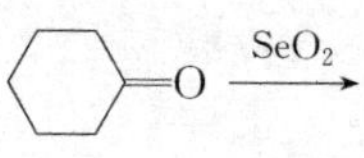 环己酮 $\xrightarrow{SeO_2}$

(14) 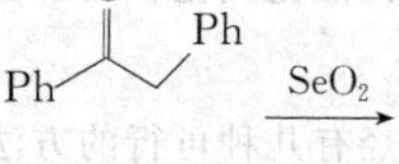 PhCOCH$_2$Ph $\xrightarrow{SeO_2}$

(15) 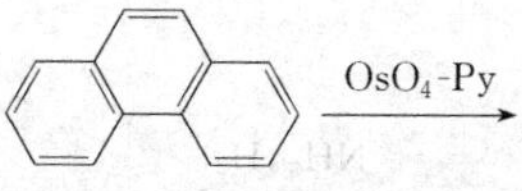 菲 $\xrightarrow{OsO_4\text{-}Py}$

(16) 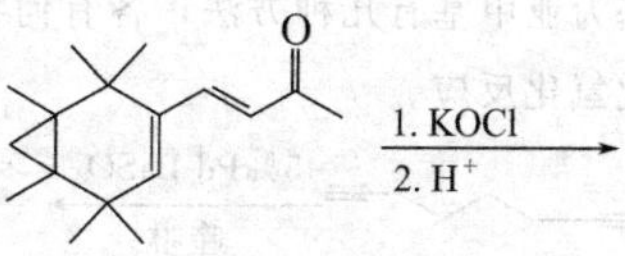 松节烯酮 $\xrightarrow{1. KOCl}{2. H^+}$

(17) 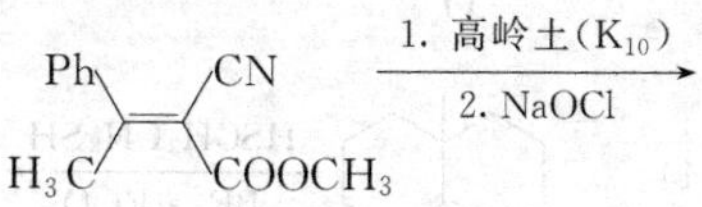 Ph(CH$_3$)C=C(CN)COOCH$_3$ $\xrightarrow{1. \text{高岭土}(K_{10})}{2. NaOCl}$

(18) 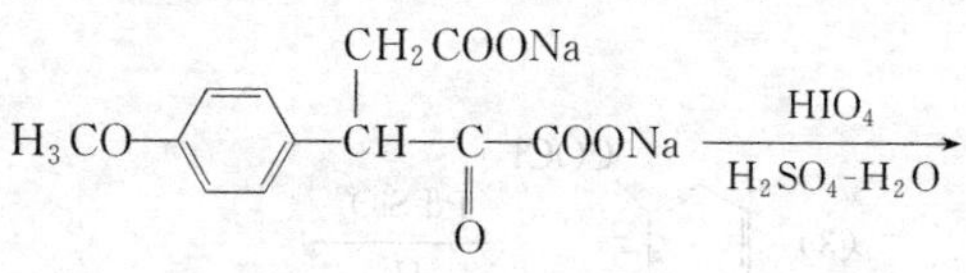 H$_3$CO-C$_6$H$_4$-CH(CH$_2$COONa)-CO-COONa $\xrightarrow{HIO_4}{H_2SO_4\text{-}H_2O}$

(19) 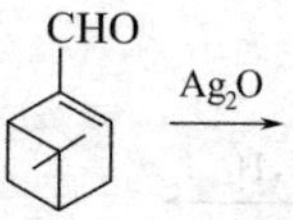 蒎烯-CHO $\xrightarrow{Ag_2O}$

(20) 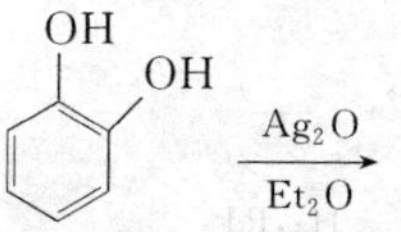 邻苯二酚 $\xrightarrow{Ag_2O}{Et_2O}$

11.2 完成下列用过氧酸和四醋酸铅进行的氧化反应。

(1) ![cyclohexyl methyl ketone] $\xrightarrow{\text{PhCO}_3\text{H}}{\text{CHCl}_3}$

(2) ![limonene] $\xrightarrow{m\text{-ClC}_6\text{H}_4\text{CO}_3\text{H}}$

(3) ![4-methylbenzophenone] $\xrightarrow{\text{PhCO}_3\text{H}}{\text{H}^+}$

(4) HO—CH(CH$_3$)—CH(CH$_3$)—OH $\xrightarrow{\text{Pb(OAc)}_4}$

(5) ![γ-lactone with CH₂COOH and R substituent] $\xrightarrow{\text{Pb(OAc)}_4\text{-Cu(OAc)}_2}{\text{C}_5\text{H}_5\text{N}}$

(6) ![cyclohexene dicarboxylic acid derivative] $\xrightarrow{\text{Pb(OAc)}_4}{\text{DMSO-C}_5\text{H}_5\text{N}}$

11.3 完成下列脱氢反应。

(1) ![methyl isopropyl tetralin] $\xrightarrow{\text{Pd-C}}$

(2) ![hexane] $\xrightarrow{\text{Cr}_2\text{O}_3\text{-Al}_2\text{O}_3}$

(3) CH$_3$CH$_2$CH$_2$OH $\xrightarrow[325℃]{\text{Cu}}$

(4) ![limonene] $\xrightarrow[280\sim300℃]{\text{Ni}}$

(5) ![decalin] $\xrightarrow[250℃]{\text{S}}$

(6) ![1-phenyltetralin] $\xrightarrow{\text{DDQ}}$

11.4 回答下列问题。

(1) 有机化工中制备苯酚和丙酮可以通过苯和丙烯进行系列反应后一起得到，试写出其系列反应式。

(2) 何谓芳香化反应？常用的芳香化试剂有哪些？举例说明。

(3) 举例解释下列名词：催化氢化、氢解反应、单分子还原与双分子还原、Birch 还原、电子转移试剂、负氢转移试剂。

(4) 由炔烃还原制备烯烃有几种可行的方法，各有何特点？举例说明。

(5) 还原羰基为亚甲基有几种方法，各有何特点？举例说明。

11.5 完成下列催化氢化反应。

(1) ![octa-1,7-diyne] $\xrightarrow[\text{喹啉}]{5\%\text{Pd-BaSO}_4}$

(2) ![2-pentanone] $\xrightarrow{\text{NH}_3,\text{H}_2}{\text{Ni}}$

(3) ![2-chlorobenzoyl chloride] $\xrightarrow{\text{Pd-SiO}_2}{\text{H}_2}$

(4) ![octalone] $\xrightarrow{\text{HSCH}_2\text{CH}_2\text{SH}}{\text{BF}_3\cdot\text{Et}_2\text{O}}$ $\xrightarrow{\text{Ni(R)}}{\text{H}_2}$

11.6 写出下列氢解反应产物。

(1) Ph—C(OH)(H)—COOH $\xrightarrow[25℃, 3.5\text{atm}]{\text{H}_2,\text{Pd}}$

(2) ![2-phenyl-1,3-dioxane] $\xrightarrow{\text{Pd-C},\text{H}_2}{\text{HAc},\text{HClO}_4}$

第 11 章 氧化还原反应

(3) [cycloheptanone with OCH$_2$Ph substituent] $\xrightarrow{\text{Pd-C, H}_2}$

(4) $(PhCH_2)_2NPh \xrightarrow[25℃, 1atm]{H_2, Pd}$

(5) $H_3CO-C_6H_4-C(CH_3)_2OH \xrightarrow[EtOH]{Na-NH_3(l)}$

(6) $PhCH_2-S-CH_2CH_2CH(NH_2)COOH \xrightarrow{Na-NH_3(l)}$

(7) $n\text{-}C_{15}H_{31}CH_2I \xrightarrow[HOAc-H_2O]{Zn}$

(8) [cyclohexyl bromide] $\xrightarrow[H_2O\text{-}PhCH_3]{NaBH_4\text{-}[^nBu_3PC_6H_{13}]^+Br^-}$

(9) [2-bromonaphthalene] $\xrightarrow[150℃]{^nBu_3SnH}$

(10) $H_3C-C_6H_4-SH \xrightarrow[H_2]{Ni(R)}$

(11) [5-butyl-thiophene-2-yl-CO-CH(OH)-CH$_2$CH$_2$CH$_2$-COOH] $\xrightarrow[2. HCl]{1. Ni(R)-Na_2CO_3-H_2O}$

11.7 写出下列活泼金属试剂还原的产物。

(1) $NC-CH_2CH_2CH_2CH_2-CN \xrightarrow{Na\text{-}EtOH}$

(2) $EtOOC-(CH_2)_5-COOEt \xrightarrow[(CH_3)_3SiCl]{Na\text{-}PhCH_3} \xrightarrow{H_3O^+}$

(3) [o-xylene] $\xrightarrow[Et_2O]{Na\text{-}NH_3\text{-}EtOH}$

(4) [nitrobenzene] $\xrightarrow[EtOH]{Na\text{-}NH_3}$

(5) [1-nitronaphthalene] $\xrightarrow[H^+]{Fe\text{-}H_2O}$

(6) [4-nitrobenzoic acid] $\xrightarrow{FeSO_4\text{-}NH_3 \cdot H_2O}$

(7) [3-nitrobenzaldehyde] $\xrightarrow{SnCl_2\text{-}HCl}$

11.8 完成下列氢负转移试剂还原反应。

(1) [2-nitrobenzaldehyde] $\xrightarrow[^iPrOH]{Al(O^iPr)_3}$

(2) [furan-2-carbaldehyde] $\xrightarrow[EtOH]{Al(OEt)_3}$

(3) $Cl_3CCHO \xrightarrow[EtOH]{Al(OEt)_3}$

(4) [phthalic anhydride] $\xrightarrow{LiAlH_4}$

(5) [2-methoxybenzoyl chloride] $\xrightarrow{LiAlH_4}$

(6) [2-methylbenzonitrile] $\xrightarrow[Et_2O]{LiAlH_4}$

(7) $(CH_3)_2CH-CN \xrightarrow{LiAlH(OEt)_3}$

(8) [4-cyanocyclohexanone] $\xrightarrow[2. H_2O]{1. NaBH_4}$

(9) 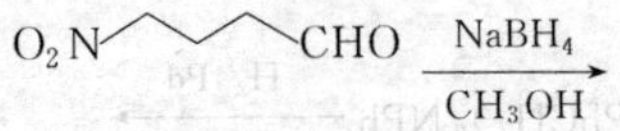 $O_2N-CH_2CH_2CH_2-CHO \xrightarrow{NaBH_4}{CH_3OH}$

11.9 完成下列还原反应。

(1) 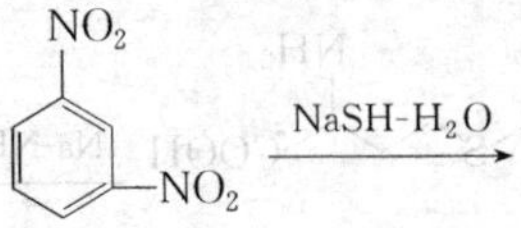 3,5-dinitrobenzene $\xrightarrow{NaSH-H_2O}$

(2) 4-nitrophenol $\xrightarrow{Na_2S_2O_4-NaOH}{EtOH}$

(3) 3-methyl-2-hydroxybenzaldehyde $\xrightarrow{NH_2NH_2, KOH}$

(4) $PhHC=C(H)-COOCH_3 + KOOCN=NCOOK \xrightarrow{HOAc}{\text{dioxane}, \triangle}$

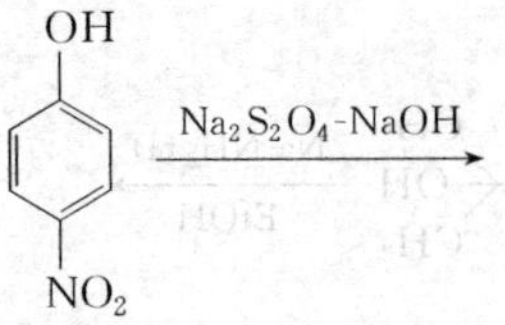

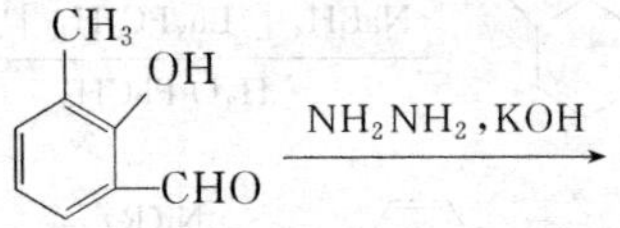

(5) $PhHC=C(H)-Br + KOOCN=NCOOK \xrightarrow{HOAc}{\text{dioxane}}$

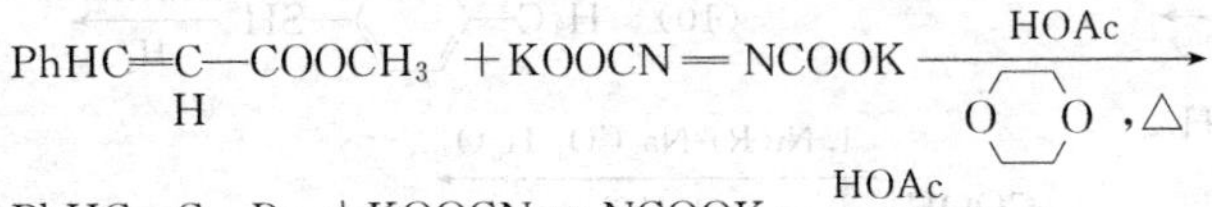

习题参考答案

11.1

(1) 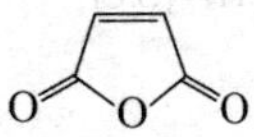 maleic anhydride

(2) 2,2'-biphenyldicarbaldehyde

(3) pyridine-2,3-dicarboxylic acid

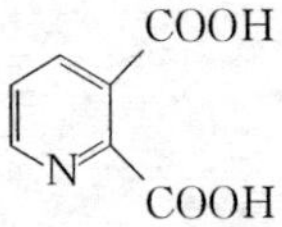

(4) 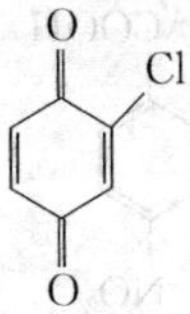 2-chloro-1,4-benzoquinone

(5) 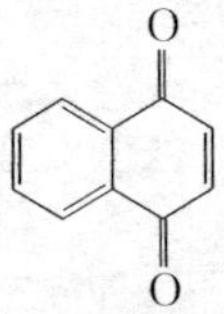 1,4-naphthoquinone

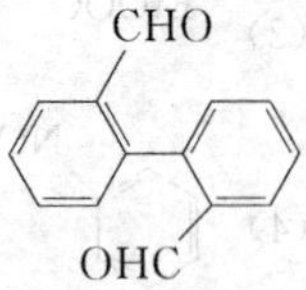

(6) 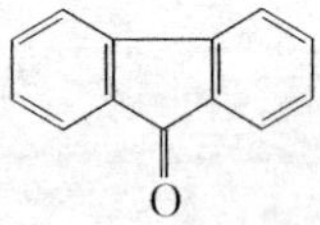 fluorenone

(7) 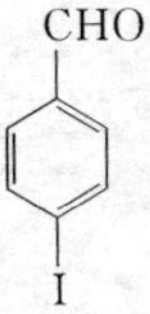 4-iodobenzaldehyde

(8) 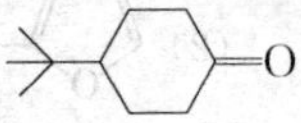 4,4-dimethylcyclohexanone

(9) 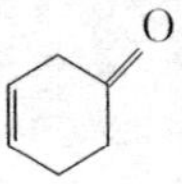 cyclohex-2-enone

(10)  $HOOC-(CH_2)_3-COOH$

(11) 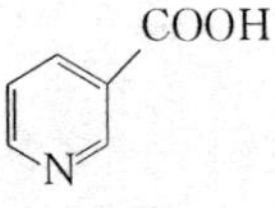 nicotinic acid

(12) 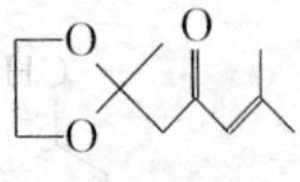 2,2-dimethyl-2-(3-methylbut-2-enoyl)-1,3-dioxolane

(13) 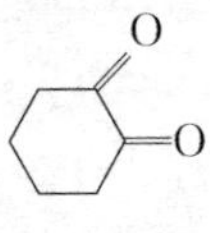 1,2-cyclohexanedione

(14) 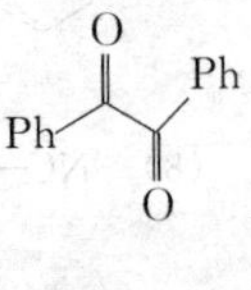 $Ph-CO-CO-Ph$

（15）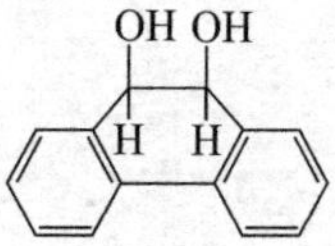

（16）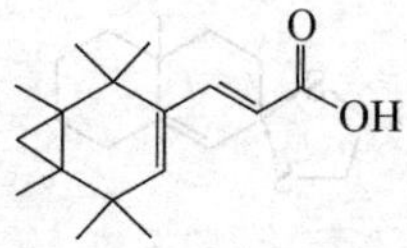

（17）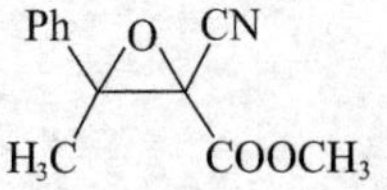

（18）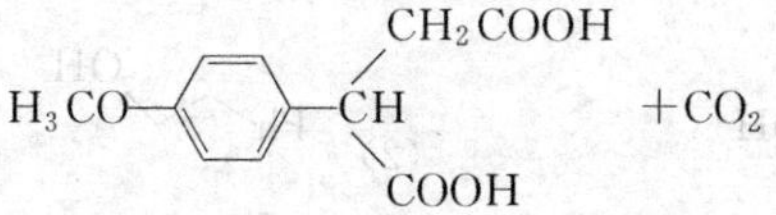

（19）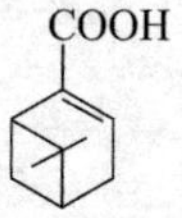

（20）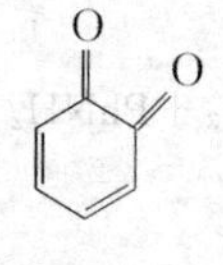

11.2

（1）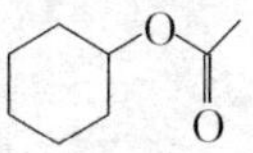

（2）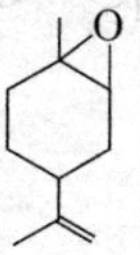

（3）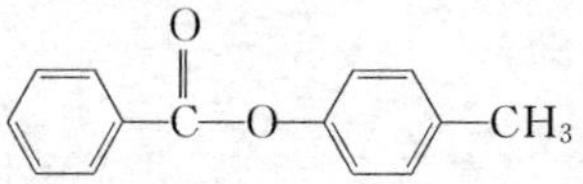

（4）$2CH_3CHO$

（5）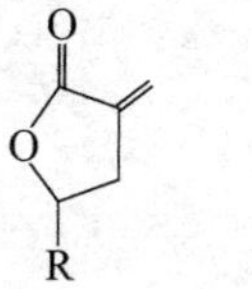

（6）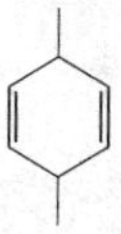

11.3

（1）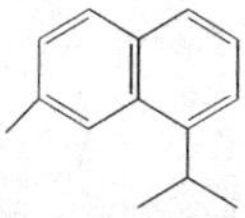

（2）

（3）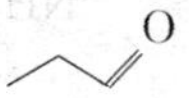

（4）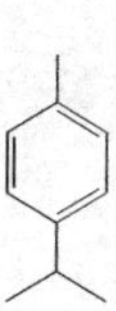

（5）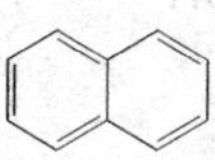

（6）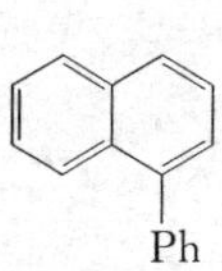

11.4

（1）

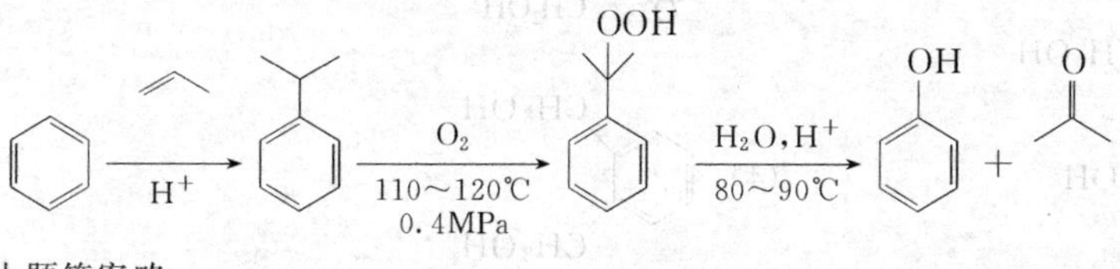

（2）到（5）小题答案略

11.5（1）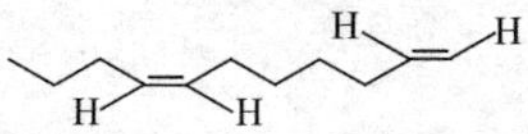

（2）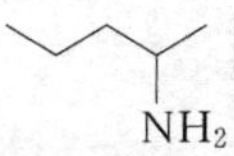

(3) 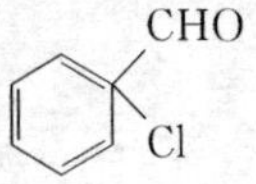 2-chlorobenzaldehyde structure

(4) 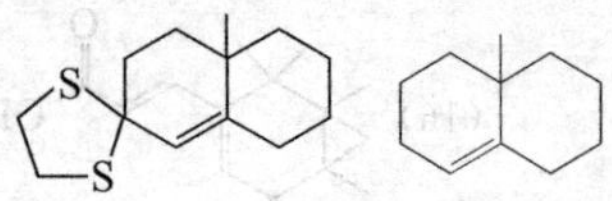 two decalin-type structures with dithiolane

11.6

(1) 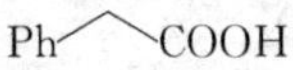 PhCH₂COOH

(2) 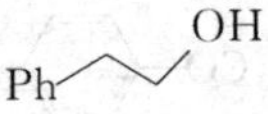 PhCH₂CH₂OH

(3) 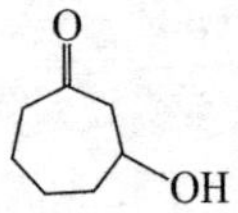 3-hydroxycycloheptanone + PhCH₃

(4) 2PhCH₃ + PhNH₂

(5) 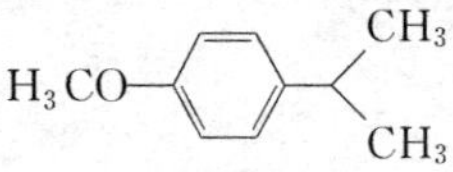 H₃CO-C₆H₄-CH(CH₃)₂ (p-methoxycumene)

(6) PhCH₃ + HSCH₂CH₂CH(NH₂)COOH

(7) n-C₁₅H₃₁CH₃

(8) 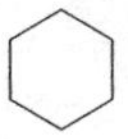 cyclohexane

(9) 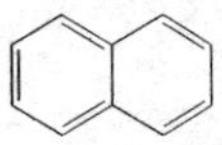 naphthalene

(10) 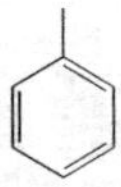 toluene

(11) 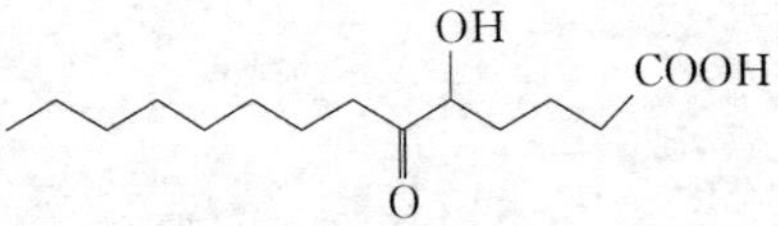 CH₃(CH₂)₇-C(=O)-CH(OH)-CH₂CH₂CH₂COOH

11.7

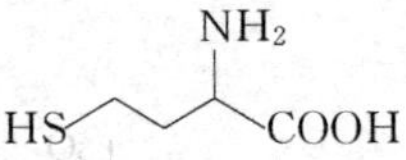

(1) 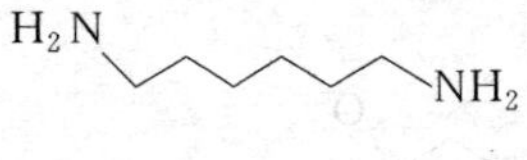 H₂N(CH₂)₆NH₂

(2) 1,2-bis(trimethylsilyloxy)cycloheptene

2-hydroxycycloheptanone

(3) 2,3-dimethyl-1,3-cyclohexadiene (o-methyltoluene diene)

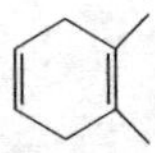

(4) 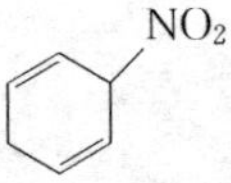 3-nitrocyclohexadiene

(5) 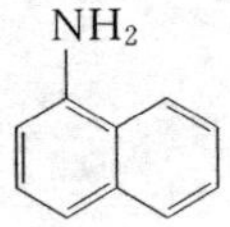 1-aminonaphthalene

(6) 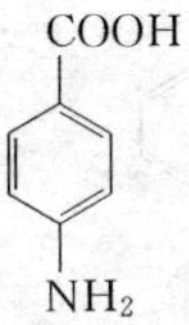 4-amino benzoic acid (with NH₂ and COOH)

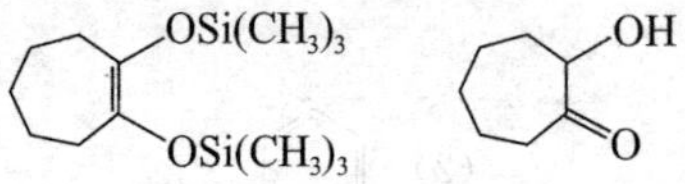

(7) 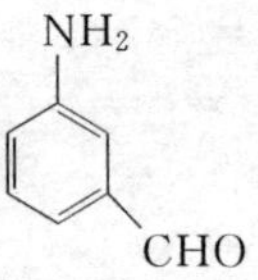 3-aminobenzaldehyde

11.8

(1) 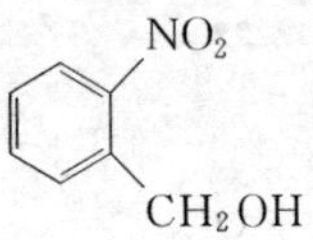 o-nitrobenzyl alcohol (NO₂, CH₂OH)

(2) 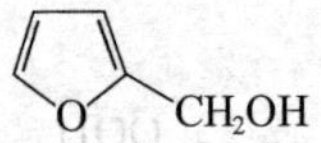 furfuryl alcohol (furan-CH₂OH)

(3) Cl₃CCH₂OH

(4) 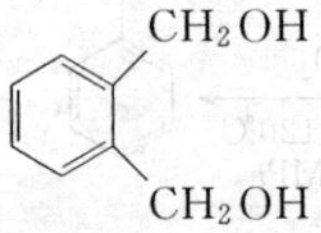 1,2-benzenedimethanol (o-C₆H₄(CH₂OH)₂)

(5) 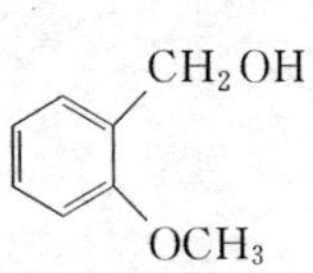 2-methoxybenzyl alcohol (CH₂OH, OCH₃)

(6) 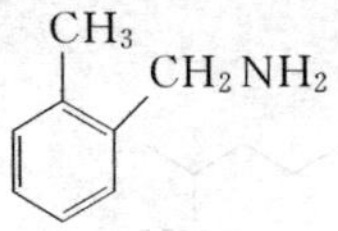 2-methylbenzylamine (CH₃, CH₂NH₂)

(7) (CH₃)₂CHCHO (8) NC—C₆H₁₀—OH (4-hydroxy-cyano-cyclohexane)

(9) O₂N-CH₂CH₂CH₂-CH₂OH

11.9

(1) 3-nitroaniline (NO₂ / NH₂ on benzene)

(2) 4-aminophenol (OH / NH₂ on benzene)

(3) 2,6-dimethylphenol (CH₃ / OH / CH₃)

(4) Ph(CH₂)₂COOCH₃

(5) PhCH₂CH₂Br

参 考 文 献

[1] 王凯，张代军，王鹏，林森，周晋，孙宏. 离子液体在 Wacker 反应中的应用 [J]. 应用化学，2007，24（4）：392-395.

[2] Wang Z-Y, Jiang H-F, Qi C-R, Wang Y-G, Dong Y-S, Liu H-L. PS-BQ: an efficient polymer-supported cocatalyst for Wacker reaction in supercritical carbon dioxide [J]. Green Chem, 2005, 7 (8): 582-585.

[3] 申艳霞，江焕峰，汪朝阳. 缩醛化反应研究进展 [J]. 有机化学，2008，28（5）：782-790.

[4] 戚朝荣，江焕峰. 超临界二氧化碳介质中的有机反应 [J]. 化学进展，2010，22（7）：1274-1285.

[5] Pai Z P, Berdnikova P V, Nosikov A A. Catalytic Epoxidation of α, β and β, γ-Unsaturated Bicyclic Ketones with Hydrogen Peroxide [J]. Russ J Appl Chem, 2007, 80 (12): 2100-2103.

[6] Hasan K, Brown N, Kozak C M. Iron-catalyzed epoxidation of olefins using hydrogen peroxide [J]. Green Chem, 2011, 13 (5): 1230-1237.

[7] Chattopadhyay T, Kogiso M, Aoyagi M, Yui H, Asakawab M, Shimizub T. Single bilayered organic nanotubes: anchors for production of a reusable catalyst with nickel ions [J]. Green Chem, 2011, 13 (5): 1138-1140.

[8] Claessens S, Habonimana P, Kimpe N D. Synthesis of naturally occurring naphthoquin-one epoxides and application in the synthesis of β-lapachone [J]. Org Biomol Chem, 2010, 8 (16): 3790-3795.

[9] 李记太，刘献锋，刘晓茹，李玲. 碱性氧化铝固载氟化钾催化查尔酮的环氧化反应 [J]. 有机化学，2008，28（12）：2162-2165.

[10] 李秀荣，毛建新，徐羽展，项波卡，郑小明. Baeyer-Villiger 氧化反应催化体系的研究新进展 [J]. 石油化工，2004，33（7）：684-689.

[11] 陈晓，花文廷. 酰胺还原反应研究进展 [J]. 化学通报，2001，64（12）：749-754.

[12] 刘鹏，江焕峰. 潜手性 Schiff 碱不对称催化还原反应研究进展 [J]. 有机化学，2004，24（10）：1317-1322.

[13] 尹静梅，张瑞，贾颖萍，崔颖娜，周广运，高大彬. 芳香硝基化合物还原制备芳胺的研究进展 [J]. 化学研究，2010，21（1）：96-101.

第 12 章 分子重排反应

在有机化学反应中，取代基从一个原子迁移到另一个原子上，碳胳或官能团的位置发生变化的一类反应称为分子重排。分子重排反应是一类很重要的有机化学反应，对于研究反应历程，了解有关的有机反应如何进行？以及有机合成，都具有很重要的科学意义。

12.1 分子重排反应的分类与研究方法

12.1.1 常见的分子重排反应分类

目前，分子重排反应的分类方法较多，常见的包括有以下 8 种。

(1) 按反应历程分 按反应历程，可将分子重排分为离子型重排与自由基重排（或游离基重排）。离子型重排又分为亲核重排（也称为缺电子重排）、亲电重排（也称富电子重排）两类。

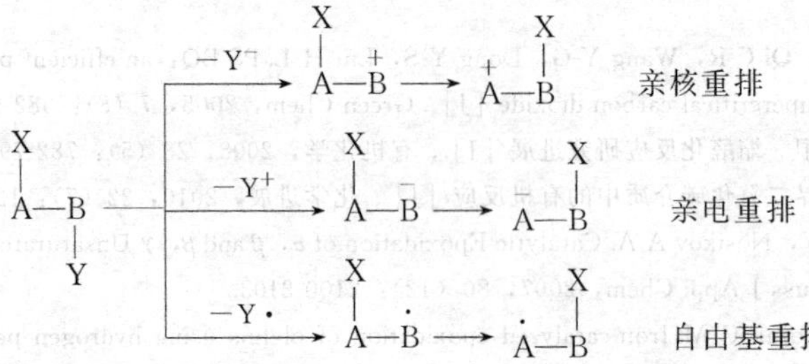

$$\begin{array}{c} X \\ | \\ A-B \\ | \\ Y \end{array} \begin{array}{c} \xrightarrow{-Y^-} \\ \xrightarrow{-Y^+} \\ \xrightarrow{-Y\cdot} \end{array} \begin{array}{c} X \\ | \\ A-B \\ \\ X \\ | \\ A-B \\ \\ X \\ | \\ A-B \end{array} \longrightarrow \begin{array}{c} X \\ | \\ A-B \\ \\ X \\ | \\ A-B \\ \\ X \\ | \\ A-B \end{array} \begin{array}{l} 亲核重排 \\ \\ 亲电重排 \\ \\ 自由基重排 \end{array}$$

(2) 按发生反应的范围分 按发生反应的范围，可将重排分为分子内重排与分子间重排。分子内重排发生于分子内部，迁移的基团始终未脱离原来分子的范围；而分子间重排反应与普通的先分解再结合的反应很相似，在重排中，迁移集团完全脱离了原来的分子。

也有一些有机化学家并不赞同这种分类方法，他们认为：真正的分子重排，迁移基团始终未离开分子范围，而分子间重排有些实际上是分子间的取代反应，如苯基重氮氨基苯在酸性溶液中生成对氨基偶氮苯就是这种重排反应。

(3) 按有机化合物类型分 按有机化合物类型，分子重排可分为脂肪族化合物重排、芳香族化合物重排及杂环化合物重排三类。

(4) 按迁移基的相对位置分 按迁移基的相对位置，分子重排分为 1,2-、1,3-、1,5-迁移等重排。分子重排反应中，大部分转移都是由一个原子转移至相邻原子上，即 1,2-迁移重排。

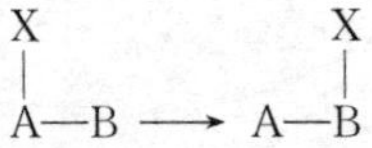

$$\begin{array}{c} X \\ | \\ A-B \end{array} \longrightarrow \begin{array}{c} X \\ | \\ A-B \end{array}$$

(5) 按元素种类分 按重排前后键所连的元素不同，分子重排可分为 C→C、C→N、C→O、O→C、N→C、O→P 等键上迁移重排。例如，片呐醇重排属 C→C 的亲核重排，贝克曼（Beckmann）重排是 C→N 的亲核重排。

(6) 按反应是否加热分 按反应是否加热（>200℃），分子重排可分为热重排和非热重排。

(7) 按光学活性分 根据重排前后化合物的光学活性变化，分子重排可为光学活性保持的重排和光学活性消失的重排。

(8) 按官能团分 除上面的类型之外，还可按照官能团进行分类，如烷基重排、过氧化氢重排等。

12.1.2 分子重排反应历程的研究方法

分子重排反应历程的研究工作，是很复杂的，凡是能够影响反应历程的各种因素，如反应物的性质、试剂的性质、溶剂的极性、温度、催化剂等都应加以考虑。研究上经常采用中间体的分离及鉴定法、交叉实验法、示踪原子法、立体化学研究及动力学研究等方法。

(1) 交叉实验法 向反应混合物中加入另一种化合物，观察重排后产物的变化，如果迁移基团在反应过程中完全脱离原来分子，则可能与加入的化合物生成另一种新化合物。因此，如发生这种情况，则证明该反应未进行分子间重排；如无这种情况发生，则为分子内重排。

例如，苯基重氮氨基苯加 HCl 可重排为对氨基偶氮苯，若向反应混合物中加入苯酚或 β-萘酚，则可得到对羟基偶氮苯或 β-萘酚的偶联产物，说明反应中裂解出了重氮盐离子，故应属于分子间重排反应。

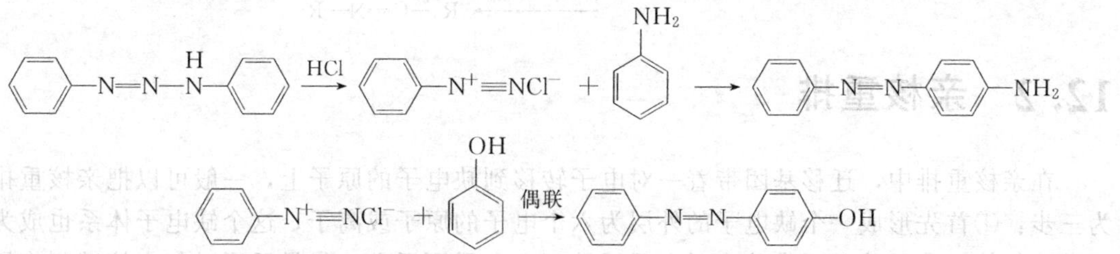

也可将两种能发生重排的反应物放在一起，若是分子间重排，则得到交叉产物；如果是分子内重排，则无交叉产物生成。例如，联苯胺重排是一种分子内重排，故采用两种反应物并不产生交叉产物。

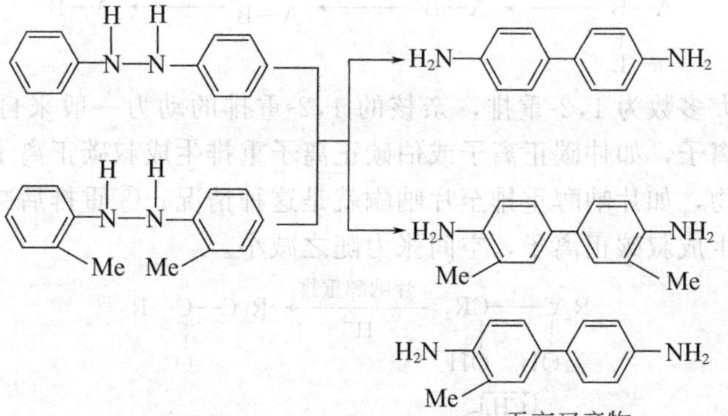

(2) 立体化学的研究 如果反应物具有旋光性，可从重排后是否保持其旋光性来判断有关历程。例如，贝克曼重排中，若反应物有旋光性，重排后形成 99.6% 光学纯的酰胺，即旋光性在重排后保留下来，说明构型保持不变，即手性碳原子上的构型没有改变，证明重排过程中迁移基团并没有脱离原来分子而裂解下来——因为如果裂解下来，则应得到外消旋化的产物，所以贝克曼重排是分子内重排。

(3) 示踪原子法 应用示踪原子的方法可得到一些直接的有用的信息，如 Claisen 重排就是通过采用示踪原子法对其历程作进一步确证的。

$$\text{PhO-CH}_2\text{-CH=}{}^*\text{CH}_2 \longrightarrow \text{(邻位)-OH, } {}^*\text{CH}_2\text{-CH=CH}_2$$

$$\text{2,6-(CH}_3)_2\text{-C}_6\text{H}_3\text{-O-CH}_2\text{-CH=}{}^*\text{CH}_2 \longrightarrow \text{4-(}{}^*\text{CH}_2\text{-CH=CH}_2\text{)-2,6-(CH}_3)_2\text{-C}_6\text{H}_2\text{-OH}$$

(4) 中间体的研究 重排反应中生成的中间体有的可通过分离、鉴定或捕捉来进行研究，为重排机理提供证据。例如，Beckmann 重排中生成了活性中间体 $R'-C^+=N-R$ 可用核磁共振谱直接证明其存在，而且还可加入试剂进行捕捉。

$$R'-\overset{+}{C}=N-R \xrightarrow[R_2''\text{AlSR}'']{R''\text{MgX}} \begin{array}{l} R'-\underset{R''}{\overset{R''}{C}}-N=R \\[4pt] R'-\underset{SR''}{\overset{SR''}{C}}=N-R \end{array}$$

12.2 亲核重排

在亲核重排中，迁移基团带着一对电子转移到缺电子的原子上，一般可以把亲核重排分为三步：①首先形成一个缺电子的外层为六个电子的原子或离子，这个缺电子体系也成为开放的六偶体；②迁移基团带着一对电子迁移至六电子原子上；③最后通过与亲核试剂作用或发生消去等形成产物。当然，有时其中两步或者三步实际上是几乎同时发生的。

$$\begin{array}{c} Z \\ | \\ A-B \\ | \\ L \end{array} \xrightarrow{\text{第一步}} \begin{array}{c} Z \\ | \\ A-B \end{array} \xrightarrow{\text{第二步}} \begin{array}{c} Z \\ | \\ A-B \end{array} \xrightarrow{\text{第三步}} \begin{array}{c} Nu\ Z \\ | \ | \\ A-B \end{array}$$

亲核重排中绝大多数为 1,2-重排，亲核的 1,2-重排的动力一般来自三个方面：①重排生成更加稳定的正离子，如仲碳正离子或伯碳正离子重排生成叔碳正离子；②通过重排转变成稳定的中性化合物，如片呐醇重排至片呐酮就是这种情况；③重排后减少空间张力，如下面伯碳正离子重排生成叔碳正离子，空间张力随之减小。

$$R_2C-CR_2 \xrightarrow[H^+]{\text{片呐醇重排}} R_3C-\underset{O}{\overset{}{C}}-R$$
$$\underset{OH\ \ OH}{}$$

$$H_3C-\underset{CH_3}{\overset{[CH_3]}{C}}-CH_2^+ \xrightarrow{H^+} H_3C-\overset{+}{C}-CH_2CH_3$$
$$\underset{CH_3}{}$$

形成缺电子体系主要有下面四种方法：①碳正离子的形成；②氮烯的生成；③碳烯的生成；④缺电子氧原子的形成。其中，以形成碳正离子与氮烯的两种方法最为重要。

12.2.1 缺电子碳的重排

缺电子碳的重排即碳正离子的重排，这是研究得最多的重排反应。下面分别介绍常见的邻二叔醇重排、Wagner-Meerwein 重排、二苯基乙二酮重排。

12.2.1.1 邻二叔醇重排

邻二叔醇重排即片呐醇（Pinacol）重排，它是用无机酸或酰氯等处理邻位二醇时发生的重排反应。其反应机理是，其中一个羟基首先被质子化，然后脱水生成碳正离子，继而通过过渡态经1,2-迁移亲核重排，正电中心转移到氧原子上，最后失去质子成醛酮。

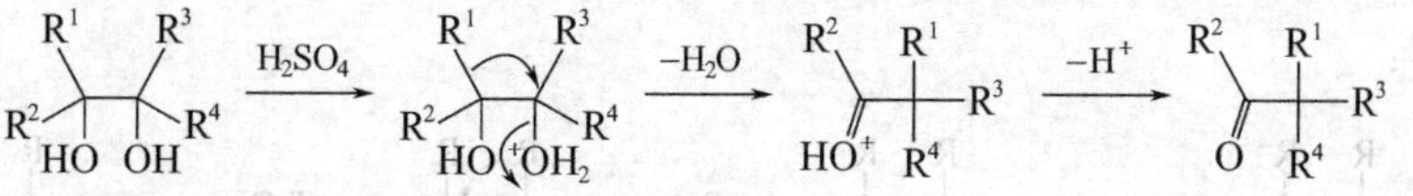

$$\underset{\underset{HO\ OH}{|\ \ \ |}}{\overset{\underset{|\ \ \ |}{R^1\ \ R^3}}{R^2-C-C-R^4}} \xrightarrow{H_2SO_4} \underset{\underset{HO\ \overset{+}{O}H_2}{|\ \ \ \ \ |}}{\overset{\underset{|\ \ \ \ \ |}{R^1\ \ R^3}}{R^2-C-C-R^4}} \xrightarrow{-H_2O} \underset{\underset{HO^+}{|}}{\overset{\underset{|}{R^2\ R^1}}{C-C-R^3}}\underset{R^4}{} \xrightarrow{-H^+} \underset{\underset{O}{\|}}{\overset{\underset{|}{R^2\ R^1}}{C-C-R^3}}\underset{R^4}{}$$

当邻二叔醇结构中涉及环时，可以拓环。例如：

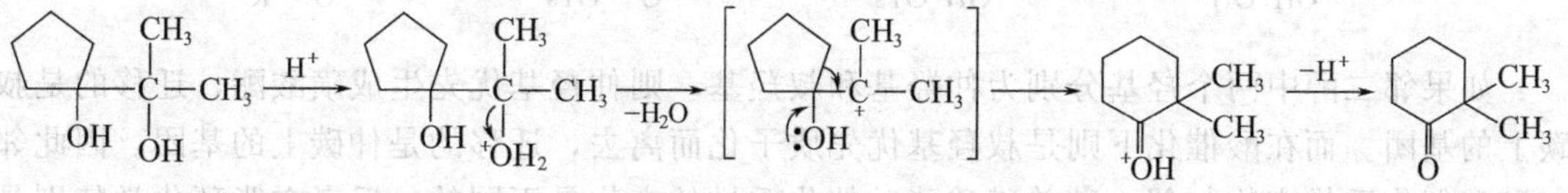

实际上重排的邻位二醇并不一定是邻位二叔醇，有时叔仲醇或双仲醇在硫酸的催化下也能发生片呐醇重排。例如：

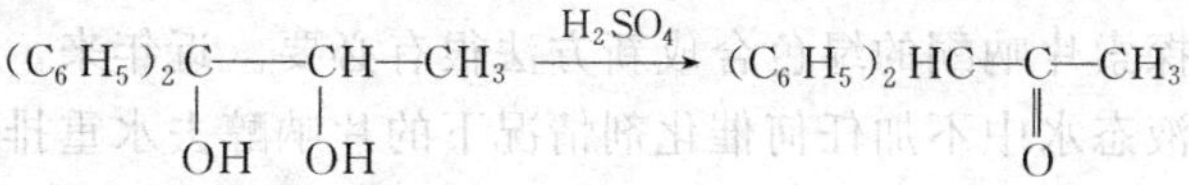

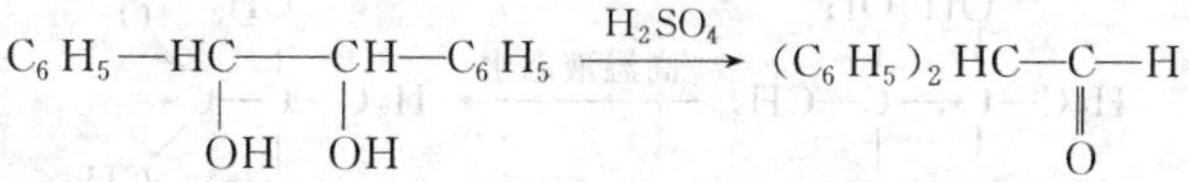

$$(C_6H_5)_2C-CH-CH_3 \xrightarrow{H_2SO_4} (C_6H_5)_2HC-\underset{\underset{O}{\|}}{C}-CH_3$$
$$\ \ \ \ \ \ \ \ \ \ \ \ \ |\ \ \ \ \ \ |$$
$$\ \ \ \ \ \ \ \ \ \ \ \ OH\ \ OH$$

$$C_6H_5-HC-CH-C_6H_5 \xrightarrow{H_2SO_4} (C_6H_5)_2HC-\underset{\underset{O}{\|}}{C}-H$$
$$\ \ \ \ \ \ \ |\ \ \ \ \ \ |$$
$$\ \ \ \ \ OH\ \ OH$$

当片呐醇中两个羟基所连的基团不同时或结构不对称的二醇，则—OH 离去能力的大小取决于生成碳正离子的稳定性，能生成稳定的碳正离子的一边的—OH 优先离去。

基团迁移倾向的大小顺序，一般是芳基＞烷基；氢原子的迁移能力表现得不规则，一些场合下迁移能力小于烷基，但是某些时候又优于芳基；在芳基中间，当位阻不太大时，迁移能力取决于离去基团的亲核能力。表 12-1 列出了一些取代苯基的相对迁移能力（其中，邻甲氧基苯基迁移能力最小，主要是由于位阻太大）。

表 12-1 几种取代苯基的相对迁移能力

取代苯基	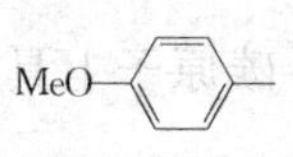 MeO—⟨⟩—	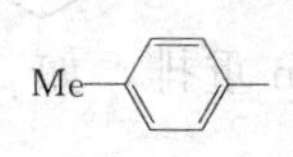 Me—⟨⟩—	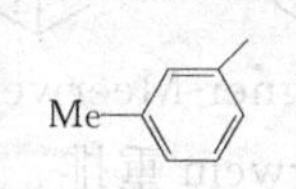 Me—⟨⟩(Me)—	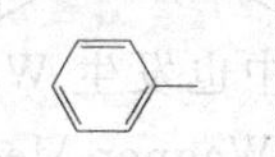 —⟨⟩—	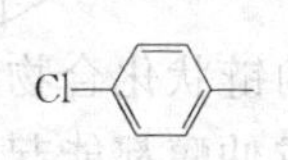 Cl—⟨⟩—	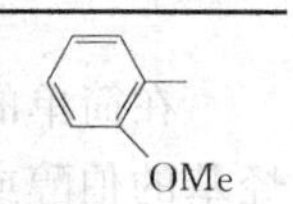 ⟨⟩(OMe)—
相对迁移能力	500	15.7	1.95	1.00	0.7	0.3

片呐醇重排的立体化学表明，迁移基团是从离去基团的反位迁移至缺电子中心上。

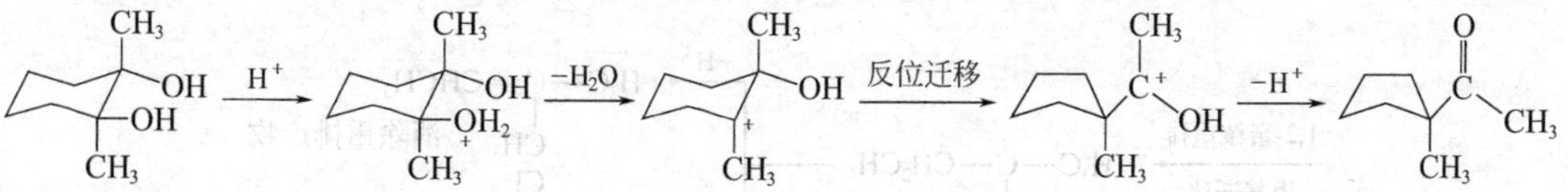

氨基醇、卤代醇、环氧化合物也可发生类似的重排反应。

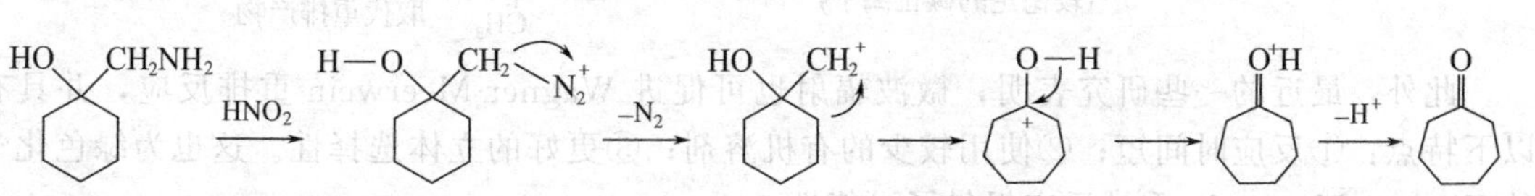

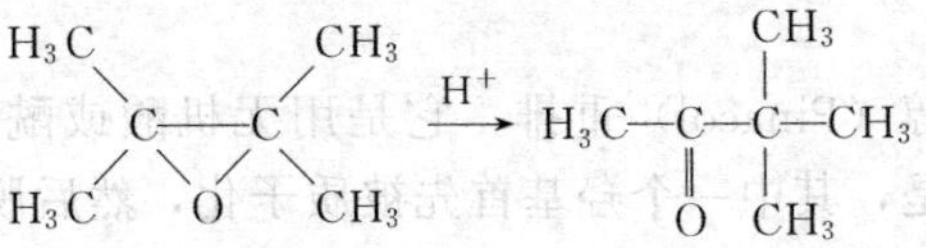

片呐醇重排通常是在酸性催化下进行的，也可以将邻二醇转化成单磺酸酯，然后在碱催化下进行重排：

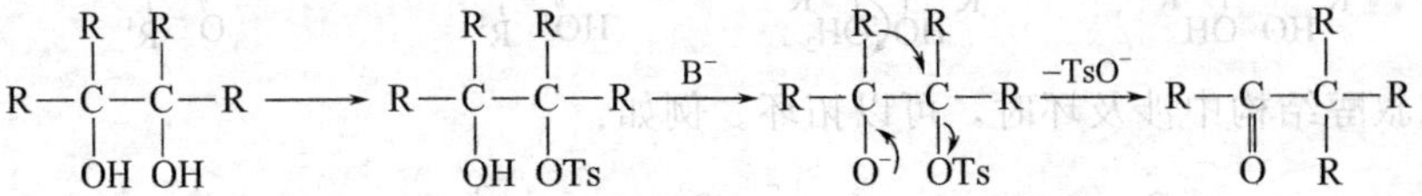

如果邻二醇中两个羟基分别为仲羟基和叔羟基，则仲羟基优先生成磺酸酯，迁移的是叔碳上的基团。而在酸催化下则是叔羟基优先质子化而离去，迁移的是仲碳上的基团。因此邻二醇酸催化重排产物与邻二醇单磺酸酯碱催化重排的产物是不同的。后者在脂环化学特别是萜烯化学中应用较多。

通常，片呐醇重排反应是在无机酸催化下进行的，不仅选择性不高，而且存在较严重的环境污染问题，因此探索片呐酮的绿色合成新方法很有必要。近年来，有人利用高温液态水的特性，开展了高温液态水中不加任何催化剂情况下的片呐醇去水重排反应研究。

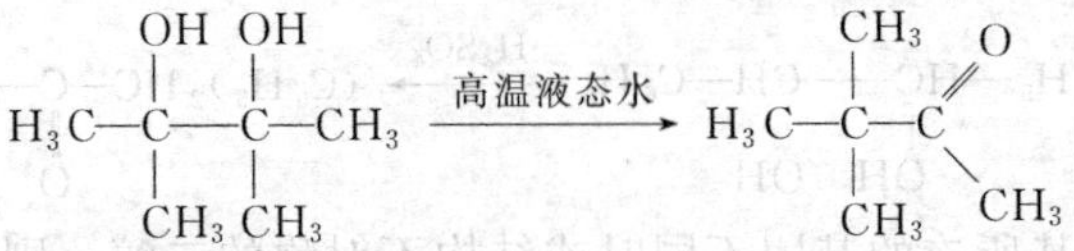

12.2.1.2 Wagner-Meerwein 重排

瓦格涅尔-米尔外因（Wagner-Meerwein）重排最早是在双环萜类的反应中发现的。在碳正离子中的氢原子、烷基或芳基基团的迁移通常叫做 Wagner-Meerwein 重排，这也是为了纪念第一个观察并研究该反应的萜烯化学家。例如，α-蒎烯与 HCl 作用发生重排生成氯化莰。

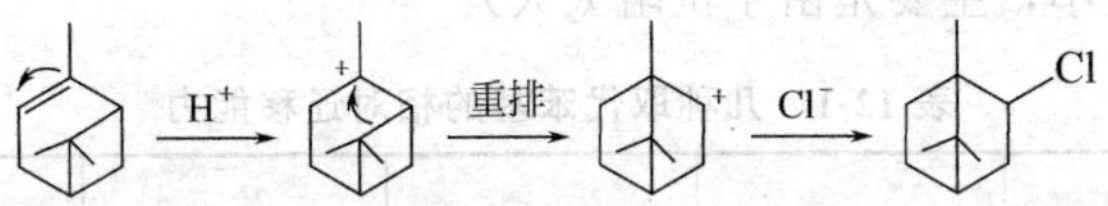

在简单的链状化合物中也发生 Wagner-Meerwein 重排，如 β-碳原子上具有两个或三个烃基的伯醇或仲醇都能起 Wagner-Meerwein 重排。

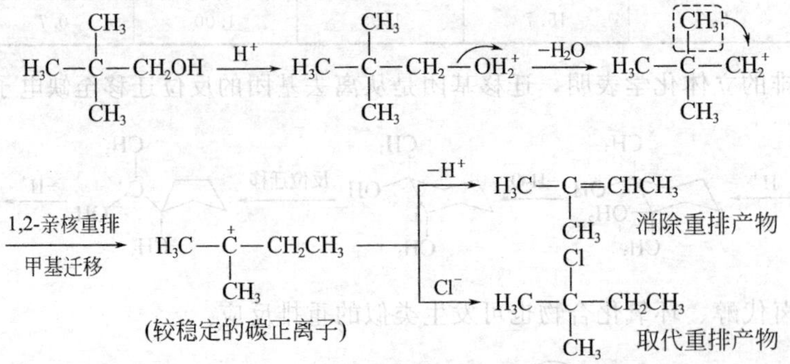

此外，最近的一些研究表明，微波辐射也可促进 Wagner-Meerwein 重排反应，并具有以下特点：①反应时间短；②使用较少的有机溶剂；③更好的立体选择性。这也为绿色化学的 Wagner-Meerwein 重排反应提供了可能性。

12.2.1.3 二苯基乙二酮重排

二苯基乙二酮在强碱作用下重排生成二苯基羟乙酸,根据产物结构这类重排也叫做二苯基羟乙酸重排反应。其反应机理是 OH^- 首先亲核进攻并加在反应物的一个羰基碳原子上,迫使连在该碳原子上的苯基带着一对电子迁移到另一个羰基碳原子上,同时使前一羰基转变成稳定的羧基负离子。

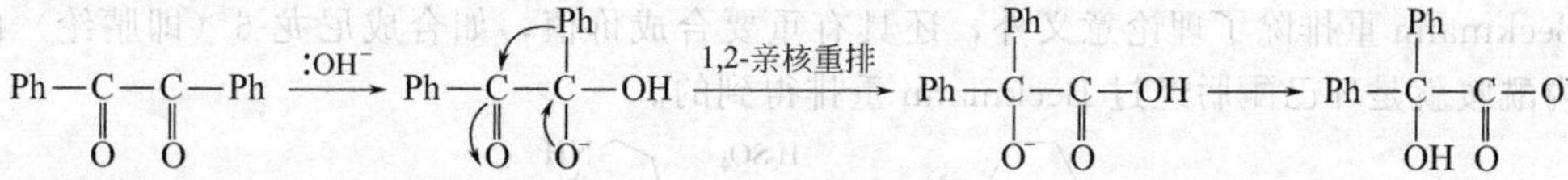

重排第一步是整个反应的速率决定步骤。苯基带着一对电子向羰基碳原子迁移的同时,羰基的 π 电子转移到氧原子上,因此二芳基羟乙酸重排可以看做是1,2-亲核重排反应。

脂肪族邻二酮也能发生类似二芳基羟乙酸重排反应。例如:

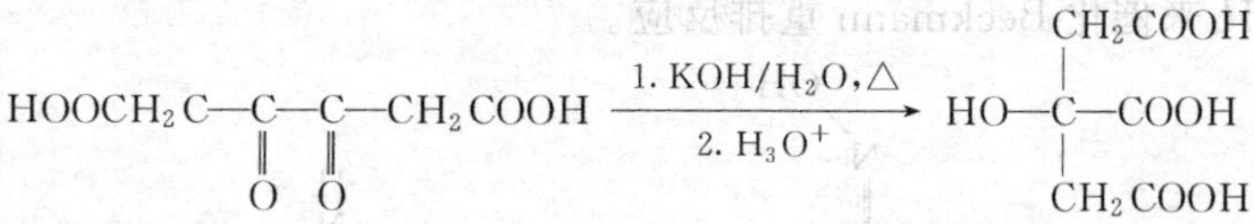

12.2.2 缺电子氮的重排

酮肟、酰胺、酰基叠氮化物等含氮化合物在反应过程中,使氮原子周围形成了仅六个电子的缺电子中心,即形成了乃春或乃春正离子,从而发生重排反应。这类重排反应中较重要的有贝克曼(Beckmann)重排、霍夫曼(Hofmann)重排、Wolff 重排、柯提斯(Cartius)重排、史密特(Schmidt)重排等。

12.2.2.1 Beckmann 重排

酮肟在酸性催化剂(如 H_2SO_4、$POCl_3$、PCl_5、多聚磷酸等)作用下重排生成酰胺的反应叫做 Beckmann 重排。其中间体为乃春正离子,邻位的羟基或取代羟基转移至这个正电中心,使相邻的碳成为正电中心,接着水合、质子化而变成 N-取代的酰胺。

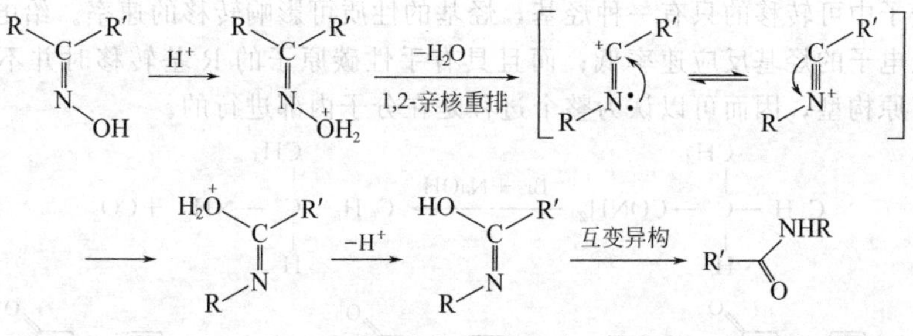

以上几步在反应中几乎是连续同时发生的,转移基团只能从羟基的背面进攻缺电子的氮原子,因此基团为反位迁移,反应产物有立体专属性。酮肟的两种顺反异构体起 Beckmann 重排反应,生成不同的产物。

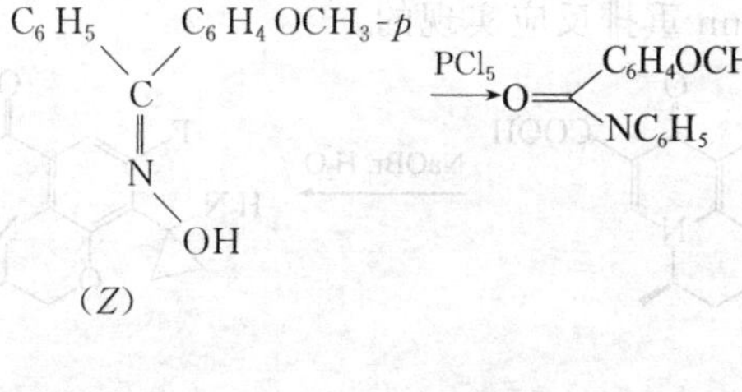

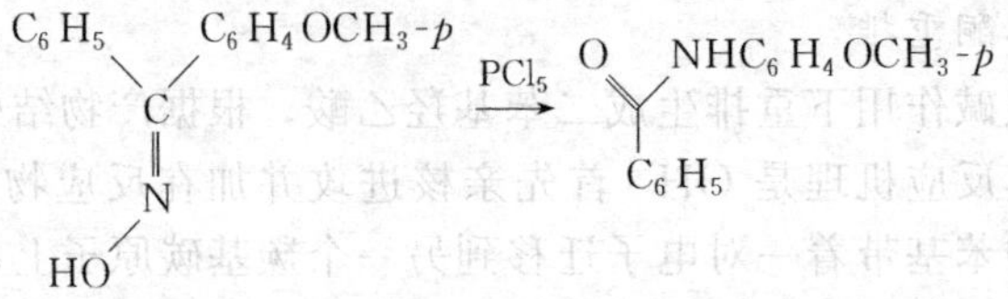

$$\underset{(E)}{\underset{\overset{\|}{N}}{\overset{C_6H_5}{\diagdown}}\overset{C_6H_4OCH_3-p}{\diagup}} \xrightarrow{PCl_5} \underset{C_6H_5}{\overset{O}{\|}}\overset{NHC_6H_4OCH_3-p}{C}$$

Beckmann 重排除了理论意义外，还具有重要合成价值，如合成尼龙-6（即腈纶）的单体己内酰胺就是环己酮肟经过 Beckmann 重排得到的。

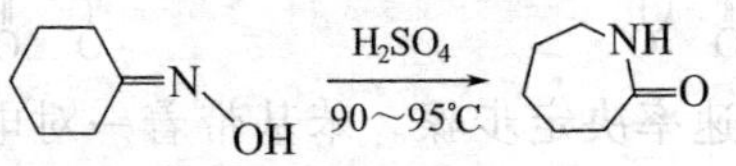

$$\text{环己酮肟} \xrightarrow[90\sim95℃]{H_2SO_4} \text{己内酰胺}$$

随着越来越多新方法、新催化剂的出现以及人们对于环境问题的关注，Beckmann 重排反应也开始向着绿色、高效率、高选择性的方向发展。例如，可用一种可循环使用的绿色催化剂 PEG-OSO$_3$H 来催化 Beckmann 重排反应。

$$\text{苯乙酮肟} \xrightarrow{PEG-OSO_3H} \text{乙酰苯胺}$$

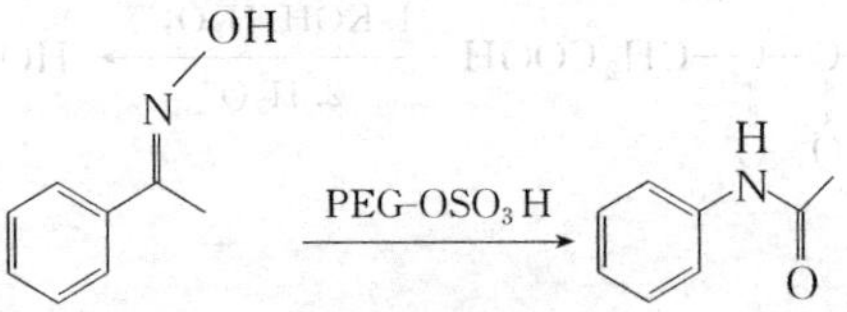

12.2.2.2 Hofmann 重排

Hofmann 重排指氮原子上没有取代的酰胺在碱性介质中与卤素作用重排为异氰酸酯，后者在碱性介质中继续水解生成伯胺和二氧化碳的反应。此重排反应也叫酰胺降级或 Hofmann 降解反应，其中生成乃春（Nitrene）中间体。

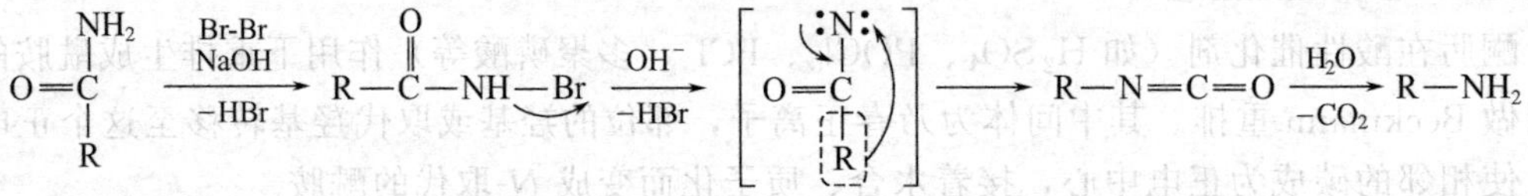

$$\underset{R}{\overset{O}{\|}}\overset{NH_2}{C} \xrightarrow[-HBr]{Br-Br, NaOH} R-\overset{O}{\overset{\|}{C}}-NH-Br \xrightarrow[-HBr]{OH^-} \left[O=C\overset{:\ddot{N}:}{\underset{R}{\diagup}}\right] \longrightarrow R-N=C=O \xrightarrow[-CO_2]{H_2O} R-NH_2$$

在酰胺分子中可转移的只有一种烃基，烃基的性质可影响转移的速率。给电子的烃基反应速率高，吸电子的烃基反应速率低；而且具有手性碳原子的 R 基转移时并不消失其光学活性，保持了原构型，因而可以认为整个过程是在分子内部进行的。

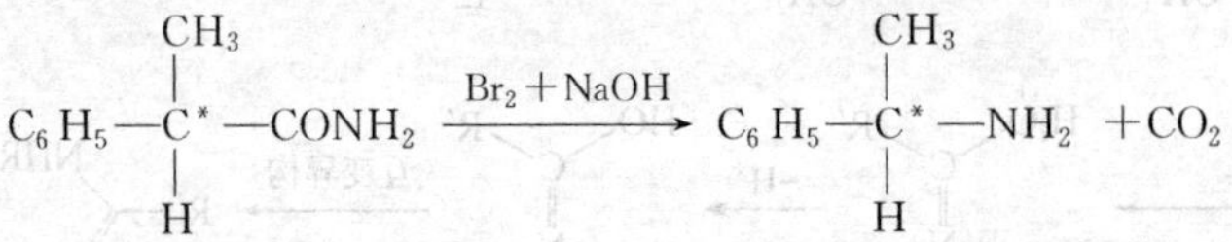

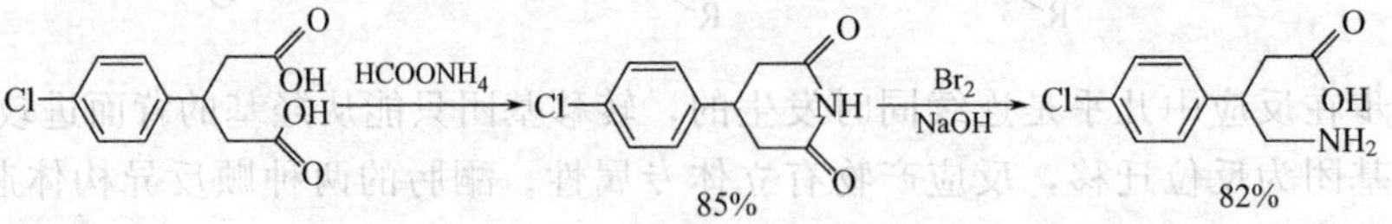

$$C_6H_5-\overset{CH_3}{\underset{H}{\overset{|}{C^*}}}-CONH_2 \xrightarrow{Br_2+NaOH} C_6H_5-\overset{CH_3}{\underset{H}{\overset{|}{C^*}}}-NH_2 + CO_2$$

$$\xrightarrow{HCOONH_4} \xrightarrow[NaOH]{Br_2}$$
85% 82%

Hofmann 重排除了理论意义外，还具有重要合成价值。例如，广谱抗生素——帕珠沙星的合成，就是通过 Hofmann 重排反应实现的。

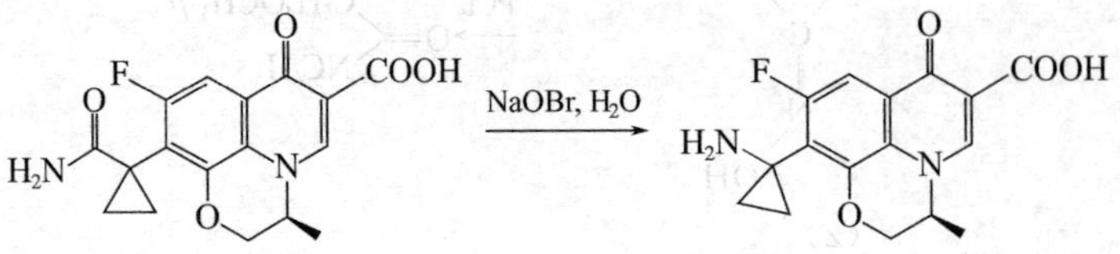

$$\xrightarrow{NaOBr, H_2O}$$

12.2.2.3 Wolff 重排

当 α-重氮甲酮受到光照或在高温下加热，或与氧化银或银盐在室温下反应，它们会释放氮，重排成烯酮。烯酮能迅速地与水、醇和胺发生反应。因此，被称为 Wolff 重排的反应，通常导致羧酸、酯或酰胺的形成。

$$\text{PhCOCHN}_2 \xrightarrow[-N_2]{Ag_2O} O=C=CHPh \xrightarrow[CH_3NH_2]{H_2O} \begin{array}{l} HOOC-CH_2-Ph \\ H_3CHN-CO-CH_2-Ph \end{array}$$

α-重氮酯也可进行 Wolff 重排，结果是进行烷氧基基团的迁移。

$$C_2H_5O-\underset{O}{\overset{O}{C}}-\underset{N_2}{\overset{N}{C}}-\underset{O}{\overset{O}{C}}-OC_2H_5 \longrightarrow N_2 + O=C=\underset{OC_2H_5}{\overset{}{C}}-\underset{O}{\overset{O}{C}}-OC_2H_5$$

Wolff 重排具有立体专一性，进行重排时迁移基团的构型保持。

12.2.3 缺电子氧的重排

和碳原子及氮原子相比，氧原子电负性更大，形成缺电子氧所需要的能量更大，该体系更不稳定，一般不大可能作为单独的电正性的质点存在于体系中，所以其分子内部重排的特点更为明显。

12.2.3.1 氢过氧化物的重排

烃类化合物被 O_2 氧化生成氢过氧化物，在酸或 Lewis 酸的作用下，发生 O—O 键的断裂生成缺电子氧中间产物，然后发生烃基从碳原子移至氧原子上的重排，称为氢过氧化物重排。

$$R-\underset{R}{\overset{R}{C}}-O-OH \xrightarrow{H^+} R-\underset{R}{\overset{R}{C}}=O + R-OH$$

R 可以是烷基或芳基，迁移能力的顺序一般是：芳基＞叔烷基＞仲烷基＞伯烷基＞甲基。

氢过氧化物重排的一个重要的例子为过氧化物异丙苯的重排，反应产物为丙酮和苯酚，具有重要的合成价值。

$$Ph-\underset{CH_3}{\overset{CH_3}{C}}-O-OH \xrightarrow{H^+} Ph-\underset{CH_3}{\overset{CH_3}{C}}-O-\overset{+}{O}H_2 \xrightarrow{-H_2O} \left[Ph\cdots\underset{CH_3}{\overset{CH_3}{C}}-O^+\right] \longrightarrow$$

$$Ph-O-\underset{CH_3}{\overset{CH_3}{\overset{|}{C}}}{}^+ \xrightarrow{H_2O} Ph-O-\underset{CH_3}{\overset{CH_3}{\overset{|}{C}}}-\overset{+}{O}H_2 \xrightarrow{-H^+} Ph-OH + H_3C-\underset{}{\overset{O}{\overset{\|}{C}}}-CH_3$$

12.2.3.2 Baeyer-Villiger 重排

酮被过氧化氢或过氧酸氧化生成酯的这类反应称为 Baeyer-Villiger 重排，在第 11 章"11.1 氧化反应"中已做了初步介绍。在此反应中，开链酮氧化成一般酯，环酮则氧化生成内酯。过氧酸可采用过氧乙酸、过氧三氟乙酸、过氧苯甲酸及取代的过氧苯甲酸。

许多事实证明，Baeyer-Villiger 重排是酸催化的反应，首先是过氧酸与羰基化合物加成，所生成的加成产物中 C—O 键的异裂是反应历程中的关键步骤。酸催化反应历程为：

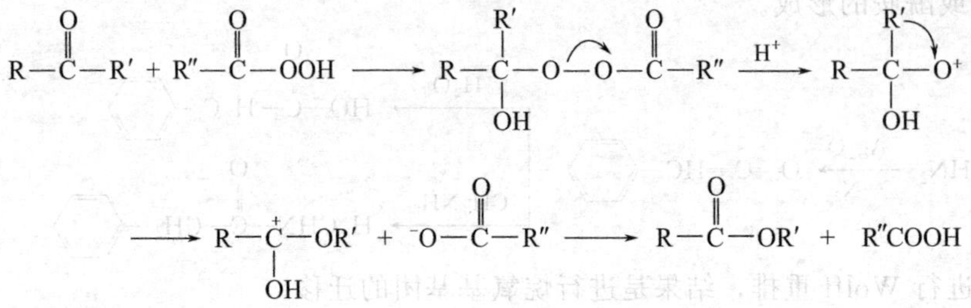

$$R-\underset{\underset{OH}{|}}{\overset{\overset{O}{\|}}{C}}-R' + R''-\overset{\overset{O}{\|}}{C}-OOH \longrightarrow R-\underset{\underset{OH}{|}}{\overset{R'}{C}}-O-O-\overset{\overset{O}{\|}}{C}-R'' \xrightarrow{H^+} R-\underset{\underset{OH}{|}}{\overset{R'}{C}}-O^+ \ ^-O-\overset{\overset{O}{\|}}{C}-R''$$

$$\longrightarrow R-\underset{\underset{OH}{|}}{\overset{+}{C}}-OR' + \ ^-O-\overset{\overset{O}{\|}}{C}-R'' \longrightarrow R-\overset{\overset{O}{\|}}{C}-OR' + R''COOH$$

在不对称酮的重排中，基团亲核性愈大，迁移的倾向也愈大，基团迁移的顺序大致为：苯基＞叔烷基＞仲烷基＞伯烷基＞甲基。例如：

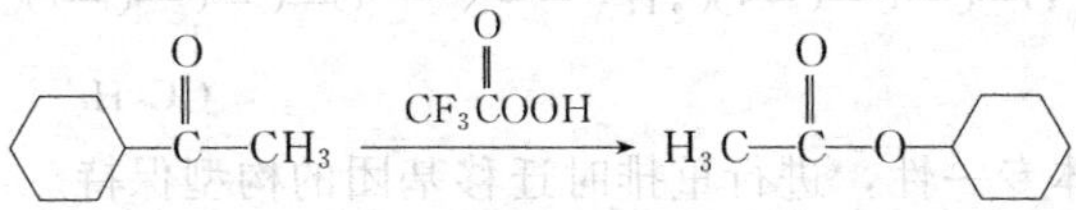

$$\text{环己基-CO-CH}_3 \xrightarrow{CF_3COOH} \text{H}_3C-CO-O-\text{环己基}$$

12.3 亲电重排

在亲电重排反应中，反应物分子中消除一个正离子，留下一个碳负离子或具有活泼的未共用电子对的中心，迁移基团不带电子对迁移。

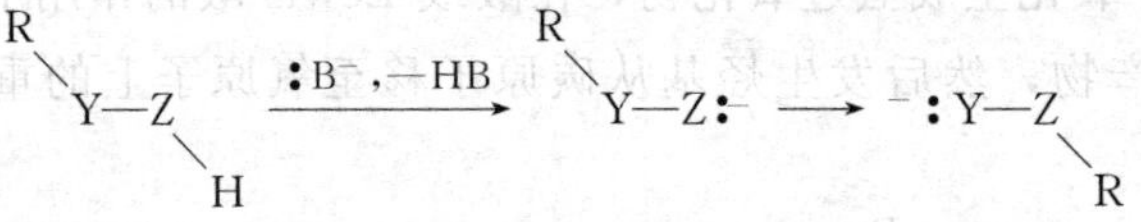

$$\underset{H}{\overset{R}{|}}Y-Z \xrightarrow{:B^-,-HB} \underset{R}{\overset{}{|}}Y-Z: \longrightarrow \ ^-:Y-Z\underset{R}{}$$

12.3.1 Favorskii 重排

α-卤代酮在 OH⁻（或 RO⁻）作用下，重排得到羧酸或羟基酸酯，这个反应称为 Favorskii 重排反应。例如：

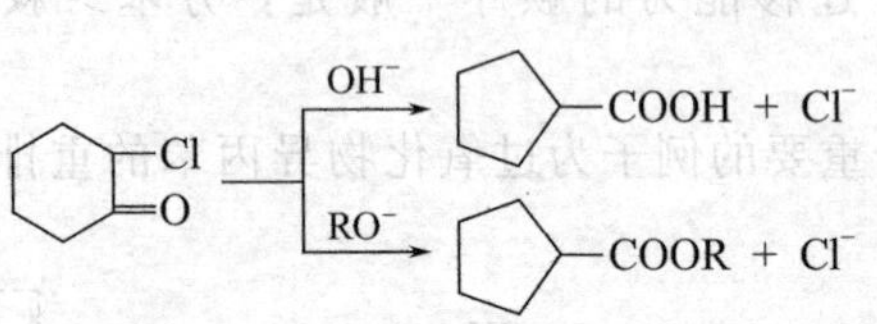

$$\text{2-氯环己酮} \xrightarrow{OH^-} \text{环戊基-COOH} + Cl^-$$
$$\xrightarrow{RO^-} \text{环戊基-COOR} + Cl^-$$

实验已证明 Favorskii 重排的反应机理是通过环丙酮中间体进行的，反应历程如下：

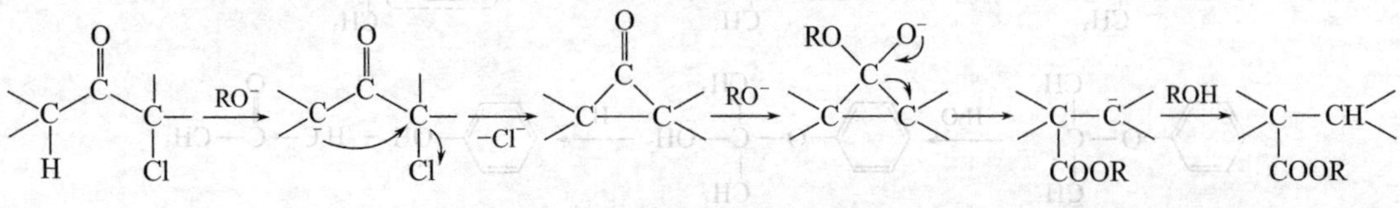

(反应历程示意图)

另外，具有 α-氢的卤代酮（如 α, α-二卤代酮 I）和具有 α′-氢的卤代酮（如 α, α′-二卤代酮 II）重排时，两种反应均形成同样的环丙酮中间体 III，产物为 α, β-不饱和酯 IV。但开环方式与前述的不同，是同时消除卤素离子。

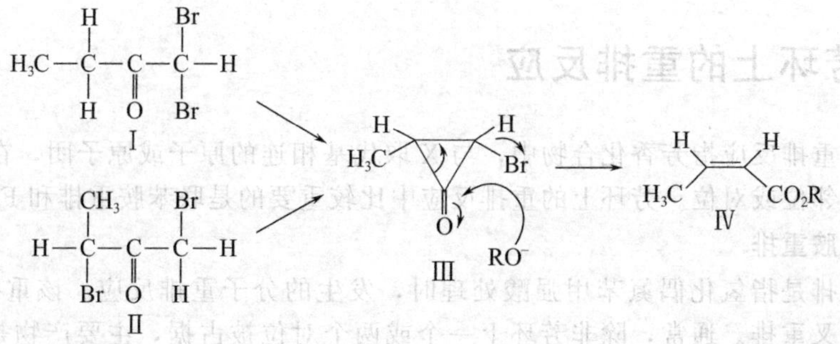

12.3.2 Stevens 重排

Stevens 重排是指季铵盐的氮原子上的苄基或其他烃基，在碱性试剂（如 NaOH、KOH）的作用下迁移到邻近的碳负离子上的反应。反应通式如下：

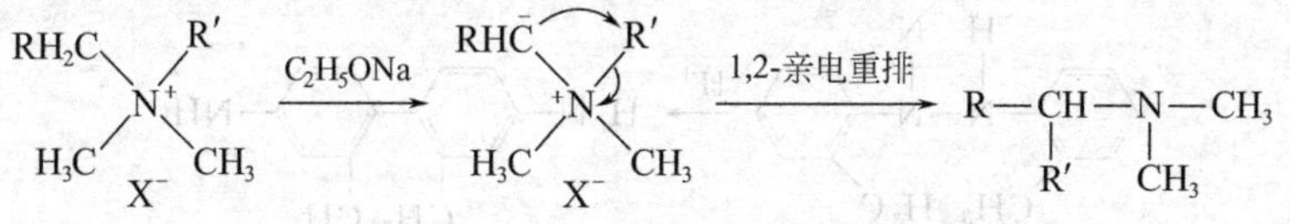

其中，R 为乙酰基、苯甲酰基、苯基等吸电子基，它和氮原子上的正电荷使亚甲基活化并提高形成的碳负离子的稳定性；迁移基团 R′常为烯丙基、苄基、取代苯甲基等。

具有旋光活性的季铵盐重排，发现反应中 α-苯基乙基移位，构型不变。

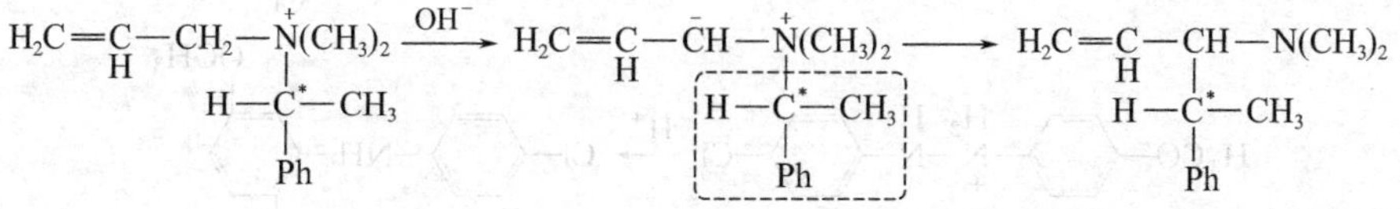

锍盐在强碱作用下也起 Stevens 重排反应。

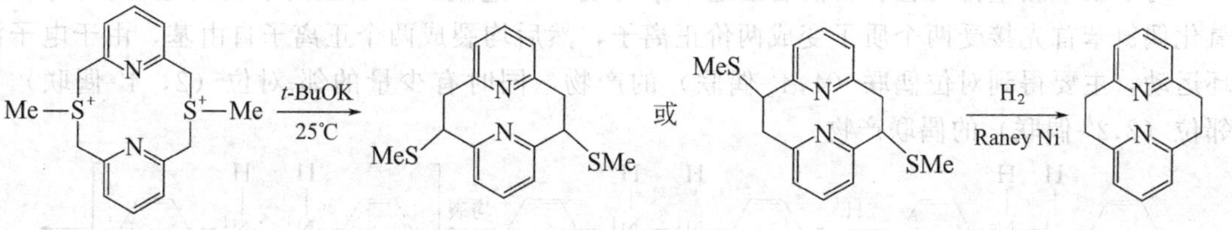

12.3.3 Wittig 重排

醚类化合物在强碱（如丁基锂或氨基钠）的作用下，在醚键的 α-位形成碳负离子，再经 1,2-重排形成更稳定的烷氧负离子，水解后生成醇的反应叫做 Wittig 重排。烃基迁移顺序与自由基稳定性相吻合，即甲基＜伯烃基＜仲烃基＜叔烃基。反应通式如下：

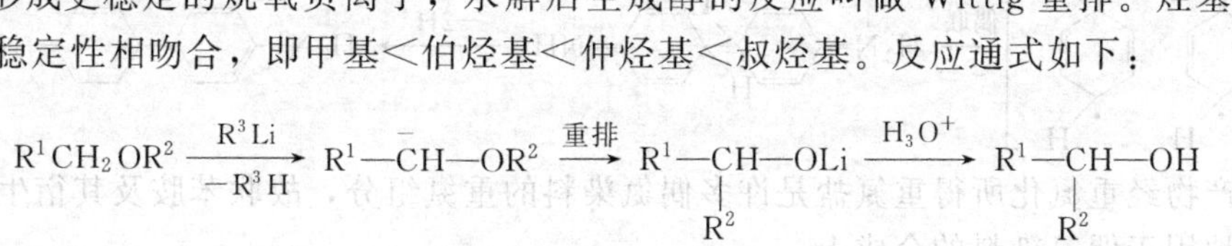

重排的基团可以是酯烃基、芳烃基或烯丙基，如：

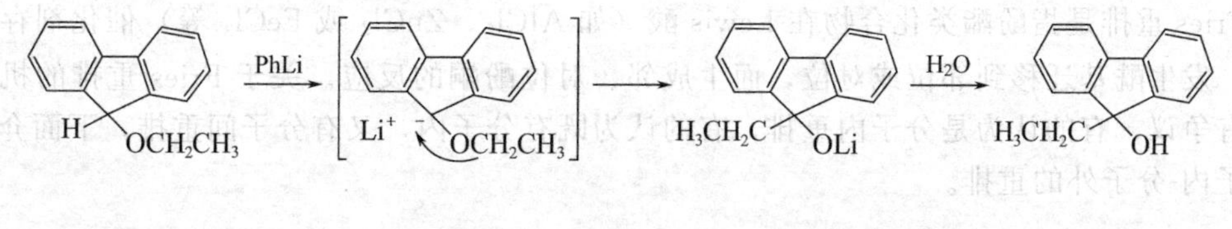

12.4 芳环上的重排反应

芳环上的重排反应指芳香化合物中，与 X 取代基相连的原子或原子团，在酸的作用下，转移到芳环的邻位或对位。芳环上的重排反应中比较重要的是联苯胺重排和 Fries 重排。

12.4.1 联苯胺重排

联苯胺重排是指氢化偶氮苯用强酸处理时，发生的分子重排反应。该重排发生在分子内，不发生交叉重排。通常，除非芳环上一个或两个对位被占据，主要产物是 4,4′-二氨基联苯。在某些情况下，即使芳环的对位有—SO_3H、—COOH 时，它们仍可被取代，仍得到 4,4′-二氨基联苯。芳环的对位被—Cl 占据时，它们也能进行反应，生成 2,2′-二氨基联苯、邻半联胺或对半联胺等。若对位有 R—、Ar—或 R_2N—存在时，生成其他重排产物。

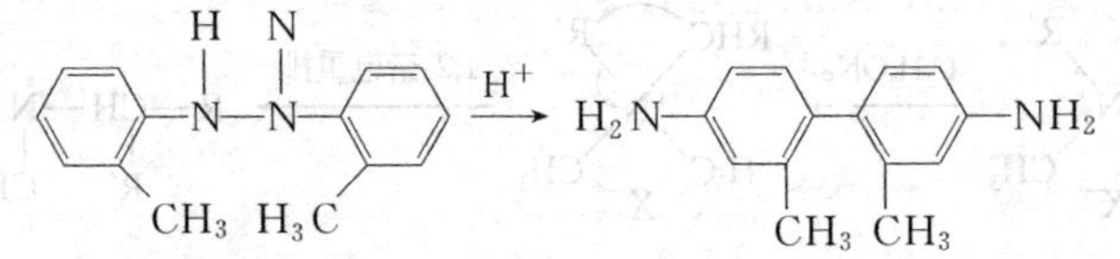

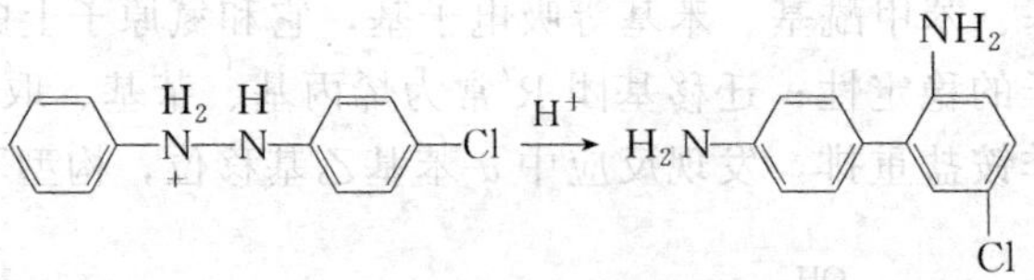

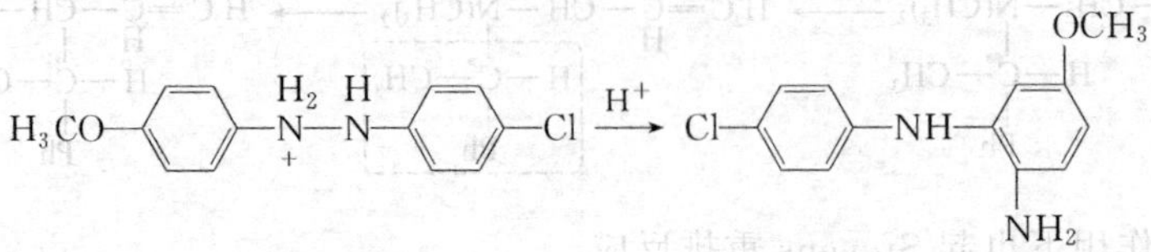

对于联苯胺重排历程，目前看法还未求得统一，这里只介绍正离子自由基历程。其中，氢化偶氮苯首先接受两个质子变成两价正离子，然后均裂成两个正离子自由基，由于电子沿环运动，主要得到对位偶联（4,4′-偶联）的产物，同时有少量的邻-对位（2,4′-偶联）与邻位（2,2′-偶联）的偶联产物。

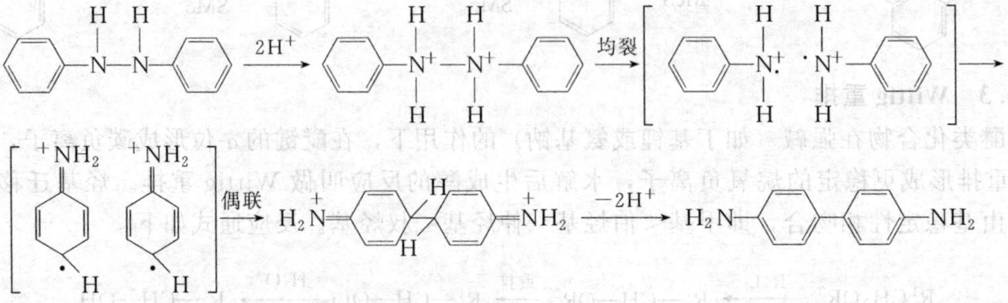

重排产物经重氮化所得重氮盐是许多偶氮染料的重氮组分，故联苯胺及其衍生物的重排反应广泛地用于偶氮染料的合成上。

12.4.2 Fries 重排

Fries 重排是指酚酯类化合物在 Lewis 酸（如 $AlCl_3$、$ZnCl_2$ 或 $FeCl_3$ 等）催化剂存在下加热，发生酰基迁移到邻位或对位，而生成邻、对位酚酮的反应。关于 Fries 重排的机理目前仍有争议，有的认为是分子内重排，有的认为既有分子内，又有分子间重排，下面介绍的是分子内-分子外的重排。

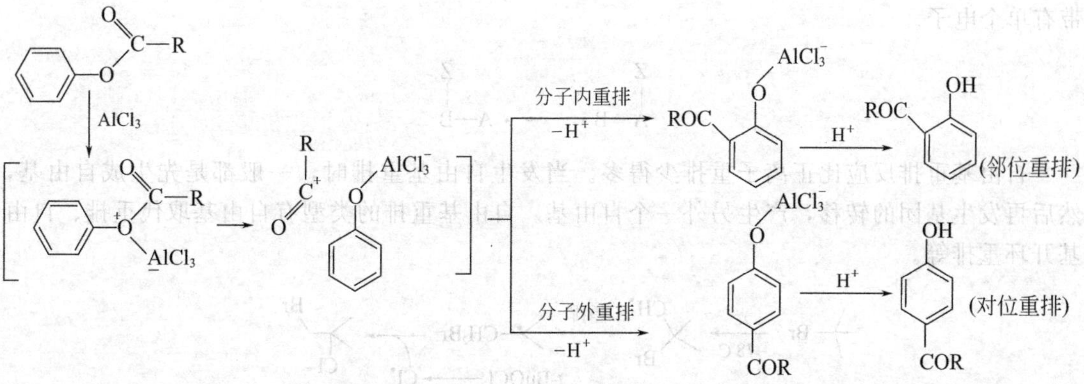

酯的结构是影响 Fries 重排的因素之一，迁移基团上的 R 可以是烷基或芳基。同时，和 Friedel-Crafts 反应一样，苯环上有间位定位基存在时将不利于重排反应的进行。另外，邻、对位 Fries 重排产物的比例和反应温度、催化剂用量等有关。对位产物为动力学控制产物，低温下有利；邻位产物为热力学控制产物，高温下有利。

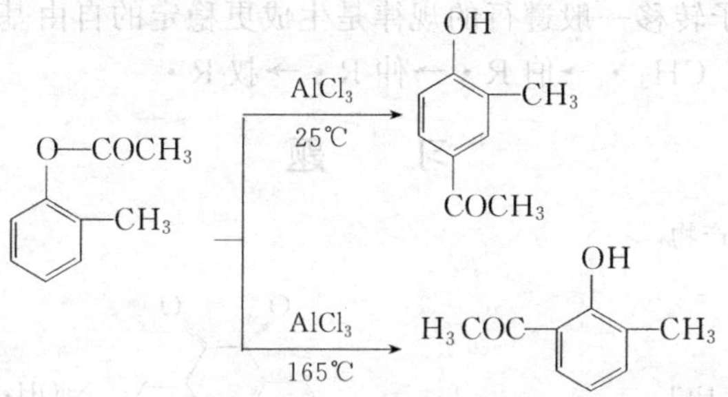

Fries 重排在有机合成中有广泛的应用，如可以合成氯乙酰儿茶酚——它是合成强心药物肾上腺素的中间体。

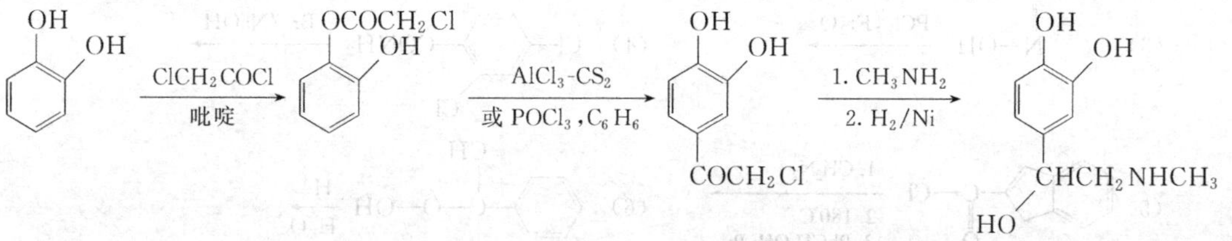

经典的 Fries 重排反应是在无水三氯化铝等 Lewis 酸作用下进行的反应，近年来随着微波技术应用的深入，用微波促进 Fries 重排反应的研究也相继被报道，这给利用 Fries 重排反应进行绿色合成提供新思路。

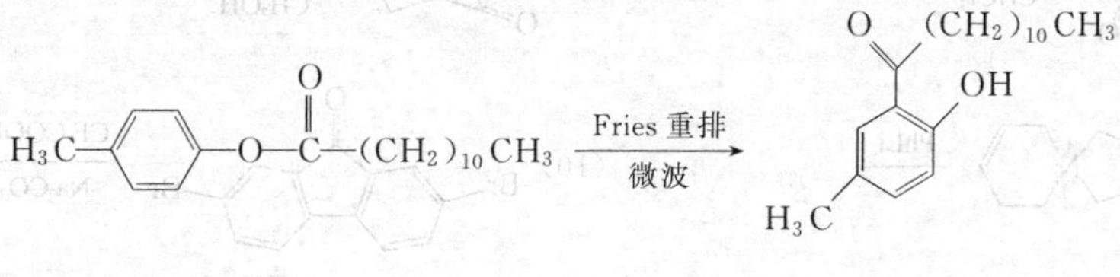

12.5 自由基重排

有机化合物发生化学变化时，共价键的均裂会产生自由基。自由基性质非常活泼，能引起一系列化学反应，重排反应就是其中的一种。在自由基重排反应中，一个基团从一个原子上转移到同一分子的另一个原子上（大多数是转移到相邻的原子上），而迁移基团也必须是带有单个电子。

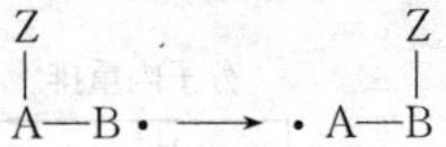

$$\underset{A-B\cdot}{\overset{Z}{|}} \longrightarrow \underset{\cdot A-B}{\overset{Z}{|}}$$

自由基重排反应比正离子重排少得多。当发生自由基重排时，一般都是先生成自由基，然后再发生基团的转移，产生另外一个自由基。自由基重排的类型有自由基取代重排、自由基开环重排等。

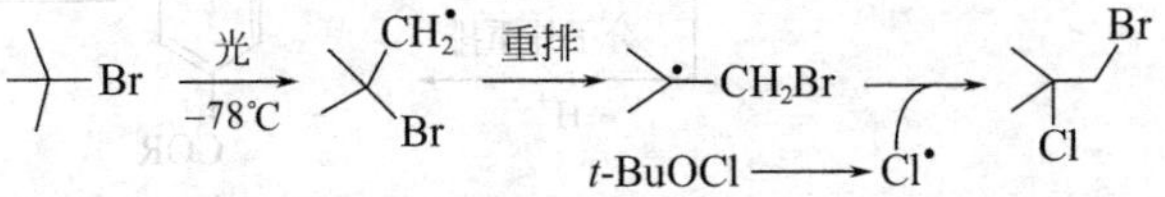

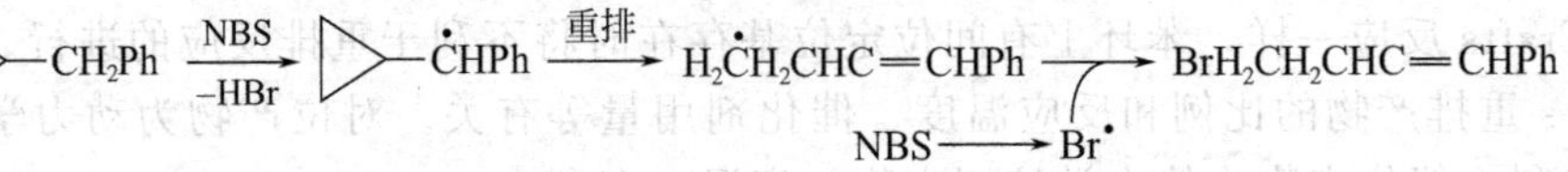

自由基重排中，电子转移一般遵行的规律是生成更稳定的自由基，即任何转移都是从不稳定到稳定的顺序进行：$CH_3\cdot \to$ 伯 $R\cdot \to$ 仲 $R\cdot \to$ 叔 $R\cdot$

习 题

12.1 写出下列重排反应的产物。

(1) 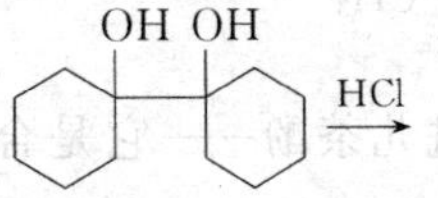 双环己基二醇 + HCl →

(2) 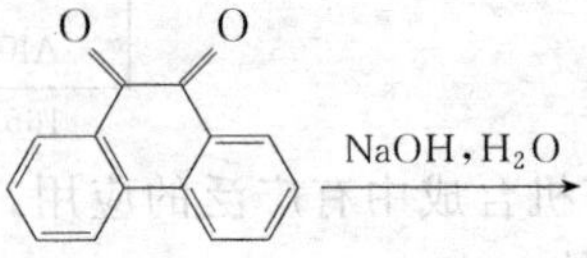 菲醌 + NaOH, H_2O →

(3) 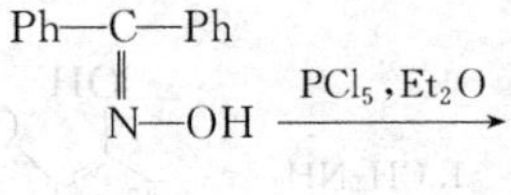 Ph-C(=NOH)-Ph + PCl_5, Et_2O →

(4) 2,4-二氯苯甲酰胺 + Br_2/NaOH →

(5) 茚-2-甲酰氯 + 1. CH_2N_2; 2. 180℃; 3. $PhCH_2OH$, Py →

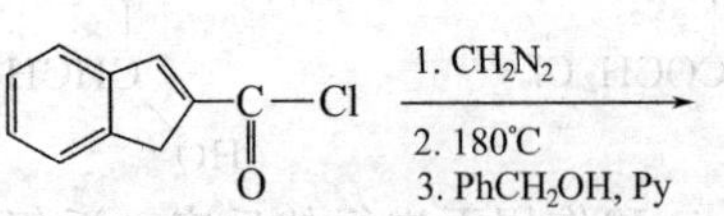

(6) 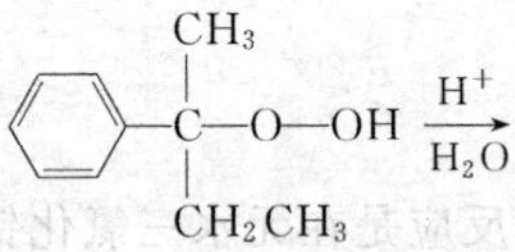 $PhC(CH_3)(CH_2CH_3)OOH$ + H^+, H_2O →

(7) 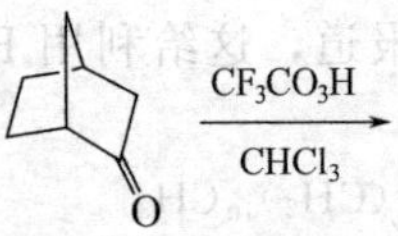 降冰片酮 + CF_3CO_3H / $CHCl_3$ →

(8) 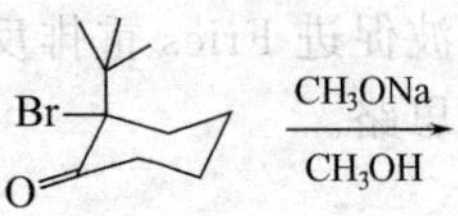 2-溴-2,2-二甲基环己酮 + CH_3ONa / CH_3OH →

(9) 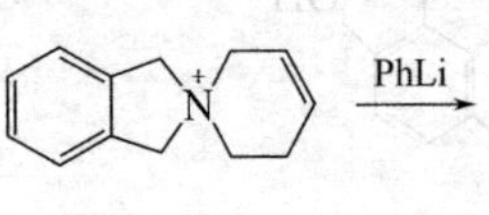 异吲哚季铵盐 + PhLi →

(10) 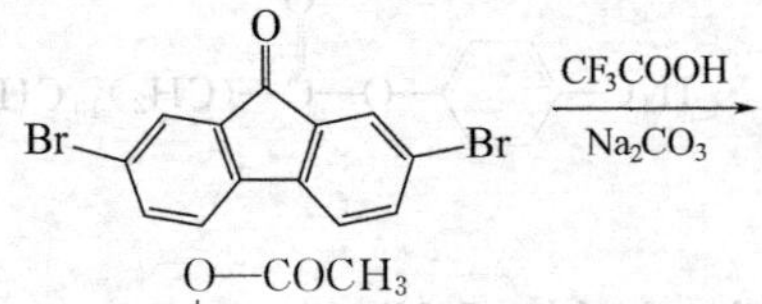 2,7-二溴芴酮 + CF_3COOH / Na_2CO_3 →

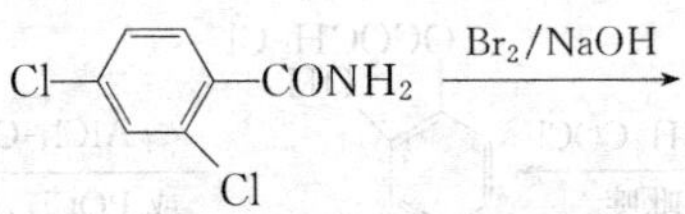

(11) 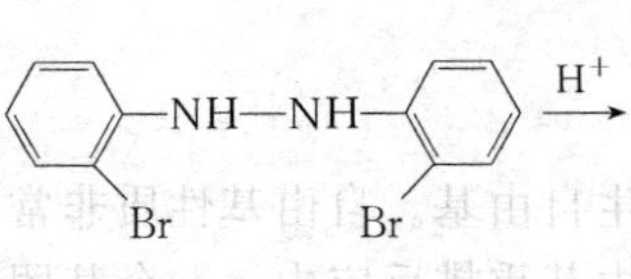 2,2'-二溴二苯肼 + H^+ →

(12) 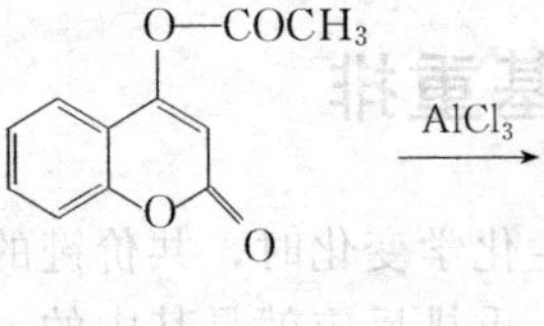 4-乙酰氧基香豆素 + $AlCl_3$ →

12.2 利用重排反应实现下列转变。

(1) [structure: 2-allyloxy-3-methoxy-1-(1-hydroxyethyl)benzene] → [structure: 2-hydroxy-3-methoxy-5-propyl-1-(1-hydroxyethyl)benzene]

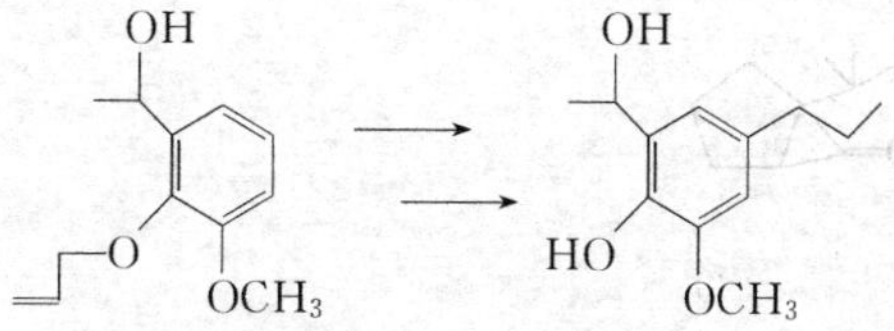

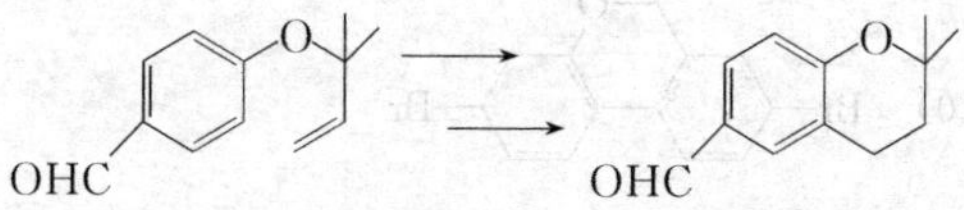

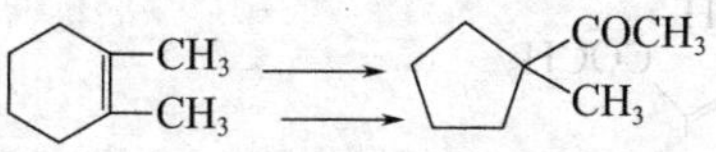

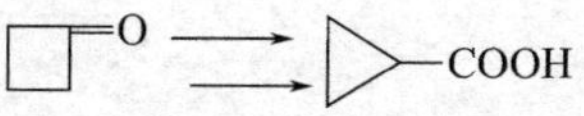

(2) [structure: 4-(1,1-dimethylallyloxy)benzaldehyde] → [structure: 2,2-dimethylchroman-6-carbaldehyde]

(3) [1,2-dimethylcyclohexene] → [1-acetyl-1-methylcyclopentane]

(4) [cyclobutanone] → [cyclopropanecarboxylic acid]

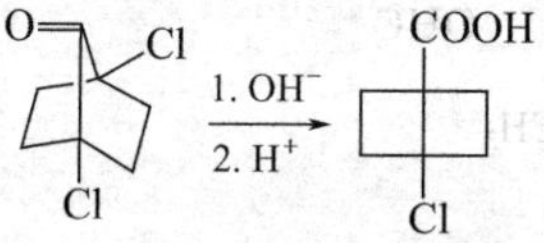

(5) [cyclobutanone spiro structure] → [spiro[3.4]octan-1-one]

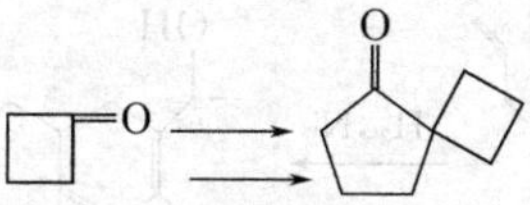

12.3 写出下列反应的机理。

(1) 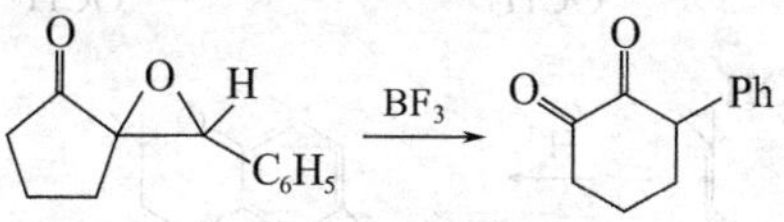 [spiro epoxide ketone with C₆H₅] $\xrightarrow{BF_3}$ [2-phenylcyclohexane-1,3-dione structure]

(2) [bicyclic dichloro ketone] $\xrightarrow[2.\ H^+]{1.\ OH^-}$ [chloro bicyclic carboxylic acid]

(3) [Me₃C-cyclohexane with OH and NH₂] $\xrightarrow{HNO_2}$ [Me₃C-cyclohexanone]

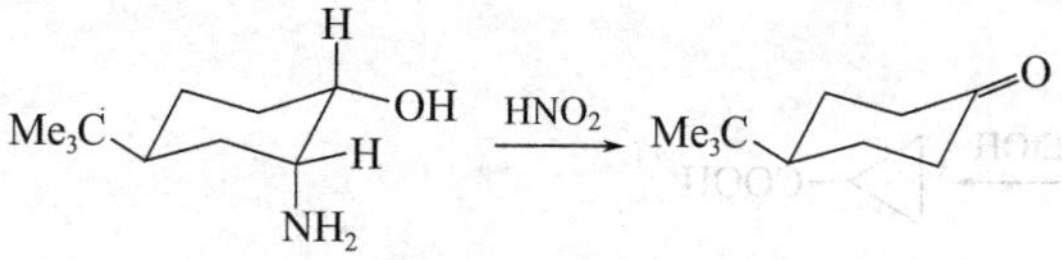

12.4 采用适当原料与重排反应合成下列化合物。

(1) 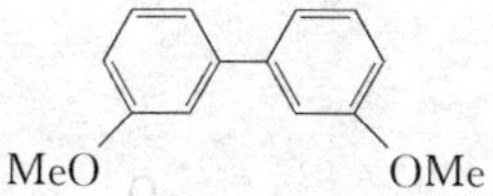 [3,3'-dimethoxybiphenyl, MeO ... OMe]

(2) $(C_6H_5)_2C(CH_3)COOH$ with side chain CH_3

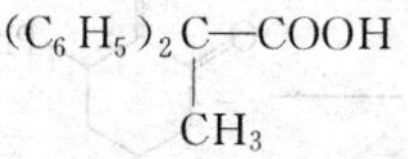

习题参考答案

12.1 (1) 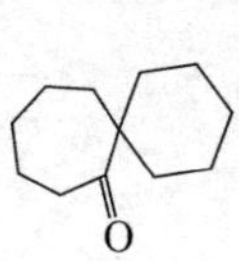 [spiro[5.5]undecan-1-one]   (2) [9-hydroxy-9-fluorenecarboxylic acid, HO COOH]

(3) O=C—Ph
      |
   HN—Ph

(4) [2,4-dichloroaniline, Cl, Cl, NH₂]

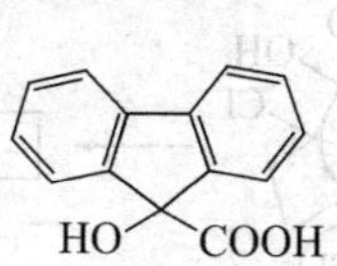

(5) [indene]-CH₂COOCH₂Ph

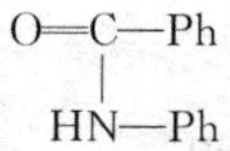

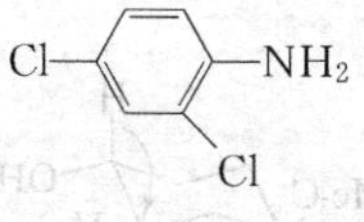

(6) [phenol]—OH + $H_3C-\overset{O}{C}-CH_2CH_3$

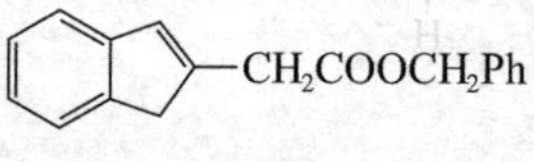

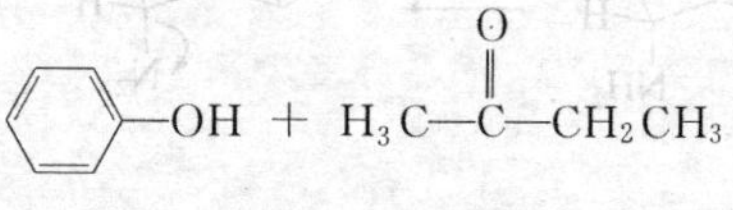

(7) [structure: bicyclic lactone]

(8) [structure: bicyclic ketone with gem-dimethyl cyclopropane]

(9) [structure: quinolizidine fused with benzene]

(10) [structure: dibromo-6H-dibenzo[b,d]pyran-6-one]

(11) 3,3'-dibromo-4,4'-diaminobiphenyl

(12) 3-acetyl-4-hydroxycoumarin

12.2 (1) [1-(2-allyloxy-3-methoxyphenyl)ethanol] →(CrO₃/H⁺)→ [ketone with allyloxy] →(Δ, Claisen)→ [2-allyl-3-hydroxy-4-methoxy aryl ketone] →(H₂, Ni)→ [1-(2-hydroxy-3-methoxy-6-propylphenyl)ethanol]

(2) [4-(1,1-dimethylallyloxy)benzaldehyde] →(PhMe₂, Δ)→ [ortho-allyl phenol with CHO] →(H⁺)→ [2,2-dimethylchroman-6-carbaldehyde]

(3) [1,2-dimethylcyclohexene] →(CH₃CO₃H)→ [1,2-dimethyl-1,2-epoxycyclohexane] →(H⁺, H₂O, Δ)→ [1-acetyl-1-methylcyclopentane]

(4) [cyclobutanone] →(Br₂)→ [2-bromocyclobutanone] →(NaOH/EtOH)→ [cyclopropanecarboxylic acid]

(5) [cyclobutanone] →(Mg, C₆H₅CH₃)→ [1,1'-bi(cyclobutyl)-1,1'-diol] →(H⁺, H₂O)→ [spiro[3.4]octan-1-one]

12.3 (1) [mechanism: cyclopentanone with phenyl epoxide → BF₃ coordination → ring expansion → 2-phenylcyclohexane-1,2-dione/ 3-phenylcyclohexanone mechanism yielding 2-phenylcyclohexanone]

(2) [mechanism: 2,6-dichlorobicyclic ketone + HO⁻ → tetrahedral intermediate → ring contraction → cyclobutane-COOH with Cl]

(3) Me₃C—[cyclohexane with OH, H, NH₂] →(HNO₂)→ Me₃C—[with N₂⁺] →(-N₂)→ Me₃C—[cation with OH] →(-H⁺)→ Me₃C—[4-tert-butylcyclohexanone]

12.4

(1) 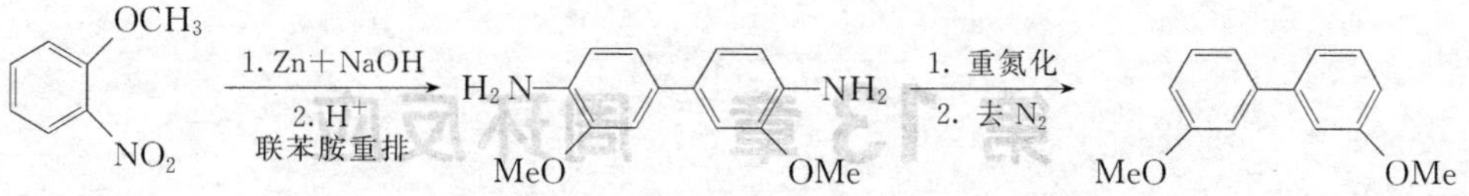 以邻甲氧基硝基苯经 1. Zn+NaOH; 2. 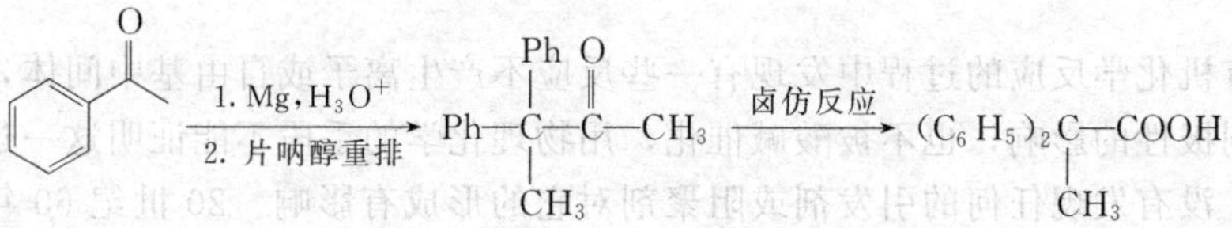 H⁺ 联苯胺重排 得到 4,4'-二氨基-3,3'-二甲氧基联苯，再经 1. 重氮化; 2. 去 N₂ 得到 3,3'-二甲氧基联苯。

(2) 苯乙酮经 1. Mg, H₃O⁺; 2. 片呐醇重排 得到 Ph-C(Ph)(CH₃)-C(O)-CH₃，再经卤仿反应得到 $(C_6H_5)_2C(CH_3)COOH$。

参 考 文 献

[1] 陆元国. 有机反应与有机合成 [M]. 北京：科学出版社，2009.
[2] 吴范宏，荣国斌. 高等有机化学反应和机理 [M]. 上海：华东理工大学出版社，2005.
[3] 李志伟. 自由基重排反应 [J]. 周口师范高等专科学校学报. 2003，19（2）：45-47.
[4] 汪秋安. 高等有机化学 [M]. 北京：化学工业出版社，2007.
[5] 裴文. 高等有机化学 [M]. 杭州：浙江大学出版社，2006.
[6] 荣国斌. 有机人名反应及机理 [M]. 上海：华东理工大学出版社，2003.
[7] Strunk S, Schlosser M. Wittig rearrangement of lithiated allyl aryl ethers：a mechanistic study [J]. Eur J Org Chem，2006, (19)：4393-4397.
[8] Navadiya H D, Dave P N, Jivani A R, Undavia N K, Patwa B S. Studies on synthesis of 4-oxoquinazolin dyes and their application on various fibres [J]. Int J Chem Sci，2008, 6 (4)：1772-1780.
[9] 胡宏纹. 有机化学 [M]. 第3版. 北京：高等教育出版社，2006.
[10] 孙小军，赵卫光，董卫莉，李正名. 重排反应在精细化工中间体合成中的应用 [J]. 精细化工中间体. 2006, 36 (1)：7-10.
[11] 袁淑军，吕春绪，蔡春. 微波促进Fries重排反应合成（2-羟基-5-甲基）苯基-1-十二酮 [J]. 精细化工，2004, 21 (3)：230-231.
[12] 高飞，吕秀阳. 高温液态水中的频哪醇重排反应动力学 [J]. 化工学报. 2006, 57 (1)：57-60.
[13] 李磊. 绿色介质中Beckmann重排反应催化体系的研究 [D]. 兰州：西北师范大学，2009.
[14] 张龙，殷成蓉，解令海，钱妍，黄维. 拜耳-维立格氧化重排反应制备4-烷氧基芴类稳定高效电致蓝光材料 [Z]. 全国第八届有机固体电子过程暨华人有机光电功能材料学术讨论会摘要集. 西安，2010.
[15] 李德江，孙碧海，李斌. 浅谈Hofmann重排反应在有机合成中的应用 [J]. 化学教育，2006, 27 (4)：4-5.
[16] 周欢. 异甾类化合物合成及微波化学促进Wagner-Meerwein重排反应研究 [D]. 武汉：华中科技大学，2009.

第 13 章 周环反应

人们在进行有机化学反应的过程中发现有一些反应不产生离子或自由基中间体，其过渡态的产生不受溶剂极性的影响，也不被酸碱催化，用物理化学的手段不能证明这一过渡态是离子还是自由基，没有发现任何的引发剂或阻聚剂对它的形成有影响。20 世纪 60 年代，化学家研究并总结了这一类无法用离子型机理和自由基型机理解释的反应，并把它命名为周环反应。

13.1 基本概念与原理

对于周环反应的特殊性质，在 1960 年以前人们是不能理解的，甚至有人认为其是没有反应历程的。直到 1965 年美国化学家 R. B. Woodward（伍德沃德）在从事维生素 B_{12} 的全合成过程中首次认识到，光和热对周环反应的行为和立体化学反应结果有差别，就认为其一定受到前人尚未认识到的因素所控制。

于是，伍德沃德参照日本化学家福井谦一提出的"边界电子论"，并经过其学生兼助手 R. Hoffmann（霍夫曼）采用量子力学中的分子轨道法进行计算，共同提出了分子轨道对称守恒理论。由于这一贡献，福井谦一和霍夫曼共同获得了 1981 年的诺贝尔化学奖。

13.1.1 基元反应、协同反应和分步反应

分子轨道对称守恒理论只适合研究基元反应和协同反应，并不适用于分步反应。所谓基元反应，是指只经过一个过渡态无中间产物生成的一步完成的反应，例如：

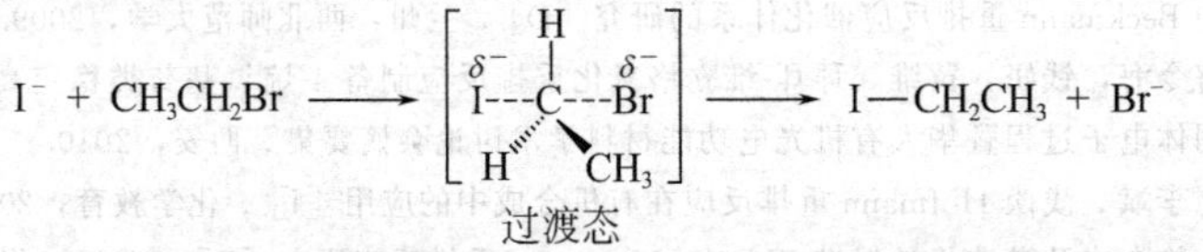

$$I^- + CH_3CH_2Br \longrightarrow \left[I \overset{\delta^-}{\cdots} \underset{\underset{CH_3}{\overset{H}{|}}}{C} \overset{\delta^-}{\cdots} Br \right] \longrightarrow I-CH_2CH_3 + Br^-$$
过渡态

而所谓的分步反应，顾名思义反应是分多步进行的，即有中间产物的生成。协同反应则为反应过程中旧键的断裂和新键的形成是同时进行的，反应过程中无离子或自由基等中间体生成一步完成的基元反应。因此，协同反应是基元反应的一种类型。

13.1.2 周环反应的定义与特点

至于周环反应，则是指在反应中两个或者两个以上键的断裂与形成通过环状过渡态进行的协同反应，其反应是通过电子重新组织、经过四或六电子中心环的过渡态而进行的，例如：

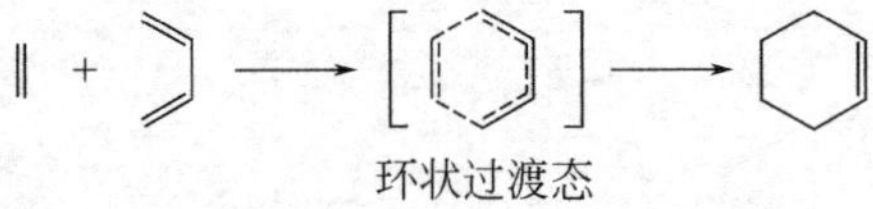

环状过渡态

周环反应作为一种独特的反应类型，其有以下四个特点：
① 反应过程中，化学键是同时断裂和形成，即反应是按协同方式进行的；
② 反应过程中没有自由基或离子之类的活性中间体生成；
③ 反应不受酸碱催化、溶剂极性的影响，但受光或热的制约；

④ 反应具有立体专一性，是高度空间定向反应。

13.1.3 前线轨道理论

前线轨道理论最早是由日本的福井谦一于 1952 年提出的，他以量子力学为理论，从化学键理论的发展出发，首先提出了前线分子轨道和前线分子的概念，并由此发展成为前线轨道理论。

前线轨道理论认为，分子在反应过程中分子轨道是发生变化的，而且在化学键的断裂与形成时优先起作用的是前线分子轨道。其中，已被电子占据的能级最高的轨道称为最高占有轨道（Highest Occupied Molecular Orbital，简称为 HOMO），未填充电子的空分子轨道中能级最低的轨道称为最低未占有轨道（Lower Unoccupied Molecular Orbital，简称为 LUMO）。

原子之间发生化学反应，起关键作用的电子是价电子，而前线轨道理论认为分子中也存在类似的"价电子"。这是因为分子的 HOMO 上的电子能量较高，原子核对电子束缚能力较弱，很容易在光或热的作用下激发，即其具有电子给予体的性质；而 LUMO 则对电子具有较强的亲和力，即具有电子接受体的性质。

因此，在分子间的反应过程中，最先起作用的分子轨道是前线轨道，起关键作用的电子是前线电子。当参加反应的分子只有一个型体（单分子周环反应）时，则只考虑 HOMO；而对于双分子周环反应起决定作用的是参加反应的两个分子的 HOMO 和 LUMO 对称守恒，且相互作用的两个前线分子轨道的能级差越小，反应越容易进行。

鉴于基础的《有机化学》教科书一般对 HOMO、LUMO 及其轨道对称性等有较为详细的论述，故在此不再详细论述。下面，将利用该理论与相关概念来逐一讨论周环反应中的几个常见类型，如电环化反应、环加成反应、σ-迁移反应等。其中，环加成反应又分为 [4+2] 环加成、[3+2] 环加成、[2+2] 环加成等类型。

13.2 电环化反应

电环化反应是在热或光的作用下，开链的共轭烯烃发生异构化反应生成一个顺式或反式的环状化合物（完全立体专一性）的反应。反应的结果是减少了一个 π 电子键，形成一个 σ 键。这个反应的逆反应（开环反应），也称为电环化反应。

13.2.1 含 $4n$ 个 π 电子的体系

在加热条件下，分子处于基态，Ψ_2 为 HOMO，顺旋成键是轨道对称性允许的途径，对旋是禁阻的；在光照下，分子处于激发态，Ψ_3 为 HOMO，对旋成键是轨道对称性允许的途径，顺旋是禁阻的。因此，简单的口诀就是"热四顺光对"。下面是一些反应实例。

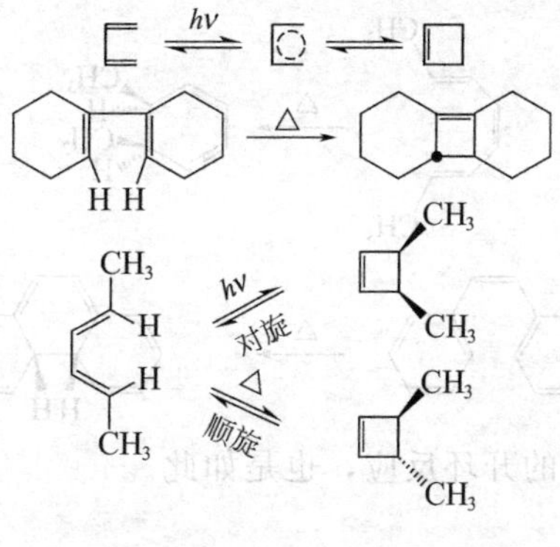

"热四顺光对"对于开环的电环化反应也是适用的，但要注意此时计算的 π 电子的体系是产物中的。例如，下列反应式中化合物 I 进行开环的电环化反应，在加热的条件下生成化合物 II，在光照的条件下生成化合物 III 和 IV（但事实上由于产物 IV 的空间位阻较大，主产物为化合物 III）。

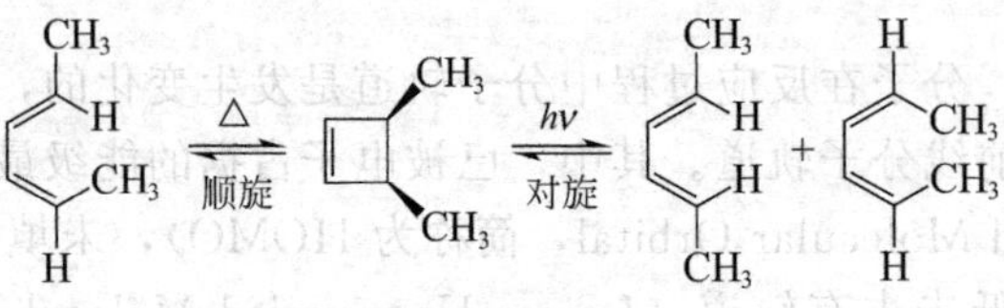

下面是其他一些开环电环化反应实例。

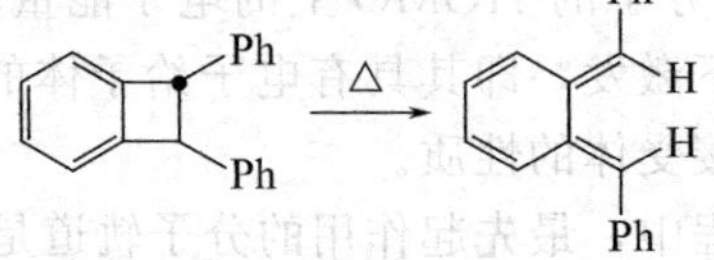

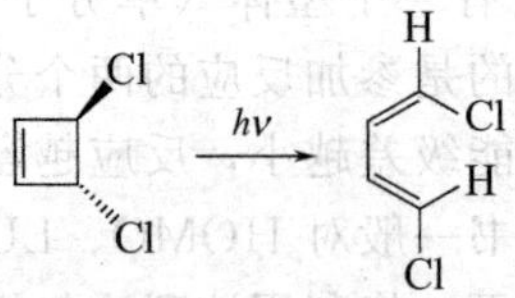

13.2.2 含 $4n+2$ 个 π 电子的体系

在加热条件下，分子处于基态，Ψ_3 为 HOMO，对旋成键是轨道对称性允许的途径，顺旋是禁阻的；在光照下，分子处于激发态，Ψ_4 为 HOMO，顺旋成键是轨道对称性允许的途径，对旋是禁阻的。下面是一些闭环反应的实例。

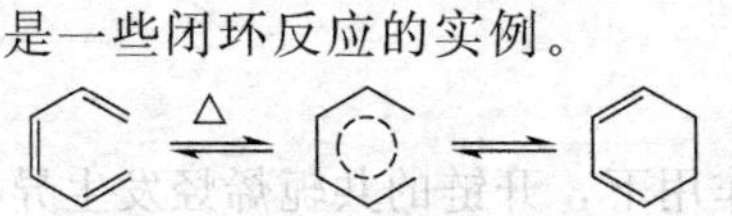

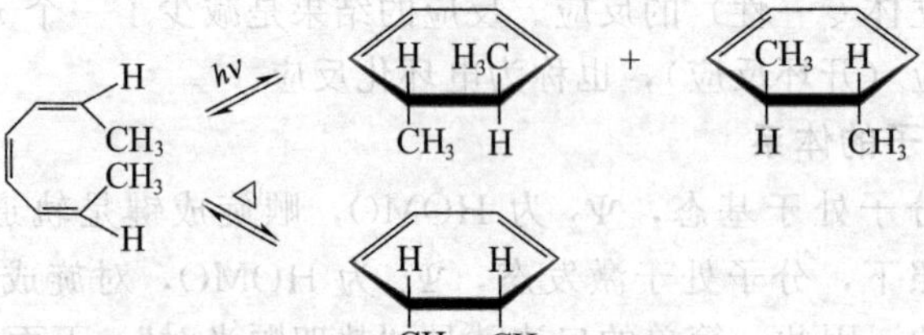

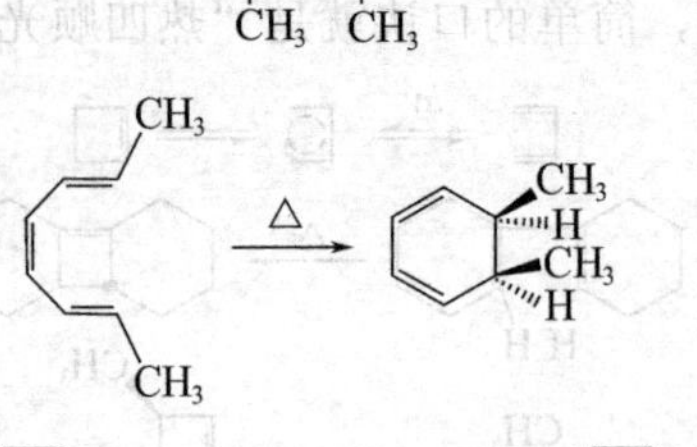

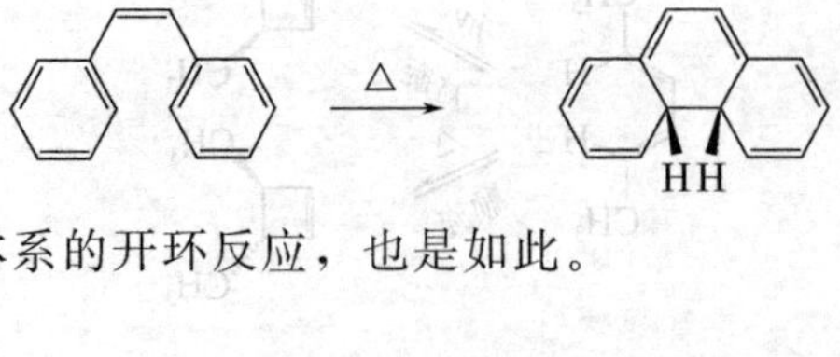

对于 $4n+2$ 个 π 电子体系的开环反应，也是如此。

13.3 Diels-Alder 反应

13.3.1 环加成反应分类

环加成反应是指两个或多个共轭体系以整体相互结合，成为一个稳定的环状结构分子的反应。环加成反应过程中，没有小分子消除，只有新的 σ 键的形成（由 π 电子）而没有原 π 键的断裂。它是重要的周环反应，具有周环反应的特点，其逆反应称为环消除反应。

对于环加成反应的分类，一是按反应物所提供的成环原子数划分，如乙烯二聚环化是 [2+2] 环加成，而 Diels-Alder 反应是 [4+2] 环加成反应。另一种是按参加反应的电子数和种类划分，上述两个反应则可分别表示为 [2π+2π] 和 [4π+2π] 过程。

参加环加成反应的组分，在不同的情况下可以经历不同的过渡状态，得到具有不同立体特征的产物。对于双组分环加成反应，各组分末端可有四种不同的组合方式，因此当反应组分之一的共轭原子数多于两个时，可能有内式加成和外式加成之别。

13.3.2 Diels-Alder 反应定义与机理

Diels-Alder（狄尔斯-阿尔德）反应是由共轭二烯烃与烯、炔作用生成具有六元环的加成产物的反应，它是制备环状化合物中应用最广泛的合成方法。共轭二烯烃简称为双烯体，具有 4 个 π 电子；与其反应的烯、炔称为亲双烯体，反应中提供 2 个 π 电子。原料的三个 π 键消失，同时形成了两个新的 σ 键和一个新的 π 键。因此，Diels-Alder 反应亦被称为双烯合成反应或 [4+2] 环加成反应。

根据 Diels-Alder 反应的立体化学、溶剂效应及反应动力学等的研究，Diels-Alder 反应是按同步的协同机理进行的双分子反应，这类反应的机制可以用轨道对称性的概念来理解。当双烯与亲双烯分子相互接近时，一个分子的 HOMO 和另一个分子的 LUMO 的分子轨道对称性均是相互匹配的。

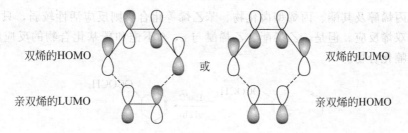

13.3.3 Diels-Alder 反应亲双烯体

亲双烯体通常是烯、炔的衍生物。若双键或三键连有吸电子取代基时，亲双烯体的反应活性增强。例如，丁二烯与顺酐反应比其与乙烯反应的条件要温和得多，就充分说明了这一点。

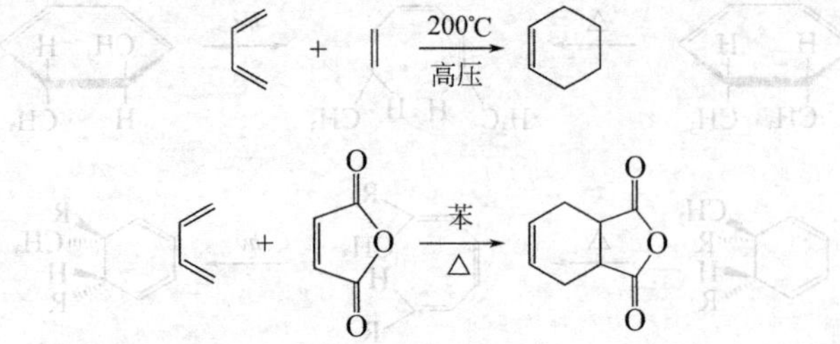

[反应式：丁二烯 + 乙烯 $\xrightarrow[\text{高压}]{200℃}$ 环己烯]

[反应式：丁二烯 + 顺丁烯二酸酐 $\xrightarrow[\Delta]{\text{苯}}$ 四氢邻苯二甲酸酐]

因此，α,β-不饱和羰基化合物，如丙烯醛、丙烯酸及其酯、丙炔酸、顺丁烯二酸及其酐、丁炔二酸酯和醌等，均为常用的重要的亲双烯体。

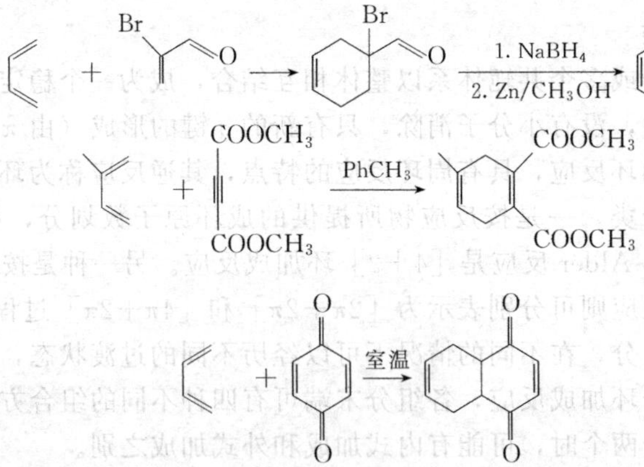

[反应式：丁二烯 + 2-溴丙烯醛 → 溴代环己烯甲醛 $\xrightarrow[\text{2. Zn/CH}_3\text{OH}]{\text{1. NaBH}_4}$ 亚甲基环己烷]

[反应式：异戊二烯 + 丁炔二酸二甲酯 $\xrightarrow{\text{PhCH}_3}$ 环己二烯二甲酸二甲酯]

[反应式：丁二烯 + 对苯醌 $\xrightarrow{\text{室温}}$ 加成产物]

可以预料，乙烯基三苯基鏻盐是更强的亲双烯体，它甚至可以与苯环发生加成，且产物可极易转变成磷叶立德而进行一系列反应。

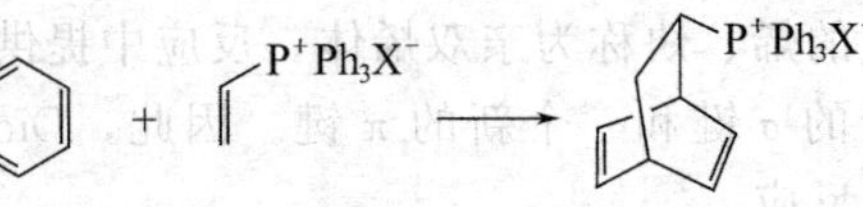

[反应式：苯 + CH$_2$=CH-P$^+$Ph$_3$X$^-$ → 双环加成产物]

共轭二烯本身亦可作为亲双烯体，这就是通常的共轭二烯的二聚反应。

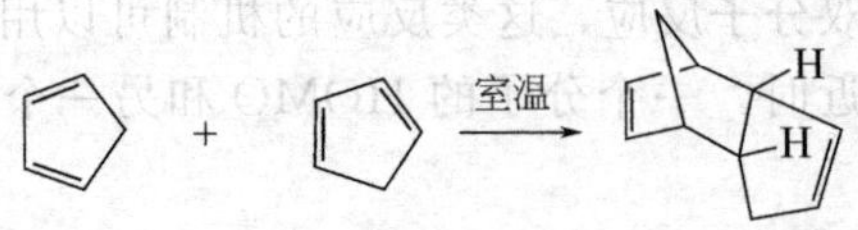

[反应式：环戊二烯 + 环戊二烯 $\xrightarrow{\text{室温}}$ 双环戊二烯]

相反，丙烯醇及其酯、丙烯型卤化物、苯乙烯等化合物则反应活性较弱，只有在强烈条件下才能与双烯反应。但是，乙烯酯、乙烯醚与 α,β-不饱和羰基化合物的反应广泛应用于合成二氢吡喃化合物。

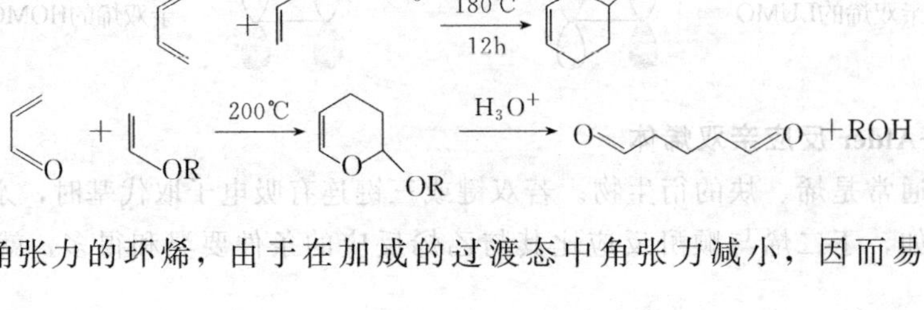

[反应式：丁二烯 + CH$_2$=CHOCOCH$_3$ $\xrightarrow[\text{12h}]{180℃}$ 环己烯基乙酸酯]

[反应式：丙烯醛 + CH$_2$=CHOR $\xrightarrow{200℃}$ 二氢吡喃 $\xrightarrow{\text{H}_3\text{O}^+}$ 戊二醛 + ROH]

具有显著角张力的环烯，由于在加成的过渡态中角张力减小，因而易于进行 Diels-Alder 反应。

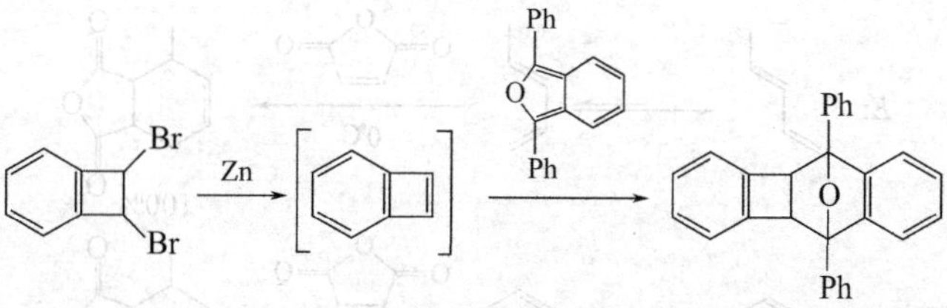

由于碳碳三键具有线型结构，因此只有九元或九元以上的单炔环才没有张力，故某些环炔亦可作为活泼的亲双烯。

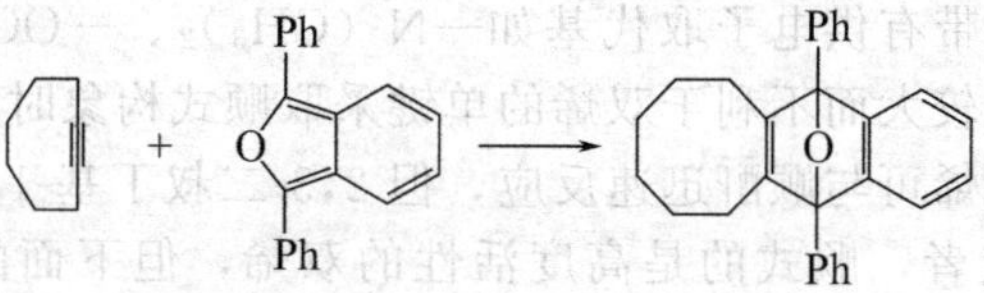

苯炔亦可迅速发生 Diels-Alder 反应。

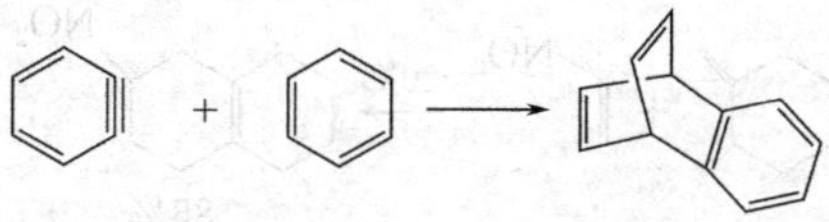

Diels-Alder 反应绝不仅限于碳碳多重键，当亲双烯形成多重键的原子中含有一个或两个杂原子时也能够发生该反应，且反应活性没有明显的下降。

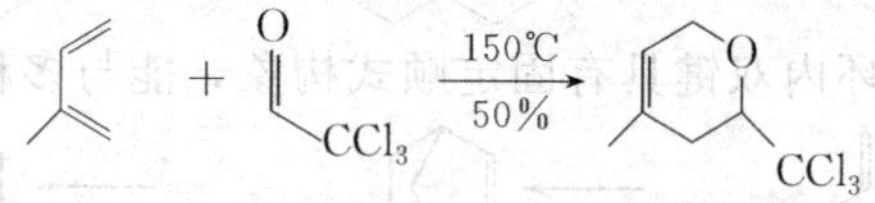

环外杂原子双键亦不例外。但是，可以预料，当使用环外的碳碳双键时，将生成螺环类产物。

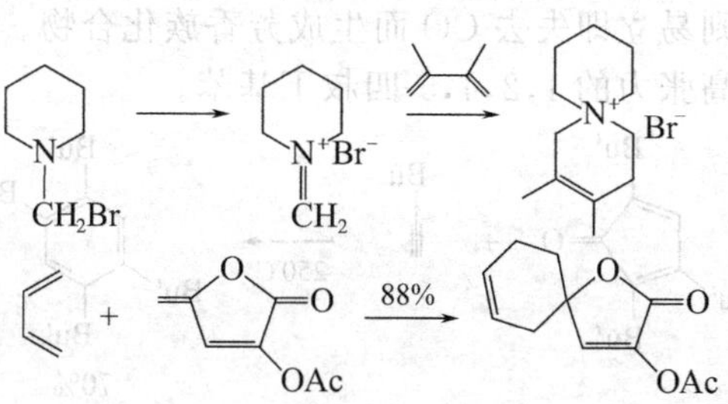

许多缺电子的烯烃可以作为亲二烯体，但有一个显著的例外是烯酮。烯酮的 $R_2C=C=O$ 中的 C=C 键确实能与二烯发生反应，但是产物全部是经 [2+2] 环加成生成的四元环化合物。因此，欲制备经烯酮与 1,3-二烯发生 Diels-Alder 反应生成的产物时，需要使用间接的方法，能够有效促进环加成并随后将产物转化为所需要酮的试剂是 2-氯丙烯腈。

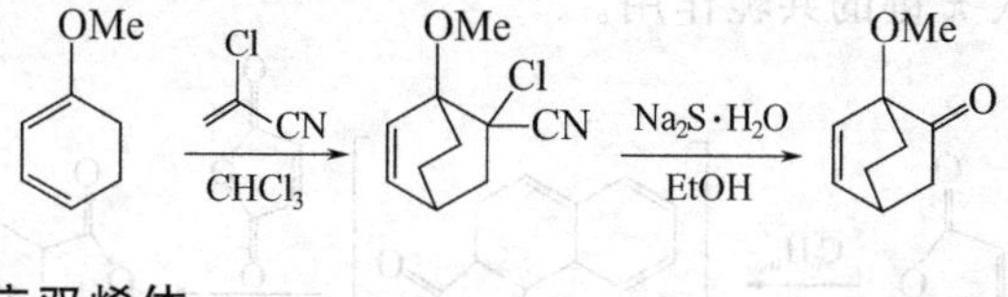

13.3.4 Diels-Alder 反应双烯体

许多双烯存在顺式（Cis-oid）与反式（Trans-oid）构象，在 Diels-Alder 反应前其必须采用顺式构象才能反应。下面 1,3-戊二烯 E 型与 Z 型的反应差异，充分说明了这一点。

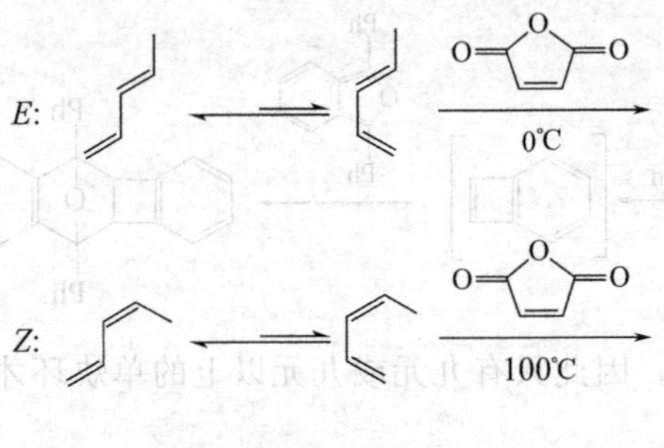

因此，虽然说丁二烯带有供电子取代基如—N(CH₃)₂、—OCH₃、—CH₃ 等可使双烯的反应活性增加，但体积较大而不利于双烯的单键采取顺式构象时，反应同样不利进行。例如，2,3-二甲基-1,3-丁二烯可与顺酐迅速反应，但 2,3-二叔丁基-1,3-丁二烯则不能反应。

对于双键构象已固定者，顺式的是高度活性的双烯，但下面的反式者（化合物 a～c）则不能发生环加成反应。

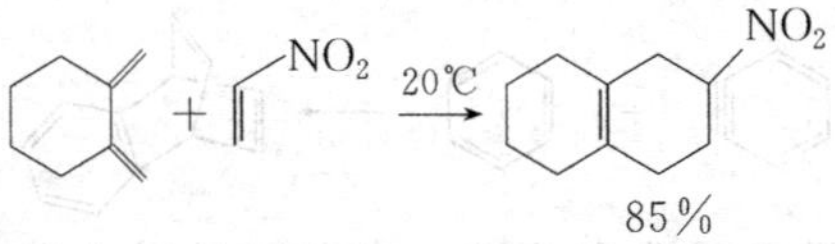

环戊二烯和环己二烯的环内双键具有固定顺式构象，能与多种亲双烯体发生反应。

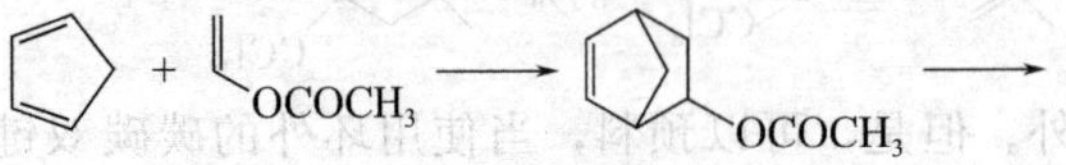

环戊二烯酮本身以二聚体存在，其与亲双烯反应后脱氢、脱羰可生成芳香族化合物，与炔型亲双烯反应的加成物则易立即失去 CO 而生成芳香族化合物。因此，其可用于合成较难合成的芳香族化合物，如高张力的 1,2,4,5-四叔丁基苯。

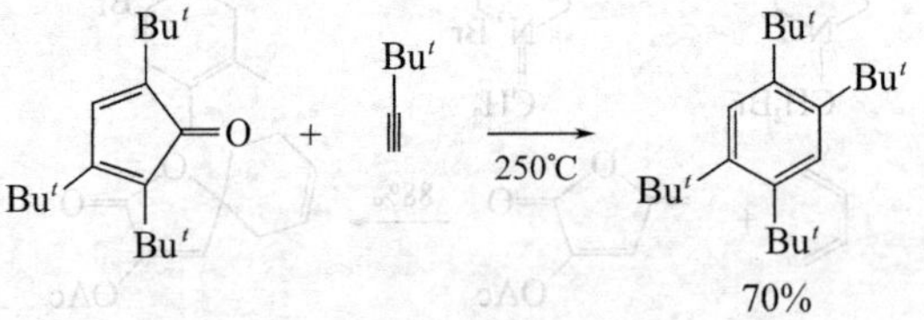

含杂原子双烯中，α,β-不饱和醛是应用较为广泛的双烯体系。

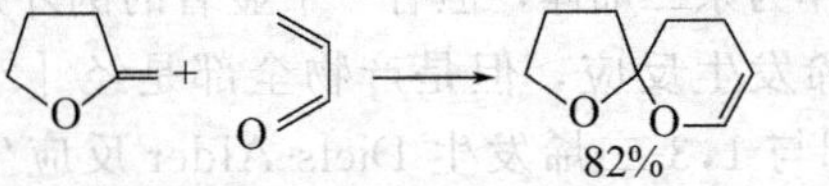

共轭的乙烯基环烯是活泼的双烯体。乙烯基苯与亲二烯也能顺利进行 Diels-Alder 反应，虽然部分地失去了封闭大 π 键的共轭作用。

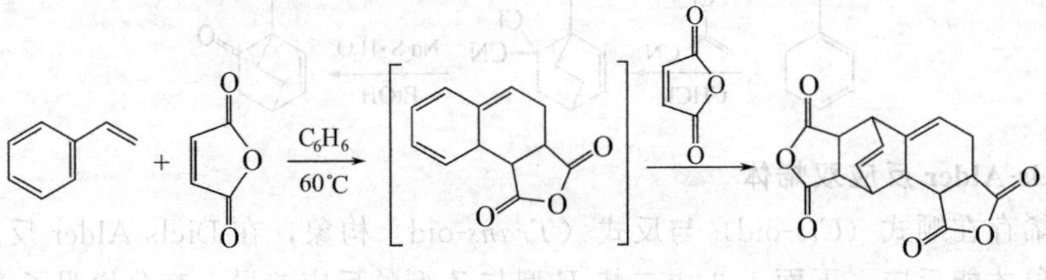

α-乙烯基萘和 1,3-二乙烯基苯亦可进行类似的 Diels-Alder 反应。

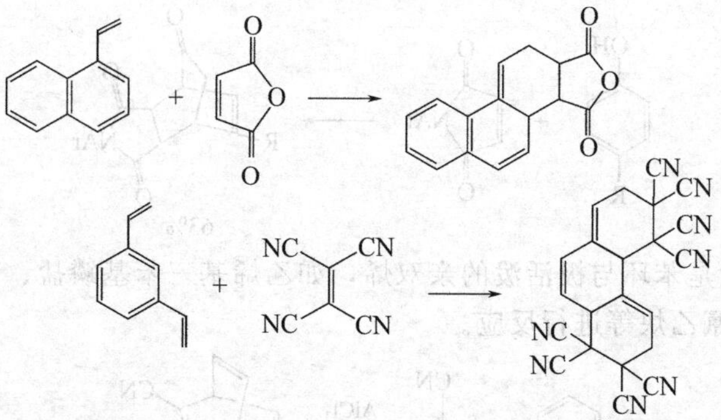

芳环本身亦能与亲双烯发生环加成反应,其中以蒽及其他线型多核芳环活性最佳。反应结果失去部分共轭作用,故双烯活性顺序为:蒽＞萘＞苯。蒽的例子很常见,而苯环的例子有以下几种情况。

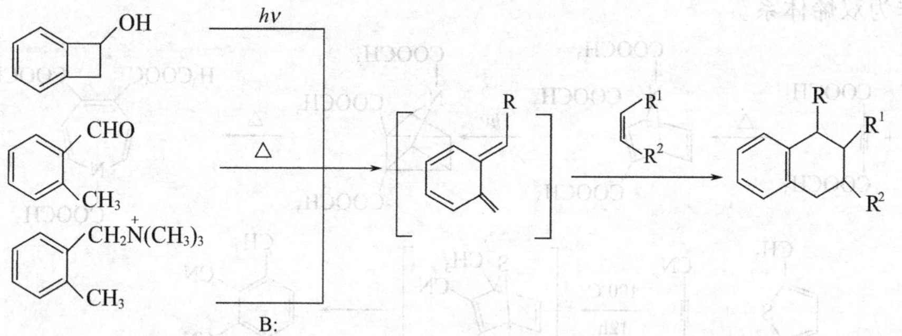

一种是邻位二取代基时,可以进行类似于异苯并呋喃型的 Diels-Alder 反应,实际均形成了邻苯醌二甲烷(邻二亚甲基苯)中间体(故严格地说,这种情况是苯环参与的反应是不确切的)。邻二亚甲基苯是一类反应性很强的二烯,可与许多亲二烯体加成。因此,这是制备多环芳香化合物的一种有效途径,且已被应用于 Rishirlide B 等天然产物的合成。

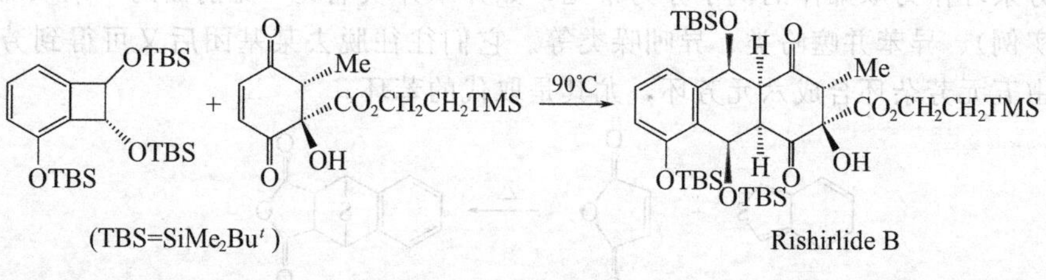

第二种是酚类的 Diels-Alder 反应。酚类可以看作己二烯酮类进行反应,虽然对苯二酚与顺酐的反应产率仅 2%,但有时一些酚类也可达到中等以上产率。因此,对利用其产物进行光化学重排反应而合成复杂天然产物的研究很有价值。

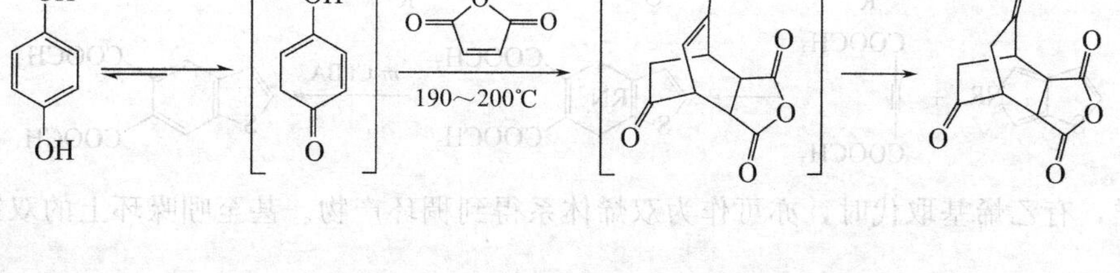

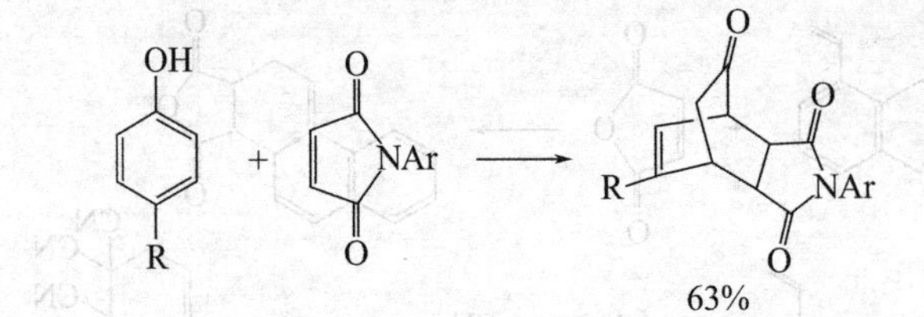

第三种情况,就是苯环与极活泼的亲双烯,如乙烯基三苯基鏻盐、苯炔(这二者的反应见前面的实例)、二氰乙炔等进行反应。

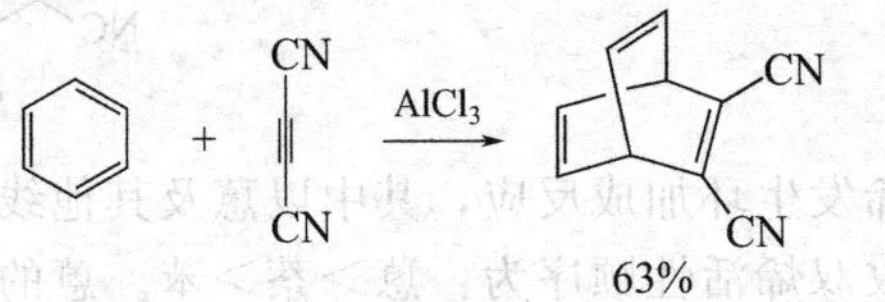

芳杂环也可以发生类似的情况。单环的化合物,如呋喃类、吡咯类、噻吩类、噁唑类等,均可以作为双烯体系。

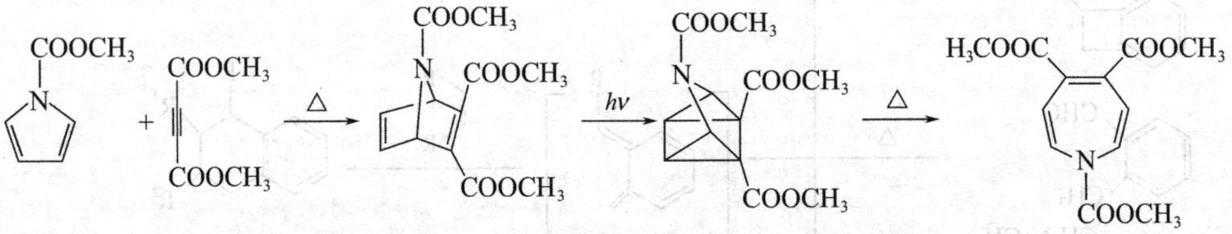

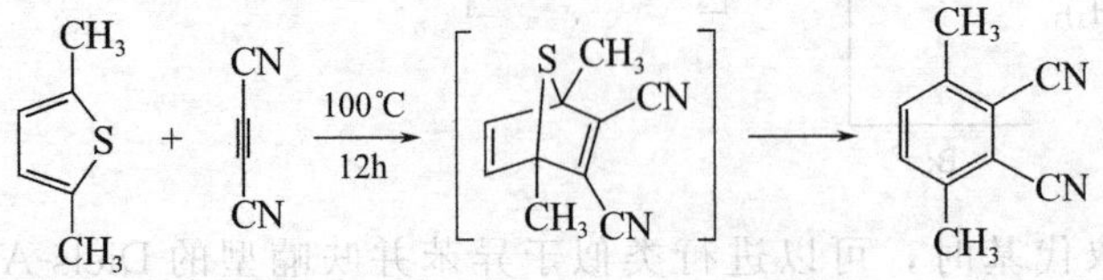

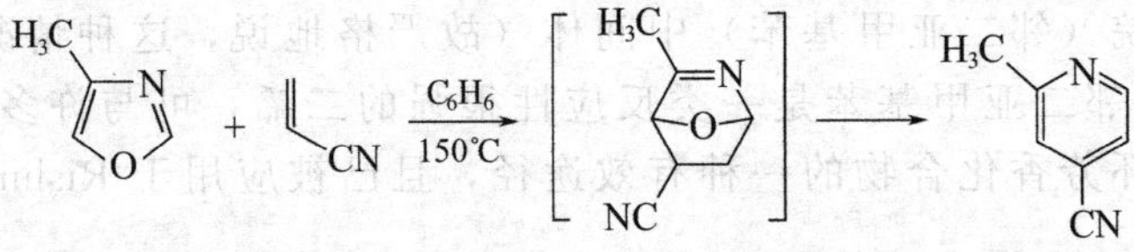

稠合芳杂环作为双烯体的例子亦为常见,如异苯并呋喃类(见前面的"亲双烯体"中列举的部分实例)、异苯并噻吩类、异吲哚类等。它们往往脱去某基团后又可得到芳环,因此常被用于由五元芳杂环合成六元芳环,尤其是取代的苯环。

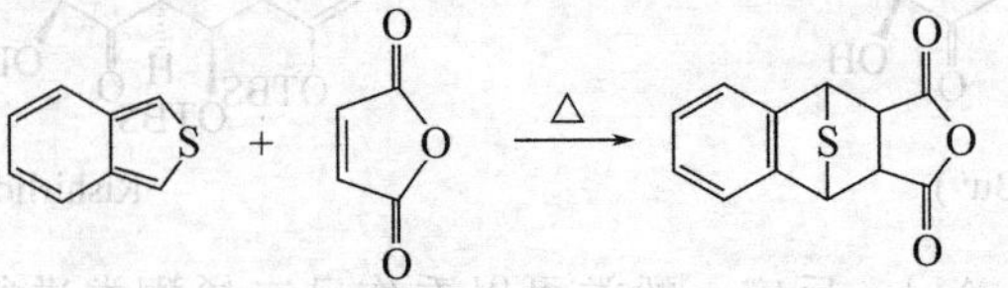

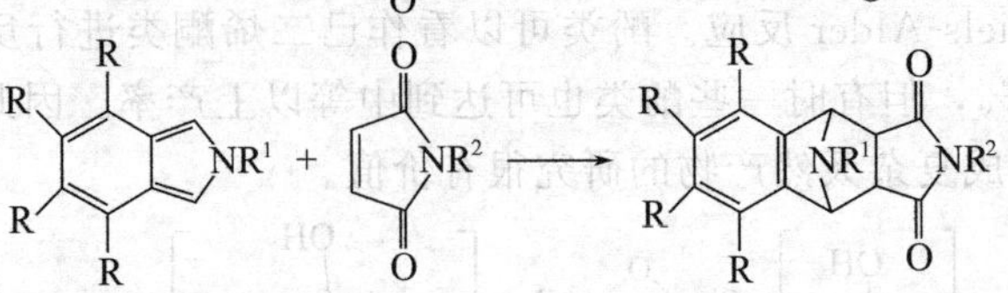

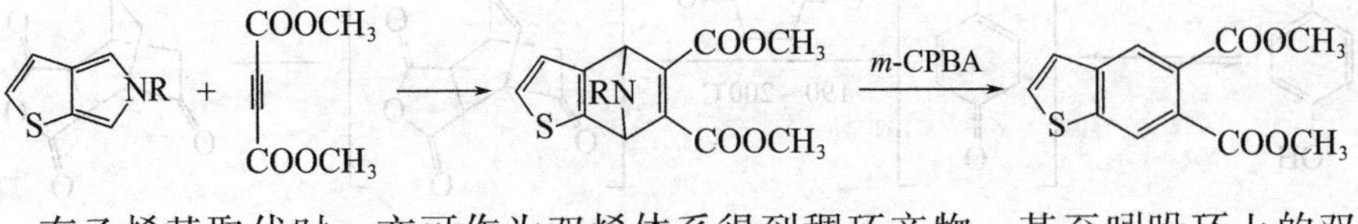

同样,有乙烯基取代时,亦可作为双烯体系得到稠环产物。甚至吲哚环上的双键不仅可

以作为双烯进行反应,而且在分子内反应中可作为亲双烯体系。

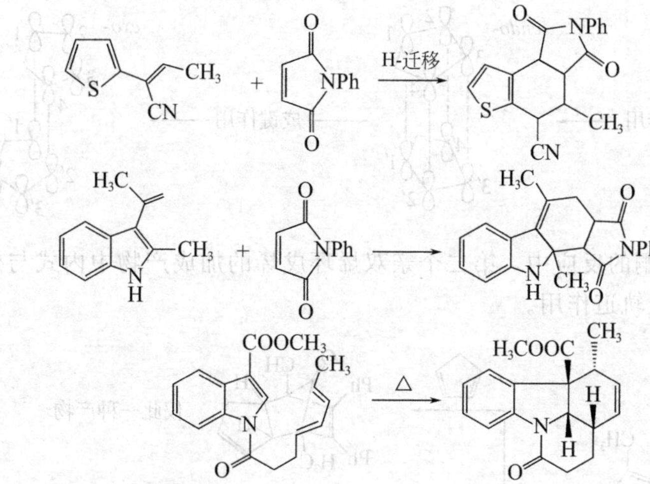

13.3.5 Diels-Alder 反应的立体化学

Diels-Alder 反应在合成上的重要性,不仅在于极易制备多种六元环化合物,而且具有良好的立体选择性。这种立体选择性仅当反应是动力学控制的条件下才能实现;若为热力学控制的,则由于反应物和产物的差向异构化或加成物的易于解聚而消失其立体选择性。Diels-Alder 反应的立体化学包括顺式原理、内向加成规则,Diels-Alder 反应的方位选择性也在此一并讨论。

(1) 顺式原理　顺式原理是指双烯和亲双烯的立体化学(取代基的顺反关系)仍然保留在加成产物中。

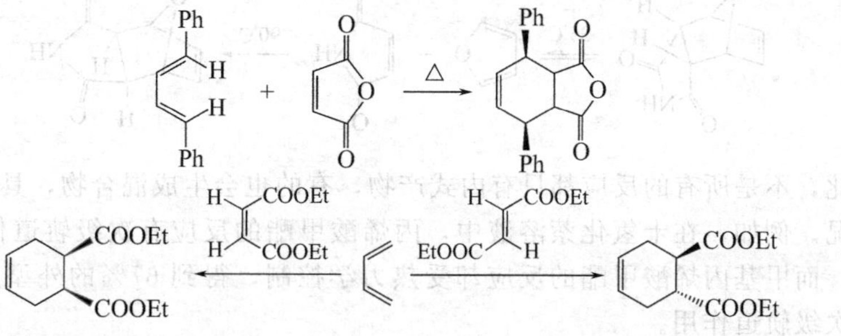

(2) 内向加成规则　实验表明,二分子丁二烯进行 [4+2] 环加成反应时,只生成内式产物。许多有共轭双键的亲双烯体系发生反应时,一般均有此现象,此即内向加成规则。

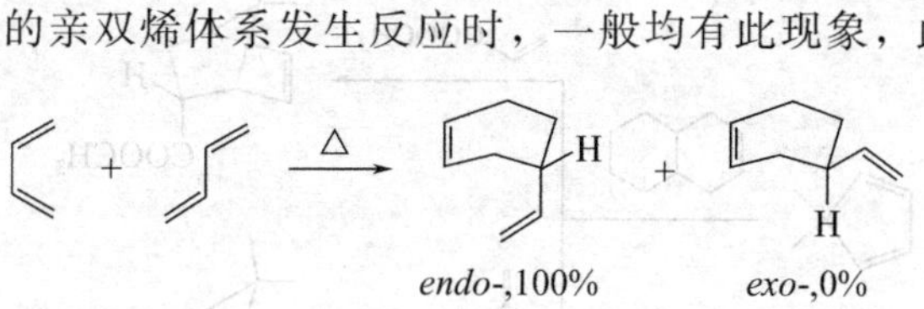

一般认为,在 Diels-Alder 反应过程中,双烯及亲双烯以彼此平行的平面排列,不仅真正参与反应的双键,而且包括活性取代基的双键均达到最大重叠时,过渡状态最稳定。用次级轨道作用进行理论解释(以环戊二烯为例,见下式),就是以内式的方式接近,除碳原子 1/1′ 和 4/2′ 之间的轨道匹配成键外,不成键的碳原子 3/3′ 和 2/4′ 也因对称性一致而相互作用,使过渡态能量降低,即由次级轨道作用;而外式中却没有这种作用。因此,内式产物更

易生成。

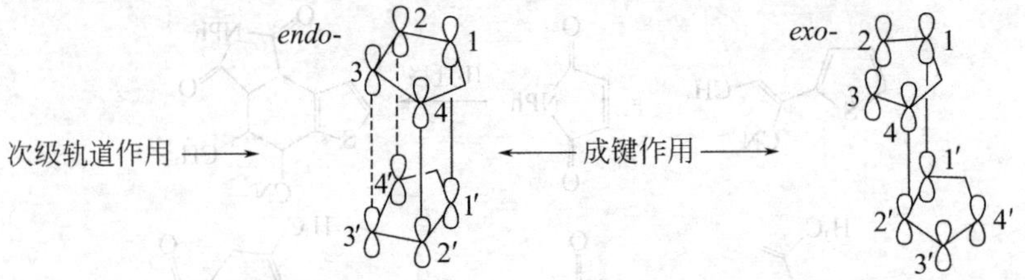

次级轨道作用 ← endo- exo- → 成键作用

在下面环戊二烯酮的反应中,第二个亲双烯环戊烯的加成产物中内式与外式之比为1:1,就是因为其无次级轨道作用。

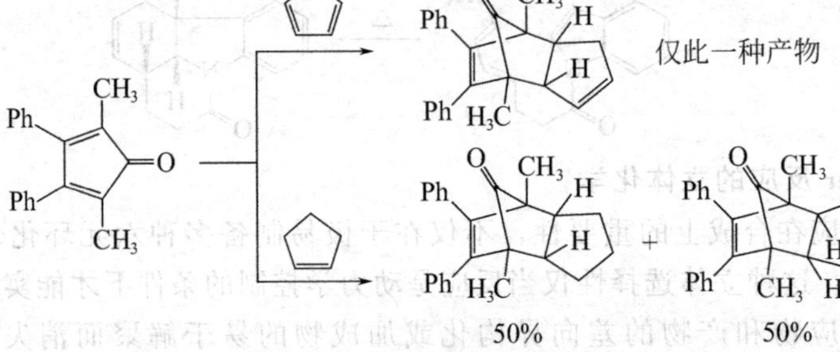

仅此一种产物

50% 50%

有些反应中生成的内式加成产物易分解为原来的双烯和亲双烯,二者在较高的温度下可生成更稳定的外式加成产物。因此,内式是动力学控制产物,外式是热力学控制产物。

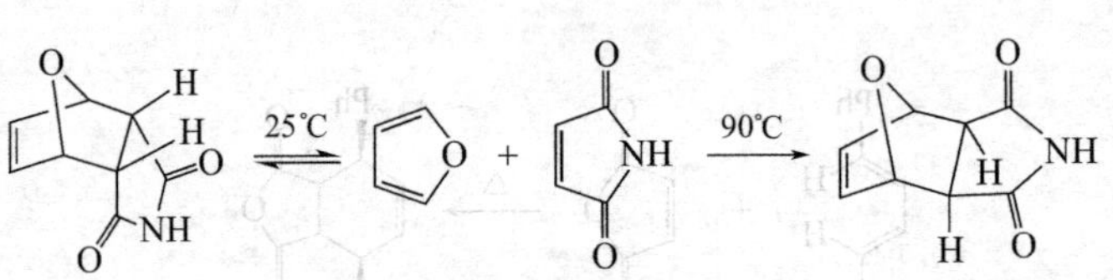

正因如此,不是所有的反应都只有内式产物,有的也会生成混合物,具体比例要看温度与取代基情况。例如,在十氢化萘溶液中,丙烯酸甲酯的反应有次级轨道作用,得到76%的内型产物;而甲基丙烯酸甲酯的反应却受热力学控制,得到67%的外型产物,虽然其按理应该亦有次级轨道作用。

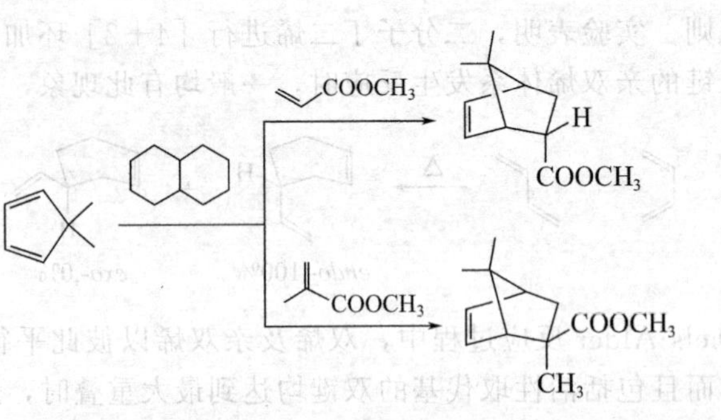

(3) 方位选择性 如果双烯和亲双烯都是不对称的,[4+2]环加成反应通常生成"邻位"或"对位"产物。例如,1-位取代双烯与双键上有吸电子取代基的亲双烯反应时,主要生成邻位加成产物;2-位取代双烯与亲双烯反应主要生成对位产物。它们可能与超共轭效应

导致电荷微不平衡有关,但解释方位选择性令人信服的理论还有待成熟。

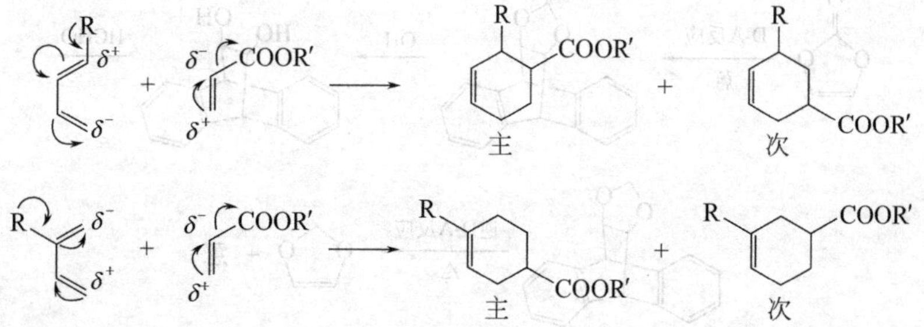

13.3.6 逆向 Diels-Alder 反应

Diels-Alder 反应是一可逆反应。一般说来,逆向 Diels-Alder 反应需要的温度比正向反应稍高。因此,温度控制是反应进行方向的关键。

利用逆向 Diels-Alder 反应,可以提纯和鉴别化合物。例如,蒽和菲主要来源于煤焦油,但是菲不能发生 Diels-Alder 反应,故可以应用逆向 Diels-Alder 反应得到纯蒽。

具有环己二烯与环戊二烯结构的化合物都可进行 Diels-Alder 反应,然而逆向 Diels-Alder 反应的产物却不同:前者得到新的芳香族化合物,后者得到最初的反应产物。因此,利用该法可以鉴别出环己二烯和环戊二烯结构的化合物。

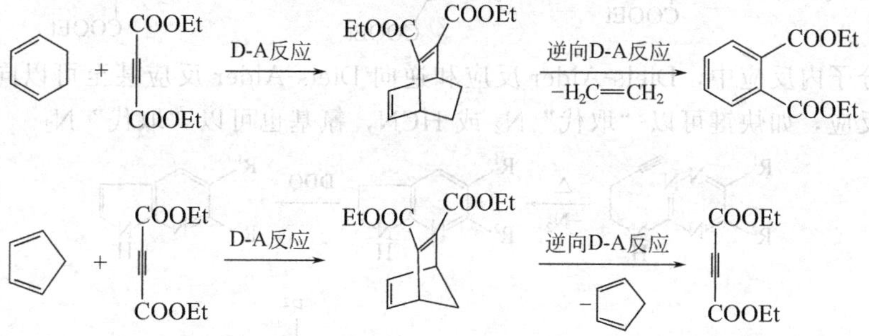

逆向 Diels-Alder 反应更重要的价值是应用于有机合成。因为对 Diels-Alder 反应的加成物进行解聚时,有时并不是原来加成时形成的键破裂,这样可获得新的双烯与亲双烯。前面和下面利用环己二烯制备苯衍生物的反应,也就是应用了这个道理。

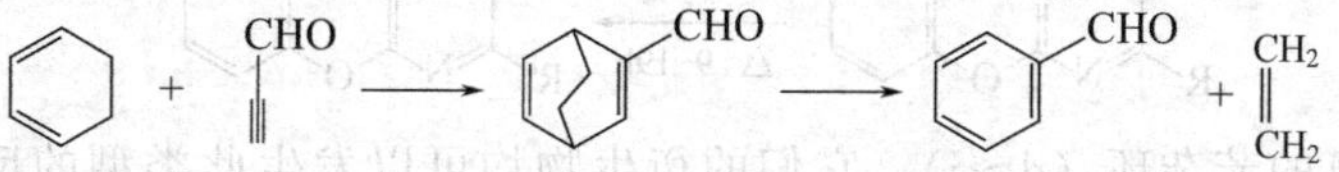

因此,利用逆向 Diels-Alder 反应的这一特殊性质,可以合成一些难以制备的物质,如苯并环丙烯。

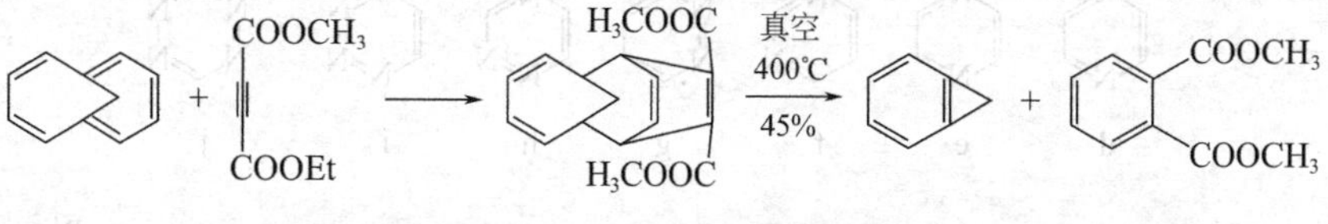

在有机合成中,有时也可以应用 Diels-Alder 反应进行保护,而应用逆向 Diels-Alder 反应去保护,从而达到合成一些难以用直接法制备的物质的目的。比较典型的例子,是由乙烯碳酸酯制备 1,3-二氧茂。

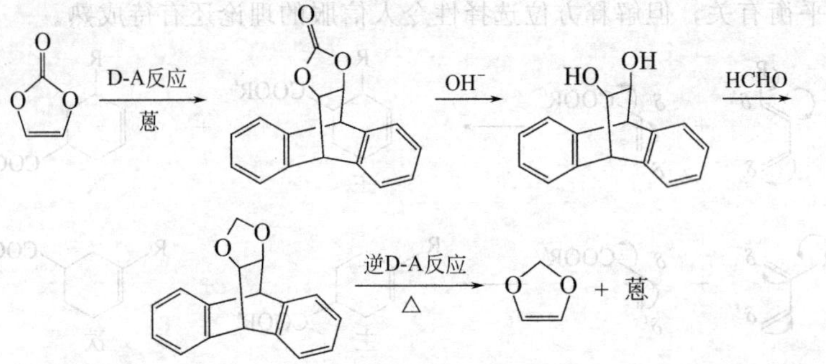

类似地，由苯醌制备环氧苯醌，也可以间接地利用逆向 Diels-Alder 反应实现。

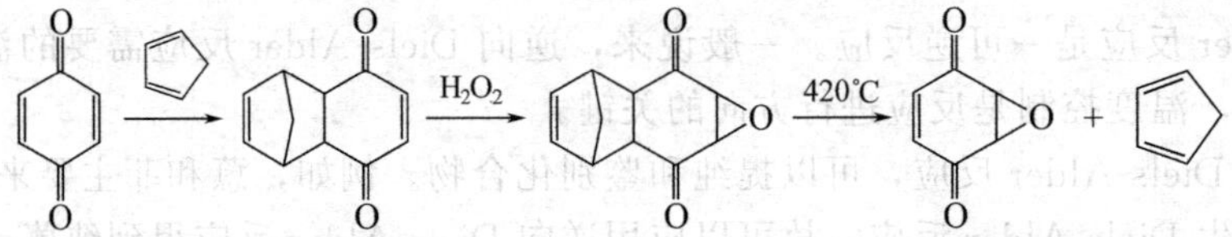

对于芳杂环类化合物，利用逆向 Diels-Alder 反应可以合成新的芳杂环或苯环。

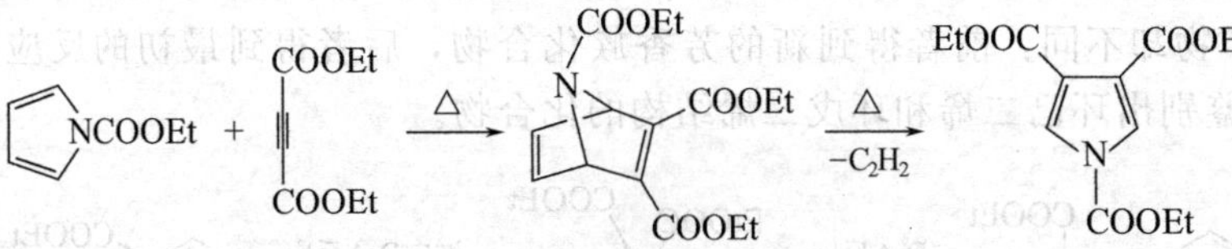

在某些分子内反应中，Diels-Alder 反应和逆向 Diels-Alder 反应甚至可以同时进行，进行"取代"反应，如炔键可以"取代" N_2 或 HCN，氰基也可以"取代" N_2。

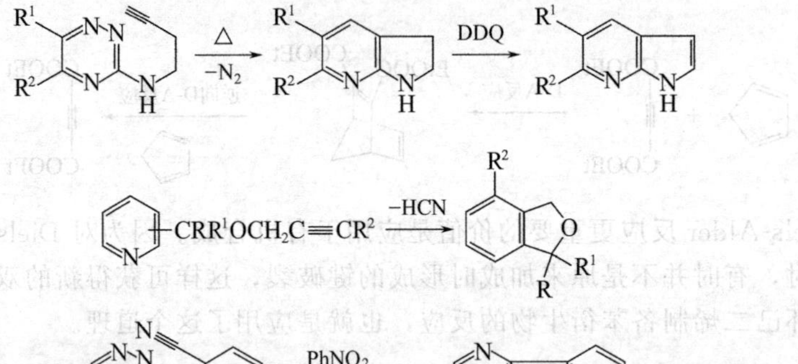

对于六元含氮的芳杂环（d~j），它们的衍生物均可以发生此类型的反应，而且分子间分步的"取代"反应也可发生。因此，它们对取代芳环（包括芳环、稠合芳环）的合成具有重要意义。

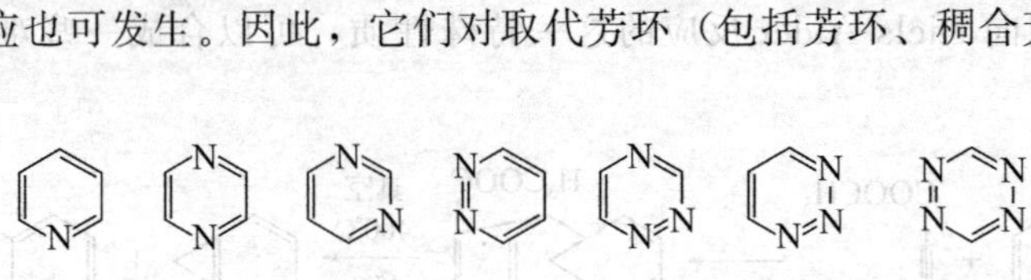

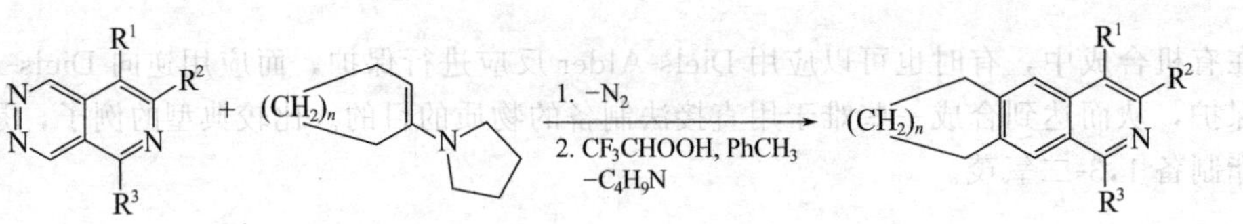

13.4 其他 [4+2] 环加成反应

前边讨论的 Diels-Alder 反应是 [4+2] 协同加成反应,涉及六个 π 电子,可用于合成六元环化合物。根据 Woodward-Hoffmann 规则可以预测,类似的涉及六个 π 电子的烯丙基负离子和正离子的环加成反应也是可行的,将得到五元及七元环。这些都可以看成是广义的 [4+2] 环加成反应,因此也在此作一简要介绍。

13.4.1 烯丙基负离子的环加成反应

烯丙基负离子是 4π 电子体系,其与烯烃(亲双烯体)的环加成反应与 Diels-Alder 反应类似,通过这一反应可方便地合成五元环化合物(从环加成的原子数看,该反应可称为 [3+2] 环加成反应,但通常说的 [3+2] 环加成反应是指 1,3-偶极环加成反应)。

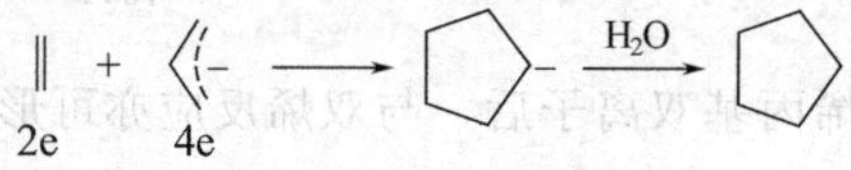

烯丙基负离子可以由丙烯衍生物用强碱二异丙基锂胺(LDA)脱去 α-H 制得,亦可由环丙烷衍生物失去质子开环得到。

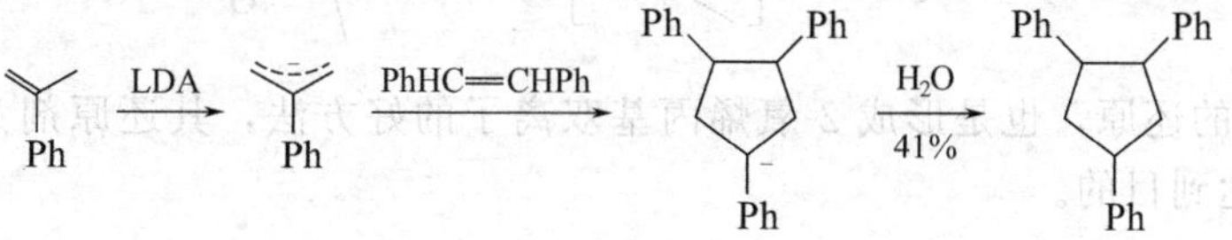

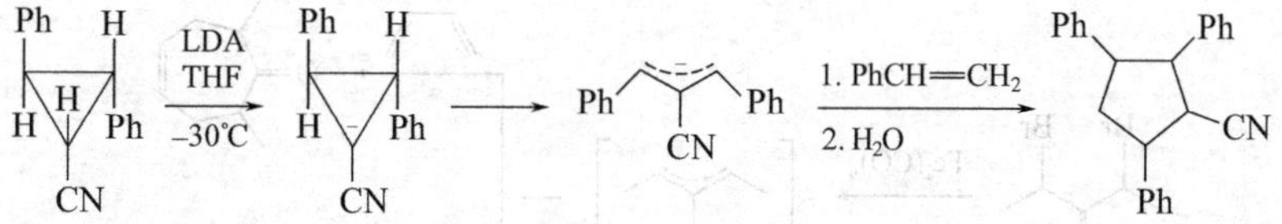

溴化环戊二烯基镁可以看成是环状的烯丙基负离子,它能与苯炔进行加成。类似地,丙炔负离子亦可进行环加成反应。例如,1,3-二苯丙炔在碱存在下自身可进行反应。

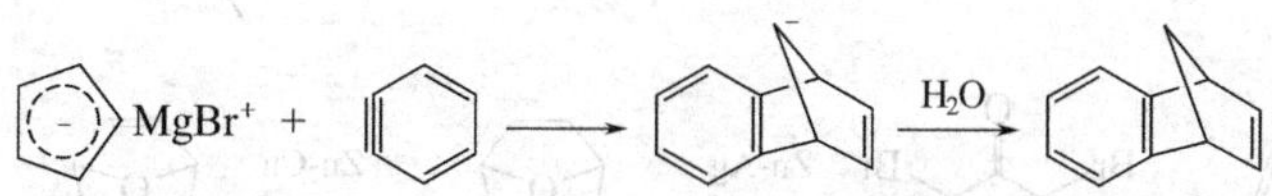

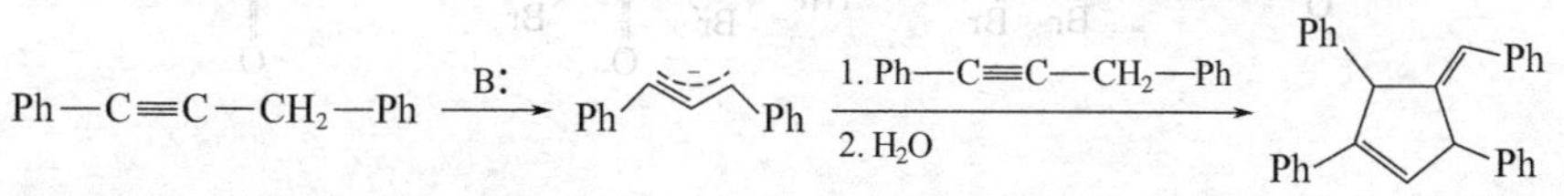

13.4.2 烯丙基正离子的环加成反应

烯丙基正离子是 2π 电子体系,其与共轭二烯(双烯体)发生 [4+2] 环加成反应,可以获得其他方法难以制得的七元环(若仅从环加成的原子数看,该反应亦可称为 [4+3] 环加成反应)。

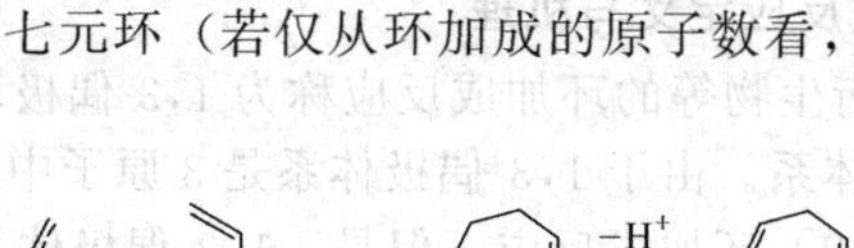

碘代丙烯在亲电催化剂 CCl_3COOAg 存在下,移去 I^- 即可生成烯丙基正离子,其以离子对的形式存在,若遇到环戊二烯、环己二烯或呋喃等双烯体,则生成七元环加成物。

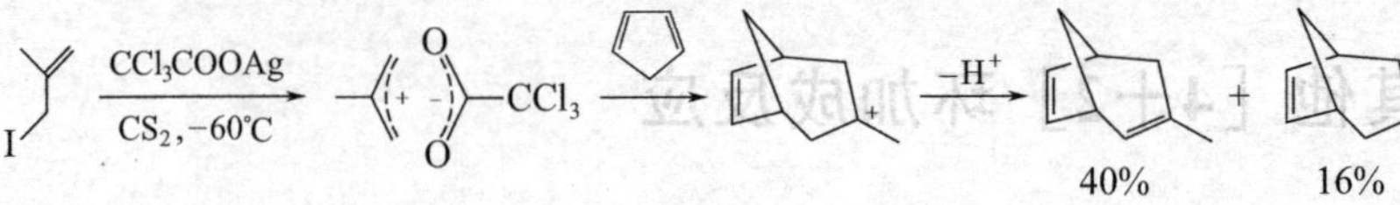

烯丙基正离子也可从烯丙醇的三氟乙酸酯或磺酸酯产生。例如，下面反应从烯丙醇和三氟甲磺酸酐[$(CF_3SO_2)_2O$，即 Tf_2O]得到七元环的环加成产物，反应中三甲基硅基不仅起稳定烯丙基正离子的作用，而且还激发后继的环外亚甲基的形成。

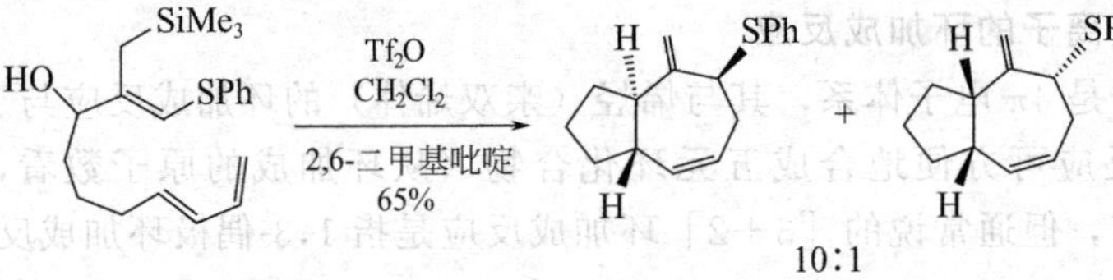

环丙酮类开环形成 2-氧烯丙基双离子后，与双烯反应亦可形成七元环。

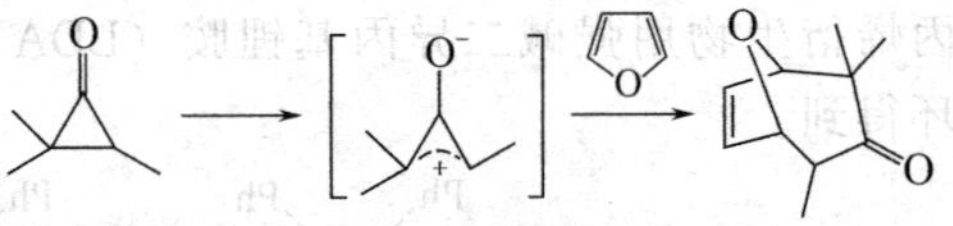

α,α'-二溴酮的还原，也是形成 2-氧烯丙基双离子的好方法，其还原剂为 $Fe_2(CO)_9$ 或锌银偶合体均可达到目的。

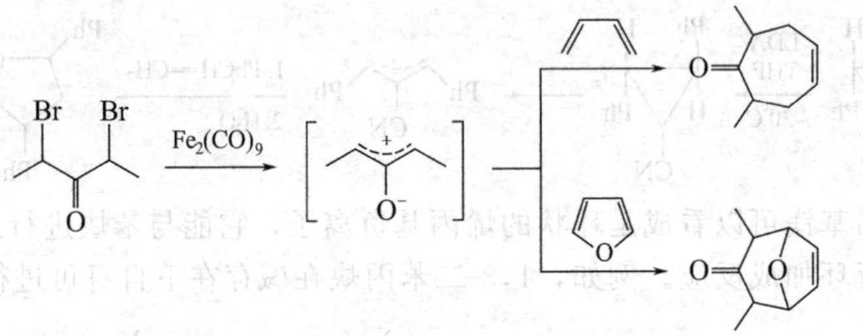

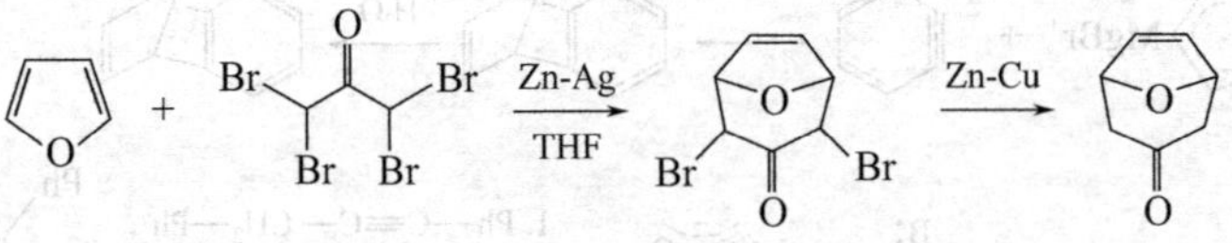

13.5 [3+2] 偶极环加成反应

13.5.1 [3+2] 偶极环加成反应定义与机理

1,3-偶极化合物和烯烃衍生物等的环加成反应称为 1,3-偶极环加成反应，前者称为 1,3-偶极体系，后者称为亲偶极体系。由于 1,3-偶极体系是 3 原子中心，亲偶极体系是 2 原子中心，因此该反应也称为 [3+2] 环加成反应。但是，1,3-偶极体系有 4 个 π 电子，故它也是广义的 [4+2] 环加成反应。

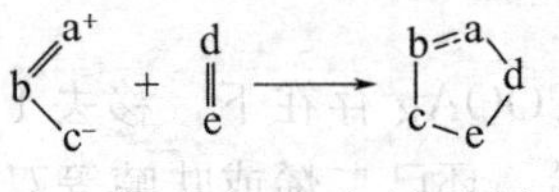

由于亲偶极体系可以是多种含碳、氮、氧、硫的重键化合物，且 [3+2] 偶极环体系种

类极多，故 1,3-偶极环加成反应提供了许多有价值的五元杂环化合物的合成方法。一般而言，1,3-偶极体系是一个至少含有一个杂原子的 3 原子 4π 电子的共轭体系，即 4 个 π 电子离域在 3 个原子上（π_3^4）。1,3-偶极体系的中心原子可以为碳、氮、氧，可用共振式来表示其偶极式，常用的碳、氮、氧体系有以下几种：

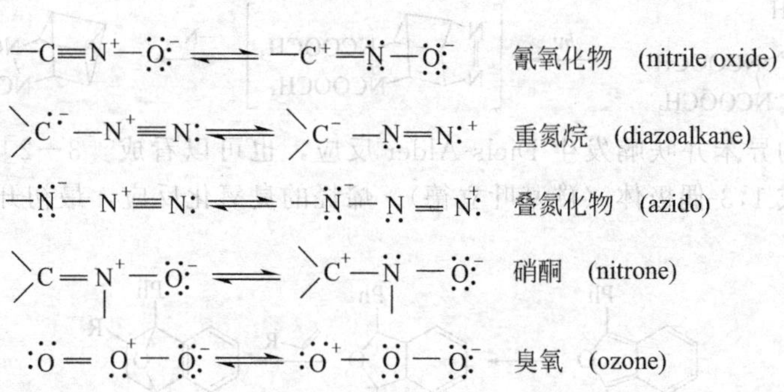

$$-C \equiv N^+ - \ddot{O}:^- \rightleftharpoons -C^+ = N - \ddot{O}:^- \quad \text{氰氧化物 (nitrile oxide)}$$

$$\begin{array}{c}\diagup\\ \diagdown\end{array} C^- - N^+ \equiv N: \rightleftharpoons \begin{array}{c}\diagup\\ \diagdown\end{array} C^- - N = N: \quad \text{重氮烷 (diazoalkane)}$$

$$-\ddot{N} - N^+ \equiv N: \rightleftharpoons -\ddot{N} - N = N: \quad \text{叠氮化物 (azido)}$$

$$\begin{array}{c}\diagup\\ \diagdown\end{array} C = N^+ - \ddot{O}:^- \rightleftharpoons \begin{array}{c}\diagup\\ \diagdown\end{array} C^+ - N - \ddot{O}:^- \quad \text{硝酮 (nitrone)}$$

$$:\ddot{O} = \overset{+}{O} - \ddot{O}:^- \rightleftharpoons :\ddot{O}^+ - \ddot{O} - \ddot{O}:^- \quad \text{臭氧 (ozone)}$$

1,3-偶极体系除少数可以稳定存在外，大部分寿命很短，因此在反应中一旦生成就立即同不饱和化合物反应。

[3+2] 偶极环加成反应同 Diels-Alder 反应一样，也是立体专一性反应，这是因为其机理也与 Diels-Alder 反应类似之故。1,3-偶极环加成反应的动力学等研究也证明了这一点：① 溶剂的极性对加成反应速度影响极小；② 反式烯烃比顺式烯烃易起反应；③ 反应的活化熵为负值。同样，[3+2] 偶极环加成反应也是可逆的。

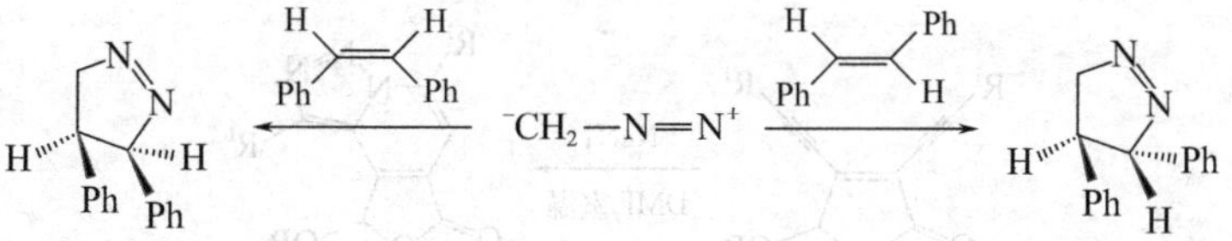

13.5.2 [3+2] 偶极环加成反应的合成应用

利用重氮化合物及叠氮化合物的 [3+2] 偶极环加成反应，可以合成吡唑衍生物、二氢吡唑衍生物、三唑衍生物。

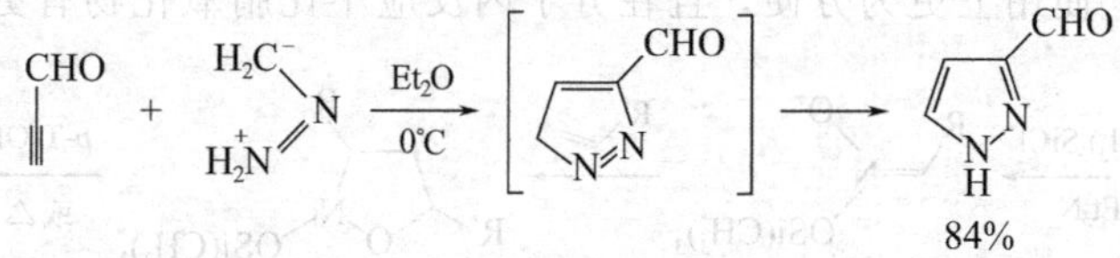

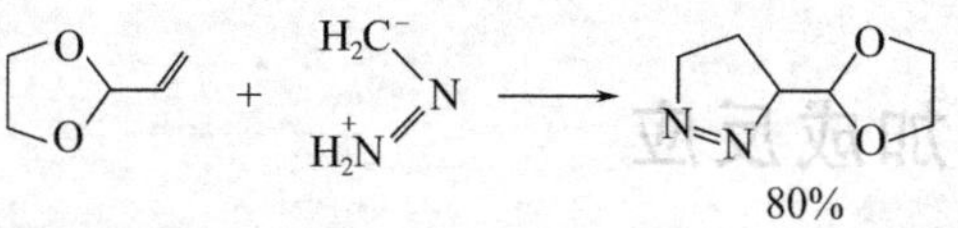

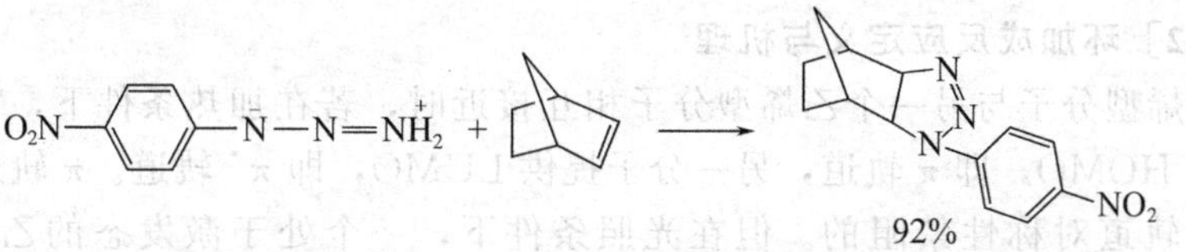

二氢吡唑不稳定，见光或在铜盐作用下分解，可生成环丙烷衍生物。因此，这是制备环丙烷衍生物的重要方法之一。若是进行分子内的反应，可合成具有张力的多环化合物。

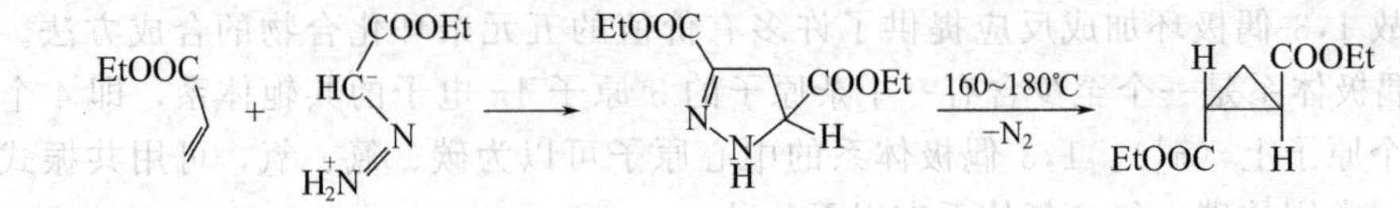

前面介绍过的异苯并呋喃发生 Diels-Alder 反应，也可以看成 [3+2] 环加成反应，因为其共振式可看成1,3-偶极体（羰基叶立德）。烯烃的臭氧化反应，最初开始进行的即是1,3-偶极环加成反应。

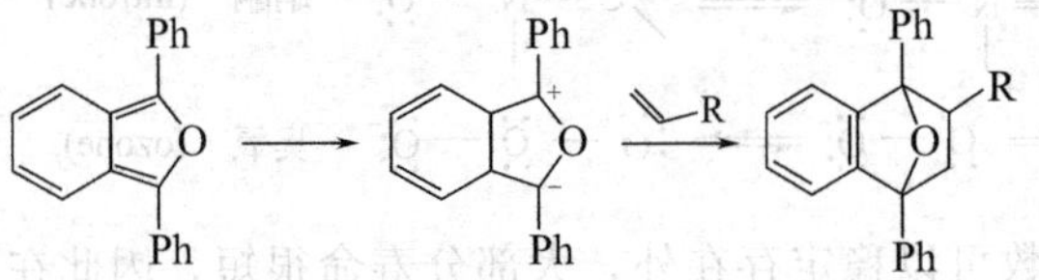

曾经引起轰动的颠茄酮的合成，也可以通过硝酮的分子内 [3+2] 环加成实现。叠氮化物作为偶极体，甚至可以引发串联反应，得到稠合的杂环化合物。

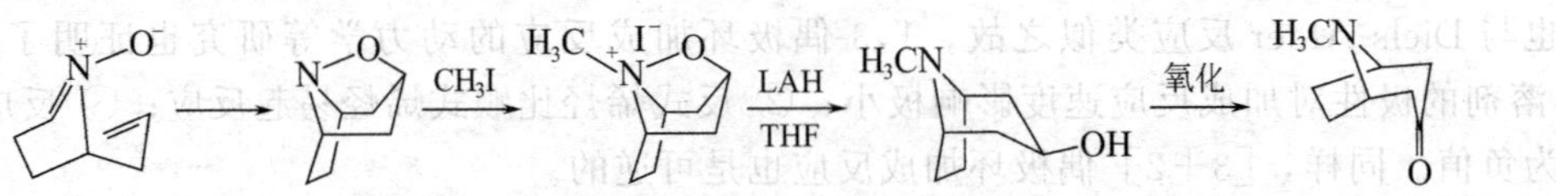

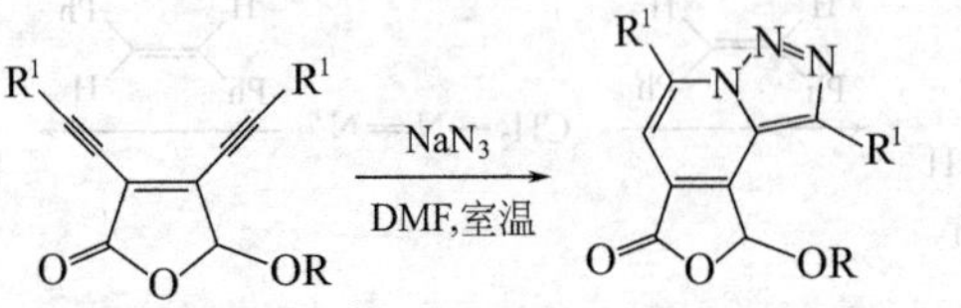

由硝基类烷烃生成的偶极体系氯酸硅烷基酯，也能顺利与烯烃发生 [3+2] 环加成反应，不仅产物 2-异噁唑啉作为重要的有机合成中间体可进行多种转变，而且三步反应可在实验操作中以"一锅煮"的方式完成。实际上，氯酸硅烷基酯是腈氧化物的合成等价体，但其比腈氧化物在制备、使用上更为方便，且在分子内反应中比腈氧化物有更好的选择性。

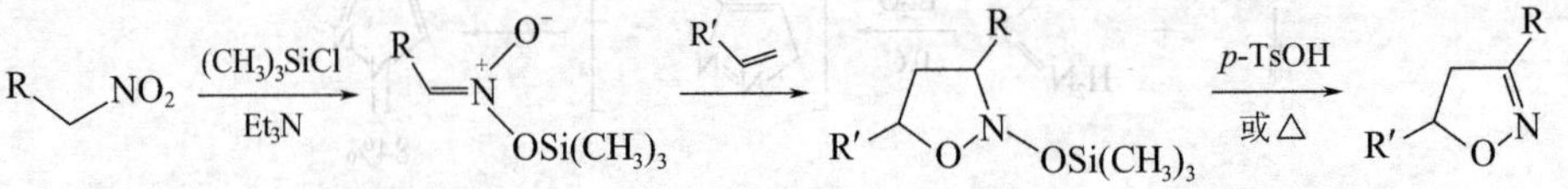

13.6 [2+2] 环加成反应

13.6.1 [2+2] 环加成反应定义与机理

当一个乙烯型分子与另一个乙烯型分子相互接近时，若在加热条件下，它们均为基态，一个分子提供 HOMO，即 π 轨道，另一分子提供 LUMO，即 π^* 轨道。π 轨道与 π^* 轨道位相不同，故是轨道对称性禁阻的。但在光照条件下，一个处于激发态的乙烯型分子提供 HOMO 为 π^* 轨道，另一个处于基态的乙烯型分子提供 LUMO 也为 π^*，它们位相相同，可以重叠成键，故是轨道对称性允许的。

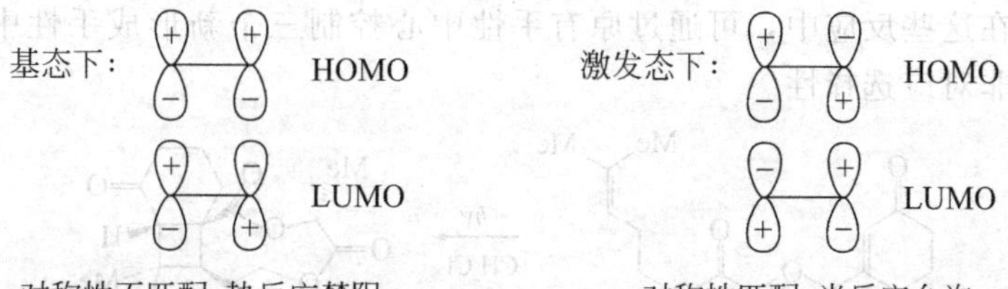

基态下: HOMO / LUMO　对称性不匹配,热反应禁阻　　激发态下: HOMO / LUMO　对称性匹配,光反应允许

因此,[2+2]环加成反应通常是光照下进行的。例如,以下反应中由于是协同历程而仅得到两种立体选择性产物。

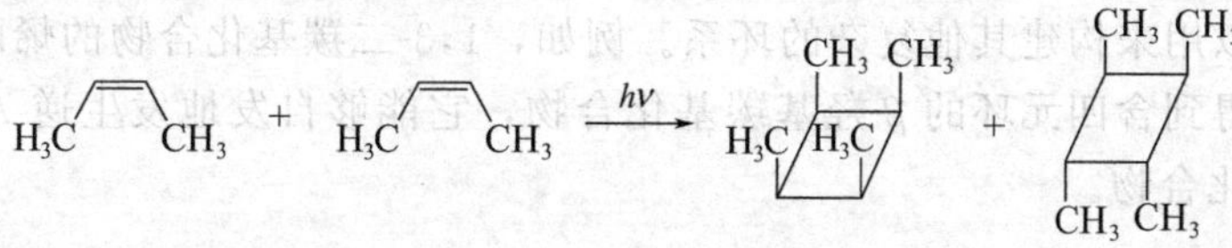

$$\text{H}_3\text{C}\text{—CH}=\text{CH—CH}_3 + \text{H}_3\text{C}\text{—CH}=\text{CH—CH}_3 \xrightarrow{h\nu} \text{产物}$$

尽管如此,应该说明的是,[2+2]在加热下,对称性不匹配,只说明不能经协同过程发生反应,但有可能经其他反应历程进行,而且对有构型原料的反应其产物也无立体选择性。

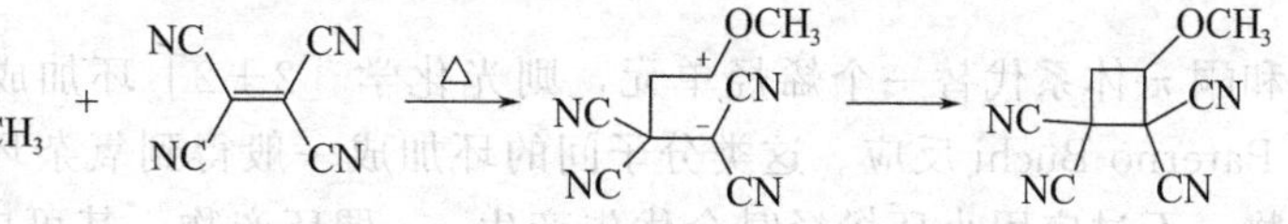

13.6.2 [2+2]环加成反应的合成应用

[2+2]环加成反应在有机合成中已有大量的应用,特别是用于含四元环化合物的构建。两个烯结合可以得到环丁烷环,但是大部分烯烃并不会与另一个烯烃发生热条件下的[2+2]环加成反应。四氟乙烯比较特别,它能够在普通加热条件下和许多烯烃形成(四氟)环丁烷。在加热条件下,乙烯酮($R_2C=C=O$)和烯烃反应则得到环丁酮类化合物。

事实上,许多[2+2]环加成反应是在光化学条件下进行的。简单的烯烃吸收远紫外光,在没有光敏剂存在下,主要发生分解和 E-Z 异构化作用。但是,共轭烯烃吸收长波长的光,形成环加成产物。特别是涉及一个 α,β-不饱和羰基化合物的光化学[2+2]环加成反应,因为这些化合物吸收的光波长足够长,所以在这些反应中无需使用光敏剂。

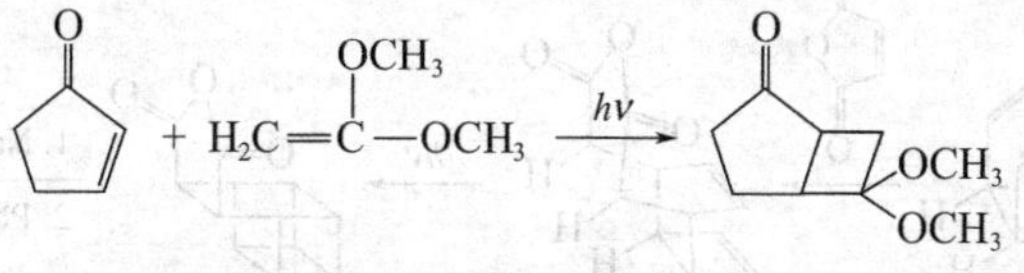

虽然分子间和分子内的[2+2]环加成反应都可应用于有机合成中,但对于分子间反应,一个很常见的问题是易得到的产物为区域异构体的混合物。因此,分子内的环加成反应更加成为形成双环和多环化合物的一个非常有效的策略。例如,在倍半萜 isocomene 的合成中,可通过分子内环加成来形成两个环和三个相邻季碳手性中心。

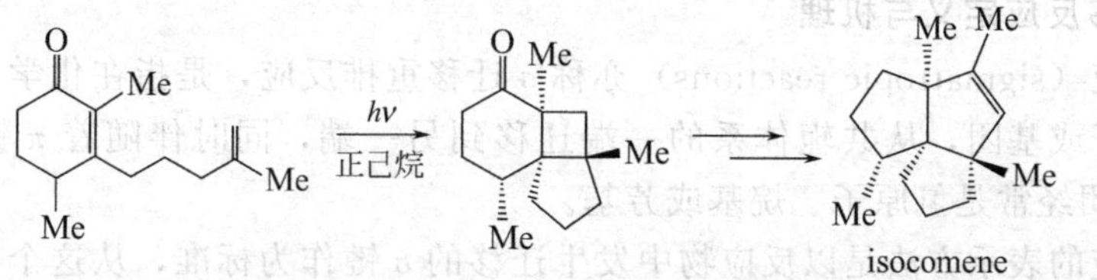

不仅如此,与分子间反应相比,分子内反应的构象受限可加强或限制环加成反应的区域

选择性。特别是在这些反应中，可通过原有手性中心控制三个新形成手性中心的立体化学，从而具有良好的非对应选择性。

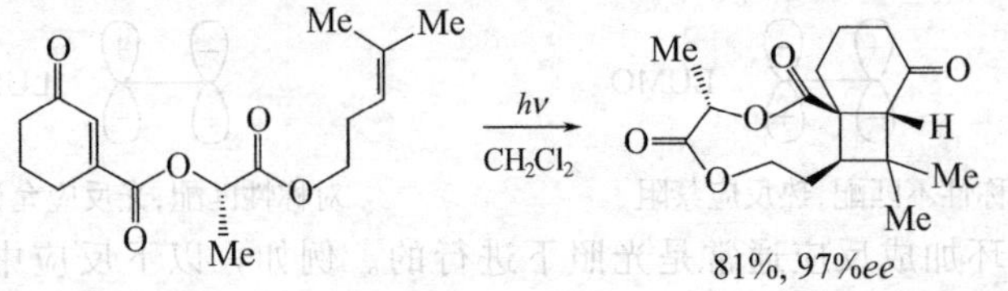

[反应式，81%, 97%ee]

这类环加成反应的合成应用，不仅限于环丁烷衍生物。通过环丁烷环张力引起的重排或开环反应，这可以用来构建其他复杂的环系。例如，1,3-二羰基化合物的烯醇式和烯烃的光化学环加成反应得到含四元环的 β-羟基羰基化合物，它能够自发地发生逆 Aldol 开环反应，生成 1,5-二羰基化合物。

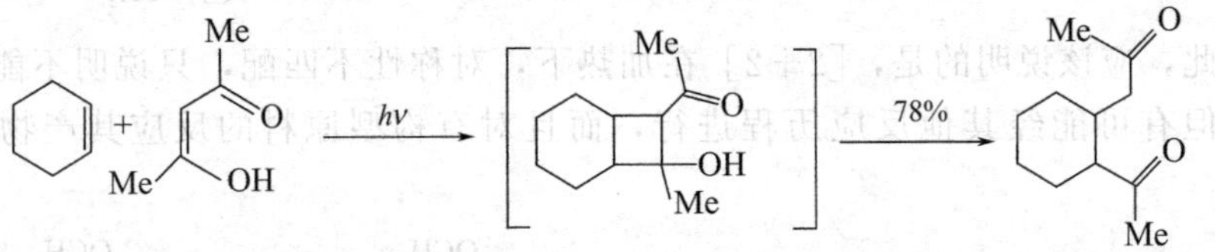

[反应式，78%]

如果用醛和酮 π-体系代替一个烯烃单元，则光化学 [2+2] 环加成反应得到氧杂环丁烷，该反应即 Paternò-Büchi 反应。这类分子间的环加成一般得到氧杂环丁烷的立体和区域选择性的混合物，不过应用小环烯烃时会优先产生 cis-稠环产物，其可应用于抗菌药（+)-preussin 的合成。

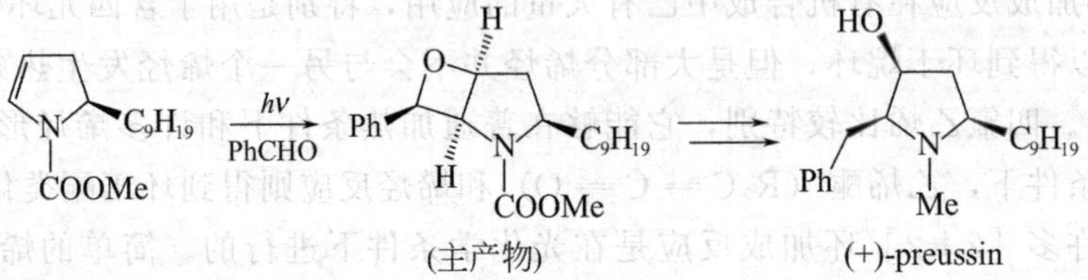

[反应式：主产物；(+)-preussin]

以环辛四烯和丁烯二酸酐为原料，经过电环化反应、Diels-Alder 反应、[2+2] 环加成反应等步骤可得到篮烯。

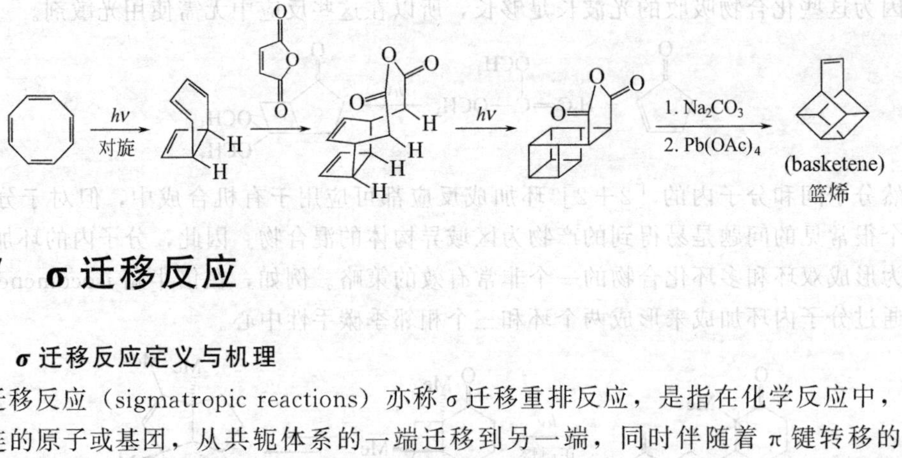

[反应式：hν 对旋；hν；1. Na₂CO₃ 2. Pb(OAc)₄；(basketene) 篮烯]

13.7 σ 迁移反应

13.7.1 σ 迁移反应定义与机理

σ 迁移反应（sigmatropic reactions）亦称 σ 迁移重排反应，是指在化学反应中，一个以 σ 键相连的原子或基团，从共轭体系的一端迁移到另一端，同时伴随着 π 键转移的协同反应。迁移的基团经常是氢原子、烷基或芳基。

σ 迁移反应的表示方法是以反应物中发生迁移的 σ 键作为标准，从这个 σ 键的两端开始分别编号，把新生成的 σ 键所联结的两个原子的编号位置 i，j 放在方括号内，则这个 σ 迁

移反应可表达为 [i,j] σ迁移反应。

σ迁移反应在反应机理上与电环化反应相似，通过环状过渡态，旧键的断裂和新键的生成协同一步完成。σ迁移反应的规律，可以用前线轨道理论来解释。在σ迁移反应的环状过渡态中，迁移基团同迁移起点及终点是键合着的，即一个组分的 HOMO 和另一个组分的 HOMO 发生重叠。

σ迁移过程可以通过两种在拓扑学上互不相同的途径来进行，从几何构型来看，可以将σ迁移反应分为两种类型：①同面迁移，即迁移基团在迁移的前后保持在共轭π体系平面的同一面；②异面迁移，即迁移基团在迁移后移向π体系的反面。

13.7.2 氢的 [$1,j$] σ迁移

π体系中的氢及其σ键从π体系的一端迁移到另一端的协同反应，称为σ氢迁移反应。这类反应可用通式表示如下：

$$R_2C\underset{H}{-}(CH=CH)_n CH=CR'_2 \longrightarrow R_2C=CH(CH=CH)_n\underset{H}{-}CR'_2$$

根据前线轨道理论和分子轨道对称守恒原理，在加热条件下（基态时），只有 [1,3] 异面迁移是允许的 [见图 13-1(b)]，而同面迁移则是对称性禁阻的 [见图 13-1(a)]。

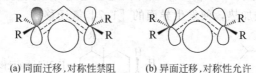

(a) 同面迁移，对称性禁阻　　(b) 异面迁移，对称性允许

图 13-1　同面迁移和异面迁移

但在异面迁移的过渡状态中轨道被高度扭曲，这就需要较高的能量，该协同反应是非加热所能活化的。实验表明，实际上并没有观察到这样的 [1,3] 异面迁移，因而 [1,3] 氢迁移在热反应条件下不能发生。

然而，在光反应条件下 [1,3] 氢迁移的过渡状态所涉及的 HOMO 是激发态的 Ψ_3，其两端碳的位相是对称的，因此同面迁移是对称性允许的，如下所示。

$$R_2C\underset{H}{-}CH=CR_2 \longrightarrow \left[\begin{array}{c}R\quad R\\ R\quad R\end{array}\right] \longrightarrow R_2C=HC\underset{H}{-}CR_2$$

对称性允许的[1,3]氢同面迁移(光化学)

当 $n=1$，即π体系多一个π键时，氢原子迁移变为 [1,5] 迁移。根据前线轨道理论，基态时戊二烯基游离基π体系的 HOMO 为 Ψ_3。同上面进行分析，氢原子的 [1,5] 迁移与 [1,3] 迁移正好相反，即在加热条件下同面迁移是对称性允许的（见图 13-2）；而在光照下，异面 [1,5] 氢迁移是对称性允许的，但异面迁移反应是困难的。因此，在热反应条件下，[1,5] 氢迁移是较常见的反应。

σ氢迁移的重排反应能否发生，除分子轨道对称性的要求外，体系的几何形状也是一个决定因素。例如，[1,3] 异面迁移和 [1,5] 异面迁移几乎不能发生，因为它们要求π骨架扭曲成一个非平面，结果造成体系能量的增高。因此，[1,3] σ氢迁移和 [1,5] σ氢迁移反应仅限于同面迁移。

下面的 3-氘代茚在加热条件下重排生成 2-氘代茚，是经过氘的同面 [1,5] 迁移来实现的：

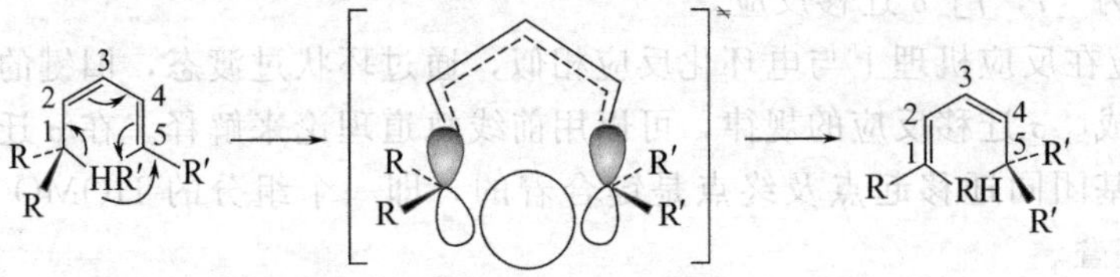

图 13-2 对称性允许的 [1,5] 氢同面迁移（热化学）

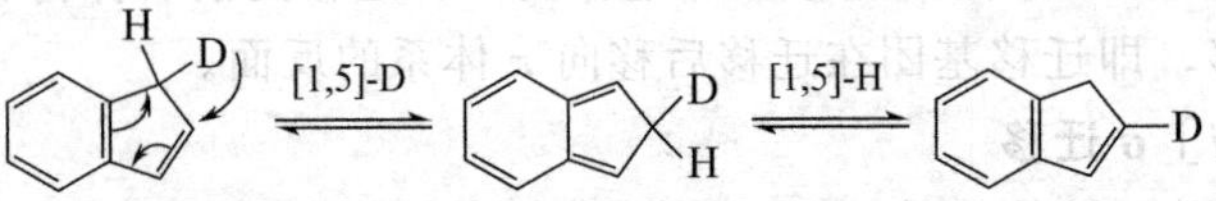

实验证明，[1,5] 氢迁移优先于 [1,3] 氢迁移，因为在加热条件下，[1,5] 氢迁移是同面的，而 [1,3] 氢迁移则是异面的，异面迁移是困难的。在由吡咯格氏试剂合成 2-吡咯甲酸的过程中，机理的最后一步即经历了 [1,5] 氢迁移。

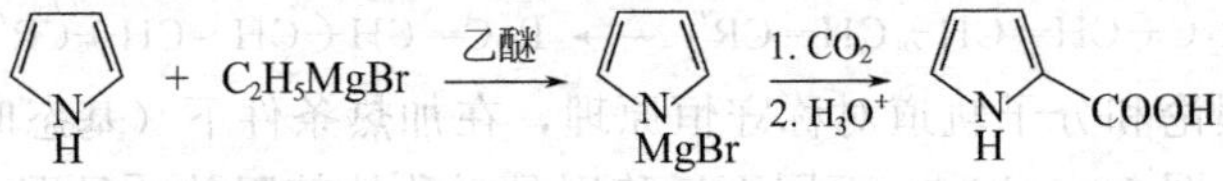

当 $n=2$ 时，在加热条件下，[1,7] 氢异面迁移也是可以实现的。例如，7-脱氢胆甾醇通过光照顺旋开环后再经加热，便发生异面的 [1,7] 氢迁移。

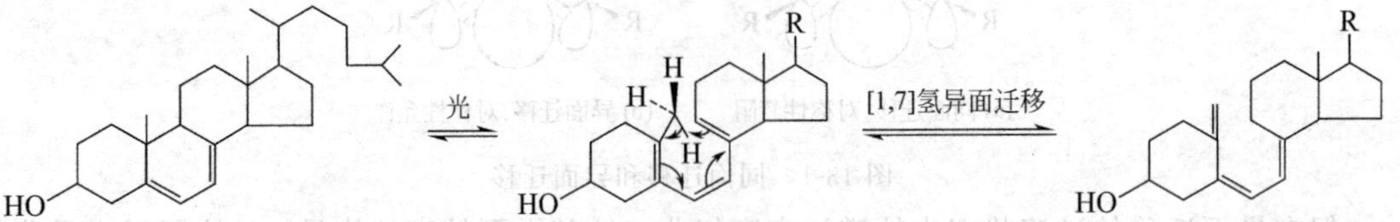

7-脱氢胆甾醇　　前胆钙化甾醇　　胆钙化甾醇(维生素D_3)

这是由于 $n=2$ 时，π 骨架较大，产生的过渡状态扭曲程度要小得多，因此同面迁移和异面迁移的立体化学只与轨道的对称性有关，即 [1,7] 氢是异面迁移，[1,9] 氢是同面迁移。

综上所述，根据分子轨道对称守恒原理，[1,3] σ 迁移、[1,5] σ 迁移和 [1,7] σ 迁移反应的规律总结见表 13-1。

表 13-1　[1,3] σ 迁移、[1,5] σ 迁移和 [1,7] σ 迁移反应选择规律

迁移类型 [i,j]	迁移原子	π 电子数	基态热化学反应	激发态光化学反应
[1,3]	氢	$4n$	异面迁移	同面迁移
	碳	$4n$	异面迁移(构型转化)	同面迁移(构型转化)
[1,5]	氢	$4n+2$	同面迁移	异面迁移
	碳	$4n+2$	异面迁移(构型转化)	同面迁移(构型转化)
[1,7]	氢	$4n$	异面迁移	同面迁移
	碳	$4n$	异面迁移(构型转化)	同面迁移(构型转化)

13.7.3　碳的 [1, j] σ 迁移

在碳原子参与的 [1, j] 迁移中，既有同面反应与异面反应的不同，又涉及构型的保留或翻转的问题。如果迁移的碳原子的 σ 轨道迁移后仍以原有的一瓣成键，则构型保留；若碳原子的 σ 轨道迁移后以不成键的另一瓣去形成键，则构型发生了翻转。

用前线轨道理论讨论碳原子的 [1, j] 迁移情况如下：碳原子的 [1,5] 迁移同面反应轨道对称性允许，构型保留。碳原子 [1,3] 迁移同面反应对称性也允许，但构型发生翻转。

更多规律总结见表 13-1。

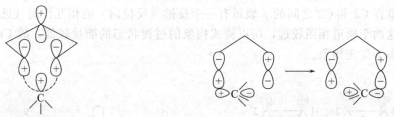

碳原子[1,5]迁移　　　　　　　　碳原子[1,3]迁移

在由吡咯格氏试剂合成 2-吡咯甲酸的过程中，事实上也经历了 [1,5] 碳迁移。以下例子中也都是 [1,5] 迁移。

13.7.4　碳的 [3,3'] σ 迁移

在 σ 迁移中，最常见的是 [3,3'] σ 迁移。反应物可看作两个烯丙基相连的化合物，在 [3,3'] σ 迁移中，假定 σ 键断裂，生成两个烯丙基自由基，通过对 $2n+1$ 自由基的 HOMO 分析，可知 3,3' 两个 C 原子最靠近的一瓣是对称的，可以重叠成键，故 1,1' 间 σ 键开始断裂，而 3,3' 之间开始形成 σ 键，并伴随着双键发生转移。

在 [3,3'] 迁移中，较为重要的有科普（Cope）重排和克莱森（Claisen）重排。

13.7.4.1　Cope 重排

碳碳键迁移的典型例子是 Cope 重排反应。Cope 重排反应是一个 [3,3'] σ 迁移反应。在 Cope 重排反应中，1,1' 间的 C—Cσ 键断裂，3,3' 间的 C—Cσ 键生成，即 1,1' 位的 σ 键迁移到 3,3' 位上去，同时伴随体系中的 π 键的位移，即双键从 2,3、2',3' 移到 1,2、1',2' 位，是一个通过具有两个烯丙基游离基型的六元环过渡态的协同反应，并且具有立体专一性。

例如，3,4-二甲基-1,5-己二烯分子中有两个相同的手性碳，它的内消旋体进行的热反应可能得到的几何异构体有三种（即顺-顺、顺-反、反-反），而实际上只得到其中的反-反异构体（97%），说明反应的过渡态为椅式构象，并且分子内部重新调整各个键而且保持原来空间构型。

在 Cope 重排的过渡态中,可以有椅式和船式两种构象,如上所示。但是,由于船式构象的前线轨道在 C2 和 C2′之间的 p 轨道有一个反键(反位向)的相互作用(见图 13-3),而椅式构象的这两个轨道相距较远,所以椅式构象的过渡状态的能量较低,故 Cope 重排以椅式构象过渡态为优先构象。

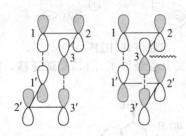

图 13-3 Cope 重排的过渡态

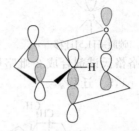

图 13-4 Claisen 重排的过渡态

13.7.4.2 Claisen 重排

Claisen 重排与 Cope 重排相似,也是 [3,3′] 迁移反应,所不同的是 Claisen 重排的碳链中含有氧原子。但 Claisen 重排反应也是一个协同反应,其过渡态(见图 13-4,以烯丙基芳基醚的重排为例)也是椅式构象占优势的六元环。在过渡态中,两个前线分子轨道进行同面-同面相互作用,遵守分子轨道对称性守恒原理。

Claisen 重排最著名的例子是烯丙基芳基醚加热时可以生成邻烯丙基苯酚,即烯丙基迁移到邻位碳原子上。

当苯环的两个邻位被取代基占据时,邻位烯醇化便不能发生,而得到对位酚化合物。此过程是由烯丙基两次连续重排通过 [3,3′] 迁移来实现的,这可由烯丙基标记实验,即位置出现两次反转的现象得到证实。

如果用同位素 C^{14} 标记的 2,6-二烯丙基苯酚的烯丙基醚来进行 Claisen 重排，发现重排产物中酚羟基对位上的烯丙基也含有一定量的同位素。这说明烯丙基重排至对位上是分步进行的，烯丙基首先迁移至邻位，再迁移至对位，第一步是典型的 Claisen 重排，第二步相当于 Cope 重排。

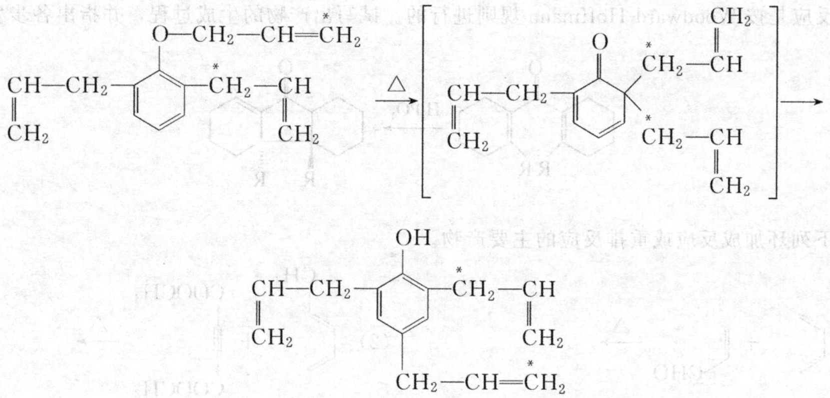

烯丙醚的 Claisen 重排反应也较为常见，可得到醛、酮类产物。

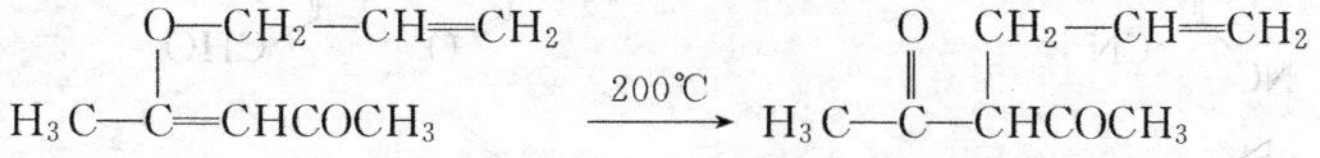

习 题

13.1 在箭头上写出下列反应的反应条件：

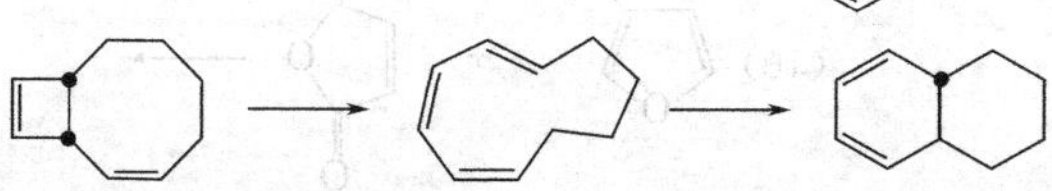

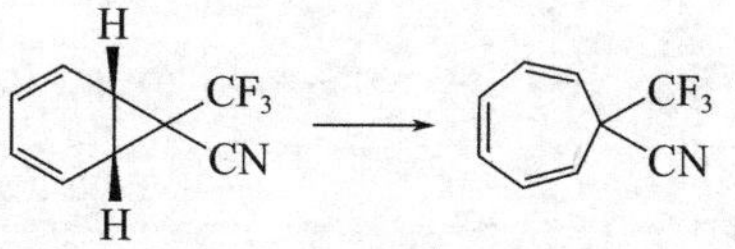

(1)～(10) [反应式图]

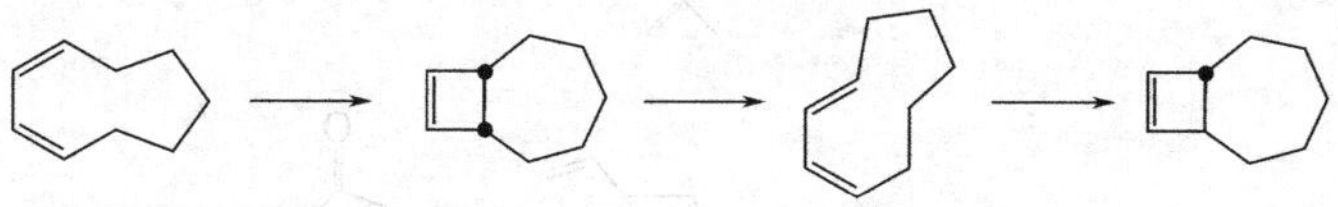

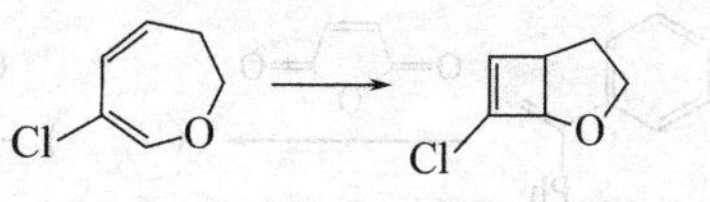

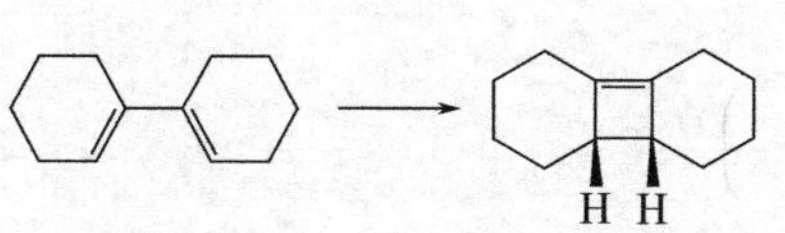

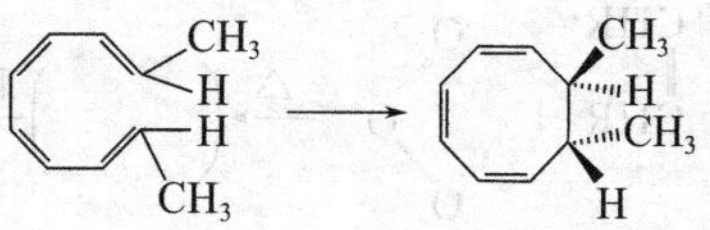

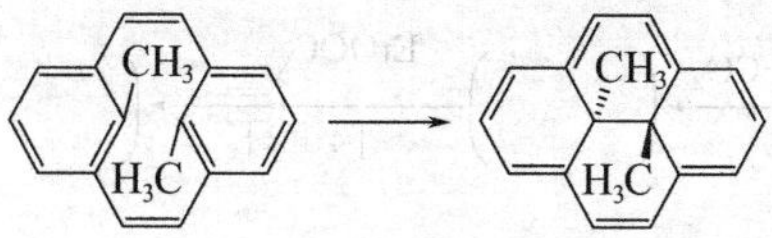

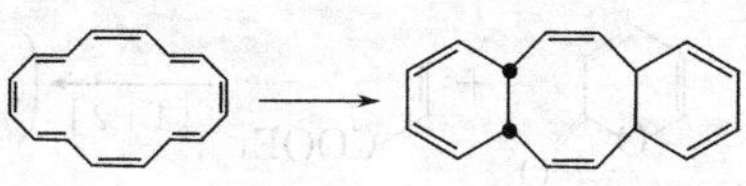

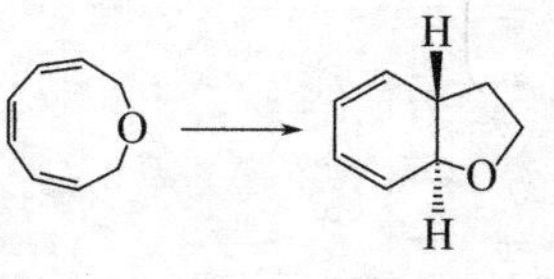

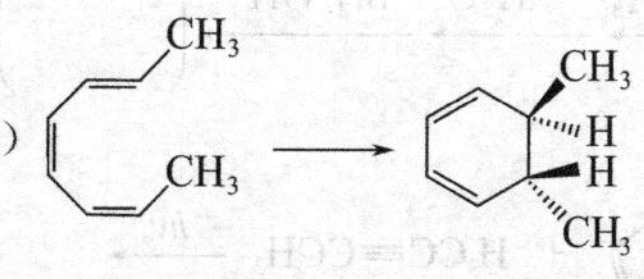

13.2 如何完成以下转化：

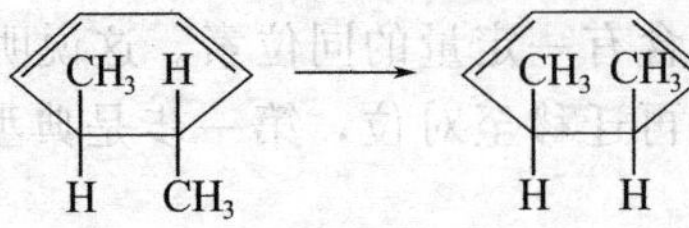

13.3 下列反应是按 Woodward-Hoffmann 规则进行的。试写出产物的生成过程，并指出各步发生的反应。

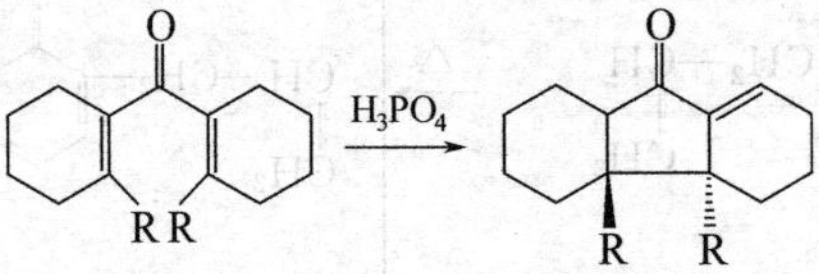

13.4 写出下列环加成反应或重排反应的主要产物。

(1) 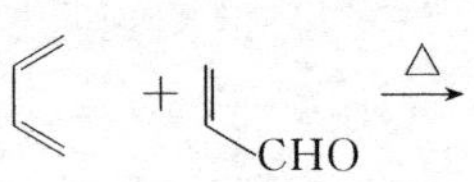 丁二烯 + CH₂=CH-CHO →Δ

(2) 戊二烯 + CH₃OOC-C≡C-COOCH₃ →Δ

(3) 丁二烯 + (NC)₂C=C(CN)₂ →Δ

(4) 呋喃 + CH₂=CH-CHO →Δ

(5) 环戊二烯 + 环丙烯 →

(6) 丙烯醛 + 乙烯基醚 →

(7) 2,3-二甲基丁二烯 + PhN=O →Δ

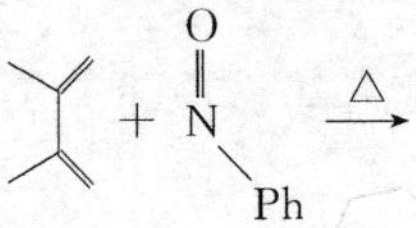

(8) 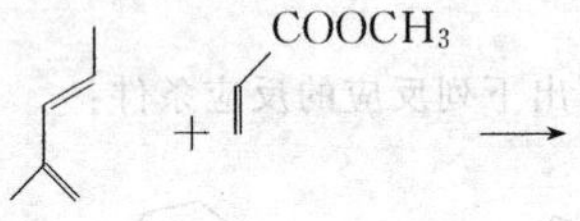 异戊二烯 + CH₂=CH-COOCH₃ →

(9) 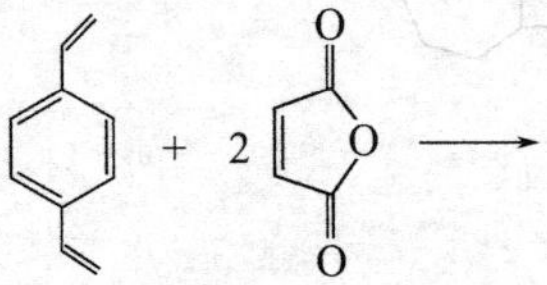 对二乙烯基苯 + 2 马来酸酐 →

(10) 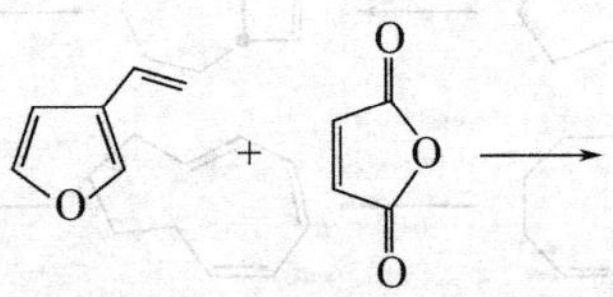 3-乙烯基呋喃 + 马来酸酐 →

(11) 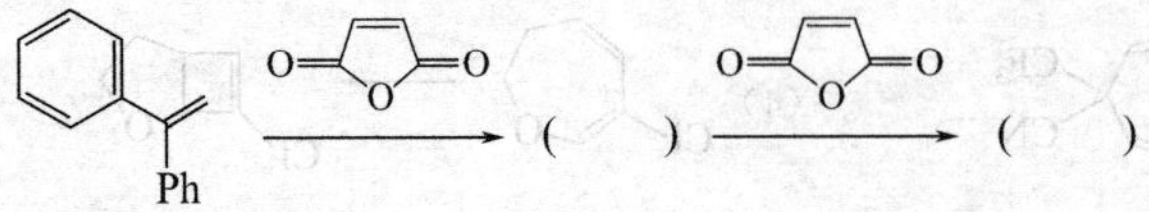 PhC(=CH₂)Ph + 马来酸酐 → ( ) + 马来酸酐 → ( )

(12) 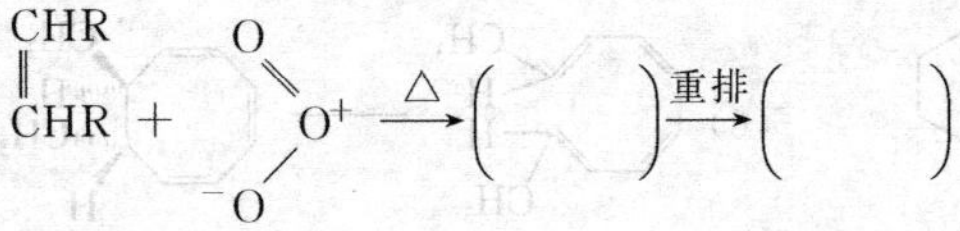 CHR=CHR + 臭氧化物 →Δ ( ) 重排 ( )

(13) 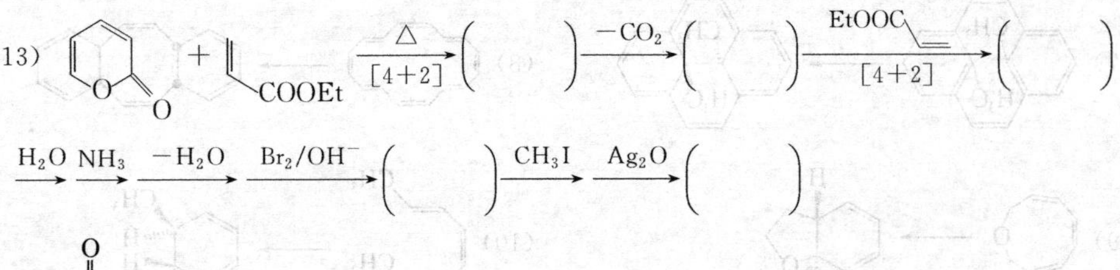 2H-吡喃-2-酮 + CH₂=CH-COOEt $\xrightarrow{\Delta \atop [4+2]}$ ( ) $\xrightarrow{-CO_2}$ ( ) $\xrightarrow{EtOOC-C≡C \atop [4+2]}$ ( ) $\xrightarrow{H_2O, NH_3 \atop -H_2O}$ $\xrightarrow{Br_2/OH^-}$ ( ) $\xrightarrow{CH_3I}$ $\xrightarrow{Ag_2O}$ ( )

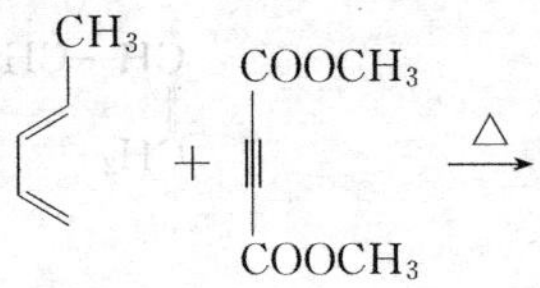

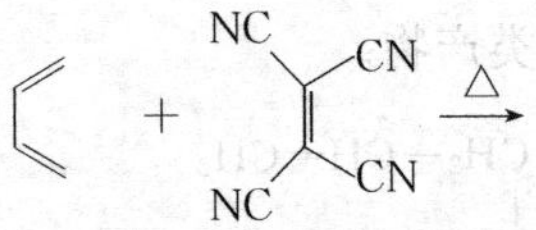

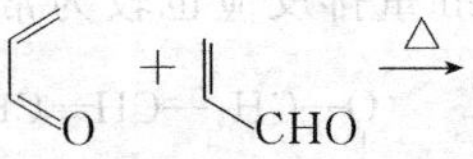

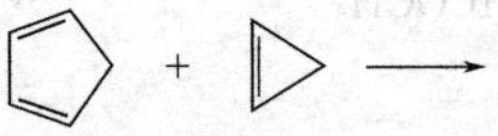

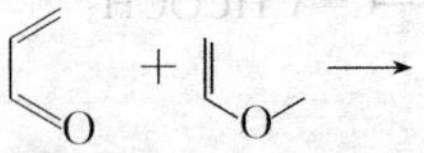

(14) 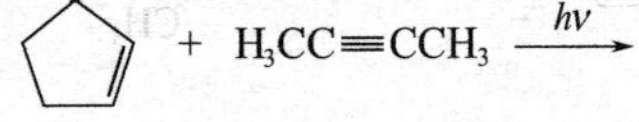 2-环戊烯酮 + H₃CC≡CCH₃ →hν

(15) 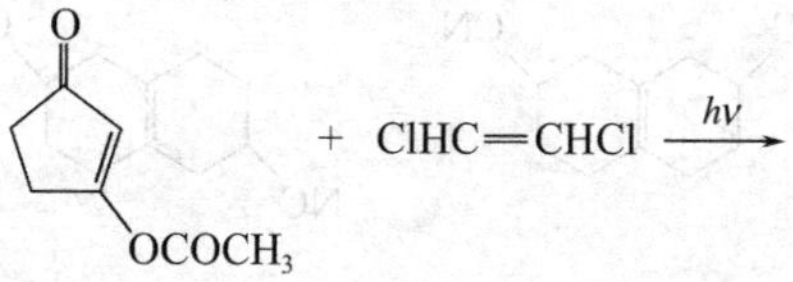 [3-acetoxy-cyclopent-2-enone] + ClHC=CHCl $\xrightarrow{h\nu}$

(16) 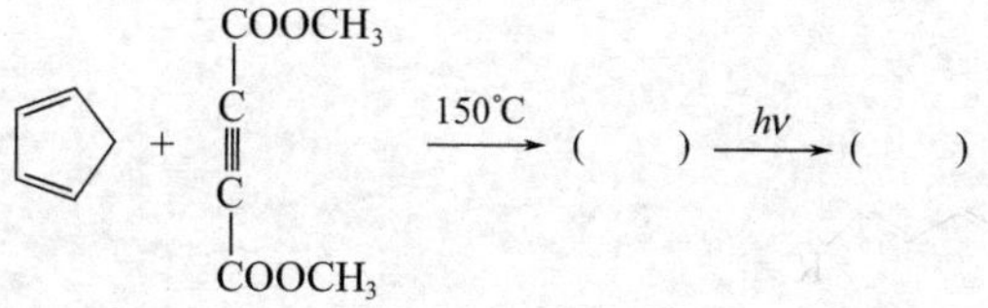 [cyclopentadiene] + [dimethyl acetylenedicarboxylate COOCH₃–C≡C–COOCH₃] $\xrightarrow{150°C}$ ( ) $\xrightarrow{h\nu}$ ( )

(17) 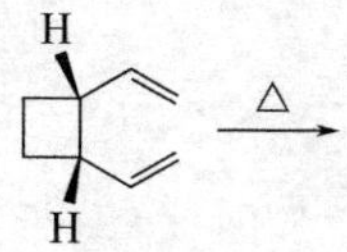 [cis-divinylcyclobutane] $\xrightarrow{\Delta}$

(18) 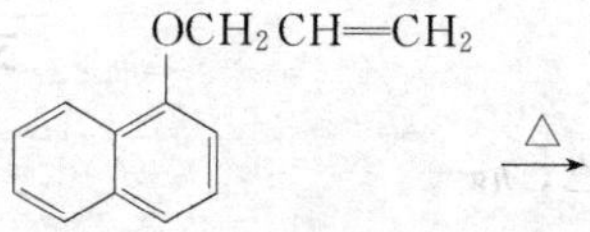 [1-(allyloxy)naphthalene] $\xrightarrow{\Delta}$

(19) 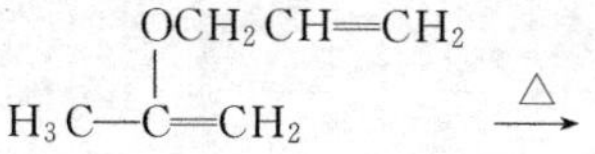 $H_3C-C(OCH_2CH=CH_2)=CH_2$ $\xrightarrow{\Delta}$

(20) 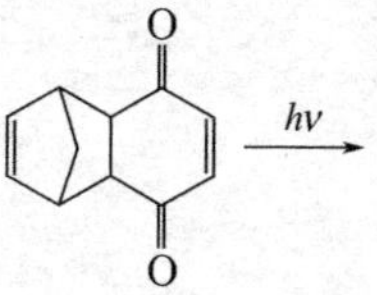 [norbornene-fused naphthoquinone] $\xrightarrow{h\nu}$

(21) 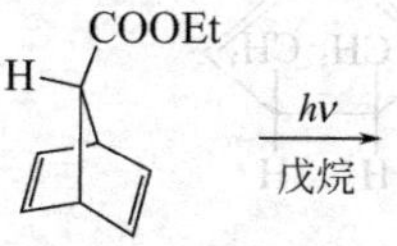 [ethyl norbornadiene-2-carboxylate] $\xrightarrow[\text{戊烷}]{h\nu}$

13.5 写出反应过程及条件。

(1) 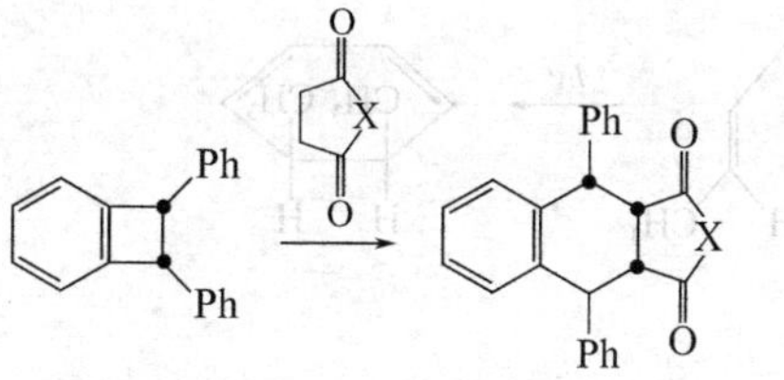 [cis-1,2-diphenylbenzocyclobutene] + [succinimide/maleimide X] → [product]

(2) [trans-1,2-diphenylbenzocyclobutene] + [X] → [product]

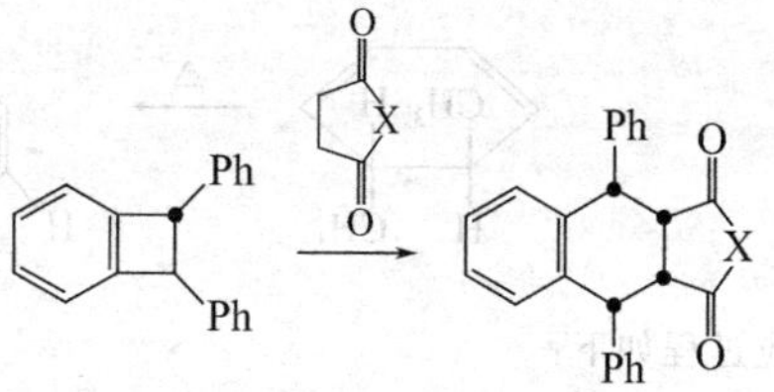

13.6 写出下列反应的机理。

(1) 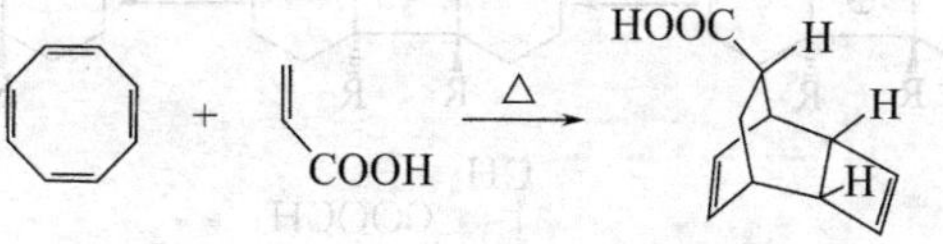 [cyclooctatetraene] + [CH₂=CH–COOH] $\xrightarrow{\Delta}$ [product with HOOC]

(2) 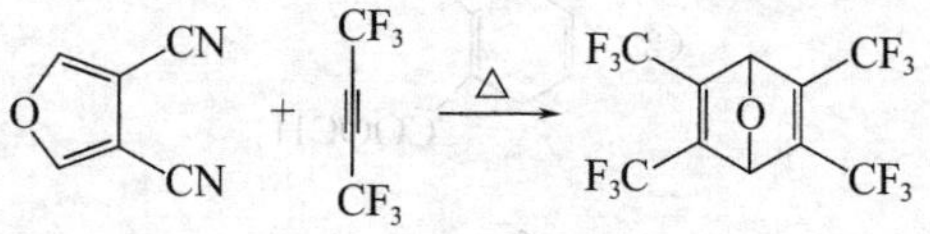 [3,4-dicyanofuran] + $CF_3-C\equiv C-CF_3$ $\xrightarrow{\Delta}$ [tetrakis(trifluoromethyl) oxanorbornadiene-type product]

(3) [2-(buta-1,3-dienyl)phenol-OD] $\xrightarrow{\Delta}$ [2H-chromene with CH₂D]

(4) [1-methyl-3-ethyl-1H-indene] $\xrightarrow{\Delta}$ [1-methyl-3-ethylindene (外消旋)] + [3-methyl-1-ethylindene (外消旋)]

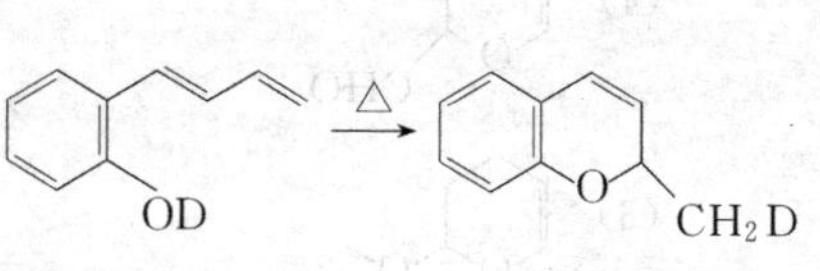

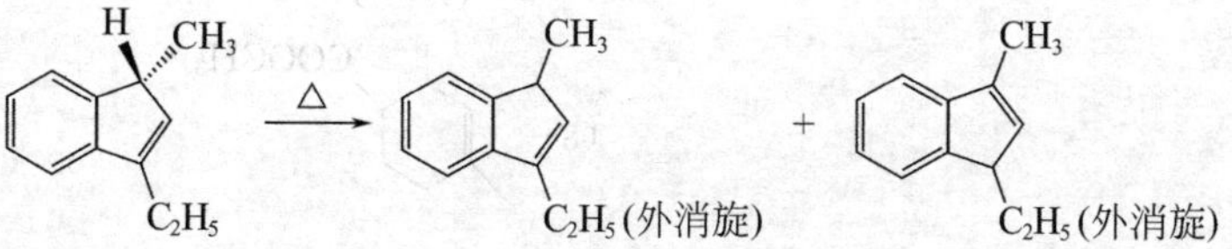

(5) 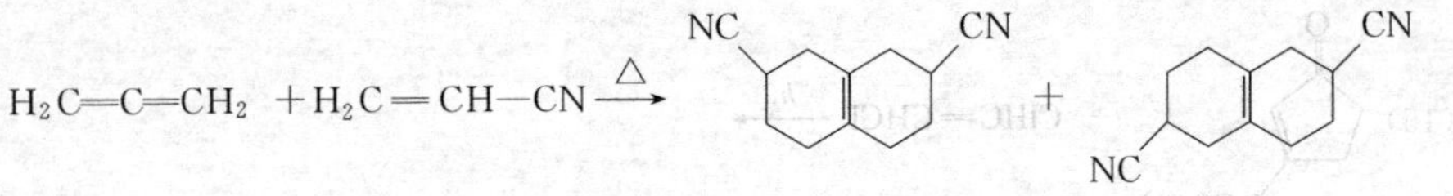 $H_2C=CH-CH_2 + H_2C=CH-CN \xrightarrow{\triangle}$ [tetrahydronaphthalene dicarbonitrile products]

(6) 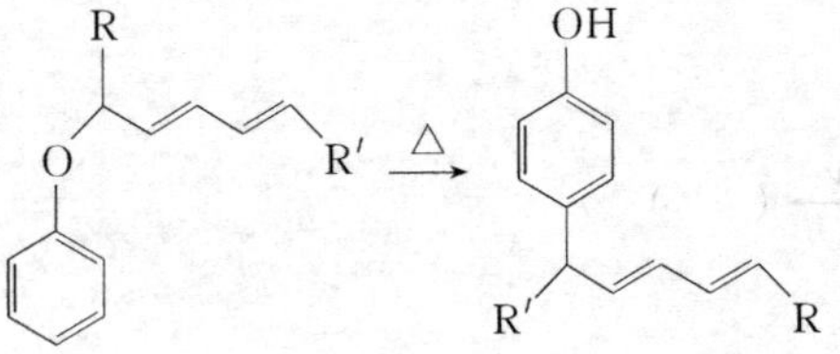 [diaryl ether diene] $\xrightarrow{\triangle}$ [phenol product]

习题参考答案

13.1 (1) $h\nu$, $\triangle$, $h\nu$ (2) $\triangle$, $\triangle$
     (3) $\triangle$ (4) $h\nu$
     (5) $h\nu$ (6) $\triangle$
     (7) $h\nu$ (8) $\triangle$
     (9) $h\nu$ (10) $\triangle$

13.2 方法一：[dimethyl-cyclohexadiene] $\xrightarrow{h\nu}$ [dimethyl-cyclooctatriene] $\xrightarrow{\triangle}$ [dimethyl-bicyclic product]

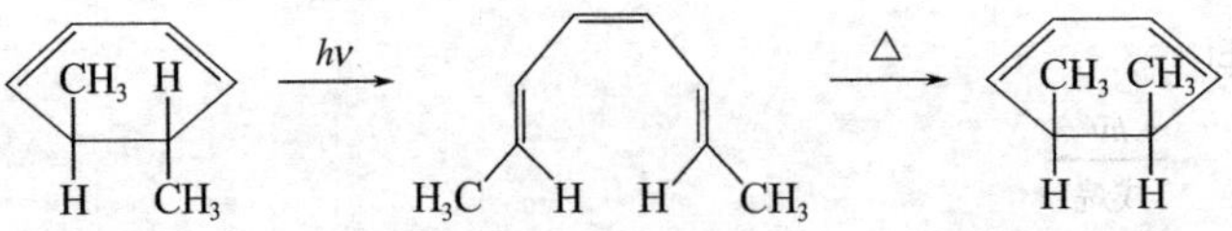

方法二：[dimethyl-cyclohexadiene] $\xrightarrow{\triangle}$ [dimethyl-cyclooctatriene] $\xrightarrow{h\nu}$ [dimethyl-bicyclic product]

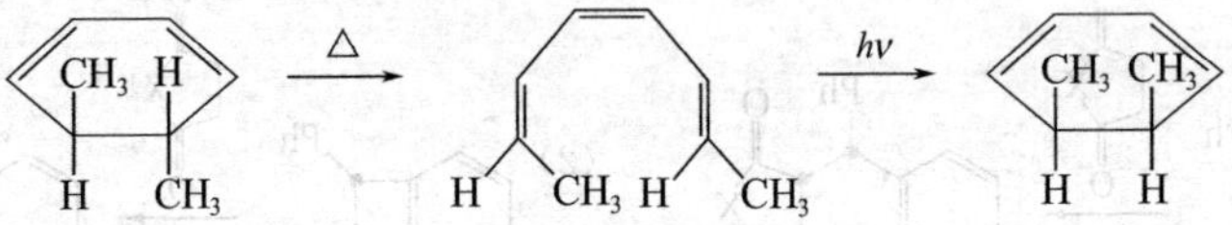

13.3 反应过程如下：

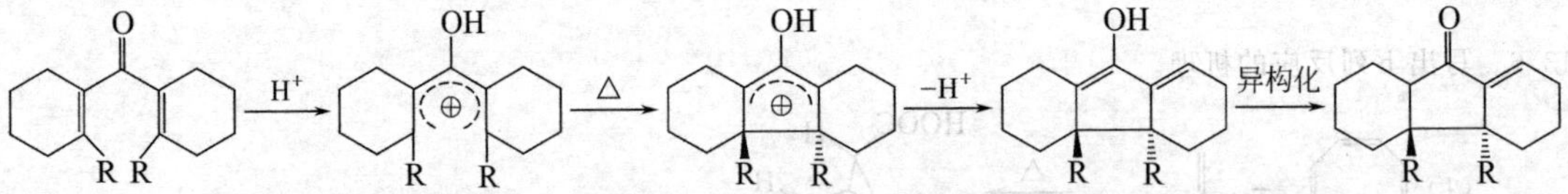

[ketone] $\xrightarrow{H^+}$ [enol cation] $\xrightarrow{\triangle}$ [cyclized cation] $\xrightarrow{-H^+}$ [enol] $\xrightarrow{异构化}$ [ketone product]

13.4 (1) 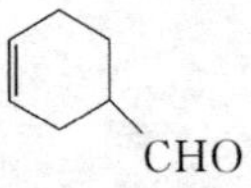 cyclohexenyl-CHO   (2) 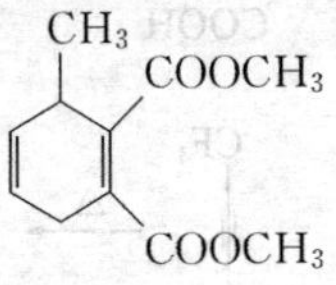 dimethyl phthalate derivative with CH$_3$

(3) cyclohexene-tricarbonitrile   (4) 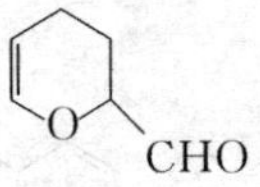 dihydropyran-CHO

(5) 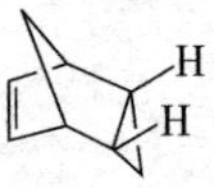 norbornene   (6) 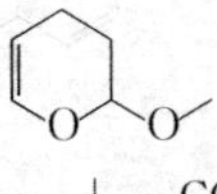 methoxy-dihydropyran

(7) 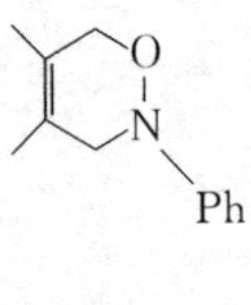 N-phenyl-dihydrooxazine   (8) 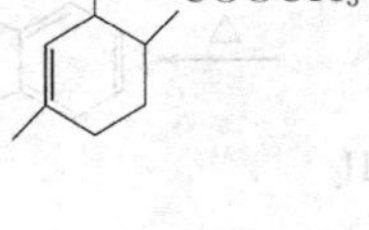 methyl cyclohexenyl-COOCH$_3$

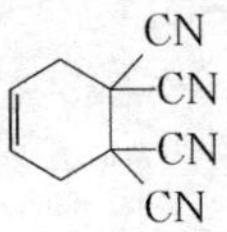

第 13 章 周环反应

(9), 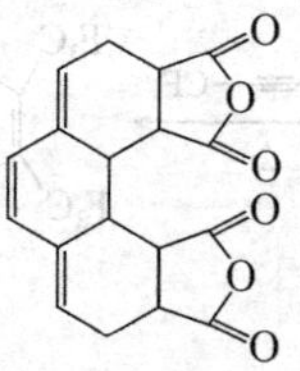 (10), 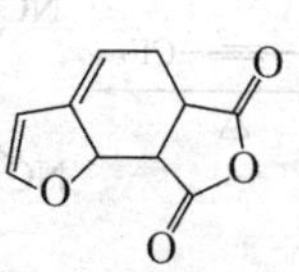 (11), 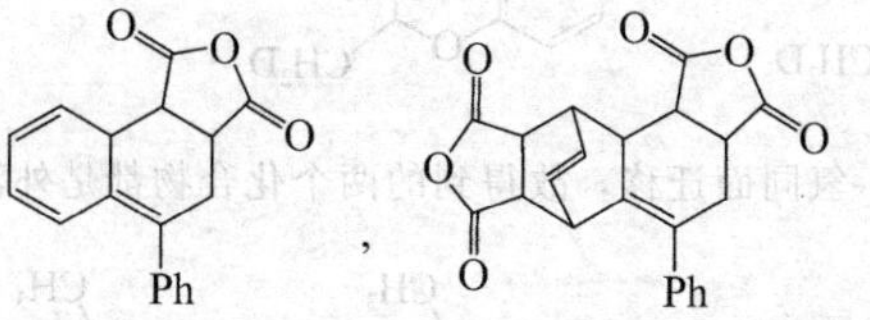 (12), 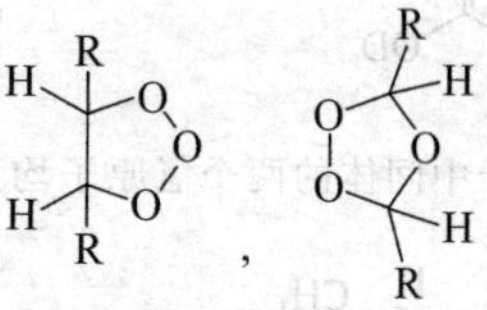 (13), 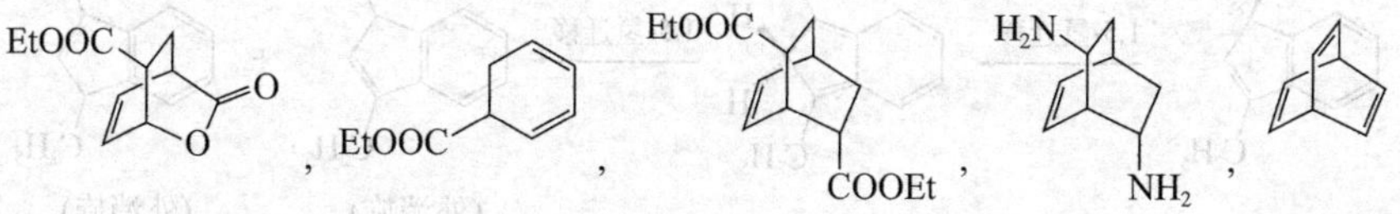 (14), 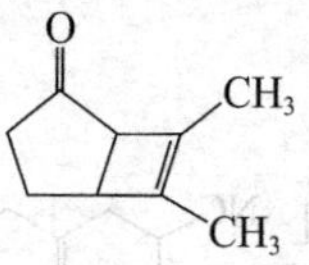 (15), 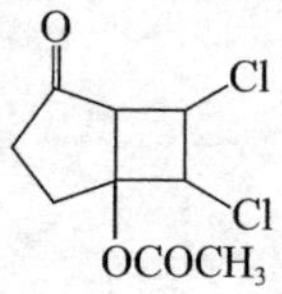 (16), 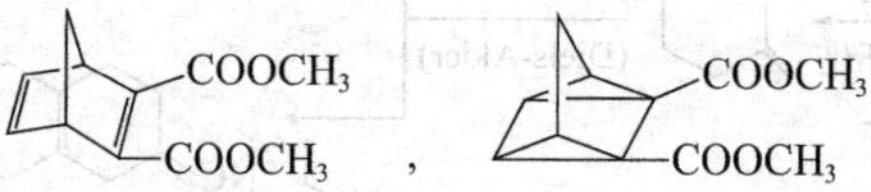 (17), 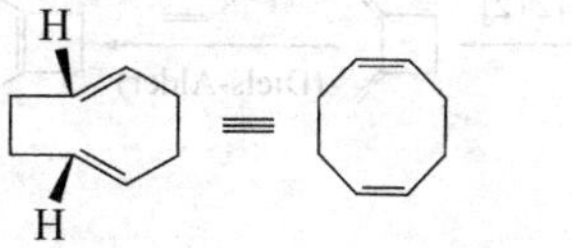 (18), 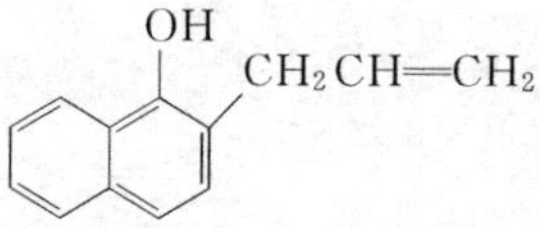 (19), 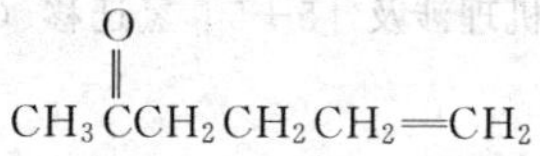 (20), 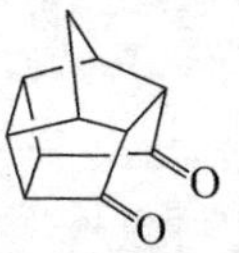 (21)

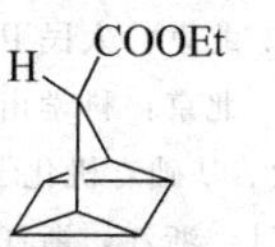

13.5 Diels-Alder 反应是同面-同面的加成反应，所以反应 (1) 的中间体为 A；(2) 的中间体为 B，即：

(1) 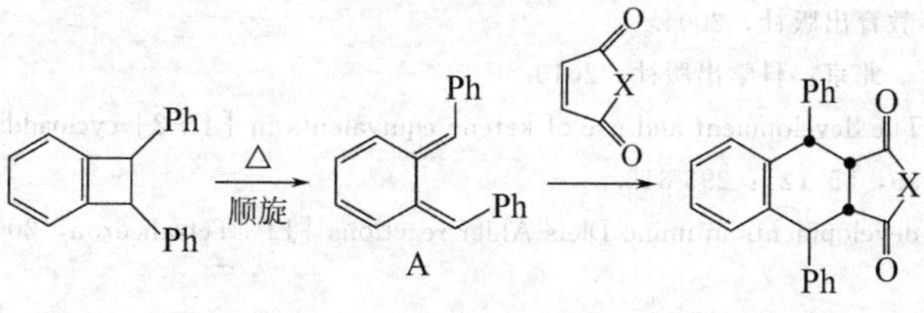 [structure with Ph groups] →(Δ, 顺旋)→ A →(maleic anhydride)→ product

(2) 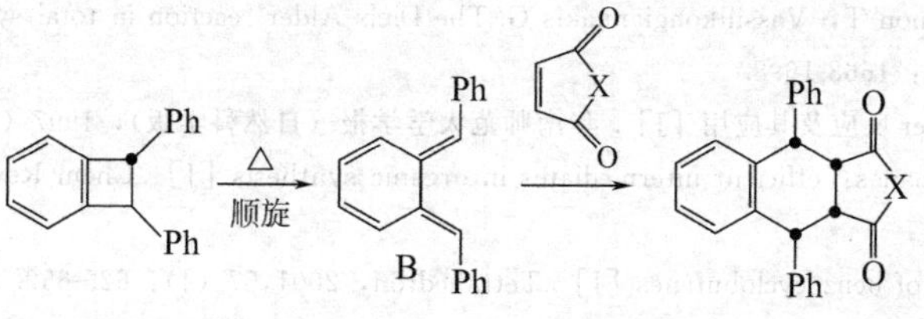 [structure with Ph groups] →(Δ, 顺旋)→ B →(maleic anhydride)→ product

13.6 (1) 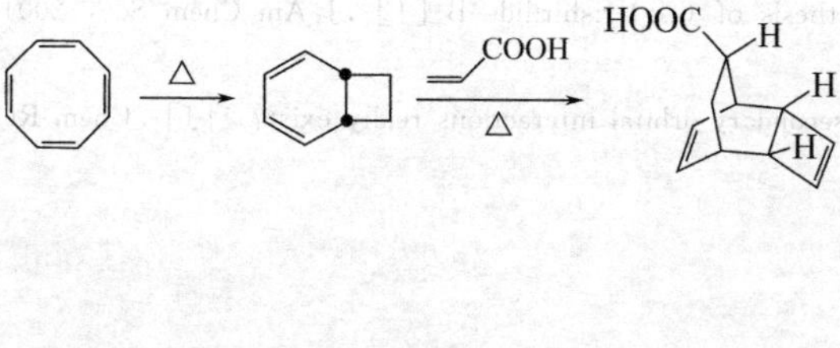 [cyclooctatetraene] →Δ→ [bicyclic] →(acrylic acid, Δ)→ product

(2) [反应式]

(3) [反应式]

(4) 由于中间体的两个氢原子均可以发生1,5-氢同面迁移，故得到的两个化合物都是外消旋体。

[反应式，标注"1,5-氢迁移"，产物标注"（外消旋）"]

(5) 反应机理如下：

[反应式，标注"[2+2]"、"(Diels-Alder)"、"电环化"、"(Diels-Alder)"]

(6) 机理涉及[5+5]氢迁移（具体式子略）

参 考 文 献

[1] 倪沛洲. 有机化学[M]. 北京：人民卫生出版社，2007.
[2] 郭灿城. 有机化学[M]. 北京：科学出版社，2001.
[3] 刑其毅，裴伟伟，徐瑞秋. 基础有机化学[M]. 北京：高等教育出版社，2005.
[4] 裴文. 高等有机化学[M]. 浙江：浙江大学出版社，2006.
[5] 颜朝国，吴锦明，黄丹. 有机化学[M]. 北京：化学工业出版社，2009.
[6] 尹冬冬. 有机化学[M]. 北京：高等教育出版社，2004.
[7] 汪朝阳，肖信. 化学史人文教程[M]. 北京：科学出版社，2010.
[8] Aggarwal V K, Ali A, Coogan M P. The development and use of ketene equivalents in [4+2] cycloadditions for organic synthesis[J]. Tetrahedron, 1999, 55 (2)：293-312.
[9] Buonora P, Olsen J C, Oh T. Recent developments in imino Diels-Alder reactions[J]. Tetrahedron, 2001, 57 (29)：6099-6138.
[10] Nicolaou K C, Snyder S A, Montagnon T, Vassilikongiannakis G. The Diels-Alder reaction in total synthesis[J]. Angew Chem Int Ed, 2002, 41 (10)：1668-1698.
[11] 汪朝阳，杨世柱. 芳香环的Diels-Alder反应及其应用[J]. 华南师范大学学报（自然科学版），1997 (1)：88-100.
[12] Segura J L, Martin N. o-Quinodimethanes：efficient intermediates in organic synthesis[J]. Chem Rev, 1999, 99 (11)：3199-3249.
[13] Mehta G, Kotha S. Recent chemistry of benzocyclobutenes[J]. Tetrahedron, 2001, 57 (4)：625-659.
[14] Allen J G, Danishefsky S J. The total synthesis of (±)-rishirilide B[J]. J Am Chem Soc, 2001, 123 (2)：351-352.
[15] Garcia J I, Mayoral J A, Salvatella L. Do secondary orbital interactions really exist? [J]. Chem Res, 2000, 33 (10)：658-664.

[16] Carruthers W, Coldham I. 当代有机合成方法 [J]. 王全瑞, 李志铭译. 上海: 华东理工大学出版社, 2007: 211.
[17] Wang Z Y, Cui J L, Du B S, Chen Q H. Studies on new additions to 5-methoxy-2 (5*H*)-furanone: addition of Grignard reagents, and 1,3-dipolar cycloaddition of silyl nitronates [J]. Chin Chem Lett, 2001, 12 (4): 293-296.
[18] 汪朝阳, 陈庆华. 7-氮杂-3,6-二氧杂-二环 [3,3,0] 辛-2-酮类化合物合成的新方法 [J]. 化学通报, 2002, 65 (1): 41-43.
[19] 李建晓, 薛福玲, 谭越河, 罗时荷, 汪朝阳. 5-取代-3,4-二卤-2 (5*H*)-呋喃酮的 Sonogashira 偶联反应 [J]. 化学学报, 2011, 69 (14): 1688-1696.

第 14 章 有机合成路线设计技巧

从简单的有机物（或无机物）出发，运用有机化学的理论、反应来合成较复杂的有机化合物的过程称为有机合成。有机合成的过程往往要经过若干步反应，最后得到目标物。有机合成是具有很强的逻辑性和艺术性的过程——杰出的有机合成化学家、1965 年诺贝尔化学奖得主 Woodward R. B. 曾说过："有机合成中，有兴奋、有冒险、有挑战，还有着巨大的艺术性。"

有机合成一诞生就显示了巨大的生命力，它逐渐成为化学领域里最活跃、涉及面最广、发展最快的分支学科。有机合成的成就促进着很多部门的繁荣发展，已成为科技发展水平的重要标志之一。据美国化学文摘的统计，从 1965 年到 1983 年 2 月登记的化学物质有 600 多万个（1965 年前约 400 万个），现在正以每天出现约 1000 个新化合物的速度增长着，其中 90% 以上是有机化合物。

有机合成发展到今天，几乎能合成人们在生产、科研、生活中所需的一切有机产品，从基本有机化工原料、塑料、合成纤维、合成橡胶、医药、染料、香料、添加剂……到多种复杂的天然产物，如牛胰岛素、红霉素、前列腺素、维生素 B_{12} 等。此外，还合成了三棱柱烷、大轮烯、轮炔、正十二面体烷等特殊化合物，而且近年来仿生合成也有着重大发展。总之，有机合成的地位很重要。

有机合成的方法多种多样，目前已发现的有机反应有三千多种，其中人名反应就有 1000 多个，而且还在不断研究出新的合成反应或方法。随着理论有机化学的发展，合成方法的不断改进与更新，新有机试剂的产生，有机合成的发展将更加迅速，特别是向定向性、选择性、立体构型专一性方面发展，对人类的生活、生产、科研各个领域将作出更加重大的贡献。

根据合成对象的不同，有机合成可分为基础有机合成与精细有机合成两大类。前者用基本的矿物原料（石油、天然气和煤等），合成出工业、科研及人类生活所需的基本有机原料、燃料等产品，这类产品一般结构简单、品种较少，产量却很大。后者合成对象的结构较复杂、数量较少、品种繁多，合成路线往往较长、较复杂。因此，精细有机合成的路线要求设计合理，方法可靠，操作精细严密，应有一定的或相当高的技巧和艺术性。

14.1 有机合成基础知识

有机合成不外乎是碳链的变化与官能团的引入，作为有机合成的基础知识，首先是需要对碳链的变化进行一个基本的梳理。一般而言，碳链的变化包括碳链的增长、碳链的缩短和碳环的形成。

14.1.1 碳链的增长

碳链的增长是形成分子骨架的主要手段之一。增长碳链的方法主要有以下几种。

（1）利用金属有机化合物增长碳链　在有机合成中应用较多的是含 Mg、Li、Cu、Zn、Na、Cd、Al 等元素的金属有机化合物，特别是有机镁化合物（如 Grignard 试剂）最常用。Grignard 试剂与醛、酮的羰基发生亲核加成反应后水解可以得到各种醇，反应物为甲醛时生成碳链增加一个碳原子的伯醇；反应物为其他醛或酮时，分别生成仲醇或叔醇。另外，反应物为环氧化合物时，也可得到高产率的伯醇。

$$CH_3(CH_2)_3MgBr + \underset{O}{\triangle} \longrightarrow CH_3(CH_2)_5OMgBr \xrightarrow{H_3O^+} CH_3(CH_2)_5OH$$

有机锂化合物与醛、酮加成类似于有机镁化合物，但活性更高些。如果试剂分子中有较活泼的基团时，有时可以采用有机锌化合物。

$$\underset{R}{\overset{O}{\|}}\underset{}{C}R' \xrightarrow{BrZnCH_2CO_2C_2H_5} R\underset{OZnBr}{\overset{R'}{\underset{|}{C}}}CH_2CO_2C_2H_5 \xrightarrow{H_2O} R\underset{OH}{\overset{R'}{\underset{|}{C}}}CH_2CO_2C_2H_5$$

(2) 碳原子上的烃化反应 芳环 Friedel-Crafts 烷基（酰基）化反应、卤代烃与氰化物作用，以及丙二酸酯、乙酰乙酸乙酯、β-二酮等通过烯醇盐进行烃化反应，都是增长碳链的常用方法。其中，丙二酸酯烃化后水解脱羧可以合成一元羧酸、二元羧酸、环烷羧酸等；乙酰乙酸乙酯的烃化产物可成酮水解制得酮，或成酸水解制得酸，但此方法多用于制酮。

至少含有一个 α-H 的醛和酮还可以通过烯胺的形式进行烃化，这类反应的优点是不需要强碱做催化剂，不需要低温反应条件，可以得到唯一的 α-烃基取代醛、酮，没有多烃基化产物生成。同时，不对称酮通过烯胺烃化具有区域选择性，烃化反应主要发生在取代基较少的 α-碳原子上。例如，下面专一性反应的产率可达 80%。

(3) 其他反应 各类缩合反应，特别是许多人名反应，如羟醛缩合、Knoevenagel 缩合、安息香缩合、Perkin 反应、Claisen 酯缩合、Dieckmann 酯缩合、混合酯缩合、Darzens 反应、Wittig 反应、Mannich 反应等都能用于增长碳链。

另外，自由基偶联（二聚）反应也使碳链增长，如为相同的自由基则使分子中碳原子数增加一倍。同时，某些分子重排反应也可以使碳链增长，如 Arndt-Eistert 反应：

$$R\underset{}{\overset{O}{\|}}COOH \xrightarrow{SOCl_2} R\underset{}{\overset{O}{\|}}CCl \xrightarrow[2.\,H_2O,h\nu]{1.\,CH_2N_2} R\underset{}{\overset{}{}}CH_2COOH$$

14.1.2 碳链的缩短

在有机合成中，有时原料或中间体的碳链比目标分子长，就需要缩短碳链。缩短碳链的反应种类比增长碳链的少，通常有氧化反应、脱羧反应、分子重排反应等。例如，烯烃、炔烃、芳烃侧链，以及连二醇、连二酮等都易被氧化断键而使碳链缩短。

羧酸脱羧是碳链缩短一个碳原子的常用方法。不同的羧酸失去羧基的难易程度并不相同。一般来说，一元羧酸较难脱羧，当在 α-C 上具有吸电子基团，如硝基、卤素、酮基、氰基等容易进行脱羧反应。

一个在合成上非常有用的脱羧反应，是 Hunsdiecker 反应，其用羧酸的银盐在无水的惰性溶液如四氯化碳中与氯或溴回流，失去二氧化碳，制得少一个碳原子的卤代烃。

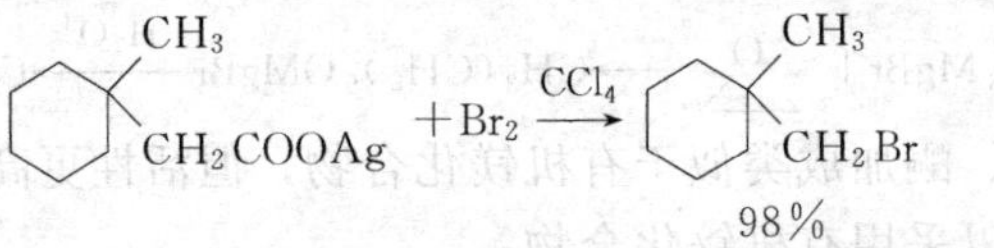

某些分子重排反应如 Hofmann 重排、Curtius 重排、Schmidt 重排等可使碳链缩短（见第 12 章）。另外，长链烷烃在高温下裂化成碳链缩短的烯烃和烷烃，其具有一定的工业价值，但实验室中不常用。

14.1.3 碳环的形成

在有机合成中有时需要形成碳环，形成碳碳键的方法几乎都能用来形成碳环，而主要形成碳环的方法有以下几种。

（1）分子内的亲核取代反应　丙二酸酯与适当的二卤代烃等进行烃化，进而可形成 3~6 元环。

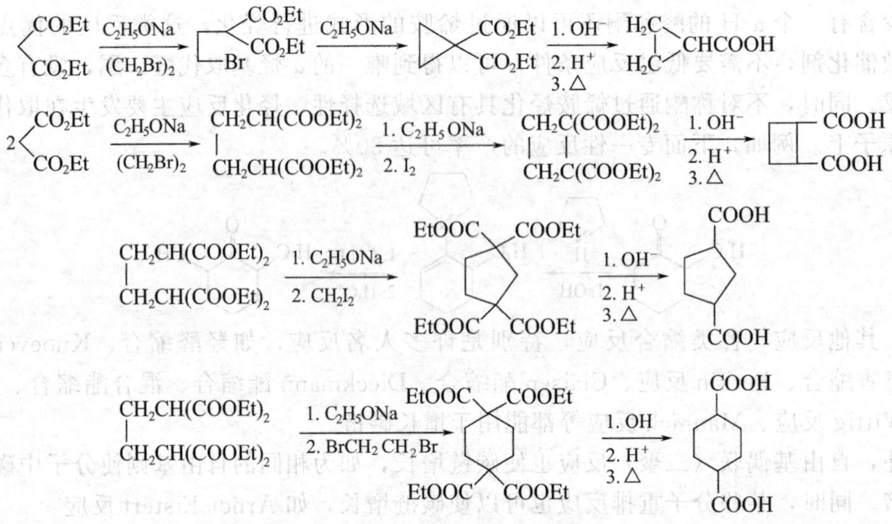

乙酰乙酸乙酯、ω-卤代腈等在一定条件下也可以成环。

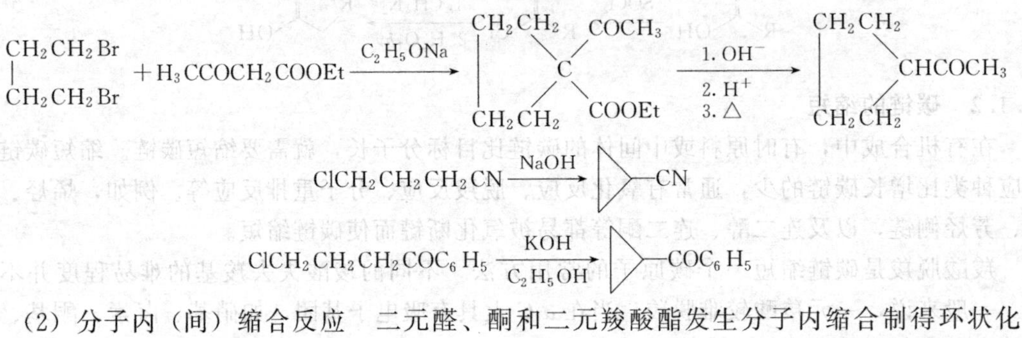

（2）分子内（间）缩合反应　二元醛、酮和二元羧酸酯发生分子内缩合制得环状化合物，如分子内羟醛缩合、Dieckmann 酯缩合等。酯的双分子还原（见第 11 章中的"11.2 还原反应"），亦被称为酮醇缩合（acyloin condensation），也能成环。

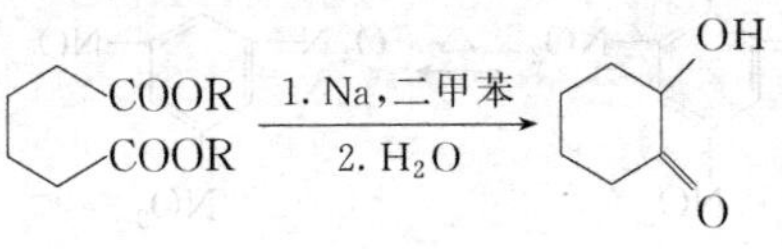

著名的 Robinson 关环反应，就是反应物先发生 Michael 加成，然后缩合成环。

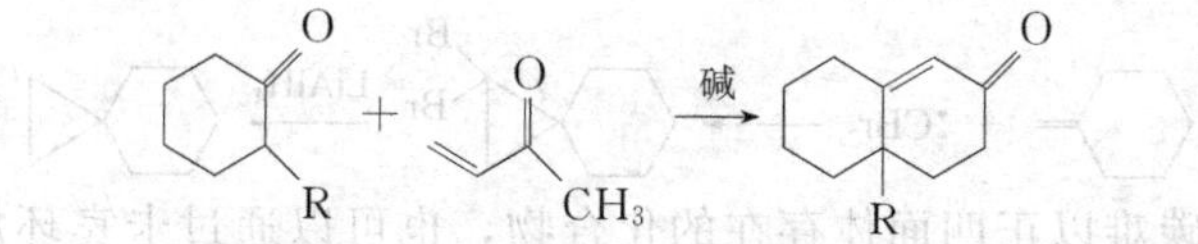

分子内的 Friedel-Crafts 酰基化、Friedel-Crafts 烷基化反应，都是酸催化的缩合反应，也可用来成环。

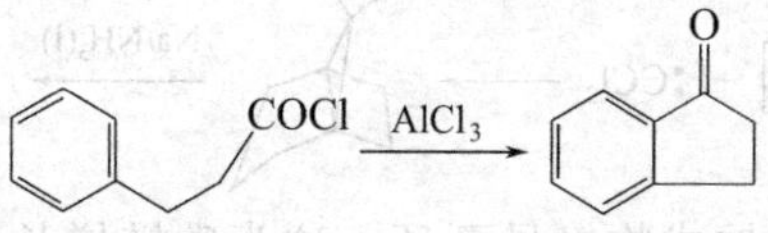

(3) Diels-Alder 反应与炔烃的低聚等反应　Diels-Alder 反应条件温和，产率高，是合成六元环的有效方法，是近代有机合成中常用的重要成环方法之一（见第 13 章"周环反应"）。

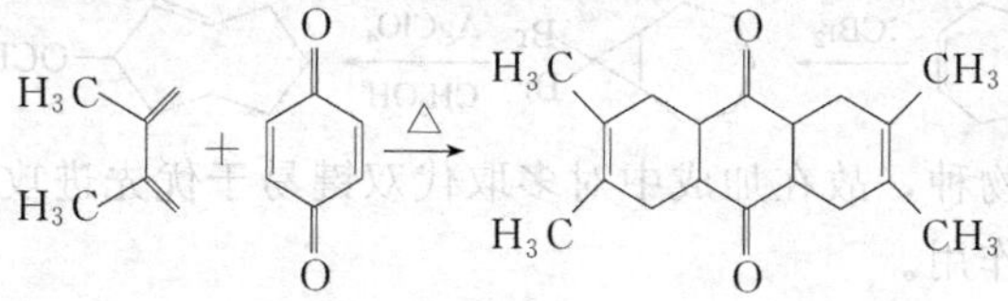

炔烃在不同条件下发生低聚可制备苯及环烯类。石油在重整过程中也有部分链烃发生环化。

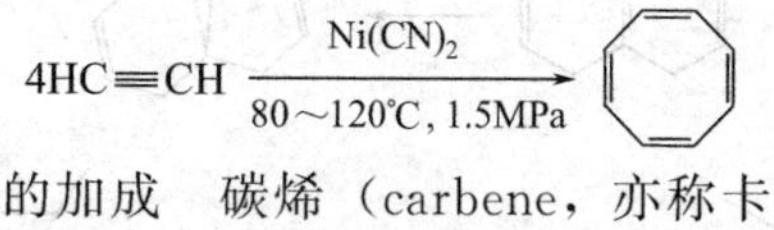

$$4HC\equiv CH \xrightarrow[80\sim 120℃, 1.5MPa]{Ni(CN)_2}$$

(4) 碳烯（卡宾）与双键的加成　碳烯（carbene，亦称卡宾）是不带电荷的缺电子体，可以与烯烃加成，得到三元环化合物，而且一般不伴随发生插入反应，因此是形成环丙烷衍生物的重要方法。由于成环过程中卡宾提供一个中心原子，烯烃提供两个中心原子，卡宾的环加成反应也叫 [1+2] 环加成反应。

卤代卡宾易于由各种前体迅速制得，特别是碱作用下的 α-消除反应，但产生二卤卡宾的条件不同，与烯烃加成获得二卤环丙烷衍生物的产率亦不同。

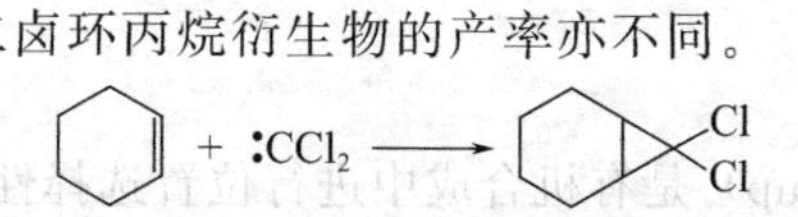

产生方法	产率
$CHCl_3$ + t-BuOK	59%
$Cl_3CCOOEt$ + CH_3ONa	88%
$CBrCl_3$ + n-BuLi	91%

三卤甲基苯汞热分解即可在中性条件下产生二卤卡宾，因此对于那些碱性敏感的烯，如丙烯腈、α,β-不饱和羰基化合物，亦能顺利反应。

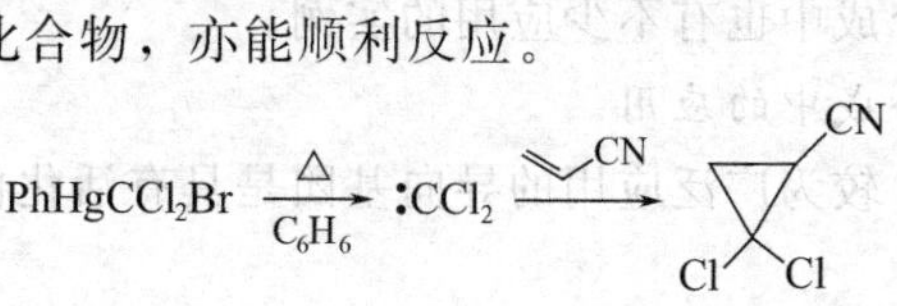

值得注意的是，利用镁和四氯化碳形成卡宾，反应亦在中性条件下进行，因此对含有酯基或者羰基的烯烃分子的反应亦特别有价值。

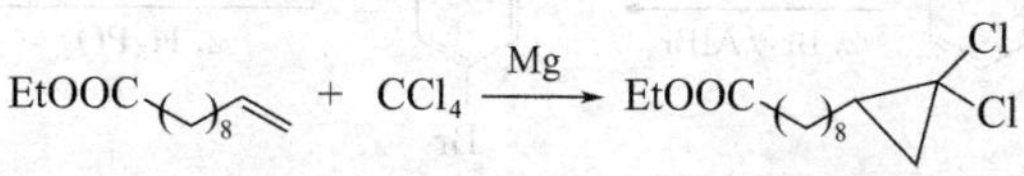

二卤环丙烷衍生物是有机合成中极其有用的中间体。例如，环外双键的加成产物，通过

还原反应，可用于螺环化合物的合成。

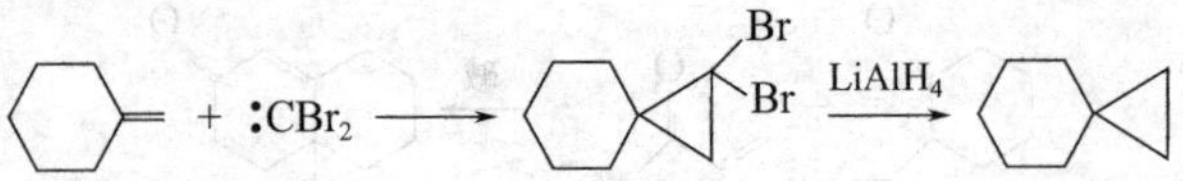

不仅如此，桥头碳难以正四面体存在的化合物，也可以通过卡宾环加成与后续的还原反应得到。

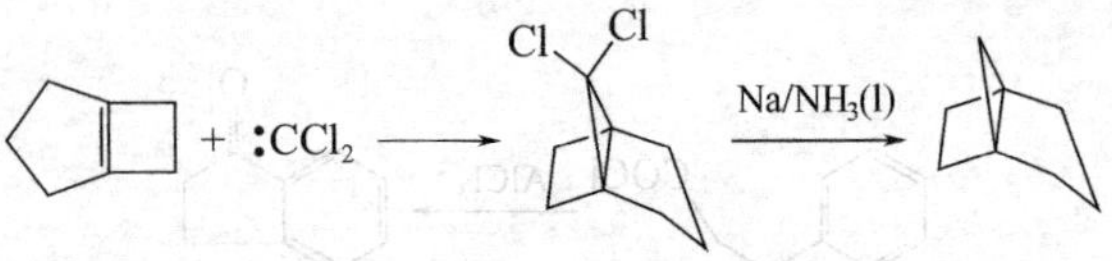

同时，环烯与二卤卡宾的加成物极易开环，这为碳链增长一个碳原子的化合物的合成提供了一种合成策略。

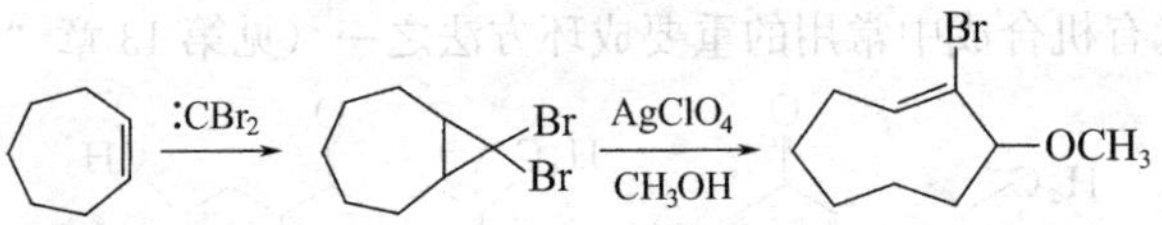

由于卡宾是缺电子物种，故在加成中对多取代双键易于优先进攻。同理，当有三键和双键共存时，优先与双键作用。

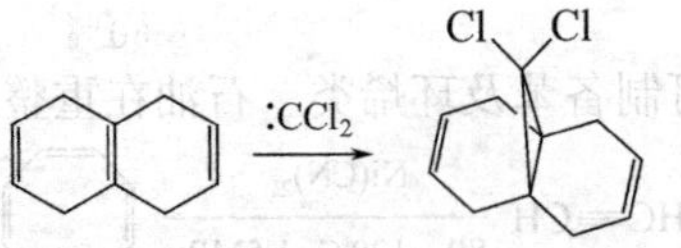

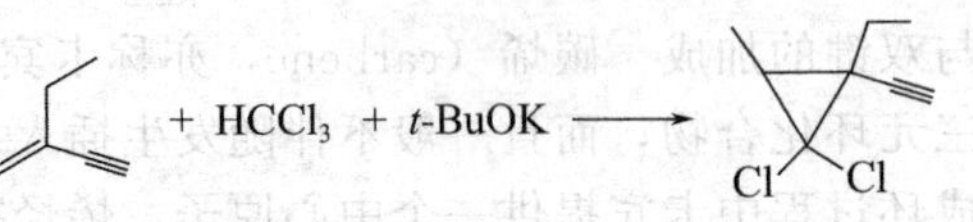

14.2 有机合成中的选择性控制

14.2.1 导向基团

导向基团（directing group）是有机合成中进行位置选择性控制的常用手段。一般而言，导向基引入分子后，可使反应定向进行，在反应过程中或反应完成后就可除去。它既可由专门的官能团起作用而导向，如某些元素有机化合物；又可利用阻塞作用而导向的阻塞基，或是利用活化作用（钝化作用）而导向的活化基（钝化基）。因此，虽然在不同的场合可能会有不同的称呼，但具有导向作用这一功能却都是相同的。导向基团在芳香族化合物合成中应用较多，在脂肪族化合物合成中也有不少应用的实例。

14.2.1.1 芳香族化合物合成中的应用

芳香族化合物合成中，较为广泛应用的导向基团是具有活化作用的氨基，如在由苯合成1,3,5-三溴苯的反应中。

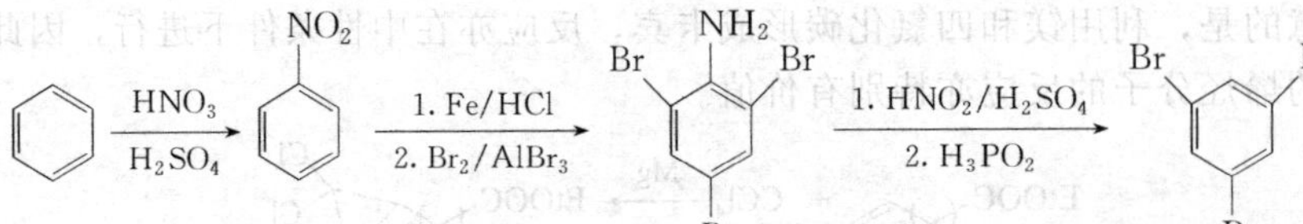

当然，亦可使用活性降低后的活化基乙酰胺基作为导向基团，如在由苯合成间氯异丙苯

的反应中。例如：

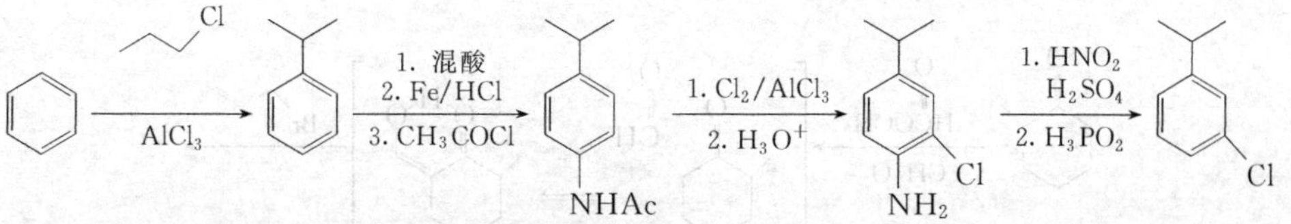

$$\text{苯} \xrightarrow[\text{AlCl}_3]{i\text{-PrCl}} \text{异丙苯} \xrightarrow[\substack{1.\ \text{混酸} \\ 2.\ \text{Fe/HCl} \\ 3.\ \text{CH}_3\text{COCl}}]{} \text{对异丙基乙酰苯胺} \xrightarrow[\substack{1.\ \text{Cl}_2/\text{AlCl}_3 \\ 2.\ \text{H}_3\text{O}^+}]{} \text{2-氯-4-异丙基苯胺} \xrightarrow[\substack{1.\ \text{HNO}_2,\ \text{H}_2\text{SO}_4 \\ 2.\ \text{H}_3\text{PO}_2}]{} \text{3-氯异丙苯}$$

硝基、磺酸基等致钝基团也是常用的导向基团，而且往往与活化基一起使用，使取代基的定位效应得以强化。由于它们亦是通过封闭某一部位而加强导向性的，因此有时亦称其为封闭基。特别是磺酸基，因为磺化反应是可逆的，磺酸基容易导入也容易离去。

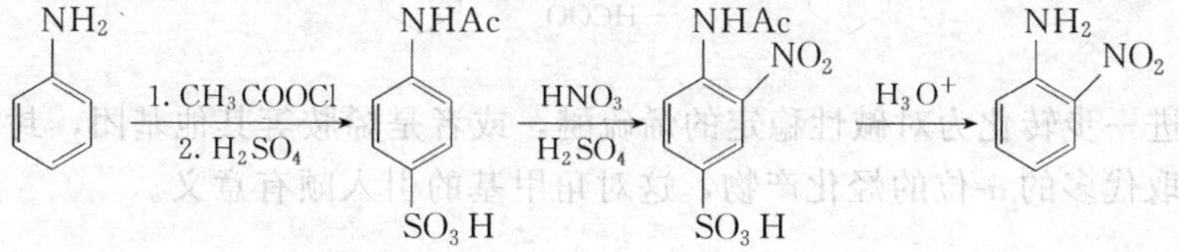

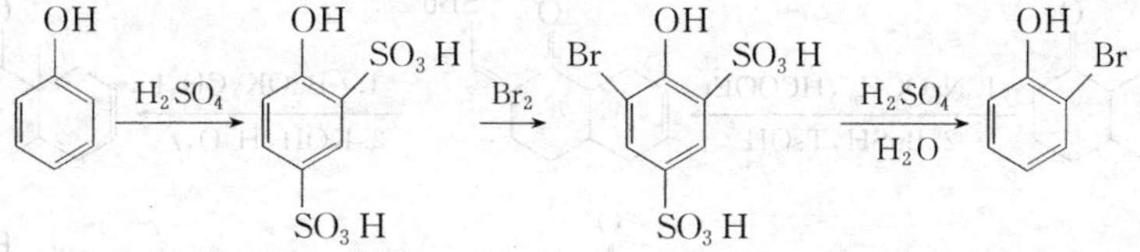

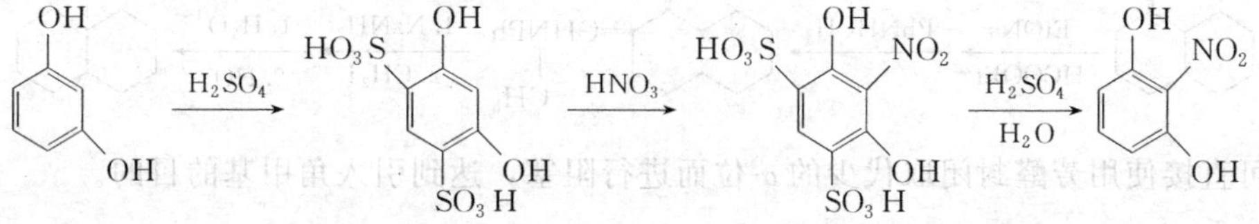

芳环上的付氏反应与磺化反应类似，也是可逆的反应，因此亦可引入烷基作为对位封闭基而进行导向。

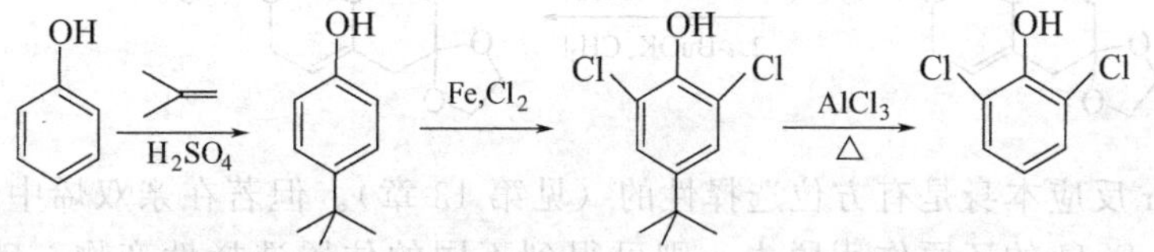

类似地，羧基的钝化作用和封闭作用亦可使之作为导向基团。

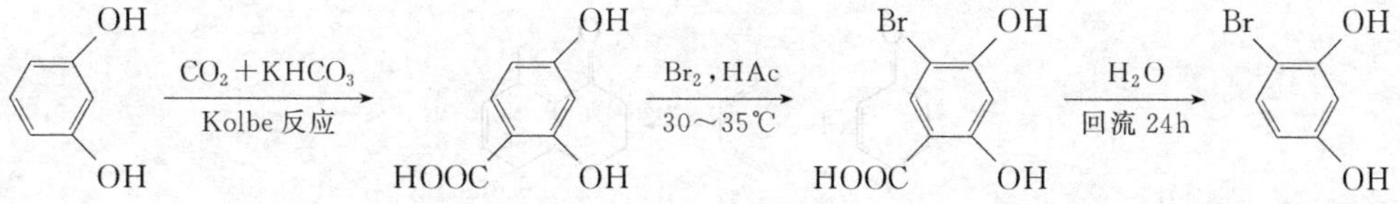

14.2.1.2 脂肪族化合物在合成中的应用

脂肪族化合物在合成中应用的常见例子，是不对称酮的反应。由于不对称酮有两种 α-H，因此用碱处理烃化会有两种产物，甚至不会停留于单烃化阶段。

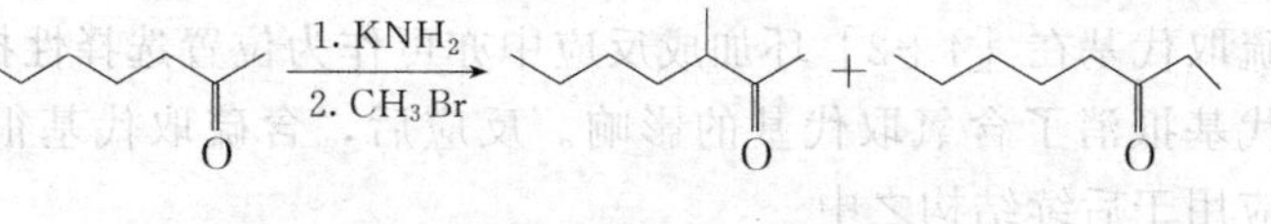

但在下列反应中，引入醛基之后，就可得区域专一性的产物，这是因为其可形成六元环中间体。

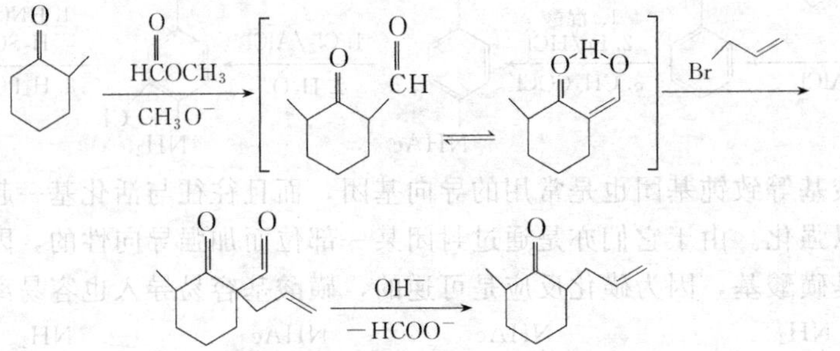

若将醛基进一步转化为对碱性稳定的烯硫醚，或者是烯胺等其他基团，封闭酮基取代少的 α-位，则得取代多的 α-位的烃化产物，这对角甲基的引入颇有意义。

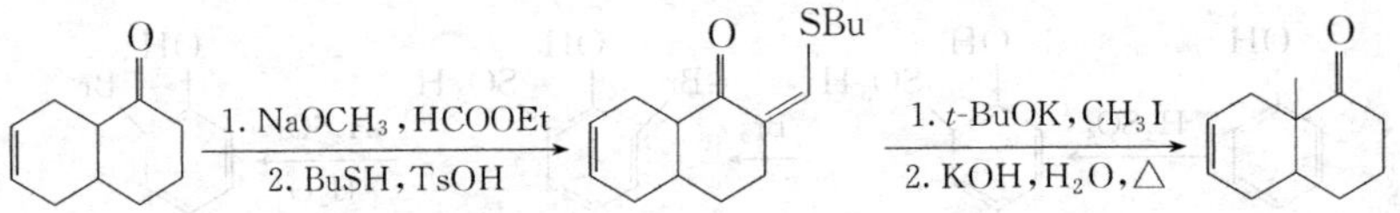

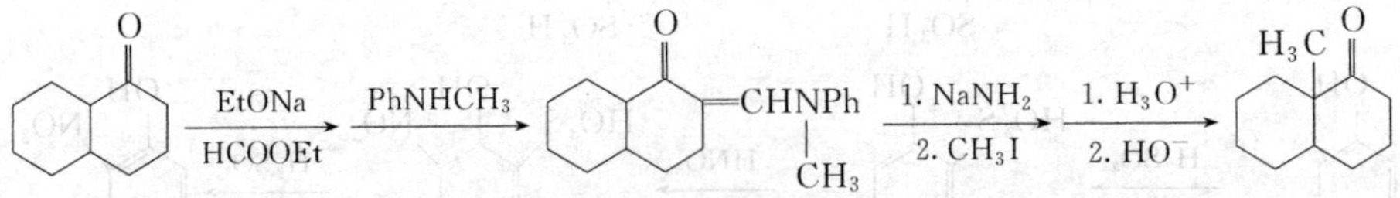

亦可直接使用芳醛封闭取代少的 α-位而进行阻塞，达到引入角甲基的目的。

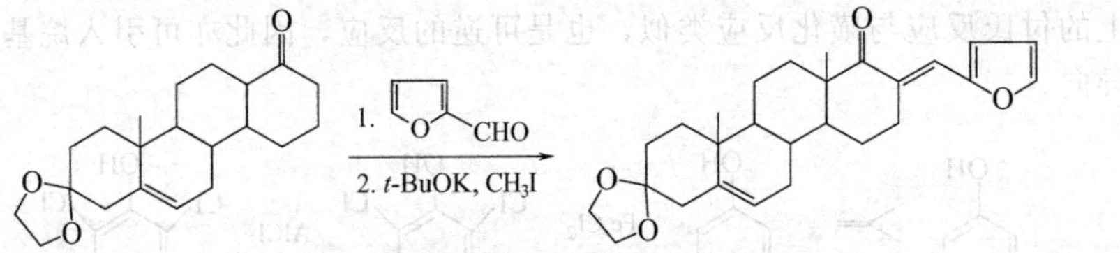

Diels-Alder 反应本身是有方位选择性的（见第 13 章）。但若在亲双烯中最初带入硝基，然后用 (n-Bu)₃SnH 的还原作用脱去，则可得到不同的位置选择性产物。硝基的这种位置选择性控制作用，使 Diels-Alder 反应的应用范围扩大了。

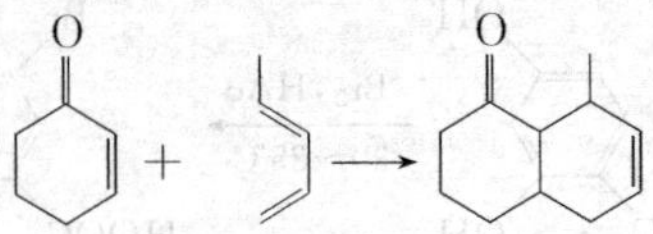

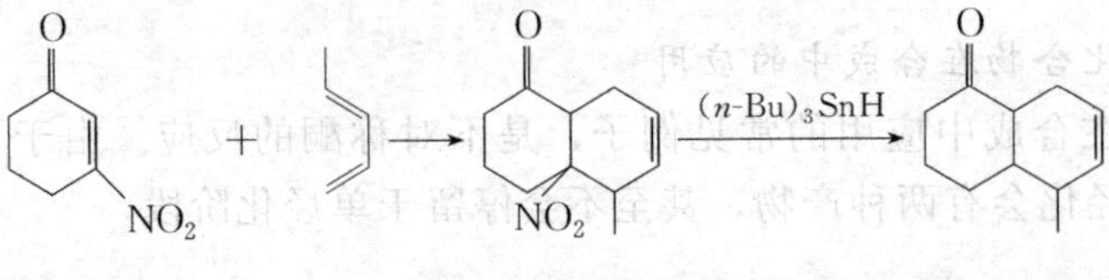

类似地，含硫取代基在 [4+2] 环加成反应中亦可作为位置选择性控制因素。在下面的反应中，含硫取代基抵消了含氧取代基的影响。反应后，含硫取代基很容易用还原方法除去，或者巧妙地应用于后续结构之中。

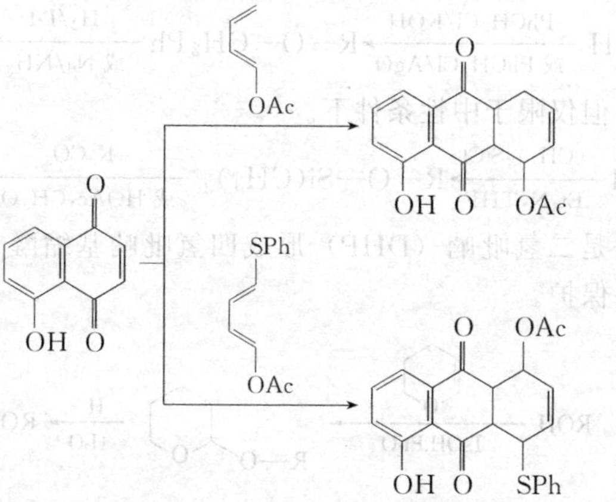

14.2.2 保护基团

在有机合成中,为了使多个相同的(或化学性质近似的)官能团在反应中不相互干扰,往往必须使用保护基团(protecting group),即用某一试剂将暂不参加反应的官能团保护起来,反应结束后又将引入的基团除去。能利用保护基团进行这种位置选择性(或化学选择性)控制的依据,就是试剂的阻塞(封闭)或钝化作用。

很明显,作为一个好的保护基团应具备三个基本条件:①易于引入;②对正常反应无影响;③易于除去。如果其还能满足其他条件,如引入、除去时产率高、易分离纯化等,就是很理想的保护基团了。

值得注意的是,保护基团(试剂)与被保护基团(底物)是相对的。例如,胺、邻二醇可与醛、酮缩合而加以保护;反过来,亦可把胺、邻二醇作为醛、酮的保护试剂。

14.2.2.1 C—H 键的保护

一般需要保护的 C—H 键有三种类型,即:芳环上的 C—H 键、饱和脂肪族化合物的 C—H 键(主要是酮的 α-位)和不饱和脂肪族化合物的 C—H 键。前二者在上一节中已有讨论,后者主要是指端基炔的 C—H 键,通常的保护基是三甲基硅烷基[$(CH_3)_3Si-$]。

三甲基硅烷基可由炔化物阴离子与三甲基氯硅烷作用而引入,可与硝酸银作用而定量除去。当保护基形成后,可在控制条件下发生氧化偶联反应,其 C—Si 键仍保持不变,或者使炔烃与有机金属试剂起反应。

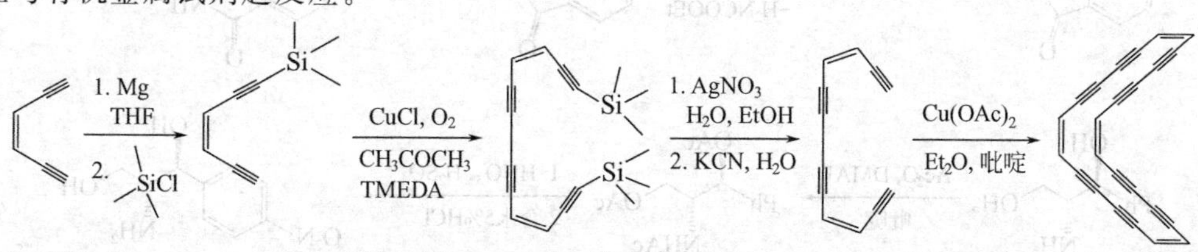

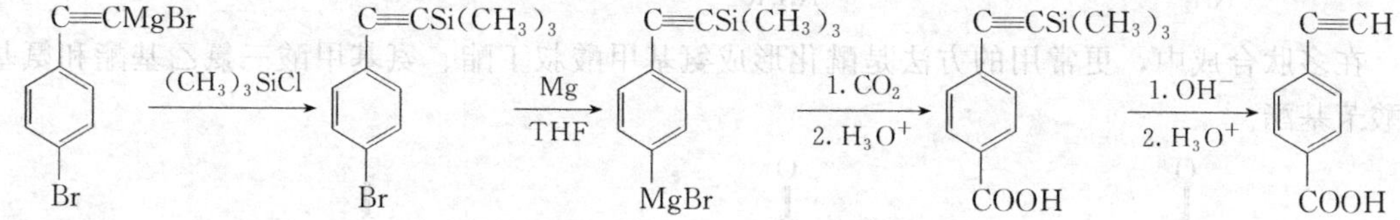

14.2.2.2 羟基的保护

羟基可通过成醚和成酯两类方法进行保护。醇羟基可与 Ph_3CCl、$PhCH_2Cl$ 作用成醚,一般用氢化裂解方法除去保护基。

$$ROH \xrightarrow[\text{吡啶}]{Ph_3CCl} R-O-CPh_3 \xrightarrow[\text{或 HAc, } H_2O]{H_2/Pd} ROH$$

$$ROH \xrightarrow[\text{或 PhCH}_2\text{Cl/AgO}]{\text{PhCH}_2\text{Cl/KOH}} R-O-CH_2Ph \xrightarrow[\text{或 Na/NH}_3]{H_2/Pd} ROH$$

亦可用硅醚保护，但仅限于中性条件下。

$$ROH \xrightarrow[\text{Et}_3\text{N,THF}]{(\text{CH}_3)_3\text{SiCl}} R-O-Si(CH_3)_3 \xrightarrow[\text{或 HOAc,CH}_3\text{OH}]{K_2CO_3} ROH$$

最常用的成醚方法是二氢吡喃（DHP）形成四氢吡喃基缩醛（THP—O—R），其在酸性条件下易于开环而去保护。

$$ROH \xrightarrow{\text{TsOH,Et}_2\text{O}} \text{R-O-(THP)} \xrightarrow[H_2O]{H^+} ROH$$

上述反应形成的醚，一般都对格氏试剂、常见的还原剂（如 $LiAlH_4$）、常见的氧化剂（如 CrO_3）等稳定。相反，不稳定时的情况，正是其脱去保护基时的条件，这是保护基团普遍具有的性质。

醇羟基亦可形成乙酸酯或三氯（溴）乙基碳酸酯而进行保护。较为常见的是后者，其对 CrO_3 与酸是稳定的，但能够在 Zn-Cu 的乙酸溶液中顺利还原而除去。

$$\text{(acetonide-OH)} \xrightarrow[\text{2. HCl/H}_2\text{O/CH}_3\text{OH}]{1.\ \text{Cl}_3\text{CCH}_2\text{OCOCl},\ \text{吡啶/CHCl}_3} \text{(HO, HO, OTceoc)} \xrightarrow[\text{2. Zn/HOAc}]{1.\ \text{C}_{17}\text{H}_{35}\text{COCl},\ \text{吡啶/CHCl}_3} \text{(HOOC, HOOC, OH)}$$

酚羟基常用生成酯、甲基或苄基醚的形式保护，然后酸性水解复原。

$$PhOH \xrightarrow[\text{或 (CH}_3)_2\text{SO}_4\text{ 或 CH}_2\text{N}_2]{\text{CH}_3\text{I/OH}^-} Ph-O-CH_3 \xrightarrow[\text{回流}]{\text{HI/HOAc}} PhOH + CH_3I$$

14.2.2.3 氨基保护

氨基可用形成苄胺、酰胺（如乙酰胺、三氟乙酰胺）、酰亚胺等方法进行保护。例如，在氯霉素的合成过程中，氨基用乙酐酰化保护，酸性水解复原，就涉及用乙酸酐保护氨基的策略。

$$\text{Phth-N-COOEt} + RNH_2 \xrightarrow[-H_2NCOOEt]{Na_2CO_3/H_2O} \text{Phth-N-R} \xrightarrow{NH_2NH_2} \text{(phthalhydrazide)} + RNH_2$$

$$\text{Ph-CH(OH)-CH(NH}_2\text{)-CH}_2\text{OH} \xrightarrow[\text{吡啶}]{Ac_2O, DMAP} \text{Ph-CH(OAc)-CH(NHAc)-CH}_2\text{OAc} \xrightarrow[\text{2. 含水5\%HCl}]{1.\ HNO_3, H_2SO_4} \text{O}_2\text{N-C}_6\text{H}_4\text{-CH(OH)-CH(NH}_2\text{)-CH}_2\text{OH}$$

在多肽合成中，更常用的方法是酰化形成氨基甲酸叔丁酯、氨基甲酸三氯乙基酯和氨基甲酸苄基酯。

$$t\text{-BuO-CO-N}_3 + RNH_2 \longrightarrow t\text{-BuO-CO-NHR} \xrightarrow[\text{或 HF/H}_2\text{O}]{CF_3COOH/CHCl_3} \text{(isobutylene)} + CO_2 + RNH_2$$

$$Cl_3C-CH_2-O-CO-Cl + RNH_2 \xrightarrow{Et_3N} RNHTceoc \xrightarrow[\text{或阴极电解还原}]{Zn/HOAc} Cl^- + \text{CCl}_2\text{=CH}_2 + CO_2 + RNH_2$$

第 14 章 有机合成路线设计技巧

$$PhH_2CO\underset{Cl}{\overset{O}{\|}} + RNH_2 \xrightarrow{NaOH} RNH—Cbz \xrightarrow[\text{或 } H_2/Pd-C]{HBr/HOAc} CO_2 + RNH_2 + PhCH_2Br \text{ 或 } PhCH_3$$

14.2.2.4 羰基的保护

醛、酮的羰基通常是用形成缩醛（或硫缩醛）的方法保护的。由于环状缩醛（或硫缩醛）比非环的更稳定，它可通过形成五元环或六元环的二醇或二硫醇来保护羰基。

$$\underset{R'}{\overset{R}{\diagdown}}C=O \xrightarrow[H^+]{HS(CH_2)_3SH} \text{（环状硫缩醛）} \xrightarrow[HgCl_2]{H_2O} \underset{R'}{\overset{R}{\diagdown}}C=O$$

缩醛（酮）（或硫缩醛）可在酸性条件下水解复原，恢复羰基。这种保护方法可以应用于由丙烯醛合成甘油醛。

$$\underset{R}{\overset{R'}{\diagdown}}C=O + HOCH_2CH_2OH \xrightarrow{H^+} \text{（环状缩酮）} \xrightarrow[\triangle]{H^+/H_2O} R'—\overset{O}{\underset{\|}{C}}—R$$

$$CH_2=CHCHO \xrightarrow[\text{无水 HCl}]{2C_2H_5OH} CH_2=CHCH\underset{OEt}{\overset{OEt}{\diagup}} \xrightarrow{[O]} H_2C—CH—CH\underset{OEt}{\overset{OEt}{\diagup}} \xrightarrow{H^+/H_2O} H_2C—CH—CHO$$
$$ \underset{OH}{}\underset{OH}{} \underset{OH}{}\underset{OH}{}$$

唯一对酸稳定的羰基保护基，是与丙二腈起 Knoevengel 缩合反应而生成的二氰基亚甲基，其用浓碱处理则可脱去。

$$ArCHO + \underset{CN}{\overset{CN}{\diagdown}}CH_2 \xrightarrow[\triangle]{EtOH, H_2O} ArCH=CH(CN)_2 \xrightarrow{NaOH} ArCHO$$
$$ 100\% \phantom{\xrightarrow{NaOH}} 100\%$$

14.2.2.5 羧基的保护

羧基一般用形成酯的方式进行保护，用酸解或氢解的方式脱去保护。但它们仅能保护羧酸的羟基及封闭羧酸的酸性，不能防止强亲核试剂如格氏试剂、有机锂试剂等对羧基中羰基碳的进攻。

$$RCOOH \longrightarrow RCOCl \xrightarrow{t\text{-}BuOK} RCOOt\text{-}Bu \xrightarrow{H^+} RCOOH + \diagup\!\!\!\diagdown$$

$$RCOOH \longrightarrow RCOCl \xrightarrow{PhCH_2OH} RCOOCH_2Ph \xrightarrow{H_2,Pd\text{-}C} RCOOH + PhCH_3$$

此时，可用邻氨基醇将羧酸转变为 2-噁唑衍生物，待反应完成后酸性水解即可脱去保护。

$$R—\overset{O}{\underset{\|}{C}}—OH + \underset{HO}{\overset{H_2N}{\diagup}}\!\!\!\!\diagdown \xrightarrow{-2H_2O} R—\langle\text{噁唑啉}\rangle \xrightarrow{H_3O^+} RCOOH$$

14.2.2.6 双键的保护

双键一般是加溴保护，然后用锌脱溴使其复原。

14.2.3 潜官能团

14.2.3.1 潜官能团的历史与定义

保护基团虽然在有机合成的应用中有很多优点，但也有不可避免的缺陷。这些不足之处主要是：①即使每一步反应产率很高，但三步反应后势必使总收率降低，而且工作量较大；②由于在最后一步除去保护基团，将使合成产物的最后重量减少；③当分子中有许多反应性能相似的官能团时，选择性地保护每一官能团存在相当困难，甚至不可能。

为了弥补上述不足,大约从 20 世纪 50 年代起,人们就开始产生了一种设想,能否将某些官能团的前体通过一步或几步合成反应,到适当的阶段再将前体转变为所需的官能团,从而避免使用保护基团。这种设想得到了实践的证明,如苯甲醚作为潜在的环己烯酮是人们熟知的例子。

$$\text{PhOCH}_3 + \text{CH}_2=\text{CHCH}(CH_3)_2 \xrightarrow[\text{CS}_2]{\text{AlCl}_3} \text{(4-isopropylanisole)} \xrightarrow[\text{2. H}^+/\text{H}_2\text{O}]{\text{1. Li/NH}_3} \text{(4-isopropylcyclohex-2-enone)}$$

1972 年,Lednicer 首先提出潜官能团(masked function group)这一名词。在一个分子中,本身隐藏着一个反应活性低的官能团,此官能团可由一个专一性的反应将它转化成为反应活性高的官能团,这种分子便是具有潜官能团的分子,如上例中的苯甲醚分子。

最终所需的官能团(即新形成的官能团),称为目标官能团(goal-function group),如上例中的环己烯酮官能团;而那个作为前体的反应活性低的官能团(如上例中的苯甲醚官能团),则称为潜官能团(latent function group)或前官能团(pre-function group),亦称等价基团、等价体(equivalent groups)。

相应地,将潜在官能团转变为目标官能团的反应,称为展现(exposition),如上例中的 Birth 还原与水解双键移位反应。

14.2.3.2 极性转换与潜官能团的关系

利用潜官能团可以在合成工作中使分子进行一些在目标官能团存在时无法直接进行的反应,这在利用极性转换实现的潜官能团(等价体)策略中最为突出,特别是硫代缩醛就是酰基负离子的等价体(真正的酰基负离子并不存在)。

通常醛羰基的碳呈现正电性。如果用 1,3-丙二硫醇与醛类化合物作用,使羰基碳上的氢的酸性增加,再用金属锂化物夺走 H^+,则羰基碳原子带负电荷,使得原 $\underset{H}{\overset{H}{>}}C=O$ 中亲电性的 C 转变成亲核性的 C,这就是极性转换(umpolung)。

利用这种极性转换策略,能实现原来认为不可能实现的反应,如在羰基碳上进行烃化反应等。例如,下面由乙醛合成酮的反应,就是极性转换中使硫代缩醛成为酰基负离子等价体与卤代烷反应。

$$\text{HS(CH}_2)_3\text{SH} \xrightarrow[\text{HCl}]{\text{CH}_3\text{CHO}} \text{dithiane-CH}_3 \xrightarrow[\text{THF}]{n\text{-C}_4\text{H}_9\text{Li}} \text{dithiane-CH}_3^- \xrightarrow[\text{2. H}_2\text{O, HgCl}_2]{\text{1. }n\text{-C}_4\text{H}_9\text{Br}} \text{CH}_3\text{COC}_4\text{H}_9$$

利用类似的极性转换策略,可用甲醛与 ω-二卤代烃反应合成环酮,在这里,甲醛成了酮羰基的潜官能团。

$$\text{HS(CH}_2)_3\text{SH} \xrightarrow[\text{HCl}]{\text{HCHO}} \text{dithiane-H} \xrightarrow[\text{2. Br(CH}_2)_n\text{Cl}]{\text{1. }n\text{-C}_4\text{H}_9\text{Li, THF}} \text{dithiane-(CH}_2)_n\text{Cl} \xrightarrow[\text{2. H}_2\text{O, HgCl}_2]{\text{1. }n\text{-C}_4\text{H}_9\text{Li}} \text{O=}(CH_2)_n \text{ cyclic}$$

总之,醛的羰基极性被转换后,在强碱的作用下,其形成的相当于酰基负离子的中间体,可以与多种亲电试剂反应,合成出多种化合物,在合成中很有用。

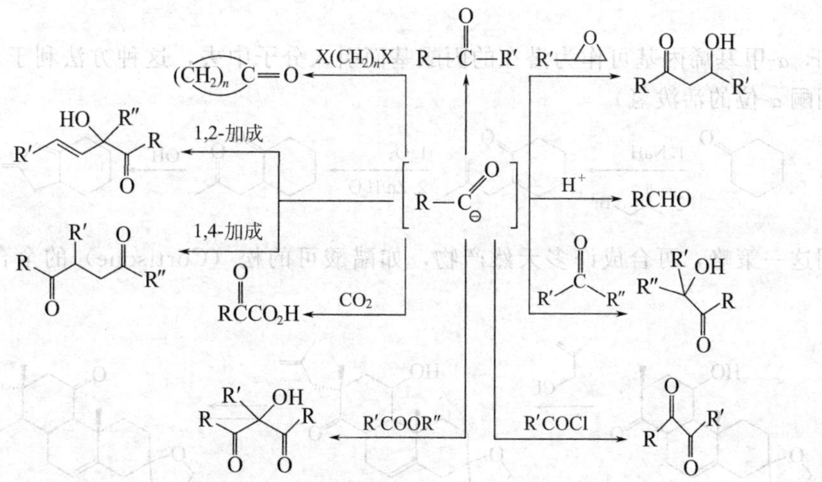

14.2.3.3 极性转换在潜官能团中的其他应用

除上述典型的极性转换的例子外，安息香缩合反应（以 CN^- 或 VB_1 为催化剂）实际上也是一个极性转换的例子，其中醛基也被作为酰基负离子等价体而与另一分子醛缩合。

类似地，在氰负离子存在下，脂肪醛与乙氧基乙烯反应，生成氰醇羟基被保护后的产物，其亦可使醛基成为酰基负离子的等价体。

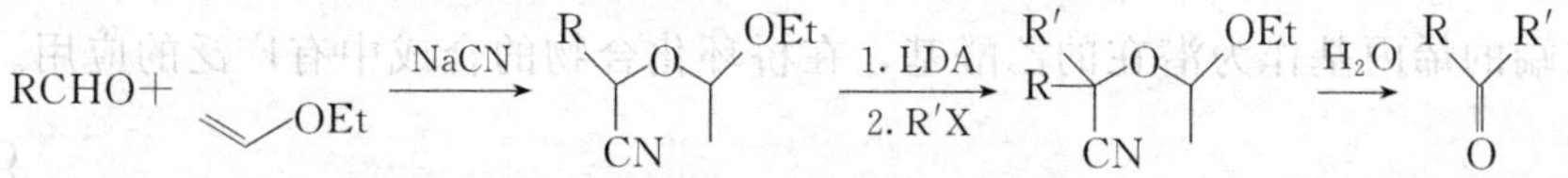

$$RCHO + \underset{OEt}{\diagdown\!\!=} \xrightarrow{NaCN} \underset{CN}{\overset{R\ O\diagup OEt}{\diagdown\diagup}} \xrightarrow[2.\ R'X]{1.\ LDA} \underset{CN}{\overset{R'\ O\diagup OEt}{R\diagdown\diagup}} \xrightarrow{H_2O} \underset{O}{\overset{R\ R'}{\diagdown\diagup}}$$

之所以由脂肪醛生成的氰醇的羟基要保护，是因为同芳族氰醇负离子相比，缺乏芳环对负电荷的分散作用。亦可用三甲基硅腈处理脂肪醛而进行类似的反应，最终把醛转变成酮。

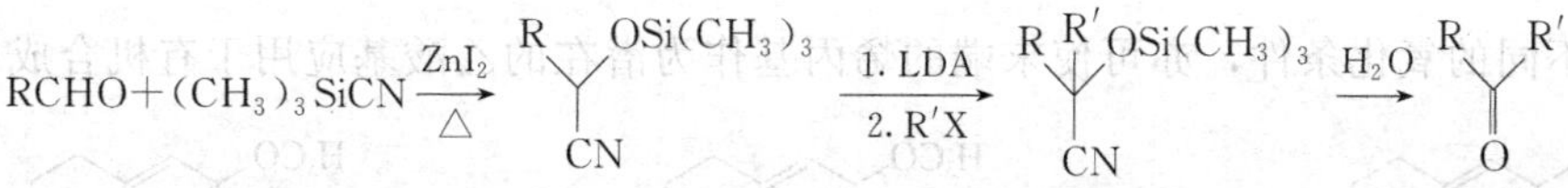

$$RCHO + (CH_3)_3SiCN \xrightarrow[\Delta]{ZnI_2} \underset{CN}{\overset{R\ OSi(CH_3)_3}{\diagdown\diagup}} \xrightarrow[2.\ R'X]{1.\ LDA} \underset{CN}{\overset{R\ R'\ OSi(CH_3)_3}{\diagdown\!\diagup}} \xrightarrow{H_2O} \underset{O}{\overset{R\ R'}{\diagdown\diagup}}$$

同样，醛在催化剂 CN^-、VB_1 及类似 VB_1 的噻唑类化合物（CN^- 对脂肪醛不适合）作用下，其可作为"亲核试剂"，当与 α,β-不饱和化合物进行 1,4-加成时，该反应被称为 Stetter 反应。

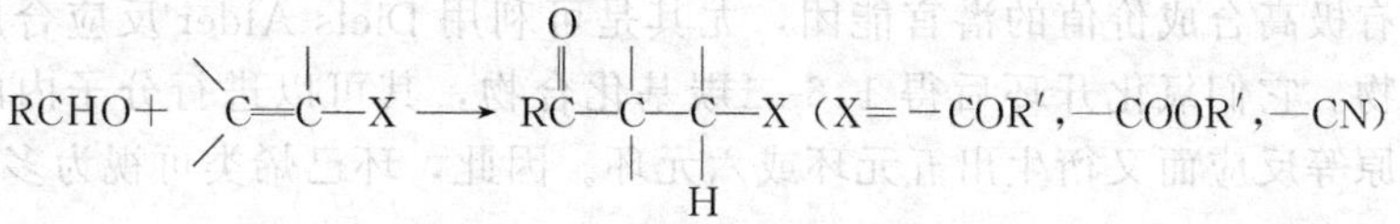

$$RCHO + \underset{H}{\overset{}{\diagdown}}C=C-X \longrightarrow RC\underset{O}{\overset{}{-}}C\underset{H}{\overset{}{-}}C-X \quad (X = -COR', -COOR', -CN)$$

除上述实例外，潜官能团的例子还很多，下面仅以烯烃和杂环为例进行说明。

14.2.3.4 烯烃作为潜官能团的应用

烯键是一个简单而又常用的潜官能团，在不同条件下能作为卤原子、环氧基、羟基、连二羟基、羰基、羧酸等多种化合物的潜官能团。其中，最重要的是烯烃作为羰基的转变前体，并且可通过多种途径（如臭氧氧化、邻二醇裂解等）转变为羰基化合物。开链烯烃得到两个不连接的羰基化合物，只有当它们大小差别很大时才易于分离，因此常用末端烯烃作潜官能团。

例如，α-甲基烯丙基可作为潜在的丙酮基而引入分子中去，这种方法利于后续的反应成环（利用酮 α-位的活泼氢）。

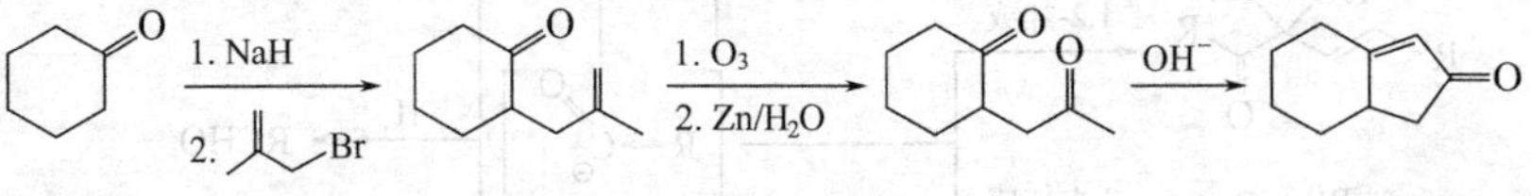

利用这一策略，可合成许多天然产物，如醋酸可的松（Cortisone）的全合成中 D 环的生成。

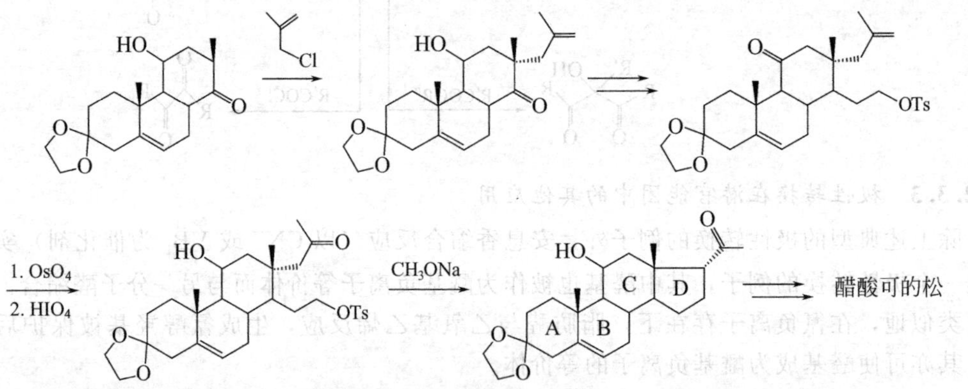

利用末端的烯丙基作为潜在的乙醛基，在桥环化合物的合成中有广泛的应用。

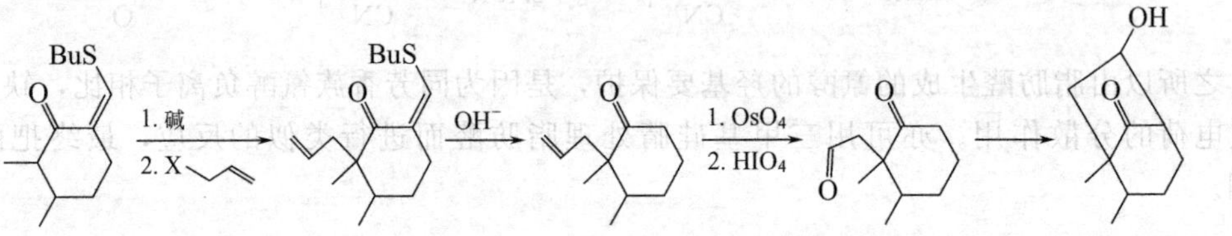

使用不同的氧化条件，亦可使末端的烯丙基作为潜在的乙酸基应用于有机合成中。

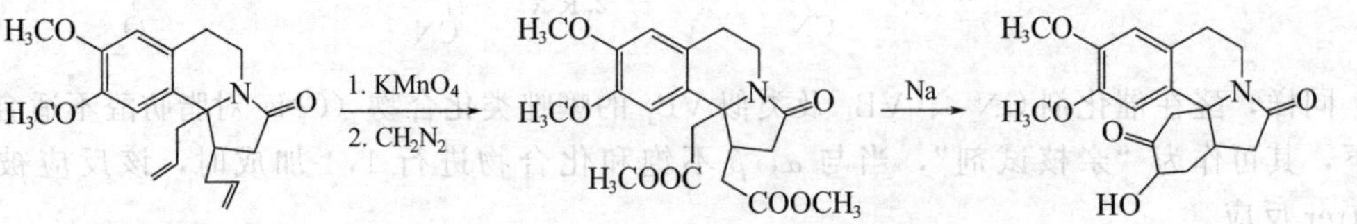

环烯烃具有极高合成价值的潜官能团，尤其是可利用 Diels-Alder 反应合成的不同取代的环己烯衍生物。它们氧化开环后得 1,6-二羰基化合物，其可以进行分子内的羟醛缩合或酯缩合、酯还原等反应而又衍生出五元环或六元环。因此，环己烯类可视为多种化合物的等价物种。

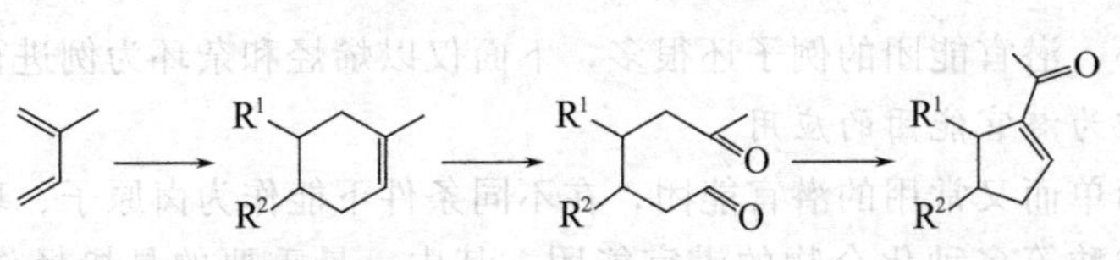

14.2.3.5 杂环作为潜官能团的应用

呋喃环是潜在的 1,4-二羰基化合物，在不同条件下开环，可合成天然香料顺式茉莉酮，或制备前列腺素中间体合成的前体。

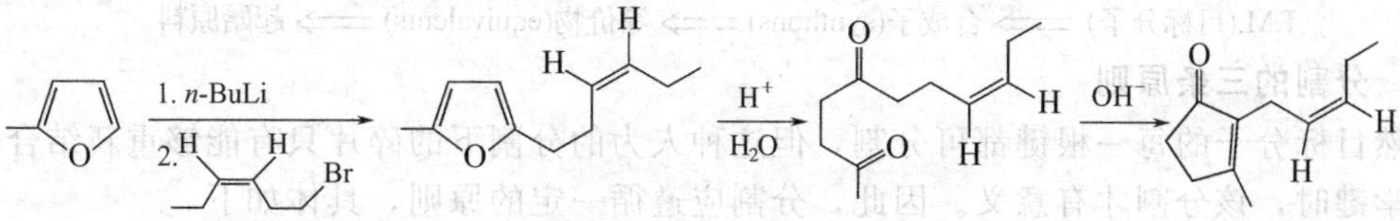

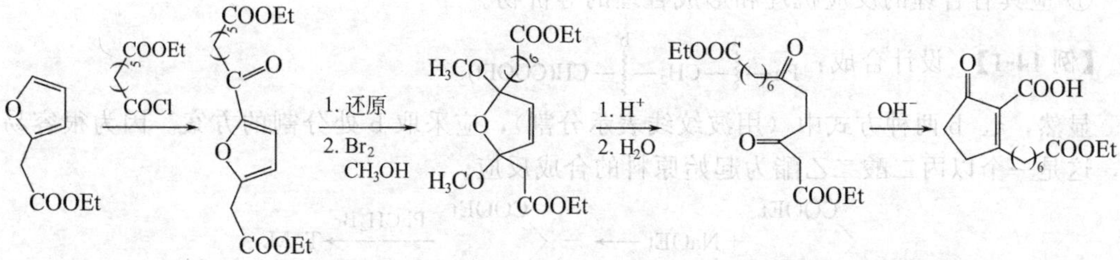

噻吩可用 Ranney-Ni 开环脱硫，故可视为潜在的四碳分子链段。

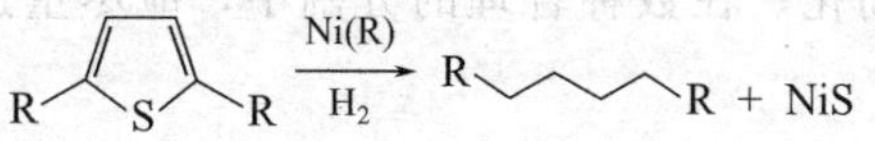

14.3 逆合成分析法基本概念

对于简单化合物的合成，以前化学家主要依靠经验，采用类比法来设计合成路线，随着被合成化合物越来越复杂，这种经验方法就不够了。要合成结构复杂的目的物，步骤较多，工作量大，比较困难，为了少走弯路，提高效率，故合成前应设计出合理的合成路线，就要求化学家们熟悉掌握合成路线设计的策略和技巧，其中最重要的是 Corey 创立的逆合成分析法（亦称反合成，即 Retrosynthesis 或 Antisynthesis）。

14.3.1 合成子等基本定义

在有机化学的书籍和文献中，对于有机反应，长期沿用"反应物 $\xrightarrow{\text{试剂}}$ 产物"的描述模式，并且这已成为人们记忆、领会和思考一个有机合成反应的习惯。但在进行合成设计时，却要求反其道而行之，即：从目标分子（target molecule，简写为 T.M.）出发，推导出合理的中间体或原料，这种思维方法就是逆合成分析法（或反合成法）。

显然，实际合成程序与逆合成分析正好相反。这种关系，可表示为：

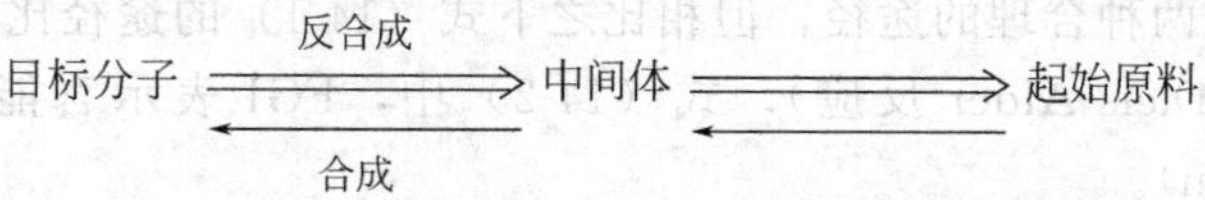

$$\text{目标分子} \underset{\text{合成}}{\overset{\text{反合成}}{\rightleftarrows}} \text{中间体} \underset{}{\overset{}{\rightleftarrows}} \text{起始原料}$$

其中，单线箭头表示合成分析（意为可以转变为），双线箭头表示逆合成分析（意为可以从后者得到，具体的式中可能有更具体的符号来表示逆合成分析，它们将会在后面的实例中逐一介绍）。

逆合成分析是以 Corey 创立的键的分割（亦称切断）(disconnection) 方法为基础的。所谓分割，即进行合成设计时，假想目标分子的某一根键被断开。这样，直链分子被分割成两个较小的碎片，单环分子则分割成开链碎片，多环分子则得环个数减少的碎片。这些碎片都称为合成子（synthons）。

相对应地，起合成子作用的化合物即是等价物（equivalents），它们是目标分子的前步原料或合成中间体。合成子与等价物之间一般用虚线双箭头表示其关系。因此，逆合成分析又可表示为：

T.M.(目标分子) ⟹ 合成子(synthons) ====> 等价物(equivalents) ⟹ 起始原料

14.3.2 分割的三条原则

虽然目标分子的每一根键都可分割，但这种人为的分割下的碎片只有能够重新结合成原来的化学键时，该分割才有意义。因此，分割应遵循一定的原则，具体如下。

① 应具有合理的反应机理和形成合理的等价物。

【例 14-1】 设计合成：$Ph-\overset{a}{\{}-CH_2-\overset{b}{\{}-CH(COOEt)_2$

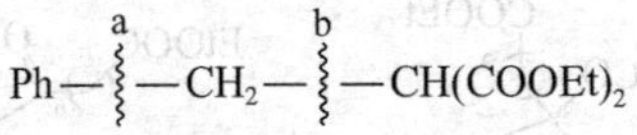

显然，a、b 两种方式中（用波纹线表示分割），应采取 b 处分割的方案。因为很容易看出，这是一个以丙二酸二乙酯为起始原料的合成反应。

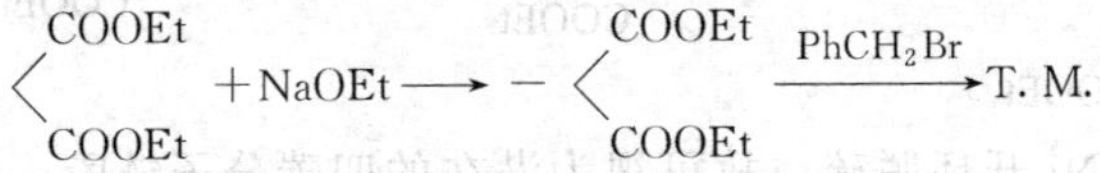

$$\underset{COOEt}{\overset{COOEt}{\diagdown}} + NaOEt \longrightarrow \underset{COOEt}{\overset{COOEt}{\diagdown}}^{-} \xrightarrow{PhCH_2Br} T.M.$$

② 应使合成最大程度简化。在数种合理的分割中，应尽量选择分割后形成结构简单的合成等价物。

【例 14-2】 设计合成：环己基-C(a)(b)(CH₃)OH

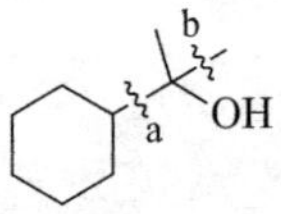

a、b 两种分割方式均是合理的，但是，如下所示：a 分割生成的等价物的结构较 b 分割的等价物更为简单，故应选 a。

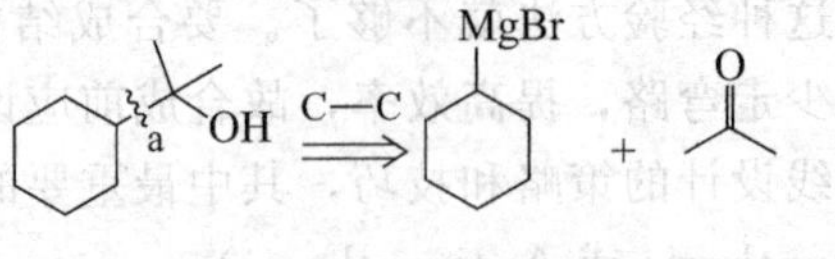

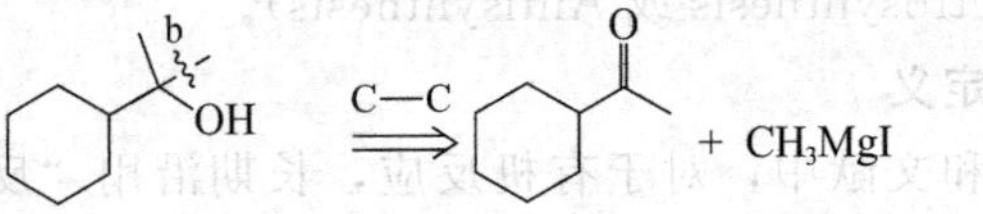

（反应示意图：a 分割得到环己基 MgBr 和丙酮；b 分割得到环己基甲基酮和 CH₃MgI）

③ 应形成易于得到的合成等价物。此一般是指原料易得（市售的成品试剂、化工产品和易于合成得到的产品）。

【例 14-3】 设计合成：Ph-CH=CH-环己烯基

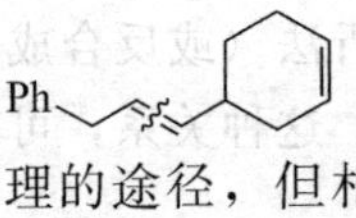

同一切断有下列两种合理的途径，但相比之下式（14-1）的途径比式（14-2）要好，因其原料易得（通过 Diels-Alder 反应）。式（14-2）中，FGI 表示官能团转换（functional group interconversion）。

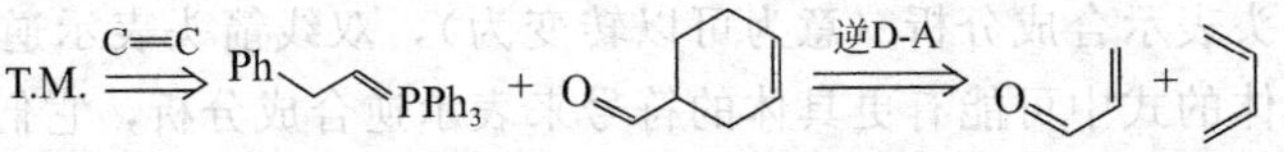

$$T.M. \overset{C=C}{\Longrightarrow} Ph\diagup PPh_3 + O=\text{环己烯醛} \xrightarrow{\text{逆 D-A}} O= \diagup + \diagdown \qquad (14-1)$$

$$T.M. \overset{C=C}{\Longrightarrow} Ph\diagup CHO + Ph_3P\diagup\text{环己烯基} \xrightarrow{FGI} Br\diagup\text{环己烯基} \qquad (14-2)$$

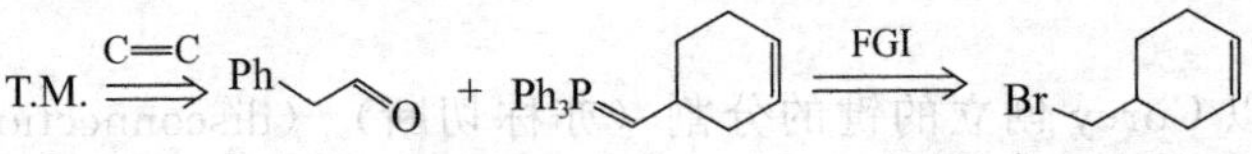

在上述三条原则中，最主要的是第一条，它是后二者的前提。当然，三者不是孤立的，而是相互联系的。逆合成分析中的关键就是分割这一步，因此在后面的章节中主要以此为内容进行讨论，涉及其他两步中的问题时（逆合成分析法三步骤为：分割、全盘审查、选择），再加以补充说明。

14.3.3 合成树及其选择

将目标分子所有可能的分割连同所得的中间体汇集成图，即所谓的合成树（synthetic

trees)。如下所示：

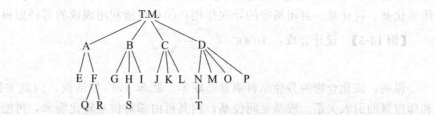

合成树的每一分枝，都是一条可能的合成途径。根据路线的长短、产率的高低、原料是否经济易得、反应条件是否温和、能否对环境造成污染等方面对各合成途径进行全面衡量、全盘审查后，再根据实际情况选择一条比较理想的合成路线。这样，有机合成路线设计的工作就完成了。

还应指出的是，在选择合成路线时，路线的长短非常重要。因为多增加一步反应，不仅会使总产率降低，在实际生产中还有可能多建一个车间。另外，要避免直线式（linear）合成路线，尽可能采用汇聚式（亦称收敛式）(convergent) 路线，因为后者的总产率较高。

例如，当他们同样是五步反应时：

$$A \xrightarrow{90\%} B \xrightarrow{90\%} C \xrightarrow{90\%} D \xrightarrow{90\%} E \xrightarrow{90\%} F (总产率:0.9^5 \approx 59\%)$$

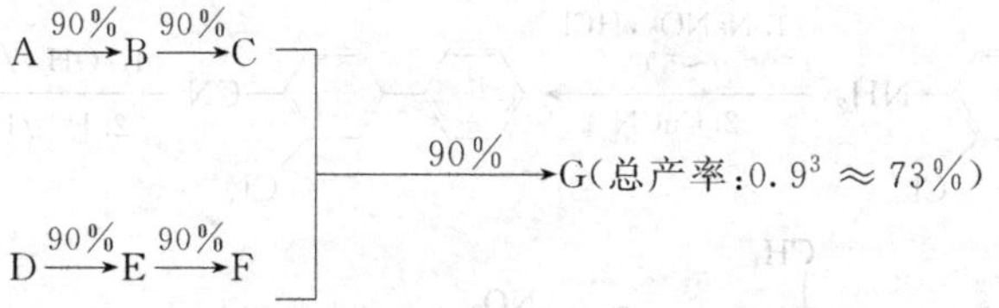

$$\begin{matrix} A \xrightarrow{90\%} B \xrightarrow{90\%} C \\ \\ D \xrightarrow{90\%} E \xrightarrow{90\%} F \end{matrix} \Bigg\} \xrightarrow{90\%} G (总产率:0.9^3 \approx 73\%)$$

【例 14-4】 设计合成：

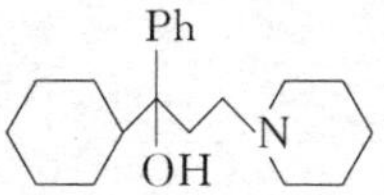

该目标分子有两种合成路线，汇聚式比直线式理想。实践也证明如此，工业上该产品按汇聚式进行生产。

直线式：

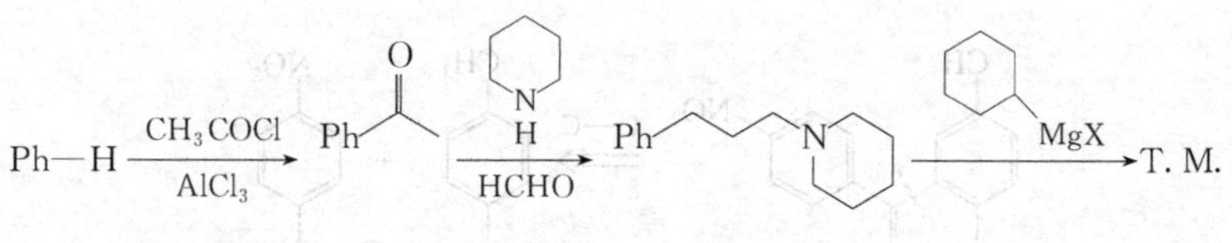

汇聚式：

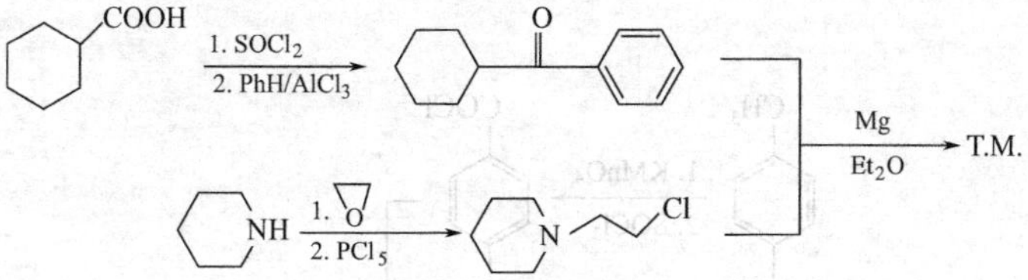

14.4 典型化合物逆合成分析举例

14.4.1 芳香族化合物

在芳香族化合物的逆合成分析中，应充分把握好四条准则：① 先分割间位基，再分割邻对位基；② 恰当利用各种官能团之间的转化反应，尤其是与氨基有关的反应；③ 巧妙利用活化基、钝化基、封闭基等的导向作用；④ 尽可能利用现成的芳烃原料。

【例 14-5】 设计合成：HOOC—C₆H₃(Cl)—C₆H₅

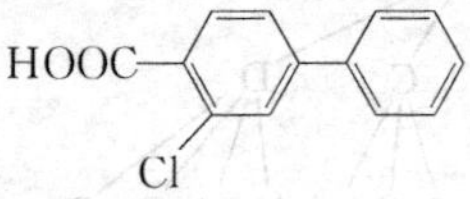

说明：该化合物的芳烃原料明显是联苯。联苯 4,4'-位活泼，因此关键是如何处理羧基和邻位氯的引入关系。羧基是间位基，因其可由邻对位基转化而来，可能是氨基。由于只引入一个氯原子，故合成中需要碱活化。

分析：

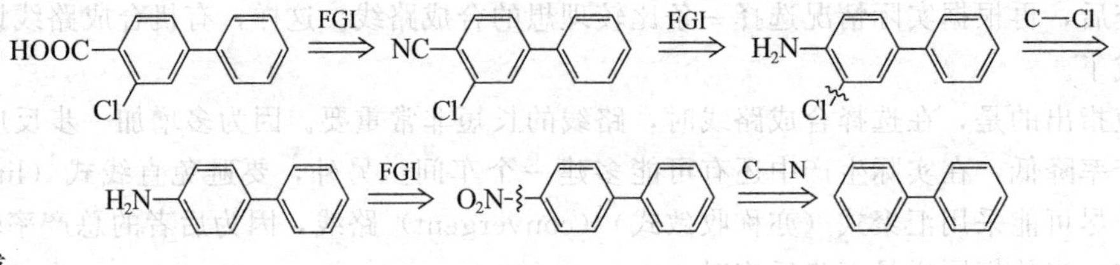

HOOC—Ar—Cl ⟹(FGI) NC—Ar—Cl ⟹(FGI) H₂N—Ar—Cl ⟹(C—Cl)

H₂N—Ar ⟹(FGI) O₂N—Ar ⟹(C—N) Ph—Ph

合成：

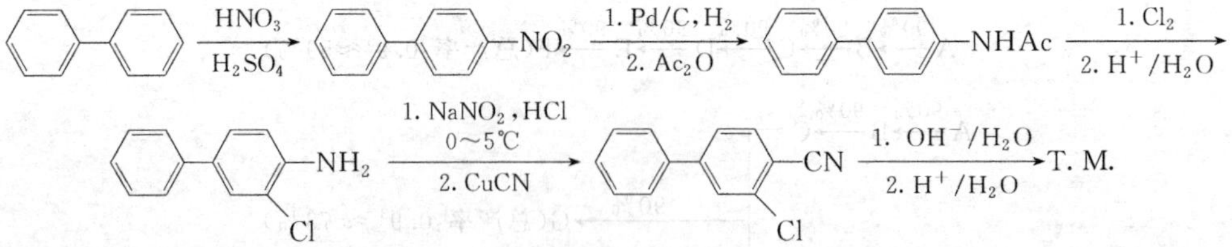

联苯 —(HNO₃/H₂SO₄)→ 4-硝基联苯 —(1. Pd/C, H₂; 2. Ac₂O)→ 4-NHAc-联苯 —(1. Cl₂; 2. H⁺/H₂O)→

4-NH₂-3-Cl-联苯 —(1. NaNO₂, HCl, 0~5℃; 2. CuCN)→ 4-CN-3-Cl-联苯 —(1. OH⁻/H₂O; 2. H⁺/H₂O)→ T.M.

【例 14-6】 设计合成：2-甲氧基-5-甲基苯基 4'-硝基苯基酮（标有 a、b 切断位）

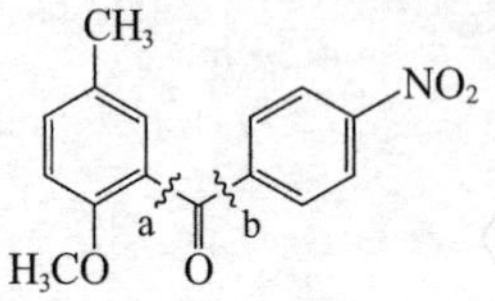

说明：该化合物明显可看出是通过付氏酰基化反应获得的，但由于羰基两侧苯环上取代基的性质不同，故只宜采取 a 切断方式。

分析：

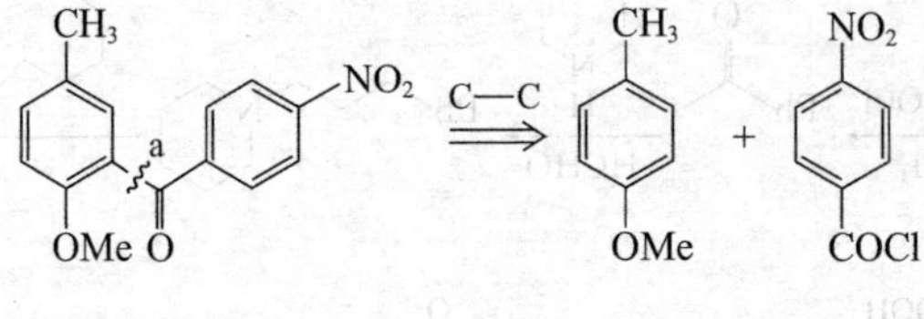

Ar(CH₃)(OMe)—CO—Ar'(NO₂) ⟹(C—C) 对甲氧基甲苯 + O₂N—C₆H₄—COCl

合成：

对硝基甲苯 —(1. KMnO₄; 2. SOCl₂)→ 对硝基苯甲酰氯

对甲酚 —((CH₃)₂SO₄ / NaOH)→ 对甲氧基甲苯

两者 —(AlCl₃)→ T.M.

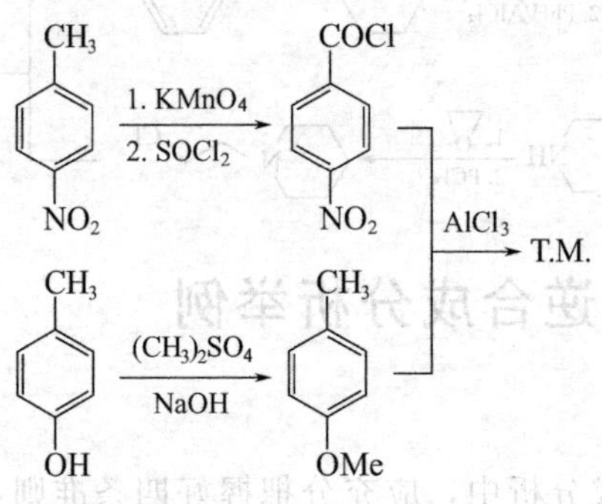

【例14-7】 设计合成：[结构式]

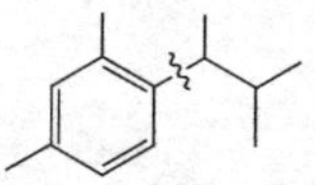

说明：芳烃原料中有间二甲苯，因此如何引入含有五个碳的烷基是合成的关键。既然付氏烷基化不可实现，应将其转化为其他基团，或者说对无任何官能团的烷基进行官能团添加（functional group addition，即FGA）。

分析：[逆合成分析式]

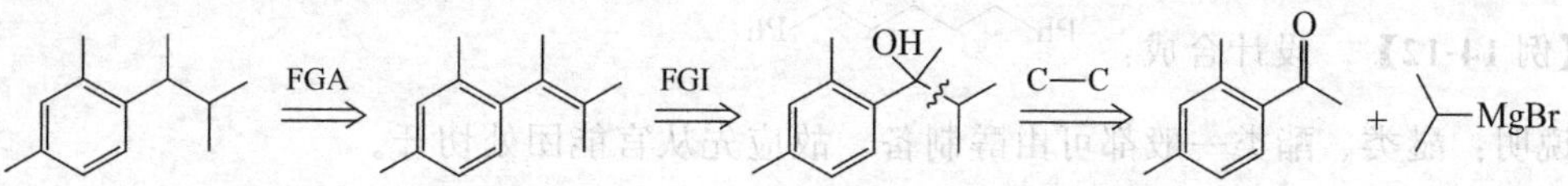

合成：[合成路线式]

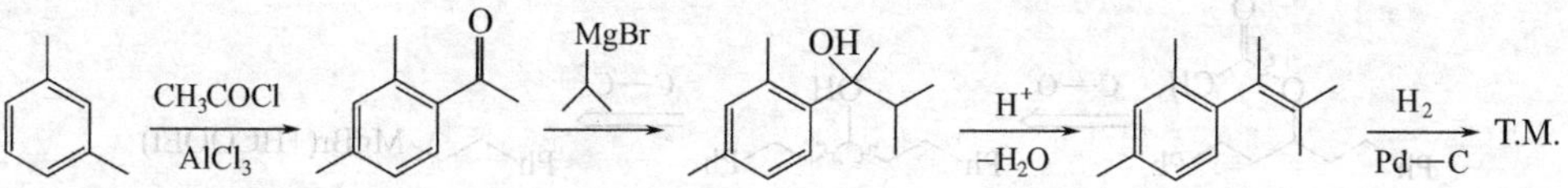

14.4.2 不含羰基的杂原子脂肪族化合物

14.4.2.1 双官能团类

【例14-8】 设计合成：[1-氨甲基环己醇结构式]

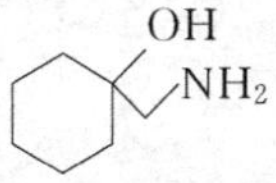

说明：环状化合物一般从环外分割。想到—CH_2NH_2 可由—CN还原得到，该化合物的分割很易于完成。这种同时从一个碳上双切断C—X键（X代表杂原子）的分割方式，称为1,1-diX。类似地，当杂原子与切点的距离编号为2或3时，称为1,2-diX或1,3-diX。

分析：[逆合成分析式]

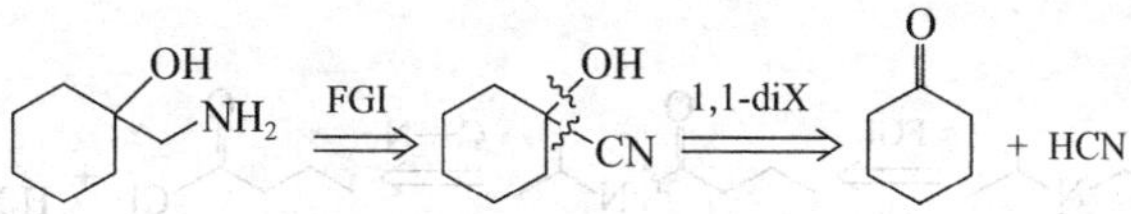

【例14-9】 设计合成：H_3CO—CH_2CH_2—O—CH_2CH_2Cl

分析：[逆合成分析式]

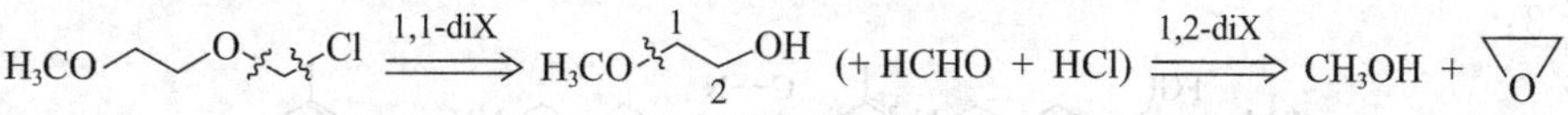

【例14-10】 设计合成：[含溴乙基的1,3-二氧戊环结构式]

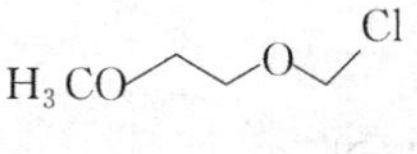

分析：[逆合成分析式]

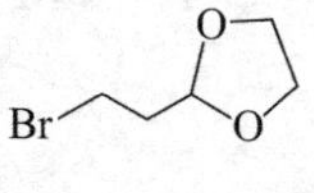

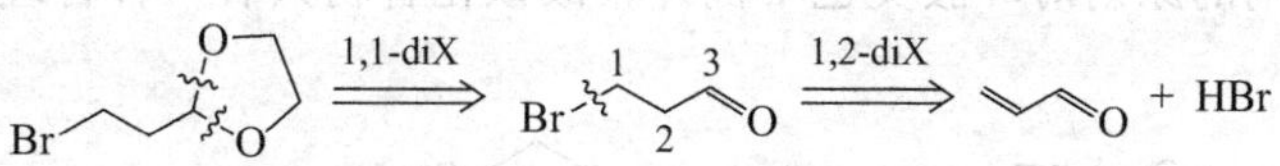

14.4.2.2 单官能团类

【例14-11】 设计合成：[1-(环己-2-烯基)-1,1-二苯基甲醇结构式]

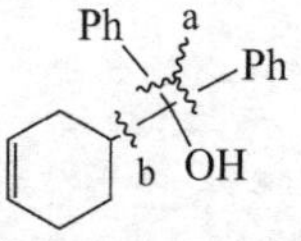

说明：醇类合成最常用的方法是使用格氏试剂，并且可有多种分割方式。该例中同时从

a 处切下两个苯基，亦可从 b 处分割，但前者更佳。

分析：

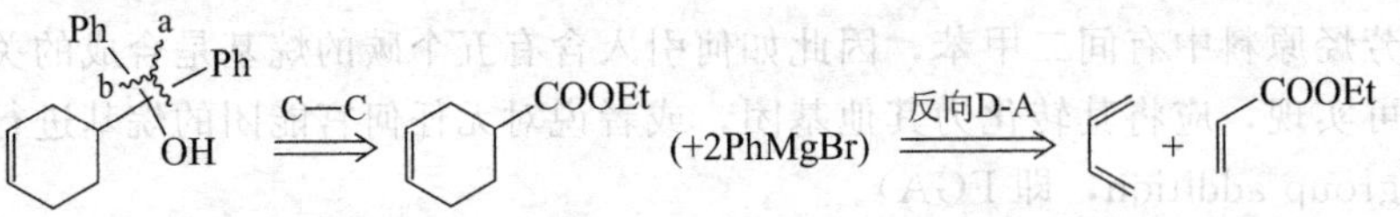

[结构式：环己烯基-C(Ph)(Ph)-OH（标注 a, b）⟹ 环己烯基-COOEt (+2PhMgBr) ⟹（反向D-A）丁二烯 + CH₂=CH-COOEt]

【例 14-12】 设计合成：Ph-CH₂CH₂-CH(OAc)-CH₂CH₂-Ph

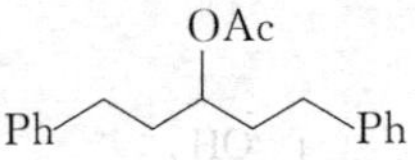

说明：醚类、酯类一般都可由醇制备，故应先从官能团处切开。

分析：

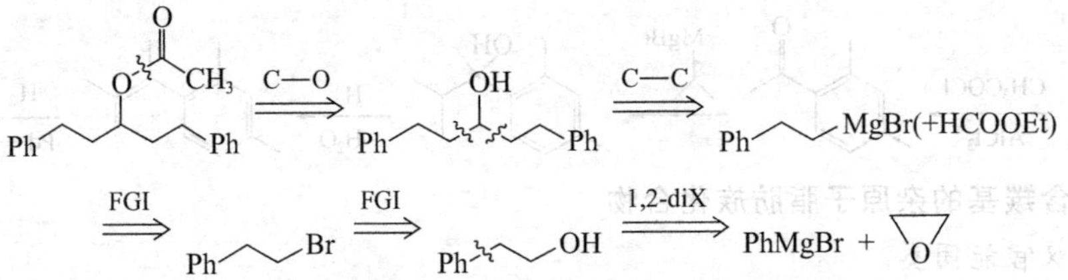

[Ph-CH₂CH₂-CH(OC(O)CH₃)-CH₂CH₂-Ph ⟹(C—O) Ph-CH₂CH₂-CH(OH)-CH₂CH₂-Ph ⟹(C—C) Ph-CH₂CH₂-MgBr (+HCOOEt)

⟹(FGI) Ph-CH₂CH₂-Br ⟹(FGI) Ph-CH₂CH₂-OH ⟹(1,2-diX) PhMgBr + 环氧乙烷]

【例 14-13】 设计合成：CH₃CH₂CH₂CH₂-NH-CH(CH₃)₂

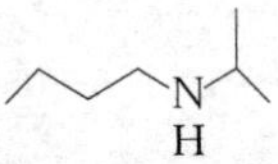

说明：胺类合成的方法很多，且各有特点。酰胺还原可得 1°、2°、3°胺，亚胺还原可得 1°、2°胺，腈基还原增长一个碳的 1°胺，硝基、叠氮基的还原及盖布瑞尔法、羰基氨化还原法是获得 1°胺的好方法。因此，该化合物可有多种分割方式。值得注意的是，由于胺类与卤代烃的反应副反应很多，故此法不宜。

分析 1：

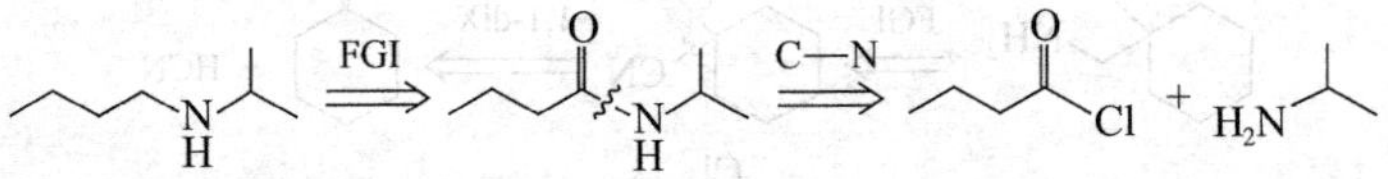

[Bu-NH-iPr ⟹(FGI) Pr-C(O)-NH-iPr ⟹(C—N) Pr-C(O)Cl + H₂N-iPr]

分析 2：

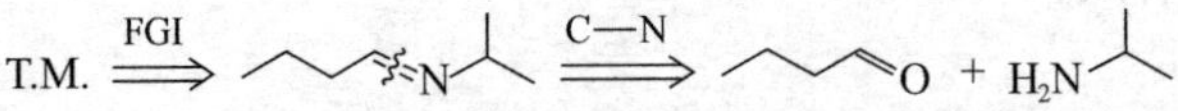

[T.M. ⟹(FGI) Pr-CH=N-iPr ⟹(C—N) Pr-CHO + H₂N-iPr]

分析 3：

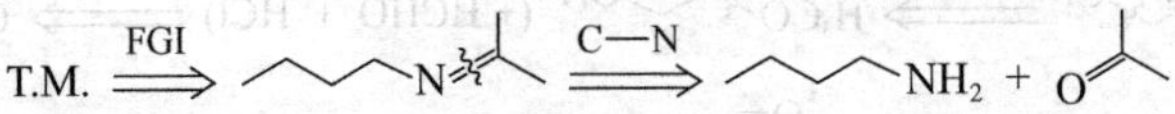

[T.M. ⟹(FGI) Bu-N=C(CH₃)₂ ⟹(C—N) Bu-NH₂ + CH₃COCH₃]

【例 14-14】 设计合成：CH₃(CH₂)₅-N(哌啶)

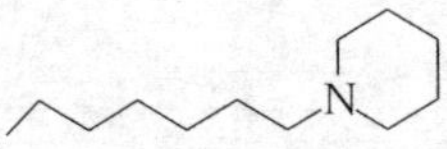

说明：环外分割的原则对环胺类也不例外，故该化合物只有一种合理的分割。

分析：

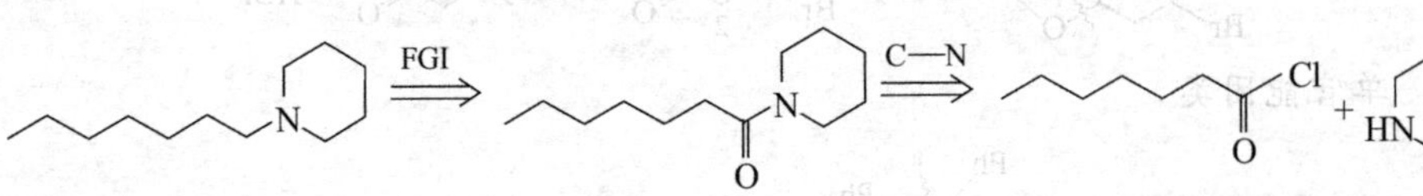

[己基-N(哌啶) ⟹(FGI) 戊基-C(O)-N(哌啶) ⟹(C—N) 戊基-C(O)Cl + HN(哌啶)]

【例 14-15】 设计合成：PhCH₂-NH-CH(Ph)(iPr)

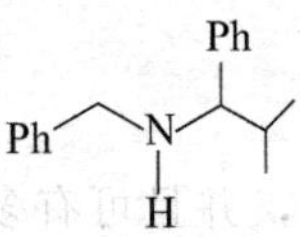

分析：

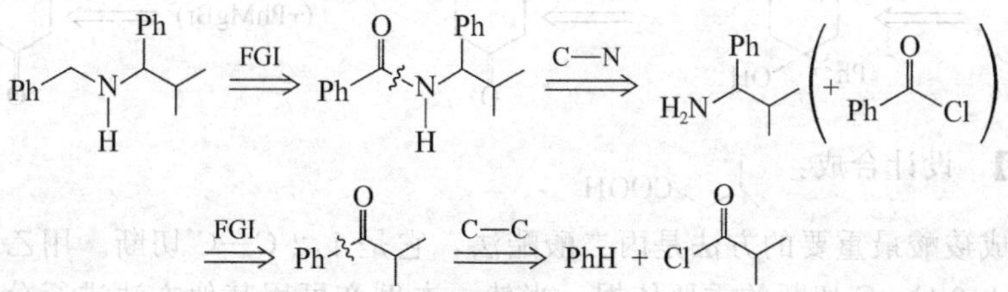

[逆合成分析：PhCH2-NH-CH(iPr)-Ph ⇒ (FGI) PhCO-N(H)-CH(iPr)-Ph ⇒ (C—N) H2N-CH(iPr)-Ph (+ PhCOCl)]

[⇒ (FGI) Ph-CO-CH(CH3)2 ⇒ (C—C) PhH + ClCO-CH(CH3)2]

合成：

[iPrCOCl →(PhH, AlCl3)→ Ph-CO-iPr →(1. NH2OH, H+; 2. LiAlH4)→ PhCH(NH2)iPr →(1. PhCOCl; 2. LiAlH4)→ T.M.]

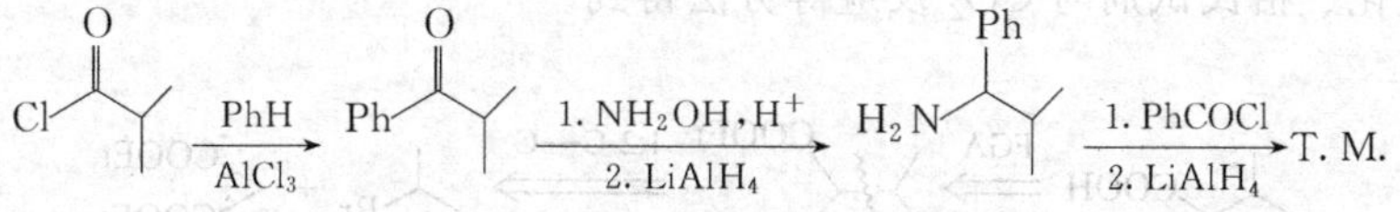

【例 14-16】 设计合成： [3,4-二甲氧基苯乙胺]

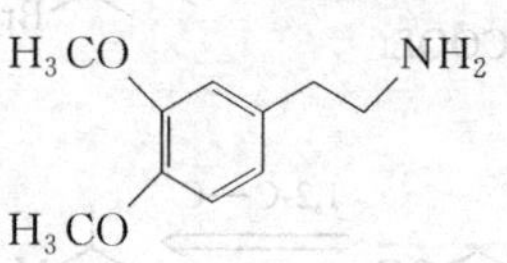

说明：对于存在—CH2NH2 的化合物的分割，应优先考虑—CN 还原法，某些合适的场合亦可考虑其由=CH—NO2 用催化氢化（H2/Pt）方法得到。

分析 1：

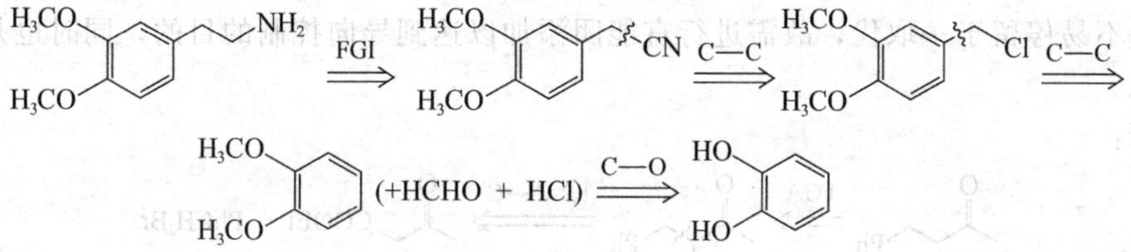

[3,4-(MeO)2C6H3-CH2CH2NH2 ⇒(FGI) 3,4-(MeO)2C6H3-CH2CN ⇒(C—C) 3,4-(MeO)2C6H3-CH2Cl ⇒(C—C)]

[1,2-(MeO)2C6H4 (+HCHO + HCl) ⇒(C—O) 邻苯二酚]

分析 2：

[T.M. ⇒(FGI/FGA) 3,4-(MeO)2C6H3-CH=CH-NO2 ⇒(C—C) (CH3NO2 +) 3,4-(MeO)2C6H3-CHO]

[⇒(C—O) 3,4-(HO)2C6H3-CHO ⇒(C—C) 邻苯二酚]

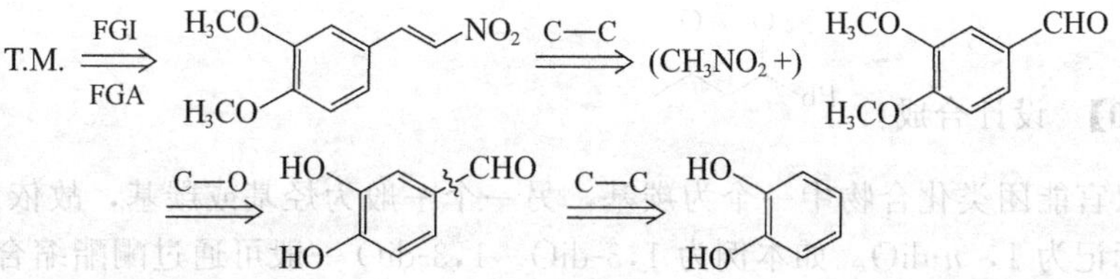

14.4.3 含羰基的脂肪族化合物

14.4.3.1 单羰基类

【例 14-17】 设计合成： [含Ph、N(CH3)2取代的环己酮衍生物]

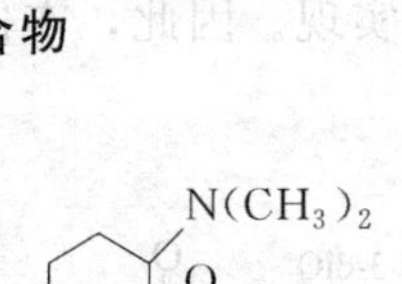

说明：单羰基类化合物的分割，实质就是 C—C 键的切断，其可按切点与官能团的距离编号（用 n 表示）进行分类，并标记为 1，n-C—C（$n=1$ 时往往仅标明 C—C）。虽然醇类并无羰基，但其与羰基化合物密切相关，且多是 1,1-C—C 分割（格氏试剂法），故亦列入其中讨论（后面讨论双官能团类时同）。另外，本例中的 1,3-diX 切断的实质是逆迈克尔加成，这在单羰基类化合物中较为常见。

分析：

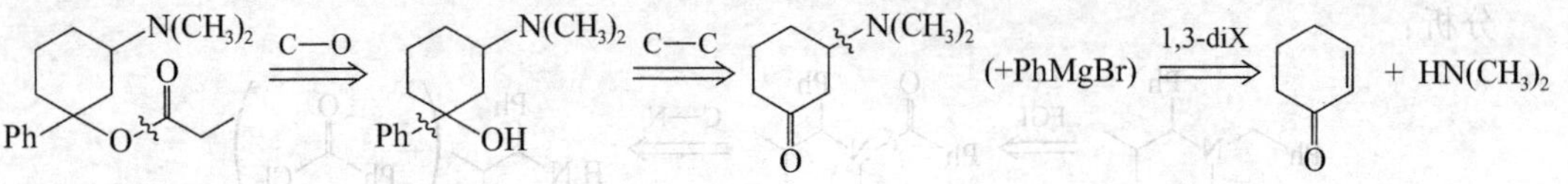

$$\text{[Ph, cyclohexyl-N(CH}_3)_2\text{, O-acyl]} \xrightarrow{C-O} \text{[Ph, cyclohexyl-N(CH}_3)_2\text{, OH]} \xrightarrow{C-C} \text{[cyclohexanone-N(CH}_3)_2\text{]} \xrightarrow{(+PhMgBr)} \xrightarrow{1,3\text{-diX}} \text{cyclohexenone} + HN(CH_3)_2$$

【例 14-18】 设计合成：(CH₃)₂CHCH₂COOH 结构

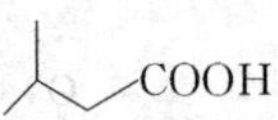

说明：合成羧酸最重要的方法是丙二酸酯法，它是 1,2-C—C 切断。用乙酰乙酸乙酯法合成酮类也是 1,2-C—C 切断的重要依据。当然，本例亦可用其他方法进行分割，因为羧酸亦可通过醇氧化、格氏试剂与 CO_2 反应等方法得到。

分析 1：

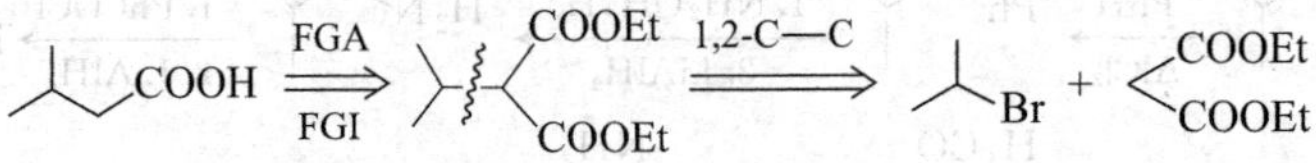

$$iBuCOOH \xrightarrow[FGI]{FGA} iPr-CH(COOEt)_2 \xrightarrow{1,2\text{-C—C}} iPrBr + CH_2(COOEt)_2$$

分析 2：

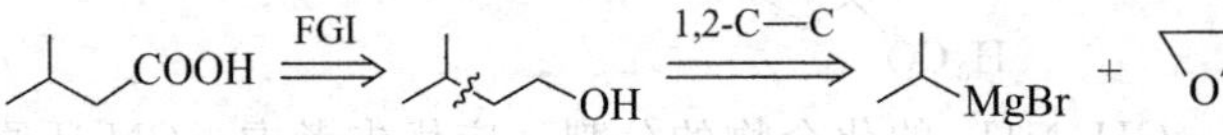

$$iBuCOOH \xrightarrow{FGI} iBuOH \xrightarrow{1,2\text{-C—C}} iPrMgBr + \text{环氧乙烷}$$

【例 14-19】 设计合成：PhCH₂COCH₂CH₃ (a处切断)

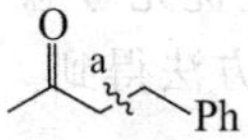

说明：从 a 处切断，二者均为易得的原料，但在实际合成中，由于碱催化下酮的 α-位烷基化反应不易停留于一取代，故需进行官能团添加以达到导向控制的目的，同时也是对酮α-位的活化。

分析：

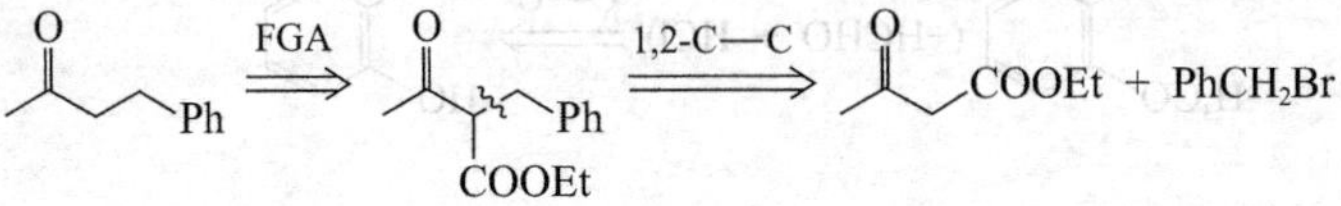

$$PhCH_2COCH_3 \xrightarrow{FGA} PhCH_2CH(COOEt)COCH_3 \xrightarrow{1,2\text{-C—C}} CH_3COCH_2COOEt + PhCH_2Br$$

14.4.3.2 双官能团类

【例 14-20】 设计合成：PhCOCH₂COCH₃

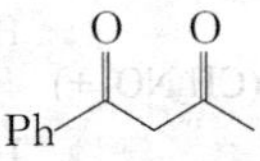

说明：双官能团类化合物中一个为羰基，另一个一般为烃基或羰基，故依二者的位置关系在切断时标记为 1, n-diO。如本例为 1,3-diO。1,3-diO 一般可通过酮酯缩合（或酯缩合）及乙酰乙酸乙酯法、丙二酸酯法中与酰卤反应实现。因此，本例可有三种分割方式，分析 1 最佳，分析 2 次之。

分析 1：

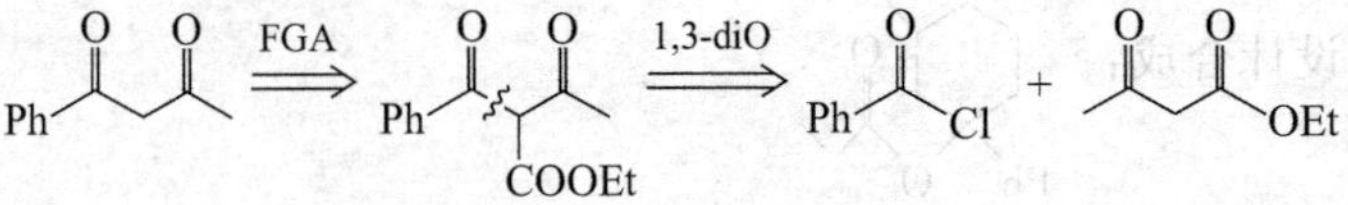

$$PhCOCH_2COCH_3 \xrightarrow{FGA} PhCOCH(COOEt)COCH_3 \xrightarrow{1,3\text{-diO}} PhCOCl + CH_3COCH_2COOEt$$

分析 2：

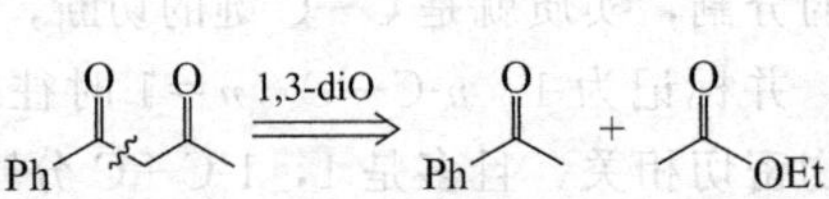

$$PhCOCH_2COCH_3 \xrightarrow{1,3\text{-diO}} PhCOCH_3 + CH_3COOEt$$

分析 3：

$$PhCOCH_2COCH_3 \xrightarrow{1,3\text{-diO}} PhCOOEt + CH_3COCH_3$$

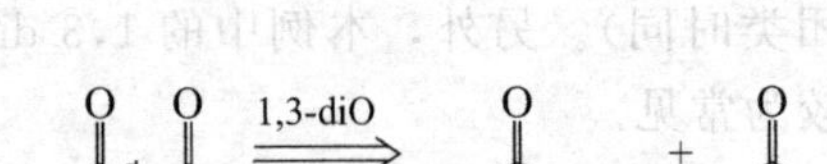

【例 14-21】 设计合成：PhCOCH$_2$COPh

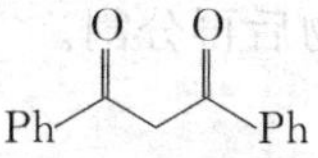

分析：

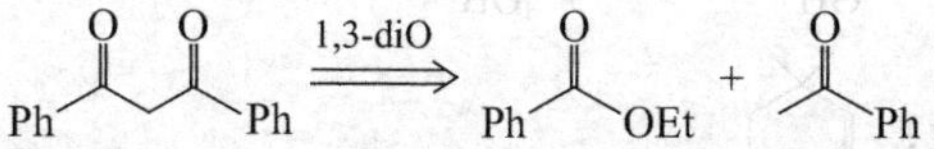

$$PhCOCH_2COPh \xRightarrow{1,3\text{-diO}} PhCOOEt + CH_3COPh$$

【例 14-22】 设计合成：PhCH$_2$COCH(Ph)COOEt （b、a 切断位置）

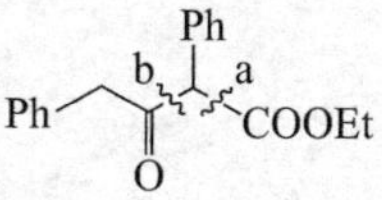

说明：本例的两种分割方案中，b 处切断的原料具有对称性（二者相同），故比较简单而较好。

分析 1：

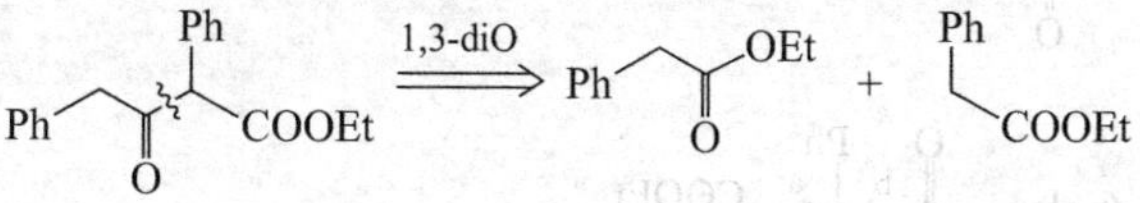

$$PhCH_2COCH(Ph)COOEt \xRightarrow{1,3\text{-diO}} PhCH_2COOEt + PhCH_2COOEt$$

分析 2：

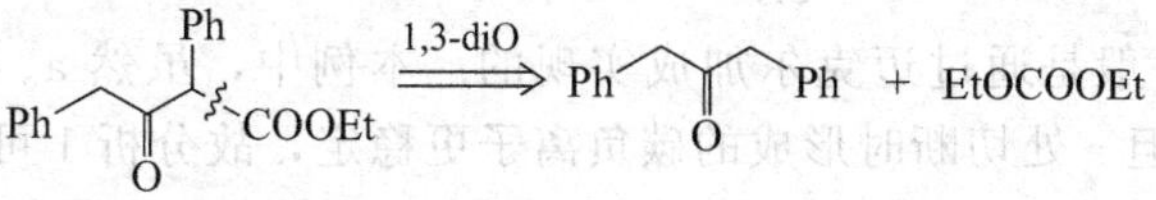

$$PhCH_2COCH(Ph)COOEt \xRightarrow{1,3\text{-diO}} PhCH_2COCH_2Ph + EtOCOOEt$$

【例 14-23】 设计合成：2-乙氧羰基环戊酮

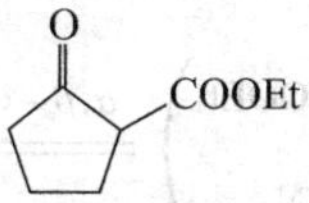

分析：

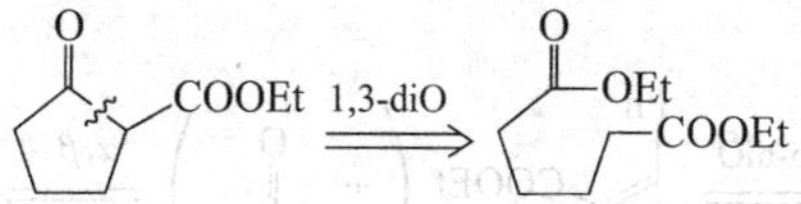

$$\text{(cyclopentanone-2-COOEt)} \xRightarrow{1,3\text{-diO}} EtOOC-CH_2CH_2CH_2-COOEt$$

【例 14-24】 设计合成：一羟基一羰基化合物

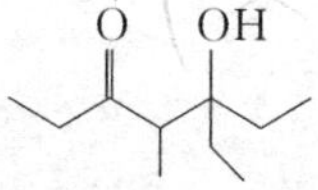

说明：一羟基一羰基的 1,3-diO 一般是通过 Aldol 缩合实现的。由于 Aldol 缩合产物易失水生成 α,β-不饱和羰基化合物，故其逆分析亦可用 Aldol 缩合实现，但在标记上习惯更明确化为 α,β-切断。需要指出的是，α,β-切断亦可用其他缩合方式实现。

分析：

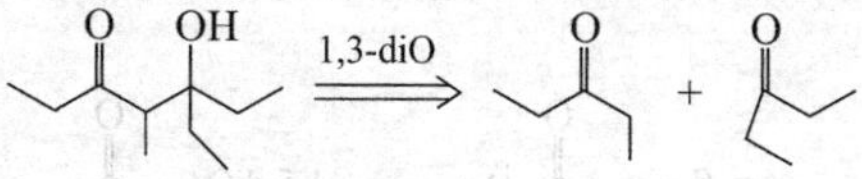

$$\text{(β-羟基酮)} \xRightarrow{1,3\text{-diO}} CH_3CH_2COCH_3 + CH_3CH_2COCH_2CH_3$$

【例 14-25】 设计合成：Ph-CH=C(CHO)-C$_4$H$_9$

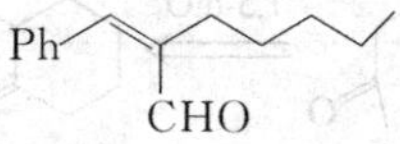

分析：

$$Ph\text{-}CH=C(CHO)\text{-}C_4H_9 \xRightarrow{\alpha,\beta-} PhCHO + OHC\text{-}C_5H_{11}$$

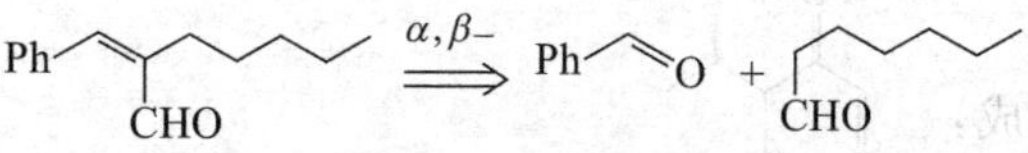

【例 14-26】 设计合成：HOCH$_2$CH$_2$C(CH$_3$)$_2$OH

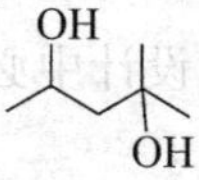

说明：1,3-二羟基化合物可转化为 Aldol 产物后再分割。

分析：

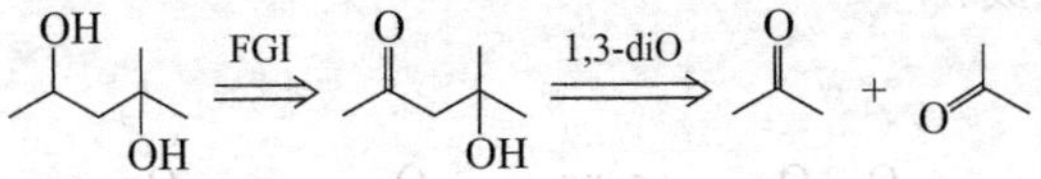

【例 14-27】 设计合成：

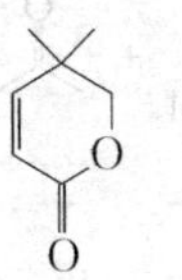

分析：

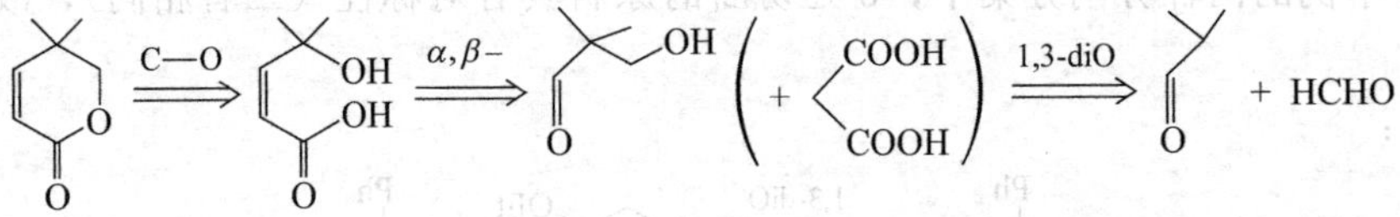

【例 14-28】 设计合成：

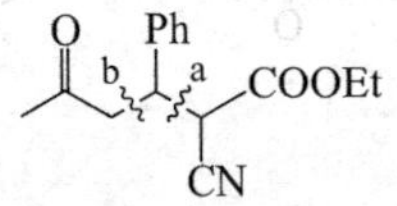

说明：1,5-diO 一般是通过迈克尔加成实现的。本例中，虽然 a、b 两种分割方法最终得到了相同的原料，但 a 处切断时形成的碳负离子更稳定，故分析 1 可取。

分析 1：

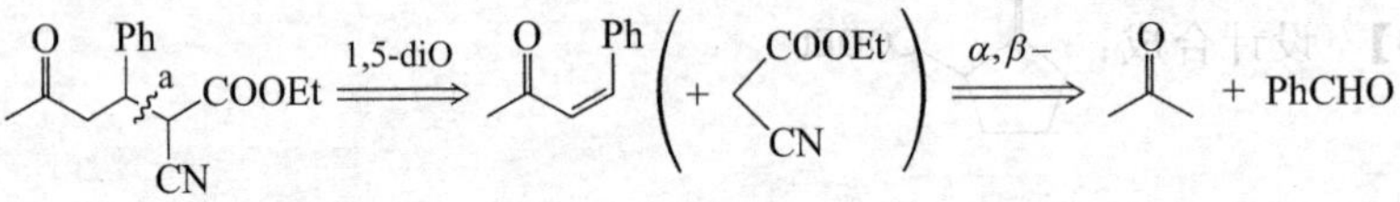

分析 2：

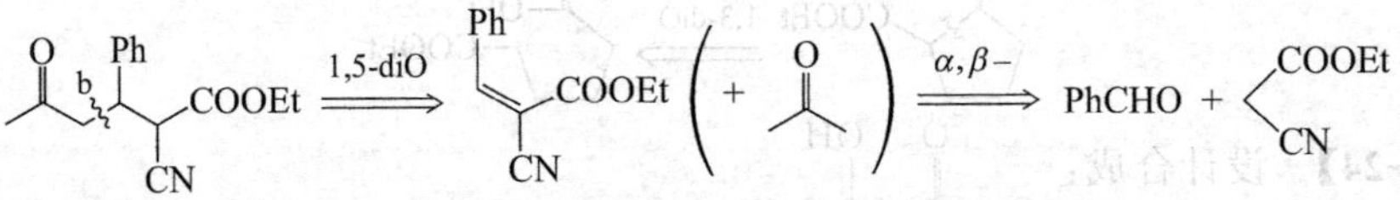

【例 14-29】 设计合成：

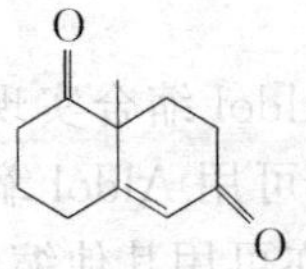

说明：本例实为 Robinson 环合反应的逆分析。

分析：

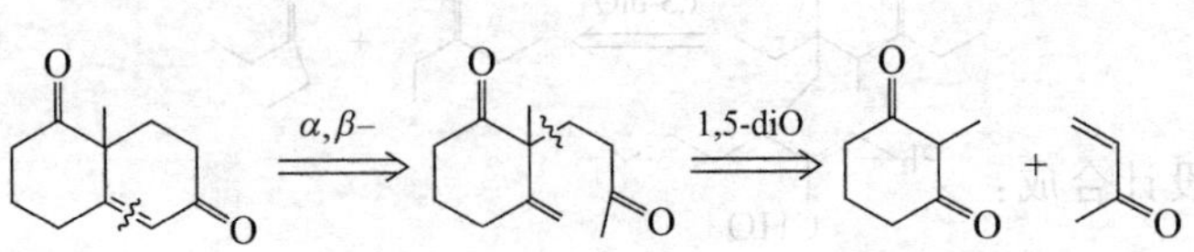

【例 14-30】 设计合成：

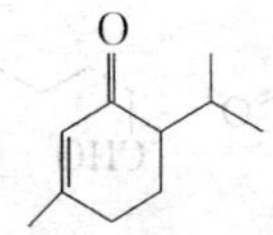

说明：为了能形成稳定的碳负离子，即增强活性，设计中必要时需进行官能团添加。

分析：

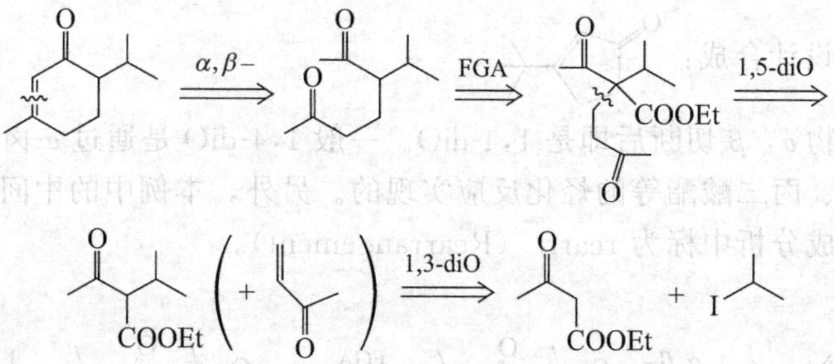

第 14 章 有机合成路线设计技巧

【例 14-31】 设计合成：（结构式）

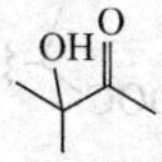

说明：1,2-diO 可有两种方式实现，即炔水化与安息香缩合。

分析：

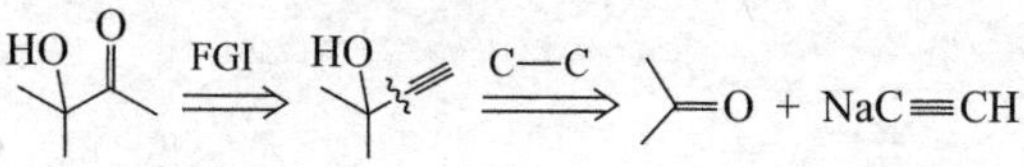

【例 14-32】 设计合成：

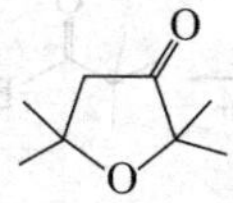

分析：

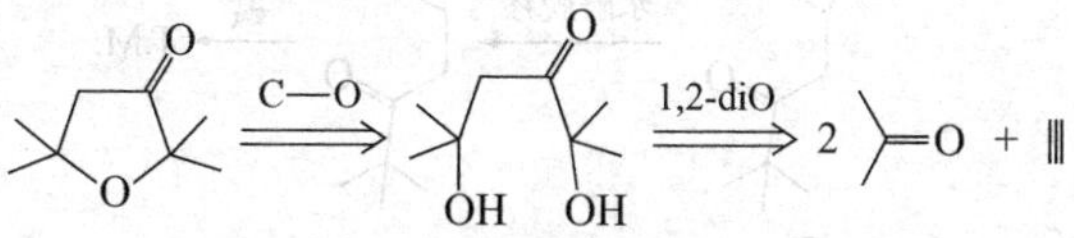

合成：

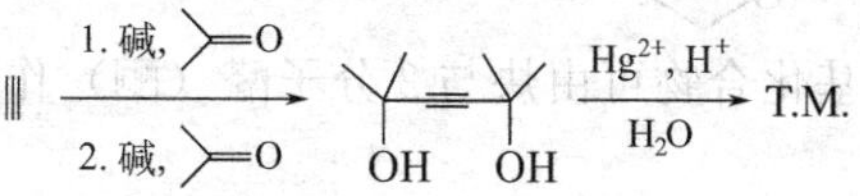

【例 14-33】 设计合成：

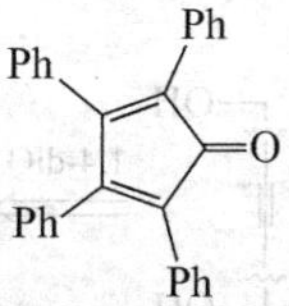

分析：

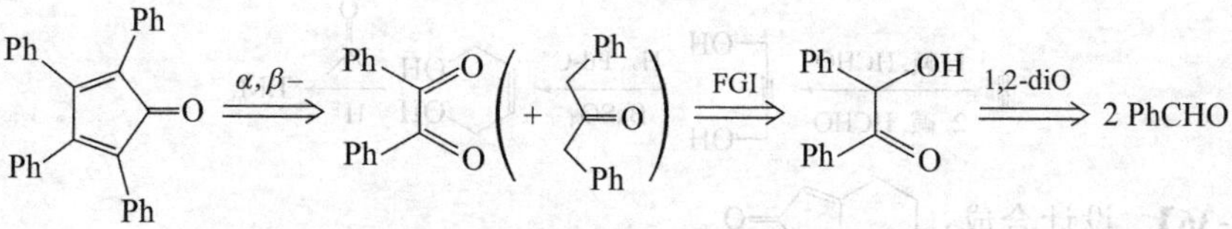

合成：

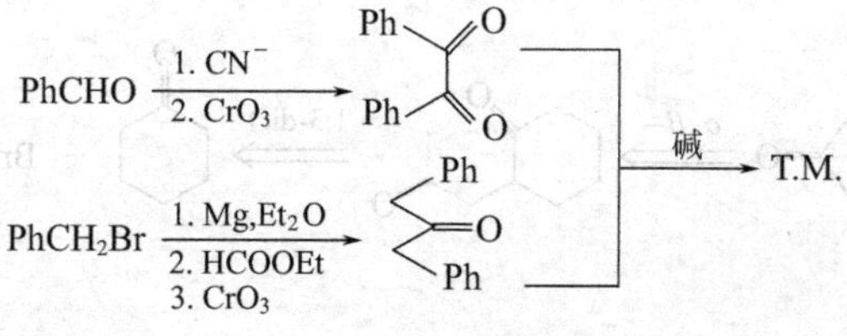

【例 14-34】 设计合成：(结构式)

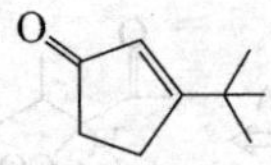

说明：该化合物 α，β-切断后即是 1,4-diO。一般 1,4-diO 是通过 α-卤代酮（或酯）与烯胺、乙酰乙酸乙酯、丙二酸酯等的烃化反应实现的。另外，本例中的中间体是通过片呐醇重排得到的，在逆合成分析中标为 rearr.（Rearrangement）。

分析：

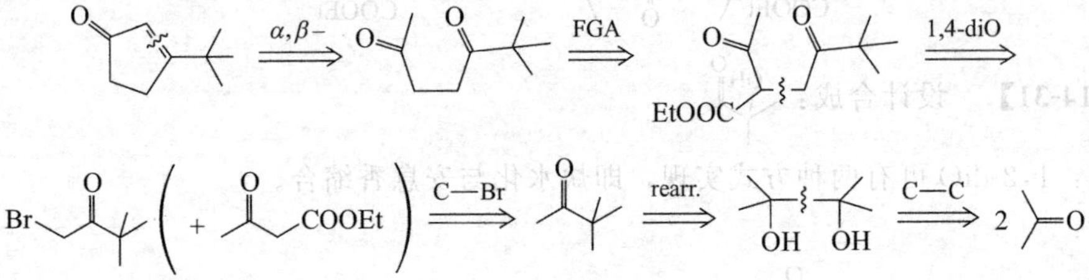

合成：

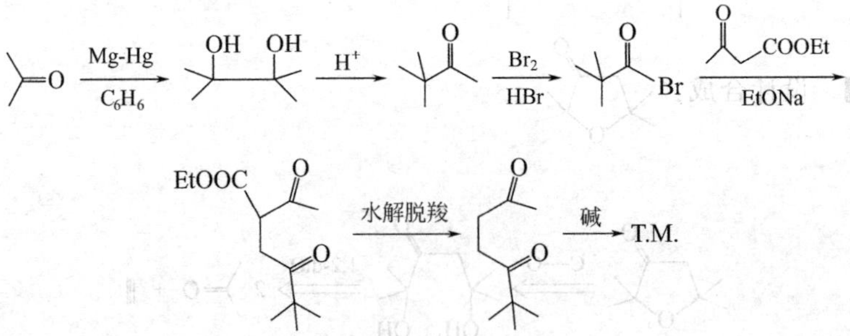

【例 14-35】 设计合成：(结构式)

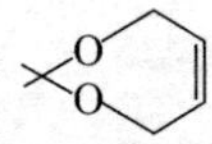

说明：对称的 1,4-二羟基化合物可由炔与 2 分子醛（酮）作用后得到，这也是实现 1,4-diO 的一种方法。

分析：

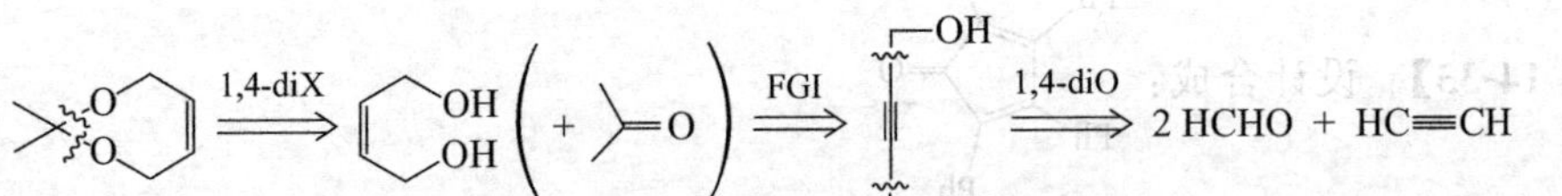

合成：

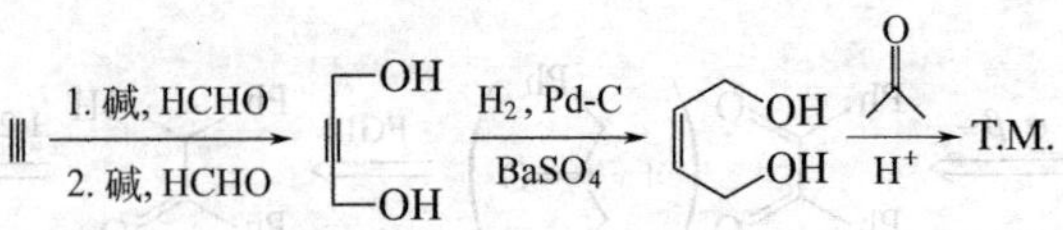

【例 14-36】 设计合成：(结构式)

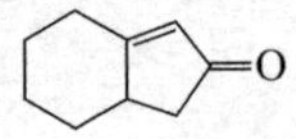

分析：

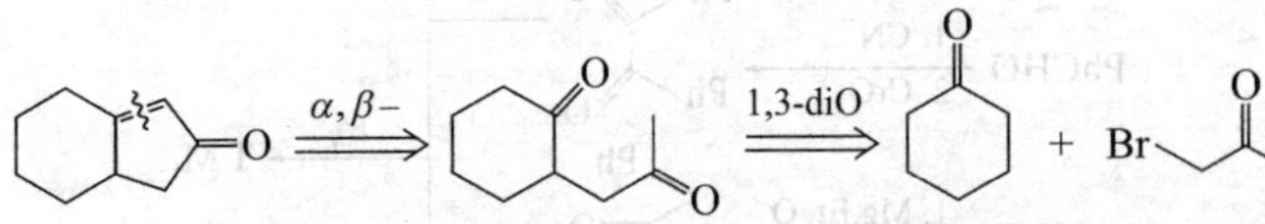

合成：

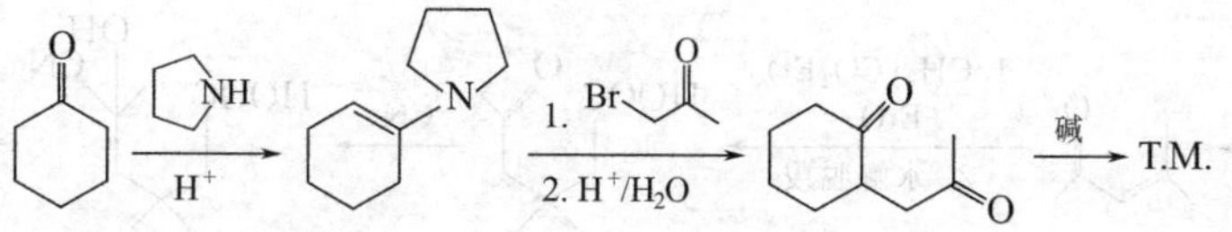

第 14 章 有机合成路线设计技巧

【例 14-37】 设计合成：Ph-CO-(CH₂)₄-COOH

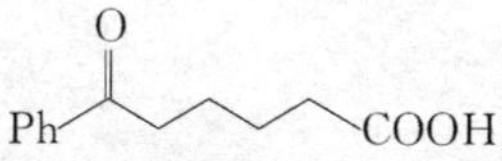

说明：1,6-diO 可由环己烯类的开环氧化实现，在逆合成中因重新对接为双键，故亦可标为 con.（connection）。环己烯类可由 Diels-Alder 反应或环己醇脱水得到。

分析：

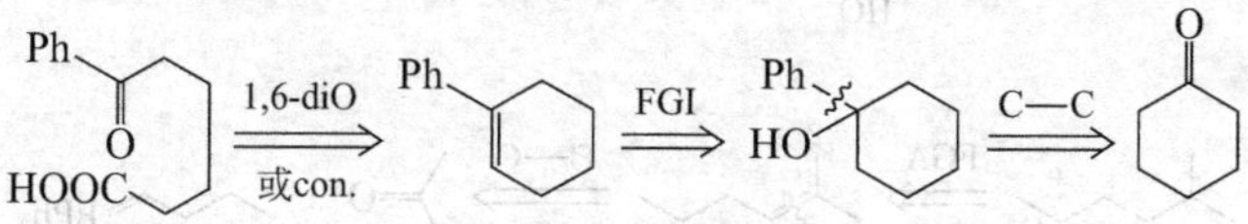

合成：

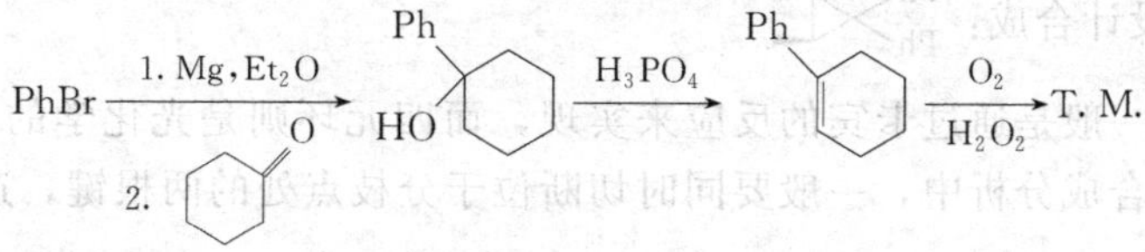

【例 14-38】 设计合成：

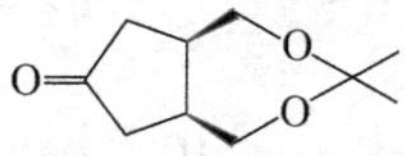

分析：

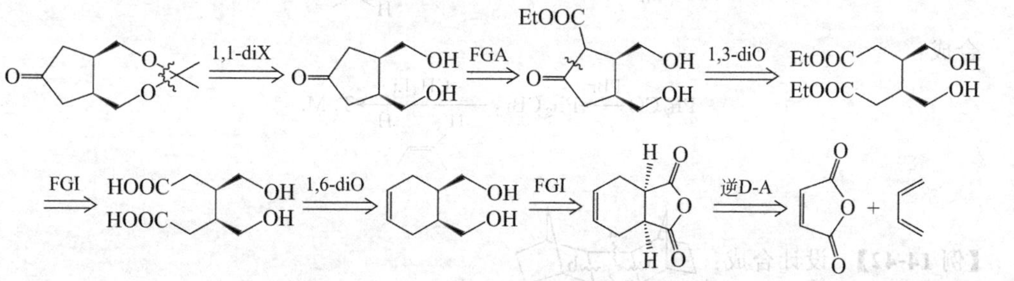

【例 14-39】 设计合成：

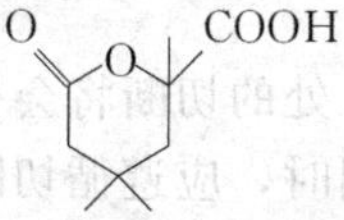

说明：C—O 切断后，在可能的 1,2-diO、1,5-diO、1,6-diO 中，只有 1,2-diO 是关键。另外，本例中的 1,2-diO 是通过 1,1-diX 来实现的。

分析：

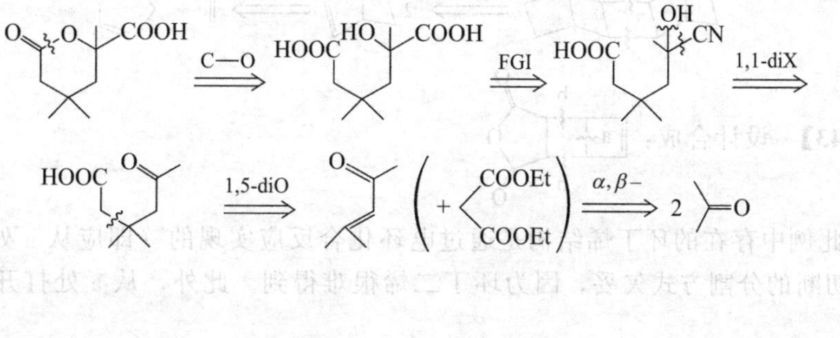

合成：

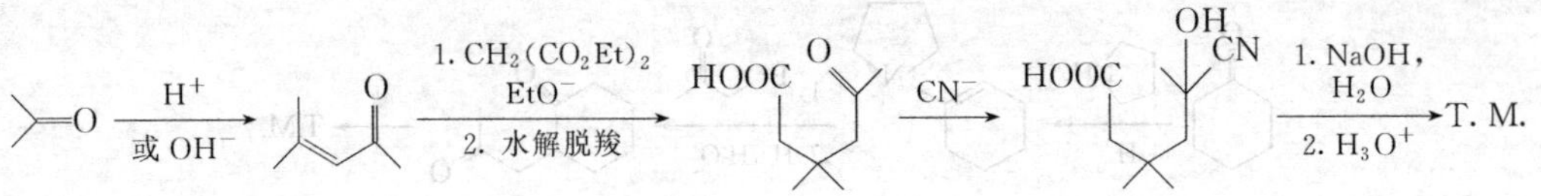

$$\text{C=O} \xrightarrow[\text{或 OH}^-]{\text{H}^+} \text{烯酮} \xrightarrow[\text{2. 水解脱羧}]{\text{1. CH}_2(\text{CO}_2\text{Et})_2, \text{EtO}^-} \text{HOOC-C(=O)-} \xrightarrow{\text{CN}^-} \text{HOOC-C(OH)(CN)-} \xrightarrow[\text{2. H}_3\text{O}^+]{\text{1. NaOH, H}_2\text{O}} \text{T.M.}$$

14.4.4 烷烃与脂环化合物

【例 14-40】 设计合成：（支链烷烃结构）

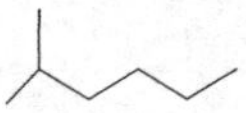

说明：烷烃的逆合成分析最常用手段是官能团添加为醇或烯。

分析 1：

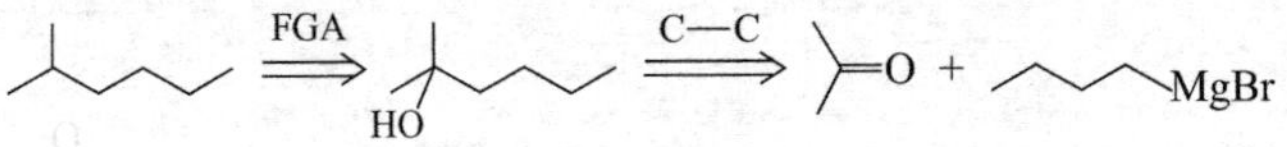

烷烃 $\xRightarrow{\text{FGA}}$ 醇 $\xRightarrow{\text{C-C}}$ 酮 + RMgBr

分析 2：

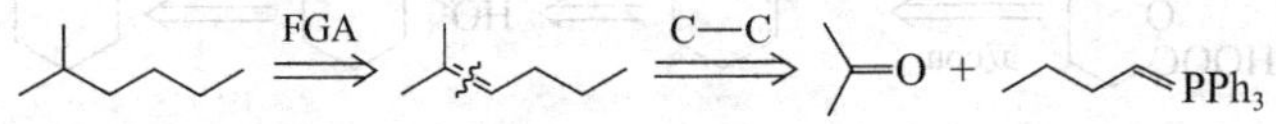

烷烃 $\xRightarrow{\text{FGA}}$ 烯 $\xRightarrow{\text{C-C}}$ 酮 + R-CH=PPh$_3$

【例 14-41】 设计合成：Ph$_2$C—CH$_2$（环丙烷结构）

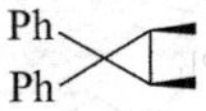

说明：三元环一般是通过卡宾的反应来实现，而四元环则是光化学的 [2+2] 得到的。因此，在小环的逆合成分析中，一般要同时切断位于分枝点处的两根键，这种策略被称为多键拆割。

分析：

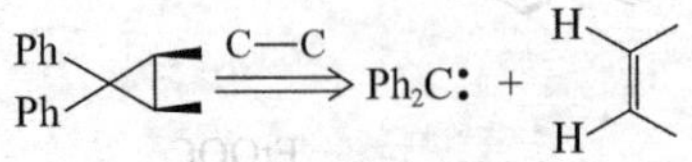

Ph$_2$C—CH$_2$环 $\xRightarrow{\text{C-C}}$ Ph$_2$C: + CH$_2$=CH$_2$ (丙烯)

合成：

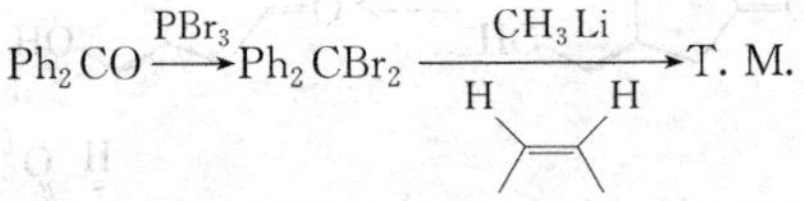

$$\text{Ph}_2\text{CO} \xrightarrow{\text{PBr}_3} \text{Ph}_2\text{CBr}_2 \xrightarrow[\text{CH}_2=\text{CHCH}_3]{\text{CH}_3\text{Li}} \text{T.M.}$$

【例 14-42】 设计合成：（双环结构，标注 a、b 切断位置）

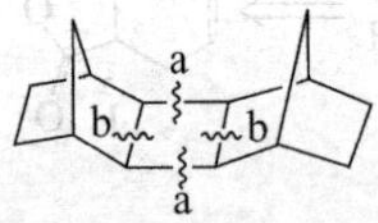

说明：本例中四元环有两种分割方式，但 b 处的切断将会得到更大的环（更难于合成），故不妥。一般而言，对环状化合物进行多键拆割时，应遵循切断后环数不超过七的原则，并且越能得到五元环（或六元环）越好（因为它们易于合成或得到）。

分析：

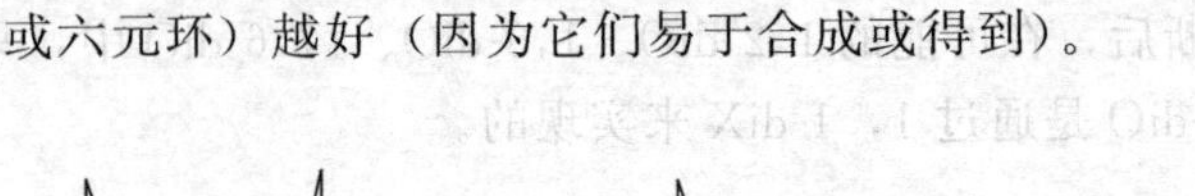

双环 $\xrightarrow{\text{C-C}}$ 2 × 降冰片烯 $\xrightarrow{\text{逆 D-A}}$ ‖ + 环戊二烯

【例 14-43】 设计合成：（含酸酐的环化结构，标注 a、b）

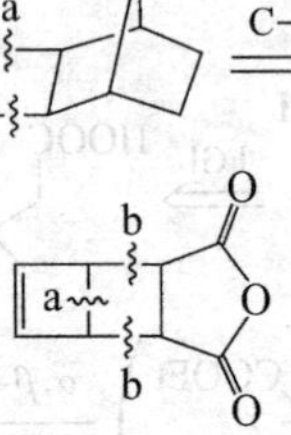

说明：此例中存在的环丁烯结构是通过电环化合反应实现的（即应从 a 处切断）。相比之下，b 处切断的分割方式欠妥，因为环丁二烯很难得到。此外，从 a 处打开后得到 Diels-

Alder 反应的产物骨架，但多了一个双键，逆合成中需将其去掉，此即官能团去除（Functional Group Removal，简写为 FGR）。值得注意的是，该目标分子用四乙酸铅处理即得著名的杜瓦苯。

分析：

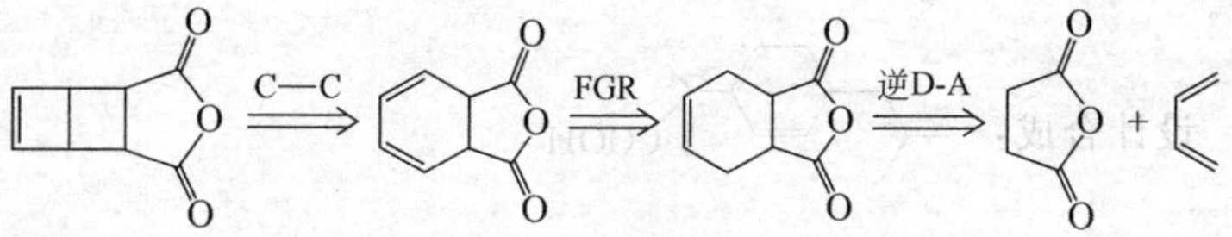

合成：

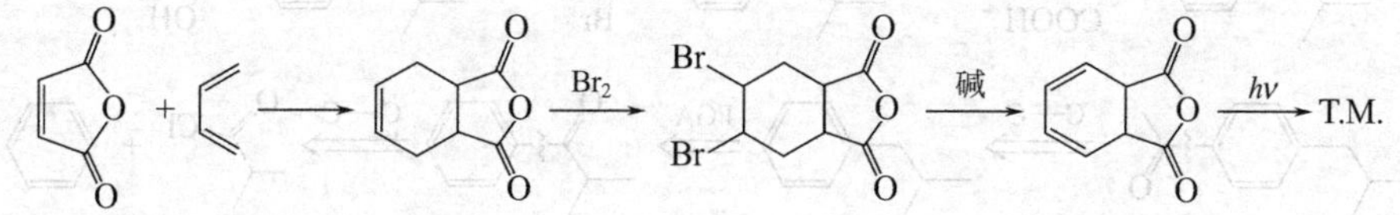

【例 14-44】 设计合成：

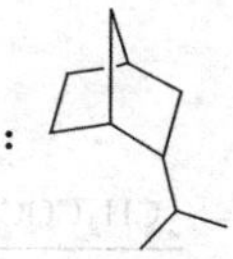

说明：本例的关键在于官能团添加的位置。虽然亦可进行其他形式的官能团添加的分割（自己试试看！），但实质上由于本法的两次官能团添加可在合成中一次实现而最简单。

分析：

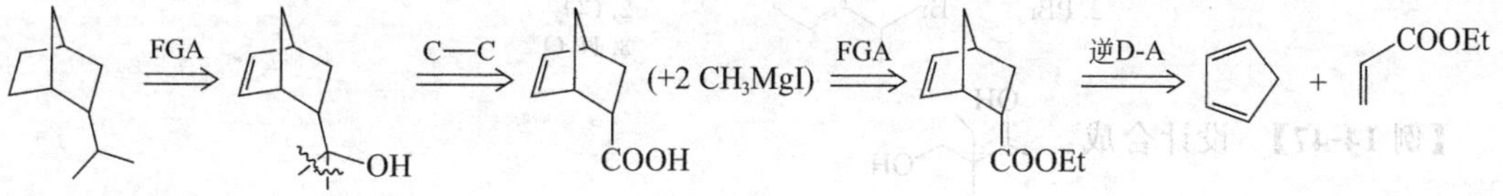

合成：

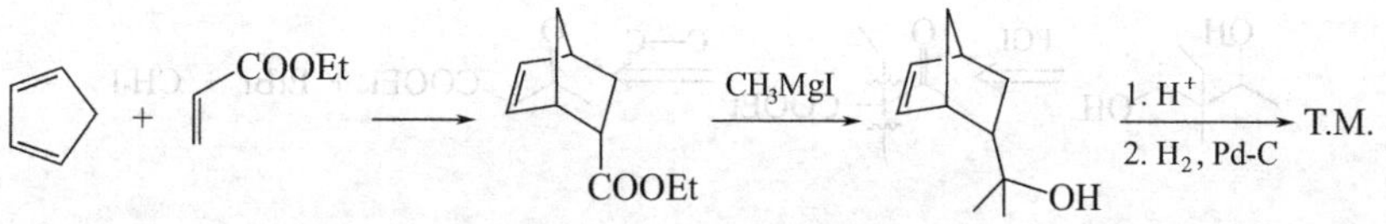

14.5 有机合成中逆合成分析技巧

以上讨论了进行有机合成路线设计的基本方法和规律，下面通过实例进一步学习和巩固，并对比较重要的常用技巧总结如下：

14.5.1 从官能团处切割

这一条对含有 C—X（X 代表杂原子）单键和双键（用 Wittig 反应合成时）的化合物最为明显。

【例 14-45】 设计合成：

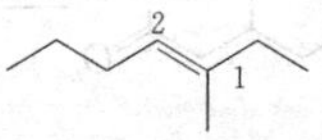

说明：该目标分子不宜由醇脱水转化而来（羟基位于 1 号碳上易有另一种产物，位于 2 号碳上因有重排而难于得到唯一产物），此时最佳方法是 Wittig 反应。

分析：

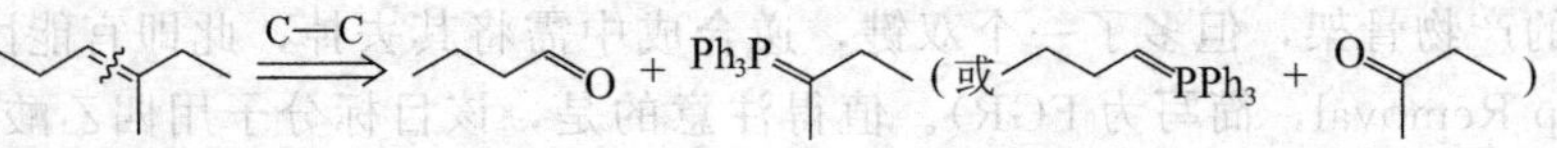

14.5.2 从支链处切割

支链处往往是潜在的官能团或附近有官能团，故该切割易于实现。这一条对烷烃及环状化合物尤为重要。

【例 14-46】 设计合成：（对异丁基苯基丙酸，布洛芬结构）

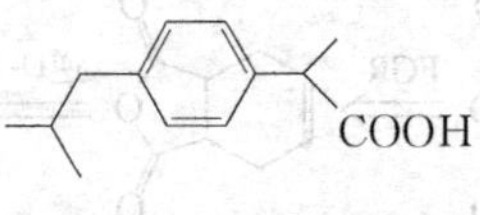

分析：（逆合成分析示意）

合成：（合成路线示意，使用 AlCl₃、Zn(Hg)/HCl、CH₃COCl/AlCl₃、NaBH₄、PBr₃、Mg/Et₂O、CO₂、H₃O⁺ 等试剂）

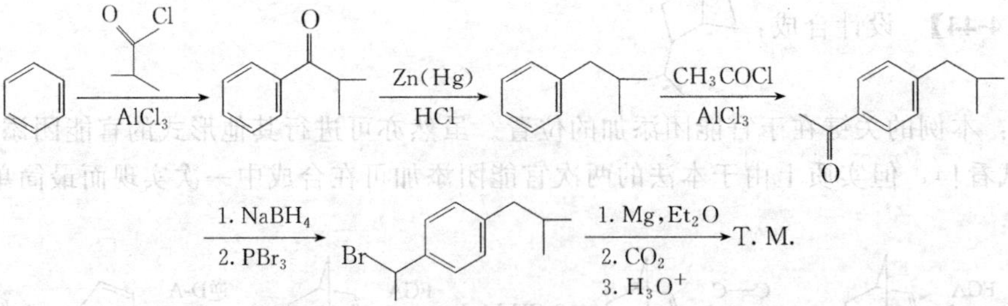

【例 14-47】 设计合成：（2,2-二甲基-1,3-丙二醇类结构）

分析：（逆合成分析示意）

合成：试剂依次为 1. EtONa / 2. EtBr；1. t-BuOK / 2. CH₃I；1. LiAlH₄ / 2. H₃O⁺ → T.M.

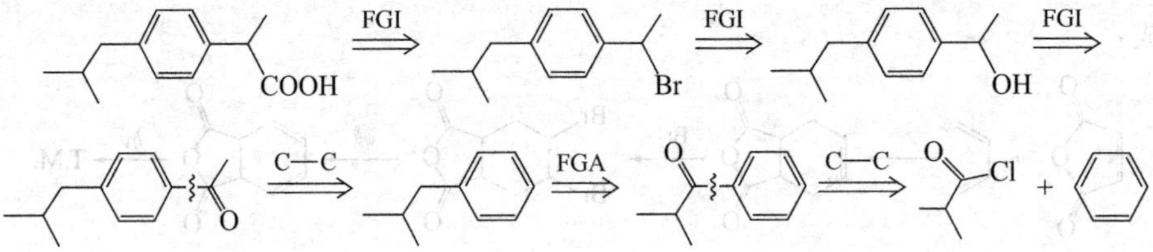

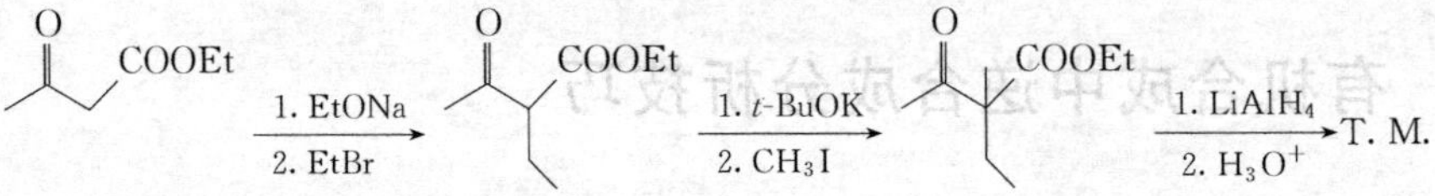

【例 14-48】 设计合成：（十氢萘酮衍生物结构）

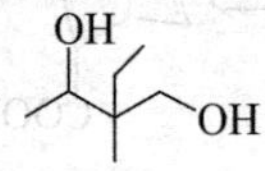

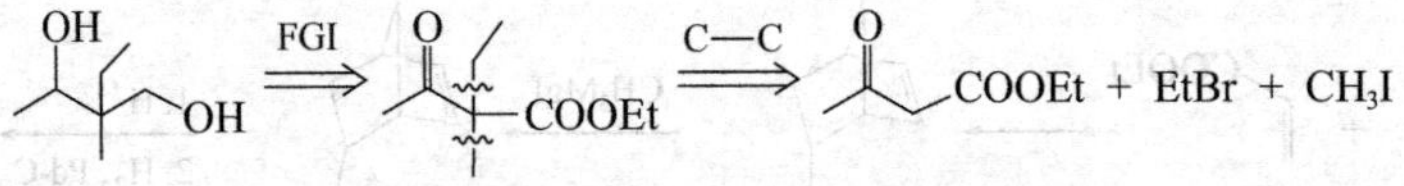

分析：（经 FGA、C—C、α,β- 切割得环己酮 + 甲基乙烯基酮，再 C—C 切割得环己酮 + CH₃I）

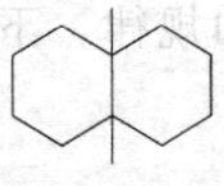

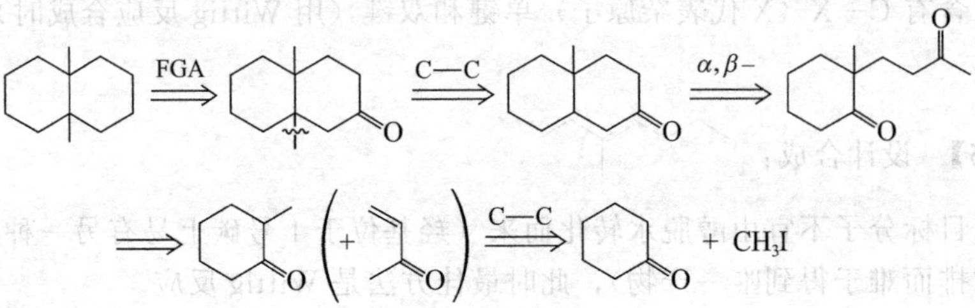

合成：

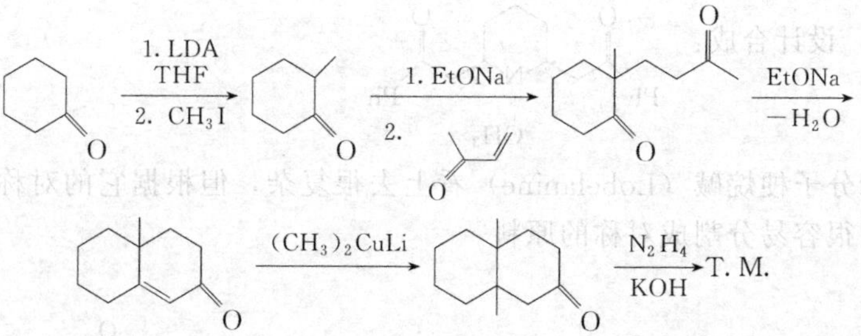

第14章 有机合成路线设计技巧

[反应式：环己酮 →(1. LDA/THF; 2. CH₃I)→ 2-甲基环己酮 →(1. EtONa; 2. 甲基乙烯基酮)→ 三酮中间体 →(EtONa, −H₂O)→ Wieland-Miescher 型烯酮]

[反应式：烯酮 →((CH₃)₂CuLi)→ 饱和酮 →(N₂H₄, KOH)→ T.M.]

【例 14-49】 设计合成：[扭烷结构] （扭烷）

说明：对于多环化合物的逆合成分析，可以从目标分子中的共同原子（标黑点者）入手，对共同原子间的键进行切割。这种支链处共同原子间的键称为策略键，这种方法则称为共同原子法。由于该目标分子存在对称性，故只有一种切断方式，适当的官能团添加后可有易得的原料。在合成中，由于饱和酮比共轭酮活泼，故可进行选择性保护。

分析：

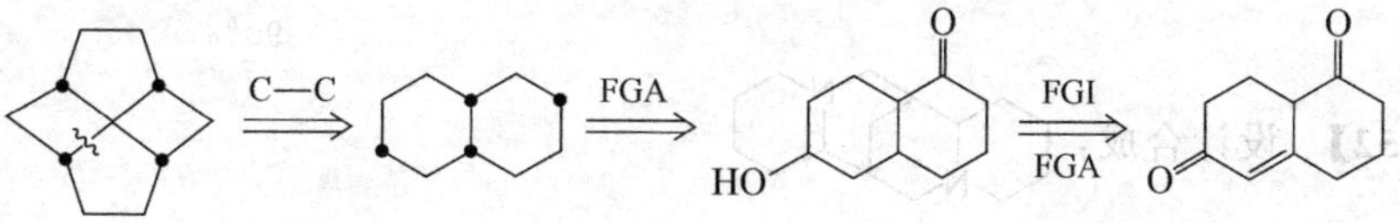

[逆合成分析：扭烷 →(C—C 切断)→ 双环 →(FGA)→ 羟基酮 →(FGI/FGA)→ 烯二酮]

合成：

[合成路线：1,3-环己二酮 + 甲基乙烯基酮 → 烯二酮 →(HOCH₂CH₂OH, H⁺)→ 缩酮 →(1. H₂, catalyst; 2. H⁺/H₂O)→ 羟基酮]

[→(CH₃SO₂Cl, Et₃N)→ 甲磺酸酯酮 →(H⁺)→ 扭烷酮 →(Zn(Hg)/HCl)→ T.M.]

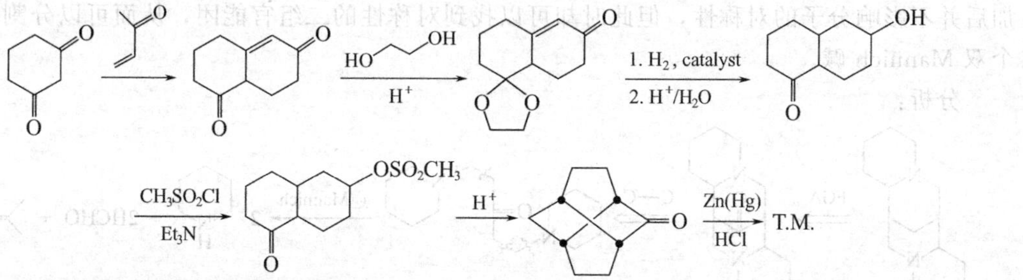

14.5.3 对称性的运用

在逆合成分析中巧妙利用对称性，得到对称的原料和合成方法，可使合成过程大为简化。这一点，在前面的许多实例中已得到应用。

【例 14-50】 设计合成：[2,6-二甲基-4-异丁基-4-庚醇结构] OH

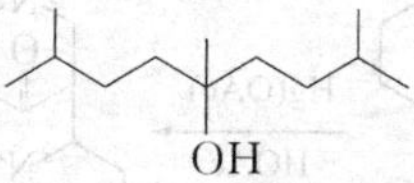

说明：如目标分子具有对称性，则进行对称性切断。可以看出，它是由 Grignard 试剂与酯反应来合成该目标分子的。

分析：

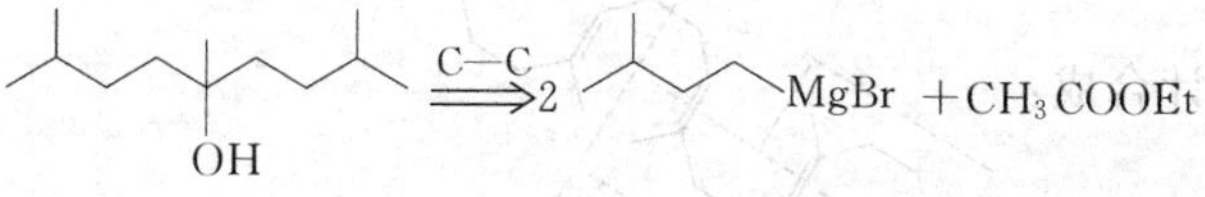

[结构]OH $\xRightarrow{C-C}$ 2 [结构]MgBr + CH₃COOEt

合成：

[合成路线：异丁基溴 →(1. Mg, Et₂O; 2. 环氧乙烷)→ 异戊醇 →(PBr₃)→ 异戊基溴 →(1. Mg, Et₂O; 2. CH₃COOEt)→ T.M.]

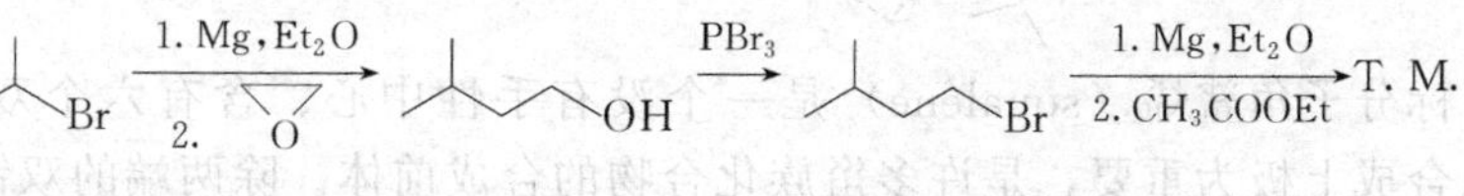

【例 14-51】 设计合成：

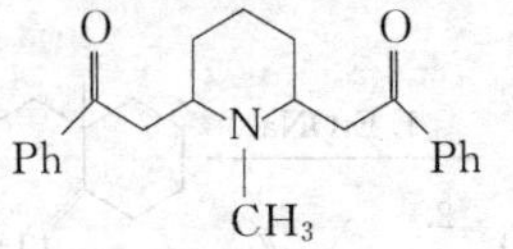

说明：目标分子梗烷碱（Lobelanine）看上去很复杂，但根据它的对称性，并受颠茄酮仿生合成启发，很容易分割成对称的原料。

分析：

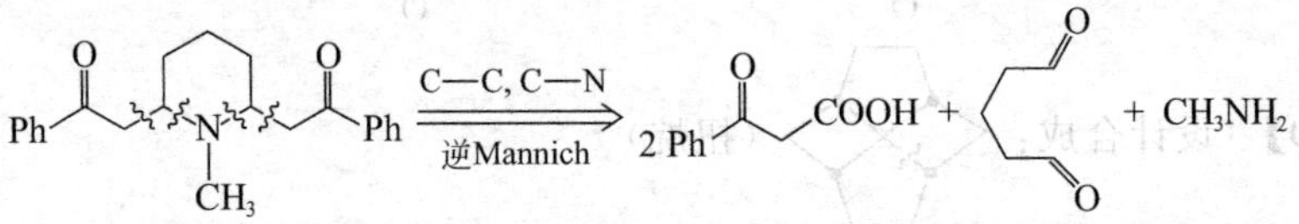

合成：

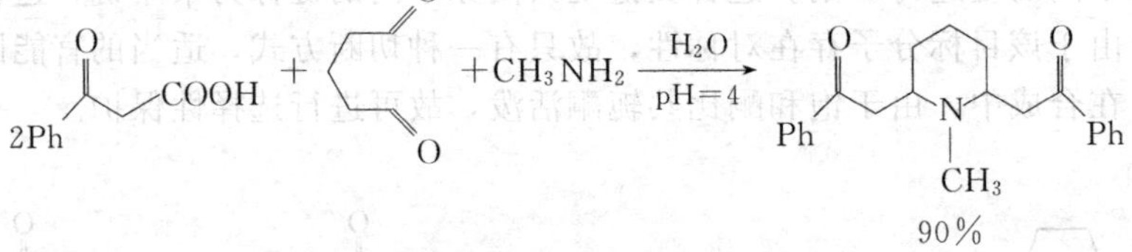

【例 14-52】 设计合成：

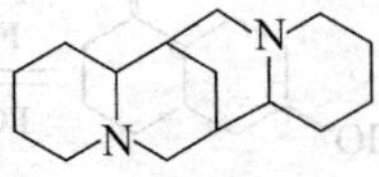

说明：目标分子鹰爪碱（sparteine）分子中存在对称中心，中间的亚甲基进行官能团添加后并不影响分子的对称性，但此时却可以找到对称性的二组官能团，从而可以分割成为一个双 Mannich 碱。

分析：

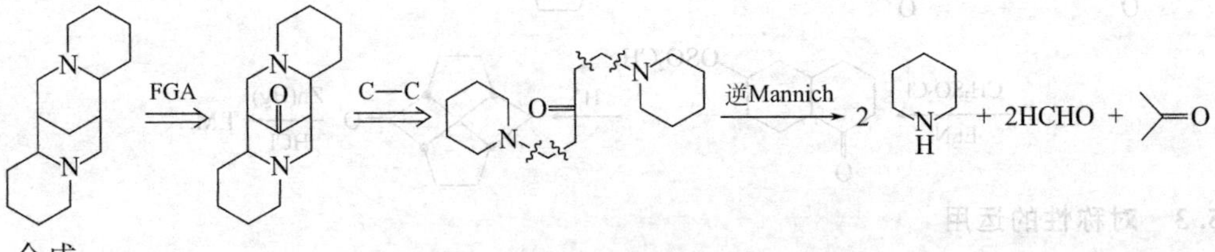

合成：

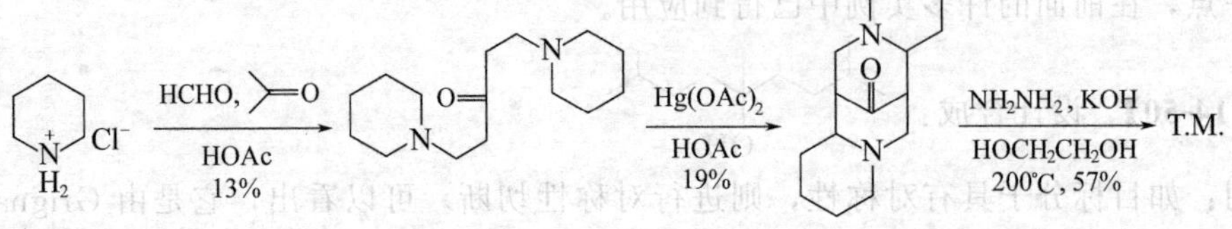

【例 14-53】 设计合成：

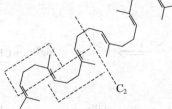

说明：目标分子角鲨烯（squalene）是一个没有手性中心、含有六个双键的链状形分子。它在生源合成上极为重要，是许多甾族化合物的合成前体。除两端的双键外，分子中其

他的四个双键的结构都是反型的，具有很好的 C_2 对称性，并且具有重复单元（如方框示意的结构），因此可以使用对称的原料进行重复反应而合成。

分析：

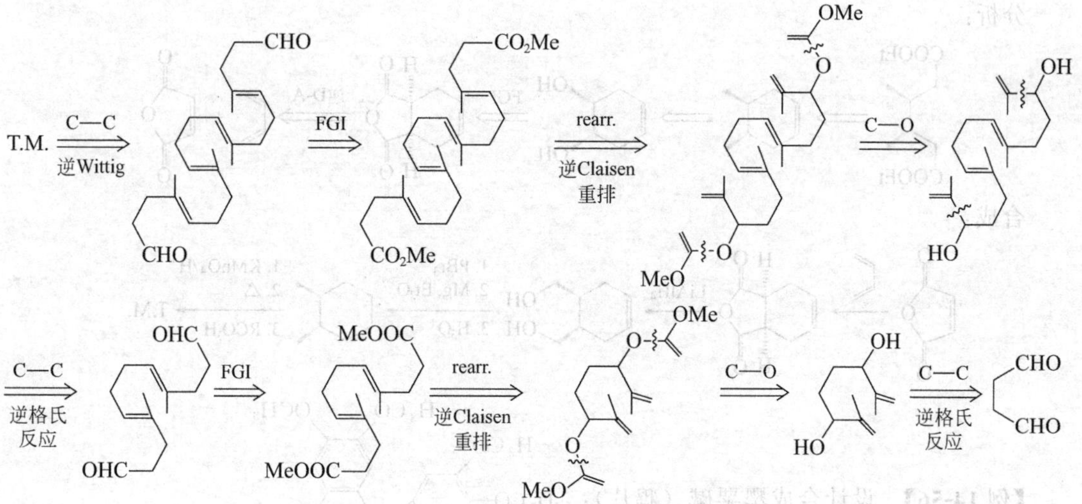

合成：

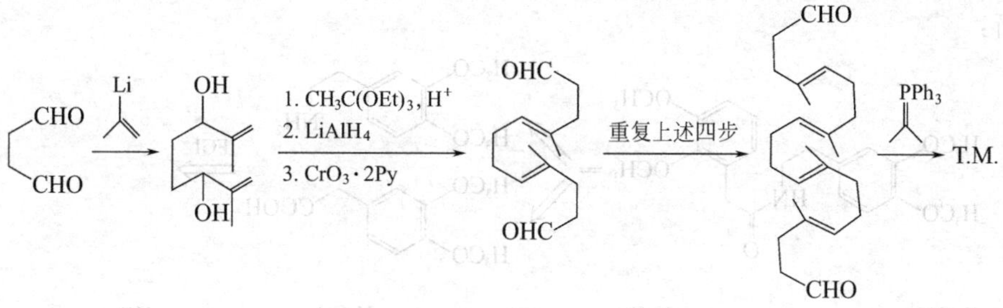

【例 14-54】 设计合成：

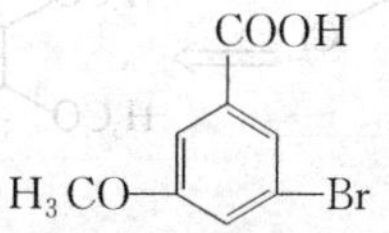

说明：当分子中不存在对称性时，若能找到潜对称性，则问题亦能大为简化。本例中三个取代基相互处于间位，而只有羧基是间位定位基，因此可考虑原料为苯甲酸，另两个基团由硝基还原后转化而来（但不能同时转化）。

合成：

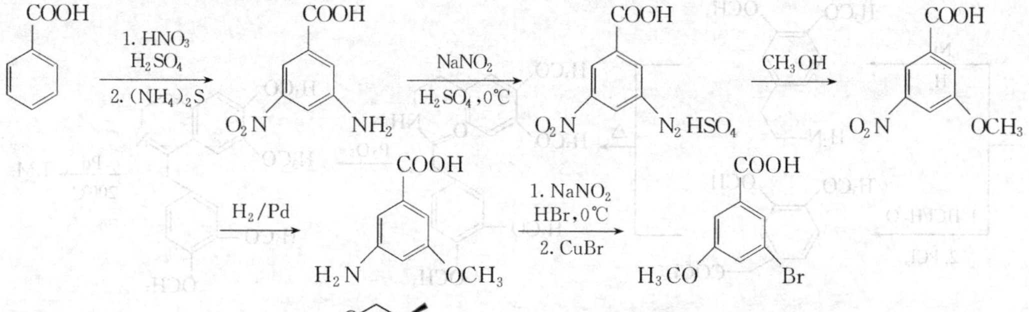

【例 14-55】 设计合成：

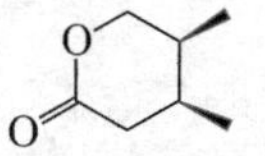

说明：酯在逆合成分析中一般进行 C—O 键切断，但此例中却不甚有效。若能想到过氧酸对酮的氧化反应（Baeyer-Villiger 重排），则可发掘出目标分子的对称性，其进一步逆推即是 Diels-Alder 反应。

分析：

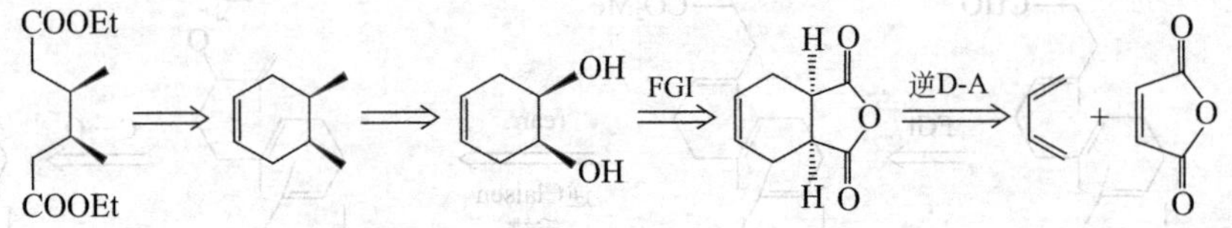

合成：

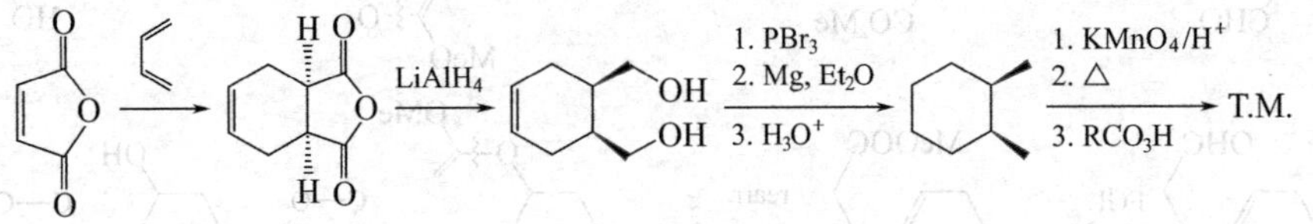

【例 14-56】 设计合成罂粟碱（鸦片）：

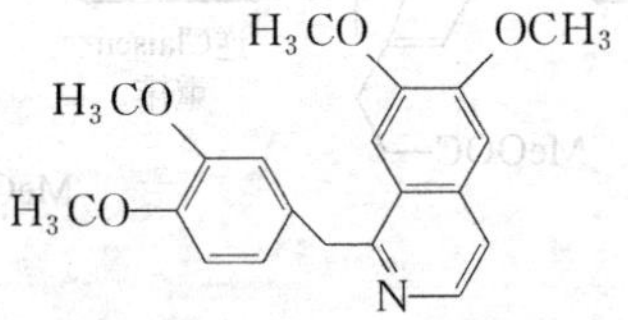

分析：

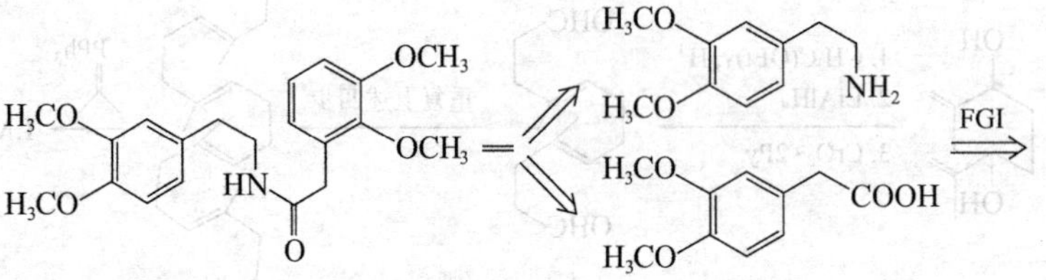

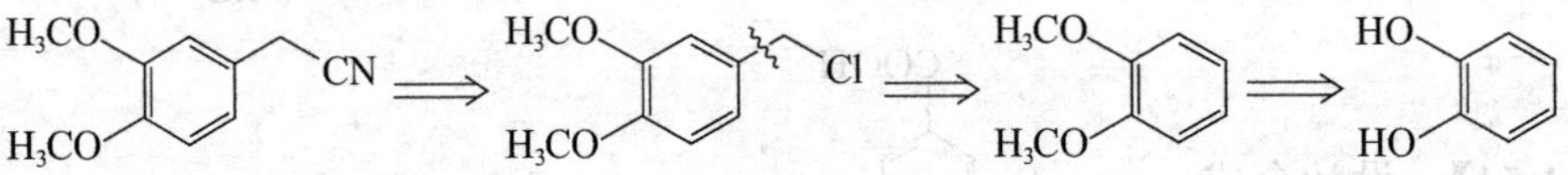

合成：

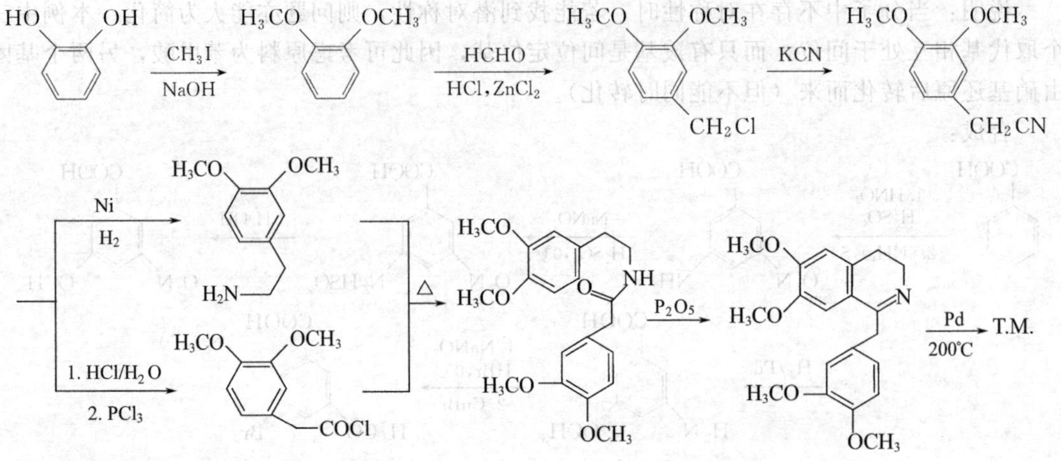

【例 14-57】 设计合成月橘烯碱。

合成：

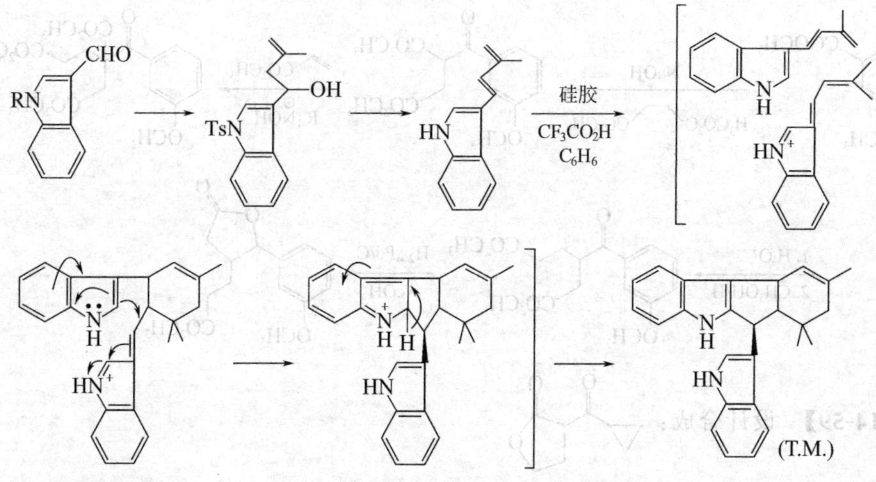

14.5.4 综合应用举例

【例 14-58】 设计合成：

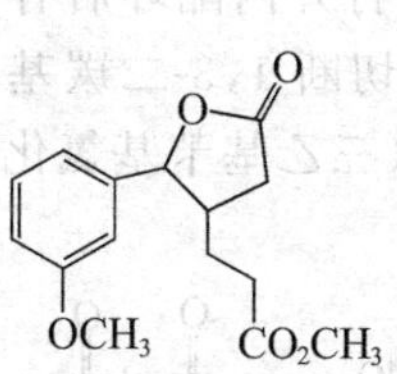

说明：首先打开内酯环，然后进行官能团逆向变换，可以看出这个化合物包含了 1,4-二羰基、1,5-二羰基和 1,6-二羰基的关系，所以有多种逆向切断方式。Woodward 通过下述所有途径，都成功地合成了目标产物，但认为从 a 到 c 这条路线，即以丁二酸二甲酯为起始原料的路线较好。

分析：

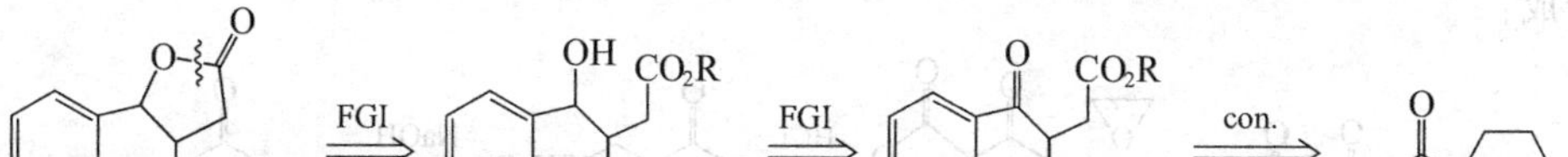

合成：

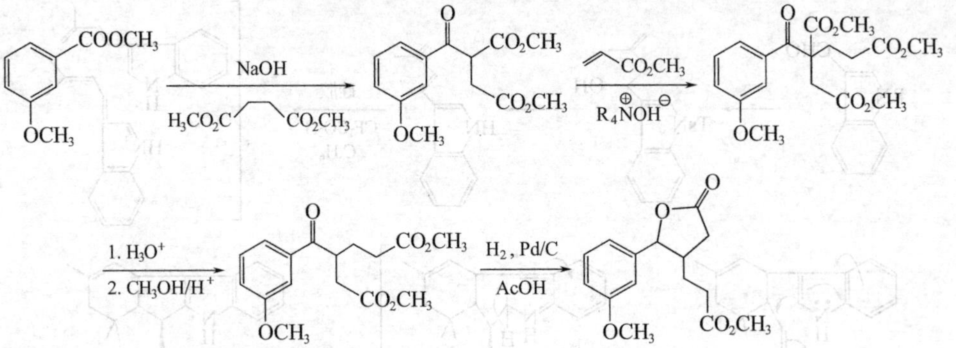

【例 14-59】 设计合成：

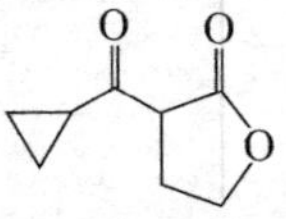

说明：这是 α_2-受体激动剂，降血压新药。打开内酯环后有 1,3-和 1,4-二含氧官能团关系存在。切断与活性亚甲基相连的羟乙基后再切断 1,3-二羰基。三元环用分子内亲核取代反应形成，反应中使用相转移催化剂 TEBAC（三乙基苄基氯化铵）。

分析：

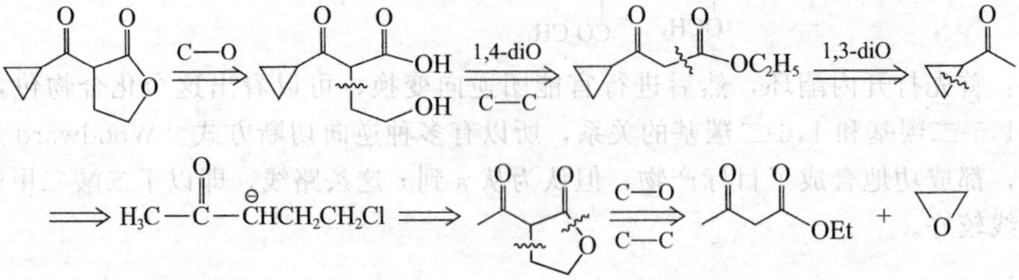

合成：

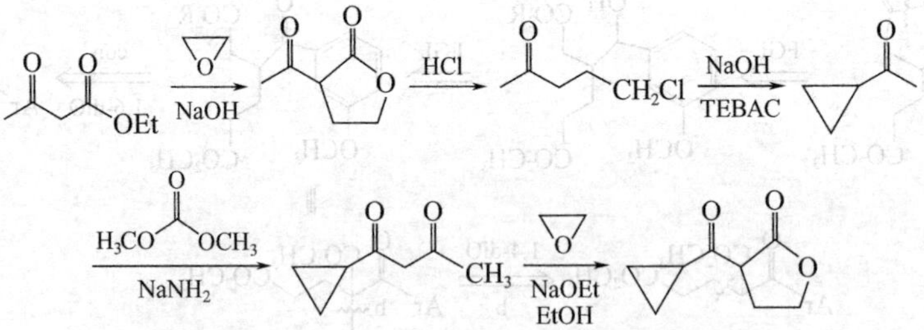

14.6 天然产物仿生合成与逆质谱合成

天然产物的合成是有机合成的主要任务之一。由于它们存在结构复杂的特点，因此也有一些独特的合成设计方法。其中，最重要的两种策略是仿生合成和逆质谱合成。

14.6.1 仿生合成

仿生合成的概念始于利用 Mannich 反应合成颠茄酮。颠茄酮（亦称托品酮，又称阿托品）是一种具有特殊生理活性的生物碱，医学上常用作麻醉剂、解毒剂等。颠茄酮最早是由 Willstatter 在 1902 年由很难获得的原料庚酮经 Hoffman 彻底甲基化、双键加溴、二甲胺取代、消除等近 20 步反应而合成，虽然该反应总产率仅为 0.75%，但其因颠茄酮的合成等成果而成为 1915 年 Nobel 奖得主。

1917年，英国利物浦大学教授 Robert Robinson 想到生物体中的反应大多在 pH=7 附近进行，而颠茄酮又源于生物体，联想到 Mannich 反应的条件（弱酸性下），他大胆地设计了一个反应：将丁二醛、甲胺和 1-酮基-1,5-二羧酸盐的混合物在 pH=5~7 的条件下放置。几天以后，得到产率为 40% 的颠茄酮。

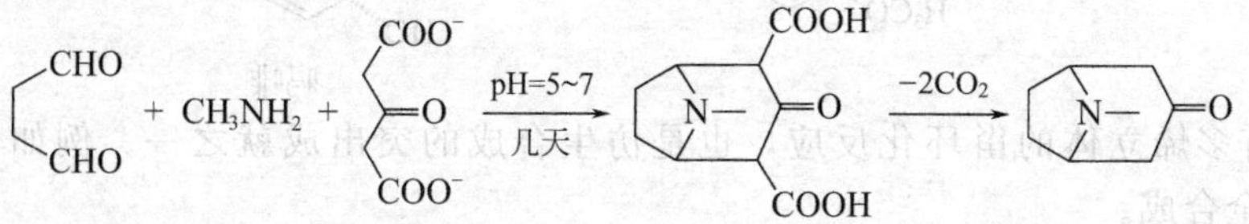

如此简捷的合成，当时即刻引起了轰动。Robert Robinson 的这种思维方式，就是有机合成路线设计上著名的仿生合成（biomimetic synthesis）。由于其对生物碱研究的重大贡献，Robert Robinson 教授被授予爵士称号，1947 年获得了 Nobel 奖。利用类似的方法，亦可合成具有麻醉功能的古柯碱类可卡因等。

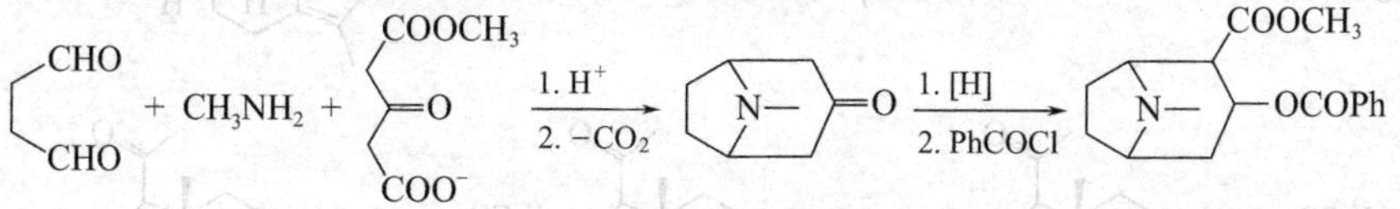

因此，自 1917 年以来，许多化学家都遵照 Robinson 的引导做了大量研究工作。目前，仿生合成已成为一个重要的研究领域。一般认为，利用仿生合成的策略有两个目的，一是验证天然产物的生物源假说，二是进行天然产物的合成。

前一个目的中，研究人员的重点目标是化学模型尽可能与假设的生化反应接近，而路线的总合成效率则是第二位的考虑。相反，在研究天然产物的有效合成中，合成步骤就不需要尽可能地靠近生物合成的模型，因而在估价结果时，主要也按照一般用的合成方法去考虑：原料是否易得、合成方案是否方便及合成的总效率。

历史上，Robinson 对托品酮的合成在生物源关联和合成利用两个方面所取得的成就都是突出的，其另一个应用结构和生物合成相互关系的最光辉的成就之一是当时还属未知结构的吗啡。Robinson 用下式表明了其与当时已知的苄基异喹啉系统有关系的概念，当时很少人有这样的思想。

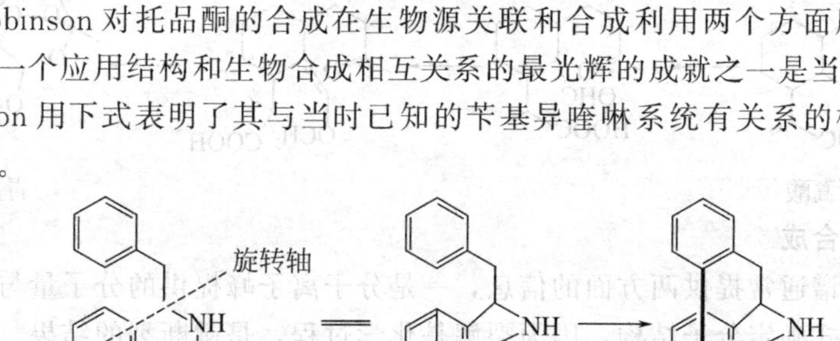

后来，他人的研究证实也的确如此，并在此基础上揭开了吗啡生物合成的途径，与之类似的人工合成也得以完成。

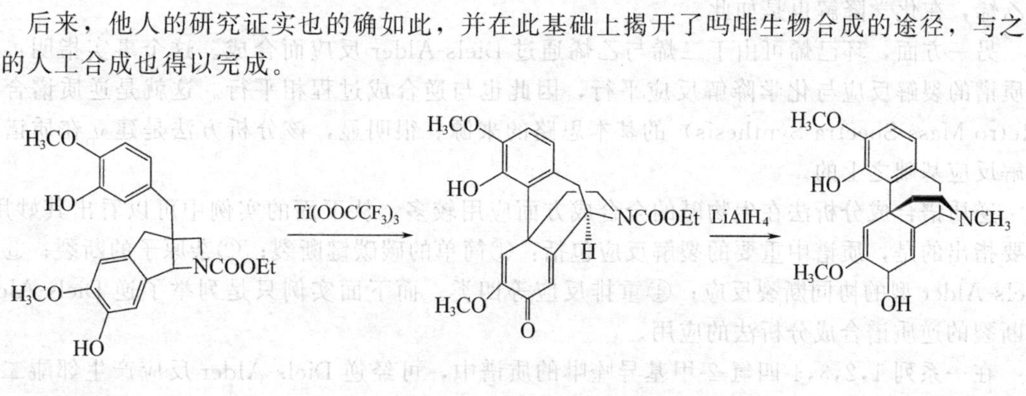

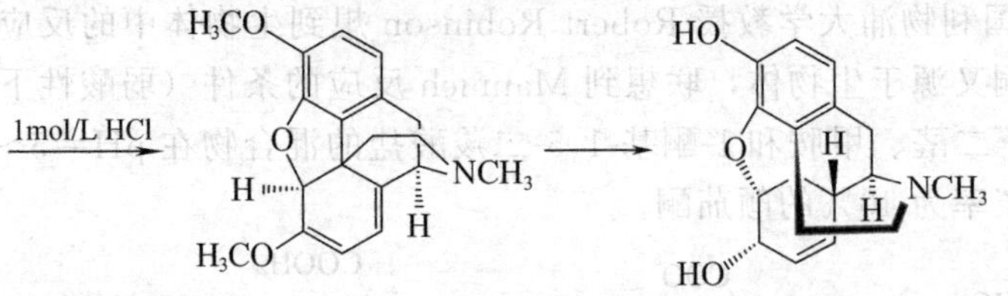

许多具有多烯立体的甾环化反应，也是仿生合成的突出成就之一。例如，Johnson 对 *dl*-黄体酮的全合成。

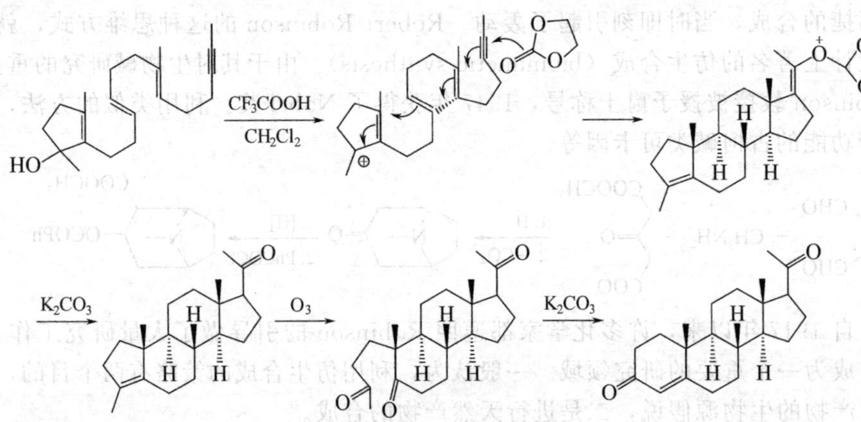

其他仿生合成的实例也不少，如青蒿素的合成中——植物黄花蒿中除青蒿素外，还发现有结构简单的青蒿酸存在，当时推测其可能为青蒿素生物合成的前体（后证实的确如此），因此设计了以之为接力中间体的合成路线，获得了成功。

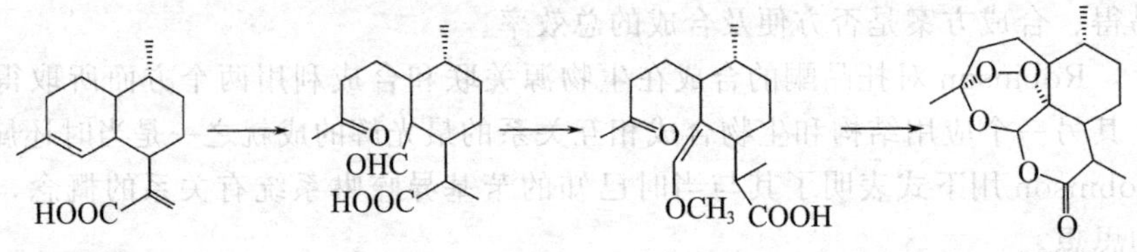

14.6.2 逆质谱合成

有机物的质谱通常提供两方面的信息，一是分子离子峰提供的分子量与分子式信息；其次是通过裂解方式确定分子结构，因为裂解是化学过程，是键断裂的结果。一个化合物在质谱中的裂解反应有时与化学降解反应非常近似，如环己烯在质谱中裂解产生丁二烯离子基团与乙烯，在化学降解也是如此。

另一方面，环己烯可由丁二烯与乙烯通过 Diels-Alder 反应而合成。这个事实指明：某些质谱的裂解反应与化学降解反应平行，因此也与逆合成过程相平行。这就是逆质谱合成（Retro Mass Spectra Synthesis）的基本思路的来源。很明显，该分析方法是建立在质谱的裂解反应基础之上的。

逆质谱合成分析法在生物碱的全合成方面应用较多，从下面的实例中可以看出其妙用。需要指出的是，质谱中重要的裂解反应包括：①简单的碳碳键断裂；②杂原子的断裂；③逆 Diels-Alder 型的协同断裂反应；④重排反应等四类。而下面实例只是列举了逆 Diels-Alder 型断裂的逆质谱合成分析法的应用。

在一系列 1,2,3,4-四氢-2-甲基异喹啉的质谱中，可经逆 Diels-Alder 反应产生邻醌二甲烷正离子与亚胺两个碎片。

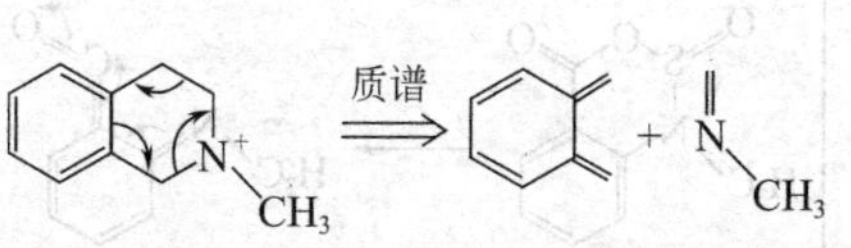

因此，若选用苯并环丁烯类化合物与系列西佛碱分别作为它们的等当体，则可成为合成 1,2,3,4-四氢异喹啉类的通用方法。在下列反应中，邻醌二甲烷类由苯并环丁烯类加热生成，在 150～160℃无溶剂下直接与西佛碱作用，能生成 45% 的产率的立体专一性产物。

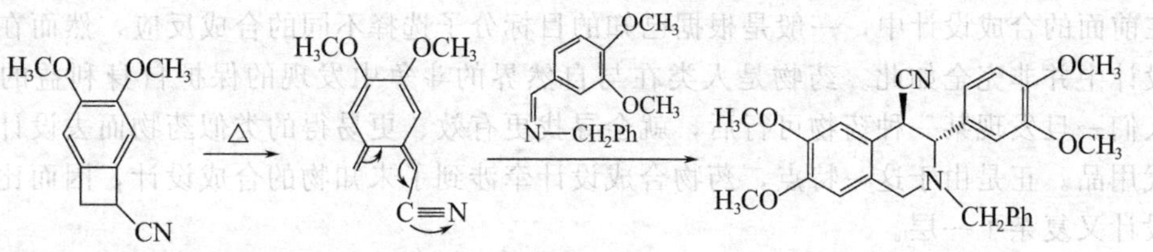

以同样的方法，可以实现番茄枝宁（xylopinine）的全合成，虽然其逆质谱合成分析中只有一种方式，但实际合成中可使用两种不同的方法。

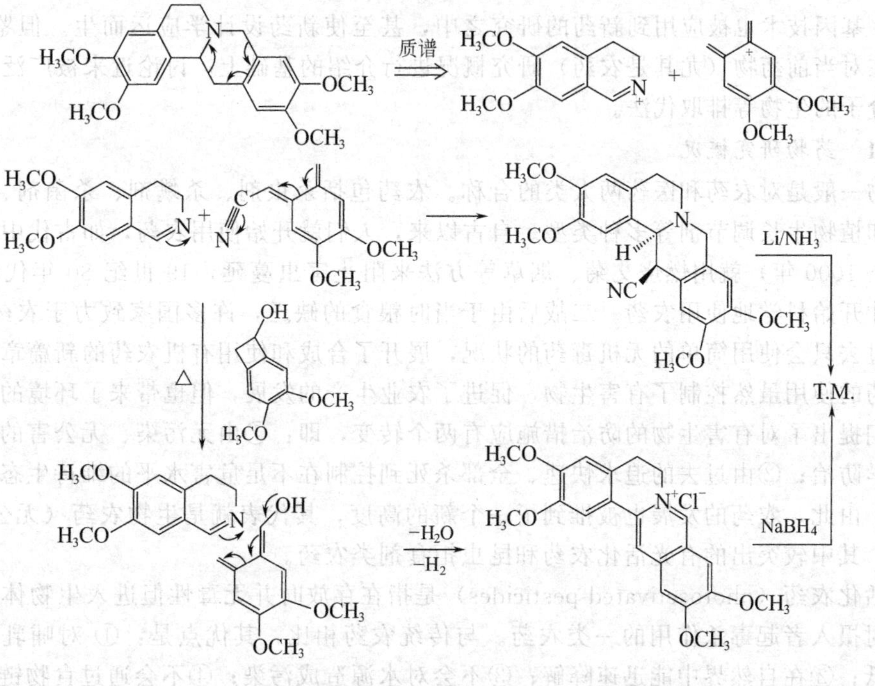

吴茱萸碱（evodiamine）的质谱分析中，其 D 环经过逆 Diels-Alder 反应亦可以得到两个特征离子，这个事实表明其可由 3,4-二氢-β-咔啉与亚胺烯酮（iminoketene）来合成。

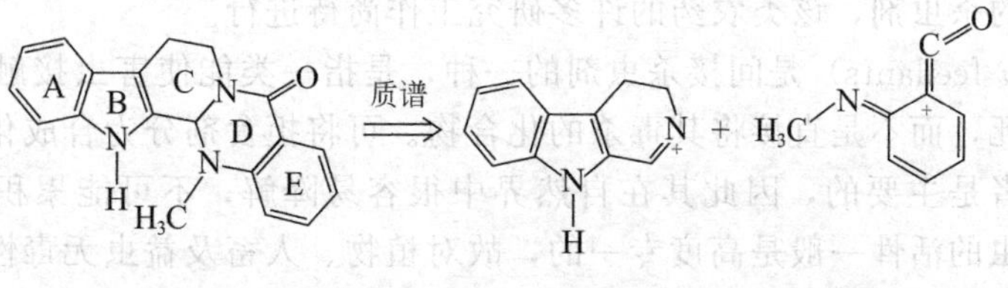

$$\text{邻甲氨基苯甲酸} \xrightarrow[\Delta]{SOCl_2} \left[\text{中间体1} \right] \longrightarrow \text{中间体2} \xrightarrow[\text{室温}]{C_6H_6} \text{T.M.} \quad (65\%)$$

14.7 药物合成设计与计算机辅助有机合成

14.7.1 药物合成设计

在前面的合成设计中，一般是根据已知的目标分子选择不同的合成反应，然而在药物的合成设计中并非完全如此。药物是人类在与自然界的斗争中发现的保护自身利益的有力武器，人们一旦发现某一种药物可行后，就会寻找更有效、更易得的类似药物而去设计、合成新的代用品。正是由于这一特点，药物合成设计牵涉到了未知物的合成设计，因而比前述的合成设计又复杂了一层。

由于药物与人类密切相关，药物合成设计目前已成为一门专业的研究，并且重点研究对新目标分子的设计。目前，随着生命科学等相关学科在 20 世纪后半期的迅速发展，定量构效关系、合理药物设计、计算机辅助药物设计、组合化学、高通量筛选等新技术、新方法不断涌现，基因技术也被应用到新药的研究之中，甚至使新药设计学应运而生。但鉴于篇幅，本节只在对当前药物（尤其是农药）研究概况进行介绍的基础上，讨论近来被广泛用于设计新目标分子的生物等排取代法。

14.7.1.1 药物研究概况

药物一般是对农药和医药两大类的合称。农药包括杀虫剂、杀螨剂、杀菌剂、除草剂、杀鼠剂和植物生长调节剂等多种类型。自古以来，人们就开始使用农药，如古代中国（公元前 1500~1000 年）就用燃烧艾菊、烟草等方法来阻止害虫蔓延，19 世纪 80 年代波尔多液出现后才开始科学地使用农药。二战后由于当时粮食的缺乏，许多国家致力于农药的研究，摆脱了过去只会使用简单的无机毒药的状况，展开了合成和使用有机农药的新篇章。

农药的使用虽然控制了有害生物，促进了农业生产的发展，但也带来了环境的污染；因此，人们提出了对有害生物的防治措施应有两个转变，即：①由无污染、无公害的生物防治代替化学防治；②由过去的追求快速、全部杀死到控制在不足危害水平的维持生态平衡的综合防治。由此，农药的发展也被推到了一个新的高度，其代表就是生物农药（无公害农药）的问世，其中较突出的有光活化农药和昆虫拒食剂类农药。

光活化农药（photoactivated pesticides）是指在存放时并无毒性但进入生物体后可被光激活而对摄入者起毒杀作用的一类农药。与传统农药相比，其优点是：① 对哺乳类动物危害性极低；②在自然界中能迅速降解；③不会对水源造成污染；④不会通过食物链传递而富集；⑤不会对使用者和环境造成污染。光活化农药的作用机理可能是光动力作用，即农药作光敏剂在光和分子氧参与下的光敏化氧化过程。目前，除少数注册为商品外，如赤鲜红 B 注册为控制家蝇的杀虫剂，该类农药的许多研究工作尚待进行。

拒食剂（anti-feedants）是间接杀虫剂的一种，是指一类能使害虫接触后永远丧失饲食能力，直至被饿死，而不是直接将其毒杀的化合物。可将拒食剂分为合成化合物和天然化合物的两大类，后者是主要的，因此其在自然界中很容易降解，不可能累积或污染环境。另外，拒食剂对害虫的活性一般是高度专一的，故对植物、人畜及益虫无毒性，而且害虫不易产生抗药性。其他的优点还有，药效持久，易于贮藏，价廉易得，能被植物吸收和代谢，非常低浓度时仍有活性，与虫害防治的其他方法不冲突等。

拒食剂中最突出的例子，是从印度民间药材树棟树的种子中分离得到的印苦楝子素（azadirachtin），其可能是目前人们发现的最强的拒食剂。它能影响各种各样的害虫，且只要 2×10^{-2} mg/m² 的量就可以阻止沙漠蝗的侵食。它没有明显的毒性，因为棟树的嫩枝一般用于刷牙，叶子用作抗疟疾，果实则是鸟类很好的食物。此外，虽然纯净的印苦楝子素价格昂贵（25 美元/mg），但其粗提物十分便宜，因为棟树极易成活，分布很广，而且长得粗壮高大，果实累累。因此，印苦楝子素投入了商品市场，取得了很好的经济效益和社会效益。

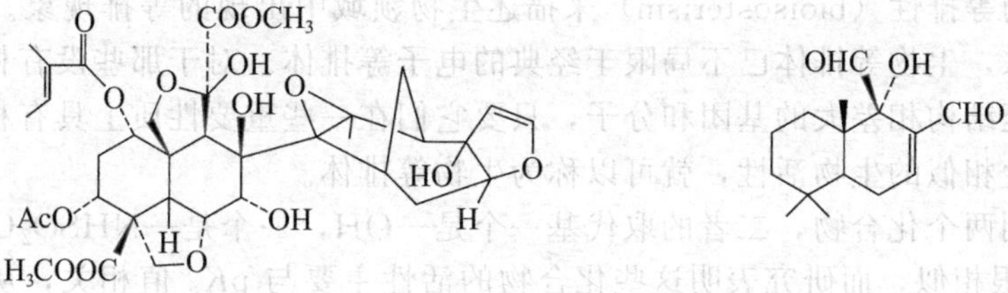

瓦尔堡醛（warburganal）则对非洲蠕虫有专一活性，东非人用分离它的植物作调味品，但在喷洒过它的玉米叶片上停留 30min 的害虫都将永远失去饲食能力，目前该拒食剂的全合成已完成。

我国的农药合成研究目前还比较活跃，在国际上有一定的影响，这是我国对农药科研的重视分不开的。早在 20 世纪 60 年代初，周恩来总理就指定南开大学已故校长、著名化学家杨石先组织队伍从事农药合成的研究。如今，南开大学已成为我国重要的农药研究基地之一，设有农药化学硕士及博士点。中国农业大学、华中师范大学等也设有从事农药合成的硕士、博士学位点。

相比之下，我国的医药研究与开发却较为落后。新中国成立以来，我国医药研究及医药工业迅速发展，但因指导思想上长期以仿制为主，导致了严重的经济后果，以致只有抗疟药蒿甲醚等少数药物进入国际市场。相反，我国出口原料药数量不少，却创汇率低，而他国压价收购后做成制剂再投放国际市场，使我们吃亏甚多。随着与国际贸易接轨的需要，我国的医药工作者正在迎头追赶。

14.7.1.2 药物设计及生物等排取代法

以往，人们寻找新的具有生理活性的药物多沿用经验式普筛法，即：随机筛选，分离提取天然有效成分，研究药物代谢过程，从中发现先导化合物；在生化药理作用机理指导下寻找新药和对已知药物或先导化合物进行结构改造，以期寻找更好的化合物。因此，其不可避免地带有较大的盲目性与随意性。

为了摆脱这种困境，人们提出了定量构效关系（即 QSAR）分子设计方法。QSAR 法对药物的结构和活性的关系建立定量的数学模型，用它帮助阐明药物的作用机理，指导药物设计。目前，随着计算机技术的普及和深化，QSAR 方法也在不断深入。同时，随着研究的深入，人们在发展先导化合物方面也找到了许多新的方法，其中生物等排取代这一方法近来应用较为广泛。

生物等排取代法就是用生物等排体（bioisosteres）去取代先导化合物中的某部分结构，在保留原有生物性质的同时使先导物的母体发生结构变化。通过这种取代，可以使先导物的一些缺点得到改进，如活性增强、选择性增强、毒性降低等；并且可以使复杂的活性化合物结构简单化，提高实际应用价值。与经典的 QSAR 法相比，该法不仅可进行主体结构改造，而且进一步减少了盲目性。

生物等排取代中应用到的一个重要概念就是生物等排取代体，它是由早期的电子等排体（isostere）这一概念发展和引申而来的。电子等排体是指具有相同价电子数的原子、分子、离子或基团，如 O^{2-}、F^-、Ne；N_2、CO；N_2O、CO_2 分别是三组电子数为 10、28、44 的电子等排体。同理，CH_3、NH_2、OH 是 F 原子的电子等原排体；或者说，CN、OCN、SCN 是假卤素（依次对应 F、Cl、Br）。

由于电子等排体在生物领域中应用多且广泛，为了适应发展需要，人们提出用新概念生物等排体和生物等排性（bioisosterism）来描述生物领域中出现的等排现象。随着应用的推广和研究的深入，生物等排体已不局限于经典的电子等排体。对于那些没有相同的原子数和价电子数、甚至结构相差大的基团和分子，只要它们在一些重要性质上具有相似性，且由这些相似性质产生相似的生物活性，就可以称为生物等排体。

例如，下列两个化合物，二者的取代基一个是—OH，一个是—$NHSO_2CH_3$，但这两个基团的 pK_a 值很相似，而研究表明这些化合物的活性主要与 pK_a 值相关，从而也决定了二者有相似的生物活性。因此，—OH 和—$NHSO_2CH_3$ 在这里是一对生物等排体。

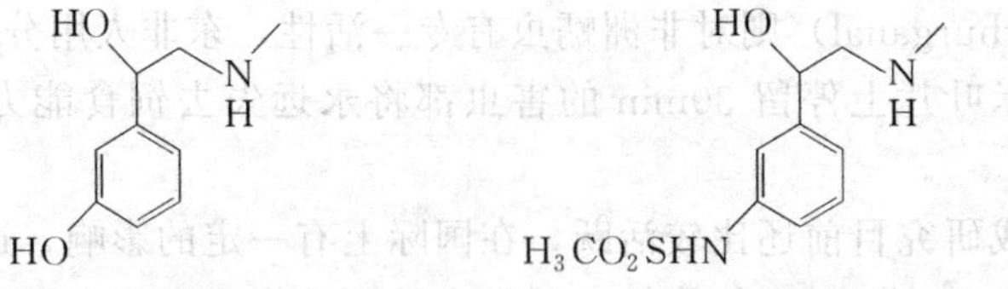

$pK_a = 9.6$　　　　　　　$pK_a = 9.1$

应用生物等排体法发展先导化合物，其关键是选择生物等排取代体，为了合理地选择生物等排体，首先就得考察和分析所要取代的那部分结构的各种参数，即大小、形状、电子分布、亲油性、亲水性、pK_a 值、化学反应性、氢键能力等八个因素，并弄清哪些是决定性参数。其次，要求生物等排体在对化合物的生物性质上取决定作用的参数能够相匹配。第三，对生物等排取代后的新化合物的其他部分进行改造，改良原化合物的其他不足和补偿生物等排取代后带来的缺陷。

生物等排取代法成功应用的例子很多，如在多巴胺激动剂的合成中。多巴胺激动剂中羟基存在较强的水溶性，使之很难越过血脑屏障，从而存在很小的药理效应。然而通过研究发现，羟基对活性是必不可少的，其氢键能力对活性起着决定作用。因此，选用吡咯环来取代羟基，得到了新的多巴胺激动剂，使活性不变的同时，水溶性小的吡咯环带来了更强的药理效应。

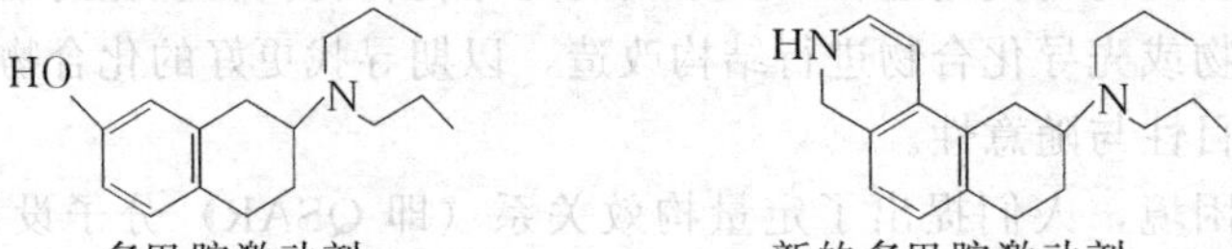

多巴胺激动剂　　　　　　　新的多巴胺激动剂

咪唑环系等排体则在组胺激动剂或拮抗剂中应用很多，组胺中的咪唑环用其他等排体取代后可得一系列活性不变的新化合物。

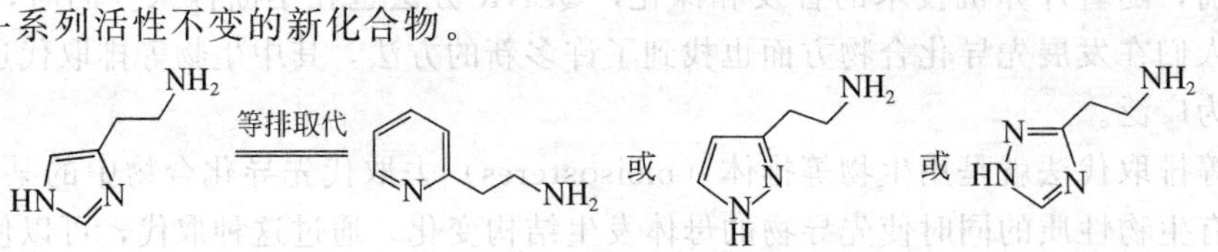

咪唑环的等排取代也被应用于合成新的组胺 H_3 受体拮抗剂中，母体化合物虽然高效，但由于极性的氢键基团存在而减小了其渗透能力，在使用时体内药剂量特别大，选择比咪唑环少一个"NH"的吡啶环进行等排取代后，新化合物则很理想。

14.7.2 计算机辅助有机合成

计算机辅助有机合成（Computer Assisted Organic Synthesis）一词，严格地说，是指利用计算机：①查阅化学合成文献或从反应数据库中检索已知的化学反应；②帮助有机化学家设计与评价合成路线；③实现合成操作的部分自动化，乃至全自动化；④辅助有机化学家管理有机合成实验室；⑤辅助有机合成的教学等五大方面。不过，通常所说的计算机辅助有机合成仅指利用计算机辅助有机合成路线设计。

14.7.2.1 发展概况

计算机辅助有机合成路线设计是指由计算机辅助有机化学家找出目标分子的各种可能的合成路线。最早提出这个主意的是 Vleduts（1963 年），而把理想变成现实的，则是美国哈佛大学的 Corey（1967 年）。Corey 是非常有成就的合成化学家，他尤其富有自我剖析精神。他第一个留心观察了有机化学家在整个合成工作过程中扮演的角色及其逻辑思维过程：确定目标——初步方案——具体设计——实验操作。同时，Corey 认为将合成路线设计的分析过程用计算机加以模拟是可能的。

他率先从事这项工作，于 1967 年总结出一些通用的合成策略和实现这些策略所用的分析方式，并于 1969 年与学生 Wipke 等一起成功地完成了第一个计算机辅助有机合成路线设计程序 OCSS（Organic Chemical Synthesis Simulation，简称 OCSS）。OCSS 的建立，标志着计算机辅助有机合成路线设计这一交叉学科的诞生。OCSS 系统经过 Corey 小组不断的改进，其发展成为今天的 LHASA（Logic and Heuristics Applied to Synthetic Analysis）系统。

此后几十年中，在欧美又建立了一些类似的系统。例如，就在 Corey 建立 OCSS 的时候，1970 年德国慕尼黑工业大学的 Ugi 和 Dugundji 以崭新的思维方式创造性地应用矩阵理论，建立了一套描述化学反应的代数模型（Dugundji-Ugi 模型）。由此，Ugi 小组建立了 CICLOPS 程序，1987 年建成 RAIN 系统。沿着此路线，也建立有一些其他系统。

1971 年美国 Brandies 大学的 Hendrickson 发表的系列著作中阐述了半反应理论，以之为基础，也有许多程序诞生。1978 年 Jorgenson 等人初步建立起 CAMEO 系统，它与前述的三类不同，不是采用逆合成分析思路，而是模拟实际反应体系用物理化学参数沿合成反应方向分析、预测反应产物。

除它们外，各国科学家还设计了一些其他方面的系统。相比之下，中国只有为数不多的大学和研究所在 1982 年才开始这方面的研究，如南开大学自 1999 年起开发了 NKCAOS 系统，并发展到第二代。

总之，在已报道的许多各有特色的计算机辅助有机合成计系统中，就其方法论、逻辑思维方式和产生的影响而言，主要有两个代表性的系统，即 Corey 的 LHASA 系统和 Dugundji-Ugi 模型，它们代表了当今这一工作的基本思维方法和计算机的逻辑算法。

14.7.2.2 检索型的合成设计——LHASA 系统

Wipke 曾建议按合成的前提条件，将有机合成分为三类：

Ⅰ. ? $\xrightarrow{?}$ 目标产物

Ⅱ. 原料 $\xrightarrow{?}$ 目标产物

Ⅲ. 原料 $\xrightarrow{?}$?

其中，Ⅲ是 CAMEO 的目标，Ⅱ是 CICLOPS 程序要解决的合成问题，LHASA 系统则辅助解决第Ⅰ类合成问题。LHASA 系统是经验数据型程序，其设计思想是模拟有机合成化学常用的逆合成分析法。

Corey 等把合成化学家们的经验加以总结，提出了十二步的分析流程法：①简化目标分子的结构复杂程度；②找出合成子；③生成等价的合成子；④加入控制合成子；⑤切开合成子，生成前级产物（前体）；⑥找出切开合成子的具体反应；⑦把前体当做新的目标分子，重复上述过程；⑧直到分析得到适当的原料为止；⑨排除不合理的前体；⑩检查有没有遗漏的问题；⑪重复以上分析步骤，给出所有可能的合成路线；⑫给各条路线评介。因此，对复杂分子的分析结果是合成树。

自 1969 年以来，Corey 小组不断修改和补充，已调整为 5 套针对不同合成问题的分析方案，即 5 类分析策略（Strategies）：① 基于转换的策略（Transform-Based Strategies）；② 结构-目标策略（Structure-Goal Strategies，简称 S-goal 策略）；③ 拓扑逻辑策略（Topologic Strategies）（以寻找并分析策略键为主）；④立体化学策略（Stereochemical Strategies）；⑤官能团导向策略（Functional Group-Based Strategies）。除 S-goal 策略外，其余 4 大策略都不同程度地运用于 LHASA 中。

14.7.2.3 演绎型的合成设计——CICLOPS 程序

以 LHASA 系统为代表的合成路线辅助分析程序，是建立在对反应数据库进行信息检索基础上的，它们给出的分析结果十分具体、实用，有关反应条件、产率等的信息也较完全。但从另一角度看，也有一些缺点，即要事先编辑、建立一个反应数据库，且要随着新进展不断补充，最致命的是整个分析过程都局限在已知反应范围内，故给出的新合成路线只是已知反应在实际进行中的先后次序的重新组合，不可能包含有新的反应。CAMEO 不需要反应数据，也可以给出一些新的反应，但需要反应机理数据库，故新反应的范围是有限的。面对上述不足，Ugi 等建立的 CICLOPS 程序则可补充。

Ugi 等人认为，没有新的反应出现，有机合成化学就会停止发展。因此，他们认为辅助合成路线分析程序应侧重于能分析提出新反应和可能，启发有机化学家的思路，即应该是演绎型程序（Deductive Programs）。从 20 世纪 70 年代初起，Ugi 小组围绕着化学反应本质——反应过程是价电子转移过程（即通常说的旧键断裂、新键生成）——努力建立化学反应的数学物理模型，把有机合成路线设计问题形式化、推理化。这样，分析过程可不受已知反应的限制，只从一些基本的化学原则（如同几何学中的公理）能给出含有新的、前人未曾碰到过的反应步骤的目标分子合成路线，达到启发有机化学家思维的目的。

CICLOPS 是 Ugi 小组建立的最初模型，主要目标是辅助解决第Ⅱ类合成问题，即知道要合成的目标分子，并规定了可选用合成原料范围和反应步骤的上限，但具体的反应条件不清楚时的情况。其理论基础是化学反应矩阵代数模型（即 Dugundji-Ugi 模型），用矩阵来表示分子的结构，用反应矩阵对应反应过程中价电子的转移情况，而且所有的反应都可用反应矩阵来归类。限于篇幅，具体的内容就不多介绍了。

总之，各种方法的侧重点是不同的，有的侧重于对反应的预测能力（即给出有关产率、副产物、反应条件、原始文献……等信息的能力），有的则倾向于产生路线的全面性（即产生所有路线的能力）。但是，对反应的预测能力与产生路线的全面性总是矛盾的（见图 14-1）。为了兼顾矛盾双方，最近发展的辅助合成分析程序一般具有多种功能。随着计算机的日益普及，可以相信该领域将会有更进一步的发展。

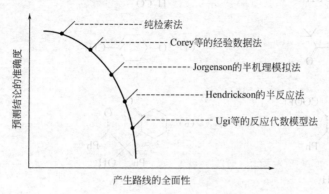

图 14-1　对反应的预测能力与产生路线的全面性的关系

习　题

14.1　完成下列指定原料的合成。

(1) PhNO₂ ⟶ H₂N-C₆H₄-NO₂

(2) PhCH₃ ⟶ 邻甲基氯苯（2-氯甲苯）

(3) PhNH₂ ⟶ Br-C₆H₄-NH₂

(4) 十氢萘-1-酮 ⟶ 2-甲基十氢萘-1-酮　（要求两种方法）

(5) 以苯和≤C₃ 有机试剂以及必要的无机试剂为原料合成：Ph-CO-CH₂-CH₂-CH(CH₃)-OH（5-羟基-1-苯基己-1-酮）

(6) 以苯酚、甲醛和必要的无机试剂为原料合成：H₃CO-C₆H₄-CH₂-CH(C₆H₄-OCH₃)-COOMe 中的结构（一酮酯）

14.2　举例解释下列名词。

(1) 导向基团　　　　　　　　　(2) 活化基、钝化基
(3) 阻塞基（封闭基）　　　　　(4) 保护基团
(5) 潜官能团　　　　　　　　　(6) 极性转换
(7) 逆合成分析、合成子、分割、合成树、汇聚式合成
(8) T. M.、FGI、FGA、FGR、con.、rearr.　　(9) 仿生合成、逆质谱合成
(10) 生物等排体、生物等排取代法　　(11) 计算机辅助合成设计

14.3　设计并合成下列化合物。

(1) 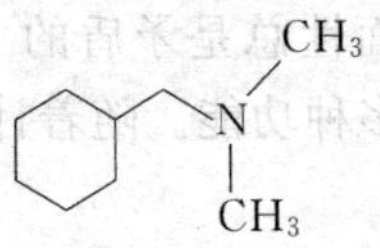 环己基-CH₂-N(CH₃)₂

(2) 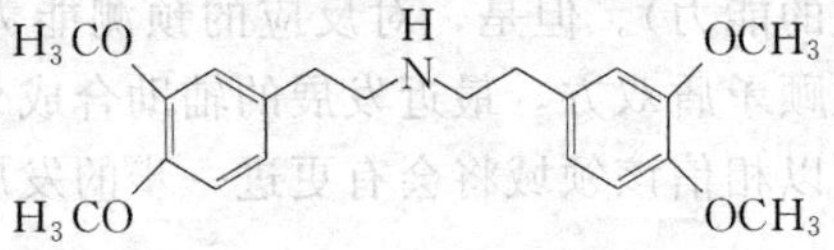 3,4-二甲氧基苯乙基-NH-CH₂CH₂-3,4-二甲氧基苯基

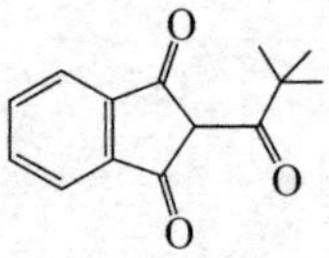

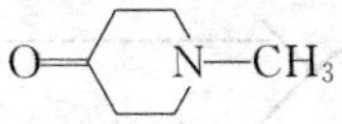

(3) 2-新戊酰基-1,3-茚二酮

(4) 1-甲基-3-哌啶酮

(5) 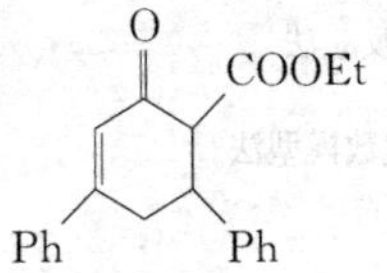 3,5-二苯基-2-氧代-3-环己烯-1-甲酸乙酯

(6) 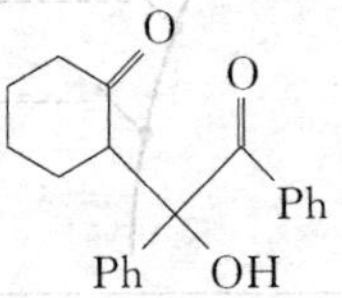 环己酮-2-(α-羟基-α-苯基-苯甲酰甲基)

(7) 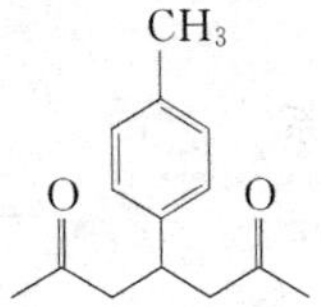 3-(4-甲基苯基)-2,6-庚二酮

(8) 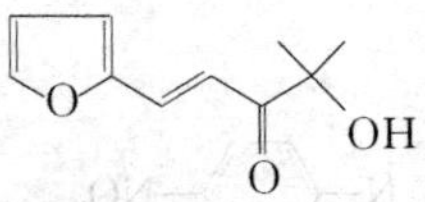 1-(2-呋喃基)-4-羟基-4-甲基-1-戊烯-3-酮

(9) 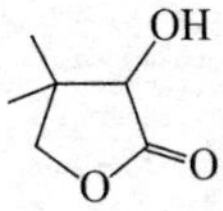 3-羟基-4,4-二甲基-γ-丁内酯

(10) 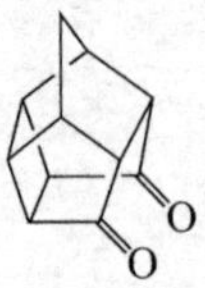 多环笼状酮

(11) 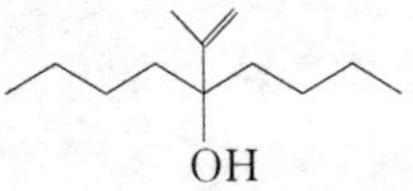 4-丁基-4-辛醇

(12) 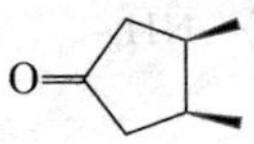 (3R,4R)-3,4-二甲基环戊酮

习题参考答案

14.1 (1) 说明：关键是保护氨基。

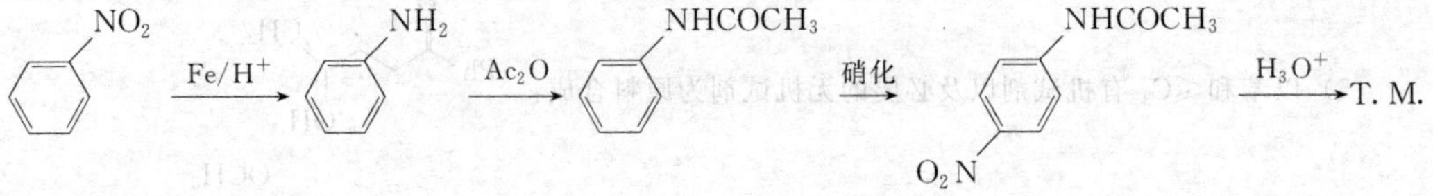

PhNO₂ —Fe/H⁺→ PhNH₂ —Ac₂O→ PhNHCOCH₃ —硝化→ 对-O₂N-C₆H₄-NHCOCH₃ —H₃O⁺→ T.M.

(2) 说明：关键是占据对位，可以是硝基占位，也可以是磺酸基占位。

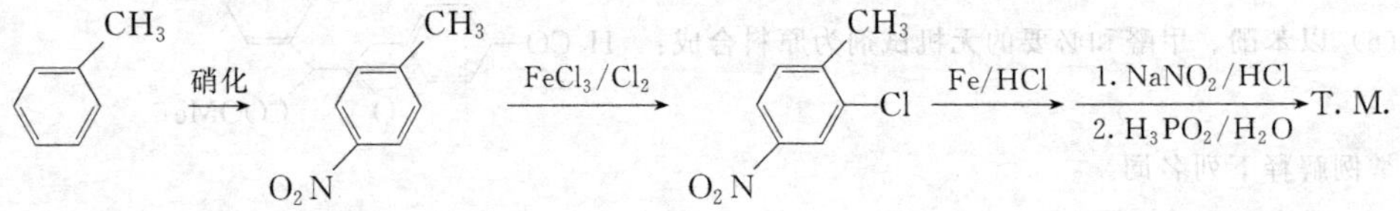

PhCH₃ —硝化→ 对-O₂N-C₆H₄-CH₃ —FeCl₃/Cl₂→ 2-Cl-4-O₂N-C₆H₃-CH₃ —Fe/HCl→ 1. NaNO₂/HCl; 2. H₃PO₂/H₂O → T.M.

(3) 说明：关键是保护氨基。

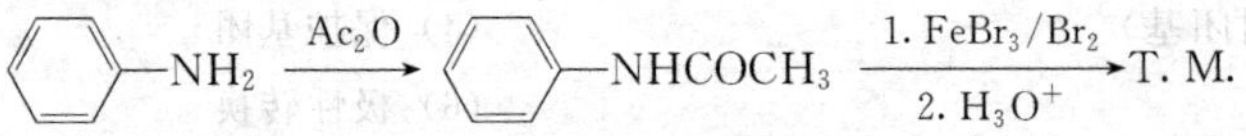

PhNH₂ —Ac₂O→ PhNHCOCH₃ —1. FeBr₃/Br₂; 2. H₃O⁺→ T.M.

(4) 说明：通过对α-位进行保护，实现引入角甲基的目的。

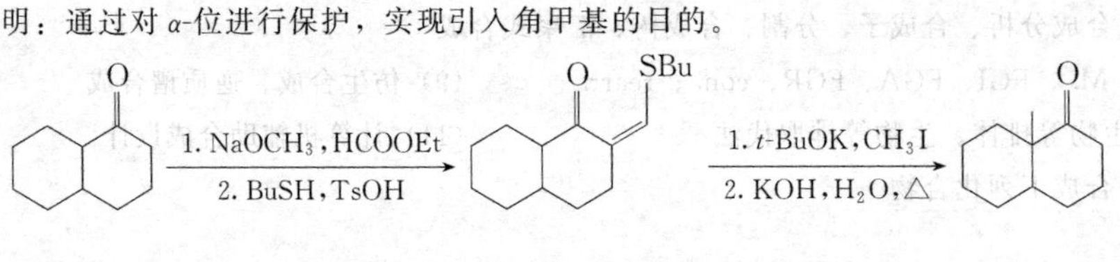

十氢萘酮 —1. NaOCH₃, HCOOEt; 2. BuSH, TsOH→ α-亚甲基(SBu)十氢萘酮 —1. t-BuOK, CH₃I; 2. KOH, H₂O, Δ→ 角甲基十氢萘酮

(5) 说明：关键是 Friedel-Crafts 酰基化反应以及哌啶对羰基的保护。

(6) 说明：本题关键是亲电取代的定位效应以及氯甲基化反应。

14.2 （本题涉及的是一些基本概念与应用，答案略）

14.3 (1) 分析：

合成：

(2) 分析：

合成：

(3) 分析：

合成：

(4) 分析：

合成：

(5) 分析：

合成：

(6) 分析：

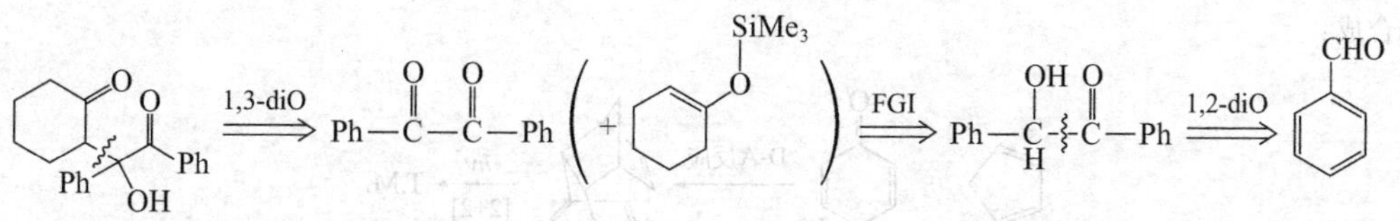
O
1,3-diO
Ph
Ph
OH
O
O
Ph—C—C—Ph
SiMe3
+
FGI
OH O
Ph—C—C—Ph
H
1,2-diO
CHO

合成：

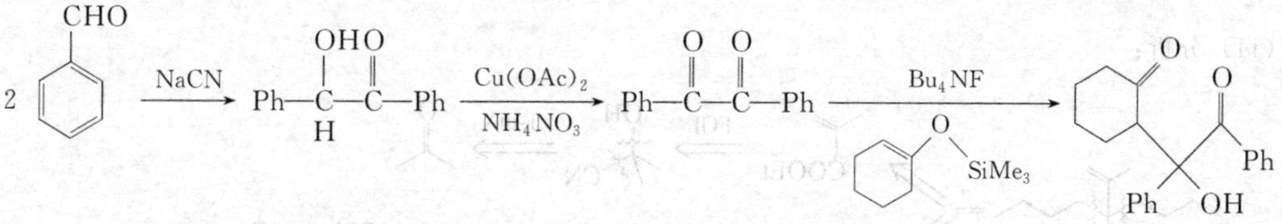
CHO
2
NaCN
OH O
Ph—C—C—Ph
H
Cu(OAc)2
NH4NO3
O O
Ph—C—C—Ph
Bu4NF
O
SiMe3
O
O
Ph
Ph
OH

(7) 分析：

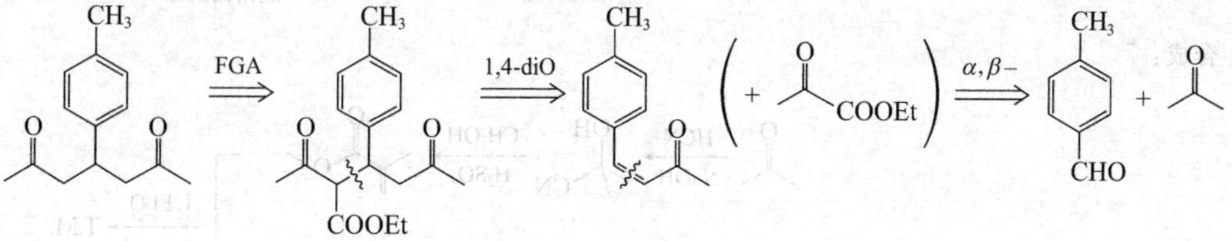
CH3
FGA
CH3
COOEt
1,4-diO
CH3
+
COOEt
α,β-
CH3
CHO
+

合成：

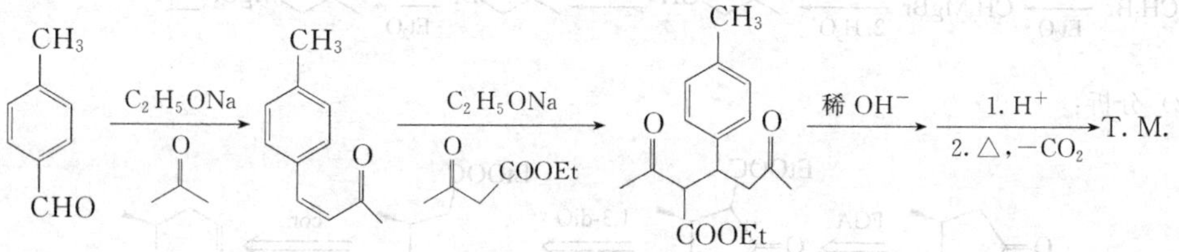
CH3
CHO
C2H5ONa
CH3
C2H5ONa
COOEt
CH3
COOEt
稀 OH−
1. H+
2. △, −CO2
T. M.

(8) 分析：

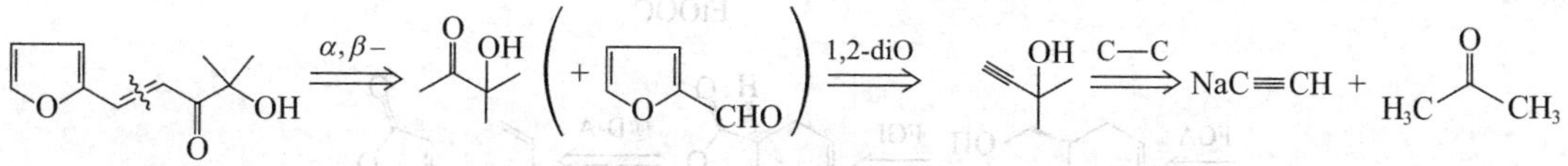
OH
α,β-
OH
+
CHO
1,2-diO
OH
C—C
NaC≡CH
+
H3C
CH3

合成：

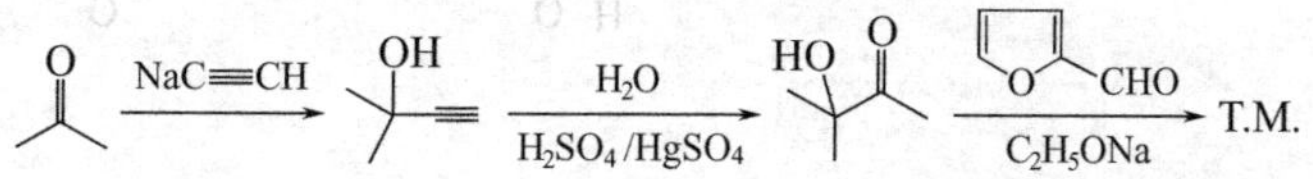
NaC≡CH
OH
H2O
H2SO4/HgSO4
HO
CHO
C2H5ONa
T.M.

(9) 分析：

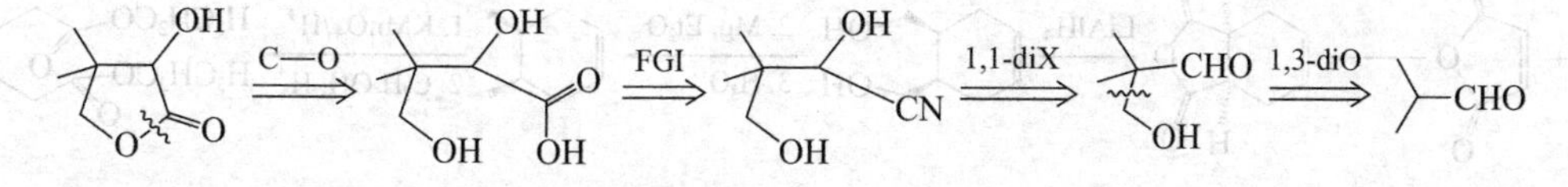
OH
C—O
OH
OH
OH
FGI
OH
CN
OH
1,1-diX
CHO
OH
1,3-diO
CHO

合成：

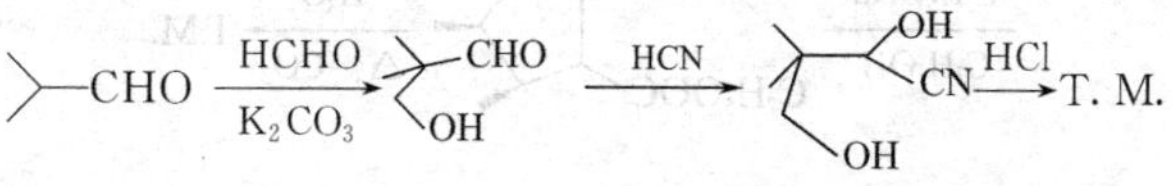
CHO
HCHO
K2CO3
CHO
OH
HCN
OH
CN
OH
HCl
T. M.

(10) 分析：

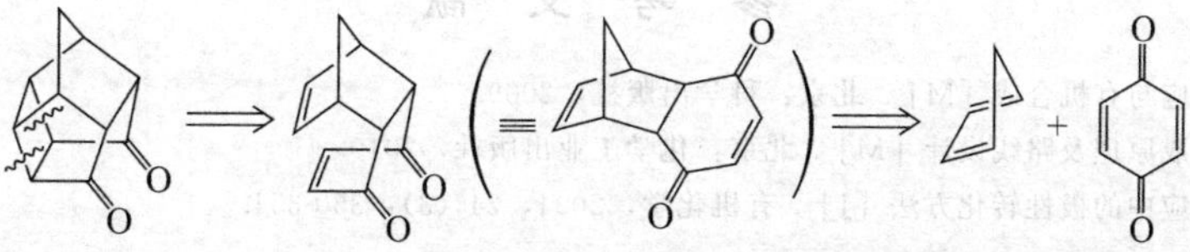

合成：

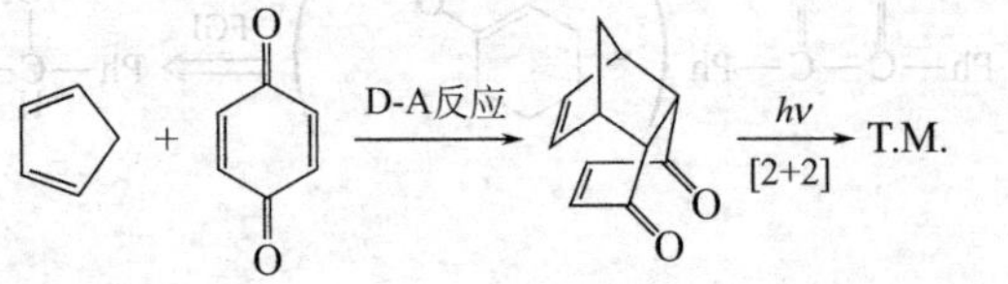

(11) 分析：

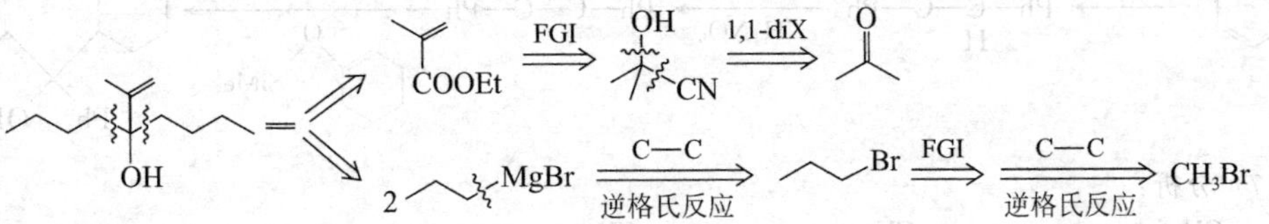

合成：

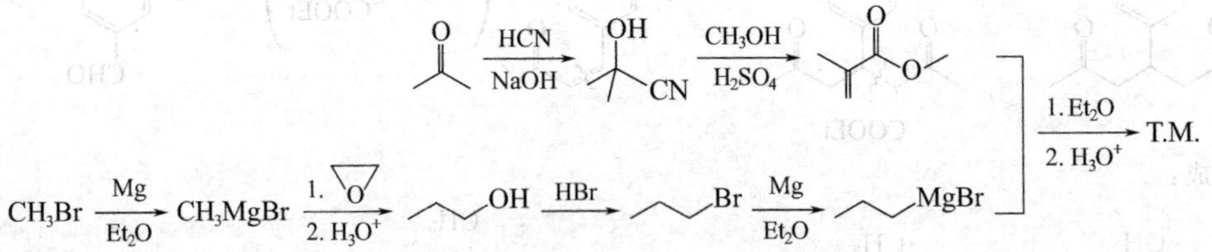

(12) 分析：

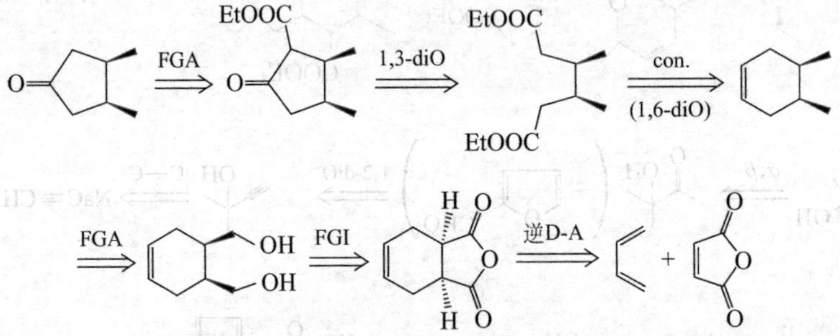

合成：

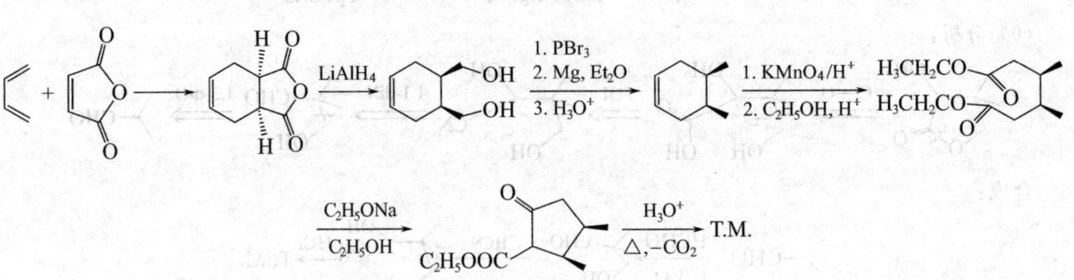

参 考 文 献

[1] 陆国元. 有机反应与有机合成 [M]. 北京：科学出版社，2009.
[2] 陈治明. 有机合成原理及路线设计 [M]. 北京：化学工业出版社，2010.
[3] 王乃兴. 有机反应中的极性转化方法 [J]. 有机化学，2004，24 (3)：350-354.

[4] 张招贵. 精细有机合成与设计 [M]. 北京: 化学工业出版社, 2003.
[5] 于海珠, 傅尧, 刘磊, 郭庆祥. 经过极性转化的亲核有机催化 [J]. 有机化学, 2007, 27 (5): 545-564.
[6] 何敬文, 伍贻康. 羰基保护基团的新进展 [J]. 有机化学, 2007, 27 (5): 576-586.
[7] 张海月, 李杰, 张明涛, 林少凡. 基于 Agents 的计算机辅助有机合成系统 [J]. 南开大学学报 (自然科学版), 2004, 37 (3): 82-88.
[8] Kim J, Movassaghi M. Biogenetically inspired syntheses of alkaloid natural products [J]. Chem Rev, 2009, 38 (11): 3035-3050.
[9] 郑彦, 吕莉. 计算机辅助药物设计在药物合成中的应用 [J]. 齐鲁药事, 2008, 27 (10): 614-616.
[10] 徐筱杰, 侯廷军, 乔学斌, 章威. 计算机辅助药物分子设计 [M]. 北京: 化学工业出版社, 2004.
[11] 姜凤超. 药物设计学 [M]. 北京: 化学工业出版社, 2007.

第 15 章 过渡金属催化偶联反应

过渡金属催化偶联反应是指有机金属试剂与亲电有机试剂在第Ⅰ、Ⅱ和Ⅷ副族的过渡金属催化剂的作用下形成 C—C、C—H、C—N、C—O、C—S、C—P 或 C—M（M 指金属）键的反应。作为形成 C—C、C—N 最为有效的手段之一，过渡金属催化偶联反应已被广泛地应用于有机化学的许多领域，如天然产物、药物分子和生物活性化合物的合成，以及聚合物、液晶、超分子、先进材料、配体等的合成。

过渡金属催化偶联反应通常用发现者人名而命名，如 Heck 反应、Suzuki 反应、Stille 反应、Sonogashira 反应、Glaser 偶联反应、Negishi 反应等。2010 年 10 月 6 日，瑞典皇家科学院宣布，将 2010 年诺贝尔化学奖授予美国科学家理查德·赫克（Richard F. Heck），以及日本科学家根岸英一（Ei-iehi Negishi）和铃木章（Akira Suzuki），这使得过渡金属催化偶联反应更加引起人们的关注。

事实上，过渡金属催化偶联反应的历史很长。大约 100 多年前，法国化学家维克多·格林尼亚（1912 年诺贝尔化学奖得主）发现了格氏试剂，其在创造简单的分子时非常有效。但是，由于格氏试剂反应活性太高，在合成更为复杂的分子时，往往会产生大量的副产物，使反应体系变得复杂；另一方面，这类方法一般难以用来合成两个不饱和碳之间的 C—C 键（如芳基/烯基与芳基/烯基之间的键）。

因此，从 1968 年起，随着金属有机化学在 20 世纪 70 年代的蓬勃发展，赫克等在人们对铜催化 Ullmann 反应等改进和提高的基础上，系统地研究了钯催化交叉偶联反应。各种钯等过渡金属催化的交叉偶联的出现，为化学家们提供了一个更为精确、更为有效的工具，使得化学家们寻求到一种高效合成 C—C 键，特别是两个不饱和碳之间的 C—C 键的方法不再困难，从而使有机合成进入了一个崭新的时代。

X=卤素, OTf, …
M=ZnX, B(OR″)₂, …

15.1 Heck 反应

15.1.1 得名与研究历史

Heck 反应是因 Richard F. Heck 而得名的。他于 1931 年 8 月出生于美国马萨诸塞州的斯普林菲尔德（Springfield），分别于 1952 年和 1954 年从加利福尼亚大学洛杉矶分校（UCLA）获得理学学士学位和博士学位。在瑞士皇家理工学院（ETH）和 UCLA 完成博士后研究之后，他于 1957 年加入美国 Hercules 公司。

1971 年，他转到特拉华大学（University of Delaware），并作为 Willis F. Harrington 教授一直工作到 1989 年退休。多年来，Heck 一直致力于金属催化偶联反应的研究。2010 年，Heck 因为在有机合成领域中钯催化交叉偶联反应方面的卓越研究而获得诺贝尔化学奖，但 Heck 反应的发展过程可以追溯到 20 世纪 70 年代初。

1971 年，Mizoroki 等人使用类似于 Ni 催化芳烃羰基化的反应条件，发现零价钯或者二价钯可以催化碘苯与乙烯基化合物之间的偶联反应。

$$PhI + CH_2=CHR \xrightarrow[CH_3CO_2K]{PdCl_2 \text{ 或 } Pd, CH_3OH, N_2, 120℃} PhCH=CHR + KI$$

$$(R=-H, -C_6H_5, -CH_3, -CO_2CH_3)$$

与此同一个时期，Heck 在大量研究金属催化偶联反应的基础上，独立发现并更加全面地报道了金属钯催化乙烯基化合物芳基化的反应。比较 Mizoroki 的研究结果，Heck 报道的偶联反应具有产率高和反应条件更加温和的优点。同时，Heck 还简要地提出了钯的催化机理，并指出了该反应存在的一些局限，如立体化学不够专一、分子内有着异构化现象等。

随后，Heck 继续深入地研究了这一反应，不仅显著地拓展了底物范围，而且成功地缩减了催化剂的用量，使之能够达到 0.05%（摩尔分数，下同）用量。这些工作初步奠定了 Heck 反应在全合成有机化学中的重要地位。现在，Heck 反应已经成为有机合成中一个极其重要的构建 C—C 键的方法，被广泛用于各类芳香取代烯烃或者联烯烃的合成。

$$\text{PhBr} + CH_2=CHCO_2H \xrightarrow[150℃, 2h]{Pd(OAc)_2, (0.05\%), PPh_3(1\%), (n-Bu)_3N} \text{PhCH=CHCO}_2H \quad 74\%$$

15.1.2 定义及反应机理

钯催化的卤代芳烃、卤代烯烃（或者它们的类似物）与乙烯基化合物之间的交叉偶联反应，被称为 Heck 反应（有时也称为 Mizoroki-Heck 反应）。该反应是合成芳香取代烯烃或者联烯烃等化合物的有效方法之一，可用以下通式来表示。

$$R-X + \begin{matrix} H \\ | \\ R^2 \end{matrix}\!\!=\!\!\begin{matrix} R^1 \\ | \\ R^3 \end{matrix} \xrightarrow{Pd(0), 碱} \begin{matrix} R \\ | \\ R^2 \end{matrix}\!\!=\!\!\begin{matrix} R^1 \\ | \\ R^3 \end{matrix}$$

$$(R=\text{芳基或烯基}; X=I, Br, Cl, N_2^+X, COCl, OTf, SO_2Cl \text{ 等})$$

目前普遍接受的 Heck 反应机理是一个催化循环过程，它包括四个阶段：催化剂前驱体活化（catalyst preactivation）、中间体 $RPdXL_2$ 氧化加成（oxidative addition）、烯烃迁移插入（alkene insertion）、钯氢的 β-还原消除（β-hydrogen elimination）（见图 15-1）。

15.1.3 Heck 反应的催化条件

15.1.3.1 催化剂与配体

Heck 反应的催化剂体系主要包括钯及配体两个部分，它们是研究 Heck 反应所关心的核心问题。从各种简单的无机钯，如 $PdCl_2$ 和 $Pd(OAc)_2$ 等，到含有膦配体的钯催化剂体系，从环境友好的无膦钯催化剂体系到不使用额外配体的环钯催化剂体系，不断有新的钯配合物及配体被合成出来并应用到各类 Heck 反应中。

单齿膦配体是 Heck 反应芳基化反应中最常用的，其重要代表是 $P(o\text{-Tol})_3$。当配体中磷原子上的取代基为强推电子基团时，Pd 对于 R-X 的氧化加成将变得更加容易，这一点对于氯苯等惰性底物尤其重要。但是，富电子膦配体会导致 Heck 催化循环中后续几个步骤速率降低，而且富电子膦配体对空气非常敏感不便使用。

$$\text{4-OHC-C}_6H_4\text{-Br} + CH_2=CHCN \xrightarrow[DMF, 130℃]{Pd(OAc)_2, P(o\text{-Tol})_3, NaOAc} \text{4-OHC-C}_6H_4\text{-CH=CH-CN} \quad 79\%$$

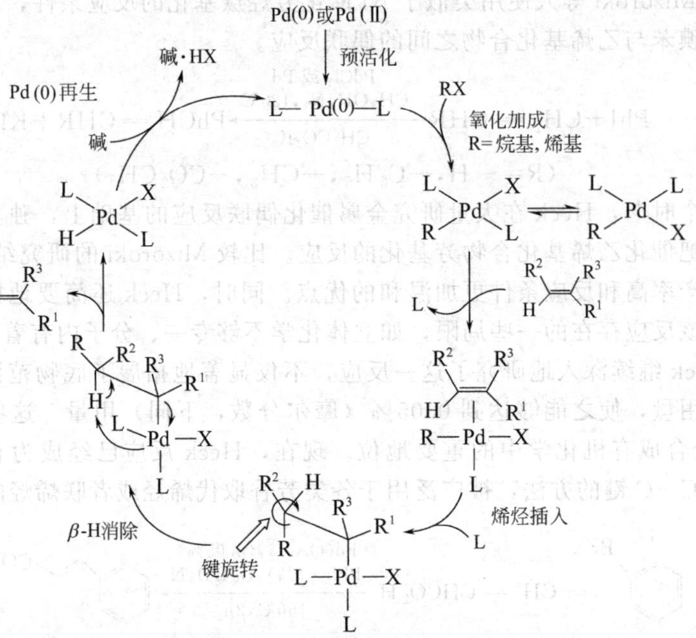

图 15-1 Herk 反应机理

随着对 Heck 反应机理的深入研究，人们发现双齿配体对于阳离子途径起着至关重要的作用。双齿配体只需与 Pd 等当量加入，而且形成的 Pd-配合物更加稳定，催化活性更高。人们还发现，使用 Ar-OTf 替代卤代芳烃或者是向反应中加入银盐和铊盐等食卤剂，会更加有利于双齿配体发挥作用。

此外，杂环卡宾、三价砷（如 $AsPh_3$）、1,10-邻二氮杂菲、具有较大位阻的硫脲和 N, O-双齿氨基酸等也可以作为 Pd 的配体。如果利用新型环钯化合物作催化剂，无需外加配体。

15.1.3.2 碱与添加剂

在钯氢还原消除反应完成之后，生成的钯氢配合物需在碱的作用下才能重新生成具有催化活性的二配位零价钯，从而再次进入催化循环。在 Heck 反应中常用的无机碱有 NaOAc、Na_2CO_3、K_2CO_3 和 $CaCO_3$ 等。一些叔胺类有机碱也可以用于 Heck 反应，如 Et_3N、i-Pr_2NEt 和 1,2,2,6,6-五甲基哌啶等。

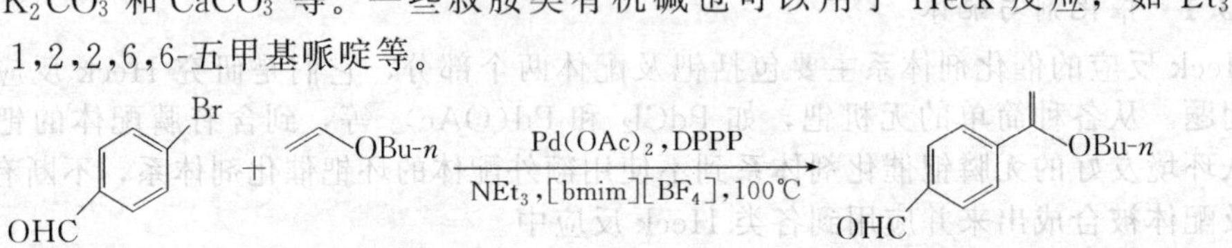

添加剂在 Heck 反应中也经常扮演着一个不可缺少的角色，特别是一价银盐作为有效的食卤剂，能够促进 16 电子的 Pd 阳离子中间体的形成，使得一些反应从中性途径转向阳离子途径，从而在不饱和卤代烃的 Heck 反应中显著提高反应的速率，防止催化剂钝化，并减少产品烯烃的异构化。常用的银盐有 Ag_2CO_3、Ag_3PO_4 和 Ag 掺杂沸石。

另外，铊盐（如 Tl_2CO_3、TlOAc 以及 $TlNO_3$）也能起到食卤剂的作用，但强烈毒性使它们的应用受到限制。

15.1.3.3 溶剂和温度

在 Heck 反应中常用的溶剂一般是极性的非质子性溶剂，如 THF、乙腈、DMF、

DMA、HMPA（六甲基膦酰三胺）和 NMP（1-甲基-2-吡咯酮）等。在一些特殊的 Heck 反应中，苯、甲苯和 DCE（二氯乙烷）等低极性溶剂也有应用的报道。在许多不对称 Heck 环化反应中，溶剂的极性可影响反应的立体选择性，因而需要根据实际底物来筛选。

Heck 反应的温度范围通常为室温至 100℃，具体的反应温度随体系的不同变化较大。通常，升高反应温度或减少溶剂的用量能够加快反应的速率，缩短反应时间。

15.1.4 Heck 反应的底物

15.1.4.1 卤化物

在经典的 Heck 反应中，对于 R—X 部分通常使用的是卤代芳香烃，这是 Heck 反应研究中最早使用和最为经典的一类反应底物。它们的反应速率大小顺序一般为：ArI＞ArBr≫ArCl。

$$\text{HO}_2\text{C-C}_6\text{H}_4\text{-I} + \text{CH}_2\text{=CH-CO}_2\text{H} \xrightarrow[\text{K}_2\text{CO}_3, \text{H}_2\text{O}]{\text{Pd(OAc)}_2, \text{PPh}_3} \text{HO}_2\text{C-C}_6\text{H}_4\text{-CH=CH-CO}_2\text{H} \quad 90\%$$

碘代芳烃的反应速率最快，产率也最高。Mizoroki 和 Heck 最初的发现就是从碘代苯的催化反应中取得了突破。但是，碘代芳烃价格通常比较昂贵，使得它们在实际应用中受到了不少的限制。

相比之下，溴代芳烃的价格较为低廉，而且反应速率适中。由于它们在反应过程中一般只经过中性中间体途径，因而副产物较少，是目前 Heck 反应中比较常用的卤代底物。

氯代芳烃的反应活性很低，但其价格低廉、市场供应充足，是工业化应用中最为理想的卤代试剂，但有关氯代芳烃的 Heck 反应研究目前还不够成熟，非常值得继续深入探索。

此外，其他卤化物，如苄基氯，有着足够的活性，能够与甲基丙烯酸酯在 Pd(OAc)$_2$/PPh$_3$ 催化条件下进行 C—C 偶联反应，但生成的产物由于 β-氢消除位置的不同而有两种。

$$\text{PhCH}_2\text{Cl} + \text{CH}_2\text{=CH-CO}_2\text{CH}_3 \xrightarrow[(n\text{-Bu})_3\text{N}, 100℃]{\text{Pd(OAc)}_2} \text{Ph-CH=CH-CH}_2\text{-CO}_2\text{CH}_3 + \text{Ph-CH}_2\text{-CH=CH-CO}_2\text{CH}_3$$
$$67\% \quad\quad\quad 9\%$$

噻吩、呋喃、吡啶等五、六元杂环卤代物，在 Heck 反应条件下均能顺利发生 C—C 偶联反应。此外，卤代烯烃之间的 C—C 偶联反应，也都能得到良好的结果。

$$\text{2-Br-thiophene} + \text{4-vinylpyridine} \xrightarrow[\text{Et}_3\text{N}, 100℃, 96h]{\text{Pd(OAc)}_2, \text{P(}o\text{-Tol)}_3} \text{产物} \quad 57\%$$

15.1.4.2 类卤化物

苯酚类化合物经过磺酰化反应可以转化为活性相对较高的磺酸基取代苯。这类化合物代表了 Heck 反应中一类重要的亲电试剂，为酚类化合物在 C—C 键生成反应中的应用开辟了途径。重要的磺酸基取代苯类化合物，包括：Ar-OTf（三氟甲磺酸基衍生物）、Ar-OTs（对甲苯磺酸基衍生物）以及 Ar-ONf（九氟丁磺酸基衍生物）等。其结构如下所示。

Ar-OTf：Ar—O—S(=O)$_2$—CF$_3$

Ar-OTs：Ar—O—S(=O)$_2$—C$_6$H$_4$—CH$_3$

Ar-ONf：Ar—O—S(=O)$_2$—(CF$_2$)$_3$CF$_3$

另外，芳基重氮盐是较早发现的一类 Heck 反应底物。它们参与的 Heck 反应不需要碱，也可以不需要膦配体的参与，而且反应条件较为温和。它们的反应活性较碘代芳烃更高，唯一的缺点是制备较为昂贵。

$$\text{Me-C}_6\text{H}_3(\text{N}_2\text{BF}_4)(\text{I}) \xrightarrow[\text{Pd(OAc)}_2,\ \text{EtON, 80℃}]{\text{H}_2\text{C=CHX}\ (X=\text{Ph, CO}_2\text{Et})} \text{Me-C}_6\text{H}_3(\text{CH=CHX})(\text{I}) \xrightarrow[\text{Pd(OAc)}_2,\ \text{NaHCO}_3,\ \text{DMF, 100℃}]{\text{H}_2\text{C=CHY}\ (Y=\text{CO}_2\text{Et, CN})} \text{Me-C}_6\text{H}_3(\text{CH=CHX})(\text{CH=CHY})$$

芳香碘鎓盐跟芳基重氮盐有着较为相似的性质，但是前者对于反应条件（尤其是碱）具有更好的承受能力。此外，芳基碘鎓盐在低温下也有着较高的反应活性，因此一些不能在通常的 Heck 反应条件下进行的转换反应也可以被顺利实现。但是，由于芳基碘鎓盐的制备较为昂贵，将这类底物用于简单的 Heck 反应是不够经济的。

此外，芳基酰氯（ArCOCl）、芳基磺酰氯（ArSO$_2$Cl）等底物，反应活性也较高。

15.1.4.3 Heck 反应中的烯基化合物

在经典的 Heck 反应中，烯烃部分通常使用的是甲基丙烯酸酯、苯乙烯等缺电子的或者电中性的乙烯基化合物。在区域选择性上，这些缺电子的或者电中性的乙烯基化合物主要生成 β-位置取代的产物，即在双键上取代基团较少的位置上被芳基化或乙烯化。

$$\text{PhCl} + \text{CH}_2=\text{CH-Ph} \xrightarrow[\text{NMP, Ar}]{\text{Pd/Al}_2\text{O}_3,\ \text{NaOAc}} \text{Ph-CH=CH-Ph}$$

富电子的乙烯基化合物的区域选择性则不够理想，常常得到两个位置分别被取代的混合物。使用磺酸基的芳香化合物作为反应底物，或者加入化学等当量的银盐或铊盐，可在一定程度上提高富电子乙烯基化合物的反应区域选择性。

15.1.5 Heck 反应绿色化进展

过去人们一直认为水分子的存在对于 Heck 反应具有负面的影响，但是随着研究的深入，越来越多的研究者发现水对 Heck 反应有着奇特的促进作用。从机理上讲，水是强极性溶剂，可充当 Pd 配体使用。因此，水在阳离子途径的机理中可以加速迁移插入等过程。这一点对于使用无膦配体或者没有配体的催化体系尤其重要。

$$\text{MeO-C}_6\text{H}_4\text{-I} + \text{环烯} \xrightarrow[\text{MeCN-H}_2\text{O, 25~37℃}]{\text{Pd(OAc)}_2,\ \text{Et}_3\text{N}} \text{MeO-C}_6\text{H}_4\text{-(环烯基)}\quad 89\%\sim91\%$$

室温离子液体代表了一类新兴的反应介质，具有非挥发性、低熔点、宽液程、良好的导热性、高稳定性以及选择性溶解能力与可设计性等优点。室温离子液体具有很多独特的性质，尤其是它与非极性溶剂和水的互溶性可以由温度控制，使得在离子液体中进行的反应催化剂可以方便回收。常见的室温离子液体包括 bmim、bbim、emim、pmim、C_6Py 等阳离子和 Cl^-、BF_4^-、PF_6^- 等阴离子相互组合形成的熔盐。

$$R^1-N^{\oplus}\!\!-\!\!N-R^2 \qquad \begin{array}{l} R^1=n\text{-Bu, }R^2=\text{Me: [bmim]}\\ R^1=R^2=n\text{-Bu: [bbim]}\\ R^1=\text{Et, }R^2=\text{Me: [emim]}\\ R^1=C_5H_{11},\ R^2=\text{Me: [pmim]} \end{array} \qquad \text{Py}^+\!-\!C_6H_{13}\ \ C_6\text{Py}$$

从机理上考虑，离子液体应该可以促进 Heck 反应的发生。这是因为离子液体具有较大的极性，利于阳离子途径的 Heck 反应机理。

$$\text{PhI} + \text{EtO}_2\text{C}\diagup \xrightarrow[\text{[C}_6\text{Py]Cl,40°C,24h}]{\text{Pd(OAc)}_2,\text{Et}_3\text{N}} \text{PhCH=CHCO}_2\text{Et} \quad 99\%$$

15.2 Suzuki 偶联反应

15.2.1 得名与研究历史

早期的 Suzuki 偶联反应，有时又被称为 Suzuki-Miyaura 偶联反应，它因两个科学家而得名。

Akira Suzuki 1930 年生于日本北海道，就读于北海道大学。1961 年留校任助理教授，1971 年升为教授。曾在美国 Purdue 大学 Herbert C. Brown 教授小组做博士后研究。自 1973 年起先后是 Okayama（冈山）University of Science 和 Kurashiki（仓敷）University of Science and the Art 的教授。

他一直致力于有机合成化学，特别是新合成方法学的研究工作。其杰出的化学成就赢得了日本化学会奖、日本有机合成化学特别奖和 Herbert C. Brown 讲座奖等诸多奖项和称号。2010 年，他因 Suzuki（铃木）反应而荣获 2010 年诺贝尔化学奖。

Norio Miyaura 1946 年生于日本北海道，于北海道大学获得学士和博士学位，之后作为助理教授进入该校 Akira Suzuki 研究小组工作，1994 年晋升为教授。曾在美国 Indiana 大学 J. K. Kochi 教授小组从事炔烃的环氧化研究。他在金属催化的有机硼化物的合成及相关领域颇有造诣。

20 世纪 70 年代，钯催化的有机金属化合物交叉偶联反应得到了广泛的发展。1981 年，Suzuki 和 Miyaura 将苯硼酸作为亲核试剂，引入与溴代化合物的 C—C 交叉偶联反应中，在催化剂 Pd(PPh$_3$)$_4$ 的存在下，以 Na$_2$CO$_3$ 为碱和苯为溶剂可顺利得到偶联产物。这就是早期的 Suzuki-Miyaura 偶联反应。

$$\text{PhB(OH)}_2 + \text{4-BrC}_6\text{H}_4\text{CO}_2\text{Me} \xrightarrow[\text{Na}_2\text{CO}_3,\text{PhH,6h}]{\text{Pd(PPh}_3)_4} \text{4-MeO}_2\text{C-C}_6\text{H}_4\text{-Ph} \quad 94\%$$

相对于其他的有机金属化合物，硼酸衍生物对热、空气、水分不敏感，具有廉价易得、低毒以及副产品易于分离等诸多优点。但是，有机硼化合物的制备通常是格氏试剂或有机锂试剂与三烷基硼酸酯的反应来完成。

$$\text{ArMgX} \xrightarrow[\text{2. H}_3\text{O}^+]{\text{1. B(OMe)}_3} \text{ArB(OH)}_2$$

$$\text{RX} \xrightarrow[\text{3. H}_3\text{O}^+]{\substack{\text{1. BuLi}\\ \text{2. B(OPr-}i\text{)}_3}} \text{RB(OH)}_2$$

这一制备过程有时是限制有机硼化合物作为亲核试剂参与交叉偶联反应的最主要因素。

此外,一些硼酸衍生物的提纯较为困难。因此,在一些对于纯度要求较高的应用领域,Suzuki 反应的应用尚有局限性。

15.2.2 定义及反应机理

Suzuki 偶联反应是指在 Pd 催化下的有机硼化合物参与的 C—C 交叉偶联反应,可用以下通式来表达。

$$RX + R^1BY_2 \xrightarrow{Pd\ Cat.} R-R^1$$

(R=芳基、乙烯基、烷基;X=Cl,Br,I,OTf;Y=OH,OR^2 等)

至今被人们广泛接受的 Suzuki 偶联反应的机理是一个三步历程的催化循环(图 15-2)。

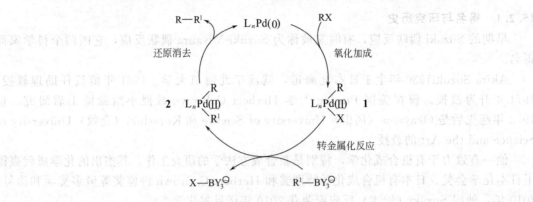

图 15-2 Suzuki 偶联反应机理

① 氧化加成:活性催化剂 $L_nPd(0)$ 与亲电试剂 RX 发生氧化加成,生成过渡态化合物 **1**,该步骤往往是整个偶联反应的决速步骤。

② 转移金属化:有机硼化合物在碱的作用下转变为带负电荷的 $R^1BY_3^-$,再与 **1** 发生转金属化作用,生成 $X-BY_3^-$ 和过渡态化合物 **2**。

③ 还原消去:**2** 经过还原消去历程生成产物 $R-R^1$。对活性催化剂 $L_nPd(0)$ 的研究表明,在一些反应中真正发挥催化作用的可能是单配位的化合物 LPd(0)。

15.2.3 Suzuki 反应的催化条件

15.2.3.1 催化剂前驱体

在常见的过渡金属催化反应中,催化剂前驱体通常可分为需要配体参与和无需配体参与两种类型。在 Suzuki 偶联反应催化体系中,前者多为 Pd(OAc)$_2$、PdCl$_2$、PdI$_2$ 和 Pd$_2$(dba)$_3$ 等化合物;而后者则包括了各类常见配体配位后形成的钯化合物,如 Pd(PPh$_3$)$_4$、PdCl$_2$(PPh$_3$)$_2$、PdCl$_2$(dppf)、PdCl$_2$(dppb)、PdCl$_2$(allyl)$_2$ 和 PdCl$_2$(SEt$_2$)$_2$ 等。其中,Pd(PPh$_3$)$_4$ 是在 Suzuki 反应发展初期使用最为广泛的一种催化剂前驱体,至今仍被频繁使用。

$$\text{Cl-}\underset{(Z=C\text{或}N)}{\text{ZN(NH_2)}} + RB(OH)_2 \xrightarrow[\text{DME-H}_2\text{O}]{Pd(PPh_3)_4, Na_2CO_3} R-\text{ZN(NH_2)}$$

随着研究的深入,各种环钯化合物催化剂前驱体、有机聚合物负载催化剂前驱体、无机聚合物负载催化剂前驱体、无机基质负载催化剂前驱体、纳米催化剂前驱体等层出不穷。

15.2.3.2 配体

在 Suzuki 偶联反应近三十年的发展过程中，配体也不断推陈出新。从最早使用的 PPh_3 到无膦的卡宾配体（如碳配体、氮配体）等。

单齿膦配体是配体中结构最为丰富多样的一类，PPh_3 是最早和最广泛地被应用于 Suzuki 偶联反应的单齿膦配体。由于烷基取代的配体具有更好的富电性和更大的空间位阻，许多该类配体在一些活性较低底物参与的反应中表现出更为优秀的催化活性。目前，$P(t\text{-Bu})_3$ 已成为继 PPh_3 之后应用最为广泛的单齿膦配体。

$$H_2N\text{-}C_6H_4\text{-}Cl + C_6H_5\text{-}B(OH)_2 \xrightarrow[Cs_2CO_3, 二氧六环]{Pd_2(dba)_3, P(t\text{-Bu})_3} H_2N\text{-}C_6H_4\text{-}C_6H_5$$
80～90℃, 24h

在 Suzuki 偶联反应中常见的含膦双齿配体有 P—P、P—C、P—O、P—N 和 P—S 等类型。其中，P—P 型双齿化合物更多，最为常见的是二茂铁类配体 dppf，它在和钯催化剂前驱体配位之后，不但可以顺利催化完成各类硼化合物亲核试剂的偶联反应，对不同的亲电试剂也有很好的催化活性。此外，一些多齿膦配体也可应用于 Suzuki 偶联反应中。

$$\text{OTs-furanone} + ArB(OH)_2 \xrightarrow[\text{甲苯}/H_2O, 50℃, 12h]{RhCl(PPh_3)_3, dppf, CsF} \text{Ar-furanone}$$

其中：dppf (二茂铁双膦配体)

根据与金属钯成键形式的不同，碳配体可以分为两类：一类是以碳原子上未成键电子配合的卡宾配体，另一类则是以 π-键配合的各类烯烃化合物。卡宾由于可以和金属形成稳定的配合结构，从而有效地降低了配体的用量（这是该类配体相对于很多膦配体的最大优势所在）。因此，它是一类重要的无磷配体，又被称为"模拟膦配体"。

用于 Suzuki 偶联反应的氮配体多是一些胺类、亚胺类和含氮杂环化合物，其中包括单齿、双齿和三齿配体。此外，有机硫化合物也可以作为配体参与 Suzuki 偶联反应。

$$\text{4-MeC}_6H_4\text{Br} + C_6H_5B(OH)_2 \xrightarrow[\text{DMF,室温,62h}]{PdCl_2(SEt_2)_2, K_2CO_3, (t\text{-Bu})_4NBr} \text{4-MeC}_6H_4\text{-}Ph \quad 100\%$$

15.2.3.3 碱

从 Suzuki 偶联反应的机理可以看出，碱在整个反应过程中起着重要的作用——它可以将有机硼化合物转变为带负电荷的 $R^1BY_3^-$，继而再进行转移金属化历程。这一作用目前已得到了计算化学的理论支持。

通常用于 Suzuki 偶联反应的碱，既有无机碱，也有有机碱。常用的无机碱有 K_3PO_4、K_2CO_3、KOH、Cs_2CO_3、Na_2CO_3、KF、CsF 和 $Ba(OH)_2$ 等；常用的有机碱有 KOBu-t、NaOBu-t、KOMe、NEt_3 和 $t\text{-BuNH}_2$ 等。

$$\text{3,5-dibromo-2-aminopyridine} + \text{6-methoxypyridin-3-yl boronic acid} \xrightarrow[\text{1,4-二氧六环,回流,8h}]{Pd(PPh_3)_2Cl_2, Na_2CO_3} \text{bis(6-methoxypyridyl)-2-aminopyridine}$$

15.2.3.4 溶剂

同碱一样，溶剂在 Suzuki 偶联反应中也起着重要的作用。它除了可使参与反应的各个组分处于均相之外，也是调节反应温度的载体。在 Suzuki 偶联反应中各类溶剂均有应用，如 DMF、二氧六环、THF、甲苯、二甲苯、乙腈、三氯甲烷、丙酮等，以及各种醇类（如甲醇、丙醇、丁醇和聚乙二醇等）。

其次，一些混合溶剂在该类反应中也有很好的表现，如甲苯/乙醇混合溶剂。此外，一些更为环境友好的绿色化溶剂也在 Suzuki 偶联反应中得到了应用，如水、离子液体和超临界流体等。

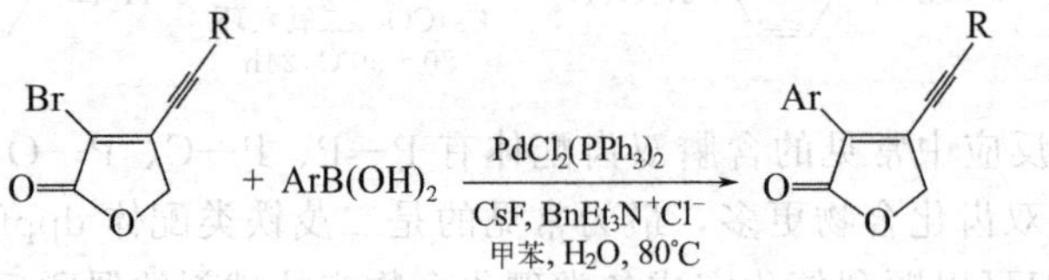

$$\text{底物} + ArB(OH)_2 \xrightarrow[\text{甲苯, H}_2\text{O, 80°C}]{PdCl_2(PPh_3)_2,\ CsF,\ BnEt_3N^+Cl^-} \text{产物}$$

15.2.3.5 添加剂

应用于 Suzuki 偶联反应中的添加剂主要有两大类：一类是金属盐，如 LiCl、Ag_2O 和 AgOTf 等；另一类是各种季铵盐，如 TBAB 和 $C_{16}H_{33}(CH_3)_3NBr$ 等。这些添加剂由于可以稳定催化剂与反应底物配合所形成的过渡态化合物，从而抑制副反应和提高产率的效果，因此是一些反应中必不可少的组分。

15.2.4 Suzuki 反应中的亲电试剂

15.2.4.1 卤代烃

在 Suzuki 偶联反应中，卤代芳烃是研究最多最广的亲电试剂。不同卤代芳烃的活性依次是：ArI＞ArBr≫ArCl＞ArF。其中，氯代芳烃因为廉价易得和原料丰富而成为研究热点之一。到目前为止，可以用于氯代芳烃偶联反应的催化体系已经较为丰富，越来越多的配体和催化剂都可以顺利完成氯代芳烃的偶联反应。甚至在一些催化体系中，未活化的氯代芳烃在室温下便可完成与苯硼酸的 C—C 偶联。

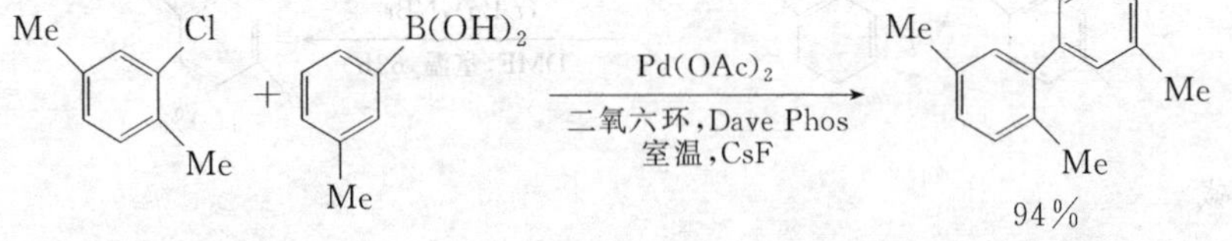

$$\text{ArCl} + \text{ArB(OH)}_2 \xrightarrow[\text{室温, CsF}]{Pd(OAc)_2,\ \text{二氧六环, Dave Phos}} \text{产物}\ 94\%$$

对于溴代、碘代芳香化合物，适用的催化体系也多种多样。除专门用于这两类亲电试剂的体系外，多数可以催化溴代芳烃的体系对部分氯代芳香烃也有一定的催化活性。

除了各类卤代芳烃外，卤代烯烃和卤代烷烃也是一类可以用于 Suzuki 偶联反应的亲电试剂。

15.2.4.2 卤代杂环化合物

卤代杂环化合物可以通过 Suzuki 偶联反应生成芳基取代杂环化合物，这些产物在医药化学研究领域中占有十分重要的地位。因此，卤代杂环化合物是 Suzuki 偶联反应中一类具有重要应用价值的亲电试剂。

通常这类试剂主要是含氮和含硫两类杂环化合物。由于其分子中所含杂原子的孤电子对也能参与催化剂的配合，从而形成不具催化活性的过渡态。因此，这类亲电试剂的偶联反应往往需要更具选择性的催化体系来完成。

$$\text{2-氯-4-氨基-2,6-二甲基嘧啶} + \text{邻甲苯硼酸} \xrightarrow[\text{CH}_3\text{CN/H}_2\text{O}, 100℃]{\text{Pd(OAc)}_2, \text{S-Phos}} \text{偶联产物}\ 97\%$$

15.2.4.3 磺酸酯化合物

可以用于 Suzuki 偶联反应的磺酸酯化合物主要有两类，即 —OTf（三氟甲基磺酸酯）取代化合物和 —OTs（对甲苯磺酸酯）取代化合物。

此外，磺酰氯化合物、芳香重氮盐化合物、碳酸酯化合物、N-芳香基-N-烷基乙酰胺化合物等也可作为 Suzuki 偶联反应的亲电试剂。

15.2.5 Suzuki 反应中的亲核试剂

自 20 世纪 80 年代发展至今，Suzuki 反应已经成为现代有机合成中一种十分有效的 C—C 成键手段，相比较于其他钯催化的偶联反应，这一反应主要有以下优点：

① 反应所用亲核试剂（即各类硼酸衍生物）化学性质稳定、低毒、易保存；

② 硼原子具有与碳原子相近的电负性，使得该类亲核试剂中可以有功能基团的存在（如氨基、醛基和羰基等），从而使得该反应可以用于功能分子的合成；

③ 反应中所产生的硼化合物副产品易于后处理（如碱液洗涤等）。

由此可以看出，各类硼酸衍生物作为亲核试剂的使用，是奠定 Suzuki 偶联反应重要地位的基础。

15.2.5.1 硼酸化合物

在 Suzuki 偶联反应中，硼酸化合物是使用最多和研究最广的一类亲核试剂，而苯硼酸及其衍生物则又是该类化合物中最为常见的。到目前为止，各类苯硼酸及其衍生物与卤代芳烃、烯烃和杂环等亲电试剂的 Suzuki 偶联反应已屡见报道。

$$\text{3,4-二溴-2(5H)-呋喃酮} + (\text{HO})_2\text{B-Ar}(R^1, R^2) \xrightarrow[\text{THF}]{\text{PdCl}_2(\text{MeCN})_2, \text{Ag}_2\text{O}, \text{AsPh}_3} \text{偶联产物}$$

除芳基硼酸及其衍生物外，一些烃基硼酸和杂环硼酸也可以用作 Suzuki 偶联反应的亲核试剂。烃基硼酸的使用特别有意义，因为它们所完成的是各种 sp^3 和 sp^2 型碳的 C—C 成键反应。

$$\text{4-OTf-2(5H)-呋喃酮} + (\text{HO})_2\text{B-环丙基-R} \xrightarrow[\text{Ag}_2\text{O, THF}, 70℃]{\text{PdCl}_2(\text{MeCN})_2, \text{AsPh}_3} \text{偶联产物}$$

各类含氮杂环硼酸化合物都可以作为 Suzuki 偶联反应的亲核试剂，如吡啶硼酸、嘧啶硼酸、吡唑硼酸和吲哚硼酸等。虽然这类亲核试剂生成的偶联产物极其重要，但它们自身在制备上的困难限制了它们的应用。

15.2.5.2 硼酸酯化合物

由于硼原子所特有的缺电子性，硼酸化合物在无水条件下更易于以二聚、三聚的形式存在。在常见的实验条件下，硼酸化合物多是以这三种形式的化合物存在。因此，在硼酸化合物作为亲核试剂的反应中，首先遇到的问题就是底物结构是否明确。但是，使用硼酸酯化合物作为亲核试剂便可以方便地解决这一问题。

硼酸酯类化合物通常具有稳定的化学性质（即对湿气和空气不敏感），以单体的形式存在，在微量水存在下便可水解成硼酸形式参与反应。它们具有比硼酸化合物较低的极性，更易于通过柱色谱分离或者通过液相色谱和气相色谱对反应进行监测。在这类亲核试剂中，最为常用的是片呐醇苯硼酸酯化合物。

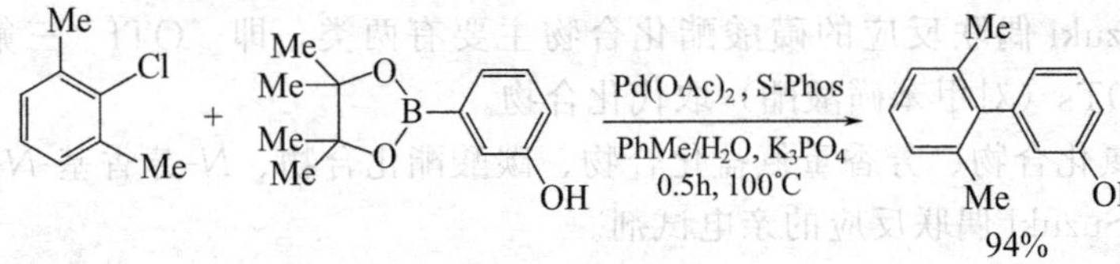

除片呐醇苯硼酸酯外，炔烃硼酸的三异丙醇酯在 Suzuki 偶联反应中也得到了应用。但事实上，因为炔烃硼酸酯化合物是一类强的 Lewis 酸，因而不能在碱性条件下进行 Suzuki 偶联反应。

15.2.5.3 有机硼烷化合物

早在 20 世纪 80 年代末，Suzuki 和 Miyaura 已经将各类有机硼烷化合物应用到 Suzuki 偶联反应中。尤其在卤代烷烃、—OTs 取代烷烃、—OTf 取代烷烃参与的 Suzuki 偶联反应中，有机未经活化的 $C(sp^3)$—X 键参与的氧化加成历程相当缓慢，而且反应中很容易生成 β-H 消除产物。此时，使用有机硼烷代替硼酸化合物作为亲核试剂便显得更加必要。在这类化合物中，最为常用的则属 9-硼双环[3.3.1]壬烷衍生物（9-BBN-R）。

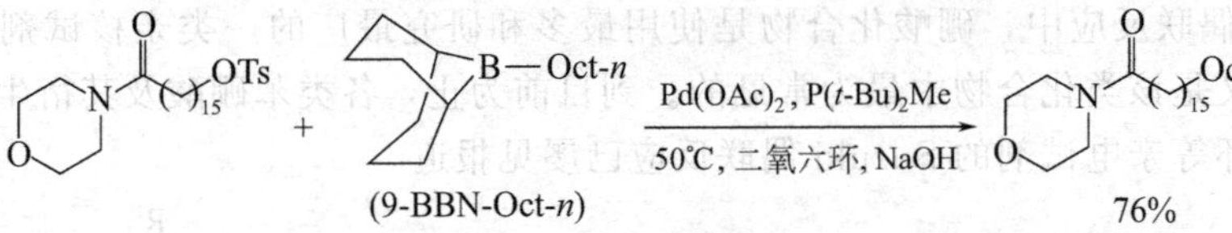

由于有机硼酸盐化合物可以克服硼酸酯化合物在应用上的缺点，因此也可以作为 Suzuki 偶联反应的亲核试剂。

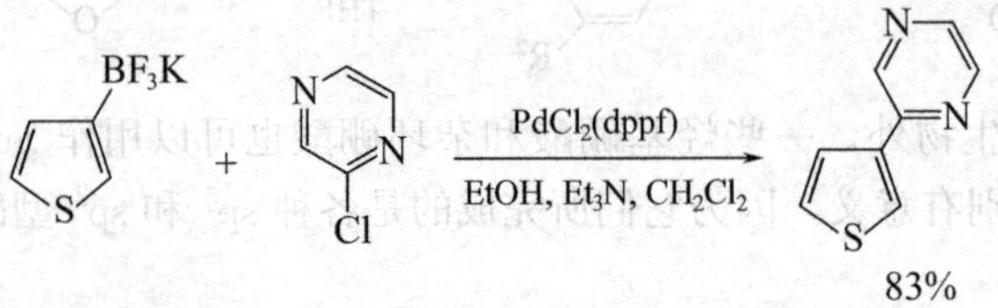

15.2.6 Suzuki 反应绿色化进展

固体负载反应通常是指通过链接在固体载体上的反应底物，与其他试剂分子在固液两相交界处进行的反应。反应完成后，往往只需滤除溶于溶剂中的过量试剂反应副产物，便可得到链接在载体上的目标产物。最后，通过简单的切断链接操作就可以使产物被释放出来。因此，这类反应避免了传统有机合成中柱色谱或者重结晶等后续处理环节。

使用了不同的负载物（如 Wang 树脂、聚苯乙烯树脂、Merrifield 树脂）和链接方式，可以完成了碘代和溴代芳香化合物与硼酸化合物和硼酸酯化合物的偶联反应，许多反应底物的转化率都接近 100%。

[反应式: 负载树脂的碘苯甲酸酯 + 噻吩-2-硼酸 $\xrightarrow[\text{室温, DMF, K}_2\text{CO}_3]{\text{Pd}_2(\text{dba})_3}$ 3-(2-噻吩基)苯甲酸, 91%]

无溶剂的 Suzuki 偶联反应可避免有机反应中因溶剂所产生的环境污染。例如,以 KF 为碱和 Al_2O_3 负载的零价钯为催化剂的无溶剂的 Suzuki 偶联反应,在 100℃下反应 4h 便可顺利完成。

[反应式: 碘苯 + 4-羟基苯硼酸 $\xrightarrow[\text{无溶剂}]{\text{Pd(0)负载于 Al}_2\text{O}_3\text{ 上} \atop 100℃,4h,KF}$ 联苯]

水是一类环境友好的反应介质,水相中的有机反应具有操作方便安全、后续处理简单等优势。在 Suzuki 反应中,对这一清洁介质的应用主要有三种形式:① 与其他有机溶剂混合使用;② 在特殊加热方式下单独作为溶剂使用;③ 在传统加热条件下单独作为溶剂使用。

[反应式: 苯硼酸 + 对溴取代苯 $\xrightarrow[\text{H}_2\text{O, 150℃}]{\text{TBAB, Na}_2\text{CO}_3}$ 联苯衍生物
(Z=Me, OMe, NO_2, CHO, COMe, CO_2H, CO_2R)]

离子液体根据阴阳离子的不同可以分为多种类型,在通常用于 Suzuki 偶联反应的离子液体中,阳离子主要包括 N-烷基取代的吡啶离子或烷基季铵离子,阴离子主要包括四氟硼酸离子或氯离子,如 [bmim][BF_4]、[bbim][BF_4] 和 THPC(氯化三环己基十四烷基膦)等。它们可单独作为溶剂,也可和其他有机溶剂混合使用。碘代和溴代芳香化合物的 Suzuki 反应均可在离子液体中顺利进行,部分氯代芳香化合物的 C—C 偶联反应也能进行。

[反应式: 苯硼酸 + 对溴苯甲醚 $\xrightarrow[\text{[bmim][BF}_4\text{]} \atop 110℃,10min]{0.012\text{mol Pd(PPh}_3)_4 \atop \text{Na}_2\text{CO}_3}$ 4-甲氧基联苯]

无毒无害的超临界二氧化碳也是一类环境友好的绿色溶剂。在 $Pd(OCOCF_3)_2$ 与三(2-呋喃基)膦的配位作用下,在超临界二氧化碳($scCO_2$)中可完成苯硼酸与碘苯的 Suzuki 偶联反应,产率在 79% 左右。

[反应式: 碘苯 + 苯硼酸 $\xrightarrow[\text{DIPEA, scCO}_2 \atop 85℃,24h]{\text{Pd(OCOCF}_3)_2 \atop \text{三(2-呋喃基)膦}}$ 联苯]

15.3 Sonogashira 反应

15.3.1 得名与研究历史

1963 年,California 大学的 Castro 和 Stephens 报道了在氮气气氛下芳基炔铜与碘代芳烃在吡啶中回流反应能生成二芳基取代乙炔,成功地实现了 C(sp^2)—C(sp)键的形成反应。

[反应式: 碘代芳烃 + Cu—≡—Ph $\xrightarrow{\text{Py, N}_2, \text{回流}}$ 二芳基乙炔
(R=H, OCH_3, NH_2, CO_2H, OH, NO_2)   75%~99%]

1975 年,意大利 Montedison 研究中心的 Cassar 发现了 $Pd(PPh_3)_4$ 可以催化末端炔烃与卤代化合物的交叉偶联反应。

$$R-X + H\!\!=\!\!=\!\!R^1 \xrightarrow[DMF, 40\sim100℃]{Pd(PPh_3)_4, NaOCH_3} R\!\!=\!\!=\!\!R^1$$

(R＝烷基、芳基；R^1＝芳基、乙烯基；X＝I, Br, Cl)

巧合的是，美国 Delaware 大学的 Heck 和 Dieck 也在同一时间、同一杂志上报道了有机胺存在下二价 $Pd(OAc)_2$ 催化的末端炔烃与碘、溴代芳烃或烯烃的交叉偶联反应。

与此同时，日本大阪大学的薗头健吉（Kenkichi Sonogashira）、任田康夫（Yasuo Tohda）也报道了在有机胺的存在下，$PdCl_2(PPh_3)_2$ 与 CuI 助催化剂能更有效地（室温下）催化同样的反应。

所以，钯配合物催化的卤代芳烃或者烯烃与末端炔烃的交叉偶联反应，经历了 Cassar 发现、Heck 和 Sonogashira 等人改进的过程。为此，在有些早期的文献中，称此类反应为 Cassar-Heck-Sonogashira 反应。

但是，在后来的文献中，无论此类反应是否使用了 CuI 助催化剂，都被简称为 Sonogashira 反应。

15.3.2 定义及反应机理

目前，钯配合物催化的卤代芳烃或卤代烯烃与末端炔烃之间的交叉偶联反应，被称为 Sonogashira 反应。它是合成芳烃、烯烃和炔酮等化合物的有效反应，可用以下通式表示。

$$R^1-X + H\!\!=\!\!=\!\!R \xrightarrow{催化剂\ Pd(II)/Cu(I), 碱} R^1\!\!=\!\!=\!\!R$$

(R＝芳基、杂芳基、乙烯基、酰基；R^1＝烷基、芳基；X＝I, Br, Cl, OTf)

经典的 Sonogashira 反应的催化剂是 $PdCl_2(PPh_3)_2/CuI$，通常在有机胺存在下或者在有机胺溶剂中进行。目前，较为广泛被认可的 Sonogashira 反应机理如图 15-3 所示。

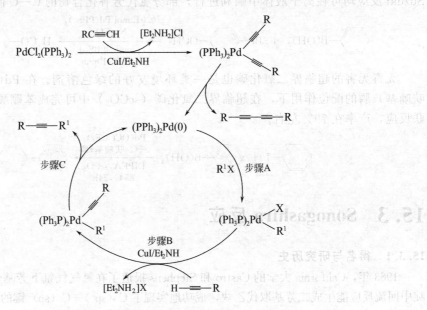

图 15-3 Sonogashira 反应机理

首先，助催化剂 CuI 的作用是首先与末端炔烃反应形成炔铜，而炔铜与 $PdCl_2(PPh_3)_2$ 发生转金属化反应，以及随后的还原消除反应生成催化反应的关键中间体——零价钯活性物种 $(PPh_3)_2Pd(0)$。

接着，卤代化合物（R^1X）与 $(PPh_3)_2Pd(0)$ 发生氧化加成反应（步骤 A），然后是在

CuI 的存在下末端炔烃与 $(PPh_3)_2PdX(R^1)$ 进行取代反应（步骤 B）。

最后，发生还原消除反应形成 C—C 键（步骤 C）。

15.3.3 Sonogashira 反应的底物

15.3.3.1 卤代芳烃

不同的卤代芳烃是 Sonogashira 反应的重要底物之一。利用其与末端炔烃的交叉偶联反应，可生成炔烃，这是 Sonogashira 反应的一个重要应用。选择不同的催化剂体系和不同的反应条件，可实现不同芳烃和共轭环化合物的炔基化反应。

最简单的卤代芳烃炔基化反应，是碘苯（或溴苯）与末端炔烃的交叉偶联反应。例如，Sonogashira 本人报道的 $PdCl_2(PPh_3)_2$/CuI 催化碘苯与乙炔或者苯乙炔的交叉偶联反应，是合成二苯乙炔简便有效的方法。

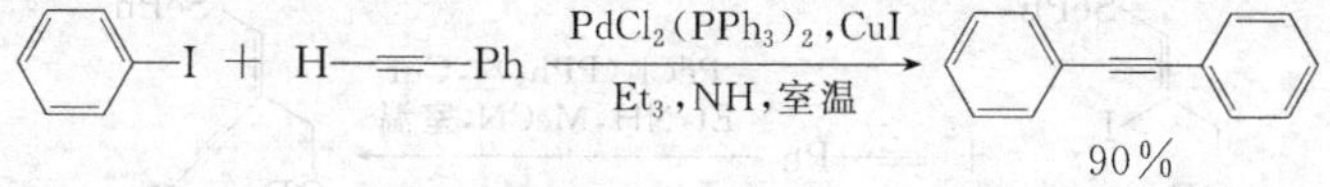

提高反应温度，具有空间位阻的邻位取代卤代芳烃也可发生炔基化反应。例如，2,6-二(4-甲基苯)碘苯在典型的 Sonogashira 催化反应条件下，与三甲基硅乙炔在 1,4-二氧六环溶剂中加热回流，得到中等产率的炔基化产物，再经脱硅基反应能得到相应的末端炔烃。

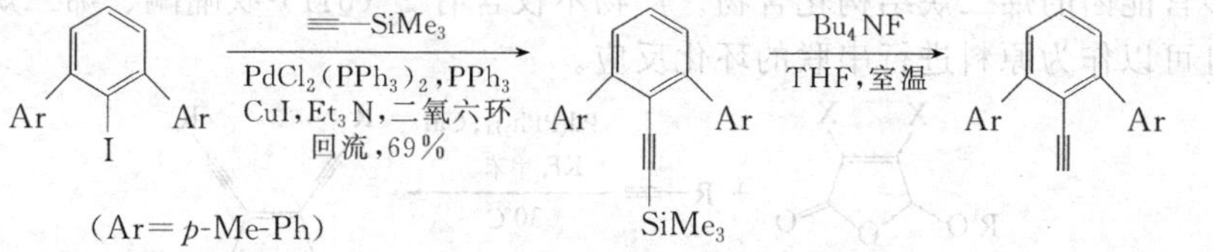

15.3.3.2 卤代芳杂环

杂环化合物具有生物多样性，并在有机合成中有广泛的应用。因此，利用卤代芳杂环的 Sonogashira 交叉偶联反应合成杂环化合物是一类重要的有机反应。其中，一般说来，缺电子杂环比富电子杂环易于进行 Sonogashira 交叉偶联反应。

含相同反应活性的多卤代杂环化合物可同时发生多个 Sonogashira 偶联反应。

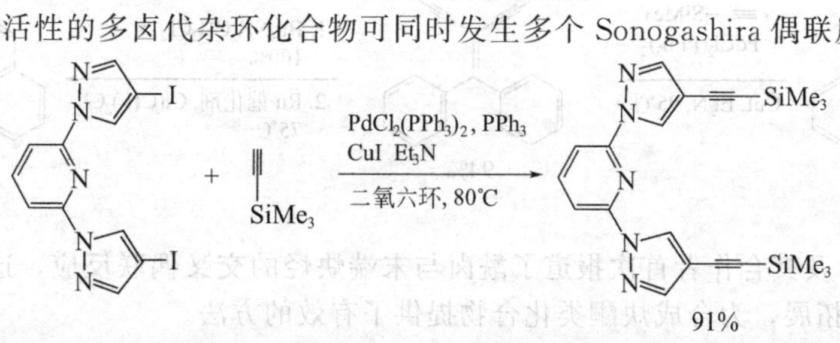

含有不同卤素的多卤代杂环化合物在进行 Sonogashira 交叉偶联反应时，由于 C—X 键 (X=I, Br, Cl) 的反应活性不同，反应优先选择性次序为：C—I>C—Br>C—Cl。

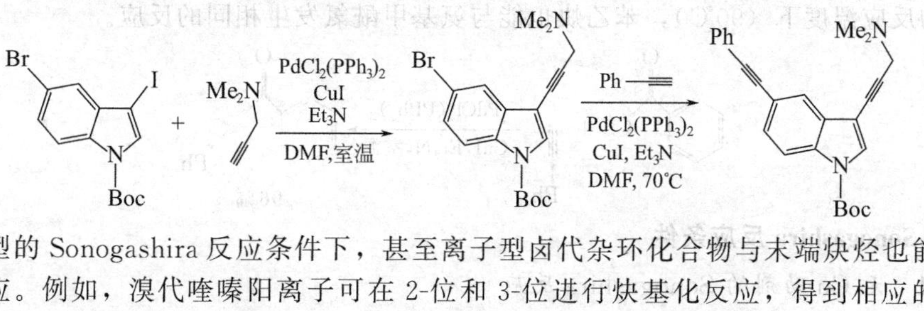

在典型的 Sonogashira 反应条件下，甚至离子型卤代杂环化合物与末端炔烃也能进行交叉偶联反应。例如，溴代喹嗪阳离子可在 2-位和 3-位进行炔基化反应，得到相应的芳基和杂环芳基乙炔基喹嗪阳离子。

74%

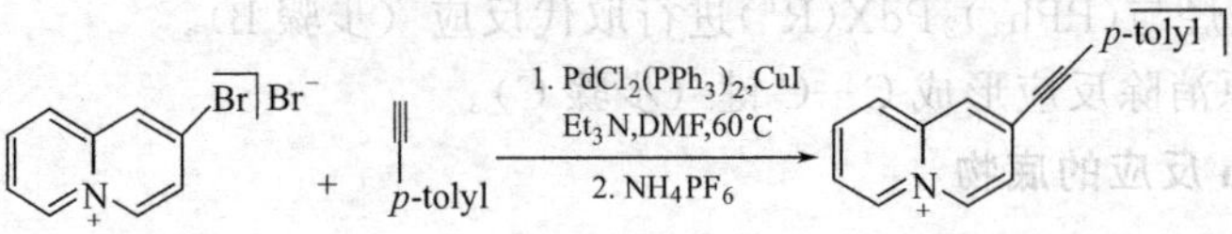

15.3.3.3 卤代烯烃

通过卤代烯烃衍生物与末端炔烃的 Sonogashira 交叉偶联反应，可制得含 1,3-烯炔单元结构的分子。1,3-烯炔单元结构存在于一些具有生物活性的合成分子和天然产物分子中，它们也是合成有机材料分子的重要反应原料。

由于 Sonogashira 反应在反应过程中可保持底物的立体结构，所以此方法的最大特点是可预测生成 1,3-烯炔产物的立体选择性。

66%

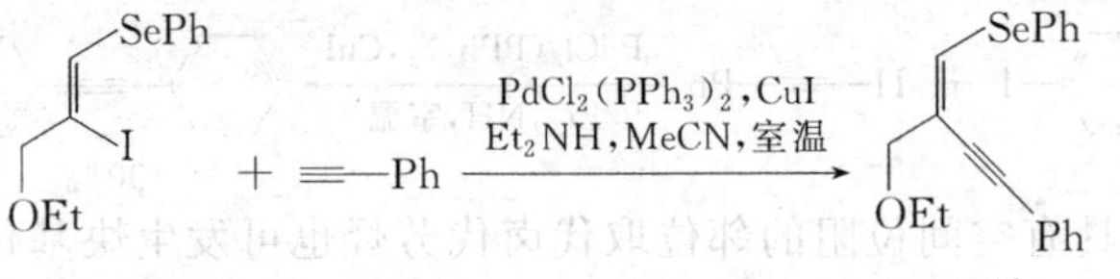

如果以 5-取代-3,4-二卤-2 (5*H*)-呋喃酮作为卤代烯烃底物进行 Sonogashira 偶联反应，可以合成多官能团的烯二炔结构化合物。产物不仅含有 2 (5*H*)-呋喃酮、烯二炔等多个活性单元，而且可以作为原料进行串联的环化反应。

(R^1=Me, Et, $PhCH_2$, Ac; X=Br, Cl)

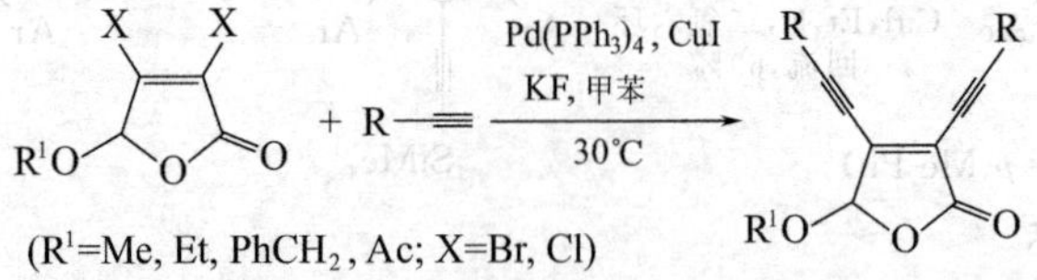

多环芳烃是一类重要的有机化合物，也可以通过卤代烯烃的 Sonogashira 反应合成这类化合物的合适前体。

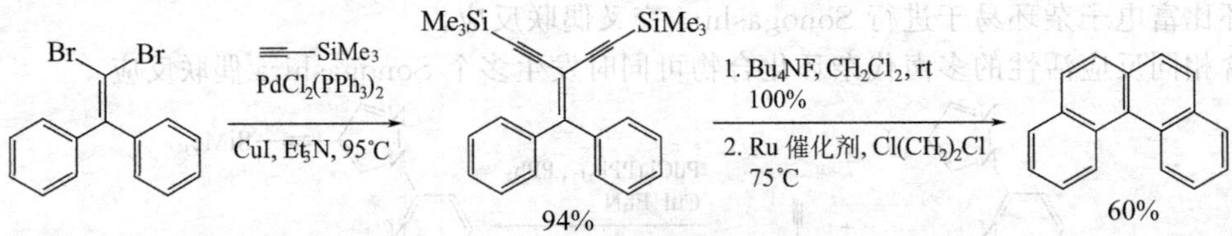

15.3.3.4 酰卤

Sonogashira 及其合作者首次报道了酰卤与末端炔烃的交叉偶联反应，这是 Sonogashira 反应的一个重要拓展，为合成炔酮类化合物提供了有效的方法。

他们研究了典型的 $PdCl_2(PPh_3)_2$/CuI 催化体系催化苯乙炔、1-已炔与各种酰氯、氨基甲酰氯的反应，发现在室温下苯乙炔与苯甲酰氯能顺利进行交叉偶联反应生成炔酮化合物；在较高的反应温度下（90℃），苯乙炔也能与氨基甲酰氯发生相同的反应。

96%

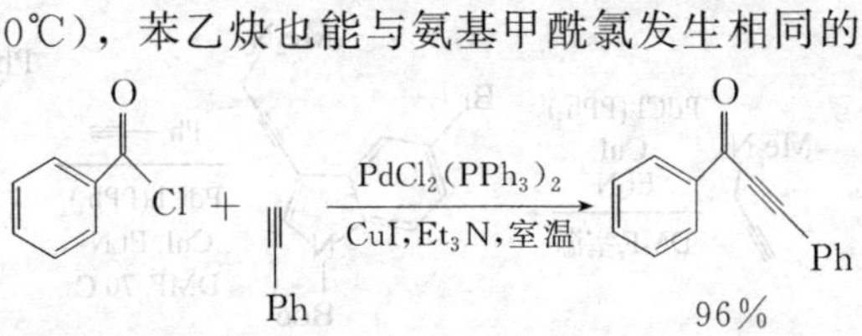

15.3.4 Sonogashira 反应条件

15.3.4.1 无 Cu 助剂的 Sonogashira 反应

典型的 Sonogashira 催化体系是 $PdCl_2(PPh_3)_2$ 与 CuI 组成的催化剂体系，添加 CuI 作

为助催化剂的目的是活化末端炔烃的 C—H 键形成炔铜中间体。炔铜中间体的形成一方面促进还原 Pd(Ⅱ) 形成 Pd(0) 催化活性物种，另一方面促进 Pd(Ⅱ)-炔中间体的形成。由于炔铜促进的 Pd(Ⅱ) 还原过程必然导致 1,3-二炔副产物的形成，不仅减低了炔烃的有效利用率，而且使得有机产物的分离和纯化复杂化。因此，研究无 Cu(Ⅰ) 助剂存在的 Sonogashira 反应体系具有重要的意义。

大量的研究工作发现，只要选择合适的其他反应条件（包括溶剂、碱或者添加其他的有机助剂），几乎所有类型的 Sonogashira 反应都可以在无 Cu(Ⅰ) 条件下顺利进行。例如，选择 Bu_2NH 为有机碱、或者 TBAF 为非金属盐添加剂，$PdCl_2(PPh_3)_2$ 也可以在无 Cu(Ⅰ) 条件下有效地催化溴代芳烃与末端炔烃的交叉偶联反应，高产率地得到相应的芳炔化物。但在以六氢吡啶为碱和溶剂的体系中，$PdCl_2(PPh_3)_2$ 只对碘代芳烃（或缺电子的活泼溴代芳烃）与末端炔烃的交叉偶联反应中表现出有效的催化活性。

$$\text{PhBr} + \equiv\!\!-n\text{-}C_6H_{13} \xrightarrow[\text{DMF},60℃]{PdCl_2(PPh_3)_2, Bu_2NH} \text{Ph}\!-\!\!\equiv\!\!-n\text{-}C_6H_{13}$$
82%

15.3.4.2 氯代芳烃的 Sonogashira 反应

相对于碘代芳烃和溴代芳烃，氯代芳烃廉价、易得，故氯代芳烃 Sonogashira 反应的研究更具有实用性工作。由于氯代芳烃的 C—Cl 键比 C—I 和 C—Br 键更稳定而难以活化，氯苯和富电子氯代芳烃底物在典型的 Sonogashira 反应条件下不发生反应。因此，早期报道的典型 Sonogashira 反应条件主要局限于缺电子氯代芳烃。

$$\text{3-CN-4-Cl-Py} + \equiv\!\!-\text{Ph} \xrightarrow[\text{Et}_3\text{N},120℃]{PdCl_2(PPh_3)_2, CuI} \text{3-CN-4-(C}\equiv\!\!\text{CPh)-Py}$$
75%

在 Sonogashira 反应机理中，卤代化合物中 C—X 键的活化断裂是通过与催化活性物种进行氧化加成反应实现的。含富电子膦配体的钯配合物对活化 C—Cl 键具有促进作用，选择合适的富电子膦配体制备高活性的钯催化剂，可实现氯代芳烃的 Sonogashira 反应。

例如，钯配合物 **A**，膦配体 **B** 和 **C** 都是能有效地催化氯代芳烃 Sonogashira 反应的钯配合物或者钯配合物的膦配体。此外，商业产品 $P(t\text{-}Bu)_3$ 和 PCy_3 配体生成的钯催化剂也可以有效地催化氯苯的 Sonogashira 反应。

$$\text{4-MeO-C}_6\text{H}_4\text{-Cl} + \equiv\!\!-\text{Ph} \xrightarrow[\text{二氧六环},160℃]{A, ZnCl_2, Cs_2CO_3} \text{4-MeO-C}_6\text{H}_4\!-\!\!\equiv\!\!-\text{Ph}$$
82%

A：含 $O\text{-}P(i\text{-}Pr)_2$ 双齿配体的 Pd—Cl 配合物
B：三(1-金刚烷基)苄基膦
C：2-二环己基膦-2',6'-二异丙基联苯

15.3.4.3 非钯催化的 Sonogashira 反应

Sonogashira 反应是合成内部炔烃、末端炔烃的有效方法，已成为过渡金属钯配合物催化的重要 C—C 键形成反应之一。因此，研究以廉价、简单的金属催化剂体系代替钯催化剂

的Sonogashira反应也是催化合成化学领域的重要研究课题之一。

(1) 镍催化的Sonogashira反应　镍是钯的同族元素，镍配合物作为催化剂在其他C—C键形成的交叉偶联反应中表现出良好的催化活性。但是，镍配合物用于催化Sonogashira反应的报道不多。

$$\text{I-C}_6\text{H}_4\text{-R} + \text{HC≡C-C}_6\text{H}_4\text{-R}^1 \xrightarrow[\text{二氧六环}/\text{H}_2\text{O}(3:1,\text{体积比}),\text{回流}]{\text{NiCl}_2(\text{PPh}_3)_2, \text{CuI}, \text{K}_2\text{CO}_3} \text{R-C}_6\text{H}_4\text{-C≡C-C}_6\text{H}_4\text{-R}^1$$

86%~100%

($R=Me, R^1=H; R=MeO, R^1=H; R=MeO, R^1=NMe_2$)

(2) CuI(Ⅰ)催化的Sonogashira反应　CuI(Ⅰ)盐在经典的Sonogashira反应催化剂中被认为是助催化剂。然而，进一步的研究发现，有些Sonogashira反应可在"无钯"条件下由CuI(Ⅰ)配合物有效地催化完成。这些研究进展不仅简化了Sonogashira反应的催化体系，而且为该反应的工业化提供了可能。

在K_2CO_3存在下的DMF中，CuI/PPh$_3$催化剂体系在加热下能够有效地催化碘代芳烃（或碘代烯烃）与末端炔烃的交叉偶联反应。CuBr和CuCl在碘代芳烃的交叉偶联反应中表现出与CuI相似的催化活性。二价的Cu(OAc)$_2$与PPh$_3$的组合也具有很高的催化活性，这些反应在微波加热下可以更快地反应。

$$\text{PhCH=CHI} + \text{HC≡C-Ph} \xrightarrow[\text{DMF},120°C]{\text{CuI,PPh}_3,\text{K}_2\text{CO}_3} \text{PhCH=CH-C≡C-Ph}$$

88%

(3) 其他金属催化的Sonogashira反应　非过渡金属无机盐$InCl_3$也能有效地催化Sonogashira反应，且无需添加任何添加剂和配体。更值得注意的是，$InCl_3$不仅可催化碘代芳烃、溴代芳烃的反应，而且还可催化氯代芳烃、甚至氟苯与苯乙炔的交叉偶联反应，但反应机理尚未清楚。

$$\text{Ph-X} + \text{HC≡C-Ph} \xrightarrow[\text{PhH},80°C]{\text{InCl}_3} \text{Ph-C≡C-Ph}$$

(X=I,Br,Cl,F)　75%~82%

15.3.4.4 其他Sonogashira反应

经典的Sonogashira反应是末端炔烃与卤代化合物的交叉偶联反应，而新发现表明1-卤代炔烃与芳烃活泼C—H键之间也能发生交叉偶联反应（被称为"反Sonogashira反应"）。很显然，与经典的Sonogashira反应机理不同，反Sonogashira反应是通过亲核加成、消除反应机理进行的，故无需钯催化剂的存在。例如，在Al_2O_3存在下，吡咯衍生物可在室温下与1-苯甲酰-2-溴乙炔进行交叉偶联反应生成Sonogashira反应类型的产物。

$$\text{(四氢吲哚)-H} + \text{Br-C≡C-C(O)Ph} \xrightarrow[\text{不含溶剂}]{\text{Al}_2\text{O}_3, 18°C} \text{(四氢吲哚)-C≡C-C(O)Ph}$$

54%

15.3.5　Sonogashira反应绿色化进展

15.3.5.1　串联/一锅法的Sonogashira反应

串联反应与一锅法合成都是绿色化学的研究内容之一。烯炔或者邻位亲核杂原子取代的芳香炔发生分子内环化作用是合成芳杂环化合物的重要方法，而Sonogashira反应适合于烯炔和芳香炔烃的合成，故串联/一锅法的 Sonogashira 反应被广泛应用于芳杂环的制备中。

例如，在典型的 Sonogashira 反应条件下，苯并呋喃可通过一锅法制备——反应包括钯催化的邻卤代苯酚与炔烃的 Sonogashira 交叉偶联反应和随后的邻炔基苯酚的分子内环化加成反应。

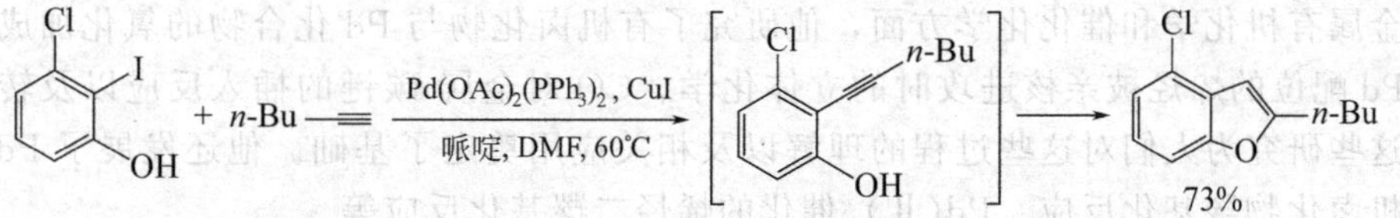

Sonogashira 交叉偶联反应也是吲哚"一锅法"合成方法中的重要步骤之一。例如，由 Sonogashira 反应生成的邻苯乙炔基氯苯，在不经分离的情况下接着用强碱处理，可直接与苯胺反应得到邻苯乙炔基苯胺衍生物，并继续发生加成环化反应得到吲哚衍生物。

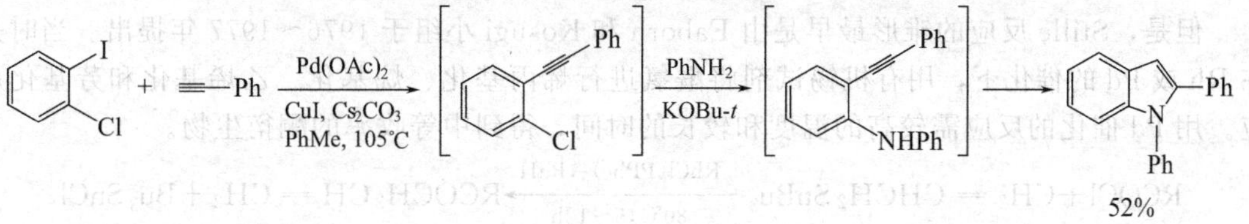

15.3.5.2 水相下 Sonogashira 反应

由于水具有价格低廉、不燃烧、无毒和环境友好等优点，因此其作为传统有机溶剂的替代溶剂在金属催化反应中的应用越来越受到重视。如果使用亲水性催化剂，水的使用不仅可以简化有机物分离过程，而且能使钯催化剂的再生利用变为可能，而这正是绿色化学的主要研究内容之一。典型的 Sonogashira 催化剂 $PdCl_2(PPh_3)_2$/CuI 在 K_2CO_3 的水溶液中若添加少量的 Bu_3N，在室温下就能有效地催化碘代芳烃与末端炔烃的交叉偶联反应。

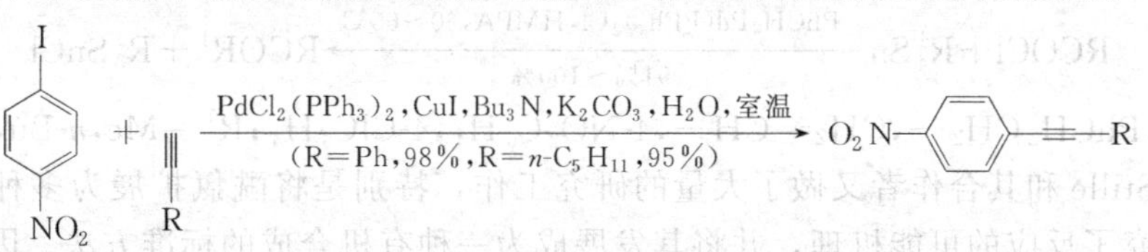

为了实现水中均相 Sonogashira 反应，可使用亲水性钯配合物作为催化剂。由于膦配体是钯催化剂中的典型配体，获得水溶性钯配合物的简单方法是使用水溶性膦配体。

水相有机反应的另一个特点是：可以直接使用在水中具有良好溶解性的无机金属盐作为催化剂，Sonogashira 反应在这方面有非常成功的例子。例如，以纯水为溶剂和吡咯烷为碱的条件下，可直接使用 $PdCl_2$ 在室温下催化碘代芳烃与末端炔烃的偶联反应。

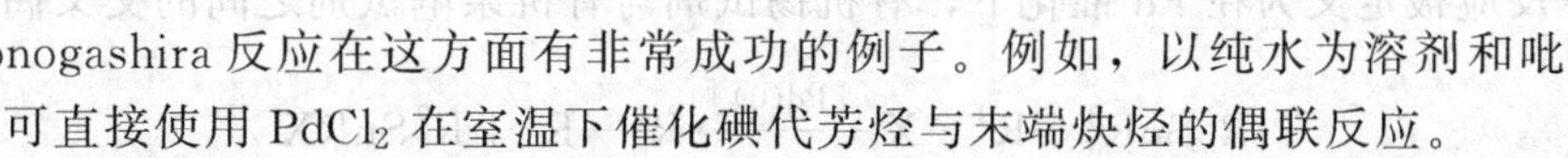

15.4 Stille 反应

15.4.1 得名与研究历史

Stille 反应是有机反应中一种重要的生成 C—C 键的交叉偶联反应，其因 Stille 而得名。

John K. Stille 是美国著名的有机化学家，1930 年 5 月 8 日出生于亚利桑那州图森市。他于 1952 年在亚利桑那大学获得学士学位，师从 Carl Marvel 教授。博士毕业后，Stille 在爱荷华大学工作，1965 年晋升为教授。1977 年 Stille 转到科罗拉多州立大学任教授。1989

年 7 月 19 日不幸因飞机事故而遇难。

Stille 一生对化学研究做出了非常重要的贡献，他研究的领域包括金属有机化学、催化、有机合成以及高分子化学等。在高分子化学方面，Stille 主要的贡献在于对刚性分子结构的高分子以及高热稳定性高分子材料的研究。

在金属有机化学和催化化学方面，他研究了有机卤化物与 Pd 化合物的氧化加成和还原消除、Pd 配位的烯烃被亲核进攻时的立体化学、CO 对金属-碳键的插入反应以及转金属作用等。这些研究为人们对这些过程的理解以及相关应用奠定了基础。他还发展了 Pd(0) 催化的有机卤化物羰基化反应、Pd(Ⅱ) 催化的烯烃二羰基化反应等。

Stille 最重要的贡献是发展了 Pd 催化下的有机亲电试剂与有机锡试剂的交叉偶联反应。该反应条件温和，适用性非常好，后来被广泛应用于各种复杂有机化合物的合成。为纪念 Stille 在这个反应中所做的杰出工作，该反应最终以他的名字命名。

但是，Stille 反应的雏形最早是由 Eaborn 和 Kosugi 小组于 1976～1977 年提出。当时是在 Rh 或 Pd 的催化下，用有机锡试剂将酰氯进行烯丙基化、烷基化、乙烯基化和芳基化反应。用 Pd 催化的反应需较高的温度和较长的时间，得到中等收率的酮衍生物。

$$RCOCl + CH_2=CHCH_2SnBu_3 \xrightarrow[80℃, 5\sim12h]{RhCl(PPh_3)_3, PhH} RCOCH_2CH=CH_2 + Bu_3SnCl$$
$$37\%\sim86\%$$

$$RCOCl + R_4^1Sn \xrightarrow[140℃, 5h]{Ph(PPh_3)_4, PhH} RCOR^1 + R_3^1SnCl$$
$$(R=Me, Ph; R^1=Me, Bu, Ph) \quad 55\%\sim85\%$$

一年之后，Stille 发表了他的 Pd-催化酰氯与有机锡反应生成相应酮的衍生物研究工作。该反应采用有机钯催化剂，反应试剂使用范围广，反应条件温和，反应几乎定量完成。

$$RCOCl + R_4^1Sn \xrightarrow[91\%\sim100\%]{PhCH_2Pd(PPh_3)_2Cl, HMPA, 60\sim65℃} RCOR^1 + R_3^1SnCl$$

$(R=Ph, PhCH_2CH_2—, CH_2=CH—, 4\text{-}NO_2C_6H_4, 4\text{-}ClC_6H_4; R^1=Me, n\text{-}Bu, PhCH_2)$

此后，Stille 和其合作者又做了大量的研究工作，特别是将酰氯扩展为多种其他亲电试剂，初步研究了反应的可能机理，并将其发展成为一种有机合成的标准方法。因此，这类反应后被命名为 Stille 反应。

15.4.2 定义及反应机理

Stille 反应被定义为在 Pd 催化下，有机锡试剂与有机亲电试剂之间的交叉偶联反应。

$$R^1SnR_3^2 + R^3—X \xrightarrow{[Pd(0)]} R^1—R^3 + R_3^2SnRX$$
有机锡试剂　亲电试剂

其中，R^1 一般是不饱和基团，但有时也可以是烷基；R^2 一般是不能转移的基团，如甲基和丁基等；亲电试剂一般是卤化物（如 I、Br、Cl），也可以是磺酸酯等。

Stille 反应的一般机理可分为四步：①亲电试剂对 Pd(0) 的氧化加成反应，生成平面四方配合物 **1**；②转移基团从有机锡转移到有机钯的转金属反应，生成平面配合物 **2**；③Pd 配合物的分子内异构化，从反式配合物 **2** 异构化成为顺式配合物 **3**；④配合物 **3** 还原消除反应，得到偶联产物（图 15-4）。

其中，由配合物 **1** 变到配合物 **2** 的转金属步骤是决定反应的速率步骤。如果催化剂是以 Pd(Ⅱ) 的形式引入，那么它首先要被有机锡试剂还原为 Pd(0)，再进入催化循环。

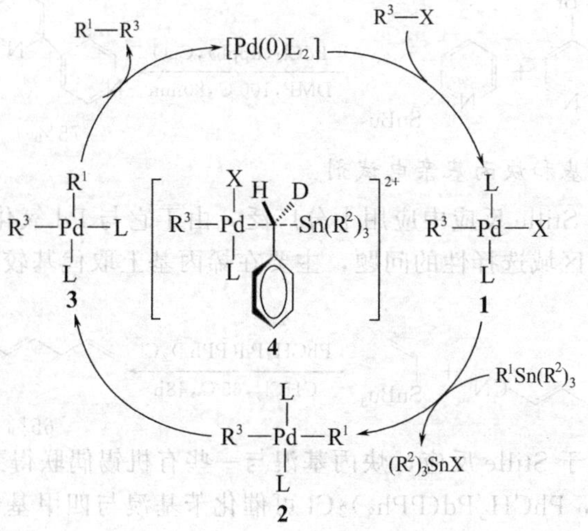

图 15-4 Stille 反应机理

亲电试剂对 Pd 的氧化加成通常是交叉偶联反应的第一步。对于 sp^3 杂化态的 C 原子，C—X 键的断裂可能有多种反应机理。一般认为可能是 Pd 原子对 C 原子进行 S_N2 亲核取代反应，故手性的苄基衍生物对膦配位 Pd 的氧化加成时能发现构型翻转的手性中心，但绝对不都是如此断裂。

15.4.3 Stille 反应的亲电试剂

15.4.3.1 烯基、芳基和杂环亲电试剂

烯基氯很少在 Stille 反应中被用作亲电试剂，这主要是由于它对 Pd(0) 的氧化加成活性很低。烯基溴和烯基碘是常用的亲电试剂。简单的烯基碘可与烯基锡、炔基锡等反应。烯基溴也可发生类似的反应，但产率通常较低。

值得指出的是，烯基卤化物与烯基锡、炔基锡等试剂进行的偶联反应具有很高的立体专一性，反应会保持双键原有的构型。

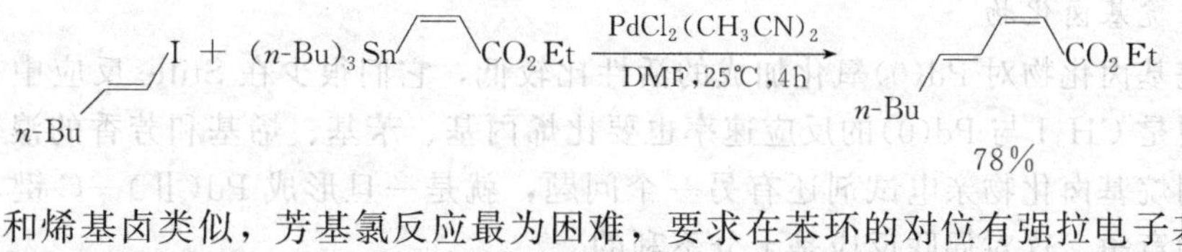

芳基卤和烯基卤类似，芳基氯反应最为困难，要求在苯环的对位有强拉电子基团（如硝基）取代时才能够发生反应；而芳基溴、芳基碘则较为活泼，能与锡烷很好地偶联。对于芳基溴来说，氧化加成是反应的决定反应速率步骤，需要稍微剧烈的反应条件，对位的拉电子基团能促进反应进行。芳基溴的另一个特别之处是它可与氨基锡反应，得到一个 C—N 键。

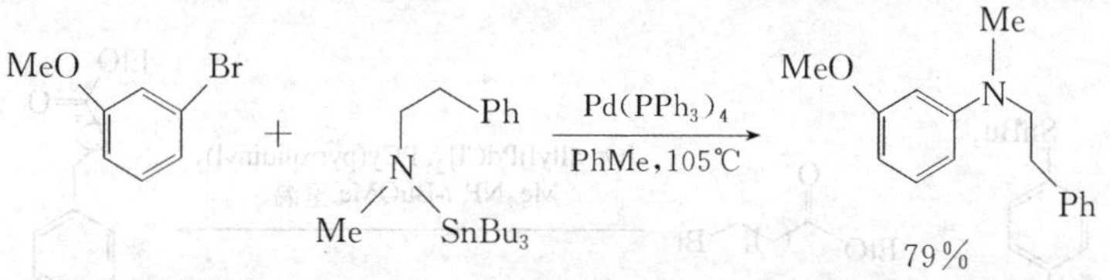

多种杂芳烃卤化物也可与有机锡发生 Stille 反应。一般情况下，碘和溴的反应活性比氯和氟高很多。但有时用碘代物反应的产率比不上用溴代物反应的产率高。例如，2,3-或 4-溴吡啶与芳基锡能很好地偶联，但 3-碘取代的产率则稍微低一些。

$$\underset{\text{Br}}{\overset{\text{N}}{\bigcirc}} + \underset{\text{SnBu}_3}{\overset{\text{N}}{\bigcirc}} \xrightarrow[\text{DMF}, 100℃, 80\text{min}]{\text{PdCl}_2(\text{dppb}), \text{CuO}} \underset{75\%}{\overset{\text{N}}{\bigcirc}\text{-}\overset{\text{N}}{\bigcirc}}$$

15.4.3.2 烯丙基、苄基和炔丙基亲电试剂

烯丙基亲电试剂在 Stille 反应中应用十分广泛，由于它与 Pd 氧化加成后采用 η^3 的配位方式，因此反应存在有区域选择性的问题，主要在烯丙基上取代基较少的一端发生偶联。

$$\text{Br}\diagup\diagdown\text{CN} + \diagup\diagdown\text{SnBu}_3 \xrightarrow[\text{CHCl}_3, 65℃, 48\text{h}]{\text{PhCH}_2\text{Pd}(\text{PPh}_3)_2\text{Cl}} \underset{65\%}{\diagup\diagdown\diagup\diagdown\text{CN}}$$

炔丙基卤较少被用于 Stille 反应，炔丙基溴与一些有机锡偶联得到丙二烯衍生物。

在 HMPA 溶剂中，$\text{PhCH}_2\text{Pd}(\text{PPh}_3)_2\text{Cl}$ 可催化苄基溴与四甲基锡烷、乙烯基三丁基锡烷等反应中，高产率地生成偶联产物。

$$\text{PhCH}_2\text{Br} + \text{Bu}_3\text{Sn}\diagup\diagdown \xrightarrow{\text{PhCH}_2\text{Pd}(\text{PPh}_3)_2\text{Cl}, \text{HMPA}} \underset{100\%}{\text{Ph}\diagup\diagdown}$$

15.4.3.3 酰氯

早在 1977 年就有报道用 Pd 和 Rh 催化酰氯与有机锡偶联，后来 Stille 拓展了该反应的应用范围。以酰氯作亲电试剂，可以和各种有机锡试剂反应。如果是烯丙基锡试剂，它还会与偶联反应得到的酮进一步发生不需要 Pd 催化的羰基亲核加成。

分子内酰氯与烷基锡发生交叉偶联反应，可得到多取代的四氢呋喃衍生物。

$$\underset{\text{SnBu}_3}{\overset{\text{C}_4\text{H}_9}{\text{C}_5\text{H}_{11}\diagdown\text{O}\diagdown\diagup\diagup\text{Cl}}} \xrightarrow[\text{THF}]{\text{Pd}(\text{PPh}_3)_4} \underset{77\%}{\overset{\text{C}_4\text{H}_9}{\text{O}}\diagdown\text{C}_5\text{H}_{11}}$$

15.4.3.4 烷基卤化物

因为烷基卤化物对 Pd(0) 氧化加成的活性比较低，它们很少在 Stille 反应中被用作亲电试剂。即便是 CH_3I 与 Pd(0) 的反应速率也要比烯丙基、苄基、烯基和芳香的溴化物或碘化物慢。使用烷基卤化物亲电试剂还有另一个问题，就是一旦形成 Pd(Ⅱ)—C 键，便会有 β-消除反应的竞争，这对偶联反应是十分不利的。

如果使用一种新型的含磷配体，则可实现碘代烷、溴代烷与芳基锡或乙烯基锡的偶联，而且该反应条件温和，能够容忍醚、酯、酰胺等多种基团的存在，使 Stille 反应的应用范围更加广泛。

$$\underset{\text{OMe}}{\overset{\text{SnBu}_3}{\bigcirc}} + \text{EtO}_2\text{C}(\text{CH}_2)_4\text{Br} \xrightarrow[\text{Me}_4\text{NF}, t\text{-BuOMe}, \text{室温}]{[(\pi\text{-allyl})\text{PdCl}]_2, \text{PCy}(\text{pyrrolidinyl})_2} \underset{71\%}{\overset{\text{EtO}_2\text{C}(\text{CH}_2)_4}{\underset{\text{OMe}}{\bigcirc}}}$$

15.4.4 Stille 反应的有机锡试剂
15.4.4.1 烷基锡烷

锡原子上烷基的迁移速率远比其他不饱和基团慢。实际上正是由于这个原因，甲基和丁基才被视为"不可转移"的配体，使锡原子上其他基团得以选择性迁移到 Pd 原子上。但是在很多情况下，特别是当温度升高后，四烷基锡烷也可有效地发生偶联反应。四甲基锡烷和四丁基锡烷是两种常用的有机锡试剂，其中前者的反应活性更高。它们与芳基卤和苄基卤的反应通常在六甲基磷酰三胺（hexamethyl phosphoryl triamide，简写为 HMPA）中进行，产率也很高。

用对称的四烷基锡烷时存在一个问题，那就是只有第一个烷基能以足够快的速度迁移。随着卤化程度的增加，剩余烷基的反应就越来越困难，而且选择性也不好。只有当烷基上连接着某些活化基团时，反应才有一定的选择性。

$$\text{ArBr} + \text{Bu}_3\text{SnCH}_2\text{OMe} \xrightarrow[\text{HMPA, 80℃}]{\text{PdCl}_2(\text{PPh}_3)_2} \text{ArCH}_2\text{OMe} \quad 70\%$$

15.4.4.2 烯基锡烷、芳基锡烷和杂环锡烷

简单的烯基锡烷被广泛用于与各种亲电试剂反应，更多取代基或者更复杂的锡烷反应，有时很困难甚至不反应。

芳基锡烷也能很好地与多种亲电试剂反应。在合适的条件下，用芳基三氯化锡还可以在水溶液中进行 Stille 反应。

$$\text{4-I-C}_6\text{H}_4\text{-CO}_2\text{H} + \text{PhSnCl}_3 \xrightarrow[\text{90℃, 3h}]{\text{PdCl}_2, \text{KOH}, \text{H}_2\text{O}} \text{4-Ph-C}_6\text{H}_4\text{-CO}_2\text{H} \quad 95\%$$

此外，对于富电子的杂芳锡烷，如 2-呋喃基、2-吡咯基和 2-噻唑基锡烷等，它们与芳基卤化物的偶联反应可在相对温和的条件下进行。

$$\text{Bu}_3\text{Sn-thiazole} + \text{4-Cl-C}_6\text{H}_4\text{-Br} \xrightarrow[\text{回流, 20h}]{\text{PdCl}_2(\text{PPh}_3)_2, \text{THF}} \text{4-Cl-C}_6\text{H}_4\text{-thiazole} \quad 80\%$$

15.4.4.3 炔基锡烷

炔基锡烷能与包括烯基卤在内的多种亲电试剂顺利偶联，这类有机锡实际上是最活泼的底物。烷氧基取代的炔基锡烷就被用于合成 α-芳基或杂芳基取代的乙酸乙酯。

$$\text{3-I-Py} + \text{Bu}_3\text{SnC≡COEt} \xrightarrow[\text{Et}_4\text{NCl, DMF}]{\text{PdCl}_2(\text{PPh}_3)_2} \text{3-(C≡COEt)-Py} \xrightarrow[\text{丙酮}]{\text{H}_2\text{SO}_4, \text{H}_2\text{O}} \text{3-(CH}_2\text{CO}_2\text{Et)-Py}$$

尽管这类有机锡十分活泼，但实际上很少将它们用于偶联反应，因为末端炔可以在 Pd 催化剂、铜助催化剂的作用下直接与亲电试剂反应（即 Sonogashira 反应）。

15.4.4.4 烯丙基锡烷

两个可能的原因导致烯丙基锡烷在 Stille 反应中很少被使用：①虽然简单烯丙基的迁移速率在大多数情况下可以接受，但也要比烯基慢很多；②另一个更主要的原因是烯丙基锡烷的双键在合成中常常异构化，导致无法有区域选择性地合成相应底物，也无法准确预见反应

的区域选择性。

有研究表明，烯丙基锡烷的双键有形成共轭结构的趋势，特别是在与酰卤、芳基三氟甲磺酸酯等反应的时候。在一些情况下，烯丙基锡烷的双键不与酰氯的羰基发生共轭，而生成 β,γ-不饱和酮，而且此时得到的烯基醚进一步水解后可生成 1,4-二羰基化合物。

$$\text{PhCOCl} + \text{Bu}_3\text{Sn-CH(OEt)-CH=CH}_2 \xrightarrow[\text{HMPA}]{\text{PhCH}_2\text{Pd(PPh}_3)_2\text{Cl}} \text{Ph-CO-CH(Me)-CH=CH-OEt} \quad 72\%$$

15.4.4.5 其他有机锡

酰基锡烷在某些情况下被用来与酰氯反应，合成一些非对称的联二酮。

联锡试剂也可以与亲电试剂反应，通常被用于构建有各种取代基的锡烷。六甲基联二锡或六丁基联二锡可以与芳基溴或芳基碘反应，高产率地生成相应的芳基锡烷，自身偶联反应的产物不多。

氨基锡烷也能与芳基溴、烯基溴等亲电试剂发生 N-芳基化的偶联反应。

15.4.5 Stille 反应的催化条件

15.4.5.1 催化剂

亲电试剂一般不能够与有机锡试剂直接发生偶联反应，通常需要其他金属化合物的参与。Stille 反应是基于钯配合物催化的亲电试剂与有机锡试剂的偶联反应，最早的钯配合物是 $\text{Pd(PPh}_3)_4$。但是，该催化剂仅局限于碘代、溴代以及活泼的氯代芳烃的偶联反应，对于不活泼的氯代芳烃则基本不反应。后来，人们报道许多其他含磷的钯配合物作为催化剂，进一步扩展了 Stille 反应。

例如，用三叔丁基膦作配体的钯催化剂催化 Stille 反应，成功地解决了氯代芳烃与有机锡试剂的反应问题。但是，需要加入 2.2 倍底物量的 CsF，效果才最理想。对于带活性基团（供电子基团）的氯代芳烃以及位阻极大的 2,6-二甲基氯苯也取得了较高的产率，有的达到 90% 以上。

$$\text{ArCl} + \text{Bu}_3\text{Sn-CH=CH}_2 \xrightarrow[\text{二氧六环},100℃,48\text{h}]{\text{Pd}_2(\text{dba})_3, \text{P}(t\text{-Bu})_3, \text{CsF}} \text{Ar-CH=CH}_2$$

(R=4-(n-Bu), 80%; 4-OMe, 90%; 4-NH$_2$, 61%; 2,5-Me$_2$, 84%)

传统的 Stille 反应是钯催化的亲电试剂与有机锡试剂的偶联反应。但是，后来人们还在不断开发其他金属化合物的 Stille 反应。例如，CuCl 可以促进乙烯基碘与乙烯基锡进行的分子内偶联反应，生成环状化合物。

$$\xrightarrow[\text{62℃, 3min}]{\text{CuCl, DMF,}}$$

(R=CO$_2$Et, CH$_2$OH)

15.4.5.2 铜效应

铜效应是指 CuI 或其他 Cu(I) 盐对 Stille 反应的加速作用。一般认为，在醚溶剂（如 THF）中，CuI 起到了配体捕获剂的作用。它能捕获氧化加成中从 PdL$_4$ 上释放的 L，也可以捕获转金属过程前从 PdRL$_2$X 上分解出来的 L，从而促进反应朝预定方向进行。由于 CuI 对 PPh$_3$ 的捕获能力比对 AsPh$_3$ 的强，而 AsPh$_3$ 从 [PdRL$_2$X] 上分解下来比 PPh$_3$ 容易，所以 CuI 对以 PPh₃ 为配体的 Pd 催化剂效果更为明显。

15.4.5.3 LiCl 作用

在以三氟甲磺酸酯为有机亲电试剂进行 Stille 反应时，通常需要加入化学计量的 LiCl，反应才能有比较高的产率。但是在有些情况下，在配位性比较强的溶剂（如 NMP）中，LiCl 的加入是没有必要的，甚至有些情况下 LiCl 的存在有抑制反应的作用。

整体而言，目前 Stille 偶联反应还有几个问题需要解决：① 有机锡化合物是一种剧毒化合物，且造价高昂，故使催化量的锡通过置换反应而减少有机锡化合物的用量，仍将是一个值得进一步探讨的课题；② 需要进一步寻找适合过渡金属催化的高效、稳定的配体，发现新的反应渠道；③ 需要优化条件进一步拓宽 Stille 交叉偶联反应的范围。

15.5 Glaser 偶联反应

15.5.1 得名与研究历史

1869 年 Bonn 大学的 Glaser 首次以苯乙炔为原料，以氨水和乙醇为溶剂，以氯化亚铜（CuCl）为催化剂，在空气存在的条件下成功地合成了 1,4-二苯基 1,3-丁二炔（后被命名为 Glaser 反应）。Glaser 是先将炔转化为炔铜，将其分离出来，暴露在空气中，在氨水和乙醇存在下，氧化加成得到联炔。

$$Ph\!=\!\!=\!\!H \xrightarrow[CuCl]{NH_4OH, EtOH} Ph\!=\!\!=\!\!Cu \xrightarrow[EtOH]{NH_4OH, O_2} Ph\!=\!\!=\!\!=\!\!=\!\!Ph$$

之后科学工作者相继报道过铁氰化钾、二价铜盐、高锰酸钾、过氧化物可代替氧气作为反应的氧化剂。Glaser 反应最初提出后，由于炔铜必须先分离再氧化，但炔铜不易结晶，且有爆炸性，实验操作不便，并未被广泛地应用。

1956 年 Eslinton 和 Galbraith 对最初的方法做了较大的改进，提出在过量的二价铜盐，如 Cu(OAc)₂ 存在下，在吡啶和甲醇的混合溶剂中，直接生产联炔产物的新方法。由于省去了分离炔铜的操作，大大提高了便捷性和应用范围。这个方法很快在合成不饱和大环分子等领域广泛应用。

$$R\!=\!\!=\!\!H \xrightarrow[\substack{MeOH, 吡啶 \\ 67\sim70℃}]{Cu(OAc)_2(过量)} R\!=\!\!=\!\!=\!\!=\!\!R$$

另一个重要改进是 Hay 在 1962 年提出催化量 N,N,N',N'-四甲基乙二胺（TMEDA）和 CuCl 催化偶联的方法，此反应又被称为 Hay 偶联反应，其标准的反应条件是 O₂/CuCl/TMEDA。它的最大优点是 TMEDA 等配体的使用可增强反应活性物种的溶解性，从而使得反应能够顺利进行。该反应可在大多数有机溶剂中进行，反应仅需要催化量的 CuCl 和 TMEDA，并且在低温和中性条件下也能完成。

$$R\!=\!\!=\!\!H \xrightarrow[O_2, 溶剂]{CuCl, TMEDA(催化剂)} R\!=\!\!=\!\!=\!\!=\!\!R$$

经典的 Glaser 联炔合成都是在铜催化下完成的，而 1985 年 Rossi 提出过渡金属钯也可完成该偶联过程。这使偶联反应在温和的条件下即可进行，芳香炔可获得较高的产率（94%）。

$$R\!=\!\!=\!\!H \xrightarrow[ClCH_2COCH_3, Et_3N, N_2, 室温]{Pd(PPh_3)_4, CuI, C_6H_6} R\!=\!\!=\!\!=\!\!=\!\!R$$

此后，Glaser 偶联反应经过不断的改进，可用于（取代）苯基乙炔、烷基乙炔和烷氧基乙炔等各种类型端基炔的偶联，以及二炔烃、大共轭炔烃的合成中，并且在天然产物化学、

15.5.2 定义及反应机理

用 Cu 催化终端炔烃的氧化自偶联被称为 Glaser 偶联反应。该反应是合成联炔和多炔聚合物的有效方法，可以用以下通式来表示。

$$R\text{≡}H \xrightarrow{[O]} R\text{≡}\text{≡}R$$

目前，人们普遍接受的 Glaser 偶联反应机理如图 15-5 所示：①由铜盐与炔先形成炔铜（**A**），**A** 与 Pd(Ⅱ)形成二炔钯（**B**）；②**B** 发生还原消除，形成二炔和 Pd(0)；③Pd(0)在氧化剂作用下，又氧化为 Pd(Ⅱ)。

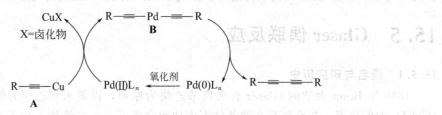

图 15-5 Glaser 偶联反应机理

15.5.3 Glaser 偶联反应的底物

15.5.3.1 多官能团末端炔烃的 Glaser 偶联反应

由于二炔烃衍生物可被转化为多种结构的化合物，因此 Glaser 偶联反应的底物正在由简单的末端炔烃向多官能团的末端炔烃的底物进行深化，特别是多功能团末端炔烃底物与相应催化剂的开发已成为重要的研究方向之一。

例如，以 AgOTs/CuCl$_2$/TMEDA/CH$_2$Cl$_2$ 催化体系，以 1,8-二氮杂二环 [5,4,0] 十一碳-7-烯（DBU）作碱，能使下面含有多官能团苯并呋喃的端基炔在室温下高效地进行 Glaser 偶联反应，其固相合成所得的二炔烃衍生物可应用于生物化学领域。

为了使 Glaser 偶联反应顺利应用于糖类、肽类等生物分子的合成，使酯基、醚键、氨基和羟基等，甚至糖基、氨基酸，以及各种对酸（碱）敏感的保护基等在反应中不受干扰，科学家开发了由 N,N-二异丙基乙胺（DIPEA）、N-溴代丁二酰亚胺（NBS）等组成的 Cu 催化体系，以乙腈作溶剂，室温反应 4h，产率可达 90%，且温度过低或过高都不利。

聚炔烃具有生物活性，同时也是一种潜在光学材料。在利用 Glaser 偶联反应的合成过程中，随着碳链增长，产物聚炔烃易分解、稳定性下降，需要通过在底物末端添加大体积官能团以增强相应产物稳定性。其中，三异丙基硅基（TIPS）体积大，具有较好的可溶性和稳定性，且不改变碳链电子结构。因此，采用 TIPS 作为末端官能团以提高炔烃底物稳定性，可成功合成系列聚炔烃，碳原子数最高达到 20 个。

许多研究表明，炔烃底物的末端官能团体积越大，聚炔烃产物的稳定性越强。例如，三联苯基硅基（TBPS）直径是 TIPS 的两倍，且 TBPS 更易合成得到，以 TBPS 作为末端官能团，也能成功合成出 TBPS 二取代的丁二炔。

$$\text{TBPS}=\!\!=\!\!=\text{H} \xrightarrow[\text{Et}_3\text{N,THF}]{\text{PdCl}_2(\text{PPh}_3)_2,\text{CuI}} \text{TBPS}=\!\!=\!\!=\!\!=\!\!=\text{TBPS}$$
$$\text{溴乙酸乙酯}$$

类似地，在 CuCl/TMEDA/CH$_2$Cl$_2$/O$_2$ 条件下，亦可成功地合成 TBPS 二取代的辛四炔。该产物在固态时特别稳定，250℃以上才发生分解，比 TIPS、TMS 所取代聚炔烃产物具有更高的稳定性。这些多官能团末端炔烃 Glaser 偶联反应的研究，有利于拓宽 Glaser 偶联反应在生物与材料领域的应用。

$$\text{TBPS}=\!\!=\!\!=\text{H} \xrightarrow[\text{CH}_2\text{Cl}_2,\text{O}_2]{\text{CuCl,TMEDA}} \text{TBPS}=\!\!=\!\!=\!\!=\!\!=\!\!=\!\!=\text{TBPS}$$

15.5.3.2 非氢末端炔底物的 Glaser 偶联反应

各种非氢末端炔底物的开发与利用，近年来也是 Glaser 偶联反应底物研究中的一个新动向之一（当然，也可认为该类研究是 Glaser 偶联反应的拓展或类 Glaser 偶联反应）。其中的原因，一般认为，炔烃末端氢被其他原子（或官能团）取代，可以避免炔烃底物在氧气作氧化剂时发生副反应。

例如，采用 CuCl 作催化剂，在极性溶剂 DMF 中，氧气环境下，对三甲基硅炔进行偶联反应，可成功合成对称 1,3-二炔烃，产率 70%～99%。

$$\text{R}=\!\!=\!\!=\text{SiMe}_3 \xrightarrow[\text{DMF,60℃}]{\text{CuCl}} \text{R}=\!\!=\!\!=\!\!=\!\!=\text{R}$$

除常见的烷基硅取代外，有机碲等非金属取代的末端炔烃作底物，也可得到 1,3-二炔烃。例如，以丁基炔碲为底物，并用超声波（US）辅助，在 MeOH 中反应 15min，1,3-二炔烃的产率为 77%～91%。

$$\text{R}=\!\!=\!\!=\text{TeBu-}n \xrightarrow[\text{Et}_3\text{N,MeOH,US}]{\text{AgOAc,PdCl}_2} \text{R}=\!\!=\!\!=\!\!=\!\!=\text{R}$$

与有机锑、有机锡等有机金属试剂相比，有机硼试剂低毒、空气中稳定、价格便宜、易于处理，更加环境友好和经济易得。因此，硼酸酯类末端炔也是一种可选择的底物，被应用于以 2-二苯基磷苯基醚（DPEPhos）作配体的 Glaser 偶联反应中。

$$[\text{R}=\!\!=\!\!=\text{B}(\text{O}^i\text{-Pr})_3]^-\text{Li}^+ \xrightarrow[\text{CuI,THF,60℃}]{\text{Pd(OAc)}_2/\text{DPEPhos}} \text{R}=\!\!=\!\!=\!\!=\!\!=\text{R}$$

如果以三氟硼酸钾炔为底物，可选择更便宜的 Cu(OAc)$_2$ 替换钯催化剂，Glaser 偶联反应在空气中进行，产率可达 97%。由于无钯、无碱、不需其他添加剂，故该 Glaser 偶联反应体系更为经济。

$$\text{R}=\!\!=\!\!=\text{BF}_3\text{K} \xrightarrow[\text{DMSO,60℃,6h}]{\text{Cu(OAc)}_2} \text{R}=\!\!=\!\!=\!\!=\!\!=\text{R}$$

15.5.3.3 不对称的 Glaser 偶联反应

不对称取代二炔烃和聚炔烃具有独特的性质，在材料科学与天然产物合成中受到了广泛关注。然而，通常的 Glaser 偶联反应得到的是对称的二炔。因此，能否得到不对称的产物近年来成为 Glaser 偶联反应研究中的一个新热点。

近年来的许多研究表明，在 Glaser 偶联反应中，同时使用 2 个不同的底物，是可以进行不对称 Glaser 偶联反应的。例如，采用三甲基硅炔与氯代芳香炔进行一锅法偶联反应，可成功合成不对称的 1,3-二炔烃，产率为 43%～97%。

$$\text{R}^1=\!\!=\!\!=\text{SiMe}_3 + \text{R}^2=\!\!=\!\!=\text{Cl} \xrightarrow[\text{DMF,80℃}]{\text{CuCl}} \text{R}^1=\!\!=\!\!=\!\!=\!\!=\text{R}^2$$

不对称 1,3-二炔烃也可由卤代炔烃与一般含端炔氢的末端炔偶联合成得到。例如，采用卤代炔烃与 TIPS 保护的端炔烃（用"炔*"标记）发生偶联反应，接着通过一锅法将产物卤化，得到的化合物可再次与 TIPS 取代炔烃反应。如此重复反应，可成功合成不对称的 TIPS 取代的聚炔烃（Polyyne）。

$$Br-\!\!\!=\!\!\!-\!\!\!\begin{array}{c}\\OBn\end{array} + TIPS-\!\!\!=\!\!\!-H\ (炔^*)\xrightarrow[i\text{-}Pr_2NH,THF,室温]{PdCl_2(PPh_3)_2,CuI} TIPS-\!\!\!=\!\!\!=\!\!\!=\!\!\!-\!\!\!\begin{array}{c}\\OBn\end{array}$$

$$\xrightarrow[CH_3CN,室温]{NBS,AgF} Br-\!\!\!=\!\!\!=\!\!\!=\!\!\!-\!\!\!\begin{array}{c}\\OBn\end{array}\xrightarrow{炔^*}\cdots\cdots \longrightarrow Polyyne$$

上述不对称二炔烃合成方法所需卤代炔烃通常由炔烃卤化反应制备得到，从环境友好和经济廉价的角度看，如果能找到由两种炔烃直接偶联反应合成不对称二炔烃的方法，其将更具应用价值。因此，这方面的研究近年来成为一个热点。例如，利用 TBPS、三甲基硅基取代的端基炔为原料，可成功合成不对称取代的丁二炔，产率 57%。

$$TBPS-\!\!\!=\!\!\!-H + H-\!\!\!=\!\!\!-SiMe_3\xrightarrow[i\text{-}Pr_2NH,THF]{PdCl_2(PPh_3)_2,CuI} TBPS-\!\!\!=\!\!\!=\!\!\!=\!\!\!-SiMe_3$$

在国内，2009 年武汉大学雷爱文等首次采用廉价的 $NiCl_2 \cdot 6H_2O$ 代替 Pd 催化剂，在 CuI 存在下，用 20%（摩尔分数）TMEDA 作配体，氧气或空气作氧化剂，使其中一种炔过量，反应 20h，两种不同末端炔也可有效地发生偶联反应，产率最高可达 93%。

2010 年，兰州大学陈宝华等发现，以廉价的 $Fe(acac)_3/Cu(acac)_2$ 作催化体系、以空气作氧化剂，也可使两种不同末端炔烃发生偶联反应，且反应条件温和，产率 45%～74%。这些新成果预示着不对称 Glaser 偶联反应的研究正日益高效化、绿色化与经济化。

$$R^1-\!\!\!=\!\!\!-H + H-\!\!\!=\!\!\!-R^2\xrightarrow[K_2CO_3,DMF,50℃,空气]{Fe(acac)_3,Cu(acac)_2} R^1-\!\!\!=\!\!\!=\!\!\!=\!\!\!-R^2$$

15.5.4 Glaser 偶联反应的催化剂与氧化剂

15.5.4.1 催化剂

Glaser 偶联反应通常是铜催化的。例如，烷氧基取代的 1,4-二乙炔苯在 Hay 条件下进行偶联，可成功地合成聚（2,5-二癸烷氧基-1,4-苯基丁二炔）刚性大分子。

在近临界水中，也可使用二价铜（氯化铜）作催化剂，在没有有机溶剂和碱存在的条件下，完成 Glaser 偶联反应，产率达 60%～85%。

$$R-\!\!\!=\!\!\!-H\xrightarrow[近临界水]{CuCl_2} R-\!\!\!=\!\!\!=\!\!\!=\!\!\!-R$$

钯-铜催化的 Glaser 偶联反应也较为常见。例如，采用 $PdCl_2(PPh_3)_2/CuI/i\text{-}Pr_2NH$ 催化体系，用碘作氧化剂可以实现芳基炔和脂肪炔的 Glaser 偶联。在该条件下，脂肪炔的产率得到大大提高。

$$R-\!\!\!=\!\!\!-H\xrightarrow[i\text{-}Pr_2NH,I_2]{PdCl_2(PPh_3)_2,CuI} R-\!\!\!=\!\!\!=\!\!\!=\!\!\!-R$$

(R=Ph,88%；R=$n\text{-}C_4H_9$,86%)

在 $PdCl_2(PPh_3)_2/CuI/i\text{-}Pr_2NH/THF$ 反应体系中，如果用溴代乙酸乙酯作氧化剂，也可以引发多种端基炔的偶联反应，产率可高达 99%。

$$R\text{≡}H \xrightarrow[\text{BrCH}_2\text{COOEt, THF}]{\text{PdCl}_2(\text{PPh}_3)_2, \text{CuI}} R\text{≡}\text{≡}R$$

$$(R=Ph, 88\%; R=n\text{-}C_4H_9, 86\%)$$

其他金属催化的 Glaser 偶联反应也有报道。例如，一氧化碳和钴的配位化合物可催化端基炔的偶联反应，得到 1,3-二炔。

$$R\text{≡}H \xrightarrow[\text{CH}_3\text{CN, Ar}]{\text{CO, 催化剂}} R\text{≡}\text{≡}R$$

$TiCl_4$ 也可以作为偶联反应的催化剂，在 0~25℃ 的条件下，以 Et_3N 为碱催化末端炔烃的均偶联反应，二炔烃的产率中等，可达 43%~67%。

$$R\text{≡}H \xrightarrow[\text{0~25℃, 6h, CH}_2\text{Cl}_2]{\text{TiCl}_4, \text{Et}_3\text{N}} R\text{≡}\text{≡}R$$

除此之外，还有镍、钌、铂、铑、铬等金属都可催化炔烃的偶联反应。

15.5.4.2 氧化剂

一般认为，Glaser 偶联反应在空气中进行时，氧气担任氧化剂角色。事实上，在早期的 Glaser 偶联反应研究中，Hay 已发现氧气可不断将 Cu^I 氧化为 Cu^{II} 而使催化剂重复使用，因此反应可在纯氧中进行。

$$2R\text{≡}H + 2Cu^{II} \longrightarrow R\text{≡}\text{≡}R + 2H^+ + 2Cu^I$$

$$2Cu^I + 1/2O_2 + H_2O \longrightarrow 2Cu^{II} + 2OH^-$$

进一步的许多研究也表明，如果没有其他添加剂作为氧化剂，氧气是必不可少的。虽然空气（氧气）廉价易得，且氧化剂在 Glaser 偶联反应中的作用仅仅是解决催化剂循环使用问题，但后来的研究者为了促进不同反应体系的应用，特别是避免氧气作氧化剂时发生副反应，使许多可在惰性气氛中使用的新型氧化剂不断地被开发出来。

例如，以氯代丙酮作氧化剂，采用 $Pd(PPh_3)_4/CuI/Et_3N$ 催化体系，在非极性溶剂苯中、氮气保护下进行 Glaser 偶联反应，苯乙炔的偶联产率可达 94%，但脂肪炔的偶联产率却较低（40%~50%）。

对该反应进一步的改进，用碘作氧化剂，采用 $PdCl_2(PPh_3)_2/CuI/i\text{-}Pr_2NH$ 催化体系，脂肪炔的产率可大大提高。但是，若此反应体系应用于二炔苯类单体的偶联时，碘很容易与端基炔发生副反应，从而导致化学组成不均匀的低分子量聚合物的生成。

$$R\text{≡}H \xrightarrow[i\text{-}Pr_2\text{NH, I}_2]{\text{PdCl}_2(\text{PPh}_3)_2, \text{CuI}} R\text{≡}\text{≡}R$$

鉴于苯醌已作为氧化剂被广泛应用于钯催化的有机合成中，若以苯醌替代碘，氩气保护下进行 Glaser 偶联反应，45min 可反应完全，而同等反应条件下在氧气中进行的反应不仅缓慢而且不完全。因此，基于苯醌对端基炔的惰性，用它作氧化剂可更有效地实现苯乙炔的 Glaser 偶联反应。

$$Ph\text{≡}H \xrightarrow[\text{苯醌, 甲苯}]{\text{PdCl}_2(\text{PPh}_3)_2, \text{CuI}, i\text{-}Pr_2\text{NH}} Ph\text{≡}\text{≡}Ph$$

在 $PdCl_2(PPh_3)_2/CuI/i\text{-}Pr_2NH/THF$ 反应体系中，α-溴代乙酸乙酯亦可引发多种端基炔的偶联反应，且产率可高达 99%。该新探索大大提高了 Glaser 偶联反应的产率，针对个别在该反应体系中产率不高的脂肪炔，如果改用 DABCO 作碱，反应产率亦可提升至 99%。

上述 Pd 催化的 Glaser 偶联反应，通常需要在 PPh_3 和胺存在下进行，而常用的胺（如 Et_3N、$i\text{-}Pr_2NH$ 等）通常具有恶臭和刺激性气味。因此，有人以 Me_3NO 作氧化剂，采用 $PdCl_2/CuI/NaOAc/MeCN$ 反应体系，在无 PPh_3、无胺存在下，成功进行了 Glaser 偶联反应，且发现 PPh$_3$ 的加入对该反应体系是无益的。

近来，Hilt 等意外发现，采用硝基苯作氧化剂，在还原性条件下可进行钴催化的 Glaser 偶联反应，芳基炔时产率较高。如果在反应中添加 P(OPr-i)$_3$ 等配体，该反应可进行不同底物的不对称 Glaser 偶联反应。

$$\text{噻吩}-\equiv-H \xrightarrow[\text{PhNO}_2, \text{MeCN}, 80℃]{\text{CoBr}_2, \text{Zn}, \text{ZnI}_2} \text{噻吩}-\equiv-\equiv-\text{噻吩}$$

15.5.5 Glaser 偶联反应绿色化进展
15.5.5.1 氧化剂的绿色化

毫无疑问，氧气（空气）是绿色的氧化剂。但是，上述因一些特别需要而开发出来的氧化剂，如 α-氯代丙酮、α-溴代乙酸乙酯、三甲基胺化氧化物、硝基苯等，由于具有一定的刺激性、腐蚀性或高毒性，不符合绿色化学的要求。因此，在关注氧化剂的高效性的同时，积极开发绿色的 Glaser 偶联反应氧化剂值得重视。

国内长期关注绿色化学研究的江焕峰教授课题组开发的过碳酸钠（SPC）可视为一种绿色氧化剂。SPC 便于称量与取用、环境友好，还同时作为碱（过碳酸钠的还原产物碳酸钠是一种碱性物质，可提供碱性环境），能使 Glaser 偶联反应在绿色溶剂水中进行，但不足的是要使用高分子支载的膦配体。

$$R-\equiv-H \xrightarrow[\text{SPC}, \text{H}_2\text{O}/\text{CH}_3\text{CN}]{\text{PdCl}_2/\text{PS-PEG}_{400}-\text{PPh}_2, \text{CuI}} R-\equiv-\equiv-R$$

近来，有人意外发现 3,4-二卤-2(5H)-呋喃酮也可作为氧化剂，其毒性低、安全性好、取用方便，与三甲基胺化氧等氧化剂相比具有良好的热稳定性和抗氧化性，同时该系列氧化剂的制备方法也较为简便。

$$2R^1-\equiv \xrightarrow[\substack{\text{K}_2\text{CO}_3, \text{CH}_3\text{CN} \\ 50℃, 72h, \text{N}_2}]{\substack{\text{PdCl}_2(\text{PPh}_3)_2, \text{CuI} \\ 3,4\text{-二卤-2(5}H\text{)-呋喃酮}}} R^1-\equiv-\equiv-R^1$$

$$\left[\begin{array}{c} R^1=\text{Ph}, n\text{-C}_4\text{H}_9, n\text{-C}_5\text{H}_{11}, n\text{-C}_3\text{H}_7, \\ (\text{CH}_3)_3\text{C}, (\text{CH}_3)_2\text{C(OH)} \end{array}\right] \quad \begin{array}{c}\text{(X=Br, Cl; R=H, CH}_3\text{, 薄荷基)}\end{array}$$

15.5.5.2 溶剂的绿色化

在 Glaser 偶联反应研究初期，Glaser 和 Hay 分别采用乙醇和丙酮作溶剂，成功合成出二炔类化合物。此后，偶联反应溶剂的选择主要集中于醇、苯、吡啶、CH$_2$Cl$_2$、THF、CH$_3$CN、DMF 和环己胺等。但是，这些常用的有机溶剂往往有毒、易燃、易挥发，对环境和人体有害。随着绿色化学的兴起，人们对反应溶剂的选择开始考虑环境友好的需求。

超临界二氧化碳（scCO$_2$）作为一种公认的环境友好型溶剂，在绿色有机合成中受到广泛的关注。因此，国内长期研究超临界二氧化碳介质应用的江焕峰教授课题组较早就研究过超临界二氧化碳中的 Glaser 偶联反应，发现此时用氯化铜作氧化剂，以醋酸钠代替有机胺，可成功进行 Glaser 偶联反应，且超临界二氧化碳的低黏度有利于反应的进行，而适量甲醇可增加氯化铜在超临界二氧化碳中的溶解度从而加速该反应。

$$R-\equiv-H \xrightarrow[\text{scCO}_2]{\text{CuCl}_2, \text{NaOAc}} R-\equiv-\equiv-R$$

$$(R=\text{Ph}, \text{C}_5\text{H}_{11}, \text{C}_6\text{H}_{13}, \text{CH}_2\text{OH}, \text{CH}_2\text{OAc})$$

近临界水可溶解有机物和盐，其在高温时由标态转变为近临界状态，介电常数明显降低，是一种优良的环境友好溶剂。此外，近临界水的电离系数相比标态时增加多个数量级，可提供水合氢离子或氢氧根离子。因此，有人在近临界水中，用氯化铜作催化剂，在无有机溶剂和碱存在的条件下，成功完成了 Glaser 偶联反应。

离子液体也是一种常见的绿色溶剂，被广泛应用于金属催化的各种有机反应。Yadav 等曾以离子液体[bmin]PF_6 为溶剂应用于 Glaser 反应，以四甲基乙二胺（TMEDA）为碱，在氧气环境下反应，产率最高可达 95%。

$$R\text{\textemdash}\!\!\equiv\!\!\text{\textemdash} H \xrightarrow[\text{[bmim]}PF_6, O_2]{\text{CuCl, TMEDA}} R\text{\textemdash}\!\!\equiv\!\!\text{\textemdash}\!\!\equiv\!\!\text{\textemdash} R$$

由于 Glaser 偶联反应需要碱性环境，因此 Shreev 研究组设计制备了系列碱性离子液体。他们发现，以下面的离子液体作为 Glaser 偶联反应的溶剂，同时还可发挥碱的作用，以 $PdCl(PPh_3)_2$ 作催化剂，空气中反应 8h，炔烃反应通常都有较高的产率（82%~93%）。不仅如此，离子液体通过 $NaHCO_3$ 清洗，回收使用六次，活性无明显减少。

上述溶剂虽比较环境友好，但如在固相载体上进行无溶剂的反应则可彻底消除 Glaser 反应对有机溶剂的需要。例如，Kabalka 等以 $CuCl_2$ 作催化剂，微波促进下在 KF/氧化铝上无溶剂反应 8min，产率可达 75%。

不足的是，该无溶剂反应需大量 Cu 催化剂（1mmol 炔需 3.7mmol $CuCl_2$），且需要微波辅助。鉴于此，Sharifi 等对上述催化体系进行了改进，以 $Cu(OAc)_2 \cdot H_2O$ 取代 $CuCl_2$，发现吗啉的加入可只需催化量的 Cu 催化剂，且研磨后在室温下反应，无需微波促进即可使产率高达 96%。

$$R\text{\textemdash}\!\!\equiv\!\!\text{\textemdash} H \xrightarrow[\text{吗啉}, KF/Al_2O_3]{Cu(OAc)_2 \cdot H_2O} R\text{\textemdash}\!\!\equiv\!\!\text{\textemdash}\!\!\equiv\!\!\text{\textemdash} R$$

15.5.5.3 其他方面的绿色化

最近，Yin 等报道了一种合成 1,4-二取代 1,3-二炔的绿色 Glaser 偶联反应，此反应只需 CuCl 催化剂和对环境友好的 O_2 作为氧化剂，而不需要添加任何其他的配体、碱、氧化剂和昂贵的钯催化剂，整个反应中水是唯一的副产物。由于这些优势它可能会对组合化学和工业制备产生巨大的吸引力。

$$2R\text{\textemdash}\!\!\equiv\!\!\text{\textemdash} H \xrightarrow[\text{DMSO}, 90℃]{\text{CuCl, 空气}} R\text{\textemdash}\!\!\equiv\!\!\text{\textemdash}\!\!\equiv\!\!\text{\textemdash} R$$

15.6 Negishi 反应

15.6.1 得名与研究历史

Negishi（根岸）反应因 2010 年诺贝尔化学奖得主 Negishi 而得名。Negishi 是日本公民，1935 年出生，1963 年从美国宾夕法尼亚大学获得博士学位，1979 年起任教于美国普渡大学。至 21 世纪初，其仍然活跃于科研领域。

在 20 世纪七八十年代，Negishi 发展了一系列的方法，分别应用格氏试剂、锌试剂、硼试剂、锡试剂、铝试剂和锆试剂，在过渡金属 Ni 或者 Pd 配合物的催化下，实现了与芳基或烯基卤代物的偶联反应——而有机锌试剂、铝试剂和锆试剂参与的偶联反应，则被称为Negishi反应。

由于其他金属试剂比格氏试剂较为温和，很多官能团得以兼容。因此，在之后的研究中，Negishi将卤代物的范围由芳基或烯基卤代物扩展到炔基、烯丙基、苄基、炔丙基卤化物以及酰氯。后来，α-卤代羰基化合物以及普通的烷基卤化物也成功地应用于该类反应。

随着这类反应的不断成熟，Negishi以及其他有机化学家将其广泛应用到天然产物的全合成中。

15.6.2 定义及机理

Negishi反应的定义为：Pd催化的有机锌与有机卤代物、三氟磺酸酯等之间发生的交叉偶联反应。其可以用以下通式表示。

$$R-X + R'-ZnX \xrightarrow{[Pd]} R-R' + ZnX_2$$

反应整体上经历了氧化加成、金属转移、还原消除等步骤（见图15-6）。

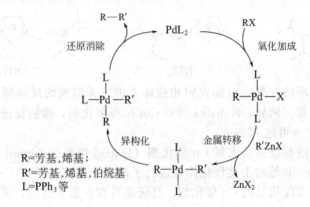

图 15-6 Negishi 反应机理

其中，芳基卤代烃首先与零价钯发生氧化加成反应，得到中间体RPdX；卤化烃基锌R'ZnX向中间体RPdX迁移，并进行金属转移得到ZnX_2和中间体RPdR'；中间体RPdR'经异构化得到顺式的配合物从而能很快地发生还原消除反应，得到化合物RR'，钯催化剂进入下一轮的催化。

15.6.3 Negishi反应的有机锌试剂

Negishi反应的有机锌试剂一般情况下是在反应过程中原位（$in\ situ$）生成使用的，制备方法主要有以下两种。

① 金属锌与卤化物的氧化加成反应。

$$R'-X \xrightarrow{Zn} R'-ZnX$$

② 金属置换反应：即从其他容易制备的金属试剂（如格氏试剂、锂试剂、铝试剂等）用$ZnCl_2$处理，进行金属置换反应，生成有机锌试剂。

$$R'-M \xrightarrow{ZnX_2} R'-ZnX$$

采用有机锌作为反应底物的Negishi偶联比使用有机锂或者格氏试剂的反应更具有优势，因为它容许锌试剂里包含有更多的官能团。例如，用酯基和氨基同时存在的有机锌试剂处理多官能团的2-碘咪唑，在$PdCl_2(PPh_3)_2$催化下可以得到更多官能团的偶联产物。

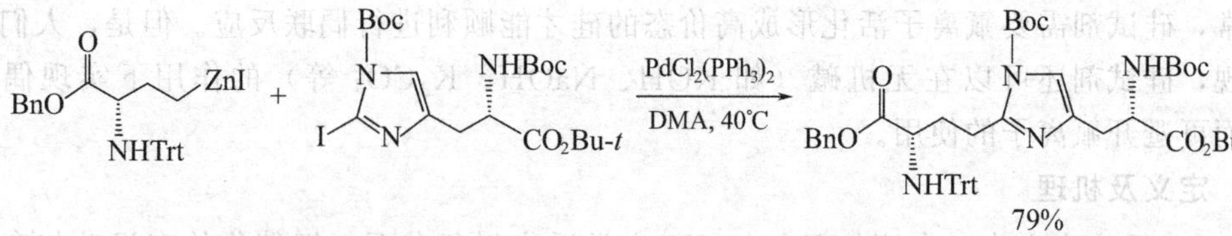

15.6.4 Negishi 反应实例与应用

末端炔与格氏试剂或丁基锂反应后，加入 ZnX_2 很容易生成炔基锌试剂，在钯催化下可以和芳（烯）基卤化物发生偶联反应形成 C—C 键。

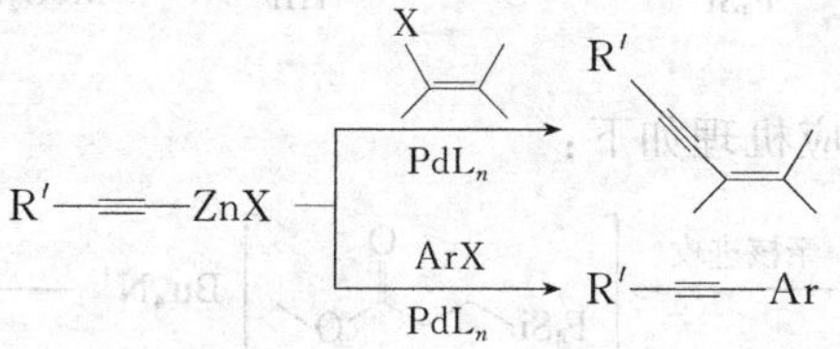

卤代不饱和烯酮与有机锌试剂在钯催化下可以发生烯基化反应。

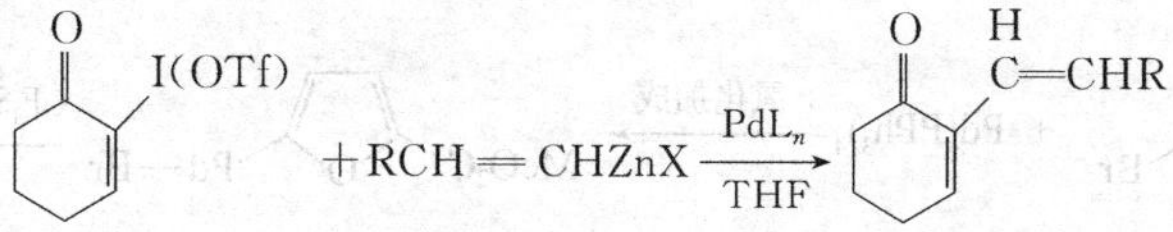

Negishi 小组利用此反应作为关键步骤合成了天然产物 Nakienone A。

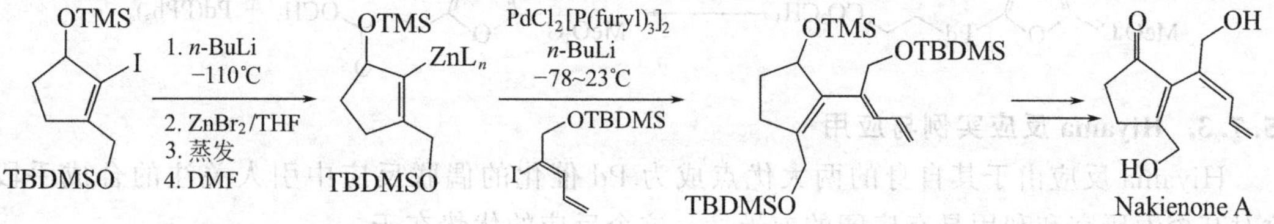

15.7 Hiyama 反应

15.7.1 得名与研究历史

1988 年，日本的 Hiyama 小组首次报道了硅烷参与的偶联反应。在烯丙基钯二聚体及 TASF [tris (diethylamino) sulfonium difluorotrimethylsilicate] 的存在下，烯基、炔基、烯丙基硅烷可与芳基、烯基、烯丙基卤化物发生偶联反应生成相应的产物。

$$R^1X + R^2SiMe_3 \xrightarrow[28\%\sim100\%]{Pd, TASF} R^1-R^2$$

（X=Br,I；R^1=芳基、乙烯基、烯丙基；R^2=烯基、烷基、炔基）

之后，Hiyama 小组、Denmark 小组、Deshong 小组对有机硅试剂与卤代烃的偶联反应进行了系统的研究，经过近二十年的发展，逐渐形成了一个很重要的人名反应。

到目前为止，已经有多种硅试剂应用到 Hiyama 偶联反应中，如芳基卤硅烷、芳基卤代硅环丁烷、芳基三烯丙基硅烷、芳基二甲基硅醇、芳基二（邻二苯酚）硅酸酯、芳基三烷氧基硅烷等。在这些有机硅烷化合物中，芳基硅氧烷由于其经济易得、对水和氧气不敏感、可以长期保存而备受青睐。

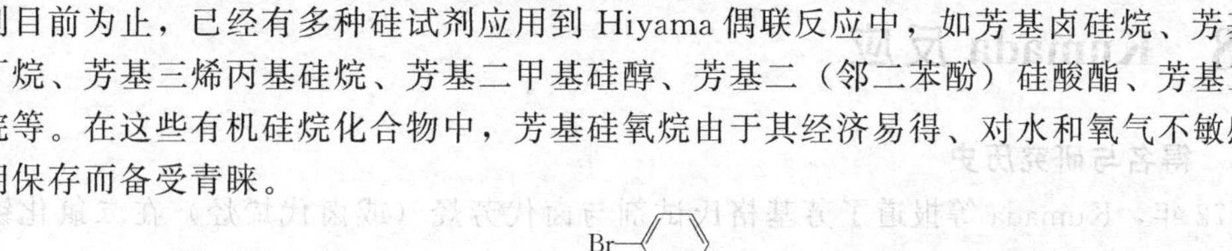

通常，硅试剂需要氟离子活化形成高价态的硅才能顺利进行偶联反应。但是，人们在研究中发现，硅试剂还可以在无机碱（如 KOH、NaOH、K_2CO_3 等）的作用下实现偶联反应，从而可避开氟离子的使用。

15.7.2 定义及机理

Hiyama 反应定义为：在诸如 F^-、OH^- 之类活化剂存在下，钯催化的有机硅与有机卤代物（或三氟磺酸酯等）发生的交叉偶联反应。

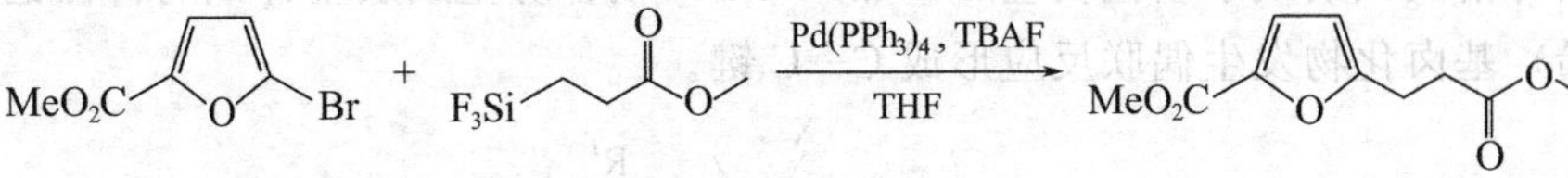

上面 Hiyama 反应的反应机理如下：

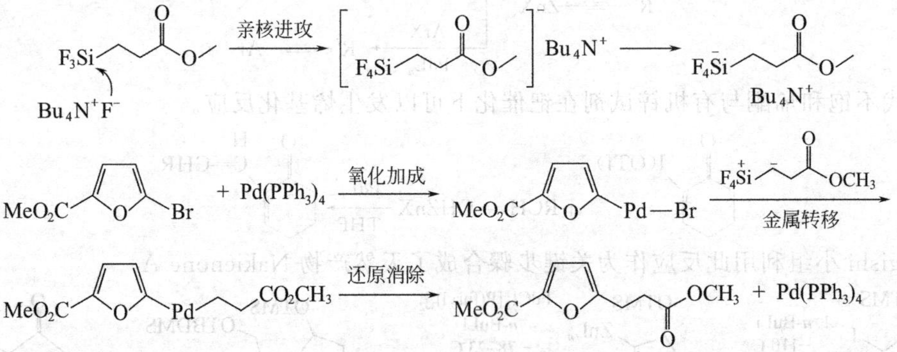

15.7.3 Hiyama 反应实例与应用

Hiyama 反应由于其自身的两大优点成为 Pd 催化的偶联反应中引人关注的合成手段，故对其探索研究和利用具有广阔的前景——这个反应的优势在于：

① 较其他有机金属试剂而言，Hiyama 反应中所用的有机硅试剂是无害的，对环境的危害很小；

② 其他有机金属试剂都是强的亲核试剂，在反应中许多官能团会受到限制，而 Hiyama 反应弥补了这一缺点。

相比于其他有机金属试剂，如格氏试剂、有机锌试剂、有机锡试剂等，有机硅试剂在常规的钯催化的交叉偶联条件下并不容易发生反应——这主要是因为 C—Si 键的弱极性。

但是，C—Si 键可以被亲核的 F^- 或 OH^- 通过形成五配位的硅酸而活化，使反应容易进行。

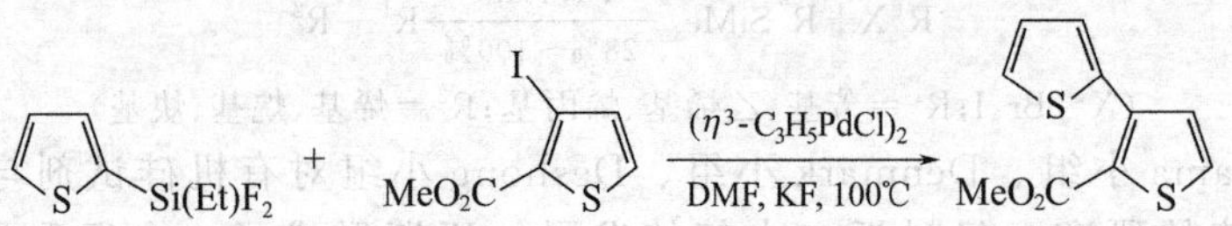

15.8 Kumada 反应

15.8.1 得名与研究历史

1972 年，Kumada 等报道了芳基格氏试剂与卤代芳烃（或卤代烯烃）在二氯化镍的配合物的催化作用下实现交叉偶联生成苯乙烯的反应。

同年，Corriu 等独立发现苯基溴化镁与 β-溴苯乙烯在另一镍催化剂（乙酰丙酮合镍）的催化之下，可得反式二苯乙烯。1975 年，Murahashi 等将此反应拓展至钯催化。

因此，这类由有机卤化物在过渡金属镍或钯催化剂的作用下和格氏试剂反应构建新的碳碳键的反应被称为 Kumada 反应，或 Kumada-Tamao-Corriu 反应。

15.8.2 定义及机理

目前，Kumada 交叉偶联反应的定义是在 Ni 或 Pd 催化下由格氏试剂和一个有机卤代物（或三氟磺酸酯等）之间进行的交叉偶联反应。其通式如下：

$$R—X + R'MgX' \xrightarrow{Pd(0)} R—R' + MgXX'$$

其中，X 是一个离去基团，通常是卤素（包括 F），但也可以是 OTf、OMs、CN、SR、SeR 等其他的离去基团。因此，Kumada 反应是合成不对称 C—C 键的有效方法。

Kumada 反应催化循环的机理如图 15-7 所示。

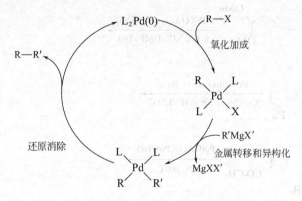

图 15-7 Kumada 反应催化循环机理

15.8.3 Kumada 反应实例与应用

Kumada 反应较前面所提到的偶联反应有以下两个优点：① 反应中所需的 Grignand 试剂经济易得；② 反应条件温和，为室温或更低温度。因此，Kumada 偶联反应中，利用卤代烃的活性不同与温度控制可以实现区域选择性。

当然，Kumada 反应也有不利之处，主要是 Grignand 试剂活性太高，在实际应用中受限于一些官能团。但是，在 4-(2-噻吩) 苯甲酸的合成中，羧酸部分在反应过程中可以保留。

同时，Kumada 反应受到以下几个因素的影响：① 配体的影响；② 格氏试剂的影响，主要是格氏试剂上烷基部分异构化的影响；③ 反应过程中如果涉及双键，其立体化学会对反应有一定的影响，其原因是格氏试剂中 C═C 键与 Pd 发生作用，导致顺式双键异构化为热力学上更稳定的反式烯基格氏试剂。

习 题

15.1 写出下列反应的产物。

(1) PhCl + CH$_2$=CHCO$_2$Me $\xrightarrow{\text{Pd}_2(\text{dba})_3, \text{P}(t\text{-Bu})_3}{\text{Cs}_2\text{CO}_3, \text{二氧六环}, 100℃}$

(2) MeO(O)C–CH=CH–CH(OTBS)–C(=CH$_2$)–CH(Br)=CH$_2$ (with OTBS) $\xrightarrow{\text{Pd(OAc)}_2, \text{PPh}_3, \text{K}_2\text{CO}_3, \text{MeCN}}{\text{回流}}$

(3) 3-amino-4-iodopyridine + CH$_2$=CH–CH(OMe)$_2$ $\xrightarrow{\text{Pd(OAc)}_2, \text{NaHCO}_3}{n\text{-Bu}_4\text{NCl}, \text{DMF}, 70℃}$

(4) PhCl + CH$_2$=CHPh $\xrightarrow{\text{Pd}_2(\text{dba})_3, \text{P}(t\text{-Bu})_3}{\text{Cs}_2\text{CO}_3, \text{二氧六环}, 120℃}$

(5) 3-bromo-1-acetylindole + CH$_2$=CHCO$_2$CH$_3$ $\xrightarrow{\text{Pd(OAc)}_2, \text{P}(o\text{-Tol})_3}{\text{Et}_3\text{N}, 100℃}$

(6) 5-(dihydroxyboryl)-2-methoxypyridine + 5-bromo-2-methoxypyridine $\xrightarrow{\text{Pd(PPh}_3)_4, \text{DMF}}{\text{Na}_2\text{CO}_3, 80℃}$

(7) CH$_2$=CH–CH$_2$BF$_3$K + 4-AcC$_6$H$_4$OTf $\xrightarrow{\text{PdCl}_2(\text{dppf}) \cdot \text{CH}_2\text{Cl}_2}{\text{Et}_3\text{N}, i\text{-PrOH}}$

(8) 3-bromo-5-(isopropylidene)furan-2(5H)-one + ArB(OH)$_2$ $\xrightarrow{\text{PdCl}_2(\text{PPh}_3)_2, \text{甲苯/H}_2\text{O}}{\text{CsF}, \text{Bu}_4\text{N}^+\text{I}^-}$

(9) 4-(tosyloxy)furan-2(5H)-one + ArB(OH)$_2$ $\xrightarrow{\text{PdCl}_2(\text{PPh}_3)_2}{\text{THF/H}_2\text{O/KF}}$

(10) 2-iodocyclohexan-1-one + CH$_2$=C(CH$_3$)–C≡CH $\xrightarrow{\text{PdCl}_2(\text{PPh}_3)_2, \text{CuI}}{(i\text{-Pr})_2\text{NH}, \text{THF}, 0℃}$

(11) PhBr + PhC≡CH $\xrightarrow{\text{PdCl}_2(\text{PPh}_3)_2, \text{DMF}}{\text{Bu}_2\text{NH}, 60℃}$

(12) Me$_2$N–C(O)Cl + PhC≡CH $\xrightarrow{\text{PdCl}_2(\text{PPh}_3)_2, \text{CuI}}{\text{PPh}_3, \text{Et}_3\text{N}, 90℃}$

(13) 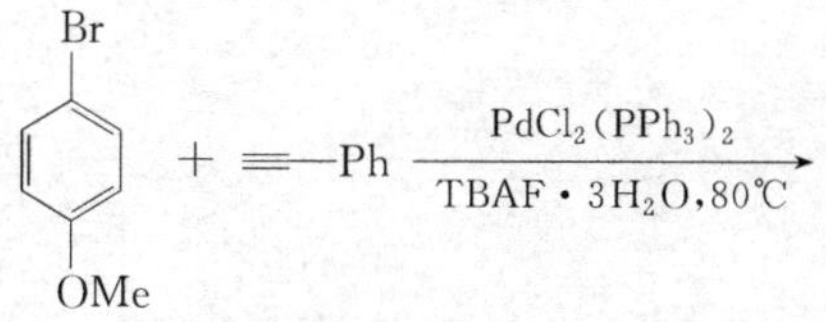
$\underset{\text{OMe}}{\text{Br-C}_6\text{H}_4}$ + ≡—Ph $\xrightarrow[\text{TBAF·3H}_2\text{O, 80°C}]{\text{PdCl}_2(\text{PPh}_3)_2}$

(14) 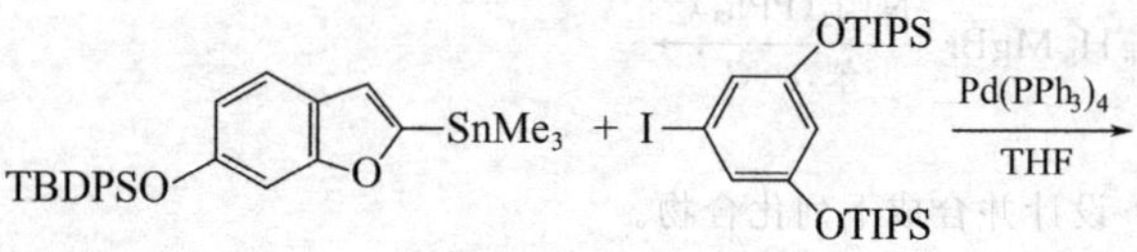 TBDPSO—benzofuran—SnMe$_3$ + I—C$_6$H$_3$(OTIPS)$_2$ $\xrightarrow[\text{THF}]{\text{Pd(PPh}_3)_4}$

(15) 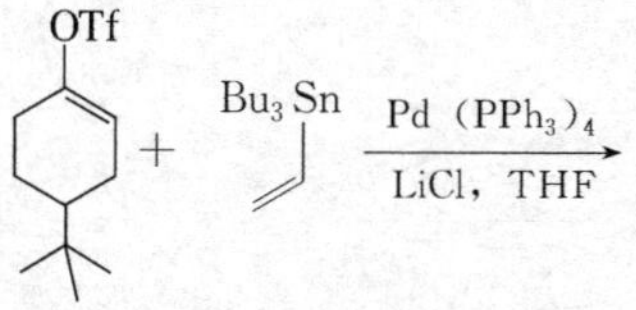 cyclohexenyl-OTf (with tBu) + Bu$_3$Sn—CH=CH$_2$ $\xrightarrow[\text{LiCl, THF}]{\text{Pd(PPh}_3)_4}$

(16) 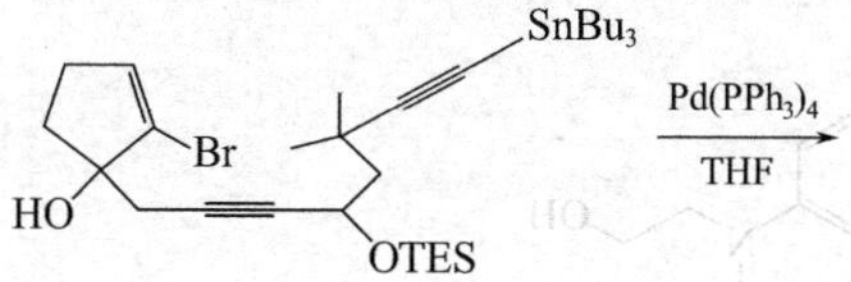 cyclopentenyl-Br-OH with alkyne-OTES and SnBu$_3$ alkyne $\xrightarrow[\text{THF}]{\text{Pd(PPh}_3)_4}$

(17) 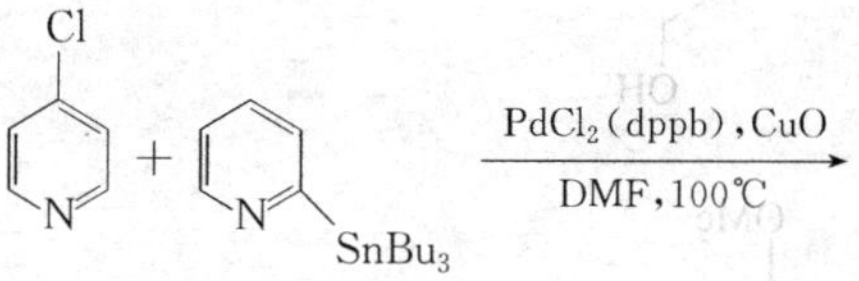 4-Cl-pyridine + 2-SnBu$_3$-pyridine $\xrightarrow[\text{DMF, 100°C}]{\text{PdCl}_2(\text{dppb}), \text{CuO}}$

(18) 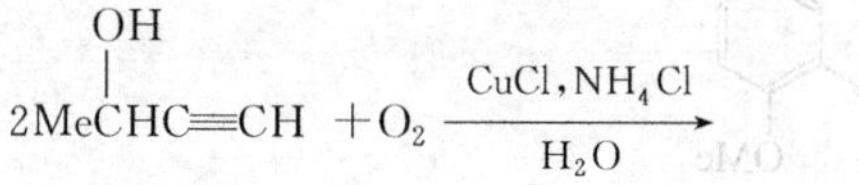 2 MeCH(OH)C≡CH + O$_2$ $\xrightarrow[\text{H}_2\text{O}]{\text{CuCl, NH}_4\text{Cl}}$

(19) 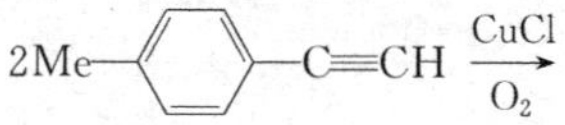 2 Me—C$_6$H$_4$—C≡CH $\xrightarrow[\text{O}_2]{\text{CuCl}}$

(20) 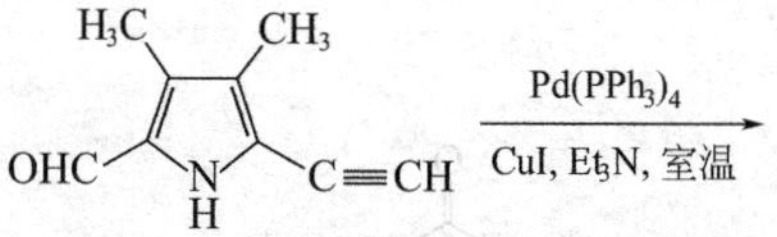 2,3-diMe-5-C≡CH-pyrrole-CHO $\xrightarrow[\text{CuI, Et}_3\text{N, 室温}]{\text{Pd(PPh}_3)_4}$

(21) 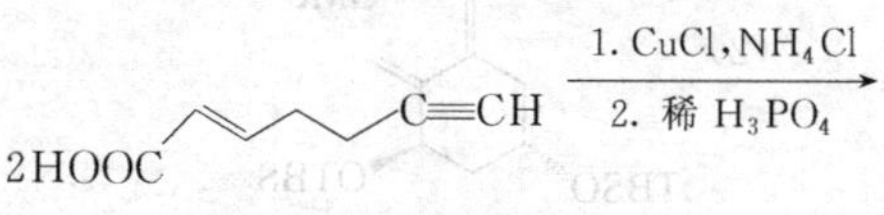 2 HOOC—CH=CH—CH$_2$—CH(OTBS)—C≡CH $\xrightarrow{\text{1. CuCl, NH}_4\text{Cl} \quad \text{2. 稀 H}_3\text{PO}_4}$

(22) 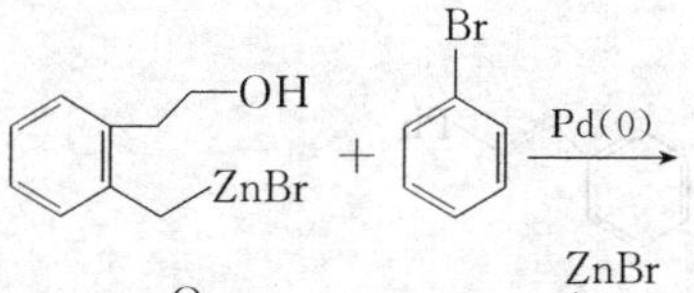 2-(HOCH$_2$)-C$_6$H$_4$-CH$_2$ZnBr + Ph-Br $\xrightarrow{\text{Pd(0)}}$

(23) 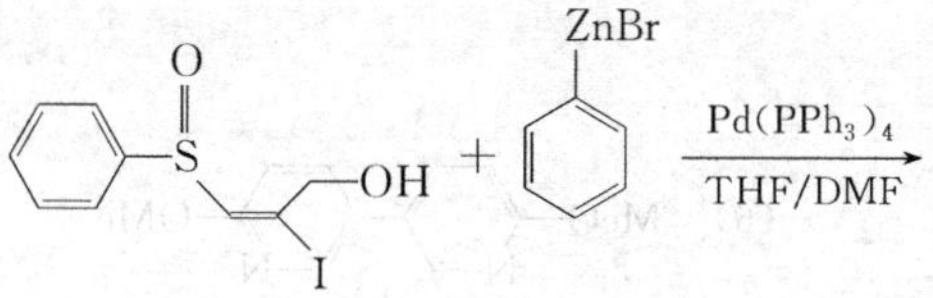 PhS(O)-CH=C(I)-CH$_2$OH + Ph-ZnBr $\xrightarrow[\text{THF/DMF}]{\text{Pd(PPh}_3)_4}$

(24) 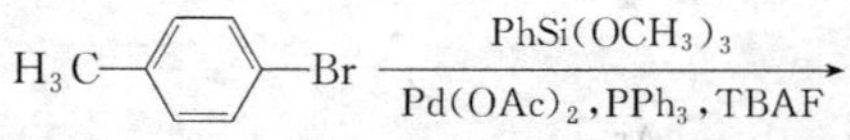 H$_3$C—C$_6$H$_4$—Br $\xrightarrow[\text{Pd(OAc)}_2, \text{PPh}_3, \text{TBAF}]{\text{PhSi(OCH}_3)_3}$

(25) 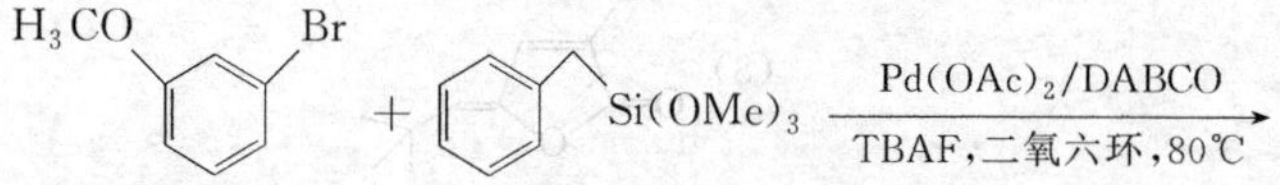 3-H$_3$CO—C$_6$H$_4$—Br + PhCH$_2$—Si(OMe)$_3$ $\xrightarrow[\text{TBAF, 二氧六环, 80°C}]{\text{Pd(OAc)}_2/\text{DABCO}}$

(26) 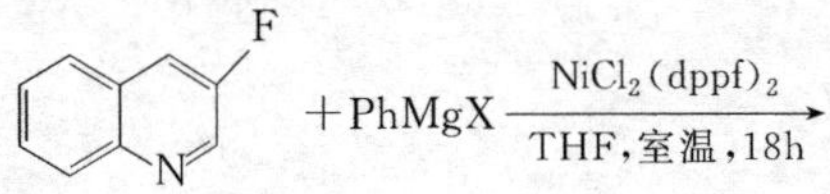 [3-fluoroquinoline] + PhMgX $\xrightarrow{\text{NiCl}_2(\text{dppf})_2}{\text{THF,室温,18h}}$

(27) 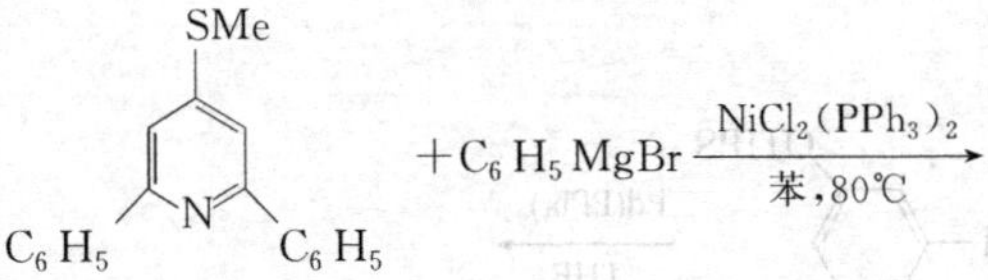 [4-SMe-2,6-diphenylpyridine] + C_6H_5MgBr $\xrightarrow{\text{NiCl}_2(\text{PPh}_3)_2}{\text{苯,80℃}}$

15.2 利用金属催化的交叉偶联反应，设计并合成下列化合物。

(1) 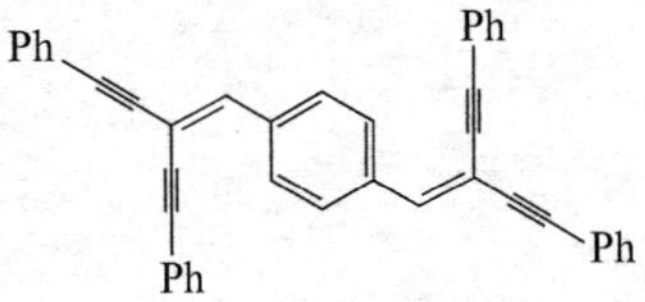 [structure]

(2) 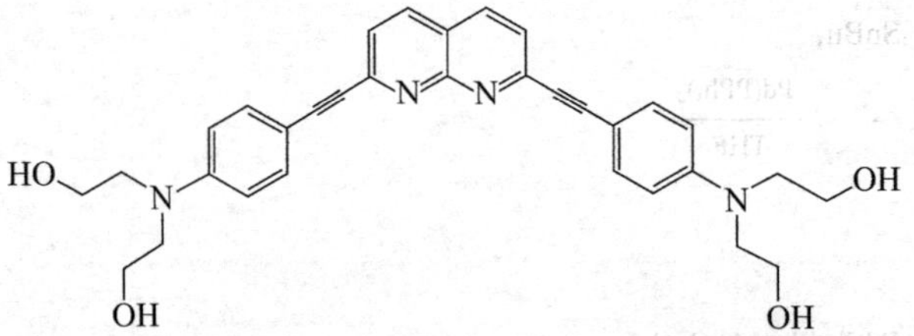 [structure]

(3) 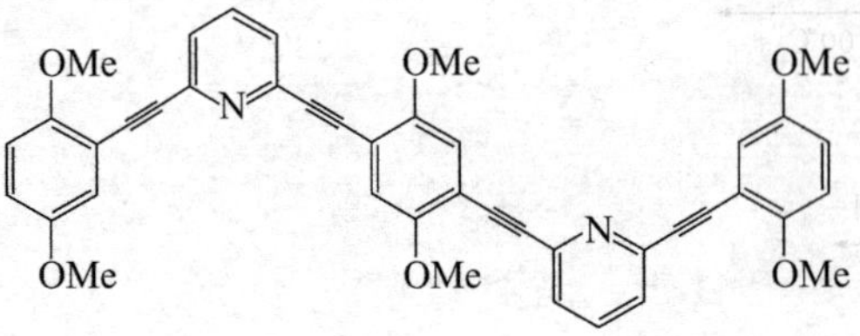 [structure]

习题参考答案

15.1

(1) 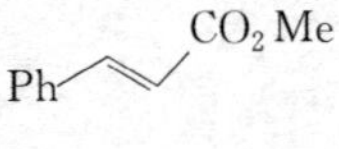 [PhCH=CHCO₂Me]

(2) 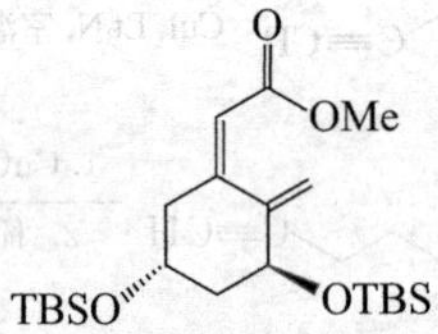 [structure with TBSO, OTBS, OMe]

(3) 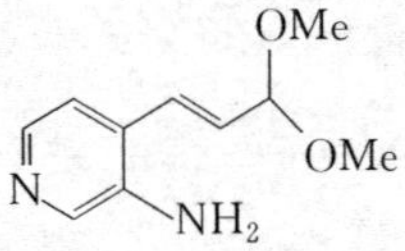 [structure with pyridine, NH₂, OMe, OMe]

(4) 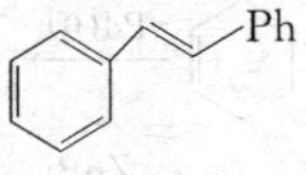 [stilbene, Ph]

(5) 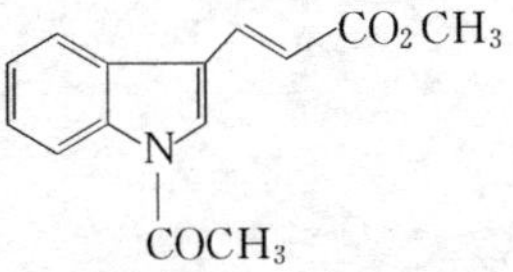 [indole with CO₂CH₃, COCH₃]

(6) 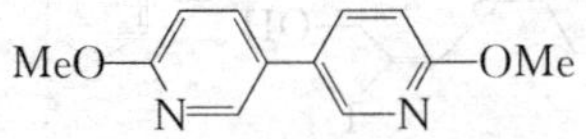 [MeO-pyridine-pyridine-OMe]

(7) 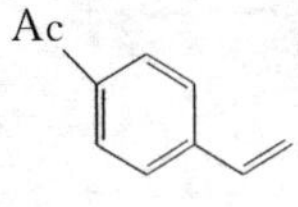 [Ac-C₆H₄-CH=CH₂]

(8) 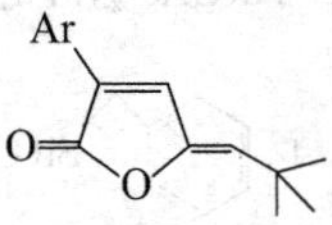 [furanone with Ar, t-Bu]

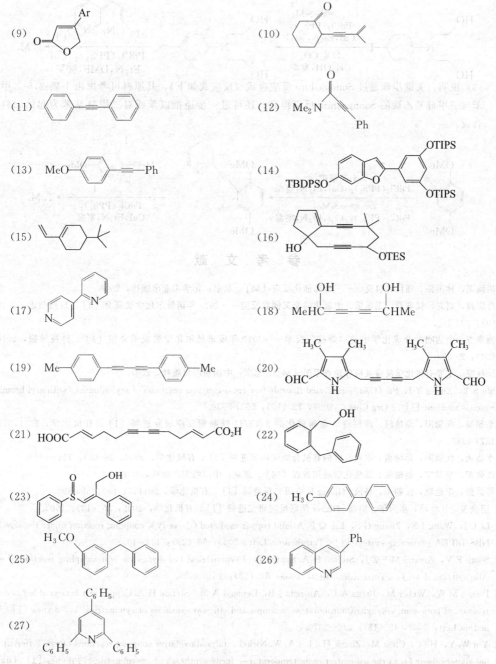

15.2 (1) 说明：关键步骤通过 Sonogashira 反应合成（反应式如下），其原料可考虑四溴甲烷和对苯二甲醛的反应得到（J Am Chem Soc, 2003, 125, 11241）；甚至还可进一步逆推以苯为最起始原料进行合成。

(2) 说明：关键步骤通过 Sonogashira 反应合成（反应式如下），其原料可考虑由 4-碘苯胺与环氧乙烷反应得到；还可进一步逆推以苯胺或苯为最起始原料进行合成。

(3) 说明：关键步骤通过 Sonogashira 反应合成（反应式如下），其原料可考虑由 1-碘-2,5-二甲氧基苯与三甲硅基乙炔的 Sonogashira 反应得到；还可进一步逆推以苯或对二甲氧基苯为起始原料进行合成。

参 考 文 献

[1] 胡跃飞, 林国强. 现代有机反应——金属催化反应 [M]. 北京: 化学工业出版社, 2008.

[2] 肖唐鑫, 刘立, 强琚莉, 王乐勇. 钯催化的交叉偶联反应——2010年诺贝尔化学奖简介 [J]. 自然杂志, 2010, 32 (6): 332-336.

[3] 施章杰, 余达刚. 合成化学中的"焊接"技术——2010年度诺贝尔化学奖成果介绍 [J]. 科技导报, 2010, 28 (24): 29-32.

[4] 汪秋安. 重要有机化学反应及机理速查手册 [M]. 北京: 中国纺织出版社, 2007.

[5] Shi S Y, Zhang Y H. Pd (OAc)$_2$-catalyzed fluoride-free cross-coupling reactions of aryl-siloxanes with aryl bromides in aqueous medium [J]. J Org Chem, 2007, 72 (15): 5927-5930.

[6] 毛超旭, 汪朝阳, 谭越河, 薛福玲. 金属催化的 2 ($5H$)-呋喃酮反应研究进展 [J]. 有机化学, 2011, 31 (9), 1377-1387.

[7] 李雄武, 汪朝阳, 郑绿茵. 串联反应的有机合成应用新进展 [J]. 有机化学, 2006, 26 (8): 1144-1149.

[8] 汪朝阳, 李景宁, 赵耀明. 绿色化学通用教程 [M]. 北京: 中国纺织出版社, 2007.

[9] 梁浩然, 李建晓, 汪朝阳, 杨凯. Glaser 反应研究新进展 [J]. 有机化学, 2011, 31 (4): 586-590.

[10] 唐金玉, 江焕峰, 邓国华, 周磊. Glaser 偶联反应研究进展 [J]. 有机化学, 2005, 25 (12): 1503.

[11] Li L J, Wang J X, Zhang G S, Liu Q F. A mild copper-mediated Glaser-type coupling reaction under the novel CuI/NBS/DIPEA promoting system [J]. Tetrahedron Lett, 2009, 50 (28): 4033-4036.

[12] Singh F V, Amaral M F Z J, Stefani H A. Synthesis of symmetrical 1,3-diynes via homocoupling reaction of n-butyl Alkynyltellurides [J]. Tetrahedron Lett, 2009, 50 (22): 2636-2639.

[13] Paixao M W, Weber M, Braga A L, Azeredo J B, Deobald A M, Stefani H A. Copper salt-catalyzed homo-coupling reaction of potassium alkynyltrifluoroborates: a simple and efficient synthesis of symmetrical 1,3-diynes [J]. Tetrahedron Lett, 2008, 49 (15): 2366-2370.

[14] Yin W Y, He C, Chen M, Zhang H, Lei A W. Nickel-catalyzed oxidative coupling reactions of two different terminal alkynes using O$_2$ as the oxidant at room temperature: facile syntheses of unsymmetric 1,3-diynes [J]. Org Lett, 2009, 11 (3): 709-712.

[15] Meng X, Li C B, Han B C, Wang T S, Chen B H. Iron/copper promoted oxidative homo-coupling reaction of terminal alkynes using air as the oxidant [J]. Tetrahedron Lett, 2010, 66 (23): 4029-4031.

[16] Hilt G, Hengst C, Arndt M. The unprecedented cobalt-catalysed oxidative Glaser coupling under reductive conditions [J]. Synthesis, 2009 (3): 395-398.

[17] Zhou L, Zhan H Y, Liu H L, Jiang H F. An efficient and practical process for Pd/Cu cocatalyzed homocoupling reaction of terminal alkynes using sodium percarbonate as a dual reagent in aqueous media [J]. Chin J Chem, 2007, 25 (10): 1413-1416.

[18] Wang Z Y, Jiang H F, Qi C R, Wang Y G, Dong Y S, Liu H L. PS-BQ: an efficient polymer-supported cocatalyst

for the Wacker reaction in supercritical carbon dioxide [J]. Green Chem, 2005, 7 (8): 582-585.

[19] Li J X, Liang H R, Wang Z Y, Fu J H. 3,4-Dihalo-2 (5*H*)-furanones: A novel oxidant for Glaser coupling reaction [J]. Monatsh Chem, 2011, 142 (5): 507-513.

[20] 李建晓，薛福玲，谭越河，罗时荷，汪朝阳. 5-取代-3,4-二卤-2 (5*H*)-呋喃酮的 Sonogashira 偶联反应 [J]. 化学学报, 2011, 69 (14), 1688-1696.

[21] Yin K, Li C J, Li J, Jia X S. CuCl-catalyzed green oxidative alkyne homocoupling without palladium, ligands and bases [J]. Green Chem, 2011, 13 (3): 591-593.

[22] 黄培强. 有机人名反应、试剂与规则 [M]. 北京：化学工业出版社，2008.